특징 3

Xi story 통합과학

1 쉬운 개념 이해와 출제 0순위 특강

- 5종 교과서 개념을 총정리하여 풍부한 자료를 통해 쉽게 이해할 수 있습니다.
- 핵심 개념을 정확히 이해했는지 다양한 유형의 개념 체크 문제로 확인할 수 있습니다.
- 시험에 자주 출제되는 개념과 자료를 엄선하여 출제 0순위 특강에서 자세히 설명했습니다.

2 내신 대비 1등급을 위한 3단계 문제

- **내신 대비 필수 문제** – 학교 시험 100점을 위한 내신 기출 문제, 1등급 문제, 서술형, 학평 문제로 구성했습니다.
- **중단원 마무리 문제** – 단원 대표 문제로 실전에 대비하고, 응용하는 능력을 키울 수 있습니다.
- **단원별 TEST** – 중간고사와 기말고사를 대비할 수 있는 실전 문제입니다. 학교 시험 진도에 맞게 선택할 수 있습니다.

3 고1부터 수능 유형 익히기 – 수능 유형 특강+수능 대비 기출 문제

- **수능 유형 특강** – 수능 대표 유형을 통해 문제에 접근하는 단서와 발상, 적용법을 알려줍니다.
- **수능 대비 기출 문제** – 수능, 모의평가, 학력평가 문제로 수능 유형을 익힐 수 있습니다.
- 2028 수능 예시문항을 수록했습니다. 〈1차 2024년 9월, 2차 2025년 4월〉

2022 개정 교육과정 적용 출시!!

내신과 수능을 완벽히 대비하는

자이스토리 사회, 과학  개정판

통합과학 1, 2
〈5종 개정교과서 정밀 분석〉

통합사회 1, 2
〈8종 개정교과서 정밀 분석〉

내신 한국사 1, 2
〈9종 개정교과서 정밀 분석〉

❶ 쉬운 개념 이해와 출제 0순위 특강

- 모든 개정 교과서 개념을 심층 분석해서 전부 수록했습니다.
- 학교 시험, 학력평가, 수능 필수 개념을 '출제 0순위 특강'에서 더욱 자세하게 설명했습니다.

❷ 내신 대비 필수 문제와 내신 1등급 문제

- '내신 대비 필수 문제'는 시험에 꼭 나오는 문제와 학력평가 기출 문제를 수록하였습니다.
- '내신 1등급 문제'는 내신 1등급을 좌우하는 고난도 문제를 완벽하게 대비할 수 있습니다.

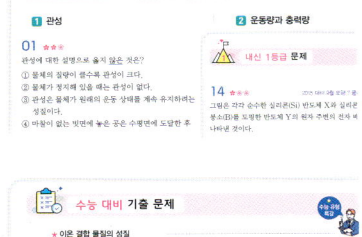

❸ 수능 대비 유형 특강과 수능 기출 문제

- 수능 유형과 대비법, 문제 풀이의 단서와 발상, 적용법을 '수능 유형 특강'에서 자세히 알려줍니다.
- 단원과 연관된 수능 기출 문제 구성으로 수능을 한발 앞서 준비할 수 있습니다.

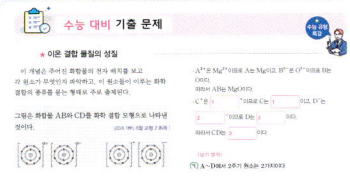

❹ 2028 수능 신유형 – 융합 문제 특별수록

- 2028학년도 수능에 출제되는 신유형인 융합 문제를 분석하여 출제 의도 및 출제 단원과 개념을 분석했습니다.
- 각 주제별 기출문항과 변형 문항으로 구성하여 여러 과목 간의 통합에 확실히 대비할 수 있습니다.

❺ 내신+수능 대비 단원별 TEST

- 중간고사 및 기말고사 대비를 위해 단원별 학교 시험 적중 문제로 구성하였습니다.
- 현직 선생님들이 실제 학교 시험에서 출제된 문항들을 분석하여 변형한 문제입니다.

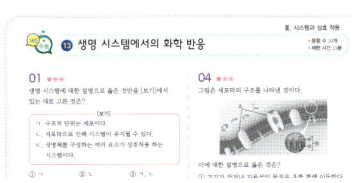

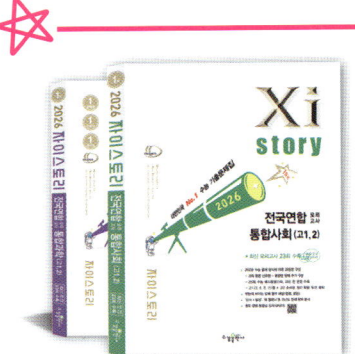

전국연합 모의고사
통합사회 / 통합과학(고1, 2)

* **최신 5개년 학력평가 총 23회 수록**
  - 3, 6, 9, 10월, 고2, 수능 예시 순서로 최신 학력평가 우선 배치 [25문항]
* **2022 개정 교육과정 반영**
  - 개정 단원 기출, 융합형 문제, 예상 문제 추가
* **중요 문항 동영상 강의 QR코드**
* **입체 첨삭 해설로 문제 완벽 분석**
  - '단서+발상', '함정', '꿀팁'

* **[특별부록]**
2028학년도 대학수학능력시험 예시 문항(1차 2024년 9월, 2차 2025년 4월) 정답 및 해설

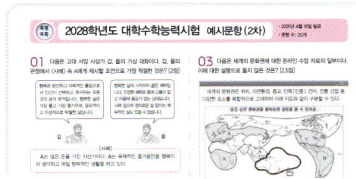

자이스토리

Xi story

Xistory stands for eXtra Intensive story for
the University Entrance Examination.

통합과학 1

 # 구성과 특징

5종 교과서 완벽 총정리로
학교 시험과 **수능을 대비한다!**

1 개념 정리 – 5종 교과서 수록 개념 총정리

2022 개정 교육과정의 5종 교과서를 분석하여 풍부한 자료를 통해
핵심 개념을 완벽하게 이해할 수 있습니다.

- **개념 강의 동영상** : 생생한 개념 강의를 통해 쉽게
  개념 학습을 할 수 있습니다.

- **개념 체크 문제** : 문제를 통해 개념을 정확히 이해했는지
  다양한 유형의 기본 문제로 확인할 수 있습니다.

- **중요도** : 난이도와 빈출 정도를 중요도로 나타냈습니다.

- **개념⁺, 용어⁺, 암기⁺** : 개념의 이해와 암기를 돕는 tip을 알려 줍니다.

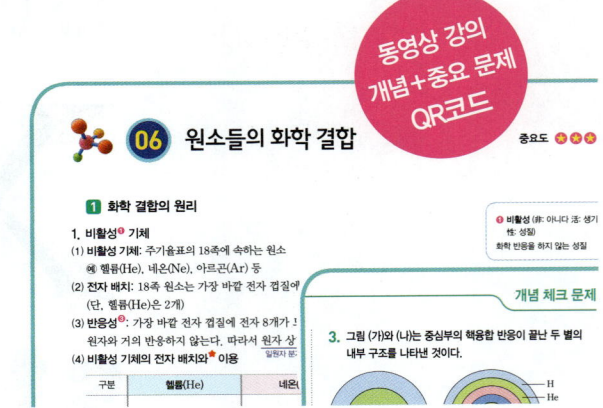

동영상 강의
개념+중요 문제
QR코드

2 출제 0순위 특강 – 시험에 꼭 출제되는 개념, 실험, 자료 특강

시험에 자주 출제되는 핵심 개념, 실험, 자료를 분석하여 이해하기
쉽게 설명하였습니다.

- **출제 0순위 포인트** : 실제 시험에 어떤 유형으로 출제되는지
  대비법은 무엇인지 자세하게 알려 줍니다.

- **확인 문제** : 특강 내용에서 꼭 알아야 하는 핵심 포인트를
  제대로 이해했는지 확인합니다.

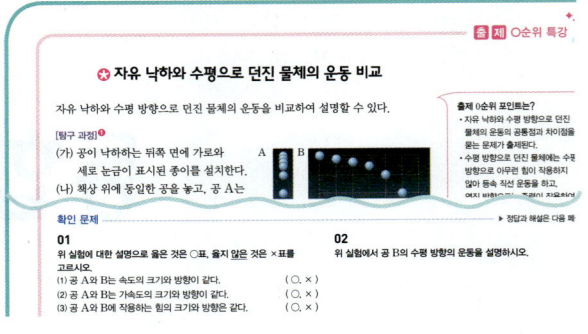

3 내신 대비 필수 문제 + 중단원 마무리 문제 + 단원별 TEST (내신·수능 대비)

- **내신 대비 필수 문제** : 학교시험 100점을 위한 실전 문제와 학력 평가
  기출문제로 구성했습니다.

- **중단원 마무리 문제** : 단원별 대표 문제로 구성하여 개념을
  적용하고 응용하는 실력을 키울 수
  있습니다.

- **단원별 TEST** (내신+수능 대비) : 학교 시험과 수능을 대비 할 수 있는
  유형의 문제로 구성하여 실력을
  테스트할 수 있습니다.

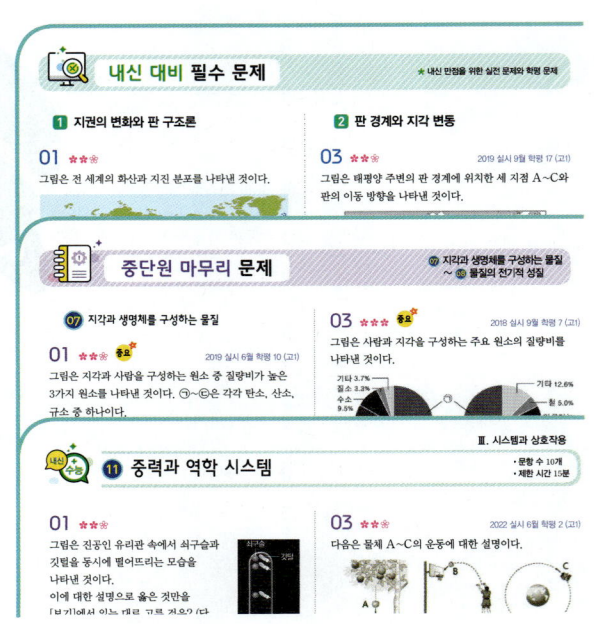

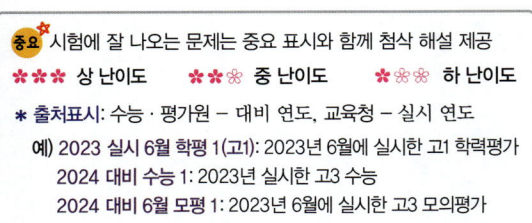

중요 시험에 잘 나오는 문제는 중요 표시와 함께 첨삭 해설 제공

✿✿✿ 상 난이도   ✿✿✿ 중 난이도   ✿✿✿ 하 난이도

＊ **출처표시**: 수능·평가원 – 대비 연도, 교육청 – 실시 연도
  예) 2023 실시 6월 학평 1(고1): 2023년 6월에 실시한 고1 학력평가
  2024 대비 수능 1: 2023년 실시한 고3 수능
  2024 대비 6월 모평 1: 2023년 6월에 실시한 고3 모의평가

4 수능 유형 특강+수능 대비 기출문제 – 고1부터 수능 유형 익히기

- **수능 유형 특강** (2028 수능 예시문항 1차 + 2차 포함)
  - 단서 + 발상과 수능의 대표 출제 유형을 통해 문제에
    접근하는 방법을 알려 줍니다.
- **수능 대비 기출문제**
  - 고3 학력평가, 모의평가, 수능 기출문제를 풀어 보면서
    수능 문제에 대한 감을 익힐 수 있습니다.

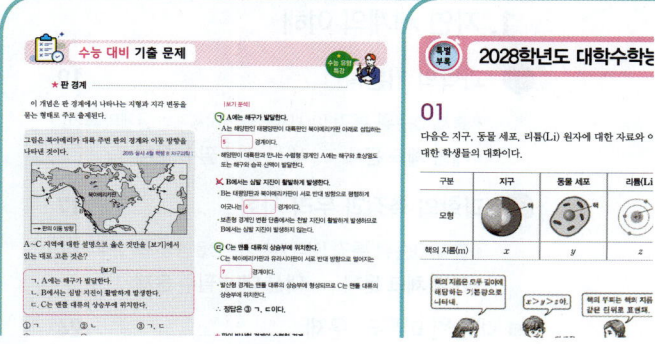

5 2028 수능 신유형 - 과목 융합 문제 특별수록

- 2028학년도 수능에 출제되는 신유형에 대비해 과목
  융합 문제 풀이 실력을 키울 수 있습니다.
- 총 11문항이 수록되어 있으며, 출제 의도 및 출제 개념,
  관련 단원을 함께 제시하고 있습니다.

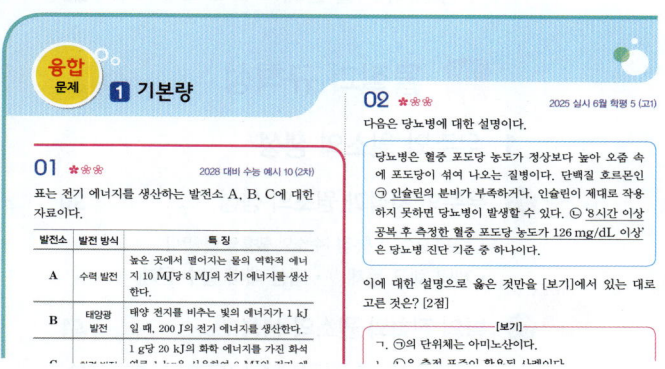

6 정답 및 해설 – 정확하고 명쾌한 해설

- **입체 첨삭** 중요한 내신 문제와 수능 대비 기출문제는
  입체 첨삭을 통해 더욱 쉽고 명쾌하게 알려 줍니다.

  - **단서+발상** 제시된 단서를 통해 문제 유형에 맞는 풀이
    방법을 찾아 적용하는 단계를 체계적으로
    알려 줍니다.

  - | **문제+자료 분석** | 제시된 자료를 분석하고 정답을 도출
    하기까지의 과정을 제시해 줍니다.

  - | **선택지 분석** | 선택지별로 정답과 오답인 이유를 알기
    쉽게, 자세하게 설명해 줍니다.

  - **꿀 팁**, **함정** 문제를 풀 때 암기해야 할 부분과 함정에 빠지는
    부분을 체크해 줍니다.

  - **왜 틀렸나?** 잘 틀리는 이유와 대처법을 알려 줍니다.

  - **다른 풀이** 창의적인 풀이를 통해 더 쉽고 빠르게,
    정답을 찾는 방법을 알려 줍니다.

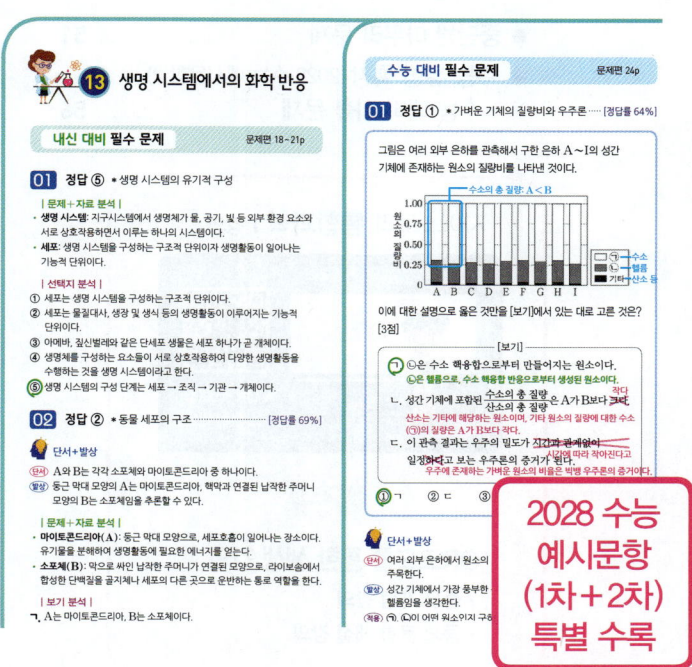

🧪 차 례

고난도
수능대비 ⟩ : 수능대비를 위한 고난도 심화 개념입니다.

자이스토리 **통합과학 1** 강의

▲ QR 코드를
스캔하세요

QR코드를 통한 생생 강의
- 중요 개념 강의
- 중요 문항 해설 강의

내 교과서와 자이스토리 단원 비교

• **자이스토리 통합과학 1**은 5종 교과서 개념을 모두 완벽히 총정리하여,
학습 순서에 알맞게 배치하였습니다.

• 학교 교과서 단원에 맞춰서 공부하면 더욱 빠르게 실력이 향상됩니다.

동아	미래엔	비상	지학사	천재
7~17	8~23	8~19	12~25	10~19
18~32	24~41	20~33	26~43	20~35
33~41	42~51	34~41	44~53	36~45
42~51	52~57	42~51	54~63	46~55
52~59	58~63	52~61	64~73	56~63
60~65	64~75	62~65	74~79	64~75
66~71	76~85	66~73	80~87	76~85
72~84	86~97	74~87	88~99	86~95
85~97	98~109	88~95	100~111	96~107
98~107	110~119	96~105	112~121	108~119
108~115	120~129	106~111	122~129	120~127
116~127	130~139	112~121	130~139	128~137
128~141	140~151	122~129	140~151	138~151
142~156	152~163	130~143	152~164	152~161

내신 + 수능 **1**등급을 위한 **학습 계획표** 24일

DAY	학습 내용	틀린 문제 / 헷갈리는 문제 번호 적기	학습 날짜	복습 날짜
1	01 과학의 기본량		월 일	월 일
2	02 과학의 측정과 우리 사회		월 일	월 일
3	● 대단원 마무리 문제 ● 수능 대비 기출 문제		월 일	월 일
4	03 우주의 시작과 원소의 생성		월 일	월 일
5	04 별의 진화와 원소의 생성		월 일	월 일
6	● 중단원 마무리 문제 ● 수능 대비 기출 문제		월 일	월 일
7	05 원소들의 주기성		월 일	월 일
8	06 원소들의 화학 결합		월 일	월 일
9	● 중단원 마무리 문제 ● 수능 대비 기출 문제		월 일	월 일
10	07 지각과 생명체를 구성하는 물질		월 일	월 일
11	07 지각과 생명체를 구성하는 물질		월 일	월 일
12	08 물질의 전기적 성질		월 일	월 일
13	● 중단원 마무리 문제 ● 수능 대비 기출 문제		월 일	월 일
14	09 지구시스템의 구성과 상호작용		월 일	월 일
15	10 지권의 변화		월 일	월 일
16	● 중단원 마무리 문제 ● 수능 대비 기출 문제		월 일	월 일
17	11 중력과 역학 시스템		월 일	월 일
18	12 역학 시스템과 안전		월 일	월 일
19	● 중단원 마무리 문제 ● 수능 대비 기출 문제		월 일	월 일
20	13 생명 시스템에서의 화학 반응		월 일	월 일
21	13 생명 시스템에서의 화학 반응		월 일	월 일
22	14 생명 시스템에서 정보의 흐름		월 일	월 일
23	● 중단원 마무리 문제 ● 수능 대비 기출 문제		월 일	월 일
24	융합 문제 + 2028 수능 예시문항		월 일	월 일

Ⅰ 과학의 기초

1. 자연 세계의 이해

01 과학의 기본량

02 과학의 측정과 우리 사회

1 시간과 공간

1. 시간과 공간으로 나타내는 자연 세계

(1) **규모**: 어떤 자연 현상의 크기 범위

  ① 자연 현상은 다양한 시간 규모와 공간 규모에서 일어난다.

  ② 자연 세계는 원자처럼 아주 작은 규모의 물체나 현상을 다루는 미시❶ 세계와 우주처럼 큰 규모의 물체나 현상을 다루는 거시❷ 세계로 이루어져 있다.

(2) **미시 세계와 거시 세계**

  ① 미시 세계: 아주 작은 물체나 현상을 다루는 세계

    ⑩ 원자, 분자, 이온

  ② 거시 세계: 큰 물체나 현상을 다루는 세계

    ⑩ 사과나무, 태풍, 지진

  ③ 다양한 규모의 자연 세계

교과서에 따라 세포는 미시 세계로 구분하기도 한다.

구분	미시 세계	거시 세계			
	세슘	적혈구	고양이	지구	안드로메다은하
시간 규모	1회 진동 $\frac{1}{9192631770}$ 초	수명 120일	평균 수명 15년	나이 46억 년	나이 100억 년
공간 규모	원자의 반지름 260 pm (피코미터❸)	지름 7×10^{-6} m	평균 몸길이 0.6 m	반지름 6378 km	지름 22만 광년❹

2. 시간과 공간의 측정❺

출제 ○순위 특강 p.13

(1) **시간의 측정**

  ① 과거: 태양, 달 등 천체의 주기적인 현상을 이용하여 시간을 측정하였다.

  ② 현대: 1초에 91억 9263만 1770번 진동하는 세슘 원자 시계를 이용하여 보다 정밀한 시간의 측정이 가능해졌다.

(2) **길이의 측정**

  ① 과거: 눈으로 보이는 움직임이나 물체의 크기에 대한 측정만 가능하였다.

  ② 현대: 위성 위치 확인 시스템(GPS)이나 전자 현미경 등을 이용하여 눈으로 볼 수 없는 움직임이나 물체의 크기까지도 측정할 수 있게 되었다.❻

▲ 위성 위치 확인 시스템(GPS)   ▲ 전자 현미경

(3) **의의**: 다양한 규모의 시간과 공간 측정을★ 위한 과학자들의 노력으로 인간의 경험 범위가 확장되었다.

➕ **용어**

❶ **미시** (微: 작다 視: 보다)
작게 보임. 또는 작게 봄.

❷ **거시** (巨: 크다 視: 보다)
어떤 대상을 전체적으로 크게 봄.

➕ **개념**

❸ **피코미터**(pm)
$1 \text{ pm} = 10^{-12}$ m

❹ **광년**(light year)
빛의 속도로 1년이 걸리는 거리로, 1광년은 약 9.46×10^{12} km이다.

❺ **우주 망원경**
허블 우주 망원경이나 제임스 웹 우주 망원경을 개발하면서 멀리 있는 천체의 나이와 거리를 더 정확하게 측정할 수 있게 되었다.

▲ 제임스 웹 우주 망원경

❻ **빛을 이용한 길이 측정 방법**
빛의 속력이 일정함을 이용해 빛이 진행한 시간을 재거나, 물체에서 반사되어 돌아오는 두 빛을 비교하여 길이를 측정한다.

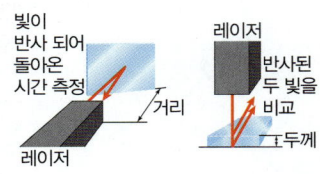

빛이 반사 되어 돌아온 시간 측정 / 레이저 / 거리 / 레이저 / 반사된 두 빛을 비교 / 두께

⭐ **암기**

⭐ **탐구 대상의 규모에 따른 관측 방법**
- 원자 규모의 자연 현상
  ➡ 전자 현미경
- 우주 규모의 자연 현상
  ➡ 우주 망원경

2 기본량과 단위

1. 기본량과 유도량

(1) 물리량: 측정하여 대상을 숫자로 나타낼 수 있는 양으로, <u>수와 단위의 곱</u>의 형태로 표현한다. 물리량은 기본량과 유도량으로 나눌 수 있다.

예) 길이의 단위: m(미터) ➡ <u>500</u> <u>m</u>는 1 m의 500배만큼의 거리
　　　　　　　　　　 수　 단위

(2) 기본량❶

① 정의: 다른 물리량을 활용하여 표현할 수 없는 가장 기본이 되는 물리량

예) 길이, 질량, 시간, 전류, 온도, 물질량, 광도

② 기본량의 단위: 국제단위계(SI)에서❷ 기본량의 단위로 7개의 기본 단위를 정하여 사용한다.

기본량	기본 단위	이름
길이	m	미터
질량	kg	킬로그램
시간	s	초
전류	A	암페어
온도	K	켈빈
물질량	mol	몰❸
광도	cd	칸델라

▲ 국제단위계(SI)의 기본 단위

(3) 유도량

① 정의: 기본량을 조합해 유도하는 물리량으로, 기본량 이외의 모든 물리량이 이에 해당한다.

예) 넓이, 부피, 속력, 농도 등

② 유도량의 단위: 7개의 기본 단위를 곱하거나 나누어서 나타낼 수 있다.

유도량	넓이	부피	속력	가속도	힘	밀도	압력	농도❹❺
유도 단위	m^2	m^3	m/s	m/s^2	$kg \cdot m/s^2$	kg/m^3	$kg/m \cdot s^2$	mol/m^3

➕ 개념

❶ 기본량의 확립 과정

1799년, 프랑스에서 미터법 제정	길이, 질량에 관한 단위계를 표준으로 제정

⬇

1875년, 국제미터협약 체결	7개의 기본량 확립

⬇

1960년, 국제단위계 확립	7개의 기본량을 바탕으로 국제단위계 확립

❷ 국제단위계(SI)의 특징

- 시간이 지나도 변하지 않는 기본 상수를 구하는 실험 방법을 사용하여 정의한다.
- 각 물리량에 대해 한 가지 단위만 사용한다.
- SI 단위끼리만의 곱하기와 나누기로 이루어진 일관성 있는 단위 체계이다.

✪ 기본량의 조합으로 만든 유도량과 유도 단위

- 속력의 단위를 시간 단위인 s(초)와 거리 단위인 m(미터)를 사용해 m/s로 나타내는 것처럼, 유도량의 단위는 각 유도량을 정의하는 데 사용한 기본량 단위의 조합으로 나타낼 수 있다.

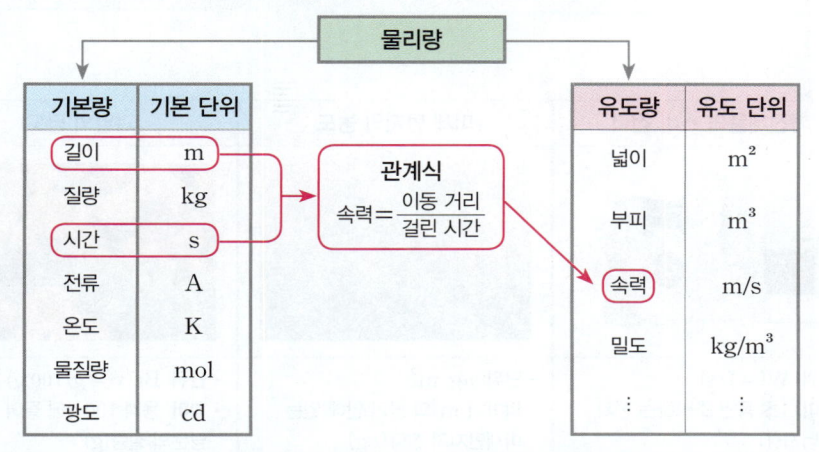

➕ 개념

❸ 몰(mole)

원자, 분자, 이온 등과 같은 작은 입자의 개수를 세는 묶음 단위로, 1몰은 입자 6.02×10^{23}개(아보가드로수)를 의미한다.

❹ 여러 가지 농도의 표현

- 질량 퍼센트 농도(%): 용액의 질량에 대한 용질의 질량 퍼센트
- 질량농도(kg/m^3, g/L): 단위 부피의 용액에 들어있는 용질의 질량

❺ 단위가 없는 물리량

질량 퍼센트 농도는 용액의 질량에 대한 용질의 질량비로, 농도에 100을 곱해 단위 없이 %(퍼센트)로만 나타낸다.

(4) 단위의 접두어 기호❶: 측정하는 물리량의 크기가 아주 크거나 작을 경우 이들의 크기를 쉽게 나타내기 위해 단위 앞에 접두어 기호를 함께 사용하기도 한다.

　예) 1000을 뜻하는 k(킬로)를 붙인 1 km는 1000 m이고, 0.001을 뜻하는 m(밀리)를 붙인 1 mg은 0.001 g이다.

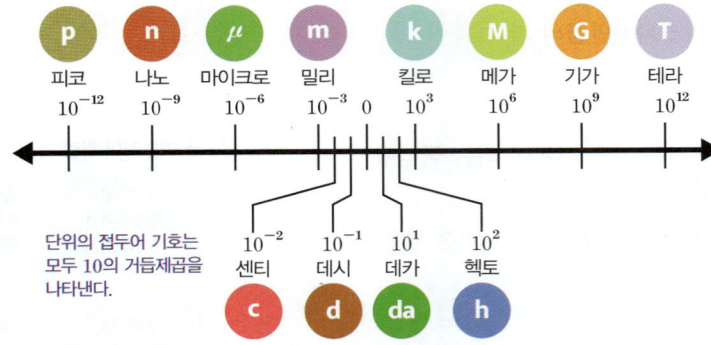

p	n	μ	m	k	M	G	T
피코	나노	마이크로	밀리	킬로	메가	기가	테라
10^{-12}	10^{-9}	10^{-6}	10^{-3}	10^{3}	10^{6}	10^{9}	10^{12}

단위의 접두어 기호는 모두 10의 거듭제곱을 나타낸다.

10^{-2}	10^{-1}	10^{1}	10^{2}
센티	데시	데카	헥토
c	d	da	h

▲ 단위의 접두어 기호

✚개념

❶ **일상생활에서 단위의 접두어 기호가 사용되는 예**

구분	예
미세 먼지 농도	75 μg/m^3 $=0.000075$ g/m^3
기압	1013 hPa $=101300$ Pa
길이	1 cm$=0.01$ m

2. 단위의 의미와 적용

(1) 단위의 필요성❷: 단위는 자연 현상을 설명하거나 비교하는 데 유용하다. 단위를 알면 그 물리량이 나타내는 의미를 알 수 있다.

(2) 과학 탐구에서의 단위: 과학 탐구에서는 시간이나 거리, 온도, 질량, 전류와 같은 기본량의 단위를 사용하여 자연 현상을 측정하고, 속력이나 부피, 농도와 같은 유도량 단위를 사용하여 복잡한 자연 현상을 명확하게 설명할 수 있다.

✚개념

❷ **단위의 필요성**

치타가 72의 속력으로 뛴다고 하면 속력이라는 물리량의 정확한 의미를 알 수 없지만, 72 km/h의 속력으로 뛴다고 단위를 사용하면 치타가 얼마나 빠르게 뛰는지 정확히 알 수 있다.

✪ 단위의 의미와 적용 사례

다음은 태풍 예보문의 일부이다.

"9호 태풍이 현재 제주도 남서쪽 **320 km** 떨어진 해상에서 **20 km/h**의 속력으로 북상하고 있습니다. 중심 기압 **950 hPa**의 강한 태풍으로 최대 풍속이 **44 m/s** 내외의 강풍이 불 것으로 예상됩니다. 태풍이 지나면 기온이 올라 당분간 **30 ℃**가 넘는 무더운 날씨가 지속되겠습니다. …"

1. 기본량과 유도량의 단위
- 기본량의 단위: km, ℃
- 유도량의 단위: m/s, km/h, hPa($=100$ N/m^2)

2. 단위의 의미

단위	의미
m/s	1초 동안 이동한 거리(m)
km/h	1시간 동안 이동한 거리(km)
N/m^2	1 m^{2}당 작용하는 힘(N)

✚개념

❸ **관습적으로 허용되는 단위**
- **파운드**: 질량을 나타내는 단위

　1파운드≒0.453 kg

- **인치**: 길이를 나타내는 단위

　1인치≒0.0254 m

(3) 일상생활에서의 단위❸

자동차의 연비	가전제품의 소비 전력	미세 먼지의 농도	과일의 당도
• 단위: km/L • 의미: 연료 1 L당 자동차가 주행할 수 있는 거리(km)	• 단위: W($=$J/s) • 의미: 1초 동안 소비하는 전기 에너지(J)	• 단위: μg/m^3 • 의미: 1 m^{3}의 공기 안에 있는 미세먼지의 질량(μg)	• 단위: Brix($=$g/100 g) • 의미: 용액 100 g에 들어 있는 당분의 질량(g)

★ 미시 세계와 거시 세계의 물체의 크기에 따른 차이점 분석하기

길이와 시간 측정의 현대적 방법과 다양한 규모의 측정 사례를 조사하고 크기에 따른 차이점을 분석할 수 있다.

> **출제 0순위 포인트는?**
> • 미시 세계와 거시 세계의 측정 대상의 크기에 따라 시간과 공간을 측정하는 방법이 어떻게 다른지 설명할 수 있어야 한다.

[탐구 과정]

(가) 다양한 규모의 측정 사례를 조사한다.

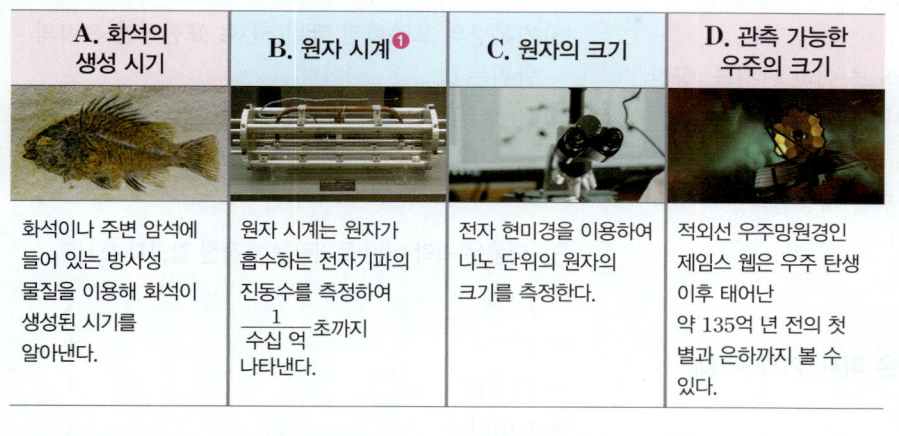

A. 화석의 생성 시기	B. 원자 시계❶	C. 원자의 크기	D. 관측 가능한 우주의 크기
화석이나 주변 암석에 들어 있는 방사성 물질을 이용해 화석이 생성된 시기를 알아낸다.	원자 시계는 원자가 흡수하는 전자기파의 진동수를 측정하여 $\frac{1}{수십 억}$ 초까지 나타낸다.	전자 현미경을 이용하여 나노 단위의 원자의 크기를 측정한다.	적외선 우주망원경인 제임스 웹은 우주 탄생 이후 태어난 약 135억 년 전의 첫 별과 은하까지 볼 수 있다.

> **➕ 개념**
>
> **❶ 원자 시계**
> 원자의 고유 진동수가 일정한 성질을 이용하여 만든 시계이다.
> 중력이나 온도 등의 외부 영향을 받지 않아 매우 정확하고 정밀하게 시간을 측정할 수 있다.

(나) 측정 대상의 규모를 비교하고, 원자 규모의 자연 현상과 우주 규모의 자연 현상을 관측하는 방법이 어떻게 다른지 분석한다.

[탐구 결과 및 정리]

① 측정 대상의 규모 비교하기

구분	미시 세계	거시 세계
시간 규모	B	A
공간 규모	C	D

➡ 시간 규모는 A > B이고, 공간 규모는 C < D이다.

② 측정 대상의 규모에 따른 관측 방법: 원자 규모의 자연 현상은 전자 현미경을, 우주 규모의 자연 현상은 우주 망원경을 사용하여 관측한다.

③ 정리: 과학자들은 다양한 규모의 시간과 공간을 측정하고자 노력하였고, 그 결과 인간의 경험 범위가 확장되었다.

확인 문제 ─────────────────────────────── ▶ 정답과 해설은 다음 페이지에

01
위 탐구에 대한 설명으로 옳은 것은 ○표, 옳지 <u>않은</u> 것은 ×로 표시하시오.

(1) 측정 대상의 시간 규모는 A가 B보다 크다. (○, ×)
(2) 측정 대상의 공간 규모는 C가 D보다 작다. (○, ×)

02
원자 규모와 우주 규모의 자연 현상을 관측하는 도구에는 각각 어떤 것이 있는가?

1 시간과 공간

1. 다음은 자연 세계의 시간과 공간에 설명이다. 빈칸에 알맞은 말을 쓰시오.

(1) 다양한 범위의 자연 세계는 시간과 공간의 범위를 구분 짓는 (　　　)로 표현된다.

(2) 자연 세계는 큰 물체나 현상을 다루는 (　　　) 세계와 아주 작은 물체나 현상을 다루는 (　　　) 세계로 이루어져 있다.

(3) (　　　) 세계는 시간 규모로 나노초 이하 단위를, 공간 규모로 나노미터 이하 단위를 사용한다.

(4) (　　　) 세계는 시간 규모로 초, 분 등의 단위를, 공간 규모로 미터, 천문단위 등의 단위를 사용한다.

2. 다음 중 미시 세계에 해당하는 것은 '미시', 거시 세계에 해당하는 것은 '거시'라고 쓰시오.

(1) 원자핵의 지름 약 10^{-15} m　　　　　(　　　)

(2) 고양이의 평균 몸길이 0.6 m　　　　　(　　　)

(3) 빛이 진공에서 300 km를 가는 시간 10^{-3}초 (　　　)

(4) 세슘 원자가 한 번 진동하는 데 걸리는 시간 10^{-10}초
　　　　　　　　　　　　　　　　　　(　　　)

3. 시간과 공간의 측정에 대한 설명으로 옳은 것은 ○, 옳지 <u>않은</u> 것은 ×표 하시오.

(1) 우리 선조들은 태양, 달 등 천체의 주기적인 현상을 이용하여 시간을 측정하였다.　　　　(○ , ×)

(2) 원자시계로 측정한 시간은 위도에 따라 달라진다.
　　　　　　　　　　　　　　　　　(○ , ×)

(3) 위성 위치 확인 시스템(GPS)은 넓은 영역뿐만 아니라 미세한 이동 거리도 측정할 수 있다.　(○ , ×)

(4) 우주 망원경은 원자 규모의 현상을 관찰하는 데 사용된다.　　　　　　　　　　　　　(○ , ×)

(5) 시간과 공간을 측정하려는 과학자들의 노력은 인간의 경험 범위를 확장하였다.　　　　　(○ , ×)

p.13 확인 문제 [정답]

01 (1) ○　(2) ○

02 원자 규모: 전자 현미경, 우주 규모: 우주 망원경

2 기본량과 단위

4. 다음은 기본량과 유도량에 대한 설명이다. 빈칸에 알맞은 말을 쓰시오.

(1) 기본량에는 시간, (　　　), 질량, 전류, (　　　), 광도, 물질량이 있다.

(2) (　　　　)의 단위는 기본량의 단위를 조합하여 사용한다.

(3) 기본량의 표준화된 단위(SI)로 표현하면 속력의 단위는 (　　　)이다.

(4) 1013 hPa은 (　　　　) Pa과 같다.

5. 다음은 각각 어떤 물리량을 측정한 값인지 쓰시오.

(1) 19 A　　　　　　　　　　　　(　　　)

(2) 82 cd　　　　　　　　　　　　(　　　)

(3) 27 kg　　　　　　　　　　　　(　　　)

(4) 6 inch　　　　　　　　　　　　(　　　)

(5) 55분　　　　　　　　　　　　(　　　)

(6) 41 mol　　　　　　　　　　　(　　　)

(7) 100 ℃　　　　　　　　　　　(　　　)

6. 표준화된 단위인 국제단위계(SI)에서 제시하는 기본 단위를 [보기]에서 있는 대로 고르시오.

[보기]
ㄱ. km(킬로미터)　　　ㄴ. A(암페어)
ㄷ. g(그램)　　　　　ㄹ. s(초)

7. 단위에 대한 설명으로 옳은 것은 ○, 옳지 <u>않은</u> 것은 ×표 하시오.

(1) 측정한 물리량의 값을 수치로 나타내기 위해 필요하다.　　　　　　　　　　　　　　(○ , ×)

(2) 새로운 물리량이 발견되면 그에 맞는 새로운 단위가 추가되기도 한다.　　　　　　　　　(○ , ×)

(3) 부피의 단위는 길이의 단위를 이용해 표현할 수 있다.
　　　　　　　　　　　　　　　　　(○ , ×)

(4) 시간의 단위만으로 속력의 단위를 표시할 수 있다.
　　　　　　　　　　　　　　　　　(○ , ×)

(5) 온도의 표준화된 단위(SI)는 ℃(섭씨도)이다.
　　　　　　　　　　　　　　　　　(○ , ×)

1 시간과 공간

01 ✿✿✿ 중요 ⭐

그림 (가)는 수소 원자를, (나)는 태양계 일부를 설명한 것이다.

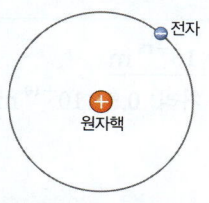
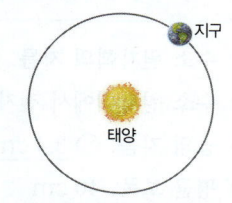

○ 수소 원자의 지름: ㉠ 0.1nm
○ 전자가 원자핵 주위를 도는 데 걸리는 시간: 약 150 as

(가)

○ 지구와 태양 사이의 거리: 1 AU
○ 지구가 공전하는 데 걸리는 시간: 365일

(나)

이에 대한 옳은 설명만을 [보기]에서 있는 대로 고른 것은? (단, 1 as(아토초)는 10^{-18} s이다.)

───── [보기] ─────

ㄱ. 시간 규모는 (가)가 (나)보다 크다.
ㄴ. ㉠의 단위를 미터(m)로 바꾸면 10^{-6} m이다.
ㄷ. (가)는 미시 세계, (나)는 거시 세계에 해당한다.

① ㄱ   ② ㄷ   ③ ㄱ, ㄴ   ④ ㄴ, ㄷ   ⑤ ㄱ, ㄴ, ㄷ

02 ✿✿✿

2025 실시 9월 학평 2 (고1)

다음은 규모에 대한 자료이다.

적혈구

자연 현상은 원자처럼 작은 것부터 우주처럼 큰 것까지 다양한 크기에서 일어난다. 어떤 자연 현상의 크기 범위를 규모라고 한다. 대상의 규모에 따라 측정 방법은 다양하며, 적혈구는 전자 현미경을 이용하여 지름이 7×10^{-6} m임을 측정할 수 있다.

← 7×10^{-6} m →

적혈구보다 작은 규모에 해당하는 것으로 가장 적절한 것은? [1.5점]

① 수소 원자의 지름

② 고양이의 평균 몸길이

③ 에베레스트산의 높이

④ 지구의 반지름

④ 은하의 반지름

03 ✿✿✿

2025 실시 6월 학평 3 (고1)

다음은 길이를 측정하는 다양한 사례를 나타낸 것이다.

(가) 지구에서 레이저(LASER)로 빛을 쏘아 빛이 달의 표면에서 반사되어 다시 돌아오는 데 걸리는 시간을 이용하여 지구에서 달까지의 거리를 측정한다.
(나) 원자 힘 현미경(AFM)을 사용하여 흑연 표면에 있는 탄소 원자의 크기를 측정한다.
(다) 위성 위치 확인 시스템(GPS)은 여러 개의 위성에서 오는 신호의 시간 차이를 이용해 수신기의 위치를 파악하여 이동 거리를 측정한다.

이에 대한 설명으로 옳은 것만을 [보기]에서 있는 대로 고른 것은? [2점]

───── [보기] ─────

ㄱ. (가)에서 빛의 속력을 이용한다.
ㄴ. (가)에서가 (나)에서보다 작은 규모의 길이를 측정한다.
ㄷ. (다)에서 이동 거리의 정밀한 측정을 위해 정확한 시간 측정이 필요하다.

① ㄱ   ② ㄴ   ③ ㄱ, ㄷ   ④ ㄴ, ㄷ   ⑤ ㄱ, ㄴ, ㄷ

2 기본량과 단위

04 ✿✿✿

기본량에 대한 설명으로 옳지 않은 것은?

① 여러 가지 물리량 중에서 가장 기본이 되는 물리량이다.
② 길이, 시간, 질량, 온도, 전류 등이 있다.
③ 다른 물리량을 활용하여 표현할 수 있다.
④ 측정하여 값으로 나타낼 때는 국제단위계(SI)를 사용한다.
⑤ 기본 상수를 구하는 새로운 방법이 발명되면 기본량의 단위에 대한 정의가 변경될 수도 있다.

05 ✿✿✿ 중요 ⭐

다음 중 기본량과 표준화된 단위(SI)를 옳게 짝지은 것은?

	기본량	단위		기본량	단위
①	시간	s	②	길이	A
③	질량	m	④	전류	K
⑤	온도	℃			

06 ✿✿✿ [서술형]

다음은 속력을 표현한 것이다.

(가) 토끼가 5의 속력으로 뛴다.
(나) 토끼가 5 m/s의 속력으로 뛴다.

(가)와 (나)를 비교하여 단위를 사용했을 때의 장점을 서술하시오.

07 ✿✿✿

유도량에 대한 설명으로 옳지 <u>않은</u> 것은?

① 기본량을 곱하거나 나누어 유도된 물리량이다.
② 유도량의 단위는 기본량 단위의 조합으로 나타낼 수 있다.
③ 넓이, 부피, 밀도, 힘 등이 있다.
④ 가속도의 단위는 길이와 시간의 단위를 조합하여 나타낼 수 있다.
⑤ 온도의 단위를 이용해서 농도의 단위를 나타낼 수 있다.

08 ✿✿✿ [단답형] 중요✿

유도량만을 [보기]에서 있는 대로 고르시오.

[보기]
ㄱ. 부피   ㄴ. 전류   ㄷ. 질량
ㄹ. 온도   ㅁ. 시간   ㅂ. 밀도

09 ✿✿✿   2025 실시 9월 학평 1 (고1)

다음은 어느 전기차의 상세 정보 중 일부를 나타낸 것이다.

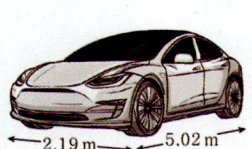

길이: 5.02 m
너비: 2.19 m
속력: 최대 240 km/h
배터리 충전 시간: 급속 20분
완전 충전 시 주행 가능 거리: 최대 555 km

제시된 정보 중, 기본량으로부터 유도된 물리량에 해당하는 것은? [1.5점]

① 길이   ② 너비   ③ 속력
④ 배터리 충전 시간   ⑤ 완전 충전 시 주행 가능 거리

내신 1등급 문제

10 ✿✿✿

수소의 원자핵을 지름 3.4 cm의 공이라고 가정할 때, 다음 자료를 활용하여 수소의 전자는 공으로부터 몇 걸음 떨어져 있을지 계산하려고 한다.

○ 수소 원자핵의 지름: ㉠ 1.7×10^{-15} m
○ 수소 원자핵에서 전자까지의 거리: 0.5×10^{-10} m
○ 공의 지름: ㉡ 3.4 cm
○ 평균 보폭: 40 cm

이에 대한 옳은 설명만을 [보기]에서 있는 대로 고른 것은?

[보기]
ㄱ. 공간 규모는 ㉠이 ㉡보다 작다.
ㄴ. 평균 보폭은 수소 원자핵에서 전자까지의 거리의 0.8×10^{10}배이다.
ㄷ. 수소의 전자는 공으로부터 2500걸음 떨어져 있다.

① ㄱ   ② ㄴ   ③ ㄱ, ㄷ   ④ ㄴ, ㄷ   ⑤ ㄱ, ㄴ, ㄷ

11 ✿✿✿ 중요✿

다음은 여러 가지 물리량과 단위를 이용하여 우리 주변의 자연 현상을 설명한 것이다.

이번 태풍은 제주도 남동쪽 ㉠ 260 km 부근 해상에서 ㉡ 16 km/h의 속도로 북서진하고 있다. 중심 기압은 ㉢ 960 hPa이며, 최대 풍속 ㉣ 39 m/s의 강한 바람이 분다.

이에 대한 옳은 설명만을 [보기]에서 있는 대로 고른 것은?

[보기]
ㄱ. ㉠의 물리량은 길이이다.
ㄴ. ㉢은 기본량이다.
ㄷ. ㉡과 ㉣ 중 국제단위계(SI)에서 제시하는 기본 단위로 나타낸 것은 ㉣이다.

① ㄱ   ② ㄴ   ③ ㄱ, ㄷ   ④ ㄴ, ㄷ   ⑤ ㄱ, ㄴ, ㄷ

02 과학의 측정과 우리 사회

중요도 ⭐⭐

1 측정과 측정 표준

1. 측정과 어림 출제 O순위 특강 p.20

(1) **측정**: 어떤 대상의 물리량을 기준이 되는 양과 비교하여 수치와 단위로 나타내는 것

① 측정량: 측정의 대상이 되는 양

② 측정값❶: 측정에 의해 얻어지는 수치

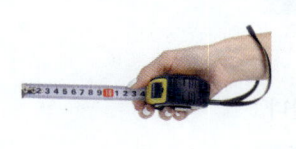

예 **건물의 높이: 53.2 m**
   측정량   측정값 단위

③ 양을 측정할 때에는 적절한 측정 도구를 사용해야 한다.

예 길이, 부피 등을 측정할 때에는 눈금이 있는 측정 도구를 사용한다.❷

▲ 길이 측정 도구   ▲ 부피 측정 도구

④ 측정값의 단위: 측정하고자 하는 물리량에 따라 기본 단위가 다르다. 또한, 같은 물리량이라고 하더라도 측정 대상의 규모에 맞는 단위를 사용해야 한다.

예 개미의 경우 길이를 잴 때 m(미터)보다는 mm(밀리미터)가 더 적합하고, 질량을 잴 때는 kg(킬로그램)보다는 g(그램)이나 mg(밀리그램)이 더 적합하다.

(2) **어림**: 측정 도구 없이 현재 알고 있는 정보를 이용해 논리적인 추론으로 그 양의 근삿값을 얻는 것

예 한 층이 2.5 m 정도이고, 전체가 22층이므로 이 건물의 높이는 대략 55 m 정도이다.

① 과학에서는 측정을 하지 못할 경우 어림을 하기도 한다.

예 천체의 크기 등

② 어림은 근거 없이 막연하게 수행하는 활동이 아니라 <u>측정 경험을 바탕으로 수행하는 것이다.</u> 적절한 단위와 도구를 사용한 측정 경험이 많을수록 더 정확하게 어림할 수 있다.

③ 측정할 때 필요한 측정 도구를 결정하는 역할을 한다.

예 액체의 부피를 측정할 때, 측정 대상의 부피를 어림한 뒤 적절한 용량의 측정 도구를 선택한다.

2. 측정❸ 표준

(1) **측정 표준**: 어떤 양을 측정할 때 공통으로 사용할 수 있는 단위에 대한 기준

(2) **단위의 정의**: 국제단위계(SI)의 정의가 국제 공통의 표준으로 사용된다.

① 시간의 표준❹: <u>s(초)</u> ➡ 1 s는 세슘−133 원자에서 방출되는 빛이 9,192,631,770번 진동하는 데 걸리는 시간이다.

② 길이의 표준: <u>m(미터)</u> ➡ 1 m는 빛이 진공에서 $\dfrac{1}{299,792,458}$초 동안 진행한 거리이다. 1 m를 정의하기 위해서는 시간의 표준이 필요하다.

＋개념

❶ 측정값
저울, 온도계 등 측정 도구의 눈금에도 오차가 있다. 따라서 측정 도구로 얻은 측정값은 참값에 가까운 근삿값이며, 측정값과 참값의 차이를 오차라고 한다.

❷ 눈금 읽기
측정 도구의 눈금과 정확하게 일치하지 않을 경우, 측정 도구의 눈금 사이를 10등분하여 읽는다.
예 물의 부피는 75와 76 사이를 10등분한 뒤 75.5 mL로 읽는다.

＋개념

❸ 정확한 측정에 필요한 것
물리량을 정확하게 측정하기 위해서는 측정 기준이 있어야 한다.
또한, 같은 기준을 사용하더라도 눈금을 읽는 방법이나 사용하는 단위가 다르다면 정확한 측정이 이루어지기 어렵다.

❹ 표준이 되는 시간
· 시간은 여러 가지 기본량 중의 하나이다.
· 시간은 다른 물리량에 대한 측정 표준의 기초로 사용되고 있어 '표준의 표준'이라고도 한다.

(3) 우리나라에서 측정 표준이 활용되는 사례

　① 온도를 °C 단위로 측정하며, 최고 체감 온도가 33°C 이상인 상태로 2일 이상 지속되면 폭염주의보를 발령한다.

　② 소리의 세기는 dB❶ 단위로 측정하며, 주택가에서 공사를 할 때 생활 소음을 주간 65 dB 이하, 야간 50 dB 이하로 규제한다.

　③ 자동차의 속도를 km/h 단위로 측정하며, 제한된 속도 이상으로 주행하는 자동차를 단속한다.

　④ 미세 먼지의 농도를 $\mu g/m^3$ 단위로 측정하며, 시간당 평균 농도가 150 $\mu g/m^3$ 이상인 상태로 2시간 이상 지속되면 미세 먼지 주의보를 발령한다.

온도 (단위: °C)	소리의 세기 (단위: dB)	자동차의 속도 (단위: km/h)	미세 먼지의 농도 (단위: $\mu g/m^3$)

(4) **측정 표준의 유용성**: 측정 표준을 이용하여 제공되는 정보는 신뢰할 수 있으며, 이러한 정보는 일상생활을 안정적이며 편리하게 누리도록 한다.

✪ 측정 단위가 달라 생긴 상황

　1998년 발사된 화성 기후 궤도선은 계획된 궤도에 진입하지 못하고 파괴되었는데, 이는 이 시스템을 만드는 데 협업한 두 기관에서 서로 다른 단위를 사용하였기 때문이다. 미국 항공 우주국은 국제단위계에서 정의한 단위를 사용한 반면, 항공기 제작 회사는 야드파운드법에서 정의한 단위를 사용하였다. 과학의 표준 단위인 국제단위계를 사용했다면 생기지 않았을 사고이다.

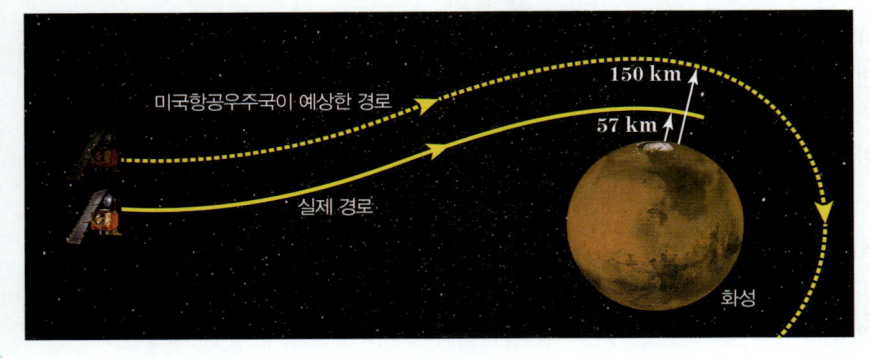

2 정보와 디지털 기술

1. 자연의 신호와 정보

(1) **신호**: 인간을 둘러싼 자연의 변화가 전달되는 것

　① 자연에서 발생하는 신호는 지진파나❷ 빛, 소리와 같은 파동부터 힘, 압력, 온도 등 여러 가지 형태를 띠고 있다.

　② 다양한 도구나 사람의 감각 기관을 이용하여 관측하거나 측정한다.

(2) **정보**: 자연의 신호를 측정하고 분석하여 의미 있는 형태로 만든 것

　① 수집한 신호는 분석 과정을 거쳐 정보로 이용할 수 있다.

자연의 변화	➡	신호 형태 (빛, 힘, 소리, 온도 변화 등)	➡	감각 기관, 센서 등	➡	정보 인식 (컴퓨터, 뇌)

② 정보의 예 ●
• 지진파를 측정하고 분석하여 지구 내부 구조나 지구 내부에서 일어나는 변화에 대한 정보를 얻는다.
• 지구 자기장을 통해 방향에 대한 정보를 얻는다.
• 기압을 측정하여 대기 상태에 관한 정보를 얻고 일기 예보를 한다.
(3) 센서: 자연의 다양한 아날로그 신호를 전기 신호로 변환하는 소자로, 인간의 감각 기관과 같은 역할을 한다. ❷

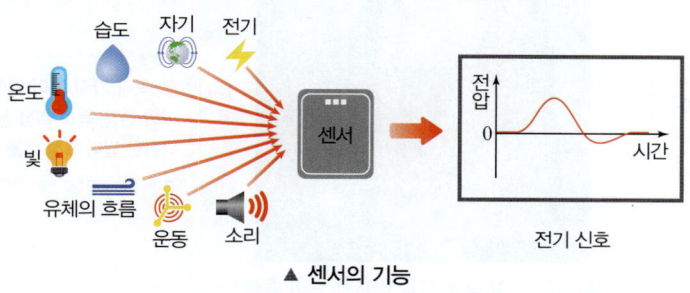

▲ 센서의 기능

2. 디지털 신호와 정보 통신

(1) 아날로그 신호와 디지털 신호

구분	아날로그 신호	디지털 신호
파형 모습	연속적인 형태 (신호의 세기 / 시간 그래프)	불연속적인 형태 (신호의 세기 0, 1 / 시간 그래프)
정의	시간에 따라 신호의 세기가 연속적으로 변하는 신호	시간에 따라 신호의 세기가 불연속적으로 변하는 신호 0과 1의 조합만을 사용하는 이진수로 표기
예	• 자연에서 발생하는 대부분의 신호 (빛, 소리, 지진파 등) • 스피커에서 나오는 소리, 카메라의 필름에 저장된 사진, 레코드판(LP), 카세트테이프 등에 저장된 신호	• 컴퓨터 등의 정보 통신 분야에서 처리하는 신호 • 하드디스크, CD, MP3, USB 등에 저장된 신호
장점	• 발생한 모든 신호를 나타낼 수 있다. • 신호의 미세한 부분까지도 표현이 가능하다.	• 신호의 가공이 쉽다. • 정보를 압축하여 효율적으로 전송할 수 있다. • 장기간 변질 없이 보존이 가능하다.
단점	• 신호의 편집이나 가공이 어렵다. • 신호가 변질되기 쉽다.	• 정보의 고유함이 일부 상실된다. ❸ • 복제나 위조가 쉽다.

(2) **아날로그 신호와 디지털 신호의 변환** ❹: 아날로그 신호를 일정한 시간 간격으로 작게 나눈 후 신호의 크기를 0과 1의 이진수로 표현하면 디지털 신호가 된다.

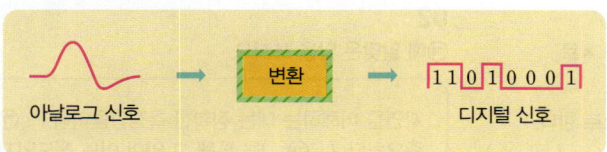

▲ 아날로그 디지털 변환기

(3) **디지털 정보로 변환하는 기술이 현대 문명에 미치는 영향**: 디지털 정보로 변환하는 기술을 통해 훨씬 빠르고 정확하게 일을 처리하고 실시간으로 정보와 지식을 전달하는 등 현대 문명 전반에 변화를 가져왔다. ❺

⭐ 스마트 기기를 활용하여 여러 가지 기본량을 측정하고 분석하기

스마트 기기로 여러 가지 기본량을 측정하고 분석할 수 있다.

[탐구 과정]

(가) 책의 가로 길이와 세로 길이를 어림하여 책의 넓이를 구한다.

(나) 스마트 기기의 길이 측정 앱을❶ 이용하여 책의 가로 길이와 세로 길이를 측정하여 책의 넓이를 구한다.

* 실제 책의 넓이(참값): 675 cm²

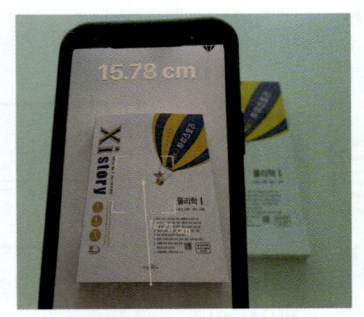

▲ 증강 현실 측정 앱을 이용한 길이 측정

> **출제 0순위 포인트는?**
> • 과학 탐구에서 측정과 어림의 의미를 설명할 수 있어야 한다.

> ➕ **개념**
> ❶ **여러 가지 길이 측정 앱**
> 거리 측정, 높이 측정 등으로 검색하면 다양한 길이 측정 앱을 찾을 수 있다.

[탐구 결과 및 정리]

① **어림하여 책의 넓이 구하기**

어림한 방법	어림값(cm)	책의 넓이(cm²)
6.5 cm 지우개 이용	가로: 6.5 cm×약 3.5개=약 22.75 cm 세로: 6.5 cm×약 4.5개=약 29.25 cm	22.75 cm×29.25 cm =665.4375 cm²

② **스마트 기기를 이용하여 책의 넓이 구하기**

측정한 방법	측정값(cm)	책의 넓이(cm²)
증강 현실 측정 앱 이용	가로: 22.6 cm 세로: 30 cm	22.6 cm×30 cm =678 cm²

③ **실제 책의 넓이(참값)가 지우개로 어림하여 구한 값과 차이가 나는 이유:** 어림값은 현재 알고 있는 정보를 이용해 얻은 근삿값이기 때문이다.

④ **실제 책의 넓이(참값)가 스마트 기기를 이용하여 구한 측정값과 차이가 나는 이유:** 측정값은 측정 도구를 사용하여 얻은 값으로, 측정 시 오차가 발생할 수 있기 때문이다.

⑤ **정리:** 과학자들은 어림을 통해 연구 결과를 예상하기도 하고, 측정을 통해 알아낸 값이 합리적인지 판단하기도 한다. 이러한 어림은 반드시 과학적인 사고 과정이나 자료를 바탕으로 한다.

확인 문제 ▶ 정답과 해설은 다음 페이지에

01

위 탐구에 대한 설명으로 옳은 것은 ○표, 옳지 <u>않은</u> 것은 ×로 표시하시오.

(1) 어림은 반드시 과학적인 사고 과정이나 자료를 바탕으로 한다.
(○ , ×)

(2) 측정 도구로 얻은 측정값은 참값이다. (○ , ×)

02

㉠에 알맞은 말을 쓰시오.

> 자연을 이해하는 데는 정확한 측정만큼이나 (㉠)도 중요하다. (㉠)을 통해 그 양이 어느 정도인지 가늠할 수 있어야 측정값이 가지는 의미를 올바르게 판단할 수 있기 때문이다.

1 측정과 측정 표준

1. 다음은 측정과 어림에 설명이다. 빈칸에 알맞은 말을 쓰시오.

(1) 측정은 어떤 대상의 물리량을 기준이 되는 양과 비교하여 수치와 (   )로 나타내는 것이다.

(2) 측정의 대상이 되는 양을 (   ), 측정에 의해 얻어지는 수치를 (   )이라고 한다.

(3) 어림은 (   ) 없이 현재 알고 있는 정보를 이용해 논리적인 추론으로 그 양의 근삿값을 얻는 것이다.

2. 다음 중 측정에 해당하는 것은 '측정', 어림에 해당하는 것은 '어림'이라고 쓰시오.

(1) 온도와 농도가 같은 묽은 염산과 수산화 나트륨 수용액을 부피를 달리하여 혼합한 후, 온도계를 이용하여 혼합 용액의 온도를 잰다.   (   )

(2) 암석의 밀도를 측정할 때 암석의 대략적인 부피와 질량을 예상하여 측정 도구의 크기와 측정 단위를 선택한다.   (   )

3. 측정 표준에 대한 설명으로 옳은 것은 ○, 옳지 <u>않은</u> 것은 ×표 하시오.

(1) 어떤 양을 측정할 때 공통으로 사용할 수 있는 단위에 대한 기준이다.   (○, ×)

(2) 단위는 국제단위계(SI)에서 정한 정의가 국제 공통의 표준으로 사용된다.   (○, ×)

(3) 일상생활에서 소리의 세기를 측정할 때 dB(데시벨) 단위를 사용한다.   (○, ×)

(4) 1 h(시간)은 세슘-133 원자에서 방출되는 빛이 9,192,631,770번 진동하는 데 걸리는 시간이다.
          (○, ×)

(5) 길이는 다른 물리량에 대한 표준의 기초로 사용되고 있다.   (○, ×)

p.20 확인 문제 [정답]

01 (1) ○ (2) ×

02 어림

2 정보와 디지털 기술

4. 다음은 신호와 정보에 대한 설명이다. 빈칸에 알맞은 말을 쓰시오.

(1) 자연계에서 (   )가 생길 때 여러 가지 신호가 발생한다.

(2) (   )는 자연의 신호를 측정하고 분석하여 의미 있는 형태로 만든 것이다.

(3) 센서는 자연의 다양한 신호를 (   ) 신호로 변환하는 소자이다.

5. 다음 장치에 활용되는 센서를 옳게 연결하시오.

(1)
적외선을 감지하는 비접촉형 체온계

(2)
초음파를 감지하는 자동차 후방 감지 시스템

(3)
미세한 가스를 감지하는 가스 누설 경보기

· ㉠ 온도 센서

· ㉡ 화학 센서

· ㉢ 음향 센서

6. 그림은 어떤 신호의 세기를 (가)와 (나)의 형태로 나타낸 것이다.

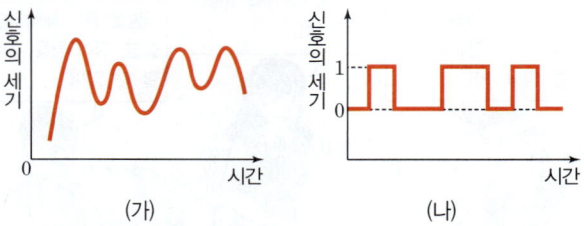

(가)   (나)

이에 대한 설명으로 옳은 것은 ○, 옳지 <u>않은</u> 것은 ×표 하시오.

(1) (가)는 아날로그 신호이다.   (○, ×)

(2) (나)는 신호의 미세한 부분까지도 표현할 수 있다.
          (○, ×)

(3) (가)는 (나)에 비해 신호의 가공이 어렵다.   (○, ×)

1 측정과 측정 표준

[01~02] 다음 물음에 답하시오. (출제 0순위 특강)

> 과학 탐구에서 어떤 양을 재는 활동을 (㉠)(이)라고 하며, 어떠한 양을 추정하는 활동을 (㉡)(이)라고 한다.

01 ✿✿✿ (단답형)

㉠과 ㉡에 들어갈 알맞은 단어를 쓰시오.

02 ✿✿✿ 중요

㉠과 ㉡의 예로 옳게 짝지은 것은?

① ㉠ – 습도계를 이용해 현재 습도를 확인한다.
② ㉠ – 공룡의 키와 무게 사이의 관계를 이용해 공룡의 무게를 구한다.
③ ㉠ – 별의 질량과 밝기의 관계를 이용하여 태양의 질량을 구한다.
④ ㉡ – 메스 실린더를 이용해 액체의 부피를 잰다.
⑤ ㉡ – 전자저울을 이용해 시료의 무게를 잰다.

03 ✿✿✿　　　　　　　2025 실시 6월 학평 1 (고1)

다음은 측정과 어림에 대한 세 학생의 대화이다.

제시한 내용이 옳은 학생만을 있는 대로 고른 것은? [1.5점]

① A　② C　③ A, B　④ B, C　⑤ A, B, C

04 ✿✿✿　　　　　　　2025 실시 10월 학평 1 (고1)

그림은 측정 도구 (가)와 (나)를 나타낸 것이다.

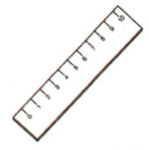　　　　

(가) 최소 단위가 1 cm인　　(나) 최소 단위가 0.1 mm인
　　막대자　　　　　　　　　　레이저 길이 측정기

이에 대한 설명으로 옳은 것만을 [보기]에서 있는 대로 고른 것은? [1.5점]

> [보기]
> ㄱ. (가)로 원자의 크기를 정확하게 측정할 수 있다.
> ㄴ. (나)는 빛의 속력을 이용하여 길이를 측정한다.
> ㄷ. (나)는 (가)보다 정밀한 길이 측정 도구이다.

① ㄱ　② ㄷ　③ ㄱ, ㄴ　④ ㄴ, ㄷ　⑤ ㄱ, ㄴ, ㄷ

05 ✿✿✿　　　　　　　2025 실시 6월 학평 4 (고1)

그림 (가) ~ (다)는 자연에서 일어나는 현상을 나타낸 것이다.

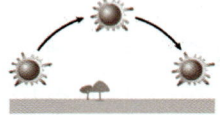　　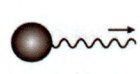

(가) 낮 동안 태양의 위치　(나) 사람의 심장박동　(다) 세슘 원자에서 나오는
　　변화　　　　　　　　　　　　　　　　　　　　　　빛(전자기파)의 진동

이에 대한 설명으로 옳은 것만을 [보기]에서 있는 대로 고른 것은? [1.5점]

> [보기]
> ㄱ. 해시계는 (가)를 이용한 것이다.
> ㄴ. 현재 국제 공통의 시간 측정 표준은 (나)를 이용한다.
> ㄷ. (가)를 이용한 시간 측정이 (다)를 이용한 시간 측정보다 정확하다.

① ㄱ　② ㄴ　③ ㄱ, ㄷ　④ ㄴ, ㄷ　⑤ ㄱ, ㄴ, ㄷ

2 정보와 디지털 기술

06 ✿✾✾
2025 실시 6월 학평 6 (고1)

그림은 도로에서 발생한 소리를 스마트폰으로 측정한 결과를 나타낸 화면의 일부이다.

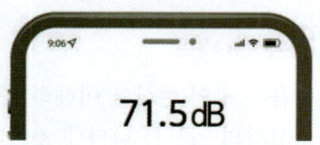

이에 대한 설명으로 옳은 것만을 [보기]에서 있는 대로 고른 것은? [1.5점]

─[보기]─
ㄱ. 도로에서 발생한 소리는 디지털 신호이다.
ㄴ. 이 스마트폰에는 소리를 전기 신호로 바꾸는 센서가 있다.
ㄷ. dB (데시벨)은 소리의 세기를 나타낼 때 사용하는 단위이다.

① ㄱ   ② ㄴ   ③ ㄱ, ㄷ   ④ ㄴ, ㄷ   ⑤ ㄱ, ㄴ, ㄷ

07 ✿✿✾
2025 실시 6월 학평 7 (고1)

그림 (가)는 자연에서 발생한 신호를, (나)는 (가)를 전기 신호로 변환한 것의 일부를 나타낸 것이다. (가)와 (나)는 각각 디지털 신호와 아날로그 신호 중 하나이다.

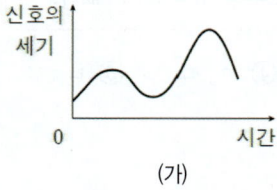
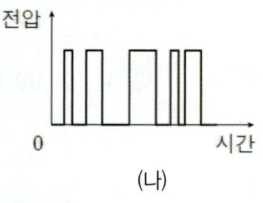

(가)   (나)

이에 대한 설명으로 옳은 것만을 [보기]에서 있는 대로 고른 것은? [1.5점]

─[보기]─
ㄱ. (가)는 아날로그 신호이다.
ㄴ. (나)는 연속적인 값으로 나타낸 신호이다.
ㄷ. (나)가 (가)보다 전송 과정에서 손상되기 쉽다.

① ㄱ   ② ㄷ   ③ ㄱ, ㄴ   ④ ㄴ, ㄷ   ⑤ ㄱ, ㄴ, ㄷ

08 ✿✿✾ 서술형

아날로그 정보를 디지털 정보로 변환하는 기술의 장점을 디지털 신호의 특징과 관련하여 두 가지 서술하시오.

---

09 ✿✿✿
2025 실시 9월 학평 3 (고1)

그림은 물통에 모인 빗물의 무게를 깊이로 환산하여 1시간 간격으로 강우량을 측정하는 디지털 우량계를 나타낸 것이다.

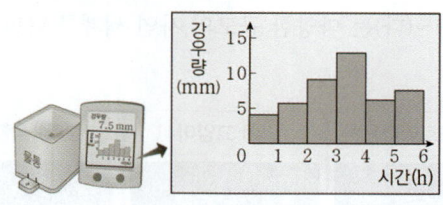

이에 대한 설명으로 옳은 것만을 [보기]에서 있는 대로 고른 것은? [1.5점]

─[보기]─
ㄱ. 화면에 나타나는 강우량 측정값은 연속적이다.
ㄴ. 디지털 우량계에는 아날로그 형태의 신호를 전기 신호로 바꾸는 센서가 있다.
ㄷ. 디지털 정보는 아날로그 정보보다 저장이나 전송할 때 손상되기 쉽다.

① ㄱ   ② ㄴ   ③ ㄱ, ㄷ   ④ ㄴ, ㄷ   ⑤ ㄱ, ㄴ, ㄷ

10 ✿✿✿ 중요
학력 평가 기출

그림 (가)는 아날로그 신호를 디지털 신호로 기록한 것이고, (나)는 저장된 디지털 신호를 재생하는 것을 나타낸 것이다.

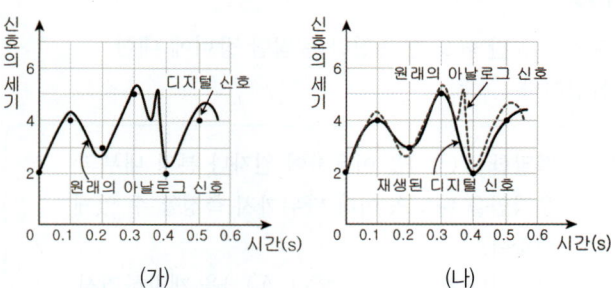

(가)   (나)

이에 대한 설명으로 옳은 것만을 [보기]에서 있는 대로 고른 것은?

─[보기]─
ㄱ. (가)에서 디지털 신호로 기록하는 시간 간격을 줄이면 왜곡을 줄일 수 있다.
ㄴ. 아날로그 신호를 디지털 신호로 기록할 때는 왜곡이 생기지 않는다.
ㄷ. 디지털 신호는 아날로그 신호보다 항상 작은 세기로 기록된다.

① ㄱ   ② ㄷ   ③ ㄱ, ㄴ   ④ ㄴ, ㄷ   ⑤ ㄱ, ㄴ, ㄷ

01 과학의 기본량

01 ✽❀❀

그림 (가)~(다)는 다양한 규모의 자연 세계를 나타낸 것이다.

(가) 안드로메다은하	(나) 고양이	(다) 적혈구
나이 100억 년	평균 수명 15년	수명 120일
지름 22만 광년	평균 몸길이 0.6 m	지름 7×10^{-6} m

이에 대한 옳은 설명만을 [보기]에서 있는 대로 고른 것은?

[보기]
ㄱ. 시간 규모는 (가)가 (나)보다 크다.
ㄴ. (나)는 미시 세계에 해당한다.
ㄷ. 공간 규모는 (다)가 가장 작다.

① ㄱ　② ㄴ　③ ㄱ, ㄷ　④ ㄴ, ㄷ　⑤ ㄱ, ㄴ, ㄷ

02 ✽❀❀ 단답형

다음은 공간 규모를 측정하는 첨단 장비에 대한 설명이다.

○ 정밀한 (㉠)을 이용하여 원자나 분자 내부의 움직임을 나노초 이하 단위까지 측정할 수 있게 되었다.
○ 허블이나 제임스 웹 같은 (㉡)을 개발하면서 멀리 있는 천체의 나이와 거리를 더 정확하게 측정할 수 있게 되었다.

㉠과 ㉡에 들어갈 알맞은 단어를 쓰시오.

03 ✽✽❀

다음 중 유도량과 단위를 옳게 짝지은 것은?

① 넓이 – m^3
② 속력 – m/s^2
③ 밀도 – $kg/m \cdot s^2$
④ 압력 – $kg \cdot m/s^2$
⑤ 에너지 – $kg \cdot m^2/s^2$

04 ✽✽✽

다음은 자연 현상을 이해하기 위해 여러 요인을 측정한 보고서의 일부를 나타낸 것이다.

○ 탐구 주제: 미세 먼지 농도에 영향을 주는 요인은 무엇일까?
○ 측정 날짜: 20○○년 ○○월 ○○일
○ 측정 장소: 과학실

측정 시각	미세 먼지 농도 ($\mu g/m^3$)	기온 (℃)	습도 (%)	풍속 (m/s)
9시	16	19	57	2.3
10시	15	19	52	3.6
11시	12	20	50	6.6
…	…	…	…	…

이에 대한 옳은 설명만을 [보기]에서 있는 대로 고른 것은?

[보기]
ㄱ. 보고서에 있는 기본량의 개수는 2개다.
ㄴ. 풍속의 단위는 유도량의 단위이다.
ㄷ. 미세 먼지 농도는 기본량만으로 유도할 수 없다.

① ㄱ　② ㄴ　③ ㄷ　④ ㄱ, ㄷ　⑤ ㄴ, ㄷ

05 ✽❀❀

시간과 공간에 대한 옳은 설명만을 [보기]에서 있는 대로 고른 것은?

[보기]
ㄱ. 현대에는 세슘 원자 시계로 보다 정밀하게 시간을 측정할 수 있다.
ㄴ. 현대에는 GPS를 이용하여 넓은 영역을 측정할 수 있으나, 미세한 이동 거리는 측정할 수 없다.
ㄷ. 다양한 규모의 시간과 공간의 측정으로 인간의 경험 범위가 축소되었다.

① ㄱ　② ㄴ　③ ㄱ, ㄷ　④ ㄴ, ㄷ　⑤ ㄱ, ㄴ, ㄷ

02 과학의 측정과 우리 사회

06 ✽✿✿

다음은 우리나라에서 측정 표준이 활용된 사례에 대한 내용이다.

> ○ 온도를 (㉠) 단위로 측정하여 최고 체감 온도가
> 33 (㉠) 이상인 상태로 2일 이상 지속되면
> 폭염주의보를 발령한다.
> ○ 자동차의 속도를 (㉡)/h 단위로 측정하며
> 제한된 속도 이상으로 주행하는 자동차를
> 단속한다.

이에 대한 옳은 설명만을 [보기]에서 있는 대로 고른 것은?

> ─────[보기]─────
> ㄱ. ㉠은 °F(화씨도)이다.
> ㄴ. ㉡은 km(킬로미터)이다.
> ㄷ. ㉠과 ㉡은 국제 표준 단위(SI)이다.

① ㄱ   ② ㄴ   ③ ㄱ, ㄴ   ④ ㄴ, ㄷ   ⑤ ㄱ, ㄴ, ㄷ

[07~08] 다음 제시문을 읽고 물음에 답하시오.

> 1999년, 미국 항공 우주국과 항공기 제작 회사가
> 협력하여 만든 화성 기후 궤도선이 화성 궤도에
> 진입하는 과정에서 예상한 위치와 다른 곳에 진입하여
> 대기와 마찰을 일으켜 파괴되었다.
> 이는 두 기관이 협업하면서 우주선의 비행 명령에
> 서로 다른 측정 단위를 사용하였기 때문이다.
> ㉠ 힘의 단위로 미국 항공 우주국은 국제단위계에서
> 정의한 단위인 (㉡)(을)를, 항공기 제작 회사는
> 야드파운드법에서 정의한 단위인 파운드힘(lbf)을
> 사용하였다.

07 ✽✿✿

이에 대한 옳은 설명만을 [보기]에서 있는 대로 고른 것은?

> ─────[보기]─────
> ㄱ. ㉠은 기본량이다.
> ㄴ. ㉡은 kg/m·s²이다.
> ㄷ. 두 기관이 사용한 단위 중 국제 표준은 미국 항공
>   우주국이 사용한 단위이다.

① ㄱ   ② ㄷ   ③ ㄱ, ㄴ   ④ ㄴ, ㄷ   ⑤ ㄱ, ㄴ, ㄷ

08 ✽✿✿ [서술형]

위 제시문과 관련하여 과학 탐구에서 단위의 통일이 중요한 까닭을 서술하시오.

09 ✽✽✽ 중요 학력 평가 기출

그림 (가)는 전화 통화를 하는 동안 두 변환기를 통해 정보가 전달되는 과정을, (나)는 이 과정에서 사용되는 신호 A, B를 나타낸 것이다. 변환기는 A를 B로, 또는 B를 A로 변환시키는 장치이다.

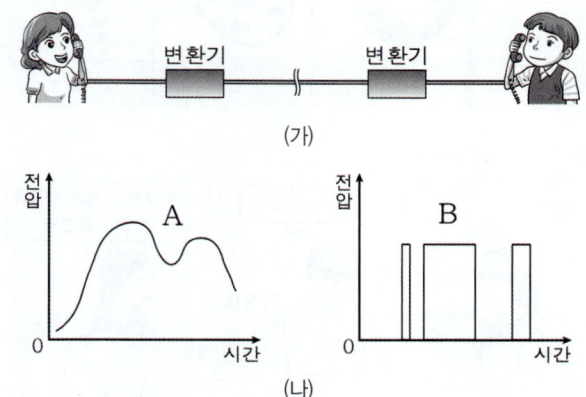

이에 대한 옳은 설명만을 [보기]에서 있는 대로 고른 것은?

> ─────[보기]─────
> ㄱ. A는 불연속적인 신호이다.
> ㄴ. 두 변환기 사이에서 사용되는 신호는 B이다.
> ㄷ. 정보를 멀리 전송할 때 B는 A에 비해 정보의
>   왜곡이 적다.

① ㄱ   ② ㄴ   ③ ㄷ   ④ ㄱ, ㄷ   ⑤ ㄴ, ㄷ

10 ✽✿✿

아날로그 신호와 이를 감지하는 센서를 옳게 짝지은 것을 [보기]에서 있는 대로 고른 것은?

> ─────[보기]─────
> ㄱ. 물체의 온도 변화를 인식 – 화학 센서
> ㄴ. 물체의 속도 변화를 감지 – 가속도 센서
> ㄷ. 누르는 힘을 감지 – 압력 센서

① ㄱ   ② ㄴ   ③ ㄱ, ㄷ   ④ ㄴ, ㄷ   ⑤ ㄱ, ㄴ, ㄷ

★ 기본량과 단위

다음 유형은 다양한 규모와 기본량 및 단위에 대한 개념을 이해하는지 묻는 형태로 주로 출제된다.

다음은 지구, 동물 세포, 리튬(Li) 원자에 대한 자료와 이에 대한 학생들의 대화이다.

2028 대비 수능 예시 (1차)

구분	지구	동물 세포	리튬(Li)
모형	핵	핵	핵 (+3)
핵의 지름(m)	x	y	z

학생 A: 핵의 지름은 모두 길이에 해당하는 기본량으로 나타내.

학생 B: $x > y > z$야.

학생 C: 핵의 부피는 핵의 지름과 같은 단위로 표현돼.

제시한 내용이 옳은 학생만을 있는 대로 고른 것은?

① A ② C ③ A, B ④ B, C ⑤ A, B, C

단서 + 발상

(단서) 지구, 동물 세포, 리튬(Li) 원자에 대한 자료가 제시되어 있다.

(발상) 원자와 우주의 규모를 공간 차원에서 비교하고 있음을 추론할 수 있다.

(적용) 공간 차원의 기본량인 길이(m)로부터 부피(m^3) 개념이 도출됨을 적용해서 자료를 이해하는 것부터 문제 풀이를 시작해야 한다.

|문제 + 자료 분석|

- **미시 세계**: 원자, 분자, 이온과 같이 아주 작은 물체나 현상을 다루는 세계 ➡ 리튬 원자
- **거시 세계**: 사과나무, 태풍, 지진과 같이 큰 물체나 현상을 다루는 세계 ➡ 지구, 동물 세포
- 핵의 지름은 m(미터)의 단위로 제시되어 있다.
  ➡ m(미터)는 길이의 SI 단위이다.

|선택지 분석|

③ 학생 A: 핵의 지름을 나타내는 기본량은 [1]이며, 길이의 단위는 미터(m)이다. ➡ 옳음

학생 B: 지구에 동물이 살고 있고, 동물은 세포로 구성되어 있으며, 세포의 여러 물질은 원자로 이루어져 있다. 따라서 x [2] y [2] z이다. ➡ 옳음

학생 C: 부피를 나타내는 단위는 [3]이다. 지름을 나타내는 기본량은 길이이며 단위는 미터(m)이다. 따라서 서로 다른 단위로 표현된다. ➡ 옳지 않음

∴ 정답은 ③ A, B이다.

★ 기본량과 단위 .... ✪ 핵심 개념

- **기본량**: 다른 물리량을 활용하여 표현할 수 없는 가장 기본이 되는 물리량이다. 시간, 길이, 질량, 전류, 온도, 광도, 물질량으로 총 7개가 있다.
- **기본량의 SI 단위**: 국제단위계(SI)에 따라 기본 단위를 정해 사용한다.

기본량	단위
시간	s(초)
길이	m(미터)
질량	kg(킬로그램)
전류	A(암페어)
온도	K(켈빈)
광도	cd(칸델라)
물질량	mol(몰)

👀 대비법 ------------------------------

이 유형을 대비하기 위해서는 우주에서 벌어지는 다양한 현상을 적절한 물리량과 단위로 표현해 보는 것이 필요하다.

과학의 기본량으로 시간, 길이, 질량, 전류, 온도 등이 있으며 이러한 기본량으로부터 도출된 유도량에는 부피, 속력, 농도 등이 있음을 이해하고, 각 물리량을 정확한 단위로 표현할 수 있어야 한다.

[정답]

1 길이 **2** > **3** 세제곱미터(m^3)

01 ✿✿✿
2028 대비 수능 예시 3 (2차)

다음은 구리를 이용한 실험이다.

> **〈실험 과정 및 결과〉**
> (가) 그림과 같이 한 변의 ㉠ 길이
> 가 1 cm인 정육면체의 구리
> 를 준비하였다.
>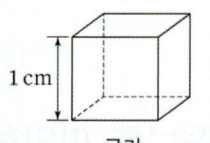
> 1 cm
> 구리
> (나) 전자저울을 이용하여 (가)에
> 서 준비한 구리의 ㉡ 질량을 측정하였더니 9 g이
> 었다.
> (다) (가)에서 준비한 구리와 ㉢ 온도가 같은 물 10 mL가
> 담긴 눈금실린더에 구리를 완전히 잠기도록 넣고
> 눈금을 읽었더니 11 mL이었다.

이에 대한 설명으로 옳은 것만을 [보기]에서 있는 대로
고른 것은? [1.5점]

> **[보기]**
> ㄱ. ㉢은 기본량이다.
> ㄴ. 밀도는 ㉠과 ㉡으로부터 유도되는 물리량이다.
> ㄷ. 1 mL와 1 cm³는 같은 부피이다.

① ㄱ   ② ㄷ   ③ ㄱ, ㄴ   ④ ㄴ, ㄷ   ⑤ ㄱ, ㄴ, ㄷ

02 ✿✿✿
2028 대비 수능 예시 10 (2차)

표는 전기 에너지를 생산하는 발전소 A, B, C에 대한 자
료이다.

발전소	발전 방식	특징
A	수력 발전	높은 곳에서 떨어지는 물의 역학적 에너지 10 MJ당 8 MJ의 전기 에너지를 생산한다.
B	태양광 발전	태양 전지를 비추는 빛의 에너지가 1 kJ일 때, 200 J의 전기 에너지를 생산한다.
C	화력 발전	1 g당 20 kJ의 화학 에너지를 가진 화석 연료 1 kg을 사용하여 8 MJ의 전기 에너지를 생산한다.

공급된 에너지의 양이 같을 때, A, B, C에서 생산하는
전기 에너지의 양을 옳게 비교한 것은? [1.5점]

① A>B>C   ② A>C>B   ③ B>A>C
④ B>C>A   ⑤ C>A>B

03 ✿✿✿
2028 대비 수능 예시 2 (2차)

표는 길이의 측정 표준 A, B, C에 대한 내용이다.

측정 표준	1 m의 정의
A	0 ℃일 때, 백금–이리듐 합금으로 만든 미터원기에 표시된 두 선 사이의 거리
B	진공에서 빛이 $\frac{1}{299\ 792\ 458}$초 동안 진행하는 거리
C	지구 자오선의 일부분을 이동하면서 측정한 거리와 위도를 이용하여 계산한 북극에서 적도까지 거리의 $\frac{1}{10\ 000\ 000}$

이에 대한 설명으로 옳은 것만을 [보기]에서 있는 대로
고른 것은? [1.5점]

> **[보기]**
> ㄱ. A의 미터원기는 온도가 달라지면 길이가 변한다.
> ㄴ. B에는 시간을 정확하게 측정하는 기술이 필요하다.
> ㄷ. 길이의 측정 표준은 C → A → B 순으로 바뀌었다.

① ㄱ   ② ㄷ   ③ ㄱ, ㄴ   ④ ㄴ, ㄷ   ⑤ ㄱ, ㄴ, ㄷ

04 ✿✿✿
학력 평가 기출

그림은 스캐너를 사용하여 바코드에 기록된 정보를 읽는
과정이다. 스캐너 안에 있는 신호 변환기는 바코드에서
반사된 빛 신호 A를 전기 신호 B로 바꾸어 준다.

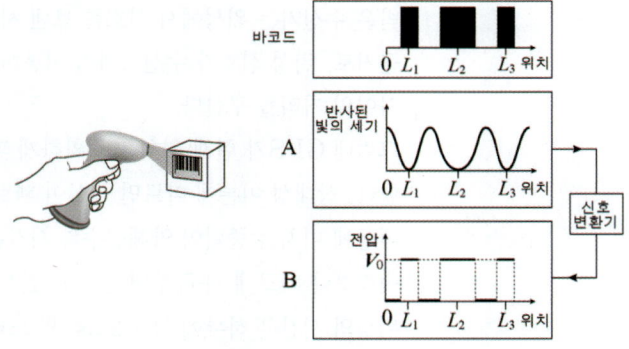

이에 대한 설명으로 옳은 것만을 [보기]에서 있는 대로
고른 것은? [3점]

> **[보기]**
> ㄱ. 바코드의 검은색 부분은 B에서 전압이 V_0으로
>   나타난다.
> ㄴ. 신호 변환기에서는 아날로그 신호가 디지털
>   신호로 변환된다.
> ㄷ. 컴퓨터는 B를 이진수로 인식하여 정보를
>   처리한다.

① ㄱ   ② ㄴ   ③ ㄱ, ㄴ   ④ ㄱ, ㄷ   ⑤ ㄱ, ㄴ, ㄷ

"GPS는 어떻게 위치 정보를 파악할까?"

GPS(Global Positioning System) 위성은 일정한 속력으로 정해진 궤도를 돌면서, 자신의 위치 정보 및 시각 정보를 담은 신호를 지구로 송신한다. 이 신호를 받은 수신기는 위성에서 신호를 보낸 시각과 자신이 신호를 받은 시각의 차이를 근거로, 위성 신호가 수신기까지 이동하는 데 걸린 시간을 계산하여 위성과 수신기 사이의 거리를 구한다.

그런데 GPS가 현재 위치를 정확하게 파악하기 위해서는 상대성 이론을 고려해야 한다. 상대성 이론에 따르면 대상이 빠르게 움직일수록 시간은 느리게 흐르고, 대상에 미치는 중력이 약해질수록 시간은 빠르게 흐른다. 실제로 위성은 지구의 자전 속력보다 빠르게 지구 주변을 돌고 있기 때문에 지표면에 비해 시간이 느리게 흘러, 위성의 시간은 하루에 약 $7.2\ \mu s$*씩 느려지게 된다. 또한 위성은 약 $20,000\ km$ 이상의 상공에 있기 때문에 중력이 지표면보다 약하게 작용해 지표면에 비해 시간이 하루에 약 $45.8\ \mu s$씩 빨라지게 된다.

그 결과 GPS 위성에 있는 원자시계의 시간은 지표면의 시간에 비해 매일 약 $38.6\ \mu s$씩 빨라진다. 이러한 차이는 하루에 약 $11\ km$의 오차를 발생시킨다. 이 때문에 위치를 정확하게 구하기 위해서는 GPS 위성에 탑재된 원자시계의 시간을 지표면의 시간과 일치하도록 조정해야 한다. 　　　　　　　　　　고1 독서 학력 평가 기출 활용

* μs(마이크로초): 1초의 100만분의 1

Ⅱ 물질과 규칙성

1. 우주와 원소의 생성

우린 어느 별에서 왔을까?

별에서 오다니? 우린 지구에서 살고 있잖아.

지구도, 너희도 별에서 만들어진 원소로 이루어진 거라고!

  **03** # 우주의 시작과 원소의 생성

중요도

1 우주의 시작과 빅뱅 우주론

1. 우주의 팽창: 허블은 외부 은하들의 스펙트럼을 관측하여 우주가 팽창하고 있다는 사실을 발견하였다. ➡ 빅뱅❶ 우주론과 정상 우주론이 등장하였다.

2. 빅뱅 우주론과 정상 우주론

(1) **빅뱅**(대폭발) **우주론**: 약 138억 년 전, 온도와 밀도가 매우 높은 한 점에서 빅뱅(대폭발)이 일어나 우주가 탄생한 후 계속 팽창하고 있다는 우주론

(2) **정상 우주론**: 우주가 팽창하는 동안 빈 공간에서 계속 물질이 생성되어 우주는 항상 같은 밀도를 유지한다는 우주론

구분	빅뱅 우주론	정상 우주론
모형		
주장한 과학자	가모프 등	호일 등
팽창 여부	팽창	팽창
질량	일정	증가
밀도, 온도	감소	일정

(3) **빅뱅 우주론의 확립**: 빅뱅 우주론의 증거가 관측되면서 지지를 받게 되었다.❷

3. 우주 초기 원소의 생성

(1) **물질을 구성하는 입자**: 모든 물질은 원자로, 원자는 원자핵과 전자로, 원자핵은 양성자와 중성자로, 양성자와 중성자는 쿼크로 이루어져 있다.

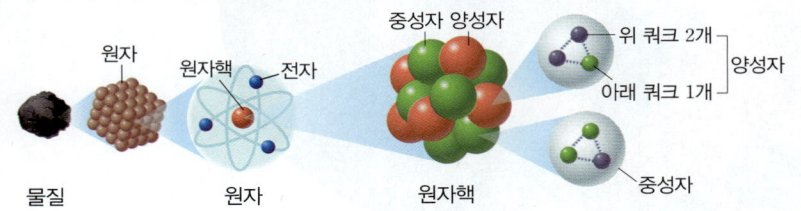

▲ 물질을 구성하는 입자

기본 입자❸ (쿼크, 전자)	• 더 이상 분해할 수 없는 가장 작은 입자로, 쿼크, 전자 등이 있다. • 쿼크는 위 쿼크와 아래 쿼크 등이 있다. • 전자는 음(−)전하를❹ 띤다.
양성자, 중성자	• 쿼크 3개가 결합한 입자이다. • 양성자는 양(+)전하를 띠고, 중성자는 전기적으로 중성이다. • 양성자와 중성자의 질량은 비슷하다.
원자핵	• 양성자와 중성자로❺ 이루어진 입자이다. • 원자핵은 양(+)전하를 띤다. 양성자는 양전하를 띠고, 중성자는 전하를 띠지 않기 때문
원자	• 원자핵과 전자로 이루어진 입자이다. • 원자는 전기적으로 중성이다. 원자를 이루는 양성자수와 전자 수가 같다. • 원자 질량의 대부분은 원자핵의 질량이다.

── 최초의 입자

➕ 용어

❶ **빅뱅** (Big Bang)
'크게 꽝' 하는 대폭발로 우주가 생겨났다는 뜻으로, 정상 우주론을 주장한 호일이 빅뱅 우주론을 비판하면서 처음 사용했다.

➕ 개념

❷ **빅뱅 우주론의 확립 과정**

우주는 정지해 있다. (아인슈타인)	vs.	우주는 팽창한다. (프리드만)

↓

우주 팽창의 증거 관측 (허블의 외부 은하 관측)

↓

빅뱅 우주론 (가모프)	vs.	정상 우주론 (호일)

↓

빅뱅 우주론의 증거 관측 (펜지어스와 윌슨의 관측)

❸ **기본 입자의 종류**

쿼크 (6종류)	위, 아래, 맵시, 기묘(야릇한), 꼭대기, 바닥
경입자 (6종류)	전자, 전자 중성미자 등

➕ 용어

❹ **전하** (electric charge)
물체가 가지고 있는 전기적 성질로, 양(+)전하와 음(−)전하로 나뉜다.

➕ 개념

❺ **원자핵을 구성하는 양성자와 중성자**
• **양성자**: 양성자수에 따라 원소가 정해진다.
  ㉑ 양성자수 1: 수소
     양성자수 2: 헬륨
• **중성자**: 양성자 사이의 반발력을 줄여 원자핵을 안정하게 유지시킨다.

(2) **빅뱅과 입자의 생성**⭐: 빅뱅 이후 우주가 팽창하여 우주의 온도가 낮아지면서 기본 입자가 생성되었고, 점차 무거운 입자가 생성되었다.

★ 암기

⭐ **빅뱅 우주에서 입자의 생성 순서**
기본 입자 → 양성자, 중성자 →
헬륨 원자핵 → 원자

― 우주의 크기 증가, 온도와 밀도 감소 →

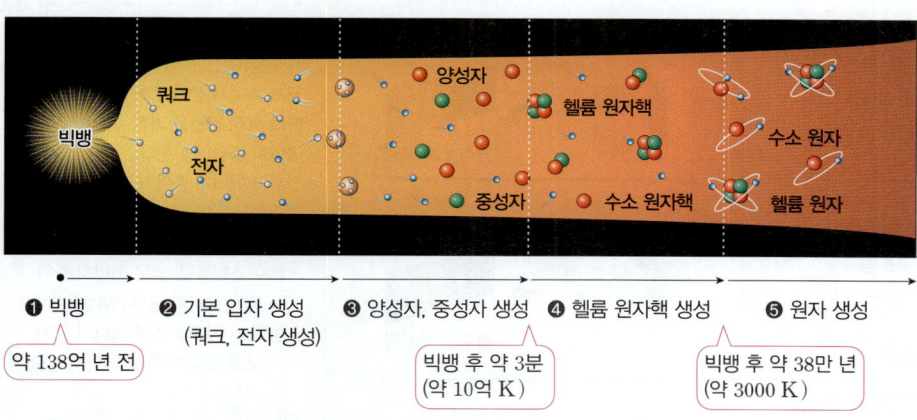

① 빅뱅   ② 기본 입자 생성   ③ 양성자, 중성자 생성   ④ 헬륨 원자핵 생성   ⑤ 원자 생성
　　　　　　(쿼크, 전자 생성)

약 138억 년 전   빅뱅 후 약 3분   빅뱅 후 약 38만 년
　　　　　　　　　　(약 10억 K)   (약 3000 K)

▲ 빅뱅 이후 입자의 생성 과정

✪ **빅뱅과 입자의 생성**

생성 입자	우주의 나이	우주의 온도	특징
기본 입자	빅뱅 직후	약 1000조 K❶	• 우주가 급격히 팽창하면서 온도가 낮아졌고, 쿼크❷, 전자 등의 기본 입자가 생성되었다.
양성자, 중성자	10^{-6}초	약 100억 K	• 우주의 온도가 더 낮아지면서 쿼크 3개가 결합하여 양성자와 중성자가 생성되었다. • 양성자와 중성자의 생성 초기에는 개수가 비슷하였으나 점차 중성자에 비해 양성자의 개수가 많아졌다. 양성자와 중성자의 개수비 $1:1 \rightarrow 7:1$ • 양성자 1개는 그 자체로 수소 원자핵이다.

양성자	중성자
위 쿼크 / 아래 쿼크	
• 구성 입자: 위 쿼크 2개 +아래 쿼크 1개	• 구성 입자: 위 쿼크 1개 +아래 쿼크 2개
• 전하량: +1	• 전하량: 0
$\left(+\frac{2}{3}\right)+\left(+\frac{2}{3}\right)+\left(-\frac{1}{3}\right)=+1$	$\left(+\frac{2}{3}\right)+\left(-\frac{1}{3}\right)+\left(-\frac{1}{3}\right)=0$

생성 입자	우주의 나이	우주의 온도	특징
헬륨 원자핵	약 3분	약 10억 K	• 빅뱅 약 3분 후, 양성자 2개와 중성자 2개가 결합하여 헬륨 원자핵이 생성되었다. ❸ • 수소 원자핵과 헬륨 원자핵의 질량비는 약 3 : 1이었다. • 전자와 원자핵이 공간을 가득 채워 빛이 자유롭게 진행할 수 없었다. ➡ 불투명한 우주
원자	약 38만 년	약 3000 K	• 빅뱅 약 38만 년 후, 우주의 온도가 약 3000 K으로 낮아지면서 전자가 원자핵과 결합하여 수소 원자와 헬륨 원자가 생성되었다. • 전자가 원자핵과 결합하여 빛이 자유롭게 퍼져나갈 수 있게 되었다. ➡ 투명한 우주

전자 / 양성자 (수소 원자핵)　　　　원자핵 / 전자 / 양성자 / 중성자

▲ 수소 원자　　　▲ 헬륨 원자

➕ 개념

❶ **K (켈빈)**
절대 온도의 단위로, 절대 온도와 섭씨온도는 다음과 같은 관계가 있다.

절대 온도(K)
=섭씨온도(℃)+273.15

❷ **쿼크의 전하량**
전자의 전하량을 −1이라 할 때 위 쿼크의 전하량은 $+\frac{2}{3}$, 아래 쿼크의 전하량은 $-\frac{1}{3}$이다.

❸ **헬륨보다 무거운 원소의 생성**
우주 초기에 헬륨 원자핵이 생성되는 동안 우주의 온도가 계속 낮아져 헬륨 원자핵보다 무거운 원소는 거의 생성되지 못하고 별이 탄생한 이후 별의 진화 과정에서 생성되었다.

2 스펙트럼과 우주의 원소 분포

1. 스펙트럼: 빛이 분광기를❶ 통과할 때 파장에 따라 나누어져 나타나는 색의 띠
보라에서 빨강으로 갈수록 파장이 길고, 굴절률이 작다.

2. 스펙트럼의 종류❷

연속 스펙트럼	고온의 광원이 빛을 방출할 때, 모든 파장에서 연속적인 색의 띠가 나타나는 스펙트럼 예 고온의 천체, 백열등	광원 슬릿 연속 스펙트럼
흡수 스펙트럼	고온의 광원에서 방출된 빛이 저온의 기체를 통과할 때 기체가 특정 파장의 빛을 흡수하여 나타나는 스펙트럼 ➡ 연속 스펙트럼에 검은색 흡수선이 나타난다. 예 저온의 기체를 통과한 별빛	저온의 기체 광원 흡수 스펙트럼
방출 스펙트럼 (선 스펙트럼)	고온의 기체에서 특정 파장의 빛을 방출할 때 나타나는 스펙트럼 ➡ 검은 바탕에 방출선이 나타난다. 예 기체 방전관, 고온의 천체 주변에서 가열된 기체가 방출하는 빛	고온의 기체 방출 스펙트럼

3. 스펙트럼을 이용한 우주의 원소 분석: 우주에 대한 정보는 대부분 빛을 통해 전달되며, 스펙트럼을 이용해 우주의 원소 분포를 알 수 있다.

(1) 원소의 스펙트럼

① 원소의 종류에 따라 스펙트럼에 나타나는 선의 위치(파장), 수 등이 다르다.
➡ 우주에서 오는 별빛의 스펙트럼을 분석하면 우주의 원소 분포를 파악할 수 있다.

② 동일한 원소에서 관찰되는 흡수선과 방출선은 같은 위치(파장)에서 나타난다.

(2) 별빛의 스펙트럼 분석

① 원소의 종류: 별빛의 스펙트럼과 원소의 스펙트럼을 비교하면 우주의 구성 원소를 알 수 있다.

② 원소의 질량비: 별빛의 스펙트럼에 나타나는 흡수선의 세기는 별을 구성하는 원소의 밀도에 비례하므로 각 흡수선의 세기(선폭)를 비교하면 구성 원소의 질량비를 알 수 있다.

✚ 용어

❶ 분광기 (分: 나누다 光: 빛 機: 장치)
빛을 파장별로 분해하는 장치

✚ 개념

❷ 흡수 스펙트럼과 방출 스펙트럼이 나타나는 원리

원자 속에서 전자의 에너지는 위치에 따라 특정 값만을 가질 수 있는데, 이를 에너지 준위라고 한다.
전자의 에너지 준위가 달라질 때 빛을 흡수하거나 방출하여 선 스펙트럼이 나타난다.

• 흡수 스펙트럼: 낮은 에너지 준위 → 높은 에너지 준위 (에너지 흡수)
• 방출 스펙트럼: 높은 에너지 준위 → 낮은 에너지 준위 (에너지 방출)

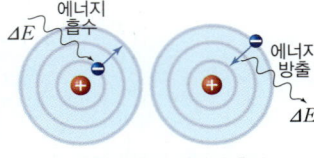

▲ 전자 이동과 에너지 출입

❸ 태양의 스펙트럼

태양과 같은 고온의 물체는 분광기로 관측하면 연속 스펙트럼으로 나타나지만, 태양의 저온의 대기층을 통과하는 동안 특정 파장의 빛이 흡수되므로 정밀하게 관측하면 흡수 스펙트럼으로 나타난다.
19세기 초 프라운호퍼는 최초로 태양의 스펙트럼에서 수백 개의 흡수선을 발견하였다. 이후 과학자들은 태양의 흡수선(프라운호퍼선)을 분석하여 태양이 수소, 헬륨, 나트륨 등 다양한 원소로 구성되어 있음을 알아냈다.

✪ 스펙트럼의 관찰과 분석

[과정]

수소, 헬륨, 네온, 나트륨 등 다양한 기체가 들어 있는 기체 방전관과 햇빛을 분광기로 관찰한다.

[결과 및 정리]

❶ **기체 방전관 관측**: 검은 바탕에 몇 개의 밝은 선(방출선)이 나타나고(방출 스펙트럼), 원소마다 방출선의 위치, 개수, 굵기가 다르게 나타난다.
➡ 원소의 종류를 알 수 있다.

❷ **태양의 스펙트럼❸ 관측**: 연속 스펙트럼에 다양한 흡수선이 나타난다(흡수 스펙트럼).

❸ **태양의 스펙트럼과 원소의 스펙트럼 비교**: 태양의 흡수선의 위치가 수소, 헬륨, 나트륨의 방출선 위치와 같다.
➡ 태양의 대기는 수소, 헬륨, 나트륨 등으로 이루어져 있다.

❹ **정리**: 같은 방법으로 우주에서 오는 여러 별빛의 스펙트럼을 분석하면 우주 전역에 존재하는 원소를 알 수 있다.

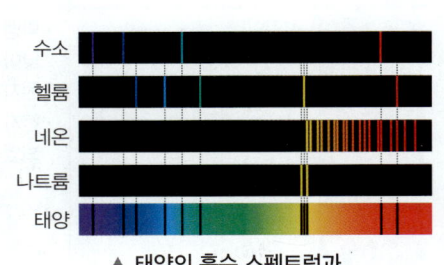

수소
헬륨
네온
나트륨
태양

▲ 태양의 흡수 스펙트럼과 원소의 방출 스펙트럼 비교

4. 우주의 원소 분포 출제 ○순위 특강 p.33

(1) **구성 원소**: 우주를 구성하는 원소의 대부분은 수소(H)와 헬륨(He)이다.❶

(2) **수소와 헬륨 질량비의 예측과 관측**

① 빅뱅 우주론의 예측: 빅뱅 후 생성된 수소 원자핵과 헬륨 원자핵의 질량비는 약 3 : 1이 될 것으로 예측하였다.

② 별빛의 스펙트럼 분석 결과: 여러 별빛의 스펙트럼을 분석한 결과 우주에는 수소가 약 74 %, 헬륨이 약 24 %의 질량비로 분포한다.

➡ 수소와 헬륨의 질량비는 <u>약 3 : 1</u>이다.

③ 의미: 빅뱅 우주론의 예측값과 스펙트럼의 관측값이 일치하므로 수소와 헬륨의 질량비는 <u>빅뱅 우주론의 증거</u>가 된다.

➕ 개념

❶ 우주의 구성 원소 비율
· 비상 교과서에서는 수소가 약 74 %, 헬륨이 약 24 %, 기타 2 %로 제시되어 있다.
· 천재 교과서에서는 수소가 약 75 %, 헬륨이 약 23 %, 기타 2 %로 제시되어 있다.

출제 ○순위 특강

⭐ 빅뱅 우주론에서 예측한 수소와 헬륨의 질량비

시기	특징
양성자와 중성자 생성 초기	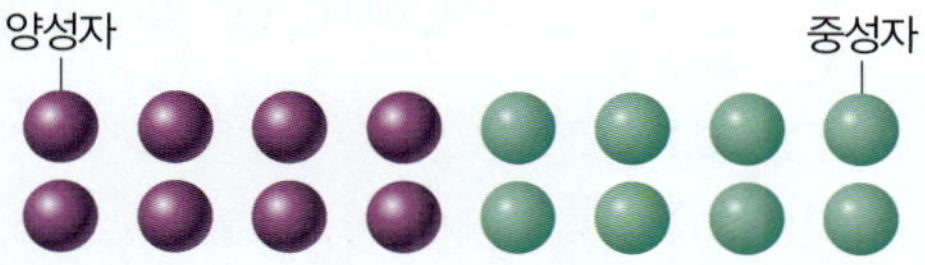 양성자 / 중성자 초기 우주는 온도가 높아서 양성자가 중성자로, 중성자가 양성자로 서로 변환이 일어나 양성자와 중성자의 개수가 비슷했다. ➡ [개수비] 양성자 : 중성자＝약 1 : 1
헬륨 원자핵 생성 직전	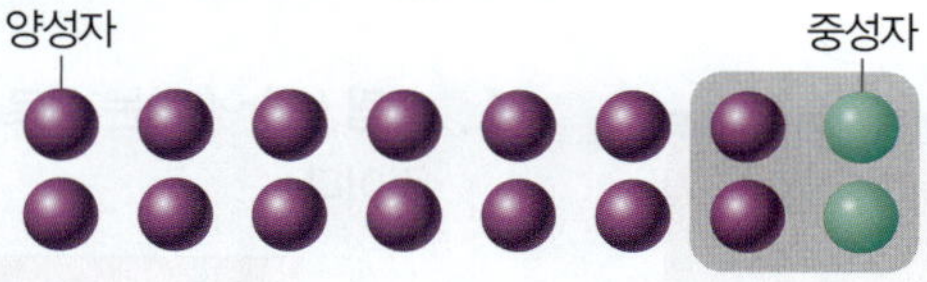 양성자 / 중성자 우주의 온도가 낮아지면서 에너지를 방출하는 중성자에서 양성자로의 변환은 계속 일어났지만, 에너지를 흡수하는 양성자에서 중성자로의 변환은 어려워져 중성자보다 양성자의 개수가 많아졌다. ➡ [개수비] 양성자 : 중성자＝약 14 : 2＝약 7 : 1 ❷
헬륨 원자핵 생성 후	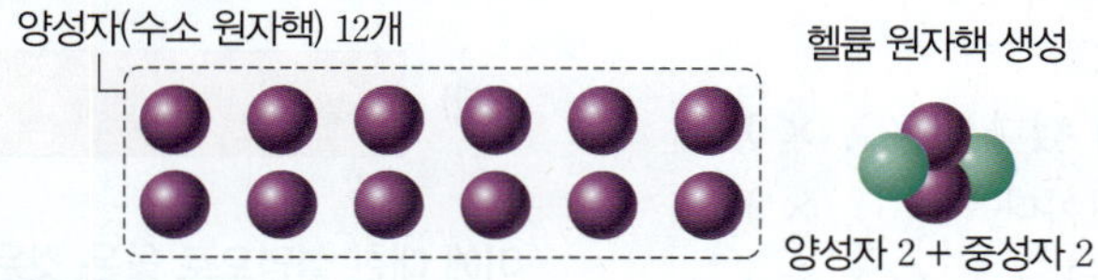 양성자(수소 원자핵) 12개 / 헬륨 원자핵 생성 양성자 2 + 중성자 2 양성자는 그대로 수소 원자핵이 되고, 양성자 2개와 중성자 2개가 결합하여 헬륨 원자핵이 생성되었다. ➡ [개수비] 수소 원자핵 : 헬륨 원자핵＝약 12 : 1 ➡ [질량비] 수소 원자핵 : 헬륨 원자핵＝<u>약 12 : 4</u> ❸＝약 3 : 1 [질량비] 수소 원자 : 헬륨 원자＝약 3 : 1 ❹ └1×12개 : 4×1개

➕ 개념

❷ 양성자와 중성자의 개수비
헬륨 원자핵이 생성되기 시작하면서 새로운 양성자는 더 이상 만들어지지 않게 되었다.

❸ 양성자와 중성자의 질량
중성자의 질량이 양성자의 질량보다 조금 더 크지만 두 입자의 질량은 거의 같다.

❹ 원자핵과 원자의 질량
원자핵의 질량에 비해 전자의 질량이 매우 작으므로 원자의 질량은 원자핵의 질량과 거의 같다.

확인 문제

▶ 정답과 해설은 다음 페이지에

01
그림 (가)와 (나)는 헬륨 원자핵 생성 전후의 입자 개수 분포를 나타낸 것이다.

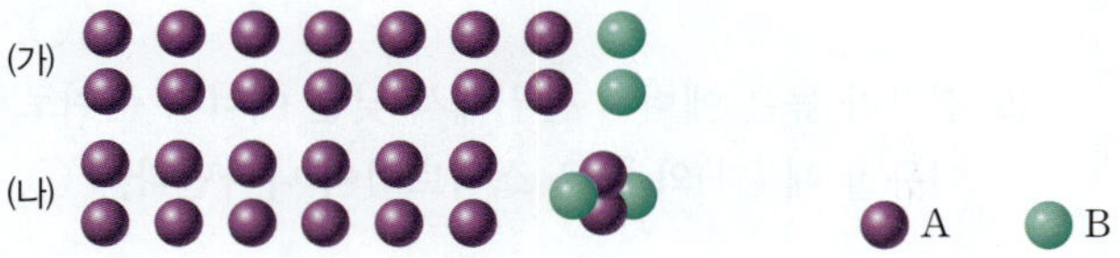

(가)
(나)
● A ● B

이에 대한 설명으로 옳은 것은 ○, 옳지 않은 것은 ×로 표시하시오.

(1) A는 중성자, B는 양성자이다. (○, ×)
(2) 우주의 온도는 (가)보다 (나)의 시기에 낮았다. (○, ×)
(3) (가)에서 양성자와 중성자의 개수비는 7 : 1이다. (○, ×)
(4) (나)에서 수소 원자핵과 헬륨 원자핵의 개수비는 3 : 1이다. (○, ×)

1 우주의 시작과 빅뱅 우주론

1. 그림 (가)와 (나)는 서로 다른 두 우주론을 모식적으로 나타낸 것이다.

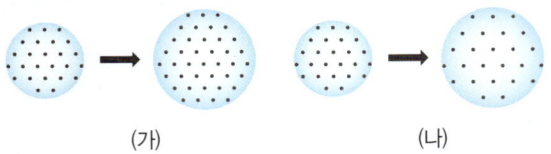

(가)   (나)

이에 대한 설명으로 옳은 것은 ○, 옳지 않은 것은 ×표 하시오.

(1) (가)는 정상 우주론의 모형이다. (○, ×)

(2) (가)는 호일이, (나)는 가모프가 주장하였다.

(○, ×)

(3) 수소와 헬륨의 질량비 약 3 : 1은 (가)를 지지하는 증거이다. (○, ×)

(4) (나)에서 우주 전체의 질량은 증가한다. (○, ×)

(5) (가), (나) 모두 우주는 팽창한다. (○, ×)

2. 그림은 빅뱅 우주론에서 물질의 생성 과정을 나타낸 것이다.

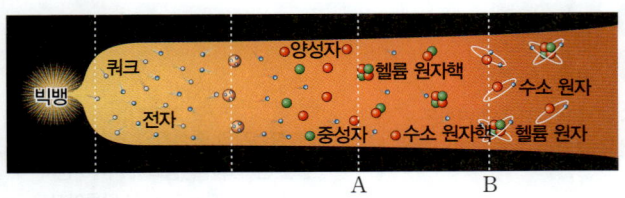

이에 대한 설명으로 옳은 것은 ○, 옳지 않은 것은 ×표 하시오.

(1) 우주의 밀도는 A 시기가 B 시기보다 컸다. (○, ×)

(2) A는 빅뱅 후 약 38만 년이 지났을 때이다. (○, ×)

(3) B 시기에 원자핵과 전자가 결합하였다. (○, ×)

(4) A 시기 직전 양성자와 중성자의 개수비는 약 1 : 1이었다. (○, ×)

(5) B 시기에 우주의 온도는 약 3000 K이었다. (○, ×)

(6) 우주의 크기는 A 시기가 B 시기보다 컸다. (○, ×)

(7) A 시기에 양성자 1개와 중성자 2개가 결합하여 헬륨 원자핵을 생성하였다. (○, ×)

(8) B 시기에 수소 원자핵과 헬륨 원자핵의 질량비는 약 3 : 1이었다. (○, ×)

p.33 확인 문제 [정답]

01 (1) × (2) ○ (3) ○ (4) ×

3. 그림은 우주 초기에 물질이 생성되는 과정을 나타낸 것이다.

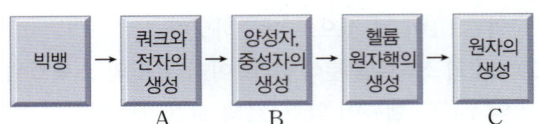

이에 대한 설명으로 옳은 것은 ○, 옳지 않은 것은 ×표 하시오.

(1) 우주의 온도는 A 시기가 B 시기보다 낮았다.

(○, ×)

(2) 우주의 크기는 B 시기가 C 시기보다 작았다.

(○, ×)

(3) 수소 원자핵은 B 시기 이후에 생성되었다. (○, ×)

(4) C 시기에 우주의 온도는 약 3000 K이었다. (○, ×)

(5) C에서 A로 갈수록 우주의 밀도는 감소한다. (○, ×)

2 스펙트럼과 우주의 원소 분포

4. 그림 (가)~(다)는 서로 다른 종류의 스펙트럼을 나타낸 것이다.

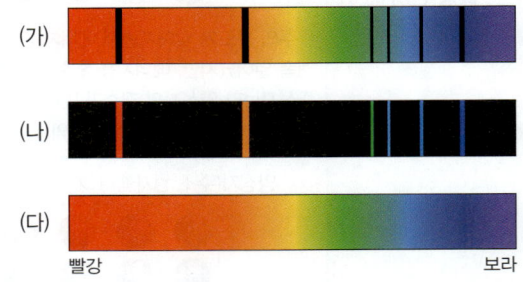

이에 대한 설명으로 옳은 것은 ○, 옳지 않은 것은 ×표 하시오.

(1) (가)는 방출 스펙트럼, (나)는 흡수 스펙트럼이다.

(○, ×)

(2) (나)는 고온의 기체에서 관측되는 스펙트럼이다.

(○, ×)

(3) (가)와 (나)는 서로 같은 원소의 스펙트럼을 나타낸 것이다. (○, ×)

(4) 백열전구에서 볼 수 있는 스펙트럼은 (다)이다.

(○, ×)

(5) 전자가 높은 에너지 준위에서 낮은 에너지 준위로 이동할 때 (가)와 같은 스펙트럼이 나타난다. (○, ×)

❖ 정답 문제편 **275p**

1 우주의 시작과 빅뱅 우주론

01 ✿✿✿ 학력 평가 기출

그림은 어떤 우주론을 모형으로 나타낸 것이다.

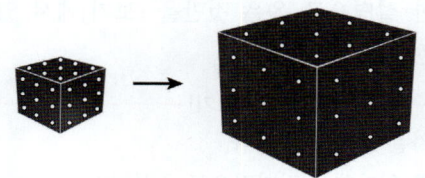

이에 대한 설명으로 옳은 것만을 [보기]에서 있는 대로 고른 것은?

─────────── [보기] ───────────
ㄱ. 빅뱅 우주론에 대한 것이다.
ㄴ. 수소와 헬륨의 질량비 약 3 : 1은 이 우주론을 뒷받침하는 증거이다.
ㄷ. 우주가 팽창하면서 생기는 빈 공간에 물질들이 계속 생성된다.
──────────────────────────────

① ㄱ ② ㄷ ③ ㄱ, ㄴ ④ ㄴ, ㄷ ⑤ ㄱ, ㄴ, ㄷ

02 ✿✿✿ 중요 2021 실시 6월 학평 6 변형 (고1)

다음은 우주론이 확립되는 과정에서 중요한 역할을 한 과학자 A와 B에 대한 설명이다.

┌─────────────────────────────┐
• A: 현재 우주를 이루고 있는 기본적인 입자들은 빅뱅 직후에 만들어졌다고 주장하였다.
• B: 우주가 팽창하면서 생기는 빈 공간에서 새로운 물질이 계속 만들어진다고 주장하였다.
└─────────────────────────────┘

이에 대한 설명으로 옳은 것만을 [보기]에서 있는 대로 고른 것은?

─────────── [보기] ───────────
ㄱ. A는 우주의 온도가 점점 낮아진다고 설명하였다.
ㄴ. B는 우주의 밀도가 점점 작아진다고 설명하였다.
ㄷ. A는 정상 우주론, B는 빅뱅 우주론을 주장하였다.
──────────────────────────────

① ㄱ ② ㄴ ③ ㄱ, ㄷ ④ ㄴ, ㄷ ⑤ ㄱ, ㄴ, ㄷ

03 ✿✿✿ 2022 실시 6월 학평 5 (고1)

다음은 우주론에 대한 두 과학자의 서로 다른 주장이다.

우주는 팽창하면서 온도와 밀도가 계속 감소합니다.
조지 가모프

우주는 팽창하면서 생기는 빈 공간에 물질이 계속 만들어집니다.
프레드 호일

두 과학자가 주장하는 우주론을 모형으로 나타낼 때 가장 적절한 것을 [보기]에서 고른 것은?

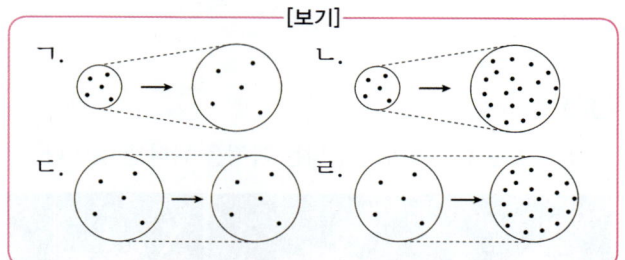

	조지 가모프	프레드 호일
①	ㄱ	ㄴ
②	ㄱ	ㄷ
③	ㄴ	ㄱ
④	ㄷ	ㄹ
⑤	ㄹ	ㄴ

04 ✿✿✿ 2020 실시 6월 학평 4 변형 (고1)

그림은 빅뱅 우주론에 대해 세 학생이 대화하는 모습을 나타낸 것이다.

빅뱅 우주론은 우주가 한 점에서 시작하여 계속 팽창하고 있다는 이론이야.
학생 A

빅뱅 우주론에서는 우주의 밀도가 항상 일정하게 유지된다고 주장해.
학생 B

수소와 헬륨의 질량비가 약 3:1이라는 사실은 빅뱅 우주론을 뒷받침해 주었어.
학생 C

제시한 내용이 옳은 학생만을 있는 대로 고른 것은?
① A ② B ③ C ④ A, C ⑤ B, C

05 ✿✿✾ 서술형

그림은 어떤 우주론을 나타낸 것이다.

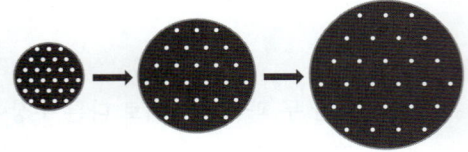

이 우주론의 이름을 쓰고, 이 우주론에서 우주가 팽창함에 따라 우주의 질량, 밀도, 온도가 어떻게 변하는지 서술하시오.

06 ✿✿✿

그림은 헬륨 원자핵이 생성되는 과정을 나타낸 것이다.

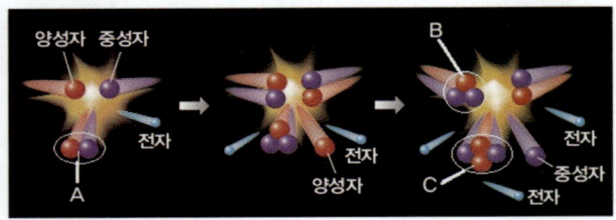

이에 대한 설명으로 옳은 것만을 [보기]에서 있는 대로 고른 것은?

[보기]
ㄱ. 양성자는 수소 원자핵이다.
ㄴ. B와 C는 같은 원소의 원자핵이다.
ㄷ. 양성자 2개와 중성자 2개가 결합하여 헬륨 원자핵이 생성되었다.

① ㄱ ② ㄴ ③ ㄱ, ㄷ ④ ㄴ, ㄷ ⑤ ㄱ, ㄴ, ㄷ

07 ✿✿✾ 서술형 출제 0순위 특강

빅뱅 우주론에서 예측한 수소 원자핵과 헬륨 원자핵의 질량비는 약 3 : 1이다. 헬륨 원자핵이 생성되기 직전 양성자와 중성자의 개수비를 추론하여 서술하시오.

08 ✿✾✾　　　　　2025 실시 9월 학평 5 (고1)

그림은 빅뱅 이후 초기 우주에서 수소 원자와 헬륨 원자가 생성되는 과정을 나타낸 것이다.

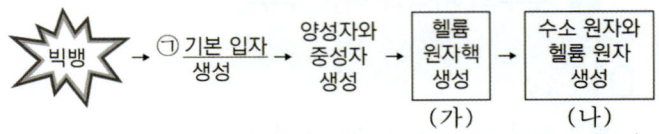

이에 대한 설명으로 옳은 것만을 [보기]에서 있는 대로 고른 것은? [1.5점]

[보기]
ㄱ. 전자는 ㉠에 해당한다.
ㄴ. 헬륨 원자핵은 전기적으로 중성이다.
ㄷ. 우주의 온도는 (가) 시기가 (나) 시기보다 낮다.

① ㄱ ② ㄷ ③ ㄱ, ㄴ ④ ㄴ, ㄷ ⑤ ㄱ, ㄴ, ㄷ

09 ✿✿✾ 중요 　　2020 실시 11월 학평 11 (고1)

다음은 빅뱅 이후 입자가 생성된 과정을 나타낸 것이다. A~C는 수소 원자, 중성자, 헬륨 원자핵을 순서 없이 나타낸 것이다.

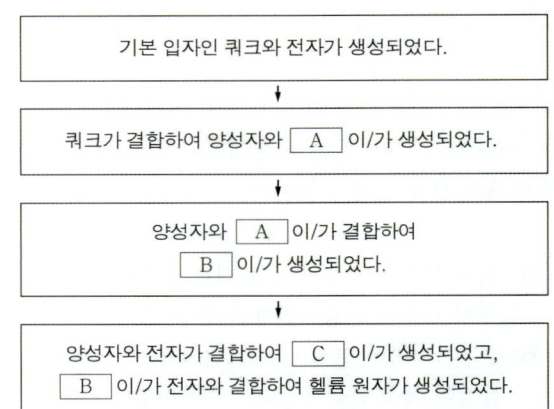

A~C로 옳은 것은?

	A	B	C
①	중성자	수소 원자	헬륨 원자핵
②	중성자	헬륨 원자핵	수소 원자
③	헬륨 원자핵	중성자	수소 원자
④	헬륨 원자핵	수소 원자	중성자
⑤	수소 원자	헬륨 원자핵	중성자

10 ✿✿✿

표는 빅뱅 이후 초기 우주에서 A와 B 시기의 입자의 생성에 대한 설명을 나타낸 것이다.

시기	입자의 생성
A	기본 입자인 쿼크가 결합하여 양성자와 중성자가 생성되었다.
B	원자핵과 ⊙ 이/가 결합하여 원자가 생성되었다.

이에 대한 설명으로 옳은 것만을 [보기]에서 있는 대로 고른 것은? [3점]

[보기]
ㄱ. '전자'는 ⊙에 해당한다.
ㄴ. 우주의 온도는 A일 때가 B일 때보다 낮다.
ㄷ. B 이후 우주에 존재하는 수소 원자들의 총질량은 헬륨 원자들의 총질량보다 크다.

① ㄱ ② ㄴ ③ ㄱ, ㄷ ④ ㄴ, ㄷ ⑤ ㄱ, ㄴ, ㄷ

11 ✿✿✿ 출제 0순위 특강

그림은 빅뱅 이후 약 3분이 지났을 때 입자 A와 B의 개수비를 나타낸 것이다.

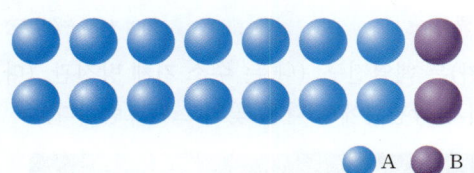
● A ● B

이에 대한 설명으로 옳은 것만을 [보기]에서 있는 대로 고른 것은?

[보기]
ㄱ. A는 양성자이다.
ㄴ. 헬륨 원자핵은 2개의 A와 2개의 B가 결합하여 형성된다.
ㄷ. 수소 원자핵과 헬륨 원자핵의 총 질량비는 약 3 : 1이다.

① ㄱ ② ㄷ ③ ㄱ, ㄴ ④ ㄴ, ㄷ ⑤ ㄱ, ㄴ, ㄷ

12 ✿✿✿ 서술형

우주 초기에 헬륨 원자핵의 형성 이후 헬륨보다 무거운 원소의 원자핵이 만들어지지 않은 까닭을 서술하시오.

13 ✿✿✿

그림은 빅뱅 이후 초기 우주에서 원자가 생성되는 과정의 일부를 순서 없이 나타낸 것이다.

쿼크 ⊙
(가) 기본 입자인 쿼크와 ⊙ 의 생성

수소 원자 헬륨 원자
(나) 원자핵과 ⊙ 이/가 결합

수소 원자핵 헬륨 원자핵
(다) 원자핵 생성

양성자 중성자
(라) 양성자와 중성자 생성

이에 대한 설명으로 옳은 것만을 [보기]에서 있는 대로 고른 것은? [3점]

[보기]
ㄱ. ⊙은 전자이다.
ㄴ. 수소 원자핵은 양성자 1개로 구성되었다.
ㄷ. 원자가 생성되는 과정은 (가) → (라) → (다) → (나) 순이다.

① ㄱ ② ㄷ ③ ㄱ, ㄴ ④ ㄴ, ㄷ ⑤ ㄱ, ㄴ, ㄷ

14 ✿✿✿

그림은 빅뱅 이후 초기 우주의 모습을 나타낸 것이다. A는 쿼크가 결합한 시기이고, B는 원자핵과 전자가 결합한 시기이다.

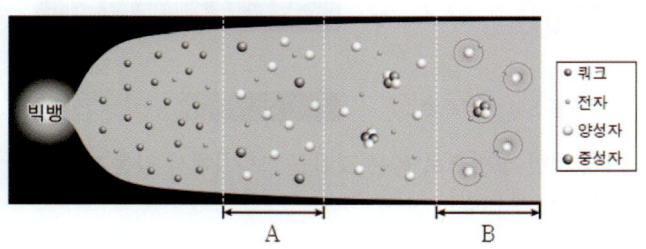
● 쿼크 · 전자 ○ 양성자 ◉ 중성자
A B

이에 대한 설명으로 옳은 것만을 [보기]에서 있는 대로 고른 것은? [2.5점]

[보기]
ㄱ. 우주의 온도는 B에서가 A에서보다 높다.
ㄴ. A에서 헬륨 원자핵이 만들어졌다.
ㄷ. B에서 수소 원자와 헬륨 원자가 만들어졌다.

① ㄱ ② ㄷ ③ ㄱ, ㄴ ④ ㄴ, ㄷ ⑤ ㄱ, ㄴ, ㄷ

❷ 스펙트럼과 우주의 원소 분포

15 ✿✿✿
2025 실시 6월 학평 9 (고1)

다음은 스펙트럼의 종류에 대한 자료와 이에 대한 세 학생의 대화이다. ㉠은 방출 스펙트럼과 흡수 스펙트럼 중 하나이다.

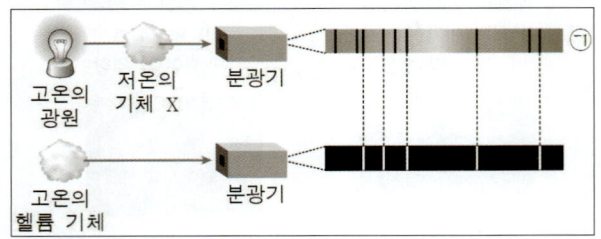

제시한 내용이 옳은 학생만을 있는 대로 고른 것은? [2점]

① A   ② B   ③ A, C   ④ B, C   ⑤ A, B, C

16 ✿✿✿
2024 실시 3월 학평 3 / 지구과학 I (고2)

그림은 기체 A와 B 및 별 S의 스펙트럼을 나타낸 것이다. 기체 A와 B는 단일 원소로 이루어져 있다.

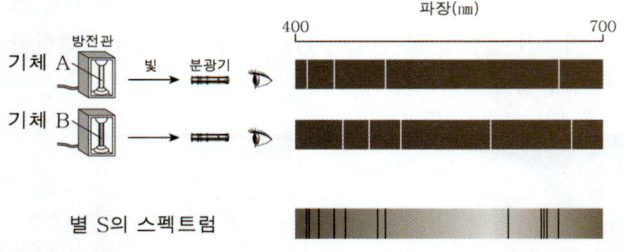

이에 대한 설명으로 옳은 것만을 [보기]에서 있는 대로 고른 것은? [3점]

─────[보기]─────
ㄱ. 기체 A에서 관찰되는 스펙트럼은 흡수 스펙트럼이다.
ㄴ. 기체의 원소 종류가 다르면 스펙트럼이 다르게 나타난다.
ㄷ. 별 S의 대기에는 기체 A와 B가 모두 포함되어 있다.

① ㄱ   ② ㄴ   ③ ㄱ, ㄷ   ④ ㄴ, ㄷ   ⑤ ㄱ, ㄴ, ㄷ

17 ✿✿✿
학력 평가 기출

그림 (가)는 원소 A, B가 각각 들어있는 방전관을 관찰하여 얻은 선 스펙트럼을, (나)는 태양의 흡수 스펙트럼을 나타낸 것이다.

이에 대한 옳은 설명만을 [보기]에서 있는 대로 고른 것은? [3점]

─────[보기]─────
ㄱ. (가)의 스펙트럼은 원소마다 고유한 형태로 나타난다.
ㄴ. (나)의 검은 선들은 태양에서 방출된 빛이 태양의 대기에서 흡수되었기 때문에 나타난다.
ㄷ. A, B 중 태양의 대기에 들어있는 원소는 B이다.

① ㄱ   ② ㄴ   ③ ㄷ   ④ ㄱ, ㄴ   ⑤ ㄴ, ㄷ

18 ✿✿✿
2021 실시 6월 학평 16 (고1)

그림 (가)는 백열전구, (나)는 수소 기체 방전관, (다)는 헬륨 기체 방전관에서 나온 빛의 스펙트럼이다.

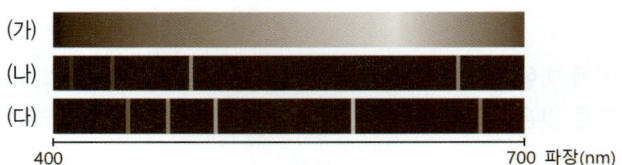

이에 대한 설명으로 옳은 것만을 [보기]에서 있는 대로 고른 것은?

─────[보기]─────
ㄱ. (가)는 흡수 스펙트럼이다.
ㄴ. (나)와 (다)는 스펙트럼에 나타나는 선의 위치가 다르다.
ㄷ. 선 스펙트럼을 통해 원소의 종류를 확인할 수 있다.

① ㄱ   ② ㄷ   ③ ㄱ, ㄴ   ④ ㄴ, ㄷ   ⑤ ㄱ, ㄴ, ㄷ

19 ✿❀❀   2025 실시 9월 학평 4 (고1)

그림은 원소 A의 방출 스펙트럼, 원소 B의 흡수 스펙트럼, 별 S의 흡수 스펙트럼을 각각 나타낸 것이다. 관측한 스펙트럼의 파장 영역은 동일하다.

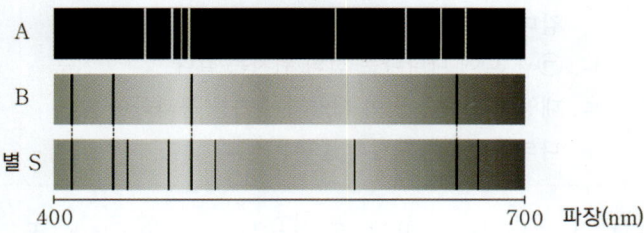

이에 대한 설명으로 옳은 것만을 [보기]에서 있는 대로 고른 것은? (단, A, B는 임의의 원소이다.) [2.0점]

─────────[보기]─────────
ㄱ. 고온의 A는 특정 파장의 빛을 방출한다.
ㄴ. A와 B는 동일한 원소이다.
ㄷ. 별 S의 대기에는 B가 존재한다.
────────────────────────

① ㄱ   ② ㄴ   ③ ㄷ   ④ ㄱ, ㄷ   ⑤ ㄴ, ㄷ

20 ✿❀❀   2022 실시 6월 학평 4 (고1)

그림은 태양의 스펙트럼과 원소 ㉠, ㉡의 방출 스펙트럼을 나타낸 것이다.

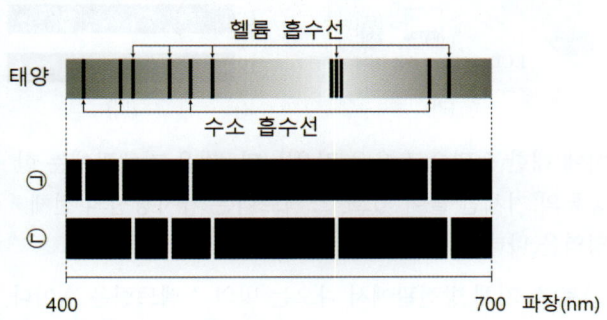

이에 대한 설명으로 옳은 것만을 [보기]에서 있는 대로 고른 것은? [3점]

─────────[보기]─────────
ㄱ. ㉠은 헬륨이다.
ㄴ. 태양의 대기에는 ㉡이 있다.
ㄷ. 우주를 구성하고 있는 천체의 스펙트럼을
　　분석하면 우주를 구성하고 있는 원소의 종류를 알
　　수 있다.
────────────────────────

① ㄱ   ② ㄴ   ③ ㄱ, ㄷ   ④ ㄴ, ㄷ   ⑤ ㄱ, ㄴ, ㄷ

21 ❀❀❀   [서술형]

그림은 고온의 기체를 분광기로 관측하여 스펙트럼을 얻는 것을 나타낸 것이다.

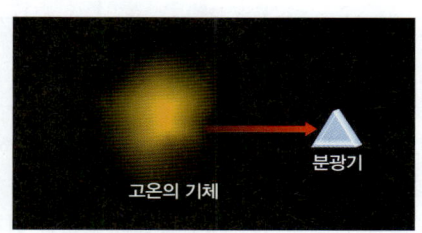

관측할 수 있는 스펙트럼의 종류를 쓰고, 별빛의 스펙트럼 분석을 통해 알 수 있는 정보를 서술하시오.

🚩 **내신 1등급 문제**

22 ★★★   2022 실시 3월 학평 11 / 지구과학 I 변형 (고2)

그림은 초기 우주에서 원자가 생성되기까지의 과정을 나타낸 것이다.

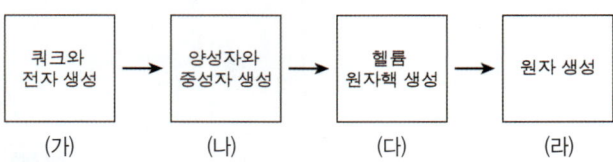

이에 대한 설명으로 옳은 것만을 [보기]에서 있는 대로 고른 것은? [3점]

─────────[보기]─────────
ㄱ. 우주의 온도는 (가)일 때가 (나)일 때보다 낮다.
ㄴ. 우주의 크기는 (다)일 때가 (라)일 때보다 작다.
ㄷ. (라)일 때 우주의 나이는 약 38만 년이다.
────────────────────────

① ㄱ   ② ㄷ   ③ ㄱ, ㄴ   ④ ㄴ, ㄷ   ⑤ ㄱ, ㄴ, ㄷ

23 ★★★ 중요 🌟

2021 실시 11월 학평 5 (고1)

다음은 빅뱅 우주론에서 헬륨 원자핵이 생성되는 과정에 대한 설명이다. A, B는 각각 양성자와 중성자 중 하나이고, ㉠, ㉡은 각각 수소 원자핵과 헬륨 원자핵 중 하나이다.

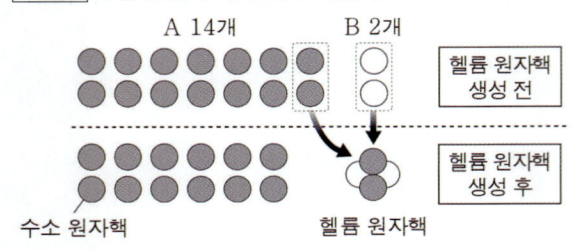

빅뱅 초기에 생성된 기본 입자 중 쿼크가 결합하여 A와 B가 만들어졌다. A는 그 자체로 수소 원자핵이 되었고, 그림과 같이 A와 B가 결합하여 헬륨 원자핵이 생성되었으며, 우주에 존재하는 ㉠ 의 총질량은 ㉡ 의 총질량의 약 3배가 되었다.

A 14개   B 2개

헬륨 원자핵 생성 전

헬륨 원자핵 생성 후

수소 원자핵   헬륨 원자핵

이에 대한 설명으로 옳은 것만을 [보기]에서 있는 대로 고른 것은? [3점]

──────[보기]──────

ㄱ. A는 양성자이다.

ㄴ. ㉠은 헬륨 원자핵이다.

ㄷ. ㉡은 전기적으로 중성이다.

① ㄱ   ② ㄴ   ③ ㄱ, ㄷ   ④ ㄴ, ㄷ   ⑤ ㄱ, ㄴ, ㄷ

24 ★★★

2023 실시 6월 학평 14 (고1)

그림은 고온 고밀도의 광원에서 나온 빛을 분광기로 관찰하는 과정을 모식적으로 나타낸 것이다. 스펙트럼 ㉠은 방출 스펙트럼과 흡수 스펙트럼 중 하나이다.

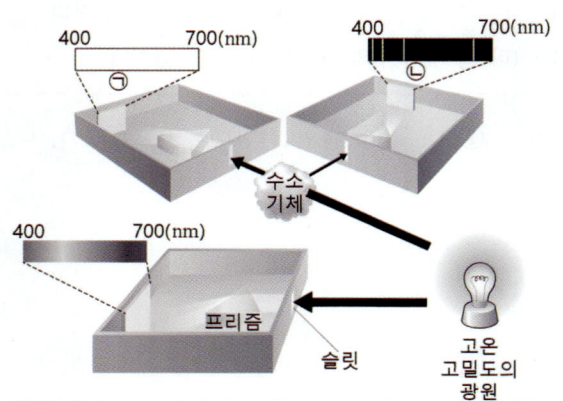

이에 대한 설명으로 옳은 것만을 [보기]에서 있는 대로 고른 것은? (단, 수소 기체 이외에 다른 기체는 없으며, 빛은 슬릿을 통해서만 분광기 내부로 들어간다.) [3점]

──────[보기]──────

ㄱ. ㉠은 수소 기체 방전관에서 나온 빛의 스펙트럼과 같다.

ㄴ. ㉠과 ㉡에 나타나는 선의 위치는 같다.

ㄷ. 태양에서 나온 빛이 태양의 대기를 통과하여 나타나는 스펙트럼의 종류는 ㉡과 같다.

① ㄱ   ② ㄴ   ③ ㄱ, ㄷ   ④ ㄴ, ㄷ   ⑤ ㄱ, ㄴ, ㄷ

25 ★★★

그림 (가)는 수소 기체 방전관, 저온 기체관을 통과한 백열등 빛, LCD 화면에서 나오는 빛, 백열등에서 나오는 빛의 스펙트럼을 분광기로 관찰하는 모습이고, (나)의 A~D는 (가)의 관찰 결과를 순서 없이 나타낸 것이다.

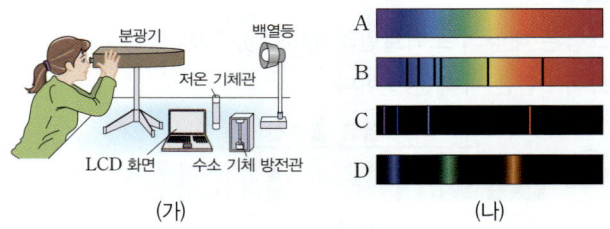

분광기   백열등

저온 기체관

LCD 화면   수소 기체 방전관

(가)   (나)

이에 대한 설명으로 옳은 것은? (단, 저온 기체관에는 한 종류의 기체만 들어 있고, 스펙트럼은 가시광선의 전체 영역을 나타낸 것이다.)

① 수소 기체 방전관에서 나오는 빛의 스펙트럼은 A이다.

② 저온 기체관을 통과한 백열등의 빛은 B이다.

③ 백열등에서 나오는 빛의 스펙트럼은 C이다.

④ D를 통하여 수소 원자의 에너지 준위가 연속적임을 알 수 있다.

⑤ LCD 화면에서는 연속 스펙트럼이 방출된다.

04 별의 진화와 원소의 생성

중요도

1 지구와 생명체를 구성하는 원소의 생성

1. 우주, 지구, 생명체의 구성 원소

출제 ○순위 특강 p.44 　지구와 생명체를 구성하는 주요 원소는 우주를 구성하는 주요 원소와 많은 차이가 있다.

구분	우주	지구	생명체(사람)
구성 원소 (질량비)	수소 74 % / 헬륨 24 % / 기타 2 %	니켈 2.4 % / 마그네슘 13 % / 기타 4.6 % / 규소 15 % / 철 35 % / 산소 30 %	질소 3.3 % / 수소 9.5 % / 기타 3.7 % / 탄소 18.5 % / 산소 65.0 %
주요 구성 원소	수소 > 헬륨 > …	철 > 산소 > 규소 > …	산소 > 탄소 > 수소 …

(1) **우주**: 우주를 구성하는 전체 원소의 약 98 %는 수소와 헬륨이다.　대부분 우주 초기에 생성

(2) **지구와 생명체**: 수소와 헬륨보다 무거운 원소의 구성 비율이 높다.
└── 별의 진화 과정에서 생성

2. 별의 탄생

(1) **별의 탄생 과정**

① 가스 구름 형성: 성간 물질이❶ 밀도가 큰 곳을 중심으로 모여 가스 구름을 이룬다.

② 성운 형성: 가스 구름이 중력에 의해 수축하여 성운이❷ 형성된다.

③ 원시별 형성: 성운 내부의 밀도가 큰 곳에서 원시별이 형성된다.

④ 별의 형성: 원시별이 중력 수축으로 중심부 온도가 상승하여❸ 1000만 K 이상이 되면 수소 핵융합 반응이 일어나는 별(주계열성)이❹ 된다.

① 가스 구름 형성 ⟶ ② 성운 형성 ⟶ ③ 원시별 형성 ⟶ ④ 별의 형성

(2) **주계열성**: 수소 핵융합 반응으로 헬륨을 생성하며 에너지를 방출하는 별

① 수소 핵융합 반응: 별 중심부의 온도가 1000만 K 이상이 되면 4개의 수소 원자핵이 융합하여 1개의 헬륨 원자핵이 되는 수소 핵융합 반응이 일어난다.

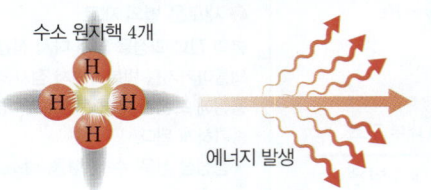

수소 원자핵 4개 / 에너지 발생 / 헬륨 원자핵 1개 / 중성자 / 양성자

$$4H \rightarrow He + E\text{(에너지)}$$

- **질량**: H 4개 > He 1개
- 핵융합 과정에서 감소한 질량이 에너지로 방출된다.❺

▲ 수소 핵융합 반응

② 별은 일생의 대부분을 주계열성으로 보낸다.

③ **힘의 평형**: 핵융합 반응으로 발생한 내부 압력과 중력이 평형을 이루어 별의 크기가❻ 일정하게 유지된다.

④ **수명**: 별의 질량이 클수록 핵융합 반응이 활발하게 일어나므로 주계열성의 수명이 짧다.

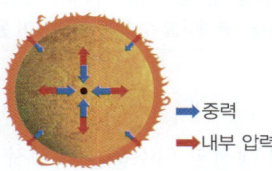

→ 중력
➡ 내부 압력

▲ 주계열성에서의 힘의 평형

➕ **용어**

❶ **성간 (星: 별 間: 사이) 물질**
별과 별 사이의 공간에 존재하는 기체(주로 수소와 헬륨)와 티끌

❷ **성운 (星: 별 雲: 구름)**
성간 물질이 밀집되어 구름처럼 보이는 영역

➕ **개념**

❸ **중력 수축 에너지**
중력에 의해 수축하면서 위치 에너지의 감소로 생기는 에너지로, 별의 탄생이나 진화 과정에서 중심부의 온도를 높인다.

❹ **원시별과 주계열성**
- 원시별: 성운이 중력 수축으로 온도가 상승하여 빛을 내는 천체
  ➡ 에너지원: 중력 수축 에너지
- 주계열성: 핵융합 반응으로 스스로 빛을 내는 천체
  ➡ 에너지원: 수소 핵융합 반응

➕ **개념**

❺ **질량─에너지 등가 법칙**
핵융합 과정에서 줄어든 질량(Δm)은 아인슈타인의 질량─에너지 등가 법칙인 $E = \Delta mc^2$ (c: 광속)에 따라 에너지(E)로 변한다.

❻ **별의 크기**
- 내부 압력=중력 ➡ 일정
- 내부 압력 > 중력 ➡ 팽창
- 내부 압력 < 중력 ➡ 수축

3. 별의 진화와 원소의 생성 별의 질량이 클수록 중심부의 온도가 높아져 무거운 원소가 생성된다.

(1) 질량이 태양과 비슷한 별 : 별의 내부에서 핵융합 반응으로❶ 탄소, 산소까지 생성된다.

진화 단계	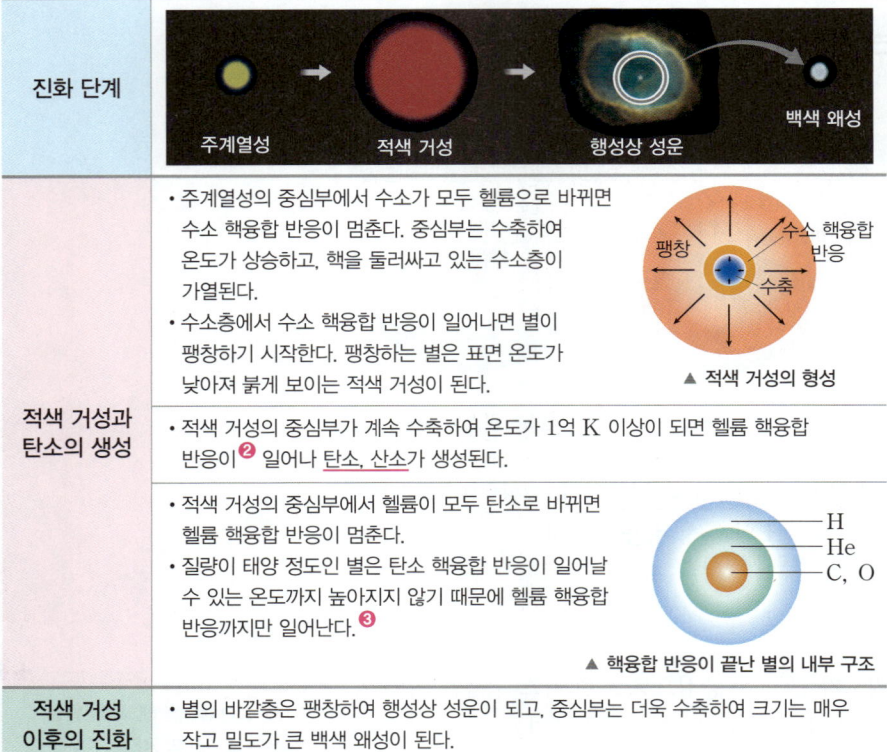
	주계열성　　　　적색 거성　　　　행성상 성운　　　　백색 왜성
적색 거성과 탄소의 생성	• 주계열성의 중심부에서 수소가 모두 헬륨으로 바뀌면 수소 핵융합 반응이 멈춘다. 중심부는 수축하여 온도가 상승하고, 핵을 둘러싸고 있는 수소층이 가열된다. • 수소층에서 수소 핵융합 반응이 일어나면 별이 팽창하기 시작한다. 팽창하는 별은 표면 온도가 낮아져 붉게 보이는 적색 거성이 된다. ▲ 적색 거성의 형성 • 적색 거성의 중심부가 계속 수축하여 온도가 1억 K 이상이 되면 헬륨 핵융합 반응이❷ 일어나 탄소, 산소가 생성된다. • 적색 거성의 중심부에서 헬륨이 모두 탄소로 바뀌면 헬륨 핵융합 반응이 멈춘다. • 질량이 태양 정도인 별은 탄소 핵융합 반응이 일어날 수 있는 온도까지 높아지지 않기 때문에 헬륨 핵융합 반응까지만 일어난다.❸ ▲ 핵융합 반응이 끝난 별의 내부 구조 (H, He, C, O)
적색 거성 이후의 진화	• 별의 바깥층은 팽창하여 행성상 성운이 되고, 중심부는 더욱 수축하여 크기는 매우 작고 밀도가 큰 백색 왜성이 된다.

(2) 질량이 태양의 10배 이상인 별 : 별의 내부에서 핵융합 반응으로 철까지 생성된다.

진화 단계	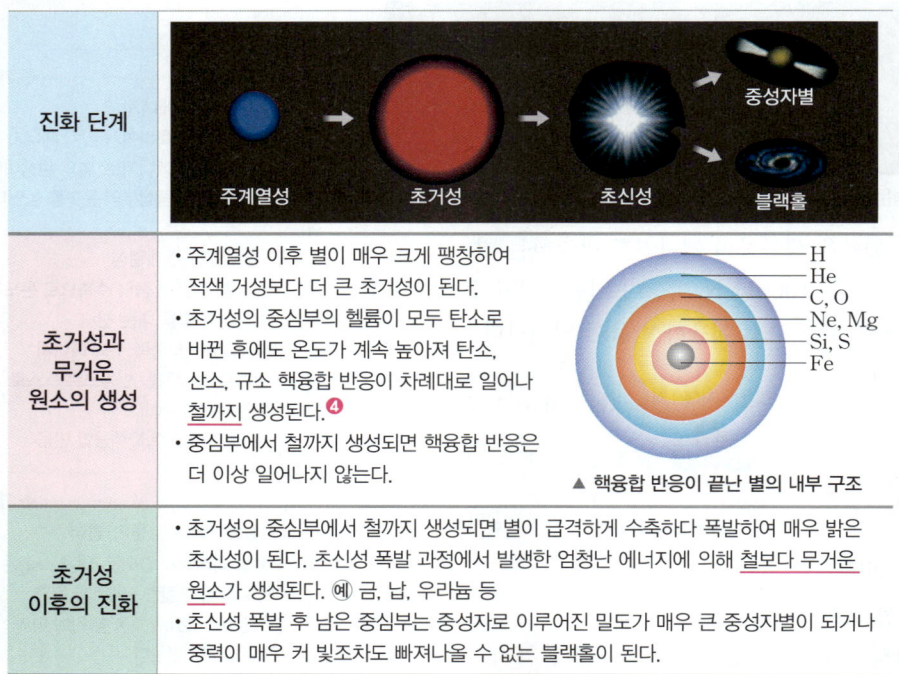
	주계열성　　　　초거성　　　　초신성　　　　중성자별 / 블랙홀
초거성과 무거운 원소의 생성	• 주계열성 이후 별이 매우 크게 팽창하여 적색 거성보다 더 큰 초거성이 된다. • 초거성의 중심부의 헬륨이 모두 탄소로 바뀐 후에도 온도가 계속 높아져 탄소, 산소, 규소 핵융합 반응이 차례대로 일어나 철까지 생성된다.❹ • 중심부에서 철까지 생성되면 핵융합 반응은 더 이상 일어나지 않는다. ▲ 핵융합 반응이 끝난 별의 내부 구조 (H, He, C O, Ne Mg, Si S, Fe)
초거성 이후의 진화	• 초거성의 중심부에서 철까지 생성되면 별이 급격하게 수축하다 폭발하여 매우 밝은 초신성이 된다. 초신성 폭발 과정에서 발생한 엄청난 에너지에 의해 철보다 무거운 원소가 생성된다. 예 금, 납, 우라늄 등 • 초신성 폭발 후 남은 중심부는 중성자로 이루어진 밀도가 매우 큰 중성자별이 되거나 중력이 매우 커 빛조차도 빠져나올 수 없는 블랙홀이 된다.

4. 원소의 방출 : 별의 진화 과정에서 생성된 원소들은 행성상 성운이나 초신성 폭발에 의해 우주로 방출되어 새로운 별의 재료가 된다.❺

+ 개념

❶ 별 중심부에서의 핵융합 반응
중력 수축 → 중심부 온도 상승 → 핵융합 반응 시작 → 원소 생성 → 핵융합 반응 중단

❷ 헬륨 핵융합 반응
3개의 헬륨 원자핵이 융합하여 1개의 탄소 원자핵을 형성한다.

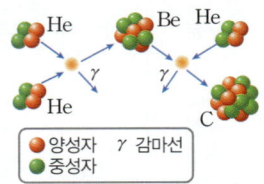

양성자 ● γ 감마선
중성자 ●

❸ 핵융합 반응이 일어나는 온도
무거운 원소일수록 원자핵 사이에 작용하는 전기적 반발력이 더 커지므로 핵융합 반응에 필요한 온도가 높아진다.

반응 원소	온도(K)
수소(H)	약 1000만 K
헬륨(He)	약 1억~2억 K
탄소(C)	약 8억 K
산소(O)	약 20억 K
규소(Si)	약 30억 K

+ 개념

❹ 초거성 단계에서 철까지만 생성되는 까닭
철 원자핵은 모든 원자핵 중 결합 에너지가 가장 강하여 매우 안정하다. 철 핵융합 반응이 일어나려면 에너지를 방출하는 대신 흡수해야 하기 때문에 별의 내부에서는 일어나지 않는다.

+ 개념

❺ 새로운 별의 재료
별의 진화 과정을 거쳐 다시 성간 물질로 되돌아가기를 반복하면서 점차 성간 물질에 포함된 무거운 원소의 비율이 증가하게 된다.
• 행성상 성운: 수소, 헬륨, 탄소, 산소 방출
• 초신성 폭발: 수소, 헬륨 ~ 철, 철보다 무거운 원소 방출

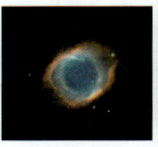　

▲ 행성상 성운　　▲ 초신성 잔해 (게 성운)

2 태양계와 지구의 형성

1. 태양계의 형성

(1) **태양계의 형성 과정**: 약 50억 년 전, 태양계 부근에서 초신성 폭발이 일어나 태양계 성운이❶ 형성되었고, 태양계 성운이 수축하여 태양계가 형성되었다.

| 태양계 성운의
수축과 회전 | 원시 태양의 형성 | 고리와 미행성체
형성 | 원시 태양계 형성 |

태양계 성운의 수축과 회전	태양계 성운이 중력에 의해 수축하면서 회전하기 시작하였고, 물질들이 중심으로 모이면서 회전 속도가 점점 빨라져 납작한 원반이 형성되었다.❷
원시 태양의 형성	성운 질량의 대부분이 중심부로 모여 원시 태양이 형성되었다.
고리와 미행성체 형성	회전 원반에서 여러 개의 고리가 생기고 고리에 있던 여러 물질이 뭉쳐 수많은 미행성체들이❸ 형성되었다.
원시 태양계 형성	원시 태양은 중심부에서 수소 핵융합 반응이 일어나기 시작하면서 태양이 되었다. 회전 원반에서는 미행성체들이 서로 충돌하고 뭉치면서 원시 행성이 형성되었고, 원시 행성이 주변 물질을 끌어들여 행성으로 성장하였다.

(2) **지구형 행성과 목성형 행성의 형성**: 태양으로부터 가까운 곳에서 지구형 행성, 먼 곳에서 목성형 행성이 형성되었다.❹

지구형 행성	목성형 행성
수성 금성 지구 화성	목성 토성 천왕성 해왕성
태양과 가까운 곳은 온도가 높아 철, 니켈, 규소와 같은 녹는점이 높고 무거운 물질이 남아 미행성체를 형성하였다. ➡ 암석질 물질을 끌어들여 암석 성분의 지구형 행성이 되었다.❺	태양과 먼 곳은 온도가 낮아 녹는점이 낮은 얼음이나 메테인 등이 응축되어 미행성체를 형성하였다. ➡ 수소와 헬륨을 끌어들여 기체 성분의 거대한 목성형 행성이 되었다.

2. 지구의 형성
원시 지구는 약 46억 년 전 수많은 미행성체의 충돌로 형성되었고 이 과정에서 크기가 성장하였다.

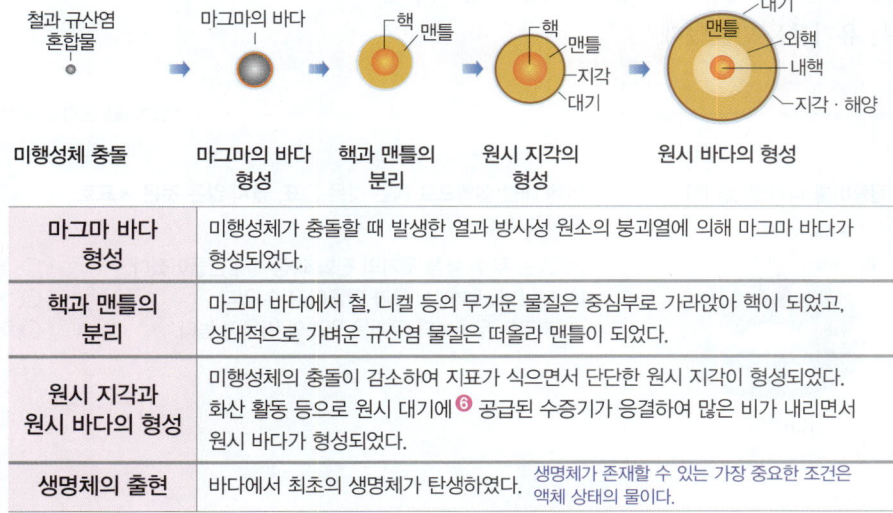

| 미행성체 충돌 | 마그마의 바다
형성 | 핵과 맨틀의
분리 | 원시 지각의
형성 | 원시 바다의 형성 |

마그마 바다 형성	미행성체가 충돌할 때 발생한 열과 방사성 원소의 붕괴열에 의해 마그마 바다가 형성되었다.
핵과 맨틀의 분리	마그마 바다에서 철, 니켈 등의 무거운 물질은 중심부로 가라앉아 핵이 되었고, 상대적으로 가벼운 규산염 물질은 떠올라 맨틀이 되었다.
원시 지각과 원시 바다의 형성	미행성체의 충돌이 감소하여 지표가 식으면서 단단한 원시 지각이 형성되었다. 화산 활동 등으로 원시 대기에❻ 공급된 수증기가 응결하여 많은 비가 내리면서 원시 바다가 형성되었다.
생명체의 출현	바다에서 최초의 생명체가 탄생하였다. 생명체가 존재할 수 있는 가장 중요한 조건은 액체 상태의 물이다.

➕ 개념

❶ 태양계 성운
우주 초기에 만들어진 수소와 헬륨, 그 밖에 탄소, 질소, 산소, 철 등의 무거운 원소가 포함되어 있었다.

❷ 원반 모양의 성운
회전축의 수직 방향으로 원심력이 작용하기 때문에 회전하는 성운은 납작한 원반 모양을 이룬다.

➕ 용어

❸ 미(微: 작다)행성체
태양계 형성 초기에 태양 주위를 도는 기체와 티끌이 서로 충돌하여 합쳐지면서 만들어진 작은 천체

➕ 개념

❹ 지구형 행성과 목성형 행성의 특징 비교

구분	지구형	목성형
질량	작다	크다
반지름	작다	크다
평균 밀도	크다	작다
고리	없다	있다
위성 수	적거나 없다	많다
표면 상태	단단한 암석	단단한 표면 없음
자전 주기	길다	짧다

❺ 지구형 행성의 크기
무거운 원소들은 태양계에 적은 양만 존재했기 때문에 이들로 이루어진 지구형 행성은 목성형 행성처럼 크게 성장할 수 없었다.

❻ 지구 대기 조성 변화
화산 활동에 의해 방출된 이산화 탄소, 질소 등이 원시 대기를 이루었다.
- **이산화 탄소**: 원시 바다에 녹아 대기 중의 양이 감소하였다.
- **산소**: 광합성 생물이 출현한 이후 대기 중 산소의 양이 증가하였다.
- **질소**: 다른 물질과 쉽게 반응하지 않는 안정한 기체로, 큰 변화 없이 유지되었다.

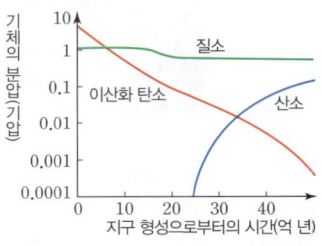

★ 지구의 고체 물질과 생명체를 구성하는 원소

우주의 구성 원소와 비교하여 지구의 고체 물질과 생명체를 구성하는 원소는 어떻게 형성되었는지 설명할 수 있다.

출제 0순위 포인트는?
• 별이 탄생하여 진화하면서 여러 가지 원소가 생성되는 과정에 대해 묻는 문제들이 출제된다.
• 지구와 생명체를 구성하는 원소의 기원을 별의 진화 과정과 관련지어 설명할 수 있어야 한다.

[탐구 과정]

(가) 암석과 나뭇잎을 구성하는 주요 원소는 무엇인지 조사한다.

암석	나뭇잎

(나) 우주의 구성 원소와 비교하여 암석과 나뭇잎을 구성하는 주요 원소는 어떻게 형성되었는지 조사한다.

[탐구 결과 및 해석]

① **암석과 나뭇잎의 구성 원소❶**: 암석은 산소와 규소가 주성분이고, 마그네슘, 철 등으로 이루어져 있다. 한편, 나뭇잎은 산소, 탄소, 수소가 주성분이다.

② **우주의 구성 원소**: 우주의 구성 원소 대부분이 수소와 헬륨이다.
➡ 지구에 철보다 무거운 원소들이 존재한다는 사실로부터 태양계를 형성한 성운이 초신성 폭발 잔해를 포함하였음을 알 수 있다.

③ **지구의 고체 물질과 생명체를 구성하는 원소의 유래**
• 수소는 대부분 우주가 생성된 초기에 형성되었다.
• 수소와 헬륨을 제외한 철보다 가벼운 원소는 별이 진화하는 과정에서 핵융합 반응으로 형성되었다.
• 철보다 무거운 원소는 초신성이 폭발할 때 형성되었다.
➡ 빅뱅 이후 우주 초기에 생성된 원소는 별의 재료가 되고, 별이 만들어낸 수많은 원소가 우주 공간으로 방출되어 태양계의 재료가 되었으며, 지구에 존재하는 생명체를 구성하는 유기물을 만들었다.

➕ 개념

❶ **우주, 지구, 사람의 구성 원소**
• 우주: 수소＞헬륨 등
• 지구: 철＞산소＞규소＞마그네슘 등
• 사람: 산소＞탄소＞수소 등

확인 문제

▶ 정답과 해설은 다음 페이지에

01

그림은 우주와 지구를 구성하는 원소의 질량비를 나타낸 것이다.

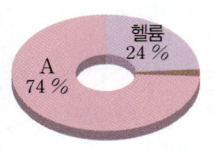

(가) 우주

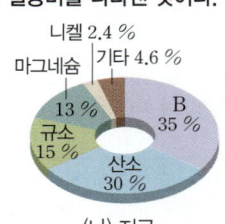

(나) 지구

이에 대한 설명으로 옳은 것은 ○표, 옳지 않은 것은 ×표로 표시하시오.

(1) A는 우주 생성 초기의 진화 과정에서 만들어졌다. (○, ×)
(2) 태양의 내부에서 B가 만들어질 수 있다. (○, ×)
(3) 지구는 우주보다 무거운 원소의 비율이 높다. (○, ×)

1 지구와 생명체를 구성하는 원소의 생성

1. 그림은 질량에 따른 별의 진화 과정을 나타낸 것이다.

이에 대한 설명으로 옳은 것은 ○, 옳지 <u>않은</u> 것은 ×로 표시하시오.

(1) 태양과 질량이 비슷한 별은 (가)의 진화 과정을 따른다. (○, ×)

(2) (나)의 과정을 통해 철보다 무거운 원소가 생성된다. (○, ×)

(3) 중심부의 온도는 ⓛ보다 ⊙에서 높다. (○, ×)

(4) ⊙의 중심부에서 탄소 핵융합 반응이 일어난다. (○, ×)

2. 그림은 질량이 태양 정도인 별의 내부 구조를 나타낸 것이다.

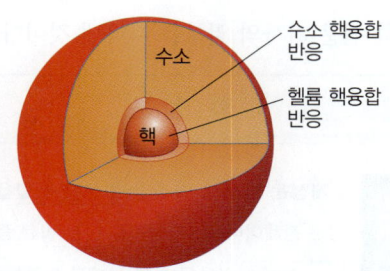

이에 대한 설명으로 옳은 것은 ○, 옳지 <u>않은</u> 것은 ×로 표시하시오.

(1) 이 별은 적색 거성이다. (○, ×)

(2) 별의 표면 온도는 태양보다 낮다. (○, ×)

(3) 별의 중심부 온도는 약 1000만 K이다. (○, ×)

(4) 핵에서는 탄소와 산소가 생성된다. (○, ×)

p.44 확인 문제 [정답]

01 (1) ○ (2) × (철은 질량이 태양보다 큰 별의 내부에서 만들어짐)
　(3) ○

3. 그림 (가)와 (나)는 중심부의 핵융합 반응이 끝난 두 별의 내부 구조를 나타낸 것이다.

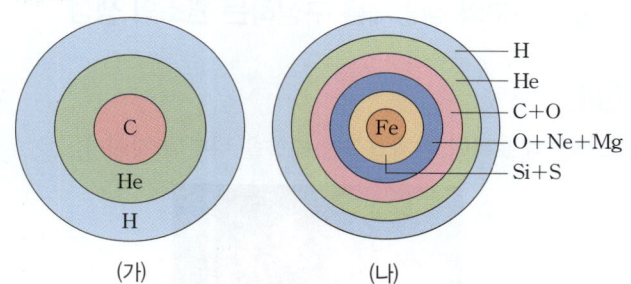

이에 대한 설명으로 옳은 것은 ○, 옳지 <u>않은</u> 것은 ×표 하시오.

(1) 별의 질량은 (가)가 (나)보다 크다. (○, ×)

(2) 태양은 핵융합 반응이 끝나면 (가)의 구조를 가진다. (○, ×)

(3) 철보다 무거운 원소는 (나)가 폭발하는 과정에서 생성된다. (○, ×)

(4) (가)와 (나) 모두 별의 중심부로 갈수록 무거운 원소가 존재한다. (○, ×)

2 태양계와 지구의 형성

4. 그림은 태양계의 형성 과정을 나타낸 것이다.

(가) 태양계 성운의　(나) 원시 태양의　(다) 고리와 미행성체　(라) 원시 태양계
　 수축과 회전　　　 형성　　　　　 형성　　　　　 형성

이에 대한 설명으로 옳은 것은 ○, 옳지 <u>않은</u> 것은 ×로 표시하시오.

(1) (가)의 성운을 구성하는 원소는 수소와 헬륨뿐이다. (○, ×)

(2) (가) → (나) 과정에서 성운 중심부의 밀도는 커졌다. (○, ×)

(3) (나) → (다) 과정에서 성운 중심부의 온도는 높아졌다. (○, ×)

(4) (다)에서 미행성체의 공전 방향은 원시 태양의 자전 방향과 같다. (○, ×)

(5) (라)에서 태양으로부터 가까운 곳에서는 기체 성분의 행성이 형성되었다. (○, ×)

1 지구와 생명체를 구성하는 원소의 생성

01 ✾✾✾✾

그림은 대표적인 주계열성인 태양을 나타낸 것이다.

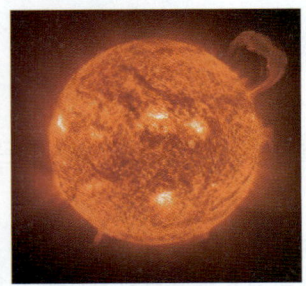

이에 대한 설명으로 옳은 것은?

① 중심부 온도가 약 3000 K 이하이다.
② 철보다 무거운 원소를 생성할 수 있다.
③ 태양의 중심부에서 수소 핵융합 반응이 일어난다.
④ 생성 초기에 중력 수축을 통해 밀도가 낮아진다.
⑤ 태양은 마지막 단계에서 초신성 폭발이 일어난다.

02 ✾✾✾✾　　　　　　　　　　　　학력 평가 기출

그림은 어떤 별의 진화 과정 일부를 나타낸 것이다.

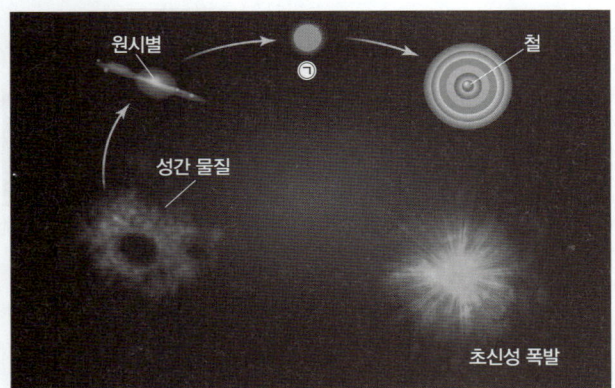
원시별
철
성간 물질
초신성 폭발

이에 대한 설명으로 옳은 것만을 [보기]에서 있는 대로 고른 것은?

─────[보기]─────
ㄱ. ⊙ 단계에서 별의 질량은 태양보다 작다.
ㄴ. 철보다 무거운 원소들은 초신성 폭발로 생성된다.
ㄷ. 초신성 폭발로 방출된 물질들의 일부는 새로운 별의 재료가 된다.
───────────────

① ㄱ　② ㄷ　③ ㄱ, ㄴ　④ ㄴ, ㄷ　⑤ ㄱ, ㄴ, ㄷ

03 ✾✾✾✾　　　　　　　　　　　　학력 평가 기출

그림은 태양 정도의 질량을 가진 별의 진화 과정의 일부를, 표는 (가)~(다) 단계의 특징을 나타낸 것이다.

(가) 주계열성　　　(나) 적색 거성　　　(다) 행성상 성운

단계	특징
(가)	중심부에서 수소 핵융합 반응으로 에너지를 생성함
(나)	(가)보다 크기가 크고 적색을 띰
(다)	중심부는 수축하고 외곽 물질이 우주 공간으로 방출됨

이에 대한 설명으로 옳은 것만을 [보기]에서 있는 대로 고른 것은?

─────[보기]─────
ㄱ. 태양은 현재 (가)에 해당한다.
ㄴ. 중심부의 온도는 (나)가 (가)보다 높다.
ㄷ. (다)에서는 철보다 무거운 원소가 생성된다.
───────────────

① ㄱ　② ㄴ　③ ㄷ　④ ㄱ, ㄴ　⑤ ㄴ, ㄷ

04 ✾✾✾✾ 중요★　　2022 실시 11월 학평 4 (고1)

그림은 과학 신문 기사의 일부를 나타낸 것이다.

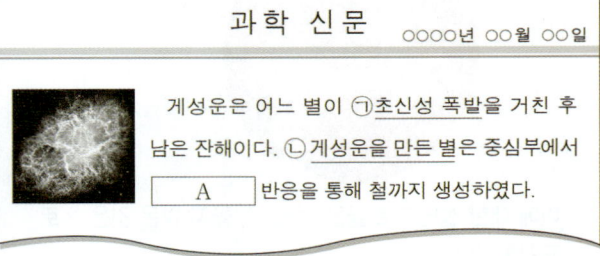
과 학 신 문　　　○○○○년 ○○월 ○○일

게성운은 어느 별이 ⊙초신성 폭발을 거친 후 남은 잔해이다. ⓒ게성운을 만든 별은 중심부에서 ▢A▢ 반응을 통해 철까지 생성하였다.

이에 대한 설명으로 옳은 것만을 [보기]에서 있는 대로 고른 것은? [3점]

─────[보기]─────
ㄱ. ⊙의 과정에서 철보다 무거운 원소가 생성된다.
ㄴ. ⓒ의 질량은 태양의 질량보다 크다.
ㄷ. '핵융합'은 A에 해당한다.
───────────────

① ㄱ　② ㄴ　③ ㄱ, ㄷ　④ ㄴ, ㄷ　⑤ ㄱ, ㄴ, ㄷ

05 ❀❀❀ 중요⭐

그림은 어느 주계열성의 탄생과 진화 과정을 나타낸 것이다.

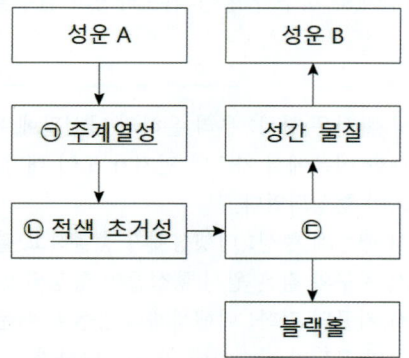

이에 대한 설명으로 옳은 것만을 [보기]에서 있는 대로 고른 것은?

[보기]
ㄱ. ㉠과 태양은 질량이 같다.
ㄴ. ㉡에서 철보다 무거운 원소가 생성된다.
ㄷ. 초신성 폭발은 ㉢에 해당한다.

① ㄱ   ② ㄷ   ③ ㄱ, ㄴ   ④ ㄴ, ㄷ   ⑤ ㄱ, ㄴ, ㄷ

06 ❀❀❀

그림 (가)는 태양 정도의 질량을 가진 별의 진화 과정에서 관측된 모습을, (나)는 어느 별의 내부 구조를 나타낸 것이다.

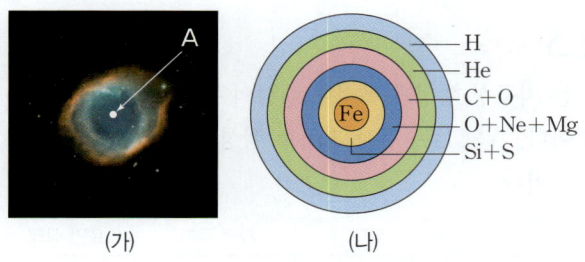

(가)   (나)

이에 대한 설명으로 옳은 것만을 [보기]에서 있는 대로 고른 것은?

[보기]
ㄱ. (가)의 별 A는 백색 왜성이다.
ㄴ. (가)의 결과, 철보다 무거운 원소가 생성된다.
ㄷ. 별 A는 (나)와 같은 내부 구조를 가지고 있다.

① ㄱ   ② ㄴ   ③ ㄱ, ㄷ   ④ ㄴ, ㄷ   ⑤ ㄱ, ㄴ, ㄷ

07 ❀❀❀

그림 (가)와 (나)는 질량이 서로 다른 두 별의 진화 과정에서 중심부의 핵융합 반응이 끝난 직후 별의 내부 구조를 나타낸 것이다.

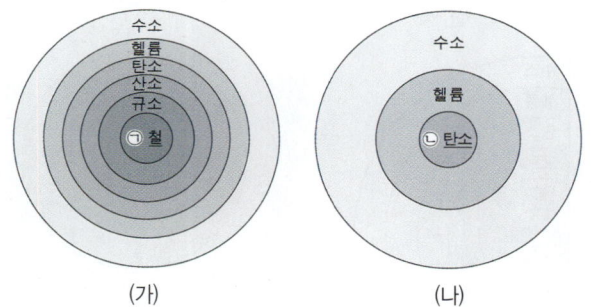

(가)   (나)

이에 대한 설명으로 옳은 것만을 [보기]에서 있는 대로 고른 것은? (단, 두 별의 크기는 고려하지 않는다.) [3점]

[보기]
ㄱ. (가)는 질량이 태양 정도인 별의 진화 과정에서 나타난다.
ㄴ. 중심부의 온도는 (나)보다 (가)에서 높다.
ㄷ. 원소의 양성자 수는 ㉠보다 ㉡이 작다.

① ㄱ   ② ㄷ   ③ ㄱ, ㄴ   ④ ㄴ, ㄷ   ⑤ ㄱ, ㄴ, ㄷ

08 ❀❀❀

그림은 별의 탄생과 진화의 순환 과정 일부를 단계별로 나타낸 것이다.

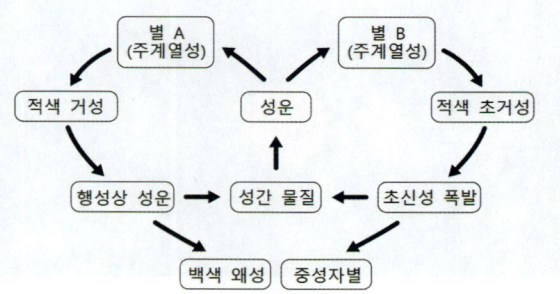

이에 대한 설명으로 옳은 것만을 [보기]에서 있는 대로 고른 것은? [3점]

[보기]
ㄱ. 별의 질량은 B가 A보다 크다.
ㄴ. 초신성 폭발 과정에서 철보다 무거운 원소가 생성된다.
ㄷ. 별의 탄생과 진화의 순환 과정이 거듭될수록 우주 전체의 수소의 양은 증가한다.

① ㄱ   ② ㄷ   ③ ㄱ, ㄴ   ④ ㄴ, ㄷ   ⑤ ㄱ, ㄴ, ㄷ

09 ✿✿✿ 출제 0순위 특강   2022 실시 6월 학평 7 (고1)

그림 (가)는 어느 별의 진화 과정에서 중심부의 핵융합 반응이 끝난 직후 별의 내부 구조를, (나)는 지구를 구성하는 원소의 질량비를 나타낸 것이다. ㉠~㉢은 각각 규소, 산소, 철 중 하나이다.

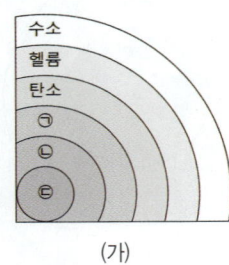 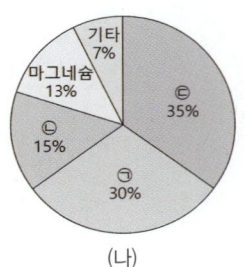

(가)   (나)

이에 대한 설명으로 옳은 것만을 [보기]에서 있는 대로 고른 것은?

[보기]
ㄱ. ㉠은 규소이다.
ㄴ. 별의 진화 과정에서 ㉡은 ㉢보다 먼저 만들어졌다.
ㄷ. 별의 진화 과정에서 생성된 물질들의 일부는 지구를 형성하는 재료가 되었다.

① ㄱ   ② ㄴ   ③ ㄱ, ㄷ   ④ ㄴ, ㄷ   ⑤ ㄱ, ㄴ, ㄷ

[10~11] 그림은 어떤 별 A의 진화 과정을 나타낸 것이다. 물음에 답하시오. (단, A의 중심부에서는 수소 핵융합 반응이 일어난다.)

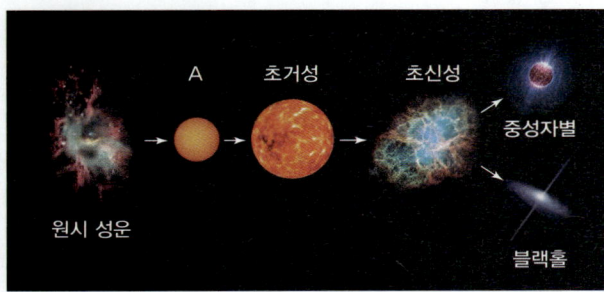

10 ✿✿✿ 단답형

A에 해당하는 (1) 천체의 이름과 (2) A와 태양의 질량의 대소를 비교하여 쓰시오.

11 ✿✿✿ 서술형

별 A의 진화 과정 중 별 내부에서 핵융합 반응으로 최종적으로 생성될 수 있는 원소를 쓰고, 그보다 질량이 큰 원소가 생성될 수 있는지 별의 진화 단계에 근거하여 서술하시오.

② 태양계와 지구의 형성

12 ✿✿✿ 중요✿   2021 실시 6월 학평 19 (고1)

다음은 태양계와 지구가 형성되는 과정의 일부를 설명한 것이다.

(가) 태양계 성운 형성: 우리 은하의 나선팔에 위치한 거대한 성운에서 가스와 먼지가 모여 태양계 성운이 형성되었다.
(나) 원시 행성계 형성: 미행성체가 충돌하고 결합하여 원시 지구와 같은 원시 행성들이 형성되었다.
(다) 원시 지구의 진화: 미행성체의 충돌열 때문에 지구의 온도가 상승하여 마그마 바다가 형성되었다. 이후 지구 표면 온도는 점차 낮아졌다.

이에 대한 설명으로 옳은 것만을 [보기]에서 있는 대로 고른 것은? [3점]

[보기]
ㄱ. (가)의 태양계 성운은 주로 수소와 헬륨으로 구성되어 있다.
ㄴ. (나)에서 원시 행성계는 수소와 헬륨이 고르게 분포하였다.
ㄷ. (다)에서 규소, 산소 등 가벼운 물질은 떠올라 맨틀과 지각을 형성한다.

① ㄱ   ② ㄴ   ③ ㄱ, ㄷ   ④ ㄴ, ㄷ   ⑤ ㄱ, ㄴ, ㄷ

13 ✿✿✿ 중요✿

표는 지구형 행성과 목성형 행성의 특징을 나타낸 것이다. A와 B는 각각 지구형 행성과 목성형 행성 중 하나이다.

구분	질량	자전 주기	표면 상태
A	크다	짧다	기체
B	작다	길다	암석 등

이에 대한 설명으로 옳은 것만을 [보기]에서 있는 대로 고른 것은?

[보기]
ㄱ. A의 대표적인 예로는 화성이 있다.
ㄴ. 평균 밀도는 B가 A보다 크다.
ㄷ. 태양으로부터의 거리는 A가 B보다 멀다.

① ㄴ   ② ㄷ   ③ ㄱ, ㄷ   ④ ㄴ, ㄷ   ⑤ ㄱ, ㄴ, ㄷ

14 ✿✿✿

그림은 지구의 형성 과정을 간략하게 나타낸 것이다.

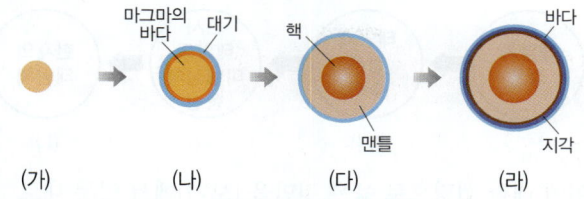

(가)　　　(나)　　　(다)　　　(라)

이에 대한 설명으로 옳은 것은?

① (가) → (나) 과정에서 미행성 충돌이 지속적으로 발생하였다.
② (나)의 원시 대기의 조성은 현재와 같았다.
③ (다) 시기에 최초의 생명체가 출현하였다.
④ (다)에서 철은 가라앉아 핵을 구성하였고, 니켈은 맨틀을 구성하였다.
⑤ (라)에서 원시 바다가 형성된 후 지각이 융기하여 원시 지각을 형성하였다.

15 ✿✿✿

그림은 태양계의 형성 과정을 순서 없이 나타낸 것이다.

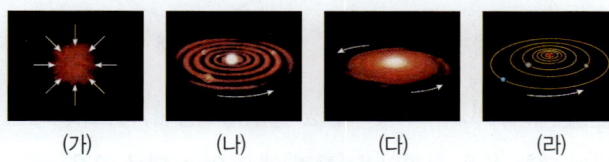

(가)　　　(나)　　　(다)　　　(라)

이에 대한 설명으로 옳지 <u>않은</u> 것은?

① (가)에서 중력 수축이 발생한다.
② (가)─(다)─(나)─(라) 순으로 진행된다.
③ (다)에서 중심부의 밀도는 낮아진다.
④ (라)에서 형성된 행성들은 지구형 행성과 목성형 행성으로 나뉜다.
⑤ (라)에서 미행성체들이 충돌하고 합쳐지면서 원시 행성이 형성된다.

16 ✿✿✿ 서술형

다음은 지구의 형성 과정에서 일어난 현상을 순서 없이 나열한 것이다.

> (가) 원시 바다의 형성
> (나) 미행성체의 충돌 시작
> (다) 원시 지각의 형성
> (라) 마그마 바다의 형성

지구 형성 과정에서 일어난 현상들을 순서대로 나열하고, 핵과 맨틀이 분리되기 시작한 시기는 언제인지 서술하시오.

17 ✿✿✿

2025 실시 6월 학평 10 (고1)

다음은 태양계 형성 과정의 일부를 단계별로 나타낸 것이다.

(가)　| ㉠ 태양계 성운이 회전하며 수축한다.
↓
(나)　| 수축하는 성운의 중심부에 원시 태양이, 주변부에는 원시 원반이 형성된다.
↓
(다)　| 원시 원반에서 ㉡ 원시 지구를 비롯한 원시 행성이 형성된다.

이에 대한 설명으로 옳은 것만을 [보기]에서 있는 대로 고른 것은? [2.5점]

─────── [보기] ───────
ㄱ. ㉠은 초신성 폭발로 만들어진 원소를 포함하고 있다.
ㄴ. (가)에서 성운의 중심부 온도는 점차 낮아진다.
ㄷ. ㉡은 미행성체들이 충돌하면서 성장해 형성된다.

① ㄱ　② ㄴ　③ ㄱ, ㄷ　④ ㄴ, ㄷ　⑤ ㄱ, ㄴ, ㄷ

[18~19] 그림은 별 S의 진화 과정을 나타낸 것이다. 물음에 답하시오.

원시별 → 별 S → (가) 적색 초거성 → 초신성 → 중성자별

18 ★★★ 중요   2023 실시 9월 학평 17 (고1)

이에 대한 설명으로 옳은 것만을 [보기]에서 있는 대로 고른 것은? [3점]

[보기]
ㄱ. 별 S의 질량은 태양의 질량과 비슷하다.
ㄴ. 중심부의 온도는 원시별이 별 S보다 낮다.
ㄷ. (가) 과정에서 철보다 무거운 원소가 생성된다.

① ㄴ   ② ㄷ   ③ ㄱ, ㄴ
④ ㄱ, ㄷ   ⑤ ㄴ, ㄷ

19 ★★☆ 서술형

(가) 과정에서 별 S의 크기가 증가하는 까닭을 별의 내부에서 작용하는 힘과 관련하여 서술하시오.

20 ★★★

표는 태양계 행성 A와 B의 물리량(지구=1)을, 그림은 A, B를 물리량 (가)와 (나)에 따라 나타낸 것이다.

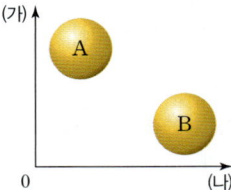

행성	A	B
반지름	0.38	9.45
질량	0.06	95.0
평균 밀도	0.98	0.125

이에 대한 설명으로 옳은 것만을 [보기]에서 있는 대로 고른 것은?

[보기]
ㄱ. A는 B보다 태양과 가까운 곳에 위치한다.
ㄴ. A는 B보다 구성 물질의 녹는점이 높다.
ㄷ. 물리량 (나)는 밀도이다.

① ㄱ   ② ㄷ   ③ ㄱ, ㄴ
④ ㄴ, ㄷ   ⑤ ㄱ, ㄴ, ㄷ

21 ★★★☆   학력 평가 기출

그림은 태양계의 형성 과정을 단계별로 나타낸 것이다.

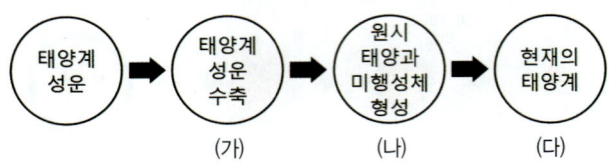

태양계 성운 → 태양계 성운 수축 (가) → 원시 태양과 미행성체 형성 (나) → 현재의 태양계 (다)

이에 대한 설명으로 옳은 것만을 [보기]에서 있는 대로 고른 것은? [3점]

[보기]
ㄱ. (가)에서 태양계 성운이 수축하면서 회전한다.
ㄴ. (나)에서 원시 태양 중심부의 온도가 낮아진다.
ㄷ. (나)에서 (다)로 갈수록 미행성체의 수가 줄어든다.

① ㄱ   ② ㄴ   ③ ㄱ, ㄷ
④ ㄴ, ㄷ   ⑤ ㄱ, ㄴ, ㄷ

[22~23] 그림 (가)와 (나)는 각각 현재와 미래 어느 시점의 태양 내부 구조를 나타낸 것이다. A와 B는 각각 수소 핵융합 반응과 헬륨 핵융합 반응이 일어나는 영역 중 하나이다.

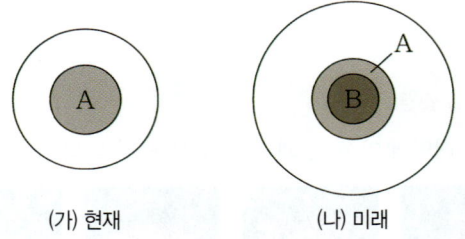

(가) 현재   (나) 미래

22 ★★★☆   2020 실시 3월 학평 16 / 지구과학 I (고2)

이에 대한 옳은 설명만을 [보기]에서 있는 대로 고른 것은? [3점]

[보기]
ㄱ. A는 수소 핵융합 반응이 일어나는 영역이다.
ㄴ. 평균 온도는 A가 B보다 높다.
ㄷ. (나)에서는 핵융합 반응을 통해 철이 생성된다.

① ㄱ   ② ㄷ   ③ ㄱ, ㄴ
④ ㄴ, ㄷ   ⑤ ㄱ, ㄴ, ㄷ

23 ★★☆ 서술형

(가)에서 (나)로 진화할 때, 중심부에서 수소에 대한 헬륨의 질량비 변화를 서술하시오.

중단원 마무리 문제

03 우주의 시작과 원소의 생성

01 ✱✱✽

학력 평가 기출

그림은 빅뱅 이후 원자가 생성되는 과정을 나타낸 것이다.

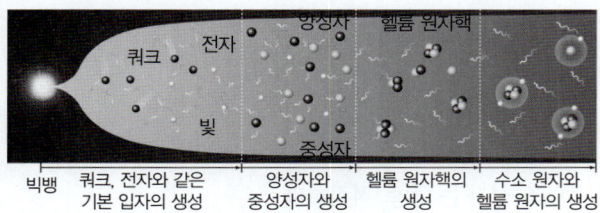

이에 대한 설명으로 옳은 것만을 [보기]에서 있는 대로 고른 것은?

─────[보기]─────

ㄱ. 빅뱅 이후 우주의 온도는 상승하였다.

ㄴ. 기본 입자들로부터 원자가 생성되었다.

ㄷ. 헬륨 원자가 수소 원자핵보다 먼저 생성되었다.

① ㄴ   ② ㄷ   ③ ㄱ, ㄴ   ④ ㄱ, ㄷ   ⑤ ㄱ, ㄴ, ㄷ

02 ✱✽✽ 중요

2023 실시 6월 학평 3 (고1)

그림은 프레드 호일이 주장한 우주의 모형을 모식적으로 나타낸 것이다.

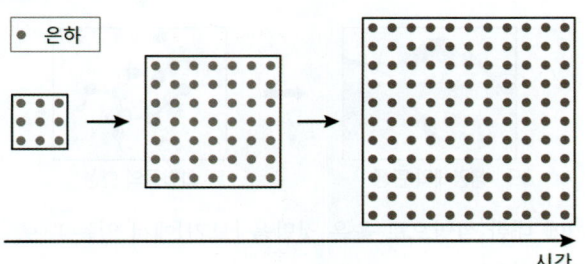

이 모형에서 시간의 흐름에 따라 일정하게 유지되는 값만을 [보기]에서 있는 대로 고른 것은?

─────[보기]─────

ㄱ. 우주의 질량   ㄴ. 우주의 밀도   ㄷ. 우주의 크기

① ㄱ   ② ㄴ   ③ ㄱ, ㄷ   ④ ㄴ, ㄷ   ⑤ ㄱ, ㄴ, ㄷ

03 ✱✱✽

학력 평가 기출 변형

다음은 서로 다른 두 우주론에 대한 과학자의 대화 내용이다.

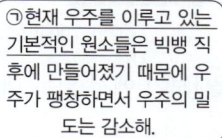

⊙ 현재 우주를 이루고 있는 기본적인 원소들은 빅뱅 직후에 만들어졌기 때문에 우주가 팽창하면서 우주의 밀도는 감소해.

우주가 팽창하면서 생기는 빈 공간에서 새로운 물질이 계속 만들어지기 때문에 우주의 밀도는……

조지 가모프   프레드 호일

이에 대한 설명으로 옳은 것만을 [보기]에서 있는 대로 고른 것은?

─────[보기]─────

ㄱ. ⊙ 중 수소가 가장 큰 질량비를 차지한다.

ㄴ. 호일이 지지하는 우주론에서 우주의 밀도는 증가한다.

ㄷ. 가모프가 주장하는 우주론에서는 우주에 존재하는 수소와 헬륨의 질량비가 약 3 : 1일 것으로 예측하였다.

① ㄱ   ② ㄴ   ③ ㄷ   ④ ㄱ, ㄷ   ⑤ ㄴ, ㄷ

04 ✱✱✽

다음은 우주 초기에 물질이 생성되는 과정을 나타낸 것이다.

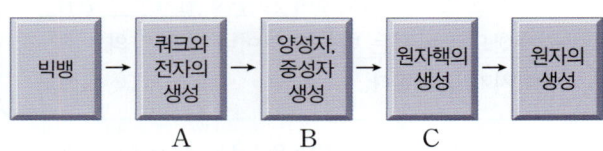

이에 대한 설명으로 옳은 것만을 [보기]에서 있는 대로 고른 것은?

─────[보기]─────

ㄱ. 우주의 밀도는 A 시기가 B 시기보다 낮다.

ㄴ. 우주의 온도는 B 시기가 C 시기보다 높다.

ㄷ. 중성자 수는 B 시기가 C 시기보다 많다.

① ㄱ   ② ㄴ   ③ ㄱ, ㄷ   ④ ㄴ, ㄷ   ⑤ ㄱ, ㄴ, ㄷ

05 ✽✽✽ 중요★

그림은 태양의 흡수 스펙트럼과 수소, 헬륨의 방출 스펙트럼을 나타낸 것이다.

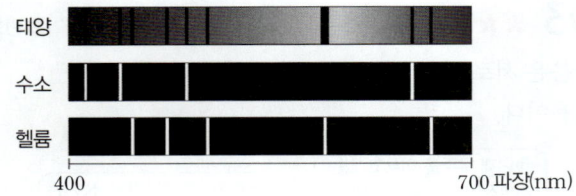

이에 대한 설명으로 옳은 것만을 [보기]에서 있는 대로 고른 것은?

[보기]
ㄱ. 수소는 특정 파장의 빛을 방출한다.
ㄴ. 태양의 대기 성분에는 헬륨이 포함된다.
ㄷ. 스펙트럼을 분석하여 원소의 종류를 알 수 있다.

① ㄱ   ② ㄴ   ③ ㄱ, ㄷ   ④ ㄴ, ㄷ   ⑤ ㄱ, ㄴ, ㄷ

06 ✽✾✾

다음은 우주의 생성 과정에 대한 설명의 일부이다.

- 우주는 온도와 밀도가 매우 높은 한 점에서 대폭발하여 탄생하였다.
- 대폭발 이후 우주 온도가 내려가면서 기본 입자가 결합하여 양성자와 중성자가 만들어졌다.
- 원자핵과 ㉠ 전자가 결합하여 원자가 만들어졌다.
- 수소와 헬륨으로 이루어진 성운은 중력에 의해 수축하여 원시별이 되고, 내부 온도가 충분히 올라가면 별의 중심부에서 ㉡ 수소 원자핵이 헬륨 원자핵으로 바뀌는 반응이 일어나 많은 양의 에너지가 방출된다.

이에 대한 설명으로 옳은 것만을 [보기]에서 있는 대로 고른 것은?

[보기]
ㄱ. ㉠은 양(＋)전하를 띤다.
ㄴ. ㉡은 수소 핵융합 반응이다.
ㄷ. 빅뱅 우주론에 대한 설명이다.

① ㄱ   ② ㄴ   ③ ㄱ, ㄷ   ④ ㄴ, ㄷ   ⑤ ㄱ, ㄴ, ㄷ

07 ✽✾✾

다음은 헬륨 원자핵이 생성되는 2가지 과정에 대한 설명이다.

- 빅뱅 이후 ㉠ 초기 우주에서 ⓐ 와/과 중성자가 결합하여 헬륨 원자핵이 생성된다.
- ㉡ 중심부에서 수소 핵융합 반응이 일어나는 별에서 ⓐ 이/가 서로 결합하여 헬륨 원자핵이 생성된다.

이에 대한 설명으로 옳은 것만을 [보기]에서 있는 대로 고른 것은? [3점]

[보기]
ㄱ. '양성자'는 ⓐ로 적절하다.
ㄴ. ㉠의 온도는 현재 우주의 온도보다 높다.
ㄷ. ㉡은 주로 철보다 무거운 원소로 구성된다.

① ㄱ   ② ㄷ   ③ ㄱ, ㄴ   ④ ㄴ, ㄷ   ⑤ ㄱ, ㄴ, ㄷ

08 ✽✽✽ 중요★

그림은 지구와 생명체를 구성하는 물질의 기원을 나타낸 것이다.

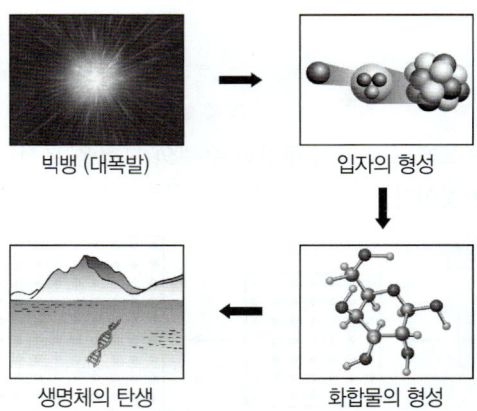

빅뱅 (대폭발)   입자의 형성
생명체의 탄생   화합물의 형성

이에 대한 설명으로 옳은 것만을 [보기]에서 있는 대로 고른 것은?

[보기]
ㄱ. 지구와 생명체의 역사는 우주 역사의 일부분이다.
ㄴ. 입자의 형성 이후 우주에 존재하는 수소와 헬륨의 질량비는 약 1 : 3이다.
ㄷ. 우주를 구성하는 원소들은 빅뱅 이후 진화 과정을 거쳐 형성되었다.

① ㄱ   ② ㄴ   ③ ㄱ, ㄷ   ④ ㄴ, ㄷ   ⑤ ㄱ, ㄴ, ㄷ

09 ✿✿✾

다음은 우주의 역사를 알아보는 보드 게임을 나타낸 것이다.

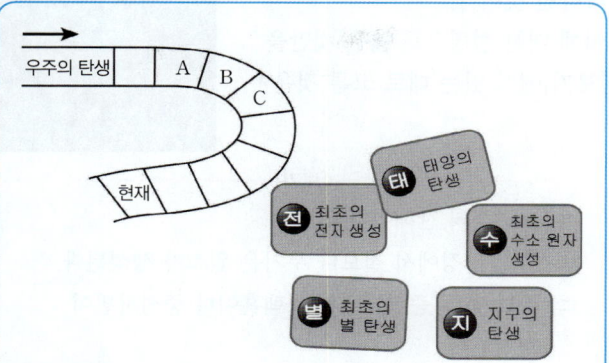

[게임 방법]
- A~C에 주어진 카드를 각각 한 장씩만 배열해야 한다.
- A~C에 들어갈 카드는 시간 순서대로 배열되어야
  한다. (단, 세 카드의 배열은 연속해서 이어지지
  않아도 된다.)

A~C에 넣을 수 있는 카드의 조합이 될 수 없는 것은?

	A	B	C
①	별	수	지
②	수	별	태
③	수	태	지
④	전	수	별
⑤	전	별	지

04 별의 진화와 원소의 생성

10 ✿✿✾

그림 (가), (나)는 질량이 다른 두 별의 진화 과정을
나타낸 것이다.

(가)	○ → 적색 거성 → 행성상 성운 → 백색 왜성
	A
(나)	○ → 초거성 → 초신성 폭발 → 중성자별
	B

이에 대한 설명으로 옳은 것만을 [보기]에서 있는 대로
고른 것은?

[보기]
ㄱ. 별의 질량은 A가 B보다 크다.
ㄴ. 태양은 (가) 과정으로 진화한다.
ㄷ. 철보다 무거운 원소는 (나) 과정을 통해 생성된다.

① ㄱ   ② ㄷ   ③ ㄱ, ㄴ   ④ ㄴ, ㄷ   ⑤ ㄱ, ㄴ, ㄷ

11 ✿✿✿

그림 (가)는 어떤 별의 진화 과정을, (나)는 (가)의 어느
단계에 해당하는 별의 내부를 나타낸 것이다.

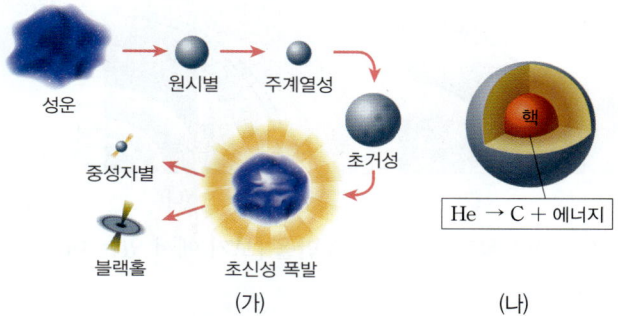

이에 대한 설명으로 옳은 것만을 [보기]에서 있는 대로
고른 것은?

[보기]
ㄱ. (가)는 태양보다 질량이 큰 별의 진화 과정이다.
ㄴ. (나)는 주계열성 단계이다.
ㄷ. (가)의 초신성 폭발 과정에서 철보다 무거운
   원소가 형성된다.

① ㄱ   ② ㄴ   ③ ㄷ   ④ ㄱ, ㄷ   ⑤ ㄴ, ㄷ

12 ✿✿✿

다음은 여러 가지 원소를 나타낸 것이다. 물음에
답하시오.

탄소, 수소, 철, 헬륨, 규소, 납

(1) 적색 거성의 중심부에서 생성될 수 있는 가장 무거운
   원소를 골라 쓰시오. 단답형

(2) 초거성의 중심부에서 생성될 수 있는 가장 무거운
   원소를 골라 쓰시오. 단답형

(3) 별의 내부에서 핵융합 반응에 의해 생성되지 않는
   원소를 있는 대로 골라 쓰시오. 단답형

13 ✹✹✹✹ 중요⭐

그림은 중심부의 핵융합 반응이 끝난 두 별 (가)와 (나)의 내부 구조를 나타낸 것이다.

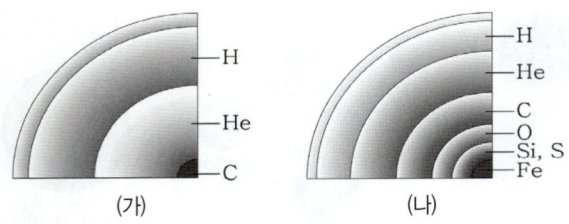

(가)   (나)

이에 대한 설명으로 옳은 것만을 [보기]에서 있는 대로 고른 것은?

[보기]
ㄱ. 별의 질량은 (나)가 (가)보다 작다.
ㄴ. 중심부의 온도는 (나)가 (가)보다 낮다.
ㄷ. (나)의 중심부에서 만들어질 수 있는 가장 무거운 원소는 철(Fe)이다.

① ㄱ　② ㄷ　③ ㄱ, ㄴ　④ ㄴ, ㄷ　⑤ ㄱ, ㄴ, ㄷ

14 ✹✹✹✹ 중요⭐

그림은 중심부의 핵융합 반응이 끝난 두 별 (가)와 (나)의 내부 구조를 나타낸 것이다.

(가)   (나)

이에 대한 설명으로 옳은 것만을 [보기]에서 있는 대로 고른 것은?

[보기]
ㄱ. 질량은 (가)가 (나)보다 크다.
ㄴ. 중심부의 온도는 (가)가 (나)보다 낮다.
ㄷ. (나)가 초신성 폭발을 하면서 철보다 무거운 원소가 생성된다.

① ㄱ　② ㄷ　③ ㄱ, ㄴ　④ ㄴ, ㄷ　⑤ ㄱ, ㄴ, ㄷ

15 ✹✹✹✹

그림은 어느 천체의 모습을 나타낸 것이다.
이에 대한 설명으로 옳은 것만을 [보기]에서 있는 대로 고른 것은?

[보기]
ㄱ. 초신성의 잔해이다.
ㄴ. 폭발 과정에서 철보다 무거운 원소가 생성된다.
ㄷ. 폭발 후에 중심부에서 블랙홀이나 중성자별이 형성된다.

① ㄱ　② ㄴ　③ ㄱ, ㄷ　④ ㄴ, ㄷ　⑤ ㄱ, ㄴ, ㄷ

16 ✹✹✹✹

그림 (가)~(라)는 태양계가 형성되는 과정을 순서대로 나타낸 것이다.

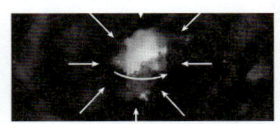

(가) 성운의 중력 수축   (나) 원반 모양 형성

(다) 원시 태양계 형성   (라) 현재 태양계

이에 대한 설명으로 옳은 것만을 [보기]에서 있는 대로 고른 것은?

[보기]
ㄱ. 행성들의 공전 궤도면은 거의 일치한다.
ㄴ. 태양의 자전 방향과 행성들의 공전 방향은 반대이다.
ㄷ. 태양에서 멀어질수록 행성의 질량과 밀도는 작아진다.

① ㄱ　② ㄴ　③ ㄱ, ㄷ　④ ㄴ, ㄷ　⑤ ㄱ, ㄴ, ㄷ

17 ✿✿✿ 서술형

지구형 행성의 구성 성분을 태양으로부터의 거리와 관련지어 서술하시오.

18 ✿✿✿ 중요 ✿

2023 실시 6월 학평 2 (고1)

다음은 태양계와 지구가 형성되는 과정의 일부를 나타낸 것이다.

(가)	태양계 성운과 원시 태양 형성	우리 은하의 나선팔에 위치한 거대한 성운에서 ㉠ 가스와 먼지가 모여 태양계 성운이 형성되었고, 태양계 성운의 중심부에 원시 태양이 탄생하였다.
(나)	원시 지구 형성	미행성체들이 충돌하고 결합하여 원시 지구가 형성되었다.
(다)	마그마 바다 형성	미행성체의 충돌열 때문에 지구의 온도가 상승하여 마그마 바다가 형성되었고, 지구 내부는 핵과 맨틀로 분리되었다.
(라)	원시 지각과 원시 바다 형성	지표가 식어 원시 지각이 만들어졌고, 빗물이 낮은 곳으로 모여 원시 바다가 만들어졌다.
(마)	최초의 생물체 출현	바다에서 최초의 ㉡ 생명체가 출현하였다.

이에 대한 설명으로 옳은 것만을 [보기]에서 있는 대로 고른 것은? [3점]

[보기]
ㄱ. ㉠을 이루는 원소 중 일부는 결합하여 ㉡의 구성 성분이 된다.
ㄴ. (나)에서 원시 태양계의 미행성체 수는 줄어든다.
ㄷ. (다)에서 지구 중심의 밀도는 작아진다.

① ㄱ   ② ㄷ   ③ ㄱ, ㄴ   ④ ㄴ, ㄷ   ⑤ ㄱ, ㄴ, ㄷ

19 ✿✿✿

2021 실시 11월 학평 8 (고1)

그림 (가)는 어느 별의 진화 과정에서 중심부의 핵융합 반응이 끝난 직후 별의 내부 구조를, (나)는 (가)의 원자 ㉠, ㉡ 중 하나의 전자 배치 모형을 나타낸 것이다.

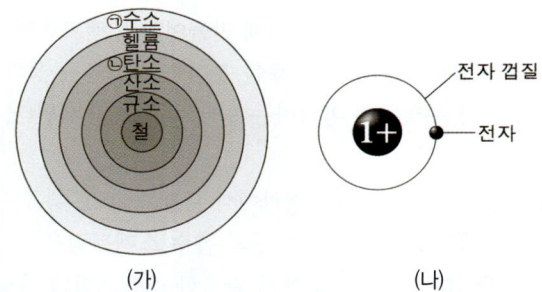

(가)   (나)

이에 대한 설명으로 옳은 것만을 [보기]에서 있는 대로 고른 것은? [3점]

[보기]
ㄱ. (가)에서 별의 내부 온도는 중심에서 표면으로 갈수록 높아진다.
ㄴ. (가)와 같은 구조를 가진 별의 질량은 태양의 질량보다 크다.
ㄷ. (나)는 ㉡의 전자 배치 모형이다.

① ㄱ   ② ㄴ   ③ ㄱ, ㄷ   ④ ㄴ, ㄷ   ⑤ ㄱ, ㄴ, ㄷ

20 ✿✿✿ 서술형

다음은 별 내부에서 일어나는 여러 가지 핵융합 반응을 나타낸 것이다.

(가) He → C	(나) Si → Fe
(다) H → He	(라) C → Ne

별 내부에서 (가)~(라)의 핵융합 반응이 일어나는 온도를 비교하여 서술하시오.

★ 별의 스펙트럼과 원소의 생성

다음 유형은 여러 원소에 의해 만들어진 스펙트럼과 어느 별의 흡수 스펙트럼 자료를 분석하여 별을 구성하는 주요 원소가 무엇인지 파악하는 형태로 주로 출제된다.

그림 (가)는 고온의 기체 방전관에서 관찰한 수소, 헬륨, 탄소의 스펙트럼을, (나)는 별 S의 흡수 스펙트럼을 나타낸 것이다. (가)와 (나)에서 관측한 스펙트럼의 파장 영역은 동일하다.

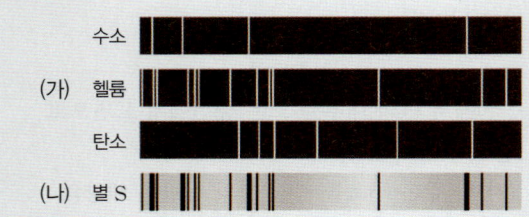

이에 대한 설명으로 옳은 것만을 [보기]에서 있는 대로 고른 것은?

2028 대비 수능 예시 2 (1차)

[보기]
ㄱ. (가)의 수소 스펙트럼에서는 방출선이 나타난다.
ㄴ. S에는 탄소가 헬륨보다 풍부하게 포함되어 있다.
ㄷ. S에 포함된 헬륨은 모두 별 내부의 핵융합 반응으로 생성되었다.

① ㄱ   ② ㄴ   ③ ㄱ, ㄷ   ④ ㄴ, ㄷ   ⑤ ㄱ, ㄴ, ㄷ

🧠 단서+발상

(단서) 기체 방전관의 방출 스펙트럼과 별의 흡수 스펙트럼이 제시되어 있다.

(발상) 별의 스펙트럼에 나타난 흡수선의 파장을 (가)의 방출선과 비교하여 별에 포함된 원소의 종류를 추론할 수 있다.

(적용) 원소마다 고유한 스펙트럼을 갖는다는 것을 이용하여 스펙트럼을 비교하는 것부터 문제 풀이를 시작해야 한다.

|문제 + 자료 분석|

· (가): 원소 고유의 [1] 스펙트럼이 나타난다.

➡ 수소, 헬륨, 탄소의 방출선 파장은 각각 고유하다.

· (나): 별 S의 스펙트럼에서 여러 원소에 의해 만들어진 [2]이 나타난다.

➡ 별 S에서 관측된 흡수선의 파장은 수소와 헬륨에서 관측된 방출선 파장과 [3]. 하지만 별 S의 스펙트럼에서 탄소에 의한 흡수선은 나타나지 않는다.

|보기 분석|

ㄱ. (가)의 수소 스펙트럼에서는 방출선이 나타난다.

· (가)는 고온의 수소 기체에서 관측된 방출 스펙트럼이다. 방출 스펙트럼에서는 특정한 파장에서 밝은색의 방출선이 관측되며, 원소의 종류마다 고유한 파장의 방출선이 나타난다.

ㄴ. S에는 탄소가 헬륨보다 풍부하게 포함되어 있다.

· S의 스펙트럼에서는 [4] 스펙트럼을 배경으로 검게 보이는 흡수선이 관측된다. 이 흡수선은 특정한 원소에 의해 형성된 것으로, 원소 고유의 방출선 파장과 비교하여 원소의 종류를 알아낼 수 있다.

· S의 스펙트럼에서는 [5]와 [6]에 의한 흡수선만 관측되며, [7]에 의한 흡수선은 관측되지 않는다.

ㄷ. S에 포함된 헬륨은 모두 별 내부의 핵융합 반응으로 생성되었다.

· S에 존재하는 헬륨은 거의 대부분 빅뱅 이후 초기 우주에서 일어난 핵융합 반응으로 형성된 것이다. 별 내부의 핵융합 반응을 통해서도 헬륨이 만들어지지만, 그 양은 초기 우주에서 형성된 양에 비하면 훨씬 적다.

∴ 정답은 ① ㄱ이다.

★ 별빛의 스펙트럼 분석 ⭐ 핵심 개념

· **원소의 종류**: 별빛의 스펙트럼과 원소의 스펙트럼을 비교하면 우주의 구성 원소를 알 수 있다.

· **원소의 질량비**: 별빛의 스펙트럼에 나타나는 흡수선의 세기는 별을 구성하는 원소의 밀도에 비례하므로 각 흡수선의 선폭을 비교하면 구성 원소의 질량비를 알 수 있다.

👀 대비법

이 유형을 대비하기 위해서는 스펙트럼선의 유형을 알고, 스펙트럼 내 선의 위치가 가지는 의미를 이해해야 한다.

또한, 천체에서 방출되는 빛의 스펙트럼과 고온의 기체 방전관에서 여러 원소들에 의해 형성된 스펙트럼을 비교하여 별의 주요 구성 원소를 파악할 수 있어야 한다.

[정답]

1 방출 2 흡수선 3 같다 4 연속 5 수소 6 헬륨 7 탄소

01 ✿✿✾

그림 (가)는 우주를 구성하는 원소의 질량비를, (나)는 별 S와 원소 ⊙, ⓛ의 스펙트럼을 나타낸 것이다.

(가)   (나)

이에 대한 설명으로 옳은 것만을 [보기]에서 있는 대로 고른 것은? [1.5점]

[보기]
ㄱ. ⊙ 원자는 빅뱅 이후 약 38만 년이 지난 뒤 형성되었다.
ㄴ. 우주를 구성하는 ⓛ의 대부분은 별 내부의 핵융합 반응으로 만들어졌다.
ㄷ. S의 대기는 ⊙과 ⓛ으로만 구성되어 있다.

① ㄱ   ② ㄴ   ③ ㄷ   ④ ㄱ, ㄴ   ⑤ ㄱ, ㄷ

03 ✿✿✿

그림은 어느 별의 내부 구조와 각 영역에서 가장 큰 질량비를 차지하는 원소를 나타낸 것이다. X, Y, Z는 규소, 철, 탄소를 순서 없이 나타낸 것이다.

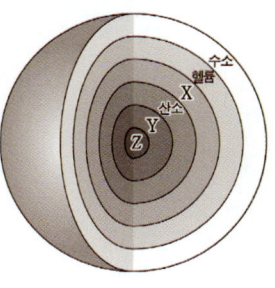

이에 대한 설명으로 옳은 것만을 [보기]에서 있는 대로 고른 것은? [2.5점]

[보기]
ㄱ. 중심부의 온도는 이 별이 태양보다 높다.
ㄴ. X와 Y는 같은 족 원소이다.
ㄷ. 지구를 구성하는 원소의 질량비는 Y가 Z보다 크다.

① ㄱ   ② ㄷ   ③ ㄱ, ㄴ   ④ ㄴ, ㄷ   ⑤ ㄱ, ㄴ, ㄷ

02 ✿✿✾

다음은 원시 지구의 진화 과정에 대한 학생들의 대화를 나타낸 것이다.

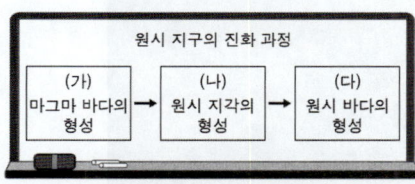

원시 지구의 진화 과정
(가) 마그마 바다의 형성 → (나) 원시 지각의 형성 → (다) 원시 바다의 형성

원시 지구의 표면 온도는 (가) 시기보다 (나) 시기에 높았어. / 지구 중심부의 밀도는 (가) 시기보다 (나) 시기에 컸어. / 오존층은 (다) 시기 이전에 형성되었어.

학생 A   학생 B   학생 C

제시한 내용이 옳은 학생만을 있는 대로 고른 것은?
① A   ② B   ③ A, C   ④ B, C   ⑤ A, B, C

04 ✿✿✿

그림 (가), (나), (다)는 성운설을 바탕으로 태양계의 형성 과정 일부를 순서 없이 나타낸 것이다.

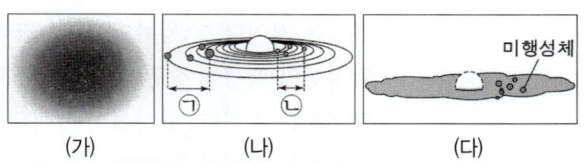

(가)   (나)   (다)

이에 대한 설명으로 옳은 것만을 [보기]에서 있는 대로 고른 것은?

[보기]
ㄱ. 태양계는 (가) → (나) → (다) 순으로 형성되었다.
ㄴ. (가)의 기체 성분은 주로 수소와 헬륨이다.
ㄷ. 행성의 평균 밀도는 ⊙이 ⓛ보다 크다.

① ㄱ   ② ㄴ   ③ ㄱ, ㄷ   ④ ㄴ, ㄷ   ⑤ ㄱ, ㄴ, ㄷ

"우주 탐사선과 스윙바이"

우주 탐사를 그린 영화에서 주인공은 행성 간 여행과 블랙홀, 웜홀과 같은 공간을 이동한다. 이때 우주 탐사선이 지구에서 태양계 끝까지 날아가기 위해서는 일정 속도 이상에 이르러야 한다.

그러나 추진력을 마음껏 얻을 수 있을 정도로 큰 추진체가 달린 탐사선을 만들 수 없기 때문에 탐사선의 추진력만으로는 이러한 속도에 도달하기 어렵다. 그렇다면 과학자들은 이 문제를 어떻게 해결했을까?

'스윙바이(Swing−by)'는 탐사선을 행성에 접근시켜 행성의 공전 속도를 훔치는 것이다. 스윙바이란, 말 그대로 탐사선이 행성에 잠깐 다가갔다가 다시 멀어지는 것이다. 탐사선이 행성의 중력장에 진입한 후 빠져나갈 때 멀어지는 방향이 행성의 공전 방향에

가까울수록, 스윙바이를 통한 속도 증가의 효과는 크게 나타난다.

이때 운동량 보존의 법칙에 따라 탐사선의 속도가 빨라지는 만큼 행성의 속도는 느려져야 한다. 실제로 지구와의 스윙바이를 통해 초속 8.9 km의 속도를 얻은 '갈릴레오 호'로 인해 지구의 공전 속도는 1억 년 동안 1.2 cm쯤 늦어지게 되었다.

고1 독서 학력 평가 기출 활용

II 물질과 규칙성

2. 원소의 규칙성과 결합

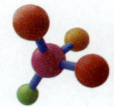

05 원소들의 주기성

중요도 ⭐⭐

1 원소와 주기율표

1. 원소

(1) 물질을 이루는 기본 성분으로 현재까지 알려진 원소는 118종이다.

(2) 한 종류의 원소로만 이루어진 물질 ⑩ 금, 흑연, 아르곤 등
└─ 홑원소 물질

(3) 원소들이 모여 다양한 화합물❶을 생성한다.
└─ 원소의 종류는 물질의 종류에 비해 매우 적다.

┌─ 성질이 비슷한 원소가 주기적으로 나타나는 현상
2. 주기율의 발견❷

	[Ca, Sr, Ba] [Cl, Br, I]
되베라이너의 세 쌍 원소설	• 화학적 성질이 비슷한 세 쌍의 원소가 존재하며 원자량이 가장 무거운 원소와 가장 가벼운 원소의 평균값이 남은 원소의 원자량과 비슷하다(1817년).
뉴랜즈의 옥타브설	• 원소를 원자량 순으로 배열하면 8번째마다 비슷한 성질의 원소가 나타난다(1865년). └─ 그 당시 18족 원소가 발견되지 않았기 때문이다. • 주기성이 맞지 않는 부분이 몇 군데 나타난다(아르곤과 칼륨, 코발트와 니켈).
멘델레예프의 주기율표	• 63종의 원소를 원자량❸ 순서로 배열하였다(1869년). • 비슷한 화학적 성질의 원소를 같은 세로줄에 위치하게 배열하였다. • 당시까지 발견되지 않은 원소의 자리는 빈칸으로 두고 주기율표 상의 위치로부터 새로운 원소(갈륨, 저마늄)의 존재 가능성과 성질을 예측하였다. ⇨ 최초의 주기율표
모즐리의 주기율표	• 원소의 주기적 성질이 원자 번호❹와 관련이 있다는 것을 발견하고, 원소들을 원자 번호 순서대로 배열하여 현재 사용하고 있는 주기율표를 완성하였다(1913년).

└─ X선 연구를 통해 원자에서 원자핵의 양성자수를 결정하는 방법을 알아내어 원자 번호 결정

3. 현대의 주기율표 : 원소들을 원자 번호(양성자수) 순으로 나열하되, 화학적 성질이 비슷한 원소가 같은 세로줄에 배열되도록 나타낸 표이다.

(1) 주기: 주기율표의 가로줄 ➡ 1~7주기

(2) 족: 주기율표의 세로줄 ➡ 1~18족 같은 족 원소는 원소의 화학적 성질이 비슷하다.

+ 개념

❶ 화합물
두 종류 이상의 원소가 화학 결합한 물질이다.
⑩ 물, 이산화 탄소, 암모니아 등

❷ 주기율을 발견한 과학자

라부아지에*
➡ 되베라이너 ➡ 뉴랜즈
➡ 멘델레예프 ➡ 모즐리

*라부아지에: 당시까지 발견된 33종의 원소들을 성질에 따라 네 가지로 분류하였다.

❸ 원자량
^{12}C의 질량을 12로 정하고 이 값을 기준으로 비교한 원자들의 상대적 질량이다.

❹ 원자 번호
원자마다 갖는 고유의 번호이다. 원자핵 내의 양성자수와 같으며, 원자는 전기적으로 중성이므로 전자 수로도 정의할 수 있다.

족 주기	1												13	14	15	16	17	18
1	₁H 수소	2																₂He 헬륨
2	₃Li 리튬	₄Be 베릴륨											₅B 붕소	₆C 탄소	₇N 질소	₈O 산소	₉F 플루오린	₁₀Ne 네온
3	₁₁Na 나트륨	₁₂Mg 마그네슘	3	4	5	6	7	8	9	10	11	12	₁₃Al 알루미늄	₁₄Si 규소	₁₅P 인	₁₆S 황	₁₇Cl 염소	₁₈Ar 아르곤
4	₁₉K 칼륨	₂₀Ca 칼슘	₂₁Sc 스칸듐	₂₂Ti 타이타늄	₂₃V 바나듐	₂₄Cr 크로뮴	₂₅Mn 망가니즈	₂₆Fe 철	₂₇Co 코발트	₂₈Ni 니켈	₂₉Cu 구리	₃₀Zn 아연	₃₁Ga 갈륨	₃₂Ge 저마늄	₃₃As 비소	₃₄Se 셀레늄	₃₅Br 브로민	₃₆Kr 크립톤
5	₃₇Rb 루비듐	₃₈Sr 스트론튬	₃₉Y 이트륨	₄₀Zr 지르코늄	₄₁Nb 나이오븀	₄₂Mo 몰리브데넘	₄₃Tc 테크네튬	₄₄Ru 루테늄	₄₅Rh 로듐	₄₆Pd 팔라듐	₄₇Ag 은	₄₈Cd 카드뮴	₄₉In 인듐	₅₀Sn 주석	₅₁Sb 안티모니	₅₂Te 텔루륨	₅₃I 아이오딘	₅₄Xe 제논
6	₅₅Cs 세슘	₅₆Ba 바륨	₅₇La* 란타넘	₇₂Hf 하프늄	₇₃Ta 탄탈럼	₇₄W 텅스텐	₇₅Re 레늄	₇₆Os 오스뮴	₇₇Ir 이리듐	₇₈Pt 백금	₇₉Au 금	₈₀Hg 수은	₈₁Tl 탈륨	₈₂Pb 납	₈₃Bi 비스무트	₈₄Po 폴로늄	₈₅At 아스타틴	₈₆Rn 라돈
7	₈₇Fr 프랑슘	₈₈Ra 라듐	₈₉Ac** 악티늄	₁₀₄Rf 러더포듐	₁₀₅Db 더브늄	₁₀₆Sg 시보귬	₁₀₇Bh 보륨	₁₀₈Hs 하슘	₁₀₉Mt 마이트너륨	₁₁₀Ds 다름슈타튬	₁₁₁Rg 뢴트게늄	₁₁₂Cn 코페르니슘	₁₁₃Nh 니호늄	₁₁₄Fl 플레로븀	₁₁₅Mc 모스코븀	₁₁₆Lv 리버모륨	₁₁₇Ts 테네신	₁₁₈Og 오가네손

원자 번호 ₁H ─ 원소 기호 / 수소 ─ 원소 이름

금속 원소 / 비금속 원소 / 준금속 원소 / 2016년에 추가된 원소

실온에서의 상태 고체 액체 기체

란타넘족

₅₈Ce 세륨	₅₉Pr 프라세오디뮴	₆₀Nd 네오디뮴	₆₁Pm 프로메튬	₆₂Sm 사마륨	₆₃Eu 유로퓸	₆₄Gd 가돌리늄	₆₅Tb 터븀	₆₆Dy 디스프로슘	₆₇Ho 홀뮴	₆₈Er 어븀	₆₉Tm 툴륨	₇₀Yb 이터븀	₇₁Lu 루테튬

악티늄족

₉₀Th 토륨	₉₁Pa 프로트악티늄	₉₂U 우라늄	₉₃Np 넵투늄	₉₄Pu 플루토늄	₉₅Am 아메리슘	₉₆Cm 퀴륨	₉₇Bk 버클륨	₉₈Cf 캘리포늄	₉₉Es 아인슈타이늄	₁₀₀Fm 페르뮴	₁₀₁Md 멘델레븀	₁₀₂No 노벨륨	₁₀₃Lr 로렌슘

란타넘족과 악티늄족은 원소의 수가 많아 주기율표가 넓어지기 때문에 별도로 배열하여 나타낸다.

▲ 현대의 주기율표

2 금속 원소와 비금속 원소

1. 금속 원소와 비금속 원소: 주기율표의 왼쪽과 가운데에는 금속 원소, 오른쪽에는 비금속 원소가 ❶ 위치하며, 금속과 비금속의 경계에 준금속 원소가 ❷ 위치한다.

구분	금속 원소	비금속 원소
주기율표에서의 위치	대체로 왼쪽과 가운데 부분	대체로 오른쪽 (단, 수소는 왼쪽)
특징	• 전자를 잃고 양이온이 되기 쉽다. • 대부분 광택이 있다. • 열과 전기 전도성이 ❸ 있다. • 외부에서 힘을 가하면 길게 늘어나거나(뽑힘성) 얇게 펴진다(펴짐성).	• 전자를 얻어 음이온이 되기 쉽다. (단, 18족 원소 제외) • 광택이 없다. • 열과 전기 전도성이 매우 작다. ❹
실온에서의 상태	대부분 고체 (단, 수은(Hg)은 액체)	대부분 기체 또는 고체 (단, 브로민(Br_2)은 액체)

2. 금속 원소와 비금속 원소의 이용

	철	구리	금	알루미늄
금속 원소	건축 자재, 기계	전선	반도체의 회로기판	알루미늄 캔, 비행기 동체

	수소	질소	산소	인
비금속 원소	우주 왕복선의 연료	식품 포장용 충전 기체	생명체의 호흡	성냥

3 알칼리 금속과 할로젠

수소(H)는 1족에 속하는 원소이지만 비금속 원소이므로 알칼리 금속과 화학적 성질이 다르다.

1. 알칼리 금속: 주기율표에서 수소를 제외한 1족 금속 원소

(1) **알칼리 금속**: 리튬(Li), 나트륨(Na), 칼륨(K), 루비듐(Rb), 세슘(Cs) 등

(2) **알칼리 금속의 성질** 출제 ○순위 특강 p.63

① 실온에서 모두 고체 상태이고, 은백색의 광택을 띤다. Li, Na, K은 물에 뜬다.

② 다른 금속에 비해 밀도가 작고, 칼로 쉽게 잘릴 정도로 무르다.

③ 반응성이 매우 커서 공기 중의 산소와 빠르게 반응하며, 실온에서도 물과 활발하게 반응한다. ❺

  • 공기 중 산소 기체(O_2)와 반응하여 산화물로 변하고 광택을 잃는다. $4M+O_2 \rightarrow 2M_2O$ (M: 알칼리 금속)

  • 물과 잘 반응하여 수소 기체(H_2)를 발생시키며, 이때 생성된 수용액은 염기성을 띤다. ❻ $2M+2H_2O \rightarrow 2MOH+H_2$

  • 원자 번호가 클수록(주기가 커질수록) 반응성이 크다. ➡ 반응성: Li < Na < K
  예) Li → Na → K으로 갈수록 물과의 반응이 격렬하게 일어난다.

➕ 개념

❶ **비금속 원소 중 18족 원소의 특징**
18족 원소는 비금속으로 분류하지만 전자를 쉽게 얻는 것과 같은 비금속성을 나타내지는 않는다.

❷ **준금속 원소**
준금속 원소는 금속과 비금속 원소의 중간 성질을 갖거나 금속 원소와 비금속 원소의 성질을 모두 가진다.
예) 붕소(B), 규소(Si), 저마늄(Ge) 등

➕ 용어

❸ **전도성** (傳: 전하다 導: 통하게 하다 性: 성질)
열이나 전기가 물체 속을 이동하는 성질

➕ 개념

❹ **주의 – 흑연**
흑연은 비금속 원소인 탄소(C) 원자의 공유 결합으로 이루어진 물질이다. 특이한 점은 흑연에 자유롭게 움직일 수 있는 전자가 있어 전기 전도성이 있다는 점이다.
이는 공유 결합 물질의 성질에 맞지 않는 예외적인 특징이다.

➕ 개념

❺ **알칼리 금속의 보관**
알칼리 금속은 반응성이 커서 공기 중의 산소나 물과 쉽게 반응한다. 따라서 공기나 물과 접촉하지 않도록 석유나 액체 파라핀 속에 넣어 보관한다.

❻ **염기성의 판단 – 페놀프탈레인 용액**
수용액의 액성을 판단하는 지시약 중 하나인 페놀프탈레인 용액은 염기성 수용액에서 선명한 붉은색을 나타낸다. 산성과 중성 수용액에서는 무색이다.

(3) 알칼리 금속의 이용

① 리튬(Li): 휴대 전화의 배터리에 사용

② 나트륨(Na): 소금의 주요 성분인 염화 나트륨($NaCl$)의 구성 원소, 나트륨 램프는 도로나 터널의 조명으로 이용

③ 칼륨(K): 종이나 나무의 재에 포함되어 있으며 비료를 만드는 데 사용

▲ 리튬 이온 전지

▲ 나트륨 램프

▲ 칼륨을 이용한 비료

2. 할로젠❶: 주기율표의 17족에 속하는 비금속 원소

(1) 할로젠: 플루오린(F), 염소(Cl), 브로민(Br), 아이오딘(I) 등

(2) 할로젠의 성질

① 실온에서 2개의 동일한 원자가 결합한 분자의 형태로 존재하며 특유의 색을 띤다.
이원자 분자

➡ F_2: 연한 노란색 기체, Cl_2: 노란색 기체, Br_2: 적갈색 액체, I_2: 보라색 고체
실온에서의 상태를 통해 할로젠의 끓는점을 비교하면 $F_2 < Cl_2 < Br_2 < I_2$이다.

② 반응성이 매우 커서 금속, 수소와 빠르게 반응한다. ❷

• 나트륨과 격렬히 반응하여 열과 빛을 낸다. $2Na + X_2 → 2NaX$ (X: 할로젠)

➡ 염소는 나트륨과 격렬하게 반응하여 흰색 고체인 염화 나트륨을 생성한다.

• 수소와 반응하여 생성된 할로젠화 수소(예 HF, HCl, HBr 등)를 물에 녹이면 산성을 나타낸다. $X_2 + H_2 → 2HX$ (X: 할로젠)

• 원자 번호가 작을수록(주기가 작아질수록) 반응성이 크다.

➡ 반응성: $F_2 > Cl_2 > Br_2 > I_2$

③ 물에 잘 녹지 않는 편이며, 사염화 탄소와 같은 용매에 잘 녹는다.

(3) 할로젠의 이용

① 플루오린(F): 충치 예방 성분으로 치약에 사용, HF는 유리 공예에 이용

② 염소(Cl): 표백제의 주성분이며 수영장 물이나 수돗물의 소독에 이용

③ 아이오딘(I): 미역이나 다시마에 많이 포함, 소독약(I_2, I^- 형태)에도 이용

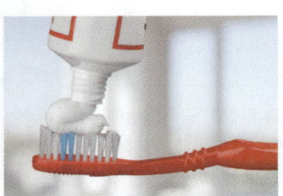
▲ 플루오린이 포함된 치약

▲ 염소 소독된 수영장 물

▲ 아이오딘이 포함된 소독약

✚ 개념

❶ 알칼리와 할로젠의 의미
• 알칼리(alkali): '물에 녹아 염기성을 나타낸다'
• 할로젠(halogen): '염을 만든다'

❷ 비금속의 반응성
비금속의 반응성이 커진다는 것은 전자를 얻어 음이온이 되려는 성질이 커진다는 뜻이다.
전자를 얻기 쉬운 17족 원소는 반응성이 클수록 알칼리 금속과 잘 반응하고 수소와 잘 반응한다.
F_2와 Cl_2는 Na과 반응하여 NaF, NaCl 등의 안정한 화합물을 만든다.

★ 알칼리 금속의 성질

알칼리 금속 원소의 성질을 측정하고 같은 족 원소들은 공통적인 성질이 있다는 것을 설명할 수 있다.

[탐구 과정 및 결과]

(가) 유리판 위에 리튬을 올려놓고 칼로 자르면서 단단한 정도와 단면의 색 변화를 관찰한다.

(나) 페놀프탈레인 용액을 1~2 방울 떨어뜨린 물에 쌀알 크기 만큼의 리튬 조각을 넣고 변화를 관찰한다.

(다) 나트륨과 칼륨을 사용하여 (가), (나)의 과정을 반복하여 변화를 관찰한다. ❶

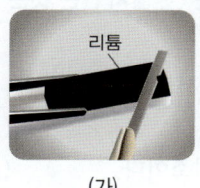

리튬

(가)

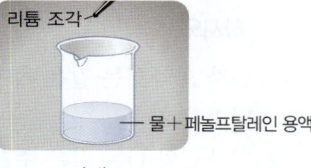

리튬 조각

물+페놀프탈레인 용액

(나)

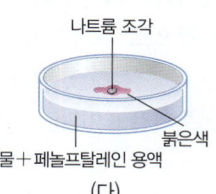

나트륨 조각

붉은색

물+페놀프탈레인 용액

(다)

금속	단단한 정도	단면의 색 변화	물과의 반응에서의 변화
리튬	자르기 약간 힘들다.	광택이 서서히 사라진다.	물 위에 떠서 반응하여 기체를 발생시키고 수용액의 색은 붉게 변한다.
나트륨	쉽게 잘린다.	광택이 바로 사라진다.	물 위에 떠서 활발하게 반응하여 기체를 발생시키고 수용액의 색은 붉게 변한다.
칼륨	나트륨보다 더 쉽게 잘린다.	나트륨보다 광택이 더 빨리 사라진다.	물 위에 떠서 격렬하게 반응하여 불꽃과 기체가 발생하고, 수용액의 색은 붉게 변한다.

[탐구 해석]

① **단단한 정도**: 알칼리 금속은 모두 칼로 잘릴 정도로 무르다.

② **단면의 색 변화**: 알칼리 금속은 공기 중 산소와 반응하여 쉽게 광택을 잃는다.

③ **물과 반응 정도**: 알칼리 금속은 물과 반응하여 수소 기체(H_2)를 발생시키고 ❷ 수용액은 염기성을 나타낸다. ❸

출제 0순위 포인트는?
· 산소 또는 물과의 반응성 비교를 통해 원소의 종류와 주기율표에서의 위치를 묻는 문제가 출제된다.
· 알칼리 금속이 공통적인 성질을 갖는 까닭을 주기율표에서의 위치, 전자 배치(원자가 전자 수)와 관련지어 설명할 수 있어야 한다.

➕ 개념

❶ **알칼리 금속의 반응성**
금속의 반응성이 커진다는 것은 전자를 잃고 양이온이 되려는 성질이 커진다는 뜻이다.
알칼리 금속의 경우 반응성이 큰 금속일수록 산소 기체 또는 물과 더 빠르게, 격렬히 반응한다.

❷ **수소 기체의 발생 확인법**
물과 반응할 때 발생하는 기체를 모아 성냥불을 대어 본다.
이때 '펑'소리가 나면 수소 기체가 발생한 것이다.

❸ **알칼리 금속과 물의 반응**
알칼리 금속이 물과 반응하면 수소 기체가 발생하고, 용액은 염기성이 된다.
$$2Li + 2H_2O \rightarrow 2LiOH + H_2\uparrow$$
$$2Na + 2H_2O \rightarrow 2NaOH + H_2\uparrow$$
$$2K + 2H_2O \rightarrow 2KOH + H_2\uparrow$$

확인 문제

▶ 정답과 해설은 다음 페이지에

01
그림은 주기율표의 원소를 3개씩 묶어 영역 ㉠~㉢으로 나타낸 것이다.

족 주기	1	2	3~12	13	14	15	16	17	18
1									
2									
3	㉠				㉡			㉢	
4									

㉠~㉢ 중 알칼리 금속(리튬, 나트륨, 칼륨)이 속하는 영역을 쓰시오.

02
위의 실험을 통해 알게 된 알칼리 금속에 대한 설명으로 옳은 것은 ○, 옳지 않은 것은 ×로 표시하시오.

(1) 칼로 자른 금속의 단면은 모두 광택을 잃었다. (○, ×)

(2) 물과 반응하여 모두 산소 기체가 발생하였다. (○, ×)

(3) 페놀프탈레인 용액이 들어간 수용액의 색은 모두 붉게 변했다. (○, ×)

(4) 나트륨과 칼륨은 리튬과 같은 주기에 속한다. (○, ×)

1 원소와 주기율표

1. 다음은 주기율표의 변천 과정을 나타낸 것이다.

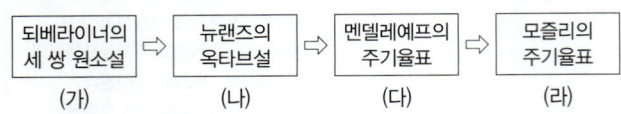

되베라이너의 세 쌍 원소설	⇒	뉴랜즈의 옥타브설	⇒	멘델레예프의 주기율표	⇒	모즐리의 주기율표
(가)		(나)		(다)		(라)

이에 대한 설명으로 옳은 것은 ○, 옳지 **않은** 것은 ×로 표시하시오.

(1) (가)의 대표적인 예로 Cl, Br, I이 있다. (○, ×)

(2) (나)는 원소를 원자 번호 순으로 배열하면 8번째마다 비슷한 성질의 원소가 나타난다는 것이다. (○, ×)

(3) (다)는 원소를 원자량 순서로 나열한 것으로 주기성이 맞지 않는 부분이 몇 군데 나타났다. (○, ×)

(4) (라)는 원소를 원자량 순으로 배열한 주기율표이다. (○, ×)

(5) (라)에서 원자 번호는 원자핵 내의 양성자수와 같으며 원자일 경우 전자 수와도 같다. (○, ×)

2. 표는 세 쌍 원소인 Li, Na, K의 원자량을 나타낸 것이다.

원소	Li	Na	K
원자량	7		39

세 쌍 원소의 성질에 근거하여 Na의 원자량을 구하시오.

3. 다음 원소 중 실온에서 고체, 액체, 기체 상태인 것을 각각 구분하여 표에 모두 쓰시오.

> Ar, B, Br, Cl, H, Hg, Li, Na, O

고체	액체	기체
(1)	(2)	(3)

p.63 확인 문제 [정답]

01 ㉠ (알칼리 금속은 1족)

02 (1) ○ (2) × (수소) (3) ○ (4) × (같은 족)

2 금속 원소와 비금속 원소

4. 그림은 주기율표의 일부를 나타낸 것이다. (단, A~D는 임의의 원소 기호이다.)

주기＼족	1	2	15	16	17	18
1	A					
2				B		
3	C				D	

이에 대한 설명으로 옳은 것은 ○, 옳지 **않은** 것은 ×표 하시오.

(1) 원자 A와 C는 같은 족이라서 화학적 성질이 비슷하다. (○, ×)

(2) 원자 C와 D는 같은 주기 원소이다. (○, ×)

(3) B로 이루어진 홑원소 물질은 전기가 잘 통한다. (○, ×)

(4) C로 이루어진 홑원소 물질은 길게 늘리거나 얇게 펴기 쉽다. (○, ×)

3 알칼리 금속과 할로젠

5. 그림은 금속 리튬의 성질을 알아보기 위한 실험을 나타낸 것이다.

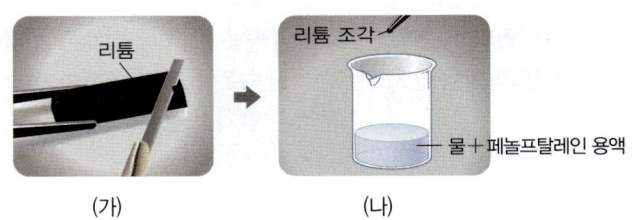

리튬

리튬 조각

물＋페놀프탈레인 용액

(가)　　　　　　(나)

이에 대한 설명으로 옳은 것은 ○, 옳지 **않은** 것은 ×표 하시오.

(1) (가)로 보아 리튬은 칼로 잘릴 정도로 무른 편이다. (○, ×)

(2) (가)에서 리튬은 공기 중 산소(O_2)와 반응하여 산화 리튬(Li_2O)으로 변한다. (○, ×)

(3) (나)에서 리튬이 물과 반응하면 이산화 탄소 기체가 발생한다. (○, ×)

(4) (나)에서 수용액의 색은 붉게 변한다. (○, ×)

(5) (나)에서 수용액은 염기성을 띤다. (○, ×)

(6) (나)에서 리튬 대신 칼륨을 사용하면 리튬보다 천천히 반응한다. (○, ×)

4 원자의 전자 배치

1. 원자의 구조: 원자는 양성자와 중성자로 이루어진 원자핵과 전자로 이루어져 있다.

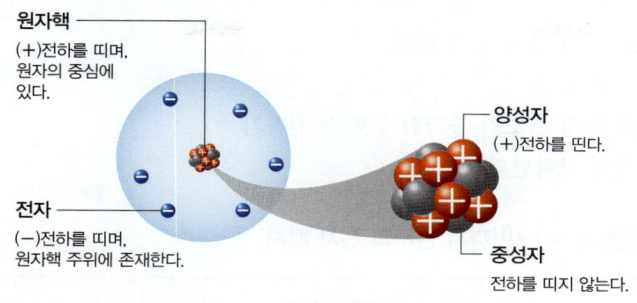

원자핵
(+)전하를 띠며,
원자의 중심에
있다.

양성자
(+)전하를 띤다.

전자
(−)전하를 띠며,
원자핵 주위에 존재한다.

중성자
전하를 띠지 않는다.

▲ 원자의 구조

2. 원자 번호

(1) 원자의 종류는 원자핵 속 양성자수에 따라 달라지므로 양성자수를 원자 번호로 정한다.

(2) 양성자와 전자는 전하의 크기는 같지만 전하의 부호가 서로 반대이다.

(3) 원자에서 양성자수와 전자 수는 같으므로 원자는 전기적으로 중성이다.

(4) 원자는 원자 번호와 전자 수가 같다.❶

> 원자 번호＝양성자수＝전자 수

➕ 개념

❶ 탄소 원자의 구조와 원자 번호

· 양성자수＝전자 수＝6
➡ 원자 번호: 6

3. 원자의 전자 배치

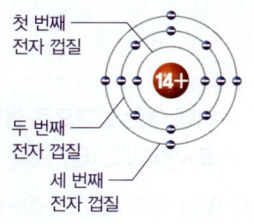

(1) **전자 껍질**: 원자핵 주위의 전자가 운동하는 특정한 에너지를 갖는 궤도로❷ 원자핵에서 가까운 전자 껍질일수록 에너지가 낮다.

(2) **전자 배치 원리**(바닥상태의❸ 원자)

① 전자는 원자핵과 가까운 전자 껍질부터 차례대로 배치된다.

② 첫 번째 전자 껍질에는 최대 2개, 두 번째 전자 껍질부터 최대 8개까지 배치된다.

➕ 개념

❷ 전자 껍질과 전자 배치
전자는 특정한 에너지를 갖는 전자 껍질에만 존재하며 전자 껍질 사이에는 존재하지 않는다.

❸ 바닥상태
에너지가 낮은(원자핵과 가까운) 전자 껍질부터 전자가 차례대로 채워져 가장 낮은 에너지를 갖는 원자의 안정한 상태를 바닥상태라고 한다.

> **✪ 규소(Si) 원자의 바닥상태 전자 배치**
>
> [양성자수＝전자 수＝원자 번호]이므로 규소(Si)의 원자 번호는 14이다.
> · **첫 번째 전자 껍질**: 에너지가 가장 낮아 먼저 전자 2개가 채워진다.
> · **두 번째 전자 껍질**: 첫 번째 전자 껍질을 채우고 남은 전자 중 8개가 채워진다.
> · **세 번째 전자 껍질**: 남은 전자 4개가 들어 있다.
> ➡ 규소 원자의 원자가 전자는 4개이며, 가장 바깥 전자 껍질인 세 번째 전자 껍질에 위치한다.
>
>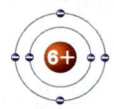
>
> 첫 번째 전자 껍질
> 두 번째 전자 껍질
> 세 번째 전자 껍질

(3) **원자가 전자**❹: 바닥상태 전자 배치에서 <u>가장 바깥 껍질에 있는 전자</u>로 화학 결합에 참여할 수 있는 전자이다.
최외각 전자

① 화학 결합에 참여하므로 원소의 화학적 성질을 결정한다.

② 같은 족 원소들은 원자가 전자 수가 같다.

➡ 1족 원소인 리튬, 나트륨은 원자가 전자 수가 1이고, 17족 원소인 플루오린, 염소는 원자가 전자 수가 7이다. 단, 18족 원소의 경우, 반응성이 매우 작아 화학 결합에 참여하는 전자가 없으므로 원자가 전자 수는 0이다.

➕ 개념

❹ 원자가 전자 수의 주기성
같은 주기에서 원자가 전자 수는 원자 번호가 증가함에 따라 점차 커지다가 18족 원소에서 0이 된다.

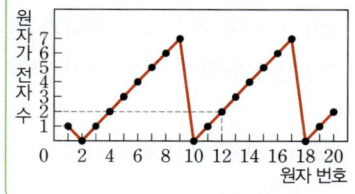

4. 주기율표와 전자 배치의 관계

(1) **같은 족 원소(동족[1] 원소)의 전자 배치**: 원자가 전자 수가 같으므로 화학적 성질이 비슷하다.(단, 수소 및 3~12족 원소는 예외)

(2) **같은 주기 원소의 전자 배치**: 전자가 들어 있는 전자 껍질 수가 같다.
　➡ 전자가 들어 있는 전자 껍질 수는 주기 번호와 같다.

(3) **원소의 주기성이 나타나는 까닭**: 주기율표에서 원자 번호가 증가함에 따라 원자가 전자 수가 규칙적으로 반복되기 때문에 주기성이 나타난다.

✚ 용어
❶ 동족 (同:같다 族:무리)
같은 족에 속하는 원소

✪ 원자 번호 1~18번까지 원자의 전자 배치

같은 족 원소
원자가 전자 수가 같다.
17족 원소:
원자가 전자 수=7

족 / 주기	1	2	13	14	15	16	17	18
1	H							$_2$He
2	$_3$Li	$_4$Be	$_5$B	$_6$C	$_7$N	$_8$O	$_9$F	$_{10}$Ne
3	$_{11}$Na	$_{12}$Mg	$_{13}$Al	$_{14}$Si	$_{15}$P	$_{16}$S	$_{17}$Cl	$_{18}$Ar
원자가 전자 수	1	2	3	4	5	6	7	0
가장 바깥 껍질 전자 수	1	2	3	4	5	6	7	8

같은 주기 원소
바닥상태에서 전자가 들어 있는 전자 껍질 수가 같다.
2주기 원소: 전자가 들어 있는 전자 껍질 수=2

개념 체크 문제

4 원자의 전자 배치

1. 원자의 구조에 대한 설명으로 옳은 것은 ○, 옳지 <u>않은</u> 것은 ×표 하시오.

(1) 원자는 양성자와 전자로 구성된다. (○ , ×)
(2) 원자의 종류마다 전자 수가 다르다. (○ , ×)
(3) 한 원자를 구성하는 양성자수와 전자 수는 같다. (○ , ×)

2. 원자의 전자 배치에 대한 설명으로 옳은 것은 ○, 옳지 <u>않은</u> 것은 ×표 하시오.

(1) 원자가 전자 수는 원자가 속한 족 번호의 일의 자리수와 같다. (○ , ×)
(2) 같은 족 원소들은 원자가 전자 수가 같다. (○ , ×)
(3) 전자가 들어 있는 전자 껍질 수는 주기 번호와 같다. (○ , ×)
(4) 각 전자 껍질에 배치될 수 있는 최대 전자 수는 항상 8개이다. (○ , ×)

3. 그림은 두 가지 원자 A와 B의 전자 배치를 모형으로 나타낸 것이다.

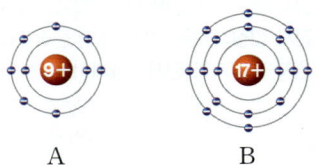

A　　　　　B

이에 대한 설명으로 옳은 것은 ○, 옳지 <u>않은</u> 것은 ×로 표시하시오. (단, A와 B는 임의의 원소 기호이다.)

(1) A의 원자 번호는 9이다. (○ , ×)
(2) B는 3주기 7족 원소이다. (○ , ×)
(3) A의 원자가 전자 수는 7이다. (○ , ×)
(4) A와 B는 전자가 들어 있는 전자 껍질 수가 같다. (○ , ×)
(5) 양성자수는 A가 B보다 크다. (○ , ×)
(6) A와 B는 화학적 성질이 비슷하다. (○ , ×)

❖ 정답 문제편 **275p**

1 원소와 주기율표
~ 2 금속 원소와 비금속 원소

01 ✱❀❀

현대의 주기율표에 대한 설명으로 옳지 <u>않은</u> 것은?

① 원자들을 양성자수 순으로 나열하였다.
② 같은 족 원소는 화학적 성질이 비슷하다.
③ 같은 주기 원소는 바닥상태 원자에서 전자가 들어 있는 전자 껍질 수가 같다.
④ 13족 원소는 원자가 전자 수가 3이다.
⑤ 1, 2주기는 모두 8가지 원소로 이루어져 있다.

02 ✱✱❀ 　　　　　　　　　　학력 평가 기출

다음은 원소 카드와 주기율표에 원소 카드를 배치한 것을 나타낸 것이다. A~C는 각각 ㉠~㉢ 중 하나에 해당한다.

A	B	C
연한 노란색 기체 전기 전도성 없음 대부분 원소와 반응	무색 기체 전기 전도성 없음 반응성 거의 없음	은백색 고체 전기 전도성 있음 물과 격렬히 반응

족 주기	1	···	17	18
2	Li 은백색 고체 전기 전도성 있음 물과 빠르게 반응		㉠	Ne 무색 기체 전기 전도성 없음 반응성 없음
3	㉡		Cl 노란색 기체 전기 전도성 없음 반응성 큼	㉢

㉠~㉢에 해당하는 원소 카드로 가장 적절한 것은?
　　　　　　　(단, A~C는 임의의 원소 기호이다.)

	㉠	㉡	㉢		㉠	㉡	㉢
①	A	B	C	②	A	C	B
③	B	A	C	④	B	C	A
⑤	C	A	B				

03 ✱❀❀ 　　　　　　　　　　학력 평가 기출

그림은 원소 A에 대한 설명이 적힌 카드를 나타낸 것이다.

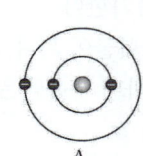

- 원자 번호: 3번
- 원소의 성질
  - 은백색 광택을 띠며 칼로 잘린다.
  - 산소, 물과 쉽게 반응한다.
- 용도: 휴대 전화의 배터리에 사용된다.

A는? (단, A는 임의의 원소 기호이다.)

① 리튬　② 탄소　③ 질소　④ 규소　⑤ 칼슘

04 ✱✱✱ 중요 　　　　　　　　　　학력 평가 기출

그림은 주기율표에서 원소를 3가지씩 묶은 영역 (가)~(다)를 나타낸 것이다.

H																	He
	Be											B	C	N	O	F	Ne
(가)	Mg												(나)			S	Ar
		Ca	Sc	Ti	V	Cr	Mn	Fe	Co	Ni	Cu	Zn	Ga	Ge	As	Se	(다)	Kr
Rb	Sr	Y	Zr	Nb	Mo	Tc	Ru	Rh	Pd	Ag	Cd	In	Sn	Sb	Te	I	Xe
Cs	Ba		Hf	Ta	W	Re	Os	Ir	Pt	Au	Hg	Tl	Pb	Bi	Po	At	Rn
Fr	Ra		Rf	Db	Sg	Bh	Hs	Mt	Ds	Rg	Cn	Nh	Fl	Mc	Lv	Ts	Og

	La	Ce	Pr	Nd	Pm	Sm	Eu	Gd	Tb	Dy	Ho	Er	Tm	Yb	Lu
	Ac	Th	Pa	U	Np	Pu	Am	Cm	Bk	Cf	Es	Fm	Md	No	Lr

(가)~(다) 중 화학적 성질이 비슷한 원소끼리 묶여 있는 영역만을 있는 대로 고른 것은?

① (가)　　② (나)　　③ (가), (다)
④ (나), (다)　⑤ (가), (나), (다)

05 ✱✱✱ 서술형

금속 원소의 공통적인 성질을 세 가지 서술하시오.

3 알칼리 금속과 할로젠

06 ✽✽✽

알칼리 금속에 대한 설명으로 옳지 <u>않은</u> 것은?

① 다른 금속에 비해 밀도가 작다.
② 실온에서 모두 고체 상태이고 대부분 은백색 광택을 띤다.
③ 주기가 작아질수록 금속의 반응성이 증가한다.
④ 공기 중 산소와 쉽게 반응하여 금속 산화물이 된다.
⑤ 물과 쉽게 반응하여 수소 기체를 발생하며 수용액은 염기성이 된다.

07 ✽✽✽ 중요 2021 실시 11월 학평 9 (고1)

다음은 임의의 알칼리 금속 M의 성질을 알아보기 위한 실험과 3가지 실험 기구이다. ㉠, ㉡은 실험 기구 A~C 중 하나이다.

[자료]
M은 원자 번호가 3이고, 휴대 전화의 배터리에 사용된다.
[실험 과정 및 결과]
쌀알 크기의 M 조각을 ☐㉠☐ (으)로 집어서 물이 담긴 ☐㉡☐ 에 넣었더니 격렬한 반응이 일어났다.
[실험 기구]

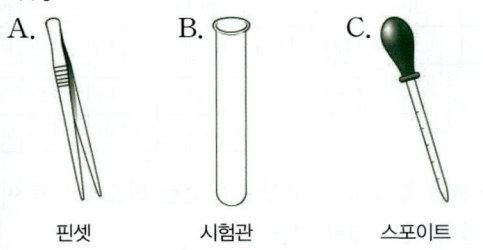

A. 핀셋   B. 시험관   C. 스포이트

다음 중 알칼리 금속 M과 실험 기구 ㉠, ㉡으로 가장 적절한 것은?

	M	㉠	㉡		M	㉠	㉡
①	리튬	A	B	②	나트륨	A	B
③	리튬	B	A	④	나트륨	A	C
⑤	리튬	C	B				

08 ✽✽✽ 서술형

알칼리 금속을 석유나 액체 파라핀 등에 담가 보관하는 까닭을 금속의 성질과 관련하여 서술하시오.

09 ✽✽✽ 학력 평가 기출

다음은 원소 X에 대한 자료이다.

- 실온에서 고체이다.
- 광택을 띠며 칼로 쉽게 잘린다.
- 공기 중의 산소와 빠르게 반응한다.

X로 가장 적절한 것은? (단, X는 임의의 원소 기호이다.)

① 금   ② 리튬   ③ 수소
④ 아르곤   ⑤ 아이오딘

10 ✽✽✽ 2025 실시 9월 학평 8 (고1)

다음은 알칼리 금속 A의 성질을 알아보는 실험이다.

〈실험 과정〉
(가) 석유 속에 보관된 A를 핀셋으로 꺼내어 유리판 위에 올려놓고 칼로 자르면서 단면을 관찰한다.
(나) 물이 담긴 비커에 ㉠ 페놀프탈레인 용액을 2 ~ 3 방울 떨어뜨린 후, 쌀알 크기의 A 조각을 넣고 반응하는 모습을 관찰한다.

〈실험 결과〉
○ (가)에서 A 단면의 은백색 광택이 금방 사라졌다.
○ (나)에서 A는 물과 격렬하게 반응하고, 수용액의 색이 붉게 변하였다.

이에 대한 설명으로 옳은 것만을 [보기]에서 있는 대로 고른 것은? [2.0점]

[보기]
ㄱ. (가)에서 A는 공기 중의 산소와 반응한다.
ㄴ. ㉠은 수용액이 염기성인지 확인하기 위한 과정이다.
ㄷ. A를 석유 속에 보관하면 A가 물, 산소와 접촉하는 것을 막을 수 있다.

① ㄱ   ② ㄴ   ③ ㄱ, ㄷ   ④ ㄴ, ㄷ   ⑤ ㄱ, ㄴ, ㄷ

11 ✿❀❀

할로젠에 대한 설명으로 옳지 <u>않은</u> 것은?

① 물에 잘 녹지 않는 편이다.
② 반응성의 크기는 $F_2 > Cl_2 > Br_2 > I_2$이다.
③ 17족 원소로 원자가 전자는 7개이다.
④ 실온에서 모두 기체 상태로 존재한다.
⑤ 원자 번호가 작을수록 반응성이 크다.

12 ✿❀❀

다음은 원소 Y에 대한 자료이다.

- 실온에서 액체이다.
- 나트륨, 수소와 잘 반응한다.
- 적갈색을 띤다.

Y로 가장 적절한 것은? (단, Y는 임의의 원소 기호이다.)

① 금   ② 리튬   ③ 염소   ④ 아르곤   ⑤ 브로민

4 원자의 전자 배치

13 ✿❀❀

다음은 주기율표의 일부와 빗금 친 부분(▨)에 해당하는 원소 A~D의 성질을 설명한 자료이다.

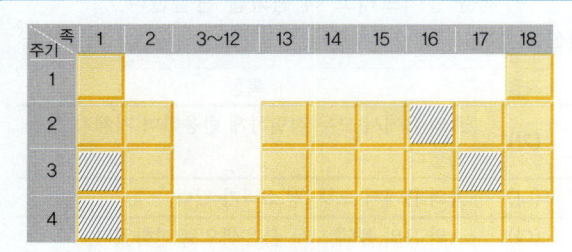

- A와 D는 같은 주기 원소이다.
- B와 D는 전자를 얻기 쉽다.

A~D에 대한 설명으로 옳지 <u>않은</u> 것은? (단, A~D는 임의의 원소 기호이다.)

① A와 C는 화학적 성질이 비슷하다.
② 원자가 전자 수는 D가 가장 크다.
③ A와 C는 전자를 잃기 쉽다.
④ A와 C는 열과 전기가 잘 통한다.
⑤ B는 금속 원소이다.

14 ✿❀❀

2025 실시 6월 학평 13 (고1)

다음은 원소 X에 대한 자료이다.

- X는 3주기 원소이다.
- 고체 X는 물과 격렬히 반응한다.
- 고체 XCl에서 X^+과 Cl^-은 정전기적 인력으로 결합하고 있다.

X의 전자 배치를 원자 모형으로 나타낸 것으로 가장 적절한 것은? (단, X는 임의의 원소 기호이다.) [2점]

① 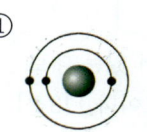   ② 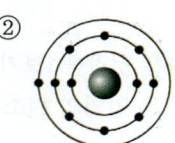   ③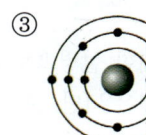

④ 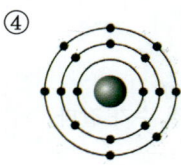   ⑤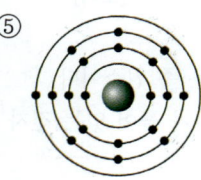

15 ✿✿❀

그림은 주기율표의 일부를 나타낸 것이다.

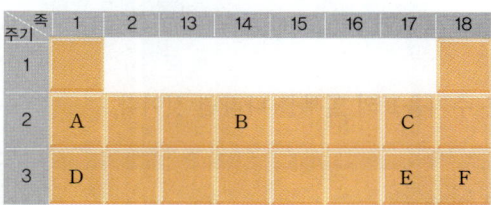

원소 A~F에 대한 설명으로 옳은 것만을 [보기]에서 있는 대로 고른 것은? (단, A~F는 임의의 원소 기호이다.)

[보기]
ㄱ. A는 물과 반응하여 수소 기체를 발생시킨다.
ㄴ. C와 E를 수소와 반응시켜 생성된 물질을 물에 녹이면 산성을 나타낸다.
ㄷ. A~F 중 원자가 전자 수는 F가 가장 크다.

① ㄱ   ② ㄴ   ③ ㄱ, ㄴ   ④ ㄱ, ㄷ   ⑤ ㄱ, ㄴ, ㄷ

16 ✿✿❀ 서술형

주기율표에서 같은 족마다 비슷한 화학적 성질이 나타나는 것은 원자를 구성하는 입자 중 무엇 때문인지 쓰고 그 까닭을 서술하시오.

17 ✿✿✿ 중요 2023 실시 6월 학평 12 (고1)

표는 18족 원소를 제외한 원자 A~C에 대한 자료이다.

원자	A	B	C
원자가 전자 수		1	
전자가 들어 있는 전자 껍질 수	1	3	
전자 수	㉠		7

이에 대한 설명으로 옳은 것만을 [보기]에서 있는 대로 고른 것은? (단, A~C는 임의의 원소 기호이다.) [3점]

[보기]
ㄱ. ㉠은 1이다.
ㄴ. A와 B는 같은 족 원소이다.
ㄷ. B와 C는 전자가 들어 있는 전자 껍질 수가 같다.

① ㄱ   ② ㄷ   ③ ㄱ, ㄴ   ④ ㄴ, ㄷ   ⑤ ㄱ, ㄴ, ㄷ

18 ✿✿✿

그림은 주기율표의 일부를 나타낸 것이다.

족\주기	1	2	13	14	15	16	17	18
1	A							
2		B				C		
3	D	E						

A~E에 대한 설명으로 옳은 것은? (단, A~E는 임의의 원소 기호이다.)

① A~E 중 비금속 원소는 1가지이다.
② A와 D는 화학적 성질이 비슷하다.
③ B와 C는 바닥상태 원자에서 전자가 들어 있는 전자 껍질 수가 동일하다.
④ C는 양이온이 되기 쉽고, D는 음이온이 되기 쉽다.
⑤ 원자가 전자 수가 가장 큰 원소는 D이다.

19 ✿✿✿ 2021 실시 11월 학평 16 (고1)

표는 2, 3주기 원소 X~Z에 대한 자료이다. 원자 번호는 Y보다 X가 크다.

원소	X	Y	Z
원자가 전자 수	2	7	7

이에 대한 설명으로 옳은 것만을 [보기]에서 있는 대로 고른 것은? (단, X~Z는 임의의 원소 기호이다.) [3점]

[보기]
ㄱ. X는 2족 원소이다.
ㄴ. Y는 2주기 원소이다.
ㄷ. Y와 Z는 화학적 성질이 비슷하다.

① ㄱ   ② ㄴ   ③ ㄱ, ㄷ   ④ ㄴ, ㄷ   ⑤ ㄱ, ㄴ, ㄷ

20 ✿✿✿ 출제 0순위 특강 2021 실시 9월 학평 5 (고1)

다음은 알칼리 금속의 성질을 알아보기 위한 실험이다.

[실험 과정]
(가) 물이 담긴 시험관 A와 B에 서로 다른 알칼리 금속 조각 a와 b를 각각 넣고 반응을 관찰한다.
(나) A와 B에서 발생한 기체를 모아 성냥불을 대어본다.
(다) A와 B에 페놀프탈레인 용액을 떨어뜨리고 색 변화를 관찰한다.

[실험 결과]

과정	특징
(가)	A와 B에서 모두 격렬하게 반응하며 기체가 발생하였다.
(나)	A와 B에서 모두 '펑' 소리가 났다.
(다)	A와 B의 용액 모두 붉은색으로 변하였다.

이에 대한 설명으로 옳은 것만을 [보기]에서 있는 대로 고른 것은? [3점]

[보기]
ㄱ. A와 B의 용액은 염기성이다.
ㄴ. (가)에서 발생한 기체는 산소이다.
ㄷ. 알칼리 금속은 물에 닿지 않도록 석유에 넣어 보관한다.

① ㄱ   ② ㄴ   ③ ㄱ, ㄷ   ④ ㄴ, ㄷ   ⑤ ㄱ, ㄴ, ㄷ

❖ 정답 및 해설 28~29p

06 원소들의 화학 결합

중요도

1 화학 결합의 원리

1. 비활성❶ 기체: 주기율표의 18족에 속하는 원소 ㉔ 헬륨(He), 네온(Ne), 아르곤(Ar) 등

(1) **전자 배치**: 18족 원소는 가장 바깥 전자 껍질에 8개의 전자가 채워져 있다.❷
　　　　　(단, 헬륨(He)은 2개)

(2) **반응성❸**: 가장 바깥 전자 껍질에 전자가 모두 채워져 매우 안정하기 때문에 다른
　　　　원소와 거의 반응하지 않는다. 따라서 1개의 원자로 존재한다.

(3) **비활성 기체의 전자 배치와★ 이용**

구분	헬륨(He)	네온(Ne)	아르곤(Ar)
전자 배치	2+ 전자 껍질에 전자가 2개 채워진 안정한 전자 배치	10+ 각각 두 번째, 세 번째 전자 껍질에 전자가 8개 채워진 안정한 전자 배치	18+
이용	광고용 기구의 충전 기체	광고판의 충전 기체	형광등의 충전 기체, 용접

2. 원소의 화학 결합

(1) **화학 결합의 형성**: 18족 이외의 원소들은 이온 결합이나 공유 결합 등의 화학
　　결합을 하여 비활성 기체와 같은 안정한 전자 배치를 이루려고 한다.

(2) **화학 결합과 물질의 형성**: 원소는 118여 가지에 불과하지만 원소들이 화학
　　결합으로 다양한 물질을 생성하기 때문에 세상은 수많은 물질로 이루어져 있다.

➕ 용어

❶ 비활성 (非: 아니다 活: 생기가 있다 性: 성질)
화학 반응을 하지 않는 성질

➕ 개념

❷ 비활성 기체의 원자가 전자 수
비활성 기체는 매우 안정한 전자 배치를 가지므로 다른 원소와 화학 결합을 형성하지 않는다.
➡ 원자가 전자 수=0

❸ 반응성
한 원소가 다른 원소와 화학 반응을 일으키는 정도를 반응성이라고 한다.

★ 암기

★ 비활성 기체의 전자 배치

전자 껍질	전자 수
첫 번째 전자 껍질	2
두 번째 전자 껍질	8
세 번째 전자 껍질	8

➕ 용어

❹ 옥텟 (Octet)
8개를 뜻하는 용어로 8중주 혹은 8중창을 뜻한다.

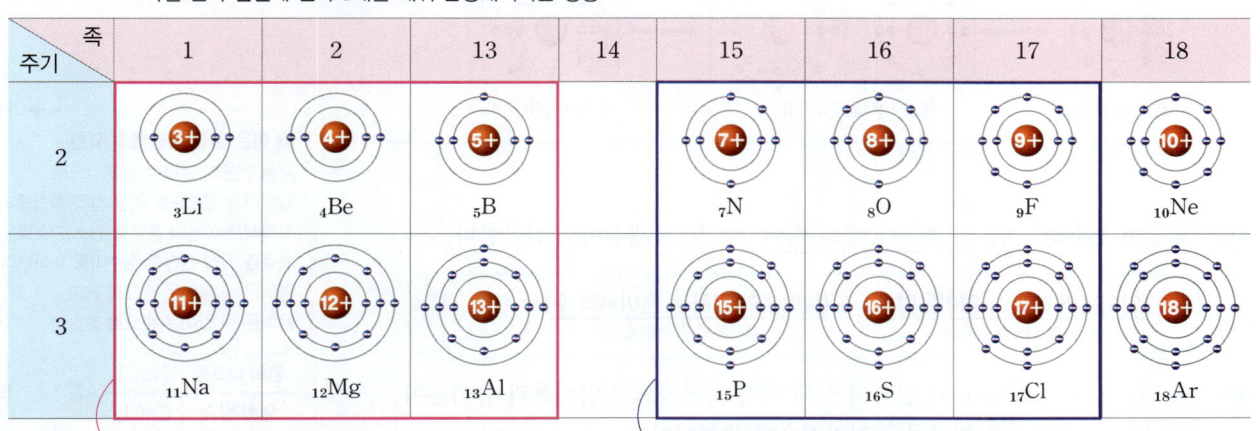

➕ 2, 3주기 원소의 전자 배치와 옥텟 규칙

· **옥텟❹ 규칙**: 18족 이외의 원자들이 화학 결합을 통해 전자를 잃거나 얻어서, 또는 다른 원자와 전자쌍을 공유하여 비활성 기체와 같이 가장 바깥 전자 껍질에 전자 8개를 채워 안정해지려는 경향

주기＼족	1	2	13	14	15	16	17	18
2	3+ ₃Li	4+ ₄Be	5+ ₅B		7+ ₇N	8+ ₈O	9+ ₉F	10+ ₁₀Ne
3	11+ ₁₁Na	12+ ₁₂Mg	13+ ₁₃Al		15+ ₁₅P	16+ ₁₆S	17+ ₁₇Cl	18+ ₁₈Ar

1족 원소는 원자가 전자 1개를 잃고, 2족 원소는 원자가 전자 2개를 잃고, 13족 원소는 원자가 전자 3개를 잃어 옥텟 규칙을 만족한다(단, 수소(H)와 리튬(Li), 베릴륨(Be), 붕소(B)는 예외).

15족 원소는 전자 3개를, 16족 원소는 전자 2개를, 17족 원소는 전자 1개를 얻거나 다른 원자와 공유하여 옥텟 규칙을 만족한다(단, 인(P), 황(S)은 예외).

2 화학 결합의 종류

1. 이온 결합: 금속 양이온과 비금속 음이온 사이의 정전기적 인력에❶ 의한 결합

(1) 이온의 형성❷

구분	양이온	음이온
정의	전자를 잃어 양전하를 띤 입자 ➡ 양성자수 > 전자 수	전자를 얻어 음전하를 띤 입자 ➡ 양성자수 < 전자 수
형성 원리	금속 원소는 전자를 잃어 양이온을 형성하여 비활성 기체와 같은 전자 배치를 이룬다. 나트륨 원자(Na) → 전자 1개 잃음 → 나트륨 이온(Na^+)	비금속 원소는 전자를 얻어 음이온을 형성하여 비활성 기체와 같은 전자 배치를 이룬다. 염소 원자(Cl) → 전자 1개 얻음 → 염화 이온(Cl^-)
원자가 전자 수와 이온의 전하	• 1족 알칼리 금속: 원자가 전자가 1개이므로 전자 1개를 잃기 쉽다. ➡ +1가의 양이온 형성 • 2족 금속 원소: 원자가 전자가 2개이므로 전자 2개를 잃기 쉽다. ➡ +2가의 양이온 형성	• 17족 할로젠: 원자가 전자가 7개이므로 전자 1개를 얻기 쉽다. ➡ −1가의 음이온 형성 • 16족 비금속 원소: 원자가 전자가 6개이므로 전자 2개를 얻기 쉽다. ➡ −2가의 음이온 형성

(2) 이온 결합의 형성: 금속 원소의 원자와 비금속 원소의 원자가 서로 전자를 주고 받아 양이온과 음이온을 형성한 후, 이온들 사이의 정전기적 인력에 의해 결합이 형성된다.

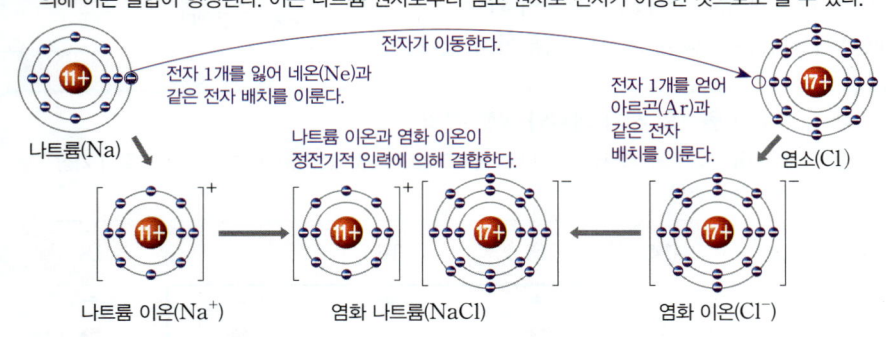

> **✪ 염화 나트륨의 이온 결합 형성 과정**
> ① 이온의 형성: 금속 원소인 나트륨과 비금속 원소인 염소가 반응하면 나트륨 원자는 전자를 잃어 나트륨 이온(Na^+)이 되고 염소 원자는 전자를 얻어 염화 이온(Cl^-)이 된다.
> ② 이온 결합의 형성: 양이온인 나트륨 이온(Na^+)과 음이온인 염화 이온(Cl^-) 사이의 정전기적 인력에 의해 이온 결합이 형성된다. 이는 나트륨 원자로부터 염소 원자로 전자가 이동한 것으로도 볼 수 있다.
>
> 나트륨(Na) — 전자 1개를 잃어 네온(Ne)과 같은 전자 배치를 이룬다. | 전자가 이동한다. | 전자 1개를 얻어 아르곤(Ar)과 같은 전자 배치를 이룬다. — 염소(Cl)
> 나트륨 이온과 염화 이온이 정전기적 인력에 의해 결합한다.
> 나트륨 이온(Na^+) | 염화 나트륨(NaCl) | 염화 이온(Cl^-)

(3) 이온 결합의 개수비: 이온의 총 전하량의 합이 0이 되는 개수비로 결합한다.❸

> **(양이온의 전하 × 양이온의 수) + (음이온의 전하 × 음이온의 수) = 0**
> 양이온의 총 전하량   음이온의 총 전하량

➡ (＋) 전하의 전체 양과 (−) 전하의 전체 양이 같아지도록 양이온과 음이온이 결합하므로 이온 결합 화합물은 전기적으로 중성이다.

예 나트륨 이온(Na^+)과 염화 이온(Cl^-) ➡ 염화 나트륨(NaCl) 형성 1:1의 개수비로 결합
칼슘 이온(Ca^{2+})과 염화 이온(Cl^-) ➡ 염화 칼슘 ($CaCl_2$) 형성 1:2의 개수비로 결합

➕ 용어

❶ **정전기적 인력** (引: 끌어당기다 力: 힘)
전기적으로 서로 반대의 전하를 띠는 입자 사이에 끌어당기는 힘

➕ 개념

❷ **이온의 표시**
• **이온식**: 원소 기호의 오른쪽 위에 전하의 종류, 잃거나 얻은 전자의 수를 표시한다. (단, 1은 생략)
• 양이온은 '원소명+~이온'을, 음이온은 '원소명+~화 이온'을 붙여서 부른다.
단, 염소나 산소처럼 원소명이 '~소'로 끝나는 경우는 '소'자를 빼고 '~화 이온'을 붙여 부른다.
• 산소를 포함하는 다원자 이온의 경우 '~산'을 붙여 부른다. (단, 끝에 '소'자가 있다면 '소'자를 뺀다.)

양이온		음이온	
H^+	수소 이온	Cl^-	염화 이온
K^+	칼륨 이온	NO_3^-	질산 이온
Ag^+	은 이온	O^{2-}	산화 이온
Pb^{2+}	납 이온	S^{2-}	황화 이온

➕ 개념

❸ **이온 결합 화합물의 표현**
구성 이온이 규칙적, 반복적으로 결합하고 있으므로 이온 결합 화합물의 화학식은 이온의 종류를 원소 기호로, 개수를 가장 간단한 정수비로 나타낸다.
양이온 → 음이온 순으로 쓰고, 음이온 → 양이온 순으로 읽는다.

염화 나트륨	NaCl
염화 칼슘	$CaCl_2$
산화 마그네슘	MgO
황산 구리(II)	$CuSO_4$

A^{m+} B^{n-}
A_n B_m

2. 공유 결합: 비금속 원소의 원자들이 전자쌍을 공유하여 ❶ 형성되는 결합

(1) 공유 결합의 형성⭐: 비금속 원소가 서로 전자를 내놓아 형성한 전자쌍을 공유하여 비활성 기체의 전자 배치를 이루며 결합을 형성한다.

⠀예⠀수소 분자(H_2)의 형성: 수소 원자(H) 2개가 각각 1개씩의 전자를 내놓아 전자쌍을 만들고 이를 공유하여 수소 분자(H_2)가 형성된다.

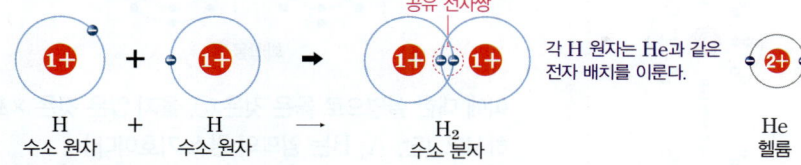

공유 전자쌍

각 H 원자는 He과 같은 전자 배치를 이룬다.

H 수소 원자 ＋ H 수소 원자 ⟶ H_2 수소 분자 ⠀ He 헬륨

① 공유 전자쌍❷: 두 원자에 서로 공유되어 결합에 참여하는 전자쌍

② 공유 결합하는 원소: 공유 결합은 전자를 얻어 안정해지려는 경향이 있는 비금속 원소와 비금속 원소 사이에 이루어진다.

⠀예⠀수소, 탄소, 질소, 산소, 염소 등의 원소들이 공유 결합하여 수소(H_2), 염소(Cl_2), 물(H_2O), 메테인(CH_4), 암모니아(NH_3), 이산화 탄소(CO_2) 등의 물질을 만든다.

✚ 물 분자의 공유 결합 형성 과정

· 산소 원자(O)는 수소 원자(H) 2개와 각각 전자쌍을 1개씩 공유하면서 물 분자(H_2O)를 형성한다.
· 산소 원자(O)는 네온(Ne)의 전자 배치를, 수소 원자(H)는 헬륨(He)의 전자 배치를 이룬다.

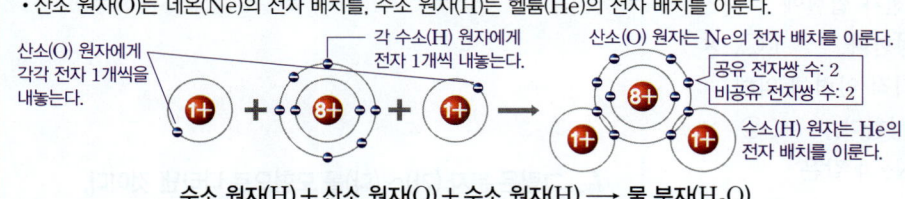

산소(O) 원자에게 각각 전자 1개씩을 내놓는다.

각 수소(H) 원자에게 전자 1개씩 내놓는다.

산소(O) 원자는 Ne의 전자 배치를 이룬다.

공유 전자쌍 수: 2
비공유 전자쌍 수: 2

수소(H) 원자는 He의 전자 배치를 이룬다.

수소 원자(H) ＋ 산소 원자(O) ＋ 수소 원자(H) ⟶ 물 분자(H_2O)

---

(2) 공유 결합의 종류

구분	단일 결합	2중 결합	3중 결합
정의	두 원자 사이에 1개의 전자쌍을 공유한 결합	두 원자 사이에 2개의 전자쌍을 공유한 결합	두 원자 사이에 3개의 전자쌍을 공유한 결합
모형	공유 전자쌍 ⟨9+⟩⟨9+⟩ 플루오린 분자(F_2) 두 개의 플루오린(F) 원자는 각 원자가 가지고 있던 전자를 1개씩 공유한다.	공유 전자쌍 ⟨8+⟩⟨8+⟩ 산소 분자(O_2) 두 개의 산소(O) 원자는 각 원자가 가지고 있던 전자를 2개씩 공유한다.	공유 전자쌍 ⟨7+⟩⟨7+⟩ 질소 분자(N_2)❸ 두 개의 질소(N) 원자는 각 원자가 가지고 있던 전자를 3개씩 공유한다.
예	H_2, F_2, Cl_2, HCl 등	O_2, CO_2 등	N_2 등

---

3. 지구와 생명체를 형성하는 화학 결합: 지구와 생명체를 이루는 수많은 물질은 몇 가지 원소들이 이온 결합이나 공유 결합을 형성하여 만들어진 것이다.

물질	구성 원소	화학 결합	물질	구성 원소	화학 결합
염화 나트륨	Na, Cl	이온 결합	물	H, O	공유 결합
산화 철	Fe, O	이온 결합	이산화 탄소	C, O	공유 결합
산화 마그네슘	Mg, O	이온 결합	메테인	C, H	공유 결합

✚ 용어

❶ **공유** (共: 함께 有: 있다)
두 사람 이상이 한 물건을 공동으로 소유하는 것

⭐ 암기

⭐ **공유 결합의 형성**
비 − 전 − 공
비금속 원소는 전자쌍을 공유하며 결합함

✚ 개념

❷ **공유 전자쌍과 비공유 전자쌍**
· **공유 전자쌍**: 두 원자에 서로 공유되어 결합에 참여한 전자쌍
· **비공유 전자쌍**: 결합에 참여하지 않고 한쪽 원자에만 속한 전자쌍

✚ 개념

❸ **질소 분자의 반응성**
질소 분자는 3중 결합으로 인해 결합을 끊고 다른 물질과 결합하기가 쉽지 않다.

1 화합 결합의 원리 ~ **2** 화학 결합의 종류

1. 그림은 이온 결합의 형성 과정을 모형으로 나타낸 것이다.

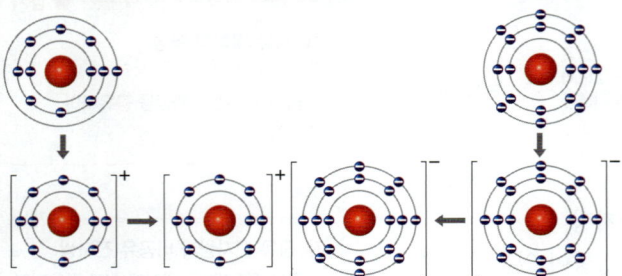

이에 대한 설명으로 옳은 것은 ○, 옳지 <u>않은</u> 것은 ×표 하시오.

(1) 이온 결합에 의해 NaCl이 형성되는 과정이다.
(○ , ×)
(2) 금속 나트륨은 원자가 전자 1개를 잃어 나트륨 이온을 형성한다. (○ , ×)
(3) 비금속 원소인 염소는 가장 바깥 전자 껍질에 전자 1개를 얻어 염화 이온을 형성한다. (○ , ×)
(4) 나트륨 이온과 염화 이온은 정전기적 인력에 의해 1 : 2의 개수비로 이온 결합을 형성한다. (○ , ×)
(5) 염화 나트륨에서 나트륨 이온은 Ne과 같은 전자 배치를 이룬다. (○ , ×)
(6) 이온 결합이 형성되는 과정에서 전자가 이동한다.
(○ , ×)

2. 이온 결합과 공유 결합에 대한 설명으로 옳은 것은 ○, 옳지 <u>않은</u> 것은 ×표 하시오.

(1) 18족 이외의 원소들은 이온 결합이나 공유 결합을 하여 18족 원소와 같은 전자 배치를 이룬다. (○ , ×)
(2) 공유 결합하는 원소의 원자가 전자 수가 공유 전자쌍 수를 결정한다. (○ , ×)
(3) 이온 결합을 이루는 금속 원소는 전자를 잃고, 비금속 원소는 전자를 얻는다. (○ , ×)
(4) 이온 결합할 때 이온의 총 전하량이 0이 되는 이온 수 비로 결합이 이루어진다. (○ , ×)
(5) 주기율표의 1족 원소와 17족 원소가 결합한 화합물은 모두 이온 결합 화합물이다. (○ , ×)
(6) 공유 결합은 금속 원자들 사이에서 형성되는 화학 결합이다. (○ , ×)

3. 그림은 원자 A, B의 화학 결합을 모형으로 나타낸 것이다.

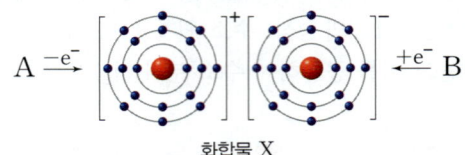

화합물 X

이에 대한 설명으로 옳은 것은 ○, 옳지 않은 것은 ×표 하시오. (단, A, B는 임의의 원소 기호이다.)

(1) X는 이온 결합으로 이루어진 화합물이다. (○ , ×)
(2) X의 화학식은 AB이다. (○ , ×)
(3) A는 1족 금속 원소, B는 17족 비금속 원소이다.
(○ , ×)
(4) A는 Na, B는 Cl이다. (○ , ×)
(5) A^+과 B^- 사이의 정전기적 인력에 의해 이온 결합이 형성된다. (○ , ×)
(6) A^+과 B^-은 Ar과 같은 전자 배치이다. (○ , ×)

4. 그림은 분자 (가)~(다)를 모형으로 나타낸 것이다.

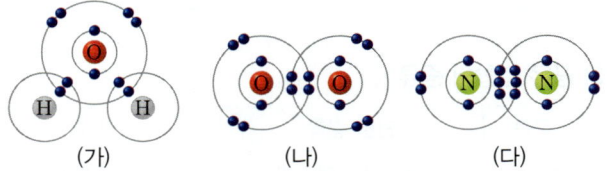

(가)   (나)   (다)

이에 대한 설명으로 옳은 것은 ○, 옳지 <u>않은</u> 것은 ×표 하시오.

(1) 공유 전자쌍 수는 (가)와 (나)가 같다. (○ , ×)
(2) (가)~(다)를 구성하는 원소는 모두 비금속 원소이다.
(○ , ×)
(3) (가)~(다)는 모두 공유 결합 물질이다. (○ , ×)
(4) 비공유 전자쌍 수가 가장 큰 물질은 (가)이다.
(○ , ×)
(5) 질소와 수소는 원자 수 비가 1 : 3인 분자를 만들 수 있다. (○ , ×)
(6) (가)에서 수소 원자와 산소 원자는 2중 결합을 형성한다. (○ , ×)
(7) (나)와 (다)를 이루는 원자의 전자 배치는 모두 Ne과 같다. (○ , ×)

❖ 정답 문제편 **275p**

3 화학 결합에 따른 물질의 성질

1. 이온 결합 물질

(1) 이온 결합 물질: 양이온과 음이온의 정전기적 인력에 의한 이온 결합으로 생성된 물질
① 고체 상태에서 수많은 양이온과 음이온이 규칙적으로 배열되어 결정을**❶** 이룬다.
② 양이온과 음이온의 총 전하량의 합이 0이 되는 개수비로 결합한다.
➡ 이온 결합 물질을 생성할 때에는 전기적으로 중성이 되어야 한다.
  ㉙ Li^+과 Cl^-의 화합물: 염화 리튬($LiCl$) ➡ $Li^+ : Cl^- = 1 : 1$ 이온의 종류에 따라 결합하는 이온의 개수비가 달라짐
    Ca^{2+}과 Cl^-의 화합물: 염화 칼슘($CaCl_2$) ➡ $Ca^{2+} : Cl^- = 1 : 2$
③ 이온 결합 물질의 화학식: 양이온과 음이온의 개수비를 가장 간단한 정수비로 나타낸다.

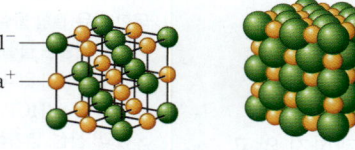

Na⁺과 Cl⁻이 1 : 1의 개수비로 이온 결합을 하여 3차원적으로 배열됨

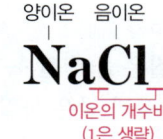

양이온 음이온

NaCl

이온의 개수비 (1은 생략)

양이온과 음이온의 개수비를 원소 기호 뒤에 가장 간단한 정수로 표시함

▲ 염화 나트륨의 결정 모형   ▲ 염화 나트륨의 화학식

(2) 이온 결합 물질의 성질 출제 ○순위 특강 p.77
① 물에 대한 용해성: 대부분의 이온 결합 물질은 물에 잘 녹는다.**❷** 예외-앙금
② 전기 전도성:
• 고체 상태에서는 이온 간의 강한 결합으로 이온이 이동할 수 없으므로 전기 전도성이 없다.
• 액체나 수용액 상태에서는 이온화하여**❸** 이온이 자유롭게 이동할 수 있으므로 전기 전도성이 있다.
  ㉙ 염화 나트륨 수용액이나 액체(용융액)에**❹** 전원을 연결하면 양이온인 Na^+은 (−)극 쪽으로, 음이온인 Cl^-은 (+)극 쪽으로 이동하여 전류가 흐른다.

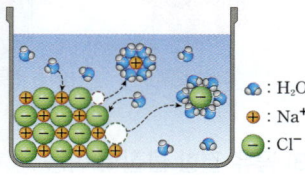

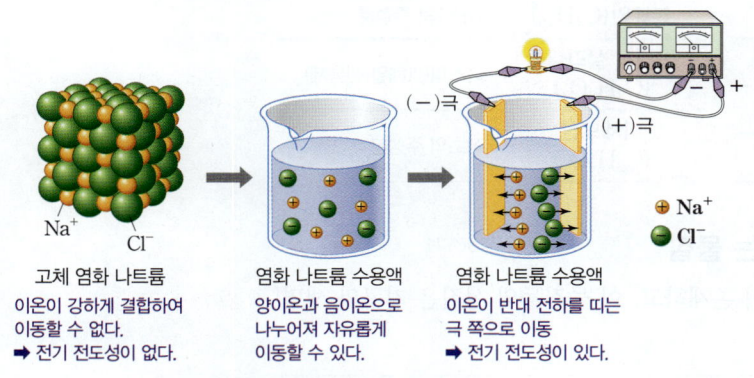

(−)극   (+)극
⊕ Na⁺
● Cl⁻

고체 염화 나트륨
이온이 강하게 결합하여 이동할 수 없다.
➡ 전기 전도성이 없다.

염화 나트륨 수용액
양이온과 음이온으로 나누어져 자유롭게 이동할 수 있다.

염화 나트륨 수용액
이온이 반대 전하를 띠는 극 쪽으로 이동
➡ 전기 전도성이 있다.

▲ 염화 나트륨 수용액의 전기 전도성

(3) 이온 결합 물질의 이용

이온 결합 물질	이용	이온 결합 물질	이용
$NaCl$(염화 나트륨)	소금의 주성분	$CaCl_2$(염화 칼슘)	제설제**❺**, 습기 제거제
$NaHCO_3$ (탄산수소 나트륨)	베이킹 파우더의 주성분 (제빵 소다)	$CaCO_3$(탄산 칼슘)	조개껍데기, 달걀 껍데기의 주성분
$NaOH$ (수산화 나트륨)	비누의 제조	$Mg(OH)_2$ (수산화 마그네슘)	제산제의 주성분

2. 공유 결합 물질

(1) **공유 결합 물질**: 비금속 원소의 원자들이 전자쌍을 공유한 결합에 의해 생성된 물질

① 일정한 수의 원자들이 공유 결합을 하여 분자가[1] 만들어진다.

② **공유 결합 물질의 화학식**: 분자는 분자를 구성하는 원자의 종류와 수를 표현한 화학식으로 나타낸다.

　　例 산소: O_2, 물: H_2O, 메테인: CH_4, 암모니아: NH_3, 이산화 탄소: CO_2

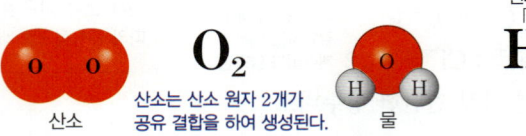

원자의 종류
H_2O
원자의 수
(1은 생략)

산소는 산소 원자 2개가 공유 결합을 하여 생성된다.

산소　　　　물

▲ 산소와 물의 분자 모형과 화학식

(2) **공유 결합 물질의 성질**　　출제 O순위 특강 p.77

① **물에 대한 용해성** : 대부분의 공유 결합 물질은 물에 잘 녹지 않는다.

　（예외: 설탕, 포도당, 염화 수소, 암모니아 등과 같은 물질은 물에 잘 녹는다.）

② **전기 전도성**[2] : 일반적으로 공유 결합 물질은 전하를 띠는 이온이 존재하지 않고, 물에 녹아도 전기적으로 중성인 분자로 존재하므로 전기 전도성이 없다.

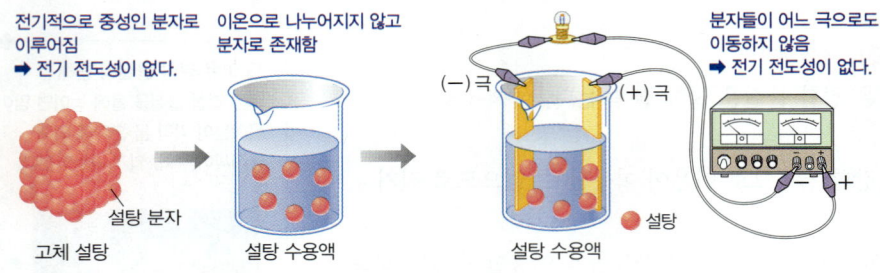

전기적으로 중성인 분자로 이루어짐
➡ 전기 전도성이 없다.

이온으로 나누어지지 않고 분자로 존재함

분자들이 어느 극으로도 이동하지 않음
➡ 전기 전도성이 없다.

(−) 극　　　(+) 극

설탕 분자
고체 설탕　　　설탕 수용액　　　설탕 수용액　　설탕

▲ 설탕 수용액의 전기 전도성

(3) **공유 결합 물질의 이용**

공유 결합 물질	이용	공유 결합 물질	이용
설탕($C_{12}H_{22}O_{11}$)	음식의 조미료	뷰테인(C_4H_{10})	LPG의 주성분
에탄올(C_2H_6O)	술, 소독용 알코올	아세틸 살리실산 ($C_9H_8O_4$)	아스피린(해열 진통제)
질소(N_2)	과자 봉지 충전재	아세트산 ($C_2H_4O_2$)	식초의 주성분
메테인(CH_4)	LNG의 주성분		

4 지구와 생명 시스템을 구성하는 물질

수많은 이온 결합 물질과 공유 결합 물질이 존재하고, 이 물질들의 성질은 지구와 생명 시스템 유지에 큰 영향을 미친다.

물질	특징
규산염[3] 광물	• 규산 이온($SiO_4{}^{4-}$)과 여러 가지 금속 양이온이 결합한 이온 결합 물질 • 지각을 구성한다. 녹는점이 높고 단단한 고체이다.
산소(O_2)	• 식물의 광합성으로 생성되며 생명체의 호흡에 이용된다. • 대기의 약 21%를 차지한다. 산소 원자가 2중 결합한 공유 결합 물질
물(H_2O)	• 사람 몸의 약 70%를 이룬다. 산소와 수소로 이루어진 공유 결합 물질 • 생명체에서 다양한 화학 반응이 일어날 수 있도록 돕는다. • 다양한 기상 현상을 일으킨다.
이산화 탄소(CO_2)	• 생명체의 호흡으로 생성되고, 광합성에 이용된다. 탄소와 산소로 이루어진 공유 결합 물질
질소(N_2)	• 대기의 약 78%를 차지한다. 질소 원자가 3중 결합한 공유 결합 물질

⭐ 화학 결합의 종류에 따른 물질의 성질 비교

화학 결합의 종류에 따른 물질의 전기 전도성의 차이를 설명할 수 있다.

[탐구 과정]

(가) 페트리 접시에 염화 칼슘($CaCl_2$), 질산 나트륨($NaNO_3$), 포도당($C_6H_{12}O_6$), 설탕($C_{12}H_{22}O_{11}$)을 약숟가락으로 각각 한 숟가락씩 넣는다. 그리고 간이 전기 전도성 측정기를❶ 이용하여 각 고체 물질에 전류가 흐르는지 확인한다.

(나) 100 mL 비커에 증류수를 반쯤 담고 약숟가락으로 과정 (가)의 고체 상태의 물질을 각각 넣어 녹인다. 그리고 간이 전기 전도성 측정기를 이용하여 각 수용액에 전류가 흐르는지 확인한다.

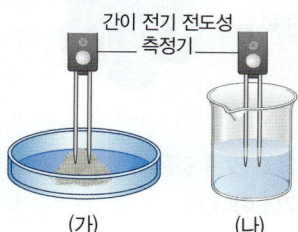

간이 전기 전도성 측정기

(가)　　(나)

[탐구 결과 및 해석]❷

① **이온 결합 물질의 전기 전도성:** 염화 칼슘과 질산 나트륨은 고체 상태의 물질에서는 전류가 흐르지 않지만 수용액 상태에서는 전류가 흐른다.
➡ 이온 결합 물질인 염화 칼슘($CaCl_2$), 질산 나트륨($NaNO_3$)은 고체 상태일 때는 Ca^{2+}과 Cl^-, Na^+과 NO_3^-이 강하게 결합하여 전류가 흐르지 않지만, 수용액 상태에서는 Ca^{2+}과 Cl^-, Na^+과 NO_3^-이 분리되어 자유롭게 움직이므로 전류가 흐른다.

② **공유 결합 물질의 전기 전도성:** 포도당과 설탕은 고체와 수용액 상태에서 모두 전류가 흐르지 않는다.
➡ 포도당, 설탕은 탄소(C), 수소(H), 산소(O)의 공유 결합 물질로, 전하를 띤 이온이 없으며 물에 녹아도 포도당, 설탕 분자로 존재할 뿐 이온은 생성되지 않으므로 고체 상태일 때나 수용액 상태일 때 모두 전류가 흐르지 않는다.

상태＼물질	이온 결합 물질		공유 결합 물질	
	염화 칼슘	질산 나트륨	포도당	설탕
고체	×	×	×	×
수용액	○	○	×	×

└─ 전류가 흐른다. ─┘

확인 문제 ━━━━━━━━━━━━━━━━━━━━━━━━━━━━━ ▶ 정답과 해설은 다음 페이지에

01
위 실험에 대한 설명으로 옳은 것은 ○, 옳지 않은 것은 ×로 표시하시오.
(1) 염화 칼슘 수용액에는 이온이 들어 있다. 　　　(○, ×)
(2) 포도당은 금속 원소들이 전자를 공유하여 결합한 물질이다.
　　　　　　　　　　　　　　　　　　　　(○, ×)
(3) 수용액 상태에서 전기 전도성은 질산 나트륨이 설탕보다 크다.
　　　　　　　　　　　　　　　　　　　　(○, ×)

02
설탕 수용액과 염화 나트륨 수용액을 구별할 수 있는 실험 방법을 쓰시오.

3 화학 결합에 따른 물질의 성질

1. 그림 (가)는 원소 A, B로 이루어진 화합물 AB의 화학 결합 모형을, (나)는 AB의 고체 상태의 결정 모형을 나타낸 것이다.

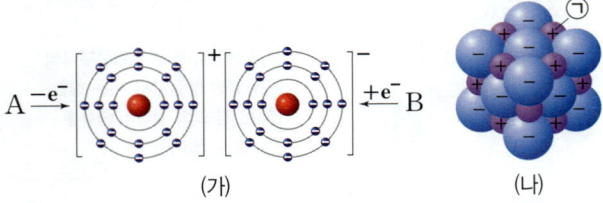

(가) (나)

이에 대한 설명으로 옳은 것은 ○, 옳지 않은 것은 ×표 하시오. (단, A, B는 임의의 원소 기호이다.)

(1) A와 B는 같은 주기의 원소이다. (○, ×)
(2) 고체 AB는 물에 잘 녹는다. (○, ×)
(3) 고체 AB는 전기 전도성이 있다. (○, ×)
(4) (나)에서 ㉠은 A 이온이다. (○, ×)
(5) AB 결정이 물에 녹을 때 A는 전자를 잃고 A 이온이 된다. (○, ×)

2. 그림 (가)와 (나)는 두 가지 고체 상태의 물질 A와 B를 증류수에 넣어 녹인 후 전류가 흐르는지 확인하는 장치를 나타낸 것이다.

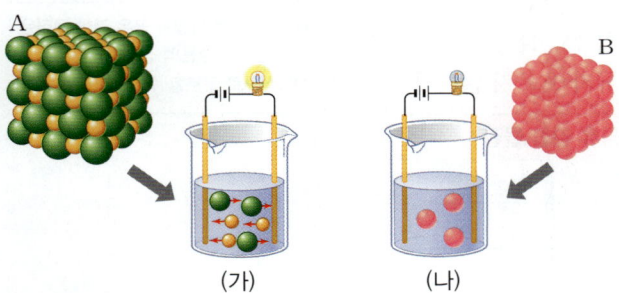

(가) (나)

이에 대한 설명으로 옳은 것은 ○, 옳지 않은 것은 ×표 하시오.

(1) A는 이온 결합 물질이다. (○, ×)
(2) B는 공유 결합 물질이다. (○, ×)
(3) (가)에서 전류가 흐른다. (○, ×)
(4) (나)에서 전류가 흐른다. (○, ×)
(5) 고체 상태의 A에 전류가 흐른다. (○, ×)

p.77 확인 문제 [정답]

01 (1) ○ (2) × (비금속 원소) (3) ○
02 전기 전도성을 측정한다.

3. 다음 물질들에 대한 공통적인 설명으로 옳은 것은 ○, 옳지 않은 것은 ×표 하시오.

염화 나트륨 (NaCl)	수산화 나트륨 (NaOH)	염화 칼슘 (CaCl$_2$)	수산화 마그네슘 (Mg(OH)$_2$)
소금의 주성분	비누의 제조	제설제, 습기 제거제	제산제의 주성분

이에 대한 설명으로 옳은 것은 ○, 옳지 않은 것은 ×표 하시오.

(1) 이온 결합 물질이다. (○, ×)
(2) 물에 녹아 이온화하는 양이온과 음이온의 개수비가 1 : 1이다. (○, ×)
(3) 수용액 상태에서 전기 전도성이 있다. (○, ×)
(4) 고체 상태에서 전기 전도성이 있다. (○, ×)

4. 다음 물질들에 대한 공통적인 설명으로 옳은 것은 ○, 옳지 않은 것은 ×표 하시오.

질소 (N$_2$)	메테인 (CH$_4$)	설탕 (C$_{12}$H$_{22}$O$_{11}$)	아세트산 (C$_2$H$_4$O$_2$)
과자 봉지 충전재	LNG의 주성분	조미료	식초의 주성분

(1) 공유 결합 물질이다. (○, ×)
(2) 물에 잘 녹지 않는다. (○, ×)
(3) 액체(용융액) 상태에서 전기 전도성이 있다. (○, ×)
(4) 실온에서 모두 기체 상태로 존재한다. (○, ×)

4 지구와 생명 시스템을 구성하는 물질

5. 그림은 지구 시스템과 생명 시스템을 구성하는 두 가지 물질의 전자 배치를 모형으로 나타낸 것이다.

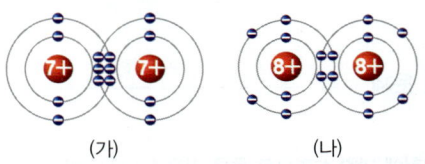

(가) (나)

이에 대한 설명으로 옳은 것은 ○, 옳지 않은 것은 ×표 하시오.

(1) (가)는 지구 대기의 약 21%를 구성한다. (○, ×)
(2) (나)는 생명체의 호흡에 이용된다. (○, ×)
(3) (가)와 (나) 중 물질의 연소에 필요한 물질은 (나)이다. (○, ×)
(4) (가)와 (나)는 공유 전자쌍 수가 같다. (○, ×)

❖ 정답 문제편 **275p**

1 화학 결합의 원리 ~ 2 화학 결합의 종류

01 ✻✻✻

화학 결합에 대한 설명으로 옳지 <u>않은</u> 것은?

① 공유 결합은 전자쌍을 공유하여 형성된다.
② 금속 원소와 비금속 원소 사이에 이온 결합이 형성된다.
③ 공유 결합을 형성할 때 모든 원자는 가장 바깥 전자 껍질에 8개의 전자를 채운다.
④ 결합에 참여하는 금속 양이온이나 비금속 음이온은 비활성 기체와 같은 전자 배치를 이룬다.
⑤ 이온 결합이나 공유 결합이 형성될 때 공통적으로 전자가 관여한다.

02 ✻✻✻

다음은 이온 모형 카드와 사용 규칙이다.

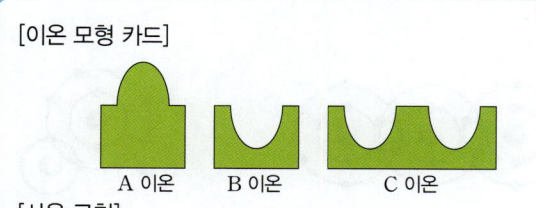

[이온 모형 카드]

A 이온   B 이온   C 이온

[사용 규칙]
Ⅰ. 돌출된 부분은 얻은 전자 1개를, 홈이 파인 부분은 잃은 전자 1개를 나타낸다.
Ⅱ. 카드의 돌출된 부분을 홈이 파인 부분에 맞추어 화합물을 만든다.

이에 대한 설명으로 옳은 것만을 [보기]에서 있는 대로 고른 것은? (단, A~C는 임의의 원소 기호이며, 모두 3주기 원소이다.)

[보기]
ㄱ. 염화 나트륨에서 나트륨 이온은 B 이온에 해당한다.
ㄴ. A 이온과 B 이온의 전자 수는 동일하다.
ㄷ. A 이온과 C 이온으로 이루어진 화합물의 화학식은 CA_2이다.

① ㄱ   ② ㄷ   ③ ㄱ, ㄴ   ④ ㄱ, ㄷ   ⑤ ㄱ, ㄴ, ㄷ

03 ✻✻✻ 중요 ⭐

2020 실시 6월 학평 8 (고1)

그림은 이온 A^+, B^+, C^{2-}의 전자 배치를 모형으로 나타낸 것이다.

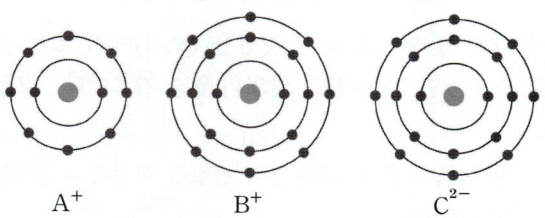

A^+ B^+ C^{2-}

A~C에 대한 설명으로 옳은 것만을 [보기]에서 있는 대로 고른 것은? (단, A~C는 임의의 원소 기호이다.)

[보기]
ㄱ. A는 금속 원소이다.
ㄴ. B와 C는 같은 주기의 원소이다.
ㄷ. A와 C가 화학 결합할 때 전자는 C에서 A로 이동한다.

① ㄱ   ② ㄴ   ③ ㄱ, ㄷ
④ ㄴ, ㄷ   ⑤ ㄱ, ㄴ, ㄷ

04 ✻✻✻

2023 실시 6월 학평 6 (고1)

다음은 공기를 이루는 물질에 관한 원격 수업의 일부이다.

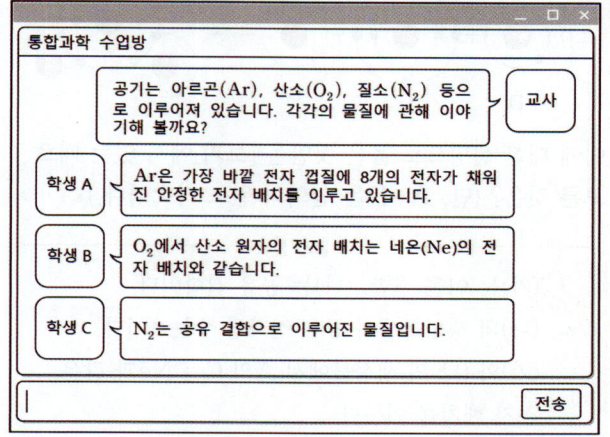

통합과학 수업방

교사: 공기는 아르곤(Ar), 산소(O_2), 질소(N_2) 등으로 이루어져 있습니다. 각각의 물질에 관해 이야기해 볼까요?

학생 A: Ar은 가장 바깥 전자 껍질에 8개의 전자가 채워진 안정한 전자 배치를 이루고 있습니다.

학생 B: O_2에서 산소 원자의 전자 배치는 네온(Ne)의 전자 배치와 같습니다.

학생 C: N_2는 공유 결합으로 이루어진 물질입니다.

전송

교사의 질문에 답변한 내용이 옳은 학생만을 있는 대로 고른 것은?

① A   ② C   ③ A, B
④ B, C   ⑤ A, B, C

05 ★★✿

그림은 주기율표의 일부를 나타낸 것이다.

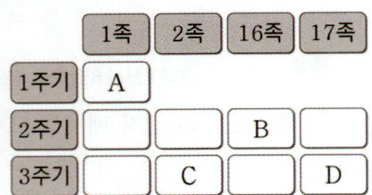

이에 대한 설명으로 옳은 것만을 [보기]에서 있는 대로 고른 것은? (단, A ~ D는 임의의 원소 기호이다.) [2.5점]

[보기]
ㄱ. 원소 A ~ D 중 B와 공유 결합을 형성하는 원소는 1가지이다.
ㄴ. CD_2에서 음이온은 아르곤(Ar)과 같은 전자 배치를 갖는다.
ㄷ. 공유하는 전자쌍의 수는 B_2가 D_2보다 작다.

① ㄱ ② ㄴ ③ ㄷ ④ ㄱ, ㄷ ⑤ ㄴ, ㄷ

06 ★★★✿ 중요

그림 (가)와 (나)는 원자 A~D가 화합물을 생성하는 과정을 모형으로 나타낸 것이다.

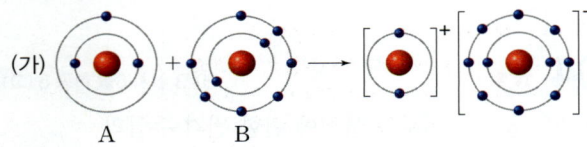

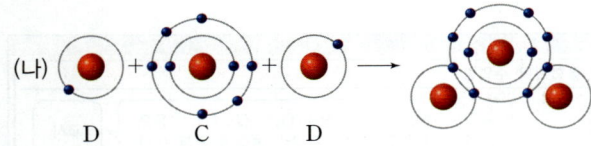

이에 대한 설명으로 옳은 것만을 [보기]에서 있는 대로 고른 것은? (단, A~D는 임의의 원소 기호이다.)

[보기]
ㄱ. (가)는 이온 결합, (나)는 공유 결합이다.
ㄴ. (나)의 생성물에서 공유 전자쌍 수는 4이다.
ㄷ. (가)와 (나)의 생성물에서 A와 C는 Ne과 같은 전자 배치를 이룬다.

① ㄱ
② ㄷ
③ ㄱ, ㄴ
④ ㄴ, ㄷ
⑤ ㄱ, ㄴ, ㄷ

07 ★★✿

그림은 원자 A~C의 전자 배치를 모형으로 나타낸 것이다.

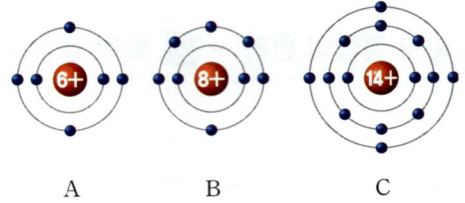

이에 대한 설명으로 옳은 것만을 [보기]에서 있는 대로 고른 것은? (단, A~C는 임의의 원소 기호이다.)

[보기]
ㄱ. A와 B는 원자 수 비가 1:2인 화합물을 만들 수 있다.
ㄴ. A와 C는 화학적 성질이 비슷하다.
ㄷ. A와 B의 안정한 수소 화합물의 화학식은 AH_4, BH_4이다.

① ㄱ ② ㄷ ③ ㄱ, ㄴ ④ ㄴ, ㄷ ⑤ ㄱ, ㄴ, ㄷ

08 ✿★★

그림은 분자 (가)와 (나)를 화학 결합 모형으로 나타낸 것이다. (가)와 (나)는 각각 물(H_2O)과 이산화 탄소(CO_2) 중 하나이다.

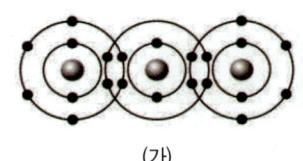
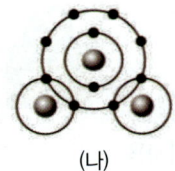

이에 대한 설명으로 옳은 것만을 [보기]에서 있는 대로 고른 것은? [2점]

[보기]
ㄱ. (가)는 물(H_2O)이다.
ㄴ. (가)에서 모든 원자는 네온(Ne)과 같은 전자 배치를 가진다.
ㄷ. 공유하는 전자쌍의 수는 (가)와 (나)가 같다.

① ㄴ ② ㄷ ③ ㄱ, ㄴ ④ ㄱ, ㄷ ⑤ ㄱ, ㄴ, ㄷ

09 ★★✿ 서술형

원자 번호 12인 원소 X와 원자 번호 8인 원소 Y로 이루어진 화합물의 결합 종류와 화학식을 X, Y로 나타내고 화합물 생성 과정을 서술하시오. (단, X와 Y는 임의의 원소 기호이다.)

10 ✽✽❀ ⭐중요

그림은 원자 A, B와 이온 C^+, D^-의 전자 배치를 모형으로 나타낸 것이다.

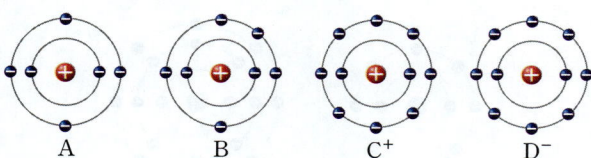

이에 대한 설명으로 옳은 것만을 [보기]에서 있는 대로 고른 것은? (단, A~D는 임의의 원소 기호이다.)

[보기]
ㄱ. A와 C는 같은 주기 원소이다.
ㄴ. AD_4와 BD_3의 공유 전자쌍 수는 같다.
ㄷ. 화합물 CD에서 C^+과 D^-은 전자 배치가 같다.

① ㄱ   ② ㄷ   ③ ㄱ, ㄴ   ④ ㄴ, ㄷ   ⑤ ㄱ, ㄴ, ㄷ

[11~12]
그림은 주기율표의 일부를 나타낸 것이다. 물음에 답하시오. (단, A~C는 임의의 원소 기호이다.)

주기 \ 족	1	2		13	14	15	16	17	18
1	A								
2					B				
3							C		

11 ✽✽❀ 단답형

B 원자 1개가 A와 결합하여 이루어진 안정한 화합물의 화학식을 A, B로 나타내시오.

12 ✽✽❀ 단답형

C 원자 1개가 A와 결합하여 이루어진 안정한 화합물의 화학식을 A, C로 나타내시오.

13 ✽✽❀ 서술형

그림은 산소(O)와 나트륨(Na) 원자의 전자 배치 모형을 나타낸 것이다. 나트륨이 공기 중의 산소 기체와 결합하여 산화 나트륨(Na_2O)을 생성하는 과정을 비활성 기체의 전자 배치와 관련지어 서술하시오.

14 ✽✽❀

2025 실시 9월 학평 6 (고1)

그림은 화합물 AB의 전자 배치를 모형으로 나타낸 것이다.

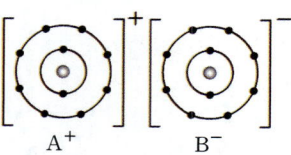

이에 대한 설명으로 옳은 것만을 [보기]에서 있는 대로 고른 것은? (단, A와 B는 임의의 원소 기호이다.) [2.5점]

[보기]
ㄱ. B의 원자가 전자 수는 7이다.
ㄴ. 원자 번호는 A가 B보다 크다.
ㄷ. A와 B는 같은 주기의 원소이다.

① ㄱ   ② ㄷ   ③ ㄱ, ㄴ   ④ ㄴ, ㄷ   ⑤ ㄱ, ㄴ, ㄷ

3 화학 결합에 따른 물질의 성질

15 ✽❀❀

2025 실시 9월 학평 10 (고1)

그림은 물질 A, B를 각각 물에 녹인 수용액의 전기적 성질을 설명하는 모형을 나타낸 것이다.

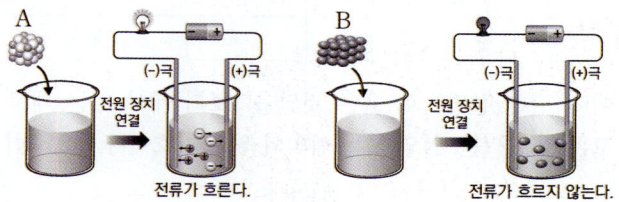

다음 중 A, B의 예로 가장 적절한 것은? [1.5점]

	A	B		A	B
①	염화 나트륨	설탕	②	염화 나트륨	염화 칼륨
③	포도당	염화 칼륨	④	포도당	설탕
⑤	설탕	황산 구리			

16 ✽✽❀ 서술형

제설제의 주성분인 염화 칼슘은 눈을 잘 녹이지만 부작용이 많다. 염화 칼슘을 대체할 친환경 제설제로 사용할 수 있는 물질의 조건을 두 가지 이상 서술하시오.

17 ✳✳✿

그림은 화합물 AB와 BC_2의 화학 결합을 모형으로 나타낸 것이다.

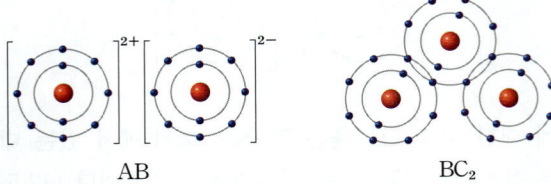

AB BC_2

이에 대한 설명으로 옳지 <u>않은</u> 것은? (단, A~C는 임의의 원소 기호이다.)

① AB는 이온 사이의 정전기적 인력에 의해 형성된다.
② AB와 AC_2에서 구성 입자는 모두 네온과 같은 전자 배치를 이룬다.
③ AB, BC_2 물질 모두 용융액 상태에서 전류가 통한다.
④ A의 원자가 전자 수는 2, B의 원자가 전자 수는 6이다.
⑤ A와 C로 이루어진 화합물은 액체 상태에서 전기 전도성이 있다.

18 ✳✳✳✿

2025 실시 6월 학평 12 (고1)

그림은 주기율표의 일부를 나타낸 것이다.

주기 \ 족	1	2	13	14	15	16	17	18
2	X					O		
3							Y	

이에 대한 설명으로 옳은 것만을 [보기]에서 있는 대로 고른 것은? (단, X와 Y는 임의의 원소 기호이다.) [2.5점]

[보기]
ㄱ. X와 O는 2 : 1의 개수비로 결합하여 안정한 화합물을 형성한다.
ㄴ. Y_2는 상온에서 특유의 색을 띤다.
ㄷ. O는 지각과 생명체를 이루는 주요 원소이다.

① ㄱ　② ㄷ　③ ㄱ, ㄴ　④ ㄴ, ㄷ　⑤ ㄱ, ㄴ, ㄷ

19 ✳✳✳ 서술형

다음 물질들을 구성 입자 간 화학 결합의 종류에 따라 분류하고 이를 확인할 방법을 제시하시오.

설탕($C_{12}H_{22}O_{11}$), 염화 나트륨($NaCl$),
물(H_2O), 산화 철(Fe_2O_3)

20 ✳✳✳✿

그림은 A^{2+}과 B^-의 전자 배치를 모형으로 나타낸 것이다.

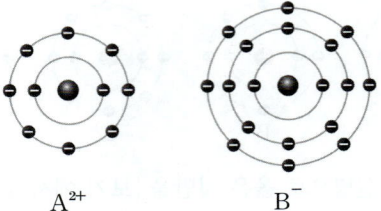

A^{2+} B^-

이에 대한 설명으로 옳은 것만을 [보기]에서 있는 대로 고른 것은? (단, A와 B는 임의의 원소 기호이다.)

[보기]
ㄱ. A는 금속 원소이다.
ㄴ. A와 B는 같은 주기의 원소이다.
ㄷ. 화합물 AB_2는 수용액 상태에서 전기 전도성이 있다.

① ㄱ　② ㄴ　③ ㄱ, ㄷ　④ ㄴ, ㄷ　⑤ ㄱ, ㄴ, ㄷ

21 ✳✳✳✿ 출제 0순위 특강

그림은 고체 상태와 수용액 상태의 염화 나트륨의 전기 전도성을 확인하는 실험을 나타낸 것이다. 실험 결과 고체 상태에서는 전류가 흐르지 않고, 수용액 상태에서만 전류가 흘렀다.

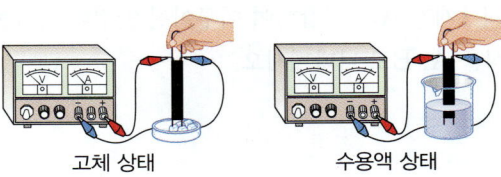

고체 상태   수용액 상태

이에 대한 설명으로 옳은 것만을 [보기]에서 있는 대로 고른 것은?

[보기]
ㄱ. 염화 나트륨은 이온 결합 물질이다.
ㄴ. 염화 나트륨을 물에 녹일 때 나트륨에서 염소로 전자의 이동이 일어난다.
ㄷ. 고체 상태에서 전류가 흐르지 않는 것은 전하를 띠는 입자가 존재하지 않기 때문이다.

① ㄱ　② ㄷ　③ ㄱ, ㄴ　④ ㄱ, ㄷ　⑤ ㄴ, ㄷ

22 ✽✽✽

다음은 3가지 물질을 몇 가지 기준에 따라 분류한 것이다.

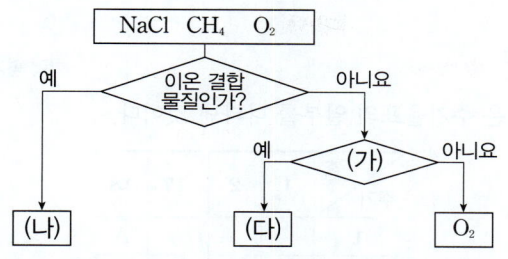

이에 대한 설명으로 옳은 것만을 [보기]에서 있는 대로 고른 것은?

[보기]
ㄱ. (가)에는 '단일 결합으로만 이루어져 있는가?'를 사용할 수 있다.
ㄴ. (나)는 NaCl이다.
ㄷ. (다)는 LNG의 주성분이다.

① ㄱ ② ㄴ ③ ㄷ ④ ㄱ, ㄴ ⑤ ㄱ, ㄴ, ㄷ

 내신 1등급 문제

23 ✽✽✽ 중요

2023 실시 11월 학평 9 (고1)

다음은 원소 X와 Y에 대한 자료이다.

- X와 Y는 2주기 원소이다.
- X는 금속 원소이며, Y의 원자가 전자 수가 7이다.
- X와 Y는 결합하여 안정한 화합물 XY를 형성한다.

XY의 화학 결합 모형으로 가장 적절한 것은? (단, X와 Y는 임의의 원소 기호이다.) [3점]

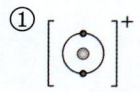 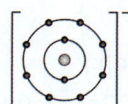 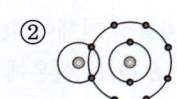

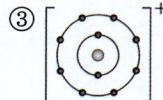 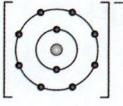 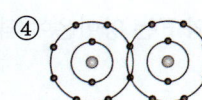

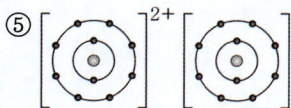

24 ✽✽✽

2021 실시 11월 학평 11 (고1)

그림은 원자 A, B의 전자 배치를 모형으로 나타낸 것이다.

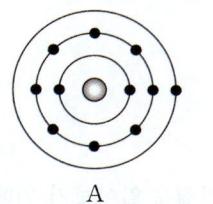 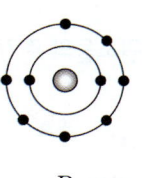

이에 대한 설명으로 옳은 것만을 [보기]에서 있는 대로 고른 것은? (단, A, B는 임의의 원소 기호이다.)

[보기]
ㄱ. A의 양성자수는 11이다.
ㄴ. B_2는 공유 결합 물질이다.
ㄷ. AB는 수용액 상태에서 전기 전도성이 있다.

① ㄱ ② ㄷ ③ ㄱ, ㄴ ④ ㄴ, ㄷ ⑤ ㄱ, ㄴ, ㄷ

25 ✽✽✽

2025 실시 6월 학평 14 (고1)

다음은 물질 A와 B의 전기 전도성을 알아보기 위한 실험이다. A는 설탕과 염화 나트륨 중 하나이고, B는 포도당과 염화 칼륨 중 하나이다.

〈실험 과정〉
(가) 2개의 비커에 고체 상태의 A와 B를 각각 넣고 전기 전도성 측정기로 전류가 흐르는지 확인한다.
(나) (가)의 A와 B가 들어 있는 비커에 증류수를 넣고 완전히 녹인 뒤 전기 전도성 측정기로 전류가 흐르는지 확인한다.

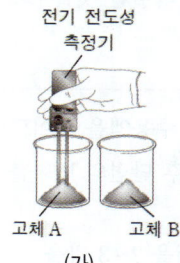 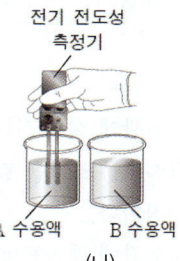

(가)   (나)

〈실험 결과〉
- (가)에서 전류가 흐르지 않는 물질의 가짓수 : ㉠
- (나)에서 전류가 흐르는 물질의 가짓수 : ㉠

이에 대한 설명으로 옳은 것만을 [보기]에서 있는 대로 고른 것은? [2.5점]

[보기]
ㄱ. ㉠은 2이다.
ㄴ. (나)에서 A는 분자로 존재한다.
ㄷ. B는 이온 결합 물질이다.

① ㄱ ② ㄴ ③ ㄱ, ㄷ ④ ㄴ, ㄷ ⑤ ㄱ, ㄴ, ㄷ

05 원소들의 주기성

01 중요

학력 평가 기출

다음은 알칼리 금속(M)의 성질을 알아보기 위해 수행한 실험이다.

[실험 과정]
(가) A
(나) 물이 든 시험관에 알칼리 금속(M) 조각을 떨어뜨리고 발생하는 기체를 모은 후 성냥불을 대어 본다.

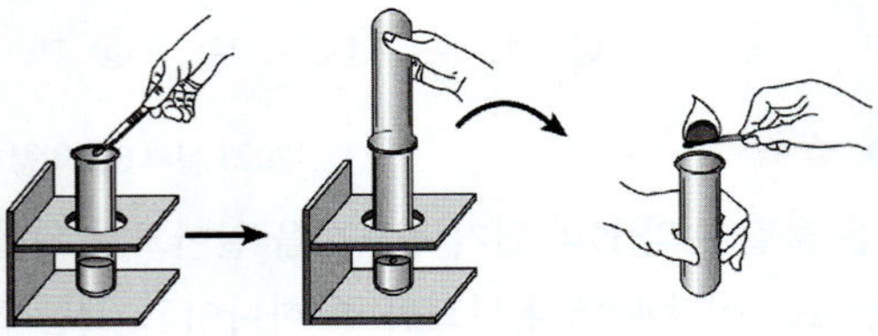

(다) B
[결론]
- 금속(M)이 공기 중의 산소와 반응하면 산화물을 생성한다.
- 금속(M)이 물과 반응하면 수소 기체가 생성된다.
- 금속(M)이 물과 반응하면 염기성 용액으로 변한다.

A, B에 해당하는 내용으로 가장 적절한 것을 [보기]에서 고른 것은?

[보기]
ㄱ. 시험관에 질산 은($AgNO_3$) 수용액을 떨어뜨린다.
ㄴ. 금속(M) 조각을 칼로 자른 후 단면의 변화를 관찰한다.
ㄷ. 시험관에 페놀프탈레인 용액을 2~3 방울 떨어뜨리고 색깔 변화를 관찰한다.

	A	B
①	ㄱ	ㄴ
②	ㄱ	ㄷ
③	ㄴ	ㄱ
④	ㄴ	ㄷ
⑤	ㄷ	ㄱ

02

학력 평가 기출

그림은 주기율표의 일부를 나타낸 것이다.

주기＼족	1	2	17	18
1				A
2	B			
3				C

A~C에 대한 설명으로 옳은 것만을 [보기]에서 있는 대로 고른 것은? (단, A~C는 임의의 원소 기호이다.)

[보기]
ㄱ. A는 비금속 원소이다.
ㄴ. B의 원자가 전자 수는 2이다.
ㄷ. C는 할로젠 원소이다.

① ㄱ ② ㄴ ③ ㄷ ④ ㄱ, ㄴ ⑤ ㄴ, ㄷ

03

그림은 주기율표의 일부를 나타낸 것이다.

주기＼족	1	2	3~12	13	14	15	16	17	18
1	A								B
2							C	D	
3	E							F	

A~F에 대한 설명으로 옳지 않은 것은? (단, A~F는 임의의 원소 기호이다.)

① A와 E의 원자가 전자 수는 1이다.
② B는 비활성 기체이다.
③ A_2, C_2, D_2는 실온에서 기체이다.
④ 안정한 이온의 전하의 크기는 C가 D보다 크다.
⑤ E와 F는 양이온이 되기 쉽다.

04 ✱✱✿ 중요⭐

그림은 주기율표의 일부를 2개 영역으로 나누어 나타낸 것이다.

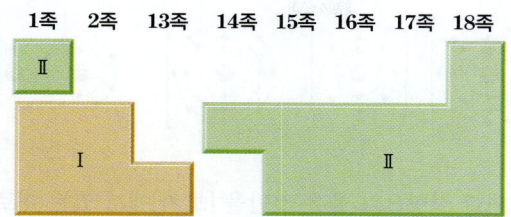

이에 대한 설명으로 옳은 것만을 [보기]에서 있는 대로 고른 것은?

┌─────────── [보기] ───────────┐
│ ㄱ. Ⅰ에 속하는 원소는 실온에서 대부분 고체
│   상태이며 전기 전도성이 있다.
│ ㄴ. Ⅱ에 속하는 원소는 늘리거나 얇게 펴기 쉽다.
│ ㄷ. Ⅱ에 속하는 원소는 전자를 잃고 양이온이 되기
│   쉽다.
└──────────────────────────────┘

① ㄱ   ② ㄴ   ③ ㄱ, ㄷ   ④ ㄴ, ㄷ   ⑤ ㄱ, ㄴ, ㄷ

05 ✱✱✿

학력 평가 기출

다음은 알칼리 금속의 성질을 알아보기 위한 실험이다.

┌──────────────────────────────┐
│ [실험 과정]
│ ○페놀프탈레인 용액을 1~2 방울 넣은 물에 쌀알
│ 크기의 ㉠ 나트륨 조각을 넣는다.
│
│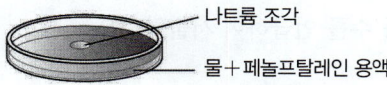
│   └ 나트륨 조각
│   └ 물+페놀프탈레인 용액
│
│ [실험 결과]
│ ○나트륨이 물 위에 떠서 격렬하게 반응하였다.
│ ○기체가 발생하면서 용액은 붉은색으로 변하였다.
└──────────────────────────────┘

이에 대한 설명으로 옳은 것만을 [보기]에서 있는 대로 고른 것은?

┌─────────── [보기] ───────────┐
│ ㄱ. 나트륨은 물보다 밀도가 크다.
│ ㄴ. 나트륨은 물과 반응하면 전자를 얻는다.
│ ㄷ. ㉠ 대신 칼륨을 넣어도 용액은 붉은색으로 변한다.
└──────────────────────────────┘

① ㄱ   ② ㄷ   ③ ㄱ, ㄴ   ④ ㄴ, ㄷ   ⑤ ㄱ, ㄴ, ㄷ

06 원소들의 화학 결합

06 ✱✱✿

학력 평가 기출

그림은 물(H_2O)과 산화 마그네슘(MgO)의 화학 결합 모형과 네온(Ne)의 전자 배치 모형을 나타낸 것이다.

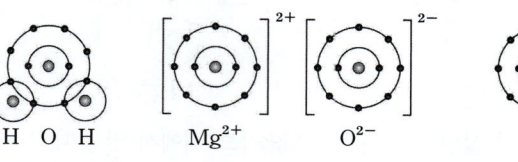

이에 대한 설명으로 옳은 것만을 [보기]에서 있는 대로 고른 것은?

┌─────────── [보기] ───────────┐
│ ㄱ. 산소(O) 원자의 원자가 전자 수는 4이다.
│ ㄴ. H_2O은 비금속 원소 사이의 결합으로 이루어진
│   물질이다.
│ ㄷ. MgO에서 O^{2-}은 Ne과 같은 전자 배치를 갖는다.
└──────────────────────────────┘

① ㄱ   ② ㄷ   ③ ㄱ, ㄴ   ④ ㄴ, ㄷ   ⑤ ㄱ, ㄴ, ㄷ

07 ✱✱✿ 중요⭐

학력 평가 기출

그림은 산소(O_2) 분자와 물(H_2O) 분자를 화학 결합 모형으로 나타낸 것이다.

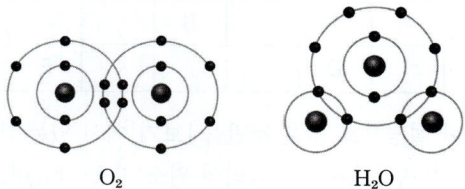

이에 대한 설명으로 옳은 것만을 [보기]에서 있는 대로 고른 것은?

┌─────────── [보기] ───────────┐
│ ㄱ. O_2는 공유 결합 물질이다.
│ ㄴ. O_2와 H_2O 분자는 공유하는 전자쌍 수가 같다.
│ ㄷ. O_2와 H_2O 분자에서 산소 원자는 네온(Ne)과
│   같은 전자 배치를 가진다.
└──────────────────────────────┘

① ㄱ   ② ㄷ   ③ ㄱ, ㄴ   ④ ㄴ, ㄷ   ⑤ ㄱ, ㄴ, ㄷ

08 ✸✸❀ 중요

2021 실시 6월 학평 13 (고1)

그림은 산소(O_2)와 암모니아(NH_3) 분자를 화학 결합 모형으로 나타낸 것이다.

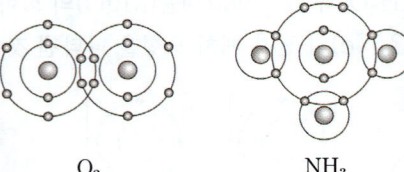

O₂   NH₃

이에 대한 설명으로 옳은 것만을 [보기]에서 있는 대로 고른 것은? [3점]

─────[보기]─────
ㄱ. NH_3는 이온 결합 물질이다.
ㄴ. 질소(N)와 산소(O)는 같은 주기 원소이다.
ㄷ. 공유하는 전자쌍 수는 NH_3가 O_2보다 적다.
────────────────

① ㄱ   ② ㄴ   ③ ㄱ, ㄷ   ④ ㄴ, ㄷ   ⑤ ㄱ, ㄴ, ㄷ

09 ✸✸❀

2022 실시 6월 학평 8 (고1)

그림은 주기율표의 일부를 나타낸 것이다.

	1족	2족	13족	14족	15족	16족	17족
2주기	A			B			C
3주기		D				E	

이에 대한 설명으로 옳은 것만을 [보기]에서 있는 대로 고른 것은? (단, A~E는 임의의 원소 기호이다.) [3점]

─────[보기]─────
ㄱ. 원자가 전자 수는 A와 C가 같다.
ㄴ. 전자가 들어 있는 전자 껍질 수는 B와 C가 같다.
ㄷ. D와 E가 화학 결합할 때 전자는 E에서 D로 이동한다.
────────────────

① ㄱ   ② ㄴ   ③ ㄷ   ④ ㄱ, ㄴ   ⑤ ㄴ, ㄷ

10 ✸✸✸

그림은 물질 AB_2와 C_2의 화학 결합을 모형으로 나타낸 것이다.

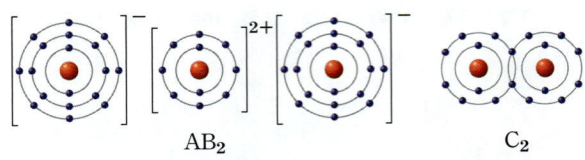

AB₂   C₂

이에 대한 설명으로 옳은 것만을 [보기]에서 있는 대로 고른 것은? (단, A~C는 임의의 원소 기호이다.)

─────[보기]─────
ㄱ. A~C는 같은 주기의 원소이다.
ㄴ. AC_2는 이온 결합 물질이다.
ㄷ. B_2의 공유 전자쌍 수는 2이다.
────────────────

① ㄱ   ② ㄴ   ③ ㄱ, ㄷ   ④ ㄴ, ㄷ   ⑤ ㄱ, ㄴ, ㄷ

11 ✸✸❀ 서술형

그림은 주기율표에서 2주기 원소들만 나타낸 것이다.

족\주기	1	2	13	14	15	16	17	18
2	Li	Be	B	C	N	O	F	Ne

2주기 원소들 중에서 한 종류의 원소로만 이루어진 안정한 물질을 형성할 때 원자 사이에 다중 결합이 형성되는 물질의 화학식을 모두 나타내고, 그 까닭을 원자가 전자 수를 언급하여 서술하시오.

12 ✸✸❀ 단답형

공유 결합 물질의 화학식만을 [보기]에서 있는 대로 고르시오.

─────[보기]─────
ㄱ. KCl   ㄴ. HCl   ㄷ. H_2O_2
ㄹ. NaF   ㅁ. CH_4 ㅂ. $C_6H_{12}O_6$
────────────────

13 ✽✽✾ 중요

다음은 나트륨 조각과 염소 기체의 반응을 알아보는 실험이다.

[실험 과정]

㉠ 어떤 액체 속에 보관되어 있던 나트륨 조각을 염소 기체가 들어 있는 삼각 플라스크에 넣어 반응시킨다.

액체
나트륨 조각
염소 기체

[실험 결과]

삼각 플라스크에 ㉡ 흰색의 고체 물질이 생성되었다.

이에 대한 설명으로 옳은 것만을 [보기]에서 있는 대로 고른 것은?

[보기]

ㄱ. ㉠은 물이다.

ㄴ. ㉡은 염화 나트륨이다.

ㄷ. 나트륨과 반응한 염소는 음이온이 된다.

① ㄱ　② ㄷ　③ ㄱ, ㄴ　④ ㄴ, ㄷ　⑤ ㄱ, ㄴ, ㄷ

14 ✽✽✾

그림은 주기율표의 원소들을 특징에 따라 몇 개의 영역으로 구분하여 나타낸 것이다.

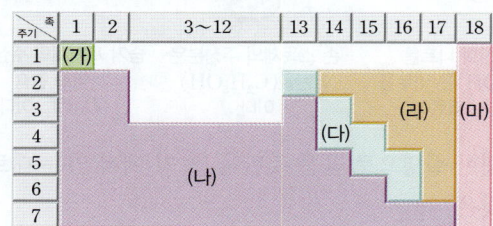

이에 대한 설명으로 옳은 것만을 [보기]에서 있는 대로 고른 것은?

[보기]

ㄱ. (나)의 원소들은 주로 실온에서 고체 상태로 존재한다.

ㄴ. (라), (마)의 원소들은 비금속 원소로 음이온이 되기 쉽다.

ㄷ. (가)와 (라)의 원소들이 결합하여 이온 결합 물질을 형성한다.

① ㄱ　② ㄷ　③ ㄱ, ㄴ　④ ㄴ, ㄷ　⑤ ㄱ, ㄴ, ㄷ

15 ✽✽✾ 중요

다음은 물질 A~C의 전기 전도성을 알아보는 실험이다. A~C는 각각 염화 나트륨(NaCl), 질산 칼륨(KNO_3), 포도당($C_6H_{12}O_6$) 중 하나이다.

[실험 과정]

(가) 고체 상태의 물질 A~C를 홈판의 서로 다른 홈에 넣고, 전기 전도성 측정기로 전류가 흐르는지 확인한다.

전기 전도성 측정기

(나) 고체 물질이 들어 있는 각 홈에 증류수를 넣어 수용액을 만든 다음, 전기 전도성 측정기로 전류가 흐르는지 확인한다.

[실험 결과]

상태＼물질	A	B	C
고체	×	×	×
수용액	×	○	○

(○: 전류가 흐름, ×: 전류가 흐르지 않음)

이에 대한 설명으로 옳은 것만을 [보기]에서 있는 대로 고른 것은? [3점]

[보기]

ㄱ. A는 질산 칼륨이다.

ㄴ. B는 수용액 상태에서 양이온과 음이온으로 나누어져 있다.

ㄷ. C는 고체 상태에서 정전기적 인력에 의해 결합하고 있다.

① ㄱ　② ㄴ　③ ㄱ, ㄷ　④ ㄴ, ㄷ　⑤ ㄱ, ㄴ, ㄷ

16 ✽✽✾ 서술형

표는 3가지 물질의 특징을 정리한 것이다. A~C를 이온 결합 물질 또는 공유 결합 물질로 분류하고 그 까닭을 서술하시오.

물질＼성질	전기 전도성	
	고체	용융액
A	없음	있음
B	없음	없음
C	없음	없음

17 ★★★

다음은 물질 XZ와 YZ가 생성되는 화학 반응식과 이 물질의 고체 및 액체 상태에서의 전기 전도성을 나타낸 것이다.

(가) $X_2(g) + Z_2(g) \rightarrow 2XZ(g)$		
(나) $2Y(s) + Z_2(g) \rightarrow 2YZ(s)$		
물질	**XZ**	**YZ**
전기 전도성 〈고체〉	없음	없음
전기 전도성 〈액체〉	없음	있음

이에 대한 설명으로 옳은 것만을 [보기]에서 있는 대로 고른 것은? (단, X~Z는 임의의 원소 기호이다.)

[보기]
ㄱ. (나)에서 Y는 전자를 잃어 양이온이 된다.
ㄴ. Z_2와 XZ는 공유 결합 물질이다.
ㄷ. 물질 YZ와 YX는 액체 상태에서 전기 전도성이 있다.

① ㄱ   ② ㄴ   ③ ㄱ, ㄷ   ④ ㄴ, ㄷ   ⑤ ㄱ, ㄴ, ㄷ

18 ★★☆ 중요

2021 실시 9월 학평 9 (고1)

다음은 주기율표의 일부를 나타낸 것이다.

족 / 주기	1	2	13	14	15	16	17	18
1	A							B
2				C				
3	D						E	

A~E에 대한 설명으로 옳은 것만을 [보기]에서 있는 대로 고른 것은? (단, A~E는 임의의 원소 기호이다.)

[보기]
ㄱ. A와 B는 같은 족 원소이다.
ㄴ. CA_4는 공유 결합 물질이다.
ㄷ. DE_2 수용액은 전기 전도성이 있다.

① ㄱ   ② ㄴ   ③ ㄷ   ④ ㄱ, ㄴ   ⑤ ㄴ, ㄷ

19 ★★★ 서술형

그림 (가)와 (나)는 고체 설탕과 염화 나트륨을 각각 물에 녹여 전원 장치를 연결한 모습을 순서 없이 나타낸 것이다.

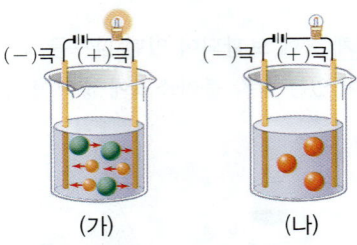

(가)   (나)

(1) (가)에 녹인 물질의 이름을 쓰고, 그 까닭을 서술하시오.

(2) (나)에 녹인 물질의 이름을 쓰고, 그 까닭을 서술하시오.

20 ★★☆

2023 실시 6월 학평 8 (고1)

다음은 일상생활에서 사용하는 제품과 이와 관련된 물질에 대한 자료이다.

수산화 나트륨 ($NaOH$)은 비누를 만드는 재료이다.

손 소독제의 주성분은 에탄올(C_2H_5OH)이다.

습기 제거제의 주성분은 염화 칼슘 ($CaCl_2$)이다.

이에 대한 설명으로 옳은 것만을 [보기]에서 있는 대로 고른 것은?

[보기]
ㄱ. $NaOH$에는 금속 이온이 포함되어 있다.
ㄴ. C_2H_5OH과 $CaCl_2$은 같은 종류의 화학 결합으로 이루어져 있다.
ㄷ. $CaCl_2$ 수용액은 전기 전도성이 없다.

① ㄱ   ② ㄴ   ③ ㄱ, ㄷ   ④ ㄴ, ㄷ   ⑤ ㄱ, ㄴ, ㄷ

❖ 정답 및 해설 36p

★ 이온 결합 물질의 성질

다음 유형은 주어진 화합물의 전자 배치를 보고 각 원소가 무엇인지 파악하고, 이 원소들이 이루는 화학 결합의 종류를 묻는 형태로 주로 출제된다.

그림은 화합물 AB와 CD를 화학 결합 모형으로 나타낸 것이다.
2024 대비 6월 모평 2 / 화학 I

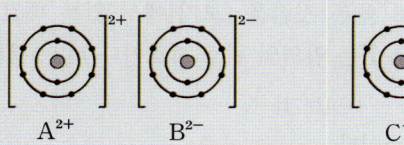

이에 대한 설명으로 옳은 것만을 [보기]에서 있는 대로 고른 것은? (단, A~D는 임의의 원소 기호이다.)

[보기]

ㄱ. A~D에서 2주기 원소는 2가지이다.
ㄴ. A는 비금속 원소이다.
ㄷ. BD_2는 이온 결합 물질이다.

① ㄱ   ② ㄴ   ③ ㄱ, ㄷ
④ ㄴ, ㄷ   ⑤ ㄱ, ㄴ, ㄷ

💡 단서 + 발상

단서 화합물 AB와 CD의 화학 결합 모형이 제시되어 있다.
발상 Ne의 전자 배치를 갖는 각 이온의 전하와 전자 수를 파악하여 Ne의 전자 배치를 갖는 이온을 파악할 수 있으므로
적용 해당 원소를 파악하는 것부터 문제 풀이를 시작해야 한다.

|문제 + 자료 분석|

· 화학 결합 모형에서 A^{2+}, B^{2-}, C^+, D^-은 모두 전자 배치가 Ne과 같은 등전자 이온이다.
· 2주기 16족 원소인 O 원자는 전자 2개를 얻어 O^{2-}이 되고,
 2주기 17족 원소인 F 원자는 전자 1개를 얻어 F^-이 되고,
 3주기 1족 원소인 Na 원자는 전자 1개를 잃어 Na^+이 되고,
 3주기 2족 원소인 Mg 원자는 전자 2개를 잃어 Mg^{2+}이 되면 Ne과 전자 배치가 같아진다.
· A^{2+}은 Mg^{2+}이므로 A는 Mg이고, B^{2-}은 O^{2-}이므로 B는 O이다.
 따라서 AB는 MgO이다.

· C^+은 $\boxed{1}^+$이므로 C는 $\boxed{1}$이고, D^-는 $\boxed{2}^-$이므로 D는 $\boxed{2}$이다.
 따라서 CD는 $\boxed{3}$이다.

|보기 분석|

🟢 **ㄱ** A~D에서 2주기 원소는 2가지이다.
· B(O)와 D(F)는 $\boxed{4}$주기 원소이고,
 A(Mg)와 C(Na)는 $\boxed{5}$주기 원소이다.
 따라서 A~D 중 2주기 원소는 2가지이다.

❌ **ㄴ** A는 비금속 원소이다.
· A(Mg)는 금속 원소이다.

❌ **ㄷ** BD_2는 이온 결합 물질이다.
· $BD_2(OF_2)$는 비금속 원소인 O 원자와 비금속 원소인 F 원자 사이의 $\boxed{6}$결합으로 이루어진 $\boxed{6}$결합 물질이다.

∴ 정답은 ① ㄱ이다.

★ 등전자 이온 ········· ⭐ 핵심 개념

· Ne과 같은 전자 배치를 갖는 이온
 ➡ 2주기 비금속 원소의 이온: $_8O^{2-}$, $_9F^-$
 ➡ 3주기 금속 원소의 이온: $_{11}Na^+$, $_{12}Mg^{2+}$, $_{13}Al^{3+}$
· Ar의 전자 배치를 갖는 이온
 ➡ 3주기 비금속 원소의 이온: $_{16}S^{2-}$, $_{17}Cl^-$
 ➡ 4주기 금속 원소의 이온: $_{19}K^+$, $_{20}Ca^{2+}$

😎 대비법 ------------------------

이 유형을 대비하기 위해서는 원자가 비활성 기체와 같이 안정한 전자 배치를 이루기 위해 전자를 잃거나 얻어 이온이 형성됨을 알아야 한다.

[정답]

1 Na   **2** F   **3** NaF   **4** 2   **5** 3   **6** 공유

01 ✾✾✾ 학력 평가 기출

다음은 어떤 금속 M의 성질을 알아보기 위한 실험이다.

> (가) 석유 속에 가라앉은 상태로 보관된 금속 M을 꺼내어 공기 중에서 칼로 잘랐더니 자른 단면의 광택이 빠르게 사라졌다.
> (나) 자른 금속 조각을 물에 넣었더니 물과 빠르게 반응하여 수소 기체가 발생하였다.
> (다) (나)의 수용액에 페놀프탈레인 용액을 2~3 방울 떨어뜨렸더니 수용액이 붉게 변하였다.

금속 M의 성질에 대한 설명으로 옳지 <u>않은</u> 것은?

① 밀도는 석유보다 크다.
② 석유와 반응하지 않는다.
③ 공기 중에서 산화물을 만든다.
④ 물과 반응하여 전자를 잃는다.
⑤ 물과 반응하여 생성된 수용액은 산성이다.

02 ✾✾✾ 2028 대비 수능 예시 14 (2차)

다음은 전자껍질 모형을 이용한 원소의 전자 배치와 관련된 탐구 활동이다.

> 〈2, 3주기 원소의 전자 배치 규칙〉
> (가) 원자가 가진 모든 전자 중 2개를 원자핵에서 가장 가까운 첫 번째 전자껍질에 배치한다.
> (나) 남은 전자를 두 번째 전자껍질에 8개까지 가능한 한 많이 배치한다. 이후 전자가 남으면 세 번째 전자껍질에 나머지 모두를 배치한다.
>
> 〈탐구 과정 및 결과〉
> • 전자 배치 규칙에 따라 산소(O) 원자와 원자 X, Y, Z의 전자를 배치하여 표와 같이 정리하였다. X, Y, Z의 원자 번호는 각각 7 ~ 17 중 하나이다.
>
> | 원자 | O | X | Y | Z |
> |---|---|---|---|---|
> | 원자가 전자 수 / 전자가 들어 있는 전자껍질 수 | $9a$ | $6a$ | $3a$ | a |

이에 대한 설명으로 옳은 것만을 [보기]에서 있는 대로 고른 것은? (단, X, Y, Z는 임의의 원소 기호이다.) [2점]

> [보기]
> ㄱ. Z는 전자 2개를 잃으면 네온(Ne)의 전자 배치를 갖는다.
> ㄴ. XO_2는 공유 결합 화합물이다.
> ㄷ. Y와 산소(O)가 결합하여 형성된 안정한 화합물은 액체 상태에서 전기 전도성이 있다.

① ㄱ   ② ㄴ   ③ ㄱ, ㄷ   ④ ㄴ, ㄷ   ⑤ ㄱ, ㄴ, ㄷ

03 ✾✾✾ 2028 대비 수능 예시 21 (2차)

다음은 2, 3주기에서 원자 번호가 서로 다른 원소 W ~ Z와 인체를 구성하는 원소의 질량비에 대한 자료이다.

> 〈W~Z에 대한 자료〉
> • W는 3주기 2족 원소이다.
> • 원자가 전자 수의 비는 X : Y : Z = 2 : 2 : 3이다.
> • 원자 번호는 Y가 Z보다 크다.
>
> 〈인체를 구성하는 원소의 질량비에 대한 자료〉
>
>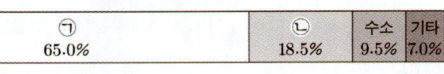
>
> | ㉠ 65.0% | ㉡ 18.5% | 수소 9.5% | 기타 7.0% |
> |---|---|---|---|

이에 대한 설명으로 옳은 것만을 [보기]에서 있는 대로 고른 것은? (단, W~Z는 임의의 원소 기호이다.) [2.5점]

> [보기]
> ㄱ. W는 금속 원소이다.
> ㄴ. ㉠은 X이다.
> ㄷ. 광합성을 하는 식물은 YZ_2를 사용하여 포도당을 합성한다.

① ㄱ   ② ㄴ   ③ ㄱ, ㄴ   ④ ㄱ, ㄷ   ⑤ ㄴ, ㄷ

04 ✾✾✾ 학력 평가 기출

그림은 주기율표의 일부분이다. A~E는 임의의 원소 기호이다.

주기＼족	1	2	3~12	13	14	15	16	17	18
2								A	
3	B							C	
4	D							E	

원소 A~E에 대한 설명으로 옳은 것은? [3점]

① B는 D보다 전자를 쉽게 잃는다.
② B는 공기 중에서 산화물을 형성한다.
③ A_2는 E_2보다 끓는점이 높다.
④ E_2는 C_2보다 수소와의 반응성이 크다.
⑤ A~E 중 금속 원소는 3가지이다.

❖ 정답 및 해설 37~38p

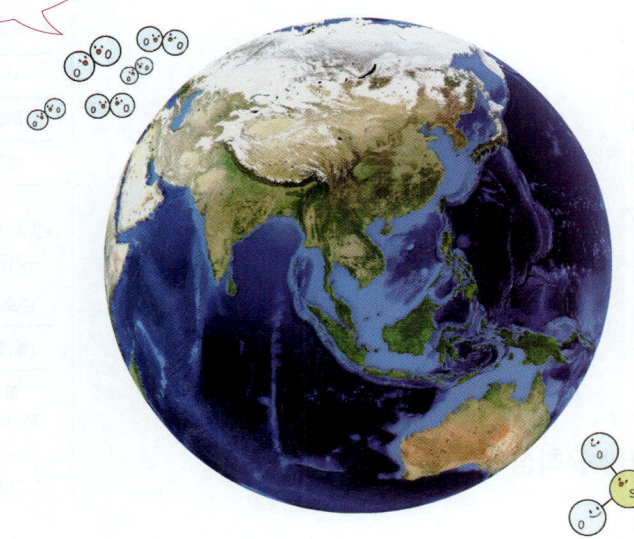

대기 중에는 내가 많아!
하지만 나보다 더 많은
것이 있어. 뭘까?

나는 지각을 구성하는
Si-O 사면체야. 지각에는
내가 많이 있지!

07 지각과 생명체를 구성하는 물질

중요도 ★★★

1 지각과 생명체를 구성하는 물질

1. 지각과 생명체를 구성하는 물질

지각	생명체
지각은 암석으로 이루어져 있고, 암석을 이루는 광물의 ❶ 대부분은 산소와 규소가 주성분인 규산염 광물(약 92%)이다.	생명체는 물과 무기물을 제외하면 대부분 탄수화물, 단백질 등과 같은 유기물로 ❷ 구성되어 있다.

2. 지각과 생명체를 구성하는 원소 ❸

(1) **지각을 구성하는 원소**: 지각을 구성하는 원소의 질량비는 산소가 가장 높고, 규소가 두 번째로 높다. 산소 > 규소 > 알루미늄 > 철 > 칼슘 등

➡ 지각을 구성하는 암석이 주로 규산염 광물로 구성되어 있기 때문이다.

(2) **생명체를 구성하는 원소**: 생명체를 구성하는 원소의 질량비는 산소가 가장 높고, 탄소가 두 번째로 높다. 산소 > 탄소 > 수소 > 질소 > 칼슘 등

➡ 생명체는 탄소 화합물로 구성되어 있기 때문이다.

(3) **지각과 생명체에 공통적으로 많은 원소**: 산소 ➡ 산소는 수소, 탄소, 규소 등 다른 원소와 쉽게 결합하여 다양한 물질을 만들 수 있기 때문이다.

(4) **지각과 생명체를 구성하는 원소의 기원 ❹**: 생명체를 구성하는 원소는 지구를 구성하는 원소로부터 비롯되었으므로 생명체를 구성하는 원소의 기원은 지구를 구성하는 원소의 기원과 같다. ➡ 대부분 별의 진화 과정에서 생성되었다.

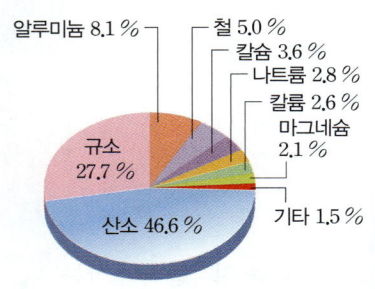

▲ 지각을 구성하는 원소의 질량비

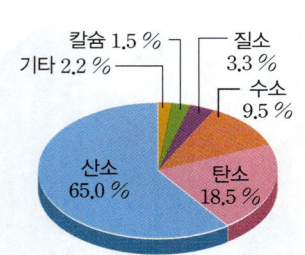

▲ 생명체를 구성하는 원소의 질량비

2 지각을 구성하는 물질의 결합 규칙성

출제 O순위 특강 p.95

1. 규산염 광물

(1) **규산염 광물**: 규소(Si)를 중심으로 산소(O) 4개가 결합한 규산염 사면체를 기본 단위로 하여 형성된 광물

예 감람석, 휘석, 각섬석, 흑운모, 석영, 장석 등

(2) **규소(Si)**: 규소는 주기율표의 14족 원소이므로 원자가 전자가 4개이다. ❺

➡ 최대 4개의 원자와 공유 결합을 할 수 있다.

(3) **규산염 사면체**: 규소 1개가 4개의 산소와 공유 결합하여 정사면체 모양을 이룬다.

규산염 사면체는 전체 전하가 -4이므로 SiO_4^{4-}로 표시한다.

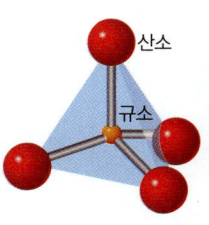

산소
규소

▲ 규산염 사면체

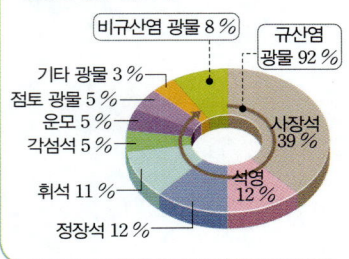
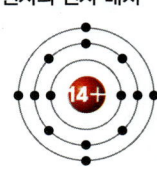

2. 규산염 광물의 결합 규칙성

(1) 규산염 사면체(SiO_4^{4-})는 전체적으로 음전하를 띠고 있어 인접한 양이온(Fe^{2+}, Mg^{2+}, Na^+, K^+ 등)과❶ 이온 결합하거나 다른 규산염 사면체와 산소를 공유하여 전기적으로 중성이 된다.

(2) 규산염 사면체끼리 산소를 공유하여 결합할 때 공유하는 산소의 수에 따라 규산염 광물의 골격이 달라진다. ➡ 공유 산소 수가 많을수록 결합 구조는 복잡해진다. ★

독립형 구조	단사슬 구조	복사슬 구조	판상 구조	망상 구조
산소(O) 규소(Si)				
규산염 사면체 1개가 양이온과 결합	규산염 사면체가 산소 2개를 공유하여 단일 사슬 모양으로 결합	규산염 사면체가 산소 2~3개를 공유하여 이중 사슬 모양으로 결합	규산염 사면체가 산소 3개를 공유하여 얇은 판 모양으로 결합	규산염 사면체가 산소 4개를 공유하여 입체 구조로 결합
예 감람석	예 휘석	예 각섬석	예 흑운모	예 석영, 장석

적음   ← 공유 산소 수 →   많음
(풍화에 약함)   (풍화에 강함)

✪ 규산염 사면체의 결합 규칙성

[과정]
색깔이 다른 두 종류의 과자로 여러 개의 규산염 사면체를 만든 후, 사면체에서 산소를 떼어내 사면체끼리 연결한다.

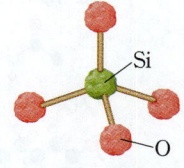
▲ 규산염 사면체 모형

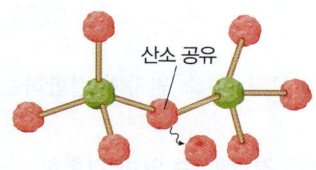
▲ 규산염 사면체의 연결

[결과]
산소를 떼어내고(산소를 공유하여) 사면체끼리 연결하는 방식에 따라 다양한 구조가 만들어진다.
① 한 줄이나 두 줄의 사슬 모양으로 결합 ➡ 단사슬, 복사슬 구조
② 판 모양으로 결합 ➡ 판상 구조
③ 입체 구조로 결합 ➡ 망상 구조

---

3. 규산염 광물의 결합 구조에 따른 성질

(1) **쪼개짐과 깨짐**: 광물에 물리적 힘을 가했을 때 특정한 방향으로 갈라지는 현상을 쪼개짐❷, 방향성 없이 불규칙하게 깨지는 현상을 깨짐이라고 한다.

감람석	휘석	각섬석	흑운모	석영	장석❸
깨짐	쪼개짐 (2방향)	쪼개짐 (2방향)	쪼개짐 (1방향)	깨짐	쪼개짐 (2방향)

(2) **화학적 풍화**: 규산염 사면체 사이에 공유하는 산소 수가 많아지면 결합 구조가 복잡해져 결합을 끊는 데 필요한 에너지가 많아지기 때문에 화학적 풍화에 강하다.

+ 개념

❶ 양이온과 규산염 광물의 색
규산염과 결합하는 양이온의 종류에 따라 어두운 색깔을 띠는 유색 광물과 밝은 색깔을 띠는 무색 광물로 구분한다.

구분	유색 광물	무색 광물
양이온	Fe^{2+}, Mg^{2+} 등	Na^+, K^+ 등
예	감람석, 휘석, 각섬석, 흑운모	장석

★ 암기

★ 규산염 사면체의 공유 산소 수↑
· 결합 구조가 복잡하다.
· 풍화에 강하다.

+ 개념

❷ 규산염 광물의 쪼개짐
규산염 사면체에서 공유하지 않는 산소와 양이온이 결합하여 다양한 규산염 광물이 만들어진다. 규산염 사면체의 산소와 양이온의 결합력은 산소를 공유하는 결합보다 약하기 때문에 결합력이 약한 면을 따라 쪼개지는 성질이 있다.

❸ 석영과 장석
· 석영은 규소와 산소만으로 이루어져 있어 모든 방향의 결합력이 비슷해 깨짐이 나타난다.
· 장석은 규산염 사면체의 규소 일부가 알루미늄 등의 양이온으로 이루어져 있어 결합력의 차이가 생겨 쪼개짐이 나타난다.

3 생명체를 구성하는 물질의 결합 규칙성⭐

1. 탄소 화합물: 탄소로 이루어진 기본 골격에 수소, 산소, 질소 등의 다른 원소가
공유 결합하여 형성된 화합물
  예) 탄수화물, 단백질, 지질 등

(1) 탄소(C): 탄소는 주기율표의 14족 원소로, 원자가 전자가 4개이다. ❶
  ➡ 최대 4개의 공유 결합을 할 수 있다.

(2) 탄소 원자와 공유 결합: 탄소는 다양한 원소와 공유 결합을 할 수 있어 다양한
종류의 탄소 화합물을 만들 수 있다.

  ① 탄소 원자 1개와 수소 원자 4개가 공유 결합하여 메테인 분자가 만들어진다.

▲ 메테인 분자의 형성

  ② 메테인 분자에서 수소 원자가 염소 원자로 1개씩 바뀌면 각각 다른 화합물이
  된다.

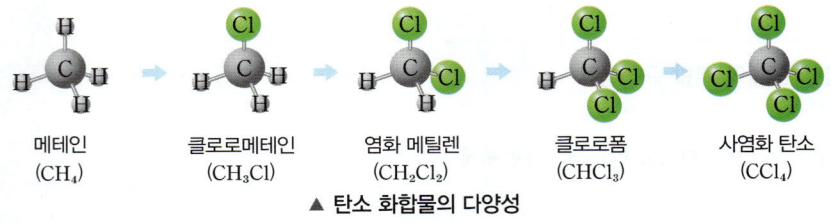

| 메테인 | 클로로메테인 | 염화 메틸렌 | 클로로폼 | 사염화 탄소 |
| (CH_4) | (CH_3Cl) | (CH_2Cl_2) | $(CHCl_3)$ | (CCl_4) |

▲ 탄소 화합물의 다양성

2. 탄소 화합물의 결합 규칙성: 탄소 골격의 길이와 모양, 탄소 원자와 결합하는
원소에 따라 다양한 탄소 화합물이 형성된다.

(1) 탄소 골격의 길이: 탄소는 다른 탄소와 연속적으로 결합할 수 있어 결합한 탄소의
개수에 따라 탄소 골격의 길이가 다양하다.

(2) 탄소 골격의 모양: 탄소는 다른 탄소와 결합하여 사슬 모양, 가지 모양, 고리 모양
등의 다양한 구조를 만들 수 있다.

(3) 탄소 원자 간의 결합: 탄소와 탄소 사이에 2중 결합이나 3중 결합을 할 수 있다.

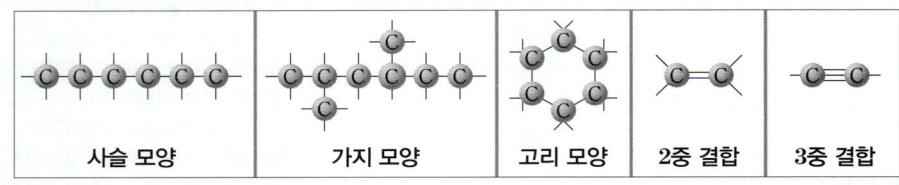

| 사슬 모양 | 가지 모양 | 고리 모양 | 2중 결합 | 3중 결합 |

3. 생명체를 구성하는 탄소 화합물

(1) 규칙적 결합으로 형성된 탄소 화합물: 탄소는 탄소끼리 연속적으로 결합할 수 있고,
탄소 결합 사이로 다른 종류의 원자를 받아들일 수 있어서 생명체를 구성하는
복잡한 분자를 만드는 데 유리하다. ❷

(2) 생명체를 구성하는 탄소 화합물의 기능: 생명체를 구성하는 탄소 화합물인
탄수화물, 단백질, 지질은❸ 몸을 구성할 뿐만 아니라 에너지원으로도 사용되고,
핵산은 유전정보를 저장 및 전달하고 생명활동을 조절하는 역할을 한다.

⭐ **지각과 생명체를 구성하는 원소**
• 지각: 산소 > 규소 등
• 생명체: 산소 > 탄소 등

➕ 개념

❶ **규소와 탄소의 공통점**
• 주기율표의 14족 원소
• 원자가 전자 4개
• 최대 4개의 원자와 공유 결합

❷ **규소보다 탄소가 생명체의 주요
구성 원소인 이유**
• 규소는 탄소보다 원자의 반지름이
커서 규소 화합물은 탄소 화합물보다
분자가 크다.
➡ 세포의 크기가 커지면 세포와
환경 사이의 물질 교환 효율이 크게
감소하여 생명활동에 불리하다.
• 규소 화합물은 탄소 화합물보다 결합
강도가 강하다.
➡ 생명활동에 필요한 물질의 합성과
분해가 어렵다.

❸ **생명체를 구성하는 탄소 화합물**

● 탄소 ● 산소 ● 질소 ○ 수소

• 탄수화물

• 단백질
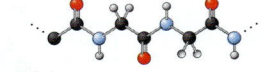

• 지질

⭐ 지각을 구성하는 물질의 결합 규칙성

규산염 광물의 모형을 통해 Si-O 사면체의 결합 규칙성을 설명할 수 있다.

[탐구 과정]

(가) 가위, 셀로판테이프, 빵 끈을 사용하여 규산염 사면체 모형을 여러 개 만든다.

(나) 2개의 사면체를 연결하고, 이 구조를 3개씩 연결하여 긴 사슬 모양을 만든 후 다른 모둠의 사슬 모양 구조와 연결하여 더 큰 구조를 만든다.❶

(다) Si-O 사면체끼리 연결할 때 어떤 규칙성으로 연결했는지 설명한다.

(라) Si-O 사면체 구조를 가지는 규산염 광물을 조사한다.

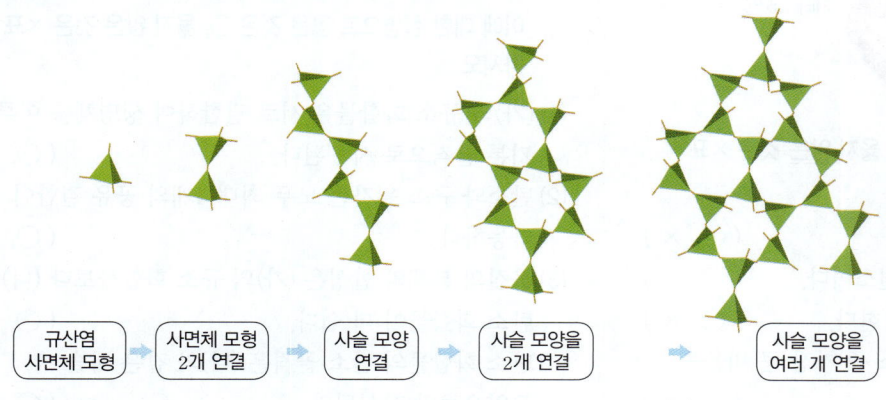

| 규산염 사면체 모형 | ➡ | 사면체 모형 2개 연결 | ➡ | 사슬 모양 연결 | ➡ | 사슬 모양을 2개 연결 | ➡ | 사슬 모양을 여러 개 연결 |

[탐구 해석]

① **규산염 광물**: 규산염 광물의 종류가 다양한 것은 규산염 사면체가 다른 규산염 사면체와 결합할 수 있는 부분이 4군데 존재하기 때문이다.❷

② **규산염 사면체의 결합 규칙성**: 규산염 사면체는 여러 방향으로 산소를 공유하여 결합하면서 다양한 광물을 만든다. 가장 간단한 구조인 한 줄이나 두 줄의 직선형으로 결합하기도 하고, 평면이나 입체로 결합하기도 한다.

| Si-O 사면체는 이웃한 Si-O 사면체와 산소 원자를 공유하는 형태로 결합한다. | ➡ | 이러한 규칙에 따라 Si-O 사면체들이 다양한 형태로 결합하여 석영, 장석, 흑운모, 각섬석, 휘석, 감람석 등의 규산염 광물을 만든다. | ➡ | 규산염 사면체가 직선으로 결합한 휘석이나 각섬석은 기둥 모양의 결정으로 생성된다. 평면 구조를 가진 흑운모는 얇은 판이 켜켜이 쌓인 형태로, 힘을 주면 얇게 쪼개진다. 장석이나 석영은 규산염 사면체의 모든 산소가 3차원적으로 결합한 안정한 형태를 가져 풍화에 강하다. |

출제 0순위 포인트는?

- 규소와 산소가 공유 결합하여 생성된 Si-O 사면체의 결합 규칙성을 묻는 문제가 출제된다.
- Si-O 사면체가 이웃하는 Si-O 사면체와 서로 산소를 공유하며 결합하는 방식을 설명할 수 있어야 한다.

➕ 개념

❶ **주의 사항**

자연 상태에서 광물은 규산염 사면체가 대칭으로 연결되어 생긴다. 따라서 사면체를 연결할 때 어느 방향에서 보더라도 대칭이 되도록 한다.

❷ **규산염 광물의 기본 골격**

규산염 광물은 규소 원자 1개와 산소 원자 4개가 결합한 Si-O 사면체를 기본 골격으로 한다.

규소는 14족 원소로 최대 4개의 공유 결합을 할 수 있다.

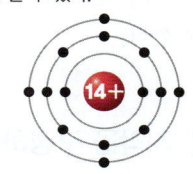

확인 문제

▶ 정답과 해설은 다음 페이지에

01

그림은 Si-O 사면체 구조를 나타낸 것이다. ㉠과 ㉡은 각각 규소 또는 산소 중 하나이다.

이에 대한 설명으로 옳은 것은 ○, 옳지 않은 것은 ×로 표시하시오.

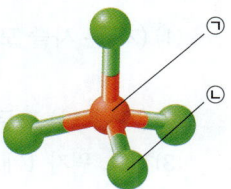

(1) ㉠은 규소, ㉡은 산소이다.   (○, ×)

(2) 규산염 광물의 기본 구조를 나타낸 것이다.   (○, ×)

(3) ㉠의 공유 개수에 따라 규산염 광물의 골격이 달라진다.   (○, ×)

02

그림 (가)~(다)는 규산염 광물의 결합 구조를 나타낸 것이다.

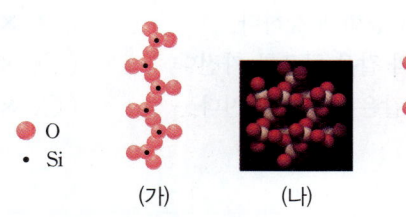

● O
· Si

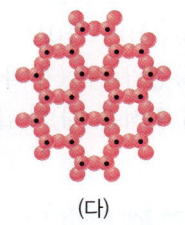

(가)   (나)   (다)

(가)~(다) 결합 구조의 이름을 각각 쓰시오.

1 지각과 생명체를 구성하는 물질

1. 그림은 지각의 원소 분포를 나타낸 것으로, A, B, C는 각각 규소, 산소, 알루미늄 중 하나이다.

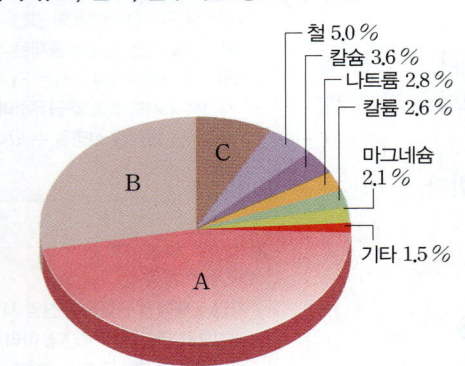

철 5.0 %
칼슘 3.6 %
나트륨 2.8 %
칼륨 2.6 %
마그네슘 2.1 %
기타 1.5 %

이에 대한 설명으로 옳은 것은 ○, 옳지 않은 것은 ×표 하시오.

(1) A는 산소, B는 알루미늄이다. (○, ×)
(2) A는 대기와 해양을 구성하는 원소이다. (○, ×)
(3) 대부분의 광물은 A와 B를 포함한다. (○, ×)
(4) A는 지구 전체를 구성하는 원소 중 가장 큰 비율을 차지한다. (○, ×)

2 지각을 구성하는 물질의 결합 규칙성

2. 그림 (가)와 (나)는 규산염 광물의 결합 구조를 나타낸 것이다.

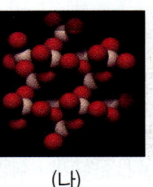

O
Si
(가)   (나)

이에 대한 설명으로 옳은 것은 ○, 옳지 않은 것은 ×표 하시오.

(1) (가)는 독립형 구조이고, (나)는 망상 구조이다.
(○, ×)
(2) (가)는 깨짐이 나타난다. (○, ×)
(3) (나)는 (가)보다 풍화에 강하다. (○, ×)
(4) 감람석은 (가)와 같은 구조를 가진다. (○, ×)
(5) 휘석은 (나)와 같은 구조를 가진다. (○, ×)

p.95 확인 문제 [정답]

01 (1) ○ (2) ○ (3) ✕ (ⓒ의 공유 개수에 따라 달라짐)
02 (가) 단사슬 구조 (나) 망상 구조 (다) 판상 구조

3 생명체를 구성하는 물질의 결합 규칙성

3. 그림 (가)는 Si-O 사면체 구조를, (나)는 탄소 화합물의 탄소 골격을 나타낸 것이다.

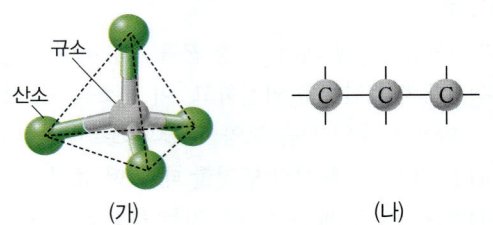

규소
산소
(가)   (나)

이에 대한 설명으로 옳은 것은 ○, 옳지 않은 것은 ×표 하시오.

(1) (가)의 규소 화합물은 서로 결합하여 생명체를 이루는 기본 골격으로 사용된다. (○, ×)
(2) 탄소와 규소 원자는 모두 최대 4개의 공유 결합이 가능하다. (○, ×)
(3) 물질의 분해와 합성은 (가)의 규소 화합물보다 (나)의 탄소 화합물이 더 쉽다. (○, ×)
(4) 탄소 화합물의 탄소 골격은 (나)와 같은 사슬 모양으로만 합성된다. (○, ×)
(5) 탄소는 탄소끼리의 연속적 결합을 통해 고분자 화합물을 형성한다. (○, ×)

4. 그림 (가)~(다)는 탄소 결합의 여러 가지 방식을 나타낸 것이다.

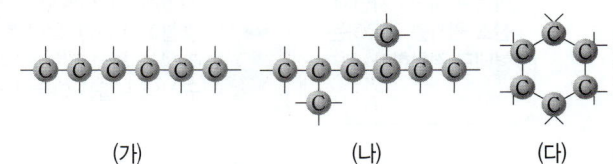

(가)   (나)   (다)

이에 대한 설명으로 옳은 것은 ○, 옳지 않은 것은 ×표 하시오.

(1) (가)는 사슬 모양, (나)와 (다)는 고리 모양 구조이다.
(○, ×)
(2) (가)~(다) 모두 탄소간에 단일 결합한다. (○, ×)
(3) 탄소 원자 1개는 최대 5개의 다른 원자와 공유 결합할 수 있다. (○, ×)
(4) 원소의 구성이 같더라도 다른 구조를 가진 탄소 화합물이 만들어질 수 있다. (○, ×)
(5) 탄소 원자 사이의 결합은 최대 6개까지 이어질 수 있다. (○, ×)

1 지각과 생명체를 구성하는 물질

01 ✿✿✿ 중요☆

2020 실시 6월 학평 11 (고1)

표 (가), (나)는 사람과 지각을 구성하는 원소의 질량비를 순서 없이 나타낸 것이다. ㉠~㉢은 각각 규소, 산소, 탄소 중 하나이다.

구성 원소	질량비(%)
㉠	46.6
㉡	27.7
알루미늄	8.1
철	5.0
기타	12.6

(가)

구성 원소	질량비(%)
㉠	65.0
㉢	18.5
수소	9.5
질소	3.3
기타	3.7

(나)

이에 대한 설명으로 옳은 것만을 [보기]에서 있는 대로 고른 것은?

[보기]
ㄱ. (가)는 사람을 구성하는 원소의 질량비이다.
ㄴ. 규산염 광물은 ㉠과 ㉡을 포함한다.
ㄷ. ㉡과 ㉢은 같은 족 원소이다.

① ㄱ　② ㄷ　③ ㄱ, ㄴ　④ ㄴ, ㄷ　⑤ ㄱ, ㄴ, ㄷ

02 ✿✿✿

다음은 어떤 원소 A에 대한 설명이다.

• 사람을 구성하는 원소 중 가장 큰 질량비를 차지한다.
• 탄소와 규소 모두와 쉽게 결합할 수 있다.

원소 A로 알맞은 것은?

① 철　　② 알루미늄　　③ 수소
④ 질소　　⑤ 산소

03 ✿✿✿

학력 평가 기출

그림 (가)~(다)는 우주, 지각, 생명체를 구성하는 주요 원소의 질량비를 순서 없이 나타낸 것이다.

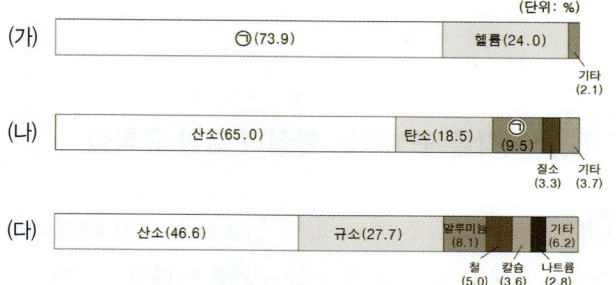

(가) ㉠(73.9) 헬륨(24.0) 기타(2.1)
(나) 산소(65.0) 탄소(18.5) ㉠(9.5) 질소(3.3) 기타(3.7)
(다) 산소(46.6) 규소(27.7) 알루미늄(8.1) 철(5.0) 칼슘(3.6) 나트륨(2.8) 기타(6.2)
(단위: %)

이에 대한 설명으로 옳은 것만을 [보기]에서 있는 대로 고른 것은?

[보기]
ㄱ. ㉠은 수소이다.
ㄴ. 지각은 주로 규산염 광물로 이루어져 있다.
ㄷ. 생명체를 구성하는 주요 원소의 질량비는 (다)이다.

① ㄱ　② ㄷ　③ ㄱ, ㄴ　④ ㄴ, ㄷ　⑤ ㄱ, ㄴ, ㄷ

04 ✿✿✿

2024 실시 3월 학평 5 / 지구과학 I (고2)

그림 (가)~(다)는 우주, 지구, 사람을 구성하는 주요 원소의 질량비를 순서 없이 나타낸 것이다.

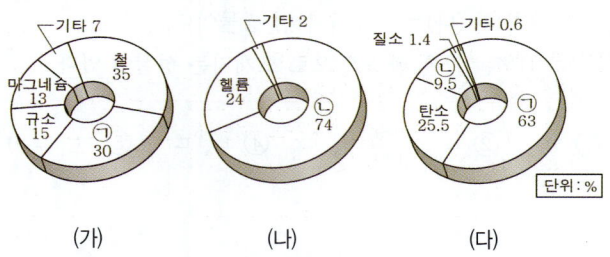

(가) 기타 7, 철 35, 마그네슘 13, 규소 15, ㉠ 30
(나) 기타 2, 헬륨 24, ㉡ 74
(다) 질소 1.4, 기타 0.6, ㉡ 9.5, 탄소 25.5, ㉠ 63
(단위: %)

이에 대한 설명으로 옳은 것만을 [보기]에서 있는 대로 고른 것은? [3점]

[보기]
ㄱ. 지구를 구성하는 주요 원소의 질량비는 (가)이다.
ㄴ. ㉠은 산소이다.
ㄷ. ㉡은 대부분 초기 우주에서 생성되었다.

① ㄱ　② ㄷ　③ ㄱ, ㄴ　④ ㄴ, ㄷ　⑤ ㄱ, ㄴ, ㄷ

05 ✿✿✿ 단답형

다음은 인체를 이루는 주요 원소들이다. 인체를 이루는 질량비가 큰 순서대로 나열하시오.

탄소	수소	산소

2 지각을 구성하는 물질의 결합 규칙성

06 ✿✿✿

2020 실시 11월 학평 14 (고1)

그림은 광물 (가)와 (나)의 결합 구조를 나타낸 것이다. A와 B는 규소와 산소를 순서 없이 나타낸 것이다.

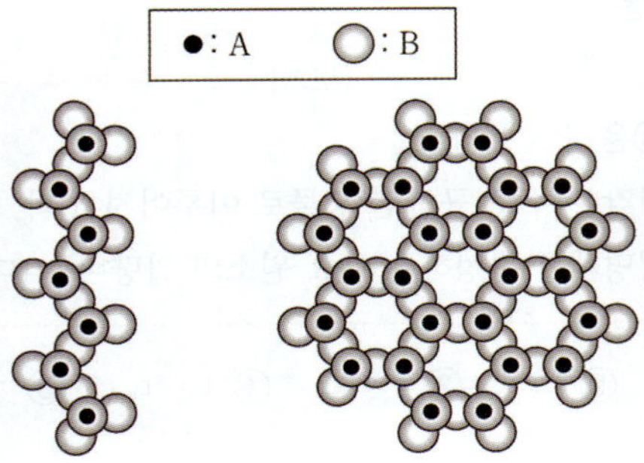

(가) 휘석 (나) 흑운모

이에 대한 설명으로 옳은 것만을 [보기]에서 있는 대로 고른 것은?

[보기]

ㄱ. A는 산소이다.
ㄴ. (가)와 (나)는 모두 규산염 광물이다.
ㄷ. (나)는 얇은 판 모양으로 쪼개지는 성질이 있다.

① ㄱ ② ㄴ ③ ㄱ, ㄷ ④ ㄴ, ㄷ ⑤ ㄱ, ㄴ, ㄷ

07 ✿✿✿ 서술형

규산염 광물 중 휘석과 운모의 결합 구조를 비교하고, 둘 중 어느 광물이 풍화에 더 강할지 공유 산소 수와 관련하여 서술하시오.

08 ✿✿✿

2025 실시 6월 학평 16 (고1)

그림 (가)는 규산염 사면체 구조를, (나)는 규산염 광물인 휘석의 결합 구조를 모형으로 나타낸 것이다. A와 B는 각각 규소와 산소 중 하나이다.

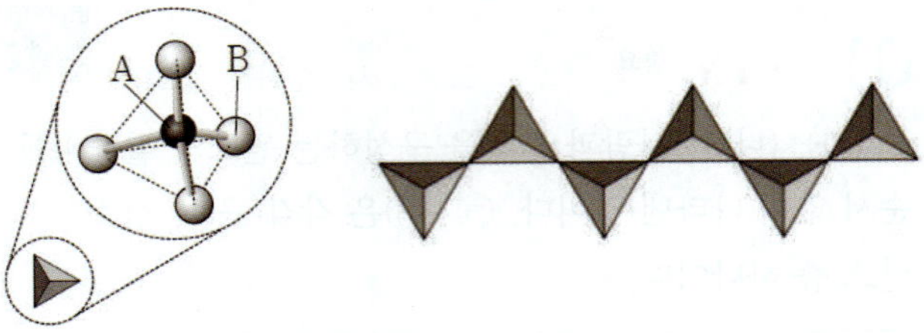

(가) (나)

이에 대한 설명으로 옳은 것만을 [보기]에서 있는 대로 고른 것은? [2점]

[보기]

ㄱ. A는 산소이다.
ㄴ. (나)는 단사슬 구조에 해당한다.
ㄷ. (나)에서 규산염 사면체는 이웃한 규산염 사면체와 B를 공유하여 결합한다.

① ㄱ ② ㄴ ③ ㄱ, ㄷ ④ ㄴ, ㄷ ⑤ ㄱ, ㄴ, ㄷ

09 ✿✿✿

2025 실시 9월 학평 13 (고1)

그림은 규소(○)와 산소(●)로 이루어진 규산염 광물 중 하나인 휘석의 구조 모형을 보며 학생들이 대화하는 모습을 나타낸 것이다.

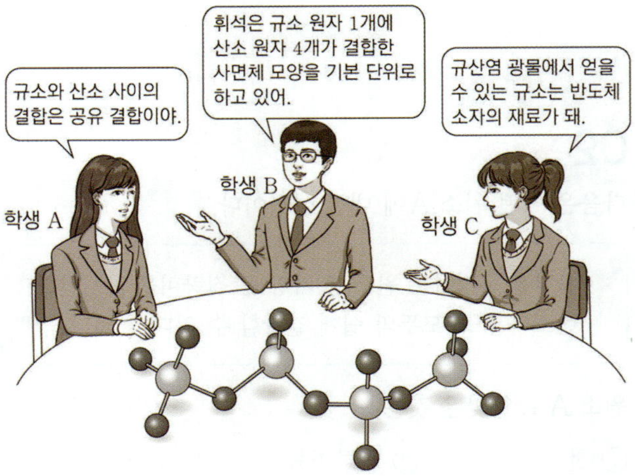

제시한 내용이 옳은 학생만을 있는 대로 고른 것은? [2.0점]

① A ② C ③ A, B ④ B, C ⑤ A, B, C

10 ✿✿✾ 출제 0순위 특강

2021 실시 6월 학평 8 (고1)

다음은 규산염 광물의 결합 방식에 대한 탐구 활동이다.

[탐구 과정]
(가) 도면과 끈을 이용하여 규산염 사면체(Si-O 사면체) 모형을 만든다.

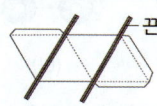 끈 $\Rightarrow$

도면   Si-O 사면체 모형

(나) Si-O 사면체 모형을 규칙성이 있도록 연결한다.

[탐구 결과]
• ㉠ 사슬 모양으로 연결된 구조와 ㉡ 사슬 모양 2개가 연결된 구조가 만들어졌다.

사슬 모양으로   사슬 모양 2개가
연결된 구조   연결된 구조

이에 대한 설명으로 옳은 것만을 [보기]에서 있는 대로 고른 것은? [3점]

─[보기]─
ㄱ. 흑운모는 ㉠과 같은 결합 구조로 되어 있다.
ㄴ. Si-O 사면체 사이에 공유하는 산소(O)의 수는 ㉠이 ㉡보다 많다.
ㄷ. Si-O 사면체가 다양한 형태로 결합하여 규산염 광물이 만들어진다.

① ㄱ   ② ㄷ   ③ ㄱ, ㄴ   ④ ㄴ, ㄷ   ⑤ ㄱ, ㄴ, ㄷ

11 ✿✿✾ 서술형

다음은 해수욕장의 모래에 대한 설명을 나타낸 것이다.

• 해안에서는 계속해서 파도가 치고 바람이 불어 모래가 형성된다.
• ㉠ 대부분의 모래가 투명하거나 노란색을 띤다.
• 가끔 보이는 ㉡ 검은색 모래는 자세히 보면 얇은 판 모양을 띤다.

▲ 모래

㉠과 ㉡을 구성하는 광물의 종류를 쓰고, 그렇게 생각한 까닭을 각각 서술하시오.

3 생명체를 구성하는 물질의 결합 규칙성

12 ✿✿✿ 단답형

다음은 생명체를 구성하는 물질을 나타낸 것이다.

| 탄수화물 | 단백질 | 지질 | 핵산 |

제시된 4종류 물질에 공통으로 포함된 물질 중 유기물의 중심이 되는 원소는 무엇인가?

13 ✿✿✿ 중요

학력 평가 기출

다음은 탄소 원자의 다양한 결합 방식에 대한 자료를 보며 세 학생이 나눈 대화 내용이다.

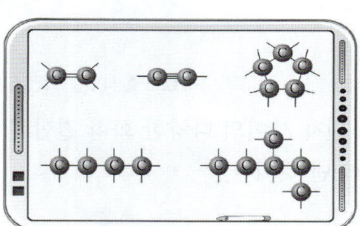

탄소 원자는 원자가 전자를 3개 가지고 있어.   탄소 원자 1개는 최대 4개의 공유 결합을 할 수 있어.   사슬 모양이나 고리 모양의 구조를 만들 수 있어.

학생 A   학생 B   학생 C

제시한 내용이 옳은 학생만을 있는 대로 고른 것은?

① A   ② C   ③ A, B   ④ B, C   ⑤ A, B, C

14 ✸✸✸

그림은 탄소 화합물 (가)와 (나)의 화학 결합을 모형으로 나타낸 것이다.

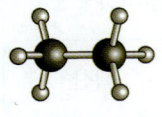 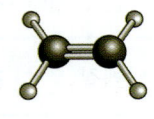 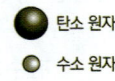

(가)　　　　　　(나)　　　　　⬤ 탄소 원자
　　　　　　　　　　　　　　　◦ 수소 원자

이에 대한 설명으로 옳은 것만을 [보기]에서 있는 대로 고른 것은?

─────[보기]─────
ㄱ. (가)는 C_2H_6이다.
ㄴ. 탄소 원자의 원자가 전자 수는 4이다.
ㄷ. (나)에서 탄소 원자 사이의 결합은 2중 결합이다.

① ㄱ　② ㄴ　③ ㄱ, ㄷ　④ ㄴ, ㄷ　⑤ ㄱ, ㄴ, ㄷ

15 ✸✸✸

그림은 탄소 원자 사이의 다양한 화학 결합 방식을 모형으로 나타낸 것이다.

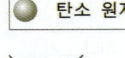 탄소 원자

 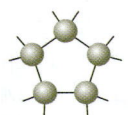 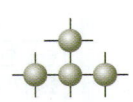

탄소 원자에 대한 설명으로 옳은 것만을 [보기]에서 있는 대로 고른 것은?

─────[보기]─────
ㄱ. 원자가 전자 수는 4이다.
ㄴ. 다른 탄소 원자와 2중 결합을 할 수 있다.
ㄷ. 여러 탄소 원자와 결합하여 고리 모양을 만들 수 있다.

① ㄱ　② ㄷ　③ ㄱ, ㄴ　④ ㄴ, ㄷ　⑤ ㄱ, ㄴ, ㄷ

16 ✸✸✸

그림 (가)~(다)는 서로 다른 탄소 골격의 형태를 나타낸 것이다.

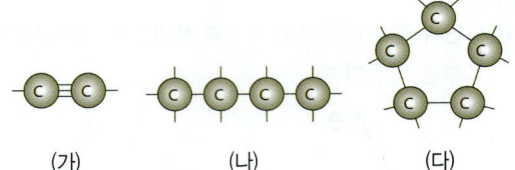

(가)　　　　　(나)　　　　　(다)

이에 대한 설명으로 옳은 것만을 [보기]에서 있는 대로 고른 것은?

─────[보기]─────
ㄱ. (가)에는 3중 결합이 존재한다.
ㄴ. (나)는 고리 모양이다.
ㄷ. 탄소 한 개와 결합하는 최대 원자 수는 (나)가 (다)보다 적다.

① ㄱ　② ㄴ　③ ㄱ, ㄷ　④ ㄴ, ㄷ　⑤ ㄱ, ㄴ, ㄷ

17 ✸✸✸ 서술형

다음은 탄소와 규소의 특징을 비교한 것이다.

• 규소의 원자 반지름은 0.118 nm, 탄소의 원자 반지름은 0.077 nm로 규소가 탄소보다 크다. 그에 따라 규소 화합물은 탄소 화합물보다 분자가 크다.
• 규소 화합물은 탄소 화합물보다 결합 강도가 강하다. 그 결과 규소 화합물은 탄소 화합물보다 더 단단하고, 쉽게 분해되지 않고 다른 물질과 쉽게 결합하지 않는다.

위의 제시문과 관련하여 규소가 아닌 탄소가 생명체의 중심 원소가 된 까닭을 두 가지 서술하시오.

18 ✦✦❀

2023 실시 6월 학평 13 (고1)

그림 (가)와 (나)는 사람과 지각을 구성하는 원소의 질량비를 순서 없이 나타낸 것이다. ㉠~㉢은 각각 규소, 산소, 수소 중 하나이다.

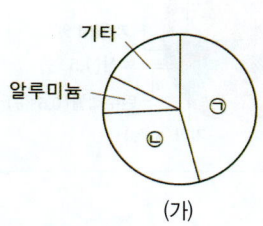

(가)

(나)

이에 대한 설명으로 옳은 것만을 [보기]에서 있는 대로 고른 것은?

[보기]
ㄱ. 사람을 구성하는 원소의 질량비를 나타낸 것은 (나)이다.
ㄴ. 규산염 사면체의 구성 원소는 ㉠과 ㉡이다.
ㄷ. ㉢은 산소이다.

① ㄱ   ② ㄷ   ③ ㄱ, ㄴ   ④ ㄴ, ㄷ   ⑤ ㄱ, ㄴ, ㄷ

19 ✦✦✦

2023 실시 3월 학평 3 / 지구과학 I (고2)

그림 (가)는 지각을 구성하는 주요 원소의 질량비를, (나)는 규산염 사면체의 구조를 나타낸 것이다.

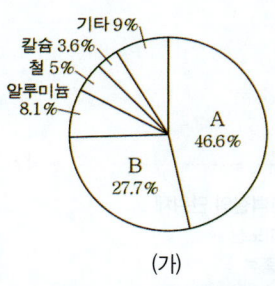

(가)

(나)

이에 대한 옳은 설명만을 [보기]에서 있는 대로 고른 것은?

[보기]
ㄱ. ㉠은 A이다.
ㄴ. 질량이 태양 정도인 별의 내부에서는 B가 생성될 수 있다.
ㄷ. 규산염 사면체끼리 ㉡을 공유하여 다양한 결합 구조를 형성할 수 있다.

① ㄱ   ② ㄷ   ③ ㄱ, ㄴ   ④ ㄴ, ㄷ   ⑤ ㄱ, ㄴ, ㄷ

20 ✦✦✦

2024 실시 3월 학평 4 / 지구과학 I (고2)

다음은 규산염 사면체 모형을 이용하여 규산염 광물의 결합 구조를 알아보는 탐구이다.

[탐구 과정]
(가) ㉠ 쇠구슬과 자석으로 된 막대를 이용하여 규산염 사면체 모형을 만든다.
(나) 모둠별로 여러 개의 규산염 사면체 모형을 한 줄로 연결한 결합 구조를 만든다. 이때 중복되는 쇠구슬 중 하나는 빼고 하나의 쇠구슬만 사용하여 연결한다.
(다) 다른 모둠이 만든 모형을 (나)와 같은 방식으로 연결하여 두 줄로 된 새로운 결합 구조를 만든다.

[탐구 결과]

과정	(가)	(나)	(다)
모형 결과			

이에 대한 설명으로 옳은 것만을 [보기]에서 있는 대로 고른 것은?

[보기]
ㄱ. ㉠은 규산염 사면체의 산소에 해당한다.
ㄴ. 감람석의 결합 구조는 (나)의 결과와 같은 모양이다.
ㄷ. (다)의 규산염 사면체 모형은 이웃하는 규산염 사면체 모형과 ㉠을 공유하며 결합하고 있다.

① ㄱ   ② ㄴ   ③ ㄱ, ㄷ   ④ ㄴ, ㄷ   ⑤ ㄱ, ㄴ, ㄷ

21 ✦✦✦

2022 실시 9월 학평 16 (고1)

다음은 스타이로폼 공과 이쑤시개를 이용하여 탄소 화합물의 탄소 골격 모형을 만드는 규칙이다.

○ 탄소 원자를 스타이로폼 공으로 나타낸다.
○ 이쑤시개를 꽂아 스타이로폼 공과 스타이로폼 공을 연결할 수 있다.
○ 스타이로폼 공 1개와 다른 스타이로폼 공 1개를 연결할 때에는 이쑤시개를 최대 3개까지 사용할 수 있다.
○ 각 스타이로폼 공에는 4개의 이쑤시개가 꽂혀 있어야 한다.

위 규칙에 따라 스타이로폼 공 3개로 이루어진 사슬 모양의 탄소 골격 4종류를 1개씩 만들었다. 이때 사용된 이쑤시개의 총 개수는? [3점]

① 34   ② 35   ③ 36   ④ 37   ⑤ 38

4 생명체 구성 물질과 단위체

1. 생명체 구성 물질: 생명체는 탄수화물, 단백질, 지질, 핵산 등의 탄소 화합물과 물, 무기염류 등의 무기물로 구성되어 있다.❶

(1) 탄소 화합물

구분	탄수화물	단백질	지질	핵산
구성 원소	탄소(C), 수소(H), 산소(O)	탄소(C), 수소(H), 산소(O), 질소(N)	탄소(C), 수소(H), 산소(O)	탄소(C), 수소(H), 산소(O), 질소(N), 인(P)
기능	주요 에너지원	• 에너지원 • 근육, 뼈, 머리카락, 피부, 혈액 등 구성 • 효소, 호르몬, 항체의 주성분	• 에너지원 • 세포막의 주성분	유전 정보 저장 및 전달
종류	포도당, 녹말, 글리코젠, 셀룰로스 등	크리스탈린, 케라틴, 헤모글로빈, 콜라젠 등	중성 지방, 인지질, 스테로이드 등	DNA, RNA

(2) 무기물(비탄소 화합물)

물	• 생명체를 구성하는 물질 중 가장 많은 비율을 차지한다. • 기화열과 비열이 커서 체온을 일정하게 유지하는 데 도움이 된다.
무기염류	• 몸을 구성하거나 효소의 작용을 돕는 등 생리 기능을 조절하는데 관여한다. • 주로 물에 용해된 상태로 흡수되며 이온 상태로 존재한다. • **종류**: 칼슘(Ca), 나트륨(Na), 칼륨(K), 마그네슘(Mg), 철(Fe), 인(P) 등

2. 단위체로 구성된 생명체 구성 물질

(1) **단위체**: 반복적으로 결합하여 고분자 화합물을 구성하는 기본 단위가 되는 분자

(2) 단위체의 종류와 결합 방식에 따라 다양한 탄소 화합물이 만들어질 수 있다.

(3) 생명체 구성 물질 중 탄수화물❷, 단백질, 핵산은 단위체가 결합하여 형성된 탄소 화합물이다.

➡ 탄수화물의 단위체는 포도당, 단백질의 단위체는 아미노산, 핵산의 단위체는 뉴클레오타이드이다.

5 단백질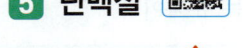

1. 단백질의 단위체★: 아미노산

(1) **아미노산의 구조**: 탄소를 중심으로 아미노기, 카복실기, 수소 원자, 곁사슬(R)이 결합되어 있다.

(2) **종류**: 곁사슬(R)의 종류에 따라 달라지며, 20종류가 있다.

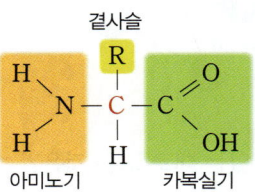

곁사슬

아미노기　　　카복실기

▲ 아미노산의 구조

2. 단백질의 형성

(1) **펩타이드결합**: 2개의 아미노산이 결합할 때 한 아미노산의 카복실기와 다른 아미노산의 아미노기 사이에서 물 분자 1개가 빠지면서 이루어지는 공유 결합

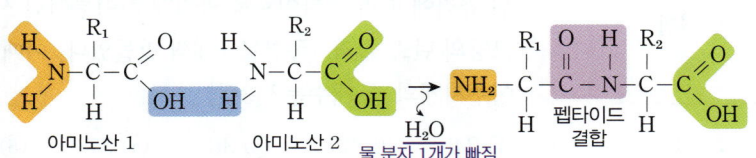

아미노산 1　　　　아미노산 2　　　물 분자 1개가 빠짐　　　펩타이드 결합

개념

❶ **사람을 구성하는 물질**
가장 많은 비율을 차지하는 것은 물(70%)이고, 탄소 화합물 중 가장 많은 비율을 차지하는 것은 단백질이다.

- 단백질(18 %)
- 물 (70 %)
- 지질(4 %)
- 핵산(1.5 %)
- 탄수화물(0.5 %)
- 기타(6 %)

개념

❷ **탄수화물의 종류**
결합한 단위체의 개수에 따라 단당류, 이당류, 다당류로 구분한다.
- **단당류**: 포도당, 과당, 갈락토스 등
- **이당류**: 엿당(포도당+포도당), 설탕(포도당+과당), 젖당(포도당+갈락토스) 등
- **다당류**: 녹말, 글리코젠, 셀룰로스 등

암기

★ **단백질의 단위체**
- 아미노산
- 20종류

(2) **단백질의 형성**: 많은 아미노산이 펩타이드결합으로 연결되어 긴 사슬 모양의 폴리펩타이드가 형성된다. 폴리펩타이드는 <u>아미노산의 종류, 수, 배열 순서</u>에 따라 구부러지고 접혀서 고유의 입체 구조와 기능을 가진 단백질이 된다. └ 핵산에 저장된 유전 정보에 의해 결정된다.

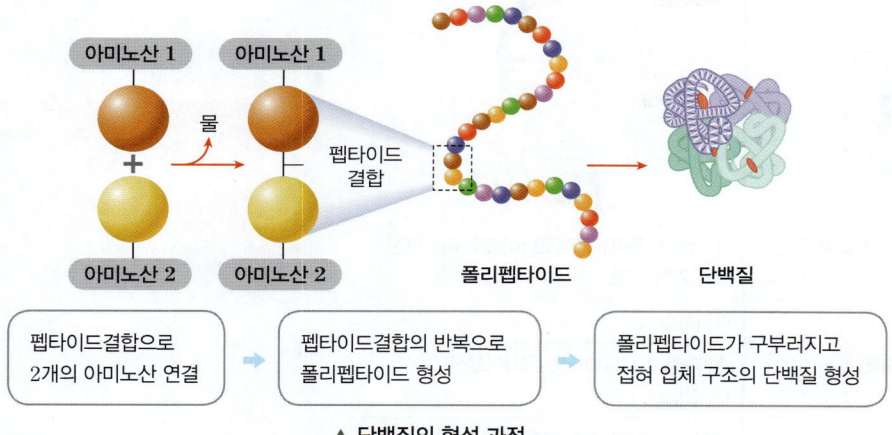

| 펩타이드결합으로
2개의 아미노산 연결 | → | 펩타이드결합의 반복으로
폴리펩타이드 형성 | → | 폴리펩타이드가 구부러지고
접혀 입체 구조의 단백질 형성 |

▲ 단백질의 형성 과정

3. 단백질의 종류와 기능

(1) 아미노산의 종류, 수, 배열 순서에 따라 단백질의 입체 구조가 달라지며, 단백질의 입체 구조에 따라 단백질의 기능이 결정된다.❶
　　㉔ 크리스탈린(수정체), 케라틴(머리카락, 손톱), 헤모글로빈(산소 운반), 콜라젠(피부), 마이오글로빈(근육) 등

(2) 단백질은 뼈, 근육, 머리카락 등을 구성하는 생명체 주요 구성 성분이며, 효소와 호르몬의 주성분으로 물질대사와 생리 기능 조절에 관여한다.

➕ 개념
❶ 단백질의 변성
온도, pH 등의 변화로 단백질의 고유한 입체 구조가 변할 수 있는데, 이를 단백질의 변성이라고 한다.
단백질이 변성되면 기능도 상실된다.

6 핵산

1. **핵산❷**: 유전 정보를 저장하거나 유전 정보를 전달하고 단백질 합성에 관여하는 물질로, DNA와 RNA가 있다.

2. **핵산의 단위체**: <u>뉴클레오타이드</u>

(1) 뉴클레오타이드는 인산, 당, 염기가 1 : 1 : 1로 결합되어 있다.

(2) **종류**: 당과 염기의 종류에 따라 달라진다.
　① 당의 종류❸: 디옥시라이보스, 라이보스
　② 염기의 종류: A(아데닌), G(구아닌), C(사이토신), T(타이민), U(유라실)

▲ 뉴클레오타이드의 구조

3. 핵산의 형성

(1) **폴리뉴클레오타이드**: 한 뉴클레오타이드의 인산이 다른 뉴클레오타이드의 당과 공유 결합(당-인산 결합)하는 방식으로 많은 수의 뉴클레오타이드가 연결되어 폴리뉴클레오타이드를 형성한다.

(2) 폴리뉴클레오타이드가 핵산(DNA, RNA❹)을 구성한다.

➕ 용어
❷ 핵산 (nucleic acid)
세포의 핵 안에 존재하는 산성 물질이라는 의미로 붙여진 이름이다. 이후 세포질에도 존재한다는 것이 밝혀졌다.

➕ 개념
❸ 핵산을 구성하는 당
핵산을 구성하는 당은 탄소 원자가 5개 있는 5탄당이다.
디옥시라이보스는 라이보스와 비교하여 산소(oxygen)가 하나 없기(de-) 때문에 붙여진 이름이다.

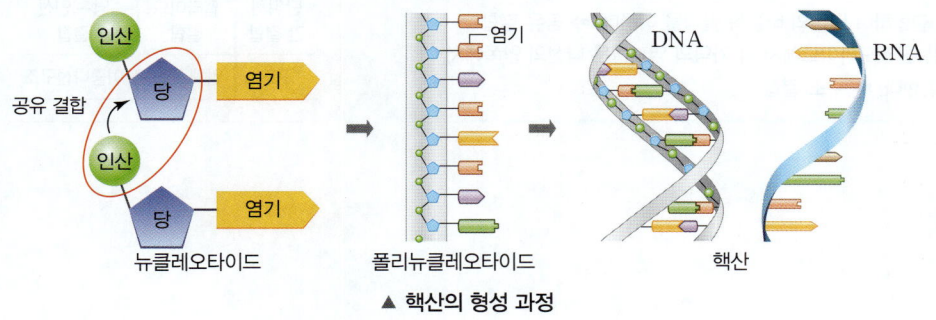

▲ 핵산의 형성 과정

➕ 용어
❹ DNA와 RNA
핵산을 구성하는 당의 이름을 따라 DNA(deoxyribonucleic acid)는 디옥시라이보핵산, RNA(ribonucleic acid)는 라이보핵산이다.

4. 핵산의★ 종류: DNA와 RNA

구분	DNA	RNA
분자 구조	두 가닥의 폴리뉴클레오타이드가 꼬여 있는 이중나선구조	한 가닥의 폴리뉴클레오타이드로 이루어진 단일 가닥 구조
당	디옥시라이보스	라이보스
염기	A(아데닌), G(구아닌), C(사이토신), T(타이민)	A(아데닌), G(구아닌), C(사이토신), U(유라실)
기능	유전 정보 저장	유전 정보 전달 및 단백질 합성 관여

5. DNA와 유전 정보

(1) **DNA 염기의 상보결합❶**: 두 가닥의 폴리뉴클레오타이드가 결합하여 DNA가 형성될 때 각 가닥의 염기들은 나선 안쪽에서 특정 염기하고만 상보적으로 결합한다.

➡ A(아데닌)은 항상 T(타이민)과, C(사이토신)은 항상 G(구아닌)과 결합한다.❷

(2) **DNA와 유전정보**: 서로 다른 염기(A, G, C, T)를 가진 4종류의 뉴클레오타이드가 다양한 순서로 결합하여 염기서열이 다양한 DNA가 만들어진다.

➡ DNA에 저장된 유전 정보에 따라 다양한 단백질을 합성하고, 이 단백질에 의해 다양한 형질이 나타난다.★

✪ DNA의 이중나선구조

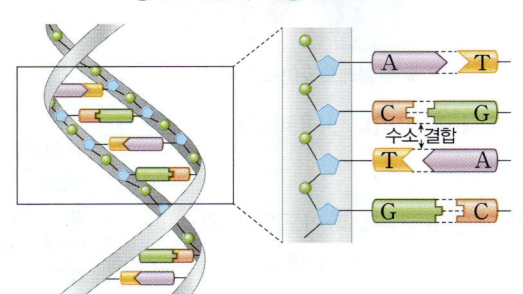

① **DNA의 단위체**: 인산, 당(디옥시라이보스), 염기(A, G, C, T)로 구성된 뉴클레오타이드 4종류
② **뉴클레오타이드의 당−인산 결합**: 한 뉴클레오타이드의 인산이 다른 뉴클레오타이드의 당과 결합하여 나선의 바깥쪽 골격을 이룬다. ➡ 공유 결합
③ **염기 사이의 결합**: 두 가닥의 폴리뉴클레오타이드에서 각 가닥의 염기들은 나선의 안쪽에서 상보적으로 결합한다. ➡ 수소 결합

4 생명체 구성 물질과 단위체

1. 생명체를 구성하는 물질에 대한 설명으로 옳은 것은 ○, 옳지 않은 것은 ×표 하시오.

(1) 물은 인체를 구성하는 물질 중 가장 높은 비율을 차지한다. (○ , ×)
(2) 탄수화물, 단백질, 지질, 핵산, 무기염류는 모두 탄소 화합물에 해당한다. (○ , ×)
(3) 단백질은 호르몬, 항체, 효소의 주성분이다. (○ , ×)
(4) 생명체에는 20종류의 단백질이 있다. (○ , ×)
(5) 핵산은 유전 정보를 저장하고 전달한다. (○ , ×)

5 단백질

2. 그림은 단백질의 단위체를 나타낸 것이다.

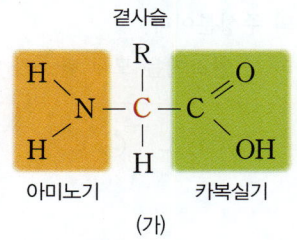

곁사슬

아미노기   카복실기
(가)

빈칸에 알맞은 말을 쓰시오.

(1) (가)는 (   )이다.
(2) (   )결합을 통해 (가)가 여러 개 연결되어 폴리펩타이드를 형성한다.
(3) (가) 2개가 결합할 때 1분자의 (   )이 빠져나온다.

6 핵산

3. 그림은 핵산을 구성하는 단위체를 나타낸 것이다.

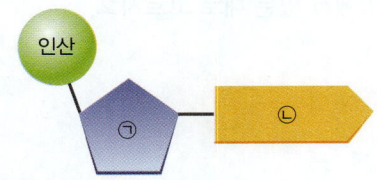

인산

빈칸에 알맞은 말을 고르시오.

(1) ㉠은 (염기 / 당)이다.
(2) ㉡은 (염기 / 당)이다.
(3) 핵산을 구성하는 단위체는 (뉴클레오타이드 / 아미노산)이다.

4. 그림 (가)와 (나)는 두 종류의 핵산을 나타낸 것이다.

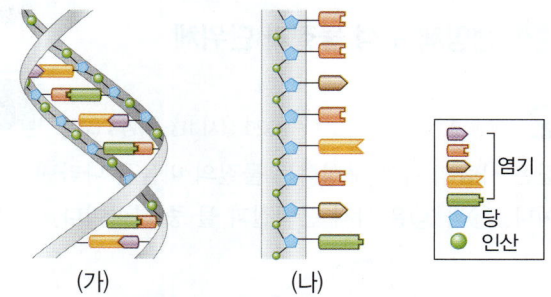

염기
당
인산

(가)   (나)

이에 대한 설명으로 옳은 것은 ○, 옳지 않은 것은 ×표 하시오.

(1) (가)는 DNA이고, (나)는 RNA이다. (○ , ×)
(2) (가), (나)를 구성하는 단위체는 아미노산이다. (○ , ×)
(3) (가)의 이중나선구조에서 바깥쪽에는 반복된 당-인산 결합이 골격을 형성하고, 안쪽에는 염기가 배열되어 있다. (○ , ×)
(4) (가)를 구성하는 단위체는 4종류가 있다. (○ , ×)
(5) (나)를 구성하는 염기는 아데닌(A), 구아닌(G), 사이토신(C), 유라실(U) 4종류가 있다. (○ , ×)
(6) (나)는 유전 정보 전달 및 단백질 합성에 관여한다. (○ , ×)
(7) (가)와 (나)를 구성하는 당은 모두 라이보스이다. (○ , ×)
(8) (가)에서 아데닌(A)은 타이민(T)하고만 상보적으로 결합한다. (○ , ×)

5. 핵산과 단백질에 대한 설명으로 옳은 것은 ○, 옳지 않은 것은 ×표 하시오.

(1) 핵산의 단위체는 인산, 당, 염기가 1 : 1 : 2로 결합되어 있다. (○ , ×)
(2) 한 가닥의 폴리뉴클레오타이드로 이루어진 단일 가닥은 DNA이다. (○ , ×)
(3) 아미노산의 종류, 수, 배열 순서에 따라 단백질의 종류가 달라진다. (○ , ×)
(4) 핵산과 단백질은 단위체가 결합하여 형성된다. (○ , ×)
(5) 핵산과 단백질은 모두 질소(N)를 포함한다. (○ , ×)
(6) 핵산과 단백질은 탄소 화합물이다. (○ , ×)
(7) 효소의 주성분인 물질의 단위체는 뉴클레오타이드이다. (○ , ×)
(8) 사람의 몸을 구성하는 비율은 단백질이 핵산보다 높다. (○ , ×)

❖ 정답 문제편 276p

4 생명체 구성 물질과 단위체

22 ✽✽✽ 2020 실시 11월 학평 1 (고1)

그림은 사람의 몸을 구성하는 물질의 비율을 나타낸 것이다. ㉠과 ㉡은 각각 단백질과 물 중 하나이다.

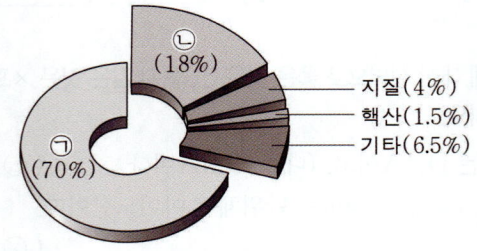

이에 대한 설명으로 옳은 것만을 [보기]에서 있는 대로 고른 것은?

─── [보기] ───
ㄱ. ㉠은 물이다.
ㄴ. ㉡은 에너지원으로 이용된다.
ㄷ. ㉠과 ㉡의 구성 원소에 모두 탄소가 있다.

① ㄱ ② ㄷ ③ ㄱ, ㄴ ④ ㄴ, ㄷ ⑤ ㄱ, ㄴ, ㄷ

23 ✽✽✽ 2023 실시 9월 학평 7 (고1)

그림은 생명체를 구성하는 단백질, 핵산, 인지질을 구분하는 과정을 나타낸 것이다.

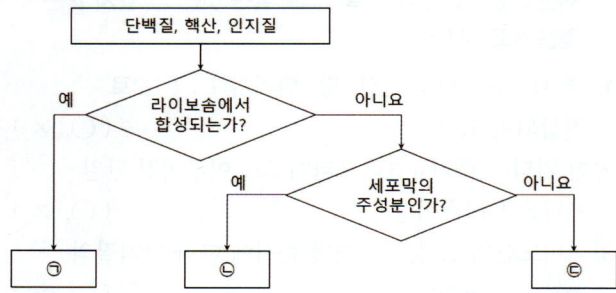

이에 대한 설명으로 옳은 것만을 [보기]에서 있는 대로 고른 것은?

─── [보기] ───
ㄱ. ㉠에는 펩타이드결합이 있다.
ㄴ. ㉡은 인지질이다.
ㄷ. ㉢의 단위체는 뉴클레오타이드이다.

① ㄱ ② ㄴ ③ ㄱ, ㄷ ④ ㄴ, ㄷ ⑤ ㄱ, ㄴ, ㄷ

24 ✽✽✽ 중요 2023 실시 11월 학평 15 (고1)

표 (가)는 생명체를 구성하는 물질의 2가지 특징을, (나)는 (가)의 특징 중 물질 A와 B가 갖는 특징의 개수를 나타낸 것이다. A와 B는 각각 단백질과 핵산 중 하나이다.

특징	물질	특징의 개수
○ 단위체로 구성된다.	A	1
○ 펩타이드결합이 있다.	B	2
(가)	(나)	

이에 대한 설명으로 옳은 것만을 [보기]에서 있는 대로 고른 것은? [3점]

─── [보기] ───
ㄱ. A는 핵산이다.
ㄴ. B는 효소의 주성분이다.
ㄷ. A와 B의 구성 원소에는 모두 탄소가 있다.

① ㄱ ② ㄷ ③ ㄱ, ㄴ ④ ㄴ, ㄷ ⑤ ㄱ, ㄴ, ㄷ

[25~26] 다음 [보기]는 생명체를 구성하는 물질을 나타낸 것이다. 물음에 답하시오.

─── [보기] ───
ㄱ. 물   ㄴ. RNA
ㄷ. 중성 지방   ㄹ. 단백질
ㅁ. 녹말   ㅂ. 무기염류

25 ✽✽✽ 단답형

생명체를 구성하는 물질 중 탄소 화합물에 해당하는 것만을 [보기]에서 있는 대로 고르시오.

26 ✽✽✽ 단답형

단위체의 결합으로 만들어지는 고분자 화합물을 [보기]에서 있는 대로 고르시오.

27 ✽✽✾

그림은 단백질의 형성 과정을 나타낸 것이다.

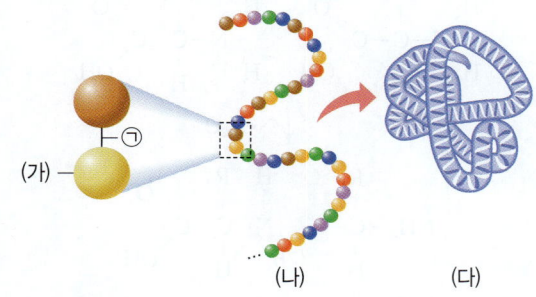

이에 대한 설명으로 옳은 것은?

① ㉠은 펩타이드결합이다.
② (가)는 단백질의 단위체인 염기이다.
③ (가)는 자연계에 오직 1가지 종류만 존재한다.
④ (나)는 여러 개의 (가)가 결합하여 형성된
　폴리뉴클레오타이드이다.
⑤ (나)에서 (다)가 될 때 물(H_2O) 분자가 빠져나온다.

28 ✽✽✾

2025 실시 6월 학평 20 (고1)

그림은 사람의 몸속에 있는 단백질 X의 구조를 나타낸 것이다. ㉠은 X를 구성하는 단위체이다.

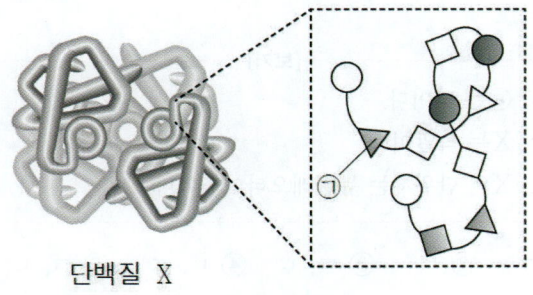

단백질 X

이에 대한 설명으로 옳은 것만을 [보기]에서 있는 대로 고른 것은? [2점]

[보기]
ㄱ. X에는 펩타이드 결합이 있다.
ㄴ. ㉠은 뉴클레오타이드이다.
ㄷ. X는 단위체의 종류와 배열 순서에 따라 입체 구조가 결정된다.

① ㄱ　② ㄴ　③ ㄱ, ㄷ　④ ㄴ, ㄷ　⑤ ㄱ, ㄴ, ㄷ

29 ✽✽✾ 중요

2020 실시 6월 학평 16 (고1)

그림은 단백질이 만들어지는 과정을 모형으로 나타낸 것이다. A는 단백질의 단위체이다.

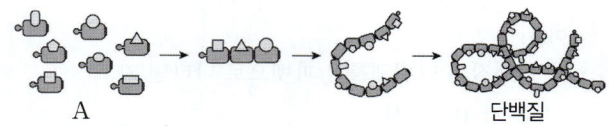

A　　단백질

이에 대한 설명으로 옳은 것만을 [보기]에서 있는 대로 고른 것은?

[보기]
ㄱ. A는 아미노산이다.
ㄴ. A가 서로 결합할 때 물(H_2O) 분자가 첨가된다.
ㄷ. A의 배열 순서에 따라 단백질의 입체 구조가 결정된다.

① ㄱ　② ㄴ　③ ㄱ, ㄷ　④ ㄴ, ㄷ　⑤ ㄱ, ㄴ, ㄷ

30 ✽✽✾

2023 실시 6월 학평 16 (고1)

그림은 단위체의 결합으로 단백질이 형성되는 과정을 나타낸 것이다.

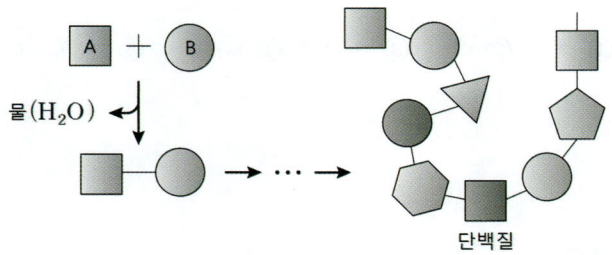

물(H_2O)

단백질

이에 대한 설명으로 옳은 것만을 [보기]에서 있는 대로 고른 것은?

[보기]
ㄱ. A는 아미노산이다.
ㄴ. A와 B는 펩타이드결합으로 연결된다.
ㄷ. 단위체의 배열 순서에 따라 단백질의 종류가 달라진다.

① ㄱ　② ㄷ　③ ㄱ, ㄴ　④ ㄴ, ㄷ　⑤ ㄱ, ㄴ, ㄷ

31 ✿✿✿   2022 실시 6월 학평 13 (고1)

다음은 다양한 단백질이 만들어지는 원리를 알아보는 탐구 활동이다.

[준비물]
• ㉠ 단백질의 단위체를 알파벳으로 나타낸 카드 4종류 각 10장, 실

[탐구 과정]
• 카드를 실로 연결하여 영어 단어를 만든다.

[탐구 결과]
• 다른 뜻을 가진 여러 개의 단어가 만들어졌다.

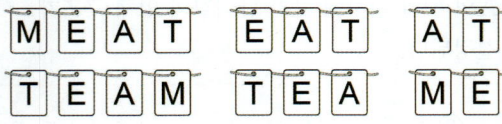

이에 대한 설명으로 옳은 것만을 [보기]에서 있는 대로 고른 것은?

[보기]
ㄱ. ㉠은 아미노산이다.
ㄴ. 카드와 카드를 연결한 실은 펩타이드결합을 의미한다.
ㄷ. 단위체의 종류와 수, 결합 순서에 따라 다양한 단백질이 만들어진다.

① ㄱ   ② ㄷ   ③ ㄱ, ㄴ   ④ ㄴ, ㄷ   ⑤ ㄱ, ㄴ, ㄷ

32 ✿✿✿ 서술형

그림 (가)와 (나)는 생명체를 구성하는 서로 다른 단백질의 구조를 나타낸 것이다.

(가)   (나)

(가)와 (나)의 구조가 서로 다른 까닭을 서술하시오.

33 ✿✿✿ 서술형

그림은 생명체를 구성하는 어떤 물질의 결합 과정을 나타낸 것이다.

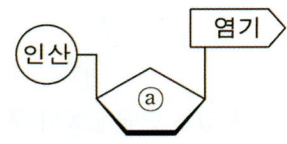

(가) 결합의 이름을 쓰고, 그 특징을 서술하시오.

6 핵산

34 ✿✿✿   2024 실시 3월 학평 1 / 생명과학 I (고2)

그림은 물질 X의 단위체를 나타낸 것이다. X는 녹말과 RNA 중 하나이다.

인산 — ⓐ — 염기

이에 대한 옳은 설명만을 [보기]에서 있는 대로 고른 것은?

[보기]
ㄱ. ⓐ는 당이다.
ㄴ. X는 녹말이다.
ㄷ. X의 단위체는 뉴클레오타이드이다.

① ㄱ   ② ㄴ   ③ ㄱ, ㄷ   ④ ㄴ, ㄷ   ⑤ ㄱ, ㄴ, ㄷ

35 ✿✿✿ 서술형   2023 실시 3월 학평 8 변형 / 생명과학 I (고2)

DNA 이중나선의 가닥 I 의 염기서열이 다음과 같을 때, 가닥 II 의 염기서열을 순서대로 쓰고, 그러한 염기서열이 나온 까닭을 서술하시오.

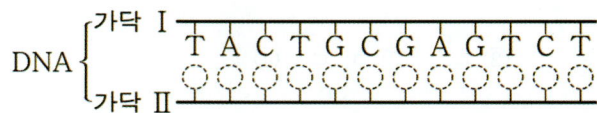

DNA { 가닥 I T A C T G C G A G T C T / 가닥 II

36 ★★✿

그림은 생명체를 구성하는 어떤 물질 X의 단위체인 (가)의 구조를 나타낸 것이다. 이에 대한 설명으로 옳은 것은?

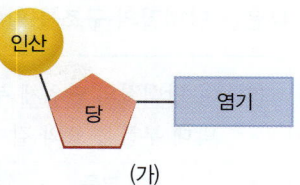
(가)

① (가)는 폴리뉴클레오타이드이다.
② (가)를 구성하는 염기의 종류는 총 4가지이다.
③ (가)를 구성하는 당은 디옥시라이보스와 라이보스로 2종류이다.
④ 여러 개의 (가)가 결합하여 형성된 고분자 물질은 단백질이다.
⑤ (가)는 인산, 당, 염기가 1 : 2 : 1로 결합되어 있다.

37 ✿★★

2021 실시 6월 학평 3 (고1)

그림 (가)와 (나)는 DNA와 RNA 모형을 순서 없이 나타낸 것이다.

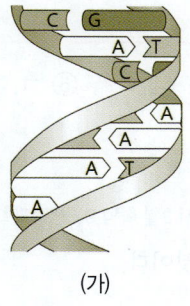
(가)

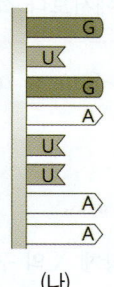
(나)

이에 대한 설명으로 옳은 것만을 [보기]에서 있는 대로 고른 것은?

[보기]
ㄱ. (가)는 DNA 모형이다.
ㄴ. (나)는 단일 가닥 구조이다.
ㄷ. (가)와 (나)를 구성하는 단위체는 뉴클레오타이드이다.

① ㄱ ② ㄷ ③ ㄱ, ㄴ ④ ㄴ, ㄷ ⑤ ㄱ, ㄴ, ㄷ

38 ★★★

2024 실시 6월 학평 16 (고1)

그림 (가)는 DNA 모형의 일부를, (나)는 DNA를 구성하는 단위체를 모형으로 나타낸 것이다. G는 구아닌, C는 사이토신, A는 아데닌이며, ㉠은 U(유라실)와 T(타이민) 중 하나이다.

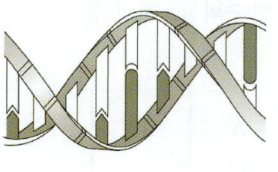
(가)

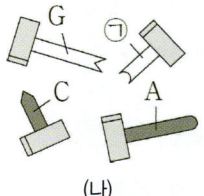
(나)

이에 대한 설명으로 옳은 것만을 [보기]에서 있는 대로 고른 것은? [3점]

[보기]
ㄱ. ㉠은 U(유라실)이다.
ㄴ. (가)의 단위체는 뉴클레오타이드이다.
ㄷ. (가)에서 A(아데닌)는 G(구아닌)와 짝을 이루어 결합한다.

① ㄱ ② ㄴ ③ ㄷ ④ ㄱ, ㄴ ⑤ ㄴ, ㄷ

39 ★★✿

학력 평가 기출

그림은 생명체를 구성하는 핵산의 구조를 모형으로 나타낸 것이다. 이에 대한 설명으로 옳은 것만을 [보기]에서 있는 대로 고른 것은?

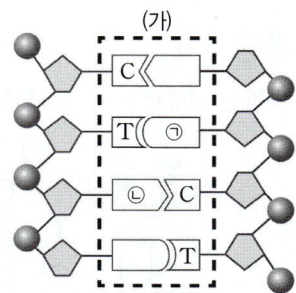
(가)

[보기]
ㄱ. 이 핵산은 DNA이다.
ㄴ. ㉠은 구아닌(G), ㉡은 아데닌(A)이다.
ㄷ. (가)의 배열 순서와 조합에 따라 유전 정보가 달라진다.

① ㄱ ② ㄴ ③ ㄱ, ㄴ ④ ㄱ, ㄷ ⑤ ㄴ, ㄷ

40 ★★✿ 서술형

간단한 단위체의 조합으로 만들어진 DNA가 다양한 유전 정보를 저장할 수 있는 까닭을 서술하시오.

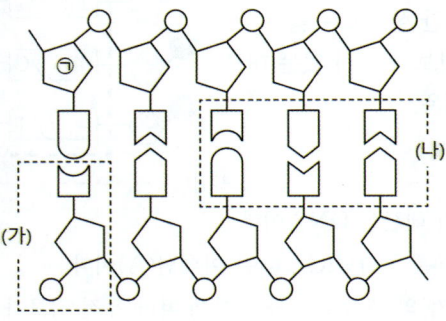

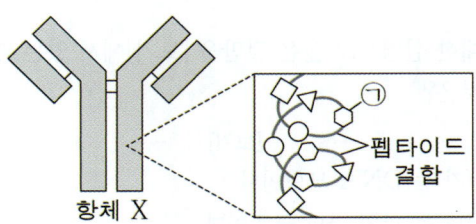

내신 1등급 문제

41 ✿✿✿✿

2023 실시 6월 학평 18 (고1)

표는 생명체를 구성하는 물질 A~C의 특징을 나타낸 것이다. A~C는 각각 단백질, 탄수화물, 핵산 중 하나이다.

특징 \ 물질	A	B	C
탄소 화합물이다.	○	㉠	○
유전 정보를 저장하고 전달한다.	○	×	×
포도당, 녹말 등의 형태로 존재한다.	×	×	○

(○: 있음, ×: 없음)

이에 대한 설명으로 옳은 것만을 [보기]에서 있는 대로 고른 것은? [3점]

─── [보기] ───
ㄱ. ㉠은 '×'이다.
ㄴ. A는 핵산이다.
ㄷ. 효소와 호르몬의 주성분은 C이다.

① ㄱ   ② ㄴ   ③ ㄱ, ㄷ   ④ ㄴ, ㄷ   ⑤ ㄱ, ㄴ, ㄷ

42 ✿✿✿✿

2023 실시 6월 학평 1 (고1)

그림은 이중나선구조인 DNA의 일부를 나타낸 것이다.

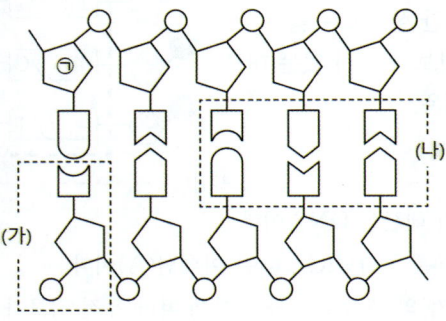

이에 대한 설명으로 옳은 것만을 [보기]에서 있는 대로 고른 것은?

─── [보기] ───
ㄱ. ㉠은 인산이다.
ㄴ. (가)는 뉴클레오타이드이다.
ㄷ. (나)에서 아데닌(A)의 수와 타이민(T)의 수는 같다.

① ㄱ   ② ㄴ   ③ ㄱ, ㄷ   ④ ㄴ, ㄷ   ⑤ ㄱ, ㄴ, ㄷ

43 ✿✿✿✿

2023 실시 3월 학평 11 / 생명과학 I (고2)

다음은 단백질의 구조를 알아보는 모의 실험이다.

(가) ⓐ 단백질의 단위체 부품 ㉠, ㉡과 펩타이드결합 막대 부품을 표와 같이 준비하였다.

부품	모양	개수(개)
단위체 ㉠		8
단위체 ㉡		?
펩타이드결합 막대	▬	16

(나) 그림과 같이 ㉠과 펩타이드결합 막대로만 모형 X를, ㉡과 펩타이드결합 막대로만 모형 Y를 만들었다. X와 Y를 만들고 남은 부품은 없다.

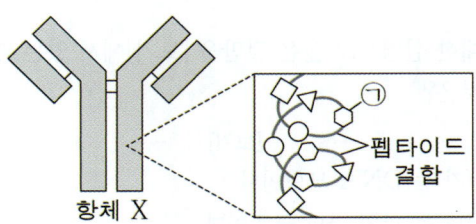

모형 X   모형 Y

이에 대한 옳은 설명만을 [보기]에서 있는 대로 고른 것은?

─── [보기] ───
ㄱ. ⓐ는 아미노산이다.
ㄴ. Y에 있는 ㉡의 개수는 8개이다.
ㄷ. 펩타이드결합 막대 부품의 개수는 X에서가 Y에서보다 적다.

① ㄱ   ② ㄴ   ③ ㄱ, ㄷ   ④ ㄴ, ㄷ   ⑤ ㄱ, ㄴ, ㄷ

44 ✿✿✿✿

2021 실시 3월 학평 9 / 생명과학 I (고2)

그림은 항체 X의 구조를 나타낸 것이다.

이에 대한 옳은 설명만을 [보기]에서 있는 대로 고른 것은? [3점]

─── [보기] ───
ㄱ. ㉠은 뉴클레오타이드이다.
ㄴ. ㉠의 구성 원소에 탄소(C)가 포함된다.
ㄷ. X의 주성분은 탄수화물이다.

① ㄴ   ② ㄷ   ③ ㄱ, ㄴ   ④ ㄱ, ㄷ   ⑤ ㄱ, ㄴ, ㄷ

 # 물질의 전기적 성질

1 전기적 성질에 따른 물질의 구분

1. 속박된 전자와 자유 전자

(1) **원자**: 물질을 이루는 기본 입자로, 원자의 중심에 (＋)전하를 띠는 원자핵이 있고
원자핵 주위에 (－)전하를 띤 전자가 운동하고 있다.

➡ 전자는 원자핵의 전기력에 의해 속박되어❶ 있다.

(2) **자유 전자**: 원자핵의 인력에서 벗어나 물질 속에서 자유롭게 이동하는 전자
<u>원자들이 결합하는 경우 원자 간의 상호작용으로 자유 전자가 생길 수 있다.</u>

➡ 음(－) 전하를 띠고 있어 그 유무에 따라 물질의 전기적 성질이 다르다.

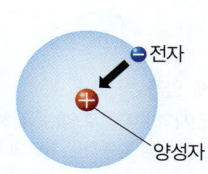

▲ 원자에 속박된 전자　　　▲ 물질 내 자유 전자

자유 전자는
양이온 사이의
공간에서
자유롭게
움직인다.

2. 물질의 전기적 성질

물질은 전기적 성질에 따라 도체, 부도체(절연체)❷, 반도체로 분류할 수 있다.
자유 전자의 유무에 따라 전기적 성질이 달라진다.

(1) **도체** 전기 저항이 작다.

① 정의: 자유 전자가 많아 전류가 잘 흐르는 물질

　　例 철, 구리, 금, 알루미늄 등

② 활용: 전기 전도도가❸ 크기 때문에 전기 부품이나 전기 장치를 연결하는 소재로
쓰인다.

③ 전압을 가했을 때: 도체 내의 자유 전자가 일정한 방향으로 이동하여 전류가
흐른다.

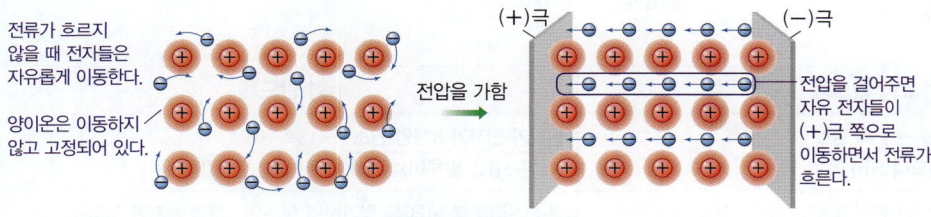

전류가 흐르지
않을 때 전자들은
자유롭게 이동한다.

양이온은 이동하지
않고 고정되어 있다.

(＋)극　　　　　　　　(－)극

전압을 가함

전압을 걸어주면
자유 전자들이
(＋)극 쪽으로
이동하면서 전류가
흐른다.

▲ 도체의 전기적 성질

(2) **부도체**(절연체) 전기 저항이 매우 크다.

① 정의: 자유 전자가 거의 없어 전류가 거의 흐르지 않는 물질

　　例 고무, 유리, 나무, 플라스틱 등

② 활용: 전기 전도도가 매우 작기 때문에 전기 절연 소재로 쓰인다. ❹

③ 전압을 가했을 때: 자유 전자가 없거나 매우 적어 전류가 거의 흐르지 않는다.

(3) **반도체**

① 정의: 약간의 불순물을 첨가하거나 에너지를 가하는 등 특정 조건에 따라 자유
전자가 생겨 전류가 흐르는 물질

　　例 규소(Si), 저마늄(Ge) 등

② 전압을 가했을 때: 주어진 조건에 따라 전류가 잘 흐를 수도 있고 잘 흐르지 않을
수도 있다.

➕ 용어

❶ **속박** (束: 묶다 縛: 묶다)
전자가 원자나 분자 속에 갇혀 있어
자유롭게 움직이지 못하는 상태

❷ **부도체** (不: 아니다 導: 통하게 하다
體: 몸)
전기나 열을 잘 전하지 못하는 물체,
부도체는 절연체(絕: 끊다 緣: 가장자리
體: 몸)라고도 한다.

➕ 개념

❸ **전기 전도도**
전기 전도성을 정량적으로 나타내는
물리량으로 자유 전자와 이온의 양에
따라 결정된다.

➕ 개념

❹ **도체와 부도체의 이용**
• **도체**: 전선, 반도체의 회로선 등
전류가 흘러야 하는 곳
• **부도체**: 전선의 피복 등 전류가
흐르지 않아야 하는 곳

도체　　　　　부도체

2 전기적 성질을 활용한 반도체

1. 순수 반도체: 불순물 없이 완벽한 결정 구조를 갖는 반도체
(1) **원소의 종류**: 규소(Si)❶, 저마늄(Ge) <u>원자가 전자가 4개인 원소</u>
(2) **순수 반도체의 구조**: 규소 원자는 이웃한 4개의 규소 원자와 원자가 전자 4쌍을
    공유 결합하여 안정된 구조를 하고 있다.
    ➡ 모든 원자가 전자가 결합에 참여하고 있다.

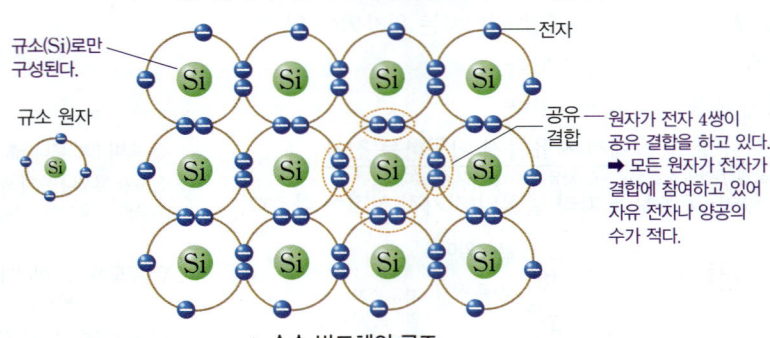

▲ 순수 반도체의 구조

(3) **순수 반도체의 전기 전도성**: 양공이나❷ 자유 전자의 수가 매우 적어 전류가 잘
    흐르지 않는다.
    ➡ 여기에 약간의 불순물을 첨가하면 전류가 잘 흐르는
    불순물 반도체가 되어 반도체 소자로 활용된다.

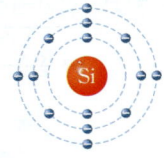

2. 불순물 반도체: 순수 반도체에 약간의 불순물을 넣어 전기 전도성을 크게 만든
    반도체
(1) **도핑**: 순수한 반도체에 불순물을 첨가하는 것
    ➡ 도핑 과정을 통해 물질의 전기적 성질을 변화시켜 전류를 잘 흐르게 한다.
(2) **불순물 반도체의 종류**: 첨가하는 불순물의 종류에 따라 n형 반도체와 p형 반도체로
    구분한다.   negative   positive

종류	n형 반도체	p형 반도체
불순물 종류	**원자가 전자가 5개인 원소** ── 15족 원소 예 인(P), 비소(As), 안티모니(Sb) 등	**원자가 전자가 3개인 원소** ── 13족 원소 예 붕소(B), 알루미늄(Al), 갈륨(Ga), 인듐(In) 등
구조	규소(Si)에 인(P)을 첨가하면 인의 5개의 원자가 전자 중 4개는 규소와 공유 결합을 한다. ➡ 전자가 1개 남는다.	규소(Si)에 붕소(B)를 첨가하면 붕소의 3개의 원자가 전자는 규소와 공유 결합을 한다. ➡ 전자가 비어있는 자리(양공)가 생긴다.
전기 전도성의 원인	 인(P)은 인접한 규소(Si) 원자에 전자를 주면 양이온이 된다. 남는 전자 1개가 원자에 약하게 속박되어 자유롭게 이동할 수 있다. ➡ 자유 전자가 주된 전하 운반자의 역할을 한다.	붕소(B)는 인접한 규소(Si) 원자에서 전자를 얻으면 음이온이 된다. 인접한 원자의 전자가 양공을 채우면 전자가 빠져나간 자리에 새로운 양공이 생긴다. ➡ 양공이 주된 전하 운반자의 역할을 한다.

초기에 반도체 소자는 저마늄(Ge)을 이용하여 만들었으나 현재 지각에서 두 번째로 많은 규소(Si)를 이용하여 만들고 있다.
모래의 주성분인 규소는 지각에서 산소 다음으로 많이 존재한다.

➕ 개념

❶ 규소(Si) 원자
규소 원자는 총 14개의 전자를 가지고 있다.
가장 낮은 에너지 준위의 전자 껍질부터 차례로 전자를 채우면 가장 바깥에 4개의 전자가 자리하게 된다.
따라서 규소 원자의 원자가 전자는 4개이다.

❷ 양공
전자의 빈자리로 양(+)전하를 띤 입자처럼 행동하는 가상의 입자

3. 반도체 소자: 반도체를 이용해 만든 전기 회로나 부품으로 개별 부품 형태의 다이오드와 트랜지스터, 집적 회로 형태의 마이크로프로세서❶, 마이크로컨트롤러(MCU)❷ 등으로 구분된다.

종류	특징	이용
다이오드	• n형 반도체와 p형 반도체를 결합한 반도체 소자 • 전류를 한쪽 방향으로만 흐르게 하는 제어 특성이 있다. ➡ 정류 작용	교류를 직류로❸ 바꾸는 전기 부품 등
발광 다이오드 (LED)❹	• 전류가 흐를 때 빛을 방출하는 다이오드 • 첨가하는 불순물(원소)에 따라 방출하는 빛의 색이 달라 빛의 3원색을 구현할 수 있다.	영상 표시 장치, 조명 장치 등
트랜지스터	• n형 반도체와 p형 반도체를 복합적으로 결합한 반도체 소자 • 신호의 증폭 작용, 스위치 작용을 한다.	전자 장치의 기능 향상, 소형화 등
집적 회로	• 다양한 반도체 소자의 회로를 하나의 기판 위에 정밀하게 만들어 부착한 반도체 소자 • 데이터를 처리하거나 저장하는 역할을 한다.	마이크로프로세서, 마이크로컨트롤러 (MCU)

컴퓨터나 스마트 기기 등의 전자 제품에 들어 있는 반도체 소자는 전기 및 전자 부품과 연결되어 다양한 역할을 한다.

＋개념

❶ **마이크로프로세서**
컴퓨터의 중앙 처리 장치로 제어 장치, 연산 장치, 저항을 하나로 집적한 회로

❷ **마이크로컨트롤러(MCU)**
마이크로프로세서, 메모리, 입출력 장치 등을 하나의 칩으로 만들어 정해진 기능을 수행하는 컴퓨터

❸ **교류와 직류**
• 교류: 시간에 따라 세기와 방향이 주기적으로 바뀌는 전류
• 직류: 한쪽 방향으로만 흐르는 전류

❹ **유기 발광 다이오드(OLED)**
탄소와 같은 유기 물질의 전기적 성질을 변화시켜 만든 반도체 소자이다. 유기물의 얇은 필름으로 만든 발광 다이오드로 스스로 빛을 내기 때문에 얇고 가볍게 만들 수 있으며 변형이 자유로워 휘어지는 성질을 이용해 모니터 등 다양한 디스플레이 장치에 이용한다.

4. 반도체의 활용: 조건에 따라 전기 전도도가 달라지기 때문에 다양한 반도체 소자로 제작되어 온도, 습도, 압력, 가스, 자외선 등을 감지하는 각종 센서로 쓰인다. 또한 자율 주행 장치, 태양광 발전 장치, 인공지능 장치 등 첨단 기술의 핵심 소재로 널리 쓰인다.

⭐ 반도체의 전기적 성질을 이용하는 예

구분	이용
터치스크린	다양한 방식(압력, 정전기)에 따라 전기 저항이 변하는 성질의 반도체
태양 전지판	빛을 받으면 전류가 흐르는 성질의 반도체
레이저의 광원	전류가 흐르면 빛을 방출하는 성질의 반도체
컴퓨터의 중앙 처리 장치	전기 전도성을 증가시키는 성질의 반도체
화재 감지기	온도에 따라 전기 저항이 변하는 성질의 반도체 에어컨, 냉장고 등에 쓰임
자동 조명	밝기에 따라 전기 저항이 변하는 성질의 반도체 조도계

강화 유리(부도체)
필름 접착제(부도체)
투명 전극(반도체)
유리(부도체)
투명 전극(반도체)
보호 필름(부도체)

▲ 터치스크린

유리(부도체)
투명 수지(부도체)
태양 전지(반도체)
투명 수지(부도체)
후면 필름(부도체)

▲ 태양 전지판

1 전기적 성질에 따른 물질의 구분

1. 다음은 물질의 전기적 성질에 대한 설명이다. ( ) 안에 알맞은 말을 쓰시오.

> 물질은 전기적 성질에 따라 크게 세 가지로 나눌 수 있다. 우선 (1) ( )는 자유 전자가 많아 전류가 잘 흐르는 물질이다. 반면에 (2) ( )는 자유 전자가 거의 없어 전류가 거의 흐르지 않는 물질이다. 마지막으로 (3) ( )는 약간의 불순물을 첨가하거나 에너지를 가하는 등 특정 조건에 따라 자유 전자가 생겨 전류가 흐르는 물질이다.

2 전기적 성질을 활용한 반도체

2. 다음은 순수한 반도체에 대한 내용이다. 이에 대한 설명으로 옳은 것은 ○, 옳지 않은 것은 ×표 하시오.

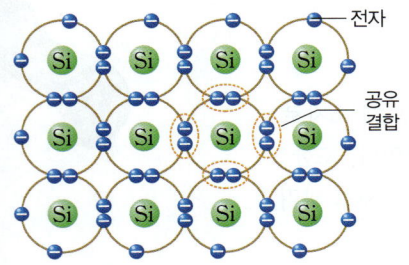

(1) 순수한 반도체는 원자가 4개의 원자가 전자쌍을 가져 안정된 구조를 하고 있다. (○, ×)

(2) 1개의 규소(Si) 원자는 총 14개의 전자를 가지며, 4개의 원자가 전자를 가지고 있다. (○, ×)

(3) 순수한 반도체는 전압을 가했을 때 전류가 잘 흐른다. (○, ×)

3. 다음은 n형 반도체와 p형 반도체를 순서에 상관없이 나타낸 그림이다.

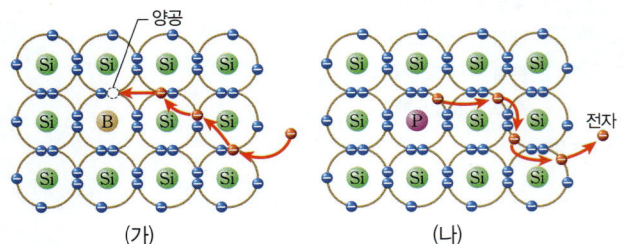

(가)   (나)

이에 대한 설명으로 옳은 것은 ○, 옳지 않은 것은 ×표 하시오.

(1) (가)는 p형 반도체, (나)는 n형 반도체이다. (○, ×)

(2) n형 반도체는 순수한 반도체에 13족 원소를 도핑하여 만든다. (○, ×)

(3) p형 반도체는 순수한 반도체에 15족 원소를 도핑하여 만든다. (○, ×)

(4) p형 반도체는 양공이 주된 전하 운반자의 역할을 한다. (○, ×)

(5) n형 반도체는 전자가 주된 전하 운반자의 역할을 한다. (○, ×)

4. 다음은 신소재에 대한 설명이다. A와 B로 알맞은 말을 쓰시오.

> A는 전기적으로 도체와 절연체의 중간 정도인 특성을 가진다. 지각을 구성하는 원소 중 산소 다음으로 풍부한 B는 A를 이용한 전기 소자를 만드는 데 이용된다.

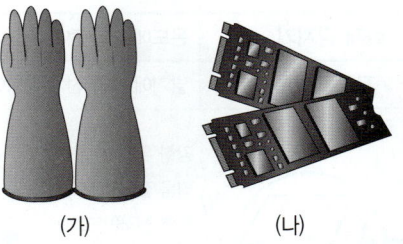

A를 이용한 전기 소자

A: ( )
B: ( )

5. 그림 (가)는 감전 위험이 있는 작업을 할 때 착용하는 안전 장갑, (나)는 메모리 반도체이다.

(가)   (나)

(가)와 (나)를 만든 주재료 물질에 대한 설명으로 옳은 것은 ○, 옳지 않은 것은 ×표 하시오.

(1) 전기 전도성은 (가)가 (나)보다 크다. (○, ×)

(2) (가)는 습기에 강하고 유연성이 있다. (○, ×)

(3) (나)는 조건에 따라 전기 전도도가 달라진다. (○, ×)

❖ 정답 문제편 **276p**

1 전기적 성질에 따른 물질의 구분

01 ✿❀❀

지구를 구성하는 여러 가지 물질을 다음과 같이 분류하였다.

> (가) 철, 구리, 알루미늄
> (나) 고무, 유리, 플라스틱
> (다) 규소, 저마늄

위와 같이 분류한 기준으로 옳은 것은?

① 색깔   ② 전기적 성질   ③ 밀도
④ 자기적 성질   ⑤ 녹는점

02 ✿❀❀

도체, 부도체, 반도체에 대한 설명으로 옳은 것만을 [보기]에서 있는 대로 고른 것은?

> ─────[보기]─────
> ㄱ. 도체는 자유 전자가 많아 전류가 잘 흐르는 물질이다.
> ㄴ. 부도체는 특정 조건에 따라 전기 전도성이 달라지는 물질이다.
> ㄷ. 반도체는 저항이 매우 커서 전류가 거의 흐르지 않는 물질이다.

① ㄱ   ② ㄴ   ③ ㄷ   ④ ㄱ, ㄷ   ⑤ ㄴ, ㄷ

03 ✿✿✿ 중요

그림은 어떤 도체 또는 부도체 중 하나의 모형을 나타낸 것이다. 이에 대한 옳은 설명만을 [보기]에서 있는 대로 고른 것은?

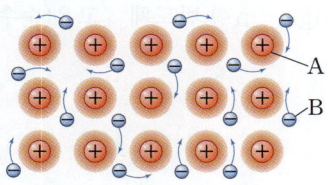

> ─────[보기]─────
> ㄱ. 이 물체는 도체이다.
> ㄴ. A는 이동하지 않고 고정되어 있다.
> ㄷ. B는 원자핵에 속박된 전자이다.

① ㄱ   ② ㄷ   ③ ㄱ, ㄴ   ④ ㄴ, ㄷ   ⑤ ㄱ, ㄴ, ㄷ

04 ✿❀❀

2025 실시 9월 학평 12 (고1)

표는 전기적 성질에 따라 몇 가지 물질을 구분한 것이다. ㉠과 ㉡은 고무와 구리를 순서 없이 나타낸 것이다.

구분	물질
도체	철, 은, ㉠
반도체	저마늄
부도체	유리, ㉡

이에 대한 설명으로 옳은 것만을 [보기]에서 있는 대로 고른 것은? [1.5점]

> ─────[보기]─────
> ㄱ. ㉠은 고무이다.
> ㄴ. ㉠은 ㉡보다 전류가 잘 흐르는 물질이다.
> ㄷ. 저마늄에 불순물을 추가하여 전기적 성질을 변화시킬 수 있다.

① ㄱ   ② ㄴ   ③ ㄱ, ㄷ   ④ ㄴ, ㄷ   ⑤ ㄱ, ㄴ, ㄷ

05 ✿✿❀

2025 실시 6월 학평 19 (고1)

그림은 태양 전지판을 나타낸 것이다.

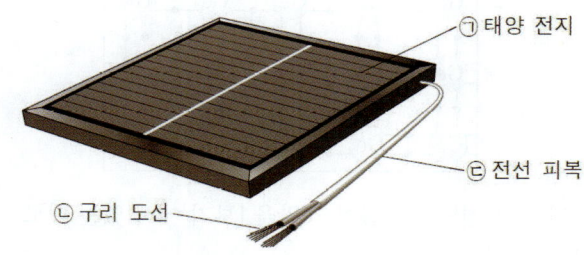

이에 대한 설명으로 옳은 것만을 [보기]에서 있는 대로 고른 것은? [1.5점]

> ─────[보기]─────
> ㄱ. ㉠은 반도체를 이용하여 제작된다.
> ㄴ. ㉡은 ㉠보다 전기 저항이 크다.
> ㄷ. ㉢은 ㉡보다 자유 전자가 많다.

① ㄱ   ② ㄴ   ③ ㄱ, ㄷ   ④ ㄴ, ㄷ   ⑤ ㄱ, ㄴ, ㄷ

❖ 정답 및 해설 48p

2 전기적 성질을 활용한 반도체

06 ✽✼✼

그림은 순수한 규소(Si) 결정에 갈륨(Ga)을 소량 첨가한 물질의 결정 구조를 나타낸 것이다.

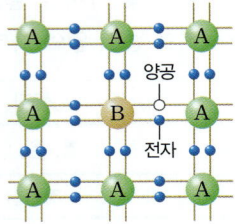

(1) A와 B에 해당하는 원소 기호를 각각 쓰시오. 단답형

(2) 갈륨(Ga)은 몇 족 원소인지 쓰시오. 단답형

(3) 이 물질을 전원 장치에 연결하면 전류를 흐르게 하는 전하 운반자의 역할을 하는 것을 쓰시오. 단답형

07 ✽✽✽ 중요

그림은 저마늄(Ge) 결정에 비소(As) 원자를 도핑하여 만든 불순물 반도체의 결정 구조를 나타낸 것이다.

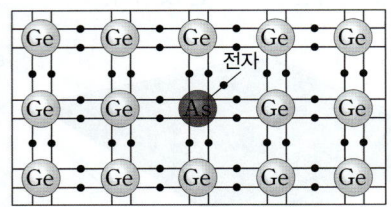

이에 대한 설명으로 옳은 것만을 [보기]에서 있는 대로 고른 것은?

─────[보기]─────

ㄱ. p형 반도체이다

ㄴ. 비소 원자의 원자가 전자 1개가 공유 결합에 참여하지 못한다.

ㄷ. 비소 원자의 원자가 전자는 9개이다.

① ㄱ   ② ㄴ   ③ ㄷ   ④ ㄱ, ㄴ   ⑤ ㄴ, ㄷ

08 ✽✼✼

도핑에 대한 설명으로 옳은 것은?

① 도핑이란 순수 반도체에 불순물을 약간 첨가하여 반도체의 전기 전도도를 낮추는 것이다.

② n형 반도체에서는 첨가한 불순물이 전자의 개수를 감소시킨다.

③ p형 반도체에서는 첨가한 불순물이 양공의 개수를 증가시킨다.

④ 규소(Si)나 저마늄(Ge)에 붕소(B), 인듐(In)를 첨가하면 n형 반도체가 된다.

⑤ 규소(Si)나 저마늄(Ge)에 인(P), 비소(As)를 첨가하면 p형 반도체가 된다.

09 ✽✽✽   학력 평가 기출

그림은 반도체의 종류를 그 특성에 따라 분류한 것이다.

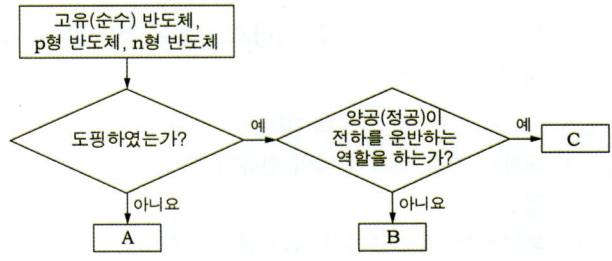

A~C에 해당하는 반도체의 종류를 바르게 짝지은 것은? [3점]

	A	B	C
①	고유(순수) 반도체	p형 반도체	n형 반도체
②	고유(순수) 반도체	n형 반도체	p형 반도체
③	p형 반도체	n형 반도체	고유(순수) 반도체
④	n형 반도체	p형 반도체	고유(순수) 반도체
⑤	n형 반도체	고유(순수) 반도체	p형 반도체

10 ✽✼✼

반도체 소자와 그 기능을 옳게 짝지은 것은?

① 다이오드 – 스위치 작용

② 다이오드 – 증폭 작용

③ 다이오드 – 정류 작용

④ 트랜지스터 – 데이터 저장

⑤ 트랜지스터 – 데이터 처리

11 ✿✷✷

그림 (가)~(다)는 여러 가지 반도체 소자를 나타낸 것이다.

(가) 유기 발광 다이오드   (나) 발광 다이오드   (다) 다이오드
(OLED)   (LED)

이에 대한 옳은 설명만을 [보기]에서 있는 대로 고른 것은?

──────[보기]──────
ㄱ. (가)는 휘어지는 디스플레이에 이용된다.
ㄴ. (나)는 빛에너지를 전기 에너지로 전환한다.
ㄷ. (다)는 한 방향으로만 전류를 흐르게 한다.
──────────────────

① ㄱ   ② ㄴ   ③ ㄱ, ㄴ   ④ ㄱ, ㄷ   ⑤ ㄴ, ㄷ

12 ✿✿✷ [서술형]

그림은 반도체 소자 A에 입력되는 전류와 출력되는 전류를 시간에 따라 나타낸 것이다.

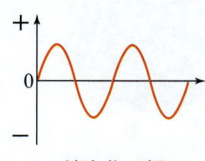 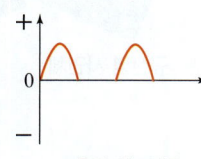

입력되는 전류   출력되는 전류

A의 이름을 쓰고, 위와 관련된 A의 특징을 서술하시오.

13 ✿✷✷   학력 평가 기출

그림은 각각 순수한 실리콘(Si) 반도체 X와 실리콘에 붕소(B)를 도핑한 반도체 Y의 원자 주변의 전자 배열을 나타낸 것이다.

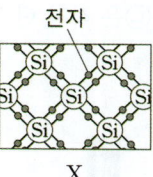 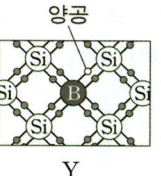

          X   Y

이에 대한 설명으로 옳은 것만을 [보기]에서 있는 대로 고른 것은? [3점]

──────[보기]──────
ㄱ. 붕소의 원자가 전자는 5개이다.
ㄴ. Y는 n형 반도체이다.
ㄷ. Y는 X보다 전기 전도성이 좋다.
──────────────────

① ㄱ   ② ㄴ   ③ ㄷ   ④ ㄱ, ㄷ   ⑤ ㄴ, ㄷ

14 ✿✿✷ 중요   학력 평가 기출

그림은 반도체가 일상생활에서 이용되는 예를 나타낸 것이다.

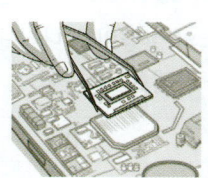 

컴퓨터 중앙 처리 장치(CPU)   발광 다이오드(LED)

반도체에 대한 옳은 설명만을 [보기]에서 있는 대로 고른 것은?

──────[보기]──────
ㄱ. 전기적 성질을 이용한다.
ㄴ. 규소(Si)는 대표적인 반도체 물질이다.
ㄷ. 전기 에너지를 빛에너지로 전환하는 데 이용할 수 있다.
──────────────────

① ㄱ   ② ㄴ   ③ ㄱ, ㄷ   ④ ㄴ, ㄷ   ⑤ ㄱ, ㄴ, ㄷ

07 지각과 생명체를 구성하는 물질

01 ★★★☆ 중요

학력 평가 기출

그림은 지각과 사람을 구성하는 원소 중 질량비가 높은 3가지 원소를 나타낸 것이다. ㉠~㉢은 각각 탄소, 산소, 규소 중 하나이다.

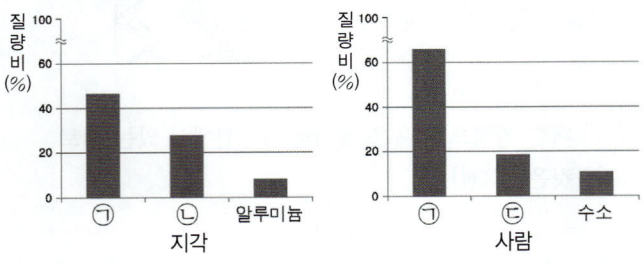

이에 대한 설명으로 옳은 것만을 [보기]에서 있는 대로 고른 것은?

[보기]
ㄱ. ㉠은 산소이다.
ㄴ. ㉡은 규산염 광물을 구성하는 원소 중 하나이다.
ㄷ. ㉢은 우주에서 가장 높은 비율을 차지하는 원소이다.

① ㄱ ② ㄷ ③ ㄱ, ㄴ ④ ㄴ, ㄷ ⑤ ㄱ, ㄴ, ㄷ

02 ★☆☆

2021 실시 9월 학평 12 (고1)

표는 지각과 사람을 구성하는 원소의 질량비를 나타낸 것이다. (가)와 (나)는 각각 지각과 사람 중 하나이다.

구분	(가)				(나)			
구성 원소	산소	규소	알루미늄	기타	산소	탄소	수소	기타
질량비 (%)	46	28	8	18	65	18	10	7

이에 대한 설명으로 옳은 것만을 [보기]에서 있는 대로 고른 것은?

[보기]
ㄱ. (가)는 주로 물과 유기물로 이루어져 있다.
ㄴ. (나)는 지각에 해당한다.
ㄷ. (가)와 (나)를 구성하는 원소 중 가장 큰 질량비를 차지하는 원소는 산소이다.

① ㄱ ② ㄷ ③ ㄱ, ㄴ ④ ㄴ, ㄷ ⑤ ㄱ, ㄴ, ㄷ

03 ★★★ 중요

학력 평가 기출

그림은 사람과 지각을 구성하는 주요 원소의 질량비를 나타낸 것이다.

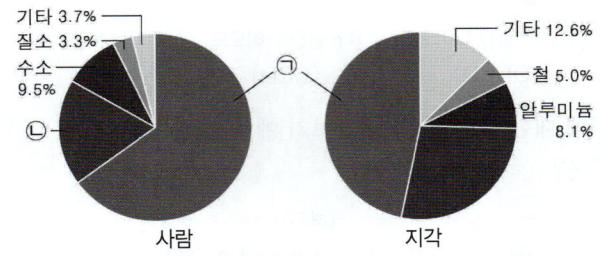

이에 대한 설명으로 옳은 것만을 [보기]에서 있는 대로 고른 것은?

[보기]
ㄱ. ㉠은 산소이다.
ㄴ. 유기물은 ㉡ 사이의 결합을 기본 골격으로 하는 화합물이다.
ㄷ. 석영은 ㉠과 규소의 화학 결합으로 이루어진 광물이다.

① ㄱ ② ㄷ ③ ㄱ, ㄴ ④ ㄴ, ㄷ ⑤ ㄱ, ㄴ, ㄷ

04 ★★☆

학력 평가 기출

그림은 규산염 사면체와 주요 규산염 광물 A, B의 결합 구조 일부를 모형으로 나타낸 것이다.

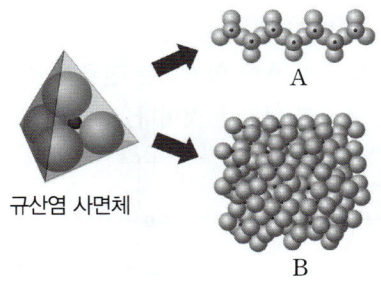

이에 대한 설명으로 옳은 것만을 [보기]에서 있는 대로 고른 것은?

[보기]
ㄱ. 규산염 광물은 규산염 사면체를 기본 구조로 하고 있다.
ㄴ. 휘석은 A와 같은 결합 구조이다.
ㄷ. B에서 규산염 사면체의 산소 4개는 인접한 규산염 사면체와 공유 결합을 한다.

① ㄱ ② ㄴ ③ ㄱ, ㄷ ④ ㄴ, ㄷ ⑤ ㄱ, ㄴ, ㄷ

05 ✽✽❀

다음은 탄소 원자의 결합 방식에 대한 탐구 활동이다.

> **[탐구 과정]**
> 탄소 원자 모형과 결합 막대로 아래의 결합 규칙에 따라 탄소 골격을 만든다.
> • 규칙 1: 탄소 원자 모형 1개에는 반드시 결합 막대 4개를 꽂아야 한다.
> • 규칙 2: 탄소 원자 모형 1개와 다른 탄소 원자 모형 1개를 연결할 때에는 결합 막대를 최대 3개까지 사용할 수 있다.
>
> **[탐구 결과]**
> 결합 방식이 다양한 탄소 골격이 만들어졌다.
>
>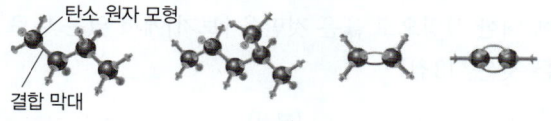
> 탄소 원자 모형 / 결합 막대

이에 대한 설명으로 옳은 것만을 [보기]에서 있는 대로 고른 것은?

> ─────[보기]─────
> ㄱ. 탄소의 원자가 전자 수는 4이다.
> ㄴ. 결합 막대는 공유하는 전자쌍을 의미한다.
> ㄷ. 탄소 골격에 수소, 산소, 질소 원자 등이 결합하면 다양한 탄소 화합물이 만들어진다.

① ㄱ ② ㄷ ③ ㄱ, ㄴ ④ ㄴ, ㄷ ⑤ ㄱ, ㄴ, ㄷ

06 ✽✽✽❀ 🌟중요

표 (가)는 생명체를 구성하는 물질 A와 B에서 특성 ㉠과 ㉡의 유무를, (나)는 ㉠과 ㉡을 순서 없이 나타낸 것이다. A와 B는 각각 단백질과 DNA 중 하나이다.

특성 물질	㉠	㉡
A	○	○
B	×	○

(○: 있음, ×: 없음)

(가)

특성(㉠, ㉡)
• 유전 정보를 저장한다.
• 구성 원소에 탄소가 있다.

(나)

이에 대한 설명으로 옳은 것만을 [보기]에서 있는 대로 고른 것은?

> ─────[보기]─────
> ㄱ. ㉡은 '구성 원소에 탄소가 있다.'이다.
> ㄴ. A는 효소의 주성분이다.
> ㄷ. B의 단위체는 뉴클레오타이드이다.

① ㄱ ② ㄴ ③ ㄱ, ㄷ ④ ㄴ, ㄷ ⑤ ㄱ, ㄴ, ㄷ

07 ✽❀❀

그림은 생명체를 구성하는 물, 탄수화물, 단백질을 구분하는 과정을 나타낸 것이다.

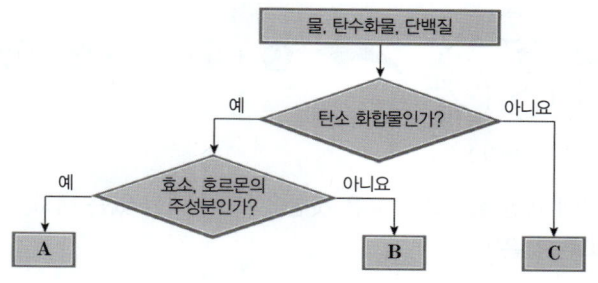

A~C에 해당하는 것을 옳게 짝지은 것은?

	A	B	C
①	단백질	물	탄수화물
②	단백질	탄수화물	물
③	탄수화물	물	단백질
④	탄수화물	단백질	물
⑤	물	탄수화물	단백질

08 ✽✽❀

그림은 생명체를 구성하는 물질 A~C의 공통점과 차이점을 나타낸 것이다. A~C는 각각 단백질, 탄수화물, 핵산 중 하나이다.

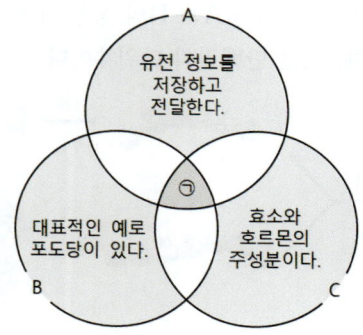

이에 대한 설명으로 옳은 것만을 [보기]에서 있는 대로 고른 것은?

> ─────[보기]─────
> ㄱ. A는 핵산이다.
> ㄴ. B와 C는 에너지원으로 이용된다.
> ㄷ. '탄소 화합물이다.'는 ㉠에 해당한다.

① ㄱ ② ㄷ ③ ㄱ, ㄴ ④ ㄴ, ㄷ ⑤ ㄱ, ㄴ, ㄷ

09 ✸✸✸ ⭐중요

그림은 단백질 X를 구성하는 단위체 A, B의 결합 과정을 나타낸 것이다.

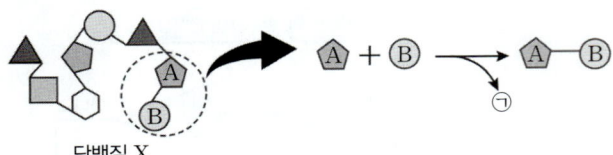

단백질 X

이에 대한 설명으로 옳은 것만을 [보기]에서 있는 대로 고른 것은?

[보기]
ㄱ. A와 B는 아미노산이다.
ㄴ. ㉠은 이산화 탄소(CO_2)이다.
ㄷ. 단백질 X는 8개의 펩타이드 결합으로 이루어져 있다.

① ㄱ ② ㄷ ③ ㄱ, ㄴ ④ ㄴ, ㄷ ⑤ ㄱ, ㄴ, ㄷ

10 ✸✸✸ ⭐중요

그림은 서로 다른 단백질 A와 B의 형성 과정 일부를 나타낸 것이다. ㉠은 단백질의 단위체이다.

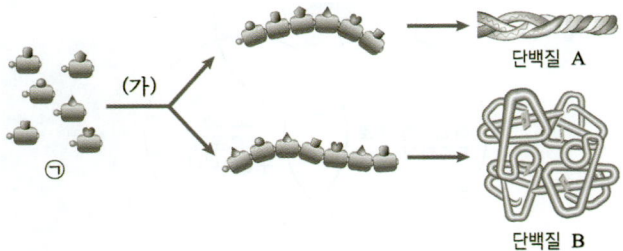

단백질 A
단백질 B

이에 대한 설명으로 옳은 것만을 [보기]에서 있는 대로 고른 것은?

[보기]
ㄱ. ㉠은 아미노산이다.
ㄴ. (가) 과정에서 펩타이드 결합이 형성된다.
ㄷ. ㉠의 종류와 수에 따른 다양한 조합의 배열로 단백질의 종류가 달라진다.

① ㄱ ② ㄴ ③ ㄱ, ㄷ ④ ㄴ, ㄷ ⑤ ㄱ, ㄴ, ㄷ

11 ✸✸✸

그림은 생명체를 구성하는 핵산의 일부를 모형으로 나타낸 것이다. G는 구아닌, T는 타이민이고, ㉠과 ㉡은 각각 A(아데닌)와 C(사이토신) 중 하나이며, (가)는 핵산의 단위체이다.

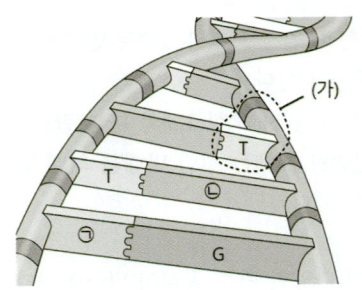

이에 대한 설명으로 옳은 것만을 [보기]에서 있는 대로 고른 것은? [3점]

[보기]
ㄱ. 이 핵산은 DNA이다.
ㄴ. (가)는 뉴클레오타이드이다.
ㄷ. ㉠은 A(아데닌), ㉡은 C(사이토신)이다.

① ㄱ ② ㄷ ③ ㄱ, ㄴ ④ ㄴ, ㄷ ⑤ ㄱ, ㄴ, ㄷ

12 ✸✸✸ ⭐중요

그림은 DNA 구조의 일부를 평면으로 펼쳐 나타낸 것이다.

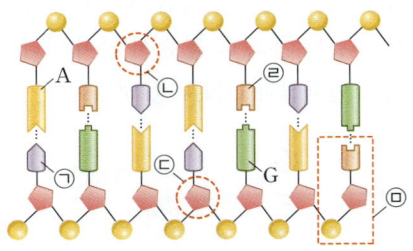

이에 대한 설명으로 옳지 <u>않은</u> 것은? (단, A는 아데닌, G는 구아닌을 나타낸다.)

① ㉠은 타이민(T)이다.
② ㉡과 ㉢은 서로 다른 종류의 당이다.
③ ㉣은 RNA에도 있는 염기이다.
④ ㉤은 DNA의 단위체인 뉴클레오타이드이다.
⑤ 염기쌍의 배열 순서에 따라 저장되는 유전 정보가 결정된다.

13 ✿✿❀ 서술형

그림 (가)와 (나)는 서로 다른 종류의 핵산을 나타낸 것이다.

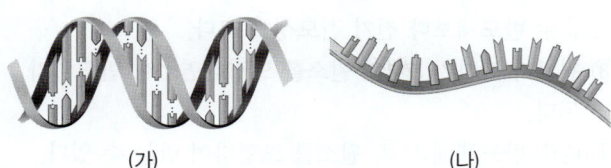

(가)　　　　　　　(나)

(가)와 (나)의 명칭을 각각 쓰고, (가)와 (나)의 차이점을 3가지 이상 서술하시오.

---

08 물질의 전기적 성질

14 ✿❀❀

반도체에 대한 설명으로 옳지 <u>않은</u> 것은?

① 순수 반도체는 14족 원소로 이루어져 있다.
② 순수 반도체 물질의 원자가 전자는 4개이다.
③ 도체보다 전기 전도성이 작다.
④ 순수 반도체에 불순물을 섞으면 전기 전도성이 작아진다.
⑤ 순수 반도체를 이루는 원자들은 공유 결합을 한다.

15 ✿✿❀

규소(Si) 원자에 불순물을 섞어 만든 p형 반도체에 대한 [보기]의 설명 중 옳은 것만을 있는 대로 고른 것은?

[보기]
ㄱ. 첨가한 불순물이 양공의 개수를 증가시킨다.
ㄴ. 불순물로는 인(P), 비소(As), 안티모니(Sb)가 사용된다.
ㄷ. 양공은 불순물 원자 주위에만 존재할 수 있다.

① ㄱ 　　② ㄴ 　　③ ㄷ
④ ㄱ, ㄴ 　　⑤ ㄴ, ㄷ

16 ✿✿✿ 중요

2022 실시 3월 학평 6 / 물리학 I (고2)

다음은 반도체에 관한 설명이다.

> 불순물 반도체는 ㉠ 순수한 반도체에 ㉡ 미량의 다른 원소(불순물)를 첨가하여 만든 소재로 ㉢ 태양 전지, 스마트폰의 전기 소자 등을 만드는 데 활용된다.

　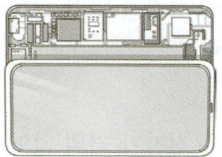

태양 전지　　　　스마트폰의 전기 소자

이에 대한 옳은 설명만을 [보기]에서 있는 대로 고른 것은?

[보기]
ㄱ. 규소(Si)로만 이루어진 물질은 ㉠에 해당한다.
ㄴ. ㉡을 통해 ㉠의 전기적 성질을 변화시킬 수 있다.
ㄷ. ㉢은 빛에너지를 전기 에너지로 전환한다.

① ㄱ 　　② ㄴ 　　③ ㄱ, ㄷ
④ ㄴ, ㄷ 　　⑤ ㄱ, ㄴ, ㄷ

17 ✿❀❀

물질의 예와 주요 이용 분야를 옳게 짝지은 것만을 [보기]에서 있는 대로 고른 것은?

[보기]
ㄱ. 철 – 태양 전지
ㄴ. 고무 – 전선 외피
ㄷ. 규소 – 농기구

① ㄱ 　　② ㄴ 　　③ ㄱ, ㄷ
④ ㄴ, ㄷ 　　⑤ ㄱ, ㄴ, ㄷ

---

18 ✽✽✽

다음은 여러 가지 물질의 예를 나타낸 것이다. 물음에 답하시오.

> 철, 저마늄, 알루미늄, 고무, 유리, 규소

(1) 자유 전자가 많아 전류가 잘 흐르는 물질을 있는 대로 골라 쓰시오. (단답형)

(2) 자유 전자가 거의 없어 전류가 잘 흐르지 않는 물질을 있는 대로 골라 쓰시오. (단답형)

(3) 순수한 상태에서는 전기적 성질이 부도체와 비슷하지만 특정 불순물을 추가하면 전류가 흐르는 물질을 있는 대로 골라 쓰시오. (단답형)

19 ✽✽✽

그림은 규소(Si) 결정의 구조를 나타낸 것이다.

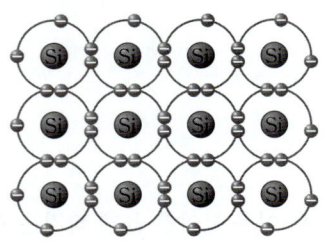

이에 대한 설명으로 옳은 것만을 [보기]에서 있는 대로 고른 것은?

> [보기]
> ㄱ. 이러한 물질을 순수 반도체라고 한다.
> ㄴ. 규소는 14족 원소이다.
> ㄷ. 상온에서 해당 결정 구조는 전류가 전혀 흐르지 않는다.

① ㄱ　② ㄷ　③ ㄱ, ㄴ　④ ㄴ, ㄷ　⑤ ㄱ, ㄴ, ㄷ

20 ✽✽✽ 중요

불순물 반도체에 대한 설명으로 옳지 <u>않은</u> 것은?

① 부도체보다 전기 저항이 크다.
② 순수 반도체보다 전기 전도성이 크다.
③ 원자가 전자가 5개인 원소를 도핑하면 n형 반도체가 된다.
④ 순수 반도체에 13족 원소를 도핑하여 만들 수 있다.
⑤ p형 반도체는 양공이 주된 전하 운반자이다.

21 ✽✽✽ 서술형

상온에서 규소로 이루어진 순수 반도체의 자유 전자 밀도는 약 10^{16}개/m^3이다. 이 순수 반도체를 15족 원소인 인(P)으로 도핑하여 자유 전자 밀도를 약 10^8배만큼 높이려고 한다. $1\,m^3$당 대략 몇 개의 규소 원자가 인 원자로 바뀌어야 하는지 서술하시오. (단, 인 원자의 밀도는 자유 전자 밀도와 같다.)

★ 규산염 광물의 SiO_4 사면체 구조

다음 유형은 규산염 광물의 결합 구조와 성질에 대해 묻는 형태가 주로 출제된다.

표는 두 광물 A, B의 SiO_4 사면체 결합 구조와 화학식을 나타낸 것이다.

2020 실시 10월 학평 5 / 지구과학 Ⅱ

광물	A	B
결합 구조	• Si ○ O	
화학식	$(Mg, Fe)_2SiO_4$	$K(Mg, Fe)_3AlSi_3O_{10}(OH)_2$

이에 대한 설명으로 옳은 것은?

① A는 감람석이다.
② B는 깨짐이 발달한다.
③ A는 망상 구조를 이룬다.
④ A와 B는 모두 무색 광물이다.
⑤ SiO_4 사면체의 공유 산소 수는 A가 B보다 많다.

💡 단서+발상

단서 두 광물 A, B의 SiO_4 사면체 결합 구조와 화학식이 제시되어 있다.

발상 결합 구조를 통해 A는 독립형 구조, B는 판상 구조임을 추론할 수 있다.

적용 화학식에서 Mg과 Fe이 풍부할 때 유색 광물이 된다는 것을 적용하여 두 광물 A, B가 유색 광물인지를 구하는 것부터 문제 풀이를 시작해야 한다.

| 문제 + 자료 분석 |

• 규산염 사면체끼리 산소를 공유하여 결합할 때 공유하는 산소의 수에 따라 규산염 광물의 골격이 달라진다.
➡ 공유 산소 수가 많을수록 결합 구조는 복잡해진다.

• A: 독립형 구조를 가지므로 [1]이다.

• B: 판상 구조를 가지므로 [2]이다.

• B는 A보다 SiO_4 사면체의 결합 구조가 복잡하고 공유 산소 수가 많다.

| 선택지 분석 |

①A는 감람석이다.
• A의 결합 구조는 독립형 구조이며 유색 광물이므로 감람석이다.

✗ B는 깨짐이 발달한다.
• B의 결합 구조는 판상 구조이다.
• 판상 구조의 흑운모는 [3] 방향의 쪼개짐이 발달한다.

✗ A는 망상 구조를 이룬다.
• A는 독립형 구조를 이룬다.

✗ A와 B는 모두 무색 광물이다.
• 유색 광물은 Mg와 Fe가 풍부하다. 따라서 Mg와 Fe가 풍부한 A(감람석)와 B(흑운모)는 모두 유색 광물이다.

✗ SiO_4 사면체의 공유 산소 수는 A가 B보다 많다.
• SiO_4 사면체의 결합 구조가 복잡할수록 공유 산소 수가 [4]. 따라서 SiO_4 사면체의 공유 산소 수는 A가 B보다 적다.

∴ 정답은 ①이다.

★ 쪼개짐과 깨짐 ⭐ 핵심 개념

(1) 광물에 충격을 가했을 때 평탄하게 갈라지는 성질을 쪼개짐이라 하고, 불규칙하게 갈라지는 성질을 깨짐이라고 한다.

(2) 독립형 구조의 광물과 망상 구조를 갖는 광물은 깨짐이 발달하고, 단사슬 구조, 복사슬 구조, 판상 구조를 갖는 광물은 쪼개짐이 발달한다.

결합 구조	독립형	단사슬	복사슬	판상	망상
광물	감람석	휘석	각섬석	흑운모	석영
쪼개짐/깨짐	깨짐	2방향 쪼개짐	2방향 쪼개짐	1방향 쪼개짐	깨짐

👀 대비법

이 유형을 대비하기 위해서는 규산염 광물의 결합 구조의 종류와 각 결합 구조마다 가지는 특징과 대표적인 광물을 알아야 한다.

또한 화학식을 통해 유색 광물인지 파악할 수 있어야 한다.

[정답]

1 감람석 2 흑운모 3 1(한) 4 많다

01 ✱✱❀

다음은 지구를 구성하는 물질에 대한 설명이다.

> 지구의 지각을 이루는 암석의 대부분은 그림과 같이 두 종류의 원자 ⓐ와 ⓑ가 공유결합한 사면체 구조를 기본 단위체로 하는 ⓔ 광물로 구성되어 있다. 기 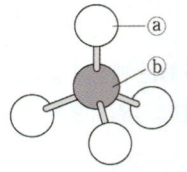 본 단위체의 구성 원자인 X로만 이루어진 물질은 특정 불순물을 첨가하여 전기적 성질을 변화시킬 수 있다. 이를 이용하여 만든 ⓛ 소자는 태양 전지나 스마트 기기, 로봇 등 다양한 제품에 활용된다.

이에 대한 설명으로 옳은 것만을 [보기]에서 있는 대로 고른 것은? [2.5점]

┌─────────────[보기]─────────────┐
ㄱ. X는 ⓐ이다.
ㄴ. '규산염'은 ⓔ에 해당한다.
ㄷ. '반도체'는 ⓛ에 해당한다.
└──────────────────────────────┘

① ㄱ   ② ㄷ   ③ ㄱ, ㄴ   ④ ㄴ, ㄷ   ⑤ ㄱ, ㄴ, ㄷ

02 ✱✱❀

표는 이중나선구조 DNA의 모형을 만들기 위해 준비한 당, 인산, 염기, 결합선 부품 각각의 개수를, 그림은 완성된 DNA 모형 X를 나타낸 것이다. X는 표의 부품으로 만들 수 있는 정상적인 이중나선구조 DNA 모형 중 뉴클레오타이드의 수가 가장 많은 모형이다.

부품		개수
⬠ 당		63
○ 인산		58
염기	아데닌(A)	15
	사이토신(C)	13
	구아닌(G)	25
	타이민(T)	20
─ 결합선		500

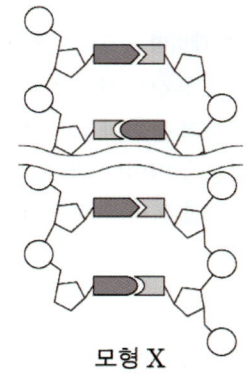

모형 X

이에 대한 설명으로 옳은 것만을 [보기]에서 있는 대로 고른 것은? [2점]

┌─────────────[보기]─────────────┐
ㄱ. 핵산의 기본 단위체는 염기이다.
ㄴ. X에서 인산의 총개수는 56개이다.
ㄷ. X에서 구아닌과 상보적으로 결합한 염기의 총개수는 13개이다.
└──────────────────────────────┘

① ㄱ   ② ㄴ   ③ ㄷ   ④ ㄱ, ㄷ   ⑤ ㄴ, ㄷ

03 ✱✱❀

그림 (가), (나), (다)는 p형 반도체와 n형 반도체를 이용해 만든 장치들을 나타낸 것이다.

트랜지스터	태양 전지	발광 다이오드
(가)	(나)	(다)

이에 대한 설명으로 옳은 것만을 [보기]에서 있는 대로 고른 것은?

┌─────────────[보기]─────────────┐
ㄱ. (가)는 전기 신호를 증폭시킬 때 이용된다.
ㄴ. (나)는 전기 에너지를 빛에너지로 전환한다.
ㄷ. (다)는 첨가하는 불순물에 따라 방출하는 빛의 색이 다르다.
└──────────────────────────────┘

① ㄱ   ② ㄴ   ③ ㄷ   ④ ㄱ, ㄷ   ⑤ ㄴ, ㄷ

Ⅲ 시스템과 상호작용

1. 지구시스템

  # 09 지구시스템의 구성과 상호작용

중요도 ⭐⭐

1 지구시스템의 구성 요소

1. 태양계와 지구시스템

(1) 태양계: 태양, 행성, 위성, 소행성❶, 혜성❷ 등 태양계를 구성하는 천체들이 태양과 각 천체들의 중력에 의해 일정한 궤도를 따라 공전하면서 서로 영향을 주고받는 역학적 시스템이다.

(2) 지구시스템: 지구는 태양계의 구성 요소이면서 지구 자체로도 여러 구성 요소를 포함하는 하나의 시스템을 이룬다.

(3) 태양계와 지구시스템에 작용한 중력의 영향

① 태양계 성운이 수축하여 태양계가 형성되고, 미행성체들이 충돌하여 지구가 형성되었다.

② 지구와 같은 행성이 태양으로부터 떨어져 나가지 않고 일정한 거리에서 공전한다.

③ 다양한 대기 성분들이 우주로 날아가지 않고 지구에 붙잡혀 있다.

④ 지권이 여러 개의 층으로 나누어졌다.

2. 지구시스템의 구성 요소
: 지구시스템은 지권, 기권, 수권, 생물권, 외권으로 이루어져 있으며, 각 구성 요소들이 상호작용하며 서로 영향을 주고받는다.

(1) 지권: 암석과 토양으로 이루어진 지구 표면과 지구 내부를 포함하는 깊이 약 6400 km까지의 영역이다.

① 지권의 구성 성분: 지각은 산소와 규소가, 지구 전체는 철과 산소가 많다.

② 지권의 층상 구조⭐: 구성 물질의 성분과 상태에 따라 지각, 맨틀, 외핵, 내핵으로 구분한다.

지각	• 암석으로 된 지구의 겉부분으로, 지표에서부터 깊이 약 5~35 km까지의 구간이다. • 비교적 가벼운 규산염 물질로 이루어져 있다. • 대륙 지각과 해양 지각으로 구분한다.❸	
맨틀	• 지구 전체 부피의 약 80 %를 차지한다. • 고체 상태이지만 일부는 유동성이 있어 대류가 일어난다.	
핵	**외핵**	• 철과 니켈 등의 무거운 물질로 이루어져 있다. • 외핵은 액체 상태, 내핵은 고체 상태이다.❹ • 외핵에서 철과 니켈의 대류로 지구 자기장이 형성된다.
	내핵	

▲ 지권의 층상 구조

③ 지권의 역할

• 생명체에게 서식 공간을 제공하고, 생명 활동에 필요한 다양한 물질을 공급한다.

• 화산 활동으로 방출된 화산재, 화산 가스와 같은 물질은 기후 변화를 일으킨다.

• 지표에서의 풍화 · 침식 · 운반 작용과 해저의 화산 활동으로 수권에 공급된 물질은 염류의 근원이 된다.

➕ 용어

❶ 소행성 (小: 작다 行星: 행성)
태양 주위를 공전하고 있는 행성보다 작은 천체로 크기는 수 m~수백 km로 다양하고 모양이 불규칙하다.

❷ 혜성 (彗: 꼬리별 星: 별)
타원 또는 포물선 궤도로 태양 주위를 공전하는 작은 천체로 태양에 가까워지면 태양풍에 의해 긴 꼬리가 생긴다.

⭐ 암기

⭐ **각 권의 층상 구조**
• 지권: 지각, 맨틀, 핵(외핵, 내핵)
• 기권: 대류권, 성층권, 중간권, 열권
• 수권(해수): 혼합층, 수온 약층, 심해층

➕ 개념

❸ 대륙 지각과 해양 지각

구분	대륙 지각	해양 지각
평균 두께	약 35 km	약 5 km
평균 밀도	약 2.7 g/cm³	약 3.0 g/cm³
구성 암석	화강암질	현무암질

❹ 내핵이 고체 상태인 이유
외핵에 비해 내핵의 온도가 높지만 압력은 훨씬 크기 때문에 고체 상태로 존재한다.
압력이 클수록 용융점이 높아지기 때문에 초고압 상태에서 액체 또는 기체로 존재하기 위해서는 매우 높은 온도가 필요하다.

(2) **기권**: 지구를 둘러싸고 있는 대기가 분포하는 영역으로,
지표로부터 높이 약 1000 km까지 분포한다.
중력의 영향으로 전체 대기의 약 99%가 높이 약 30 km 이내에 밀집되어 있다.

① 기권의 구성 성분: 질소와 산소가 전체 대기 부피의
99%를 차지한다.

② 기권의 층상 구조: 높이에 따른 기온 분포를 기준으로
대류권, 성층권, 중간권, 열권으로 구분한다.

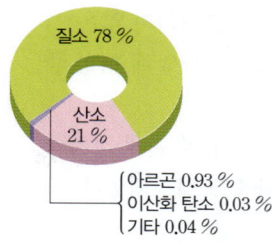

질소 78 %
산소 21 %
아르곤 0.93 %
이산화 탄소 0.03 %
기타 0.04 %

▲ 기권의 구성 성분

대류권	• 높이 올라갈수록 기온이 낮아진다. ➡ 대류 ○ 높이 올라갈수록 지표 복사 에너지가 적게 도달하기 때문 • 수증기가 존재하므로 구름, 비, 눈 등의 기상 현상이 나타난다.
성층권	• 높이 올라갈수록 기온이 높아진다. ➡ 대류 × 오존이 자외선을 흡수하기 때문 • 높이 약 20~30 km에 오존층이 ❶❷ 존재한다.
중간권	• 높이 올라갈수록 기온이 낮아진다. ➡ 대류 ○ • 수증기가 거의 없어 기상 현상이 나타나지 않는다. • 유성이 ❸ 나타나기도 한다.
열권	• 높이 올라갈수록 기온이 높아진다. ➡ 대류 × 공기가 태양 복사 에너지를 직접 흡수하기 때문 • 공기가 매우 희박하여 낮과 밤의 기온 차가 매우 크다. • 고위도 지역에서 오로라가 ❹ 관측된다.

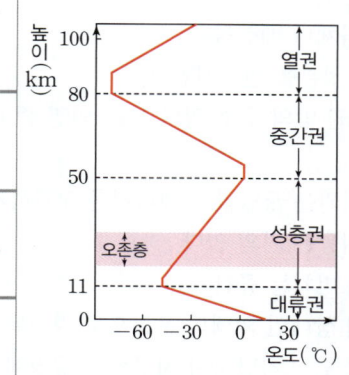

▲ 기권의 층상 구조

③ 기권의 역할
• 오존층이 생명체에 유해한 자외선을 흡수하여 차단한다.
• 온실 효과를 일으켜 생명체가 살기 적합한 온도를 유지한다.
• 생물의 호흡과 광합성에 필요한 산소와 이산화 탄소를 공급한다.
• 우주에서 날아오는 유성체를 막아 지상의 생명체를 보호한다.

(3) **수권**: 해수, 빙하, 지하수, 강, 호수 등 지구에
분포하는 물이다.

① 수권의 구성: 수권의 대부분은 해수이고, 육수 중
가장 많은 것은 빙하이다.

② 해수의 층상 구조: 깊이에 따른 수온 분포를 기준으로
혼합층, 수온 약층, 심해층으로 구분한다. ❺

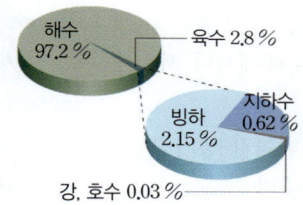

해수 97.2 %
육수 2.8 %
지하수 0.62 %
빙하 2.15 %
강, 호수 0.03 %

▲ 수권의 구성

혼합층	• 태양 에너지를 흡수하여 수온이 높다. • 바람에 의한 혼합 작용으로 깊이와 관계없이 수온이 일정하다. ➡ 바람이 강하게 불수록 혼합층의 두께가 두꺼워진다.
수온 약층	• 수심이 깊어질수록 수온이 급격히 낮아진다. • 해수의 대류가 거의 일어나지 않는 안정한 층이다. ➡ 혼합층과 심해층 사이의 물질과 에너지 교환을 차단한다.
심해층	• 태양 에너지가 도달하지 않아 수온이 낮다. • 계절이나 깊이에 따른 수온 변화가 거의 없다.

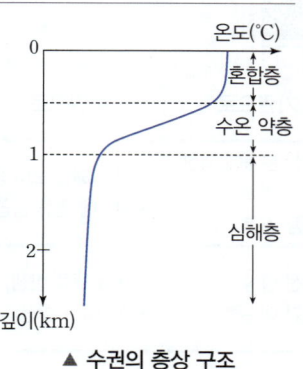

▲ 수권의 층상 구조

③ 수권의 역할 ❻
• 해양 생물에게 서식 공간을 제공한다.
• 해수는 태양으로부터 열에너지를 흡수하여 지구의 온도를 일정하게 유지한다.
• 하천수와 지하수는 해양 생태계에 필요한 다양한 물질을 녹여 해수로 공급한다.

➕ 개념

❶ 오존층
산소 분자(O_2)가 자외선을 흡수하여
두 개의 산소 원자(O)로 분해되고,
산소 원자가 산소 분자와 결합하여
오존(O_3)이 생성된다.

$$O_2 + 자외선 → O + O$$
$$O_2 + O + M → O_3 + M$$

(M: 촉매 역할의 제3의 분자)

❷ 오존층이 없을 때의 기권의 구조
높이 올라갈수록 기온이 낮아지는
층과 기온이 높아지는 층으로, 두 개의
층으로만 구분될 것이다.

➕ 용어

❸ 유성 (流: 흐르다 星: 별)
태양계를 떠돌던 티끌, 먼지 등이 지구
중력에 이끌려 지구 대기로 들어올 때
대기와의 마찰로 불타는 현상

➕ 개념

❹ 오로라 (aurora)
태양에서 방출된 전하를 띤 입자가
대기로 진입하면서 공기 분자와
반응하여 빛을 내는 현상이다.

❺ 위도별 해수의 층상 구조

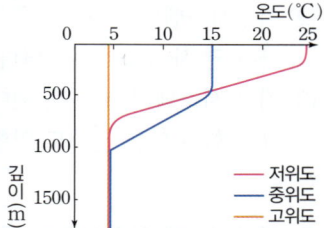

온도(℃)
저위도
중위도
고위도

• 저위도: 바람이 약해 혼합층의 두께가
얇고, 표층 수온이 높아 수온 약층이
뚜렷하게 발달한다.
• 중위도(위도 30° 부근): 바람이 강해
혼합층이 두껍게 발달한다.
• 고위도(위도 60° 이상): 표층과 심층의
수온 차가 거의 없어 해수의 층상
구조가 나타나지 않는다.

❻ 물의 특징
• 비열이 크다. ➡ 체온을 거의 일정하게
유지할 수 있다.
• 기화열이 크다. ➡ 땀을 흘릴 때 체온
상승을 막아준다.
• 다른 물질을 잘 녹인다. ➡ 생명
활동에 필요한 물질을 흡수하고,
해로운 물질을 배출할 수 있다.

(4) **생물권**: 지구의 모든 생명체와 아직 분해되지 않은
유기물이 분포하는 영역으로, 태양계 행성 중
지구에만 존재한다. ❶

① 생물권의 분포: 생물권은 지권, 기권, 수권에 걸쳐
분포한다. ➡ 생물권이 가장 나중에 형성되었다.

② 생물권의 역할
- 생물의 광합성과 호흡을 통해 대기 중의 이산화
탄소와 산소의 농도가 변한다.
- 토양 속 미생물은 생물의 사체나 배설물을
분해하는 과정에서 토양의 성분을 변화시킨다.

(5) **외권**: 지구를 둘러싸고 있는 기권 밖의 우주 영역으로, 외권 중 태양은 지구에 가장
큰 영향을 미친다.

① 에너지와 물질 교환: 지구와 외권은 끊임없이 에너지를 교환하지만, 운석 ❷ 외에는
<u>물질의 이동은 거의 없다.</u>

② 지구 자기장 ❸: 지구 자기력이 미치는 공간
- 철과 니켈로 이루어진 액체 상태인 외핵의 운동으로 형성된다.
- 태양풍이나 ❹ 유해한 우주선을 ❺ 차단하여 지구상의 생명체를 보호한다.

③ 태양 에너지: 외권에서 지구로 들어오는 태양 에너지는 식물의 광합성에
이용되고, 대기와 해수의 순환을 일으킨다.

▲ 생물권의 분포

2. 지구시스템 구성 요소의 상호작용

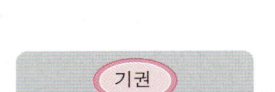 출제 ○순위 특강 p.129

1. 지구시스템 상호작용의 특징

(1) 지구시스템의 상호작용 과정에서 에너지의
흐름과 물질의 순환이 일어난다.

(2) 지구시스템의 상호작용은 각 권 내에서나 서로
다른 권 사이에서 일어난다.

(3) 지구 시스템의 어느 한 권에서 변화가 생기면
그 변화는 다른 권에도 영향을 준다.

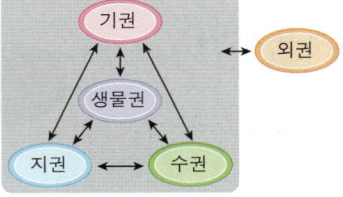

▲ 지구시스템 구성 요소의 상호작용

2. 지구시스템 상호작용의 예 ❻

영향 근원	지권으로	기권으로	수권으로	생물권으로
지권에서	• 대륙 이동 • 용암 동굴 형성	• 화산 분출에 의한 기온 변화 • 태풍 소멸	• 지진 해일(쓰나미) • 해수에 염류 공급	• 서식처 제공 • 영양분 공급
기권에서	• 풍화 · 침식 작용 (사구, 버섯바위)	• 전선 형성 • 대기 대순환	• 표층 해류 발생 • 엘니뇨 ❼ 발생	• 광합성과 호흡에 필요한 CO_2, O_2 공급 • 종자와 포자의 이동
수권에서	• 풍화 · 침식 작용 (석회 동굴, 해식 동굴)	• 증발 • 태풍 발생	• 해수의 혼합 • 해수의 심층 순환	• 서식처 제공 • 물 공급
생물권에서	• 풍화 · 침식 작용 • 화석 연료 생성	• 광합성과 호흡으로 인한 대기 조성 변화	• 생물체에 의한 용해 • 부패 물질의 이동	• 먹이 사슬 형성

➕ 개념

❶ **지구에만 생명체가 존재하는 까닭**
- 액체 상태의 물 존재
- 적절한 두께의 대기
- 자기장 존재

➕ 용어

❷ **운석** (隕: 떨어지다 石: 돌)
지구로 들어온 유성체가 타고 남은
물질이 지표로 떨어진 것

➕ 개념

❸ **지구 자기장**
지구를 하나의 거대한 자석처럼 볼 때,
지구 주위에 형성되는 자기장을 지구
자기장이라고 한다.

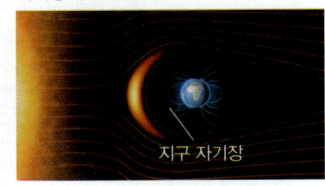

지구 자기장

➕ 용어

❹ **태양풍** (太陽: 태양 風: 바람)
태양으로부터 방출되는 이온화된
입자들의 흐름

❺ **우주선** (cosmic ray)
우주에서 지구로 쏟아지는 높은
에너지를 지닌 입자, 방사선 등

➕ 개념

❻ **외권과의 상호작용**
- **외권 ↔ 지권**: 지구 자기장 형성
- **외권 ↔ 기권**: 오로라, 유성,
오존층에서의 자외선 흡수
- **외권 ↔ 생물권**: 태양 에너지를 이용한
식물의 광합성

➕ 용어

❼ **엘니뇨** (El Niño)
열대 동태평양 표층 수온이 평년에 비해
높아지는 현상

★ 지구시스템 구성 요소의 상호작용

지구시스템을 구성하는 각 권 사이의 상호작용을 조사하고, 흔히 볼 수 있는 자연 현상을 통해서 상호작용하는 지구시스템의 구성 요소를 구분할 수 있다.

출제 0순위 포인트는?
• 지구시스템의 상호작용과 그 예를 연결하는 문제가 출제된다.
• 어떤 자연 현상이나 그 현상에 의한 결과를 보고 어떤 권이 상호작용하여 일어난 것인지 판단할 수 있어야 한다.

[탐구 과정]

A 태풍	B 화석 연료❶ 생성	C 유성	D 지진 해일

(가) A~D는 지구시스템의 어느 권들 사이의 상호작용인지 조사한다.
(나) A~D와 같은 상호작용의 또 다른 예를 조사한다.

➕ 개념

❶ **화석 연료**
화석 연료는 생물의 유해가 지층 속에 묻힌 후 오랜 시간에 걸쳐 높은 열과 압력을 받아 생성된 것이다. 오늘날에는 연료로 이용한다.
예 석탄, 석유, 천연가스 등

[탐구 해석]

① 지구시스템은 지권, 기권, 수권, 생물권, 외권으로 구성되어 있으며, 지구시스템에서 나타나는 여러 자연 현상들은 지구시스템 구성 요소들의 상호작용으로 나타난다.

② **지구시스템의 각 권 사이의 상호작용**

구분	상호작용 하는 권	상호작용의 예
A 태풍	기권 ↔ 수권	증발, 바람에 의한 표층 해류의 발생, 엘니뇨 발생, 이산화 탄소의 용해
B 화석 연료 생성	지권 ↔ 생물권	생물에 의한 풍화·침식 작용, 생물의 서식처 제공, 생물에 영양분 공급
C 유성	외권 ↔ 기권	오로라, 오존층에서의 자외선 흡수
D 지진 해일	수권 ↔ 지권	해수에 염류 공급, 풍화·침식 작용

확인 문제 ▶ 정답과 해설은 다음 페이지에

01
다음은 지구시스템 구성 요소의 상호작용에 대한 예이다. 각 현상들이 어느 권 사이에서 일어나는 작용인지 쓰시오.

(1) 황사 발생: 지권 ↔ (   )
(2) 석회 동굴의 형성: 지권 ↔ (   )
(3) 호흡과 광합성: 기권 ↔ (   )
(4) 표층 해류 발생: 수권 ↔ (   )
(5) 화산 분출에 의한 기온 변화: 기권 ↔ (   )

02
다음은 버섯바위에 대한 설명이다.

버섯바위는 바람에 의해 모래가 지속적으로 날려 바위의 아랫부분이 깎여 형성된다.

버섯바위가 형성되는 과정에서 상호작용하는 지구시스템의 구성 요소를 쓰시오.

1 지구시스템의 구성 요소

1. 그림은 지구 대기의 높이에 따른 온도 변화를 나타낸 것이다.

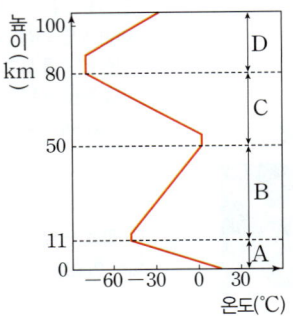

이에 대한 설명으로 옳은 것은 ○, 옳지 <u>않은</u> 것은 ×표 하시오.

(1) A층에는 오존층이 있다. (○ , ×)
(2) B층은 A층보다 안정하다. (○ , ×)
(3) C층에서는 기상 현상이 나타난다. (○ , ×)
(4) A와 C층은 대류 현상이 일어난다. (○ , ×)
(5) D층에서는 오로라 현상이 나타난다. (○ , ×)

2. 그림은 중위도 해역에서 깊이에 따른 수온의 연직 분포를 나타낸 것이다.

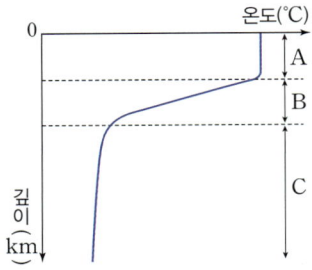

이에 대한 설명으로 옳은 것은 ○, 옳지 <u>않은</u> 것은 ×표 하시오.

(1) A층에서는 바람에 의한 혼합 작용이 일어난다.
(○ , ×)
(2) B층은 저위도일수록 뚜렷하게 발달한다. (○ , ×)
(3) B층에서는 해수의 연직 운동이 잘 일어난다.
(○ , ×)
(4) C층에는 태양 복사 에너지가 거의 도달하지 않는다.
(○ , ×)
(5) C층은 계절이나 깊이에 따른 수온 변화가 크다.
(○ , ×)

p.129 확인 문제 [정답]

01 (1) 기권 (2) 수권 (3) 생물권 (4) 기권 (5) 지권
02 기권과 지권

2 지구시스템 구성 요소의 상호작용

3. 다음은 지구시스템을 구성하는 요소들의 상호작용과 그 예를 나타낸 것이다.

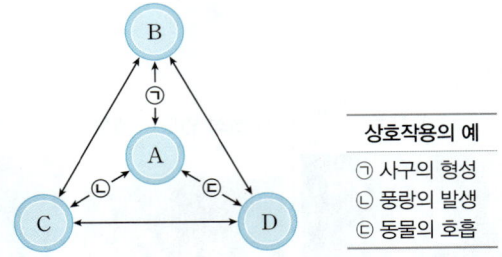

상호작용의 예
㉠ 사구의 형성
㉡ 풍랑의 발생
㉢ 동물의 호흡

이에 대한 설명으로 옳은 것은 ○, 옳지 <u>않은</u> 것은 ×표 하시오.

(1) A는 지권이다. (○ , ×)
(2) B는 기권이다. (○ , ×)
(3) C는 수권이다. (○ , ×)
(4) D는 생물권이다. (○ , ×)
(5) 화산 폭발로 분출된 화산재에 의해 지구의 기온이 변하는 것은 ㉠에 해당한다. (○ , ×)
(6) 열대 해상에서 태풍이 발생하는 것은 ㉡에 해당한다.
(○ , ×)
(7) 생물체가 땅속에 묻혀 화석 연료가 되는 것은 ㉢에 해당한다. (○ , ×)
(8) 지구시스템의 구성 요소 중 가장 먼저 형성된 것은 D이다. (○ , ×)

4. 그림은 지구시스템의 상호작용을 나타낸 것이다.

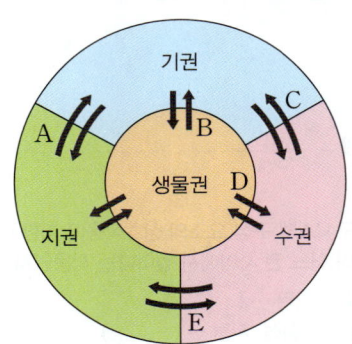

A~E의 예에 해당하는 현상으로 옳은 것은 ○, 옳지 <u>않은</u> 것은 ×표 하시오.

(1) A: 화산 폭발에 의한 이산화 탄소 방출 (○ , ×)
(2) B: 파도에 의한 암석의 침식 발생 (○ , ×)
(3) C: 식물체의 매몰에 의한 석탄 형성 (○ , ×)
(4) D: 지하수에 의한 석회 동굴 형성 (○ , ×)
(5) E: 지진 해일의 발생 (○ , ×)

❖ 정답 문제편 276p

3 지구시스템의 에너지원과 에너지 흐름

1. 지구시스템의 에너지원

지구시스템을 구성하는 권역 간의 끊임없는 상호작용으로 자연 현상이 일어나고, 이 과정에는 에너지가 필요하다.

➡ 지구시스템의 여러 가지 자연 현상을 일으키는 에너지원에는 태양 에너지, 지구 내부 에너지, 조력 에너지가 있다.

(1) 지구시스템의 에너지원 ⭐에너지양 비교: 태양 에너지≫지구 내부 에너지＞조력 에너지

태양 에너지	• **발생 원인**: 태양 중심부에서의 수소 핵융합 반응으로 발생한 에너지 • 다양한 기상 현상, 대기와 해수의 순환을 일으키고, 풍화와 침식 작용을 일으켜 지형을 변화시킨다. • 식물이 광합성 하여 양분을 만들 수 있게 한다.
지구 내부 에너지	• **발생 원인**: 지각과 맨틀에 포함된 방사성 원소의❶ 붕괴열 　방사성 원소의 붕괴열 이외에도 미행성체의 충돌열, 중력 수축에 의한 열의 영향도 받는다. • 맨틀 대류를 일으켜 판을 움직이고, 지진과 화산 활동과 같은 지각 변동을 일으킨다.
조력 에너지	• **발생 원인**: 달과 태양의 인력으로 인해 발생한 에너지 • 밀물과 썰물을 일으키고, 해안 지형을 변화시킨다. • 해수면의 높이 변화를 주기적으로 일으켜 갯벌 생태계에 영향을 미친다.

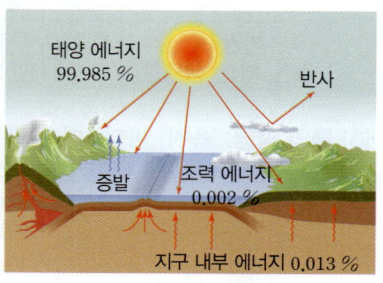

▲ 지구시스템의 에너지원

(2) 지구시스템의 에너지원 중 지구 환경 변화에 가장 큰 영향을 미치는 에너지원은 태양 에너지이다.

(3) 태양 에너지, 지구 내부 에너지, 조력 에너지는 지구시스템에서 열에너지, 운동 에너지 등 다른 에너지로 전환될 수 있지만, <u>에너지원끼리는 상호 전환되지 않는다.</u>

2. 지구시스템의 에너지 흐름

(1) 위도별 에너지 불균형: 지구는 구형이기 때문에 위도에 따라 태양의 고도가 달라 단위 면적당 받는 태양 복사 에너지양이 다르다. └ 저위도로 갈수록 태양 고도가 높다.

➡ 단위 면적당 받는 태양 복사 에너지양: 저위도＞고위도

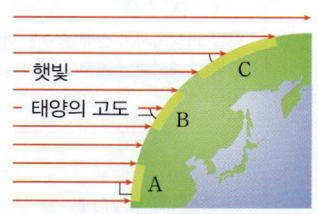

저위도(A)	태양 복사 에너지 흡수량＞지구 복사 에너지 방출량 ➡ 에너지 과잉
고위도(C)	태양 복사 에너지 흡수량＜지구 복사 에너지 방출량 ➡ 에너지 부족

▲ 위도에 따른 태양 복사 에너지양

(2) 위도별 에너지 불균형 해소: 대기와 해수의 순환에 의해 저위도의 남는 에너지가 고위도로 이동하여 지구 전체적으로 에너지 평형을 이룬다.

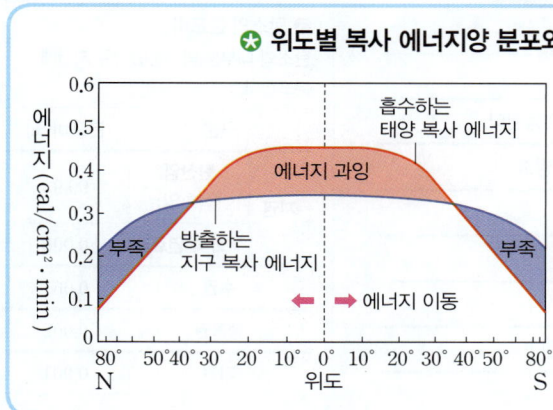

✪ 위도별 복사 에너지양 분포와 에너지 이동

대기의 순환	대기 대순환, 태풍❷
해수의 순환	표층 순환, 심층 순환❸

➕ 개념

❶ 방사성 원소
방사성 원소는 불안정한 원자핵이 스스로 붕괴하면서 방사선을 방출하는 원소이다. ⑩ 우라늄, 토륨 등

❷ 태풍
수온이 27 ℃ 이상인 열대 해상에서 태양 에너지를 흡수해 증발한 수증기가 강한 상승 기류를 받아 구름을 형성하면서 태풍으로 성장한다.
태풍은 짧은 시간 동안 대규모의 에너지를 고위도로 이동시켜 위도별 에너지 불균형 해소에 기여한다.

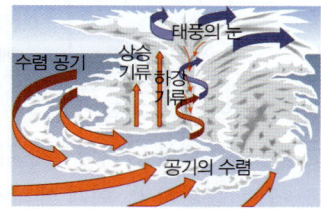

❸ 해수의 심층 순환
해양의 심층에서 일어나는 전 지구적 규모의 해수의 순환으로, 해수의 밀도 차로 발생한다.
심층 순환은 표층 순환과 연결되어 저위도의 남는 에너지를 고위도로 수송한다.

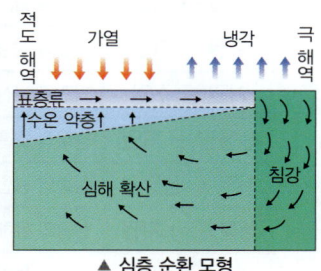

▲ 심층 순환 모형

4 지구시스템의 물질 순환❶

1. 물의 순환

(1) 물의 순환을 일으키는 에너지원: 태양 에너지

(2) 물의 순환 과정: 물은 고체, 액체, 기체로 상태 변화하면서❷ 지구시스템을 순환하며, 물의 순환 과정에서 에너지가 함께 이동한다.❸

물의 이동	물의 순환 과정
수권, 지권, 생물권 → 기권	해수와 육수가 증발하고, 식물의 증산 작용에❹ 의해 물이 수증기의 형태로 대기로 이동한다.
기권 → 수권, 지권, 생물권	수증기가 응결하여 구름을 형성하고, 비나 눈이 되어 지표로 이동한다. 지권에 내린 물은 지형을 변화시키고, 일부는 생물체에 흡수된다.

(3) 물의 평형: 육지, 바다, 대기 모두 물의 유입량과 유출량이 같은 평형 상태를 이루고 있다.

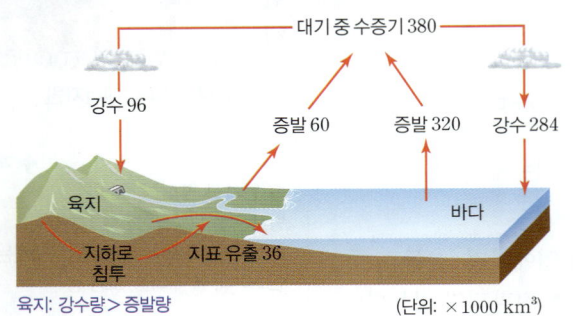

육지: 강수량＞증발량
바다: 강수량＜증발량

(단위: ×1000 km³)

▲ 물의 순환

각 권에서 유입량＝유출량

구분	유입량	유출량
육지	강수 96	증발 60＋지표 유출 36 ＝96
바다	강수 284＋육지에서 유입 36 ＝320	증발 320
대기	육지 증발 60＋바다 증발 320 ＝380	육지 강수 96＋바다 강수 284 ＝380

2. 탄소의 순환

(1) 탄소의 존재 형태❺: 탄소는 각 권에 다양한 형태로 분포하며, 지권에 가장 많은 양이 포함되어 있다. 지구시스템의 전체 탄소량은 일정하다.

지권	기권	수권	생물권
탄산 칼슘(석회암), 화석 연료	이산화 탄소(CO_2), 메테인(CH_4)	탄산 이온(CO_3^{2-}) 또는 탄산 수소 이온(HCO_3^-)	탄소 화합물(유기물)

(2) 탄소의 순환 과정: 탄소는 존재 형태를 달리하면서 각 권을 순환하며, 이때 에너지 흐름이 함께 나타난다.

식물의 광합성을 통해 생물권으로 이동한 태양 에너지는 화석 연료가 생성되는 과정에서 지권으로 이동하고, 지권의 화석 연료가 연소하는 과정에서 기권으로 이동한다.

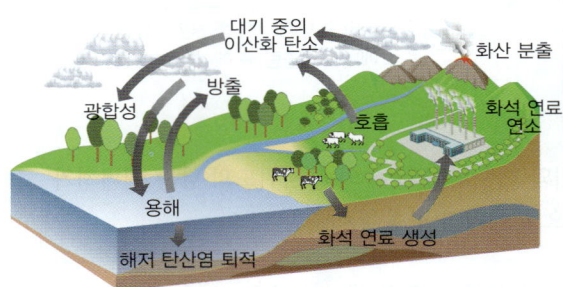

탄소의 이동	탄소의 순환 과정
지권 → 기권	화산 분출, 화석 연료의 연소 과정에서 이산화 탄소가 기권으로 이동한다.
수권 → 기권	수온이 상승하면 기체 용해도가 낮아져 이산화 탄소가 기권으로 방출된다.
기권 → 수권	기권의 이산화 탄소가 해수에 녹아 탄산 이온이 된다.
생물권 → 기권	생물의 호흡 과정에서 이산화 탄소가 기권으로 이동한다.
기권 → 생물권	식물의 광합성 과정에서 이산화 탄소를 흡수해 포도당을 만든다.
생물권 → 지권	생물의 유해가 지층에 묻힌 후 화석 연료의 형태로 지권에 저장된다.
수권 → 지권	해수에 녹아 있던 탄산 이온이 침전되어 석회암이 형성된다.

3 지구시스템의 에너지원과 에너지 흐름

1. 그림 (가)는 세 지역에서의 태양의 고도를, (나)는 위도에 따른 태양 복사 에너지와 지구 복사 에너지의 양을 나타낸 것이다.

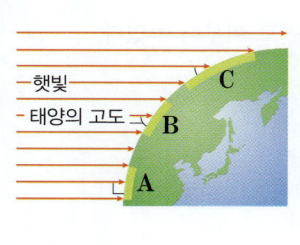
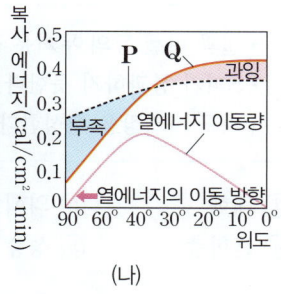

(가)　　　　　(나)

이에 대한 설명으로 옳은 것은 ○, 옳지 <u>않은</u> 것은 ×표 하시오.

(1) (가)에서 태양의 고도는 A에서 가장 높다. 　(○, ×)

(2) (가)에서 단위 면적에 들어오는 태양 복사 에너지의 양은 A, B, C에서 모두 같다. 　(○, ×)

(3) (나)에서 P는 태양 복사 에너지, Q는 지구 복사 에너지이다. 　(○, ×)

(4) (가)의 A 지역은 P보다 Q가 많다. 　(○, ×)

(5) 에너지는 대기와 해수의 순환을 통해 C에서 A 방향으로 이동한다. 　(○, ×)

2. 그림은 지구시스템의 에너지원을 나타낸 것이다.

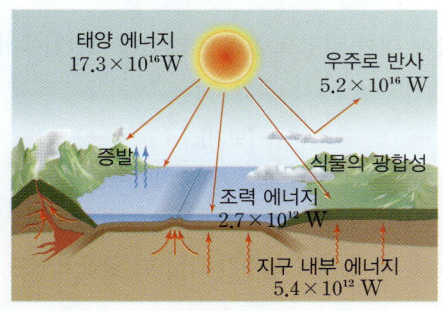

이에 대한 설명으로 옳은 것은 ○, 옳지 <u>않은</u> 것은 ×표 하시오.

(1) 지구에 가장 큰 영향을 미치는 에너지원은 태양 에너지이다. 　(○, ×)

(2) 지각 변동은 지구 내부 에너지에 의해 일어난다. 　(○, ×)

(3) 달과 태양의 인력은 조력 에너지의 근원이다. (○, ×)

(4) 지구에 입사하는 태양 에너지 중 반사되는 양은 약 10%이다. 　(○, ×)

(5) 태양 에너지의 일부는 조력 에너지로 전환된다. 　(○, ×)

4 지구시스템의 물질 순환

3. 그림은 지구시스템에서의 물의 순환을 나타낸 것이다.

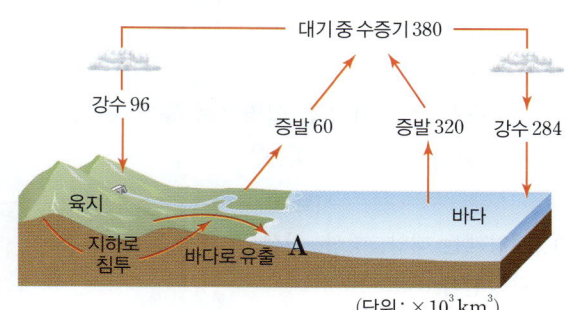

(단위: $\times 10^3 km^3$)

이에 대한 설명으로 옳은 것은 ○, 옳지 <u>않은</u> 것은 ×표 하시오.

(1) 물의 순환을 일으키는 에너지원은 조력 에너지이다. 　(○, ×)

(2) 물의 순환 과정에서 에너지의 흐름이 일어난다. 　(○, ×)

(3) 물의 순환은 지표의 변화를 일으킨다. 　(○, ×)

(4) 바다로 유출되는 A의 값은 96 단위이다. 　(○, ×)

(5) 지구시스템 전체에서 물의 양은 일정하다. 　(○, ×)

4. 그림은 탄소의 순환 과정을 나타낸 것이다.

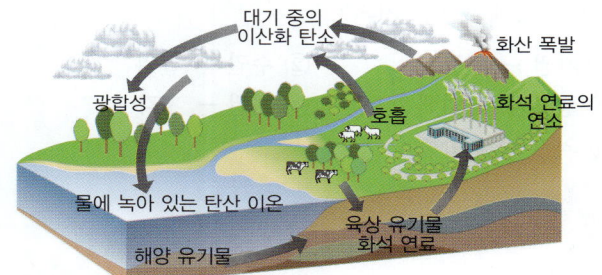

이에 대한 설명으로 옳은 것은 ○, 옳지 <u>않은</u> 것은 ×표 하시오.

(1) 대기 중의 이산화 탄소가 광합성을 통해 식물에 흡수된다. 　(○, ×)

(2) 수온이 낮을수록 바다에서 대기로 이동하는 탄소량이 증가한다. 　(○, ×)

(3) 화석 연료의 사용량이 증가하면 지구 전체의 탄소량은 증가한다. 　(○, ×)

(4) 지권에서 탄소는 주로 탄산 이온의 형태로 존재한다. 　(○, ×)

(5) 지구시스템 내에서 탄소는 기권에 가장 많이 분포한다. 　(○, ×)

1 지구시스템의 구성 요소

01 ✵✵✵

태양계와 지구시스템에 대한 설명으로 옳은 것만을 [보기]에서 있는 대로 고른 것은?

──[보기]──
ㄱ. 태양계는 태양, 행성, 위성, 소행성 등으로 구성된다.
ㄴ. 달과 태양은 지구시스템의 구성 요소에 포함되지 않는다.
ㄷ. 지구시스템 구성 요소는 지권, 수권, 기권, 생물권, 외권이다.

① ㄱ   ② ㄴ   ③ ㄱ, ㄷ   ④ ㄴ, ㄷ   ⑤ ㄱ, ㄴ, ㄷ

02 ✵✵✵

지구시스템을 구성하는 요소와 각 요소에 포함되는 부분을 옳게 짝지은 것은?

① 기권 — 맨틀
② 수권 — 열권
③ 생물권 — 외핵
④ 지권 — 지각
⑤ 외권 — 혼합층

03 ✵✵✵

지구시스템 각 권에 대한 설명으로 옳은 것은?

① 지권은 맨틀, 외핵, 내핵으로 구분된다.
② 수권은 대기 중의 수증기까지 포함한다.
③ 기권은 대류권을 이루는 기체 부분이다.
④ 외권은 지구 대기권 바깥 영역에서 생명체가 사는 영역이다.
⑤ 생물권은 인간뿐만 아니라 분해되지 않은 유기물까지 포함한다.

04 ✵✵✵

지권의 층상 구조 중 다음 설명에 해당하는 층은?

• 철과 니켈 등의 무거운 물질로 이루어져 있다.
• S파가 통과하지 못한다.
• 지구 자기장을 형성한다.

① 내핵
② 외핵
③ 지각
④ 혼합층
⑤ 성층권

[05~06] 그림은 지권의 층상 구조를 나타낸 것이다. 물음에 답하시오.

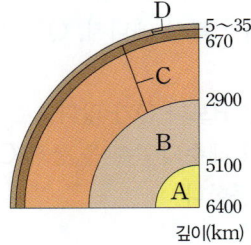

05 ✵✵✵ 중요

A~D 층에 대한 설명으로 옳은 것만을 [보기]에서 있는 대로 고른 것은?

──[보기]──
ㄱ. A층은 액체, B층은 고체 상태이다.
ㄴ. 철의 함량비는 C층에서 가장 높다.
ㄷ. A~D 층 중에서 부피가 가장 큰 층은 C이다.

① ㄱ   ② ㄴ   ③ ㄷ   ④ ㄱ, ㄴ   ⑤ ㄴ, ㄷ

06 ✵✵✵ 서술형

지구 내부에서 깊이에 따른 밀도 변화가 가장 크게 나타나는 깊이를 쓰고, 그렇게 판단한 까닭을 서술하시오.

07 ✿✿✾

2021 실시 9월 학평 8 (고1)

그림 (가)는 해수의 층상 구조를, (나)는 지구 내부의 층상 구조를 나타낸 것이다.

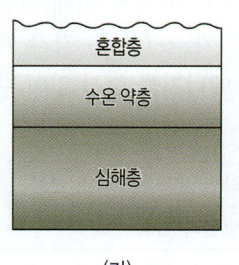
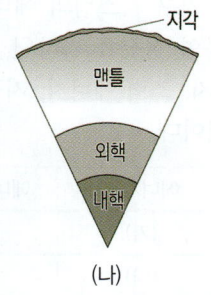

(가)   (나)

이에 대한 설명으로 옳은 것만을 [보기]에서 있는 대로 고른 것은?

[보기]
ㄱ. (가)에서 온도는 혼합층이 심해층보다 높다.
ㄴ. (나)의 내핵은 액체 상태이다.
ㄷ. (나)에서 밀도는 맨틀이 외핵보다 크다.

① ㄱ   ② ㄷ   ③ ㄱ, ㄴ   ④ ㄴ, ㄷ   ⑤ ㄱ, ㄴ, ㄷ

08 ✿✾✾

2025 실시 9월 학평 15 (고1)

그림은 어느 해역에서 측정한 A, B 시기의 깊이에 따른 수온 분포를 나타낸 것이다.

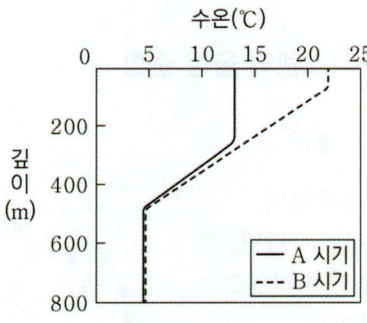

이에 대한 설명으로 옳은 것만을 [보기]에서 있는 대로 고른 것은? [2.0점]

[보기]
ㄱ. 해상의 기온은 A 시기가 B 시기보다 높다.
ㄴ. 혼합층의 두께는 A 시기가 B 시기보다 두껍다.
ㄷ. 심해층은 깊이에 따른 수온 변화가 거의 없다.

① ㄱ   ② ㄴ   ③ ㄱ, ㄷ   ④ ㄴ, ㄷ   ⑤ ㄱ, ㄴ, ㄷ

09 ✿✿✾ 중요✿

2025 실시 6월 학평 22 (고1)

그림 (가)는 기권에서 높이에 따른 기온 변화를, (나)는 수권에서 깊이에 따른 수온 변화를 나타낸 것이다.

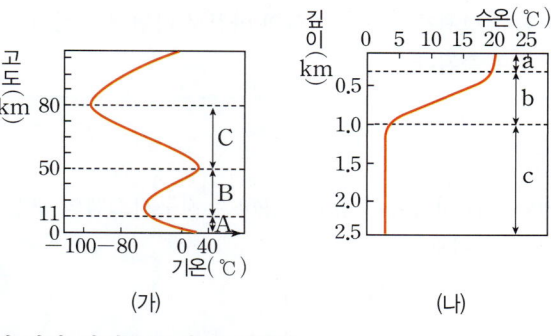

(가)   (나)

이에 대한 설명으로 옳은 것은?

① A층에는 눈, 비 등의 기상 현상이 나타난다.
② a층은 바람이 강하게 불수록 두께가 얇다.
③ C와 b층은 안정한 층이다.
④ B층은 태양풍의 고에너지 입자 대부분을 흡수한다.
⑤ 1년 동안 수온의 변화는 c층이 a층보다 크다.

2 지구시스템 구성 요소의 상호작용

10 ✿✾✾

2025 실시 6월 학평 22 (고1)

그림은 지구시스템을 구성하는 권역 간의 상호작용을, 표는 상호작용 A~C의 예를 나타낸 것이다. Ⅰ과 Ⅱ는 각각 기권, 수권 중 하나이다.

상호작용	예
A	바람에 의해 해류가 발생한다.
B	육상 식물이 ⊙ 광합성 과정에서 대기 중의 이산화 탄소를 흡수한다.
C	(가)

이에 대한 설명으로 옳은 것만을 [보기]에서 있는 대로 고른 것은? [2.5점]

[보기]
ㄱ. Ⅰ은 기권이다.
ㄴ. ⊙은 Ⅱ의 탄소량을 감소시키는 요인이다.
ㄷ. '지진에 의해 해일이 발생한다.'는 (가)에 해당한다.

① ㄱ   ② ㄴ   ③ ㄱ, ㄷ   ④ ㄴ, ㄷ   ⑤ ㄱ, ㄴ, ㄷ

[11~12] 다음은 지구에서 일어나는 자연 현상들을 나타낸 것이다. 물음에 답하시오.

> (가) 화산 폭발로 인해 기온이 하강한다.
> (나) 유성체가 지구 대기와의 마찰로 타면서 유성이 관측된다.

11 ✽✽✿ 단답형

(가)와 (나) 현상에서 상호작용하는 지구시스템의 구성 요소를 쓰시오.

(가): (　　　) → (　　　)
(나): (　　　) → (　　　)

12 ✽✽✿ 서술형

(가)에서 화산 폭발로 지구의 기온이 낮아지는 까닭을 서술하시오.

13 ✿✽✽ 출제 0순위 특강　　2023 실시 9월 학평 15 (고1)

그림은 지구시스템에서 일어나는 자연 현상 A, B, C를 나타낸 것이다.

A. 대기 중으로　　B. 해수의 증발로　　C. 식물체로부터
화산 가스 방출　　인한 태풍 발생　　석탄 생성

A, B, C를 지구시스템 구성 요소들의 상호작용으로 표현할 때 가장 적절한 것은?

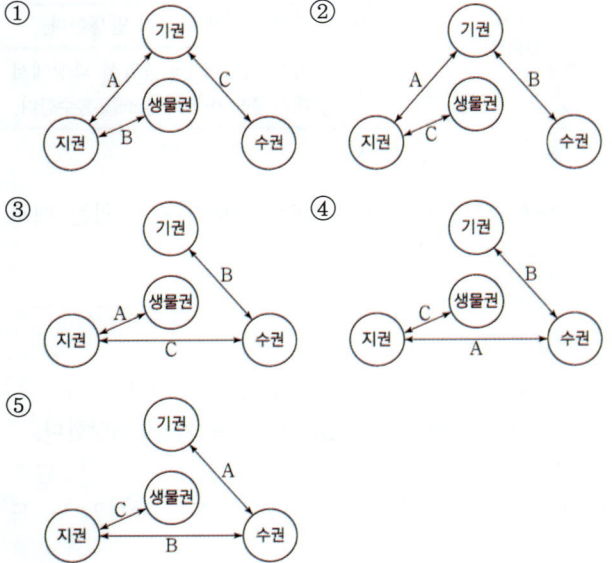

3 지구시스템의 에너지원과 에너지 흐름

14 ✽✿✿　　2025 실시 9월 학평 14 (고1)

표는 지구 시스템의 에너지원 (가) ~ (다)에 의해 일어나는 자연 현상을 나타낸 것이다. (가) ~ (다)는 각각 태양 에너지, 조력 에너지, 지구 내부 에너지를 순서 없이 나타낸 것이다.

에너지원	에너지원에 의해 일어나는 자연 현상
(가)	밀물과 썰물
(나)	날씨 변화
(다)	대기 중으로의 화산 가스 분출

이에 대한 설명으로 옳은 것만을 [보기]에서 있는 대로 고른 것은? [2.0점]

> ──────── [보기] ────────
> ㄱ. (가)는 조력 에너지이다.
> ㄴ. (나)는 지구 시스템의 에너지원 중 가장 적은 양을 차지한다.
> ㄷ. '대기 중으로의 화산 가스 분출'은 지권과 수권이 상호작용하는 예이다.

① ㄱ　② ㄷ　③ ㄱ, ㄴ　④ ㄴ, ㄷ　⑤ ㄱ, ㄴ, ㄷ

4 지구시스템의 물질 순환

15 ✽✽✽ 중요

그림은 지구에서 물이 이동하는 과정을 나타낸 것이다. 이에 대한 설명으로 옳지 않은 것은?

① A 과정이 일어날 때 물은 에너지를 방출한다.
② B 과정으로 물이 이동할 때 태양 에너지가 이용된다.
③ C 과정이 일어나면서 풍화, 침식에 의해 지표의 모양이 변화한다.
④ 물의 순환 과정에서 지구시스템 전체 물의 양은 일정하다.
⑤ 물의 순환은 지구시스템의 각 권에 에너지를 이동시킨다.

16 ✿✿✿✿

그림은 물의 순환 과정에서 물의 이동 방향과 연간 이동량을 나타낸 것이다.

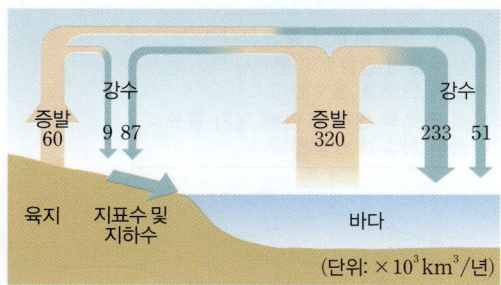

(단위: ×10³km³/년)

이에 대한 설명으로 옳지 <u>않은</u> 것은?

① 태양 에너지에 의해 물의 순환이 일어난다.
② 육지에서 바다로 유출되는 양은 36 단위이다.
③ 강수량은 바다보다 육지에서 많다.
④ 육지에서는 강수량이 증발량보다 많다.
⑤ 물의 순환 과정에서 지구시스템 전체 물의 양은 변하지 않는다.

17 ✿✿✿✿

2021 실시 9월 학평 14 (고1)

그림은 지구 전체의 평균적인 물의 순환을 나타낸 것이다.

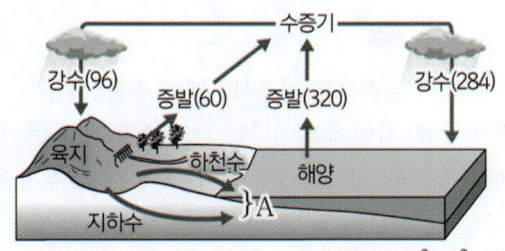

(단위: x10³ km³/년)

이에 대한 설명으로 옳은 것만을 [보기]에서 있는 대로 고른 것은? [3점]

[보기]
ㄱ. 해양에서는 강수량이 증발량보다 많다.
ㄴ. A에 의해 수권이 지권을 변화시킨다.
ㄷ. 지구 전체에서의 총 증발량과 총 강수량은 같다.

① ㄱ   ② ㄴ   ③ ㄱ, ㄷ   ④ ㄴ, ㄷ   ⑤ ㄱ, ㄴ, ㄷ

18 ✿✿✿✿ (서술형)

물의 순환 과정에서 물이 육지에서 바다로 계속 공급되지만 해수면의 높이는 일정하게 유지되는 까닭을 서술하시오.

19 ✿✿✿✿ (단답형)

지구시스템에서 탄소는 대부분 어느 권역에 분포하는지 쓰시오.

20 ✿✿✿✿

2025 실시 6월 학평 23 (고1)

그림은 지구시스템에서 일어나는 탄소 순환의 일부를 나타낸 것이다.

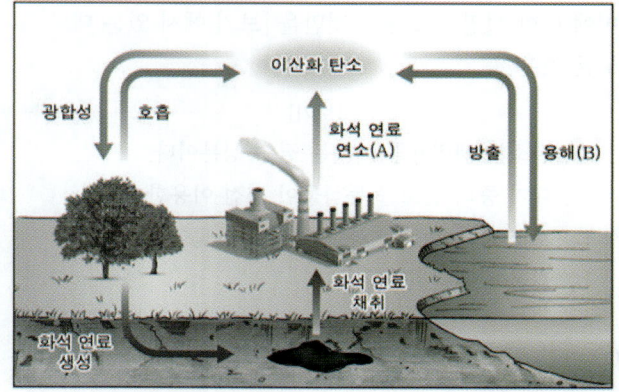

이에 대한 설명으로 옳은 것만을 [보기]에서 있는 대로 고른 것은? [1.5점]

[보기]
ㄱ. A를 통해 탄소는 기권으로 이동한다.
ㄴ. B를 통해 이동한 탄소의 일부는 탄산 이온이 된다.
ㄷ. 탄소가 순환할 때 에너지의 흐름이 함께 일어난다.

① ㄱ   ② ㄷ   ③ ㄱ, ㄴ   ④ ㄴ, ㄷ   ⑤ ㄱ, ㄴ, ㄷ

21 ✿✿✿✿ 중요

그림은 탄소의 순환 과정을 나타낸 것이다.

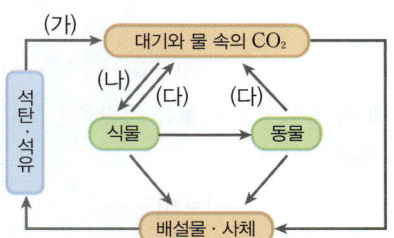

이에 대한 설명으로 옳은 것만을 [보기]에서 있는 대로 고른 것은?

[보기]
ㄱ. (나) 과정에는 태양 에너지가 필요하다.
ㄴ. (나)는 광합성, (다)는 호흡에 의한 탄소의 이동이다.
ㄷ. (가) 과정에 의해 지구 온난화 현상이 완화된다.

① ㄱ   ② ㄷ   ③ ㄱ, ㄴ   ④ ㄴ, ㄷ   ⑤ ㄱ, ㄴ, ㄷ

22 ✿✿✿

그림은 질소의 순환 과정을 나타낸 것이다.

이에 대한 설명으로 옳은 것만을 [보기]에서 있는 대로 고른 것은?

[보기]
ㄱ. 질소는 생명체를 이루는 필수 성분이다.
ㄴ. 대기 중의 질소를 동식물이 직접 이용한다.
ㄷ. 토양 속의 세균을 통해 질소 화합물이 생성되어 식물에 흡수된다.

① ㄱ　② ㄴ　③ ㄱ, ㄷ　④ ㄴ, ㄷ　⑤ ㄱ, ㄴ, ㄷ

내신 1등급 문제

[23~24] 그림은 높이에 따른 기온 변화를 기준으로 기권의 층상 구조를 나타낸 것이다. 물음에 답하시오.

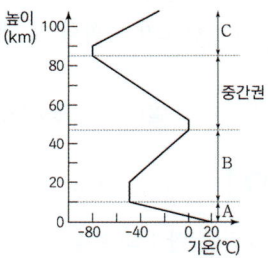

23 ✿✿✿
2023 실시 9월 학평 18 (고1)

A, B, C에 대한 설명으로 옳은 것만을 [보기]에서 있는 대로 고른 것은?

[보기]
ㄱ. A에서는 대류가 일어난다.
ㄴ. B에는 자외선을 차단하는 오존층이 있다.
ㄷ. 기온의 일교차는 C에서 가장 크다.

① ㄱ　② ㄴ　③ ㄱ, ㄷ　④ ㄴ, ㄷ　⑤ ㄱ, ㄴ, ㄷ

24 ✿✿✿ 서술형

B층의 이름을 쓰고, B층에서 높이 올라갈수록 기온이 높아지는 까닭을 서술하시오.

25 ✿✿✿ 중요
2022 실시 11월 학평 12 (고1)

그림은 지구시스템을 구성하는 권역 간 상호작용의 예를 구분하는 과정을 나타낸 것이다.

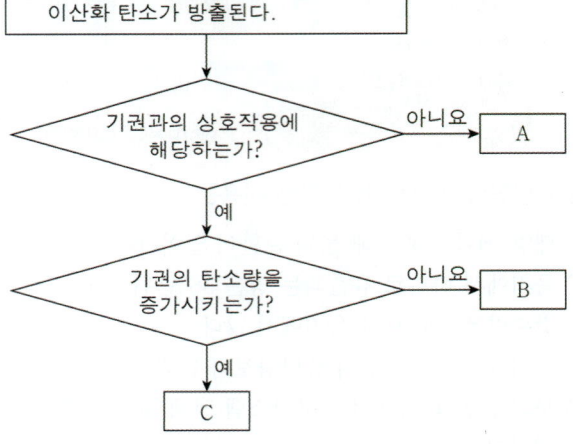

A ~ C로 옳은 것은?

	A	B	C		A	B	C
①	㉠	㉡	㉢	②	㉠	㉢	㉡
③	㉡	㉠	㉢	④	㉡	㉢	㉠
⑤	㉢	㉠	㉡				

26 ✿✿✿ 중요

그림은 탄소가 순환하는 지구시스템의 권을, 표는 생물권과 각 권 사이에 일어나는 탄소 순환 과정 ㉠, ㉡, ㉢의 예를 나타낸 것이다. (가), (나), (다)는 각각 지권, 기권, 수권 중 하나이다.

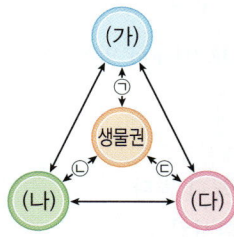

순환 과정	예
㉠	화석 연료 생성
㉡	산호 골격 생성
㉢	육상 생물의 호흡

이에 대한 설명으로 옳은 것만을 [보기]에서 있는 대로 고른 것은?

[보기]
ㄱ. (가)는 수권이다.
ㄴ. 침전에 의한 석회암의 생성은 (나)에서 (가)로의 탄소 순환 과정의 예이다.
ㄷ. 화석 연료를 사용하면 (다)의 탄소량은 증가한다.

① ㄱ　② ㄴ　③ ㄱ, ㄴ　④ ㄴ, ㄷ　⑤ ㄱ, ㄴ, ㄷ

10 지권의 변화

중요도 ★★★

1 지권의 변화와 판 구조론

1. 지각 변동❶
화산 활동, 지진, 습곡 산맥의 형성, 대륙 이동 등의 현상
(1) **지각 변동을 일으키는 에너지원**: 지구 내부 에너지
(2) **에너지 흐름과 지권의 변화**: 한 지점에 축적되어 있던 지구 내부 에너지가 급격히 방출될 때 화산 활동, 지진 등이 발생하여 지형이 변한다.

➕ 개념

❶ 지각 변동이 일어나는 속도
· 빠르게 일어나는 지각 변동: 화산 활동, 지진
· 느리게 일어나는 지각 변동: 습곡 산맥의 형성, 대륙 이동

2. 변동대
화산 활동이나 지진과 같은 지각 변동이 자주 일어나는 지역을 변동대라고 한다.
(1) **화산대**: 화산 활동이 자주 일어나는 지역
(2) **지진대**: 지진이 자주 일어나는 지역

● 지진
▲ 화산

▲ 화산대와 지진대의 분포

(3) 화산대와 지진대의 특징
① 화산대와 지진대는 대체로 일치한다. ⭐
② 주로 대륙 주변부에서 띠 모양으로 분포한다.
③ 지진대의 범위가 화산대의 범위보다 더 넓게 나타난다. ❷
→ 지진이 발생하는 모든 지역에서 반드시 화산 활동이 일어나는 것은 아니다.
④ 화산 활동과 지진은 태평양의 경우 육지와 접한 부분에서 주로 일어나고, 대서양의 경우 바다 한가운데에 긴 띠 모양으로 집중되어 일어난다.

⭐ 암기

⭐ 화산대와 지진대가 대체로 일치하는 이유
화산 활동과 지진은 대부분 판 경계에서 발생하기 때문

✪ 전 세계 주요 지진대와 화산대

❶ **환태평양 화산대·지진대**: 태평양 주변부를 따라 고리 모양으로 분포하며, 전 세계 화산 활동과 지진의 대부분(약 80%)이 이곳에서 일어나 '불의 고리'라고 불린다.
❷ **알프스−히말라야 화산대·지진대**: 지중해, 히말라야산맥, 인도네시아로 이어지는 지역을 따라 분포한다.
❸ **해령 화산대·지진대**: 태평양, 대서양의 해저에 발달한 해령을 따라 분포한다.

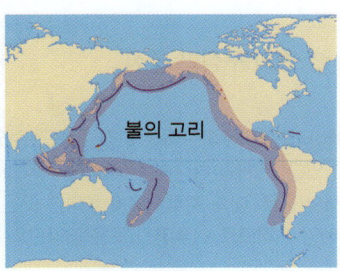

불의 고리

▲ 불의 고리

➕ 개념

❷ 지진대가 화산대보다 광범위한 지역에서 나타나는 이유
화산 활동은 지하 깊은 곳에서 생성된 마그마가 지각의 약한 부분이나 갈라진 틈을 따라 지표 가까운 곳까지 올라와 있다가 내부 압력이 높아지면 지표 밖으로 분출하는 현상으로 화산 활동이 일어날 때 지진이 발생한다. 하지만 지진이 발생한다고 해서 반드시 화산 활동이 일어나는 것은 아니기 때문에 지진대가 화산대보다 광범위한 지역에서 나타난다.

3. 판 구조론

(1) 판 구조론: 지권의 표면은 크고 작은 여러 조각의 판으로 나누어져 있으며, 판의 상대적인 운동으로 판 경계에서 화산 활동이나 지진과 같은 지각 변동이 일어난다는 이론

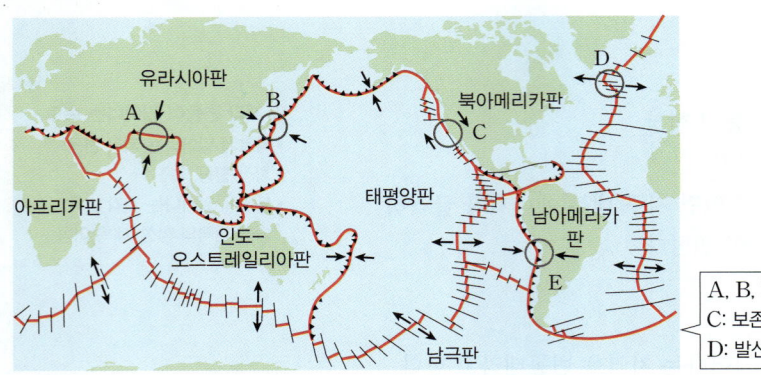

A, B, E: 수렴형 경계
C: 보존형 경계
D: 발산형 경계

▲ 전 세계 판의 분포와 이동 방향

★ 암기

★ **암석권과 연약권**
· **암석권**: 지각+상부 맨틀 일부
· **연약권**: 암석권 아래 부분 용융된 구간

(2) 판의 구조★: 지각과 맨틀의 상부는 구성 암석과 그 성질에 따라 암석권과 연약권으로 구분한다.

① 암석권(판)
- 지각과 상부 맨틀의 일부를 포함한 두께 약 100 km의 단단한 부분
- 암석권은 여러 개의 조각으로 나누어져 있으며, 각각의 조각을 판이라고 한다.

② 연약권  밀도 약 $3.3 \sim 5.5 \, g/cm^2$의 감람암질 암석
- 암석권 아래의 약 100 km ~ 400 km 부분
- 고체 상태이지만 맨틀이 부분적으로 용융되어❶ 있어 유동성이 있다.
  ➡ 상부와 하부의 온도 차이로 맨틀 대류가 일어난다.
- 연약권의 밀도는 암석권보다 크다.

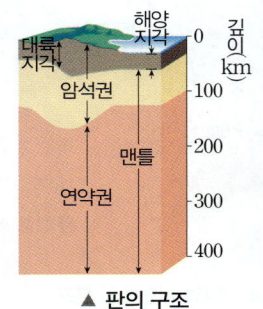

▲ 판의 구조

✚ 개념

❶ 부분 용융
혼합물을 가열하면 혼합물 전체가 동시에 용융되지 않고, 녹는점이 낮은 것부터 순차적으로 용융이 일어나는데 이를 부분 용융이라고 한다.
연약권에서는 다양한 광물들로 이루어진 암석이 온도 및 압력의 변화에 따라 부분 용융이 일어난다.
부분 용융의 결과 액체 상태의 마그마가 생성되고, 고체 상태로 남아있는 암석과 물리적으로 분리된다.

❷ 대륙판과 해양판

대륙판	유라시아판, 북아메리카판, 아프리카판 등
해양판	태평양판, 필리핀판, 나스카판 등

(3) 판의 종류❷: 판을 구성하는 지각의 종류에 따라 대륙판과 해양판으로 구분한다.

구분	구성	두께	구성 물질	밀도
대륙판	대륙 지각+상부 맨틀 일부	두껍다	화강암질 암석	작다 약 $2.7 \, g/cm^3$
해양판	해양 지각+상부 맨틀 일부	얇다	현무암질 암석	크다 약 $3.0 \, g/cm^3$

✪ 판의 구성과 특징

남아메리카판의 서쪽은 대륙 지각, 동쪽은 해양 지각으로 이루어져 있다. 이처럼 하나의 판에 대륙 지각과 해양 지각이 모두 존재할 경우, 대륙 지각으로 이루어진 곳은 대륙판의 특징이, 해양 지각으로 이루어진 곳은 해양판의 특징이 나타난다.

▲ 남아메리카판

(4) **판 이동의 원동력**: 대표적인 예시로 맨틀 대류가 있다.

① 지구 내부 에너지에 의해 지구 중심으로 갈수록 온도가 높아진다. ❶

➡ 맨틀은 아래쪽부터 가열되므로 온도가 높은 부분은 밀도가 작아져서 상승한다.

➡ 상승한 맨틀 물질은 양옆으로 이동하면서 서서히 식어 밀도가 커지면 다시 하강한다.

② 맨틀 대류를 따라 연약권 위에 놓인 판이 이동한다.

✚ 개념

❶ **맨틀 상하부의 온도 차**
맨틀 구성 물질 중 방사성 동위 원소가 붕괴하며 만들어지는 열과 고온의 지구 중심부에서 맨틀로 공급되는 열에 의해 맨틀 상하부에 온도 차가 생겨 매우 느린 열대류가 발생한다.

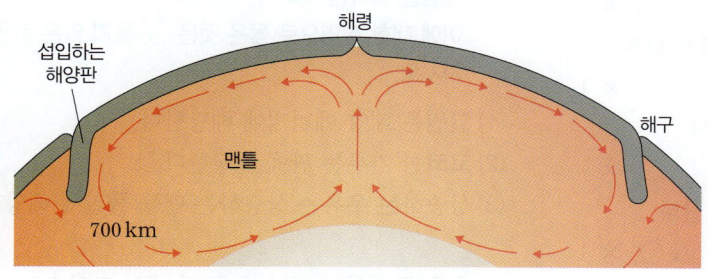

▲ 맨틀 대류와 판의 이동

✪ 판 이동의 원동력 실험

[실험 과정]
냄비에 우유를 붓고 표면에 코코아 가루를 뿌린 후 가열하면서 일어나는 변화를 관찰한다.

[실험 결과 및 정리]
❶ **결과**: 우유 표면의 코코아 층이 갈라지면서 그 틈으로 우유가 끓어오르고, 코코아 층이 몇 개의 조각으로 나뉘어서 서로 멀어지는 방향으로 이동한다.

❷ **실험 요소와 실제 지구 비교**

실험 요소	열원	코코아 가루	우유	상승하는 뜨거운 우유	코코아 층이 갈라지는 부분
실제 지구	지구 내부 에너지	판	맨틀	상승하는 맨틀 물질	판 경계

❸ **정리**: 지구 내부 에너지에 의해 뜨거워진 맨틀 물질이 상승하면서 대류가 일어나고, 연약권 위에 떠 있는 암석권이 여러 조각의 판으로 분리되어 이동한다.

---

(5) **판의 이동**

① **판의 속력과 이동 방향**: 판은 약 1~10 cm/년의 속력으로 이동하고, 판마다 이동 속력과 이동 방향이 다르다. 판의 이동 속도는 매우 느리지만, 판 이동이 오랜 시간 누적되면서 판 경계에서 크고 작은 규모의 지각 변동이 일어난다.

② **판 경계의 종류**: 판의 상대적인 이동 방향에 ❷ 따라 3종류로 구분한다.

(➡ 판의 상대적인 이동 방향)

발산형 경계	수렴형 경계	보존형 경계
두 판이 서로 멀어진다.	두 판이 서로 가까워진다.	두 판이 서로 어긋난다.

▲ 판 경계의 종류

✚ 개념

❷ **판의 상대적인 이동 방향**
두 판의 실제 이동 방향이 같더라도 이동 속력이 다르면 두 판의 상대적인 이동 방향이 서로 반대가 되어 발산형 경계와 수렴형 경계가 발달할 수 있다.

· 앞서가는 판의 속도가 뒤따라오는 판의 속도보다 빠른 경우
➡ 발산형 경계

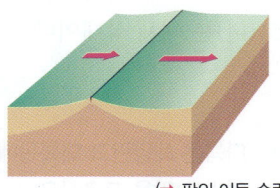

(➡ 판의 이동 속력)

· 앞서가는 판의 속도가 뒤따라오는 판의 속도보다 느린 경우
➡ 수렴형 경계

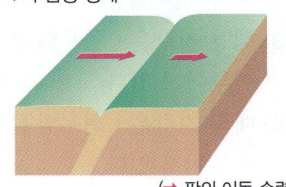

(➡ 판의 이동 속력)

1 지권의 변화와 판 구조론

1. 변동대에 대한 설명으로 옳은 것은 ○, 옳지 <u>않은</u> 것은 ×표 하시오.

(1) 지각 변동의 에너지원은 지구 내부 에너지이다.
(○ , ×)

(2) 화산 활동은 대륙의 중심부보다 가장자리에서 많이 일어난다.
(○ , ×)

(3) 지진이 발생하는 모든 지역에서 화산 활동이 일어난다.
(○ , ×)

(4) 화산 활동과 지진은 주로 판 경계에서 일어난다.
(○ , ×)

(5) 화산 활동과 지진은 태평양 연안보다 대서양 연안에서 더 활발하게 일어난다.
(○ , ×)

2. 그림은 지구 내부 구조의 일부를 나타낸 것이다.

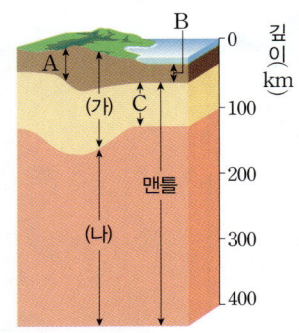

이에 대한 설명으로 옳은 것은 ○, 옳지 <u>않은</u> 것은 ×표 하시오.

(1) A는 B보다 평균 밀도가 크다. (○ , ×)
(2) 판은 A+C, B+C에 해당한다. (○ , ×)
(3) C에서는 대류가 일어난다. (○ , ×)
(4) (가)는 여러 조각으로 나누어져 있다. (○ , ×)
(5) (나)는 액체 상태이다. (○ , ×)

3. 다음은 해양판과 대륙판에 대한 설명이다. ( ) 안에 알맞은 말을 고르시오.

(1) 해양판은 대륙판보다 평균 밀도가 (크다 , 작다).
(2) 대륙판은 해양판보다 두께가 (두껍다 , 얇다).
(3) 해양 지각은 (현무암질 , 화강암질) 암석으로 이루어져 있다.
(4) 대륙 지각은 (현무암질 , 화강암질) 암석으로 이루어져 있다.
(5) 태평양판은 (대륙판 , 해양판)의 대표적인 예이다.

4. 그림은 판 이동의 원동력을 알아보기 위해 냄비에 우유를 붓고 표면에 코코아 가루를 뿌린 후, 가열하면서 일어나는 변화를 관찰한 실험을 나타낸 것이다.

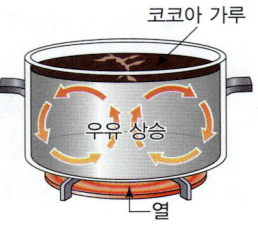

이에 대한 설명으로 옳은 것은 ○, 옳지 <u>않은</u> 것은 ×표 하시오.

(1) 열원은 태양 에너지에 해당한다. (○ , ×)
(2) 코코아 가루는 판에 해당한다. (○ , ×)
(3) 상승하는 우유는 상승하는 맨틀 물질에 해당한다.
(○ , ×)
(4) 우유 표면의 코코아 층은 몇 개의 조각으로 나뉘어서 이동한다.
(○ , ×)

5. 판 구조론에 대한 설명으로 옳은 것은 ○, 옳지 <u>않은</u> 것은 ×표 하시오.

(1) 지구 표면은 하나의 거대한 판으로 이루어져 있다.
(○ , ×)
(2) 판은 지각과 상부 맨틀의 일부를 포함한다. (○ , ×)
(3) 판은 맨틀 대류를 따라 이동한다. (○ , ×)
(4) 판의 이동 속력은 모두 같다. (○ , ×)
(5) 판 경계는 인접한 두 판의 상대적인 이동 방향에 따라 발산형 경계, 수렴형 경계, 보존형 경계로 구분한다.
(○ , ×)

6. 그림 (가), (나)는 판의 실제 이동 방향과 판 경계를 나타낸 것이다. 화살표의 길이는 판의 이동 속력을 의미한다.

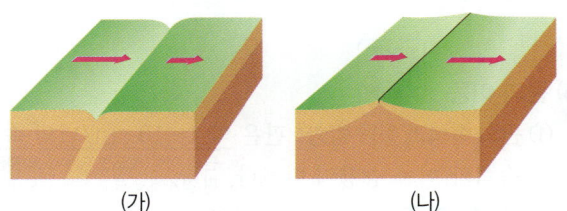

(가)   (나)

이에 대한 설명으로 옳은 것은 ○, 옳지 <u>않은</u> 것은 ×표 하시오.

(1) (가)는 발산형 경계이다. (○ , ×)
(2) (나)는 수렴형 경계이다. (○ , ×)
(3) (가)는 맨틀 대류가 하강하는 곳에서 형성된다.
(○ , ×)
(4) (나)에서 새로운 지각이 생성될 수 있다. (○ , ×)
(5) 심발 지진은 (가)에서가 (나)에서보다 활발하다.
(○ , ×)

❖ 정답 문제편 **276p**

② 판 경계와 지각 변동 출제 ○순위 특강 p.146

1. 판 경계에서 발달하는 지형❶

맨틀 대류를 따라 판이 이동하면서 나타나는 판의 경계에는 발산형 경계, 보존형 경계, 수렴형 경계가 있다. 세 종류의 판 경계에서는 다양한 지형이 만들어진다.

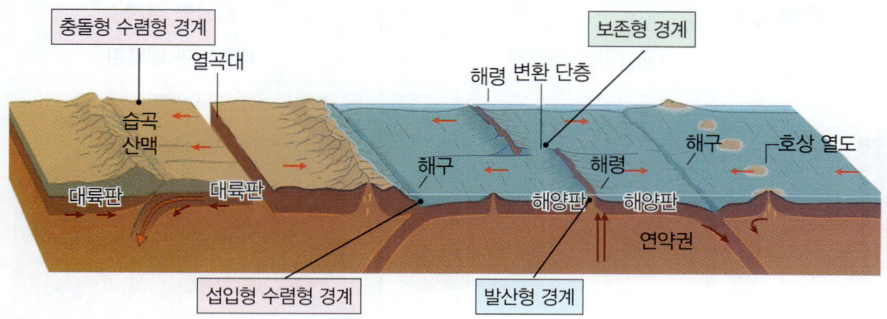

2. 발산형 경계

두 판이 서로 멀어지는 경계로, 맨틀 물질이 상승하여 새로운 해양 지각이 생성된다.❷

> 열곡대가 넓어지고 깊어지다 바닷물이 들어오면 새로운 해양이 형성된다. 예 홍해

구분	해양판과 해양판	대륙판과 대륙판
모식도	*지진	*지진
지형	• **해령**: 두 해양판이 멀어지면서 해저 산맥인 해령이 발달한다. • **열곡**: 해령의 중심부에는 V자 모양의 열곡이 발달한다.	• **열곡대**: 하나의 대륙판이 두 개의 대륙판으로 갈라지면서 V자 모양의 열곡이 길게 이어진 열곡대가 발달한다.
지각 변동	• 마그마의 상승으로 화산 활동이 활발하다. • 천발 지진이❸ 발생한다.	
예	대서양 중앙 해령, 동태평양 해령	동아프리카 열곡대

3. 보존형 경계

두 판이 서로 스쳐 지나가는 경계로, 판이 생성되거나 소멸하지 않는다.

구분	보존형 경계
모식도	▲ 보존형 경계 ▲ 해령 부근의 변환 단층 A−B, B′−A′ 구간은 양쪽 판의 이동 방향이 같으므로 지진이 거의 발생하지 않음 B−B′ 구간은 양쪽 판의 이동 방향이 서로 반대이므로 지진이 자주 발생함
지형	• **변환 단층**: 해령에서 발산하는 판의 이동 속도 차에 의해 해령이 끊어지면서 해령과 해령 사이에 수직으로 변환 단층이 발달한다.
지각 변동	• 마그마가 생성되지 않으므로 화산 활동은 일어나지 않는다. • 천발 지진이 발생한다.
예	산안드레아스 단층❹

➕ 용어

❶ 판 경계에서 발달하는 지형
• **해령**(海: 바다 嶺: 고개): 거대한 해저 산맥
• **열곡대**(裂: 찢다 谷: 골짜기 帶: 띠): 폭이 좁고 긴 골짜기인 열곡이 길게 이어져 있는 지형
• **변환 단층**(變: 변하다 換: 바뀌다 斷: 끊다 層: 층) 해령과 해령 사이에서 지층이 어긋나면서 끊어진 지형
• **해구**(海: 바다 溝: 도랑): 해저에 좁고 길게 도랑 모양으로 움푹 들어간 지형
• **호상열도**(弧: 활 狀: 모양 列: 늘어서다 島: 섬): 섬들이 활 모양으로 배열되어 있는 지형
• **습곡**(褶: 주름 曲: 굽다) **산맥**: 양쪽에서 미는 힘에 의해 습곡 구조가 나타나는 산맥

➕ 개념

❷ 해양 지각의 나이
해령에서 생성된 해양 지각은 양쪽으로 확장되므로 해령에서 멀어질수록 해양 지각의 나이가 많아진다.

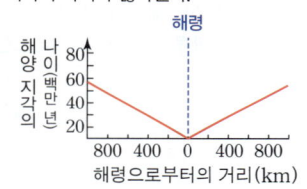

➕ 개념

❸ 진원 깊이에 따른 지진의 구분

구분	진원 깊이
천발 지진	70 km 이내
중발 지진	70~300 km
심발 지진	300 km 이상

❹ 산안드레아스 단층
변환 단층은 주로 해령 부근에서 나타나지만, 산안드레아스 단층처럼 육지로 드러난 곳도 있다.

변환 단층

4. 수렴형 경계

두 판이 서로 가까워지는 경계로, 맨틀 대류가 하강하여 판이 모여든다.

➡ 판이 가까워지면서 충돌하는 충돌형 경계와 판이 섭입하면서 소멸하는 섭입형 경계로 구분된다.

밀도가 큰 판이 밀도가 작은 판 아래로 섭입　　　　　　　　　　　　　　　　밀도가 비슷한 두 판이 충돌

구분	섭입형 경계		충돌형 경계
	해양판과 대륙판	해양판과 해양판	대륙판과 대륙판
모식도	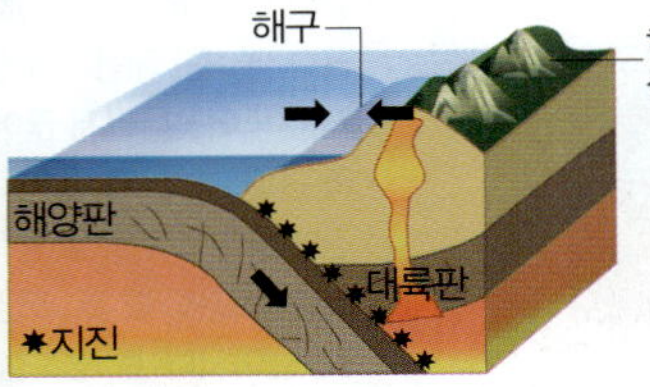	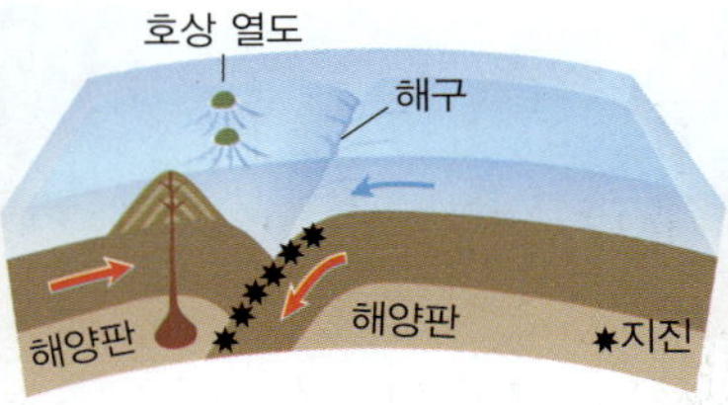	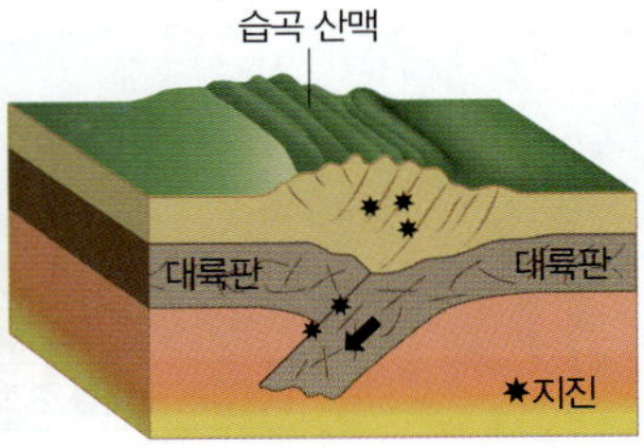
지형	• **해구**: 밀도가 큰 해양판이 밀도가 작은 대륙판 아래로 섭입하면서 해구가 발달한다. • **호상열도**: 섭입대(베니오프대)에서❶ 생성된 마그마가 분출하여 해구와 나란하게 호상열도가 발달한다. • **습곡 산맥**: 두 판이 모이면서 지각이 융기하여 습곡 산맥이 만들어진다.	• **해구**: 밀도가 큰 해양판이 밀도가 작은 해양판 아래로 섭입하면서 해구가 발달한다. • **호상열도**: 섭입대(베니오프대)에서 생성된 마그마가 분출하여 해구와 나란하게 호상열도가 발달한다.	• **습곡 산맥**: 밀도가 비슷한 두 대륙판이 충돌하면 대륙 지각은 밀도가 작아서 더 이상 맨틀 속으로 섭입하지 못하고, 양쪽에서 미는 힘에 의해 두 대륙 사이에 있던 해저 퇴적물이 융기하여 거대한 습곡 산맥이 발달한다.
지각 변동	• 화산 활동이 활발하게 일어난다. • 섭입대를 따라 천발~심발 지진이 발생한다.		• 마그마가 잘 생성되지 않으므로 화산 활동은 거의 일어나지 않는다. • 천발~중발 지진이 발생한다.
예	일본 해구, 일본 열도, 페루-칠레 해구, 안데스산맥	마리아나 해구	히말라야산맥

✪ 우리나라 주변의 지각 변동

판의 분포와 이동	• 우리나라 주변에는 대륙판인 유라시아판, 해양판인 태평양판과 필리핀판이 분포한다. • 우리나라는 유라시아판에 속한다. • 태평양판과 필리핀판이 유라시아판 아래로 섭입하고, 태평양판이 필리핀판 아래로 섭입한다. ➡ 수렴형 경계(섭입형) 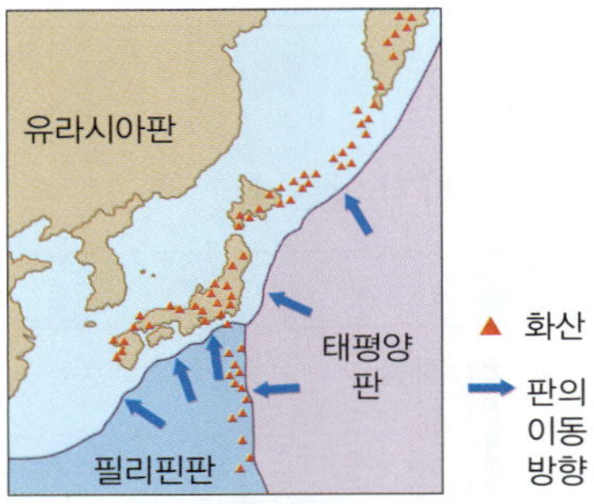 ▲ 우리나라 주변의 판의 분포
지형	• **일본 해구**: 태평양판이 유라시아판 아래로 섭입하면서 일본 해구가 형성되었다. • **일본 열도**: 섭입대를 따라 마그마가 분출하여 유라시아판 쪽에 호상열도인 일본 열도가 형성되었다.
지각 변동	• 일본 해구 부근에서 천발 지진이 자주 발생하고, 일본에서 우리나라 쪽으로 올수록 진원의 깊이가 깊어져 심발 지진이 발생한다. • 일본 열도에서는 화산 활동이 활발하다.

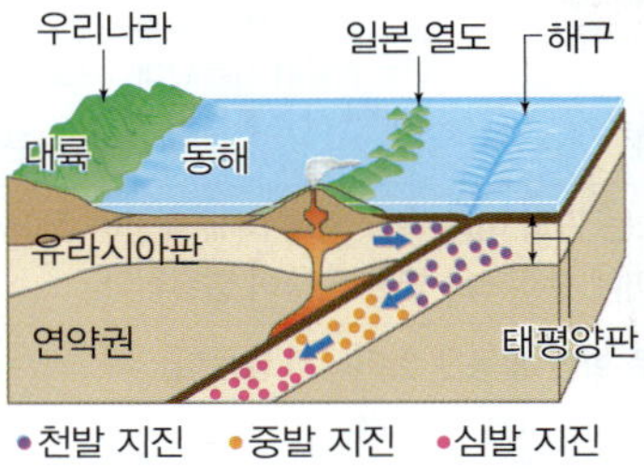

▲ 우리나라 주변의 지각 변동
• 천발 지진　• 중발 지진　• 심발 지진

➕ 용어

❶ **섭입대** (攝: 당기다 入: 들어가다 帶: 띠)
판과 판이 수렴하는 경계에서 상대적으로 밀도가 큰 판이 밀도가 작은 판 아래로 밀려 들어가는 부분이다. 섭입대를 발견한 미국의 지구물리학자 베니오프의 이름을 따 베니오프대라고도 한다.

★ 암기

★ **판 경계에서의 지각 변동**

발산형	천발 지진, 화산 활동
보존형	천발 지진
수렴형	• 섭입형: 천발~심발 지진, 화산 활동 • 충돌형: 천발~중발 지진

3 지권의 변화가 지구시스템에 미치는 영향

1. 화산 활동

지하 깊은 곳에서 생성된 마그마가 지각의 약한 틈을 뚫고 지표로
분출하는 현상으로, 지구 내부의 물질이 지표로 방출된다.

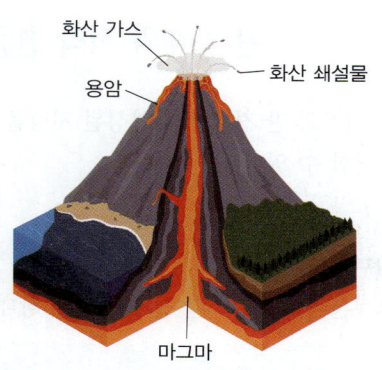

▲ 화산 분출물

(1) 화산 분출물

① 화산 가스: 대부분이 수증기이며, 이산화 탄소, 이산화 황 등을 포함하는
기체이다.

② 용암: 마그마에서 화산 가스가 빠져나가고 남은 고온의 액체 물질이다.

③ 화산 쇄설물: 화산 활동으로 분출되는 고체 물질로, 입자의 크기에 따라
화산진, 화산재, 화산력, 화산암괴 등으로 구분한다.

(2) 화산 활동의 영향

피해	• 화산 가스에 포함된 이산화 황, 이산화 탄소 등이 빗물에 녹아 산성비가 내린다. • 고온의 화산 쇄설물이나 용암이 흘러내리면서 산불이나 산사태가 발생한다. • 화산재가 햇빛을 차단하여 일시적으로 지구의 평균 기온을 떨어뜨린다. 지권 → 기권
대책	• 화산 주변에 제방을 쌓아 화산 쇄설물이 흘러내리는 경로를 조절한다. • 용암류에 바닷물을 뿌려 용암이 흐르는 속도를 늦추거나 방향을 바꾼다. • 화산 분출구 주변에 댐과 수로를 건설하여 용암을 굳게 하고 이동 경로를 조절한다.
이용	• 마그마가 식으면서 유용한 광물이 생성된다. • 화산 분출물에 포함된 여러 가지 무기물(인, 칼륨 등)에 의해 토양이 비옥해진다. • 지열은 난방에 이용되거나 발전을 통해 전기를 생산하는 데 이용된다. • 화산 지대에 형성된 독특한 지형과 온천은 관광 자원으로 활용된다.

2. 지진

지층에 축적된 에너지가 방출되면서 진동이 일어나는 현상으로, 단층 형성, 화산
활동 등으로 발생한다.

(1) 지진의 세기

① 규모: 지진으로부터 방출된 에너지의 크기에 따라 나타낸 세기로, 같은
지진이라면 진앙으로부터의 거리에 관계없이 규모가 같다.

② 진도: 지진에 의한 피해 정도로 나타낸 세기로, 진앙에 가까울수록 대체로
진도가 크다.

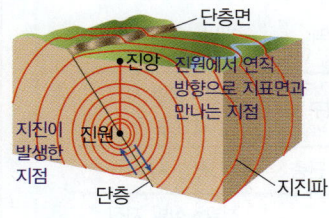

▲ 진원과 진앙

(2) 지진의 영향 [1]

피해	• 땅의 진동으로 산사태가 일어나거나 지표면이 갈라진다. • 건물이 무너지고, 가스 누출이나 전기 누전 등으로 화재가 발생한다. • 해저에서 지진이 발생하면 지진 해일(쓰나미)이 [2] 발생한다. 지권 → 수권
대책	• 인공위성을 이용해 지형 변화를 관측한다. • 지진이 발생했을 때 구조물이 무너지지 않도록 내진 설계를 적용한다. • 지진계를 설치하고, 안전 교육을 시행한다.
이용	• 지진파를 [3] 분석하여 지구 내부의 구조를 연구한다. • 지진파를 이용하여 석유, 천연가스 등 유용한 지하 자원이 매장된 지역을 찾는다. • 지질 구조를 파악하여 댐이나 도로 등을 건설하기에 적합한 지역을 선정한다.

➕ 개념

❶ 지진 발생 시 대처 요령

• 가스 밸브를 잠그고, 전열기를 끈다.
• 문을 열어 미리 비상구를 확보한다.
• 머리를 보호할 수 있는 단단한 물체
밑으로 대피한다.
• 엘리베이터를 이용하지 말고 계단으로
대피한다.
• 야외에서는 건물에서 멀리 떨어진다.

❷ 지진 해일 (쓰나미)
지진 해일은 해저 지진 등에 의해 발생한
해파로, 해안에 접근함에 따라 파고가
높아진다.

❸ 지진파
지진파는 통과하는 매질의 종류와
상태에 따라 전파 속도가 달라지므로
지구 내부를 통과하는 지진파의 속도
분포 곡선으로부터 지구 내부 구조를 알
수 있다.

구분	P파	S파
파동	종파	횡파
전파 속도 (km/s)	5~8	3~4
통과 매질	고체, 액체, 기체	고체
진폭	작음	큼
피해	작음	큼

✱ 판 경계와 지각 변동

전 세계의 판 경계에서 형성된 지형을 조사하고, 어떤 지각 변동이 일어나는지 설명할 수 있다.

출제 0순위 포인트는?
• 전 세계의 주요 판 경계와 판의 이동 방향을 제시하고 그곳에서 형성된 지형과 지각 변동을 묻는 문제가 자주 출제된다.
• 어느 지역에 어떤 판 경계가 있는지 정확하게 알아야 한다.

[탐구 과정]

그림은 전 세계의 판 경계와 판의 상대적인 이동 방향 및 속도를 나타낸 것이다.

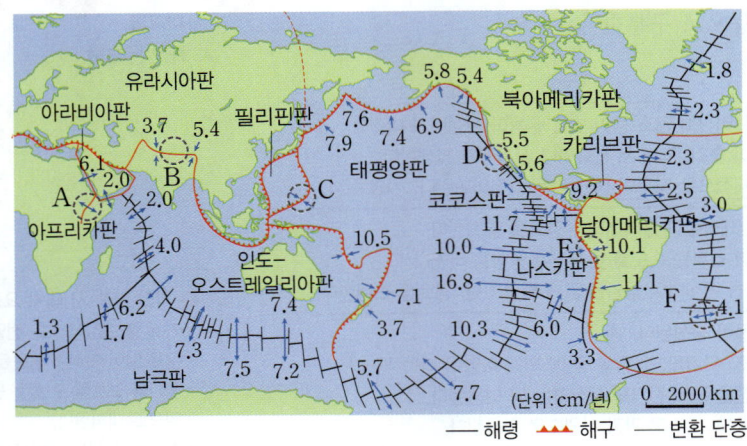

(가) 판 경계 A~F는 어떤 종류의 경계인지 분류한다.

(나) 판 경계 A~F에서 형성된 지형을 조사하고, 어떤 지각 변동이 일어나는지 설명한다.

[탐구 결과]

구분	관련된 판	판 경계	지형	지각 변동
A	아프리카판	발산형 경계	동아프리카 열곡대❶	천발 지진, 화산 활동
B	유라시아판, 인도-오스트레일리아판	수렴형 경계	히말라야산맥	천발~중발 지진
C	태평양판, 필리핀판	수렴형 경계	마리아나 해구	천발~심발 지진, 화산 활동
D	태평양판, 북아메리카판	보존형 경계	산안드레아스 단층	천발 지진
E	나스카판, 남아메리카판	수렴형 경계	안데스산맥	천발~심발 지진, 화산 활동
F	남아메리카판, 아프리카판	발산형 경계	대서양 중앙해령	천발 지진, 화산 활동

➕ 개념

❶ 동아프리카 열곡대

동아프리카 열곡대를 따라 아프리카판이 둘로 갈라져 양쪽으로 확장되고 있다.

확인 문제

▶ 정답과 해설은 다음 페이지에

01
판 경계 A~F 중 판이 생성되는 곳을 모두 쓰시오.

02
판 경계 A~F 중 맨틀 대류가 하강하는 곳을 모두 쓰시오.

2 판 경계와 지각 변동

1. 그림 (가)~(다)는 서로 다른 판 경계를 모식적으로 나타낸 것이다. (➡ 판의 상대적인 이동 방향)

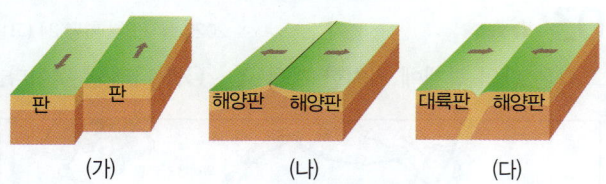

(가)   (나)   (다)

이에 대한 설명으로 옳은 것은 ○, 옳지 않은 것은 ×표 하시오.

(1) (가)는 판의 생성이나 소멸이 없다. (○, ×)

(2) (나)는 맨틀 대류의 하강부이다. (○, ×)

(3) (다)에서는 새로운 지각이 생성된다. (○, ×)

(4) 화산 활동은 (가)보다 (나)에서 활발하다. (○, ×)

(5) 해령은 (다)에서 발달하는 지형이다. (○, ×)

2. 그림은 우리나라 주변에 분포하는 판 A~C의 이동 방향과 화산의 분포를 나타낸 것이다.

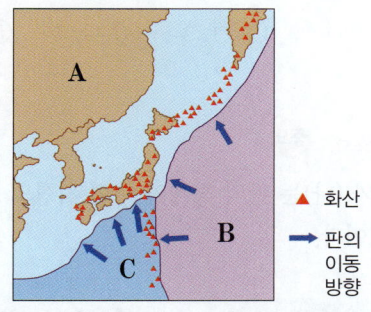

▲ 화산
➡ 판의 이동 방향

이에 대한 설명으로 옳은 것은 ○, 옳지 않은 것은 ×표 하시오.

(1) A는 유라시아판, B는 필리핀판, C는 태평양판이다. (○, ×)

(2) A, B, C는 모두 해양판이다. (○, ×)

(3) 판의 평균 밀도는 B가 C보다 크다. (○, ×)

(4) A와 C의 경계는 수렴형 경계이다. (○, ×)

(5) B와 C의 경계를 따라 해구가 발달한다. (○, ×)

p.146 확인 문제 [정답]

01 A, F

02 B, C, E

3. 그림은 전 세계의 주요 판 경계를 나타낸 것이다.

이에 대한 설명으로 옳은 것은 ○, 옳지 않은 것은 ×표 하시오.

(1) A는 맨틀 대류가 상승하는 곳이다. (○, ×)

(2) B에서는 화산 활동이 활발하게 일어난다. (○, ×)

(3) 인접한 두 판의 밀도 차이는 A가 C보다 크다. (○, ×)

(4) 천발 지진은 A, B, C에서 모두 발생한다. (○, ×)

(5) 심발 지진은 B보다 C에서 자주 발생한다. (○, ×)

(6) A는 대륙판과 대륙판의 수렴형 경계이다. (○, ×)

(7) B에서는 두 판이 서로 어긋나며 스쳐 지나간다. (○, ×)

(8) C에서는 해구와 나란하게 호상열도가 발달한다. (○, ×)

3 지권의 변화가 지구시스템에 미치는 영향

4. 화산 활동과 지진에 대한 설명으로 옳은 것은 ○, 옳지 않은 것은 ×표 하시오.

(1) 화산 가스의 대부분은 이산화 탄소이다. (○, ×)

(2) 화산재는 햇빛의 반사율을 감소시킨다. (○, ×)

(3) 마그마가 식으면서 유용한 광물이 생성되기도 한다. (○, ×)

(4) 지진 해일(쓰나미)은 지권과 수권의 상호작용으로 발생한다. (○, ×)

(5) 지진파를 이용하여 지구 내부 구조를 파악할 수 있다. (○, ×)

(6) 지열 발전은 화산 지대에서 조력 에너지를 이용하여 전기를 생산하는 방식이다. (○, ×)

(7) 지진파를 분석하여 지하자원을 탐사하기도 한다. (○, ×)

1 지권의 변화와 판 구조론

01 ✿✿✿

그림은 전 세계의 화산과 지진 분포를 나타낸 것이다.

이에 대한 설명으로 옳은 것은?

① 화산대와 지진대의 위치는 서로 전혀 다르다.
② 화산대와 지진대는 주로 판의 경계에 위치한다.
③ 화산 활동은 태평양 연안보다 대서양 연안에서 활발하게 일어난다.
④ 지진이 발생하는 모든 지역에서 반드시 화산 활동이 일어난다.
⑤ 화산 활동과 지진은 태양 에너지에 의해 일어난다.

02 ✿✿✿

그림은 암석권(판)의 모습을 나타낸 것이다.

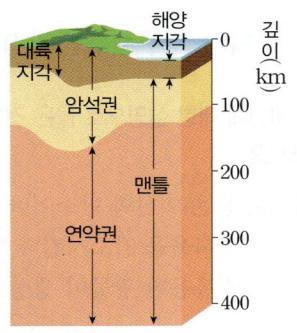

이에 대한 설명으로 옳은 것만을 [보기]에서 있는 대로 고른 것은?

[보기]
ㄱ. 판은 지각과 상부 맨틀의 일부를 포함한다.
ㄴ. 암석권은 여러 개의 크고 작은 판으로 이루어진다.
ㄷ. 대륙판은 해양판에 비해 두께가 얇고 밀도가 크다.

① ㄴ　② ㄷ　③ ㄱ, ㄴ　④ ㄴ, ㄷ　⑤ ㄱ, ㄴ, ㄷ

2 판 경계와 지각 변동

03 ✿✿✿　　　　2025 실시 6월 학평 24 (고1)

그림은 판의 경계에 위치한 지점 A ~ C를 나타낸 것이다.

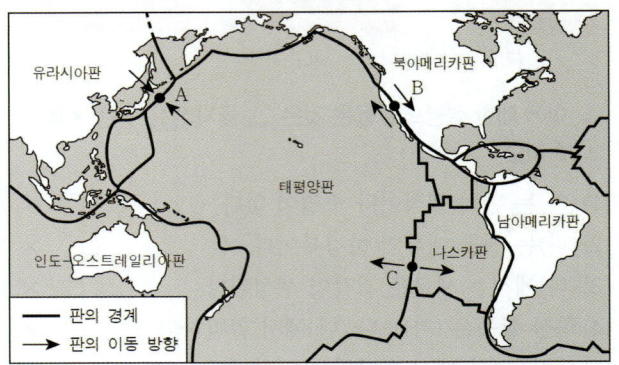

이에 대한 설명으로 옳은 것만을 [보기]에서 있는 대로 고른 것은? [2점]

[보기]
ㄱ. A의 하부에서 맨틀 대류가 상승한다.
ㄴ. B에서 화산 활동이 활발하게 일어난다.
ㄷ. C에서 새로운 해양 지각이 생성된다.

① ㄱ　② ㄷ　③ ㄱ, ㄴ　④ ㄴ, ㄷ　⑤ ㄱ, ㄴ, ㄷ

04 ✿✿✿ 중요　　　　학력 평가 기출

그림 (가)와 (나)는 판의 경계와 주변 지형의 단면을 나타낸 것이다.

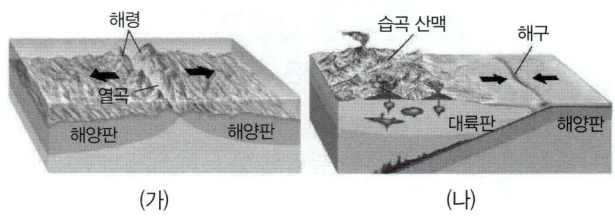

(가)　　　　　　　(나)

이에 대한 설명으로 옳은 것만을 [보기]에서 있는 대로 고른 것은?

[보기]
ㄱ. (가)에서 판의 경계는 발산 경계이다.
ㄴ. (나)에서 판의 밀도는 해양판이 대륙판보다 크다.
ㄷ. 해양판은 (가)에서는 소멸되고, (나)에서는 생성된다.

① ㄱ　② ㄴ　③ ㄷ　　④ ㄱ, ㄴ　⑤ ㄴ, ㄷ

05 ✿✿✿

그림 (가)는 발산형 경계를, (나)는 보존형 경계를 나타낸 것이다.

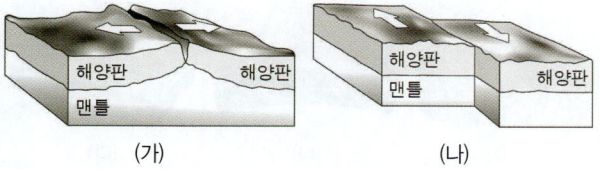

(가)   (나)

이에 대한 설명으로 옳은 것만을 [보기]에서 있는 대로 고른 것은? [3점]

[보기]
ㄱ. (가)에서 해령이 발달한다.
ㄴ. (나)에서 해양판이 소멸한다.
ㄷ. 화산 활동은 (가)보다 (나)에서 활발하다.

① ㄱ   ② ㄷ   ③ ㄱ, ㄴ   ④ ㄴ, ㄷ   ⑤ ㄱ, ㄴ, ㄷ

06 ✿✿✿

그림은 판의 경계에 위치한 지역 A, B와 주변 판의 이동 방향을 나타낸 것이다.

⇨ 판의 이동 방향

이에 대한 설명으로 옳은 것만을 [보기]에서 있는 대로 고른 것은? [2.0점]

[보기]
ㄱ. A에서는 판의 소멸이 일어난다.
ㄴ. B에서는 해령이 발달한다.
ㄷ. 화산 활동은 A에서가 B에서보다 활발하다.

① ㄱ   ② ㄷ   ③ ㄱ, ㄴ   ④ ㄴ, ㄷ   ⑤ ㄱ, ㄴ, ㄷ

07 ✿✿✿

그림 (가)와 (나)는 판의 경계를 나타낸 것이다.

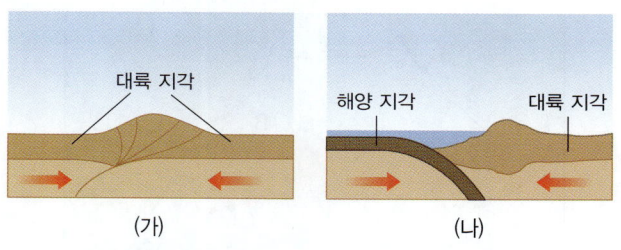

(가)   (나)

이에 대한 설명으로 옳지 <u>않은</u> 것은?

① (가)에서는 습곡 산맥이 형성된다.
② (가)에서 천발 지진과 중발 지진이 발생한다.
③ (나)에서는 해양 지각이 소멸한다.
④ (나)에서는 변환 단층이 발달한다.
⑤ 화산 활동은 (가)보다 (나)에서 활발하다.

08 ✿✿✿

다음은 튀르키예 부근에서 발생한 지진에 대한 신문 기사의 일부이다.

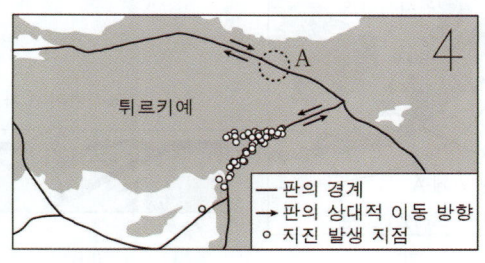

○월 ○일 튀르키예 남동부 지역에서 규모 7.8의 강진이 발생하고 ㉠ 여러 차례 지진이 이어져 큰 피해가 일어났다. 판과 판이 만나는 이 지역은 과거에도 지진이 발생하였다.

— 판의 경계
→ 판의 상대적 이동 방향
○ 지진 발생 지점

이에 대한 설명으로 옳은 것만을 [보기]에서 있는 대로 고른 것은?

[보기]
ㄱ. ㉠은 주로 판의 경계 부근에서 발생하였다.
ㄴ. A 지역에는 두 판이 어긋나는 경계가 있다.
ㄷ. 지진의 주된 에너지원은 지구 내부 에너지이다.

① ㄱ   ② ㄷ   ③ ㄱ, ㄴ   ④ ㄴ, ㄷ   ⑤ ㄱ, ㄴ, ㄷ

09 ✽✽✽ 단답형

그림은 태평양 주변 판의 경계를 나타낸 것이다.

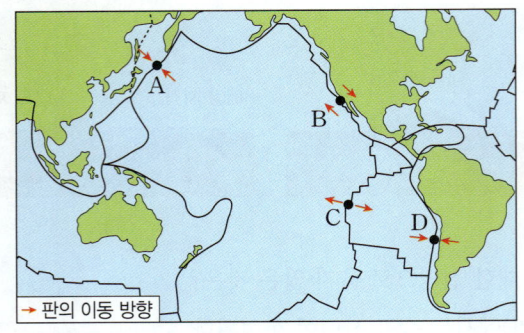

(가)	• 맨틀 대류의 상승부 • 천발 지진과 화산 활동 발생
(나)	• 호상열도 발달 • 천발 및 심발 지진 발생

(1) (가), (나)에 해당하는 지역을 A~D 중에서 찾아 쓰시오.

(2) A~D 중 수렴형 경계에 해당하는 지역을 모두 골라 쓰시오.

10 ✽✽✽

2022 실시 11월 학평 11 (고1)

그림 (가)는 어느 지역의 판 경계 A와 판의 상대적인 이동 방향을, (나)는 (가)의 X－X′ 구간에서의 지형 단면을 나타낸 것이다.

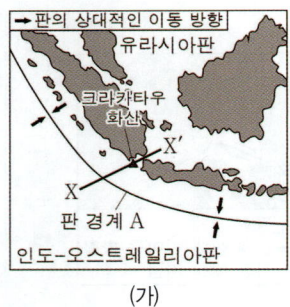
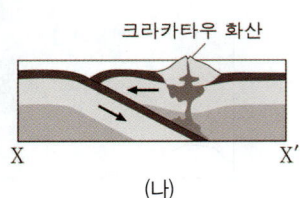

이에 대한 설명으로 옳은 것만을 [보기]에서 있는 대로 고른 것은? [3점]

[보기]
ㄱ. A는 발산형 경계이다.
ㄴ. 크라카타우 화산에서 용암이 분출될 때 지구 내부 에너지가 방출된다.
ㄷ. A에 인접한 판의 밀도는 인도－오스트레일리아판이 유라시아판보다 작다.

① ㄱ　② ㄴ　③ ㄱ, ㄷ　④ ㄴ, ㄷ　⑤ ㄱ, ㄴ, ㄷ

[11~12] 그림 (가)~(다)는 발산형 경계, 섭입형 수렴형 경계, 보존형 경계를 순서 없이 나타낸 것이다. (가)에서 호상열도는 만들어지지 않고, (나)는 두 해양판 사이에 위치한다. 물음에 답하시오.

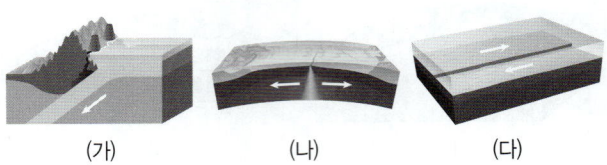

(가)　　　　(나)　　　　(다)

11 ✽✽✽

이에 대한 설명으로 옳은 것은?

① (가) 경계에서는 판과 판 사이의 거리가 멀어진다.
② (나) 경계에서는 대륙판이 새로 만들어진다.
③ (나) 경계는 맨틀 대류 하강부에 위치한다.
④ (가)~(다) 경계에서는 모두 판의 생성이나 소멸이 일어난다.
⑤ (가)~(다) 경계에서 모두 천발 지진이 일어난다.

12 ✽✽✽

(가)~(다) 경계에서 발달하는 지형의 예를 옳게 짝지은 것은?

	(가)	(나)	(다)
①	칠레 해구, 안데스산맥	동아프리카 열곡대	히말라야산맥
②	칠레 해구, 안데스산맥	대서양 중앙 해령	산안드레아스 단층
③	일본 해구, 일본 열도	알류샨 열도	산안드레아스 단층
④	일본 해구, 일본 열도	대서양 중앙 해령	산안드레아스 단층
⑤	동아프리카 열곡대	대서양 중앙 해령	히말라야산맥

13 ✽✽❀

그림은 판 경계를 모식적으로 나타낸 것이다. A~C는 판 경계에서 형성되는 지형이다.

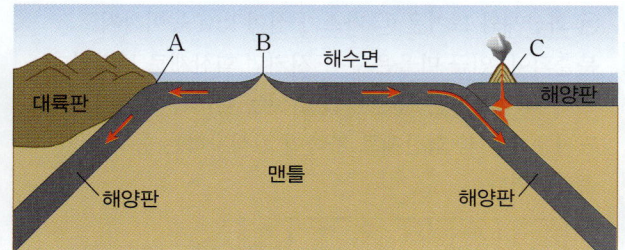

이에 대한 설명으로 옳지 않은 것은?

① A는 해구이다.
② A에서는 해양 지각이 생성된다.
③ B는 발산형 경계에 위치한다.
④ B에서 A로 갈수록 해양 지각의 연령이 증가한다.
⑤ C는 화산 활동에 의해 형성된 호상열도이다.

[14~15] 그림은 어느 지역의 판 경계를 나타낸 것이다. 물음에 답하시오.

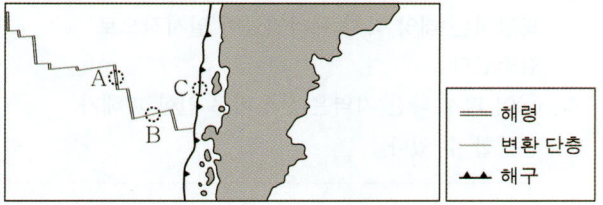

14 ✽✽❀   2024 실시 3월 학평 8 / 지구과학 I (고2)

이에 대한 설명으로 옳은 것만을 [보기]에서 있는 대로 고른 것은?

[보기]
ㄱ. A 지역에서는 인접한 두 판이 서로 멀어진다.
ㄴ. B 지역에서는 지진과 화산 활동이 활발하게 일어난다.
ㄷ. C 지역은 맨틀 대류의 상승부에 해당한다.

① ㄱ   ② ㄷ   ③ ㄱ, ㄴ   ④ ㄴ, ㄷ   ⑤ ㄱ, ㄴ, ㄷ

15 ✽✽❀ [서술형]

A~C 중 인접한 두 판의 밀도 차가 가장 큰 곳을 쓰고, 그렇게 판단한 까닭을 서술하시오.

3 지권의 변화가 지구시스템에 미치는 영향

16 ✽✽❀ 중요   2020 실시 9월 학평 20 (고1)

그림 (가)는 칠레 칼부코 화산 주변 판의 경계(A)와 운동 방향이고, (나)는 2015년에 발생한 칼부코 화산 분출에 대한 신문 기사의 일부이다.

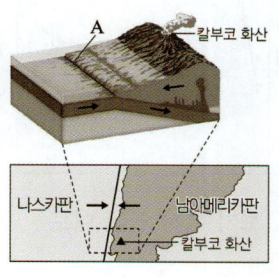

| 칼부코 화산 분출로 발생한 엄청난 양의 화산재가 하늘을 뒤덮었다. 칠레 정부는 주민들에게 긴급 대피 명령과 휴교령을 내렸다. 칠레의 주변 국가인 아르헨티나와 우루과이에서는 화산재로 인해 항공기 운항이 중단되었고 농작물 피해가 발생했다. |

(가)   (나)

이에 대한 설명으로 옳은 것만을 [보기]에서 있는 대로 고른 것은? [3점]

[보기]
ㄱ. A는 보존형 경계이다.
ㄴ. 칼부코 화산은 맨틀 대류가 상승하는 곳에서 발생했다.
ㄷ. 화산 활동은 주변 국가에 사회적, 경제적 영향을 준다.

① ㄱ   ② ㄷ   ③ ㄱ, ㄴ   ④ ㄴ, ㄷ   ⑤ ㄱ, ㄴ, ㄷ

17 ✽❀❀   2025 실시 6월 학평 25 (고1)

다음은 어느 지역의 화산 폭발에 대한 자료이다.

○○에서 화산이 폭발하여 용암, 화산 가스, 화산재 등이 분출되었다. ㉠ 화산재는 최대 고도 2.4 km에 도달하여 인근 공항이 폐쇄되었고, 분출된 용암은 주변의 주거 지역에 도달해 주민 피해가 발생했다.

이에 대한 설명으로 옳은 것만을 [보기]에서 있는 대로 고른 것은? [1.5점]

[보기]
ㄱ. 지권의 변화가 일상생활에 영향을 미치는 사례이다.
ㄴ. 대기 중의 ㉠으로 인해 지표에 도달하는 태양 복사 에너지가 감소한다.
ㄷ. 화산 폭발은 지구 내부 에너지가 지표로 방출되면서 발생한다.

① ㄱ   ② ㄷ   ③ ㄱ, ㄴ   ④ ㄴ, ㄷ   ⑤ ㄱ, ㄴ, ㄷ

18 ✽✽✽

그림은 화산 활동에 의한 피해 사례를 나타낸 것이다.

이에 대한 설명으로 옳은 것만을 [보기]에서 있는 대로 고른 것은?

─────[보기]─────
ㄱ. 화산재는 중간권에 도달하여 햇빛을 차단한다.
ㄴ. 피나투보 화산은 킬라우에아 화산보다 폭발적으로 분출하였다.
ㄷ. 피나투보 화산은 환태평양 화산대에 속한다.
─────────────────

① ㄱ   ② ㄷ   ③ ㄱ, ㄴ   ④ ㄴ, ㄷ   ⑤ ㄱ, ㄴ, ㄷ

19 ✽✽✽   2022 실시 3월 학평 19 / 지구과학 I (고2)

그림은 2021년 12월 한 달 동안 인도네시아 주변에서 발생한 규모 4.5 이상인 지진의 발생 지점을 나타낸 것이고, 글은 A 지점에서 발생한 지진에 대한 설명이다.

12월 14일에 A에서 규모 7.3의 ㉠ 지진이 발생하였다. 이 지진으로 ㉡ 지진 해일이 발생하였다.

이에 대한 옳은 설명만을 [보기]에서 있는 대로 고른 것은?

─────[보기]─────
ㄱ. ㉠은 지구 내부 에너지에 의해 발생하였다.
ㄴ. 지진은 판의 중앙부보다 경계 부근에서 주로 발생하였다.
ㄷ. ㉡은 해안 저지대에 침수 피해를 일으킨다.
─────────────────

① ㄱ   ② ㄷ   ③ ㄱ, ㄴ   ④ ㄴ, ㄷ   ⑤ ㄱ, ㄴ, ㄷ

[20~22] 다음은 인도네시아 스메루 화산 폭발에 대한 신문 기사의 일부이다. 물음에 답하시오.

2021년 12월 4일 스메루 화산이 폭발하였다. ㉠ 화산재와 뜨거운 ㉡ 가스가 십여 km 높이까지 분출되어, 인근 마을은 온통 시커먼 화산재로 뒤덮였다. 주택과 차량은 물론 마을을 잇는 다리가 파손되고, 뜨거운 열기와 화산재로 가축이 질식사하는 등 피해가 속출하였다.

20 ✽✽✽   2022 실시 9월 학평 13 (고1)

이에 대한 설명으로 옳은 것만을 [보기]에서 있는 대로 고른 것은?

─────[보기]─────
ㄱ. 화산 활동으로 지구 내부 에너지가 급격하게 방출된다.
ㄴ. 성층권에 ㉠이 대량으로 유입될 경우 지표에 도달하는 태양 복사 에너지양이 일시적으로 감소한다.
ㄷ. ㉡이 퍼져 나간 지역은 산성비로 인한 피해가 발생할 수 있다.
─────────────────

① ㄱ   ② ㄷ   ③ ㄱ, ㄴ   ④ ㄴ, ㄷ   ⑤ ㄱ, ㄴ, ㄷ

21 ✽✽✽ (서술형)

㉠으로 인한 피해와 혜택을 원인과 함께 서술하시오.

22 ✽✽✽ (단답형)

㉡의 성분 중 가장 많은 양을 차지하는 기체는 무엇인지 쓰시오.

23 ***^{중요}

2022 실시 9월 학평 14 (고1)

그림은 판의 경계에 위치한 지역 A, B, C와 각 지역에 인접한 판의 상대적인 이동 방향을 나타낸 것이다.

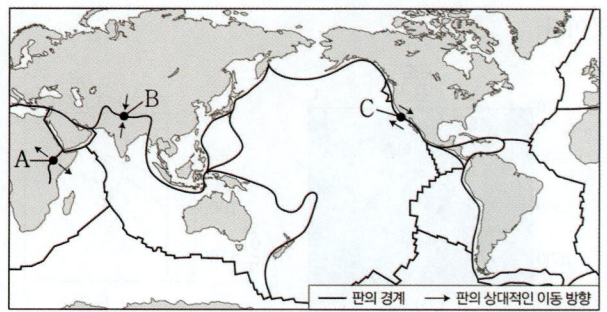

이에 대한 설명으로 옳은 것만을 [보기]에서 있는 대로 고른 것은? [3점]

[보기]
ㄱ. A에는 폭이 좁고 긴 V자 모양의 골짜기가 발달한다.
ㄴ. B에는 산맥을 따라 화산이 분포한다.
ㄷ. C에서는 판이 소멸된다.

① ㄱ   ② ㄴ   ③ ㄱ, ㄷ   ④ ㄴ, ㄷ   ⑤ ㄱ, ㄴ, ㄷ

24 **❀ [출제 0순위 특강]

그림은 전 세계 판의 분포를 나타낸 것이다.

이에 대한 설명으로 옳지 <u>않은</u> 것은?

① A는 대륙판과 대륙판이 충돌하는 수렴형 경계이다.
② B에서 호상열도가 형성되었다.
③ C는 판의 생성이나 소멸이 일어나지 않는다.
④ D는 해양판이 대륙판 아래로 들어가는 수렴형 경계이다.
⑤ E는 맨틀 물질이 하강하면서 해구와 습곡 산맥이 발달한다.

25 ***❀

그림은 2015년에 발생한 규모가 같은 두 지진 (가)와 (나)의 진앙과 진원 깊이를 나타낸 것이다.

이에 대한 설명으로 옳은 것만을 [보기]에서 있는 대로 고른 것은?

[보기]
ㄱ. (가)는 천발 지진이다.
ㄴ. (나)는 섭입대에서 발생하였다.
ㄷ. 카트만두와 도쿄의 지진은 규모와 진도가 같다.

① ㄱ   ② ㄷ   ③ ㄱ, ㄴ   ④ ㄴ, ㄷ   ⑤ ㄱ, ㄴ, ㄷ

26 ***^{중요}

2021 실시 9월 학평 18 (고1)

그림은 동아프리카 열곡대, 산안드레아스 단층, 안데스산맥을 특징에 따라 구분하는 과정을 나타낸 것이다. A, B, C는 각각 동아프리카 열곡대, 산안드레아스 단층, 안데스산맥 중 하나이다.

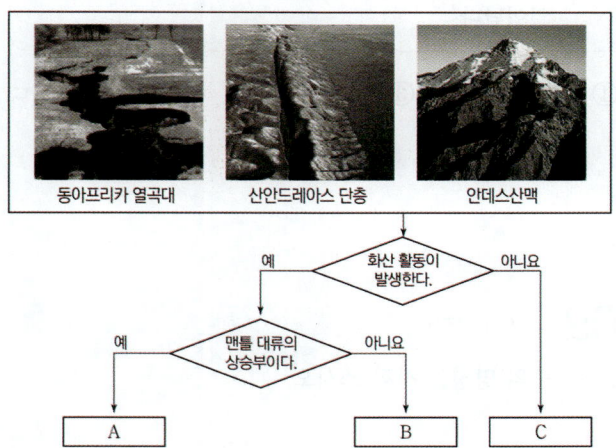

이에 대한 설명으로 옳은 것만을 [보기]에서 있는 대로 고른 것은? [3점]

[보기]
ㄱ. A는 동아프리카 열곡대이다.
ㄴ. B는 발산형 경계에 해당한다.
ㄷ. C에서는 지진이 자주 발생한다.

① ㄱ   ② ㄷ   ③ ㄱ, ㄴ   ④ ㄱ, ㄷ   ⑤ ㄴ, ㄷ

09 지구시스템의 구성과 상호작용

[01~02] 그림은 지구시스템의 기권과 수권의 연직 층상 구조를 모식적으로 나타낸 것이다. 물음에 답하시오.

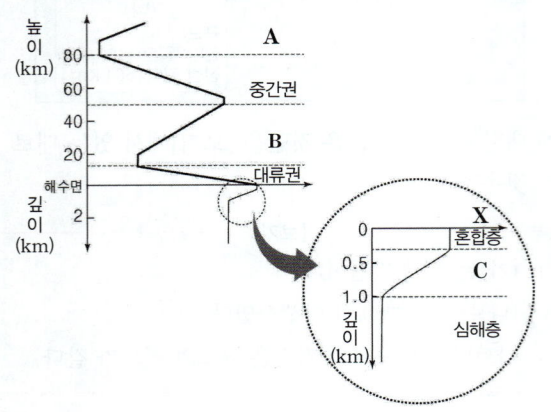

01 ✿✿✿✿ 중요
학력 평가 기출

이에 대한 설명으로 옳은 것만을 [보기]에서 있는 대로 고른 것은?

[보기]
ㄱ. 물리량 X는 온도이다.
ㄴ. A에서 오로라가 형성된다.
ㄷ. B와 C에서는 물질의 연직 운동이 활발하게 일어난다.

① ㄱ ② ㄷ ③ ㄱ, ㄴ ④ ㄴ, ㄷ ⑤ ㄱ, ㄴ, ㄷ

02 ✿✿✿ 단답형
A~C층의 명칭을 각각 쓰시오.

03 ✿✿✿ 서술형
대류권과 중간권의 공통점과 차이점을 각각 서술하시오.

04 ✿✿✿✿
그림 (가)는 위도에 따른 해수의 연직 구조를, (나)는 A~C 지점에서의 깊이에 따른 수온 분포를 나타낸 것이다.

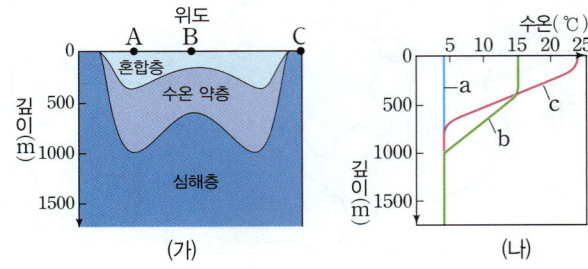

A~C 지점의 깊이에 따른 수온 분포 a~c를 옳게 짝지은 것은?

	A	B	C		A	B	C
①	a	b	c	②	a	c	b
③	b	a	c	④	b	c	a
⑤	c	b	a				

05 ✿✿✿✿
그림 (가)는 기권의 높이에 따른 기온 분포를, (나)는 지구 내부의 층상 구조를 나타낸 것이다.

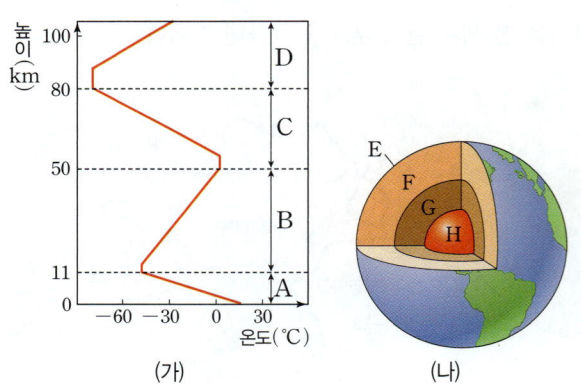

이에 대한 설명으로 옳은 것만을 [보기]에서 있는 대로 고른 것은?

[보기]
ㄱ. (가)에서 기온의 일교차가 가장 큰 층은 D이다.
ㄴ. (나)에서 밀도가 가장 큰 층은 G이다.
ㄷ. B층과 F층에서는 대류 현상이 나타난다.

① ㄱ ② ㄴ ③ ㄷ ④ ㄱ, ㄷ ⑤ ㄴ, ㄷ

06 ✿✿✽

그림 (가)~(다)는 지구시스템에서 일어나는 다양한 자연 현상을 나타낸 것이다.

(가) 밀물과 썰물   (나) 대기 대순환   (다) 화산 폭발

(가)~(다)를 일으키는 근원적인 에너지로 옳은 것은?

	(가)	(나)	(다)
①	태양 에너지	조력 에너지	지구 내부 에너지
②	조력 에너지	태양 에너지	지구 내부 에너지
③	조력 에너지	지구 내부 에너지	태양 에너지
④	지구 내부 에너지	조력 에너지	태양 에너지
⑤	지구 내부 에너지	태양 에너지	조력 에너지

07 ✿✿✽

그림 (가)는 물의 순환 과정을, (나)는 지구시스템 구성 요소들의 상호작용을 나타낸 것이다.

(가)
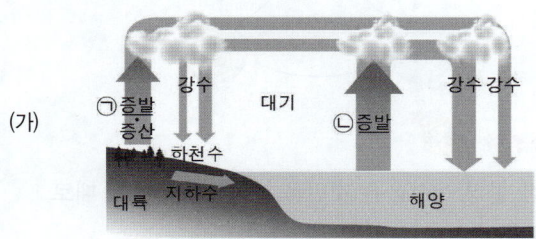

(나)
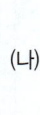 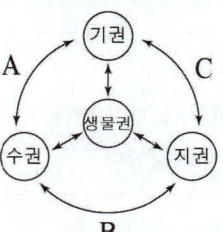

이에 대한 설명으로 옳은 것만을 [보기]에서 있는 대로 고른 것은?

[보기]

ㄱ. ㉠은 B에 해당한다.
ㄴ. ㉡의 주된 에너지는 지구로부터 얻는다.
ㄷ. 물의 순환 과정을 통해 물질과 에너지가 이동한다.

① ㄱ   ② ㄷ   ③ ㄱ, ㄴ   ④ ㄴ, ㄷ   ⑤ ㄱ, ㄴ, ㄷ

08 ✿✿✽

그림은 지구시스템의 에너지원을 나타낸 것이다.

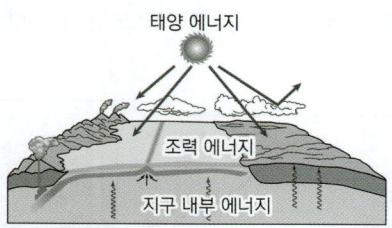

이에 대한 설명으로 옳은 것만을 [보기]에서 있는 대로 고른 것은?

[보기]

ㄱ. 태양 에너지는 기상 현상을 일으킨다.
ㄴ. 조력 에너지는 밀물과 썰물을 일으켜 해수면의 높이를 변화시킨다.
ㄷ. 지구시스템에서 가장 많은 양을 차지하는 에너지원은 지구 내부 에너지이다.

① ㄱ   ② ㄷ   ③ ㄱ, ㄴ   ④ ㄴ, ㄷ   ⑤ ㄱ, ㄴ, ㄷ

09 ✿✿✽

그림 (가)는 지구시스템에서 물의 순환을, (나)는 지구시스템 구성 요소들의 상호작용을 나타낸 것이다.

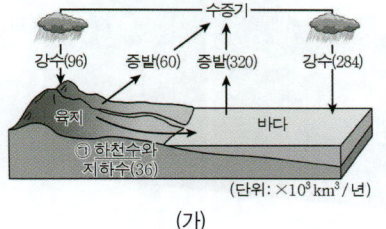 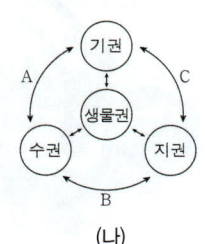

(가)   (나)

이에 대한 설명으로 옳은 것만을 [보기]에서 있는 대로 고른 것은?

[보기]

ㄱ. (가)의 바다에서 강수량과 증발량은 같다.
ㄴ. A의 예로 바람에 의한 해수 혼합이 있다.
ㄷ. ㉠에 의한 암석의 침식은 B에 해당한다.

① ㄱ   ② ㄷ   ③ ㄱ, ㄴ   ④ ㄴ, ㄷ   ⑤ ㄱ, ㄴ, ㄷ

10 ✿✿✾

그림 (가)는 지구시스템에서 물의 순환을, (나)는 강원도 영월의 동강 유역에 위치한 한반도 모양의 지형을 나타낸 것이다.

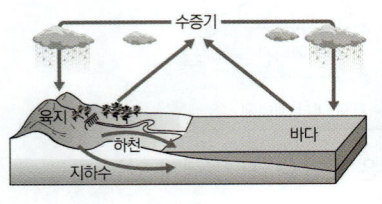

(가)   (나)

이에 대한 설명으로 옳은 것만을 [보기]에서 있는 대로 고른 것은?

[보기]
ㄱ. (가)에서 물질과 에너지가 이동한다.
ㄴ. (가)의 주된 에너지원은 태양 에너지이다.
ㄷ. (나)는 (가) 과정에 의해 지표가 변화되어 형성된 지형이다.

① ㄱ   ② ㄴ   ③ ㄱ, ㄷ   ④ ㄴ, ㄷ   ⑤ ㄱ, ㄴ, ㄷ

11 ✿✿✾

그림은 탄소의 순환 과정을 나타낸 것이다.

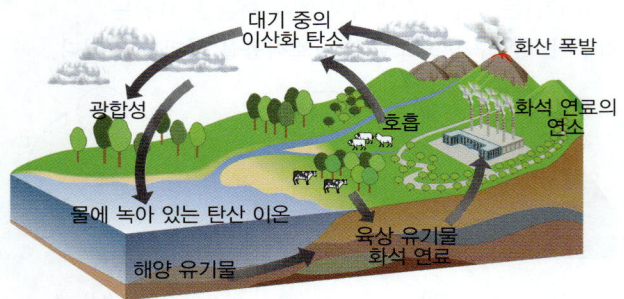

이에 대한 설명으로 옳은 것만을 [보기]에서 있는 대로 고른 것은?

[보기]
ㄱ. 화석 연료의 연소 과정을 통해 CO_2는 대기 중으로 배출된다.
ㄴ. 탄소는 바다에서 주로 CO_3^{2-}나 HCO_3^-의 형태로 존재한다.
ㄷ. 생물의 호흡을 통해 탄소는 CO_2의 형태로 대기 중으로 방출된다.

① ㄱ   ② ㄷ   ③ ㄱ, ㄴ   ④ ㄴ, ㄷ   ⑤ ㄱ, ㄴ, ㄷ

12 ✿✿✾ 서술형

표는 1년 동안 육지와 바다에서 물이 증발하는 양을 100이라고 할 때, 지구 전체의 평균적인 물의 순환을 나타낸 것이다.

증발량($\times 10^3$ km^3)		강수량($\times 10^3$ km^3)	
육지	바다	육지	바다
A	320	96	284

육지에서 바다로 이동하는 물의 상대적인 양을 풀이 과정을 포함하여 구하시오.

[13~14] 그림은 지구시스템에서 탄소가 순환하는 과정 중 일부를 나타낸 것이다. A, B, C는 각각 기권, 지권, 생물권 중 하나이다. 물음에 답하시오.

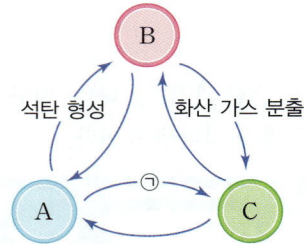

13 ✿✿✾ 중요

이에 대한 설명으로 옳은 것만을 [보기]에서 있는 대로 고른 것은?

[보기]
ㄱ. A는 기권이다.
ㄴ. 탄소의 양은 B가 C보다 많다.
ㄷ. 광합성은 ㉠에 해당한다.

① ㄱ   ② ㄴ   ③ ㄱ, ㄷ   ④ ㄴ, ㄷ   ⑤ ㄱ, ㄴ, ㄷ

14 ✿✿✿ 단답형

A, B, C에서의 탄소의 존재 형태를 각각 한 가지만 쓰시오.

15 ✹✹✽

그림은 태평양 주변의 판 경계와 세 지역 A~C에서의 판의 상대적인 이동 방향을 나타낸 것이다.

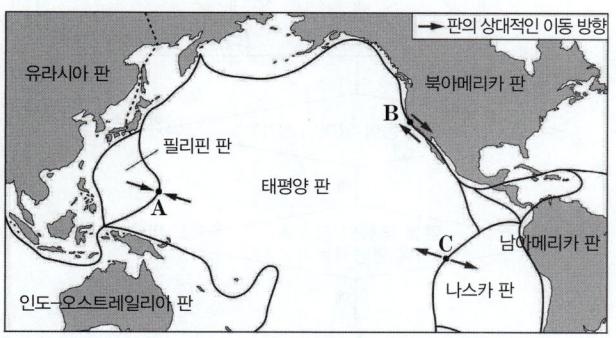

A~C에 대한 설명으로 옳은 것만을 [보기]에서 있는 대로 고른 것은?

[보기]
ㄱ. A는 맨틀 대류의 하강부이다.
ㄴ. B에서는 주로 심발 지진이 발생한다.
ㄷ. C에는 해구가 발달한다.

① ㄱ ② ㄴ ③ ㄷ ④ ㄱ, ㄴ ⑤ ㄱ, ㄷ

16 ✹✹✽ 🌟중요

그림은 전 세계 주요 판의 분포와 경계를 나타낸 것이다.

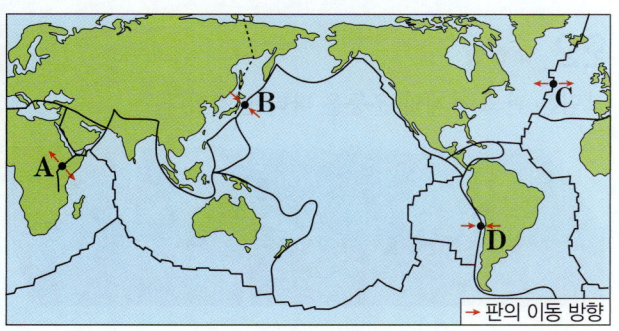

A~D 지역에 대한 설명으로 옳은 것만을 [보기]에서 있는 대로 고른 것은?

[보기]
ㄱ. A와 C는 심발 지진이 활발하게 일어난다.
ㄴ. B는 맨틀 대류의 하강부이다.
ㄷ. 인접한 두 판의 밀도 차는 D에서 가장 작다.

① ㄱ ② ㄴ ③ ㄱ, ㄷ ④ ㄴ, ㄷ ⑤ ㄱ, ㄴ, ㄷ

17 ✹✹✽

그림은 북아메리카 서해안 지역에서 해령, 해구, 변환 단층의 분포를 나타낸 것이다.

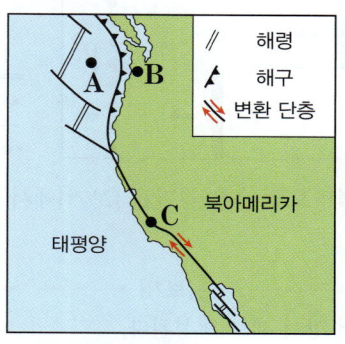

A~C 지역에 대한 설명으로 옳은 것만을 [보기]에서 있는 대로 고른 것은?

[보기]
ㄱ. 지각의 두께가 가장 얇은 곳은 A이다.
ㄴ. 천발 지진은 B와 C에서 모두 발생한다.
ㄷ. C에서 화산 활동이 활발하다.

① ㄱ ② ㄷ ③ ㄱ, ㄴ ④ ㄴ, ㄷ ⑤ ㄱ, ㄴ, ㄷ

18 ✹✹✽

그림은 판의 이동 방향과 단면을 나타낸 것이다.

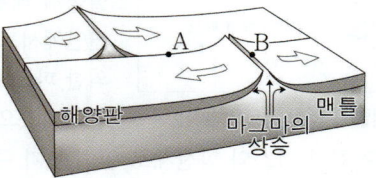

지점 A, B에 대한 설명으로 옳은 것만을 [보기]에서 있는 대로 고른 것은?

[보기]
ㄱ. A는 보존형 경계에 위치한다.
ㄴ. B에서는 해구가 발달한다.
ㄷ. 화산 활동은 A보다 B에서 활발하다.

① ㄱ ② ㄷ ③ ㄱ, ㄴ ④ ㄱ, ㄷ ⑤ ㄴ, ㄷ

19 ✱✱✱

그림은 판의 경계와 이동 방향을 나타낸 것이다.

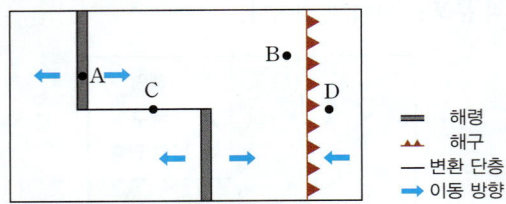

▬	해령
▲▲	해구
—	변환 단층
➡	이동 방향

이에 대한 설명으로 옳은 것만을 [보기]에서 있는 대로 고른 것은?

─────── [보기] ───────
ㄱ. A에서 판이 새로 생성된다.
ㄴ. C에서는 화산 활동이 일어나지 않는다.
ㄷ. 지진은 D보다 B에서 자주 발생한다.
─────────────────────

① ㄱ ② ㄷ ③ ㄱ, ㄴ ④ ㄴ, ㄷ ⑤ ㄱ, ㄴ, ㄷ

20 ✱✱✱　　　2023 실시 3월 학평 7 / 지구과학 I (고2)

다음은 어느 화산 활동에 대한 신문 기사의 일부이다.

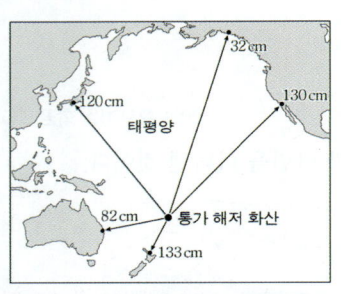

2022년 1월 15일 통가 주변에서 해저 화산이 폭발하였다. 이로 인해 멀리 떨어진 태평양 연안에서도 해일에 의한 파도가 관측되었으며, ㉠ 분출된 화산 가스와 화산재로 인해 통가 주변의 해양 생태계가 막대한 피해를 입었다.

▲ 해일에 의한 파도의 높이

이에 대한 옳은 설명만을 [보기]에서 있는 대로 고른 것은?

─────── [보기] ───────
ㄱ. 해일에 의한 파도의 높이는 통가 해저 화산에서 먼 곳일수록 낮다.
ㄴ. ㉠은 통가 주변에서 해양 산성화를 일으킬 수 있다.
ㄷ. 화산 활동은 지구시스템의 다양한 구성 요소에 영향을 준다.
─────────────────────

① ㄱ ② ㄴ ③ ㄱ, ㄷ ④ ㄴ, ㄷ ⑤ ㄱ, ㄴ, ㄷ

21 ✱✱✿ 중요✿　　　학력 평가 기출

그림은 서로 다른 유형의 판 경계 (가)~(다)를 구분하는 과정을 나타낸 것이다.

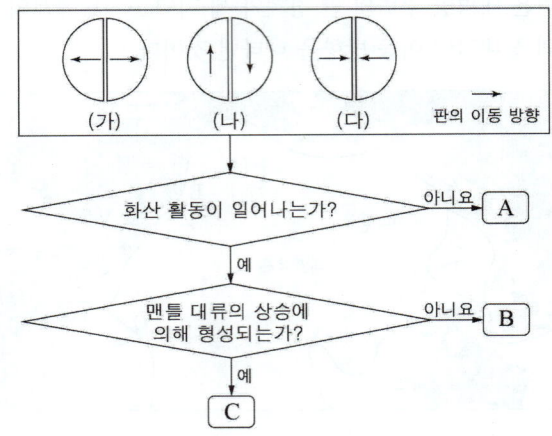

이에 대한 설명으로 옳은 것만을 [보기]에서 있는 대로 고른 것은? (단, 판은 모두 해양판이다.)

─────── [보기] ───────
ㄱ. A는 (나)이다.
ㄴ. B에서 변환 단층이 발달한다.
ㄷ. 마리아나 해구는 C에서 일어나는 판의 이동으로 만들어진다.
─────────────────────

① ㄱ ② ㄴ ③ ㄱ, ㄷ ④ ㄴ, ㄷ ⑤ ㄱ, ㄴ, ㄷ

22 ✱✱✱

그림은 판의 경계와 운동을 나타낸 것이다.

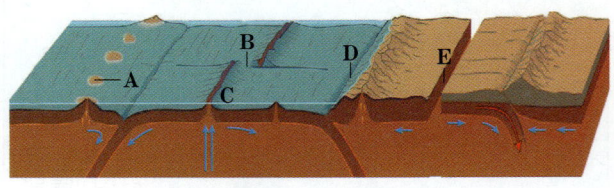

A~E 지형에 대한 설명으로 옳지 않은 것은?

① A에서는 주로 호상열도가 발달한다.
② B는 보존형 경계로 화산 활동이 일어나지 않는다.
③ C에서 D로 갈수록 해양 지각의 연령이 증가한다.
④ D는 해구이며, 맨틀 대류의 상승부에 위치한다.
⑤ E에서는 천발 지진이 주로 발생한다.

★ 판 경계

다음 유형은 판 경계에서 나타나는 지형과 지각 변동을 묻는 형태로 주로 출제된다.

그림은 북아메리카 대륙 주변 판의 경계와 이동 방향을 나타낸 것이다.

2018 실시 4월 학평 8 / 지구과학 I

→ 판의 이동 방향

A~C 지역에 대한 설명으로 옳은 것만을 [보기]에서 있는 대로 고른 것은?

[보기]
ㄱ. A에는 해구가 발달한다.
ㄴ. B에서는 심발 지진이 활발하게 발생한다.
ㄷ. C는 맨틀 대류의 상승부에 위치한다.

① ㄱ   ② ㄴ   ③ ㄱ, ㄷ
④ ㄴ, ㄷ   ⑤ ㄱ, ㄴ, ㄷ

🧠 단서+발상

단서 북아메리카 대륙 주변의 판의 경계와 이동 방향이 제시되어 있다.
발상 A~C 지역의 판 경계의 종류를 추론할 수 있다.
적용 A~C 지역에서 발달하는 지형을 구하는 것부터 문제 풀이를 시작해야 한다.

|문제 + 자료 분석|

• **판의 경계:** 맨틀 대류를 따라 판이 이동하면서 나타나는 판의 경계에는 발산형 경계, 보존형 경계, 수렴형 경계가 있다. 세 종류의 판 경계에서는 다양한 지형이 만들어진다.
• **판의 경계와 지진:** 발산형 경계와 보존형 경계에서는
  [1] 지진이 일어나고, 판의 수렴형(섭입형) 경계에서는
  [2] 지진 ~ [3] 지진이 일어난다.
• A: 수렴형(섭입형) 경계로 해구가 발달한다.
• B: 보존형 경계에서는 천발 지진이 일어난다.
• C: 발산형 경계로 맨틀 대류의 [4]에 위치한다.

|보기 분석|

🤚 **A에는 해구가 발달한다.**
• A는 해양판인 태평양판이 대륙판인 북아메리카판 아래로 섭입하는
  [5] 경계이다.
• 해양판이 대륙판과 만나는 수렴형 경계인 A에는 해구와 호상열도가 발달한다.

✖ **B에서는 심발 지진이 활발하게 발생한다.**
• B는 태평양판과 북아메리카판이 서로 반대 방향으로 평행하게
  어긋나는 [6] 경계이다.
• 보존형 경계인 변환 단층에서는 천발 지진이 활발하게 발생하므로 B에서는 심발 지진이 발생하지 않는다.

🤚 **C는 맨틀 대류의 상승부에 위치한다.**
• C는 북아메리카판과 유라시아판이 서로 반대 방향으로 멀어지는
  [7] 경계이다.
• 발산형 경계는 맨틀 대류의 상승부에 형성되므로 C는 맨틀 대류의 상승부에 위치한다.

∴ **정답은 ③ ㄱ, ㄷ이다.**

★ 판의 발산형 경계와 수렴형 경계 ⭐ 핵심 개념

(1) 발산형 경계: 열곡대, 해령
  ① 천발 지진과 화산 활동이 일어난다.
  ② 맨틀 대류가 상승하여 새로운 해양 지각이 형성된다.
(2) 수렴형 경계: 습곡 산맥, 해구, 호상열도
  ① 충돌형 경계: 주로 천발~중발 지진이 발생하고, 화산 활동은 거의 일어나지 않는다.
  ② 섭입형 경계: 섭입대를 따라 천발~심발 지진이 발생하고, 화산 활동이 일어난다. 해구에서는 맨틀 대류가 하강하여 해양 지각이 소멸한다.

👀 대비법

이 유형을 대비하기 위해서는 판의 상대적인 이동 방향에 따라 판 경계의 종류를 구분하고, 각 판 경계에서 발달하는 지형을 알아야 한다.

[정답]

1 천발   **2** 천발   **3** 심발   **4** 상승부   **5** 수렴형   **6** 보존형   **7** 발산형

01 ✱✱❀

학력 평가 기출

그림은 대류권, 성층권, 중간권을 구분하는 과정을
나타낸 것이다.

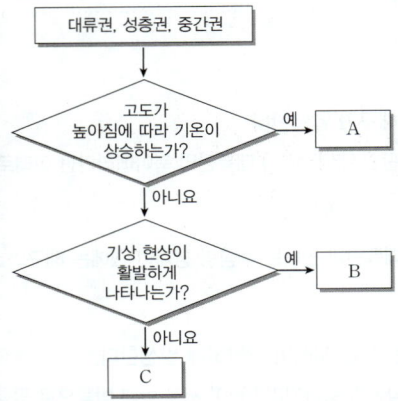

이에 대한 설명으로 옳은 것만을 [보기]에서 있는 대로
고른 것은? [2점]

─────[보기]─────
ㄱ. A에는 오존층이 있다.
ㄴ. 대기의 밀도는 B가 C보다 크다.
ㄷ. C는 중간권이다.
────────────────

① ㄱ   ② ㄷ   ③ ㄱ, ㄴ   ④ ㄴ, ㄷ   ⑤ ㄱ, ㄴ, ㄷ

02 ✱✱✱

2028 대비 수능 예시 15 (2차)

그림은 지구시스템을 구성하는 각 권역 사이의 탄소 순환
과정을, 표는 탄소의 이동 과정 ㉠, ㉡, ㉢의 예를 나타낸
것이다. A, B, C는 기권, 수권, 지권을 순서 없이 나타낸
것이다.

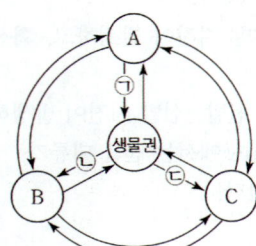

이동 과정	예
㉠	산호 골격 생성
㉡	석탄의 생성
㉢	ⓐ

이에 대한 설명으로 옳은 것만을 [보기]에서 있는 대로
고른 것은? [2점]

─────[보기]─────
ㄱ. A는 수권이다.
ㄴ. 침전에 의해 석회암이 생성되는 과정은 B의 탄소
    량을 증가시킨다.
ㄷ. '육상 식물의 광합성'은 ⓐ에 해당한다.
────────────────

① ㄱ   ② ㄷ   ③ ㄱ, ㄴ   ④ ㄴ, ㄷ   ⑤ ㄱ, ㄴ, ㄷ

03 ✱✱✱

2028 대비 수능 예시 22 (2차)

그림은 판 A, B, C와 판의 경계 ㉠과 ㉡을 나타낸 것이다.
화살표(→)의 길이와 방향은 GPS로 측정한 판의 평균
이동 속도의 크기와 방향을 각각 나타낸다.

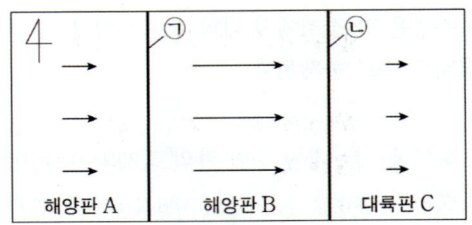

이에 대한 설명으로 옳은 것만을 [보기]에서 있는 대로
고른 것은? [2점]

─────[보기]─────
ㄱ. ㉠ 하부에는 상승하는 맨틀 물질이 존재한다.
ㄴ. B에 대한 C의 이동 방향은 서쪽이다.
ㄷ. B에서는 호상 열도가 형성된다.
────────────────

① ㄱ   ② ㄷ   ③ ㄱ, ㄴ   ④ ㄴ, ㄷ   ⑤ ㄱ, ㄴ, ㄷ

04 ✱❀❀

학력 평가 기출

그림 (가)는 남아메리카와 아프리카 대륙 주변의 판
경계를, (나)는 A, B, C 중 어느 한 곳의 진원 분포를
나타낸 것이다.

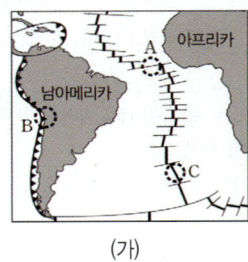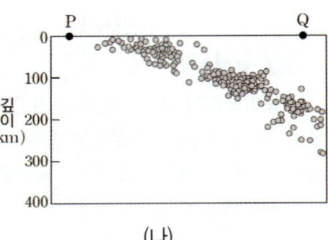

(가)   (나)

이에 대한 옳은 설명만을 [보기]에서 있는 대로 고른
것은? [3점]

─────[보기]─────
ㄱ. 화산 활동은 A가 C보다 활발하다.
ㄴ. (나)는 B에서 나타나는 진원 분포이다.
ㄷ. (나)에서 판의 밀도는 P가 속한 판이 Q가 속한
    판보다 크다.
────────────────

① ㄱ   ② ㄴ   ③ ㄱ, ㄷ   ④ ㄴ, ㄷ   ⑤ ㄱ, ㄴ, ㄷ

Ⅲ 시스템과 상호작용

2. 역학 시스템

 # 11 중력과 역학 시스템

중요도

1 속력과 속도

1. 이동 거리와 변위

(1) **이동 거리**: 물체의 운동 방향과 관계없이 물체가 실제로 이동한 경로의 전체 <u>거리</u>이다.

(2) **변위❶**: 물체의 처음 위치에서 나중 위치까지의 위치 변화량으로, 처음 위치에서 나중 위치까지의 직선 거리와 방향으로 나타낸다. 변위는 크기와 방향이 있는 물리량이다.

(3) **운동 경로에 따른 이동 거리와 변위의 비교❷**

구분	곡선 운동	원형 운동 (출발점과 도착점이 같음)	직선상에서 운동 방향이 바뀔 때
운동 경로	이동 거리: 8 m A 변위의 크기: 5 m B	운동장 둘레: 400 m	← 2 m → ← 2 m → A B 변위의 크기: 2 m
이동 거리	곡선 경로의 길이: 8 m	둘레: 400 m	6 m(=4 m+2 m)
변위	오른쪽으로 5 m	0	오른쪽으로 2 m(=4 m−2 m)
비교	이동 거리 > 변위의 크기	이동 거리 > 변위의 크기	이동 거리 > 변위의 크기

2. 속력과 속도❸

구분	속력	속도
정의와 특징	• <u>물체의 빠르기</u>만을 나타내는 물리량 • 단위 시간(1초 또는 1시간) 동안의 물체의 이동 거리로 나타낸다.	• <u>물체의 운동 방향</u>❹ <u>빠르기</u>를 함께 나타내는 물리량 • 단위 시간(1초 또는 1시간) 동안의 물체의 변위로 나타낸다.
표현식	속력= $\dfrac{\text{이동 거리}}{\text{걸린 시간}}$ ➡ $v=\dfrac{s}{t}$	속도= $\dfrac{\text{변위}}{\text{걸린 시간}}$ ➡ $v=\dfrac{s}{t}$
단위	m/s, km/h 등	

3. 가속도: 물체의 속도가 시간에 따라 변하는 정도를 나타내는 물리량으로, 단위 시간(1초) 동안의 속도 변화량이다.

속도 − 시간 그래프에서 기울기와 같다.

$$\text{가속도} = \frac{\text{속도 변화량}}{\text{걸린 시간}} = \frac{\text{나중 속도−처음 속도}}{\text{걸린 시간}}, \quad a = \frac{v_2-v_1}{t} \text{[단위: m/s}^2\text{]❺}$$

4. 속도와 가속도의 방향 관계(직선 운동에서)

가속도의 방향과 운동 방향이 같을 때	가속도의 방향과 운동 방향이 반대일 때
a → v $2v$ $3v$	← a $3v$ $2v$ v
속도의 크기(속력) 증가	속도의 크기(속력) 감소

+ 용어

❶ **변위**(變: 변하다 位: 위치)
위치의 변화

+ 개념

❷ **이동 거리와 변위의 크기**
• 운동 경로가 달라도 출발점과 도착점이 같으면 변위는 같다.
• **한 방향으로 직선 운동하는 경우**: 이동 거리와 변위의 크기가 항상 같다.
• **한 방향으로 직선 운동이 아닌 경우**: 이동 거리는 변위의 크기보다 항상 크다.

❸ **평균 속력과 평균 속도**
• **평균 속력**: 전체 이동 거리를 걸린 시간으로 나눈 값
• **평균 속도**: 전체 변위를 걸린 시간으로 나눈 값

❹ **운동 방향의 표현**
운동 방향은 (+), (−)부호로 나타낸다. 직선 운동에서 한쪽 방향을 (+)로 표시하면, 반대 방향은 (−)로 표시한다. 일반적으로 처음 운동 방향을 (+)방향으로 한다.
운동 방향=변위의 방향=속도의 방향

❺ **가속도의 단위**
속도의 단위를 시간의 단위로 나눈 것으로, m/s²을 사용한다.
1 m/s²은 1초 동안에 1 m/s씩 속도가 변하는 것을 뜻한다.

2 힘과 운동

1. 힘: 물체의 모양이나 운동 상태를 변화시키는 원인
(1) **힘의 단위**: N(뉴턴), kgf(킬로그램힘) 1kgf ≒ 9.8N
(2) **힘의 3요소**: 힘의 크기, 힘의 방향, 힘의 작용점
(3) **힘의 합력과 알짜힘**: 한 물체에 둘 이상의 힘이 동시에
작용할 때 작용한 모든 힘을 합성하여 하나의 힘으로
나타낸 것을 힘의 합력 또는 알짜힘이라고 한다. ❷

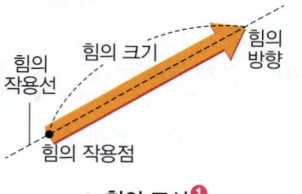

▲ 힘의 표시 ❶

(4) **힘의 합성과 알짜힘**

구분	같은 방향의 두 힘	반대 방향의 두 힘
힘의 합성	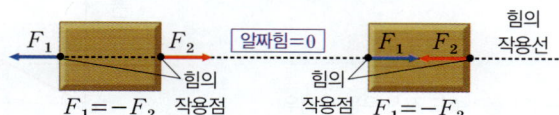 $F = F_1 + F_2$	$F = F_1 - F_2$
알짜힘의 크기	두 힘의 합	두 힘의 차
알짜힘의 방향	두 힘의 방향	큰 힘의 방향

(5) **힘의 평형**❸: 한 물체에 작용하는 힘들의 합이 0일 때, 이 힘들이 서로 평형을
이룬다고 하며, 물체는 힘의 평형 상태에 있다.

$F_1 \quad F_2$ 알짜힘=0 $F_1 \quad F_2$ 힘의 작용선
$F_1 = -F_2$ 힘의 작용점 / 힘의 작용점 $F_1 = -F_2$

2. 힘과 가속도
(1) **가속도 법칙**(뉴턴 운동 제2법칙): 물체의 가속도(a)의 크기는 알짜힘(F)에 비례하고
질량(m)에 반비례한다.

$$가속도 = \frac{알짜힘}{질량}, \quad a = \frac{F}{m} \Rightarrow F = ma ❹ \text{ 운동 방정식이라고도 한다.}$$

(2) **힘과 가속도의 방향 관계**: 가속도의 방향은 작용하는 알짜힘의 방향과 같다.
★ 가(속도) 방(향)은 알(짜힘) 방(향)! ➡ 가방알방!

3. 등속 직선 운동❺

물체의 속도가 일정한 운동($v = \frac{s}{t} =$ 일정)이다. 즉 물체의 빠르기와 운동 방향이
변하지 않아 등속도 운동이라고도 한다. $v = \frac{s}{t}$이므로 $s = v \times t$이다.

$$이동 거리 = 속력 \times 걸린 시간, \quad s = v \times t$$

(1) **등속 직선 운동의 조건**: 물체에 힘이 작용하지 않거나 물체에 작용하는 알짜힘이
0이어야 한다. ➡ 가속도가 0이므로 속도 변화량이 0이다.
(2) **등속 직선 운동의 그래프**

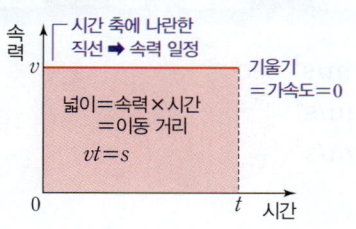

▲ 속력 – 시간 그래프

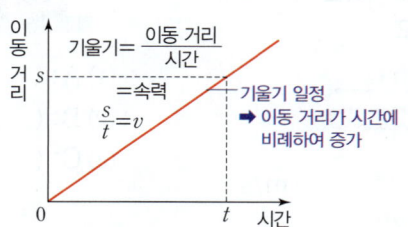

▲ 이동 거리 – 시간 그래프

4. 등가속도 직선 운동[1]

가속도의 크기와 방향이 일정한 직선 운동이다. (속도가 일정하게 변하는 운동)

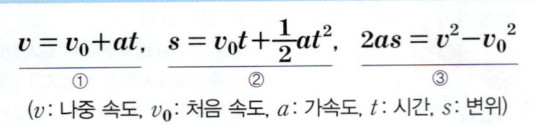

$$v = v_0 + at, \quad s = v_0 t + \frac{1}{2}at^2, \quad 2as = v^2 - v_0^2$$

①　　　　②　　　　③

(v: 나중 속도, v_0: 처음 속도, a: 가속도, t: 시간, s: 변위)

식 ①과 식 ②에서 시간 t를 소거하여 정리하면 식 ③이 나온다.

(1) **등가속도 직선 운동의 조건**: 알짜힘의 크기와 방향이 일정하게 작용해야 한다.

(2) **등가속도 직선 운동의 그래프**★

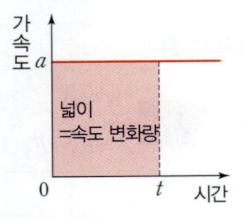

▲ 가속도 – 시간 그래프

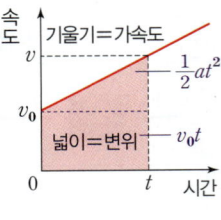

▲ 속도 – 시간 그래프

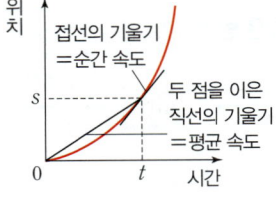

▲ 위치 – 시간 그래프

(3) **등가속도 직선 운동의 평균 속도**

① 등가속도 직선 운동을 하는 물체의 평균 속도는 처음 속도 v_0와 나중 속도 v의 중간값과 같다. 주의 평균 속도는 전체 시간 동안의 전체 변위이다.

$$평균\ 속도 = \frac{처음\ 속도 + 나중\ 속도}{2} = \frac{v_0 + v}{2} \quad (단, 등가속도\ 직선\ 운동인\ 경우)$$

② $0 \sim t$ 동안 등가속도 직선 운동을 하는 물체의 평균 속도는 시간이 $\frac{t}{2}$일 때 순간 속도와 같다.

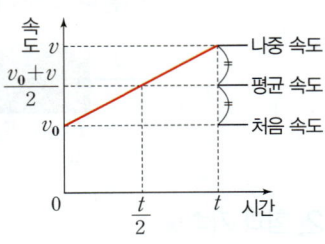

▲ 등가속도 직선 운동의 평균 속도

개념 체크 문제

1 속력과 속도 ~ 2 힘과 운동

1. 이동 거리와 변위에 대한 설명으로 옳은 것은 ○, 옳지 <u>않은</u> 것은 ×표 하시오.

(1) 물체가 출발했다가 제자리로 돌아온 경우 변위는 0이다. 　　　　　　　　　　　　　(○ , ×)

(2) 물체의 운동 방향이 변하지 않을 경우 이동 거리와 변위의 크기는 같다. 　　　　　　　(○ , ×)

2. 물체가 A점에서 출발하여 B점까지 도착하는 데 10초가 걸렸을 때, 빈칸에 알맞은 말을 쓰시오.

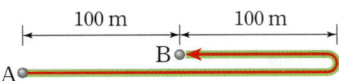

(1) A점에서 B점까지 평균 속력: (　　　　) m/s
(2) A점에서 B점까지 평균 속도의 크기:
　(　　　　) m/s

3. 가만히 놓아 아래로 떨어뜨린 공이 1초 후에 연직 아래 방향으로 10 m/s의 속도가 되었을 때, 공의 가속도의 크기를 구하시오.

　　　　　　　　　　　　(　　　　) m/s²

4. 마찰이 없는 수평면상에서 힘을 받는 물체 A, B, C의 가속도의 크기를 각각 구하시오.

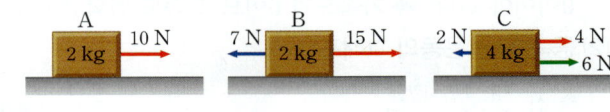

(1) A: (　　　　) m/s²
(2) B: (　　　　) m/s²
(3) C: (　　　　) m/s²

1 속력과 속도

01 ✿✿✿   2023 실시 3월 학평 9 / 물리학 I (고2)

그림은 점 p에 가만히 놓은 물체가 곡면을 따라 운동하여 점 q를 지나는 모습을 나타낸 것이다.

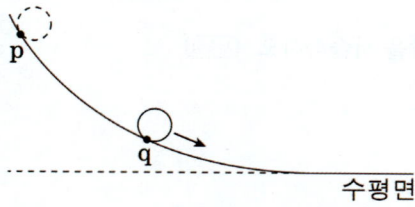

p에서 q까지 물체의 운동에 대한 옳은 설명만을 [보기]에서 있는 대로 고른 것은? (단, 모든 마찰과 공기 저항은 무시한다.)

———————— [보기] ————————
ㄱ. 이동 거리와 변위의 크기는 같다.
ㄴ. 운동 방향이 변한다.
ㄷ. 속력이 일정하다.
—————————————————————

① ㄱ   ② ㄴ   ③ ㄱ, ㄷ   ④ ㄴ, ㄷ   ⑤ ㄱ, ㄴ, ㄷ

02 ✿✿✿

그림은 직선 운동 하는 물체의 위치를 시간에 따라 나타낸 것이다.

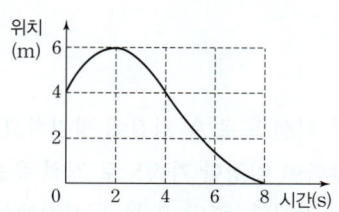

이에 대한 설명으로 옳은 것만을 [보기]에서 있는 대로 고른 것은?

———————— [보기] ————————
ㄱ. 0초부터 2초까지 속도는 감소한다.
ㄴ. 운동 방향은 1초일 때와 3초일 때가 서로 반대이다.
ㄷ. 0초부터 8초까지 변위의 크기는 4 m이다.
—————————————————————

① ㄱ   ② ㄷ   ③ ㄱ, ㄴ   ④ ㄴ, ㄷ   ⑤ ㄱ, ㄴ, ㄷ

2 힘과 운동

03 ✿✿✿   학력 평가 기출

그림 (가)는 마찰이 없는 수평면에 정지해 있는 물체에 방향이 일정한 힘 F가 수평면과 나란하게 작용하기 시작하는 것을, (나)는 F를 시간에 따라 나타낸 것이다.

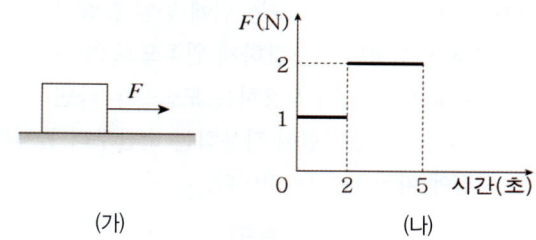

(가)   (나)

0초부터 5초까지 이 물체의 운동에 대한 설명으로 옳은 것은? (단, 공기 저항은 무시한다.)

① 0초부터 2초까지 물체의 속력은 일정하다.
② 속력은 1초일 때와 3초일 때가 같다.
③ 운동 방향은 1초일 때와 3초일 때가 서로 반대이다.
④ 가속도의 크기는 1초일 때가 3초일 때보다 크다.
⑤ 3초부터 4초까지 가속도의 크기는 일정하다.

04 ✿✿✿

등속 직선 운동을 하는 물체의 운동에 대한 그래프로 옳은 것을 [보기]에서 있는 대로 고른 것은? (단, 운동 중 물체의 질량은 일정하다.)

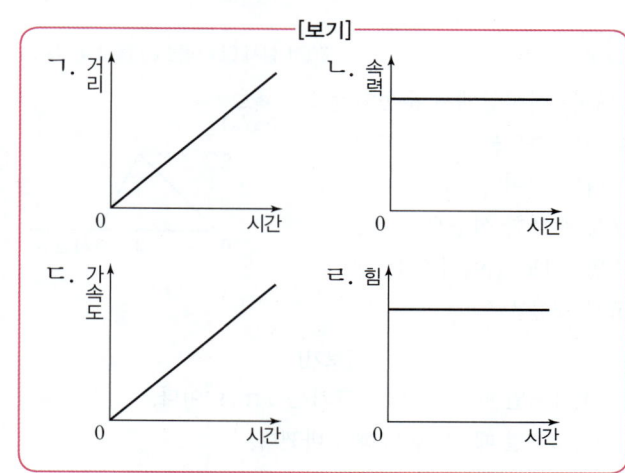

① ㄱ, ㄴ   ② ㄱ, ㄷ   ③ ㄴ, ㄷ   ④ ㄴ, ㄹ   ⑤ ㄷ, ㄹ

05 ✿✿✿

질량이 3 kg인 물체에 오른쪽으로 10 N, 왼쪽으로 4 N의 힘을 작용하였다.

(1) A에 작용하는 알짜힘의 방향과 크기를 구하시오. 단답형

(2) A의 가속도의 크기를 계산 과정과 함께 서술하시오. 서술형

06 ✿✿✿ 학력 평가 기출

그림 (가)는 마찰이 없는 수평면 위에 놓인 질량이 2 kg인 물체에 수평면과 나란하게 왼쪽으로 20 N, 오른쪽으로 30 N의 힘이 작용하는 모습을 나타낸 것이고, (나)는 (가)에서 힘이 작용하는 순간부터 물체의 속력을 시간에 따라 나타낸 것이다.

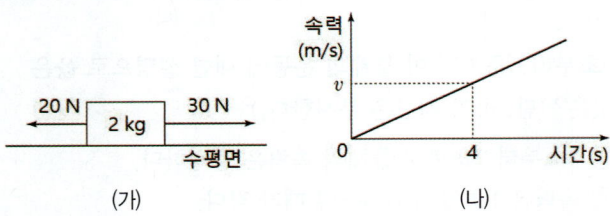

(가)   (나)

이에 대한 설명으로 옳은 것만을 [보기]에서 있는 대로 고른 것은? [3점]

[보기]

ㄱ. 2초일 때 물체에 작용하는 알짜힘의 크기는 50 N이다.

ㄴ. 4초일 때의 속력 v는 20 m/s이다.

ㄷ. 0초에서 4초까지 이동 거리는 80 m이다.

① ㄱ ② ㄴ ③ ㄱ, ㄷ ④ ㄴ, ㄷ ⑤ ㄱ, ㄴ, ㄷ

07 ✿✿✿ 2024 실시 6월 학평 2 / 물리학 I (고2)

그림은 직선상에서 운동하는 물체의 속도를 시간에 따라 나타낸 것이다. 물체의 운동에 대한 설명으로 옳은 것만을 [보기]에서 있는 대로 고른 것은?

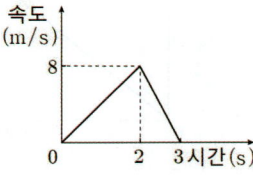

[보기]

ㄱ. 1초일 때, 가속도의 크기는 4 m/s²이다.

ㄴ. 2초일 때, 운동 방향이 바뀐다.

ㄷ. 0초부터 3초까지 평균 속력은 4 m/s이다.

① ㄱ ② ㄴ ③ ㄱ, ㄷ ④ ㄴ, ㄷ ⑤ ㄱ, ㄴ, ㄷ

08 ✿✿✿

그림은 물체 A, B의 속도를 시간에 따라 나타낸 것이다. A, B의 질량은 각각 5 kg, 10 kg이다. 물음에 답하시오.

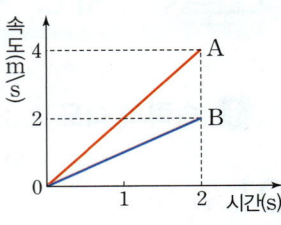

(1) A에 작용한 알짜힘의 크기를 F라 할 때, B에 작용한 알짜힘의 크기를 F로 나타내시오. 단답형

(2) 그 까닭을 서술하시오. 서술형

09 ✿✿✿ 2023 실시 6월 학평 2 / 물리학 I (고2)

그림은 직선상에서 운동하는 물체의 위치를 시간에 따라 나타낸 것이다. 물체의 운동에 대한 설명으로 옳은 것만을 [보기]에서 있는 대로 고른 것은?

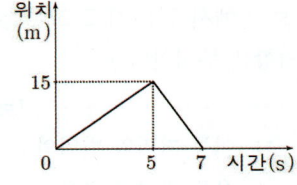

[보기]

ㄱ. 0초부터 5초까지 이동 거리는 15 m이다.

ㄴ. 속력은 3초일 때가 6초일 때보다 크다.

ㄷ. 5초부터 7초까지 등속도 운동을 한다.

① ㄱ ② ㄴ ③ ㄱ, ㄷ ④ ㄴ, ㄷ ⑤ ㄱ, ㄴ, ㄷ

10 ✿✿✿ 학력 평가 기출

그림은 수평한 직선 도로 A 지점에 정지하고 있던 자동차가 출발하여 일정한 가속도로 직선 운동하는 모습을 나타낸 것이다. 출발 후 B, C지점에서의 속력은 각각 5 m/s, 10 m/s이고, A와 C 사이의 직선 거리는 20 m이다.

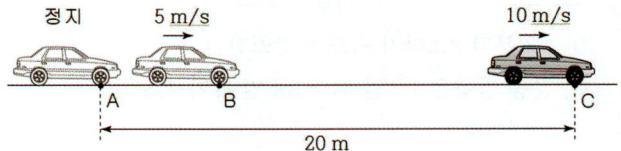

B에서 C까지 이동하는 데 걸린 시간은? (단, 자동차의 크기는 무시한다.) [3점]

① 1초 ② 2초 ③ 3초 ④ 4초 ⑤ 5초

11 ✿❀❀

그림은 수평면에서 v_0의 속력으로 운동하는 물체에 물체의 운동 방향과 반대 방향으로 6 N의 힘이 작용하는 것을 나타낸 것이다. 물체에 힘이 작용한 순간부터 5초 후에 물체가 정지하였다. 물체의 질량은 2 kg이다.

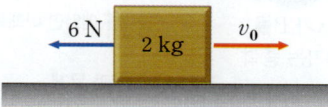

v_0를 계산 과정과 함께 서술하시오. (단, 공기 저항과 모든 마찰은 무시한다.) 서술형

12 ❀❀✿
2021 실시 6월 학평 2 / 물리학 I (고2)

그림은 직선 운동하는 물체의 위치를 시간에 따라 나타낸 것이다.

0초부터 4초까지 운동하는 동안, 물체의 운동에 대한 설명으로 옳은 것만을 [보기]에서 있는 대로 고른 것은?

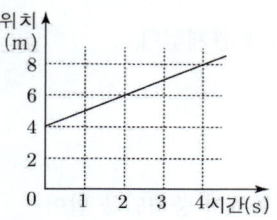

┌─────────[보기]─────────┐
ㄱ. 이동 거리는 4 m이다.
ㄴ. 평균 속력은 2 m/s이다.
ㄷ. 등가속도 직선 운동을 한다.
└───────────────────────┘

① ㄱ   ② ㄴ   ③ ㄱ, ㄷ   ④ ㄴ, ㄷ   ⑤ ㄱ, ㄴ, ㄷ

13 ❀❀❀ 중요

그림은 정지해 있던 물체가 P 지점에서 출발하여 빗면을 등가속도 운동하여 내려오는 모습을 나타낸 것이다.

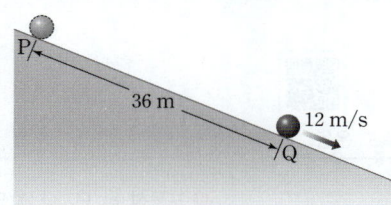

Q 지점에서의 순간 속력이 12 m/s로 운동할 때, 이 물체의 가속도의 크기는? (단, 물체의 크기, 공기 저항, 모든 마찰은 무시한다.)

① 1 m/s²   ② 2 m/s²   ③ 5 m/s²
④ 6 m/s²   ⑤ 12 m/s²

14 ❀❀❀
2022 실시 3월 학평 20 / 물리학 I (고2)

그림 (가)와 같이 물체 A가 물체 B로부터 거리가 20 m인 지점을 지나는 순간 정지해 있던 B가 A와 같은 방향으로 운동을 시작한다. 그림 (나)는 (가)의 순간부터 A, B의 속력을 시간에 따라 나타낸 것이다.

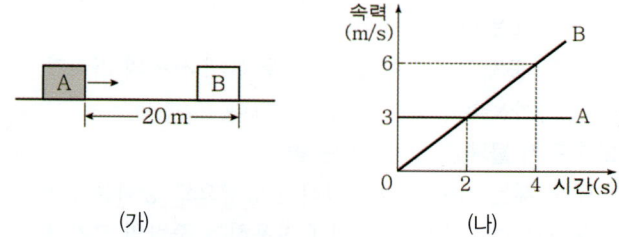

(가)   (나)

이에 대한 옳은 설명만을 [보기]에서 있는 대로 고른 것은? (단, A, B의 크기는 무시하고, A와 B는 동일 직선상에서 운동한다.) [3점]

┌─────────[보기]─────────┐
ㄱ. 0~4초까지 A의 이동 거리는 12 m이다.
ㄴ. 4초일 때 B의 가속도의 크기는 3 m/s²이다.
ㄷ. A와 B 사이의 최소 거리는 14 m이다.
└───────────────────────┘

① ㄱ   ② ㄴ   ③ ㄱ, ㄷ   ④ ㄴ, ㄷ   ⑤ ㄱ, ㄴ, ㄷ

15 ❀❀✿
2020 실시 6월 학평 3 (고2)

그림은 직선 운동하는 물체의 속도를 시간에 따라 나타낸 그래프이다. 물체의 운동에 대한 설명으로 옳은 것만을 [보기]에서 있는 대로 고른 것은? (3점)

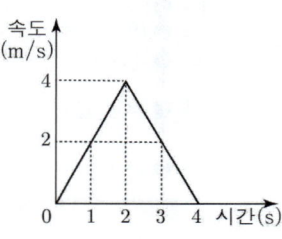

┌─────────[보기]─────────┐
ㄱ. 1초일 때와 3초일 때의 운동 방향은 같다.
ㄴ. 0초부터 4초까지 이동 거리는 8 m이다.
ㄷ. 1초일 때 가속도의 크기는 2 m/s²이다.
└───────────────────────┘

① ㄱ   ② ㄷ   ③ ㄱ, ㄴ   ④ ㄴ, ㄷ   ⑤ ㄱ, ㄴ, ㄷ

3 중력을 받는 물체의 운동
자유 낙하 운동, 수평 방향으로 던진 물체의 운동, 지구 주위를 공전하는 원운동은 모두 중력에 의한 운동으로 가속도의 방향이 지구 중심 방향인 운동이다.

1. 중력❶

(1) 질량을 가진 모든 물체 사이에 상호작용하는 힘

① 두 물체 A와 B 사이에 작용하는 중력은 서로 크기가 같고 방향이 반대이다.

② 두 물체의 질량이 클수록, 두 물체 사이의 거리가 가까울수록 중력의 크기가 크다.

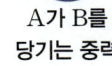

B가 A를
당기는 중력

A가 B를
당기는 중력

(2) 지구가 물체를 끌어당기는 힘

① 물체는 지구 중심을 향하는 방향으로 중력을 받는다.

② 지표면 근처에서 물체에 작용하는 중력의 크기를 무게라고❷ 하며, 질량(m)과 중력 가속도(g)의 곱과 같다.

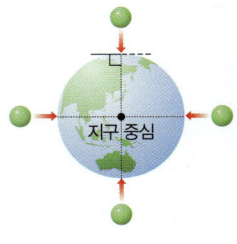
지구 중심

> **중력(N) = 질량(kg) × 중력 가속도(m/s²)**
> └ 힘의 단위와 같다.

③ 중력 가속도(g): 지구 표면에서 가속도의 크기로 물체의 질량에 관계없이 약 9.8 m/s²이다. 가속도 법칙 $a = \dfrac{F}{m}$에서 $a = \dfrac{mg}{m} = g$이다.

2. 자유 낙하 운동: 공기의 저항을❸ 무시할 때 지표면 근처에서 물체가 중력만을 받아 아래로 떨어지는 운동

(1) 자유 낙하 운동 하는 물체의 속력: 자유 낙하 운동은 가속도가 중력 가속도(g)로 일정한 등가속도 운동을 하고, 물체의 속력은 아래로 떨어질수록 점점 빨라져 지면에 닿기 직전에 최대 속력이 된다.

(2) 무게가 다른 물체의 낙하: 공기 저항을 무시할 때, 같은 높이에서 자유 낙하 하는 물체는 무게에 관계없이 동시에 바닥에 떨어진다.

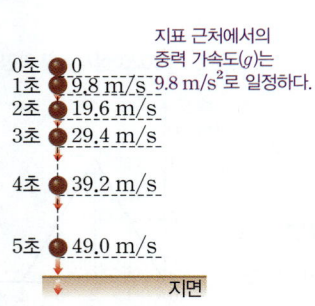

0초 0
1초 9.8 m/s
2초 19.6 m/s
3초 29.4 m/s
4초 39.2 m/s
5초 49.0 m/s
지면

지표 근처에서의 중력 가속도(g)는 9.8 m/s²로 일정하다.

▲ 자유 낙하 운동 하는 물체의 속력

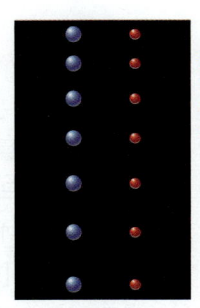
▲ 무게가 다른 물체의 낙하

중력 가속도는 무게에 관계없이 일정하므로 같은 높이에서 무게가 다른 두 물체가 자유 낙하 하면 동시에 바닥에 떨어진다.

3. 수평 방향으로 던진 물체의 운동: 공기 저항을 무시할 때 지표면 근처에서 운동 방향이 계속 변하며, 포물선❹ 궤도를 그리며 낙하하는 운동

(1) 수평 방향으로는 힘이 작용하지 않으므로 등속 직선 운동을 한다.

(2) 연직❺ 아래 방향으로는 지구에 의한 중력만 작용하므로 자유 낙하 하는 물체와 같이 등가속도 운동을 한다.

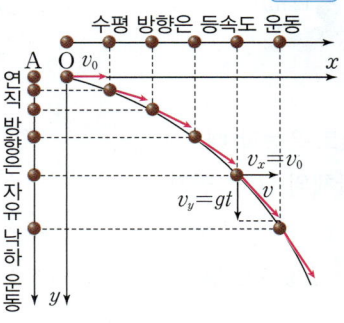
수평 방향은 등속도 운동
A O v_0
연직 방향은 자유 낙하 운동
$v_x = v_0$
$v_y = gt$
v

+ 개념

❶ 중력의 역할
· 나뭇잎이나 열매가 바닥으로 떨어진다.
· 강물과 폭포수가 항상 낮은 곳으로 흐른다.
· 물체를 매달면 아래쪽으로 향한다.

❷ 질량과 무게
· **질량**: 물체의 고유한 양으로 측정 장소가 달라져도 변하지 않는다. (단위: g, kg)
· **무게**: 장소에 따라 측정값이 달라진다. 질량이 m인 물체의 무게는 mg이다. (단위: N(뉴턴))
➡ 지표면 근처에서 질량 1 kg인 물체의 무게는 9.8 N이다. (1 kg×9.8 m/s²=9.8 N)

+ 개념

❸ 공기 저항과 낙하
공기 저항을 무시하고 무게가 다른 깃털과 구슬을 동시에 같은 높이에서 낙하시킬 때 두 물체는 동시에 바닥에 떨어진다. 그러나 공기 중에서는 공기 저항력이 작용하는데, 깃털이 구슬보다 공기 저항력의 영향을 많이 받기 때문에 구슬이 깃털보다 빨리 떨어진다.

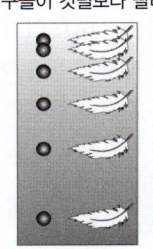
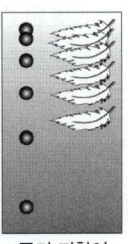

공기 저항이 없는 경우

공기 저항이 있는 경우

+ 용어

❹ 포물선 (拋: 던지다 物: 만물 線: 줄)
수평 방향으로 던진 물체 또는 비스듬히 위로 던진 물체가 그리는 궤적

❺ 연직 (鉛: 납 直: 곧다)
지표면에서 실에 납으로 만든 추를 달아 늘어뜨릴 때 실이 가리키는 방향으로 중력의 방향을 의미한다.

(3) 물체를 수평 방향으로 빠르게 던질수록 먼 곳에 떨어지지만 동시에 바닥에 도달한다.

➡ 수평 방향으로 던지는 속도에 따라 수평 방향으로 이동하는 거리는 달라지지만, 연직 방향으로는 중력만 작용하기 때문에 처음 높이가 같으면 동시에 바닥에 도달한다.

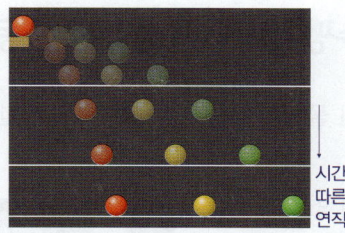

시간에 따른 연직 방향 가속도는 같다.

빠르게 던질수록 수평 방향의 이동 거리는 커진다.

✪ 자유 낙하 운동과 수평 방향으로 던진 물체의 운동 분석
출제 ○순위 특강 p.170

구분	자유 낙하 운동	수평 방향으로 던진 운동	
		연직 방향	수평 방향
힘	중력	중력	없음
운동	등가속도 운동	등가속도 운동	등속 직선 운동
운동 그래프	(속도-시간 그래프: 증가하는 직선)	(속도-시간 그래프: 증가하는 직선)	(속도-시간 그래프: 수평한 직선)

4. 지구 주위를 공전하는 원운동

(1) **뉴턴의 사고 실험❶**: 뉴턴은 수평 방향으로 던진 물체의 운동을 통해 지구 주위를 도는 물체의 원운동을 설명하였다.

(2) **물체의 원운동**: 물체가 일정한 속력으로 원을 그리며 회전하는 운동으로 물체를 원의 중심 방향으로 끌어당기는 힘이 필요하다.

➡ 원운동을 하는 물체는 이 힘 때문에 운동 방향이 계속 변하는 가속도 운동을 한다. ❷ 등가속도 운동은 아니다.

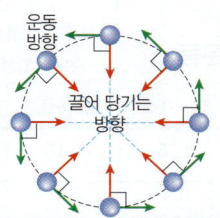
운동 방향 / 끌어 당기는 방향
▲ 물체의 원운동

4️⃣ 중력과 역학 시스템
힘이 작용하고 그에 따라 물체의 운동 상태나 모양이 변하는 체계
예 중력, 마찰력, 탄성력 등

중력과 지구 시스템(자연 현상)		중력과 생명 시스템(진화의 흔적)	
대기 구성	수소나 헬륨에 비해 무거운 산소나 질소와 같은 기체는 지구 중력의 영향을 받아 대기를 구성한다.❸	육상 생물 구조	과거에 바다에 살던 생물이 육상으로 진출하는 과정에서 중력을 견디기 위한 몸의 구조와 형태를 갖추었다.
공기 밀도	지표면에서 높아질수록 중력이 약해져 대기가 희박해지므로 높은 산에 올라가면 산소통이 필요하다.	식물의 뿌리 세포벽	식물의 뿌리는 중력을 받아 땅속을 향해 자라고, 세포벽은 세포의 무게를 지탱해 식물이 높이 자랄 수 있다.
기상 현상	구름 속에서 성장한 물방울에 중력이 작용하여 비나 눈의 형태로 지표로 떨어진다.	동물의 골격 근육	코끼리나 하마 같은 무거운 육상 동물은 중력에 적응하기 위해 골격과 근육이 발달해 있다.
대기 순환	따뜻한 공기와 차가운 공기의 밀도 차이에 따라 상대적으로 중력의 차이가 발생하여 대류 현상이❹ 일어나 대기의 순환이 일어난다.	몸의 균형	귓속의 전정 기관에❺ 있는 이석이라는 작은 칼슘 덩어리가 중력 방향으로 움직이며 몸의 평형을 유지한다.
밀물과 썰물	달과 지구 사이에 작용하는 중력은 밀물과 썰물 현상을 일으킨다. 태양도 밀물과 썰물 현상에 영향을 주지만 달에 비해 거리가 멀어 영향력이 작다.	혈관의 판막	팔이나 다리 등 심장 아래쪽에 있는 정맥에는 판막이 있어, 심장으로 혈액을 보낼 때 중력으로 인해 혈액이 아래쪽으로 내려오려고 하는 역류를 방지한다.

➕ 개념

❶ 뉴턴의 사고 실험
• 물체를 수평 방향으로 던질 때 빠르게 던질수록 더 먼 곳에 떨어진다.
• 물체는 중력에 의해 계속 떨어지지만, 물체를 어떤 특정한 속도로 던지면 지구가 둥글기 때문에 지구 표면에 닿지 않고 지구 주위를 계속 돌 수 있다.
➡ 특정한 속도로 빠르게 던져진 물체는 지구로 떨어지지 않고 지구 주위를 원운동하게 된다.

❷ 달과 인공위성이 지구 주위를 원운동하는 까닭
중력이 두 물체를 지구 중심 방향으로 끌어당기기 때문에 지구 주위를 원운동한다.

➕ 개념

❸ 중력과 대기 구성
• 대기가 지표 가까이 모여 있으므로 높은 산에 올라 갈수록 공기가 희박해져 산소통이 필요하다.
• 가벼운 기체일수록 속력이 빠르며, 기체 분자의 속력이 지구의 탈출 속도보다 크면 지구 중력장을 벗어난다.
• 달은 중력이 작아서 기체가 달의 중력에서 쉽게 벗어나 우주로 날아가 버리기 때문에 대기가 존재하지 않는다.

❹ 대류 현상
중력의 영향을 받는 열에너지의 전달 방식으로, 차가운 공기는 밀도가 커서 아래쪽으로 이동하고, 따뜻한 공기는 밀도가 작아 위쪽으로 이동한다.

➕ 용어

❺ 전정 (前: 앞 庭: 뜰) 기관
대부분의 포유류에서 평형 감각을 주관하는 감각 기관

⭐ 자유 낙하와 수평으로 던진 물체의 운동 비교

자유 낙하와 수평 방향으로 던진 물체의 운동을 비교하여 설명할 수 있다.

[탐구 과정]❶

(가) 공이 낙하하는 뒤쪽 면에 가로와
　　세로 눈금이 표시된 종이를 설치한다.

(나) 책상 위에 질량이 동일한 공을 놓고,
　　공 A는 자유 낙하시키고, 공 B는 옆으로
　　쳐서 동시에 떨어뜨린다.

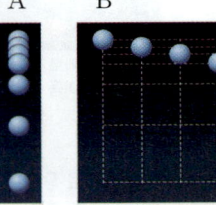

(다) 과정 (가)와 (나)를 반복하여 두 공이 운동하는 모습을 동영상으로 촬영한다.

(라) 촬영 영상을 이용하여 일정한 시간 간격으로 두 공의 위치를 종이에 표시한 뒤
　　구간 거리와 구간 평균 속도를 구한다.

[탐구 결과]

① 자유 낙하 하는 공 A의 운동

시간(s)	0~0.1	0.1~0.2	0.2~0.3	0.3~0.4	0.4~0.5
구간 거리(m)	0.05	0.15	0.25	0.35	0.45
구간 평균 속도(m/s)❷	0.5	1.5	2.5	3.5	4.5

속도가 일정하게 증가함 ➡ 가속도$=\dfrac{1.0\ \text{m/s}}{0.1\text{s}}=10\ \text{m/s}^2$

② 수평 방향으로 던진 공 B의 운동

속도가 일정하게 증가함 ➡ 가속도$=10\ \text{m/s}^2$

구분	시간(s)	0~0.1	0.1~0.2	0.2~0.3	0.3~0.4	0.4~0.5
연직 방향	구간 거리(m)	0.05	0.15	0.25	0.35	0.45
연직 방향	구간 평균 속도(m/s)	0.5	1.5	2.5	3.5	4.5
수평 방향	구간 거리(m)	0.35	0.35	0.35	0.35	0.35
수평 방향	구간 평균 속도(m/s)	3.5	3.5	3.5	3.5	3.5

속도가 일정함

[탐구 해석]

① 공 A의 운동 분석: 연직 방향으로 속력이 일정하게 증가하는 등가속도 운동만
한다.

② 공 B의 운동 분석
• 수평 방향: 처음에 던진 속력으로 등속 직선 운동을 한다.
• 연직 방향: 자유 낙하 운동과 같이 속력이 점점 증가하는 등가속도 운동을 한다.

③ 자유 낙하시킨 공 A와 수평으로 던진 공 B의 공통점
• 아래쪽으로 갈수록 속력이 점점 증가하는 운동을 한다.
• 중력이 일정하게 작용하여 가속도가 중력 가속도로 일정한 등가속도 운동을 한다.

확인 문제 ──────────────────────── ▶ 정답과 해설은 다음 페이지에

01
위 실험에 대한 설명으로 옳은 것은 ○표, 옳지 **않은** 것은 ×표를
고르시오.
(1) 공 A와 B는 속도의 크기와 방향이 같다. 　　　(○, ×)
(2) 공 A와 B는 가속도의 크기와 방향이 같다. 　　(○, ×)
(3) 공 A와 B에 작용하는 힘의 크기와 방향은 같다. (○, ×)

02
위 실험에서 공 B의 수평 방향의 운동을 설명하시오.

출제 0순위 포인트는?
• 자유 낙하와 수평 방향으로 던진
　물체의 운동의 공통점과 차이점을
　묻는 문제가 출제된다.
• 수평 방향으로 던진 물체에는 수평
　방향으로 아무런 힘이 작용하지
　않아 등속 직선 운동을 하고,
　연직 방향으로는 중력이 작용하여
　자유 낙하 운동과 동일한 운동을
　함을 설명할 수 있어야 한다.

➕개념

❶ 다른 탐구 방법
1.5 m 정도의 높이에 쇠구슬 발사
장치를 고정하고 작동시켜 두 운동을
비교할 수도 있다.

❷ 구간 평균 속도
구간 평균 속도$=\dfrac{\text{구간 거리}}{\text{구간 시간}}$

3 중력을 받는 물체의 운동

1. 중력에 대한 설명으로 옳은 것은 ○, 옳지 <u>않은</u> 것은 ×표 하시오.

(1) 중력은 질량을 가진 모든 물체가 서로 끌어당기는 힘이다. (○, ×)

(2) 두 물체의 질량이 클수록 두 물체 사이의 중력의 크기는 커진다. (○, ×)

(3) 중력은 두 물체 사이의 거리가 가까울수록 작다. (○, ×)

(4) 중력은 달이 지구 주위를 공전하도록 한다. (○, ×)

(5) 중력은 지구 시스템과 생명 시스템에 작용한다. (○, ×)

2. 그림은 높이 h인 구간을 자유 낙하 하는 물체를 나타낸 것이다. 이에 대한 설명으로 옳은 것은 ○, 옳지 <u>않은</u> 것은 ×표 하시오. (단, 물체의 크기와 공기의 저항은 무시한다.)

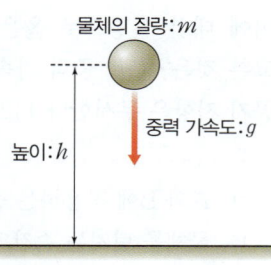

물체의 질량: m
중력 가속도: g
높이: h

(1) 물체의 속도는 일정하다. (○, ×)
(2) 물체는 등가속도 운동을 한다. (○, ×)
(3) 물체에 작용하는 힘의 크기는 mg이다. (○, ×)
(4) 물체의 질량이 $2m$이면 물체의 가속도는 증가한다. (○, ×)

3. 뉴턴의 사고 실험에 대한 설명으로 옳은 것은 ○, 옳지 <u>않은</u> 것은 ×표 하시오.

(1) 지구 표면에서 물체를 수평 방향으로 던질 때 속력이 클수록 더 가까운 곳에 떨어진다. (○, ×)

(2) 공기 저항을 무시할 때 물체를 충분히 빠른 속력으로 수평 방향으로 던질 때 물체는 지구 표면에 닿지 않고 지구 주위를 회전할 수 있다. (○, ×)

(3) 뉴턴은 사고 실험으로 지구 주위를 공전하는 달이 지구로 떨어지지 않는 까닭을 설명하였다. (○, ×)

p.170 확인 문제 [정답]

01 (1) × (연직 방향 속도만 같음) (2) ○ (10 m/s², 연직 방향)
　　 (3) ○ (중력만 작용함)

02 B는 수평 방향으로 물체에 힘이 작용하지 않으므로 수평 방향으로 속도의 변화가 없다. 따라서 등속 직선 운동을 한다.

4. 그림은 동일한 동전을 이용하여 자유 낙하 운동과 수평으로 던진 물체의 운동을 비교하기 위한 실험 장치이다. 책상 위에 놓인 자를 빠르게 움직여서 동전 A와 B가 동시에 움직이도록 한다.

이에 대한 설명으로 옳은 것은 ○, 옳지 <u>않은</u> 것은 ×표 하시오.

(1) 동전 A와 B에 작용하는 중력의 크기는 다르다. (○, ×)

(2) 동전 A와 B의 연직 방향 운동은 서로 동일하다. (○, ×)

(3) 동전 B는 연직 방향으로 속력이 일정한 운동을 한다. (○, ×)

(4) 동전 A의 운동 방향은 동전 B에 작용하는 중력의 방향과 같다. (○, ×)

(5) 동전 B가 받는 알짜힘의 방향은 운동 방향과 같다. (○, ×)

(6) A와 B는 바닥에 동시에 도달한다. (○, ×)

(7) 바닥에 도달하기 직전의 속력은 A가 B보다 빠르다. (○, ×)

(8) 바닥에 도달할 때까지 운동한 거리는 A가 B보다 길다. (○, ×)

4 중력과 역학 시스템

5. 다음 현상이 중력이 지구 시스템에 미치는 영향이면 '지구', 중력이 생명 시스템에 미치는 영향이면 '생명'이라고 ( ) 안에 쓰시오.

(1) 산에 올라가면 대기의 압력이 줄어든다. ( )

(2) 코끼리와 같이 무게가 많이 나가는 육상 동물은 골격과 근육이 단단해지도록 진화하였다. ( )

(3) 밀물과 썰물 현상으로 해수면의 높이가 달라진다. ( )

(4) 사람 귓속의 전정 기관에서는 중력을 감지하여 몸의 평형 상태를 인식한다. ( )

(5) 기체나 액체의 아래쪽을 가열하면 밀도 차에 의해 골고루 섞인다. ( )

(6) 기린은 중력에 대항하여 심장에서 멀리까지 피를 보내야 하므로 혈압이 높다. ( )

❸ 중력을 받는 물체의 운동

16 ✿✿✤

학력 평가 기출

그림은 사과나무에 매달려 정지해 있는 사과 A와 떨어지고 있는 사과 B를 나타낸 것이다.

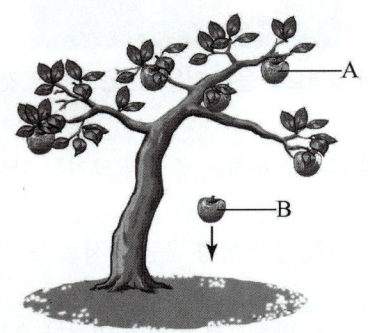

이에 대한 설명으로 옳은 것만을 [보기]에서 있는 대로 고른 것은? (단, 물체의 크기와 공기 저항은 무시한다.)

─────[보기]─────
ㄱ. A에는 중력이 작용하지 않는다.
ㄴ. 지구가 B에 작용하는 중력의 크기는 점점 감소한다.
ㄷ. B의 속력은 증가한다.

① ㄴ ② ㄷ ③ ㄱ, ㄴ ④ ㄴ, ㄷ ⑤ ㄱ, ㄴ, ㄷ

17 ✿✿✤

학력 평가 기출

그림 (가)와 (나)는 각각 공기와 진공에서 동일한 쇠구슬과 깃털을 같은 높이에서 가만히 놓아 낙하하는 모습을 일정 시간 간격으로 나타낸 것이다. 이에 대한 설명으로 옳은 것만을 [보기]에서 있는 대로 고른 것은?

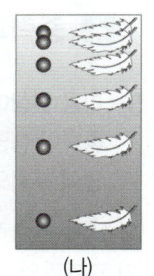

(가)   (나)

─────[보기]─────
ㄱ. (나)에서 쇠구슬의 속력은 일정하다.
ㄴ. 깃털에 작용하는 중력의 크기는 (가)에서와 (나)에서 같다.
ㄷ. 공기 저항이 없고 같은 높이에서 동시에 떨어진 두 물체는 무게에 관계없이 동시에 바닥에 도달한다.

① ㄱ ② ㄷ ③ ㄱ, ㄴ ④ ㄴ, ㄷ ⑤ ㄱ, ㄴ, ㄷ

18 ✿✿✿

2025 실시 9월 학평 18 (고1)

그림은 질량이 동일한 물체 A, B를 수평면으로부터 같은 높이에서 수평 방향으로 던졌을 때 A, B의 운동 경로를 각각 나타낸 것이다. A, B는 수평 방향으로 각각 d, $2d$ 만큼 이동하였다.

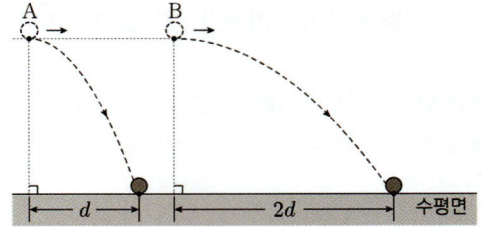

이에 대한 설명으로 옳은 것만을 [보기]에서 있는 대로 고른 것은? (단, 중력 가속도는 일정하고, 물체의 크기와 공기 저항은 무시한다.) [2.5점]

─────[보기]─────
ㄱ. A와 B에 작용하는 중력의 크기는 같다.
ㄴ. 물체를 던지는 순간의 속력은 B가 A의 2배이다.
ㄷ. 운동을 시작한 순간부터 수평면에 도달할 때까지 걸린 시간은 B가 A보다 크다.

① ㄱ ② ㄷ ③ ㄱ, ㄴ ④ ㄴ, ㄷ ⑤ ㄱ, ㄴ, ㄷ

19 ✿✿✿ 서술형

지면으로부터 30 m 높이에서 물체를 수평 방향으로 3 m/s의 속력으로 던졌을 때, 2초 후 물체의 수평 방향의 속력과 연직 방향의 속력을 각각 다음 단어를 모두 포함하여 계산 과정과 함께 서술하시오. (단, 공기 저항은 무시하고, 중력 가속도는 9.8 m/s²이다.)

┌─────────────────────────────┐
│ 등속 직선 운동   등가속도 운동 │
└─────────────────────────────┘

20 ✱✱❀ 중요✦
2023 실시 6월 학평 7 (고1)

그림은 질량이 각각 5 kg,
1 kg인 물체 A와 B를
수평면으로부터 같은
높이에서 동시에 가만히
놓은 것을 나타낸 것이다.
A와 B가 수평면에 도달할
때까지 A가 B보다 큰
물리량만을 [보기]에서 있는 대로 고른 것은? (단, 물체의
크기와 공기 저항은 무시한다.)

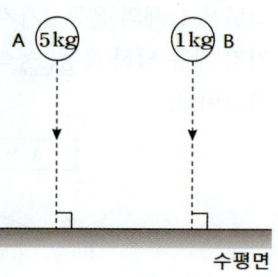

─────[보기]─────
ㄱ. 중력의 크기
ㄴ. 수평면에 도달하는 데 걸리는 시간
ㄷ. 단위 시간 동안 속도 변화량의 크기

① ㄱ ② ㄴ ③ ㄱ, ㄷ ④ ㄴ, ㄷ ⑤ ㄱ, ㄴ, ㄷ

21 ✱✱✱ 중요✦
2022 실시 11월 학평 15 (고1)

그림과 같이 동일한 높이에서
물체 A를 가만히 놓는 순간
물체 B를 수평 방향으로 v의
속력으로 던졌더니 A와 B가
각각 경로를 따라 운동한다.
A를 가만히 놓은 순간부터
A가 수평면에 도달할 때까지 걸린 시간은 1초이다.
이에 대한 설명으로 옳은 것만을 [보기]에서 있는 대로
고른 것은? (단, 물체의 크기, 공기 저항은 무시한다.) [3점]

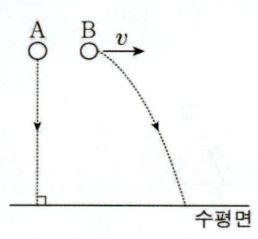

─────[보기]─────
ㄱ. A에 작용하는 중력의 방향은 일정하다.
ㄴ. B가 수평면에 도달하는 순간 B의 수평 방향
    속력은 v보다 크다.
ㄷ. B를 던진 순간부터 B가 수평면에 도달할 때까지
    걸린 시간은 1초보다 크다.

① ㄱ ② ㄴ ③ ㄱ, ㄷ ④ ㄴ, ㄷ ⑤ ㄱ, ㄴ, ㄷ

22 ✱✱✱ 서술형

자유 낙하하는 물체의 속력이 시간에 따라 일정하게
증가하는 까닭을 서술하시오.

---

4 중력과 역학 시스템

23 ✱✱❀
2020 실시 9월 학평 9 (고1)

다음은 지구 중력이 생명체와 자연 현상에 미치는 영향에
대한 세 학생의 대화이다.

제시한 내용이 옳은 학생만을 있는 대로 고른 것은?

① A ② B ③ A, C ④ B, C ⑤ A, B, C

24 ✱✱✱
2025 실시 9월 학평 16 (고1)

그림 (가)는 인공위성 A가 지구 주위를 원운동하는 모습
을, (나)는 물체 B가 지구 표면 근처에서 연직 방향으로
자유 낙하 운동하는 모습을 나타낸 것이다.

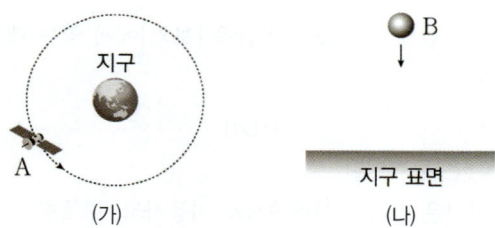

(가)   (나)

이에 대한 설명으로 옳은 것만을 [보기]에서 있는 대로
고른 것은? (단, 공기 저항은 무시한다.) [2.5점]

─────[보기]─────
ㄱ. A는 가속도 운동을 한다.
ㄴ. 낙하하는 동안 B의 속력은 점점 증가한다.
ㄷ. A와 B에는 모두 중력이 작용한다.

① ㄱ ② ㄷ ③ ㄱ, ㄴ ④ ㄴ, ㄷ ⑤ ㄱ, ㄴ, ㄷ

25 ✿✿✿

표는 자연 현상 (가)~(다)를 나타낸 것이다.

(가)	(나)	(다)
달이 지구 주위를 공전한다.	빗방울이 아래로 떨어진다.	식물의 뿌리가 땅속을 향해 자란다.

(가)~(다) 중에서 중력의 영향을 받는 것만을 있는 대로 고른 것은?

① (가)   ② (나)   ③ (가), (다)
④ (나), (다)   ⑤ (가), (나), (다)

[26~27] 다음은 대류에 대한 설명이다. 물음에 답하시오.

> 밀도가 높은 물질이 상대적으로 (㉠)을/를 더 받아 아래로 내려가면서 밀도가 낮은 물질이 상대적으로 위쪽으로 올라가게 되어 대류가 일어난다. 이로 인해 대기와 해양에 대류가 발생하여 공기가 순환하게 된다.

26 ✿✿✿

㉠에 대한 설명으로 옳은 것만을 [보기]에서 있는 대로 고른 것은?

> ─────────── [보기] ───────────
> ㄱ. ㉠은 중력이다.
> ㄴ. 차가운 공기는 아래쪽으로 이동하고, 따뜻한 공기는 위쪽으로 이동하는 것은 ㉠의 차이 때문이다.
> ㄷ. 목이 긴 기린이 다른 동물에 비해 심장이 크고 혈압이 높은 것은 ㉠ 때문이다.

① ㄱ   ② ㄷ   ③ ㄱ, ㄴ   ④ ㄴ, ㄷ   ⑤ ㄱ, ㄴ, ㄷ

27 ✿✿✿ 서술형

달에는 지구와 달리 대기가 없는 까닭을 서술하시오.

28 ✿✿✿ 서술형

중력이 지구시스템과 생명 시스템에 작용하는 현상을 각각 3가지 이상 예를 들어 서술하시오.

29 ✿✿✿ 중요✿

그림은 물체의 운동 4가지를 분류한 것이다. A, B, C는 각각 자유 낙하 운동, 등속 원운동, 포물선 운동 중 하나이다.

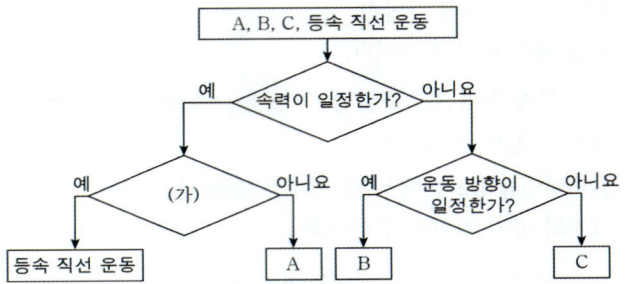

이에 대한 옳은 설명만을 [보기]에서 있는 대로 고른 것은?

> ─────────── [보기] ───────────
> ㄱ. '물체에 작용하는 알짜힘이 0인가?'는 (가)로 적절하다.
> ㄴ. B에서 물체에 작용하는 알짜힘의 방향은 운동 방향에 수직이다.
> ㄷ. C는 등속 원운동이다.

① ㄱ   ② ㄴ   ③ ㄱ, ㄷ   ④ ㄴ, ㄷ   ⑤ ㄱ, ㄴ, ㄷ

🚩 내신 1등급 문제

30 ✿✿✿

그림은 지표면 근처에서 가만히 놓은 물체가 점 p, q, r를 순서대로 지나며 낙하하는 모습을 나타낸 것이다. 물체의 운동 시간은 p에서 q까지가 q에서 r까지의 2배이다. 이에 대한 설명으로 옳은 것만을 [보기]에서 있는 대로 고른 것은? (단, 물체의 크기와 공기 저항은 무시한다.) [3점]

> ─────────── [보기] ───────────
> ㄱ. 물체에 작용하는 중력의 크기는 p에서와 q에서가 같다.
> ㄴ. 물체에 작용하는 중력의 방향은 q에서와 r에서가 같다.
> ㄷ. 물체의 속도 변화량의 크기는 p에서 q까지가 q에서 r까지의 4배이다.

① ㄱ   ② ㄷ   ③ ㄱ, ㄴ   ④ ㄴ, ㄷ   ⑤ ㄱ, ㄴ, ㄷ

31 ✺✺✲

다음은 자유 낙하와 수평 방향으로 던진 물체의 운동을 비교하는 실험이다.

[실험 과정]
(가) 자의 한쪽 끝에 동전 A를 올려놓고, 다른 쪽 끝에는 자의 옆에 동전 B를 놓는다.
(나) 자를 ㉠ 방향으로 빠르게 쳐서 동전 A, B를 동시에 낙하시킨다.
(다) 동전 A와 B의 운동을 관찰한다.

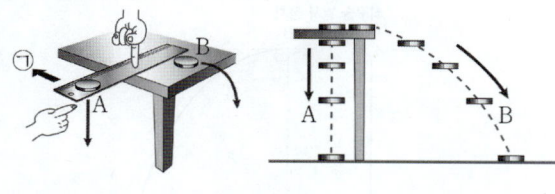

이에 대한 설명으로 옳은 것만을 [보기]에서 있는 대로 고른 것은? (단, 모든 저항과 동전의 크기, 자의 두께는 무시한다.)

[보기]
ㄱ. A가 B보다 빨리 바닥에 닿는다.
ㄴ. B의 수평 방향 속력은 일정하게 증가한다.
ㄷ. 낙하하는 B가 받는 알짜힘의 방향은 연직 아래 방향이다.

① ㄱ　　② ㄴ　　③ ㄷ　　④ ㄴ, ㄷ　　⑤ ㄱ, ㄴ, ㄷ

32 ✺✺✺✲ 🌸중요

다음 A, B, C는 중력에 의해 지구에서 발생하는 다양한 자연 현상의 원리이다.

A: 어떤 높이에서의 대기압은 그 위로 쌓인 대기에 작용하는 중력에 의해 발생한다.
B: 물질의 밀도 차이에 따른 상대적 중력의 차이에 의해 대류 현상이 발생한다.
C: 동일한 온도에서 기체 분자는 질량이 작을수록 속력이 크므로 중력의 영향에서 벗어나 우주로 날아가기 쉽다.

각 원리를 적용하여 옳게 설명한 자연 현상만을 [보기]에서 있는 대로 고른 것은? [3점]

[보기]
ㄱ. A: 해수면으로부터 높이 올라갈수록 대기압이 증가한다.
ㄴ. B: 밀물과 썰물은 주로 바닷물의 밀도 차이에 의해 발생한다.
ㄷ. C: 분자의 질량이 작은 수소와 헬륨은 우주로 날아가 지구 대기에 거의 존재하지 않는다.

① ㄱ　　② ㄷ　　③ ㄱ, ㄴ　　④ ㄴ, ㄷ　　⑤ ㄱ, ㄴ, ㄷ

33 ✺✺✺✲ 🌸중요

그림은 같은 높이에서 수평 방향으로 던진 두 물체 A와 B의 위치를 일정한 시간 간격으로 나타낸 것이다.

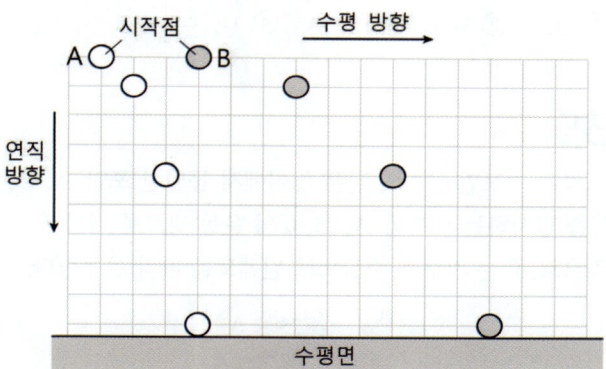

시작점에서 수평면에 도달할 때까지, A와 B의 운동에 대한 설명으로 옳은 것만을 [보기]에서 있는 대로 고른 것은? (단, 물체의 크기와 공기 저항은 무시한다.) [3점]

[보기]
ㄱ. A와 B에 작용하는 힘의 방향은 서로 같다.
ㄴ. 수평 방향의 속력은 A가 B보다 크다.
ㄷ. 연직 방향의 가속도 크기는 A가 B보다 크다.

① ㄱ　　② ㄷ　　③ ㄱ, ㄴ　　④ ㄴ, ㄷ　　⑤ ㄱ, ㄴ, ㄷ

34 ★★★

2020 실시 11월 학평 16 (고1)

그림과 같이 물체 A를 수평 방향으로 속력 v로 던지는 순간, 물체 B를 가만히 놓았더니 A와 B가 각각 경로를 따라 운동하여 수평면에 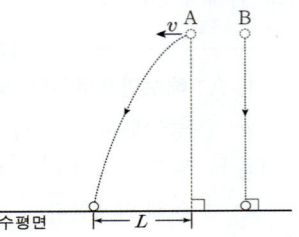 동시에 도달한다. A는 던져진 순간부터 수평면에 도달할 때까지 수평 방향으로 L만큼 이동한다.

이에 대한 설명으로 옳은 것만을 [보기]에서 있는 대로 고른 것은? (단, 물체의 크기, 공기 저항은 무시한다.) [3점]

─────[보기]─────
ㄱ. A가 운동하는 동안 A의 수평 방향 속력은 v로 일정하다.
ㄴ. B가 가만히 놓인 순간부터 수평면에 도달할 때까지 걸린 시간은 $\frac{L}{v}$이다.
ㄷ. 운동하는 동안 A와 B에 작용하는 중력의 방향은 같다.

① ㄱ   ② ㄴ   ③ ㄱ, ㄷ   ④ ㄴ, ㄷ   ⑤ ㄱ, ㄴ, ㄷ

35 ★★✿

그림은 지표면 근처의 같은 높이에서 동일한 포탄 A, B, C를 발사하는 대포와 A, B, C의 운동 경로를 나타낸 것으로, C는 지구를 중심으로 원궤도를 따라 운동한다.

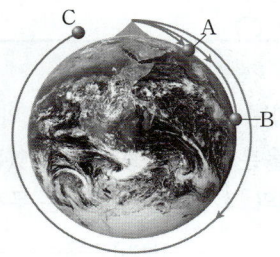

이에 대한 설명으로 옳은 것만을 [보기]에서 있는 대로 고른 것은? (단, 물체의 크기와 공기 저항은 무시한다.)

─────[보기]─────
ㄱ. A와 B에 작용하는 연직 방향 가속도는 같다.
ㄴ. C에는 중력이 작용하지 않는다.
ㄷ. 던지는 순간 포탄의 수평 방향 속도는 C가 가장 크다.

① ㄱ   ② ㄷ   ③ ㄱ, ㄷ
④ ㄴ, ㄷ   ⑤ ㄱ, ㄴ, ㄷ

36 ★★✿

중요

2022 실시 9월 학평 20 (고1)

다음은 자유 낙하하는 물체와 수평 방향으로 던진 물체의 운동을 비교하는 실험이다.

[실험 과정]
(가) 수평면으로부터 0.8 m의 높이에 쇠구슬 발사 장치를 수평하게 설치한다.
(나) 쇠구슬 A는 자유 낙하하고, 쇠구슬 B는 수평 방향으로 발사하여 포물선 운동하도록 A, B를 쇠구슬 발사 장치에 장착한다.

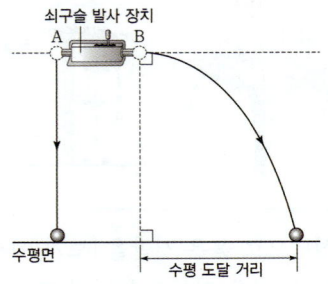

(다) 쇠구슬 발사 장치를 작동하여 A, B가 동시에 운동을 시작한 순간부터 A, B가 각각 수평면에 도달할 때까지의 낙하 시간과 B의 수평 도달 거리를 측정한다.
(라) 수평면으로부터 쇠구슬 발사 장치까지의 높이만을 변경한 후 (나)와 (다)의 과정을 반복한다.

[실험 결과]

과정	낙하 시간		B의 수평 도달 거리
	A	B	
(다)	0.5 s		1.2 m
(라)	0.6 s		㉠

이에 대한 설명으로 옳은 것만을 [보기]에서 있는 대로 고른 것은? (단, B가 발사되는 속력은 일정하고, A와 B는 동일한 쇠구슬이다.) [3점]

─────[보기]─────
ㄱ. (다)에서 낙하하는 A와 B에 작용하는 중력의 방향은 같다.
ㄴ. ㉠은 1.2 m보다 크다.
ㄷ. 수평면에 도달하기 직전의 A의 속력은 (다)에서와 (라)에서가 같다.

① ㄱ   ② ㄷ   ③ ㄱ, ㄴ
④ ㄴ, ㄷ   ⑤ ㄱ, ㄴ, ㄷ

✿ 정답 및 해설 75~76p

12 역학 시스템과 안전

중요도 ★★

1 관성

1. 관성[1]: 물체가 자신의 현재 운동 상태를 계속 유지하려는 성질이다.

➡ 관성은 물체의 질량이 클수록 운동 상태를 변화시키기 어려우므로 크다.

(1) 관성 법칙★: 물체에 작용하는 알짜힘이[2] 0이면 정지해 있던 물체는 계속 정지해 있고, 운동 중인 물체는 등속 직선 운동을 한다. <small>운동하는 물체에 외부 힘이 작용하지 않으면 물체는 속도를 유지하며 계속 운동한다.</small>

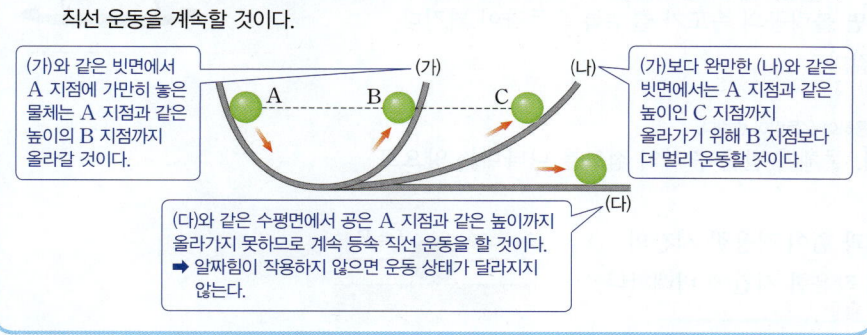

✪ 갈릴레이 사고 실험 <small>논리적인 생각에 의해 결론을 도출하는 과정</small>

• 갈릴레이는 사고 실험으로 운동하는 물체의 관성을 유추하였다.

➡ 마찰이나 공기 저항이 없다는 가정 하에 운동하는 물체에 힘이 작용하지 않으면 물체는 등속 직선 운동을 계속할 것이다.

(가)와 같은 빗면에서 A 지점에 가만히 놓은 물체는 A 지점과 같은 높이의 B 지점까지 올라갈 것이다.

(가)보다 완만한 (나)와 같은 빗면에서는 A 지점과 같은 높이인 C 지점까지 올라가기 위해 B 지점보다 더 멀리 운동할 것이다.

(다)와 같은 수평면에서 공은 A 지점과 같은 높이까지 올라가지 못하므로 계속 등속 직선 운동을 할 것이다.
➡ 알짜힘이 작용하지 않으면 운동 상태가 달라지지 않는다.

(2) 관성에 의한 현상[3]

① 버스가 갑자기 출발할 때: 버스는 앞으로 움직이지만 승객은 정지 상태를 유지하려는 관성 때문에 뒤로 쏠린다.

② 버스가 갑자기 멈출 때: 버스는 멈추지만 승객은 앞으로 계속 움직이는 상태를 유지하려는 관성 때문에 앞으로 쏠린다.

▲ 버스가 갑자기 출발할 때   ▲ 버스가 갑자기 멈출 때

2. 관성을 이용한 안전장치: 관성은 일상생활에서 충돌과 관련된 안전사고를 예방하는 데 중요하다.
㉘ 자동차의 안전띠, 놀이 기구의 안전바

✪ 자동차의 안전띠

자동차의 안전띠는 탑승자의 몸이 앞으로 쏠리는 것을 막아 주어 큰 피해를 입지 않게 한다.

(1) **탑승자의 관성 현상**: 운동하는 자동차가 충돌로 갑자기 속력이 느려지면 탑승자는 관성 때문에 앞으로 튀어나가 차량 내부 장치나 유리창에 부딪혀 다칠 수 있다.

(2) **안전띠의 관성 현상**: 안전띠 내부 장치(리트랙터)에 있는 무게추가 자동차의 속력이 갑자기 느려지면 관성 때문에 앞쪽으로 움직이게 된다. 이때 잠금쇠와 안전띠가 연결된 톱니바퀴의 움직임을 방해하여 안전띠가 쉽게 풀리지 않게 만들어져 있다.

✚ 용어

❶ 관성 (慣: 버릇 性: 성질)
물체가 외부의 힘을 받지 않는 한 정지 또는 운동 상태를 계속 유지하려고 하는 성질

★ 암기

★ 관성 법칙
정지해 있는 물체는 계속 정지해 있고,
운동 중인 물체는 등속 직선 운동을 한다.
➡ 관성 법칙은 '정정'하고 '동등'해! 라고 암기하자.

✚ 개념

❷ 알짜힘
물체에 작용하는 모든 힘의 합력을 말한다. 물체의 운동 상태 변화는 알짜힘에 의해 결정된다.

✚ 개념

❸ 관성에 의한 현상
① 이불을 막대기로 두드려 먼지를 턴다.
② 망치가 헐거워졌을 때 망치 자루를 아래쪽으로 내려치면 망치 머리가 단단히 박힌다.
③ 자전거 페달을 밟지 않아도 어느 정도 계속 달린다.
④ 공놀이 속 관성
• 가만히 놓여있는 공은 힘이 작용하기 전까지 제자리에 있으려고 한다.
• 공에 힘이 작용하면 작용한 힘의 방향으로 운동을 한다.
• 움직이는 공은 또 다른 힘이 작용하기 전까지 운동 상태가 바뀌지 않는다.

2 운동량과 충격량

1. 운동량(p): 운동하는 물체의 운동 효과를 나타내는 양으로, 크기와 방향을 갖는 물리량이다.

(1) **운동량의 크기**★: 물체의 질량과 속도의 곱으로, 질량 m(kg)과 속도 v(m/s)에 비례한다.

$$운동량 = 질량 × 속도, \; p = mv \; [단위: kg·m/s]$$

➡ 질량이 클수록, 속도가 클수록 운동량이 크다.

① 속도가 같을 때 질량이 클수록 운동량이 크다.

　㉄ 질량이 작은 자동차와 질량이 큰 트럭이 같은 속도로 움직이면 질량이 큰 트럭의 운동량이 더 크다.

② 질량이 같을 때 속도가 빠를수록 운동량이 크다.

　㉄ 질량이 같은 볼링공을 던지면 볼링공의 속도가 클수록 운동량이 커진다.

(2) **운동량의 방향❶**: 속도의 방향과 같다.

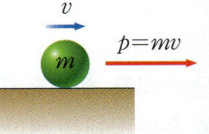
▲ 운동량

┌─ 물체에 힘이 작용하여 운동량이 변한다.

2. 충격량(I)❷: 두 물체가 충돌할 때, 물체가 받은 충격의 정도를 나타내는 양으로, 크기와 방향을 갖는 물리량이다.

(1) **충격량의 크기**: 물체에 작용한 힘과 힘이 작용한 시간의 곱으로, 물체에 작용한 힘과 힘이 작용한 시간에 비례한다.

　　　★ 아이(I)아프(F)다(t)라고 암기하자.

$$충격량 = 힘 × 시간, \; I = F\varDelta t \; [단위❸: N·s]$$

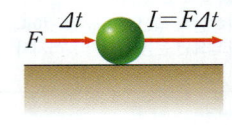
▲ 충격량

➡ 충돌할 때 물체에 작용하는 힘이 클수록, 힘이 작용하는 시간이 길수록 충격량은 커진다.

(2) **충격량의 방향**: 힘의 방향과 같다. 충격량은 힘과 시간의 곱인데, 힘만 방향을 가지므로 힘의 방향과 같다.

✪ 충격량과 힘-시간 그래프

- 물체에 작용한 힘의 변화를 시간에 따라 그래프로 나타낼 때, 그래프가 시간 축과 만드는 넓이(그래프 아랫부분의 넓이)는 충격량을 나타낸다.

힘이 일정할 때	힘이 일정하게 증가할 때	힘이 일정하지 않을 때
힘 넓이=충격량 0　　　시간	힘 넓이 =충격량 0　　　시간	힘 넓이 =충격량 0　　　시간

- **평균 힘**: 일반적으로 충돌이 일어날 때 물체에 작용하는 힘은 일정하지 않다. 이때 물체에 작용하는 평균 힘은 충격량을 힘이 작용한 시간으로 나누어 구할 수 있다.

$$평균 \; 힘(\overline{F}) = \frac{충격량}{충돌 \; 시간} \; [단위: N]$$

3. 운동량과 충격량의 관계: 물체가 일정한 시간 동안 힘을 받으면 힘을 받는 동안 물체의 속도가 변하므로 운동량이 변한다. 따라서 물체가 받은 충격량만큼 운동량이 변한다.

$$충격량 = 운동량의 변화량 = 나중 운동량❹ - 처음 운동량, \; I = \varDelta p = p' - p$$

★ 암기

★ **운동량의 크기**

$mv = p$

➡ 운동량이 큰 친구가 MVP가 되었다!라고 암기하자.

➕ 개념

❶ **운동량의 방향과 부호**
운동량은 크기와 방향을 갖는 물리량이므로 항상 물체의 운동 방향에 유의해야 한다.
한쪽 방향을 (+)로 정하면 반대 방향은 (−)이다.

❷ **두 물체가 충돌할 때 충격량**
두 물체가 충돌할 때 작용 반작용 법칙이 적용된다.
두 물체는 주고받는 힘의 크기와 충돌 시간이 서로 같다. 따라서 두 물체가 받는 충격량의 크기는 서로 같다.

❸ **충격량의 단위**
충격량의 단위는 주로 N·s를 사용하고, 운동량의 변화량을 나타낼 때는 주로 kg·m/s를 사용한다.
힘의 단위는 $kg·m/s^2$(=N)이고, 시간의 단위는 s이므로 충격량의 단위는 kg·m/s로도 나타낼 수 있다.
따라서 충격량의 단위는 운동량의 단위와 같다.

❹ **물체의 나중 운동량**
물체가 운동 방향으로 충격량을 받으면 운동량이 증가하고, 운동 반대 방향으로 충격량을 받으면 운동량이 감소한다.
즉, 물체의 나중 운동량은 물체에 작용한 충격량만큼 변한다.
나중 운동량＝처음 운동량＋충격량
➡ $mv = mv_0 + F\varDelta t$

4. 힘이 작용한 시간에 따른 충격의 차이: 같은 충격량을 받더라도 물체가 충돌할 때 힘이 작용하는 시간을 길게 하면 물체가 받는 평균 힘의 크기가 작아져 충돌로 생기는 피해를 줄일 수 있다. ❶

✪ 충격력과 ❷ 충돌 시간의 관계

동일한 달걀을 같은 높이에서 각각 단단한 바닥(A)과 푹신한 방석(B)에 가만히 놓아 떨어뜨릴 경우

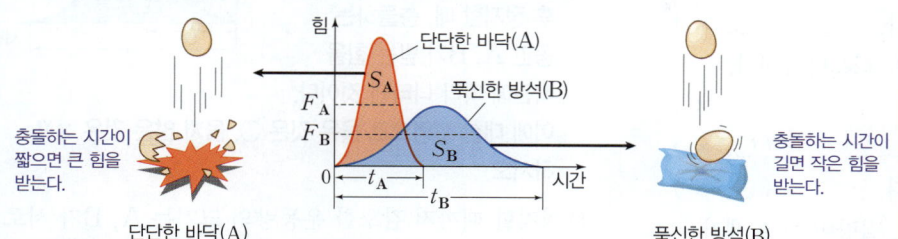

충돌하는 시간이 짧으면 큰 힘을 받는다.

단단한 바닥(A)

충돌하는 시간이 길면 작은 힘을 받는다.

푹신한 방석(B)

① 두 달걀을 같은 높이에서 떨어뜨렸으므로 단단한 바닥과 푹신한 방석에 닿기 직전 두 달걀의 운동량의 크기는 같다. ($p_A = p_B$)

② 두 달걀의 나중 운동량은 0이므로 두 달걀의 운동량 변화량(충격량)의 크기는 같다.
➡ 힘 – 시간 그래프에서 그래프 아래의 넓이는 같다. ($S_A = S_B$)

③ 단단한 바닥에서는 충돌 시간이 짧고, 푹신한 방석에서는 충돌 시간이 길다. ($t_A < t_B$)

④ 달걀이 받는 충격력의 크기는 단단한 바닥에서가 푹신한 방석에서보다 크다. ($F_A > F_B$)
➡ 단단한 바닥 위에 떨어지는 달걀의 충돌 시간이 푹신한 방석에 떨어지는 달걀의 충돌 시간보다 짧기 때문에 더 큰 충격력을 받아 깨지게 된다.

3 충돌과 안전장치

1. 안전 장치의 원리: 관성에 의해 몸이 쏠리는 것을 방지하거나 일반적으로 충격량이 일정할 때 물체에 힘이 작용하는 시간을 길게 하여 물체가 받는 힘의 크기가 작아지는 원리를 이용한다.

2. 안전장치의 예

(1) 교통수단에서 안전장치 ❸

자동차의 범퍼	자동차의 에어백	자전거 안전모
충돌 시 적절히 찌그러지면서 충돌 시간이 길어져 탑승자가 받는 힘의 크기를 줄인다.	충돌할 때 힘을 받는 시간을 길게 하여 탑승자가 받는 힘의 크기를 줄인다.	내부에 패딩이 있어 힘을 받는 시간을 길게 하여 머리가 받는 힘의 크기를 줄인다.

(2) 스포츠에서 안전장치 ❹

보호대	야구 글러브	착지 매트

충격이 가해질 때 힘을 받는 시간을 길게 하여 몸이 받는 힘의 크기를 줄인다.	공을 멈추는 데 걸리는 시간을 길게 하여 포수가 받는 힘의 크기를 줄인다.	착지할 때 걸리는 시간을 길게 하여 선수가 받는 힘의 크기를 줄인다.

➕ 개념

❶ 안전장치에 활용
공기가 충전된 포장재, 모서리 보호대, 놀이 매트, 공사장 안전모, 휴대 전화 케이스 등
➡ 충돌 시간이 길어져 충돌로 생기는 피해를 줄일 수 있다.

➕ 용어

❷ 충격력
물체가 충돌할 때 받는 힘이다. 충돌이 매우 짧은 시간에 일어나는 경우에는 매 순간 변하기 때문에 측정하기 어렵다. 따라서 충격력은 충격을 가하는 동안의 평균적인 힘인 평균 힘이라고 부르기도 한다.

➕ 개념

❸ 교통수단에서 안전 장치
자전거 안장, 도로의 가드레일 등

❹ 스포츠에서 안전 장치
• 멀리뛰기 선수가 착지할 때 무릎을 살짝 구부리면 몸이 받는 힘이 작아져 충격을 줄여준다.
• 야구공을 받을 때 손을 뒤로 빼면서 받으면 손이 받는 힘이 작아져 충격을 줄여준다.

1 관성 ~ 2 운동량과 충격량

1. 관성과 운동량에 대한 설명으로 옳은 것은 ○, 옳지 <u>않은</u> 것은 ×표 하시오.

(1) 관성의 크기는 질량이 클수록 크다. (○, ×)

(2) 운동량은 물체의 질량과 속도의 곱으로 나타낸다.
(○, ×)

(3) 운동량의 단위는 $kg \cdot m/s^2$이다. (○, ×)

(4) 정지하고 있는 물체는 관성이 없다. (○, ×)

(5) 두 물체가 같은 속도로 운동할 때, 질량이 큰 물체가 운동량이 크다. (○, ×)

2. 충격량에 대한 설명으로 옳은 것은 ○, 옳지 <u>않은</u> 것은 ×표 하시오.

(1) 충격량은 물체에 작용한 힘과 힘이 작용한 시간의 곱으로 나타낸다. (○, ×)

(2) 충격량의 단위는 $N \cdot s$이다. (○, ×)

(3) 충돌하는 동안 물체에 작용하는 힘의 크기가 클수록, 힘이 작용하는 시간이 짧을수록 충격량이 크다.
(○, ×)

3. 그림은 질량이 $4\,kg$인 공이 벽에 수직으로 $6\,m/s$의 속력으로 충돌한 후, 반대 방향으로 $3\,m/s$의 속력으로 튀어 나오는 것을 나타낸 것이다.

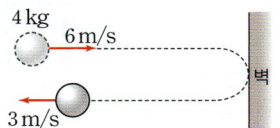

이에 대한 설명으로 옳은 것은 ○, 옳지 <u>않은</u> 것은 ×표 하시오. (단, 물체의 크기와 저항은 무시한다.)

(1) 공이 벽과 충돌 전 운동량의 크기는 $24\,kg \cdot m/s$이다.
(○, ×)

(2) 충돌 전과 후 공의 운동량의 변화량의 크기는
$12\,kg \cdot m/s$이다. (○, ×)

(3) 공이 벽으로부터 받은 충격량의 크기는 $36\,N \cdot s$이다.
(○, ×)

(4) 충돌 시간이 0.1초였다면 공이 벽으로부터 받은 평균 힘의 크기는 $200\,N$보다 작다. (○, ×)

4. 그림은 질량이 같은 물체 A와 B가 같은 속력으로 등속도 운동하다가 벽에 충돌한 후 정지할 때, 충돌하는 동안 A, B가 받는 힘을 시간에 따라 나타낸 것이다.

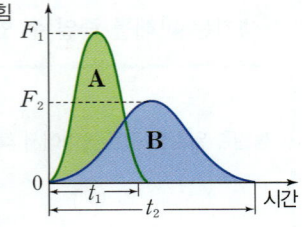

이에 대한 설명으로 옳은 것은 ○, 옳지 <u>않은</u> 것은 ×표 하시오.

(1) 정지할 때까지 감소한 운동량의 크기는 A, B가 서로 같다. (○, ×)

(2) 그래프에서 A와 B의 면적은 서로 같다. (○, ×)

(3) 물체가 벽에 충돌하는 시간이 짧아질수록 충격력도 줄어든다. (○, ×)

3 충돌과 안전장치

5. 그림 (가)와 (나)는 동일한 달걀을 같은 높이에서 각각 단단한 바닥과 푹신한 방석에 떨어뜨리는 모습을 나타낸 것이다.

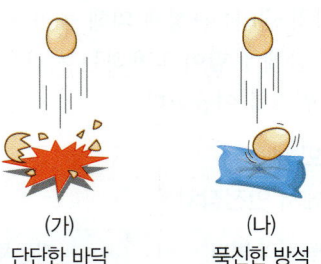

(가)	(나)
단단한 바닥	푹신한 방석

이에 대한 설명으로 옳은 것은 ○, 옳지 <u>않은</u> 것은 ×표 하시오.

(1) 두 달걀의 운동량의 변화량은 다르다. (○, ×)

(2) 달걀이 받은 충격량의 크기는 (가)와 (나)에서 같다.
(○, ×)

(3) 달걀이 받은 평균 힘은 (가)에서가 (나)에서보다 작다.
(○, ×)

6. 일상생활에서 충격을 줄이기 위한 방법에 대한 설명으로 옳은 것은 ○, 옳지 <u>않은</u> 것은 ×표 하시오.

(1) 자동차의 에어백은 충돌 시간을 길게 하여 충격력을 줄여준다. (○, ×)

(2) 자동차의 범퍼는 단단할수록 운전자가 받는 충격을 덜 받게 해 준다. (○, ×)

(3) 높이 뛰기의 착지 매트는 힘이 작용하는 시간을 길게 하여 사람이 힘을 덜 받게 해 준다. (○, ×)

❖ 정답 문제편 **277p**

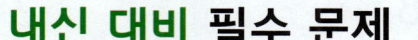
1 관성

01 ✳✳✿

관성에 대한 설명으로 옳지 <u>않은</u> 것은?

① 물체의 질량이 클수록 관성이 크다.
② 물체가 정지해 있을 때는 관성이 없다.
③ 관성은 물체가 원래의 운동 상태를 계속 유지하려는 성질이다.
④ 마찰이 없는 빗면에 놓은 공은 수평면에 도달한 후 영구히 앞으로 나아간다.
⑤ 버스가 급정거할 때 승객들이 앞으로 넘어지는 것은 관성 때문이다.

02 ✳✳✳

학력 평가 기출

다음은 지진계의 원리에 대한 설명이다.

> 지진이 발생하면 지진계의 회전 원통은 땅과 함께 흔들리지만, 지진계에 있는 질량이 큰 추는 흔들리지 않고 제자리에 정지해 있어 진동을 기록할 수 있다.
>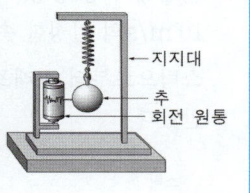
> ─ 지지대
> ─ 추
> 회전 원통

이와 같은 원리로 설명할 수 있는 것만을 [보기]에서 있는 대로 고른 것은?

[보기]
ㄱ. 물 위에서 노를 뒤로 저으면 배가 앞으로 움직인다.
ㄴ. 자동차가 갑자기 정지할 때 몸이 앞으로 쏠리게 된다.
ㄷ. 얼음판에서 썰매를 끄는 힘이 클수록 썰매의 속력은 더 빨리 증가한다.

① ㄱ ② ㄴ ③ ㄱ, ㄷ ④ ㄴ, ㄷ ⑤ ㄱ, ㄴ, ㄷ

03 ✳✳✳ 서술형

관성은 물체가 원래의 운동 상태를 유지하려고 하는 성질이다. 실생활에서 관성에 의한 현상의 예를 두 가지 이상 서술하시오.

2 운동량과 충격량

04 ✳✳✳ 서술형

정지해 있는 물체에 그림과 같은 알짜힘이 작용하였다.
3초 동안 알짜힘에 의한 물체가 받은 충격량의 크기를 계산 과정과 함께 서술하시오.

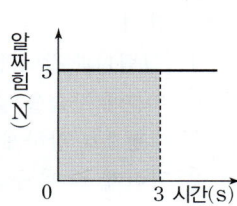

알짜힘(N)
5
0   3 시간(s)

05 ✳✳✳

2025 실시 9월 학평 17 (고1)

다음은 높이뛰기 경기장에서 선수의 부상을 방지하는 원리에 대한 설명이다.

> 딱딱한 매트 대신 푹신한 매트를 사용하면, 높이뛰기 선수가 장애물을 넘어 착지할 때 충돌 시간이 [㉠]하므로, 충돌하는 동안 선수가 매트로부터 받는 평균 힘의 크기가 [㉡]하여, 선수의 부상을 방지할 수 있다.
>

㉠과 ㉡에 들어갈 내용으로 가장 적절한 것은? [2.0점]

	㉠	㉡		㉠	㉡
①	감소	감소	②	감소	증가
③	증가	감소	④	증가	증가
⑤	증가	일정			

06 ✱✱✿

그림은 수평면 위에 정지해 있는 어떤 물체에 수평 방향으로 작용하는 힘을 시간에 따라 나타낸 것이다. 0.2초에서 0.4초까지 물체가 받은 충격량의 크기는?

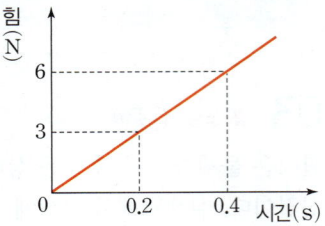

① 0.2 N·s   ② 0.3 N·s   ③ 0.4 N·s
④ 0.6 N·s   ⑤ 0.9 N·s

07 ✱✱✿
2021 실시 6월 학평 11 (고1)

다음은 충격량에 대한 탐구 활동이다.

[탐구 과정]

(가) [그림1]과 같이 빨대 A의 끝 부분에 구슬을 넣고, 수평으로 강하게 불 때와 약하게 불 때 구슬이 날아가는 거리를 측정한다.

[그림1]

(나) [그림2]와 같이 A에 구슬을 입과 가까운 부분에 넣고, 수평으로 불 때 구슬이 날아가는 거리를 측정한다.

[그림2]

(다) A의 길이를 반으로 자른 빨대 B에 구슬을 입과 가까운 부분에 넣고, (나)와 같은 세기로 수평으로 불 때 구슬이 날아가는 거리를 측정한다.

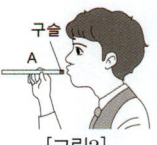

[탐구 결과]
• (가)에서 빨대를 강하게 불 때 구슬이 더 멀리 날아간다.
• (나)에서가 (다)에서보다 구슬이 더 멀리 날아간다.

이에 대한 설명으로 옳은 것만을 [보기]에서 있는 대로 고른 것은?

[보기]

ㄱ. (가)에서 구슬이 받은 충격량의 크기는 강하게 불 때가 약하게 불 때보다 크다.

ㄴ. (나)와 (다)를 통해 구슬이 힘을 받은 시간에 따른 충격량의 크기를 비교할 수 있다.

ㄷ. 구슬이 받은 충격량의 크기는 (나)에서가 (다)에서보다 크다.

① ㄱ   ② ㄷ   ③ ㄱ, ㄴ   ④ ㄴ, ㄷ   ⑤ ㄱ, ㄴ, ㄷ

08 ✱✱✿
학력 평가 기출

그림 (가)는 수평면 위에서 일정한 속력 10 m/s로 운동하던 질량 2 kg인 물체에 운동 방향과 같은 방향으로 크기가 F인 힘을 작용시킨 것이고, (나)는 이 물체에 작용하는 힘 F를 시간에 따라 나타낸 것이다.

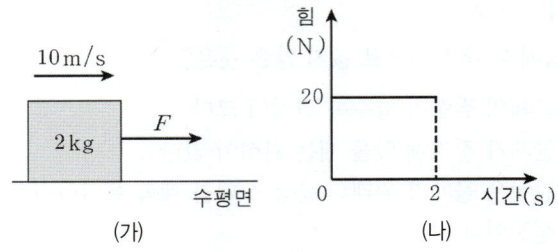

(가)   (나)

2초 후 이 물체의 속력은? (단, 모든 마찰과 공기 저항은 무시한다.)

① 20 m/s   ② 30 m/s   ③ 40 m/s
④ 50 m/s   ⑤ 60 m/s

09 ✱✱✿
2020 실시 11월 학평 20 (고1)

다음은 물체가 받은 평균 힘의 크기를 구하는 과정이다.

• 그림과 같이 수평면에 정지해 있던 질량이 1 kg인 물체에 수평 방향으로 힘을 작용하였더니 물체가 10 m/s의 일정한 속력으로 직선 운동한다. 물체는 스틱으로부터 그래프와 같이 $\frac{1}{20}$초 동안 힘을 받았다.

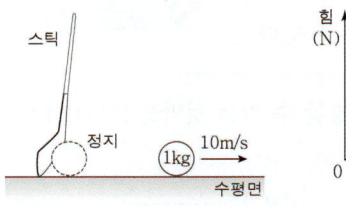
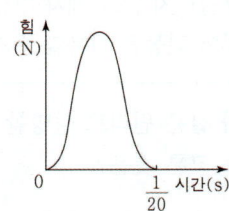

• 그래프에서 시간 축과 곡선이 만드는 면적은 물체의 운동량 변화량의 크기와 같다.

• 따라서 0초부터 $\frac{1}{20}$초까지 물체가 받은 충격량의 크기는 ㉠ 이므로 물체가 받은 평균 힘의 크기는 ㉡ 이다.

㉠과 ㉡은? (단, 물체의 크기는 무시한다.) [3점]

	㉠	㉡		㉠	㉡
①	10N·s	100N	②	10N·s	200N
③	20N·s	100N	④	20N·s	200N
⑤	20N·s	400N			

10 ✿✿✽

그림은 타자가 수평 방향으로 30 m/s의 속력으로 날아오는 질량 0.5 kg인 야구공을 배트로 치는 모습을 나타낸 것이다. 타자가 배트로 야구공을 친 직후 야구공은 반대 방향으로 50 m/s의 속력으로 날아간다. 배트와 야구공의 충돌 시간은 0.1초이다.

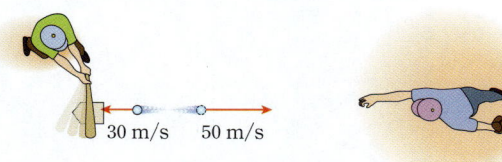

30 m/s   50 m/s

이에 대한 설명으로 옳은 것만을 [보기]에서 있는 대로 고른 것은? (단, 공에 작용하는 중력은 무시한다.)

[보기]
ㄱ. 배트와 공이 충돌한 직후 공의 운동량의 크기는 25 kg·m/s이다.
ㄴ. 배트와 공이 충돌하는 동안 공이 받은 평균 충격력의 크기는 200 N이다.
ㄷ. 배트가 아닌 야구 글러브로 야구공을 받아 정지시킬 경우 충격량의 크기는 배트로 칠 때의 $\frac{3}{8}$배이다.

① ㄱ ② ㄴ ③ ㄷ ④ ㄱ, ㄷ ⑤ ㄴ, ㄷ

11 ✿✿✽ [서술형]

질량이 100 kg인 정지해 있는 자동차가 수평면과 나란한 방향으로 200 N의 힘을 받아 동쪽으로 4.0 m/s의 속도가 될 때까지 가속되었다. 자동차의 운동량을 변화시키기 위한 시간을 계산 과정과 함께 서술하시오.

12 ✿✿✿

2020 실시 6월 학평 20 (고1)

그림 (가)는 수평면에서 일정한 속력으로 직선 운동하는 물체 A, B가 벽과 충돌한 후 정지한 모습을 나타낸 것이다. 그림 (나)는 A, B가 벽으로부터 받은 힘을 시간에 따라 나타낸 것이고, 곡선이 시간 축과 이루는 면적은 각각 2S, 3S이며, 벽과 충돌한 순간부터 정지할 때까지 걸린 시간은 각각 t, 2t이다.

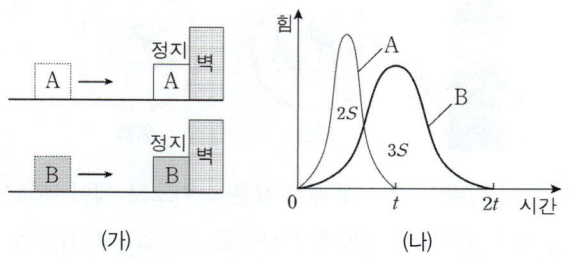

(가)   (나)

A, B가 벽으로부터 받은 충격량의 크기를 각각 I_A, I_B라 하고, 벽으로부터 받은 평균 힘의 크기를 각각 F_A, F_B라 할 때, I_A와 I_B, F_A와 F_B를 옳게 비교한 것은?

① $I_A > I_B$, $F_A > F_B$ ② $I_A > I_B$, $F_A < F_B$
③ $I_A = I_B$, $F_A = F_B$ ④ $I_A < I_B$, $F_A > F_B$
⑤ $I_A < I_B$, $F_A < F_B$

3 충돌과 안전장치

13 ✿✿✽

학력 평가 기출

그림은 일상생활에서 볼 수 있는 충돌 사고를 대비한 안전 장치들이다.

안전모   자동차 범퍼

이에 대한 설명으로 옳은 것만을 [보기]에서 있는 대로 고른 것은?

[보기]
ㄱ. 외부에서 가해지는 충격을 흡수한다.
ㄴ. 충격이 가해지는 시간을 길게 한다.
ㄷ. 충돌 시 충격량을 감소시키는 장치이다.

① ㄱ ② ㄷ ③ ㄱ, ㄴ ④ ㄴ, ㄷ ⑤ ㄱ, ㄴ, ㄷ

14 ✳︎✳︎✳︎

그림은 에어 매트를 이용한 탈출 요령에 대한 설명이다.

높은 건물에서 뛰어내려 탈출할 때에는 구조대원의 신호에 따라 ⓐ 공기가 주입된 에어 매트에 뛰어내려야 안전합니다. 그 이유는 에어 매트에서 공기가 빠져나오며 충격을 흡수하여 사람이 튀어 오르지 않고 멈출 수 있기 때문입니다. ⓑ 공기가 주입되지 않은 에어 매트에 뛰어내리면 위험합니다.

안전   위험

ⓐ, ⓑ에 질량이 같은 물체가 같은 속력으로 에어 매트에 닿을 경우, ⓐ에서가 ⓑ에서보다 큰 것만을 [보기]에서 있는 대로 고른 것은?

[보기]
ㄱ. 물체가 에어 매트에 닿는 순간부터 멈출 때까지 물체의 운동량 변화량의 크기
ㄴ. 물체가 에어 매트에 닿는 순간부터 멈출 때까지 걸린 시간
ㄷ. 물체가 에어 매트에 닿는 순간부터 멈출 때까지 물체가 받는 평균 힘의 크기

① ㄱ   ② ㄴ   ③ ㄷ   ④ ㄱ, ㄷ   ⑤ ㄴ, ㄷ

15 ✳︎✳︎✳︎ 중요

학력 평가 기출

그림은 자동차가 벽에 충돌하는 모의 실험에 대해 세 학생 A~C가 대화하는 내용이다.

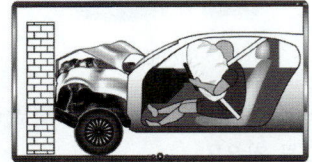

범퍼는 자동차가 충돌할 때 충격을 받는 시간을 감소시켜 줘.
학생 A

에어백은 충돌할 때 사람이 받는 힘의 크기를 크게 해주기 위한 장치야.
학생 B

안전띠를 매면 몸이 의자에 고정되어 앞으로 튀어 나가는 위험을 방지시켜 줘.
학생 C

제시한 내용이 옳은 학생만을 있는 대로 고른 것은?

① A   ② C   ③ A, B   ④ B, C   ⑤ A, B, C

16 ✳︎✳︎✳︎ 단답형

'같은 충격량을 받더라도 물체가 충돌할 때, 충돌 시간이 길어지면 물체가 받는 평균 힘의 크기는 작아진다.'와 같은 원리가 이용되는 안전장치를 쓰시오.

 내신 1등급 문제

17 ✳︎✳︎✳︎

2021 실시 6월 학평 20 (고1)

그림 (가)는 수평한 얼음판에서 질량 60 kg인 선수 A와 질량 40 kg인 선수 B가 각각 6 m/s, 2 m/s의 속력으로 운동하는 모습을 나타낸 것이다. 그림 (나)는 B의 속력을 시간에 따라 나타낸 것으로, 2초일 때 A는 B를 밀었다. 밀기 전후에 두 선수의 운동 방향은 같다.

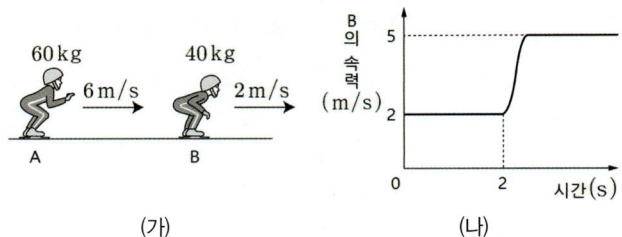

(가)   (나)

이에 대한 설명으로 옳은 것만을 [보기]에서 있는 대로 고른 것은? (단, 모든 마찰은 무시한다.) [3점]

[보기]
ㄱ. 밀면서 받은 충격량의 크기는 A가 B보다 작다.
ㄴ. 밀기 전후 B의 운동량 변화량의 크기는 120 kg·m/s이다.
ㄷ. 밀고 난 후 A의 속력은 3 m/s이다.

① ㄱ   ② ㄴ   ③ ㄱ, ㄷ   ④ ㄴ, ㄷ   ⑤ ㄱ, ㄴ, ㄷ

18 ★★★

다음은 물체의 충돌 실험이다.

[실험 과정]

(가) 그림과 같이 수평면 위에 고정된 속도 센서와 힘 센서 사이에 물체 A를 놓은 후, A가 힘 센서를 향해 등속 직선 운동하게 한다.

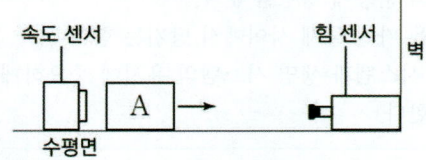

(나) A와 힘 센서의 충돌 직전과 직후에 A의 속력을 측정하고, 힘 센서를 이용하여 충돌하는 동안 A에 작용하는 힘의 크기를 시간에 따라 측정한다.

(다) A를 물체 B로 바꾼 후 (가)와 (나)의 과정을 반복한다.

[실험 결과]

물체	속력(m/s) 충돌 직전	속력(m/s) 충돌 직후
A	2	0
B	3	0

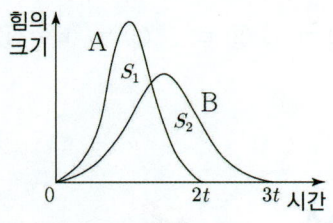

• 그래프에서 각 곡선이 시간 축과 이루는 면적 S_1과 S_2는 같다.

이에 대한 설명으로 옳은 것만을 [보기]에서 있는 대로 고른 것은? (단, 모든 마찰과 공기 저항은 무시한다.) [3점]

[보기]

ㄱ. 충돌하는 동안 물체가 받은 충격량의 크기는 A가 B보다 크다.

ㄴ. 충돌하는 동안 물체가 받은 평균 힘의 크기는 A와 B가 같다.

ㄷ. 물체의 질량은 A가 B보다 크다.

① ㄱ ② ㄷ ③ ㄱ, ㄴ ④ ㄱ, ㄷ ⑤ ㄴ, ㄷ

19 ★★★

그림 (가)는 질량이 5 kg인 정지해 있는 물체에 수평면과 나란한 방향으로 힘 F가 작용하는 것을, (나)는 힘 F의 크기를 시간에 따라 나타낸 것이다.

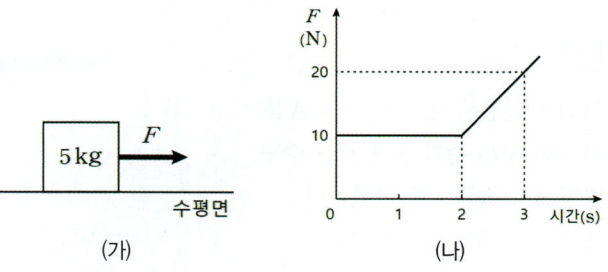

이에 대한 설명으로 옳은 것만을 [보기]에서 있는 대로 고른 것은? (단, 모든 마찰과 공기 저항은 무시한다.) [3점]

[보기]

ㄱ. 물체가 받은 충격량의 크기는 0∼2초까지와 2∼3초까지가 같다.

ㄴ. 물체의 운동량의 크기는 2초일 때가 1초일 때의 2배이다.

ㄷ. 3초일 때 물체의 속력은 7 m/s이다.

① ㄱ ② ㄴ ③ ㄱ, ㄷ ④ ㄴ, ㄷ ⑤ ㄱ, ㄴ, ㄷ

20 ★★★

다음은 일상생활에서 사용하는 안전장치에 대한 설명이다.

머리 보호대	안전띠	범퍼
다른 선수와 충돌할 때 발생할 수 있는 부상을 예방한다.	⑤급정거할 때 승객이 앞으로 튀어 나가는 것을 방지한다.	접촉 사고가 일어날 때 찌그러지면서 운전자의 피해를 줄인다.

이에 대한 설명으로 옳은 것만을 [보기]에서 있는 대로 고른 것은?

[보기]

ㄱ. 머리 보호대는 충돌할 때 머리가 받는 평균 힘을 줄여 준다.

ㄴ. ⑤은 관성으로 설명된다.

ㄷ. 자동차가 충돌하여 정지할 때까지 받은 충격량은 범퍼가 찌그러지면 작아진다.

① ㄱ ② ㄷ ③ ㄱ, ㄴ ④ ㄴ, ㄷ ⑤ ㄱ, ㄴ, ㄷ

⑪ 중력과 역학 시스템

01 ✳✳✳✿ 학력 평가 기출

그림은 같은 높이에서 물체 A를 가만히 놓는 순간 물체 B를 수평 방향으로 속력 v로 던졌더니 A와 B가 각각 경로를 따라 운동하여 수평면에 도달한 모습을 나타낸 것이다. B가 운동하는 경로상의 점 p의 높이는 h이다. 질량은 A와 B가 같다. 이에 대한 설명으로 옳은 것만을 [보기]에서 있는 대로 고른 것은? (단, A와 B의 크기, 공기 저항은 무시한다.)

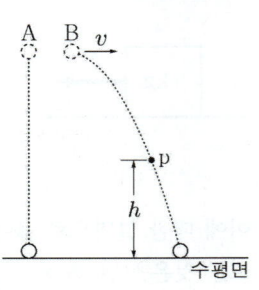

────────[보기]────────
ㄱ. A가 운동하는 동안 A의 속력은 증가한다.
ㄴ. B가 수평면에 도달하는 순간 B의 수평 방향 속력은 v이다.
ㄷ. B가 p를 지나는 순간 A의 높이는 h이다.
─────────────────────

① ㄱ　② ㄷ　③ ㄱ, ㄴ　④ ㄴ, ㄷ　⑤ ㄱ, ㄴ, ㄷ

02 ✳✳✳✿

그림과 같이 물체 A를 높이가 $4h$인 곳에서 가만히 놓고, 동시에 물체 B를 높이가 h인 곳에서 가만히 놓았다.

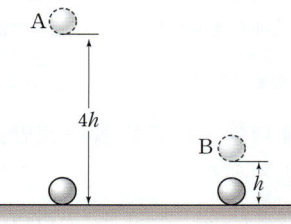

B가 바닥에 닿는 순간 A의 높이는? (단, 중력 가속도는 일정하고, 물체의 크기와 공기 저항은 무시한다.)

① h　② $\frac{3}{2}h$　③ $2h$　④ $\frac{5}{2}h$　⑤ $3h$

03 ✳✳✳✿ 학력 평가 기출

다음은 중력에 대한 설명이다.

┌─────────────────────────────┐
· 물체의 운동에 영향을 준다.
· 질량을 가진 물체 사이에서 당기는 힘이다.
· 지구 시스템과 생명 시스템의 유지에 중요하게 작용한다.
└─────────────────────────────┘

이에 대한 설명으로 옳은 것만을 [보기]에서 있는 대로 고른 것은?

────────[보기]────────
ㄱ. 물을 높은 곳에서 낮은 곳으로 흐르게 한다.
ㄴ. 중력의 방향은 항상 물체의 운동 방향과 같다.
ㄷ. 중력이 없으면 대기의 순환이 더 활발해질 것이다.
─────────────────────

① ㄱ　② ㄷ　③ ㄱ, ㄴ　④ ㄴ, ㄷ　⑤ ㄱ, ㄴ, ㄷ

04 ✳✳✳ 중요 2021 실시 9월 학평 15 (고1)

그림은 수평면 위의 물체가 점 p에서 점 q까지 일정한 속력으로 직선 운동하다가 q에서 수평면을 떠나 운동하여 지면 위의 점 r에 도달하는 모습을 나타낸 것이다. 물체가 p에서 q까지 이동한 거리와 걸린 시간은 각각 10 m, 2초이다. 이에 대한 설명으로 옳은 것만을 [보기]에서 있는 대로 고른 것은? (단, 물체의 크기와 공기 저항은 무시한다.) [3점]

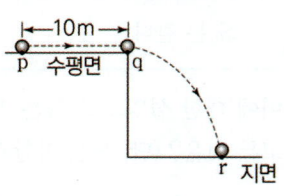

────────[보기]────────
ㄱ. q에서 물체의 속력은 5 m/s이다.
ㄴ. 물체가 r에 도달하는 순간 물체의 수평 방향 속력은 5 m/s이다.
ㄷ. q에서 r까지 운동하는 동안 물체에 작용하는 힘의 방향과 운동 방향은 서로 같다.
─────────────────────

① ㄱ　② ㄷ　③ ㄱ, ㄴ　④ ㄴ, ㄷ　⑤ ㄱ, ㄴ, ㄷ

그림은 질량이 동일한 물체 A와 B를 수평면으로부터 같은 높이에서 수평 방향으로 각각 속력 v_A, v_B로 동시에 던졌더니, A와 B가 포물선 경로를 따라 운동한 모습을 나타낸 것이다. 물체는 수평 방향으로 각각 d, $3d$만큼 이동하였다.

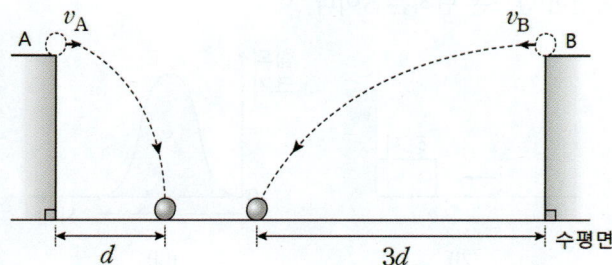

이에 대한 설명으로 옳은 것만을 [보기]에서 있는 대로 고른 것은? (단, 물체의 크기와 공기 저항은 무시한다.) [3점]

[보기]
ㄱ. 낙하하는 동안 A와 B에 작용하는 힘의 방향은 서로 같다.
ㄴ. 수평면에 도달하는 순간 연직 방향의 속력은 A가 B보다 작다.
ㄷ. v_B는 v_A의 3배이다.

① ㄱ ② ㄴ ③ ㄷ ④ ㄱ, ㄷ ⑤ ㄴ, ㄷ

06 ✿✿✿ 서술형

그림은 지표면 근처의 같은 높이에서 질량이 같은 물체 A, B, C를 수평 방향으로 발사하였을 때, 세 물체의 운동 경로를 나타낸 것이다. A는 지구를 중심으로 원 궤도를 따라 운동한다.

A, B, C를 발사하였을 때의 수평 방향 속력을 비교하고 그 까닭을 자유 낙하 운동과 관련지어 서술하시오. (단, 공기 저항은 무시한다.)

그림은 물체 A를 가만히 놓는 순간, A와 같은 높이에서 물체 B를 수평 방향으로 던지고 A, B의 위치를 일정한 시간 간격으로 나타낸 것이다.

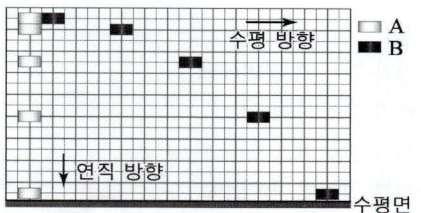

이에 대한 설명으로 옳은 것만을 [보기]에서 있는 대로 고른 것은? (단, 공기 저항과 물체의 크기는 무시한다.)

[보기]
ㄱ. B의 수평 방향 속력은 증가한다.
ㄴ. 수평면에 A가 B보다 먼저 도달한다.
ㄷ. B에 작용하는 중력의 방향은 연직 방향이다.

① ㄱ ② ㄷ ③ ㄱ, ㄴ ④ ㄴ, ㄷ ⑤ ㄱ, ㄴ, ㄷ

08 ✿✿✿

그림은 높이 h에서 질량 2 kg인 공 A를 가만히 놓는 순간, 질량 1 kg인 공 B를 수평 방향으로 2 m/s의 속도로 던진 모습을 나타낸 것이다.

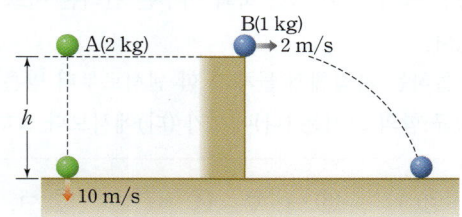

공 A가 바닥에 닿는 순간의 속도가 10 m/s일 때, 두 공의 운동을 설명한 내용으로 옳은 것만을 [보기]에서 있는 대로 고른 것은? (단, 중력 가속도는 10 m/s²이고, 공의 크기, 모든 마찰과 공기 저항은 무시한다.)

[보기]
ㄱ. 공 A가 바닥에 닿을 때까지 걸린 시간은 2초이다.
ㄴ. 공 B가 수평 방향으로 이동한 거리는 2 m이다.
ㄷ. $h = 5$ m이다.

① ㄱ ② ㄴ ③ ㄱ, ㄴ ④ ㄴ, ㄷ ⑤ ㄱ, ㄴ, ㄷ

09 ✱✱✱✱

다음은 물체의 충돌 실험이다.

[실험 과정]

(가) 그림과 같이 수평면에서
물체가 운동하여 힘
센서와 충돌하게 한다.

(나) 물체를 일정한 속력 v로
직선 운동하게 하고,
물체가 힘 센서와 충돌한 후 정지할 때까지의
시간과 힘을 측정한다.

(다) (가)의 물체와 질량이 같고 종류가 다른 물체로
바꾼 후 (나)를 반복한다.

※ 물체는 힘 센서와 충돌 후 정지한다.

[실험 결과]

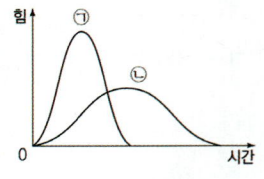

과정	물체가 힘 센서와 충돌한 후 정지할 때까지의 시간
(나)	t
(다)	$2t$

이에 대한 설명으로 옳은 것만을 [보기]에서 있는 대로 고른 것은? (단, 모든 마찰은 무시한다.) [3점]

[보기]

ㄱ. ㉠은 (다)의 측정 결과이다.

ㄴ. 곡선 ㉠과 ㉡이 시간 축과 이루는 면적은 서로 같다.

ㄷ. 충돌하는 과정에서 물체가 힘 센서로부터 받은 평균 힘의 크기는 (나)에서가 (다)에서보다 크다.

① ㄱ ② ㄴ ③ ㄱ, ㄷ ④ ㄴ, ㄷ ⑤ ㄱ, ㄴ, ㄷ

10 ✱✱✱✱ 서술형

다음 물체들의 운동량의 크기를 비교하고 그 까닭을 서술하시오.

가. 10 m/s로 떨어지는 질량 5 g인 동전

나. 120 km/h로 날아가는 질량 145 g인 야구공

다. 100 km/h로 달리는 질량 1000 kg인 자동차

11 ✱✱✱ 중요⭐

그림 (가)는 수평면에서 일정한 속력으로 직선 운동하는 물체가 벽과 충돌하여 정지한 모습을 나타낸 것이고, (나)는 (가)에서 물체가 벽과 충돌하는 동안 물체가 벽으로부터 받는 힘의 크기를 시간에 따라 나타낸 것이다. 물체와 벽의 충돌 시간은 T이고, 시간 축과 곡선이 만드는 면적은 S이다.

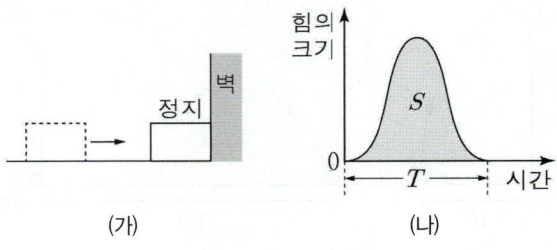

(가)   (나)

충돌 시간 T 동안, 이에 대한 설명으로 옳은 것만을 [보기]에서 있는 대로 고른 것은?

[보기]

ㄱ. 물체의 운동량의 크기는 증가한다.

ㄴ. 물체가 벽으로부터 받은 충격량의 크기는 S이다.

ㄷ. 물체가 벽으로부터 받은 평균 힘의 크기는 $\dfrac{S}{T}$이다.

① ㄱ ② ㄷ ③ ㄱ, ㄴ ④ ㄴ, ㄷ ⑤ ㄱ, ㄴ, ㄷ

12 ✱✱✱✱

그림은 직선 경로를 따라 한쪽 방향으로 운동하는 질량 m인 물체의 운동량을 시간에 따라 나타낸 것이다.

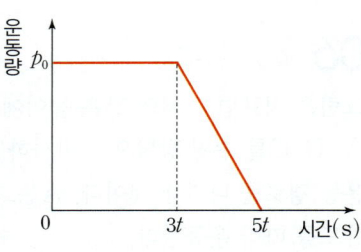

이에 대한 설명으로 옳은 것만을 [보기]에서 있는 대로 고른 것은?

[보기]

ㄱ. $2t$일 때 물체의 속력은 $\dfrac{2p_0}{m}$이다.

ㄴ. $3t$부터 $4t$까지 물체가 받은 충격량의 크기는 $\dfrac{p_0}{2}$이다.

ㄷ. $3t$부터 $5t$까지 물체가 이동한 거리는 $\dfrac{p_0 t}{m}$이다.

① ㄱ ② ㄴ ③ ㄱ, ㄴ ④ ㄱ, ㄷ ⑤ ㄴ, ㄷ

13 ✱✱✱❀

2022 실시 6월 학평 18 (고1)

그림은 마찰이 없는 수평면에서 일정한 속력으로 직선 운동하는 물체 A, B가 장애물 P, Q에 각각 충돌하여 정지한 모습을, 표는 물체가 충돌한 순간부터 정지할 때까지 걸린 시간 t와 장애물로부터 받은 평균 힘의 크기 $F_{평균}$을 나타낸 것이다. A와 B의 질량은 m으로 같고, 충돌 전 속력은 v로 같다.

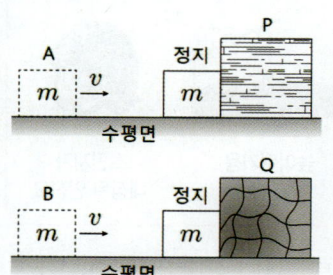

물체	t	$F_{평균}$
A	t_0	F_0
B	㉠	$\frac{1}{3}F_0$

이에 대한 설명으로 옳은 것만을 [보기]에서 있는 대로 고른 것은? [3점]

[보기]
ㄱ. 충돌 전 A의 운동량의 크기는 mv이다.
ㄴ. 충돌하는 동안, A가 P로부터 받은 충격량의 크기는 B가 Q로부터 받은 충격량의 크기보다 크다.
ㄷ. ㉠은 t_0보다 작다.

① ㄱ   ② ㄴ   ③ ㄱ, ㄷ   ④ ㄴ, ㄷ   ⑤ ㄱ, ㄴ, ㄷ

14 ✱✱❀ 서술형

골프를 칠 때 골프채가 골프공에 가하는 평균 힘은 400 N이고, 골프공의 질량은 0.04 kg이다. 골프채가 골프공에 충격을 가하는 시간은 $\frac{1}{50}$초였을 때, 골프공의 속도 변화량을 계산 과정과 함께 서술하시오. (단, 처음 속력은 0이다.)

15 ✱✱✱

그림 (가)와 (나)는 수평면에서 속력 $3v$로 운동하던 물체 A, B가 벽에 수직으로 충돌한 후 각각 $2v$, v의 속력으로 튀어나오는 것을 나타낸 것이다. 물체가 벽과 충돌하는 시간은 B가 A의 2배이고, A와 B의 질량은 각각 m, $2m$이다.

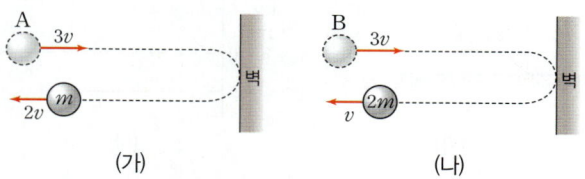

(가)   (나)

물리량이 (가)에서가 (나)에서보다 큰 것만을 [보기]에서 있는 대로 고른 것은? (단, A와 B는 동일 직선 상에서 운동하고, 모든 마찰과 공기 저항은 무시한다.)

[보기]
ㄱ. 충돌 후 운동량의 크기
ㄴ. 충돌하는 동안 벽이 물체로부터 받은 충격량의 크기
ㄷ. 충돌하는 동안 벽이 물체에 작용하는 충격력의 크기

① ㄱ   ② ㄴ   ③ ㄷ   ④ ㄱ, ㄷ   ⑤ ㄴ, ㄷ

16 ✱✱❀

2024 실시 3월 학평 18 / 물리학 I (고2)

그림 (가)는 0초일 때 마찰이 없는 수평면에 정지해 있는 물체에 수평면과 나란하게 일정한 방향으로 힘 F가 작용하는 모습을, (나)는 F의 크기를 시간에 따라 나타낸 것이다. 2초일 때 물체의 속력은 v이다.

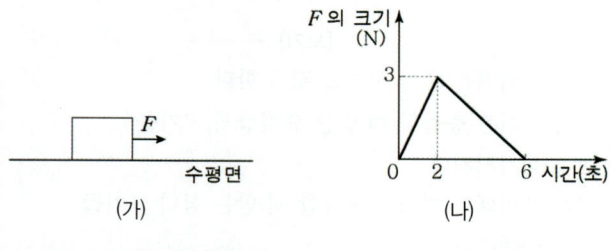

(가)   (나)

6초일 때 물체의 속력은?

① 0   ② v ③ $2v$ ④ $3v$ ⑤ $4v$

17 ✿✿✽

그림 (가)는 벽을 향해 2 m/s의 속력으로 운동하고 있는 물체를 나타낸 것이고, (나)는 벽에 충돌하기 전부터 충돌 이후까지 물체의 운동량을 시간에 따라 나타낸 것이다.

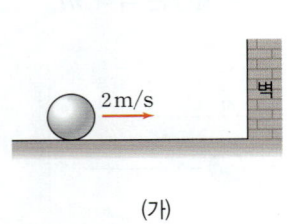
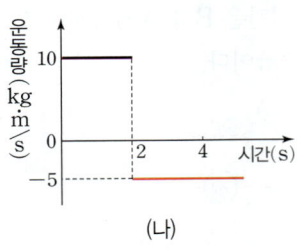

(가)   (나)

이에 대한 설명으로 옳은 것만을 [보기]에서 있는 대로 고른 것은?

──────── [보기] ────────
ㄱ. 물체의 질량은 5 kg이다.
ㄴ. 물체가 벽에 충돌하는 동안 물체가 벽에 작용한 충격량의 크기는 15 N·s이다.
ㄷ. 충돌 후 물체의 속력은 충돌 전의 $\frac{1}{2}$배이다.
────────────────────────

① ㄱ　② ㄴ　③ ㄱ, ㄷ　④ ㄴ, ㄷ　⑤ ㄱ, ㄴ, ㄷ

18 ✿✿✿

2022 실시 6월 학평 19 (고1)

그림은 자동차의 안전장치를 나타낸 것이다.

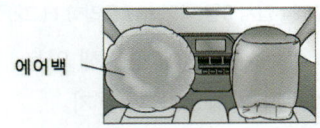
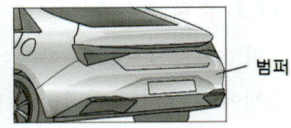

이에 대한 설명으로 옳은 것만을 [보기]에서 있는 대로 고른 것은?

──────── [보기] ────────
ㄱ. 에어백은 충돌 시간을 길게 한다.
ㄴ. 범퍼는 충돌할 때 받는 충격량의 크기를 증가시킨다.
ㄷ. 에어백과 범퍼는 충돌할 때 받는 힘의 크기를 줄여준다.
────────────────────────

① ㄱ　② ㄴ　③ ㄱ, ㄷ　④ ㄴ, ㄷ　⑤ ㄱ, ㄴ, ㄷ

19 ✿✿✽

2023 실시 6월 학평 4 (고1)

그림은 깨지기 쉬운 제품의 충격을 완화하기 위해 공기가 충전된 포장재로 제품을 포장한 모습이다. 이와 같은 원리가 적용된 것만을 [보기]에서 있는 대로 고른 것은? [3점]

──────── [보기] ────────
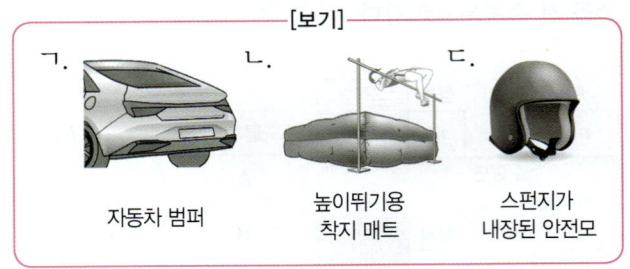

ㄱ. 자동차 범퍼　　ㄴ. 높이뛰기용 착지 매트　　ㄷ. 스펀지가 내장된 안전모
────────────────────────

① ㄱ　② ㄴ　③ ㄱ, ㄷ　④ ㄴ, ㄷ　⑤ ㄱ, ㄴ, ㄷ

20 ✿✿✿ 🔴중요

그림 (가)는 정지해 있던 질량이 50 kg인 철수와 질량이 60 kg인 민수가 마찰이 없는 수평한 얼음판 위에서 수평 방향으로 서로 밀고 있는 것을 나타낸 것이고, (나)는 밀기 시작한 순간부터 민수의 운동량을 시간에 따라 나타낸 것이다.

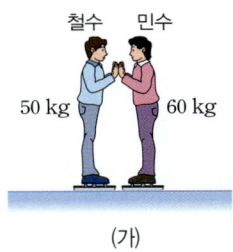
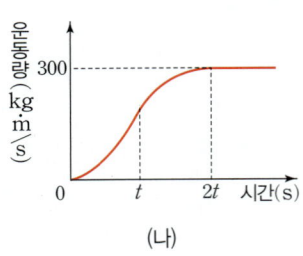

(가)   (나)

이에 대한 설명으로 옳은 것만을 [보기]에서 있는 대로 고른 것은?

──────── [보기] ────────
ㄱ. t초일 때 철수와 민수의 속력은 같다.
ㄴ. 0에서 $2t$초일 때까지 민수가 철수에게 작용한 충격량의 크기는 300 N·s이다.
ㄷ. $2t$초일 때 철수의 속력은 5 m/s이다.
────────────────────────

① ㄱ　② ㄴ　③ ㄷ　④ ㄱ, ㄴ　⑤ ㄴ, ㄷ

❖ 정답 및 해설 83~84p

수능 대비 기출 문제

★ **중력장 내의 운동**

다음 유형은 자유 낙하하는 물체와 수평 방향으로 던져진 물체의 운동을 비교하여 묻는 형태로 주로 출제된다.

다음은 자유 낙하하는 물체와 수평으로 던져진 물체의 운동을 비교하는 실험이다.

2028 대비 수능 예시 3 (1차)

〈실험 과정〉

(가) 그림과 같이 쇠구슬 발사 장치와 모눈종이를 설치하고 동일한 쇠구슬 A와 B를 준비한다.

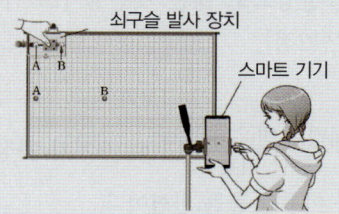

(나) 쇠구슬 발사 장치를 이용해 A를 가만히 떨어뜨리는 순간 B를 수평 방향으로 발사하고, A와 B의 운동을 스마트 기기로 촬영한다.

(다) 운동 분석 프로그램을 이용해 A, B의 시간에 따른 연직 방향과 수평 방향의 운동을 그래프로 각각 나타낸다.

〈실험 결과〉

Ⅰ, Ⅱ, Ⅲ은 (다)의 결과 중 일부를 나타낸 것이다.

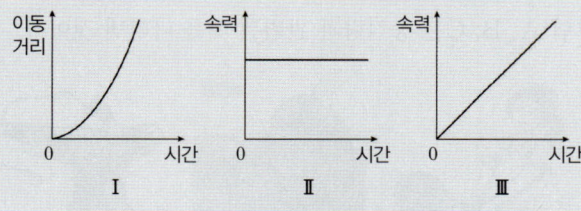

이에 대한 설명으로 옳은 것만을 [보기]에서 있는 대로 고른 것은?

────── [보기] ──────

ㄱ. A의 연직 방향 운동의 이동 거리를 나타낸 그래프는 Ⅰ이다.

ㄴ. B의 수평 방향 운동의 속력을 나타낸 그래프는 Ⅱ이다.

ㄷ. B의 연직 방향 운동을 나타낸 그래프는 Ⅰ과 Ⅲ이다.

① ㄱ   ② ㄷ   ③ ㄱ, ㄴ   ④ ㄴ, ㄷ   ⑤ ㄱ, ㄴ, ㄷ

💡 **단서+발상**

(단서) 자유 낙하하는 물체와 수평으로 던져진 물체의 운동 실험 과정과 결과가 제시되어 있다.

(발상) 각 그래프가 등가속도 직선 운동과 등속도 운동을 나타냈다는 것을 추론할 수 있다.

(적용) A, B의 연직 방향 운동은 동일하다는 것을 적용해서 (다)의 각 운동을 나타내는 그래프를 구하는 것부터 문제 풀이를 시작해야 한다.

| 문제 + 자료 분석 |

• **A 자유 낙하하는 물체**: 연직 아래 방향으로 일정한 가속도(**1**   가속도)로 운동한다.

• **B 수평 방향으로 던져진 물체**: 연직 방향과 수평 방향으로 나누어서 관찰하면 연직 방향으로는 자유 낙하하는 물체의 운동과 동일하고 수평 방향으로는 **2**   운동을 한다.

| 보기 분석 |

ㄱ. **A의 연직 방향 운동의 이동 거리를 나타낸 그래프는 Ⅰ이다.**

• A 연직 아래 방향으로 **3**   운동을 한다. 따라서 A의 **3**   운동의 이동 거리를 나타낸 그래프는 **4**   이다.

ㄴ. **B의 수평 방향 운동의 속력을 나타낸 그래프는 Ⅱ이다.**

• B는 수평 방향으로 등속도 운동을 한다. 따라서 등속도 운동의 속력을 나타낸 그래프는 **5**   이다.

ㄷ. **B의 연직 방향 운동을 나타낸 그래프는 Ⅰ과 Ⅲ이다.**

• B는 연직 방향으로 등가속도 운동을 한다. 따라서 B의 등가속도 운동을 나타낸 그래프는 Ⅰ과 Ⅲ이다.

∴ **정답은 ⑤ ㄱ, ㄴ, ㄷ이다.**

👓 **대비법**

이 유형을 대비하기 위해서는 탐구 활동 결과를 분석하여 동시에 낙하하는 두 쇠구슬의 운동을 연직 방향 운동과 수평 방향 운동으로 나누어 이해할 수 있어야 한다.

─────────────────── [정답]

1 중력 **2** 등속도(등속 직선) **3** 등가속도 **4** Ⅰ **5** Ⅱ

다음은 지구 표면에서 구슬의 운동에 대해 알아보는 실험이다.

⟨실험 과정⟩

(가) 그림과 같이 모눈종이를 배경으로 구슬 A와 B의 운동을 촬영하는 실험 장치를 설치한다.

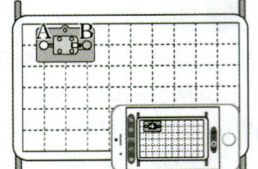

(나) A는 자유 낙하시키고, B는 수평 방향으로 v_0의 속력으로 발사한다.

(다) 촬영된 영상을 분석하여 A와 B의 위치를 0.1 s 간격으로 나타낸다.

⟨실험 결과⟩

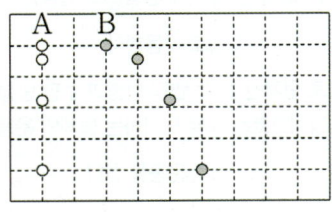

중력이 지구보다 작은 행성의 표면에서 이 실험 과정을 동일하게 수행했을 때의 결과로 가장 적절한 것은? [2.5점]

① 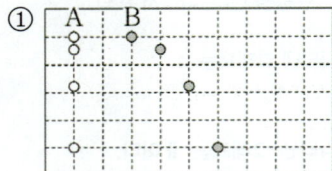　②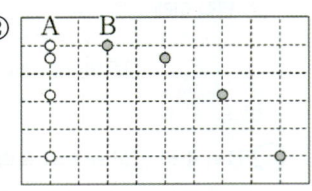

③ 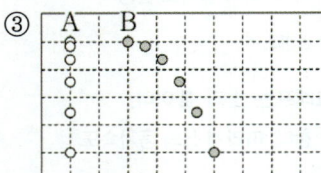　④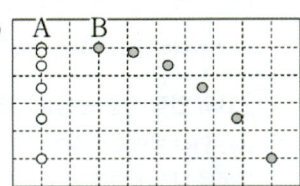

⑤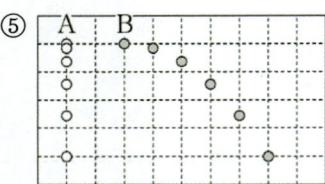

그림 (가)는 힘 센서를 설치한 마네킹에 안전모를 씌운 후 속력 v_0으로 벽에 충돌시키는 실험을 나타낸 것이다. 그림 (나)는 안전모 A, B, C를 이용하여 각각 (가)의 실험을 했을 때 힘 센서에 측정된 결과를 나타낸 것으로, 각각의 그래프와 시간 축이 이루는 면적은 서로 같다.

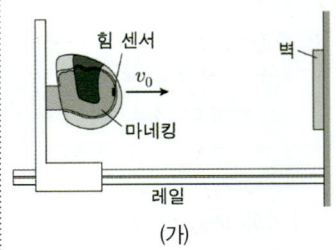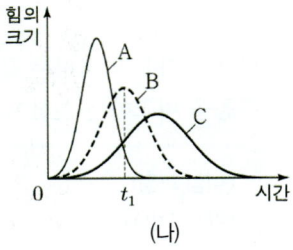

(가)　　　　　　　　　　(나)

이에 대한 설명으로 옳은 것만을 [보기]에서 있는 대로 고른 것은? [2점]

[보기]

ㄱ. $\dfrac{\text{마네킹이 받은 충격량}}{\text{충돌 시간}}$ 의 크기가 가장 작은 경우는 A를 이용한 충돌 실험이다.

ㄴ. B를 이용한 충돌 실험에서, 마네킹의 운동량의 크기는 시간 t_1일 때 가장 크다.

ㄷ. 머리에 가해지는 충격을 줄이는 데에는 C가 A보다 효과적이다.

① ㄱ　② ㄷ　③ ㄱ, ㄴ　④ ㄴ, ㄷ　⑤ ㄱ, ㄴ, ㄷ

그림 A, B, C는 충격량과 관련된 예를 나타낸 것이다.

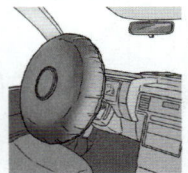

A. 라켓으로 공을 친다.　B. 충돌할 때 에어백이 펴진다.　C. 활시위를 당겨 화살을 쏜다.

이에 대한 설명으로 옳은 것만을 [보기]에서 있는 대로 고른 것은?

[보기]

ㄱ. A에서 라켓의 속력을 더 크게 하여 공을 치면 공이 라켓으로부터 받는 충격량이 커진다.

ㄴ. B에서 에어백은 탑승자가 받는 평균 힘을 감소시킨다.

ㄷ. C에서 활시위를 더 당기면 활시위를 떠날 때 화살의 운동량이 커진다.

① ㄱ　② ㄷ　③ ㄱ, ㄴ　④ ㄴ, ㄷ　⑤ ㄱ, ㄴ, ㄷ

Ⅲ 시스템과 상호작용

3. 생명 시스템

내 털색은 멜라닌의
양에 따라 결정되지!

나는 T야!
T 유전자는 태비 무늬를
갖게 한대!

13 생명 시스템에서의 화학 반응

중요도 ★★★

1 생명 시스템의 기본 단위

1. 생명 시스템의 유기적 구성

(1) **생명 시스템**: 지구시스템에서 생명체가 물, 공기, 빛 등 외부 환경 요소와 서로 상호작용하면서 이루는 하나의 시스템

(2) **생명체**: 아메바와 같은 단세포생물부터 ❶ 고래와 같은 다세포생물까지 생명체는 모두 세포로 이루어져 있다.

(3) **생명체의 유기적 구성 단계**: 다세포생물은 수많은 세포가 단순히 모여서 개체를 이루는 것이 아니라 서로 유기적으로 조직되어 정교한 체제를 이룬다.

세포	조직	기관	개체
생명 시스템을 구성하는 기본 단위 ㉎ 상피 세포, 표피 세포	모양과 기능이 비슷한 세포들의 모임 ㉎ 상피 조직, 표피 조직	여러 조직이 모여 특정한 형태와 기능을 나타내는 것 ㉎ 심장, 잎	독립적으로 생명활동을 할 수 있는 하나의 생명체 ㉎ 사람, 버드나무

(4) **동물체와 식물체의 구성 단계** ★비교: 동물체에는 연관된 기능을 하는 기관들로 이루어진 기관계가 있고, 식물체에는 여러 조직이 모여 특정한 기능을 나타내는 조직계❷가 있다.

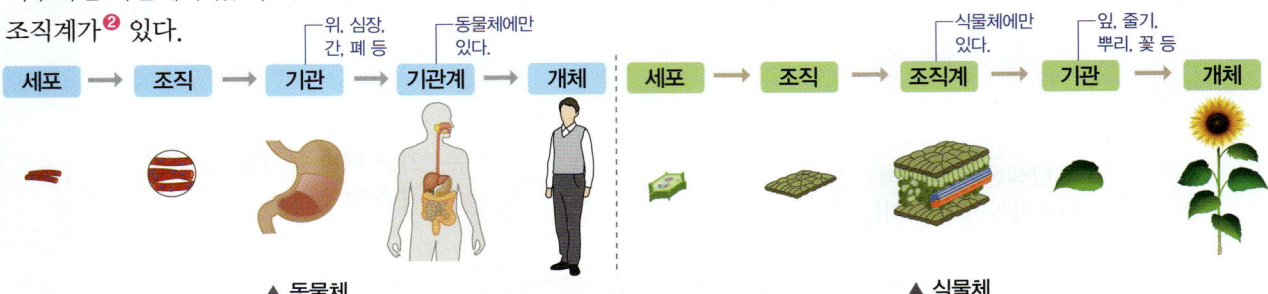

▲ 동물체   ▲ 식물체

2. 세포의 구조와 기능

(1) **세포**: 생명 시스템을 구성하는 구조적 단위이자 생명활동이 일어나는 기능적 단위

(2) **세포의 구조**: 세포는 세포막으로 둘러싸여 있고, 내부는 핵과 세포질로❸ 구성되어 있다. 핵에는 유전물질인 DNA가 있고, 세포질에는 여러 세포소기관이 있다.

✚ 동물 세포와 식물 세포의 구조

- **공통적으로 있는 구조**: 핵, 라이보솜, 소포체, 골지체, 마이토콘드리아, 세포막
- **식물 세포에만 있는 구조**(동물 세포에는 없음): 엽록체, 세포벽

(3) **세포의 기능**: 몸을 이루는 조직이나 기관에 따라 모양과 기능이 다르다.
㉎ 적혈구와 백혈구, 신경세포, 생식세포 등

✚ 개념

❶ 단세포생물
세균, 아메바, 짚신벌레와 같은 단세포생물은 세포 하나가 곧 개체이다.

❷ 기관계와 조직계
- 기관계: 식물체는 없고, 동물체에만 있으며, 공통의 기능을 담당하는 여러 기관이 모인 단계
㉎ 소화계, 순환계, 호흡계 등
- 조직계: 동물체는 없고, 식물체에만 있으며, 여러 조직이 모여 통합적으로 기능을 수행하는 단계
㉎ 표피 조직계, 관다발 조직계 등

★ 암기

★ 동물체와 식물체의 구성 단계
- 동물체에만 있는 단계: 기관계
- 식물체에만 있는 단계: 조직계

✚ 용어

❸ 세포질 (細: 작다 胞: 세포 質: 바탕)
세포에서 핵을 제외한 세포막 안의 부분

✚ 개념

❹ 액포
세포액이 막에 싸인 것으로, 주로 성숙한 식물 세포에 많으며 하등 동물이나 단세포 동물에서도 발견된다.

---

(4) 세포소기관의 기능❶: 세포소기관은 유기적으로 상호작용 하여 생명체가 생존하는 데 필요한 생명활동을 수행한다.

세포소기관	특징	기능
핵	• 구형 또는 타원형이며, 핵막으로 둘러싸여 있다. • 세포 내에서 가장 크고 뚜렷하게 관찰된다. • 핵 속에는 유전물질인 DNA가 있어 세포의 생명활동을 조절하고 세포의 구조와 기능을 결정한다.	생명활동의 중심
라이보솜	• 작은 알갱이 모양이며, 막으로 싸여 있지 않다. • 소포체에 붙어 있거나 세포질에 존재한다. • 유전정보에 따라 단백질이 합성되는 장소이다.	물질의 합성과 수송
소포체	• 막으로 싸인 납작한 주머니가 연결된 모양으로, 핵막과 연결되어 있다. • 라이보솜에서 합성한 단백질을 골지체나 세포의 다른 곳으로 운반하는 통로 역할을 한다. • 일부 소포체에서는 지질을 합성하기도 한다.	
골지체	• 막으로 싸인 납작한 주머니가 여러 층으로 포개져 있는 모양이다. • 소포체를 통해 전달된 단백질, 지질 등을 가공(변형)하고, 막으로 싸서 세포 밖으로 분비하거나 세포 내 다른 곳으로 이동시킨다.	
엽록체	• 식물 세포에 있는 타원형의 소기관으로, 막으로 싸여 있다. • 광합성이 일어나는 장소로, 빛에너지를 흡수하여 이산화 탄소와 물로 포도당을 합성한다.	에너지 전환❸
마이토콘드리아	• 둥근 막대 모양으로, 막으로 싸여 있다. • 세포호흡이 일어나는 장소로, 유기물을 분해하여 생명활동에 필요한 에너지를❷ 얻는다.	
액포	• 막으로 싸인 주머니 모양의 세포소기관이다. • 물, 양분, 노폐물 등을 저장하며, 성숙한 식물 세포일수록 크게 발달한다.	물질의 저장
세포막	• 세포를 둘러싸고 있는 막으로, 세포의 형태를 유지하고 세포 안팎으로의 물질 출입을 조절한다.	세포의 형태 유지 등
세포벽	• 식물 세포에서 세포막 바깥쪽을 싸고 있는 단단한 구조물로, 주성분은 셀룰로스이다. • 세포의 형태를 유지하고 세포를 보호한다.	

✪ 단백질의 합성과 분비에 관여하는 세포소기관★

❶ 핵 속에 있는 DNA의 유전정보에 따라 라이보솜에서 단백질이 합성된다.
❷ 합성된 단백질은 소포체를 통해 골지체로 운반된다.
❸ 골지체에서는 단백질을 변형한 후 막으로 싸서 분비한다.

핵 ➡ 라이보솜 ➡ 소포체 ➡ 골지체 ➡ 막으로 싸인 주머니 ➡ 세포 밖
(분비 소낭)

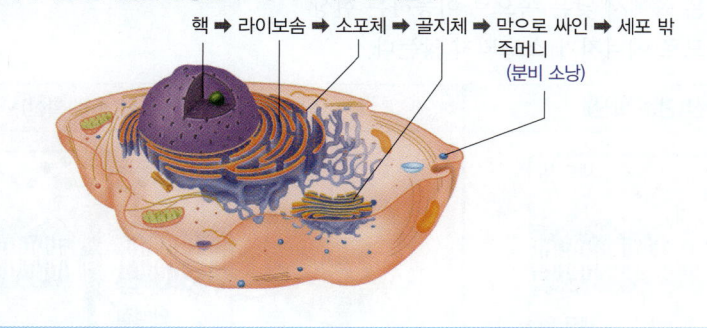

---

3. 생명 시스템의 상호작용

(1) 세포: 여러 세포소기관이 상호작용 하여 생명활동을 수행하며, 외부와 끊임없이 상호작용을 한다.

(2) 생명체: 몸을 구성하는 여러 요소가 상호작용 하여 생명활동을 유지하는 체계를 이루고 있다.

➕ 개념

❶ 세포와 공장 비교

세포	공장
핵	중앙 통제소
마이토콘드리아	자가 발전소
엽록체	포도당 합성 기계
라이보솜	단백질 합성 기계
소포체	단백질 운반 통로
골지체	단백질 포장 기계
세포막	출입구

★ 암기

★ 세포소기관의 막 구조
• 2중막: 핵, 엽록체, 마이토콘드리아
• 단일막: 소포체, 골지체, 액포
• 막이 없음: 라이보솜

➕ 개념

❷ 생명활동에 사용되는 에너지
생명활동에 직접 사용되는 에너지는 ATP(adenosine triphosphate)에 저장된 에너지이다. 마이토콘드리아에서 세포호흡을 통해 포도당에 저장된 화학 에너지 중 일부를 ATP로 전환한다.

❸ 에너지 전환에 관여하는 세포소기관

구분	엽록체	마이토콘드리아
식물 세포	○	○
동물 세포	×	○
기능	광합성	세포호흡
에너지 전환	빛 E → 화학 E (포도당)	화학 E(포도당) → 화학 E (ATP) + 열 E

▲ 엽록체   ▲ 마이토콘드리아

★ 암기

★ 단백질의 합성과 분비 과정
라이보솜(합성) → 소포체(운반) → 골지체(분비)

2 세포막을 통한 물질 출입

1. 세포막의 구조와 선택적 투과성
세포막이 세포 내부를 외부와 분리시킴으로써 세포 내부에서는 다양한 생명활동이 안정적으로 일어날 수 있다.

(1) 세포막의 구조
① 세포막의 주성분: 인지질과 단백질

인지질	• 인산을 포함하는 머리 부분은 친수성, 2개의 지방산으로 이루어진 꼬리 부분은 소수성이다. • 세포 안팎은 물이 풍부한 환경이므로 친수성인❶ 머리 부분은 바깥쪽(물 쪽)으로 배열되고, 소수성인❷ 꼬리 부분은 서로 마주보며 배열되어 2중층을 형성한다.
단백질 (막단백질)	• 대부분 친수성과 소수성 부분을 함께 가지고 있다. • 기능: 물질 수송, 세포 인식, 신호 전달, 효소 작용 등

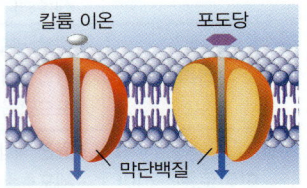

머리(친수성)
인지질 ─ 꼬리(소수성)
▲ 인지질의 구조

＋용어

❶ **친수성** (親: 친하다 水: 물 性: 성질)
물 분자와 쉽게 결합하는 성질

❷ **소수성** (疏: 친하지 않다 水: 물 性: 성질)
물 분자와 쉽게 결합하지 않는 성질

② 세포막의 구조: 인지질 2중층에 단백질이 파묻히거나 관통하거나 표면에 붙어 있는 구조이다. 인지질은 유동성이 있어 수평으로 이동할 수 있으며, 인지질의 움직임에 따라 세포막에 있는 단백질도 움직일 수 있다.

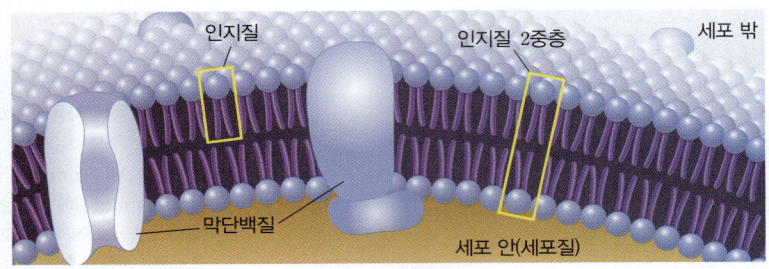

인지질 인지질 2중층 세포 밖

막단백질 세포 안(세포질)

▲ 세포막의 구조

＋개념

❸ **막단백질의 선택적 투과**
막단백질의 종류에 따라 통과할 수 있는 물질의 종류가 다르다.

칼륨 이온 포도당
막단백질

❹ **단순 확산과 촉진 확산의 비교**
단순 확산은 세포 안팎의 농도 차가 클수록 이동 속도가 계속 증가하지만, 촉진 확산은 세포막에 존재하는 한정된 수의 막단백질이 포화되면 이동 속도는 증가하지 않고 일정해진다.

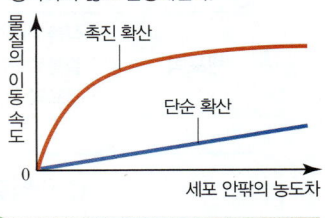

촉진 확산
단순 확산
세포 안팎의 농도차

(2) 세포막의 선택적 투과성
세포막을 통한 물질 이동은 물질의 종류와 특성에 따라 선택적으로 일어난다.❸
① 분자의 크기가 작거나, 지질에 잘 용해되는 물질은 인지질 2중층을 잘 통과한다.
② 수용성 물질이나 전하를 띠는 물질은 인지질 2중층을 통과하기 어려워 막단백질을 통해 이동한다.

2. 세포막을 통한 물질의 이동
생명 시스템이 유지되기 위해서는 세포 내로 필요한 물질이 들어오고, 생명활동 결과 만들어진 물질은 세포 밖으로 이동해야 한다.

(1) 확산: 분자가 스스로 운동하여 농도가 높은 쪽에서 낮은 쪽으로 이동하는 현상
➡ 확산은 분자의 운동으로 일어나므로 에너지가 소모되지 않는다.

구분	인지질 2중층을 통한 확산(단순 확산)	막단백질을 통한 확산(촉진 확산)
이동 방식	산소(O_2) 폐포 산소 세포 밖 세포 안 모세 혈관	조직 세포 포도당 포도당 세포 밖 모세 혈관 단백질 세포 안
이동 속도❹	온도가 높을수록, 세포 안팎의 농도 차가 클수록 빠르게 확산한다.	반응 초기에는 세포 안팎의 농도 차가 클수록 빠르게 확산하지만, 일정 농도 차 이상에서는 더 이상 증가하지 않는다.
이동 물질	• 크기가 작은 물질: 기체 분자(산소, 이산화 탄소) • 소수성(지용성) 물질: 지방산	• 전하를 띠는 물질: 이온(Na^+, K^+ 등) • 친수성(수용성) 물질: 포도당, 아미노산 분자의 크기가 크다.
예	폐포와 모세 혈관 사이의 산소와 이산화 탄소 교환	혈액 속 포도당이 조직 세포로 확산

(2) **삼투**★: 세포막을 경계로 용질의➊ 농도가 낮은 쪽에서 높은 쪽으로➋ 물이 이동하는 현상 ➡ 삼투는 물이 많은 쪽에서 적은 쪽으로 이동하므로 에너지가 소모되지 않는다. (물의 확산)

용액에서 용질은 물 분자와 결합되어 있어 용질의 농도가 높은 용액에는 자유롭게 이동할 수 있는 물 분자가 적다.

✿ 삼투

반투과성 막을➌ 장치한 U자관의 한쪽에는 용질의 농도가 낮은 용액을, 다른 쪽에는 농도가 높은 용액을 같은 양씩 넣고 관찰한다.

- **용액의 높이 변화**: 농도가 낮은 용액 쪽의 높이는 낮아지고, 농도가 높은 쪽의 높이는 높아진다.
  ➡ 농도가 낮은 쪽에서 높은 쪽으로 물이 이동했기 때문이다.
- 반투과성 막이 양쪽 용액으로부터 받는 압력 차가 삼투압의➍ 크기이다. ➡ 삼투압의 크기는 양쪽 용액 기둥의 높이차에 해당하는 압력과 같다.

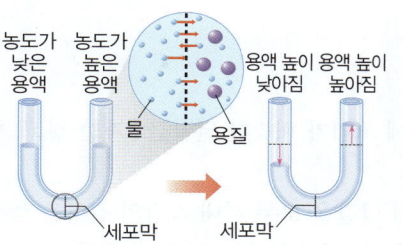

① 동물 세포와 식물 세포에서 일어나는 삼투: 세포벽의 유무로 인해 동물 세포와 식물 세포에서 삼투에 의해 일어나는 현상이 서로 다르다. 출제 O순위 특강 p.198

구분	세포 안보다 농도가 낮은 용액 저장액	세포 안과 농도가 같은 용액 등장액	세포 안보다 농도가 높은 용액 고장액
세포 안팎의 물의 이동	유입량 > 유출량	유입량 = 유출량	유입량 < 유출량
동물 세포 (적혈구)	부피가 커지다가 과도하게 팽창하는 경우 세포막이 터진다. 용혈	부피 변화가 없다.	부피가 감소하여 세포가 쭈그러든다.
식물 세포 (양파의 표피 세포)	부피가 커져 팽팽해지지만, 세포벽이 있어 터지지 않는다. 팽윤	부피 변화가 없다.	세포질의 부피가 작아지다가 세포막이 세포벽에서 분리된다. 원형질 분리

② 일상생활 속 삼투의 예

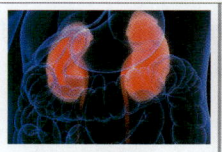

콩팥 세뇨관에서 모세 혈관으로 물이 재흡수된다.➎

식물의 뿌리털이 토양의 물을 흡수한다.

과일을 꿀이나 설탕에 절이면 오래 보관할 수 있다.

배추를 소금물에 절이면 숨이 죽는다.

③ 세포의 생명활동과 세포막의 역할: 세포는 세포막의 선택적 투과로 필요한 물질을 공급받고 불필요한 물질을 내보내어 생명활동이 정상적으로 이루어질 수 있도록 한다.

★ 암기

★ 확산과 삼투
- 확산: 고농도 → 저농도로 용질 이동
- 삼투: 저농도 → 고농도로 물 이동

➕ 용어

➊ 용질 (溶: 녹다 質: 바탕)
용액에 녹아 있는 물질

➕ 개념

➋ 삼투가 일어날 때 물의 이동
물은 세포막을 경계로 양방향으로 이동하지만, 농도가 낮은 쪽에서 높은 쪽으로 이동하는 물의 양이 반대쪽으로 이동하는 물의 양보다 많아 농도가 높은 쪽 용액의 양이 많아지는 것이다.

➌ 반투과성 막
막의 구멍보다 크기가 작은 용매나 용질은 통과할 수 있지만, 크기가 큰 물질은 통과할 수 없는 막이다. 세포막은 반투과성 막과 유사한 특징을 갖는다.
㉠ 셀로판 막 등

➍ 삼투압
삼투가 일어날 때 물의 이동에 의해 반투과성 막이 받는 압력으로, 반투과성 막을 경계로 용액의 농도 차가 클수록 크다.

➕ 개념

➎ 세포막을 통한 물의 이동
물 분자는 크기가 작아 인지질 2중층으로 확산할 수 있지만, 아쿠아포린이라는 막단백질을 통해 빠르게 확산하기도 한다. 항이뇨 호르몬의 작용으로 콩팥의 세뇨관에서 모세 혈관으로 물이 재흡수될 때, 아쿠아포린을 통해 물이 빠르게 이동한다.

⭐ 세포막을 통한 물질의 이동 – 삼투

세포막을 통한 물질의 이동 실험을 통해 세포막이 세포의 생명활동을 유지하는 데 어떤 역할을 하는지 설명할 수 있다.

출제 0순위 포인트는?
· 농도가 서로 다른 용액에 세포를 넣었을 때 나타나는 변화에 대해 묻는 문제가 출제된다.
· 삼투에 의해 저농도 용액에서 고농도 용액으로 물이 이동함을 알아야 한다.

[탐구 과정] ❶ ❷

(가) 식초 200 mL가 담긴 비커에 크기가 비슷한 날달걀 2개를 넣고, 랩으로 감싼 뒤 하루 동안 보관한다.

(나) 비커에서 겉껍데기가 제거된 달걀을 모두 꺼내 각각의 질량을 측정한다.

(다) 비커 A에는 증류수 100 mL를, 비커 B에는 10 % 소금물 100 mL를 넣은 후, 겉껍데기가 제거된 달걀을 각각의 비커에 넣는다.

(라) 20분 후 달걀을 꺼내 질량을 측정한다.

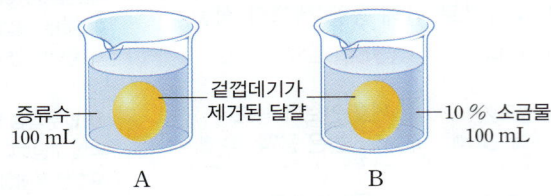

증류수 100 mL　　겉껍데기가 제거된 달걀　　10 % 소금물 100 mL

A　　　　　　B

+ 개념

❶ 준비물
날달걀, 식초, 소금, 증류수, 전자저울, 비커, 페트리 접시, 숟가락, 랩, 실험용 고무장갑

❷ 양파 표피 세포의 변화 관찰
· 증류수에 넣었을 때: 양파 세포가 팽팽해진다. ➡ 양파 세포 안으로 들어오는 물의 양이 밖으로 빠져나가는 물의 양보다 많다.

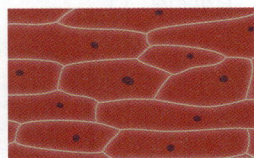

· 20 % 설탕 용액에 넣었을 때: 양파 세포의 세포막이 세포벽에서 분리된다. ➡ 양파 세포 밖으로 빠져나가는 물의 양이 안으로 들어오는 물의 양보다 많다.

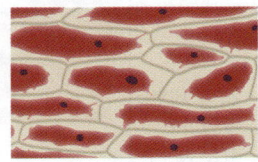

[탐구 결과 및 정리]

① **용액의 종류에 따른 달걀의 질량 변화**
· 비커 A(증류수): 달걀에서 증류수로 이동하는 물의 양보다 증류수에서 달걀 안으로 이동하는 물의 양이 많다. ➡ 달걀의 질량이 증가한다.
· 비커 B(10 % 소금물): 달걀에서 소금물로 이동하는 물의 양이 소금물에서 달걀 안으로 이동하는 물의 양보다 많다. ➡ 달걀의 질량이 감소한다.

② 달걀의 속껍질은 반투과성 막으로, 삼투에 의해 물이 이동하여 질량의 변화가 일어난 것이다.

③ **정리**: 세포막을 경계로 용질의 농도가 낮은 쪽에서 높은 쪽으로 물이 이동하는 삼투가 일어난다.

확인 문제

▶ 정답과 해설은 다음 페이지에

01
위 실험에 대한 설명으로 옳은 것은 ○, 옳지 않은 것은 ×로 표시하시오.
(1) 과정 (라)에서 비커 A의 달걀 안으로 유입되는 물의 양은 달걀 밖으로 유출되는 물의 양보다 많다. (○, ×)
(2) 과정 (라)에서 비커 A의 달걀 내부의 농도는 증류수보다 낮다. (○, ×)
(3) 과정 (라)에서 비커 B의 달걀의 질량은 증가한다. (○, ×)

02
그림은 식물 세포를 농도가 다른 설탕 용액 (가)와 (나)에 넣고 일정 시간이 지났을 때의 모습을 나타낸 것이다.

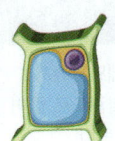

정상 상태　　(가)에 넣은 것　　(나)에 넣은 것

(가)와 (나)의 농도를 비교하시오.

1 생명 시스템의 기본 단위

1. 다음은 생명 시스템과 세포에 대한 설명이다. 빈칸에 알맞은 말을 쓰시오.

(1) 동물체와 식물체의 공통 구성 단계는
( ) → 조직 → ( ) → 개체이다.

(2) ( )는 생명 시스템의 구조적, 기능적 단위이다.

2. 그림은 식물 세포의 구조를 나타낸 것이다. 빈칸에 알맞은 말을 쓰시오.

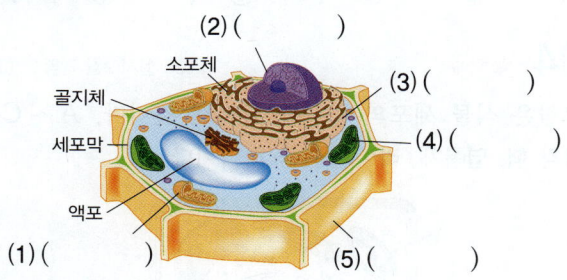

(2) ( )
소포체
골지체
세포막
액포
(3) ( )
(4) ( )
(1) ( )
(5) ( )

3. 세포소기관과 각각의 역할을 선으로 연결하시오.

(1) 핵 •　　　• ㉠ 유전정보 저장
(2) 소포체 •　　　• ㉡ 단백질 합성
(3) 라이보솜 •　　　• ㉢ 단백질 변형 및 운반
(4) 엽록체 •　　　• ㉣ 세포 보호 및 모양 유지
(5) 세포벽 •　　　• ㉤ 포도당 합성

4. 세포소기관에 대한 설명으로 옳은 것은 ○, 옳지 <u>않은</u> 것은 ×표 하시오.

(1) 마이토콘드리아는 동물 세포에는 없고 식물 세포에만
있는 소기관이다. (○ , ×)
(2) 핵에는 유전물질이 들어있다. (○ , ×)
(3) 골지체는 단백질 합성 장소이다. (○ , ×)
(4) 엽록체에서 빛에너지를 화학 에너지로 전환한다.
(○ , ×)
(5) 액포는 물, 색소, 노폐물 등을 저장한다. (○ , ×)

p.198 확인 문제 [정답]
01 (1) ○ (질량 증가) (2) × (농도: 달걀 내부>증류수) (3) × (감소)
02 (가)>(나)

2 세포막을 통한 물질 출입

5. 다음은 세포막에 대한 설명이다. 빈칸에 알맞은 말을 쓰시오.

(1) 세포막은 ( ) 2중층에 ( )이
파묻히거나 관통하거나 표면에 붙어 있는 구조이다.

(2) 인지질의 머리 부분은 ( )성, 꼬리 부분은
( )성을 띤다.

(3) 세포막은 물질의 종류와 특성에 따라 투과시키는
정도가 다른데, 이를 세포막의 ( )
이라고 한다.

6. 그림은 세포막을 통해 물질이 확산하는 모습을 나타낸
것이다. A와 B는 각각 산소와 포도당 중 하나이다.

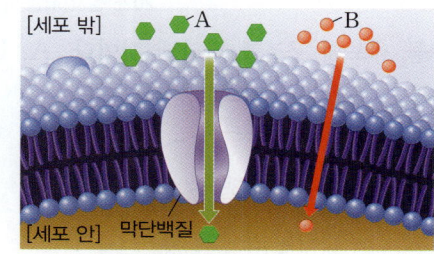

[세포 밖]　A　　B
[세포 안]　막단백질

(1) 산소는 (A / B), 포도당은 (A / B)이다.
(2) 이온은 (A / B)와 같은 방식으로 이동한다.
(3) 지용성 물질은 (A / B)와 같은 방식으로 이동한다.
(4) A와 B의 농도는 세포 밖이 세포 안보다
(높다 / 낮다).

7. 그림은 사람의 적혈구를 용액 X에 넣고 일정 시간이 지난
상태를 나타낸 것이다.

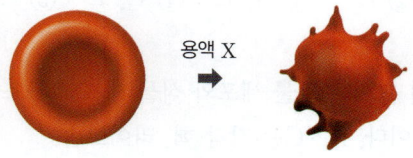

용액 X

(1) 용액 X의 농도는 적혈구 안보다 낮다. (○ , ×)
(2) 적혈구 안으로 들어오는 물의 양보다 밖으로
빠져나가는 물의 양이 많다. (○ , ×)
(3) 삼투에 의해 물이 이동한다. (○ , ×)

1 생명 시스템의 기본 단위

01 ✱✿✿

생명 시스템에 대한 설명으로 옳지 <u>않은</u> 것은?

① 세포는 생명 시스템을 구성하는 구조적 단위이다.
② 세포는 생명 시스템에서 생명활동을 하는 기능적 단위이다.
③ 단세포생물은 세포 하나가 개체이다.
④ 생명체를 구성하는 요소들은 서로 상호작용하여 다양한 생명활동을 수행한다.
⑤ 생명 시스템은 세포 → 기관 → 조직 → 개체의 단계로 구성된다.

02 ✱✱✿   2025 실시 10월 학평 2 (고1)

그림은 동물 세포의 구조를 나타낸 것이다. A, B, C는 각각 라이보솜, 세포막, 소포체 중 하나이다.

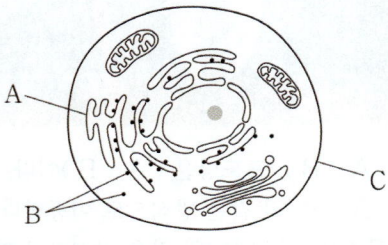

이에 대한 설명으로 옳은 것만을 [보기]에서 있는 대로 고른 것은? [1.5점]

─────[보기]─────
ㄱ. A는 소포체이다.
ㄴ. B에서 단백질이 합성된다.
ㄷ. C의 구성 성분에 인지질이 있다.
─────────────

① ㄱ   ② ㄷ   ③ ㄱ, ㄴ   ④ ㄴ, ㄷ   ⑤ ㄱ, ㄴ, ㄷ

[03~04] 그림은 동물 세포와 식물 세포의 구조를 나타낸 것이다. A~C는 각각 핵, 라이보솜, 마이토콘드리아 중 하나이다. 물음에 답하시오.

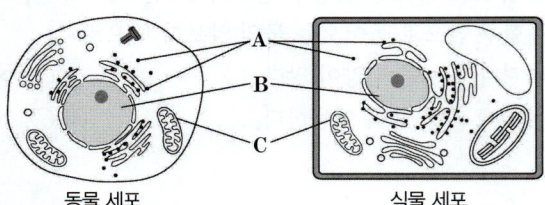

동물 세포   식물 세포

03 ✱✱✿   학력 평가 기출

이에 대한 설명으로 옳은 것만을 [보기]에서 있는 대로 고른 것은?

─────[보기]─────
ㄱ. A는 라이보솜이다.
ㄴ. B에는 유전물질이 있다.
ㄷ. C에서 광합성이 일어난다.
─────────────

① ㄱ   ② ㄷ   ③ ㄱ, ㄴ   ④ ㄴ, ㄷ   ⑤ ㄱ, ㄴ, ㄷ

04 ✱✱✱   2025 실시 9월 학평 21 (고1)

그림은 식물 세포의 구조를 나타낸 것이다. A ~ C는 각각 핵, 엽록체, 라이보솜 중 하나이다.

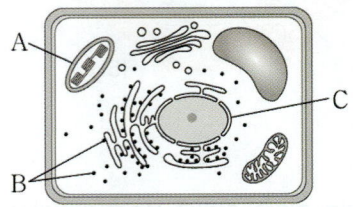

이에 대한 설명으로 옳은 것만을 [보기]에서 있는 대로 고른 것은? [1.5점]

─────[보기]─────
ㄱ. A에서 포도당이 분해되어 에너지가 생성된다.
ㄴ. B는 동물 세포에도 있다.
ㄷ. C에는 유전 물질이 들어 있다.
─────────────

① ㄱ   ② ㄷ   ③ ㄱ, ㄴ   ④ ㄴ, ㄷ   ⑤ ㄱ, ㄴ, ㄷ

05 ✱✿✿   2020 실시 3월 학평 1 / 생명과학 I (고2)

다음은 식물 세포에 대한 자료이다.

─────────────
○ (㉠)에서 세포호흡이 일어난다.
○ 라이보솜에서 (㉡) 합성이 일어난다.
─────────────

㉠과 ㉡에 해당하는 것으로 가장 적절한 것은?

	㉠	㉡
①	마이토콘드리아	DNA
②	마이토콘드리아	단백질
③	마이토콘드리아	인지질
④	엽록체	DNA
⑤	엽록체	단백질

2 세포막을 통한 물질 출입

06 ✿✿✾
2023 실시 3월 학평 6 / 생명과학 I (고2)

다음은 세포막의 구조와 세포막을 통한 물질의 이동에 대한 학생 A~C의 대화 내용이다.

> 세포막의 구성 성분에 단백질이 있어.
>
> 세포막은 선택적 투과성이 있어 물질의 출입을 조절해.
>
> 산소는 인지질 2중층을 통해 확산해.

학생 A 학생 B 학생 C

제시한 내용이 옳은 학생만을 있는 대로 고른 것은?

① A ② C ③ A, B ④ B, C ⑤ A, B, C

07 ✿✿✾
학력 평가 기출

그림 (가)는 세포막의 일부를, (나)는 (가)를 구성하는 물질 X를 나타낸 것이다.

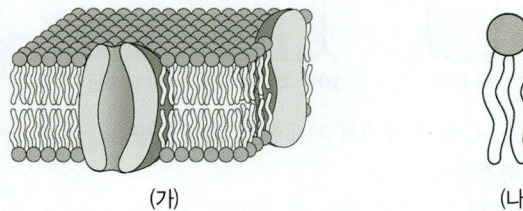

(가) (나)

이에 대한 옳은 설명만을 [보기]에서 있는 대로 고른 것은? [3점]

[보기]
ㄱ. X는 인지질이다.
ㄴ. (가)는 선택적 투과성을 갖는다.
ㄷ. 물에 대한 친화력은 ⓒ 부분이 ⑤ 부분보다 크다.

① ㄱ ② ㄷ ③ ㄱ, ㄴ ④ ㄴ, ㄷ ⑤ ㄱ, ㄴ, ㄷ

08 ✿✿✿ 서술형

그림은 세포막의 구조를 나타낸 것이다.

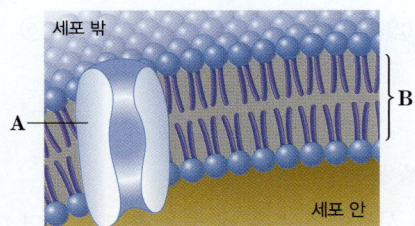

세포 밖

A

B

세포 안

A와 B를 통해 이동하는 물질의 예를 각각 한 가지씩 서술하시오.

09 ✿✿✿
2025 실시 9월 학평 19 (고1)

그림은 세포막의 구조와 세포막을 통한 물질 이동 경로 Ⅰ과 Ⅱ를 나타낸 것이다. A와 B는 각각 단백질과 인지질 중 하나이다.

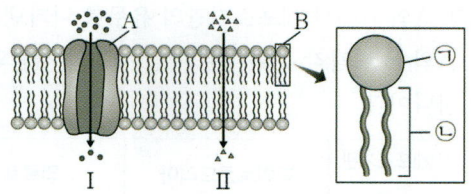

A B ⑤ ⓒ

Ⅰ Ⅱ

이에 대한 설명으로 옳은 것만을 [보기]에서 있는 대로 고른 것은? [2.5점]

[보기]
ㄱ. A는 단백질이다.
ㄴ. B에서 친수성을 띠는 부분은 ⓒ이다.
ㄷ. Ⅱ와 같은 경로로 이동하는 물질에는 포도당이 있다.

① ㄱ ② ㄴ ③ ㄱ, ㄴ ④ ㄱ, ㄷ ⑤ ㄴ, ㄷ

10 ✿✿✿
2020 실시 3월 학평 16 / 생명과학 I (고2)

그림 (가)와 (나)는 적혈구를 증류수에 넣었을 때의 변화와 소금물에 넣었을 때의 변화를 순서 없이 나타낸 것이다.

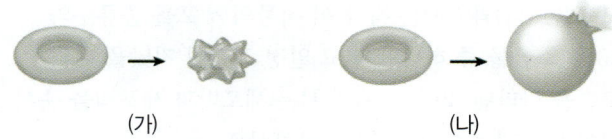

(가) (나)

이에 대한 옳은 설명만을 [보기]에서 있는 대로 고른 것은? [3점]

[보기]
ㄱ. (가)는 증류수에 넣었을 때의 변화이다.
ㄴ. (가)에서 물이 적혈구 안에서 밖으로 이동한다.
ㄷ. (나)에서 삼투가 일어난다.

① ㄱ ② ㄴ ③ ㄱ, ㄷ ④ ㄴ, ㄷ ⑤ ㄱ, ㄴ, ㄷ

11 ✿✿✾ 서술형

세포막을 구성하는 인지질이 2중층을 이루고 있는 까닭을 인지질의 특성과 관련지어 서술하시오.

12 ✱✱✽

2023 실시 9월 학평 10 (고1)

표는 세포 A와 B에서 세포소기관의 유무를 나타낸 것이다. A와 B는 각각 은행나무의 잎 세포와 사람의 간 세포 중 하나이다.

세포소기관 세포	마이토콘드리아	엽록체
A	㉠	○
B	○	×

(○: 있음, ×: 없음)

이에 대한 설명으로 옳은 것만을 [보기]에서 있는 대로 고른 것은?

─────────── [보기] ───────────
ㄱ. ㉠은 '○'이다.
ㄴ. A는 은행나무의 잎 세포이다.
ㄷ. B에는 세포벽이 있다.

① ㄱ　② ㄷ　③ ㄱ, ㄴ　④ ㄴ, ㄷ　⑤ ㄱ, ㄴ, ㄷ

[13~14] 그림 (가)는 어떤 식물에서 얻은 세포의 모습을, (나)와 (다)는 각각 이 식물의 세포를 증류수와 20 % 소금물 중 하나에 넣고 일정 시간이 지났을 때의 모습을 나타낸 것이다. A와 B는 세포막과 세포벽을 순서 없이 나타낸 것이다. 물음에 답하시오.

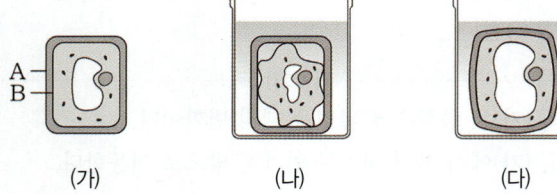

(가)　　　(나)　　　(다)

13 ✱✱✽

2022 실시 3월 학평 18 / 생명과학 I (고2)

이에 대한 옳은 설명만을 [보기]에서 있는 대로 고른 것은? [3점]

─────────── [보기] ───────────
ㄱ. A는 세포벽이다.
ㄴ. (나)는 식물 세포를 증류수에 넣은 모습이다.
ㄷ. (가)의 식물 세포를 20 % 소금물에 넣으면 세포 안에서 밖으로 물이 빠져나간다.

① ㄱ　② ㄴ　③ ㄱ, ㄷ　④ ㄴ, ㄷ　⑤ ㄱ, ㄴ, ㄷ

---

14 ✱✱✽ 서술형

(나)의 식물 세포에서 일어난 현상을 세포막을 통한 물질의 이동과 함께 서술하시오.

15 ✱✱✽ 출제 0순위 특강

2023 실시 3월 학평 13 / 생명과학 I (고2)

다음은 막을 통한 물질의 이동을 알아보는 실험이다. 물음에 답하시오.

[실험 과정]
(가) 3개의 비커에 증류수, 10 % 소금물, 20 % 소금물을 각각 200 mL씩 넣는다.
(나) 겉껍데기를 제거한 같은 크기의 달걀 A~C를 준비하고, 각각의 질량을 측정한다.
(다) 그림과 같이 비커에 A~C를 넣고, 일정 시간 둔다.

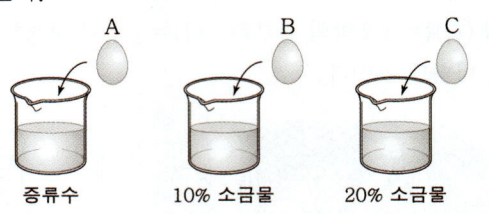

증류수　　10% 소금물　　20% 소금물

(라) A~C를 비커에서 꺼내어 각각의 질량을 측정한다.
[실험 결과]

달걀	A	B	C
나중 질량(g) − 처음 질량(g)	ⓐ	−1.6	?

이에 대한 옳은 설명만을 [보기]에서 있는 대로 고른 것은? [3점]

─────────── [보기] ───────────
ㄱ. ⓐ는 0보다 크다.
ㄴ. (다)의 A~C를 넣은 비커에서 모두 삼투가 일어난다.
ㄷ. 실험 결과 달걀에서 빠져나간 물의 양은 B에서가 C에서보다 많다.

① ㄱ　② ㄷ　③ ㄱ, ㄴ　④ ㄴ, ㄷ　⑤ ㄱ, ㄴ, ㄷ

---

16 ✱✱✽ 서술형

식물 잎이 시들어 버렸을 때 물을 충분히 주면 다시 싱싱해진다. 그 까닭을 세포막을 통한 물의 이동과 관련지어 서술하시오.

3 생명 시스템에서 일어나는 화학 반응

1. 물질대사: 생명체 내에서 일어나는 모든 화학 반응으로, 생명체는 물질대사를 통해 얻은 물질과 에너지를 이용하여 생명활동을 유지한다.

(1) 물질대사의 특징 '에너지 대사'라고도 한다.

    ① 반드시 에너지 출입이 함께 일어난다. ② 반응이 단계적으로 일어난다.

    ③ 대부분 생체촉매인❶ 효소가 관여한다.

(2) 물질대사의 종류: 동화 작용과 이화 작용으로 구분한다.

구분	동화 작용	이화 작용
과정	저분자로부터 고분자를 합성하는 과정	고분자를 저분자로 분해하는 과정
에너지 출입	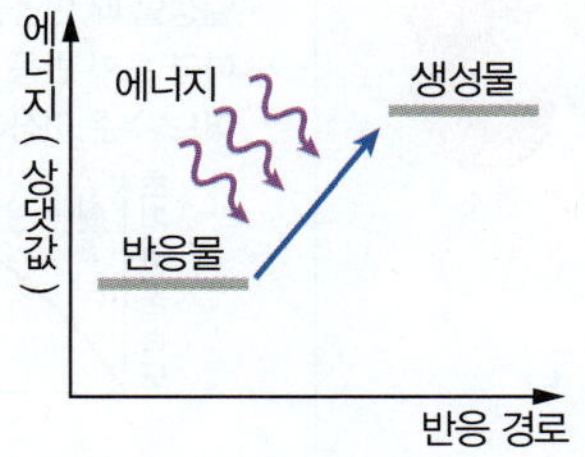 • 에너지 크기: 반응물<생성물 • 에너지가 흡수된다.(흡열 반응)	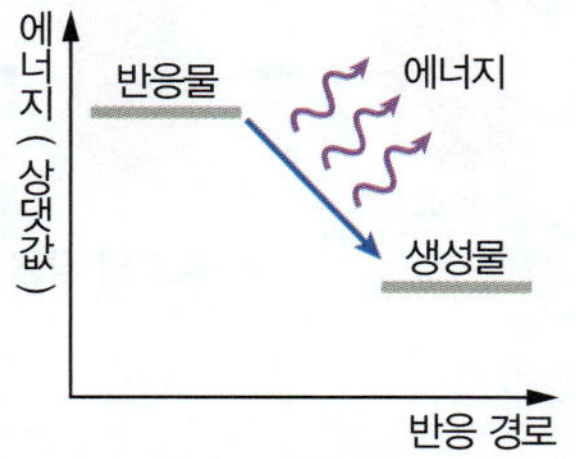 • 에너지 크기: 반응물>생성물 • 에너지가 방출된다.(발열 반응)
예	광합성, 단백질 합성, 핵산 합성	세포호흡❷, 소화

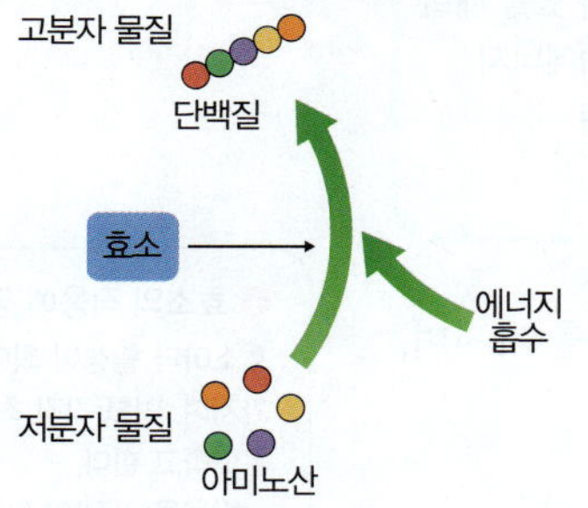

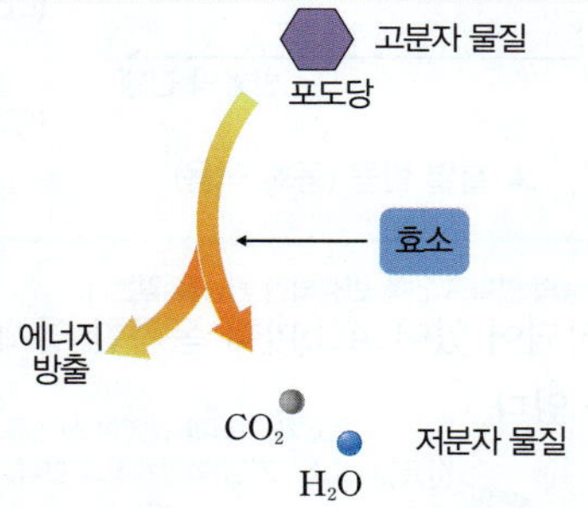

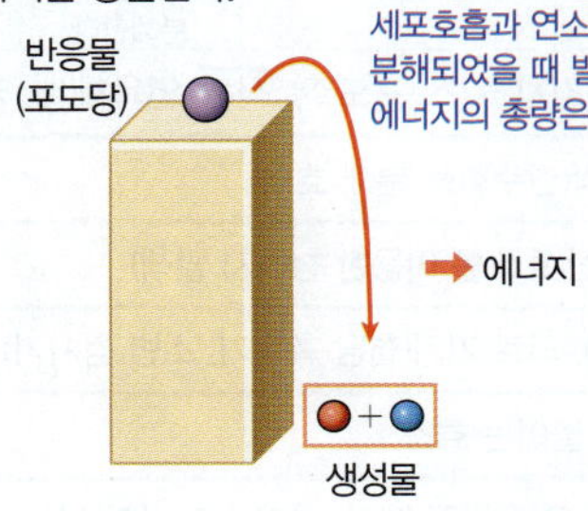

용어

❶ **촉매** (觸: 닿다 媒: 매개하다)
화학 반응에서 자신은 변하지 않으면서 화학 반응의 속도를 변화시키는 물질

개념

❷ **광합성과 세포호흡**
• **광합성**: 엽록체에서 작은 분자인 물과 이산화 탄소가 큰 분자인 포도당으로 합성되는 동화 작용으로, 에너지가 흡수된다.

이산화 탄소＋물＋빛에너지 →
포도당＋산소

• **세포호흡**: 주로 마이토콘드리아에서 큰 분자인 포도당이 산소와 반응하여 작은 분자인 물과 이산화 탄소로 분해되는 이화 작용으로, 이 과정에서 방출된 에너지의 일부는 ATP에 저장되고 나머지는 열로 방출된다.

포도당＋산소 →
이산화탄소＋물＋ATP＋열에너지

(3) 물질대사와 생명체 밖에서 일어나는 화학 반응의 비교❸

물질의 연소는 400 ℃ 이상의 높은 온도에서 일어나지만 생명체는 물질대사를 통해 체온 범위에서도 에너지를 쉽게 얻을 수 있다.

개념

❸ **단백질의 분해**
단백질은 진한 염산에 넣고 200 ℃ 이상의 높은 온도에서 하루 동안 가열해야 아미노산으로 분해되지만, 생명체 내에서는 37 ℃ 정도에서 소화 효소에 의해 1~2시간이면 분해된다.

구분	물질대사 (세포호흡)	생명체 밖 화학 반응 (연소)
반응 온도	37 ℃ (체온 정도의 낮은 온도)	400 ℃ 이상의 높은 온도
효소	효소가 관여한다.	효소가 관여하지 않는다.
과정	단계적으로 반응이 일어나 에너지를 서서히 방출한다. 각 단계마다 작용하는 효소의 종류가 다르다.	순간적으로 열과 빛을 내면서 한 번에 많은 에너지를 방출한다. 같은 양의 포도당이 세포호흡과 연소로 분해되었을 때 발생한 에너지의 총량은 같다.

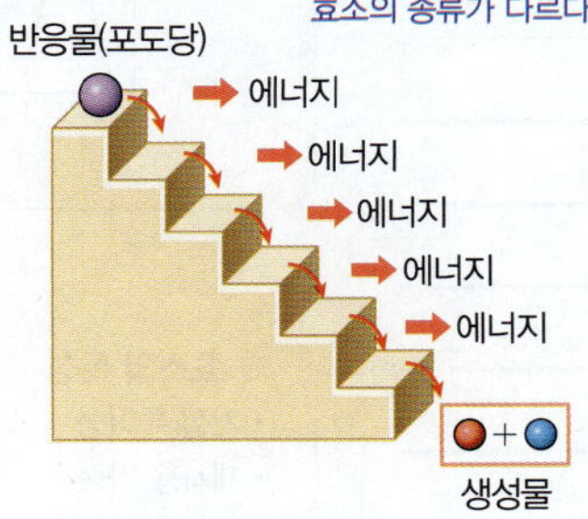

2. 효소 출제 ○순위 특강 p.205

(1) **효소**: 생명체 내에서 합성되어 물질대사의 반응 속도를 빠르게 하는 물질

  ① **효소의 기능**: 활성화에너지를 낮추어 화학 반응의 속도를 빠르게 한다.

✪ 활성화에너지와 효소

- **활성화에너지**: 화학 반응이 일어나는 데 필요한 최소한의 에너지로, 반응물이 활성화에너지 이상의 충분한 에너지를 가지고 있어야 화학 반응이 일어난다.
- 효소가 없을 때보다 효소가 있을 때 활성화에너지가 작으므로 화학 반응이 빠르게 일어난다.
- 반응열은 반응물과 생성물의 에너지 차이로, 효소의 유무와 관계없이 일정하다.

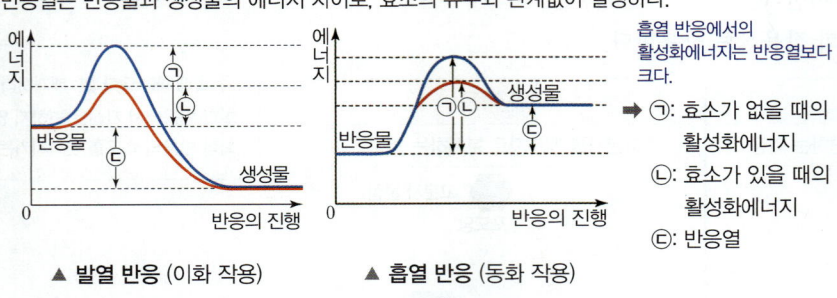

▲ 발열 반응 (이화 작용)   ▲ 흡열 반응 (동화 작용)

흡열 반응에서의 활성화에너지는 반응열보다 크다.

➡ ㉠: 효소가 없을 때의 활성화에너지
ㄴ: 효소가 있을 때의 활성화에너지
ㄷ: 반응열

온도, pH 등의 변화로 인해 변성되면 기능을 잃는다.

  ② **효소의 주성분**: 주로 단백질로 구성되어 있어 효소마다 독특한 입체 구조를 가지며, 반응물과 결합할 수 있는 부위가 있다.

  ③ **효소의 작용❶**: 효소는 입체 구조가 맞는 특정 반응물(기질)과 결합하여 활성화 에너지를 낮춘다. 반응이 끝나면 효소는 생성물과 분리되고, 분리된 효소는 촉매 작용을 반복한다.

효소가 기질과 결합한 상태를 효소·기질 복합체라고 한다.
반응물 효소

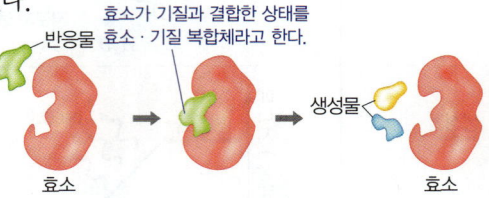

효소   생성물   효소

▲ 효소의 작용 원리

(2) **효소의 특성**★

  ① **기질 특이성**: 효소는 입체 구조에 들어맞는 특정 반응물하고만 결합할 수 있다.

    예) 카탈레이스는 과산화 수소와 결합하지만, 알코올과는 결합하지 못한다.

과산화 수소
물 산소
카탈레이스
알코올

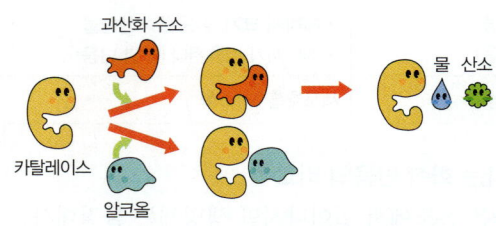

▲ 과산화 수소와 결합하는 카탈레이스

  ② **재사용**: 효소는 반응 과정에서 소모되거나 변형되지 않고, 생성물과 분리된 후 새로운 반응물과 결합하여 다시 반응에 이용된다.

(3) **효소와 생명 현상**: 효소는 영양소의 소화, 혈액의 응고, 몸의 구성 성분 합성, 해독 작용 등 생명체에서 일어나는 다양한 반응에 관여한다.

(4) **효소의 이용**

엿기름 속의 아밀레이스가 밥 속의 녹말을 분해한다.

식품	발효 식품(빵, 된장, 고추장, 김치, 치즈, 포도주), 식혜, 연육제(배, 키위)
생활용품	세제(단백질 분해 효소), 치약(탄수화물 분해 효소)
화학 제품	섬유 및 의류, 가죽 등의 생산(효소를 이용한 청바지 탈색)
의약품	의약품(소화제, 혈전 용해제), 의료 기기(혈당 측정기, 소변 검사기)
생명 공학	DNA를 잘라 내는 효소와 붙이는 효소
환경 정화	생활 하수나 공장 폐수 속의 오염 물질 제거, 바이오 에너지 생산

---

❶ **효소의 작용에 영향을 미치는 요인**

효소마다 활성이 최대인 pH와 온도를 가지며, 이를 각각 최적 pH, 최적 온도라고 한다.

- **반응물(기질)의 농도**: 효소의 농도가 일정할 때 반응물의 농도가 증가함에 따라 초기 반응 속도는 빨라지지만, 어느 수준 이상에서는 일정하다.

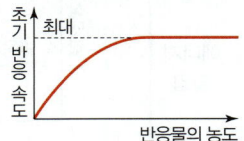

- **온도**: 온도가 높아질수록 반응 속도가 빨라지다가 최적 온도보다 높은 온도에서 반응 속도가 급격히 느려진다.

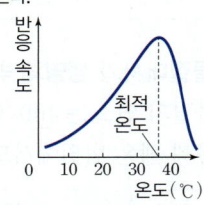

- **pH**: 최적 pH에서 반응 속도가 가장 빠르고, 최적 pH를 벗어나면 반응 속도가 느려진다.

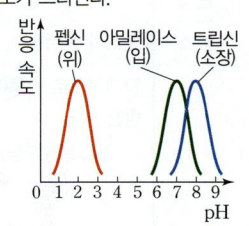

★ **효소의 특성**
- 기질 특이성
- 재사용 가능

✪ 카탈레이스로[1] 과산화 수소 분해

카탈레이스가 과산화 수소 분해에 미치는 영향을 실험하고, 이를 바탕으로 생명 현상에서 효소가 하는 기능을 설명할 수 있다.

[탐구 과정][2]

(가) 시험관 A, B에 3 % 과산화 수소수를[3] 5 mL씩 넣는다.

(나) 시험관 A에는 생간 조각을 넣지 않고, B에는 생간 조각을 넣은 후 시험관에서 기포가 발생하는지 관찰한다.

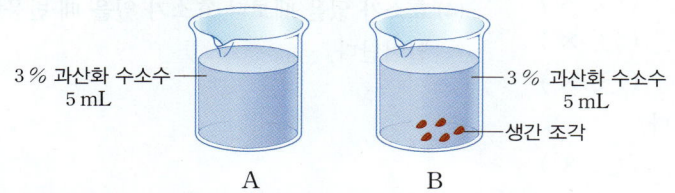

3 % 과산화 수소수 5 mL ──── (A)   ──── 3 % 과산화 수소수 5 mL
──── 생간 조각
A   B

(다) 향에 불을 붙였다 끈 후 꺼져가는 불씨를 시험관 A, B에 각각 넣고 불씨의 변화를 관찰한다.

[탐구 결과 및 정리]

① **시험관 A, B에서 나타나는 변화**

구분	시험관 A	시험관 B
기포 발생 여부	변화가 없다.	기포가 발생한다.
불씨의 변화	변화가 없다.	불씨가 살아난다.

- 시험관 A: 과산화 수소는 자연적으로 분해되지만, 분해 속도가 매우 느려 산소 기포가 거의 발생하지 않는다.
- 시험관 B: 과산화 수소가 빠르게 분해되어 산소 기포가 발생한다.

② **과정 (나)에서 발생한 기포:** 산소, 기포에 꺼져가는 불씨를 넣으면 불씨가 다시 타오르는 것을 보아 산소가 있다는 것을 알 수 있다.

③ **카탈레이스의 작용:** 생간 조각에 들어 있는 카탈레이스는 활성화에너지를 낮추어 과산화 수소가 산소와 물로 분해되는 반응을 촉진한다.

④ **정리:** 효소는 활성화에너지를 낮추어 반응 속도를 증가시킨다.

출제 0순위 포인트는?
- 카탈레이스로 과산화 수소를 분해하는 실험이 출제된다.
- 실험을 통해 카탈레이스의 역할을 설명할 수 있어야 한다.

✚ 개념

❶ **카탈레이스**
과산화 수소를 물과 산소로 분해하는 효소이다. 인체 내 활성 산소를 분해하며 그 찌꺼기를 해독시킨다. 간세포, 감자 세포 등에 들어 있다.

❷ **다른 실험 – 감자조각**

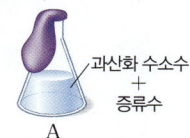

과산화 수소수 + 증류수
A

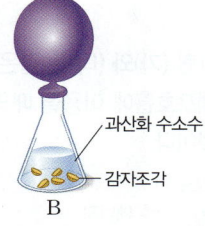

과산화 수소수
감자조각
B

A보다 B에서 과산화 수소의 분해가 더 빨리 일어나 산소가 더 많이 발생한다.
➡ B의 풍선이 A의 풍선보다 빠르게 부풀어 오른다.

❸ **과산화 수소의 분해**
과산화 수소는 자연적으로 물과 산소로 분해된다.

$$2H_2O_2 \rightarrow 2H_2O + O_2$$

확인 문제 ──────────────────────────── ▶ 정답과 해설은 다음 페이지에

01
위 실험에 대한 설명으로 옳은 것은 ○, 옳지 않은 것은 ×로 표시하시오.

(1) 과정 (가)에서 5 % 과산화 수소수를 사용하면 시험관 B의 기포 발생량이 증가한다. (○, ×)

(2) 과정 (나)에서 생간 대신 삶은 간을 사용하더라도 시험관 B의 결과는 같다. (○, ×)

02
위 실험에서 과산화 수소의 분해 반응을 촉매한 효소의 이름을 쓰시오.

3 생명 시스템에서 일어나는 화학 반응

1. 물질대사에 대한 설명으로 옳은 것은 ○, 옳지 <u>않은</u> 것은 ×표 하시오.

(1) 물질대사는 생명체 내에서 일어나는 모든 화학 반응이다. (○, ×)

(2) 물질 대사는 효소가 관여하지 않는다. (○, ×)

(3) 동화 작용은 고분자를 저분자로 분해하는 반응이다. (○, ×)

(4) 이화 작용이 일어날 때 에너지가 흡수된다. (○, ×)

(5) 식물의 광합성은 동화 작용에 해당한다. (○, ×)

(6) 세포호흡과 소화는 모두 이화 작용의 예이다. (○, ×)

2. 그림 (가)와 (나)는 같은 양의 포도당이 연소될 때와 세포호흡에 이용될 때의 에너지 변화를 순서 없이 나타낸 것이다.

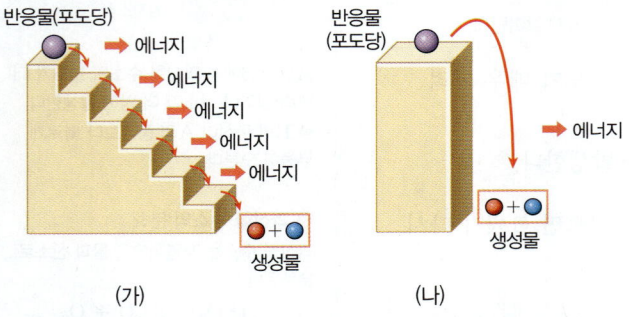

이에 대한 설명으로 옳은 것은 ○, 옳지 <u>않은</u> 것은 ×표 하시오.

(1) (가)는 연소, (나)는 세포호흡을 나타낸 것이다. (○, ×)

(2) (가)는 (나)보다 높은 온도에서 일어난다. (○, ×)

(3) (가)와 (나)는 모두 발열 반응이다. (○, ×)

(4) (가)는 효소가 관여한다. (○, ×)

(5) (가)와 (나)에서 방출하는 에너지의 총량은 같다. (○, ×)

p.205 확인 문제 [정답]

01 (1) ○ (반응물의 농도 증가) (2) × (단백질 변성)

02 카탈레이스

3. 다음은 효소에 대한 설명이다. 빈칸에 알맞은 말을 쓰시오.

(1) 효소는 ( )를 낮추어 화학 반응의 속도를 빠르게 한다.

(2) 효소의 주성분은 ( )로, 고유한 입체 구조를 가진다.

(3) 효소는 입체 구조에 들어맞는 특정 ( )하고만 결합하여 작용할 수 있는데, 이러한 효소의 특성을 ( )이라고 한다.

(4) 효소가 없을 때보다 효소가 있을 때 반응이 ( )게 일어난다.

4. 그림은 효소의 작용 원리를 나타낸 것이다.

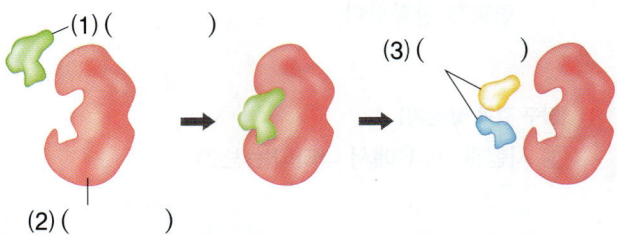

빈칸 (1)～(3)에 알맞은 말을 쓰시오.

5. 그림 (가)와 (나)는 효소가 있을 때와 없을 때 화학 반응이 일어나는 모습을 순서 없이 모식적으로 나타낸 것이다.

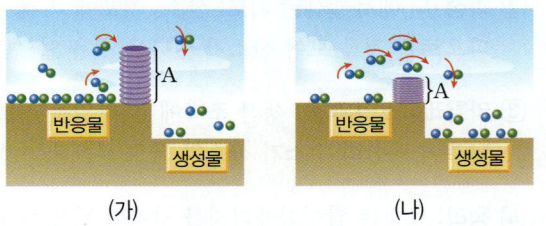

이에 대한 설명으로 옳은 것은 ○, 옳지 <u>않은</u> 것은 ×표 하시오.

(1) A는 활성화에너지를 나타낸 것이다. (○, ×)

(2) (가)는 효소가 있을 때의 화학 반응을 나타낸 것이다. (○, ×)

(3) (가)보다 (나)에서 반응이 더 빠르게 일어난다. (○, ×)

(4) (가)는 (나)보다 낮은 온도에서 반응이 잘 일어난다. (○, ×)

(5) 효소는 A를 높여 화학 반응 속도를 빠르게 한다. (○, ×)

❖ 정답 문제편 277p

3 생명 시스템에서 일어나는 화학 반응

17 ✶✶✶✶

물질대사에 대한 설명으로 옳지 <u>않은</u> 것은?

① 생명체 안팎에서 일어나는 모든 화학 반응을 의미한다.

② 물질대사가 일어날 때 항상 에너지의 출입이 일어난다.

③ 물질대사는 단계적으로 진행된다.

④ 고분자 물질이 저분자 물질로 분해되는 반응을 이화 작용이라고 한다.

⑤ 동화 작용이 일어날 때 에너지가 흡수된다.

18 ✶✶✶✶

2021 실시 3월 학평 2 / 생명과학 Ⅰ (고2)

그림은 생명체에서 일어나는 물질대사 (가)와 (나)를 나타낸 것이다.

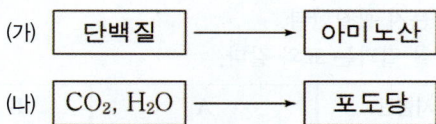

(가) 단백질 ⟶ 아미노산

(나) CO_2, H_2O ⟶ 포도당

이에 대한 옳은 설명만을 [보기]에서 있는 대로 고른 것은?

─────── [보기] ───────
ㄱ. (가)에서 에너지가 방출된다.
ㄴ. 엽록체에서 (나)가 일어난다.
ㄷ. (가)와 (나)에 모두 효소가 관여한다.

① ㄱ　　　　② ㄴ　　　　③ ㄱ, ㄷ
④ ㄴ, ㄷ　　　⑤ ㄱ, ㄴ, ㄷ

19 ✶✶✶✶ 단답형

다음은 물질대사의 과정을 간략하게 나타낸 것이다. A와 B에 알맞은 작용은 무엇인지 각각 쓰시오.

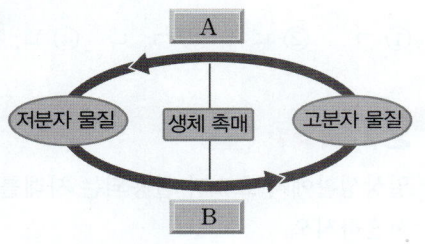

저분자 물질　생체 촉매　고분자 물질

A

B

20 ✶✶✶✶ 중요

표는 물질대사인 세포호흡과 생명체 밖에서 일어나는 화학 반응인 연소를 비교하여 나타낸 것이다.

물질대사(세포호흡)	구분	화학 반응(연소)
㉠	반응 온도	㉡
㉢	효소	㉣
반응이 단계적으로 일어나 에너지가 서서히 방출된다.	특징	반응이 급격히 일어나 에너지가 순간적으로 방출된다.

㉠~㉣에 알맞은 말을 옳게 짝지은 것은?

	㉠	㉡	㉢	㉣
①	0 ℃~10 ℃	30 ℃~40 ℃	필요	불필요
②	0 ℃~10 ℃	400 ℃ 이상	필요	필요
③	30 ℃~40 ℃	400 ℃ 이상	불필요	필요
④	30 ℃~40 ℃	400 ℃ 이상	필요	불필요
⑤	400 ℃ 이상	30 ℃~40 ℃	불필요	불필요

21 ✶✶✶ 서술형

공장에서 요소를 만들 때에는 높은 열을 가해야 하지만 사람의 간세포에서는 체온 범위의 낮은 온도에서도 요소가 만들어진다. 그 까닭을 생명 현상에서 촉매의 역할과 관련지어 서술하시오.

22 ✶✶✶✶

효소의 특성에 대한 설명으로 옳지 <u>않은</u> 것은?

① 생명체 내에서 합성된다.

② 반복해서 재사용할 수 있다.

③ 온도가 높아질수록 반응 속도가 계속 빨라진다.

④ 화학 반응이 일어나는 데 필요한 최소한의 에너지를 낮추어준다.

⑤ 입체 구조에 들어맞는 특정 반응물하고만 결합할 수 있다.

23 ✿✿✿

그림은 어떤 효소 X와 두 종류의 반응물을 나타낸 것이다.

효소 X   반응물 A   반응물 B

이에 대한 설명으로 옳지 <u>않은</u> 것은?

① 효소 X의 주성분은 단백질이다.
② 효소 X는 반응물 A와 B에 모두 결합할 수 있다.
③ 효소 X는 반응 후 다시 재사용이 가능하다.
④ 반응 후에도 효소 X의 구조는 변하지 않는다.
⑤ 효소 X를 높은 온도로 가열하면 구조에 변성이
   일어난다.

24 ✿✿✿

그림은 어떤 효소가 관여하는 화학 반응에서 시간에 따른
물질 A~C의 농도를 나타낸 것이다. A~C는 효소,
반응물, 생성물을 순서 없이 나타낸 것이다.

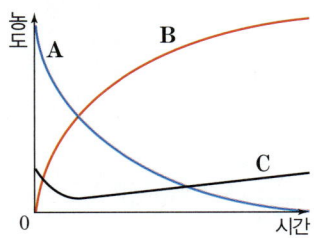

A~C의 종류를 옳게 짝지은 것은?

	A	B	C
①	반응물	생성물	효소
②	반응물	효소	생성물
③	생성물	반응물	효소
④	생성물	효소	반응물
⑤	효소	반응물	생성물

25 ✿✿✿

그림은 상처가 난 피부에 과산화 수소수를 떨어뜨렸을 때
거품이 발생한 모습을 나타낸 것이다.

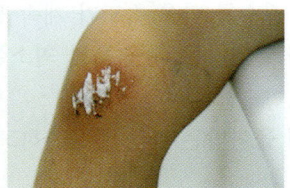

이에 대한 설명으로 옳은 것은?

① 혈액 속 카탈레이스는 이 화학 반응의 반응물이다.
② 이 화학 반응은 동화 작용이다.
③ 화학 반응 결과 산소가 발생하여 거품이 발생했다.
④ 상처가 없는 피부에 과산화 수소수를 떨어뜨려도
   그림과 비슷한 양의 거품이 발생한다.
⑤ 혈액 속에는 과산화 수소 분해 반응의
   활성화에너지를 높이는 물질이 들어 있다.

26 ✿✿✿   2025 실시 9월 학평 20 (고1)

다음은 감자즙의 카탈레이스가 과산화 수소 분해 반응에
미치는 영향을 알아보기 위한 탐구 활동이다.

○ 과산화 수소 분해 반응은 다음과 같다.

         과산화 수소 → 물 + 산소

〈가설〉
○ [㉠]

〈탐구 과정 및 결과〉
(가) 시험관 A, B에 각각 3 % 과산화 수소수 5 mL를
     넣는다.
(나) A에는 증류수 1 mL를, B에는 감자즙 1 mL를
     넣은 직후 같은 시간 동안 A, B에서 기포가 발생
     하는지 관찰한다.
(다) 관찰 결과는 표와 같다.

시험관	A	B
기포 발생 정도	거의 발생하지 않음	많이 발생함

〈결론〉
○ 가설은 타당하다.

이에 대한 설명으로 옳은 것만을 [보기]에서 있는 대로 고
른 것은? (단, 제시된 조건 이외의 다른 조건은 동일하다.)
[2.0점]

[보기]
ㄱ. 카탈레이스의 주성분은 단백질이다.
ㄴ. '카탈레이스는 과산화 수소 분해 반응을 빠르게
    한다.'는 ㉠으로 적절하다.
ㄷ. (나)에서 과산화 수소 분해 반응의 활성화 에너지
    는 B에서가 A에서보다 크다.
---

① ㄱ   ② ㄷ   ③ ㄱ, ㄴ   ④ ㄴ, ㄷ   ⑤ ㄱ, ㄴ, ㄷ

27 ✿✿✿ 서술형

일상생활에서 효소가 활용되는 사례를 <u>두 가지</u>
서술하시오.

내신 1등급 문제

28 ✿✿✾

그림은 세포 안에서 일어나는 반응을 나타낸 것이다.
A는 (가)와 (나) 반응을 촉진하는 물질이다.

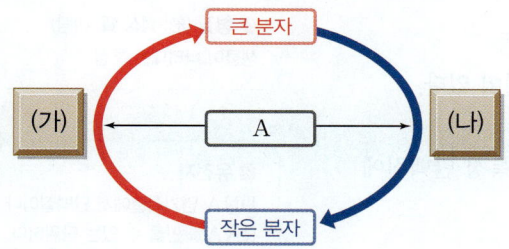

이에 대한 설명으로 옳지 **않은** 것은?

① A는 효소이다.
② (가) 반응은 에너지를 방출하는 반응이다.
③ (나) 반응의 예로는 세포호흡이 있다.
④ (가)와 (나) 반응은 모두 단계적으로 일어난다.
⑤ (가)와 (나) 반응은 모두 에너지 출입이 일어난다.

29 ✿✿✿   2022 실시 3월 학평 12 / 생명과학Ⅰ(고2)

다음은 당뇨병 진단에 대한 자료이다.

건강 진단에 사용되는 소변(요)
검사지에는 ㉠ 포도당 산화
효소가 들어 있으며, 소변에
포도당이 있는 경우 이 효소에
의해 포도당이 산화되어 검사지가 청색으로 변한다.
검사지가 진한 청색이면 당뇨병 검사를 추가로
진행한다.

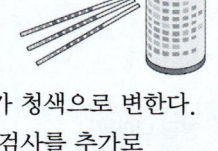

㉠에 대한 옳은 설명만을 [보기]에서 있는 대로 고른
것은? [3점]

──[보기]──
ㄱ. 주성분은 단백질이다.
ㄴ. 포도당의 산화 반응에서 소모된다.
ㄷ. 포도당 산화 반응의 활성화에너지를 증가시킨다.

① ㄱ   ② ㄴ   ③ ㄷ   ④ ㄱ, ㄷ   ⑤ ㄴ, ㄷ

30 ✿✿✾   출제 0순위 특강   2021 실시 3월 학평 7 / 생명과학Ⅰ(고2)

다음은 생간과 감자를 이용한 과산화 수소 분해 실험이다.

(가) 시험관 Ⅰ∼Ⅲ에 각각 3% 과산화 수소수를
15 mL씩 넣는다.
(나) Ⅰ은 그대로 두고, Ⅱ와 Ⅲ에는 비슷한 크기의
생간 조각과 감자 조각을 각각 넣는다.

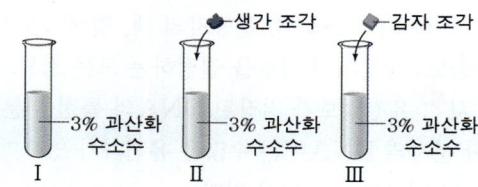

(다) Ⅰ∼Ⅲ에서 기포 발생 여부를 관찰한 결과는 표와
같다.

시험관	Ⅰ	Ⅱ	Ⅲ
기포 발생 여부	발생 안 함	발생함	발생함

이에 대한 옳은 설명만을 [보기]에서 있는 대로 고른
것은? [3점]

──[보기]──
ㄱ. 생간과 감자에는 모두 카탈레이스가 있다.
ㄴ. Ⅱ에서 발생한 기포에 산소가 있다.
ㄷ. 기포 발생이 끝난 Ⅲ에 3% 과산화 수소수
5 mL를 더 넣으면 기포가 다시 발생한다.

① ㄱ   ② ㄷ   ③ ㄱ, ㄴ   ④ ㄴ, ㄷ   ⑤ ㄱ, ㄴ, ㄷ

31 ✿✿✿✾   중요

그림 (가)와 (나)는 동일한 화학 반응에서 효소가 없을
때와 있을 때의 에너지 변화를 순서 없이 나타낸 것이다.

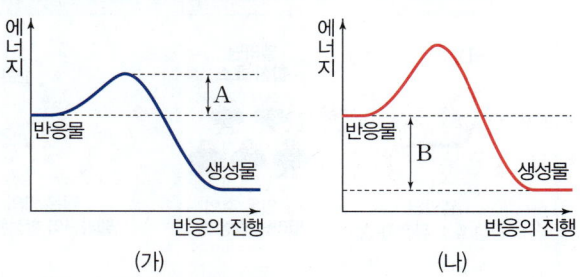

이에 대한 설명으로 옳은 것은?

① (가)에서 활성화에너지는 A이다.
② 효소는 B의 값을 높여 주는 역할을 한다.
③ (나)는 효소가 있을 때의 에너지 변화이다.
④ 혈액이 응고될 때 에너지 변화는 (나)와 같다.
⑤ 광합성이 일어날 때 에너지 변화는 (가)와 같다.

❖ 정답 및 해설 90~91p

14 생명 시스템에서 정보의 흐름

중요도 ⭐⭐

1 유전자와 단백질

1. 유전자와 형질

(1) **형질❶**: 생명체에서 나타나는 특성

　　 예 머리카락 색, 눈동자의 색, 털색, 눈꺼풀 모양, 혈액형 등

(2) **유전정보**: 생명체의 형질을 결정하는 모든 정보로 DNA에 저장되어 있다.

(3) **유전자❷**: 유전정보가 저장된 DNA의 특정 부분이다.

　➡ 한 분자의 DNA에는 수많은 유전자가 있으며, 각 유전자에는 특정 단백질에 대한 정보가 저장되어 있다.

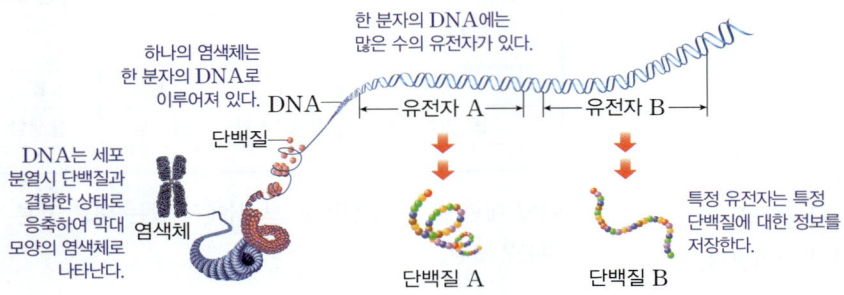

▲ DNA와 유전자의 관계

2. 유전자와 단백질❸: 생물의 유전자에 저장된 유전정보에 따라 효소를 비롯한 다양한 단백질이 합성되며, 이러한 단백질의 작용으로 생물의 형질이 나타난다.

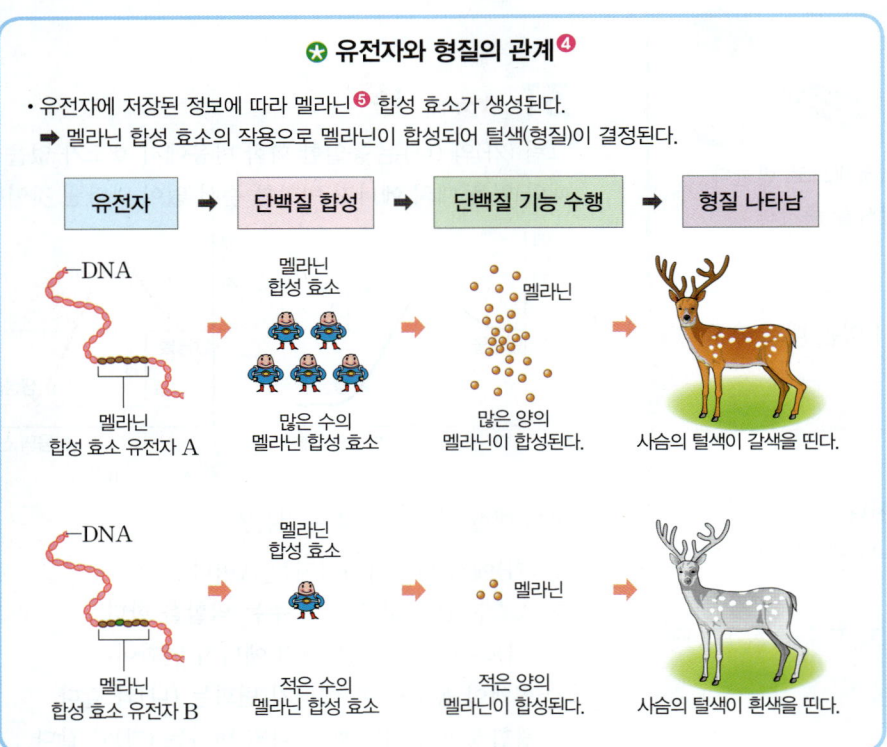

＋ 용어

❶ 형질 (形: 형상 質: 바탕)
생물이 나타내는 특성

＋ 개념

❷ 유전자
DNA 염기서열에서 단백질이나 RNA를 만들 수 있는 단위이다.
보통 하나의 유전자는 약 3000개의 염기로 구성되어 있으며, 사람은 약 2만개~2만 5천개의 단백질 유전자를 가진다.

＋ 개념

❸ 단백질
효소, 호르몬의 주성분으로 생체 내 물질대사를 촉매하고 생리 작용을 조절한다.

❹ 유전자와 형질의 관계
유전자가 다르면 합성되는 단백질에 차이가 생겨 형질이 다르게 나타난다.
➡ 유전자는 단백질에 대한 정보를 저장한다.

＋ 용어

❺ 멜라닌 (melanin)
동물의 조직에 있는 흑갈색의 색소 단백질로서 그 양에 따라 피부색, 털색, 눈동자색 등이 결정된다.
멜라닌의 양이 많을수록 색이 어두워진다.

2 유전정보의 흐름

1. 생명중심원리: 세포 내에서 이루어지는 유전정보의 흐름을 설명하는 원리

> ### ✪ 생명중심원리
>
> ❶ **전사**: DNA로부터 RNA가 합성되는 과정으로, 핵 안에서 일어난다.
>   DNA는 분자의 크기가 매우 커서 핵 밖으로 이동하지 못한다.
> ❷ 전사된 RNA가 핵에서 나와 세포질로 이동한다.
> ❸ **번역**: RNA로부터 단백질이 합성되는 과정으로, 라이보솜이 RNA와 결합하여 RNA의
>   코돈에 따라 아미노산을 연결하여 단백질을 합성한다.
>   유전정보의 이동 경로: 핵 → 세포질 → 라이보솜
>
>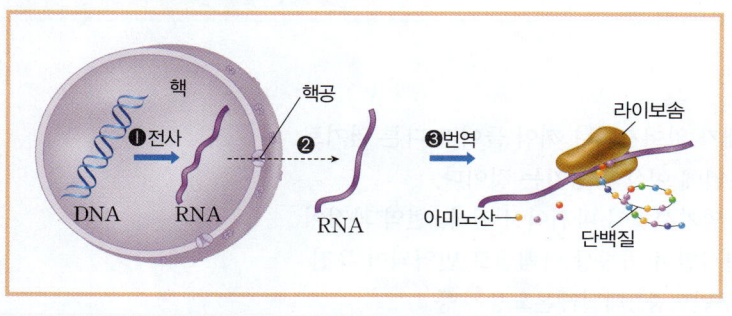

2. 유전정보의 저장

(1) **DNA의 유전정보**: DNA는 염기인 아데닌(A), 사이토신(C), 구아닌(G),
타이민(T)을 각각 갖는 4 종류의 뉴클레오타이드가 다양한 순서로 배열되어
유전정보를 저장한다.

(2) **3염기조합❸**: DNA에서 하나의 아미노산을 지정하는 연속된 3개의 염기서열
➡ DNA 염기서열에는 단백질을 구성하는 아미노산 배열 순서에 대한 정보가
들어 있다. DNA에는 단백질을 만드는 정보가 담겨 있지만 DNA로부터 직접 단백질이 만들어지지 않는다.

3. 유전정보의 전사

(1) **전사**: DNA에 저장된 유전정보가 RNA로 전달되는 과정으로
그 결과 DNA 염기서열에 상보적인 염기서열을 가진 RNA가❹ 합성된다.
➡ DNA의 염기 A, C, G, T은 각각 RNA의 염기 U, G, C, A으로 전사된다.❺
└─ 전사된 RNA는 핵에서 나와 세포질에
있는 라이보솜과 결합한다.

DNA 염기	A	G	C	T
⬇ 전사	↓	↓	↓	↓
RNA 염기	U	C	G	A

(2) **코돈**: RNA에서 하나의 아미노산을 지정하는 연속된 3개의 염기서열
➡ 코돈은 전사 과정에서 DNA의 염기서열과 상보적인 염기서열로 구성된
것으로, 총 64종류가 있다.

4. 유전정보의 번역: RNA의 유전정보로부터 단백질이 합성되는 과정

(1) **단백질의 합성**
┌─ 단백질의 단위체는 아미노산으로 20 종류가 있다.
RNA의 코돈에 따라 아미노산과 아미노산 사이에 펩타이드결합이 일어나
순서대로 연결되어 단백질이 합성된다.
➡ 아미노산의 배열 순서에 따라 단백질의 종류가 결정된다.

(2) **형질 발현**: DNA의 유전정보에 의해 합성된 단백질이 특정한 기능을 수행하여
형질이 나타난다.

➕ 용어

❶ **전사** (傳: 전하다 寫: 베끼다)
글이나 그림 따위를 옮겨 그대로 베끼는 것

❷ **번역** (飜: 번역하다 譯: 번역하다)
어떤 언어로 된 글을 다른 언어의 글로
옮기는 것

➕ 개념

❸ **3개의 염기가 1개의 아미노산을
지정하는 까닭**
단백질을 구성하는 아미노산은
20종류가 있다.
따라서 단백질을 구성하는 아미노산을
모두 지정하기 위해서는 20 종류 이상의
유전부호가 필요하다.
DNA의 염기는 4종류가 있고 3개의
염기조합은 총 $4^3 = 64$종류의 부호가
만들어지므로 20종류의 아미노산을
지정하는 데 충분하다.

❹ **RNA 뉴클레오타이드**
RNA를 구성하는 단위체이다.
당으로 라이보스를 가지며,
염기는 아데닌(A), 구아닌(G),
사이토신(C), 유라실(U)이 있다.

❺ **전사와 RNA 염기**
전사가 일어날 때 DNA의 염기서열과
RNA의 염기서열은 상보적이다.
이때 RNA에는 T 대신 U이 있으므로
DNA의 염기 A은 RNA의 염기 U로
전사된다.

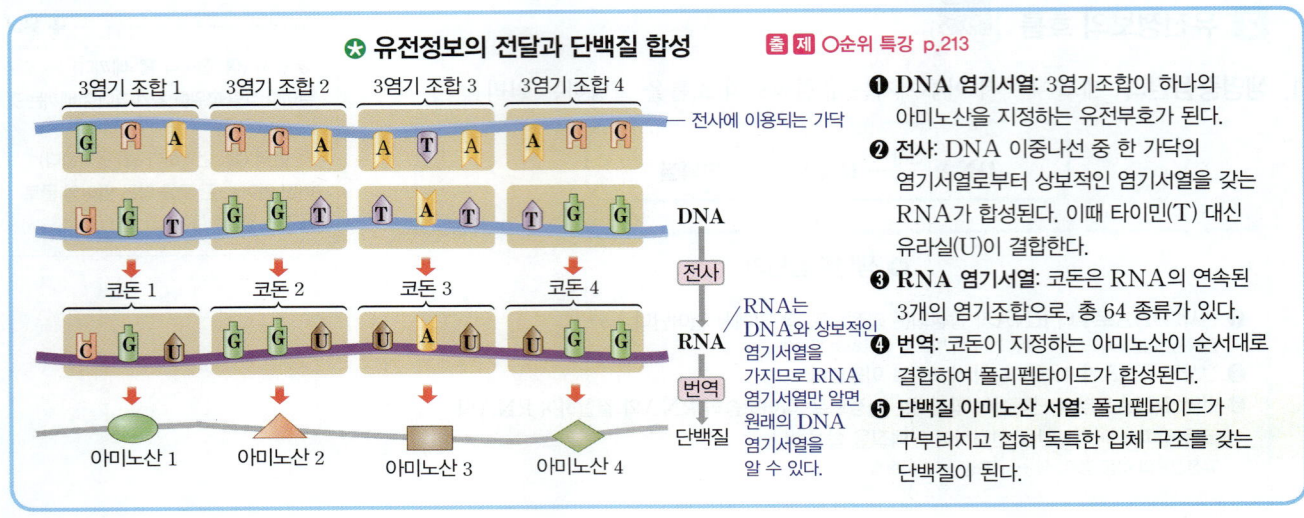

✪ 유전정보의 전달과 단백질 합성 출제 ○순위 특강 p.213

3염기 조합 1 3염기 조합 2 3염기 조합 3 3염기 조합 4

전사에 이용되는 가닥

G C A C C A A T A A C C
C G T G G T T A T T G G   DNA

전사

코돈 1 코돈 2 코돈 3 코돈 4

C G U G G U U A U U G G   RNA

RNA는 DNA와 상보적인 염기서열을 가지므로 RNA 염기서열만 알면 원래의 DNA 염기서열을 알 수 있다.

번역

아미노산 1 아미노산 2 아미노산 3 아미노산 4   단백질

❶ **DNA 염기서열**: 3염기조합이 하나의 아미노산을 지정하는 유전부호가 된다.
❷ **전사**: DNA 이중나선 중 한 가닥의 염기서열로부터 상보적인 염기서열을 갖는 RNA가 합성된다. 이때 타이민(T) 대신 유라실(U)이 결합한다.
❸ **RNA 염기서열**: 코돈은 RNA의 연속된 3개의 염기조합으로, 총 64 종류가 있다.
❹ **번역**: 코돈이 지정하는 아미노산이 순서대로 결합하여 폴리펩타이드가 합성된다.
❺ **단백질 아미노산 서열**: 폴리펩타이드가 구부러지고 접혀 독특한 입체 구조를 갖는 단백질이 된다.

③ 유전자 이상과 유전 질환

1. **유전자 이상**: DNA의 염기 중 한 두 개가 없어지거나 끼어 들어가 다른 염기로 바뀌는 등의 변화에 의해 DNA 염기서열에 이상이 생기는 것이다.

2. **유전자 이상에 의한 유전 질환**: DNA 염기서열이 바뀌어서 전사, 번역 과정이 정상적으로 일어나지 않거나, 바뀐 염기서열이 비정상 단백질로 번역되어 유전 질환이 나타날 수 있다. ⑩ 낫모양적혈구빈혈증, 페닐케톤뇨증❶ 등

➕ 개념

❶ **페닐케톤뇨증**
유전자 이상으로 페닐알라닌 분해 효소가 부족하여 발생한다. 페닐알라닌이 신체 내에 축적되어 뇌 조직을 손상시킨다.

✪ 유전자 이상에 의한 유전 질환 – 낫모양적혈구빈혈증

헤모글로빈을 만드는 유전자의 염기 하나가 바뀌어 아미노산 하나가 달라지면 비정상 헤모글로빈이 만들어진다. 비정상 헤모글로빈은 적혈구가 찌그러져 낫 모양이 된다. 낫모양적혈구는 산소 운반 능력이 떨어져 심한 빈혈을 일으키거나 신체의 여러 기관에 손상을 입힌다.

• 정상 적혈구와 낫모양적혈구의 형성 과정
  ❶ **DNA의 염기 변형**: 타이민(T) → 아데닌(A)
  ❷ **RNA의 코돈 변형**: GAA → GUA
  ❸ **아미노산 배열 변형**: 프롤린–글루탐산–글루탐산 ➡ 프롤린–발린–글루탐산
  ❹ **헤모글로빈 단백질 입체 구조 이상**: 서로 달라붙어 긴 바늘 모양 형성
  ❺ **낫모양적혈구 형성**

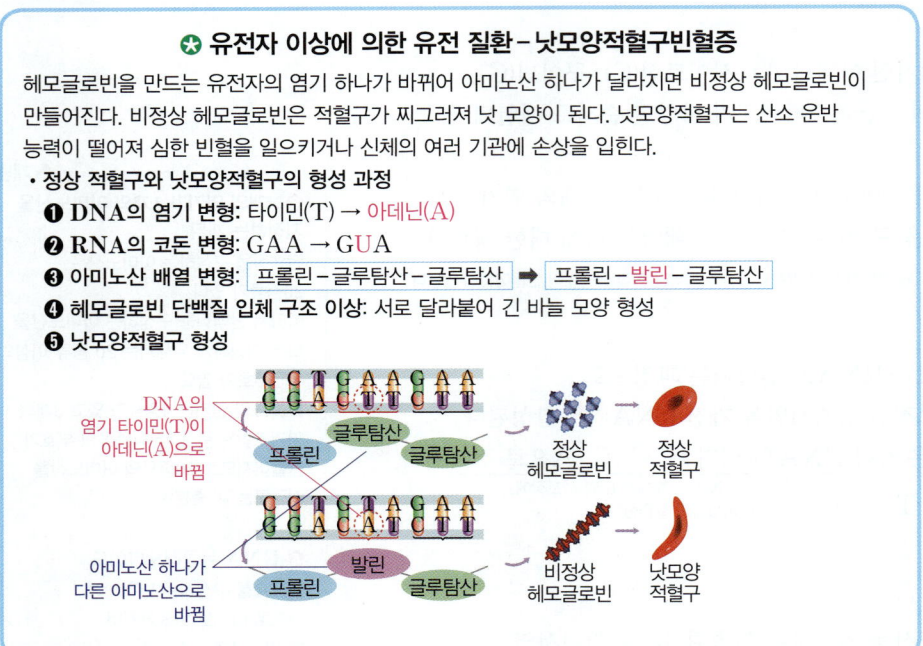

DNA의 염기 타이민(T)이 아데닌(A)으로 바뀜

아미노산 하나가 다른 아미노산으로 바뀜

프롤린 글루탐산 글루탐산
정상 헤모글로빈 정상 적혈구

프롤린 발린 글루탐산
비정상 헤모글로빈 낫모양 적혈구

④ 유전부호 체계의 공통성

1. **생명체의 유전부호 체계의 공통성과 의미**: 지구에 존재하는 거의 모든 생물은 염색체의 수, 모양 등은 서로 다르더라도 동일한 유전부호를 사용한다.
   ➡ 지구에 사는 생명체가 공통 조상에서 진화해 왔으며 이들이 진화적으로 연결되어 있다는 것을 암시한다.

2. **유전부호 체계 공통성의 활용**: 사람과 세균의 유전부호 체계가 같으므로 사람의 유전자를 세균에 넣으면 사람의 유전정보대로 아미노산이 번역되어 단백질을 합성할 수 있다. ➡ 생명 공학 기술의 발전

✪ 세포에서의 유전정보 흐름 – 유전부호

세포에서 유전정보가 전달되는 과정을 이해하고, 생명체가 동일한 유전부호를 사용하여 생명의 연속성을 유지한다는 것을 유추한다.

[탐구 과정]

(가) 3염기조합 카드, 코돈 카드, 문자 카드를 준비한다.

(나) 3염기조합 카드를 선택하여 무작위로 배열한다.

(다) 3염기조합 카드에 대응하는 코돈 카드(㉠)를 찾는다. 이때 3염기조합 카드에 제시된 문자 A, T, G, C는 각각 코돈 카드에 제시된 문자 U, A, C, G에 대응한다. ❶

(라) 각 코돈 카드에 대응하는 문자 카드(㉡)를 암호표에서 찾아 붙인다.

3염기조합 카드	A C G G A G C C A A A A T G C
코돈 카드	㉠
문자 카드	㉡

코돈 카드	문자 카드
U U U	(가)
U G C	(나)
C U C	(다)
A C G	(라)
G G U	(마)

▲ 암호표

[탐구 해석]

① 3염기조합 카드는 DNA, 코돈 카드는 RNA, 문자 카드는 단백질의 아미노산으로 생각할 수 있다.

② DNA 염기서열에 상보적인 염기서열을 가진 RNA가 합성된다.

③ RNA 유전정보가 번역되어 아미노산이 합성된다.

3염기조합 카드 (DNA)	A C G G A G C C A A A A T G C
⬇					
코돈 카드 (RNA)	U G C C U C G G U U U U A C G
⬇					
문자 카드 (아미노산)	(나) (다) (마) (가) (라)

▶ 정답과 해설은 다음 페이지에

출제 0순위 포인트는?
· DNA 또는 RNA 염기서열을 제시하고 3염기조합 혹은 코돈에 대해 묻는 문제가 출제된다.
· 유전자에 저장된 유전정보가 DNA → RNA → 단백질의 순서로 전달된다는 것을 이해한다.

➕ 개념

❶ 전사 과정에서 염기의 상보적 결합

DNA의 유전정보가 RNA로 전환될 때 DNA의 염기 A, T, C, G는 각각 RNA의 U, A, G, C로 옮겨진다.

DNA	RNA
A → U	
T → A	
C → G	
G → C	

확인 문제

01

위의 탐구에 대한 설명으로 옳은 것은 ○, 옳지 않은 것은 ×로 표시하시오.

(1) 유전정보는 RNA → DNA → 아미노산 순으로 전달된다.
(○, ×)

(2) DNA의 염기서열이 바뀌면 전사되는 RNA의 염기서열도 바뀐다.
(○, ×)

(3) 어느 단백질의 한 부분이 10개의 아미노산으로 되어 있다면, 이 부분의 유전정보를 저장하고 있는 DNA는 10개의 염기로 되어 있다.
(○, ×)

02

DNA를 구성하는 두 폴리뉴클레오타이드 중 한 가닥의 염기서열이 다음과 같을 때, 이 DNA 가닥으로부터 전사된 RNA의 염기서열을 쓰시오.

> −TACTCTAAA−

1 유전자와 단백질 ~ 2 유전정보의 흐름

1. 그림은 세포 내에서 유전정보를 저장하고 있는 물질의 구조를 나타낸 것이다. (다)는 유전정보가 저장되어 있는 부위이다.

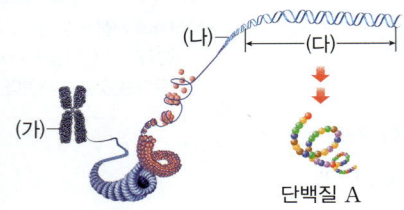

단백질 A

빈칸에 알맞은 말을 쓰시오.

(1) (가)는 (   )이다.   (2) (나)는 (   )이다.
(3) (다)는 (   )이다.

2. 그림은 유전정보의 흐름을 나타낸 것이다.

이에 대한 설명으로 옳은 것은 ○, 옳지 <u>않은</u> 것은 ×표 하시오.

(1) (가) 과정은 전사이며, 핵에서 일어난다.   (○, ×)
(2) (나) 과정은 번역이며, 세포질의 라이보솜에서 일어난다.   (○, ×)
(3) 유전정보가 DNA → RNA → 단백질로 전달되는 것을 생명중심원리라고 한다.   (○, ×)
(4) DNA가 핵 밖으로 이동하지 않는 이유는 분자의 크기가 너무 작기 때문이다.   (○, ×)
(5) DNA의 염기 중 아데닌(A)은 RNA의 염기 중 유라실(U)로 전사된다.   (○, ×)

3. 형질에 관한 유전정보가 저장된 형태에 대한 설명으로 옳은 것은 ○, 옳지 <u>않은</u> 것은 ×표 하시오.

(1) 염색체 당 한 종류의 유전정보가 들어 있다. (○, ×)
(2) DNA의 염기 하나는 한 종류의 아미노산에 대한 정보로 작용한다.   (○, ×)
(3) DNA의 염기서열에 단백질의 아미노산에 대한 정보가 들어 있다.   (○, ×)

p.213 확인 문제 [정답]

01 (1) × (DNA → RNA → 아미노산) (2) ○ (3) × (30개)
02 −AUGAGAUUU−

4. 그림은 세포 내 유전정보의 흐름을 나타낸 것이다.

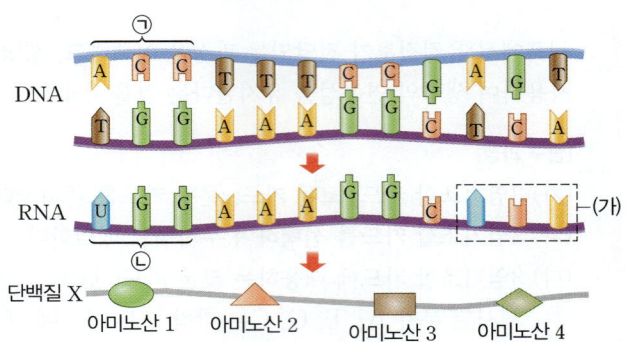

빈칸에 알맞은 말을 쓰시오. (단, 돌연변이는 고려하지 않는다.)

(1) ㉠은 (   )이다.   (2) ㉡은 (   )이다.
(3) (가)의 염기서열은 (   )이다.

3 유전자 이상과 유전 질환

5. 유전자 이상과 유전 질환에 대한 설명으로 옳은 것은 ○, 옳지 <u>않은</u> 것은 ×표 하시오.

(1) 유전자에 이상이 생기면 유전 질환이 나타날 수 있다.   (○, ×)
(2) 낫모양적혈구빈혈증은 비정상 헤모글로빈이 만들어져 적혈구가 낫 모양으로 바뀐다.   (○, ×)
(3) 낫모양적혈구는 정상 적혈구보다 산소를 잘 운반한다.   (○, ×)

4 유전부호 체계의 공통성

6. 유전자에 대한 설명으로 옳은 것은 ○, 옳지 <u>않은</u> 것은 ×표 하시오.

(1) 생물이 나타내는 특성을 형질이라고 한다.   (○, ×)
(2) 단백질의 합성에 필요한 유전정보의 원본은 RNA에 저장되어 있다.   (○, ×)
(3) 지구에 사는 거의 모든 생명체는 동일한 유전부호를 사용한다.   (○, ×)
(4) 특정 유전자의 이상은 특정 단백질의 정상적인 합성에 영향을 미칠 수 있다.   (○, ×)
(5) 한 분자의 DNA에는 하나의 유전자가 포함되어 있다.   (○, ×)
(6) 유전자는 DNA의 특정 부위에 있다.   (○, ×)

1 유전자와 단백질

01 ✿✿✿✿ 중요

다음은 유전자에 대한 설명이다.

> 유전자는 4가지 종류의 염기로 구성된 (가) 에 있으며, 염기의 배열 순서에 따라 20가지 (나) 의 종류와 배열 순서가 결정된다. 이 정보를 통해 (다) 이/가 만들어지면, (다) 이/가 효소로 작용해 개체의 유전 형질이 발현된다.

(가), (나), (다)에 알맞은 단어를 옳게 짝지은 것은?

	(가)	(나)	(다)
①	DNA	아미노산	단백질
②	DNA	단백질	RNA
③	아미노산	DNA	단백질
④	RNA	단백질	DNA
⑤	단백질	아미노산	DNA

02 ✿✿✿✿

그림은 사람의 눈동자 색과 관련된 유전정보의 흐름을 나타낸 것이다.

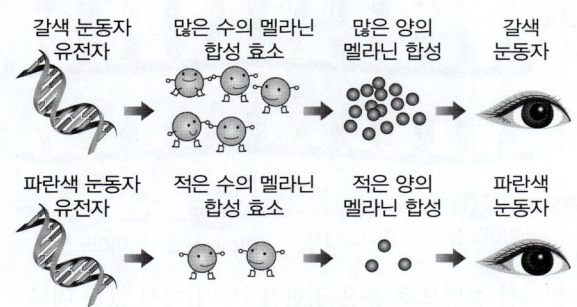

갈색 눈동자 유전자 → 많은 수의 멜라닌 합성 효소 → 많은 양의 멜라닌 합성 → 갈색 눈동자

파란색 눈동자 유전자 → 적은 수의 멜라닌 합성 효소 → 적은 양의 멜라닌 합성 → 파란색 눈동자

유전자와 형질 발현에 대한 설명으로 옳지 <u>않은</u> 것은?

① 유전자는 DNA에서 유전정보가 저장되어 있는 특정 염기서열이다.
② 합성되는 멜라닌 합성 효소의 양에 따라 눈동자 색이 달라진다.
③ 눈동자 색의 형질 발현에는 유전자와 단백질이 모두 관여한다.
④ 서로 다른 유전자가 발현되면 서로 다른 형질이 나타난다.
⑤ 효소는 3개의 염기서열로 이루어진 유전 암호를 가지고 있다.

2 유전정보의 흐름

03 ✿✿✿✿

그림은 유전정보의 흐름을 나타낸 것이다. (가)와 (나)는 생명중심원리의 과정이고, ㉠은 생명체의 구성 물질 중 하나이다.

DNA →(가)→ RNA →(나)→ ㉠

이에 대한 설명으로 옳은 것을 모두 고르면? (답 2개)

① (가) 과정은 세포질에서 진행된다.
② (나) 과정을 통해 핵산의 염기서열이 만들어진다.
③ ㉠은 다양한 체내 화학 반응의 속도 조절과 방어 작용의 기능을 수행한다.
④ (가) 과정을 통해 만들어진 RNA의 염기서열은 전사에 사용된 DNA 가닥의 염기서열과 상보적이다.
⑤ DNA의 3염기조합을 코돈이라고 한다.

04 ✿✿✿✿

전사와 번역에 대한 설명으로 옳지 <u>않은</u> 것은?

① 전사와 번역은 모두 핵에서 일어난다.
② 전사를 통해 만들어진 RNA가 라이보솜과 결합한다.
③ RNA로 전달된 유전정보에 따라 단백질이 합성된다.
④ DNA로부터 RNA가 만들어지는 과정을 전사라고 한다.
⑤ RNA로부터 단백질이 합성되는 과정을 번역이라고 한다.

05 ✿✿✿✿ 서술형

그림은 유전정보의 흐름을 나타낸 것이다.

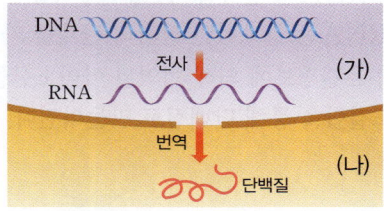

DNA / 전사 / RNA (가) / 번역 / 단백질 (나)

(가)와 (나)의 장소를 쓰고, 생명중심원리를 (가)와 (나)를 포함하여 서술하시오.

06 ✿✿✿❀

그림은 동물 세포에서 일어나는 유전정보의 전사 과정을 나타낸 것이다.

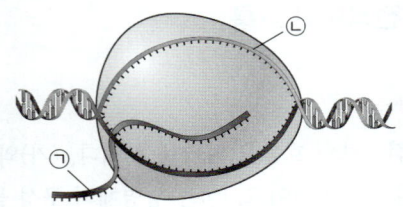

이에 대한 설명으로 옳은 것만을 [보기]에서 있는 대로 고른 것은?

[보기]
ㄱ. 이 과정은 핵에서 일어난다.
ㄴ. ㉠에서 ㉡으로 유전정보가 전달된다.
ㄷ. ㉠을 구성하는 기본 단위는 아미노산이다.

① ㄱ ② ㄴ ③ ㄷ ④ ㄱ, ㄷ ⑤ ㄴ, ㄷ

07 ✿✿✿❀

그림은 세포 내 유전정보의 흐름을 나타낸 것이다.

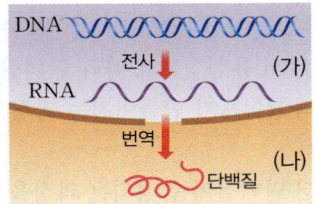

이에 대한 설명으로 옳지 않은 것은?

① DNA는 핵 밖으로 이동하지 못한다.
② RNA는 핵 안에서 단백질로 번역된다.
③ 유전정보의 이동 경로는 핵 → 세포질 → 라이보솜이다.
④ DNA가 RNA로 전사될 때 전사에 사용된 DNA 가닥과 RNA는 상보적인 염기의 관계를 가진다.
⑤ RNA의 유전정보에 의해 번역된 아미노산들은 펩타이드결합을 통해 단백질로 만들어진다.

08 ✿✿❀

그림은 핵산 (가)의 염기서열을 나타낸 것이다.

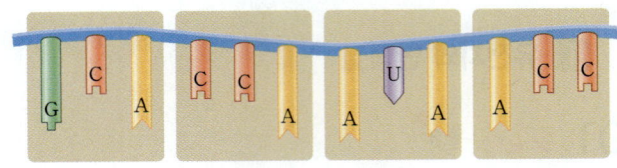

이에 대한 설명으로 옳은 것은? (단, 주어진 염기서열만 고려하며, 돌연변이는 고려하지 않는다.)

① (가)는 DNA 염기서열이다.
② (가)에서 연속된 3개의 염기를 3염기조합이라고 한다.
③ (가)는 세포질에서 번역된다.
④ (가)를 통해 12개의 아미노산을 얻을 수 있다.
⑤ (가)가 전사되어 만들어진 핵산의 염기서열은 CGUGGUUAUUGG이다.

09 ✿✿❀ 중요⭐

그림은 유전정보가 전달되는 과정을 나타낸 것이다.

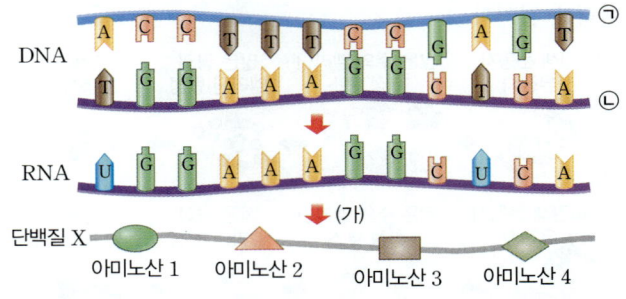

이에 대한 설명으로 옳은 것만을 [보기]에서 있는 대로 고른 것은? (단, 돌연변이는 고려하지 않는다.)

[보기]
ㄱ. DNA에서 RNA로 유전정보가 전달될 때 ㉡이 전사된다.
ㄴ. (가) 과정에서 연속된 3개의 RNA 염기가 하나의 아미노산을 지정한다.
ㄷ. 아미노산 1과 아미노산 2는 펩타이드결합을 형성한다.

① ㄱ ② ㄴ ③ ㄷ ④ ㄱ, ㄴ ⑤ ㄴ, ㄷ

10 ✿✿✿

그림은 세포 내 유전 정보의 흐름을, 표는 유전 정보에 의해 지정되는 아미노산을 모형으로 나타낸 것이다. Ⅰ과 Ⅱ는 하나의 DNA를 구성하는 각 가닥이며, ㉠과 ㉡은 각각 3개의 염기로 구성되어 있다.

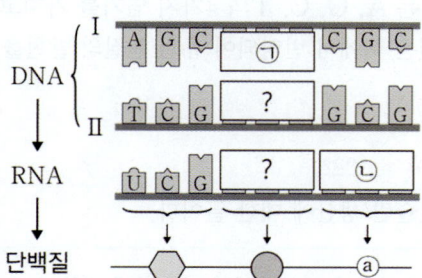

유전 정보	UCG	CGC	GUC	GCG
아미노산 모형	⬡	▲	⬤	⬠

이에 대한 설명으로 옳은 것만을 [보기]에서 있는 대로 고른 것은? (단, 돌연변이는 고려하지 않는다.) [2.5점]

─[보기]─
ㄱ. RNA 합성에 사용된 DNA 가닥은 Ⅰ이다.
ㄴ. ㉠과 ㉡에서 구아닌(G)의 개수는 서로 같다.
ㄷ. ⓐ는 ⬠이다.

① ㄱ   ② ㄴ   ③ ㄱ, ㄷ   ④ ㄴ, ㄷ   ⑤ ㄱ, ㄴ, ㄷ

11 ✿✿✿

그림은 세포에서 일어나는 유전정보의 흐름을 나타낸 것이다. (가)와 (나)는 각각 번역과 전사 중 하나이다.

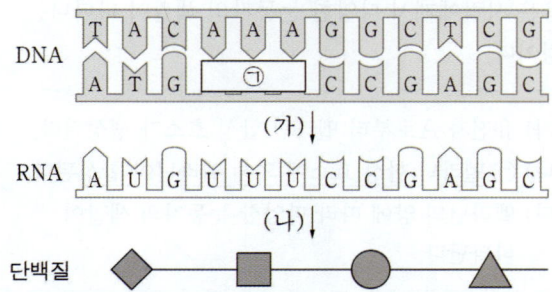

이에 대한 설명으로 옳은 것만을 [보기]에서 있는 대로 고른 것은? (단, 돌연변이는 고려하지 않는다.) [3점]

─[보기]─
ㄱ. ㉠의 염기서열은 UUU이다.
ㄴ. (가)는 번역이다.
ㄷ. 단백질에 펩타이드결합이 있다.

① ㄱ   ② ㄴ   ③ ㄷ   ④ ㄱ, ㄷ   ⑤ ㄴ, ㄷ

12 ✿✿✿ 중요

그림은 세포에서 일어나는 유전정보의 흐름을 나타낸 것이다. (가)와 (나)는 각각 번역과 전사 중 하나이고, ㉠~㉢은 각각 아데닌(A), 타이민(T), 유라실(U) 중 하나이다.

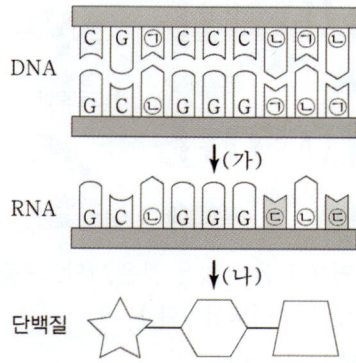

이에 대한 설명으로 옳은 것만을 [보기]에서 있는 대로 고른 것은? (단, 돌연변이는 고려하지 않는다.) [3점]

─[보기]─
ㄱ. (가)는 전사이다.
ㄴ. ㉢은 타이민(T)이다.
ㄷ. (나)는 핵에서 일어난다.

① ㄱ   ② ㄷ   ③ ㄱ, ㄴ   ④ ㄱ, ㄷ   ⑤ ㄴ, ㄷ

[13~14]
그림은 어떤 DNA의 염기서열을 나타낸 것이다. 물음에 답하시오.

```
                                          ─DNA
ⅠⅠⅠⅠⅠⅠⅠⅠⅠⅠⅠⅠⅠⅠⅠⅠⅠⅠ
T A C G C C A A T G G C C A A G G C
```

13 ✿✿✿ 단답형
이 DNA로부터 전사된 RNA의 염기서열을 왼쪽부터 쓰시오.

14 ✿✿✿ 단답형
이 DNA로부터 전사된 RNA가 모두 번역되었을 때 합성된 단백질의 아미노산은 몇 개인가? (단, RNA의 첫 번째 염기부터 번역되며, 주어진 염기서열만 고려한다.)

3 유전자 이상과 유전 질환

15 ✲✲✲ 중요✿

그림은 헤모글로빈 유전자를 구성하는 유전자에 이상이 생겨 낫모양적혈구가 생기는 과정을 나타낸 것이다.

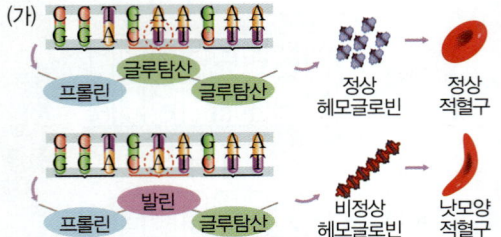

이에 대한 설명으로 옳지 **않은** 것은? (단, 프롤린, 글루탐산, 발린은 아미노산이다.)

① (가)는 DNA 가닥이다.
② 낫모양적혈구는 산소 운반 능력이 떨어진다.
③ 유전자에 이상이 생기면 정상적인 단백질 합성이 어려워진다.
④ 헤모글로빈 유전자를 구성하는 염기 1개가 바뀌면 낫모양적혈구가 생길 수 있다.
⑤ DNA의 염기서열이 바뀌어도 이로부터 전사되는 RNA의 코돈은 바뀌지 않는다.

4 유전부호 체계의 공통성

16 ✲✲✲

유전자에 대한 설명으로 옳은 것은?

① 유전자의 수와 염색체의 수는 항상 같다.
② 하나의 3염기조합이 하나의 단백질을 결정한다.
③ 유전정보를 포함하는 DNA가 모여 유전자가 된다.
④ 유전자에는 형질을 결정하는 유전정보가 저장되어 있다.
⑤ 지구상 모든 생명체는 서로 다른 유전부호를 사용한다.

17 ✲✲✲

유전정보의 흐름에 대한 설명으로 옳은 것은?

① 생물종마다 유전부호가 다르다.
② 라이보솜은 RNA의 유전정보에 따라 단백질을 만든다.
③ 1개의 염기서열이 3개의 단백질을 지정한다.
④ RNA는 A, G, C, T의 4가지 염기를 가지고 있다.
⑤ 단백질은 핵에서 번역되어 유전 형질의 발현을 돕는다.

18 ✲✲✲ 서술형

다음은 인슐린 생산에 대한 글이다.

> 당뇨병 환자가 급증하면서 인슐린에 대한 수요가 늘었다. 인슐린을 대량 생산하기 위해 선택한 방법은 대장균의 핵산에 사람의 인슐린을 만드는 유전자를 집어넣어 대량 복제하는 것이다.
> 대장균은 약 20분에 한 번씩 분열하여 다른 동물들보다 더 많은 개체 수를 얻을 수 있어 인슐린의 대량 생산에 적합하다.

이를 통해 알 수 있는 대장균과 사람의 유전자 발현 과정의 공통점을 서술하시오.

내신 1등급 문제

19 ✲✲✲ 2022 실시 3월 학평 6 / 생명과학 I (고2)

다음은 사람에게서 다양한 눈동자의 색깔이 나타나는 과정이다.

> (가) 유전자 A로부터 멜라닌 합성 효소가 생성된다.
> (나) ⊙ 멜라닌 합성 효소에 의해 멜라닌이 합성된다.
> (다) 멜라닌의 양에 따라 다양한 눈동자의 색깔이 나타난다.

이에 대한 옳은 설명만을 [보기]에서 있는 대로 고른 것은? [3점]

[보기]
ㄱ. 핵에 A가 있다.
ㄴ. A에 멜라닌 합성 효소의 유전정보가 있다.
ㄷ. ⊙은 번역이다.

① ㄱ ② ㄷ ③ ㄱ, ㄴ ④ ㄱ, ㄷ ⑤ ㄴ, ㄷ

20 ✽✽❀

그림은 세포 내 유전정보의 흐름을 나타낸 것이다.
A와 B는 각각 세포질과 핵 중 하나이다.

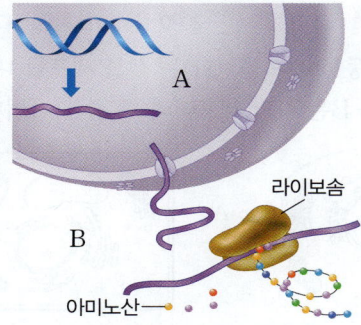

이에 대한 설명으로 옳지 <u>않은</u> 것을 모두 고르면? (답 2개)

① A는 핵, B는 세포질이다.
② DNA는 A에서 B로 이동한다.
③ A에서는 RNA가 DNA로 전사되는 과정이 진행된다.
④ 아미노산은 펩타이드결합을 통해 단백질로 합성된다.
⑤ 라이보솜은 핵산의 염기서열을 번역하여 단백질을 합성한다.

21 ✽✽❀ 중요

2023 실시 9월 학평 5 (고1)

그림은 어떤 세포에서 일어나는 유전정보의 흐름을 나타낸 것이다. (가)는 번역과 전사 중 하나이며, ⓐ는 단백질의 단위체이다.

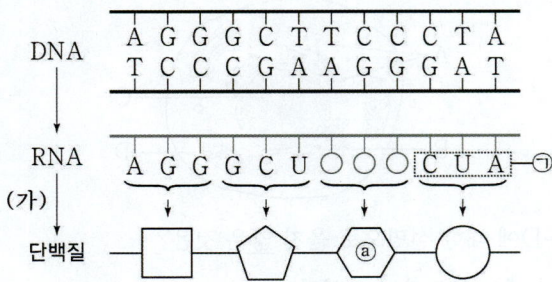

이에 대한 설명으로 옳은 것만을 [보기]에서 있는 대로 고른 것은? (단, 돌연변이는 고려하지 않는다.) [3점]

─── [보기] ───
ㄱ. (가)는 번역이다.
ㄴ. ㉠은 코돈이다.
ㄷ. ⓐ를 지정하는 RNA의 염기서열은 AGG이다.

① ㄱ   ② ㄷ   ③ ㄱ, ㄴ   ④ ㄴ, ㄷ   ⑤ ㄱ, ㄴ, ㄷ

22 ✽✽✽ 출제 0순위 특강

다음은 세포 내 유전정보 흐름에 대한 모의 실험이다.

(가) 3염기조합 카드, 코돈 카드, 문자 카드를 준비한다.
(나) 3염기조합 카드를 4장 선택하여 칠판에 순서대로 붙인다.
(다) (나)의 3염기조합 카드에 대응하는 코돈 카드를 찾아 붙인다. 이때 3염기조합 카드에 제시된 문자 A, G, C, T는 각각 코돈 카드에 제시된 문자 U, C, G, A에 대응한다.
(라) 각 코돈 카드에 대응하는 문자 카드를 아래 암호 표에서 찾아 붙인다.

코돈 카드	문자 카드	코돈 카드	문자 카드
UGU	통	UCU	사
CAC	합	CGC	랑
AUG	과	GUG	해
UAU	학	AAA	요

(마) 각 카드의 배열은 그림과 같다.

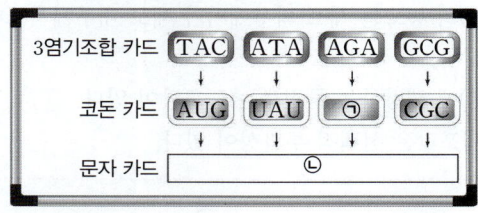

이에 대한 설명으로 옳은 것만을 [보기]에서 있는 대로 고른 것은?

─── [보기] ───
ㄱ. ㉠은 UCU이다.
ㄴ. ㉡은 과 학 사 랑 이다.
ㄷ. (다)는 세포 내 유전정보 흐름 과정에서의 번역에 해당한다.

① ㄱ   ② ㄷ   ③ ㄱ, ㄴ   ④ ㄴ, ㄷ   ⑤ ㄱ, ㄴ, ㄷ

중단원 마무리 문제

 13 생명 시스템에서의 화학 반응

01 ✿✿✿ 중요
2022 실시 9월 학평 9 (고1)

그림은 물질 ㉠과 ㉡이 세포막을 통해 확산하는 방향을 나타낸 것이다.

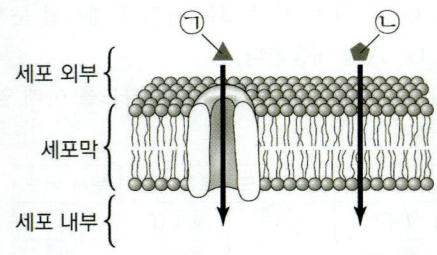

이에 대한 설명으로 옳은 것만을 [보기]에서 있는 대로 고른 것은? [3점]

[보기]
ㄱ. ㉠의 농도는 세포 외부에서가 세포 내부에서보다 낮다.
ㄴ. ㉡에 해당하는 물질로는 포도당이 있다.
ㄷ. 세포막은 선택적 투과성이 있다.

① ㄱ ② ㄷ ③ ㄱ, ㄴ ④ ㄴ, ㄷ ⑤ ㄱ, ㄴ, ㄷ

02 ✿✿✿ 중요
2023 실시 11월 학평 2 (고1)

그림은 식물 세포의 구조를 나타낸 것이다. A~C는 각각 세포막, 엽록체, 마이토콘드리아 중 하나이다.

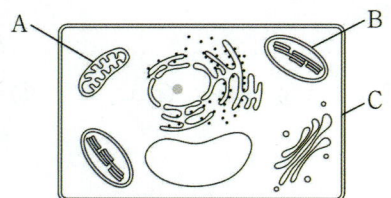

이에 대한 설명으로 옳은 것만을 [보기]에서 있는 대로 고른 것은?

[보기]
ㄱ. A는 마이토콘드리아이다.
ㄴ. B에서 광합성이 일어난다.
ㄷ. C는 선택적 투과성이 있다.

① ㄱ ② ㄷ ③ ㄱ, ㄴ ④ ㄴ, ㄷ ⑤ ㄱ, ㄴ, ㄷ

03 ✿✿✿
2020 실시 11월 학평 5 (고1)

그림 (가)는 동물 세포를, (나)는 식물 세포를 나타낸 것이다. A와 B는 각각 세포막과 핵 중 하나이다.

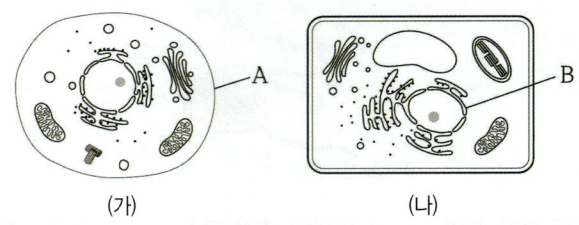

(가)   (나)

이에 대한 설명으로 옳은 것만을 [보기]에서 있는 대로 고른 것은?

[보기]
ㄱ. A는 세포막이다.
ㄴ. B에는 유전물질이 들어 있다.
ㄷ. (가)와 (나)에는 모두 마이토콘드리아가 있다.

① ㄱ ② ㄷ ③ ㄱ, ㄴ ④ ㄴ, ㄷ ⑤ ㄱ, ㄴ, ㄷ

04 ✿✿✿
2021 실시 9월 학평 7 (고1)

그림은 동물 세포의 구조를 나타낸 것이다. A~D는 각각 핵, 라이보솜, 소포체, 마이토콘드리아 중 하나이다.

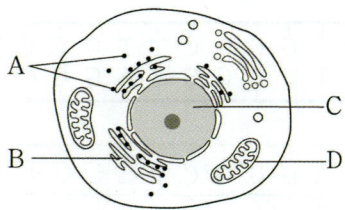

A~D에 대한 설명으로 옳지 않은 것은?

① A에서 포도당이 합성된다.
② B는 소포체이다.
③ C에는 유전물질이 있다.
④ D에서 세포호흡이 일어난다.
⑤ A~D는 모두 식물 세포에도 존재한다.

05 ✿✿✿ 서술형

탈수 증세를 보였을 때 병원에서 증류수 대신 링거액을 맞는 까닭을 서술하시오.

06 ✽✽✽
2023 실시 9월 학평 4 (고1)

그림은 어떤 식물 세포를 설탕 수용액에 넣기 전과 넣은 후의 세포의 모습을 나타낸 것이다.

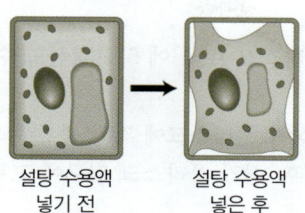

설탕 수용액   설탕 수용액
넣기 전   넣은 후

세포의 모습이 변하는 과정에 대한 설명으로 옳은 것만을 [보기]에서 있는 대로 고른 것은?

[보기]
ㄱ. 삼투 현상이 일어난다.
ㄴ. 세포막을 통한 물의 이동이 없다.
ㄷ. 세포의 부피는 증가한다.

① ㄱ ② ㄷ ③ ㄱ, ㄴ ④ ㄴ, ㄷ ⑤ ㄱ, ㄴ, ㄷ

07 ✽✽✽ 중요
학력 평가 기출

다음은 어떤 인공막을 이용한 물질의 이동 실험이다.

[실험 과정 및 결과]
(가) 20% 설탕 수용액이 일정량 들어 있는 인공막 주머니 X를 용액이 새지 않도록 묶고 X의 부피를 측정한다.
(나) X를 증류수가 들어있는 비커에 넣는다.
(다) 일정 시간 후 더 이상 부피가 변화하지 않을 때, X의 부피를 측정한다.
(라) X의 부피가 변화하였음을 확인하였다.

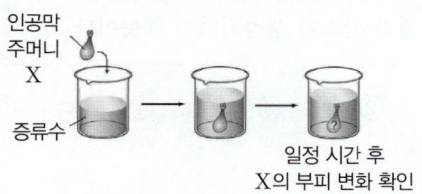

인공막
주머니
X

증류수   일정 시간 후
                          X의 부피 변화 확인

이 실험에 대한 설명으로 옳은 것만을 [보기]에서 있는 대로 고른 것은? (단, 물은 인공막을 통과하고 설탕은 인공막을 통과하지 못한다.)

[보기]
ㄱ. X의 부피는 (가)에서가 (다)에서보다 크다.
ㄴ. (다)의 X 속 설탕 수용액 농도는 20%보다 높다.
ㄷ. X의 부피 변화는 인공막을 통한 물의 이동 때문이다.

① ㄱ ② ㄷ ③ ㄱ, ㄴ ④ ㄴ, ㄷ ⑤ ㄱ, ㄴ, ㄷ

08 ✽✽✽ 중요

그림 (가)와 (나)는 각각 물질 A와 B의 세포막을 통한 이동 속도를 세포 안팎의 농도 차에 따라 나타낸 것이다. A와 B는 각각 산소와 포도당 중 하나이다.

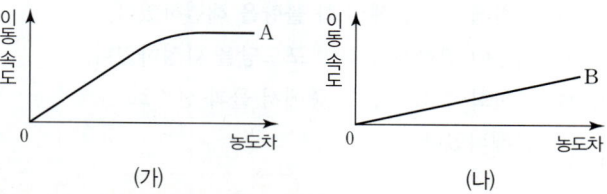

(가)   (나)

이에 대한 설명으로 옳은 것만을 [보기]에서 있는 대로 고른 것은?

[보기]
ㄱ. A는 산소이다.
ㄴ. 세포막을 통한 CO_2의 이동 방식은 B의 이동 방식과 같다.
ㄷ. A와 B의 이동에는 모두 막단백질이 관여한다.

① ㄱ ② ㄴ ③ ㄷ ④ ㄱ, ㄴ ⑤ ㄴ, ㄷ

09 ✽✽✽

그림은 물질대사 과정을 나타낸 것이다.

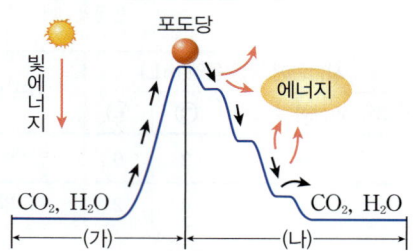

빛에너지   포도당   에너지

CO_2, H_2O CO_2, H_2O
(가)   (나)

이에 대한 설명으로 옳지 <u>않은</u> 것은?
① (가)는 동화 작용이다.
② (가)는 에너지가 흡수되는 반응이다.
③ (나)는 고분자 물질이 저분자 물질로 분해되는 반응이다.
④ (나)는 온도가 높을수록 항상 더 잘 일어난다.
⑤ (가)와 (나)에서는 반드시 에너지의 출입이 필요하다.

10 ✽✽✽

물질대사 중 이화 작용의 예로 옳은 것만을 [보기]에서 있는 대로 고른 것은?

─────[보기]─────
ㄱ. 소화제를 이용해 소화 불량을 해결하였다.
ㄴ. 식물이 광합성을 하여 포도당을 합성하였다.
ㄷ. 과산화 수소가 공기 중에서 물과 산소로 분해되었다.
────────────────

① ㄱ　② ㄴ　③ ㄷ　④ ㄱ, ㄷ　⑤ ㄴ, ㄷ

11 ✽✽✽

그림은 효소가 없을 때 과산화 수소 분해 반응의 에너지 변화를 나타낸 것이다. 표는 3% 과산화 수소수가 든 시험관 A와 B에 각각 ㉠과 ㉡ 중 하나를 넣었을 때 기포 발생 결과를 나타낸 것이다. ㉠과 ㉡은 각각 감자즙과 증류수 중 하나이다.

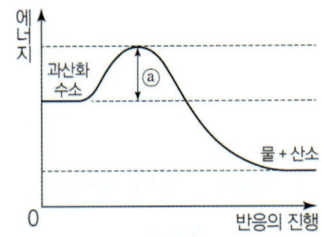

시험관	시험관에 넣은 용액(mL)			기포 발생 결과
	3% 과산화 수소수	㉠	㉡	
A	10	2	0	발생하지 않음
B	10	0	2	발생함

이에 대한 설명으로 옳은 것만을 [보기]에서 있는 대로 고른 것은? (단, 표에서 제시된 조건 이외의 다른 조건은 동일하다.) [3점]

─────[보기]─────
ㄱ. ㉠은 감자즙이다.
ㄴ. ㉡에는 ⓐ를 감소시키는 물질이 들어있다.
ㄷ. A와 B에서 과산화 수소가 분해되는 속도는 같다.
────────────────

① ㄱ　② ㄴ　③ ㄱ, ㄷ　④ ㄴ, ㄷ　⑤ ㄱ, ㄴ, ㄷ

12 ✽✽✽

다음은 과산화 수소를 이용한 효소 반응 실험이다.

[실험 과정]
(가) 삼각 플라스크 A, B에 5% 과산화 수소수를 넣는다.
(나) (가)의 삼각 플라스크에 각각 증류수와 감자즙을 넣은 직후, 삼각 플라스크 입구에 고무풍선을 끼운다.

삼각 플라스크	5% 과산화 수소수	증류수	감자즙
A	100	10	0
B	100	0	10

(단위: mL)

(다) 일정 시간이 지난 후, 고무풍선의 부피 변화를 관찰한다.

[실험 결과]
○ A의 고무풍선은 변화가 거의 없었으며, B의 고무풍선은 부풀어 올랐다.

이에 대한 설명으로 옳은 것만을 [보기]에서 있는 대로 고른 것은? (단, 제시된 조건 이외의 모든 조건은 동일하다.) [3점]

─────[보기]─────
ㄱ. 감자즙에는 과산화 수소를 분해하는 생체촉매가 있다.
ㄴ. 과산화 수소의 분해는 B에서가 A에서보다 빠르게 일어난다.
ㄷ. 고무풍선이 부풀어 오른 것은 과산화 수소 분해 결과 산소가 생성되었기 때문이다.
────────────────

① ㄱ　② ㄴ　③ ㄱ, ㄷ　④ ㄴ, ㄷ　⑤ ㄱ, ㄴ, ㄷ

13 ✽✽✽ 서술형

체온 정도의 낮은 온도에서 물질대사가 빠르게 일어날 수 있는 까닭을 효소의 기능과 관련지어 서술하시오.

14 �֍✾ 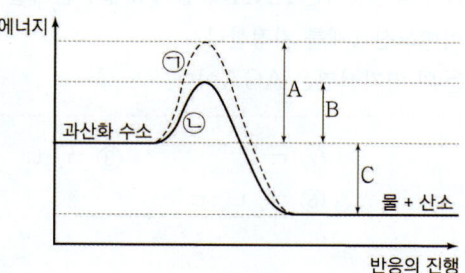 중요

2023 실시 9월 학평 2 (고1)

그림은 과산화 수소 분해 반응에서의 에너지 변화를 나타낸 것으로, ㉠과 ㉡은 각각 생체촉매인 카탈레이스가 있을 때와 없을 때 중 하나이다.

카탈레이스가 있을 때 과산화 수소 분해 반응의 활성화 에너지는?

① A   ② B   ③ C   ④ A+C   ⑤ B+C

15 ✸✸✾

학력 평가 기출

그림은 어떤 효소 세제의 성분 표를 나타낸 것이다.

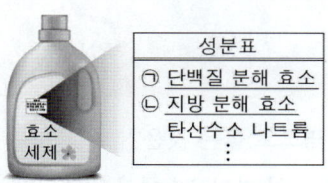

이에 대한 설명으로 옳은 것만을 [보기]에서 있는 대로 고른 것은?

┌─────────── [보기] ───────────┐
ㄱ. ㉠의 주성분은 단백질이다.
ㄴ. ㉡은 지방을 분해하는 촉매 역할을 한다.
ㄷ. 이 효소 세제에는 탄소 화합물이 포함되어 있다.
└──────────────────────────────┘

① ㄱ   ② ㄷ   ③ ㄱ, ㄴ   ④ ㄴ, ㄷ   ⑤ ㄱ, ㄴ, ㄷ

14 생명 시스템에서 정보의 흐름

16 ✸✸✸

2022 실시 11월 학평 18 (고1)

그림은 세포에서 일어나는 유전정보의 흐름을 나타낸 것이다. ㉠~㉣은 각각 아데닌(A), 유라실(U), 타이민(T), 사이토신(C) 중 하나이고, (가)와 (나)는 각각 번역과 전사 중 하나이다.

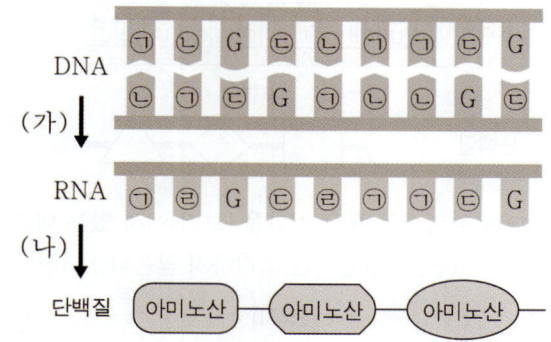

이에 대한 설명으로 옳은 것만을 [보기]에서 있는 대로 고른 것은? (단, 돌연변이는 고려하지 않는다.)

┌─────────── [보기] ───────────┐
ㄱ. (가)는 번역이다.
ㄴ. ㉡은 아데닌(A)이다.
ㄷ. DNA의 단위체는 뉴클레오타이드이다.
└──────────────────────────────┘

① ㄱ   ② ㄷ   ③ ㄱ, ㄴ   ④ ㄴ, ㄷ   ⑤ ㄱ, ㄴ, ㄷ

17 ✸✸✸ 단답형

세포에서 (1) 전사가 일어나는 장소와 (2) 번역이 일어나는 장소를 각각 쓰시오.

18 ★★★ 중요⭐

그림은 세포에서 일어나는 유전정보의 흐름을 나타낸 것이다.

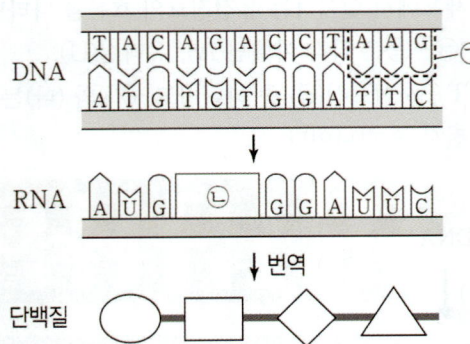

이에 대한 설명으로 옳은 것만을 [보기]에서 있는 대로 고른 것은? (단, 돌연변이는 고려하지 않는다.) [3점]

[보기]
ㄱ. ㉠의 염기조합은 코돈이다.
ㄴ. ㉡의 염기서열은 UCU이다.
ㄷ. 번역은 라이보솜에서 일어난다.

① ㄱ   ② ㄴ   ③ ㄱ, ㄷ
④ ㄴ, ㄷ   ⑤ ㄱ, ㄴ, ㄷ

19 ★✿✿

그림은 세포에서 일어나는 유전정보의 흐름을 나타낸 것이다. (가), (나)는 각각 번역과 전사 중 하나이다.

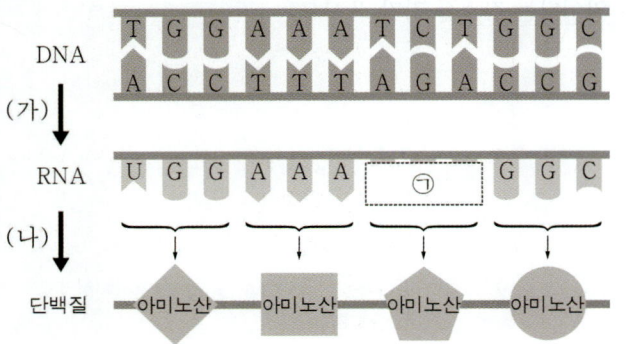

이에 대한 설명으로 옳은 것만을 [보기]에서 있는 대로 고른 것은? (단, 돌연변이는 고려하지 않는다.) [3점]

[보기]
ㄱ. (가)는 전사이다.
ㄴ. (나) 과정에서는 RNA의 염기 3개가 단백질의 아미노산 1개를 지정한다.
ㄷ. ㉠의 염기서열은 AGA이다.

① ㄱ   ② ㄷ   ③ ㄱ, ㄴ
④ ㄴ, ㄷ   ⑤ ㄱ, ㄴ, ㄷ

20 ★★★ 중요⭐

그림은 유전정보의 흐름을 나타낸 것이다.

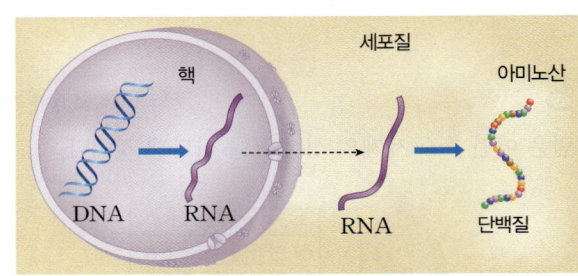

이에 대한 설명으로 옳은 것은?

① 번역은 핵 안의 라이보솜에서 진행된다.
② 아미노산을 지정하는 코돈은 총 4종류가 있다.
③ DNA는 라이보솜에게 유전정보를 전달하기 위해 핵 밖으로 이동한다.
④ 전사 과정에서 DNA의 염기서열과 같은 염기서열을 가진 RNA가 합성된다.
⑤ 합성된 단백질은 효소, 근육, 호르몬 등의 구성 물질이 되어 특정 기능을 수행한다.

수능 대비 기출 문제

수능 유형 특강

★ 효소의 기능

다음 유형은 화학 반응에서 효소의 유무에 따른 반응 속도를 비교하여 묻는 형태가 주로 출제된다.

다음은 어떤 학생이 작성한 과산화 수소 활용 실험 보고서이다.

〈가설 1〉
• 감자즙에는 ⓐ 과산화 수소 분해 반응을 촉진하는 효소가 있을 것이다.

〈가설 2〉
• 과산화 수소수는 산성을 띨 것이다.

〈준비물〉
• 4홈판, 스포이트, 과산화 수소수, 감자즙, BTB 용액

A: 과산화 수소수 + 증류수
B: 과산화 수소수 + 감자즙
C: 과산화 수소수 + BTB 용액
D: 증류수 + BTB 용액

〈실험 과정〉
(가) 4홈판의 A~C에는 각각 과산화 수소수 3 mL를 넣고, D에는 증류수 3 mL를 넣는다.
(나) A에는 증류수, B에는 감자즙, C와 D에는 각각 BTB 용액을 2~3방울 넣는다.
(다) A~D에서 기포 생성 여부와 용액의 색 변화를 관찰한다.

〈실험 결과〉

구분	A	B	C	D
기포 생성 여부	생성 안 됨	생성됨	생성 안 됨	생성 안 됨
색깔	투명	?	노란색	녹색

이에 대한 설명으로 옳은 것만을 [보기]에서 있는 대로 고른 것은? 2028 대비 수능 예시 9 (1차)

[보기]
ㄱ. ⓐ는 과산화 수소 분해 반응의 활성화에너지를 낮춘다.
ㄴ. 과산화 수소 분해로 생성된 산소(O_2)는 공유 결합 물질이다.
ㄷ. C와 D에서의 실험 결과를 비교하여 가설 2를 검증할 수 있다.

① ㄱ   ② ㄷ   ③ ㄱ, ㄴ   ④ ㄴ, ㄷ   ⑤ ㄱ, ㄴ, ㄷ

💡 단서+발상

단서 가설 2가지와 실험 결과가 제시되어 있다.

발상 실험 결과로부터 가설이 맞는지 여부를 추론할 수 있다.

적용 실험에서 A와 B, C와 D의 결과를 비교하여 가설이 옳은지 여부를 구하는 것부터 문제 풀이를 시작해야 한다.

|문제 + 자료 분석|

• 과산화 수소 분해 반응:

$$2H_2O_2(l) \rightarrow 2\boxed{1}(l) + \boxed{2}(g)$$

➡ 반응의 결과 산소(O_2) 기체가 생성된다.

• A와 B 비교: 실험 결과에서 과산화 수소수에 증류수를 넣은 A와 감자즙을 넣은 B를 비교했을 때 B에서만 기포가 생성된 것으로 보아 〈가설 1〉이 옳은 것임을 알 수 있다.

• C와 D 비교: 실험 결과에서 증류수에 BTB 용액을 넣은 D는 녹색으로 $\boxed{3}$ 을 나타내지만 과산화 수소수에 BTB 용액을 넣은 C는 노란색으로 $\boxed{4}$ 을 나타내는 것으로 보아 〈가설 2〉가 옳은 것임을 알 수 있다.

|보기 분석|

ㄱ. ⓐ는 과산화 수소 분해 반응의 활성화 에너지를 낮춘다.
• ⓐ(과산화 수소 분해 반응을 촉진하는 효소)는 과산화 수소 분해 반응의 활성화에너지를 $\boxed{5}$ 반응이 빠르게 일어나도록 해준다.

ㄴ. 과산화 수소 분해로 생성된 산소($O2$)는 공유 결합 물질이다.
• 과산화 수소 분해 반응에서 생성된 산소(O_2)는 비금속 원소인 산소(O) 원자만으로 이루어진 $\boxed{6}$ 결합 물질이다.

ㄷ. C와 D에서의 실험 결과를 비교하여 가설 2를 검증할 수 있다.
• D에서 증류수에 BTB 용액을 넣었을 때는 중성이므로 녹색이 나타나지만, C에서 과산화 수소수에 BTB 용액을 넣었을 때는 노란색으로 나타나는 것으로 보아 과산화 수소수는 산성이라는 〈가설 2〉가 옳다는 것을 알 수 있다.

∴ 정답은 ⑤ ㄱ, ㄴ, ㄷ이다.

👀 대비법

이 유형을 대비하기 위해서는 감자와 같은 생물에는 카탈레이스와 같은 효소가 들어있다는 것과, 카탈레이스가 촉진하는 과산화 수소 분해 반응 결과로 생성되는 물과 산소는 모두 공유 결합 물질임을 알고 있어야 한다. 또한, 실험에서 조작변인, 통제변인, 종속변인이 무엇인지 파악할 수 있어야 한다.

[정답]
1 H_2O 2 O_2 3 중성   4 산성   5 낮춰   6 공유

01 ✸✸✸

01 ✸✸✸

2024 대비 수능 1 / 생명과학Ⅱ

그림은 동물 세포의 구조를 나타낸 것이다. A~C는 라이보솜, 마이토콘드리아, 핵을 순서 없이 나타낸 것이다.

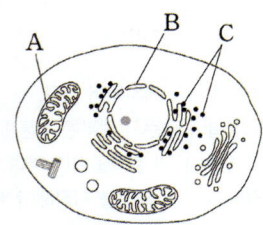

이에 대한 설명으로 옳은 것만을 [보기]에서 있는 대로 고른 것은? [3점]

─ [보기] ─
ㄱ. A는 마이토콘드리아이다.
ㄴ. B는 유전물질을 갖는다.
ㄷ. C는 2중막을 갖는다.

① ㄱ   ② ㄴ   ③ ㄷ   ④ ㄱ, ㄴ   ⑤ ㄴ, ㄷ

02 ✸✸✸

2023 실시 10월 학평 1 / 생명과학Ⅱ

그림은 식물 세포의 구조를 나타낸 것이다. A~C는 골지체, 세포벽, 엽록체를 순서 없이 나타낸 것이다.

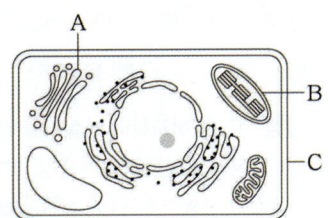

이에 대한 옳은 설명만을 [보기]에서 있는 대로 고른 것은?

─ [보기] ─
ㄱ. A는 골지체이다.
ㄴ. B는 2중막을 갖는다.
ㄷ. C는 동물 세포에도 있다.

① ㄱ   ② ㄷ   ③ ㄱ, ㄴ   ④ ㄴ, ㄷ   ⑤ ㄱ, ㄴ, ㄷ

03 ✸✸✸

2028 대비 수능 예시 23 (2차)

다음은 카탈레이스에 의한 과산화 수소 분해 반응을 활용한 실험이다.

- 표는 아미노산 △와 □를 지정하는 코돈을 나타낸 것이다.

아미노산	코돈
△	CAU
	CAC
□	AAU
	AAC

〈가설〉
- [ⓐ]

〈실험 과정 및 결과〉

(가) 표와 같이 카탈레이스 ㉠~㉣을 준비한다. ㉡, ㉢, ㉣은 각각 돌연변이로 인해 ㉠의 특정 △를 지정하는 코돈(CAU)의 염기가 다른 염기로 바뀌어 만들어진 카탈레이스이다.

코돈 염기 변화	카탈레이스
변화 없음	㉠
CAU → CAC	㉡
CAU → AAU	㉢
CAU → AAC	㉣

(나) 표는 3 % 과산화 수소수 5 mL가 담긴 시험관 Ⅰ~Ⅳ에 각각 ㉠~㉣을 넣고, 각 시험관에서 기포 발생 여부를 관찰한 결과이다.

시험관	Ⅰ	Ⅱ	Ⅲ	Ⅳ
첨가한 카탈레이스	㉠	㉡	㉢	㉣
기포 발생 여부	발생함	ⓑ	발생 안 함	발생 안 함

〈결론〉
- 가설은 옳다.

이에 대한 설명으로 옳은 것만을 [보기]에서 있는 대로 고른 것은? [2.5점]

─ [보기] ─
ㄱ. Ⅰ에서 실험 결과 물(H_2O)이 생성된다.
ㄴ. ⓑ는 '발생 안 함'이다.
ㄷ. '돌연변이가 일어난 유전자로부터 만들어진 카탈레이스는 촉매 기능을 잃는다.'는 ⓐ에 해당한다.

① ㄱ   ② ㄴ   ③ ㄱ, ㄷ   ④ ㄴ, ㄷ   ⑤ ㄱ, ㄴ, ㄷ

❖ 정답 및 해설 100~102p

01 ✽❀❀

2028 대비 수능 예시 10 (2차)

표는 전기 에너지를 생산하는 발전소 A, B, C에 대한 자료이다.

발전소	발전 방식	특 징
A	수력 발전	높은 곳에서 떨어지는 물의 역학적 에너지 10 MJ당 8 MJ의 전기 에너지를 생산한다.
B	태양광 발전	태양 전지를 비추는 빛의 에너지가 1 kJ 일 때, 200 J의 전기 에너지를 생산한다.
C	화력 발전	1 g당 20 kJ의 화학 에너지를 가진 화석 연료 1 kg을 사용하여 8 MJ의 전기 에너지를 생산한다.

공급된 에너지의 양이 같을 때, A, B, C에서 생산하는 전기 에너지의 양을 옳게 비교한 것은? [1.5점]

① A>B>C   ② A>C>B   ③ B>A>C
④ B>C>A   ⑤ C>A>B

💬 출제 의도

• 과학 탐구에서 중요한 기본량과 자연 현상을 기술하는 데 단위가 가지는 의미와 적용을 이해하고 있는지 평가한다.
• 지속가능한 발전과 지구 환경 문제 해결에 신재생 에너지 기술을 활용하는 방안의 중요성을 에너지 효율과 통합적으로 이해하고 있는지 평가한다.

🖐 문항 분석 – 기본량 + 생명과학

• 출제 개념 교재 및 단원

[자이스토리 통합과학1] Ⅰ. 과학의 기초
- 01강. 과학의 기본량 – 기본량과 단위

[자이스토리 통합과학2] Ⅱ. 환경과 에너지
- 12강. 에너지의 효율과 신재생 에너지 – 신재생 에너지

02 ✽❀❀

2025 실시 6월 학평 5 (고1)

다음은 당뇨병에 대한 설명이다.

> 당뇨병은 혈중 포도당 농도가 정상보다 높아 오줌 속에 포도당이 섞여 나오는 질병이다. 단백질 호르몬인 ㉠ 인슐린의 분비가 부족하거나, 인슐린이 제대로 작용하지 못하면 당뇨병이 발생할 수 있다. ㉡ '8시간 이상 공복 후 측정한 혈중 포도당 농도가 126 mg/dL 이상'은 당뇨병 진단 기준 중 하나이다.

이에 대한 설명으로 옳은 것만을 [보기]에서 있는 대로 고른 것은? [2점]

> ──────[보기]──────
> ㄱ. ㉠의 단위체는 아미노산이다.
> ㄴ. ㉡은 측정 표준이 활용된 사례이다.
> ㄷ. mg/dL는 기본량의 단위이다.

① ㄱ   ② ㄷ   ③ ㄱ, ㄴ   ④ ㄴ, ㄷ   ⑤ ㄱ, ㄴ, ㄷ

03 ✽❀❀

2025 실시 6월 학평 2 (고1)

다음은 제임스웹 우주 망원경에 대한 자료이다.

> 제임스웹 우주 망원경에는 정육각형 거울 18개를 이어 붙인 거대한 주경이 달려 있다. 주경의 ㉠ 지름은 6.5 m로 허블 우주 망원경의 약 2.7배이며, 집광 ㉡ 면적은 25 m² 에 이른다.

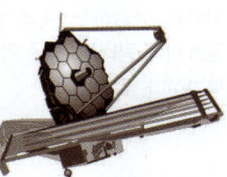
제임스웹 우주 망원경

이에 대한 설명으로 옳은 것만을 [보기]에서 있는 대로 고른 것은? [1.5점]

> ──────[보기]──────
> ㄱ. ㉠은 기본량 중 길이에 해당한다.
> ㄴ. ㉡은 기본량으로부터 유도된 물리량이다.
> ㄷ. 제임스웹 우주 망원경은 거시 세계를 관측하는 데 사용한다.

① ㄱ   ② ㄴ   ③ ㄱ, ㄷ   ④ ㄴ, ㄷ   ⑤ ㄱ, ㄴ, ㄷ

2 별의 진화와 원소

04 ✽✽✽
2028 대비 수능 예시 11 (2차)

그림은 어느 별의 내부 구조와 각 영역에서 가장 큰 질량비를 차지하는 원소를 나타낸 것이다. X, Y, Z는 규소, 철, 탄소를 순서 없이 나타낸 것이다.

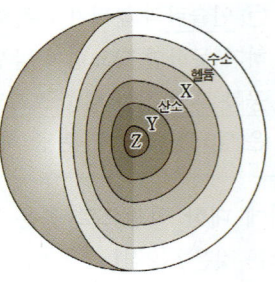

이에 대한 설명으로 옳은 것만을 [보기]에서 있는 대로 고른 것은? [2.5점]

[보기]
ㄱ. 중심부의 온도는 이 별이 태양보다 높다.
ㄴ. X와 Y는 같은 족 원소이다.
ㄷ. 지구를 구성하는 원소의 질량비는 Y가 Z보다 크다.

① ㄱ ② ㄷ ③ ㄱ, ㄴ ④ ㄴ, ㄷ ⑤ ㄱ, ㄴ, ㄷ

💬 출제 의도

• 별의 내부 구조는 별의 내부에서 일어난 핵융합 반응으로 수소부터 철까지 생성되는지를 이해하고 있는지 평가한다.
• 지구를 구성하는 주요 원소의 질량비와 우주를 구성하는 주요 원소의 질량비는 많은 차이가 있음을 비교하여 구분할 수 있는지 평가한다.

👏 문항 분석 – 지구과학 + 화학

• 출제 개념 교재 및 단원
[자이스토리 통합과학1] Ⅱ. 물질과 규칙성
- 04강. 별의 진화와 원소의 생성 – 지구와 생명체를 구성하는 원소, 별의 탄생
- 05강. 원소들의 주기성 – 원소와 주기율표

05 ✽✽✽
2025 실시 9월 학평 9 (고1) 변형

그림은 중심부에서 핵융합 반응이 끝난 직후 별 (가)와 (나)의 내부 구조를 나타낸 것이다.

(가)   (나)

이에 대한 설명으로 옳은 것만을 [보기]에서 있는 대로 고른 것은? [2.0점]

[보기]
ㄱ. 중심부의 온도는 (가)가 (나)보다 높다.
ㄴ. (가)에서 $\dfrac{\text{원자가 전자 수}}{\text{전자가 들어 있는 전자 껍질 수}}$ 가 같은 원소는 두 가지이다.
ㄷ. (나)의 중심부로 갈수록 무거운 원소로 이루어진 층이 분포한다.

① ㄴ ② ㄷ ③ ㄱ, ㄴ ④ ㄴ, ㄷ ⑤ ㄱ, ㄴ, ㄷ

06 ✽✽✽
2025 실시 6월 학평 11 (고1)

그림 (가)는 중심부에서 수소 핵융합 반응이 일어나고 있는 태양의 내부 구조를, (나)는 수소(H) 원자와 원자 A, B의 첫 번째 전자 껍질과 두 번째 전자 껍질에 들어 있는 전자 수를 나타낸 것이다.

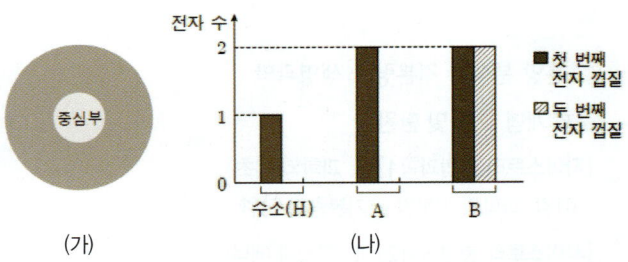

(가)   (나)

이에 대한 설명으로 옳은 것만을 [보기]에서 있는 대로 고른 것은? (단, A와 B는 임의의 원소 기호이고, 전자는 원자핵에 가까운 전자 껍질부터 차례로 배치된다.) [2.5점]

[보기]
ㄱ. (가)의 중심부에서 A의 원자핵이 생성된다.
ㄴ. A와 B는 같은 족 원소이다.
ㄷ. (가)의 중심부에서 핵융합 반응으로 만들어질 수 있는 가장 무거운 원소는 철(Fe)이다.

① ㄱ ② ㄴ ③ ㄷ ④ ㄱ, ㄴ ⑤ ㄱ, ㄷ

07 ✳✳✳   2028 대비 수능 예시 4 (2차)

다음은 지구를 구성하는 물질에 대한 설명이다.

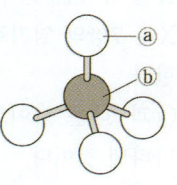

지구의 지각을 이루는 암석의 대부분은 그림과 같이 두 종류의 원자 ⓐ와 ⓑ가 공유결합한 사면체 구조를 기본 단위체로 하는 ⟦ ㉠ ⟧ 광물로 구성되어 있다. 기본 단위체의 구성 원자인 X로만 이루어진 물질은 특정 불순물을 첨가하여 전기적 성질을 변화시킬 수 있다. 이를 이용하여 만든 ⟦ ㉡ ⟧ 소자는 태양 전지나 스마트 기기, 로봇 등 다양한 제품에 활용된다.

이에 대한 설명으로 옳은 것만을 [보기]에서 있는 대로 고른 것은? [2.5점]

─────[보기]─────
ㄱ. X는 ⓐ이다.
ㄴ. '규산염'은 ㉠에 해당한다.
ㄷ. '반도체'는 ㉡에 해당한다.

① ㄱ   ② ㄷ   ③ ㄱ, ㄴ   ④ ㄴ, ㄷ   ⑤ ㄱ, ㄴ, ㄷ

💬 **출제 의도**

• 지구의 지각을 이루는 암석의 대부분이 규산염 광물로 이루어져 있고, 규산염 광물의 기본 단위체는 규소 원자와 산소 원자가 결합한 Si-O 사면체 구조임을 이해하고 있는지 평가한다.

• 규소의 전기적 성질을 이용하여 우리 생활 속의 다양한 전자 제품에 들어가는 반도체 소자를 만들고 있음을 통합적으로 이해하고 있는지 평가한다.

👏 **문항 분석 – 물리학 + 화학**

• 출제 개념 교재 및 단원

[자이스토리 통합과학1] Ⅱ. 물질과 규칙성

- 07강. 지각과 생명체를 구성하는 물질 – **규산염 광물**
- 08강. 물질의 전기적 성질 – **반도체**

08 ✳✳✳   2025 실시 6월 학평 17 (고1)

표는 물질 A ~ C의 특징의 유무를 나타낸 것이다. A ~ C는 규산염 광물, 단백질, 핵산을 순서 없이 나타낸 것이다.

특징＼물질	A	B	C
유전 정보를 저장하거나 전달한다.	○	×	?
(가)	○	○	○
생명체를 구성하는 물질이다.	㉠	?	×

(○: 있음, ×: 없음)

이에 대한 설명으로 옳은 것만을 [보기]에서 있는 대로 고른 것은? [2.5점]

─────[보기]─────
ㄱ. ㉠은 '×'이다.
ㄴ. '원자가 전자 수가 4인 원소가 있다.'는 (가)에 해당한다.
ㄷ. B는 지각을 구성하는 주요 물질이다.

① ㄱ   ② ㄴ   ③ ㄱ, ㄷ   ④ ㄴ, ㄷ   ⑤ ㄱ, ㄴ, ㄷ

09 ✳✳✳   2025 실시 6월 학평 21 (고1)

그림 (가)는 규소를, (나)는 규산염 광물의 한 종류를 나타낸 것이다.

(가)   (나)

이에 대한 설명으로 옳은 것만을 [보기]에서 있는 대로 고른 것은? [2점]

─────[보기]─────
ㄱ. (가)와 (나)에는 공유 결합이 있다.
ㄴ. (나)에서 (가)를 얻을 수 있다.
ㄷ. (가)는 반도체 소자의 재료로 사용된다.

① ㄱ   ② ㄷ   ③ ㄱ, ㄴ   ④ ㄴ, ㄷ   ⑤ ㄱ, ㄴ, ㄷ

10 ★★✤
2028 대비 수능 예시 23 (2차)

다음은 카탈레이스에 의한 과산화 수소 분해 반응을 활용한 실험이다.

• 표는 아미노산 △와 □를 지정하는 코돈을 나타낸 것이다.

아미노산	코돈
△	CAU
	CAC
□	AAU
	AAC

〈가설〉

• [ⓐ]

〈실험 과정 및 결과〉

(가) 표와 같이 카탈레이스 ㉠~㉣을 준비한다. ㉡, ㉢, ㉣은 각각 돌연변이로 인해 ㉠의 특정 △를 지정하는 코돈(CAU)의 염기가 다른 염기로 바뀌어 만들어진 카탈레이스이다.

코돈 염기 변화	카탈레이스
변화 없음	㉠
CAU → CAC	㉡
CAU → AAU	㉢
CAU → AAC	㉣

(나) 표는 3 % 과산화 수소수 5 mL가 담긴 시험관 Ⅰ~Ⅳ에 각각 ㉠~㉣을 넣고, 각 시험관에서 기포 발생 여부를 관찰한 결과이다.

시험관	Ⅰ	Ⅱ	Ⅲ	Ⅳ
첨가한 카탈레이스	㉠	㉡	㉢	㉣
기포 발생 여부	발생함	ⓑ	발생 안 함	발생 안 함

〈결론〉

• 가설은 옳다.

이에 대한 설명으로 옳은 것만을 [보기]에서 있는 대로 고른 것은? [2.5점]

[보기]

ㄱ. Ⅰ에서 실험 결과 물(H_2O)이 생성된다.

ㄴ. ⓑ는 '발생 안 함'이다.

ㄷ. '돌연변이가 일어난 유전자로부터 만들어진 카탈레이스는 촉매 기능을 잃는다.'는 ⓐ에 해당한다.

① ㄱ   ② ㄴ   ③ ㄱ, ㄷ   ④ ㄴ, ㄷ   ⑤ ㄱ, ㄴ, ㄷ

💬 출제 의도

• 카탈레이스에 의한 과산화 수소 분해 반응 실험을 통해 유전자가 단백질로 발현되는 과정과 관련된 가설을 적절하게 설정할 수 있는지 평가한다.

👏 문항 분석 – 생명과학 + 화학

• 출제 개념 교재 및 단원

[자이스토리 통합과학1] Ⅲ. 시스템과 상호작용

- 13강. 생명 시스템에서의 화학 반응 – 물질대사, 효소
- 14강. 생명시스템에서 정보의 흐름 – 유전정보의 흐름

11 ★★✤
2025 실시 6월 학평 18 (고1) 변형

다음은 DNA를 구성하는 염기 사이의 결합 규칙성에 대한 탐구 활동이다.

〈자료〉

• 그림은 상보적인 단일 가닥 Ⅰ과 Ⅱ로 구성된 DNA X를 나타낸 것이다.

• X는 7쌍의 염기로 구성되며, 아데닌(A)은 3개 존재한다.

• ㉠과 ㉡은 사이토신(C)과 타이민(T)을 순서 없이 나타낸 것이다.

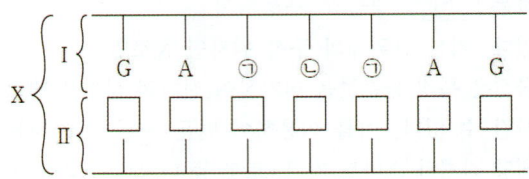

〈탐구 과정〉

(가) 표를 이용하여 Ⅰ의 염기 배열을 숫자 1~4로 나타낸다.

염기	아데닌(A)	구아닌(G)	㉠	㉡
숫자	1	2	3	4

(나) '마주 보는 염기는 숫자의 합이 ⓐ인 경우에만 결합한다.'라는 규칙에 따라 Ⅱ의 염기 배열을 표의 숫자로 나타낸다.

〈탐구 결과〉

과정	숫자로 나타낸 염기 배열
(가)	2 1 3 4 3 1 2
(나)	?

이에 대한 설명으로 옳은 것만을 [보기]에서 있는 대로 고른 것은? [2.5점]

[보기]

ㄱ. ㉠과 ㉡ 사이에 수소결합이 있다.

ㄴ. ⓐ는 5이다.

ㄷ. X에서 ㉠의 개수는 4개이다.

① ㄱ   ② ㄷ   ③ ㄱ, ㄴ   ④ ㄴ, ㄷ   ⑤ ㄱ, ㄴ, ㄷ

01 과학의 기본량

01 ✽✻✻

다음 (가)~(라)는 다양한 규모의 자연 세계를 나타낸 것이다.

> (가) 우주의 나이
> (나) 사람의 수명
> (다) 지구의 공전 주기
> (라) 세슘 원자가 한 번 진동하는 데 걸리는 시간

시간 규모가 큰 것부터 순서대로 나열한 것은?

① (가)—(나)—(다)—(라) ② (가)—(다)—(나)—(라)
③ (가)—(라)—(다)—(나) ④ (라)—(가)—(다)—(나)
⑤ (라)—(가)—(나)—(다)

02 ✽✻✻

기본량과 유도량에 대한 설명으로 옳은 것만을 [보기]에서 있는 대로 고른 것은?

> [보기]
> ㄱ. 기본량은 다른 물리량을 활용하여 표현할 수 없다.
> ㄴ. 유도량에는 온도, 전류, 밀도, 힘 등이 있다.
> ㄷ. 기본량보다 유도량의 수가 더 많다.

① ㄱ   ② ㄴ   ③ ㄱ, ㄷ
④ ㄴ, ㄷ   ⑤ ㄱ, ㄴ, ㄷ

03 ✽✻✻ 단답형

기본량만을 [보기]에서 있는 대로 고르시오.

> [보기]
> ㄱ. 온도   ㄴ. 부피   ㄷ. 질량
> ㄹ. 힘   ㅁ. 농도   ㅂ. 가속도

04 ✽✻✻

밀도의 단위로 옳은 것은?

① m^2
② kg/m^3
③ m/s^2
④ $kg/m \cdot s^2$
⑤ $kg \cdot m/s^2$

05 ✽✽✻

다음은 여러 가지 물리량과 단위를 이용하여 번개가 치는 현상을 설명한 것이다.

> 번개가 칠 때 두꺼운 섬광에 흐르는 ㉠전류는 약 3만 A 정도로 매우 세고, 낙뢰가 지나가는 곳의 ㉡온도는 3만 (㉢)이 넘기도 한다.

이에 대한 옳은 설명만을 [보기]에서 있는 대로 고른 것은? (단, ㉢은 온도의 국제 표준 단위(SI)이다.)

> [보기]
> ㄱ. ㉠은 유도량이다.
> ㄴ. ㉡은 기본량이다.
> ㄷ. ㉢은 ℃(섭씨도)이다.

① ㄱ   ② ㄴ   ③ ㄱ, ㄷ
④ ㄴ, ㄷ   ⑤ ㄱ, ㄴ, ㄷ

06 ✽✽✻ 서술형

그림은 기압계의 모습이다. 기압을 설명하기 위해 필요한 기본량과 이를 나타내는 단위를 서술하시오.

02 과학의 측정과 우리 사회

01 ✽❀❀

측정과 어림에 대한 설명으로 옳은 것만을 [보기]에서 있는 대로 고른 것은?

> **[보기]**
> ㄱ. 어떤 양을 재는 활동을 측정이라고 한다.
> ㄴ. 어림은 측정 경험을 바탕으로 수행하는 것이다.
> ㄷ. 공룡의 키와 무게 사이의 관계를 이용해 공룡의 무게를 구하는 것은 어림의 예이다.

① ㄱ   ② ㄴ   ③ ㄱ, ㄷ
④ ㄴ, ㄷ   ⑤ ㄱ, ㄴ, ㄷ

02 ✽❀❀ 서술형

일상생활에서 측정 표준이 활용되는 사례를 단위와 함께 두 가지만 서술하시오.

03 ✽✽❀

그림은 어떤 신호의 세기를 (가)와 (나)의 형태로 나타낸 것이다.

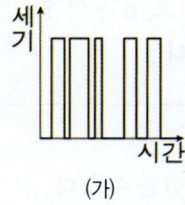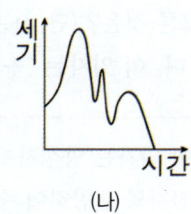

(가)   (나)

(가)와 (나)에 대한 설명으로 옳은 것은?

① 자연에서 발생하는 대부분의 신호는 (가)이다.
② (가)는 저장하는 정보의 양을 압축할 수 있다.
③ (가)는 신호의 미세한 부분까지도 표현이 가능하다.
④ (나)는 신호의 전송과 가공이 쉽다.
⑤ (나)는 장기간 변질 없이 보존이 가능하다.

04 ✽✽✽

사람의 감각 기관과 역할이 비슷한 센서를 옳게 짝지은 것은?

	감각 기관	센서
①	코	광센서
②	귀	화학 센서
③	혀	온도 센서
④	눈	가속도 센서
⑤	피부	압력 센서

05 ✽❀❀ 단답형

다음은 지진 발생 정보가 일상생활에 이용되는 과정을 순서 없이 나타낸 것이다.

> (가) 전국의 여러 지진 관측소에서 지진을 관측한다.
> (나) 정보 통신을 활용하여 지진 통보문을 발표한다.
> (다) 관측된 자료는 통신망을 타고 서울에 있는 기록 장치로 모아져 기록되고 분석된다.
> (라) 뉴스를 통해 지진 발생 정보를 확인한다.

시간의 순서대로 나열하시오.

03 우주의 시작과 원소의 생성

01 ✿✿✿

그림은 어떤 우주론을 나타낸 것이다.

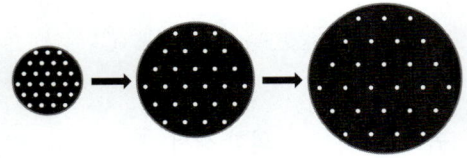

이에 대한 설명으로 옳은 것만을 [보기]에서 있는 대로 고른 것은?

[보기]
ㄱ. 우주가 고온, 고밀도 상태의 한 점에 있다가 폭발하여 팽창했다는 이론이다.
ㄴ. 우주가 팽창하더라도 밀도는 일정하다.
ㄷ. 수소와 헬륨의 질량비 약 3 : 1은 이 우주론의 증거이다.

① ㄱ ② ㄴ ③ ㄷ ④ ㄱ, ㄷ ⑤ ㄱ, ㄴ, ㄷ

02 ✿✿✿

표는 빅뱅 우주론에 따른 우주 초기의 원소 형성 과정을 순서 없이 나타낸 것이다.

(가)	원자핵이 전자와 결합하여 원자가 만들어졌다.
(나)	수소와 헬륨의 밀도 분포로부터 별과 은하가 생성되었다.
(다)	쿼크가 결합하여 양성자와 중성자가 만들어졌다.

이에 대한 설명으로 옳은 것만을 [보기]에서 있는 대로 고른 것은?

[보기]
ㄱ. (다) → (가) → (나) 순으로 진행되었다.
ㄴ. (가)는 우주 대폭발로부터 약 38만 년 후에 일어났다.
ㄷ. (다)에서 양성자와 중성자 생성 초기의 개수비는 약 1 : 1이다.

① ㄱ ② ㄴ ③ ㄷ ④ ㄴ, ㄷ ⑤ ㄱ, ㄴ, ㄷ

03 ✿✿✿ 단답형

다음은 우주 초기에 생성된 입자들이다.

헬륨 원자핵, 수소 원자, 쿼크, 양성자

입자가 생성된 순서대로 나열하시오.

04 ✿✿✿

그림은 물질을 이루는 입자들을 나타낸 것이다.

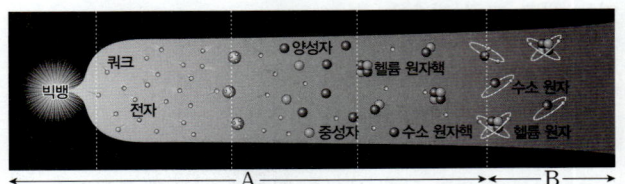

이에 대한 설명으로 옳은 것만을 [보기]에서 있는 대로 고른 것은?

[보기]
ㄱ. 우주의 크기는 A 시기가 B 시기보다 작다.
ㄴ. A 시기에 전자가 우주 공간을 자유롭게 돌아다녔다.
ㄷ. B 시기에 전자가 원자핵에 붙잡혀 결합하였다.

① ㄱ ② ㄴ ③ ㄱ, ㄷ ④ ㄴ, ㄷ ⑤ ㄱ, ㄴ, ㄷ

05 ✿✿✿

그림은 빅뱅 이후 형성된 어느 입자의 모형이다.

이 입자에 대한 설명으로 옳은 것만을 [보기]에서 있는 대로 고른 것은? (단, u는 위 쿼크이고, d는 아래 쿼크이며, 이 입자는 (+)전하를 띤다.)

[보기]
ㄱ. 이 입자는 양성자이다.
ㄴ. 전자와 결합하여 수소 원자를 만들 수 있다.
ㄷ. 전자보다 먼저 생성되었다.

① ㄱ ② ㄷ ③ ㄱ, ㄴ ④ ㄴ, ㄷ ⑤ ㄱ, ㄴ, ㄷ

06 ✿✿✿

2020 실시 6월 학평 5 (고1)

표는 우주 초기의 진화 과정 (가)~(다)를 순서 없이 나타낸 것이다. ○, ●, ·는 각각 양성자, 전자, 중성자 중 하나이다.

(가)	(나)	(다)
○ ○ ○ ○	(원자 모형)	(헬륨 원자핵)
수소 원자핵의 생성	수소 원자 및 헬륨 원자의 생성	헬륨 원자핵의 생성

이에 대한 설명으로 옳은 것만을 [보기]에서 있는 대로 고른 것은?

┌─────[보기]─────┐
ㄱ. ●는 양성자이다.
ㄴ. 우주 초기의 진화 과정은 (가) → (다) → (나) 순이다.
ㄷ. 우주의 온도는 (나)일 때가 (다)일 때보다 높다.
└────────────────┘

① ㄱ   ② ㄴ   ③ ㄷ   ④ ㄱ, ㄴ   ⑤ ㄴ, ㄷ

07 ✿✿✿

2020 실시 6월 학평 3 (고1)

그림은 고온 고밀도의 광원에 의해 만들어지는 스펙트럼 A와 B를 나타낸 것이다.

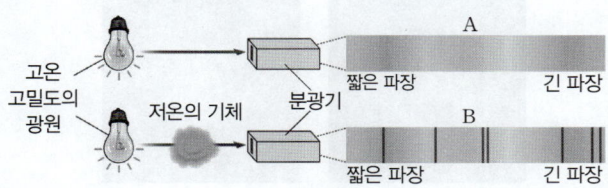

이에 대한 설명으로 옳은 것만을 [보기]에서 있는 대로 고른 것은?

┌─────[보기]─────┐
ㄱ. A는 연속 스펙트럼이다.
ㄴ. B의 검은 선은 특정 파장의 빛이 저온의 기체에 흡수되어 나타난 것이다.
ㄷ. B를 분석하면 저온의 기체를 구성하고 있는 원소의 종류를 알 수 있다.
└────────────────┘

① ㄱ   ② ㄴ   ③ ㄱ, ㄷ   ④ ㄴ, ㄷ   ⑤ ㄱ, ㄴ, ㄷ

08 ✿✿✿

표는 리튬(Li)과 스트론튬(Sr)의 방출 스펙트럼과 불꽃색을 나타낸 것이다.

원소	방출 스펙트럼	불꽃색
리튬 (Li)	(방출 스펙트럼)	붉은색
스트론튬 (Sr)	(방출 스펙트럼)	붉은색

이에 대한 설명으로 옳은 것만을 [보기]에서 있는 대로 고른 것은?

┌─────[보기]─────┐
ㄱ. 리튬과 스트론튬을 구별하려면 분광기가 필요하다.
ㄴ. 리튬을 포함한 화합물에서는 리튬의 방출선이 나타날 수 없다.
ㄷ. 스펙트럼을 분석하여 별의 대기를 구성하는 원소의 종류를 알 수 있다.
└────────────────┘

① ㄱ   ② ㄴ   ③ ㄱ, ㄴ   ④ ㄱ, ㄷ   ⑤ ㄴ, ㄷ

09 ✿✿✿

그림은 태양의 스펙트럼을 나타낸 것이다.

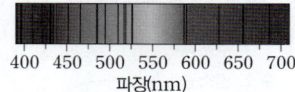

400 450 500 550 600 650 700
파장(nm)

이에 대한 설명으로 옳은 것만을 [보기]에서 있는 대로 고른 것은?

┌─────[보기]─────┐
ㄱ. 태양의 대기는 한 종류의 원소로 이루어져 있다.
ㄴ. 태양의 스펙트럼을 분석하면 태양의 대기를 이루는 원소를 알 수 있다.
ㄷ. 전자가 빛을 방출하여 생기는 스펙트럼이다.
└────────────────┘

① ㄱ   ② ㄴ   ③ ㄱ, ㄷ   ④ ㄴ, ㄷ   ⑤ ㄱ, ㄴ, ㄷ

10 ✿✿✿ 서술형

빅뱅 이후 우주 초기에 수소와 헬륨 이외의 다른 원소들이 만들어지지 않은 까닭을 서술하시오.

04 별의 진화와 원소의 생성

- 문항 수 10개
- 제한 시간 15분

01 ✽❀❀
2020 실시 6월 학평 2 (고1)

그림은 빅뱅 이후 태양계와 지구가 형성되기까지의 여러 사건을 순서대로 나타낸 것이다.

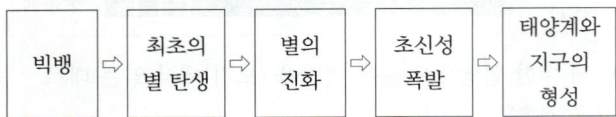

이에 대한 설명으로 옳은 것만을 [보기]에서 있는 대로 고른 것은?

[보기]
ㄱ. 빅뱅 이후 전자를 포함한 기본 입자들이 만들어진다.
ㄴ. 초신성 폭발 과정에서 철보다 무거운 원소들이 만들어진다.
ㄷ. 초신성 폭발로 방출된 물질들의 일부는 태양계와 지구를 형성한 재료가 되었다.

① ㄱ　② ㄷ　③ ㄱ, ㄴ　④ ㄴ, ㄷ　⑤ ㄱ, ㄴ, ㄷ

02 ✽❀❀

그림은 어떤 별의 내부 구조를 나타낸 것이다.

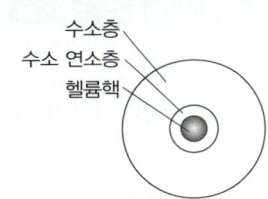

이에 대한 설명으로 옳은 것만을 [보기]에서 있는 대로 고른 것은?

[보기]
ㄱ. 태양은 진화 과정 중에 이 단계를 거친다.
ㄴ. 중심 온도가 약 1000만 K 이상이다.
ㄷ. 이 단계 이후에 별의 중심부에서는 핵융합 반응으로 우라늄이 생성된다.

① ㄱ　② ㄷ　③ ㄱ, ㄴ　④ ㄴ, ㄷ　⑤ ㄱ, ㄴ, ㄷ

03 ✽❀❀ 〔단답형〕

별의 내부에서 핵융합 반응으로 생성되는 가장 무거운 원소를 쓰시오.

04 ✽❀❀

그림은 어떤 별의 진화 과정을 나타낸 것이다.

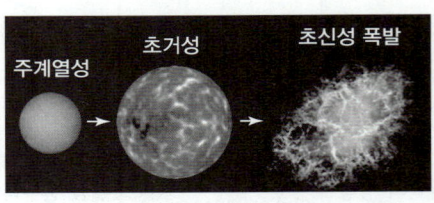

이에 대한 설명으로 옳은 것만을 [보기]에서 있는 대로 고른 것은?

[보기]
ㄱ. 주계열성의 중심부에서 수소 핵융합 반응이 일어난다.
ㄴ. 이 별의 질량은 태양과 비슷하다.
ㄷ. 초신성 폭발 이후 백색 왜성이 형성된다.

① ㄱ　② ㄴ　③ ㄷ　④ ㄱ, ㄴ　⑤ ㄴ, ㄷ

05 ✽❀❀

그림은 주계열성 이후 서로 다른 진화 과정에 있는 두 천체의 모습이다.

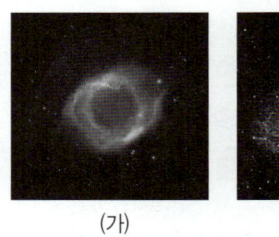

(가)　　　　(나)

이에 대한 설명으로 옳은 것만을 [보기]에서 있는 대로 고른 것은?

[보기]
ㄱ. (가)의 중심핵은 중성자별로 진화한다.
ㄴ. (나)에서 철보다 무거운 원소가 만들어진다.
ㄷ. (가)는 (나)보다 질량이 큰 별의 진화 과정에서 나타난다.

① ㄱ　② ㄴ　③ ㄱ, ㄴ　④ ㄱ, ㄷ　⑤ ㄴ, ㄷ

06 ✹✹✿

그림은 태양계 성운에서 태양계가 형성되는 과정을
나타낸 것이다.

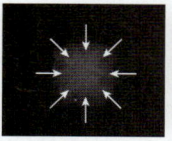 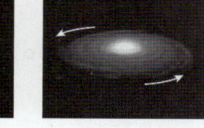 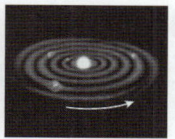

(가) 성운의   (나) 원시 태양과   (다) 원시 태양계
수축과 회전   원반 형성   형성

이에 대한 설명으로 옳은 것만을 [보기]에서 있는 대로
고른 것은?

[보기]
ㄱ. (가)에서 성운이 수축하면서 중심부의 밀도가
　　높아진다.
ㄴ. (나)에서 원시 태양보다 원반에 더 많은 질량이
　　분포한다.
ㄷ. (다)의 원시 태양으로부터 먼 곳에서는 주로
　　암석으로 이루어진 지구형 행성이 형성된다.

① ㄱ　　② ㄷ　　③ ㄱ, ㄴ　　④ ㄴ, ㄷ　　⑤ ㄱ, ㄴ, ㄷ

07 ✹✹✿

그림은 태양계의 형성 과정을 단계별로 나타낸 것이다.

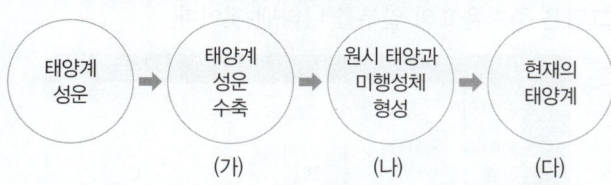

태양계
성운
→
태양계
성운
수축
→
원시 태양과
미행성체
형성
→
현재의
태양계

　　　　　　　　(가)　　　　(나)　　　　(다)

이에 대한 설명으로 옳은 것만을 [보기]에서 있는 대로
고른 것은?

[보기]
ㄱ. (가)에서 태양계 성운이 수축하면서 회전한다.
ㄴ. (나)에서 원시 태양 중심부의 온도가 낮아진다.
ㄷ. (나)에서 (다)로 갈수록 미행성체의 수가 줄어든다.

① ㄱ　　② ㄴ　　③ ㄱ, ㄷ　　④ ㄴ, ㄷ　　⑤ ㄱ, ㄴ, ㄷ

08 ✹✹✿

그림은 지구시스템의 형성 과정을 순서 없이 나타낸
것이다.

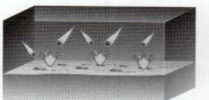 

(가) 미행성체 충돌　　　　(나) 마그마의 바다 형성

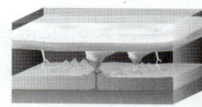 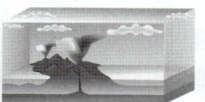

(다) 원시 지각의 형성　　　(라) 원시 바다의 형성

이에 대한 설명으로 옳은 것만을 [보기]에서 있는 대로
고른 것은?

[보기]
ㄱ. (가)−(나)−(라)−(다) 순으로 진행되었다.
ㄴ. (가) 시기에 미행성체 충돌로 지구의 중력이
　　감소하였다.
ㄷ. (나) 시기에 핵과 맨틀의 분리가 일어났다.

① ㄱ　　② ㄴ　　③ ㄷ　　④ ㄱ, ㄴ　　⑤ ㄴ, ㄷ

09 ✹✿✿

그림은 어떤 지구형 행성을 나타낸
것이다.
이에 대한 설명으로 옳은 것만을
[보기]에서 있는 대로 고른 것은?

[보기]
ㄱ. 평균 밀도가 목성형 행성보다 상대적으로 작다.
ㄴ. 목성형 행성보다 표면 온도가 높다.
ㄷ. 규산염 물질로 이루어진 표면을 갖고 있다.

① ㄱ　　② ㄴ　　③ ㄷ　　④ ㄱ, ㄴ　　⑤ ㄴ, ㄷ

10 ✹✹✿ [서술형]

태양계에서 지구형 행성과 목성형 행성의 생성 위치에
차이가 발생한 까닭을 행성을 이루는 주요 구성 성분의
특징과 관련지어 서술하시오.

 **05 원소들의 주기성**

01 ✿❀❀

다음은 주기율표의 변천과 그 내용을 순서 없이 나타낸 것이다.

> a. 모즐리의 주기율표   b. 뉴랜즈의 옥타브설
> c. 되베라이너의 세 쌍 원소설 d. 멘델레예프의 주기율표

[보기]

> ㄱ. 화학적 성질이 비슷한 세 원소를 원자량 순서대로 늘어놓으면 중간 원소의 원자량이 나머지 두 원소의 원자량의 평균값과 비슷하다.
> ㄴ. 비슷한 화학적 성질을 갖는 원소를 같은 세로줄에 배열하고 새로운 원소의 존재 가능성과 성질을 예측하였다.
> ㄷ. 원소를 원자량 순으로 배열하면 8번째마다 비슷한 성질의 원소가 나타난다.
> ㄹ. 원자량 순서로 배열한 최초의 주기율표이다.
> ㅁ. X선 연구를 통해 원소에서 원자핵의 양성자 수를 결정하는 방법을 알아내어 원자 번호를 결정하였다.

관련된 내용을 옳게 짝지은 것은?

① ㄱ─a   ② ㄴ─d   ③ ㄷ─c
④ ㄹ─b   ⑤ ㅁ─d

[02~03] 그림은 주기율표의 일부를 나타낸 것이다. 물음에 답하시오. (단, A~E는 임의의 원소 기호이다.)

족 주기	1	2	13	14	15	16	17	18
1	A							
2		B				C		
3	D	E						

02 ✿❀❀ (서술형)

A~E를 금속 원소와 비금속 원소로 분류하고, 분류 기준을 서술하시오.

03 ✿❀❀ (단답형)

A~E 중 B와 같은 족인 원소, D와 같은 주기인 원소를 순서대로 쓰시오.

04 ✿✿❀

그림은 주기율표의 일부를 나타낸 것이다.

1 H							2 He
3 Li	4 Be	5 B	6 C	7 N	8 O	9 F	10 Ne
11 Na	12 Mg	13 Al	14 Si	15 P	16 S	17 Cl	18 Ar
19 K	20 Ca						

이에 대한 설명으로 옳은 것만을 [보기]에서 있는 대로 고른 것은?

[보기]

> ㄱ. 일반적으로 주기율표의 같은 세로줄에는 화학적 성질이 비슷한 원소들이 위치한다.
> ㄴ. 원자의 첫 번째 전자 껍질에는 전자가 최대 2개까지 채워진다.
> ㄷ. 같은 족에서 원자 번호가 증가할수록 전자가 들어 있는 전자 껍질 수가 증가한다.

① ㄱ   ② ㄷ   ③ ㄱ, ㄴ   ④ ㄴ, ㄷ   ⑤ ㄱ, ㄴ, ㄷ

05 ✿✿❀

그림은 주기율표의 일부를 나타낸 것이다.

족 주기	1	2	13	14	15	16	17	18
1								
2	A		B				C	
3	D						E	F

원소 A~F에 대한 설명으로 옳은 것만을 [보기]에서 있는 대로 고른 것은? (단, A~F는 임의의 원소 기호이다.)

[보기]

> ㄱ. 원자가 전자 수는 B보다 F가 크다.
> ㄴ. C와 E는 실온에서 기체 상태의 2원자 분자로 존재한다.
> ㄷ. 반응성을 비교하면 A > D 이며 C > E이다.

① ㄱ   ② ㄴ   ③ ㄷ   ④ ㄴ, ㄷ   ⑤ ㄱ, ㄴ, ㄷ

06 ✽✽✽

알칼리 금속에 대한 설명으로 옳지 <u>않은</u> 것은?

① 공기 중 산소와 쉽게 반응한다.
② 주기가 커질수록 반응성이 증가한다.
③ 물과 쉽게 반응하여 산소 기체를 발생시킨다.
④ 수용액에서 페놀프탈레인 용액과 반응하면 붉게 변한다.
⑤ 전자를 잃고 양이온이 되기 쉽다.

07 ✽✽✽

다음은 알칼리 금속의 성질을 알아보는 실험이다.

[실험 과정]
(가) 시험관 3개를 준비하고 각각의 시험관에 물을 $\frac{1}{3}$ 정도 넣고 페놀프탈레인 용액을 1~2 방울 떨어뜨린다.
(나) 리튬, 나트륨, 칼륨 조각을 준비하여 (가)의 시험관에 각각 넣은 후 변화를 관찰한다.

[실험 결과]

금속	리튬	나트륨	칼륨
물과의 반응	느리게 기체 발생	빠르게 기체 발생	격렬하게 기체 발생
수용액의 색 변화	무색 → 붉은색	㉠	㉡

이에 대한 설명으로 옳은 것만을 [보기]에서 있는 대로 고른 것은?

[보기]
ㄱ. 금속의 반응성은 같은 족에서 원자 번호가 작아질수록 증가한다.
ㄴ. ㉠과 ㉡은 '무색 → 붉은색'이다.
ㄷ. 알칼리 금속이 물과 반응할 때 생성되는 기체는 이산화 탄소이다.

① ㄱ ② ㄴ ③ ㄷ ④ ㄱ, ㄴ ⑤ ㄴ, ㄷ

08 ✽✽✽

할로젠에 대한 설명으로 옳지 <u>않은</u> 것은?

① 주기가 커질수록 반응성이 감소한다.
② 전자를 얻어 음이온이 되기 쉽다.
③ 물에 잘 녹지 않으며 사염화 탄소에 잘 녹는다.
④ 할로젠화 수소 화합물은 물에 녹아 염기성을 나타낸다.
⑤ 금속 원소와 반응하여 이온 결합 물질을 만든다.

09 ✽✽✽   2023 실시 11월 학평 1 (고1)

그림은 할로젠 원소 (가)에 대한 설명이 적힌 카드를 나타낸 것이다.

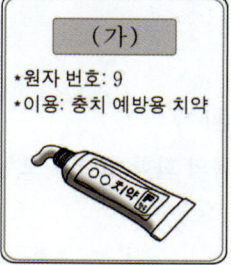

(가)는?

① 리튬   ② 산소   ③ 염소
④ 나트륨   ⑤ 플루오린

10 ✽✽✽

그림은 원자 A, B와 이온 C^+, D^-의 전자 배치를 모형으로 나타낸 것이다.

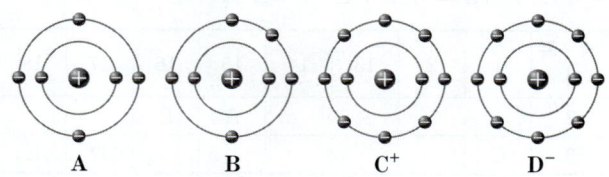

이에 대한 설명으로 옳은 것만을 [보기]에서 있는 대로 고른 것은? (단, A~D는 임의의 원소 기호이다.)

[보기]
ㄱ. A~D는 모두 같은 주기의 원소이다.
ㄴ. 원자가 전자 수가 가장 큰 것은 C이다.
ㄷ. C는 금속 원소이고, D는 비금속 원소이다.

① ㄱ ② ㄴ ③ ㄷ ④ ㄱ, ㄴ ⑤ ㄱ, ㄴ, ㄷ

06 원소들의 화학 결합

01 ✽✾✾

그림은 마그네슘(Mg)의 전자 배치를 모형으로 나타낸 것이다.

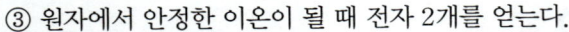

이에 대한 설명으로 옳은 것은?

① 비금속 원소이다.
② 안정한 이온이 될 때 음이온이 된다.
③ 원자에서 안정한 이온이 될 때 전자 2개를 얻는다.
④ 산소와 1 : 1의 개수비로 결합하여 안정한 화합물을 형성한다.
⑤ 안정한 이온일 때의 전자 배치는 아르곤(Ar)과 같다.

02 ✽✽✽ 서술형

그림은 염화 나트륨의 화학 결합을 모형으로 나타낸 것이다.

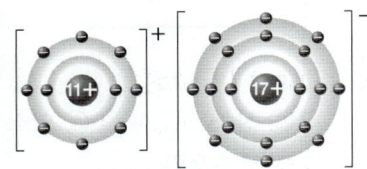

나트륨과 염소 원자로부터 염화 나트륨의 화학 결합이 형성되는 과정을 서술하시오.

03 ✽✽✽

그림은 주기율표의 일부를 나타낸 것이다.

족\주기	1	2	13	14	15	16	17	18
2					A	B		
3	C						D	E

이에 대한 설명으로 옳은 것만을 [보기]에서 있는 대로 고른 것은? (단, A~E는 임의의 원소 기호이다.)

[보기]
ㄱ. A_2보다 B_2의 공유 전자쌍이 많다.
ㄴ. C와 D로 이루어진 물질은 공유 결합 물질이다.
ㄷ. E는 화학 결합하지 않고 1개의 원자로 존재한다.

① ㄱ ② ㄷ ③ ㄱ, ㄴ ④ ㄴ, ㄷ ⑤ ㄱ, ㄴ, ㄷ

04 ✽✽✽

그림은 원자 A~D의 전자 배치를 모형으로 나타낸 것이다.

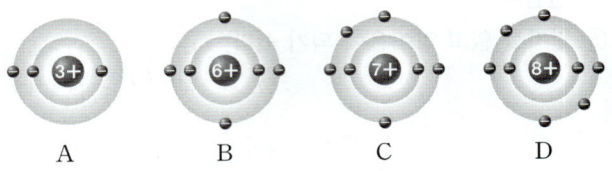

이에 대한 설명으로 옳은 것만을 [보기]에서 있는 대로 고른 것은? (단, A~D는 임의의 원소 기호이다.)

[보기]
ㄱ. 원자 A와 D가 안정한 이온이 되었을 때 전자 껍질 수는 같다.
ㄴ. BH_4의 공유 전자쌍 수는 CH_3의 공유 전자쌍 수보다 크다.
ㄷ. A~D는 모두 공유 결합을 통해 화합물을 형성한다.

① ㄱ ② ㄴ ③ ㄷ ④ ㄴ, ㄷ ⑤ ㄱ, ㄴ, ㄷ

05 ✽✽✾

그림은 물질 XY_4와 Z_2의 화학 결합을 모형으로 나타낸 것이다.

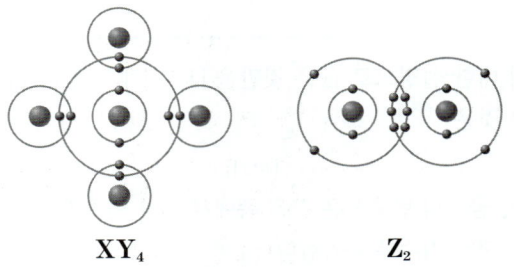

XY₄   Z₂

이에 대한 설명으로 옳은 것만을 [보기]에서 있는 대로 고른 것은? (단, X~Z는 임의의 원소 기호이다.)

[보기]
ㄱ. 원자가 전자 수는 Y<X<Z이다.
ㄴ. ZY_3의 공유 전자쌍의 수는 3이다.
ㄷ. YXZ의 공유 전자쌍의 수는 Z_2의 공유 전자쌍의 수와 같다.

① ㄱ ② ㄴ ③ ㄷ ④ ㄱ, ㄴ ⑤ ㄱ, ㄴ, ㄷ

06 ✾✾✾

표는 물질 (가)~(다)의 화학식과 모형을 나타낸 것이다.

물질	(가)	(나)	(다)
화학식	O_2	H_2O	NaCl
모형			

이에 대한 설명으로 옳은 것만을 [보기]에서 있는 대로 고른 것은?

[보기]
ㄱ. (가)는 이온 결합 물질이다.
ㄴ. (나)와 (다)는 공유 결합 물질이다.
ㄷ. (다)는 액체 상태일 때 전류가 흐른다.

① ㄱ   ② ㄷ   ③ ㄱ, ㄴ   ④ ㄴ, ㄷ   ⑤ ㄱ, ㄴ, ㄷ

07 ✾✾✾

표는 몇 가지 이온 결합 물질과 공유 결합 물질의 물에 대한 용해성과 고체 및 수용액 상태에서의 전기 전도성을 비교하여 나타낸 것이다.

구분	물에 대한 용해성	전기 전도성	
		고체	수용액
NaF	○	×	○
$MgCl_2$	○	×	○
포도당	○	×	×
설탕	○	×	×

이에 대한 설명으로 옳은 것만을 [보기]에서 있는 대로 고른 것은?

[보기]
ㄱ. 물에 대한 용해성으로 이온 결합 물질과 공유 결합 물질을 구분할 수 없다.
ㄴ. NaF와 $MgCl_2$은 고체 상태에서 정전기적 인력에 의해 결합하고 있다.
ㄷ. 포도당과 설탕의 수용액에는 이온이 포함되어 있다.

① ㄱ   ② ㄷ   ③ ㄱ, ㄴ   ④ ㄴ, ㄷ   ⑤ ㄱ, ㄴ, ㄷ

08 ✾✾✾

2020 실시 6월 학평 9 (고1)

다음은 원소 X, Y와 화합물 XY_2에 대한 자료이다.

- X는 [㉠] 주기 금속 원소이다.
- 원자 X와 Y의 원자가 전자 수는 각각 [㉡]과 [㉢]이다.
- XY_2는 액체 상태에서 전기 전도성이 있다.
- XY_2를 구성하는 입자는 모두 네온(Ne)과 같은 전자 배치를 갖는다.

㉠+㉡+㉢은? (단, X와 Y는 임의의 원소 기호이다.)

① 11   ② 12   ③ 13   ④ 14   ⑤ 15

09 ✾✾✾

2020 실시 6월 학평 10 (고1)

그림은 3가지 물질을 주어진 기준에 따라 분류한 것이다.

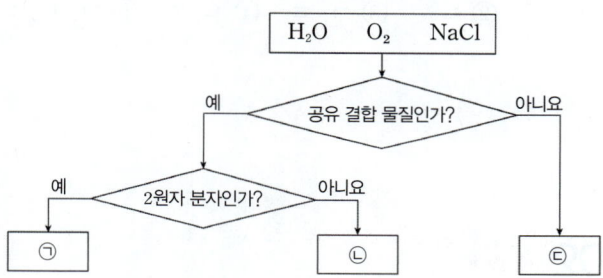

㉠~㉢으로 옳은 것은?

	㉠	㉡	㉢
①	O_2	H_2O	NaCl
②	O_2	NaCl	H_2O
③	NaCl	H_2O	O_2
④	H_2O	NaCl	O_2
⑤	H_2O	O_2	NaCl

10 ✾✾✾ 단답형

이온 결합 물질의 경우 전기 전도성을 나타내는 물질의 상태를 모두 쓰시오.

07 지각과 생명체를 구성하는 물질

01 ✱✱✿

표 (가), (나)는 각각 지각과 지구 전체를 구성하는 원소의 질량비를 나타낸 것이다.

구성 원소	질량비
A	46.6 %
B	27.7 %
알루미늄	8.1 %

(가)

구성 원소	질량비
철	35 %
산소	30 %
C	15 %

(나)

이에 대한 설명으로 옳은 것만을 [보기]에서 있는 대로 고른 것은?

[보기]
ㄱ. A는 산소이다.
ㄴ. A와 B는 같은 족 원소이다.
ㄷ. B와 C는 같은 종류의 원소이다.

① ㄱ　　② ㄴ　　③ ㄱ, ㄷ　　④ ㄴ, ㄷ　　⑤ ㄱ, ㄴ, ㄷ

02 ✱✱✿

표는 생명체와 지각을 구성하는 원소의 기원을 나타낸 것이다.

구성 원소	원소의 기원
A, 헬륨	우주 탄생 초기
탄소, 산소, 규소, 철	—
철보다 무거운 원소	B

이에 대한 설명으로 옳은 것만을 [보기]에서 있는 대로 고른 것은?

[보기]
ㄱ. 생명체와 지각을 구성하는 원소의 기원은 다양하다.
ㄴ. B는 별 내부의 핵융합이다.
ㄷ. A는 현재 우주의 대부분을 이루는 원소이다.

① ㄱ　　② ㄴ　　③ ㄷ　　④ ㄱ, ㄷ　　⑤ ㄱ, ㄴ, ㄷ

03 ✱✿✿

표는 규산염 광물의 구조를 나타낸 것이다.

구조	독립상	단사슬	복사슬	판상	망상
Si-O 사면체 구조					
결정형	짧은 기둥 모양	짧은 기둥 모양	가늘고 긴 기둥 모양	육각형의 판 모양	육각 기둥 모양

이에 대한 설명으로 옳은 것만을 [보기]에서 있는 대로 고른 것은? (단, ●는 O이고, •는 Si이다.)

[보기]
ㄱ. 규산염 광물은 Si-O 사면체를 기본 구조로 한다.
ㄴ. 단위체가 공유하는 산소의 수는 망상 구조보다 단사슬 구조가 더 많다.
ㄷ. 결합하는 방식에 따라 다양한 광물이 만들어진다.

① ㄱ　　② ㄴ　　③ ㄱ, ㄴ　　④ ㄱ, ㄷ　　⑤ ㄴ, ㄷ

04 ✱✿✿

탄소가 생명체를 구성하는 주요 성분으로서 중요한 역할을 하는 까닭으로 옳은 것만을 [보기]에서 있는 대로 고른 것은?

[보기]
ㄱ. 다양한 형태의 결합을 이룰 수 있다.
ㄴ. 여러 원소와 결합을 이룰 수 있다.
ㄷ. 탄소 화합물은 규소 화합물에 비해 쉽게 합성되고 분해된다.

① ㄱ　　② ㄷ　　③ ㄱ, ㄴ　　④ ㄴ, ㄷ　　⑤ ㄱ, ㄴ, ㄷ

05 ✱✿✿ 서술형

탄소(C)와 규소(Si)의 공통점을 2가지 쓰시오.

06 ✱✱✱

다음은 생명체를 구성하는 어떤 물질에 대한 설명이다.

> • 효소, 호르몬, 항체의 주성분이다.
> • 생명체의 에너지원으로 사용된다.

이 물질에 대한 설명으로 옳은 것만을 [보기]에서 있는 대로 고른 것은?

─ [보기] ─
ㄱ. 아미노산을 단위체로 갖는다.
ㄴ. 구조에 따라 기능이 달라진다.
ㄷ. 유전정보를 전달한다.

① ㄱ　② ㄷ　③ ㄱ, ㄴ　④ ㄴ, ㄷ　⑤ ㄱ, ㄴ, ㄷ

07 ✱✱✿

2020 실시 6월 학평 15 (고1)

그림 (가)는 DNA의 구조를, (나)는 DNA를 구성하는 4가지 단위체를 모형으로 나타낸 것이다. A는 아데닌, C는 사이토신이고, ㉠과 ㉡은 각각 G(구아닌)와 T(타이민) 중 하나이다.

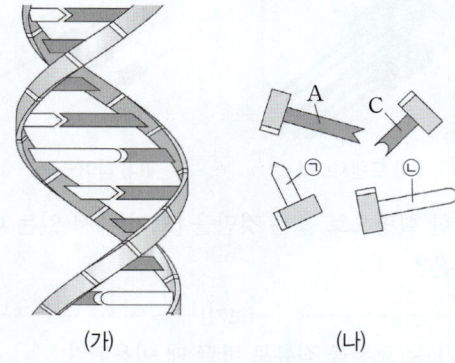

(가)　　　　(나)

이에 대한 설명으로 옳은 것만을 [보기]에서 있는 대로 고른 것은?

─ [보기] ─
ㄱ. DNA의 구조는 이중나선구조이다.
ㄴ. ㉠은 G(구아닌), ㉡은 T(타이민)이다.
ㄷ. DNA는 단위체의 배열 순서에 따라 다양한 유전정보를 저장한다.

① ㄱ　② ㄴ　③ ㄱ, ㄷ　④ ㄴ, ㄷ　⑤ ㄱ, ㄴ, ㄷ

08 ✱✿✿

학력 평가 기출

다음은 핵산에 대한 과학 탐구 보고서이다.

> **과학 탐구 보고서**
>
> **탐구 주제: 핵산의 구조와 기능**
>
> • 핵산에는 DNA와 RNA가 있다.
>   사람의 ┌㉠┐ 는 두 가닥의 사슬이 꼬여 있는
>   이중나선구조이고, ┌㉡┐ 는 ┌㉠┐ 의 구조와
>   달리 단일 가닥 구조이다.
> • 핵산의 기능은 다음과 같다.
>   … (후략) …

이에 대한 설명으로 옳은 것만을 [보기]에서 있는 대로 고른 것은?

─ [보기] ─
ㄱ. ㉠은 유전정보를 저장한다.
ㄴ. ㉡은 RNA이다.
ㄷ. ㉠과 ㉡의 단위체는 모두 뉴클레오타이드이다.

① ㄴ　② ㄷ　③ ㄱ, ㄴ　④ ㄱ, ㄷ　⑤ ㄱ, ㄴ, ㄷ

09 ✱✿✿

다음은 어떤 생명체 구성 물질에 대한 설명이다.

> 새의 깃털, 동물의 뿔, 거미줄 등을 이루고 있으며, 효소, 호르몬 등의 주성분이다. 구조에 따라 여러 가지 기능을 한다.

이 물질에 대한 설명으로 옳은 것은?

① 20종류가 있다.
② 여러 개의 아미노산이 결합하여 형성된다.
③ 인산, 당, 염기가 1 : 1 : 1 비율로 결합한 물질이다.
④ 단위체 사이의 수소 결합이 반복되어 합성된다.
⑤ 고온의 열을 가해도 입체 구조가 변성되지 않는다.

10 ✱✿✿ 단답형

다음은 어떤 생명체 구성 물질에 대한 설명이다.

> 뉴클레오타이드라는 단위체가 반복적으로 결합하여 형성된 것으로 유전정보를 저장하거나 유전정보를 전달하는 역할을 한다.

이 물질의 이름을 쓰시오.

08 물질의 전기적 성질

01 ✿✿✿

도체에 대한 설명으로 옳은 것만을 [보기]에서 있는 대로 고른 것은?

[보기]
ㄱ. 반도체보다 물질 내 자유 전자가 많다.
ㄴ. 규소(Si), 저마늄(Ge) 등이 이에 해당한다.
ㄷ. 부도체보다 전류가 잘 흐른다.

① ㄱ   ② ㄴ   ③ ㄱ, ㄷ
④ ㄴ, ㄷ   ⑤ ㄱ, ㄴ, ㄷ

02 ✿✿✿ 서술형

순수 반도체인 규소는 전류가 잘 흐르지 않는다. 그 이유를 결합 구조와 관련하여 쓰고, 전류가 잘 흐르도록 하는 방법을 서술하시오.

03 ✿✿✿

순수 반도체에 대한 설명으로 옳지 않은 것은?

① 순수 반도체를 이루는 원자의 원자가 전자는 4개이다.
② 순수 반도체를 이루는 원자들은 이온 결합을 한다.
③ 규소(Si)와 저마늄(Ge)이 있다.
④ 불순물 반도체보다 전기 전도성이 작다.
⑤ 도체보다 전기 저항이 크다.

04 ✿✿✿

n형 반도체와 p형 반도체의 주요 전하 운반자를 옳게 짝지은 것은?

	n형	p형			n형	p형
①	전자	양공		②	전자	양성자
③	양공	전자		④	양성자	전자
⑤	양성자	양공				

05 ✿✿✿

그림 (가)와 (나)는 반도체 소자를 나타낸 것이다.

(가) 트랜지스터   (나) 다이오드

이에 대한 설명으로 옳은 것만을 [보기]에서 있는 대로 고른 것은?

[보기]
ㄱ. (가)는 교류를 직류로 바꿀 때 이용된다.
ㄴ. (나)는 전류가 흐르면 빛이 나는 기능을 한다.
ㄷ. (가)와 (나)는 n형 반도체와 p형 반도체를 결합한 반도체 소자이다.

① ㄱ   ② ㄷ   ③ ㄱ, ㄴ
④ ㄴ, ㄷ   ⑤ ㄱ, ㄴ, ㄷ

09 지구시스템의 구성과 상호작용

01 ✽✽✽

지권에 대한 설명으로 옳은 것만을 [보기]에서 있는 대로 고른 것은?

─────[보기]─────
ㄱ. 대륙 지각은 주로 화강암질 암석, 해양 지각은 현무암질 암석으로 이루어져 있다.
ㄴ. 지구 자기장은 내핵 때문에 형성된다.
ㄷ. 핵의 주성분은 철과 니켈이다.
──────────────

① ㄱ ② ㄴ ③ ㄷ ④ ㄱ, ㄷ ⑤ ㄱ, ㄴ, ㄷ

02 ✽✽✽

그림은 높이에 따른 기온 분포를 나타낸 것이다.
이에 대한 설명으로 옳은 것만을 [보기]에서 있는 대로 고른 것은?

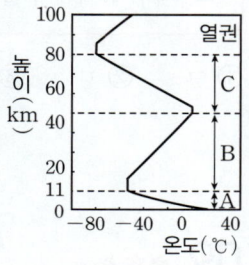

─────[보기]─────
ㄱ. C층에서는 기상 현상이 나타난다.
ㄴ. B층에서 오존층이 자외선을 흡수한다.
ㄷ. A층과 C층에서 대류 현상이 나타난다.
──────────────

① ㄱ ② ㄷ ③ ㄱ, ㄴ ④ ㄴ, ㄷ ⑤ ㄱ, ㄴ, ㄷ

03 ✽✽✽

외권에 대한 설명으로 옳은 것만을 [보기]에서 있는 대로 고른 것은?

─────[보기]─────
ㄱ. 지구를 둘러싸고 있는 기권 밖의 공간이다.
ㄴ. 외권에는 자기권이 포함된다.
ㄷ. 우주선으로부터 지구 생명체를 보호하는 역할을 한다.
──────────────

① ㄱ ② ㄴ ③ ㄱ, ㄷ ④ ㄴ, ㄷ ⑤ ㄱ, ㄴ, ㄷ

04 ✽✽✽

그림은 해양의 층상 구조를 나타낸 것이다.
이에 대한 설명으로 옳은 것만을 [보기]에서 있는 대로 고른 것은?

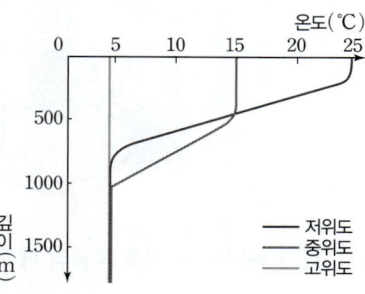

─────[보기]─────
ㄱ. 저위도보다 중위도 지역에서 바람에 의한 혼합 작용이 더 활발하다.
ㄴ. 심해층은 깊이와 관계없이 수온이 거의 일정하다.
ㄷ. 층상 구조는 중위도 지역이 고위도 지역보다 더 뚜렷하게 나타난다.
──────────────

① ㄱ ② ㄷ ③ ㄱ, ㄴ ④ ㄴ, ㄷ ⑤ ㄱ, ㄴ, ㄷ

05 ✽✽✽ (서술형)

그림은 지권과 다른 지구시스템 구성 요소의 상호작용을 나타낸 것이다.

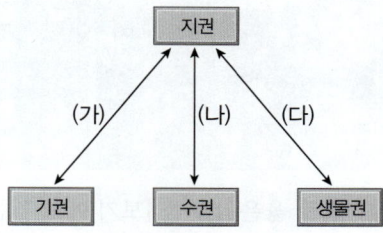

상호작용 (가)~(다)에 해당하는 예를 말한 학생들의 의견 중 옳지 않게 말한 학생을 고르고, 그 까닭을 서술하시오.

· 영재: (가)의 예로는 화산재 분출, 사구의 형성 등이 있어.
· 세희: (나)의 예로는 석회 동굴이 생성되는 현상과 태풍을 들 수 있지.
· 다인: (다)의 예로는 화석 연료의 생성을 들 수 있어.

❖ 정답 및 해설 113~114p

06 ✱✱✿

그림은 지구시스템을 구성하는 요소들의 상호작용을 나타낸 것이다.

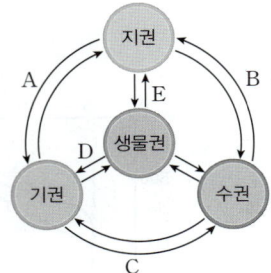

A~E에 해당하는 상호작용의 예로 옳지 <u>않은</u> 것은?

① A: 화산 활동으로 인해 화산 기체가 분출하였다.
② B: 지하수에 의해 석회 동굴이 생성되었다.
③ C: 기온이 상승하여 빙하가 녹는다.
④ D: 식물의 광합성 작용으로 산소를 방출하였다.
⑤ E: 수중 생물의 서식처를 제공한다.

07 ✱✱✱

그림은 지구시스템의 주요 에너지원을 나타낸 것이다.

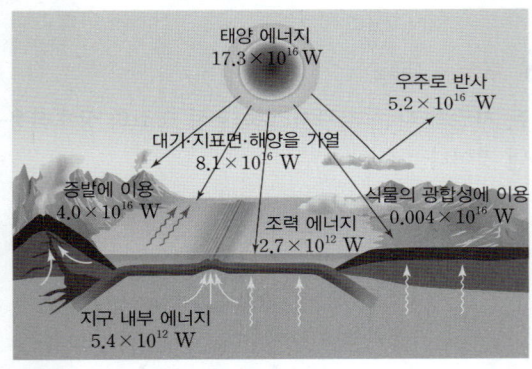

이에 대한 설명으로 옳은 것만을 [보기]에서 있는 대로 고른 것은?

[보기]
ㄱ. 지구시스템에서 에너지의 양은 태양 에너지 > 조력 에너지 > 지구 내부 에너지이다.
ㄴ. 지구 내부 에너지는 화산 활동과 지진 등을 일으킨다.
ㄷ. 조력 에너지로 인해 다양한 해양 생태계를 유지하게 된다.

① ㄱ ② ㄷ ③ ㄱ, ㄴ ④ ㄴ, ㄷ ⑤ ㄱ, ㄴ, ㄷ

08 ✱✱✿

그림은 물의 순환 과정을 나타낸 것이다.

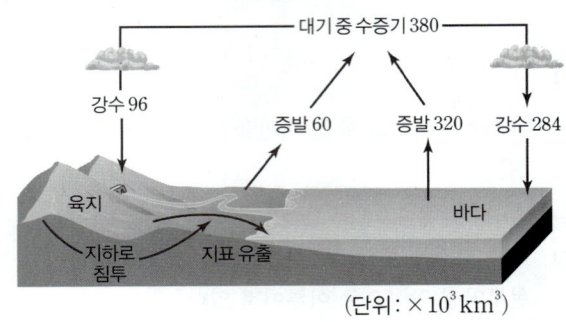

(단위: ×10³km³)

이에 대한 설명으로 옳은 것만을 [보기]에서 있는 대로 고른 것은?

[보기]
ㄱ. 물의 순환을 일으키는 근본적인 에너지는 태양 에너지이다.
ㄴ. 물의 순환은 지구시스템의 각 권에 에너지를 이동시킨다.
ㄷ. 지구 전체에서 물의 증발량과 강수량은 같지 않다.

① ㄱ ② ㄷ ③ ㄱ, ㄴ ④ ㄴ, ㄷ ⑤ ㄱ, ㄴ, ㄷ

09 ✱✿✿

탄소 순환에 대한 설명으로 옳지 <u>않은</u> 것은?

① 지권에서의 탄소는 석회암이나 화석 연료의 형태로 분포한다.
② 기권과 수권의 탄소는 동일한 형태의 화합물로 존재한다.
③ 화석 연료의 사용량이 증가해도 지구 전체의 탄소량은 일정하게 유지된다.
④ 석탄이 형성되는 과정에서 탄소는 생물권에서 지권으로 이동한다.
⑤ 화석 연료의 사용량이 증가하면 기권의 탄소량이 증가한다.

10 ✱✿✿ 단답형

지구시스템에서 지권, 기권, 수권에 속하는 대표적인 탄소의 형태를 쓰시오.

10 지권의 변화

[01~02] 그림은 전 세계에서 발생하는 화산과 지진의 분포를 나타낸 것이다.

01 ❀❀❀

이에 대한 설명으로 옳지 <u>않은</u> 것은?

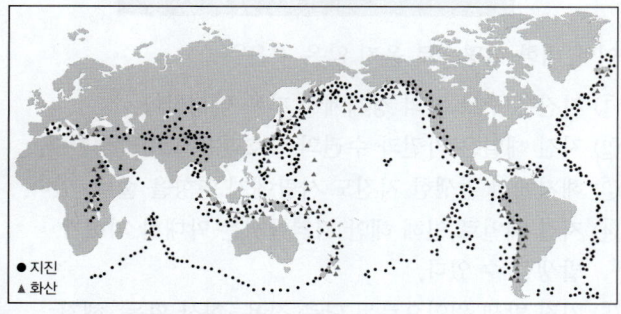

① 지진대의 범위가 화산대의 범위보다 더 넓다.
② 태평양 연안이 대서양 연안보다 지진이 활발하다.
③ 화산 활동과 지진은 지구 내부 에너지로 인해 발생한다.
④ 태양 활동이 활발할 때 화산 활동도 활발하다.
⑤ 화산 활동은 대륙의 중심부보다 가장자리에서 많이 일어난다.

02 ❀❀❀ (서술형)

화산대와 지진대가 대체로 일치하는 까닭을 판 구조론의 관점에서 서술하시오.

03 ❀❀❀

판의 경계에 대한 설명으로 옳은 것만을 [보기]에서 있는 대로 고른 것은?

┌─────[보기]─────┐
ㄱ. 발산형 경계에서는 새로운 판이 만들어진다.
ㄴ. 모든 수렴형 경계에서는 해구가 형성된다.
ㄷ. 보존형 경계에서는 습곡 산맥이 주로 발달한다.
└────────────────┘

① ㄱ　② ㄴ　③ ㄱ, ㄴ　④ ㄱ, ㄷ　⑤ ㄴ, ㄷ

04 ❀❀❀

그림은 어느 판의 경계 유형을 나타낸 것이다.

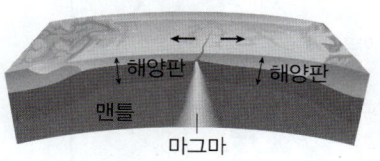

이에 대한 설명으로 옳은 것은?

① 변환 단층이 발달한다.
② 새로운 해양 지각이 생성된다.
③ 습곡 산맥이 형성된다.
④ 해양판과 해양판의 수렴형 경계이다.
⑤ 화산 활동이 일어나 호상 열도를 이룬다.

[05~06] 그림은 판의 여러 가지 경계 유형을 나타낸 것이다.

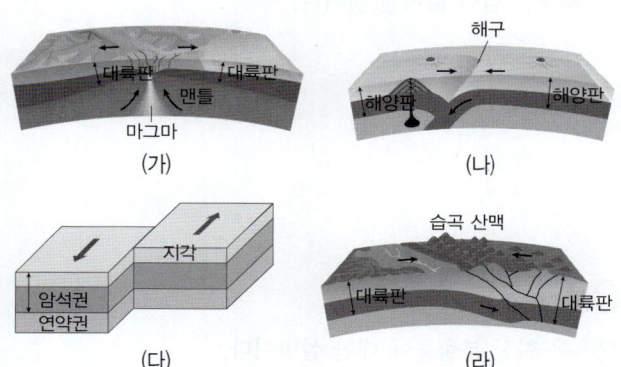

05 ❀❀❀

판의 수렴형 경계만을 옳게 짝지은 것은?

① (가), (나)　② (가), (라)　③ (나), (다)
④ (나), (라)　⑤ (다), (라)

06 ❀❀❀

화산 활동이 활발한 판의 경계만을 옳게 고른 것은?

① (가)　② (라)　③ (가), (나)
④ (나), (다)　⑤ (나), (라)

07 ✿✿✿

그림은 동아프리카 열곡대를 나타낸 것이다.

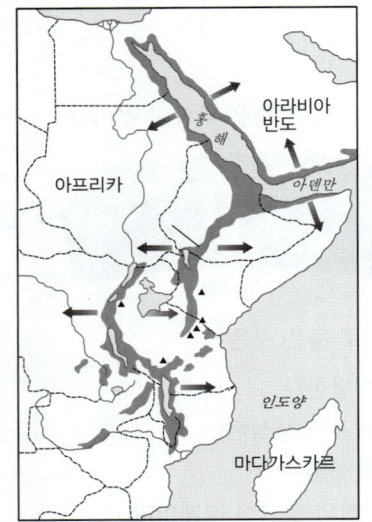

이 지역에 대한 설명으로 옳지 <u>않은</u> 것은?

① 아프리카판과 아라비아판은 점점 멀어질 것이다.
② 맨틀 대류의 하강이 일어나는 곳이다.
③ 동아프리카 열곡대를 따라 지진은 활발할 것이다.
④ 동아프리카 열곡대는 앞으로 바다로 변할 것이다.
⑤ 홍해는 점점 넓어질 것이다.

08 ✿✿✿ 단답형

다음은 화산 분출물에 대한 설명이다.

> • 화산 분출물에는 기체 상태의 화산 가스, 고체 상태의 화산 쇄설물, 액체 상태의 [A] 등이 있다.
> • 화산 기체의 60~90 %는 [B] 이다.
> • 입자가 미세한 화산재는 기권의 [C] 까지 올라가 지구의 기후를 변화시킨다.

A~C에 알맞은 단어를 쓰시오.

09 ✿✿✿

그림은 지진 해일의 모습을 나타낸 것이다.

이에 대한 설명으로 옳지 <u>않은</u> 것은?

① 지진은 주로 판의 경계에서 자주 발생한다.
② 지진 해일은 기권과 수권의 상호작용으로 발생한다.
③ 해저에서 발생한 지진도 사람에게 영향을 줄 수 있다.
④ 지진 해일로 인해 해안 지역에서는 막대한 피해가 발생할 수 있다.
⑤ 지진 발생 원인으로는 단층 작용, 화산 활동, 해저 사태 등이 있다.

10 ✿✿✿

지진의 이용에 대한 설명으로 옳은 것만을 [보기]에서 있는 대로 고른 것은?

> [보기]
> ㄱ. 전기를 생산하는 데 이용할 수 있다.
> ㄴ. 지구 내부의 구조와 물질에 관한 여러 가지 정보를 알 수 있다.
> ㄷ. 지진파를 이용하여 지하 자원이 매장된 지역을 찾을 수 있다.

① ㄱ   ② ㄴ   ③ ㄱ, ㄷ
④ ㄴ, ㄷ   ⑤ ㄱ, ㄴ, ㄷ

 **11** 중력과 역학 시스템

• 문항 수 10개
• 제한 시간 15분

01 ✿✿✿

그림은 진공인 유리관 속에서 쇠구슬과 깃털을 동시에 같은 높이에서 떨어뜨리는 모습을 나타낸 것이다. 이에 대한 설명으로 옳은 것만을 [보기]에서 있는 대로 고른 것은? (단, 쇠구슬의 질량이 깃털보다 크다.)

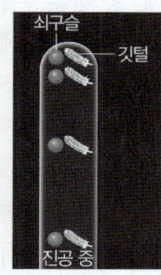

[보기]
ㄱ. 쇠구슬과 깃털에 작용하는 중력의 크기는 서로 같다.
ㄴ. 같은 시간 동안 쇠구슬과 깃털의 속력이 증가하는 정도는 같다.
ㄷ. 공기 중에서 실험을 하더라도 바닥에 동시에 떨어진다.

① ㄱ   ② ㄴ   ③ ㄷ   ④ ㄴ, ㄷ   ⑤ ㄱ, ㄴ, ㄷ

02 ✿✿✿

그림은 수평 방향으로 속력 v로 던진 물체의 위치를 0.1초 간격으로 나타낸 것이다.

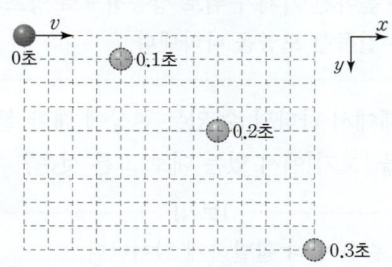

물체의 운동에 대한 설명으로 옳은 것만을 [보기]에서 있는 대로 고른 것은? (단, 중력 가속도는 $10 \ m/s^2$이고, 모눈 1칸 간격은 5 cm로 일정하고, 물체의 크기는 무시한다.)

[보기]
ㄱ. 물체가 운동하는 동안 가속도의 방향은 일정하다.
ㄴ. $v = 2 \ m/s$이다.
ㄷ. 연직 방향의 가속도는 0.3초일 때가 0.1초일 때의 3배이다.

① ㄱ   ② ㄷ   ③ ㄱ, ㄴ   ④ ㄴ, ㄷ   ⑤ ㄱ, ㄴ, ㄷ

03 ✿✿✿

2022 실시 6월 학평 2 (고1)

다음은 물체 A~C의 운동에 대한 설명이다.

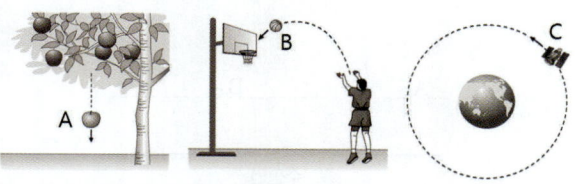

사과 A가 사과나무에서 아래로 떨어진다.

공 B가 곡선 경로를 따라 운동한다.

인공위성 C가 지구 주위를 돈다.

A~C 중에서 중력의 영향을 받아 운동하는 것만을 있는 대로 고른 것은?

① A   ② B   ③ A, C   ④ B, C   ⑤ A, B, C

04 ✿✿✿

2021 실시 6월 학평 1 변형 (고1)

다음은 지구로부터 받는 중력에 대한 학생 A~C의 대화이다.

학생 A: 질량이 작을수록 물체가 받는 중력의 크기는 커.
학생 B: 공기 저항을 무시할 때, 중력을 받아 자유 낙하 하는 물체의 속도는 변하지 않아.
학생 C: 달의 공전은 중력에 의해 나타나는 현상이야.

제시한 내용이 옳은 학생만을 있는 대로 고른 것은?

① A   ② C   ③ A, B   ④ B, C   ⑤ A, B, C

05 ✿✿✿ 단답형

다음은 중력을 받는 물체의 운동에 대한 설명이다.

수평 방향으로 던진 물체는 수평 방향으로는 속도가 일정한 ㉠ (   ) 운동을 하고, 연직 방향으로는 속도가 일정하게 증가하는 ㉡ (   ) 운동을 한다.

㉠과 ㉡에 알맞은 말을 각각 쓰시오.

06 ★★★❀

2020 실시 6월 학평 17 (고1)

그림은 같은 높이에서 가만히 놓은 물체 A와 수평 방향으로 던진 물체 B가 수평면과 나란한 기준선 P를 동시에 지나는 모습을 나타낸 것이다.

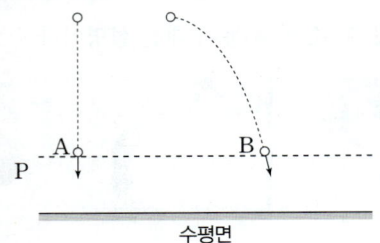

이에 대한 설명으로 옳은 것만을 [보기]에서 있는 대로 고른 것은? (단, 물체의 크기와 공기 저항은 무시한다.)

[보기]
ㄱ. 낙하하는 동안 A의 속력은 증가한다.
ㄴ. 낙하하는 동안 A, B에 작용하는 힘의 방향은 서로 같다.
ㄷ. B는 A보다 수평면에 먼저 도달한다.

① ㄴ   ② ㄷ   ③ ㄱ, ㄴ
④ ㄱ, ㄷ   ⑤ ㄱ, ㄴ, ㄷ

07 ★★★❀

그림은 같은 높이에서 질량 2 kg인 물체 A를 가만히 놓고, 질량 1 kg인 물체 B를 수평 방향으로 5 m/s 속력으로 던지는 것을 나타낸 것이다. A는 10 m/s² 의 가속도로 낙하하였고, 지면에 떨어지는 데 1초가 걸렸다.

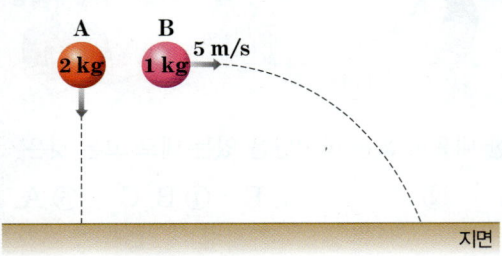

두 물체의 운동에 대한 설명으로 옳은 것만을 [보기]에서 있는 대로 고른 것은? (단, 물체의 크기와 공기 저항은 무시한다.)

[보기]
ㄱ. B가 지면에 떨어지는 시간은 1초보다 길다.
ㄴ. 지면에 닿는 순간 A의 속력의 크기는 B의 연직 방향의 속력의 크기와 같다.
ㄷ. B의 수평 도달 거리는 5 m이다.

① ㄱ   ② ㄴ   ③ ㄱ, ㄴ
④ ㄴ, ㄷ   ⑤ ㄱ, ㄴ, ㄷ

08 ★★★

그림은 일정한 높이에서 공을 가만히 놓아 떨어뜨리는 모습을 나타낸 것이다. 질량이 더 큰 공으로 같은 실험을 했을 때, 공의 운동을 비교한 설명으로 옳은 것만을 [보기]에서 있는 대로 고른 것은? (단, 중력 가속도는 일정하고, 공기 저항은 무시한다.)

[보기]
ㄱ. 더 큰 중력을 받는다.
ㄴ. 바닥에 더 빨리 도달한다.
ㄷ. 속력의 변화가 더 크다.

① ㄱ   ② ㄷ   ③ ㄱ, ㄴ
④ ㄴ, ㄷ   ⑤ ㄱ, ㄴ, ㄷ

09 ★★★

학력 평가 기출

다음은 중력이 자연 현상과 생명체에 미치는 영향에 대한 설명이다.

• 물이 순환하여 다양한 기상 현상이 일어난다.
• 코끼리와 같이 무거운 동물은 단단한 골격을 이루고 있다.
• 온도가 높아진 기체가 위로 상승하므로 양초의 불꽃은 길쭉한 모양을 나타낸다.

무중력 상태에서 나타날 수 있는 현상에 대한 설명으로 옳은 것만을 [보기]에서 있는 대로 고른 것은?

[보기]
ㄱ. 물의 순환이 더 활발하게 일어난다.
ㄴ. 코끼리의 골격이 더 단단해진다.
ㄷ. 양초의 불꽃이 둥근 모양에 가까워진다.

① ㄴ   ② ㄷ   ③ ㄱ, ㄴ   ④ ㄱ, ㄷ   ⑤ ㄴ, ㄷ

10 ★❀❀ 서술형

질량이 있는 두 물체 사이에 작용하는 중력의 크기를 작게 하는 방법을 두 가지 서술하시오.

 **12** **역학 시스템과 안전**

01 ✿✿✿

관성에 의한 현상으로 옳지 <u>않은</u> 것은?

① 달리던 사람이 돌부리에 걸리면 넘어진다.
② 버스가 갑자기 출발하면 승객은 뒤로 넘어진다.
③ 버스가 갑자기 정지하면 승객은 앞으로 넘어진다.
④ 달리는 자동차에서 브레이크를 밟으면 서서히 정지한다.
⑤ 식탁보를 빠른 속도로 빼면 식탁보 위의 그릇은 넘어지지 않고 식탁 위에 그대로 있다.

02 ✿✿✿

그림은 20 m/s의 속력으로 날아오는 질량 0.2 kg인 야구공을 방망이로 쳐서 정반대 방향으로 30 m/s의 속력으로 되돌려 보내는 것을 나타낸 것이다.

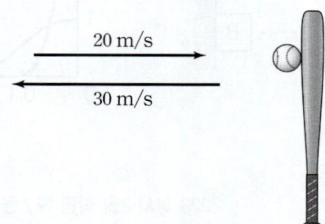

이에 대한 설명으로 옳은 것만을 [보기]에서 있는 대로 고른 것은? (단, 공기 저항은 무시한다.)

─────────[보기]─────────
ㄱ. 공이 받은 충격량의 크기는 2 kg·m/s이다.
ㄴ. 방망이에 충돌한 후 공의 운동량의 크기는 증가하였다.
ㄷ. 방망이가 받은 충격량의 크기와 공의 운동량 변화량의 크기는 같다.
─────────────────────

① ㄱ   ② ㄴ   ③ ㄱ, ㄷ   ④ ㄴ, ㄷ   ⑤ ㄱ, ㄴ, ㄷ

03 ✿✿✿

직선상에서 20 m/s의 속도로 운동하고 있는 질량 1 kg의 물체를 정지시키려고 할 때 충격량의 크기는? (단, 모든 마찰과 공기 저항은 무시한다.)

① 0.05 N·s   ② 1 N·s   ③ 20 N·s
④ 40 N·s   ⑤ 50 N·s

04 ✿✿✿ 서술형

같은 높이에서 질량이 같은 달걀 A, B를 바닥이 다른 곳에 떨어뜨리는 실험을 하였다. A는 스타이로폼 위에 떨어뜨리고, B는 바위 위에 떨어뜨렸다.
바닥에 닿는 순간부터 멈출 때까지 A와 B의 걸린 시간을 비교하여 충격량과 충격력을 서술하시오.

05 ✿✿✿

그림과 같이 100 g의 공을 10 m/s의 속력으로 벽에 수직으로 던졌더니 8 m/s의 속력으로 반대 방향으로 튀어 나왔다.

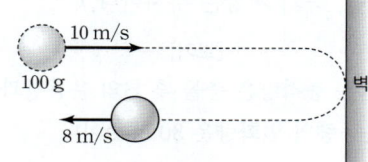

이에 대한 설명으로 옳은 것만을 [보기]에서 있는 대로 고른 것은? (단, 공기 저항은 무시한다.)

─────────[보기]─────────
ㄱ. 공의 운동량의 크기는 충돌 전이 충돌 후보다 크다.
ㄴ. 벽이 받는 충격량의 크기는 공이 받는 충격량의 크기보다 크다.
ㄷ. 공이 받는 충격량의 크기는 0.8 N·s이다.
─────────────────────

① ㄱ   ② ㄴ   ③ ㄱ, ㄷ
④ ㄴ, ㄷ   ⑤ ㄱ, ㄴ, ㄷ

06 ✱✱✲

방석에 떨어진 유리컵은 잘 깨지지 않지만 시멘트 바닥에 떨어진 유리컵은 잘 깨진다.

이 현상과 같은 원리로 설명할 수 없는 것은?

① 대포의 포신이 길수록 대포알이 멀리 나간다.
② 글러브로 야구공을 받을 때 손을 뒤로 빼면서 받는다.
③ 운전자의 안전 운행을 위해 자동차에 에어백을 장착한다.
④ 푹신한 신발을 신을수록 착지할 때 발목에 부담이 적다.
⑤ 높은 곳에서 낮은 곳으로 뛰어 내릴 때 무릎을 구부리면서 안착한다.

07 ✱✱✱

그림은 마찰이 없는 수평면에서 질량이 1 kg, 2 kg인 두 물체 A, B가 오른쪽으로 운동하고 있는 것을 나타낸 것이다. 충돌 후 A는 정지하였다.

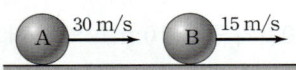

이에 대한 설명으로 옳은 것만을 [보기]에서 있는 대로 고른 것은? (단, 공기 저항은 무시한다.)

[보기]
ㄱ. A가 받는 충격량은 충돌 후 B의 운동량과 같다.
ㄴ. B의 운동량의 변화량은 30 N·s이다.
ㄷ. 충돌 후 B의 속도는 오른쪽으로 30 m/s이다.

① ㄱ   ② ㄴ   ③ ㄷ
④ ㄱ, ㄷ   ⑤ ㄴ, ㄷ

08 ✱✲✲   2020 실시 6월 학평 13 (고1)

다음은 충돌에 의한 피해를 줄이기 위한 여러 가지 방법이다.

| 점프 후 착지할 때 무릎을 살짝 굽힌다. | 자동차의 범퍼는 잘 찌그러지는 재질로 만든다. | 태권도 선수의 보호대는 푹신한 재질로 만든다. |

이 방법들에 공통으로 적용되는 원리로 가장 적절한 것은?

① 물체의 관성을 작게 한다.
② 물체가 힘을 받는 시간을 길게 한다.
③ 물체가 받는 충격량의 크기를 작게 한다.
④ 물체가 받는 평균 힘의 크기를 크게 한다.
⑤ 물체의 운동량 변화량의 크기를 크게 한다.

[09~10] 그림 (가)와 같이 수평면에서 물체 A와 B가 각각 속력 1 m/s, 2 m/s로 등속도 운동 하다가 벽에 충돌하여 정지한다. 그림 (나)는 A, B가 벽에 충돌하는 순간부터 A, B의 속력을 시간에 따라 나타낸 것이다. 충돌 전 A, B의 운동량은 서로 같고, B의 질량은 1 kg이다.

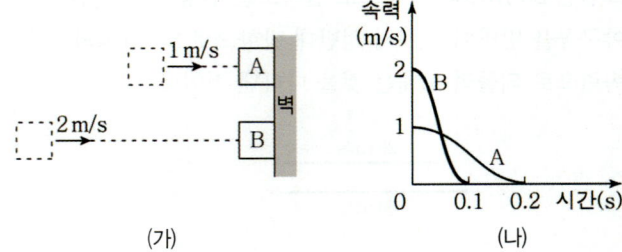

(가)   (나)

09 ✱✱✲   2023 실시 3월 학평 19 / 물리학 I 변형 (고2)

이에 대한 옳은 설명만을 [보기]에서 있는 대로 고른 것은? (단, 모든 마찰과 공기 저항은 무시한다.)

[보기]
ㄱ. A의 질량은 1 kg이다.
ㄴ. A가 충돌하는 동안 받은 충격량의 크기는 2 N·s이다.
ㄷ. 벽에 의한 물체의 운동량 변화량의 크기는 B가 A의 2배이다.

① ㄴ   ② ㄷ   ③ ㄱ, ㄴ   ④ ㄱ, ㄷ   ⑤ ㄴ, ㄷ

10 ✱✲✲ 서술형

B가 충돌하는 동안 받은 평균 힘의 크기를 계산 과정과 함께 서술하시오.

01 ❋❀❀

생명 시스템에 대한 설명으로 옳은 것만을 [보기]에서 있는 대로 고른 것은?

[보기]
ㄱ. 구조적 단위는 세포이다.
ㄴ. 세포막으로 인해 생명 시스템이 유지될 수 있다.
ㄷ. 생명체를 구성하는 여러 요소가 상호작용 하는 시스템이다.

① ㄱ   ② ㄷ   ③ ㄱ, ㄴ
④ ㄴ, ㄷ   ⑤ ㄱ, ㄴ, ㄷ

[02~03] 그림 (가)와 (나)는 동물 세포와 식물 세포를 순서 없이 나타낸 것이다. 물음에 답하시오. (단, C는 B에 붙어 있다.)

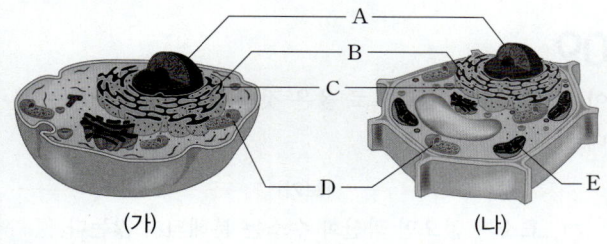

(가)   (나)

02 ❋❋❋

이에 대한 설명으로 옳은 것만을 [보기]에서 있는 대로 고른 것은?

[보기]
ㄱ. (가)는 동물 세포이다.
ㄴ. B에는 DNA가 들어 있다.
ㄷ. C에서는 단백질이 합성된다.

① ㄱ   ② ㄴ   ③ ㄱ, ㄷ
④ ㄴ, ㄷ   ⑤ ㄱ, ㄴ, ㄷ

03 ❋❋❀ 단답형

A~E 중 에너지 전환에 관여하는 세포소기관의 기호를 모두 쓰시오.

04 ❋❀❀

그림은 세포막의 구조를 나타낸 것이다.

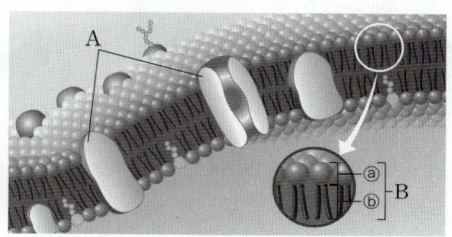

이에 대한 설명으로 옳은 것은?
① 크기가 작거나 지용성인 물질은 A를 통해 이동한다.
② 세포막은 한 층의 B로 이루어져 있다.
③ ⓐ는 친수성 부분으로 세포 안과 밖을 향해 배열되어 있다.
④ ⓑ는 소수성 부분으로 물과 잘 섞인다.
⑤ 모든 물질은 A를 통해서만 이동한다.

05 ❋❋❋

그림은 잉크가 퍼지는 과정을 나타낸 것이다.

이 물질의 이동 방법과 가장 거리가 먼 것은?
① 산소가 많은 폐포에서 모세 혈관으로 산소가 이동하는 과정
② 포도당이 부족한 조직 세포 안으로 혈액 속의 포도당이 이동하는 과정
③ 세포에 필요한 이온을 막단백질이 에너지를 사용하여 이동시키는 과정
④ 아미노산이 막단백질을 통해 상대적으로 농도가 낮은 세포 밖으로 이동하는 과정
⑤ 입자의 크기가 작은 물질이 세포막의 인지질 층을 통해 농도가 높은 곳에서 낮은 곳으로 이동하는 과정

06 ✿✿✿

그림은 같은 동물의 정상 적혈구를 농도가 다른 설탕 용액 (가)와 (나)에 넣고 일정 시간이 지난 후의 모습을 순서 없이 나타낸 것이다.

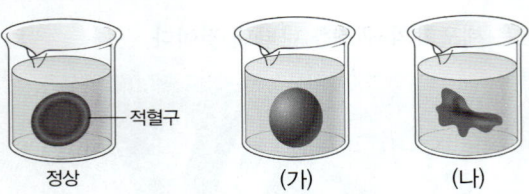

정상   (가)   (나)

이에 대한 설명으로 옳은 것만을 [보기]에서 있는 대로 고른 것은?

[보기]
ㄱ. 세포막을 통한 물의 이동이 일어났다.
ㄴ. 적혈구의 에너지를 사용하는 현상이다.
ㄷ. 농도는 (가)<적혈구<(나) 순서이다.

① ㄱ   ② ㄴ   ③ ㄷ   ④ ㄱ, ㄷ   ⑤ ㄱ, ㄴ, ㄷ

07 ✿✿✿

동화 작용의 예로 옳은 것만을 [보기]에서 있는 대로 고른 것은?

[보기]
ㄱ. 세포호흡   ㄴ. 소화
ㄷ. 광합성   ㄹ. 단백질 합성

① ㄱ, ㄴ   ② ㄴ, ㄷ   ③ ㄷ, ㄹ
④ ㄱ, ㄴ, ㄹ   ⑤ ㄴ, ㄷ, ㄹ

08 ✿✿✿

그림은 효소의 작용 과정을 나타낸 것이다.

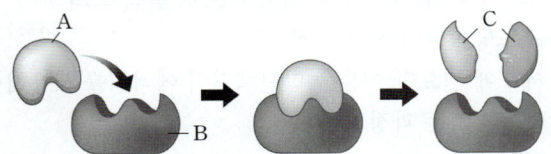

이에 대한 설명으로 옳지 <u>않은</u> 것은? (단, 분자의 크기는 A>C이다.)

① A가 C로 변하면서 에너지가 방출된다.
② B는 모양이 변하지 않는 걸로 보아 효소이다.
③ 한 번 반응에 참여한 B는 다시 사용할 수 없다.
④ B는 A에만 반응한다.
⑤ B의 주성분은 단백질이다.

[09~10] 다음은 간 속에 들어 있는 효소의 기능을 알아보기 위한 실험이다. 물음에 답하시오.

[실험 과정]
(가) 시험관 A~C에 각각 3 % 과산화 수소수를 3 mL씩 넣는다.
(나) 시험관 B에 생간 조각을 넣는다.
(다) 시험관 C에는 익힌 간 조각을 넣는다.
(라) 각 시험관에서 기포가 발생하는지 관찰하여 기록한다.

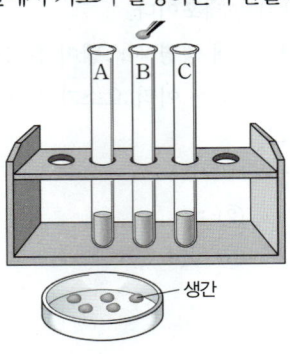

생간

[실험 결과]

시험관	A	B	C
기포 발생량	+	+++	+

(+가 많을수록 많은 기포가 발생)

09 ✿✿✿

이 실험에 대한 설명으로 옳은 것만을 [보기]에서 있는 대로 고른 것은?

[보기]
ㄱ. 효소가 없으면 과산화 수소는 분해되지 않는다.
ㄴ. B에 꺼져가는 성냥을 가져다 대면 다시 타오른다.
ㄷ. C에서 기포가 거의 발생하지 않은 것은 효소가 기능을 잃었기 때문이다.

① ㄱ   ② ㄴ   ③ ㄷ
④ ㄱ, ㄷ   ⑤ ㄴ, ㄷ

10 ✿✿✿ 서술형

반응이 모두 끝난 시험관 B에서 다시 기포를 발생시키기 위해서는 무엇을 더 넣어야 하는지 실험 과정에 사용한 준비물을 토대로 까닭과 함께 서술하시오.

 **14** **생명 시스템에서 정보의 흐름**

• 문항 수 10개
• 제한 시간 15분

01 ❀❀❀

유전자에 대한 설명으로 옳지 <u>않은</u> 것은?

① 유전자는 유전정보를 담고 있다.
② 유전자는 DNA의 특정 위치에 있다.
③ 1개의 염색체에 유전자 1개가 포함되어 있다.
④ 유전은 부모의 형질을 자식이 물려받는 것이다.
⑤ 특정 유전자에 이상이 생기면 유전 질환이 발생할 수 있다.

[02~03] 그림은 세포 내에서 일어나는 유전정보의 흐름을 나타낸 것이다. 물음에 답하시오.

02 ❀❀❀

(가)와 (나)에 들어갈 단어를 옳게 짝지은 것은?

	(가)	(나)
①	전사	번역
②	전사	복제
③	번역	전사
④	번역	복제
⑤	번역	유전

03 ❀❀❀

㉠에 대한 설명으로 옳지 <u>않은</u> 것은?

① 단일 가닥으로 되어 있다.
② A, G, C, T의 염기 4개를 가지고 있다.
③ 핵에서 만들어져 핵 밖으로 빠져나온다.
④ 연속된 3개의 염기가 하나의 아미노산을 지정하는 유전부호로 사용한다.
⑤ ㉠이 가지고 있는 염기 중 하나가 바뀌면 만들어지는 단백질이 달라질 수 있다.

04 ❀❀❀

2023 실시 11월 학평 17 (고1)

그림은 사람의 유전정보 흐름을 나타낸 것이다. ㉠~㉢은 각각 아데닌(A), 유라실(U), 타이민(T) 중 하나이다.

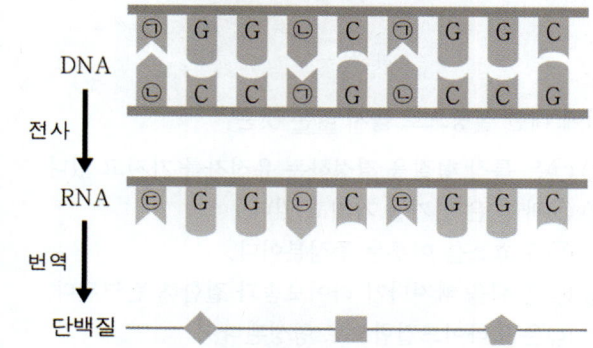

이에 대한 설명으로 옳은 것만을 [보기]에서 있는 대로 고른 것은? (단, 돌연변이는 고려하지 않는다.)

[보기]
ㄱ. 세포의 핵에는 DNA가 있다.
ㄴ. ㉠은 타이민(T)이다.
ㄷ. RNA의 염기 1개가 아미노산 1개를 지정한다.

① ㄱ ② ㄷ ③ ㄱ, ㄴ ④ ㄴ, ㄷ ⑤ ㄱ, ㄴ, ㄷ

05 ❀❀❀ 단답형

유전자의 DNA 염기 배열 순서에서 하나의 아미노산을 지정하는 연속된 3개의 염기를 무엇이라고 하는지 쓰시오.

06 ✽✾✾

그림은 세포 내에서 일어나는 유전정보의 흐름을 나타낸
것이다.

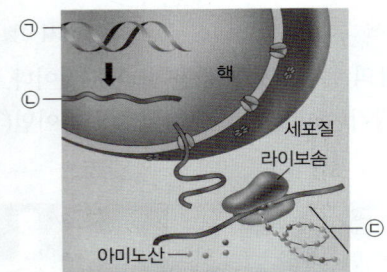

이에 대한 설명으로 옳지 않은 것은?

① ㉠은 특정 형질을 결정하는 유전자를 가지고 있다.
② ㉠과 ㉡은 염기를 가지고 있다.
③ ㉡은 효소를 이루는 주성분이다.
④ ㉡은 핵을 빠져나가 라이보솜과 결합해 번역된다.
⑤ ㉢은 펩타이드결합으로 형성된다.

07 ✾✾✾

그림은 유전정보가 저장된 핵산의 염기서열을 나타낸
것이다.

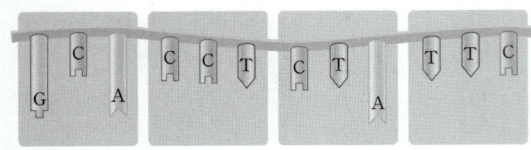

이에 대한 설명으로 옳은 것은? (단, 주어진 염기서열만
고려한다.)

① 이 핵산은 세포질에서 번역된다.
② 단일 가닥이므로 RNA를 나타낸 것이다.
③ 이 핵산의 연속된 3개의 염기를 코돈이라고 한다.
④ 주어진 염기서열을 통해 3개의 아미노산이 만들어질
  수 있다.
⑤ 주어진 염기서열이 번역되기 위해 만들어진 핵산의
  염기서열은 CGUGGAGAUAAG이다.

[08~09] 그림은 유전정보의 흐름을 나타낸 것이다. 물음에 답하시오.

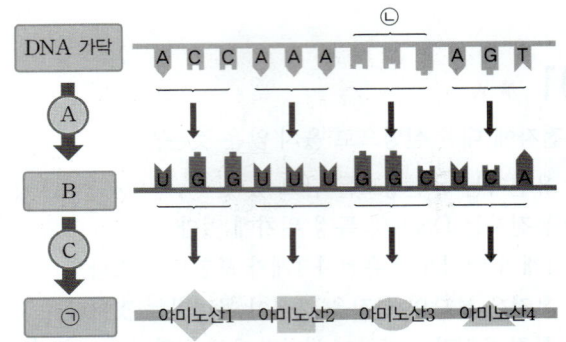

08 ✽✾✾

㉠, ㉡에 대한 설명으로 옳은 것만을 [보기]에서 있는
대로 고른 것은?

─────────[보기]─────────
ㄱ. ㉠은 핵에서 만들어진다.
ㄴ. ㉡에 해당하는 염기서열은 GGC이다.
ㄷ. 돌연변이로 ㉡의 염기서열이 바뀌면 아미노산
  서열이 바뀔 수 있다.
────────────────────────

① ㄱ   ② ㄴ   ③ ㄷ   ④ ㄱ, ㄷ   ⑤ ㄴ, ㄷ

09 ✽✾✾

A, B, C에 들어갈 알맞은 단어를 옳게 짝지은 것은?

	A	B	C
①	RNA	단백질	번역
②	RNA	번역	전사
③	전사	RNA	번역
④	전사	번역	RNA
⑤	번역	RNA	전사

10 ✽✽✽ (서술형)

어떤 단백질의 일부가 40개의 아미노산으로 구성되어
있다면, 이 단백질 일부의 유전정보를 저장하고
있는 DNA는 최소 몇 개의 염기로 구성되어 있는지
서술하시오.

❖ 정답 및 해설 122p

★2028학년도 대학수학능력시험 통합과학 예시문항

1차 예시 문항 문제 구성

(통과: 통합과학)

번호	과목	단원
01	통과1	Ⅰ. 과학의 기초 - 기본량과 단위
02	통과1	Ⅱ. 물질과 규칙성 - 원소 형성, 별의 진화
03	통과1	Ⅲ. 시스템과 상호작용 - 중력장 내의 운동
04	통과1	Ⅲ. 시스템과 상호작용 - 중력장 내의 운동
	통과2	Ⅱ. 환경과 에너지 - 발전
05	통과2	Ⅰ. 변화와 다양성 - 산화와 환원, 물질 변화에서 에너지 출입
06	통과2	Ⅰ. 변화와 다양성 - 산성과 염기성, 중화 반응

번호	과목	단원
07	통과2	Ⅱ. 환경과 에너지 - 온실기체와 지구온난화
08	통과2	Ⅱ. 환경과 에너지 - 에너지 전환과 효율적 이용
09	통과1	Ⅱ. 물질과 규칙성 - 공유 결합 Ⅲ. 시스템과 상호작용 - 물질대사
10	통과2	Ⅰ. 변화와 다양성 - 자연선택, 생물다양성
11	통과1	Ⅱ. 물질과 규칙성 - 생명 시스템의 기본 단위 Ⅲ. 시스템과 상호작용 - 유전자와 단백질
12	통과2	Ⅲ. 과학과 미래 사회 - 인공지능과 과학 탐구

2차 예시 문항 문제 구성

번호	과목	단원
01	통과2	Ⅱ. 환경과 에너지 - 생태계평형
02	통과1	Ⅰ. 과학의 기초 - 과학의 측정과 우리 사회
03	통과1	Ⅰ. 과학의 기초 - 과학의 기본량
04	통과1	Ⅱ. 물질과 규칙성 - 지각과 생명체를 구성하는 물질, 물질의 전기적 성질
05	통과2	Ⅱ. 환경과 에너지 - 생물과 환경
06	통과2	Ⅲ. 과학과 미래 사회 - 과학기술의 활용: 빅데이터
07	통과2	Ⅰ. 변화와 다양성 - 물질 변화에서 에너지의 출입
08	통과2	Ⅰ. 변화와 다양성 - 생물다양성과 보전
09	통과2	Ⅲ. 과학과 미래 사회 - 과학기술의 활용: 감염병
10	통과1	Ⅰ. 과학의 기초 - 과학의 기본량, 에너지 효율과 신재생 에너지
11	통과1	Ⅱ. 물질과 규칙성 - 별의 진화와 원소의 형성, 원소들의 주기성
12	통과2	Ⅰ. 변화와 다양성 - 산화와 환원

번호	과목	단원
13	통과1	Ⅱ. 물질과 규칙성 - 우주의 시작과 원소의 형성
14	통과1	Ⅱ. 물질과 규칙성 - 원소들의 화학 결합
15	통과1	Ⅲ. 시스템과 상호작용 - 지구시스템의 구성과 상호작용
16	통과2	Ⅱ. 환경과 에너지 - 전기 에너지의 생산
17	통과2	Ⅰ. 변화와 다양성 - 지질 시대의 환경과 생물 변화
18	통과1	Ⅲ. 시스템과 상호작용 - 역학 시스템과 안전
19	통과1	Ⅱ. 물질과 규칙성 - 지각과 생명체를 구성하는 물질
20	통과1	Ⅲ. 시스템과 상호작용 - 중력과 역학 시스템
21	통과1	Ⅱ. 물질과 규칙성 - 원소들의 화학 결합
22	통과1	Ⅲ. 시스템과 상호작용 - 지권의 변화
23	통과1	Ⅲ. 시스템과 상호작용 - 생명 시스템에서 화학 반응, 생명 시스템에서 정보의 흐름
24	통과2	Ⅰ. 변화와 다양성 - 산, 염기와 중화 반응
25	통과2	Ⅱ. 환경과 에너지 - 지구 환경의 변화

01

다음은 지구, 동물 세포, 리튬(Li) 원자에 대한 자료와 이에 대한 학생들의 대화이다.

구분	지구	동물 세포	리튬(Li)
모형	핵	핵	핵 +3
핵의 지름(m)	x	y	z

학생 A: 핵의 지름은 모두 길이에 해당하는 기본량으로 나타내.

학생 B: $x > y > z$야.

학생 C: 핵의 부피는 핵의 지름과 같은 단위로 표현돼.

제시한 내용이 옳은 학생만을 있는 대로 고른 것은?

① A   ② C   ③ A, B   ④ B, C   ⑤ A, B, C

02

그림 (가)는 고온의 기체 방전관에서 관찰한 수소, 헬륨, 탄소의 스펙트럼을, (나)는 별 S의 흡수 스펙트럼을 나타낸 것이다. (가)와 (나)에서 관측한 스펙트럼의 파장 영역은 동일하다.

수소
(가) 헬륨
탄소
(나) 별 S

이에 대한 설명으로 옳은 것만을 [보기]에서 있는 대로 고른 것은?

[보기]
ㄱ. (가)의 수소 스펙트럼에서는 방출선이 나타난다.
ㄴ. S에는 탄소가 헬륨보다 풍부하게 포함되어 있다.
ㄷ. S에 포함된 헬륨은 모두 별 내부의 핵융합 반응으로 생성되었다.

① ㄱ   ② ㄴ   ③ ㄱ, ㄷ   ④ ㄴ, ㄷ   ⑤ ㄱ, ㄴ, ㄷ

03

다음은 자유 낙하하는 물체와 수평으로 던져진 물체의 운동을 비교하는 실험이다.

〈실험 과정〉
(가) 그림과 같이 쇠구슬 발사 장치와 모눈종이를 설치하고 동일한 쇠구슬 A와 B를 준비한다.

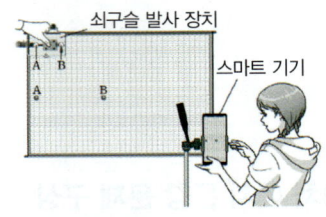

쇠구슬 발사 장치
스마트 기기

(나) 쇠구슬 발사 장치를 이용해 A를 가만히 떨어뜨리는 순간 B를 수평 방향으로 발사하고, A와 B의 운동을 스마트 기기로 촬영한다.
(다) 운동 분석 프로그램을 이용해 A, B의 시간에 따른 연직 방향과 수평 방향의 운동을 그래프로 각각 나타낸다.

〈실험 결과〉
Ⅰ, Ⅱ, Ⅲ은 (다)의 결과 중 일부를 나타낸 것이다.

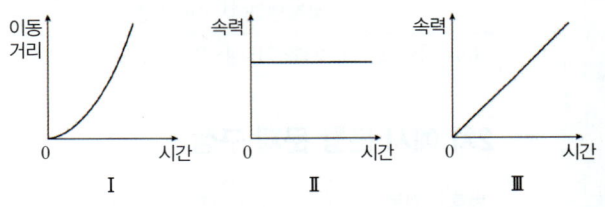

이에 대한 설명으로 옳은 것만을 [보기]에서 있는 대로 고른 것은?

[보기]
ㄱ. A의 연직 방향 운동의 이동 거리를 나타낸 그래프는 Ⅰ이다.
ㄴ. B의 수평 방향 운동의 속력을 나타낸 그래프는 Ⅱ이다.
ㄷ. B의 연직 방향 운동을 나타낸 그래프는 Ⅰ과 Ⅲ이다.

① ㄱ   ② ㄷ   ③ ㄱ, ㄴ   ④ ㄴ, ㄷ   ⑤ ㄱ, ㄴ, ㄷ

04

다음은 자석이 코일을 통과하는 과정에서 유도되는 전류를 알아보는 실험이다.

〈실험 과정〉

(가) 그림과 같이 코일에 검류계를 연결한다.

(나) 자석의 N극을 아래로 하고, 코일로부터 높이 h에서 코일의 중심축을 따라 자석을 가만히 놓는다.

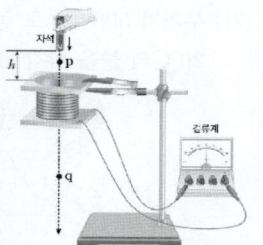

(다) 자석의 N극이 p점을 지나는 순간 검류계 바늘이 움직이는 방향을 관찰한다.

(라) 자석의 S극이 q점을 지나는 순간 검류계 바늘이 움직이는 방향을 관찰한다.

〈실험 결과〉

(다)의 결과

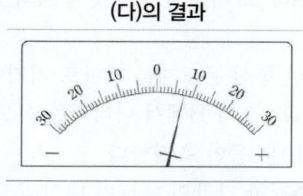

이에 대한 설명으로 옳은 것만을 [보기]에서 있는 대로 고른 것은?

[보기]

ㄱ. 자석이 코일을 통과하는 과정에서 역학적 에너지 일부가 전기 에너지로 전환된다.

ㄴ. h가 클수록 (다)에서 검류계 바늘이 (＋) 방향으로 더 많이 움직인다.

ㄷ. (라)에서 검류계 바늘은 (＋) 방향으로 움직인다.

① ㄱ   ② ㄷ   ③ ㄱ, ㄴ   ④ ㄴ, ㄷ   ⑤ ㄱ, ㄴ, ㄷ

05

다음은 학생 A가 수행한 탐구 활동이다.

〈가설〉

지구 및 생명 현상에서 산화 환원 반응이 일어나면

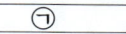 ㉠

〈탐구 과정〉

• 산화 환원과 관련한 지구 및 생명 현상 (가)~(다)에서 일어나는 산화 환원 반응의 화학 반응식과 이 반응이 일어날 때 주위로 열을 흡수 또는 방출하는지 조사한다.

  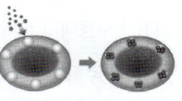

(가) 호상철광층의 형성 (나) 식물의 광합성 (다) 산화 헤모글로빈의 형성

〈탐구 결과〉

현상	화학 반응식	열의 출입
(가)	$4Fe + 3O_2 \rightarrow 2Fe_2O_3$	방출
(나)	$6CO_2 + 6H_2O \rightarrow C_6H_{12}O_6 + 6O_2$	
(다)	$Hb + O_2 \rightarrow HbO_2$	방출

〈결론〉

• 가설은 옳다.

학생 A의 결론이 타당할 때, 이에 대한 설명으로 옳은 것만을 [보기]에서 있는 대로 고른 것은?

[보기]

ㄱ. '주위로 열을 방출한다.'는 ㉠에 해당한다.

ㄴ. (가)의 반응에서 Fe은 전자를 잃는다.

ㄷ. (다)의 반응에서 Hb은 산화된다.

① ㄱ   ② ㄴ   ③ ㄷ   ④ ㄱ, ㄴ   ⑤ ㄴ, ㄷ

06

다음은 중화 반응 실험이다.

〈실험 과정〉

(가) HCl 수용액과 NaOH 수용액을 각각 50 mL 준비한다.

(나) (가)에서 준비한 두 가지 수용액의 부피를 표와 같이 달리하여 혼합한 용액 Ⅰ~Ⅲ을 만들고, 각 혼합 용액의 최고 온도를 측정한다.

혼합 용액	Ⅰ	Ⅱ	Ⅲ
HCl 수용액의 부피(mL)	15	10	5
NaOH 수용액의 부피(mL)	5	10	15

(다) Ⅰ~Ⅲ에 BTB 용액을 각각 2~3방울 넣은 후 혼합 용액의 색을 관찰한다.

〈실험 결과 및 자료〉

혼합 용액	Ⅰ	Ⅱ	Ⅲ
최고 온도(°C)	t_1		t_2
혼합 용액의 색	㉠	파란색	
이온 모형		▲ ● ■ ■ ■ ▲ ■ ●	
모든 이온 수	$12N$	x	y

이에 대한 설명으로 옳은 것만을 [보기]에서 있는 대로 고른 것은? (단, 혼합 전 모든 수용액의 온도는 같고, 혼합 용액의 부피는 혼합 전 각 수용액의 부피의 합과 같다.)

─────[보기]─────
ㄱ. '파란색'은 ㉠에 해당한다.
ㄴ. $t_1 > t_2$이다.
ㄷ. $x + y = 40N$이다.

① ㄱ 　② ㄴ 　③ ㄷ 　④ ㄱ, ㄴ 　⑤ ㄴ, ㄷ

07

다음은 이산화 탄소가 지구 온난화에 미치는 영향을 알아보기 위한 탐구 활동이다.

〈탐구 과정〉

(가) 부피가 500 mL로 동일한 페트병 A와 B를 준비하여 20°C의 물을 각각 250 mL씩 채운다.

(나) 물과 반응하면 이산화 탄소가 발생하는 고체 조각 2개를 B에만 넣은 직후, 근거리 무선 통신 온도계를 끼운 고무마개로 A와 B의 입구를 막는다.

(다) 빛의 세기가 일정한 백열전등을 설치하고, 전등으로부터 20 cm 떨어진 곳에 A와 B를 나란히 놓는다.

(라) 근거리 무선 통신 온도계를 스마트 기기에 연결하고 전등을 켠 후, A와 B에서 나타나는 온도를 1분 간격으로 10분 동안 측정한다.

(마) (라)에서 측정한 각각의 페트병 내의 온도 변화를 ㉠과 ㉡의 그래프로 나타낸다.

〈탐구 결과〉

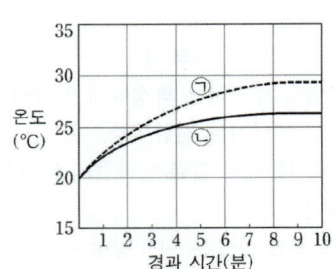

〈결론〉

• 대기 중 이산화 탄소의 양이 많을수록 온실 효과는 (㉮) 된다.

이에 대한 설명으로 옳은 것만을 [보기]에서 있는 대로 고른 것은?

─────[보기]─────
ㄱ. 페트병 B의 온도 변화를 나타낸 것은 ㉠이다.
ㄴ. '강화'는 ㉮에 해당한다.
ㄷ. 대기 중 이산화 탄소의 양이 현재보다 많아지면 지구는 더 높은 온도에서 복사 평형에 도달할 것이다.

① ㄱ 　② ㄷ 　③ ㄱ, ㄴ 　④ ㄴ, ㄷ 　⑤ ㄱ, ㄴ, ㄷ

08

그림은 에너지 전환을 주제로 한 발표 자료에 대해 학생 A, B, C가 대화하는 모습을 나타낸 것이다.

> **내연 기관 자동차와 전기 자동차의 에너지 전환**
> - ㉠ 내연 기관에서 사용하는 화석 연료에는 모두 탄소(C)가 포함됨.
> - 내연 기관 자동차에서 공급받은 연료의 에너지가 $100E_0$, 전기 자동차가 공급받은 전기 에너지가 $25E_0$일 때의 에너지 전환

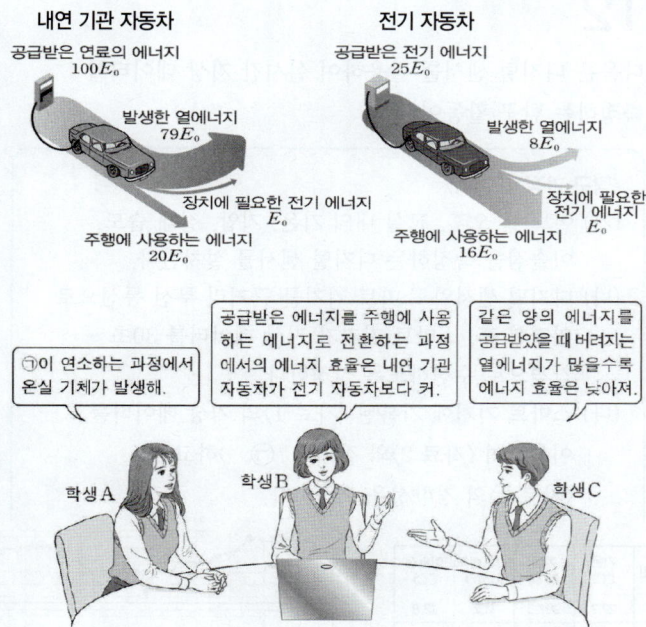

내연 기관 자동차
공급받은 연료의 에너지 $100E_0$
발생한 열에너지 $79E_0$
장치에 필요한 전기 에너지 E_0
주행에 사용하는 에너지 $20E_0$

전기 자동차
공급받은 전기 에너지 $25E_0$
발생한 열에너지 $8E_0$
장치에 필요한 전기 에너지 E_0
주행에 사용하는 에너지 $16E_0$

학생 A: ㉠이 연소하는 과정에서 온실 기체가 발생해.

학생 B: 공급받은 에너지를 주행에 사용하는 에너지로 전환하는 과정에서의 에너지 효율은 내연 기관 자동차가 전기 자동차보다 커.

학생 C: 같은 양의 에너지를 공급받았을 때 버려지는 열에너지가 많을수록 에너지 효율은 낮아져.

제시한 내용이 옳은 학생만을 있는 대로 고른 것은?

① A ② B ③ A, C ④ B, C ⑤ A, B, C

09

다음은 어떤 학생이 작성한 과산화 수소 활용 실험 보고서이다.

〈가설 1〉
- 감자즙에는 ⓐ 과산화 수소 분해 반응을 촉진하는 효소가 있을 것이다.

〈가설 2〉
- 과산화 수소수는 산성을 띨 것이다.

〈준비물〉
- 4홈판, 스포이트, 과산화 수소수, 감자즙, BTB 용액

A: 과산화 수소수 + 증류수
B: 과산화 수소수 + 감자즙
C: 과산화 수소수 + BTB 용액
D: 증류수 + BTB 용액

〈실험 과정〉
(가) 4홈판의 A~C에는 각각 과산화 수소수 3 mL를 넣고, D에는 증류수 3 mL를 넣는다.
(나) A에는 증류수, B에는 감자즙, C와 D에는 각각 BTB 용액을 2~3방울 넣는다.
(다) A~D에서 기포 생성 여부와 용액의 색 변화를 관찰한다.

〈실험 결과〉

구분	A	B	C	D
기포 생성 여부	생성 안 됨	생성됨	생성 안 됨	생성 안 됨
색깔	투명	?	노란색	녹색

이에 대한 설명으로 옳은 것만을 [보기]에서 있는 대로 고른 것은?

[보기]
ㄱ. ⓐ는 과산화 수소 분해 반응의 활성화에너지를 낮춘다.
ㄴ. 과산화 수소 분해로 생성된 산소(O_2)는 공유 결합 물질이다.
ㄷ. C와 D에서의 실험 결과를 비교하여 가설 2를 검증할 수 있다.

① ㄱ ② ㄷ ③ ㄱ, ㄴ ④ ㄴ, ㄷ ⑤ ㄱ, ㄴ, ㄷ

10

다음은 어떤 항생제 내성에 관한 자료이다.

- 항생제 내성 세균은 항생제에 노출되었을 때 생존 가능성이 높고, 항생제 감수성 세균은 항생제에 노출되었을 때 죽을 가능성이 높다.
- 항생제 X에 대한 내성은 돌연변이에 의해 생기고, 다음 세대로 유전된다.
- X가 없는 조건에서 X 내성 세균과 X 감수성 세균의 증식 속도는 동일하다.
- 그림은 X 처리 여부에 따라 X 내성 세균과 X 감수성 세균의 비율이 변화하는 과정을 나타낸 것이다.

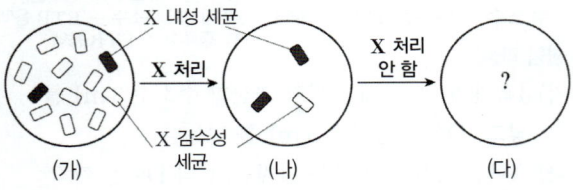

이 자료에 대한 설명으로 옳은 것만을 [보기]에서 있는 대로 고른 것은?

[보기]
ㄱ. X에 노출되지 않은 세균 집단에서 X 내성 세균은 발생할 수 없다.
ㄴ. (가) → (나) 과정에서 세균의 형질에 따른 자연선택의 원리가 적용된다.
ㄷ. X 내성 세균의 비율은 (가)에서보다 (다)에서가 높다.

① ㄱ   ② ㄷ   ③ ㄱ, ㄴ   ④ ㄴ, ㄷ   ⑤ ㄱ, ㄴ, ㄷ

11

다음은 생명체의 단백질과 유전정보에 대한 자료이다. ⓐ와 ⓑ는 단백질과 DNA를 순서 없이 나타낸 것이다.

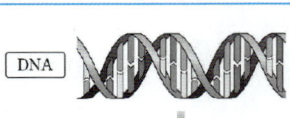
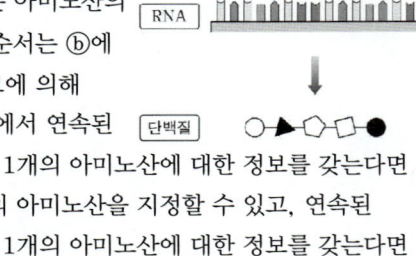

- ⓐ의 합성에 이용되는 아미노산은 약 20종류이다.
- ⓐ를 구성하는 아미노산의 종류와 결합 순서는 ⓑ에 있는 유전정보에 의해 결정된다. ⓑ에서 연속된 2개의 염기가 1개의 아미노산에 대한 정보를 갖는다면 최대 16종류의 아미노산을 지정할 수 있고, 연속된 3개의 염기가 1개의 아미노산에 대한 정보를 갖는다면 최대 64종류의 아미노산을 지정할 수 있다.

이에 대한 설명으로 옳은 것만을 [보기]에서 있는 대로 고른 것은?

[보기]
ㄱ. ⓐ는 효소의 구성 성분이다.
ㄴ. ⓑ를 구성하는 단위체는 4종류이다.
ㄷ. ⓑ에서 연속된 2개의 염기가 1개의 아미노산을 지정한다.

① ㄱ   ② ㄴ   ③ ㄱ, ㄴ   ④ ㄱ, ㄷ   ⑤ ㄴ, ㄷ

12

다음은 디지털 센서를 활용하여 실시간 기상 데이터를 측정하는 탐구 활동이다.

〈탐구 과정 및 결과〉
(가) 어느 날 오후, 교실 내의 기온, 기압, 절대 습도, 이슬점을 측정하는 디지털 센서를 설치한다.
(나) 디지털 센서와 스마트 기기를 근거리 무선 통신으로 연결한 후, 스마트 기기가 기상 데이터를 30초 간격으로 수신하도록 설정한다.
(다) 스마트 기기에 기록된 〈자료 1〉의 기상 데이터를 이용하여 〈자료 2〉와 같이 (㉠)하고, 〈자료 2〉의 경향성을 해석한다.

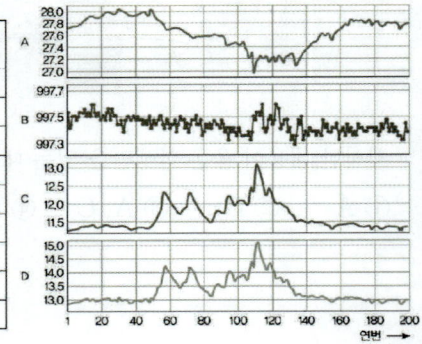

연번	기온 (°C)	기압 (hPa)	절대 습도 (g/m³)	이슬점 (°C)
1	27.7	997.5	11.2	12.8
⋮	⋮	⋮	⋮	⋮
110	26.9	997.5	12.3	14.2
111	27.1	997.5	12.8	14.8
112	27.2	997.5	13.1	15.1
113	27.2	997.5	13.0	15.0
114	27.2	997.5	12.8	14.8
⋮	⋮	⋮	⋮	⋮
200	27.8	997.3	11.3	12.9

〈자료 1〉   〈자료 2〉

〈결론〉
공기 중 단위 부피당 수증기량(절대 습도)이 많을수록 이슬점은 대체로 (㉡)한다.

이에 대한 설명으로 옳은 것만을 [보기]에서 있는 대로 고른 것은?

[보기]
ㄱ. '그래프로 변환'은 ㉠에 해당한다.
ㄴ. A~D 중 이슬점 그래프는 C이다.
ㄷ. '상승'은 ㉡에 해당한다.

① ㄱ   ② ㄴ   ③ ㄱ, ㄷ   ④ ㄴ, ㄷ   ⑤ ㄱ, ㄴ, ㄷ

2028학년도 대학수학능력시험 예시문항 (2차)

· 2025년 4월 15일 발표
· 문항 수: 25개

01

표는 생태계평형에 영향을 미치는 환경 변화의 예를 나타낸 것이다. (가)와 (나)는 외래생물 유입과 환경 오염을 순서 없이 나타낸 것이다.

환경 변화	예
(가)	폐그물, 폐플라스틱 등의 해양쓰레기로 해양 포유류와 바닷새가 폐사하거나 생존에 위협을 받는다.
(나)	ⓐ 해외로부터 유입된 뉴트리아는 하천 주변에 서식하며 식물을 마구 갉아 먹어 주변 생태계를 파괴한다.
지구 온난화	㉠

이에 대한 설명으로 옳은 것만을 [보기]에서 있는 대로 고른 것은? [1.5점]

[보기]
ㄱ. (가)는 환경 오염이다.
ㄴ. ⓐ를 해결하는 방법에는 뉴트리아를 천연기념물로 지정하는 것이 있다.
ㄷ. '영구 동토층의 북극이끼는 기온 상승으로 서식지를 잃어간다.'는 ㉠에 해당한다.

① ㄱ ② ㄴ ③ ㄱ, ㄷ ④ ㄴ, ㄷ ⑤ ㄱ, ㄴ, ㄷ

02

표는 길이의 측정 표준 A, B, C에 대한 내용이다.

측정 표준	1 m의 정의
A	0 °C일 때, 백금—이리듐 합금으로 만든 미터원기에 표시된 두 선 사이의 거리
B	진공에서 빛이 $\dfrac{1}{299\ 792\ 458}$ 초 동안 진행하는 거리
C	지구 자오선의 일부분을 이동하면서 측정한 거리와 위도를 이용하여 계산한 북극에서 적도까지 거리의 $\dfrac{1}{10\ 000\ 000}$

이에 대한 설명으로 옳은 것만을 [보기]에서 있는 대로 고른 것은? [1.5점]

[보기]
ㄱ. A의 미터원기는 온도가 달라지면 길이가 변한다.
ㄴ. B에는 시간을 정확하게 측정하는 기술이 필요하다.
ㄷ. 길이의 측정 표준은 C → A → B 순으로 바뀌었다.

① ㄱ ② ㄷ ③ ㄱ, ㄴ ④ ㄴ, ㄷ ⑤ ㄱ, ㄴ, ㄷ

03

다음은 구리를 이용한 실험이다.

〈실험 과정 및 결과〉
(가) 그림과 같이 한 변의 ㉠ 길이가 1 cm인 정육면체의 구리를 준비하였다.
(나) 전자저울을 이용하여 (가)에서 준비한 구리의 ㉡ 질량을 측정하였더니 9 g이었다.
(다) (가)에서 준비한 구리와 ㉢ 온도가 같은 물 10 mL가 담긴 눈금실린더에 구리를 완전히 잠기도록 넣고 눈금을 읽었더니 11 mL이었다.

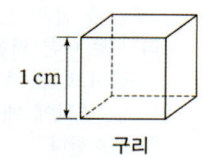

1 cm
구리

이에 대한 설명으로 옳은 것만을 [보기]에서 있는 대로 고른 것은? [1.5점]

[보기]
ㄱ. ㉢은 기본량이다.
ㄴ. 밀도는 ㉠과 ㉡으로부터 유도되는 물리량이다.
ㄷ. 1 mL와 $1\ cm^3$는 같은 부피이다.

① ㄱ ② ㄷ ③ ㄱ, ㄴ ④ ㄴ, ㄷ ⑤ ㄱ, ㄴ, ㄷ

04

다음은 지구를 구성하는 물질에 대한 설명이다.

지구의 지각을 이루는 암석의 대부분은 그림과 같이 두 종류의 원자 ⓐ와 ⓑ가 공유결합한 사면체 구조를 기본 단위체로 하는 ㉠ 광물로 구성되어 있다. 기본 단위체의 구성 원자인 X로만 이루어진 물질은 특정 불순물을 첨가하여 전기적 성질을 변화시킬 수 있다. 이를 이용하여 만든 ㉡ 소자는 태양 전지나 스마트 기기, 로봇 등 다양한 제품에 활용된다.

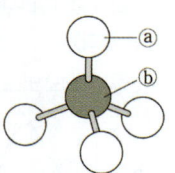

ⓐ
ⓑ

이에 대한 설명으로 옳은 것만을 [보기]에서 있는 대로 고른 것은? [2.5점]

[보기]
ㄱ. X는 ⓐ이다.
ㄴ. '규산염'은 ㉠에 해당한다.
ㄷ. '반도체'는 ㉡에 해당한다.

① ㄱ ② ㄷ ③ ㄱ, ㄴ ④ ㄴ, ㄷ ⑤ ㄱ, ㄴ, ㄷ

05

다음은 개미 종 A에 대한 자료이다.

- 땅속에 굴을 파서 서식하는 A는 유충의 먹이인 곰팡이를 굴에서 기른다. A가 곰팡이를 기르는 데 필요한 잎을 잘라 굴로 운반하면, ㉠ 곰팡이가 잎 조각을 분해하여 주변 토양이 비옥해진다.
- 잎 조각을 굴로 운반하는 과정에서 ㉡ A는 몸의 크기에 따라 서로 다른 역할을 수행한다. 중간 크기의 A는 잎을 잘라 운반하고, 큰 A는 주변에서 지상의 포식자로부터, 작은 A는 잎 조각에 매달려 공중의 포식자로부터 중간 크기의 A를 보호한다.

이에 대한 설명으로 옳은 것만을 [보기]에서 있는 대로 고른 것은? [1.5점]

[보기]

ㄱ. A는 생태계를 구성하는 생물요소 중 생산자이다.
ㄴ. ㉠은 생물요소가 비생물요소에 영향을 미치는 예에 해당한다.
ㄷ. ㉡은 개체군 사이의 상호작용이다.

① ㄱ   ② ㄴ   ③ ㄱ, ㄷ   ④ ㄴ, ㄷ   ⑤ ㄱ, ㄴ, ㄷ

06

다음은 기상 요소의 월평균 변화 경향을 알아보기 위해 빅데이터를 활용한 탐구 활동이다.

〈탐구 과정〉
(가) 최근 3년 동안 우리나라 ○○ 지역에서 관측한 일평균 기온, 기압, 상대 습도 데이터를 수집한다.
(나) ㉠ 수집한 데이터에서 측정 오차와 편향된 값을 처리한 후, 기상 요소의 변화 경향을 알아보기 위해 월평균 데이터로 변환한다.
(다) (나)의 데이터를 활용하여 기상 요소의 월평균 변화를 그래프로 나타낸다.

〈탐구 결과〉

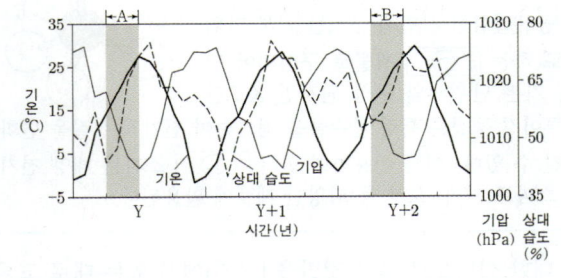

이에 대한 설명으로 옳은 것만을 [보기]에서 있는 대로 고른 것은? [1.5점]

[보기]

ㄱ. ㉠을 통해 데이터 분석 결과의 신뢰성을 높일 수 있다.
ㄴ. 월평균 상대 습도의 변화량은 A 시기가 B 시기보다 크다.
ㄷ. 이 탐구 결과에서 월평균 기온이 낮아지는 시기에는 월평균 기압이 높아지는 경향을 보인다.

① ㄱ   ② ㄷ   ③ ㄱ, ㄴ   ④ ㄴ, ㄷ   ⑤ ㄱ, ㄴ, ㄷ

07

다음은 열 출입과 관련된 교사와 학생의 대화이다.

 교사: 이번 실험에서 염화 암모늄이 물에 용해되는 반응이 일어날 때 수용액의 온도가 낮아지는 것을 확인했어요. 온도가 낮아지는 이유는 무엇일까요?

 (가) 학생

 교사: 맞아요. 그렇다면 이 반응의 열 이동 방향과 반대 방향으로 열이 이동하는 사례를 찾아볼까요?

학생: 선생님, 제가 찾은 사례는 다음과 같아요. (나)

 교사: 정확하게 잘 찾았네요.

(가)와 (나)에 들어갈 내용으로 가장 적절한 것은? [2점]

① (가) : 반응이 일어날 때 주위로 에너지를 방출하기 때문이에요.
② (가) : 반응물의 에너지가 생성물의 에너지보다 높기 때문이에요.
③ (나) : 인체에서 일어나는 세포호흡이 이에 해당해요.
④ (나) : 염전에서 소금을 얻을 때 물이 증발하는 것이 이에 해당해요.
⑤ (나) : 드라이아이스가 이산화 탄소 기체로 승화하는 것이 이에 해당해요.

08

큰가시고기 종 A는 포식자로부터 생존에 유리한 외피 조각 표현형을 갖는다. 그림 (가)는 A의 외피 조각 표현형 ㉠, ㉡, ㉢을, (나)는 해수와 담수에서 ㉠, ㉡, ㉢을 가진 A 개체의 빈도를 나타낸 것이다.

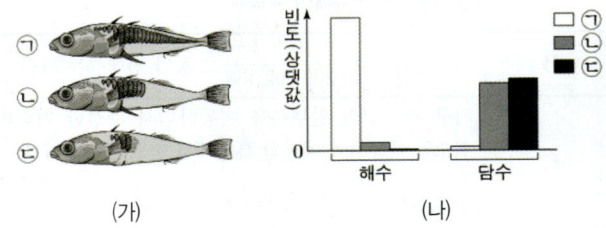

이에 대한 설명으로 옳은 것만을 [보기]에서 있는 대로 고른것은? [2점]

[보기]

ㄱ. (가)에서 외피 조각 표현형이 개체마다 다르게 나타나는 것은 생태계다양성에 해당한다.
ㄴ. 해수에서는 ㉠을 가진 개체가 ㉢을 가진 개체보다 생존에 유리하다.
ㄷ. 자손에게 전달되는 변이는 진화의 원인이 될 수 있다.

① ㄱ   ② ㄴ   ③ ㄱ, ㄷ   ④ ㄴ, ㄷ   ⑤ ㄱ, ㄴ, ㄷ

09

다음은 말라리아 매개 모기 A의 발생 시기를 알아보기 위한 탐구 활동이다.

• 말라리아의 병원체는 A를 매개로 전파된다.

〈탐구 활동〉

(가) 말라리아 발병 지역에서 4월부터 6월까지 주별로 채집된 A의 개체수, 주별 최고 기온과 최저 기온에 대한 데이터를 연도별로 수집하였다.

(나) (가)의 데이터를 그림과 같이 그래프로 나타내고 분석하였다.

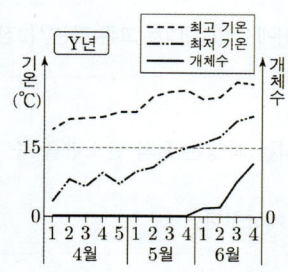 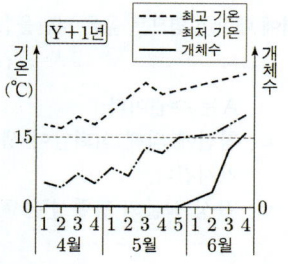

(다) ㉠ 이 상승하다가 15 ℃ 이상일 때부터 A가 채집되기 시작한다는 결론을 내렸다. ㉠은 '최고 기온'과 '최저 기온' 중 하나이다.

(라) 이 지역 주별 최고 기온과 최저 기온이 그림과 같이 예측될 때, (다)의 결론을 근거로 A가 채집되기 시작하는 시기를 ㉡ 로 예상하였다.

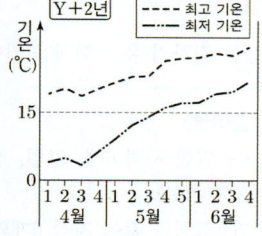

이에 대한 설명으로 옳은 것만을 [보기]에서 있는 대로 고른 것은? [2.5점]

[보기]
ㄱ. 말라리아는 감염병이다.
ㄴ. ㉠은 '최고 기온'이다.
ㄷ. '6월'은 ㉡에 해당한다.

① ㄱ   ② ㄴ   ③ ㄷ   ④ ㄱ, ㄴ   ⑤ ㄱ, ㄷ

10

표는 전기 에너지를 생산하는 발전소 A, B, C에 대한 자료이다.

발전소	발전 방식	특 징
A	수력 발전	높은 곳에서 떨어지는 물의 역학적 에너지 10 MJ당 8 MJ의 전기 에너지를 생산한다.
B	태양광 발전	태양 전지를 비추는 빛의 에너지가 1 kJ일 때, 200 J의 전기 에너지를 생산한다.
C	화력 발전	1 g당 20 kJ의 화학 에너지를 가진 화석 연료 1 kg을 사용하여 8 MJ의 전기 에너지를 생산한다.

공급된 에너지의 양이 같을 때, A, B, C에서 생산하는 전기 에너지의 양을 옳게 비교한 것은? [1.5점]

① A>B>C   ② A>C>B   ③ B>A>C
④ B>C>A   ⑤ C>A>B

11

그림은 어느 별의 내부 구조와 각 영역에서 가장 큰 질량비를 차지하는 원소를 나타낸 것이다. X, Y, Z는 규소, 철, 탄소를 순서 없이 나타낸 것이다.

이에 대한 설명으로 옳은 것만을 [보기]에서 있는 대로 고른 것은? [2.5점]

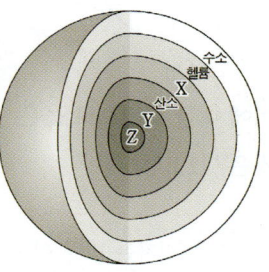

[보기]
ㄱ. 중심부의 온도는 이 별이 태양보다 높다.
ㄴ. X와 Y는 같은 족 원소이다.
ㄷ. 지구를 구성하는 원소의 질량비는 Y가 Z보다 크다.

① ㄱ   ② ㄷ   ③ ㄱ, ㄴ   ④ ㄴ, ㄷ   ⑤ ㄱ, ㄴ, ㄷ

12

그림은 XCl_a 수용액에 금속 Y를 넣어 반응을 완결시켰을 때, 반응 전과 후 수용액에 존재하는 모든 이온을 모형으로 나타낸 것이다. ◯, ■, ▲는 각각 X^{a+}, Y^{b+}, Cl^- 중 하나이다.

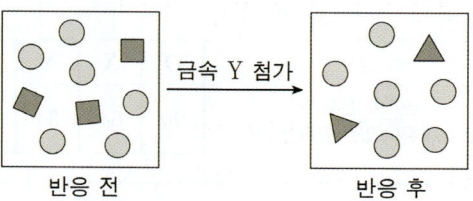

이에 대한 설명으로 옳은 것만을 [보기]에서 있는 대로 고른 것은? (단, X와 Y는 임의의 원소 기호이다.) [2점]

[보기]
ㄱ. ◯는 Cl^-이다.
ㄴ. 이 반응에서 Y는 산소를 얻어 산화된다.
ㄷ. $a : b = 3 : 2$이다.

① ㄱ   ② ㄴ   ③ ㄱ, ㄷ   ④ ㄴ, ㄷ   ⑤ ㄱ, ㄴ, ㄷ

13

그림 (가)는 우주를 구성하는 원소의 질량비를, (나)는 별 S와 원소 ㉠, ㉡의 스펙트럼을 나타낸 것이다.

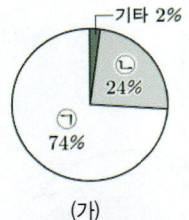
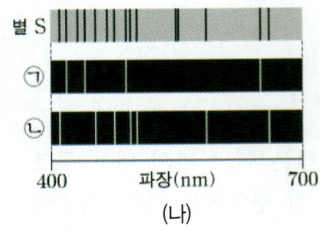

(가)   (나)

이에 대한 설명으로 옳은 것만을 [보기]에서 있는 대로 고른 것은? [1.5점]

[보기]
ㄱ. ㉠ 원자는 빅뱅 이후 약 38만 년이 지난 뒤 형성되었다.
ㄴ. 우주를 구성하는 ㉡의 대부분은 별 내부의 핵융합 반응으로 만들어졌다.
ㄷ. S의 대기는 ㉠과 ㉡으로만 구성되어 있다.

① ㄱ   ② ㄴ   ③ ㄷ   ④ ㄱ, ㄴ   ⑤ ㄱ, ㄷ

14

다음은 전자껍질 모형을 이용한 원소의 전자 배치와 관련된 탐구 활동이다.

〈2, 3주기 원소의 전자 배치 규칙〉
(가) 원자가 가진 모든 전자 중 2개를 원자핵에서 가장 가까운 첫 번째 전자껍질에 배치한다.
(나) 남은 전자를 두 번째 전자껍질에 8개까지 가능한 한 많이 배치한다. 이후 전자가 남으면 세 번째 전자껍질에 나머지 모두를 배치한다.

〈탐구 과정 및 결과〉
• 전자 배치 규칙에 따라 산소(O) 원자와 원자 X, Y, Z의 전자를 배치하여 표와 같이 정리하였다. X, Y, Z의 원자 번호는 각각 7 ~ 17 중 하나이다.

원자	O	X	Y	Z
원자가 전자 수 / 전자가 들어 있는 전자껍질 수	$9a$	$6a$	$3a$	a

이에 대한 설명으로 옳은 것만을 [보기]에서 있는 대로 고른 것은? (단, X, Y, Z는 임의의 원소 기호이다.) [2점]

[보기]
ㄱ. Z는 전자 2개를 잃으면 네온(Ne)의 전자 배치를 갖는다.
ㄴ. XO_2는 공유 결합 화합물이다.
ㄷ. Y와 산소(O)가 결합하여 형성된 안정한 화합물은 액체 상태에서 전기 전도성이 있다.

① ㄱ   ② ㄴ   ③ ㄱ, ㄷ   ④ ㄴ, ㄷ   ⑤ ㄱ, ㄴ, ㄷ

15

그림은 지구시스템을 구성하는 각 권역 사이의 탄소 순환 과정을, 표는 탄소의 이동 과정 ㉠, ㉡, ㉢의 예를 나타낸 것이다. A, B, C는 기권, 수권, 지권을 순서 없이 나타낸 것이다.

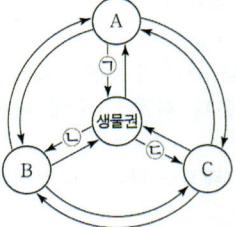

이동 과정	예
㉠	산호 골격 생성
㉡	석탄의 생성
㉢	ⓐ

이에 대한 설명으로 옳은 것만을 [보기]에서 있는 대로 고른 것은? [2점]

[보기]
ㄱ. A는 수권이다.
ㄴ. 침전에 의해 석회암이 생성되는 과정은 B의 탄소량을 증가시킨다.
ㄷ. '육상 식물의 광합성'은 ⓐ에 해당한다.

① ㄱ   ② ㄷ   ③ ㄱ, ㄴ   ④ ㄴ, ㄷ   ⑤ ㄱ, ㄴ, ㄷ

16

다음은 전자기 유도 현상을 알아보기 위해 설계한 실험이다.

〈준비물〉
• 동일한 자석 6개, 코일, 전류 센서, 고무줄

〈실험 과정〉
(가) 그림과 같이 자석 6개와 고무줄을 이용하여 A, B, C를 준비하고, 코일과 전류 센서를 연결한다.

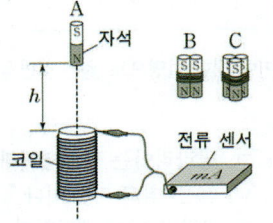

(나) A의 N극을 아래로 하고 코일의 위쪽 끝에서 높이 h인 지점에 가만히 놓는다.
(다) 자석이 코일의 중심축을 따라 낙하하는 동안 코일에 유도되는 전류를 전류 센서로 측정한다.
(라) (나)의 A를 B로 바꾸어 (나)와 (다)를 반복한다.
(마) (나)의 A를 C로 바꾸어 (나)와 (다)를 반복한다.
(바) 전류 센서에 측정된 유도 전류의 세기를 비교한다.

이에 대한 설명으로 옳은 것만을 [보기]에서 있는 대로 고른 것은? [2점]

[보기]
ㄱ. 자석의 개수가 다른 A, B, C를 사용하는 것은 자기장의 세기를 서로 다르게 하기 위해서이다.
ㄴ. A, B, C를 놓을 때, N극을 아래로 하는 것은 자기장의 방향과 유도 전류의 세기 사이의 관계를 알아보기 위해서이다.
ㄷ. A, B, C를 놓는 높이를 h로 같게 하는 것은 코일을 통과할 때 전기 에너지로 전환되는 운동 에너지의 양을 서로 같게 하기 위해서이다.

① ㄱ   ② ㄷ   ③ ㄱ, ㄴ   ④ ㄱ, ㄷ   ⑤ ㄴ, ㄷ

17

그림 (가)와 (나)는 2억 6천만 년 전과 1억 년 전의 수륙 분포를 순서 없이 나타낸 것이다.

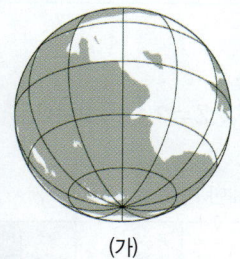 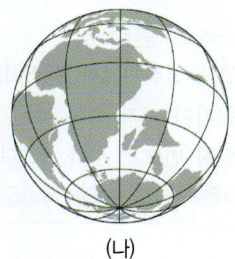

(가)   (나)

이에 대한 설명으로 옳은 것만을 [보기]에서 있는 대로 고른 것은? [1.5점]

[보기]
ㄱ. (나)의 시기에 생성된 지층에서 삼엽충 화석이 발견된다.
ㄴ. (가)와 (나) 사이의 시기에 대멸종이 일어났다.
ㄷ. (나)의 시기 이후, 빙하기와 간빙기가 반복된 시기가 있었다.

① ㄱ ② ㄴ ③ ㄷ ④ ㄱ, ㄴ ⑤ ㄴ, ㄷ

18

그림 (가)는 힘 센서를 설치한 마네킹에 안전모를 씌운 후 속력 v_0으로 벽에 충돌시키는 실험을 나타낸 것이다. 그림 (나)는 안전모 A, B, C를 이용하여 각각 (가)의 실험을 했을 때 힘 센서에 측정된 결과를 나타낸 것으로, 각각의 그래프와 시간 축이 이루는 면적은 서로 같다.

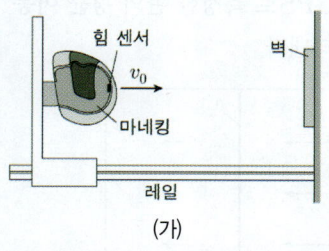 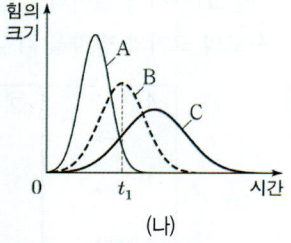

(가)   (나)

이에 대한 설명으로 옳은 것만을 [보기]에서 있는 대로 고른 것은? [2점]

[보기]
ㄱ. $\dfrac{\text{마네킹이 받은 충격량}}{\text{충돌 시간}}$ 의 크기가 가장 작은 경우는 A를 이용한 충돌 실험이다.
ㄴ. B를 이용한 충돌 실험에서, 마네킹의 운동량의 크기는 시간 t_1일 때 가장 크다.
ㄷ. 머리에 가해지는 충격을 줄이는 데에는 C가 A보다 효과적이다.

① ㄱ ② ㄷ ③ ㄱ, ㄴ ④ ㄴ, ㄷ ⑤ ㄱ, ㄴ, ㄷ

19

표는 이중나선구조 DNA의 모형을 만들기 위해 준비한 당, 인산, 염기, 결합선 부품 각각의 개수를, 그림은 완성된 DNA 모형 X를 나타낸 것이다. X는 표의 부품으로 만들 수 있는 정상적인 이중나선구조 DNA 모형 중 뉴클레오타이드의 수가 가장 많은 모형이다.

부품		개수
⬠	당	63
○	인산	58
	아데닌(A)	15
	사이토신(C)	13
염기	구아닌(G)	25
	타이민(T)	20
—	결합선	500

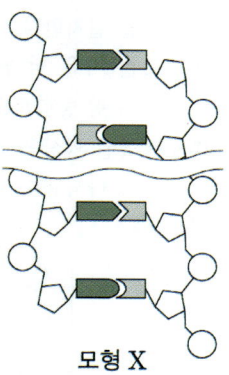

모형 X

이에 대한 설명으로 옳은 것만을 [보기]에서 있는 대로 고른 것은? [2점]

[보기]
ㄱ. 핵산의 기본 단위체는 염기이다.
ㄴ. X에서 인산의 총개수는 56개이다.
ㄷ. X에서 구아닌과 상보적으로 결합한 염기의 총개수는 13개이다.

① ㄱ ② ㄴ ③ ㄷ ④ ㄱ, ㄷ ⑤ ㄴ, ㄷ

20

다음은 지구 표면에서 구슬의 운동에 대해 알아보는 실험이다.

〈실험 과정〉

(가) 그림과 같이 모눈종이를 배경으로 구슬 A와 B의 운동을 촬영하는 실험 장치를 설치한다.

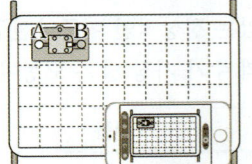

(나) A는 자유 낙하시키고, B는 수평 방향으로 v_0의 속력으로 발사한다.

(다) 촬영된 영상을 분석하여 A와 B의 위치를 0.1 s 간격으로 나타낸다.

〈실험 결과〉

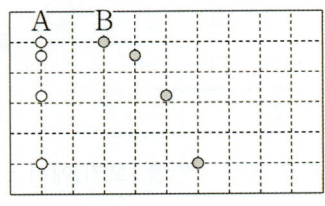

중력이 지구보다 작은 행성의 표면에서 이 실험 과정을 동일하게 수행했을 때의 결과로 가장 적절한 것은? [2.5점]

① 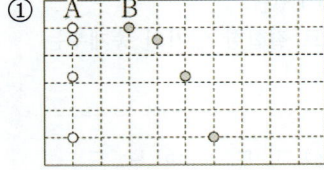   ②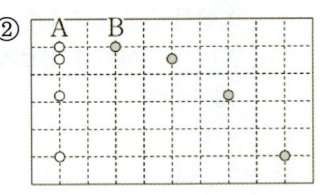

③ 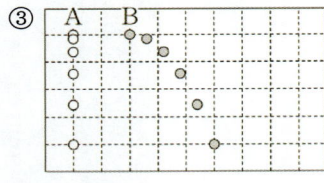   ④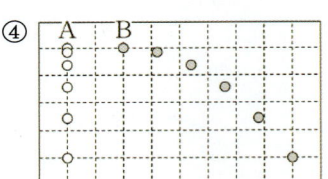

⑤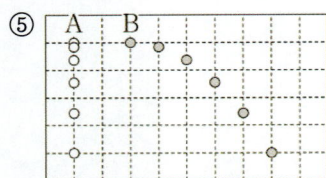

21

다음은 2, 3주기에서 원자 번호가 서로 다른 원소 W ~ Z와 인체를 구성하는 원소의 질량비에 대한 자료이다.

〈W ~ Z에 대한 자료〉

• W는 3주기 2족 원소이다.
• 원자가 전자 수의 비는 X : Y : Z = 2 : 2 : 3이다.
• 원자 번호는 Y가 Z보다 크다.

〈인체를 구성하는 원소의 질량비에 대한 자료〉

이에 대한 설명으로 옳은 것만을 [보기]에서 있는 대로 고른 것은? (단, W ~ Z는 임의의 원소 기호이다.) [2.5점]

[보기]

ㄱ. W는 금속 원소이다.
ㄴ. ㉠은 X이다.
ㄷ. 광합성을 하는 식물은 YZ_2를 사용하여 포도당을 합성한다.

① ㄱ   ② ㄴ   ③ ㄱ, ㄴ   ④ ㄱ, ㄷ   ⑤ ㄴ, ㄷ

22

그림은 판 A, B, C와 판의 경계 ㉠과 ㉡을 나타낸 것이다. 화살표(→)의 길이와 방향은 GPS로 측정한 판의 평균 이동 속도의 크기와 방향을 각각 나타낸다.

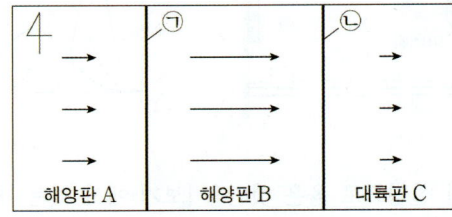

이에 대한 설명으로 옳은 것만을 [보기]에서 있는 대로 고른 것은? [2점]

[보기]

ㄱ. ㉠ 하부에는 상승하는 맨틀 물질이 존재한다.
ㄴ. B에 대한 C의 이동 방향은 서쪽이다.
ㄷ. B에서는 호상 열도가 형성된다.

① ㄱ   ② ㄷ   ③ ㄱ, ㄴ   ④ ㄴ, ㄷ   ⑤ ㄱ, ㄴ, ㄷ

23

다음은 카탈레이스에 의한 과산화 수소 분해 반응을 활용한 실험이다.

• 표는 아미노산 △와 □를 지정하는 코돈을 나타낸 것이다.

아미노산	코돈
△	CAU
	CAC
□	AAU
	AAC

〈가설〉

• [ⓐ]

〈실험 과정 및 결과〉

(가) 표와 같이 카탈레이스 ㉠~㉣을 준비한다. ㉡, ㉢, ㉣은 각각 돌연변이로 인해 ㉠의 특정 △를 지정하는 코돈(CAU)의 염기가 다른 염기로 바뀌어 만들어진 카탈레이스이다.

코돈 염기 변화	카탈레이스
변화 없음	㉠
CAU → CAC	㉡
CAU → AAU	㉢
CAU → AAC	㉣

(나) 표는 3 % 과산화 수소수 5 mL가 담긴 시험관 Ⅰ~Ⅳ에 각각 ㉠~㉣을 넣고, 각 시험관에서 기포 발생 여부를 관찰한 결과이다.

시험관	Ⅰ	Ⅱ	Ⅲ	Ⅳ
첨가한 카탈레이스	㉠	㉡	㉢	㉣
기포 발생 여부	발생함	ⓑ	발생 안 함	발생 안 함

〈결론〉

• 가설은 옳다.

이에 대한 설명으로 옳은 것만을 [보기]에서 있는 대로 고른 것은? [2.5점]

[보기]
ㄱ. Ⅰ에서 실험 결과 물(H_2O)이 생성된다.
ㄴ. ⓑ는 '발생 안 함'이다.
ㄷ. '돌연변이가 일어난 유전자로부터 만들어진 카탈레이스는 촉매 기능을 잃는다.'는 ⓐ에 해당한다.

① ㄱ   ② ㄴ   ③ ㄱ, ㄷ   ④ ㄴ, ㄷ   ⑤ ㄱ, ㄴ, ㄷ

24

표는 HCl 수용액, NaOH 수용액, KOH 수용액의 부피를 달리하여 혼합한 용액 (가), (나), (다)에 대한 자료이다.

혼합 용액		(가)	(나)	(다)
혼합 전 수용액의 부피 (mL)	HCl	10	20	25
	NaOH	15	20	15
	KOH	30	15	15
혼합 후 최고 온도(℃)		t_1	t_2	t_3
용액에 존재하는 모든 이온 수의 비율		$\frac{1}{4}$ $\frac{1}{4}$ / $\frac{1}{4}$ $\frac{1}{4}$		

t_1, t_2, t_3 중 가장 큰 값(㉠)과, (가)와 (다)를 혼합한 용액의 액성(㉡)으로 옳은 것은? (단, 혼합 전 모든 수용액의 온도는 같고, 혼합 용액의 부피는 혼합 전 각 수용액의 부피의 합과 같다.) [2.5점]

　　㉠　　㉡　　　　　㉠　　㉡
① t_1　산성　　② t_1　염기성
③ t_2　산성　　④ t_2　중성
⑤ t_3　염기성

25

그림은 태평양 적도 부근 해역에서 관측한 20 ℃ 등수온선의 깊이를 시간에 따라 나타낸 것이다. ㉠과 ㉡은 각각 동태평양과 서태평양 중 하나이고, A와 B 중 하나는 엘니뇨 시기이다. 편차는 (관측값 − 평년값)이다.

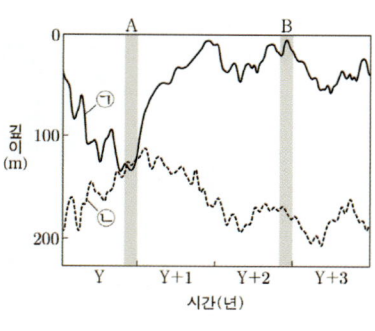

이에 대한 설명으로 옳은 것만을 [보기]에서 있는 대로 고른 것은? [2.5점]

[보기]
ㄱ. ㉡은 동태평양이다.
ㄴ. A에 ㉠의 강수량 편차는 양(＋)의 값이다.
ㄷ. (㉡의 해수면 높이 편차 − ㉠의 해수면 높이 편차) 값은 A가 B보다 크다.

① ㄱ   ② ㄴ   ③ ㄷ   ④ ㄱ, ㄷ   ⑤ ㄴ, ㄷ

memo

memo

p.14 01 과학의 기본량

1 (1) 규모 (2) 거시, 미시 (3) 미시 (4) 거시
2 (1) 미시 (2) 거시 (3) 거시 (4) 미시
3 (1) ○ (2) × (외부 영향을 거의 받지 않아 정확도가 매우 높다.)
  (3) ○ (4) × (우주 규모) (5) ○
4 (1) 길이, 온도 (2) 유도량 (3) m/s (4) 101300
5 (1) 전류 (2) 광도 (3) 질량 (4) 길이 (5) 시간 (6) 물질량 (7) 온도
6 ㄴ, ㄹ
7 (1) ○ (2) ○ (3) ○ (4) × (거리 단위도 필요) (5) × (K(켈빈))

p.21 02 과학의 측정과 우리 사회

1 (1) 단위 (2) 측정량, 측정값 (3) 측정 도구
2 (1) 측정 (2) 어림
3 (1) ○ (2) ○ (3) ○ (4) × (1s) (5) × (시간)
4 (1) 변화 (2) 정보 (3) 전기
5 (1) ㉠ (2) ㉢ (3) ㉡
6 (1) ○ (2) × ((가)에 대한 설명) (3) ○

p.34 03 우주의 시작과 원소의 생성

1 (1) ○ ((나): 빅뱅 우주론) (2) ○ (3) × (빅뱅 우주론의 증거)
  (4) × (일정) (5) ○
2 (1) ○ (2) × (빅뱅 후 약 3분) (3) ○ (4) × (약 7 : 1) (5) ○
  (6) × (A<B) (7) × (양성자 2개와 중성자 2개) (8) ○
3 (1) × (우주의 온도: A>B) (2) ○ (우주 팽창)
  (3) × (양성자 1개는 그 자체로 수소 원자핵)
  (4) ○ (5) × (우주 팽창에 의해 밀도 감소)
4 (1) × ((가): 흡수 스펙트럼, (나): 방출 스펙트럼) (2) ○ (3) ○
  (4) ○ (5) × ((나)와 같은 스펙트럼이 나타남)

p.45 04 별의 진화와 원소의 생성

1 (1) ○ (2) ○ (3) × (㉠보다 ㉡에서 높음) (4) × (㉡의 중심부)
2 (1) ○ (2) ○ (3) × (약 1억 K 이상) (4) ○
3 (1) × ((가)의 질량<(나)의 질량) (2) ○ (3) ○ (4) ○
4 (1) × (수소, 헬륨 외 무거운 원소 포함) (2) ○ (3) ○ (4) ○
  (5) × (암석 성분의 행성)

p.64 05 원소들의 주기성 1~3

1 (1) ○ (2) × (원자량 순서) (3) ○ (4) × (원자 번호 순서) (5) ○
2 $23\left(=\dfrac{7+39}{2}\right)$
3 (1) B, Li, Na (2) Br, Hg (3) Ar, Cl, H, O

4 (1) × (A는 비금속, C는 알칼리 금속) (2) ○ (3주기 원소)
  (3) × (B는 비금속, $B_2(O_2)$는 전기가 통하지 않음) (4) ○
5 (1) ○ (2) ○ (3) × (물과 반응하여 수소 기체 발생)
  (4) ○ (5) ○ (6) × (반응성: 리튬<칼륨)

p.66 05 원소들의 주기성 4

1 (1) × (원자핵과 전자) (2) ○ (3) ○
2 (1) × (18족 제외) (2) ○ (3) ○ (4) × (첫 번째 껍질은 2개)
3 (1) ○ (2) × (3주기 17족) (3) ○ (4) × (A는 2개, B는 3개)
  (5) × (A는 9, B는 17) (6) ○

p.74 06 원소들의 화학 결합 1~2

1 (1) ○ (2) ○ (3) ○ (4) × (1 : 1의 개수비) (5) ○ (6) ○
2 (1) ○ (2) ○ (3) ○ (4) ○ (5) × (HCl는 공유 결합)
  (6) × (비금속 원자들 사이의 결합)
3 (1) ○ (2) ○ (3) ○ (4) × (A는 K, B는 Cl) (5) ○ (6) ○
4 (1) ○ (공유 전자쌍 수: (가) 2, (나) 2, (다) 3) (2) ○ (H, O, N
  모두 비금속 원소) (3) ○ ((가) H_2O, (나) O_2, (다) N_2)
  (4) × (비공유 전자쌍 수: (가) 2, (나) 4, (다) 2) (5) ○ (NH_3)
  (6) × (각각 단일 결합) (7) ○

p.78 06 원소들의 화학 결합 3

1 (1) × (A는 4주기, B는 3주기) (2) ○ (3) × (고체 상태에서는 전기
  전도성 없음) (4) ○ (5) × (고체 AB 결정이 형성될 때부터
  A와 B는 이온 상태로 결합을 한 상태임)
2 (1) ○ (2) ○ (3) ○ (4) × (전기 전도성 없음)
  (5) × (액체, 수용액일 때만 전기 전도성 있음)
3 (1) ○ (2) × ($CaCl_2$과 $Mg(OH)_2$은 1 : 2의 개수비) (3) ○
  (4) × (액체, 수용액 상태에서만 전기 전도성 있음)
4 (1) ○ (2) × (설탕과 아세트산은 물에 잘 녹음)
  (3) × (공유 결합 물질은 전기 전도성 없음)
  (4) × (질소와 메테인만 기체 상태로 존재)
5 (1) × ((나)) (2) ○ (3) ○ (4) × ((가)는 3, (나)는 2)

p.96 07 지각과 생명체를 구성하는 물질 1~3

1 (1) × (B: 규소, C: 알루미늄) (2) ○ (3) ○ (규산염 광물)
  (4) × (지구 전체는 철)
2 (1) ○ (2) ○ (3) ○ (4) ○ (5) × (휘석은 단사슬 구조)
3 (1) × (생명체는 탄소 화합물) (2) ○ (14족 원소) (3) ○
  (4) × (고리 모양 가능) (5) ○
4 (1) × ((가)는 사슬 모양, (나)는 가지 모양, (다)는 고리 모양)
  (2) ○ (3) × (탄소 원자는 최대 4개의 공유 결합) (4) ○
  (5) × (최대 3개)

1 (1) ○ (2) ✕ (무기염류는 탄소 화합물이 아님) (3) ○
 (4) ✕ (20종류의 아미노산이 있음) (5) ○
2 (1) 아미노산 (2) 펩타이드 (3) 물
3 (1) 당 (2) 염기 (3) 뉴클레오타이드
4 (1) ○ (2) ✕ (핵산의 단위체는 뉴클레오타이드) (3) ○
 (4) ○ (A, T, G, C 4종류) (5) ○ (6) ○
 (7) ✕ (DNA를 구성하는 당은 디옥시라이보스) (8) ○
5 (1) ✕ (1 : 1 : 1로 결합) (2) ✕ (단일 가닥은 RNA) (3) ○ (4) ○
 (5) ○ (6) ○ (7) ✕ (아미노산) (8) ○

1 (1) 도체 (2) 부도체 (3) 반도체
2 (1) ○ (2) ○ (3) ✕ (양공이나 자유 전자의 수가 매우 적다.)
3 (1) ○ (2) ✕ (15족 원소) (3) ✕ (13족 원소) (4) ○ (5) ○
4 A: 반도체, B: 규소
5 (1) ✕ ((가)는 부도체, (나)는 반도체) (2) ○ (고무) (3) ○ (반도체)

1 (1) ✕ (A층은 대류권, 오존층은 B층에 존재) (2) ○
 (3) ✕ (기상 현상은 대류권에서만 나타남) (4) ○ (5) ○
2 (1) ○ (2) ○ (3) ✕ (B층은 안정) (4) ○
 (5) ✕ (계절이나 깊이에 따른 수온 변화 거의 없음)
3 (1) ✕ (기권) (2) ✕ (지권) (3) ○ (4) ○ (5) ○ (6) ○
 (7) ✕ (D → B) (8) ✕ (생물권은 가장 나중에 형성)
4 (1) ○ (지권 → 기권) (2) ✕ (수권 → 지권) (3) ✕ (생물권 → 지권)
 (4) ✕ (수권 → 지권) (5) ○ (지권 → 수권)

1 (1) ○ (2) ✕ (A>B>C)
 (3) ✕ (P: 지구 복사 에너지, Q: 태양 복사 에너지) (4) ○
 (5) ✕ (A → C)
2 (1) ○ (2) ○ (3) ○ (4) ✕ (약 30 %)
 (5) ✕ (에너지원끼리는 상호 전환되지 않음)
3 (1) ✕ (태양 에너지) (2) ○ (3) ○ (4) ✕ (36단위) (5) ○
4 (1) ○ (2) ✕ (높을수록) (3) ✕ (일정하다) (4) ✕ (석회암)
 (5) ✕ (지권)

1 (1) ○ (2) ○ (3) ✕ (지진이 발생하는 모든 지역에서 화산 활동이
  일어나는 것은 아님)
 (4) ○ (5) ✕ (태평양 연안이 대서양 연안보다 더 활발)
2 (1) ✕ (A: 대륙 지각, B: 해양 지각) (2) ○
 (3) ✕ (C: 암석권, 대류는 연약권) (4) ○ ((가): 암석권)
 (5) ✕ ((나): 연약권, 고체 상태)
3 (1) 크다 (2) 두껍다 (3) 현무암질 (4) 화강암질 (5) 해양판
4 (1) ✕ (지구 내부 에너지) (2) ○ (3) ○ (4) ○
5 (1) ✕ (여러 개의 판으로 이루어짐) (2) ○ (3) ○
 (4) ✕ (판마다 이동 속력 다름) (5) ○
6 (1) ✕ (수렴형 경계) (2) ✕ (발산형 경계) (3) ○ (4) ○ (5) ○

1 (1) ○ ((가): 보존형 경계) (2) ✕ ((나): 발산형 경계, 맨틀 대류의
  상승부) (3) ✕ ((다): 수렴형(섭입형) 경계, 판 소멸) (4) ○
 (5) ✕ (발산형 경계에서 발달)
2 (1) ✕ (A: 유라시아판, B: 태평양판, C: 필리핀판)
 (2) ✕ (A: 대륙판, B, C: 해양판) (3) ○ (4) ○ (5) ○
3 (1) ○ (A: 발산형 경계) (2) ✕ (B: 보존형 경계)
 (3) ✕ (A는 하나의 대륙판이 두 개의 대륙판으로 갈라지는
  경계이고, C는 밀도가 큰 해양판이 밀도가 작은 대륙판 아래로
  섭입하는 경계임)
 (4) ○ (5) ○ (6) ✕ (발산형 경계) (7) ○ (8) ✕
4 (1) ✕ (수증기) (2) ✕ (반사율 증가) (3) ○ (4) ○ (5) ○
 (6) ✕ (지구 내부 에너지) (7) ○

1 (1) ○ (2) ○
2 (1) 30 (이동거리 300 m) (2) 10 (변위 100 m)
3 10
4 (1) 5 (2) $4 \left(= \dfrac{8}{2} \right)$ (3) $2 \left(= \dfrac{8}{4} \right)$

1 (1) ○ (2) ○ (3) ✕ (거리가 가까울수록 큼) (4) ○ (5) ○
2 (1) ✕ (속도가 일정하게 증가) (2) ○ (중력 가속도가 작용)
 (3) ○ ($F=mg$) (4) ✕ (가속도는 질량과 관계없이 g이다.)
3 (1) ✕ (더 먼 곳에 떨어짐) (2) ○ (3) ○
4 (1) ✕ (두 동전에 작용하는 중력의 크기는 같음) (2) ○
 (3) ✕ (연직 방향으로 등가속도 운동) (4) ○
 (5) ✕ (알짜힘은 중력이므로 운동 방향과 같지 않다.)
 (6) ○ (7) ✕ (연직 방향 속력은 같다.) (8) ✕ (B가 더 길다.)
5 (1) 지구 (2) 생명 (3) 지구 (4) 생명 (5) 지구 (6) 생명

1 (1) ○ (2) ○ (3) ✕ (운동량은 질량과 속도의 곱)
　(4) ✕ (계속 정지해 있으려는 관성) (5) ○
2 (1) ○ (2) ○
　(3) ✕ (충격량의 크기는 힘이 작용한 시간이 클수록 큼)
3 (1) ○ (2) ✕ ($36 \, kg \cdot m/s$임) (3) ○ (4) ✕ ($360 \, N$)
4 (1) ○ (질량과 속도 변화량이 같으므로 운동량의 변화량이 같음)
　(2) ○ (3) ✕ (충격력은 커짐)
5 (1) ✕ (동일한 달걀이므로 질량이 같고, 속도 변화량이 같으므로
　　운동량의 변화량이 같음) (2) ○ (3) ✕ (평균 힘: (가)＞(나))
6 (1) ○ (2) ✕ (범퍼는 충격 시간을 길게 해야 함) (3) ○

1 (1) 세포, 기관 (2) 세포
2 (1) 마이토콘드리아 (2) 핵 (3) 라이보솜 (4) 엽록체 (5) 세포벽
3 (1) ㉠ (2) ㉢ (3) ㉡ (4) ㉣ (5) ㉤
4 (1) ✕ (마이토콘드리아는 동물 세포, 식물 세포에 모두 존재)
　(2) ○ (3) ✕ (단백질 합성 장소는 라이보솜) (4) ○ (5) ○
5 (1) 인지질, 단백질 (2) 친수, 소수 (3) 선택적 투과성
6 (1) B, A (2) A (3) B (4) 높다
7 (1) ✕ (농도: 용액 X＞적혈구 안) (2) ○ (3) ○

1 (1) ○ (2) ✕ (효소가 관여) (3) ✕ (저분자로부터 고분자를 합성)
　(4) ✕ (에너지 방출) (5) ○ (6) ○
2 (1) ✕ ((가): 세포 호흡, (나): 연소) (2) ✕ ((가)는 체온 범위의 온도,
　　(나)는 $400 \, ℃$ 이상의 높은 온도) (3) ○ (4) ○ (5) ○
3 (1) 활성화에너지 (2) 단백질 (3) 반응물, 기질 특이성 (4) 빠르
4 (1) 반응물(기질) (2) 효소 (3) 생성물
5 (1) ○ (2) ✕ ((가)는 효소가 없을 때) (3) ○
　(4) ✕ ((가)보다 (나)가 낮은 온도에서 반응이 잘 일어남)
　(5) ✕ (효소는 활성화에너지를 낮춰 반응 속도를 빠르게 한다.)

1 (1) 염색체 (2) DNA (3) 유전자
2 (1) ○ (2) ○ (3) ○
　(4) ✕ (분자의 크기가 크고 유전정보의 원본이기 때문) (5) ○
3 (1) ✕ (한 분자의 DNA에는 수많은 유전정보가 들어 있다.)
　(2) ✕ (3개의 염기서열이 하나의 아미노산을 지정한다.) (3) ○
4 (1) 3염기조합 (2) 코돈 (3) UCA
5 (1) ○ (2) ○ (3) ✕ (정상 적혈구에 비해 수명이 짧고 산소 운반
　　능력이 떨어져 빈혈을 일으킨다.)
6 (1) ○ (2) ✕ (DNA가 가지고 있음) (3) ○ (4) ○
　(5) ✕ (1분자의 DNA에는 수많은 유전자가 포함) (6) ○

📷 사진 출처

Ⅰ 과학의 기초

○ **Getty Images Bank**
9쪽(피자 배달), **10쪽**(돋보기, 적혈구, 고양이, 지구. 안드로메다은하, 위성 위치 확인 시스템(GPS), 전자 현미경, 제임스 웹 우주 망원경),
12쪽(자동차, 가전제품, 미세 먼지 농도, 과일),
13쪽(화석, 원자 시계, 원자, 우주),
15쪽(태양, 지구, 전자 현미경, 제임스 웹 우주 망원경),
16쪽(태풍), **17쪽**(돋보기, 길이 측정 도구, 부피 측정 도구),
18쪽(온도, 소리의 세기, 자동차 속도 표시, 미세 먼지 농도),
21쪽(비접촉형 체온계, 자동차 후방 감지 시스템, 가스 누설 경보기),
22쪽(자동차 속도 표시), **24쪽**(안드로메다은하, 고양이, 적혈구)
28쪽(위성 위치 확인 시스템(GPS))

○ **Wikimedia Commons (위키미디어 커먼스)**
10쪽(세슘)

Ⅱ 물질과 규칙성

○ **Getty Images Bank**
29쪽(밤하늘, 별), **30쪽**(지구), **41쪽**(지구), **44쪽**(암석, 나뭇잎),
58쪽(블랙홀, 갈릴레오 호), **60쪽**(분자 구조), **59쪽**(자동차 제작),
61쪽(철, 구리, 금, 알루미늄, 수소, 질소, 산소, 인),
62쪽(리튬 이온 전지, 나트륨 램프, 비료, 치약, 염소 수영장 물, 소독약),
71쪽(분자 구조, 광고용 기구, 광고판, 형광등), **91쪽**(지구), **98쪽**(모래),
107쪽(콜라겐, 헤모글로빈), **110쪽**(원자 모형, 전선),
112쪽(다이오드, 발광 다이오드(LED), 트랜지스터, 집적 회로. 유기 발광 다이오드(OLED), **114쪽**(전선),
116쪽(유기 발광 다이오드(OLED), 발광 다이오드(LED), 다이오드)

○ **미국 항공 우주국(NASA)**
42, 47쪽(행성상 성운), **42, 54쪽**(초신성 잔해(게 성운)),
43쪽(지구형 행성, 목성형 행성), **46쪽**(태양)

Ⅲ 시스템과 상호작용

○ **Getty Images Bank**
125쪽(판구조론), **126쪽**(지구, 태양계), **127쪽**(오로라),
128쪽(지구 자기장), **129쪽**(태풍, 화석, 유성, 지진 해일, 버섯바위),
139쪽(지구, 불의 고리), **141, 142, 147쪽**(판 경계),
145쪽(화산 분출물, 지진 해일(쓰나미)),
161쪽(뉴턴과 사과), **162쪽**(원자 모형),
177쪽(원자 모형, 안전띠), **178쪽**(운동량의 크기),
179쪽(자동차 범퍼, 에어백, 안전모, 보호대. 포수, 착지 매트),
193쪽(고양이), **194쪽**(현미경), **195쪽**(엽록체, 마이토콘드리아),
197쪽(콩팥, 식물의 뿌리털, 과일절임, 절인 배추),
198쪽(양파 표피 세포, 식물 세포), **199쪽**(적혈구),
208쪽(거품이 발생한 피부), **210쪽**(현미경)

⭐ 내신 + 수능 대비 단원별 TEST

○ **Getty Images Bank**
228쪽(번개, 기압계), **233쪽**(지구형행성),
240쪽(트랜지스터, 다이오드), **244쪽**(지진 해일)

교사용 부록

○ **Getty Images Bank**
2쪽(판다)

Ⅰ 과학의 기초

01 과학의 기본량

01 ②　02 ①　03 ③　04 ③　05 ①　06 해설 참조　07 ⑤
08 ㄱ, ㅂ　09 ③　10 ⑤　11 ③

02 과학의 측정과 우리 사회

01 해설 참조　02 ①　03 ⑤　04 ④　05 ①　06 ④　07 ①
08 해설 참조　09 ②　10 ①

■ 대단원 마무리 문제

01 ③　02 해설 참조　03 ⑤　04 ②　05 ①　06 ②　07 ②
08 해설 참조　09 ⑤　10 ④

■ 수능 대비 기출 문제

01 ⑤　02 ②　03 ⑤　04 ⑤

Ⅱ 물질과 규칙성

03 우주의 시작과 원소의 생성

01 ③　02 ①　03 ①　04 ④　05 해설 참조　06 ③
07 해설 참조　08 ①　09 ③　10 ③　11 ⑤　12 해설 참조
13 ⑤　14 ②　15 ④　16 ②　17 ④　18 ④　19 ④　20 ④
21 해설 참조　22 ④　23 ①　24 ②　25 ②

04 별의 진화와 원소의 생성

01 ③　02 ④　03 ④　04 ⑤　05 ②　06 ①　07 ④　08 ③
09 ④　10 해설 참조　11 해설 참조　12 ③　13 ④　14 ①
15 ③　16 해설 참조　17 ③　18 ①　19 해설 참조　20 ③
21 ③　22 ①　23 해설 참조

■ 중단원 마무리 문제

01 ①　02 ②　03 ④　04 ④　05 ⑤　06 ④　07 ③　08 ③
09 ①　10 ④　11 ④　12 해설 참조　13 ②　14 ④　15 ⑤
16 ①　17 해설 참조　18 ③　19 ②　20 해설 참조

■ 수능 대비 기출 문제

01 ①　02 ②　03 ③　04 ②

05 원소들의 주기성

01 ⑤　02 ②　03 ①　04 ③　05 해설 참조　06 ③　07 ①
08 해설 참조　09 ②　10 ⑤　11 ④　12 ⑤　13 ⑤　14 ②
15 ③　16 해설 참조　17 ②　18 ③　19 ⑤　20 ③

06 원소들의 화학 결합

01 ③　02 ④　03 ①　04 ⑤　05 ②　06 ①　07 ③　08 ①
09 해설 참조　10 ②　11 BA_4　12 A_2C　13 해설 참조　14 ④
15 ①　16 해설 참조　17 ③　18 ⑤　19 해설 참조　20 ⑤
21 ①　22 ④　23 ①　24 ⑤　25 ③

■ 중단원 마무리 문제

01 ④　02 ①　03 ⑤　04 ①　05 ②　06 ④　07 ⑤　08 ②
09 ②　10 ②　11 해설 참조　12 ㄴ, ㄷ, ㅁ, ㅂ　13 ④　14 ①
15 ④　16 해설 참조　17 ⑤　18 ⑤　19 해설 참조　20 ①

■ 수능 대비 기출 문제

01 ⑤　02 ④　03 ①　04 ②

07 지각과 생명체를 구성하는 물질

01 ④　02 ⑤　03 ③　04 ⑤　05 산소, 탄소, 수소　06 ④
07 해설 참조　08 ④　09 ⑤　10 ②　11 해설 참조
12 탄소(C)　13 ④　14 ⑤　15 ⑤　16 ①　17 해설 참조
18 ③　19 ⑤　20 ③　21 ②
22 ③　23 ⑤　24 ⑤　25 ㄴ, ㄷ, ㄹ, ㅁ　26 ㄴ, ㄹ, ㅁ
27 ①　28 ③　29 ③　30 ⑤　31 ⑤　32 해설 참조
33 해설 참조　34 ③　35 해설 참조　36 ③　37 ⑤　38 ②
39 ④　40 해설 참조　41 ②　42 ④　43 ③　44 ①

08 물질의 전기적 성질

01 ②　02 ①　03 ③　04 ④　05 ①　06 해설 참조
07 ②　08 ③　09 ②　10 ①　11 ④　12 해설 참조
13 ③　14 ⑤

■ 중단원 마무리 문제

01 ③　02 ②　03 ⑤　04 ⑤　05 ⑤　06 ①　07 ②　08 ⑤
09 ①　10 ⑤　11 ③　12 ②　13 해설 참조　14 ④　15 ①
16 ⑤　17 ②　18 해설 참조　19 ③　20 ①　21 해설 참조

■ 수능 대비 기출 문제

01 ④　02 ⑤　03 ④

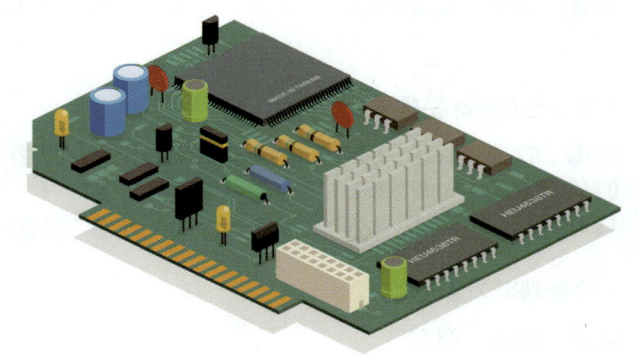

상위 1% 도전을 위한 최고의 명품 수학 문제집!

2022 개정 교육과정 적용 출시!!

일등급 수학

[일등급 수학 고등 시리즈]

공통수학 1, 공통수학 2
대수, 미적분 Ⅰ, 확률과 통계

1 내신 1등급, 수능 필수 개념 총정리

- 학교 시험에 자주 출제되고, 수능에 꼭 필요한 개념을 이해가 쉽도록 야무지게 총정리 했습니다.
- 배열된 문제를 핵심 ➡ 실전 ➡ 도전 순으로 공부를 하면 개념뿐만 아니라 유형까지 자연스럽게 완성됩니다.

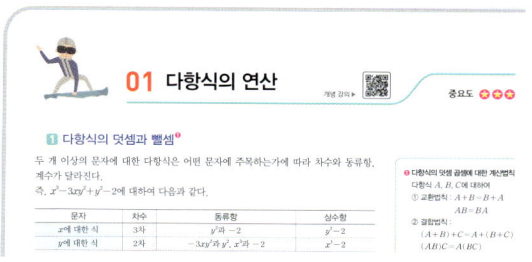

2 일등급 핵심 유형과 실전 유형

- 학교 시험 + 수능 일등급 핵심 유형을 유사 문제, 좀 더 확장된 문제에서 개념을 어떻게 적용하는지 익힐 수 있습니다.
- **핵심 유형**: 대표 문제 ➡ 유제 ➡ 발전 문제가 하나의 세트로 구성되어 있어 효과적으로 공부할 수 있습니다.
- **실전 유형**: 핵심 유형에서 배운 것을 학교 시험이나 수능에 어떻게 적용하는지 훈련합니다.

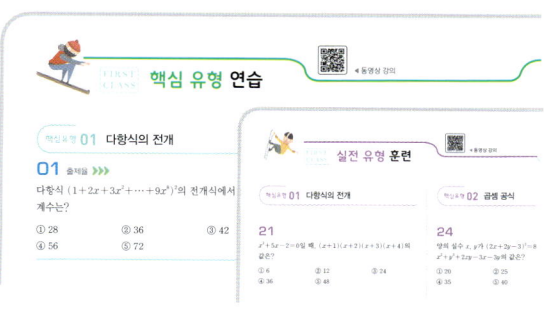

3 사고력을 키우는 최고의 명품 고난도 도전 문제

- 깊이 있는 수학적 사고를 하지 않으면 풀 수 없는 고난도 문제로 구성되어 있습니다.
- 자신이 알고 있는 모든 수학적 지식을 총동원하여 풀다보면 수학의 재미도 느낄 수 있고, 수학적 사고력을 키울 수 있어 모든 수학 시험에서 완벽한 1등급을 받을 수 있습니다.

📘 자이스토리 고등 영어 시리즈

고등 영문법 기본 (고1, 2)

＊문법 개념+내신·수능 대비를 한 권으로!

- 개념을 바로 문제에 적용시켜 확인하는 CHECK UP TEST
- 문법 개념을 종합적으로 훈련시키는 내신+수능 대비 종합문제
- 수능 1등급을 위한 수능 어법 유형 MASTER
- 단원별 개념 설명 + 문제 풀이 동영상 강의 QR코드

듣기 총정리 모의고사 25회 (고1)

＊최신 고1 듣기 유형 14개 분석+단계별 모의고사

- 고1 학력평가 기출모의고사 12회, 고난도 모의고사 4회
- 잘 틀리는 유형 집중 훈련 모의고사 3회, 발음특강 모의고사 2회
- 고1 영어 듣기 능력평가 모의고사 4회

포인트 리딩 Level 3~4 (예비 고등~고1)

＊수능 독해 유형 17개 필수 유형 학습!

- 독해 문제 비법 과외 선생님 – Follow Me!
- 내신 대비 실력 향상 TEST, 어휘 REVIEW
- 고등 영어 독해 유형 20일 완성

수능 영어 기출 문제집

1. 독해 시리즈
- 독해 기본 (고1) ★
- 독해 완성 (고2) ★
- 독해 실전 (고3) ★
- 고난도 영어 독해

2. 듣기 시리즈
- 듣기 기본 모의고사 (고1)
- 듣기 완성 모의고사 (고2)
- 듣기 실전 모의고사 (고3)

3. 어법·어휘 시리즈
- 어법·어휘 기본 (고1) ★
- 어법·어휘 완성 (고2)
- 어법·어휘 실전 (고3)

4. 전국 연합 / 연도별
- 전국연합 모의고사 (고1)
- 전국연합 모의고사 (고2)
- 연도별 모의고사 (고3)

★ 강남인강 강의교재

📖 자이스토리 중등 영어 시리즈

영어 독해 [예비 중등]
- Level 1
- Level 2

영어 독해 기본
- Level 1
- Level 2
- Level 3

포인트 리딩
- Level 1
- Level 2
- Level 3
- Level 4

영문법 총정리
- 중1 / 중2 / 중3

듣기 총정리 모의고사
- 중1 / 중2
- 중3 / 고1

NEW
2022
개정 교육과정

자이스토리

Xi
story

Xistory stands for eXtra Intensive story for
the University Entrance Examination.

통합과학 1

[해 설 편]

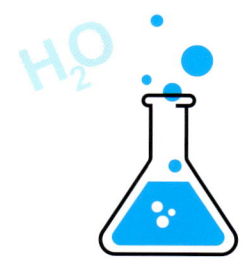

수경출판사

자이스토리 사회·과학 시리즈

"내신 1등급, 수능 1등급을 위한 완벽한 교재 구성!"

고1

통합과학 1, 2	통합사회 1, 2	내신 한국사

통합과학 1, 2 (개념서)
- 교과서 개념 총정리
- 내신 대비 필수 문제
- 서술형+단답형 문제
- 수능대비 기출문제
- 2028 수능 예시문항

통합과학 전국연합 모의고사 (고1, 2)
- 새교육과정에 꼭 맞춘 25문항 모의고사
- 고1 3월, 6월, 9월, 10월, 고2 +
  2028 수능 예시문항으로 구성
- 총 23회 모의고사

통합과학 1, 2 (고1 기출문제집)
- 교과서 핵심개념 총정리
- 출제 자료 특강
- 내신+학평 대비 기출문제
- 서술형+단답형 문제
- 수능대비 기출문제
- 2028 수능 예시문항

*출시 예정

통합사회 1, 2 (개념서)
- 교과서 개념 총정리
- 내신 대비 필수 문제
- 서술형+단답형 문제
- 수능대비 기출문제
- 2028 수능 예시문항

통합사회 전국연합 모의고사 (고1, 2)
- 새교육과정에 꼭 맞춘 25문항 모의고사
- 고1 3월, 6월, 9월, 10월, 고2 +
  2028 수능 예시문항으로 구성
- 총 23회 모의고사

통합사회 1, 2 (고1 기출문제집)
- 교과서 핵심개념 총정리
- 출제 자료 특강
- 내신+학평 대비 기출문제
- 서술형+단답형 문제
- 수능대비 기출문제
- 2028 수능 예시문항

*출시 예정

내신 한국사 1, 2 (개념서)
- 교과서 개념 총정리
- 내신 대비 필수 문제
- 서술형+단답형 문제
- 수능대비 기출문제
- 대단원 마무리, 단원별
  테스트
- 한눈에 보이는 입체 첨삭
  해설

고2

고2 생명과학, 물리학, 지구과학, 화학	고2 사회와 문화, 현대사회와 윤리, 세계사, 세계시민과 지리

(내신 대비 기출문제집)
- 교과서 핵심개념 총정리
- 출제 자료 특강
- 내신+학평 대비 기출문제
- 서술형+단답형 문제
- 1등급, 고난도 문제 별도 구성
- 통합과학 연계 개념 수능 기출문제

(내신 대비 기출문제집)
- 교과서 핵심개념 총정리
- 출제 자료 특강
- 내신+학평 대비 기출문제
- 서술형+단답형 문제
- 1등급, 고난도 문제 별도 구성
- 통합사회 연계 개념 수능 기출문제

고3

2028 수능대비 통합과학	2028 수능대비 통합사회	2028 수능대비 1등급 한국사

통합과학 (수능대비 기출문제집)
- 교과서 핵심개념 총정리
- 출제 자료 특강
- 수능대비 기출문제
- 2028 수능 예시문항

*출시 예정

수능 연도별 모의고사 통합과학
- 25문항씩 총 25회 모의고사
  (2028 예시문항 포함)
- 수능 기출문제 총정리
- 특별부록 : 핵심개념 총정리
  수험장 극비노트

*출시 예정

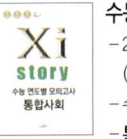

통합사회 (수능대비 기출문제집)
- 교과서 핵심개념 총정리
- 출제 자료 특강
- 수능대비 기출문제
- 2028 수능 예시문항

*출시 예정

수능 연도별 모의고사 통합사회
- 25문항씩 총 25회 모의고사
  (2028 예시문항 포함)
- 수능 기출문제 총정리
- 특별부록 : 핵심개념 총정리
  수험장 극비노트

*출시 예정

수능 1등급 한국사 (수능대비 기출문제집)
- 교과서 핵심개념 총정리
- 출제 자료 특강
- 수능 1등급 대비 기출문제

*출시 예정

수능 연도별 모의고사 수능 한국사
- 25문항씩 총 25회 모의고사
- 기출문제를 총정리한 실전 모의고사
- 특별부록 : 핵심개념 총정리
  수험장 극비노트

차 례

Ⅰ 과학의 기초

01 과학의 기본량

01 ② 02 ① 03 ③ 04 ③ 05 ① 06 해설 참조 07 ⑤
08 ㄱ, ㅂ 09 ③ 10 ⑤ 11 ③

02 과학의 측정과 우리 사회

01 해설 참조 02 ① 03 ⑤ 04 ④ 05 ① 06 ④ 07 ①
08 해설 참조 09 ② 10 ①

● 대단원 마무리 문제

01 ③ 02 해설 참조 03 ⑤ 04 ② 05 ① 06 ② 07 ②
08 해설 참조 09 ⑤ 10 ④

● 수능 대비 기출 문제

01 ⑤ 02 ② 03 ⑤ 04 ⑤

Ⅱ 물질과 규칙성

03 우주의 시작과 원소의 생성

01 ③ 02 ① 03 ① 04 ④ 05 해설 참조 06 ③
07 해설 참조 08 ① 09 ② 10 ③ 11 ⑤ 12 해설 참조
13 ⑤ 14 ② 15 ④ 16 ② 17 ④ 18 ④ 19 ④ 20 ④
21 해설 참조 22 ④ 23 ① 24 ② 25 ②

04 별의 진화와 원소의 생성

01 ③ 02 ④ 03 ④ 04 ⑤ 05 ② 06 ① 07 ④ 08 ③
09 ④ 10 해설 참조 11 해설 참조 12 ③ 13 ④ 14 ①
15 ③ 16 해설 참조 17 ③ 18 ① 19 해설 참조 20 ③
21 ③ 22 ① 23 해설 참조

● 중단원 마무리 문제

01 ① 02 ② 03 ④ 04 ④ 05 ⑤ 06 ④ 07 ③ 08 ③
09 ① 10 ④ 11 ④ 12 해설 참조 13 ② 14 ④ 15 ⑤
16 ① 17 해설 참조 18 ③ 19 ② 20 해설 참조

● 수능 대비 기출 문제

01 ① 02 ② 03 ③ 04 ②

05 원소들의 주기성

01 ⑤ 02 ② 03 ① 04 ③ 05 해설 참조 06 ③ 07 ①
08 해설 참조 09 ② 10 ⑤ 11 ④ 12 ⑤ 13 ⑤ 14 ②
15 ③ 16 해설 참조 17 ③ 18 ③ 19 ⑤ 20 ③

06 원소들의 화학 결합

01 ③ 02 ④ 03 ① 04 ⑤ 05 ② 06 ① 07 ③ 08 ①
09 해설 참조 10 ② 11 BA_4 12 A_2C 13 해설 참조 14 ③
15 ① 16 해설 참조 17 ③ 18 ⑤ 19 해설 참조 20 ⑤
21 ① 22 ⑤ 23 ① 24 ⑤ 25 ③

● 중단원 마무리 문제

01 ④ 02 ① 03 ⑤ 04 ① 05 ② 06 ④ 07 ⑤ 08 ②
09 ② 10 ② 11 해설 참조 12 ㄴ, ㄷ, ㅁ, ㅂ 13 ④ 14 ①
15 ④ 16 해설 참조 17 ⑤ 18 ⑤ 19 해설 참조 20 ①

● 수능 대비 기출 문제

01 ⑤ 02 ④ 03 ① 04 ②

07 지각과 생명체를 구성하는 물질

01 ④ 02 ⑤ 03 ③ 04 ⑤ 05 산소, 탄소, 수소 06 ④
07 해설 참조 08 ④ 09 ⑤ 10 ② 11 해설 참조
12 탄소(C) 13 ④ 14 ⑤ 15 ⑤ 16 ① 17 해설 참조
18 ③ 19 ② 20 ⑤ 21 ②
22 ③ 23 ⑤ 24 ⑤ 25 ㄴ, ㄷ, ㄹ, ㅁ 26 ㄴ, ㄹ, ㅁ
27 ① 28 ③ 29 ⑤ 30 ⑤ 31 ⑤ 32 해설 참조
33 해설 참조 34 ③ 35 해설 참조 36 ③ 37 ⑤ 38 ②
39 ④ 40 해설 참조 41 ② 42 ④ 43 ③ 44 ①

08 물질의 전기적 성질

01 ② 02 ① 03 ③ 04 ④ 05 ① 06 해설 참조
07 ② 08 ③ 09 ② 10 ③ 11 ④ 12 해설 참조
13 ③ 14 ⑤

● 중단원 마무리 문제

01 ③ 02 ② 03 ⑤ 04 ⑤ 05 ⑤ 06 ① 07 ② 08 ⑤
09 ① 10 ⑤ 11 ③ 12 ② 13 해설 참조 14 ④ 15 ①
16 ⑤ 17 ② 18 해설 참조 19 ③ 20 ① 21 해설 참조

● 수능 대비 기출 문제

01 ④ 02 ⑤ 03 ④

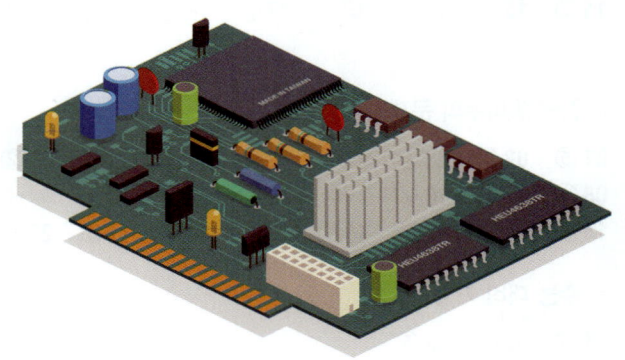

01 과학의 기본량

내신 대비 필수 문제　　　　문제편 15~16p

01 정답 ② ＊미시 세계와 거시 세계

| 문제＋자료 분석 |
- **(가)**: 미시 세계에 속하는 수소 원자이다.
- **(나)**: 거시 세계에 속하는 태양계 일부이다.

| 보기 분석 |
ㄱ. (가)의 시간 규모는 150 as(아토초)이고, (나)의 시간 규모는 365일이다. 따라서 시간 규모는 (가)가 (나)보다 작다.
ㄴ. n(나노)는 10^{-9}을 뜻하므로 1 nm＝10^{-9} m이다.
ㄷ. (가)의 공간 규모는 nm(＝10^{-9} m) 단위이므로 미시 세계에 해당하고, (나)의 공간 규모는 AU(천문단위) 단위이므로 거시 세계에 해당한다.

02 정답 ① ＊자연 세계의 규모

| 문제＋자료 분석 |
- 적혈구는 마이크로미터 단위의 규모이다.
  ➡ 자연 현상의 크기 범위 중 마이크로미터(μm) 단위의 규모인 적혈구보다 작은 규모에 해당하는 것은 나노미터(nm) 단위의 규모인 원자의 지름이다.
- 고양이 평균 몸길이, 산의 높이, 지구의 반지름, 은하의 반지름은 모두 적혈구보다 훨씬 큰 규모의 자연 현상이다.

| 선택지 분석 |
① **수소 원자의 지름**: 10^{-10} m 수준(약 10 nm)으로 적혈구보다 규모가 작다.
② **고양이 평균 몸길이**: 수십 cm 수준으로 적혈구보다 규모가 크다.
③ **에베레스트산 높이**: 약 8,848 m이므로 적혈구보다 규모가 크다.
④ **지구 반지름**: 약 6,400 km으로 적혈구보다 규모가 크다.
⑤ **은하 반지름**: 수십만 광년으로 적혈구보다 규모가 크다.

03 정답 ③ ＊길이 측정의 방법

| 문제＋자료 분석 |
- **(가)**: 속력은 이동 거리를 걸린 시간으로 나눠준 것이다. 빛의 속력, 빛이 되돌아오는데 걸린 시간을 알면 달까지의 거리를 계산할 수 있다. 따라서 (가)는 빛의 속력을 이용하여 길이를 측정하는 사례이다.

| 보기 분석 |
ㄱ. (가)에서 빛의 속력을 이용하여 시간을 측정해 거리를 구한다.
ㄴ. (가)는 거시 세계, (나)는 미시 세계의 길이를 측정한다. (가)에서가 (나)에서보다 큰 규모의 길이를 측정한다.
ㄷ. (다)는 신호의 시간 차이를 측정해 이동 거리를 측정하는 경우로 시간을 정확하게 측정할수록 이동 거리를 정밀하게 측정할 수 있다.

04 정답 ③ ＊기본량

| 문제＋자료 분석 |
- 기본량은 다른 물리량으로 바꿔서 사용할 수 없는 고유한 양으로, 길이, 시간, 온도, 질량, 전류 등 7개의 물리량이 있다.

| 선택지 분석 |
③ 기본량은 다른 물리량을 활용하여 표현할 수 없는 가장 기본이 되는 물리량이다.

05 정답 ① ＊기본량과 단위

| 문제＋자료 분석 |
- 국제단위계(SI)에서 기본량의 단위로 7개의 기본 단위를 정하여 사용한다.

| 선택지 분석 |
① 시간의 기본 단위는 s(초)이다.
② 길이의 기본 단위는 m(미터)이다.
③ 질량의 기본 단위는 kg(킬로그램)이다.
④ 전류의 기본 단위는 A(암페어)이다.
⑤ 온도의 기본 단위는 K(켈빈)이다.

06 핵심 키워드: 단위

모범 답안 (가)는 속력이라는 물리량의 정확한 의미를 알 수 없지만, (나)는 단위를 통해 토끼의 속력이 1초에 5 m 이동하는 만큼의 빠르기임을 정확히 파악할 수 있다.

| 문제＋자료 분석 |
- 단위는 자연 현상을 수치로 나타내고 이해하는 데 필수적인 도구이다. 단위를 사용하면 다양한 물리량을 숫자로 정확하게 표현할 수 있다.

＊채점 기준

(가)와 (나)를 비교하여 장점을 옳게 서술한 경우	100 %
(가)와 (나)의 비교 없이 장점만 서술한 경우	50 %

07 정답 ⑤ ＊유도량

| 문제＋자료 분석 |
- 유도량은 기본량을 조합해 유도하는 물리량으로, 기본량 이외의 모든 물리량이 이에 해당한다.

| 선택지 분석 |
⑤ 기본량인 온도의 단위는 K(켈빈), ℃(섭씨도), ℉(화씨도) 등이 있다. 유도량인 농도의 단위는 kg/m^3, g/L, mol/m^3 등으로, 부피, 질량, 물질량 등의 단위를 이용해서 나타낼 수 있다. 따라서 온도의 단위를 이용해서 농도의 단위를 나타낼 수 없다. 꿀팁

08 정답 ㄱ, ㄴ

| 문제＋자료 분석 |
- 유도량은 기본량을 조합해 유도하는 물리량으로, 기본량 이외의 모든 물리량이 이에 해당한다. 유도량의 단위는 7개의 기본 단위를 곱하거나 나누어서 나타낼 수 있다.
- 전류, 질량, 온도, 시간은 기본량에 해당한다.
- 부피의 단위는 길이의 단위를 이용하여, 밀도의 단위는 질량과 길이의 단위를 이용하여 나타낼 수 있다.

09 정답 ③ ＊기본량, 유도된 물리량

| 문제＋자료 분석 |
- **기본량**: 길이(m), 질량(kg), 시간(s) 등 SI 기본 단위로 직접 측정 가능한 양이다.
  ➡ 길이, 너비, 배터리 충전 시간, 주행 거리는 모두 직접 측정 가능하다.
- **유도된 물리량**: 기본량을 조합해 정의된다.
  ➡ 속력(km/h)은 거리(길이)와 시간의 비율로 계산된다.
  (1 km＝$\frac{5}{18}$ m/s이다.)

| 선택지 분석 |
① 길이: 5.02 **m**이므로 기본량(길이)이다.
② 너비: 2.19 **m**이므로 기본량(길이)이다.

③ **속력**: 최대 240 **km/h**로 속력$=\dfrac{거리}{시간}$의 공식에 의해 기본량을 조합한 유도된 물리량이다.

④ **배터리 충전 시간**: 급속 20**분**으로 기본량(시간)이다.

⑤ **완전 충전 시 주행 거리**: 최대 555 **km**이므로 기본량(길이)이다.

내신 1등급 문제　　　　　　　　　　　문제편 16p

10 정답 ⑤　＊ 미시 세계

> ○ 수소 원자핵의 지름: ㉠ $\underline{1.7 \times 10^{-15}\,\mathrm{m}}$
> ○ 수소 원자핵에서 전자까지의 거리: $0.5 \times 10^{-10}\,\mathrm{m}$
> ○ 공의 지름: ㉡ $\underline{3.4\,\mathrm{cm}} = 3.4 \times 10^{-2}\,\mathrm{m}$
> ○ 평균 보폭: $40\,\mathrm{cm} = 0.4\,\mathrm{m}$
>> 수소 원자핵의 지름: 공의 지름
>> ＝수소 원자핵에서 전자까지의 거리: 공에서 전자까지의 거리

| 문제＋자료 분석 |

• 길이의 SI 기본 단위는 미터(m)이다. 1 cm는 $10^{-2}\,\mathrm{m}$와 같다.

| 보기 분석 |

㉠ 미터(m) 단위로 나타내면 ㉠은 $1.7 \times 10^{-15}\,\mathrm{m}$, ㉡은 $3.4 \times 10^{-2}\,\mathrm{m}$이다. 따라서 공간 규모는 ㉠이 ㉡보다 작다.

㉡ 평균 보폭은 0.4 m이고, 수소 원자핵에서 전자까지의 거리는 $0.5 \times 10^{-10}\,\mathrm{m}$이므로 평균 보폭은 수소 원자핵에서 전자까지의 거리의 $\dfrac{0.4\,\mathrm{m}}{0.5 \times 10^{-10}\,\mathrm{m}} = 0.8 \times 10^{10}$배이다.

㉢ 공에서 전자까지의 거리를 x라 하면 $1.7 \times 10^{-15}\,\mathrm{m} : 3.4 \times 10^{-2}\,\mathrm{m} = 0.5 \times 10^{-10}\,\mathrm{m} : x$이므로 x는 1000 m이다. 평균 보폭이 0.4 m이므로 수소의 전자는 공으로부터 $\dfrac{1000\,\mathrm{m}}{0.4\,\mathrm{m}} = 2500$ 걸음 떨어져 있다.

＊ 단위의 접두어 기호

측정하는 물리량의 크기가 아주 크거나 작을 경우, 이들의 크기를 쉽게 나타내기 위해 단위 앞에 접두어 기호를 함께 사용하기도 한다.

접두어	의미	접두어	의미
p(피코)	10^{-12}	**da**(데카)	10^{1}
n(나노)	10^{-9}	**h**(헥토)	10^{2}
μ(마이크로)	10^{-6}	**k**(킬로)	10^{3}
m(밀리)	10^{-3}	**M**(메가)	10^{6}
c(센티)	10^{-2}	**G**(기가)	10^{9}
d(데시)	10^{-1}	**T**(테라)	10^{12}

11 정답 ③　＊ 우리 주변의 자연 현상과 단위

| 문제＋자료 분석 |

• ㉠은 길이, ㉡은 속력, ㉢은 기압, ㉣은 속력이다.
• ㉠은 기본량, ㉡~㉣은 유도량에 해당한다.

| 보기 분석 |

㉠ km(킬로미터)는 길이의 단위이다.

㉡ ㉢은 기압으로, Pa은 $\mathrm{kg/m \cdot s^2}$으로 나타낼 수 있다. 기본량인 질량, 길이, 시간으로 표현되므로 ㉢은 유도량에 해당한다.

㉢ 속력은 길이를 시간으로 나누어 나타낼 수 있다. 국제단위계(SI)에서 정한 길이의 기본 단위는 m(미터), 시간의 기본 단위는 s(초)이다. 따라서 국제단위계(SI)로 나타낸 속력의 단위는 ㉣(m/s)이다.

02 과학의 측정과 우리 사회

내신 대비 필수 문제　　　　　　　　문제편 22~23p

01 정답　㉠ 측정, ㉡ 어림

| 문제＋자료 분석 |

• 측정은 어떤 대상의 물리량을 기준이 되는 양과 비교하여 수치와 단위로 나타내는 것이다.
• 어림은 측정 도구 없이 현재 알고 있는 정보를 이용해 논리적인 추론으로 그 양의 근삿값을 얻는 것이다.

02 정답 ①　＊ 측정과 어림

| 문제＋자료 분석 |

• 측정은 적절한 측정 도구를 사용해 어떤 대상의 물리량을 기준이 되는 양과 비교하여 수치와 단위로 나타내는 것이다.
• 어림은 측정 도구 없이 현재 알고 있는 정보를 이용해 논리적인 추론으로 그 양의 근삿값을 얻는 것이다.

| 선택지 분석 |

① 측정 도구인 습도계를 이용해 현재 습도를 확인하는 것은 측정에 해당한다.
②, ③ 어림(㉡)에 해당한다.
④, ⑤ 측정(㉠)에 해당한다.

03 정답 ⑤　＊ 시간과 공간의 측정

| 문제＋자료 분석 |

• 측정과 어림

측정	어림
• 물체의 질량, 길이 등의 양을 재는 활동 • 저울, 자 등 적절한 측정 도구를 사용함	• 측정 도구 없이 어떠한 양을 추정하는 활동 • 대략적인 길이, 질량, 부피 등을 추정할 수 있음

| 선택지 분석 |

⑤ A : 측정은 물리량을 기준이 되는 양과 비교하여 수치와 단위로 나타내는 활동이다. ➡ 옳음
　B : 측정할 때는 저울, 자 등 적절한 측정 도구를 사용한다. ➡ 옳음
　C : 어림을 통해 대략적인 물리량을 추정할 수 있다. ➡ 옳음

04 정답 ④　＊ 길이 측정 방법

| 문제＋자료 분석 |

• 도구를 이용한 물리량의 측정에는 항상 최소 단위가 존재한다. 도구의 최소 단위보다 작은 단위의 측정은 불확정성이 있기에 신뢰하기 어렵다.

▲ 레이저 길이 측정기

| 보기 분석 |

ㄱ. 최소 단위가 1 cm인 막대자로 약 $10^{-10}\,\mathrm{m}$ 정도로 미시적인 원자의 크기를 측정할 수 없다.

ㄴ. 레이저 길이 측정기는 빛의 속력이 일정함을 이용해 빛이 대상에게 부딪혀 되돌아오는 시간을 측정해 대상까지의 거리를 계산하는 도구이다.

ㄷ. 막대자의 최소 단위는 1 cm이고 레이저 길이 측정기의 최소 단위는 0.1 mm이므로 레이저 길이 측정기는 막대자보다 정밀한 길이 측정 도구이다.

05 정답 ① ✱ 시간 측정과 측정 표준

| 문제＋자료 분석 |
- **(가)**: 지구가 자전하면서 태양의 위치가 바뀌면 물체의 그림자가 이동하는 것으로 시간의 경과를 측정할 수 있다.
- **(나)**: 사람의 심장 박동은 안정된 상태에서 50~80회 내외이고 운동을 할 때는 최고 180여회까지 증가한다. ➡ 사람마다, 상황에 따라 달라질 수 있다.
- **(다)**: 세슘-133 원자에서 방출된 특정한 파장의 빛이 9,192,631,770번 진동하는 데 걸리는 시간을 1초로 정의하였다.

| 보기 분석 |
- ㄱ 해시계는 낮 동안 태양의 위치 변화를 이용한 것이다.
- ㄴ (나)는 현재 국제 공통의 시간 측정 표준이 될 수 없으며, 현재는 (다)를 이용하여 1초의 길이를 정의한다.
- ㄷ (가)를 이용한 시간 측정은 계절, 지역에 따라 다를 수 있으며 (다)를 이용한 시간 측정은 (가)보다 정확하다.

06 정답 ④ ✱ 아날로그 신호, 전기 신호

| 문제＋자료 분석 |
- 아날로그 신호는 자연에서 발생하는 대부분의 신호(소리, 빛 등)이다.
- 아날로그 신호를 디지털 기기로 처리하려면 이를 전기 신호로 바꾸는 센서가 필요하다.

| 보기 분석 |
- ㄱ 도로에서 발생한 소리는 아날로그 신호이다.
- ㄴ 스마트폰(디지털 기기)에는 소리를 전기 신호로 바꾸는 센서가 있어, 소리의 세기를 측정할 수 있다.
- ㄷ dB(데시벨)은 소리의 세기를 나타내는 단위이다.

07 정답 ① ✱ 아날로그 신호, 디지털 신호

| 문제＋자료 분석 |
- 아날로그 신호와 디지털 신호

아날로그 신호	디지털 신호
• 시간에 따라 연속적으로 변하는 신호 • 자연에서 발생하는 대부분의 신호 • 저장이나 전송할 때 손상하기 쉬움	• 시간에 따라 불연속적인 값으로 나타나는 신호 • 디지털 기기에서 처리하는 신호 • 신호를 저장하거나 재생, 전송하는 데 편리

| 보기 분석 |
- ㄱ 시간에 따라 신호가 연속적으로 변하고 있으므로 (가)는 아날로그 신호이다.
- ㄴ (나)는 디지털 신호이므로, 불연속적인 값으로 나타낸 신호이다.
- ㄷ 디지털 신호보다 아날로그 신호가 전송 과정에서 손상되기 쉽다.

08 핵심 키워드: 가공, 압축, 전송

[모범 답안] 정보의 가공이 쉽다. 정보를 압축하여 효율적으로 전송할 수 있다. 장기간 변질 없이 보존이 가능하다.

| 문제＋자료 분석 |
- 센서를 이용해 아날로그 신호를 디지털 신호로 변환하면 원래 가지고 있던 정보가 왜곡되거나 일부를 잃을 수도 있다. 하지만 디지털 신호를 이용하면 정보를 압축할 수 있고 잡음이 거의 없는 선명한 신호를 만들어 멀리까지 전송할 수 있다. 즉, 신호를 저장하거나 재생, 전송하는 데 편리해진다.

✱ 채점 기준

장점 두 가지를 옳게 서술한 경우	100 %
장점 한 가지만 옳게 서술한 경우	50 %

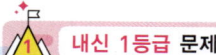

09 정답 ② ✱ 신호와 정보의 전환

| 문제＋자료 분석 |
- 화면에 나타나는 강우량 측정값은 불연속적이다.
- 센서를 통해 아날로그 형태의 신호가 전기 신호로 바뀌고 불연속적인 형태의 디지털 정보로 화면에 나타난다.
- 아날로그 정보는 디지털 정보보다 저장이나 전송할 때 손상되기 쉽다.

| 보기 분석 |
- ㄱ 화면에 나타나는 강우량이 한 시간 간격으로 끊겨 표시된 것으로 보아, 측정값이 불연속적인 형태로 나타나고 있다.
- ㄴ 우량계의 센서는 '물통에 모인 빗물의 무게'라는 연속적인 아날로그 정보를 전기 신호로 변환하여 연산 장치로 보내고, 그곳에서 빗물의 무게는 깊이로 환산되어 디지털 정보로 저장, 화면에 송출된다.
- ㄷ 디지털 정보는 불연속적인 0과 1로만 이루어져 있어 외부 잡음이 끼어도 0과 1을 쉽게 식별해 복원할 수 있다. 따라서 저장 및 전송 과정에서 발생하는 잡음에 의한 손상이 연속적인 아날로그 정보보다 덜하다.

10 정답 ① ✱ 아날로그 신호와 디지털 신호

🧠 단서＋발상

[단서] 아날로그 신호를 디지털 신호로 기록한 것과 저장된 디지털 신호를 재생하는 것이 제시되어 있다.

[발상] 디지털 신호가 아날로그 신호와 완전히 같아질 수는 없음을 추론할 수 있다.

| 문제＋자료 분석 |
- 원래의 아날로그 신호와 재생된 아날로그 신호 사이에는 오차가 발생한다.
- 아날로그 신호를 디지털화할 때 일정한 시간 간격으로 대푯값을 추출하므로 디지털 신호가 아날로그 신호와 완전히 같아질 수는 없다. 신호를 추출하는 시간 간격이 길면 그만큼 오차가 크고 추출하는 시간 간격이 짧을수록 오차가 작다.

| 보기 분석 |
- ㄱ 디지털 신호로 기록하는 시간 간격을 줄일수록 왜곡이 줄어든다.
- ㄴ 아날로그 신호를 디지털 신호로 기록할 때는 왜곡이 발생한다.
- ㄷ 디지털 신호는 아날로그 신호보다 항상 작은 세기로 기록되는 것은 아니다.

 대단원 마무리 문제 　　　　　　 문제편 24~25p

01 정답 ③ ✱ 다양한 규모의 자연 세계

| 문제＋자료 분석 |
- 수소 원자, 물 분자, 나트륨 이온과 같은 미시 세계는 시간 규모로 나노초 이하 단위를 사용하고, 공간 규모로 나노미터 이하 단위를 사용한다.
- 나무, 암석, 천체와 같은 거시 세계는 시간 규모로 초, 분 등의 단위를 사용하고, 공간 규모로 미터, 천문단위 등의 단위를 사용한다.
- (가)~(다)는 거시 세계에 해당한다.

| 보기 분석 |

ㄱ. 시간 규모는 우주 규모의 (가)가 (나)보다 크다.

ㄴ. (나)는 거시 세계에 해당한다.

ㄷ. 공간 규모는 (가) > (나) > (다)이므로 (다)가 가장 작다.

02 정답 ㉠ (전자) 현미경, ㉡ 우주 망원경

| 문제+자료 분석 |

· 정밀한 전자 현미경을 이용하여 원자나 분자 내부의 움직임을 나노초 이하 단위까지 측정할 수 있게 되었다.

· 허블이나 제임스 웹 같은 우주 망원경을 개발하면서 멀리 있는 천체의 나이와 거리를 더 정확하게 측정할 수 있게 되었다.

03 정답 ⑤ * 유도량과 단위

| 문제+자료 분석 |

· 유도량은 기본량을 조합해 유도하는 물리량으로, 기본량 이외의 모든 물리량이 이에 해당한다.

· 유도량의 단위는 7개의 기본 단위를 곱하거나 나누어서 나타낼 수 있다.

| 선택지 분석 |

① 넓이의 단위는 m^2이다. m^3은 부피의 단위이다.

② 속력의 단위는 m/s이다. m/s^2은 가속도의 단위이다.

③ 밀도의 단위는 kg/m^3이다. $kg/m \cdot s^2$은 압력의 단위이다.

④ 압력의 단위는 $kg/m \cdot s^2$이다. $kg \cdot m/s^2$은 힘의 단위이다.

⑤ 에너지는 일을 할 수 있는 능력으로 일과 같은 단위를 가진다. 일은 힘과 거리의 곱이므로 에너지의 단위도 힘의 단위와 거리의 단위의 곱으로 표현된다. 힘은 질량과 가속도의 곱이므로 그 단위는 $kg \cdot m/s^2$이 되고 거리의 단위는 m이므로 에너지의 단위는 $kg \cdot m^2/s^2$이다.

04 정답 ② * 기본량

| 문제+자료 분석 |

· 농도, 습도, 풍속은 유도량, 기온은 기본량이다.

| 보기 분석 |

ㄱ. 농도, 습도, 풍속은 유도량, 기온은 기본량이므로 보고서에 있는 기본량의 개수는 1개이다.

ㄴ. 풍속의 단위는 m/s로 길이의 단위를 시간의 단위로 나누어 나타낸다. 따라서 풍속의 단위는 유도량의 단위이다.

ㄷ. 미세 먼지 농도의 단위는 $\mu g/m^3$으로 질량의 단위와 길이의 단위를 조합해 유도할 수 있다. 질량과 길이는 기본량이므로 미세 먼지 농도는 기본량만으로 유도할 수 있다.

05 정답 ① * 시간과 공간

| 문제+자료 분석 |

· 과학자들은 다양한 도구나 방법을 개발하여 시간 규모나 공간 규모의 측정 범위를 넓혔다.

| 보기 분석 |

ㄱ. 과학 기술의 발전으로 현대에는 미시 세계의 시간 측정까지도 가능하게 되었다. 1초에 91억 9263만 1770번 진동하는 세슘 원자 시계를 이용하여 보다 정밀한 시간의 측정이 가능해졌다.

ㄴ. 위성 위치 확인 시스템(GPS)은 위성 신호를 이용하여 위치를 측정하는 기술로, 넓은 영역에서 사용할 수 있을 뿐만 아니라 미세한 이동 거리도 측정할 수 있다.

ㄷ. 다양한 규모의 시간과 공간의 측정으로 인간의 경험 범위가 확대되었다.

06 정답 ② * 측정 표준

| 문제+자료 분석 |

· 측정 표준은 어떤 양을 측정할 때 공통으로 사용할 수 있는 단위에 대한 기준이다.

| 보기 분석 |

ㄱ. ㉠은 ℃(섭씨도)이다.

ㄴ. 우리나라에서 자동차의 속도를 km/h 단위로 측정한다. 따라서 ㉡은 km(킬로미터)이다.

ㄷ. 온도의 국제 표준 단위는 ℃(섭씨도)가 아닌 K(켈빈)이다. 함정 ㉡은 길이의 국제 표준 단위이다.

07 정답 ② * 측정 표준

| 문제+자료 분석 |

· 변하지 않는 하나의 기준으로 정확하게 측정하며, 정해진 단위를 일관되게 사용해 표현하는 것을 측정 표준이라고 한다.

| 보기 분석 |

ㄱ. 힘은 질량과 가속도의 곱이므로 유도량이다.

ㄴ. 국제단위계(SI)에서 정의한 힘의 단위는 질량의 단위와 가속도의 단위를 곱한 $kg \cdot m/s^2$이다.

ㄷ. 단위는 국제단위계(SI)의 정의가 국제 공통의 표준으로 사용된다. 따라서 미국 항공 우주국이 사용한 단위가 국제 표준이다.

08 핵심 키워드: 혼란, 손실

모범 답안 단위의 차이는 일상의 혼란뿐만 아니라 천문학적인 손실을 동반하기도 하기 때문이다.

| 문제+자료 분석 |

· 서로 다른 단위로 측정을 한다면 과학에서 소통은 불가능하다. 과학의 모든 분야는 측정을 토대로 연구하고 관찰하기 때문에 정확한 측정이 중요하다.

* 채점 기준

제시문과 관련된 까닭을 옳게 서술한 경우	100 %
제시문과 무관한 까닭을 서술한 경우	30 %

09 정답 ⑤ * 신호의 변환

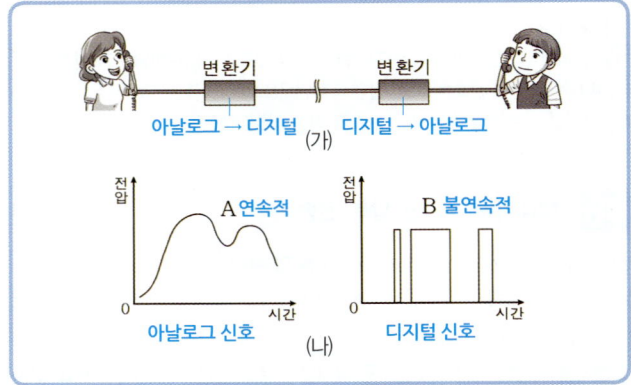

단서+발상

단서 두 변환기를 통해 정보가 전달되는 과정이 제시되어 있다.

발상 연속적으로 변하는 A는 아날로그 신호, 불연속적으로 변하는 B는 디지털 신호임을 추론할 수 있다.

적용 변환기에서 일어나는 신호의 변환을 구하는 것부터 문제 풀이를 시작해야 한다.

| 문제+자료 분석 |
- **A**: 시간에 따라 신호의 세기가 연속적으로 변하는 신호 ➡ 아날로그 신호
- **B**: 시간에 따라 신호의 세기가 불연속적으로 변하는 신호 ➡ 디지털 신호
- 첫 번째 변환기는 아날로그 신호를 디지털 신호로, 두 번째 변환기는 디지털 신호를 아날로그 신호로 변환한다.

| 보기 분석 |
- ㄱ. A는 아날로그 신호로 연속적인 신호이다.
- ㄴ. 변환기 사이에서는 디지털 신호를 사용한다.
- ㄷ. 디지털 신호는 아날로그 신호보다 전송 시 정보의 왜곡이 적다.

10 정답 ④ * 센서

| 문제+자료 분석 |
- 센서는 자연의 다양한 신호를 전기 신호로 변환하는 소자로, 인간의 감각 기관과 같은 역할을 한다.

| 보기 분석 |
- ㄱ. 물체의 온도 변화를 인식하는 것은 온도 센서이다. 인간의 감각 기관 중 피부에 대응된다.
- ㄴ. 물체의 속도 변화를 감지하는 것은 가속도 센서이다. 인간의 감각 기관 중 귀에 대응된다. (함정)
- ㄷ. 누르는 힘을 감지하는 것은 압력 센서이다. 인간의 감각 기관 중 피부에 대응된다.

수능 대비 기출 문제
문제편 27p

01 정답 ⑤ * 기본량

<실험 과정 및 결과> (단서) 기본량
(가) 그림과 같이 한 변의 ㉠ 길이가 1 cm인 정육면체의 구리를 준비하였다.
(나) 전자저울을 이용하여 (가)에서 준비한 구리의 ㉡ 질량을 측정하였더니 9 g이었다. 기본량
(다) (가)에서 준비한 구리와 ㉢ 온도가 같은 물 10 mL가 담긴 눈금실린더에 구리를 완전히 잠기도록 넣고 눈금을 읽었더니 11 mL이었다.
기본량

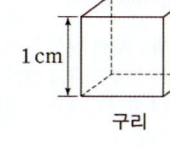
1 cm
구리

🔦 단서+발상
(단서) 구리의 기본량을 활용한 실험이 제시되어 있다.
(발상) 구리의 질량과 부피를 활용하여 밀도와 기본량의 의미를 추론할 수 있다.
(적용) 기본량의 개념을 적용해서 구리의 부피를 구하는 것부터 문제 풀이를 시작해야 한다.

| 문제+자료 분석 |
- 주어진 실험은 기본량(길이)을 이용해 유도량(부피)을 구하는 실험이다.
  ➡ 한 변의 길이가 1 cm인 정육면체 구리의 부피는 1 cm³이다.

| 보기 분석 |
- ㄱ. ㉢ 온도는 다른 물리량을 활용하여 표현할 수 없는 가장 기본이 되는 물리량이므로 기본량이다.
- ㄴ. 밀도는 기본량인 질량을 길이의 유도량인 부피로 나눈 값이다. 따라서 밀도는 ㉠ 길이와 ㉡ 질량으로부터 유도되는 물리량이다.
- ㄷ. (다)에서 부피가 10 mL인 물에 부피가 1 cm³인 구리를 넣었을 때, 증가한 부피는 1 mL이므로 1 mL와 1 cm³는 같은 부피라고 할 수 있다.

02 정답 ② * 기본량과 단위, 전기 에너지의 생산, 에너지 효율

발전소	발전 방식	특징
A	수력 발전	높은 곳에서 떨어지는 물의 역학적 에너지 10 MJ당 8 MJ의 전기 에너지를 생산한다. (단서) 10×10^6 J ── 8×10^6 J
B	태양광 발전	태양 전지를 비추는 빛의 에너지가 1 kJ일 때, 200 J의 전기 에너지를 생산한다. 1×10^3 J
C	화력 발전	1 g당 20 kJ의 화학 에너지를 가진 화석 연료 1 kg을 사용하여 8 MJ의 전기 에너지를 생산한다. $20 \times 10^3 \times 10^3$ J

🔦 단서+발상
(단서) 전기 에너지를 생산하는 발전소 A, B, C의 특징이 제시되어 있다.
(발상) 발전소의 특징을 통해 각 발전소에서 생산하는 전기 에너지의 양을 추론할 수 있다.
(적용) 전기 에너지와 단위의 개념을 적용해서 A, B, C에서 생산하는 전기 에너지의 양을 구하는 것부터 문제 풀이를 시작해야 한다.

| 문제+자료 분석 |
- **A(수력 발전)**: 물의 역학적 에너지를 활용하여 전기 에너지를 생산한다.
  ➡ 공급된 물의 역학적 에너지 1 J당 생산하는 전기 에너지의 양은 $\dfrac{8 \times 10^6}{10 \times 10^6} = 0.8$ J이다.
- **B(태양광 발전)**: 태양 전지를 비추는 빛 에너지를 활용하여 전기 에너지를 생산한다.
  ➡ 공급된 빛 에너지 1 J당 생산하는 전기 에너지의 양은 $\dfrac{200}{1 \times 10^3} = 0.2$ J 이다.
- **C(화력 발전)**: 화학 에너지를 가진 화석 연료를 활용하여 전기 에너지를 생산한다.
  1 g당 20 kJ의 화학 에너지를 가진 화석 연료 1 kg이 가지는 화학 에너지의 양은 20×10^3 kJ $= 20 \times 10^3 \times 10^3$ J이다.
  ➡ 공급된 화학 에너지 1 J당 생산하는 전기 에너지의 양은 $\dfrac{8 \times 10^6}{20 \times 10^3 \times 10^3} = 0.4$ J이다.

| 선택지 분석 |
- ② 공급된 에너지의 양이 같을 때, A, B, C에서 생산하는 전기 에너지의 양은 각각 0.8 J, 0.2 J, 0.4 J이므로 A>C>B이다.

03 정답 ⑤ * 측정 표준

측정 표준	1 m의 정의
A	0 ℃일 때, 백금−이리듐 합금으로 만든 미터원기에 표시된 두 선 사이의 거리 (금속 막대는 온도 변화에 따라 변함)
B	진공에서 빛이 $\dfrac{1}{299\ 792\ 458}$ 초 동안 진행하는 거리 (단서) 시간의 표준 필요
C	지구 자오선의 일부분을 이동하면서 측정한 거리와 위도를 이용하여 계산한 북극에서 적도까지 거리의 $\dfrac{1}{10\ 000\ 000}$ (눈으로 볼 수 있는 물체의 크기 측정)

| 문제+자료 분석 |
· A, B, C는 서로 다른 기준을 바탕으로 1 m의 길이를 정의한 측정 표준이다.
· A: 미터원기를 사용한 정의이다.
· B: 빛의 속도와 시간을 기준으로 한 정의이다.
· C: 지구를 이용한 정의로, 북극에서 적도까지 거리의 1000만분의 1을 1 m로 정의한다.

| 보기 분석 |
ㄱ A의 미터원기는 금속으로 만든 도구이다. 금속 막대는 온도 변화에 따라 열팽창 또는 수축하여 따라 미세하게 길이가 변할 수 있다.
따라서 A의 미터원기는 온도가 달라지면 길이가 변한다.
ㄴ B를 활용하여 정확한 길이를 측정하기 위해서는 시간의 표준이 필요하다.
따라서 B에는 시간을 정확하게 측정하는 기술이 필요하다.
ㄷ 과거에 길이의 측정은 눈으로 볼 수 있는 물체의 크기에 대한 측정만 가능하였으나 점차 눈으로 볼 수 없는 것도 측정할 수 있게 되었다.
따라서 길이의 측정 표준은 C → A → B 순으로 발전하였다.

04 정답 ⑤ * 정보 인식

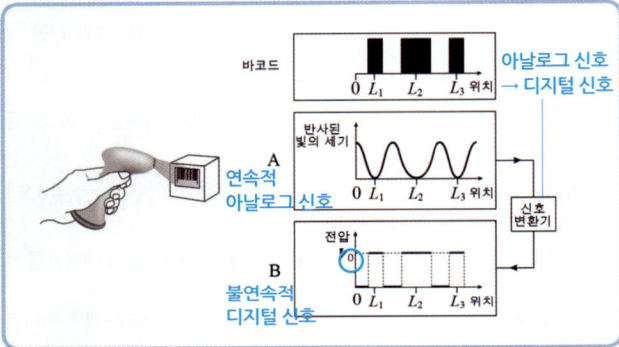

바코드 / 0 L_1 L_2 L_3 위치
아날로그 신호 → 디지털 신호
A 반사된 빛의 세기 / 0 L_1 L_2 L_3 위치
연속적 아날로그 신호
신호 변환기
B 전압 0 / 0 L_1 L_2 L_3 위치
불연속적 디지털 신호

 단서+발상

단서 바코드와 빛 신호 A, 전기 신호 B가 제시되어 있다.
발상 빛 신호 A는 아날로그 신호, 전기 신호 B는 디지털 신호임을 추론할 수 있다.

| 문제+자료 분석 |
· A: 시간에 따라 신호의 세기가 연속적으로 변하는 신호이다.
➡ 아날로그 신호
· B: 시간에 따라 신호의 세기가 불연속적으로 변하는 신호이다.
➡ 디지털 신호

| 보기 분석 |
ㄱ 바코드에서 어두운 부분이 B에서 V_0으로 나타남을 알 수 있다.
ㄴ A는 연속적인 신호, B는 불연속적인 신호이다.
ㄷ 컴퓨터는 불연속적인 신호인 이진수로 정보를 처리한다.

 03 우주의 시작과 원소의 생성

내신 대비 필수 문제   문제편 35~39p

01 정답 ③ * 빅뱅 우주론

| 문제+자료 분석 |
· 그림은 팽창하는 우주를 나타낸 것으로, 팽창 우주론에는 빅뱅 우주론과 정상 우주론이 있다.
· 빅뱅 우주론에서 우주의 밀도는 감소하고, 정상 우주론에서 우주의 밀도는 일정하다.

| 보기 분석 |
ㄱ 그림은 빅뱅 우주론을 모형으로 나타낸 것이다. 빅뱅 우주론은 초고온, 초고밀도의 한 점에서 빅뱅이 일어나 우주가 탄생했고, 지금까지 계속 팽창하고 있다는 이론이다.
ㄴ 빅뱅 우주론에서 빅뱅 후 생성된 수소 원자핵과 헬륨 원자핵의 질량비는 약 3 : 1이 될 것으로 예측하였고 실제 관측값과 같았다. 따라서 수소와 헬륨의 질량비는 빅뱅 우주론의 증거가 된다.
ㄷ. 우주가 팽창하면서 생기는 빈 공간에 물질들이 계속 생성되어 밀도는 유지되고 질량이 증가한다는 것은 정상 우주론에 대한 설명이다.

02 정답 ① * 빅뱅 우주론과 정상 우주론

 단서+발상

단서 A와 B가 주장한 내용은 서로 다른 우주론에 대한 내용이다.
발상 A가 빅뱅 우주론을 주장한 조지 가모프이고, B가 정상 우주론을 주장한 프레드 호일이라는 것을 추론할 수 있다.
적용 빅뱅 우주론과 정상 우주론의 공통점과 차이점을 파악하고 문제 풀이를 시작해야 한다.

| 문제+자료 분석 |
· 현재 우주를 이루고 있는 기본적인 입자들이 빅뱅 직후에 만들어졌다고 주장한 과학자(A)는 조지 가모프이고, 조지 가모프는 빅뱅 우주론을 주장하였다.
· 우주가 팽창하면서 생기는 빈 공간에서 새로운 물질이 계속 만들어진다고 주장한 과학자(B)는 프레드 호일이고, 프레드 호일은 정상 우주론을 주장하였다.

| 보기 분석 |
ㄱ 빅뱅 우주론에서는 현재 우주를 이루고 있는 기본적인 입자들이 빅뱅 직후에 만들어졌기 때문에 우주가 팽창하면서 우주의 온도는 감소한다고 설명하였다.
ㄴ. 정상 우주론에서는 우주가 팽창하면서 생기는 빈 공간에서 새로운 물질이 지속적으로 생성되므로 우주의 밀도는 일정하게 유지된다고 설명하였다.
ㄷ. A는 빅뱅 우주론, B는 정상 우주론을 주장하였다.

03 정답 ① * 빅뱅 우주론과 정상 우주론

| 문제+자료 분석 |
· 조지 가모프: 우주가 팽창함에 따라 우주의 온도와 밀도가 감소한다고 주장하였다. ➡ 빅뱅 우주론
· 프레드 호일: 우주는 팽창하고 있지만, 빈 공간에 새로운 물질이 만들어지면서 우주의 온도와 밀도가 일정하게 유지된다고 주장하였다.
➡ 정상 우주론

| 선택지 분석 |
① ㄱ은 우주의 크기는 증가하지만 은하의 수는 일정하다. 이는 우주는 팽창하면서 밀도가 감소하는 조지 가모프의 주장에 부합하는 모형이다.

ㄴ은 우주의 크기가 커지면서 은하의 수도 증가한다.
이는 우주가 팽창하더라도 우주의 밀도는 일정하게 유지되는 프레드
호일의 주장에 부합하는 모형이다.
ㄷ은 우주의 크기와 은하의 수가 일정하므로 정적 우주론에 해당한다.
정적 우주론에서 우주는 크기와 밀도가 모두 일정하게 유지된다고
설명한다.
ㄹ은 우주의 크기는 고정되어 있고, 은하의 수가 증가하는 우주론에
해당한다.

| 보기 분석 |
ㄱ 양성자는 수소 원자핵이다.
ㄴ 양성자 1개와 중성자 1개가 결합한 입자(A)는 중수소 원자핵이고,
양성자 1개와 중성자 2개가 결합한 입자(B)는 삼중수소 원자핵이다.
C는 양성자 2개와 중성자 2개가 결합한 헬륨 원자핵으로, B와 C는 다른
원소의 원자핵이다.
ㄷ 양성자(수소 원자핵) 2개와 중성자 2개가 결합하면 헬륨 원자핵이
생성된다.

04 정답 ④ *빅뱅 우주론

| 문제＋자료 분석 |
• **빅뱅 우주론**: 가모프가 주장한 이론으로 우주의 모든 물질과 에너지가 매우
작고 뜨거운 한 점에 모여 있다가 대폭발이 일어난 후 팽창하면서 냉각되어
현재와 같은 우주가 생성되었다는 이론이다.
• 빅뱅 우주론에 따르면 우주가 팽창함에 따라 우주의 크기와 나이는 계속
증가하고 우주의 온도와 밀도는 계속 감소한다.

| 선택지 분석 |
④ A. 빅뱅 우주론은 우주의 모든 물질이 한 점에 모여 있다가 대폭발로
시작되어 현재의 우주가 되었다는 이론이다. ➡ 옳음
B. 빅뱅 우주론에서는 우주가 팽창함에 따라 우주의 밀도가 점점
감소한다고 설명한다. ➡ 옳지 않음
C. 빅뱅 우주론에서 빅뱅 후 생성된 수소 원자핵과 헬륨 원자핵의
질량비는 약 3 : 1이 될 것으로 예측하였다. 여러 별빛의 스펙트럼을
분석한 결과 수소와 헬륨의 질량비는 약 3 : 1이었다. 빅뱅 우주론의
예측값과 스펙트럼의 관측값이 일치하므로 수소와 헬륨의 질량비는
빅뱅 우주론의 증거가 된다. 꿀팁 ➡ 옳음

05 핵심 키워드: 빅뱅 우주론, 질량, 밀도, 온도

모범 답안 빅뱅 우주론, 우주가 팽창함에 따라 우주의 질량은 일정하고,
밀도와 온도는 감소한다.

| 문제＋자료 분석 |
• **빅뱅 우주론**: 약 138억 년 전, 온도와 밀도가 매우 높은 한 점에서
빅뱅(대폭발)이 일어나 우주가 탄생한 후 계속 팽창하고 있다는 우주론
➡ 우주가 팽창함에 따라 우주의 질량은 일정하고, 밀도와 온도는
감소한다.
• **정상 우주론**: 우주가 팽창하는 동안 빈 공간에서 계속 물질이 생성되어
우주는 항상 같은 밀도를 유지한다는 우주론
➡ 우주가 팽창함에 따라 우주의 질량은 증가하고, 밀도와 온도는
일정하다.

＊채점 기준

우주론의 명칭과 우주의 질량, 밀도, 온도를 모두 옳게 서술한 경우	100 %
우주론의 명칭만 옳게 서술한 경우	25 %

06 정답 ③ *헬륨 원자핵의 생성

| 문제＋자료 분석 |
• 양성자와 중성자가 결합하여 중수소 원자핵이 생성된다.
• 중수소 원자핵끼리 결합하여 삼중수소 원자핵이 생성되고, 양성자 1개가
방출된다.
• 삼중수소 원자핵과 중수소 원자핵이 결합하여 헬륨 원자핵이 생성되고,
중성자 1개가 방출된다.

07 핵심 키워드: 12 : 1, 7 : 1

모범 답안 헬륨 원자핵 1개의 질량은 수소 원자핵 1개의 질량의 약
4배이다. 따라서 수소 원자핵과 헬륨 원자핵의 질량비가 약 3 : 1일 때,
개수비는 12 : 1이다. 수소 원자핵은 그 자체로 양성자 1개이고, 헬륨
원자핵은 양성자 2개와 중성자 2개로 구성되므로 양성자와 중성자의
개수비는 14 : 2 = 7 : 1이 된다.

| 문제＋자료 분석 |
• 양성자는 그대로 수소 원자핵이 되고, 양성자 2개와 중성자 2개가
결합하여 헬륨 원자핵이 생성되었다.

＊채점 기준

추론 과정을 통해 양성자와 중성자의 개수비를 옳게 서술한 경우	100 %
추론 과정 없이 양성자와 중성자의 개수비만 서술한 경우	50 %

08 정답 ① *우주 초기 원소

| 문제＋자료 분석 |
• 빅뱅 이후 우주의 온도가 낮아짐에 따라 쿼크와 같은 기본 입자에서부터 양
성자와 중성자가 생성되고, 원자핵이 또 다른 기본 입자인 전자를 포획해
수소 원자와 헬륨 원자가 생성된다.
• 전자와 쿼크는 ㉠에 해당한다.
• 헬륨 원자핵은 전기적으로 양전하(＋)를 띤다.

| 보기 분석 |
ㄱ 기본 입자에는 전자, 쿼크 등이 있으므로 전자는 ㉠에 해당한다.
ㄴ 헬륨 원자핵은 양전하(＋)를 띠는 양성자 2개, 전기적 중성인 중성자 2개
로 이루어져 있으므로, 전기적으로 양전하(＋)를 띤다.
ㄷ 빅뱅 이후 우주의 온도가 점차 낮아지면서 수소 원자와 헬륨 원자가 생성
되었으므로 우주의 온도는 (가) 시기가 (나) 시기보다 높다.

09 정답 ② *초기 우주에서 원소의 생성

단서＋발상
단서 초기 우주에서 입자들이 생성되는 과정이 순서대로 제시되어 있다.
발상 빅뱅 직후 기본 입자에서 원자가 생성되기까지의 과정을 추론할 수 있다.
적용 원자가 양성자, 중성자, 전자로 이루어져 있다는 것을 고려하여 문제
풀이를 시작해야 한다.

| 문제＋자료 분석 |
• 빅뱅 이후 최초로 생성된 물질은 기본 입자이다.
➡ 기본 입자에는 쿼크, 전자 등이 있다.
• 쿼크가 결합하여 중성자와 양성자가 생성되었다.
• 양성자 2개와 중성자 2개가 결합하여 헬륨 원자핵이 생성되었다.
• 원자핵과 전자가 결합하여 원자가 생성되었다. ➡ 빅뱅 후 38만 년이
되었을 때 수소 원자와 헬륨 원자가 생성되었다.

② 쿼크가 결합하여 양성자 또는 중성자가 생성된다. 따라서 A는 중성자이다. B는 전자와 결합하여 헬륨 원자가 생성되었으므로 헬륨 원자핵이다. 초기 우주에서 생성된 원자는 수소와 헬륨이다. 따라서 C는 수소 원자이다.

10 정답 ③ * 초기 우주에서 원소의 생성

 단서+발상

(단서) A일 때 양성자와 중성자, B일 때 원자가 생성되었다고 제시되어 있다.

(발상) 초기 우주에서 기본 입자와 원자의 생성 순서를 추론할 수 있다.

(적용) 빅뱅 우주론에서 입자가 생성된 순서를 고려하면서 문제 풀이를 시작해야 한다.

| 문제+자료 분석 |

• **기본 입자**: 물질을 구성하는 가장 작은 입자로 쿼크와 전자 등을 말한다. 쿼크는 전자에 비해 질량이 크다.

• **원자**: 모든 물질은 원자로 이루어져 있다. 원자는 중심에 원자핵, 그 주위에 전자로 구성되어 있다. 원자핵은 양성자와 중성자로 이루어져 있고, 양성자와 중성자는 기본 입자인 쿼크로 구성되어 있다.

• 초기 우주에서 온도가 매우 높았던 시기에는 원자핵과 전자가 공간을 가득 채우고 있었다. 우주의 온도가 낮아지면서 원자핵과 전자가 결합하여 원자가 형성되었다.

| 보기 분석 |

ㄱ 양(+)전하를 띤 원자핵과 음(-)전하를 띤 전자가 결합하여 전기적으로 중성인 원자가 생성된다. 따라서 ㉠은 전자이다.

ㄴ. 빅뱅 이후 우주가 팽창하면서 온도는 계속 낮아졌다. 초기 우주에서 최초로 생성된 물질은 기본 입자이고, 이후 온도가 낮아짐에 따라 양성자와 중성자가 생성되고 원자가 생성되었다. 따라서 우주의 온도는 A일 때가 B일 때보다 높다.

ㄷ 초기 우주에서 헬륨 원자핵이 형성될 때 수소와 헬륨의 질량비는 약 3 : 1이었고, 이후 현재까지도 우주에 존재하는 수소 원자와 헬륨 원자의 질량비는 약 3 : 1로 유지되고 있다.

11 정답 ⑤ * 수소와 헬륨의 질량비

| 문제+자료 분석 |

• 우주 초기에 생성된 양성자와 중성자의 개수비는 약 7 : 1이었다.

• 양성자 2개와 중성자 2개가 결합하여 헬륨 원자핵이 생성되면 수소 원자핵과 헬륨 원자핵의 개수비는 약 12 : 1이 되고, 질량비는 약 3 : 1이 된다.

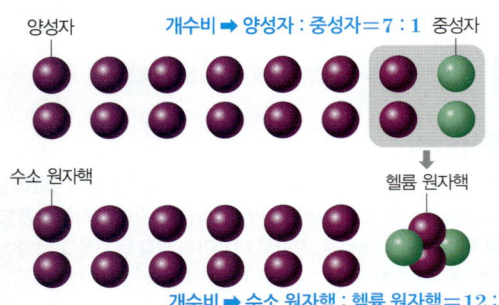

개수비 ➡ 양성자 : 중성자=7 : 1

양성자   중성자

수소 원자핵   헬륨 원자핵

개수비 ➡ 수소 원자핵 : 헬륨 원자핵=12 : 1
질량비 ➡ 수소 원자핵 : 헬륨 원자핵=3 : 1

| 보기 분석 |

ㄱ 우주의 온도가 낮아짐에 따라 에너지를 방출하는 중성자에서 양성자로의 변환만 가능하다. 따라서 개수가 더 많은 A가 양성자이고, B는 중성자이다.

ㄴ 헬륨 원자핵은 2개의 양성자와 2개의 중성자가 결합하여 형성된다.

ㄷ 2개의 양성자와 2개의 중성자가 결합하여 1개의 헬륨 원자핵이 되므로 수소 원자핵과 헬륨 원자핵의 개수비가 12 : 1이고, 수소 원자핵과 헬륨 원자핵의 질량비는 약 3 : 1이다.

12 핵심 키워드 : 팽창, 온도

(모범 답안) 우주가 계속 팽창함에 따라 우주의 온도가 낮아져 핵융합 반응이 일어날 수 없었기 때문이다.

| 문제+자료 분석 |

• 무거운 원소일수록 원자핵 사이에 작용하는 전기적 반발력이 더 커지므로 핵융합 반응에 필요한 온도가 높아진다.

* 채점 기준

우주 팽창에 따른 우주의 온도 변화와 관련지어 옳게 서술한 경우	100 %
우주의 온도가 낮아진다는 것만 서술한 경우	50 %

13 정답 ⑤ * 원자가 생성되는 과정

| 문제+자료 분석 |

• 빅뱅 이후 우주가 팽창하여 우주의 온도가 낮아지면서 기본 입자가 생성되었고, 점차 무거운 입자가 생성되었다.

| 보기 분석 |

ㄱ 빅뱅 직후 우주가 급격히 팽창하면서 온도가 낮아졌고, 기본 입자인 쿼크와 전자가 생성되었다. 따라서 ㉠은 전자이다.

ㄴ 양성자는 그 자체로 수소 원자핵이 되었다.

ㄷ 빅뱅 이후 초기 우주에서 원자는 (가) → (라) → (다) → (나) 순으로 생성되었다.

14 정답 ② * 우주의 시작과 원소의 생성

| 문제+자료 분석 |

• 빅뱅 우주론에서는 우주가 팽창하면서 우주의 빈 공간에 새로운 물질이 생성되지 않으므로 우주의 온도는 지속적으로 감소한다. (꿀팁) 따라서 우주의 온도는 A > B이다.

• A 시기에 쿼크가 결합하여 양성자와 중성자가, B 시기에 원자핵과 전자가 결합하여 원자가 만들어졌다.

| 보기 분석 |

ㄱ. 빅뱅 우주론에서는 우주가 팽창하면서 우주의 온도가 지속적으로 낮아지므로 우주의 온도는 B에서가 A에서보다 낮다.

ㄴ. A에서 쿼크가 결합하여 양성자와 중성자가 만들어졌다. 헬륨 원자핵은 A와 B 사이에 만들어졌다.

ㄷ B에서 원자핵과 전자가 결합하여 수소 원자와 헬륨 원자가 만들어졌으며, 빛이 입자들의 방해를 받지 않고 움직일 수 있게 되어 투명한 우주가 되었다. 이때 방출된 빛이 우주 배경 복사이다.

15 정답 ④ * 우주를 구성하는 원소와 별의 스펙트럼

| 문제+자료 분석 |

• 고온의 광원이 저온의 기체 X를 통과한 후 이 빛을 분광기로 관찰하면 흡수 스펙트럼(㉠)이 나타난다. 고온의 헬륨 기체가 방출하는 빛을 분광기로 관찰하면 방출 스펙트럼이 나타난다.

• 원소는 종류에 따라 전자의 에너지 준위가 각각 다르고, 원소의 종류에 따라 특정한 파장의 에너지만을 흡수하거나 방출하므로 흡수 스펙트럼에서의 흡수선과 방출 스펙트럼에서의 방출선의 위치가 같으면 같은 원소에 의해 나타나는 것이다. (꿀팁)

• 고온의 광원에 해당하는 별에서 방출된 빛이 상대적으로 온도가 낮은 별의 대기를 통과하여 나올 때 구성하는 기체 성분에 따라 흡수선이 나타나므로, 이를 분석하면 별의 구성 원소를 알 수 있다.

| 선택지 분석 |

④ A: ㉠은 고온의 광원이 저온의 기체 X를 통과한 빛을 분광기로 관찰한 것이므로 흡수 스펙트럼이다. ➡ 옳지 않음

B: 흡수 스펙트럼인 ㉠에서 관찰되는 흡수선의 위치와 고온의 헬륨 기체가 방출하는 빛을 분광기로 관찰했을 때 나타나는 방출선의 위치가 같으므로 기체 X에는 헬륨이 존재한다. ➡ 옳음

C: 별빛의 스펙트럼은 흡수 스펙트럼(㉠)으로, 별에서 방출된 빛이 상대적으로 온도가 낮은 별의 대기를 통과할 때 구성하는 기체 성분에 따라 흡수선이 나타나기 때문에 이를 분석하면 별의 구성 원소를 알 수 있다.
➡ 옳음

16 정답 ② * 원소와 별의 스펙트럼

🧠 단서+발상

(단서) 기체 A, B의 스펙트럼과 별 S의 스펙트럼이 제시되어 있다.

(발상) 별빛의 스펙트럼과 원소의 스펙트럼을 비교하면 별의 대기를 구성하는 원소를 추론할 수 있다.

(적용) 기체 A, B의 스펙트럼과 별 S의 스펙트럼의 종류를 파악하는 것부터 문제 풀이를 시작해야 한다.

| 문제+자료 분석 |

• 원소는 종류에 따라 고유한 스펙트럼을 나타내므로 별빛의 스펙트럼과 비교하면 별의 대기를 구성하는 원소를 알아낼 수 있다.

| 보기 분석 |

ㄱ. 방전관을 통해 기체 A에서 관찰되는 스펙트럼은 방출 스펙트럼이다.
ㄴ. 원소의 종류에 따라 스펙트럼에 나타나는 선의 위치(파장), 수 등이 다르다.
ㄷ. 별 S의 대기에는 기체 B가 포함되어 있지 않다.

17 정답 ④ * 태양의 흡수 스펙트럼

| 문제+자료 분석 |

• 원소는 종류에 따라 고유한 스펙트럼을 나타내므로 별의 스펙트럼을 비교하면 별의 대기를 구성하는 원소를 알아낼 수 있다.

| 보기 분석 |

ㄱ. 원소의 종류에 따라 스펙트럼에 나타나는 선의 위치(파장), 수 등이 다르게 나타난다.
ㄴ. 흡수 스펙트럼의 흡수선은 광원에서 방출된 빛이 중간에서 흡수되었기 때문에 나타난다.
ㄷ. 태양의 스펙트럼에 원소 A에 해당하는 흡수선이 나타나므로 태양의 대기에는 원소 A가 포함되어 있다.

18 정답 ④ * 스펙트럼의 종류

🧠 단서+발상

(단서) 연속 스펙트럼과 선 스펙트럼의 방출선이 제시되어 있다.

(발상) 기체 방전관에서 나온 빛은 스펙트럼상에서 방출선이 검출된다는 것을 추론할 수 있다.

(적용) 동일한 원소에서 관찰되는 흡수선과 방출선은 같은 위치(파장)에서 나타난다는 것을 고려하여 문제 풀이를 시작해야 한다.

| 문제+자료 분석 |

• 스펙트럼은 빛을 분광기에 통과시킬 때 파장에 따라 나누어져 나타나는 색의 띠이다.

• (가): 백열전구에서 나온 빛은 스펙트럼상에서 선이 나타나지 않으므로 연속 스펙트럼이 나타난다.
• (나), (다): 수소 기체 방전관과 헬륨 기체 방전관에서 나온 빛은 스펙트럼상에서 검은 바탕에 밝은 선(방출선)이 나타나며, 원소의 종류에 따라 선의 위치는 다르다.

| 보기 분석 |

ㄱ. (가)는 모든 파장에서 연속적인 색의 띠가 나타나는 스펙트럼이므로 연속 스펙트럼이다.
ㄴ. (나)는 수소 기체에 의한 선 스펙트럼이고, (다)는 헬륨 기체에 의한 선 스펙트럼으로, 원소의 종류에 따라서 스펙트럼에 나타나는 선의 위치가 다르다.
ㄷ. 같은 원소가 만드는 스펙트럼상 선의 위치는 서로 같다. 따라서 선 스펙트럼을 통해 원소의 종류를 확인할 수 있다. 꿀팁

19 정답 ④ * 원소와 별의 스펙트럼

🧠 단서+발상

(단서) 원소 A, B, 별 S의 스펙트럼이 제시되어 있다.

(발상) 별 S의 대기에 존재하는 원소를 추론할 수 있다.

(적용) 방출 스펙트럼에 대한 개념을 적용해서 고온의 A가 특정 파장의 빛을 방출하는지 구하는 것부터 문제 풀이를 시작해야 한다.

| 문제+자료 분석 |

• 방출 스펙트럼은 고온의 원소가 특정 파장의 빛을 방출해서 나타나며, 흡수 스펙트럼은 광원이 저온의 원소를 통과할 때 특정 파장의 빛을 흡수해서 나타난다. 이때 원소의 종류에 따라 서로 다른 흡수 또는 방출 스펙트럼이 나타난다.
• 별의 스펙트럼은 별의 대기에 존재하는 원소들에 의해 흡수 스펙트럼으로 나타나므로 별의 스펙트럼을 분석하면 별을 구성하는 원소를 알 수 있다. 별 S의 대기에는 B가 존재하며, A는 존재하지 않는다. 꿀팁
➡ A와 B는 서로 다른 원소이다.

| 보기 분석 |

ㄱ. 고온의 원소 A는 특정 파장의 빛을 방출하므로 방출 스펙트럼이 나타난다.
ㄴ. 같은 종류의 원소의 방출 또는 흡수 스펙트럼이면 같은 파장대에서 방출선 또는 흡수선이 나타난다. 따라서 A와 B는 동일한 원소가 아니다.
ㄷ. 별 S에 나타난 흡수선 일부가 B의 흡수선과 일치하므로, 별 S의 대기에는 B가 존재한다.

20 정답 ④ * 태양 스펙트럼 분석

🧠 단서+발상

(단서) 태양 스펙트럼에서 수소와 헬륨의 흡수선이 제시되어 있다.

(발상) 원소마다 고유한 선 스펙트럼을 갖고 있다는 것을 추론할 수 있다.

(적용) 태양 스펙트럼과 원소의 스펙트럼을 비교하여 태양 대기를 구성하는 원소의 종류를 알아내는 것부터 문제 풀이를 시작해야 한다.

| 문제+자료 분석 |

• 태양 스펙트럼: 연속 스펙트럼에 수소 흡수선과 헬륨 흡수선이 나타난다.
➡ 별의 흡수선은 별의 대기층에 존재하는 원소가 특정 파장의 빛을 흡수할 때 만들어진다.
• 고온의 수소 기체와 헬륨 기체는 각각 특정한 파장의 빛을 방출하는 방출 스펙트럼이 나타난다. ➡ 동일한 원소에서 관찰되는 흡수선과 방출선은 같은 파장에서 나타난다. 태양 스펙트럼에서 관측된 수소와 헬륨의 흡수선은 수소와 헬륨의 방출선과 같은 파장을 갖는다.

| 보기 분석 |

ㄱ. 태양의 스펙트럼에 나타난 수소 흡수선의 위치와 ㉠의 방출선의 위치가 같으므로 ㉠은 수소이다.
태양의 스펙트럼에 나타난 헬륨 흡수선의 위치와 ㉡의 방출선의 위치가 같으므로 ㉡은 헬륨이다.
ㄴ. 태양의 스펙트럼에서 수소와 헬륨에 의해 형성된 선 스펙트럼이 관측되므로 태양의 대기에는 수소와 헬륨이 존재하고 있다.
ㄷ. 원소마다 방출선의 파장이 모두 다르므로, 우주에서 오는 여러 별빛의 흡수 스펙트럼과 비교하면 우주를 구성하고 있는 원소의 종류를 알 수 있다.

21 핵심 키워드: 방출(선) 스펙트럼, 원소의 종류

[모범 답안] 방출(선) 스펙트럼, 별을 구성하는 원소의 종류와 구성 원소 사이의 질량비를 알아낼 수 있다.

| 문제+자료 분석 |

• 스펙트럼은 전자가 에너지 준위 사이를 이동하면서 빛을 방출하거나 흡수하여 나타난다.
• 방출 스펙트럼은 고온의 기체가 특정 파장의 빛을 방출할 때 나타나는 스펙트럼이다.
• 흡수 스펙트럼은 저온의 기체가 특정 파장의 빛을 흡수할 때 나타난다.
• 원소마다 전자 수가 다르므로 원소의 종류에 따라 흡수선이나 방출선의 위치, 수 등이 다르게 나타난다.
➡ 스펙트럼을 분석하면 원소의 종류와 질량비를 파악할 수 있다.

✱ 채점 기준

| 스펙트럼의 종류와 알 수 있는 정보를 모두 옳게 서술한 경우 | 100 % |
| 스펙트럼의 종류와 알 수 있는 정보 중 한 가지만 옳게 서술한 경우 | 50 % |

 내신 1등급 문제

문제편 39~40p

22 정답 ④ ✱ 빅뱅 우주론

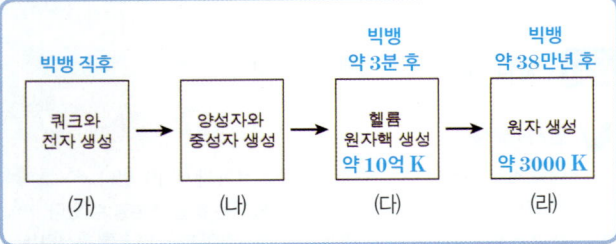

💡 단서+발상

(단서) 초기 우주에서 원자가 생성되기까지의 과정이 제시되어 있다.
(발상) 빅뱅 이후 우주가 팽창함에 따라 점차 무거운 입자가 생성되었음을 떠올릴 수 있다.
(적용) 각 시기의 특징을 파악하는 것부터 문제 풀이를 시작해야 한다.

| 문제+자료 분석 |

• 빅뱅 이후 우주가 팽창하여 우주의 온도가 낮아지면서 기본 입자가 생성되었고, 점차 무거운 입자가 생성되었다.

| 보기 분석 |

ㄱ. 빅뱅 이후 우주의 온도는 계속 감소하였다. 따라서 우주의 온도는 (가)일 때가 (나)일 때보다 높다.
ㄴ. 우주가 팽창함에 따라 우주의 크기는 (다)일 때가 (라)일 때보다 작다.
ㄷ. 빅뱅 약 38만 년 후, 우주의 온도가 약 3000K으로 낮아지면서 전자가 원자핵과 결합하여 원자가 생성되었다. 따라서 원자가 생성된 (라)일 때 우주의 나이는 약 38만 년이다.

23 정답 ① ✱ 수소와 헬륨의 질량비

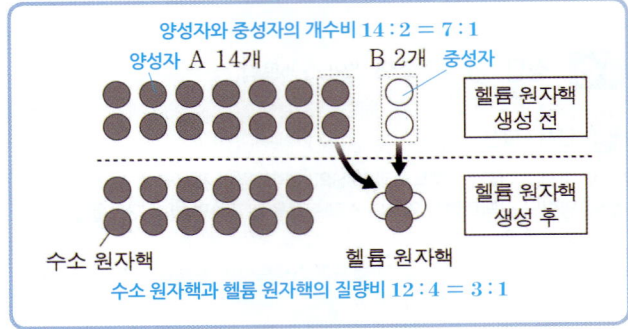

💡 단서+발상

(단서) 헬륨 원자핵이 형성되기 전 양성자와 중성자의 개수비는 7 : 1로 제시되어 있다.
(발상) 수소 원자핵과 헬륨 원자핵의 질량비를 추론할 수 있다.
(적용) 수소 원자핵은 양성자 1개이고, 헬륨의 원자핵은 양성자 2개와 중성자 2개가 결합하여 생성된다는 것을 고려하여 문제 풀이를 시작해야 한다.

| 문제+자료 분석 |

• 초기 우주는 온도가 높아서 양성자가 중성자로, 중성자가 양성자로 서로 변환이 일어나 양성자와 중성자의 개수가 비슷했다.
• 우주의 온도가 낮아지면서 에너지를 방출하는 중성자에서 양성자로의 변환은 계속 일어났지만, 에너지를 흡수하는 양성자에서 중성자로의 변환은 어려워져 중성자보다 양성자의 개수가 많아졌다.
• 헬륨 원자핵이 생성되기 직전 양성자와 중성자의 개수비는 약 7 : 1이었다.
• 양성자는 그 자체로 수소 원자핵이 되고, 헬륨 원자핵은 양성자 2개와 중성자 2개가 결합하여 생성된다.

| 보기 분석 |

ㄱ. A는 그 자체로 수소 원자핵이므로 양성자이고, 양성자와 결합하여 헬륨 원자핵을 구성하는 B는 중성자이다.
ㄴ. 헬륨 원자핵이 생성되기 직전 양성자와 중성자의 개수비는 7 : 1이었고, 헬륨 원자핵이 생성된 후 수소 원자핵과 헬륨 원자핵의 질량비는 3 : 1이었다.
따라서 ㉠은 수소 원자핵이고, ㉡은 헬륨 원자핵이다.
ㄷ. 헬륨 원자핵은 양성자 2개와 중성자 2개가 결합하여 생성되므로 전기적으로 양(+)전하를 띤다. 함정

24 정답 ② ✱ 스펙트럼의 종류

💡 단서+발상

(단서) 연속 스펙트럼과 방출 스펙트럼이 제시되어 있다.
(발상) ㉠에서는 고온 고밀도의 광원에서 나온 빛이 상대적으로 온도가 낮은 수소 기체를 통과한 후에 관찰되는 스펙트럼이라는 것을 추론할 수 있다.
(적용) 스펙트럼의 종류와 특징을 이용하여 ㉠에서 관찰되는 스펙트럼의 종류를 구하는 것부터 문제 풀이를 시작해야 한다.

| 문제+자료 분석 |
- ㉠에서는 고온 고밀도의 광원에서 나온 빛이 상대적으로 온도가 낮은 수소 기체를 통과하여 스펙트럼이 나타난다.
- ㉠에서는 수소 기체를 통과하면서 특정 파장의 빛이 흡수되어 나타나는 흡수 스펙트럼이 관찰되고, ㉡에서는 수소 기체에서 특정 파장의 빛이 방출되어 나타나는 방출 스펙트럼이 관찰된다.
- 고온 고밀도의 광원에서 방출되는 빛에서는 연속 스펙트럼이 관찰된다.

| 보기 분석 |
ㄱ. 수소 기체 방전관에서 나온 빛은 고온의 수소 기체에 의해 방출되는 특정 파장의 빛으로 방출 스펙트럼이 관찰된다. 이에 반해 ㉠은 고온 고밀도의 광원에서 방출된 빛이 온도가 낮은 수소 기체를 통과하여 흡수 스펙트럼이 나타난다. 따라서 ㉠은 수소 기체 방전관에서 나온 빛의 스펙트럼과 다르다.

ㄴ. 같은 원소에서 관찰되는 흡수선과 방출선은 같은 위치에서 나타난다. ㉠은 수소 기체에 의한 흡수선이, ㉡은 수소 기체에 의한 방출선이 나타나므로 두 스펙트럼에 나타나는 선의 위치는 서로 같다.

ㄷ. 태양에서 나온 빛이 상대적으로 온도가 낮은 태양의 대기를 통과하는 동안 특정 파장의 빛이 흡수되므로 태양을 분광기로 관찰하면 흡수 스펙트럼이 나타난다. 따라서 태양의 스펙트럼의 종류는 ㉠과 같다. 함정

25 정답 ② * 스펙트럼의 종류

| 문제+자료 분석 |
- A: 고온의 물체에서 빛이 방출될 때 나타나는 연속 스펙트럼이다.
  ➡ 백열등에서 나오는 빛
- B: 고온의 물체에서 방출된 빛이 저온의 기체를 통과하면서 특정 파장의 빛이 흡수되어 나타나는 흡수 스펙트럼이다.
  ➡ 저온 기체관을 통과한 백열등 빛
- C: 고온의 기체에서 특정 파장의 빛이 방출될 때 나타나는 방출 스펙트럼이다. ➡ 수소 기체 방전관에서 나오는 빛
- D: 특정 파장대의 넓은 방출선이 나타나는 방출 스펙트럼이다.
  ➡ LCD 화면에서 나오는 빛

| 선택지 분석 |
① 수소 기체 방전관에서 나오는 빛의 스펙트럼은 C이다.
② A는 백열등, B는 저온 기체를 통과한 백열등, C는 수소 기체 방전관, D는 LCD 화면에서 나오는 빛의 스펙트럼이다.
③ 백열등의 스펙트럼은 A이다.
④ 수소 원자의 에너지 준위는 불연속이므로 선 스펙트럼이 나타난다.
⑤ LCD 화면에서 불연속적인 선 스펙트럼이 방출된다.

04 별의 진화와 원소의 생성

내신 대비 필수 문제   문제편 46~49p

01 정답 ③ * 주계열성의 특징

| 문제+자료 분석 |
- 현재 태양은 별의 중심부에서 수소 핵융합 반응이 일어나 스스로 빛을 내는 주계열성이다.
- 원시별이 중력 수축으로 중심부 온도가 상승하여 1000만 K 이상이 되면 수소 핵융합 반응이 일어나는 주계열성이 된다.
- 질량이 태양과 비슷한 별의 진화 과정은 주계열성 → 적색 거성 → 행성상 성운, 백색 왜성이다.
- 질량이 태양의 10배 이상인 별의 진화 과정은 주계열성 → 초거성 → 초신성 폭발 → 중성자별 또는 블랙홀이다.

| 선택지 분석 |
① 수소 핵융합 반응은 별의 중심부 온도가 약 1000만 K 이상일 때 일어난다.
② 태양 정도의 질량을 가진 별에서는 철보다 가벼운 원소가 생성된다. 태양보다 질량이 10배 이상 큰 별이 초신성 폭발하는 과정에서 철보다 무거운 원소가 생성된다.
③ 태양은 수소 핵융합 반응을 통해 빛을 내는 주계열성이다.
④ 별의 생성 초기에는 중력 수축에 의해 별의 중심부의 온도와 밀도가 높아진다.
⑤ 태양 정도의 질량을 가진 별은 중심부에서 헬륨 핵융합 반응이 멈추면 바깥층은 팽창하여 행성상 성운이 되고, 중심부는 수축하여 백색 왜성이 된다. 초신성 폭발이 일어나는 별의 질량은 태양의 10배 이상이다.

02 정답 ④ * 별의 진화와 원소의 생성

| 문제+자료 분석 |
- 질량이 태양의 10배 이상인 별의 중심부에서는 수소, 헬륨 핵융합 반응이 끝난 후에도 탄소, 산소, 규소 핵융합 반응이 차례로 일어나 철까지 생성된다.
- 핵융합 반응이 끝난 별은 급격하게 수축하다 폭발하여 매우 밝은 초신성이 된다. 초신성 폭발 과정에서 발생한 엄청난 에너지에 의해 철보다 무거운 원소가 생성된다.

| 보기 분석 |
ㄱ. 철로 이루어진 중심핵이 수축하다가 폭발하여 초신성 폭발이 일어났으므로 이 별은 질량이 태양의 10배 이상인 별이다. 따라서 ㉠ 단계에서 별의 질량은 태양보다 크다.

ㄴ. 태양보다 질량이 10배 이상 큰 별에서는 수소, 헬륨 핵융합 반응이 끝나고 탄소, 산소, 규소 등의 핵융합 반응이 일어나 마지막으로 철이 생성된다. 모든 핵융합 반응이 끝난 별은 중심을 향해 급격히 붕괴하면서 초신성으로 폭발한다. 이때 엄청난 에너지가 방출되며 한꺼번에 핵융합 반응이 일어나 철보다 무거운 원소들(금, 납, 우라늄 등)이 만들어진다.

ㄷ. 초신성 폭발로 만들어진 원소들은 별의 진화 과정에서 만들어진 원소들과 함께 우주 공간으로 방출되어 초신성 잔해를 이루며 일부는 새로운 별을 만드는 재료로 이용된다. 꿀팁

* 초거성과 무거운 원소의 생성
- 질량이 태양의 10배 이상인 별은 주계열성 이후 별이 매우 크게 팽창하여 적색 거성보다 더 큰 초거성이 된다.
- 초거성의 중심부의 헬륨이 모두 탄소로 바뀐 후에도 온도가 계속 높아져 탄소, 산소, 규소 핵융합 반응이 차례로 일어나 철까지 생성된다.
- 중심부에서 철까지 생성되면 핵융합 반응은 더 이상 일어나지 않는다.

03 정답 ④ * 질량이 태양과 비슷한 별의 진화

태양 정도의 질량을 가진 별의 진화 과정과 특징

원시 성운 → 중심부 수축 바깥층 팽창 → 중심부 수축 바깥층 팽창 →

(가) 주계열성   (나) 적색 거성   (다) 행성상 성운

단계	특징
(가)	중심부에서 수소 핵융합 반응으로 에너지를 생성함
(나)	(가)보다 크기가 크고 적색을 띰 **중심부 수축, 온도 상승**
(다)	중심부는 수축하고 외곽 물질이 우주 공간으로 방출됨

| 문제＋자료 분석 |
- **(가) 주계열성**: 원시별의 중심부 온도가 약 1000만 K 이상이 되면 수소 핵융합 반응이 일어나 에너지를 생성하는 주계열성이 된다.
- **(나) 적색 거성**: 주계열성의 중심부에서 수소 핵융합 반응이 멈추면 중심부는 수축하여 온도가 상승하고, 핵을 둘러싸고 있는 수소층이 가열된다. 수소층에서 수소 핵융합 반응이 일어나면 별이 팽창하여 표면 온도가 낮아져 붉게 보이는 적색 거성이 된다.
- **(다) 행성상 성운**: 적색 거성의 중심부에서 헬륨 핵융합 반응이 멈추면 별은 불안정해져 팽창과 수축을 반복하다 바깥층은 팽창하여 행성상 성운이 되고, 중심부는 더욱 수축하여 백색 왜성이 된다.

| 보기 분석 |
ㄱ. 태양은 현재 중심부에서 수소 핵융합 반응으로 에너지를 생성하므로 (가) 주계열성에 해당한다.
ㄴ. 별의 중심부에서 수소가 모두 헬륨으로 바뀌면 수소 핵융합 반응이 멈춘다. 이후 별의 중심부는 수축하면서 온도가 상승하여 약 1억 K 이상이 되면 헬륨 핵융합 반응이 일어나고, 별의 외곽은 부풀어 올라 적색 거성 단계로 진화한다. 따라서 중심부의 온도는 (나) 적색 거성 단계가 (가) 주계열성 단계보다 높다.
ㄷ. 태양 정도의 질량을 가진 별의 내부에서는 핵융합 반응으로 탄소, 산소까지 생성된다. 철보다 무거운 원소는 질량이 태양의 10배 이상인 별에서 생성된다.

04 정답 ⑤ * 철보다 무거운 원소의 생성

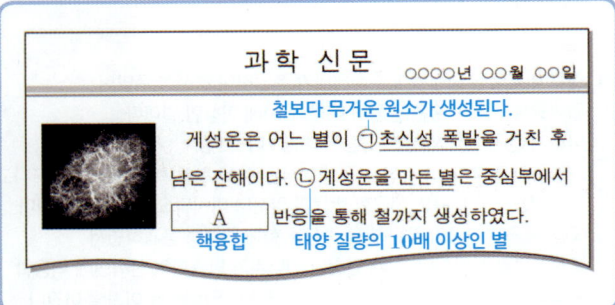

과 학 신 문   ○○○○년 ○○월 ○○일

철보다 무거운 원소가 생성된다.

게성운은 어느 별이 ㉠초신성 폭발을 거친 후 남은 잔해이다. ㉡게성운을 만든 별은 중심부에서 ⎡A⎤ 반응을 통해 철까지 생성하였다.
핵융합   태양 질량의 10배 이상인 별

 단서＋발상
단서 초신성 폭발로 만들어진 게성운의 모습이 제시되어 있다.
발상 별의 진화 과정 중 초신성 폭발이 일어나는 별의 질량을 추론할 수 있다.
적용 초신성 폭발을 일으키는 별은 태양 질량의 10배 이상인 별이라는 것을 고려하여 문제 풀이를 시작해야 한다.

| 문제＋자료 분석 |
- 질량이 매우 큰 별은 최종 단계에서 폭발을 일으키는데 이를 초신성 폭발이라고 한다.

- 게성운은 초신성 잔해이다. 게성운의 중심부에는 지름이 약 30 km인 중성자별이 존재하는 것으로 알려져 있다.
- 별의 내부에서는 핵융합 반응으로 철 원자핵까지 생성될 수 있으며, 초신성 폭발 과정에서 철보다 무거운 원자핵(금, 우라늄 등)이 생성된다.

| 보기 분석 |
ㄱ. 금, 은, 우라늄 등은 철보다 무거운 원소로, 이들은 초신성 폭발이 일어나는 과정에서 생성된다.
ㄴ. 질량이 태양과 비슷한 별은 최종 단계에서 행성상 성운과 백색 왜성이 되고, 질량이 태양의 10배 이상인 별은 초신성 폭발을 일으켜 초신성 잔해와 중성자별(또는 블랙홀)을 남긴다. 게성운은 초신성 잔해에 해당하므로 ㉡은 태양보다 질량이 큰 별이다.
ㄷ. 철 원자핵은 모든 원자핵 중 결합 에너지가 가장 강하여 매우 안정한 원소이며, 별의 중심부에서는 핵융합 반응을 통해 철까지 생성될 수 있다.

05 정답 ② * 별의 진화와 원소의 생성

 단서＋발상
단서 주계열성의 탄생과 진화 과정이 제시되어 있다.
발상 주계열성이 진화하여 블랙홀이 형성된다는 것을 통해 주계열성의 질량을 추론할 수 있다.
적용 적색 초거성 이후에 블랙홀과 성운이 형성된다는 것을 통해 ㉢이 초신성 폭발이라는 것을 알고 문제 풀이를 시작해야 한다.

| 문제＋자료 분석 |
- ㉢ 이후에 중심부에는 블랙홀이 형성되고, 바깥층은 다시 성운을 형성한다.
- 적색 초거성으로 진화하는 주계열성의 질량은 태양보다 질량이 큰 주계열성이다.

| 보기 분석 |
ㄱ. 질량이 태양과 비슷한 별은 적색 거성으로 진화하지만, 질량이 태양의 10배 이상인 별은 적색 거성보다 더 큰 적색 초거성으로 진화한다. 따라서 ㉠과 태양은 질량이 서로 다르다. 함정
ㄴ. 적색 초거성의 중심부에서 핵융합 반응으로 철까지 생성된다. 철 핵융합 반응이 일어나려면 에너지를 방출하는 대신 흡수해야 하기 때문에 별의 내부에서는 일어나지 않는다. 철보다 무거운 원소는 초신성 폭발(㉢) 과정에서 생성된다.
ㄷ. ㉢은 초신성 폭발이다. 초신성 폭발 과정에서 우주 공간으로 방출된 물질들은 성운의 일부가 되어 새로운 별의 재료가 되고, 초신성 폭발 후 남은 중심부는 중성자별이나 블랙홀이 된다.

06 정답 ① * 질량이 태양과 비슷한 별의 진화

| 문제＋자료 분석 |
- 질량이 태양과 비슷한 별은 주계열성 → 적색 거성 → 행성상 성운, 백색 왜성으로 진화한다.
- (가): 행성상 성운의 중심부에 있는 A는 백색 왜성이다.
- (나): 중심부에 철까지 생성된 것으로 보아 질량이 태양의 10배 이상인 별의 내부 구조이다.

| 보기 분석 |
ㄱ. 행성상 성운의 중심부는 더 이상 핵융합 반응을 하지 못하는 백색 왜성이 된다.
ㄴ. (가)는 행성상 성운과 백색 왜성의 모습으로, 질량이 태양과 비슷한 별의 최후이다. 질량이 태양과 비슷한 별의 내부에서는 탄소, 산소까지만 생성된다. 철보다 무거운 원소는 태양보다 질량이 큰 별의 초신성 폭발 과정에서 생성된다.
ㄷ. 별 A는 탄소와 산소로 이루어진 백색 왜성이다. (나)는 질량이 태양의 10배 이상인 별의 내부 구조이다.

07 정답 ④ * 별의 진화와 원소의 생성

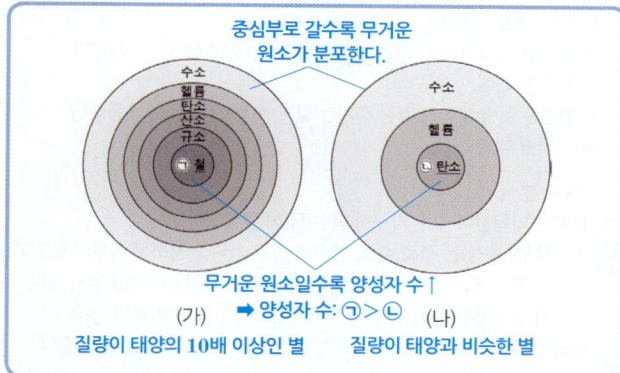

중심부로 갈수록 무거운 원소가 분포한다.

무거운 원소일수록 양성자 수↑
➡ 양성자 수: ㉠>㉡
(가) 질량이 태양의 10배 이상인 별 (나) 질량이 태양과 비슷한 별

 단서+발상

단서 초거성과 적색 거성의 내부 구조가 제시되어 있다.

발상 별의 중심부로 갈수록 점점 무거운 원소가 존재한다는 것을 확인할 수 있다.

적용 중심부에 존재하는 원소의 종류를 비교하여 별의 질량을 파악하는 것부터 문제 풀이를 시작해야 한다.

| 문제+자료 분석 |
- (가)와 (나) 모두 중심부로 갈수록 무거운 원소가 분포한다.
  ➡ 중심부로 갈수록 온도가 높다.
- (가) 중심부의 가장 안쪽에 철이 존재한다.
  ➡ 초거성의 내부 구조이다.
- (나) 중심부의 가장 안쪽에 탄소가 존재한다.
  ➡ 적색 거성의 내부 구조이다.

| 보기 분석 |
ㄱ. (가)는 질량이 태양의 10배 이상인 초거성의 내부 구조이고, (나)는 질량이 태양과 비슷한 적색 거성의 내부 구조이다.

㉡ 중심부의 온도가 높을수록 핵융합 반응에 의해 더 무거운 원자핵이 생성된다. 따라서 별 중심부의 온도는 철이 존재하는 (가)가 탄소가 존재하는 (나)보다 높다.

㉢ 무거운 원소일수록 양성자 수가 많다. 따라서 원소의 양성자 수는 철(㉠)이 탄소(㉡)보다 많다. 참고로 철의 원자 번호는 26이고 탄소의 원자 번호는 6이다. 원소의 양성자 수는 원자 번호와 같으므로 철의 양성자 수는 26개, 탄소의 양성자 수는 6개이다.

08 정답 ③ * 별의 진화와 원소의 생성

단서+발상

단서 질량이 다른 두 별 A, B의 진화 경로가 제시되어 있다.

발상 별 B의 진화 과정에서 초신성 폭발이 일어난다는 것으로부터 별의 질량이 태양보다 매우 크다는 것을 추론할 수 있다.

적용 별의 진화 과정 중 어떤 단계에서 어떤 원소가 생성되는지 고려하여 문제 풀이를 시작해야 한다.

| 문제+자료 분석 |
- 별 A는 백색 왜성으로, 별 B는 중성자별로 진화한다. ➡ A는 질량이 태양과 비슷한 별이고, B는 질량이 태양보다 매우 큰 별이다.
- 별 A와 B는 주계열성으로, 중심부에서 수소 핵융합 반응이 일어난다.

| 보기 분석 |
㉠ 별 A는 적색 거성을 거쳐 행성상 성운과 백색 왜성으로 진화하고, 별 B는 적색 초거성과 초신성 폭발을 거쳐 중성자별로 진화한다.
별 A는 질량이 태양과 비슷한 별이고, 별 B는 질량이 태양보다 매우 큰 별이다. 따라서 별의 질량은 B가 A보다 크다.

㉡ 금, 은, 우라늄 등과 같은 철보다 무거운 원소는 별의 내부에서 생성되지 않고, 초신성 폭발 과정에서 생성된다.

ㄷ. 별을 구성하는 수소 중 일부는 별의 진화 과정에서 수소보다 무거운 원소로 바뀐다. 따라서 별의 탄생과 진화의 순환 과정이 거듭될수록 우주 전체의 수소의 양은 감소한다.

09 정답 ④ * 무거운 원소의 생성

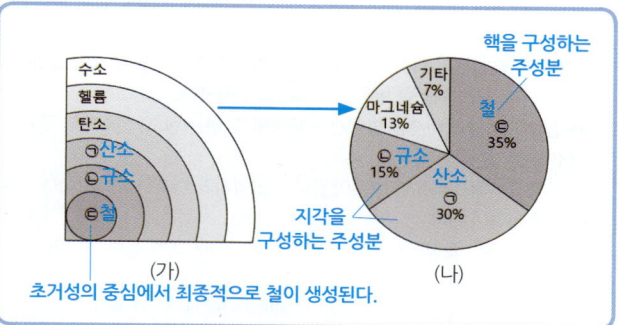

초거성의 중심에서 최종적으로 철이 생성된다.
(가)   (나)
핵을 구성하는 주성분 / 지각을 구성하는 주성분
철㉢ 35%, 산소 30%, 규소㉡ 15%, 마그네슘 13%, 기타 7%

단서+발상

단서 중심부의 핵융합 반응이 끝난 별의 내부 구조와 지구를 구성하는 원소의 질량비가 제시되어 있다.

발상 (가)에서 별의 중심부에 탄소보다 무거운 원소가 분포하는 것으로 보아 (가)의 별은 초거성임을 추론할 수 있다.

적용 별의 중심부로 갈수록 무거운 원소가 분포한다는 것을 고려하여 ㉠, ㉡, ㉢을 파악하는 것부터 문제 풀이를 시작해야 한다.

| 문제+자료 분석 |
- 질량이 태양보다 매우 큰 별은 초거성 단계에서 중심부에 철까지 생성될 수 있다.
- (가): 별의 중심부로 갈수록 무거운 원소가 분포한다.
  ➡ ㉠은 산소, ㉡은 규소, ㉢은 철이다.
- (나): 지구를 구성하는 원소의 질량비는 철>산소>규소>마그네슘 순이다.

| 보기 분석 |
ㄱ. 별의 중심부로 갈수록 무거운 원소가 분포하므로 ㉠은 산소, ㉡은 규소, ㉢은 철이다. ㉠은 지구에서 두 번째로 풍부한 산소이다.

㉡ 질량이 태양보다 매우 큰 별의 중심부에서는 헬륨이 모두 탄소로 바뀐 후에도 온도가 계속 높아져 탄소, 산소, 규소 핵융합 반응이 차례로 일어나 마지막으로 철까지 생성된다. 따라서 ㉡(규소)은 ㉢(철)보다 먼저 만들어진다.

㉢ 별의 진화 과정에서 생성된 원소들의 일부는 행성상 성운이나 초신성 폭발에 의해 우주로 방출되어 성간 물질로 되돌아가 지구를 형성하는 재료가 되었다.

10 정답 (1) 주계열성 (2) A > 태양

| 문제+자료 분석 |
- 원시별이 중력 수축으로 중심부 온도가 상승하여 1000만 K 이상이 되면 수소 핵융합 반응이 일어나는 주계열성이 된다.
- 질량이 태양의 10배 이상인 별은 주계열성 이후 매우 크게 팽창하여 적색 거성보다 더 큰 초거성이 된다. 초거성의 중심부에서 철까지 생성되면 별이 급격하게 수축하다 폭발하여 매우 밝은 초신성이 된다. 초신성 폭발 후 남은 중심부는 중성자별이 되거나 블랙홀이 된다.

11 핵심 키워드: 철, 철보다 무거운 원소

모범 답안 질량이 태양의 10배 이상인 별에서는 수소와 헬륨 핵융합 반응이 끝나고 탄소, 산소, 규소 핵융합 반응이 일어나 마지막으로 철이 생성될 수 있다. 모든 핵융합 반응이 끝난 별은 중심을 향해 급격히 붕괴하면서 초신성으로 폭발한다. 이 과정에서 엄청난 에너지가 방출되며 한꺼번에 핵융합 반응이 일어나 금, 납, 우라늄 등의 철보다 무거운 원소가 만들어진다.

| 문제+자료 분석 |
• 질량이 태양의 10배 이상인 별은 주계열성 이후 매우 크게 팽창하여 적색 거성보다 더 큰 초거성이 된다.
• 초거성의 중심부의 헬륨이 모두 탄소로 바뀐 후에도 온도가 계속 높아져 탄소, 산소, 규소 핵융합 반응이 차례대로 일어난다.
  ➡ 질량이 태양과 비슷한 별에서는 생성될 수 없는 탄소, 산소보다 무거운 원소가 생성된다.
• 별의 중심부에서 핵융합 반응이 끝나면 급격하게 수축하다 폭발하여 매우 밝은 초신성이 된다.
  ➡ 초신성 폭발 과정에서 발생한 엄청난 에너지에 의해 철보다 무거운 원소가 생성된다.
• 초신성 폭발 후 남은 중심부는 별의 질량에 따라서 중성자별이 되거나 블랙홀이 된다.

＊채점 기준

별의 진화 단계에 따라 철, 철보다 무거운 원소가 생성되는 과정을 옳게 서술한 경우	100 %
별의 진화 단계 또는 생성되는 원소만 옳게 서술한 경우	50 %

12 정답 ③ ＊태양계와 지구의 형성 과정

 단서+발상

단서 태양계와 지구가 형성되는 과정의 일부가 제시되어 있다.
발상 지구형 행성과 목성형 행성의 구성 성분을 고려하여 태양계 내 원소의 분포를 추론할 수 있다.
적용 태양과 가까운 곳과 먼 곳에 위치한 물질들의 녹는점, 질량 등의 특징을 파악하는 것부터 문제 풀이를 시작해야 한다.

| 문제+자료 분석 |
• **(가)**: 태양계는 우리은하의 나선팔에 위치한 거대한 성운이 밀도가 큰 부분을 중심으로 수축하여 형성되었다.
• **(나)**: 회전 원반의 고리에 있던 여러 물질이 뭉쳐 수많은 미행성체들이 형성되었고, 이 미행성체들이 서로 충돌하여 원시 행성을 형성하였다.
• **(다)**: 뜨거운 마그마 바다 상태에서 마그마 속에 포함된 철과 니켈 등의 무거운 물질들은 지구 중심으로 가라앉아 핵을 이루었고, 상대적으로 가벼운 규소와 산소 등의 물질은 위로 떠올라 맨틀과 지각을 형성하였다. 이후 지구의 표면 온도가 낮아지며 지각과 대기의 상호작용으로 바다가 형성되었고, 이후 바다에서 최초의 생명체가 탄생하였다.

| 보기 분석 |
ㄱ. 태양계 성운은 주로 우주에서 가장 풍부한 원소인 수소와 헬륨으로 구성되었다.
ㄴ. 태양계 성운의 중심부에서는 원시 태양이 형성되었고, 수소 핵융합 반응이 일어나기 시작하면서 강력한 태양풍으로 인해 가벼운 원소들은 목성 근처로 밀려났다. 따라서 원시 행성계에서는 수소와 헬륨이 고르게 분포하지 않았다. 함정
ㄷ. 마그마 바다 상태에서 밀도차에 의해 맨틀과 핵으로 분리되고, 지표가 식으면서 원시 지각이 형성되었다.

13 정답 ④ ＊지구형 행성과 목성형 행성

| 문제+자료 분석 |
• A 행성은 질량이 크고 자전 주기는 짧으며, 표면 상태는 기체이다.
  ➡ 목성형 행성
• B 행성은 질량이 작고 자전 주기는 길며, 표면 상태는 암석 등이다.
  ➡ 지구형 행성

| 보기 분석 |
ㄱ. 화성은 외행성이지만, 지구형 행성(B)에 해당한다.
ㄴ. A(목성형 행성)는 주로 수소, 헬륨과 같은 가벼운 원소로 이루어져 있고, B(지구형 행성)는 철, 니켈, 규소와 같은 무거운 원소로 이루어져 있다. 따라서 평균 밀도는 B(지구형 행성)가 A(목성형 행성)보다 크다.
ㄷ. 태양으로부터의 거리는 A(목성형 행성)가 B(지구형 행성)보다 멀다.

14 정답 ① ＊지구의 형성 과정

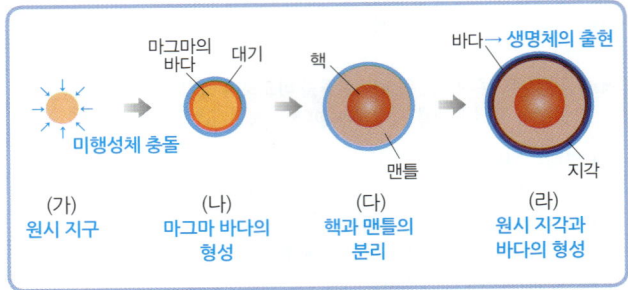

| 문제+자료 분석 |
• 미행성체의 충돌에 의해 원시 지구가 형성되었으며, 계속된 충돌로 지구의 크기와 질량이 증가하였다.
• 미행성체가 충돌할 때 발생한 열과 방사성 원소의 붕괴열 등에 의해 마그마 바다가 형성되었다.
• 마그마 바다에서 철, 니켈 등의 무거운 물질은 중심부로 가라앉아 핵이 되었고, 상대적으로 가벼운 규산염 물질은 떠올라 맨틀이 되었다.
• 지표가 식으면서 원시 지각과 원시 바다가 형성되었고, 바다에서 최초의 생명체가 탄생하였다.

| 선택지 분석 |
① (가) → (나) 과정에서 미행성체들이 지속적으로 충돌하며 원시 지구의 질량이 증가하였다.
② 원시 대기의 조성은 현재와 달리 이산화 탄소의 비율이 높았다.
③ 최초의 생명체는 (라) 시기 이후에 바다에 출현하였다.
④ 철과 니켈이 가라앉아 핵을 구성하였고, 가벼운 규산염 물질이 맨틀을 구성하였다.
⑤ 원시 지각이 생성된 후에 원시 바다가 생성되었다.

15 정답 ③ ＊태양계의 형성 과정

| 문제+자료 분석 |
• **태양계의 형성 과정**: (가) 태양계 성운의 수축과 회전 → (다) 원시 태양의 형성 → (나) 고리와 미행성체 형성 → (라) 원시 태양계 형성

(가) → (다) → (나) → (라)

| 선택지 분석 |
① (가) 단계는 성운에서 중력 수축이 발생한다.
② (가)-(다)-(나)-(라) 순으로 진행된다.

③ (다)에서 중심부의 밀도는 점점 높아진다.
④ (라)에서 형성된 행성들은 암석 성분의 지구형 행성과 기체 성분의 목성형 행성으로 나뉜다.
⑤ (라)에서 미행성체들이 서로 충돌하고 합쳐지면서 원시 행성이 형성된다.

16 핵심 키워드: 마그마 바다

[모범 답안] (나)—(라)—(다)—(가) 순이다. 마그마 바다에서 철과 니켈 등의 무거운 물질은 가라앉아 핵을 형성하였고, 가벼운 규산염 물질은 위로 떠올라 맨틀을 형성하였다. 따라서 핵과 맨틀이 분리되기 시작한 시기는 (라)와 (다) 사이이다.

| 문제＋자료 분석 |
• 지구의 형성 과정은 (나) 미행성체의 충돌 시작 → (라) 마그마 바다의 형성 → 핵과 맨틀의 분리 → (다) 원시 지각의 형성 → (가) 원시 바다의 형성 순이다.

＊채점 기준

지구 형성 순서와 핵과 맨틀이 분리된 시기 모두 옳게 서술한 경우	100 %
지구 형성 순서와 핵과 맨틀이 분리된 시기 중 한 가지만 옳게 서술한 경우	50 %

17 정답 ③ ＊태양계의 형성 과정

| 문제＋자료 분석 |
• 태양계 성운이 회전하며 수축하게 되면서 성운의 중심부에는 원시 태양이, 성운의 회전축과 수직인 평면상에는 원시 원반이 형성된다. 이후 원시 원반에서 미행성체가 충돌하여 원시 지구를 비롯한 원시 행성이 형성된다.
• 태양계 성운에는 수소, 헬륨 등을 포함하여 철보다 무거운 원소가 포함되어 있다.
• 태양계 성운이 수축함에 따라 성운의 중심부 온도는 점차 높아진다. [꿀팁]

| 보기 분석 |
ㄱ 태양계 성운은 주로 수소, 헬륨과 같은 가벼운 원소로 구성되어 있으나, 무거운 원소(예 철보다 무거운 원소)도 소량 포함하고 있다. 철보다 무거운 원소의 경우 질량이 큰 별이 초신성 폭발을 할 때 만들어진 것이다.
ㄴ. (가)에서 태양계 성운이 수축하면 성운의 중심부 온도는 점차 높아진다.
ㄷ 원시 지구는 철, 니켈 등의 금속이나 규산염 물질 등 무거운 성분으로 구성된 미행성체들이 충돌하면서 성장해 형성된다.

⚠️ 내신 1등급 문제   문제편 50p

18 정답 ① ＊무거운 원소의 생성

 단서＋발상

(단서) 별의 진화 과정에서 초신성이 제시되어 있다.
(발상) 초신성 폭발을 일으키는 별의 질량을 추론할 수 있다.
(적용) 별의 진화 과정에서 어떤 원소들이 생성될 수 있는지 파악하는 것부터 문제 풀이를 시작해야 한다.

| 문제＋자료 분석 |
• 원시별: 성운이 수축하여 원시별이 형성되고, 중력 수축으로 중심부 온도가 상승한다.
• 별 S: 중심부 온도가 1000만 K 이상이 되면 수소 핵융합 반응이 일어나 주계열성이 된다. 주계열성은 핵융합 반응으로 발생한 내부 압력과 중력이 평형을 이루어 별의 크기가 일정하게 유지된다.
• 적색 초거성: 태양보다 질량이 매우 큰 별은 주계열성에서 초거성으로 진화한다. 초거성의 중심부에서는 연속적인 핵융합 반응에 의해 탄소, 산소, 마그네슘, 규소, 철 등이 생성된다.

• 초신성: 초거성의 중심부에서 핵융합 반응이 멈추면 철로 이루어진 핵이 급격하게 수축하다 폭발한다. 이 과정에서 철보다 무거운 원소가 생성된다.
• 중성자별: 초신성 폭발로 별의 바깥층은 우주 공간으로 방출되고 중심부는 수축하여 밀도가 매우 큰 중성자별이 된다.

| 보기 분석 |
ㄱ. 별 S는 초신성 폭발 단계를 거치므로 태양보다 질량이 매우 큰 별이다.
ㄴ 원시별은 중력 수축으로 중심부의 온도가 높아진다. 중심부 온도가 1000만 K 이상이 되면 수소 핵융합 반응이 시작되어 스스로 빛을 내는 별 S(주계열성)가 된다. 따라서 중심부의 온도는 원시별이 별 S보다 낮다.
ㄷ. 철보다 무거운 원소는 초신성 폭발 과정에서 생성된다. (함정)

19 핵심 키워드: 내부 압력, 중력

[모범 답안] 핵융합 반응으로 발생한 내부 압력이 중력보다 커져 별이 팽창하여 크기가 증가한다.

| 문제＋자료 분석 |
• 주계열성은 핵융합 반응으로 발생한 내부 압력과 중력이 평형을 이루어 별의 크기가 일정하게 유지된다.
• 주계열성 이후 헬륨핵을 둘러싸고 있는 수소층에서 수소 핵융합 반응이 일어나면서 팽창하기 시작한다.

＊채점 기준

내부 압력과 중력의 크기를 비교하여 서술한 경우	100 %
핵융합 반응 때문이라고만 서술한 경우	50 %

20 정답 ③ ＊지구형 행성과 목성형 행성

| 문제＋자료 분석 |
• A는 지구보다 반지름과 질량이 작고, 지구와 평균 밀도가 비슷한 행성이다. ➡ 지구형 행성
• B는 지구보다 반지름과 질량이 크고, 평균 밀도는 작은 행성이다. ➡ 목성형 행성

| 보기 분석 |
ㄱ 평균 밀도가 지구와 비슷하고 반지름이 작은 A는 지구형 행성이고, 평균 밀도가 지구보다 작고, 반지름이 지구보다 큰 B는 목성형 행성이다. 따라서 A(지구형 행성)는 B(목성형 행성)보다 태양과 가까운 곳에 위치한다.
ㄴ 태양과 가까운 곳은 온도가 높아서 녹는점이 높고 무거운 물질이 남아 지구형 행성(A)이 형성되었고, 태양과 멀리 떨어진 곳은 온도가 낮아서 녹는점이 낮고 가벼운 물질이 모여 목성형 행성(B)이 형성되었다. 따라서 구성 물질의 녹는점은 A가 B보다 높다.
ㄷ. 평균 밀도는 A(지구형 행성)가 B(목성형 행성)보다 크다. 물리량 (나)는 A(지구형 행성)에서 작고, B(목성형 행성)에서 커야 하므로 반지름이나 질량이 되어야 한다.

21 정답 ③ ＊태양계의 형성 과정

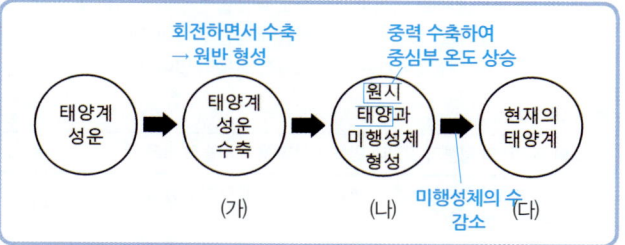

| 문제＋자료 분석 |
- (가): 태양계 부근에서 일어난 초신성 폭발의 영향으로 태양계 성운이 중력 수축하였다. 그 결과 대부분의 물질이 가운데 모였고, 주변부 물질은 납작한 원반 모양으로 분포하게 되었다.
- (나): 중심부에서 원시 태양이 형성되었고, 회전 원반의 고리에서 수많은 미행성체들이 형성되었다.
  ➡ 미행성체들이 서로 충돌하고 뭉치면서 원시 행성이 형성되었다.
- (다): 태양에서 가까운 곳에서는 암석 성분의 지구형 행성이, 먼 곳에서는 기체 성분의 목성형 행성이 만들어져 현재의 태양계가 형성되었다.

| 보기 분석 |
ㄱ 태양계 부근에서 초신성 폭발이 일어나 태양계 성운이 형성되었고, 태양계 성운이 중력에 의해 수축하면서 회전하기 시작하였다. 이때 물질들이 중심으로 모이면서 회전 속도가 점점 빨라져 납작한 원반이 형성되었다.
ㄴ. 성운 질량의 대부분이 중심부로 모여 밀도와 온도가 높아지면서 원시 태양이 형성되었다. 원시 태양은 중력에 의해 계속 수축하여 중심부 온도가 높아졌다.
ㄷ 원시 태양은 중심부에서 수소 핵융합 반응이 일어나기 시작하면서 태양(주계열성)이 되었고, 회전 원반에서는 미행성체들이 서로 충돌하여 행성이 형성되었다. 이후 현재의 태양계 모습으로 진화하였다.

22 정답 ① * 별의 진화와 원소의 생성

| 문제＋자료 분석 |
- (가): 현재 태양은 주계열 단계로, 중심부에서 수소 핵융합 반응이 일어난다. ➡ A는 수소 핵융합 반응이 일어나는 영역이다. 따라서 B는 헬륨 핵융합 반응이 일어나는 영역이다.
- (나): 거성 단계의 내부 구조로, 중심핵에서는 헬륨 핵융합 반응이 일어나 탄소, 산소가 생성되고, 핵을 둘러싸고 있는 수소층에서는 수소 핵융합 반응이 일어난다.

| 보기 분석 |
ㄱ A는 수소 핵융합 반응, B는 헬륨 핵융합 반응이 일어나는 영역이다.
ㄴ. 수소 핵융합 반응은 1000만 K 이상, 헬륨 핵융합 반응은 1억 K 이상의 온도에서 일어난다.
  따라서 평균 온도는 B가 A보다 높다.
ㄷ. (나)에서 수소 핵융합 반응으로 헬륨이 생성되고, 헬륨 핵융합 반응으로 탄소, 산소가 생성된다. 철은 질량이 태양보다 큰 별의 내부에서 핵융합 반응으로 생성된다.

23 핵심 키워드: 수소 핵융합 반응

모범 답안 (가)의 중심부에서 수소 핵융합 반응이 일어나 헬륨이 생성되므로 수소의 질량비는 감소하고, 헬륨의 질량비는 증가한다. 따라서 (가)에서 (나)로 진화할 때 중심부에서 수소에 대한 헬륨의 질량비는 증가한다.

| 문제＋자료 분석 |
- (가)는 주계열 단계로, 중심부에서 수소 핵융합 반응이 일어난다.
- (나)는 거성 단계로, 중심핵에서는 헬륨 핵융합 반응이 일어나고, 핵을 둘러싸고 있는 수소층에서는 수소 핵융합 반응이 일어난다.

✳ 채점 기준

수소의 질량비와 헬륨의 질량비 변화와 함께 옳게 서술한 경우	100 %
수소의 질량비와 헬륨의 질량비 변화 없이 수소에 대한 헬륨의 질량비만 서술한 경우	50 %

중단원 마무리 문제

문제편 51~55p

01 정답 ① * 우주 초기에 만들어진 원소

| 문제＋자료 분석 |
- 빅뱅 이후 우주가 급격히 팽창하면서 온도가 낮아졌고, 쿼크, 전자 등의 기본 입자가 생성되었다.
- 우주의 온도가 더 낮아지면서 쿼크 3개가 결합하여 양성자와 중성자가 생성되었다. 양성자 1개는 그 자체로 수소 원자핵이 되었다.
- 빅뱅 약 3분 후, 양성자 2개와 중성자 2개가 결합하여 헬륨 원자핵이 생성되었다.
- 빅뱅 약 38만 년 후, 우주의 온도가 약 3000 K으로 낮아지면서 전자가 원자핵과 결합하여 수소 원자와 헬륨 원자가 생성되었다.

| 보기 분석 |
ㄱ. 빅뱅 이후 우주가 팽창하는 과정에서 온도는 점점 하강하였다.
ㄴ 쿼크가 3개 결합하여 양성자와 중성자가 만들어지고, 양성자와 중성자의 결합으로 헬륨 원자핵이 만들어졌다. 이후 수소 원자핵과 전자의 결합, 헬륨 원자핵과 전자의 결합으로 원자가 생성되었다.
ㄷ. 수소 원자핵인 양성자와 중성자로부터 헬륨 원자핵이 만들어지고 이후 전자와 결합하여 헬륨 원자가 만들어졌다.

02 정답 ② * 빅뱅 우주론과 정상 우주론

단서＋발상
단서 프레드 호일이 주장한 정상 우주론의 우주 모형이 제시되어 있다.
발상 빅뱅 우주론과 비교하여 정상 우주론에서의 특징을 추론할 수 있다.
적용 정상 우주론에서는 우주가 팽창함에 따라 우주의 질량은 증가하고, 우주의 온도와 우주의 밀도는 일정하다는 것을 알고 문제 풀이를 시작해야 한다.

| 문제＋자료 분석 |
- 정상 우주론은 우주가 팽창하는 동안 빈 공간에서 새로운 물질이 계속 생성되어 우주는 항상 같은 밀도를 유지한다는 우주론이다.
- 정상 우주론에서는 우주의 질량은 증가하지만 온도와 밀도는 일정하다.

| 보기 분석 |
ㄱ. 우주에서 새로운 물질이 계속 생성되므로 우주의 질량은 증가한다.
ㄴ 우주가 팽창함에 따라 빈 공간에서 새로운 물질이 계속 생성되어 우주의 밀도는 일정하다.
ㄷ. 정상 우주론에서 우주는 팽창하므로 우주의 크기는 증가한다.

03 정답 ④ * 빅뱅 우주론과 정상 우주론

| 문제＋자료 분석 |
- 조지 가모프: 우주가 팽창함에 따라 우주의 온도와 밀도가 감소한다고 주장하였다. ➡ 빅뱅 우주론
- 프레드 호일: 우주는 팽창하고 있지만, 빈 공간에 새로운 물질이 만들어지면서 우주의 온도와 밀도가 일정하게 유지된다고 주장하였다.
  ➡ 정상 우주론

| 보기 분석 |
ㄱ 빅뱅 우주론에 의하면 우주를 구성하는 원소의 대부분은 수소와 헬륨이며, 수소와 헬륨의 질량비는 약 3 : 1이다.
ㄴ. 호일이 지지하는 우주론은 정상 우주론이다. 정상 우주론에서는 우주가 팽창함에 따라 질량이 증가하므로 밀도는 일정하게 유지된다.
ㄷ 가모프가 주장하는 우주론은 빅뱅 우주론으로, 빅뱅 후 생성된 수소 원자핵과 헬륨 원자핵의 질량비는 약 3 : 1이 될 것으로 예측하였다. 빅뱅 우주론의 예측값과 실제 스펙트럼의 관측값이 일치하므로 수소와 헬륨의 질량비는 빅뱅 우주론의 증거가 된다.

04 정답 ④ * 우주 초기 물질의 생성

다음은 우주 초기에 물질이 생성되는 과정을 나타낸 것이다.

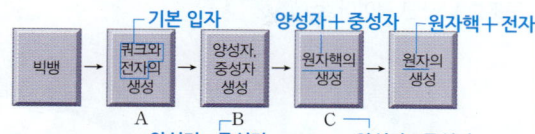

이에 대한 설명으로 옳은 것만을 [보기]에서 있는 대로 고른 것은?

[보기]
ㄱ. 우주의 밀도는 A 시기가 B 시기보다 ~~낮다~~ 높다
ㄴ. 우주의 온도는 B 시기가 C 시기보다 높다.
   빅뱅 이후 우주의 온도는 계속 낮아진다.
ㄷ. 중성자 수는 B 시기가 C 시기보다 많다.
   C 시기에는 중성자가 양성자로 변환하므로 개수가 줄어든다.

| 문제+자료 분석 |
• 원자 생성 이전의 우주는 전자와 원자핵이 가득 채우고 있어 빛이 자유롭게 진행할 수 없는 불투명한 우주였다. 원자 생성 이후 우주는 투명해져 빛이 원자핵과 전자의 방해를 받지 않고 직진할 수 있게 되었다.
• 양성자와 중성자의 생성 초기에는 개수가 비슷하였으나 점차 양성자의 개수가 많아졌다. 헬륨 원자핵 생성 직전 양성자와 중성자의 개수비는 약 7 : 1이었다.

| 보기 분석 |
ㄱ. 우주가 팽창함에 따라 우주의 밀도는 작아진다. 따라서 우주의 밀도는 A 시기가 B 시기보다 높다.
ㄴ. 빅뱅 이후 우주가 팽창하면서 온도는 계속 낮아졌으므로, B 시기는 C 시기보다 온도가 높다.
ㄷ. 우주의 온도가 낮아짐에 따라 에너지를 방출하는 중성자 → 양성자 변환만 가능하므로 시간이 지날수록 양성자 수는 증가하고 중성자 수는 감소한다. 팁

05 정답 ⑤ * 태양의 스펙트럼 관찰

| 문제+자료 분석 |
• 원소마다 방출선의 위치가 다르다. ➡ 원소의 종류를 알아낼 수 있다.
• 태양의 스펙트럼에 나타나는 흡수선의 위치가 수소, 헬륨의 방출선의 위치와 같다. ➡ 태양은 수소, 헬륨 등으로 구성되어 있다.

| 보기 분석 |
ㄱ. 수소의 방출 스펙트럼에서 방출선이 불연속적이므로 수소는 특정 파장의 빛을 방출한다는 것을 알 수 있다.
ㄴ. 태양의 흡수 스펙트럼의 흡수선의 위치와 헬륨의 방출선의 위치와 같으므로 태양의 대기 성분에는 헬륨이 포함되어 있음을 알 수 있다.
ㄷ. 수소, 헬륨과 같이 원소마다 고유한 스펙트럼을 나타내므로 스펙트럼을 분석하면 원소의 종류를 알아낼 수 있다.

06 정답 ④ * 초기 우주에서 원소의 생성

단서+발상

(단서) 대폭발로 탄생한 우주의 진화 과정이 제시되어 있다.
(발상) 우주의 생성과 진화 과정으로부터 가벼운 원소의 생성 과정을 추론할 수 있다.
(적용) 원자를 구성하는 입자들의 종류와 특징, 헬륨 원자핵의 생성 과정을 파악하는 것부터 문제 풀이를 시작해야 한다.

| 문제+자료 분석 |
• 우주는 고온 고밀도의 한 점에서 대폭발하여 탄생하였다.
   ➡ 빅뱅 우주론에서 주장하는 우주의 탄생 과정이다.
• 대폭발 이후 기본 입자인 쿼크가 결합하여 양성자와 중성자가 만들어졌다.
• 대폭발 이후 약 38만 년이 되었을 때 원자핵과 전자가 결합하여 원자가 만들어졌다.
   ➡ 이 시기에 우주 배경 복사가 형성되었다.
• 성간 물질이 수축하여 원시별을 형성하고, 원시별이 계속 수축하여 주계열성이 된다.
   ➡ 주계열성의 중심부에서는 수소 원자핵이 헬륨 원자핵으로 바뀌는 핵융합 반응이 일어난다.

| 보기 분석 |
ㄱ. 전자는 초기 우주에서 가장 먼저 생성된 기본 입자들 중 하나로 음(−)전하를 띠고 있다.
ㄴ. 별의 중심부 온도가 1000만 K 이상이 되면 수소 원자핵이 핵융합 반응을 하여 헬륨 원자핵이 형성되는데, 이 반응을 수소 핵융합 반응이라고 한다.
ㄷ. 빅뱅 우주론은 우주가 한 점에서 대폭발하여 탄생하였다고 주장하는 이론이다. 이 이론에 따르면 우주가 팽창함에 따라 우주의 온도가 낮아지면서 물질이 생성되었다.

07 정답 ③ * 헬륨 원자핵의 생성

| 문제+자료 분석 |
• 우주에 존재하는 헬륨 원자핵은 대부분 초기 우주에서 형성되었으며, 별의 진화 과정에서도 일부 생성되었다.
• 초기 우주에서 양성자 2개와 중성자 2개가 결합하여 헬륨 원자핵을 생성하였다. 이후 수소 원자핵과 헬륨 원자핵의 질량비는 약 3 : 1이 되었다.
• 별 내부에서 일어나는 수소 핵융합 반응에 의해 4개의 수소 원자핵이 1개의 헬륨 원자핵으로 바뀐다.

| 보기 분석 |
ㄱ. 빅뱅 이후 초기 우주에서 양성자(ⓐ)와 중성자가 결합하여 헬륨 원자핵이 생성되고, 별 중심부에서 수소 핵융합 반응을 통해 양성자(ⓐ)가 서로 결합하면서 여러 단계의 반응을 거쳐 헬륨 원자핵이 생성된다.
ㄴ. 빅뱅 이후 우주는 계속 팽창하였으며 우주의 온도는 계속 낮아졌다. 따라서 초기 우주의 온도는 현재 우주의 온도보다 높았다.
ㄷ. ㄴ은 주계열성이다. 주계열성은 주로 수소와 헬륨으로 구성된다.

08 정답 ③ * 물질의 기원

| 문제+자료 분석 |
• 우주를 구성하는 수소와 헬륨은 빅뱅 이후 우주가 팽창하는 과정에서 생성되었으며, 은하와 별을 이루는 재료가 되었다.
• 별이 진화 과정에서 만들어 낸 원소들이 우주 공간으로 방출되어 이들이 다시 태양계를 만드는 데 사용되었으며, 지구에 존재하는 생명체를 구성하는 유기물을 만들었다.
• 지구와 생명체의 탄생은 약 138억 년 전에 탄생하여 끊임없이 변화해 온 우주 역사의 한 부분이다.

| 보기 분석 |
ㄱ. 지구와 생명체를 구성하는 원소들은 빅뱅 이후 진화 과정에서 생성되므로 우주 역사의 일부분이라고 할 수 있다.
ㄴ. 입자의 형성 이후 우주에 존재하는 수소와 헬륨의 질량비는 약 3 : 1이다.
ㄷ. 우주를 구성하는 원소들은 빅뱅 이후 입자들이 결합하는 과정에서 만들어지거나 별 내부 핵융합, 초신성 폭발 등으로 형성되었다.

정답 ① * 우주의 역사

| 문제＋자료 분석 |
- 우주의 탄생으로부터 5개의 카드를 시간 순서대로 배치하면 다음과 같다.
  ➡ [전] 최초의 전자 생성 → [수] 최초의 수소 원자 생성 → [별] 최초의 별 탄생 → [태] 태양의 탄생 → [지] 지구의 탄생

| 선택지 분석 |
① 시간 순서대로 카드를 나열하면 '전 → 수 → 별 → 태 → 지'이므로 A~C에 넣을 수 있는 카드의 조합은 전수별, 전수태, 전수지, 전별태, 전별지, 전태지, 수별태, 수별지, 수태지, 별태지의 10가지이다. 수소 원자의 생성이 별의 탄생보다 먼저이므로 별수지의 조합은 만들 수 없다.

10 **정답 ④** * 별의 진화 과정

| 문제＋자료 분석 |
- **질량이 태양과 비슷한 별**: 주계열성 → 적색 거성 → 행성상 성운, 백색 왜성으로 진화한다.
  ➡ 별의 내부에서 핵융합 반응으로 탄소, 산소까지 생성된다.
- **질량이 태양의 10배 이상인 별**: 주계열성 → 초거성 → 초신성 폭발 → 중성자별 또는 블랙홀로 진화한다.
  ➡ 별의 내부에서 핵융합 반응으로 철까지 생성된다.

| 보기 분석 |
ㄱ. 질량이 태양과 비슷한 별(A)은 적색 거성을 거쳐 행성상 성운과 백색 왜성으로 진화하는 과정을 거치고, 질량이 태양보다 매우 큰 별(B)은 초거성을 거쳐 중성자별, 블랙홀이 되는 진화 과정을 거친다.
ㄴ. 태양은 적색 거성을 거쳐 행성상 성운과 백색 왜성으로 진화한다. 따라서 (가) 과정으로 진화한다.
ㄷ. 별 내부에서 핵융합 반응으로 만들어질 수 있는 원소는 철(Fe)까지이다. 철보다 무거운 원소는 초신성 폭발 과정에서 발생한 엄청난 에너지에 의해 생성된다.

11 **정답 ④** * 별의 진화 과정

| 문제＋자료 분석 |
- (가)에서 별은 주계열성 이후 초거성이 되고, 초신성 폭발이 일어난 후 중성자별 또는 블랙홀로 진화한다. ➡ 질량이 태양보다 큰 별
- 주계열성의 중심부에서 수소 핵융합 반응이 멈추면 중심부는 수축하여 온도가 상승하고, 핵을 둘러싸고 있는 수소층에서 수소 핵융합 반응이 일어나 별이 매우 크게 팽창한다. ➡ 초거성
- 초거성의 중심부가 계속 수축하여 온도가 1억 K 이상이 되면 헬륨 핵융합 반응이 일어나 탄소가 생성된다.

| 보기 분석 |
ㄱ. (가)는 초거성, 초신성 폭발 단계가 있는 것으로 보아 태양보다 질량이 큰 별의 진화 과정임을 알 수 있다.
ㄴ. (나)는 중심부에서 헬륨 핵융합 반응이 일어나므로 주계열성 단계가 **함정** 아니다.
ㄷ. (가)의 초신성 폭발 과정에서 철보다 무거운 원소가 생성된다.

12 **정답 (1) 탄소 (2) 철 (3) 수소, 납**

| 문제＋자료 분석 |
- 빅뱅 이후 우주가 팽창하는 과정에서 수소와 헬륨이 생성되었다.
- 질량이 태양과 비슷한 주계열성은 적색 거성으로 진화하며, 적색 거성의 중심부에서 핵융합 반응으로 탄소, 산소까지 생성될 수 있다.
- 질량이 태양의 10배 이상인 주계열성은 초거성으로 진화하며, 초거성의 중심부에서 핵융합 반응으로 철까지 생성될 수 있다.
- 초신성 폭발 과정에서 철보다 무거운 원소(금, 납, 우라늄 등)가 생성된다.

13 **정답 ②** * 별의 내부 구조

그림은 중심부의 핵융합 반응이 끝난 두 별 (가)와 (나)의 내부 구조를 나타낸 것이다.

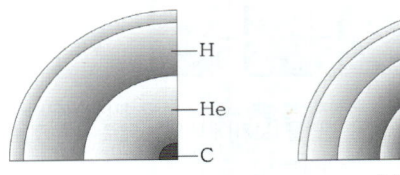

(가) 질량이 작은 별　　(나) 질량이 큰 별
　　　　　　　　　　　　중심부 온도 높음

이에 대한 설명으로 옳은 것만을 [보기]에서 있는 대로 고른 것은?

[보기]
ㄱ. 별의 질량은 (나)가 (가)보다 ~~작다~~ 크다
ㄴ. 중심부의 온도는 (나)가 (가)보다 ~~낮다~~ 높다
ㄷ. (나)의 중심부에서 만들어질 수 있는 가장 무거운 원소는 철(Fe)이다. 철보다 무거운 원소는 초신성 폭발로 형성된다.

| 문제＋자료 분석 |
- 질량이 태양과 비슷한 별은 주계열성 → 적색 거성 → 행성상 성운, 백색 왜성으로 진화하며, 별의 내부에서 핵융합 반응으로 탄소, 산소까지 생성된다.
- 질량이 태양의 10배 이상인 별은 주계열성 → 초거성 → 초신성 폭발 → 중성자별 또는 블랙홀로 진화하며, 별의 내부에서 핵융합 반응으로 철까지 생성된다.

| 보기 분석 |
ㄱ. 질량이 큰 별일수록 더 무거운 원소까지 핵융합 반응하므로 (나)의 질량이 (가)의 질량보다 크다.
ㄴ. 무거운 원소의 핵융합이 일어나기 위해서는 더 높은 온도가 필요하므로 (나)의 중심부 온도가 (가)의 중심부 온도보다 높다.
ㄷ. 별의 질량이 클수록 중심부의 온도가 높아져 무거운 원소가 생성된다. 별의 내부에서 생성될 수 있는 원소 중 가장 무거운 원소는 철(Fe)이다. 철보다 무거운 원소는 초신성 폭발로 생성된다.

14 **정답 ④** * 별의 내부 구조

단서＋발상
(단서) 핵융합 반응이 끝난 별의 내부 구조에서 (가)의 중심부에는 탄소가, (나)의 중심부에는 철이 제시되어 있다.
(발상) 별의 질량에 따라서 별의 내부 구조가 다르게 형성된다는 것을 추론할 수 있다.
(적용) 별의 중심부에 생성된 원소의 종류를 통해 (가)와 (나)의 질량을 비교하는 것부터 문제 풀이를 시작해야 한다.

| 문제＋자료 분석 |
- (가): 핵융합 반응이 끝난 후 중심부에 탄소핵이 형성되어 있으므로 별의 질량은 태양과 비슷하다.
- (나): 핵융합 반응이 끝난 후 중심부에 철 핵이 형성되어 있으므로 별의 질량은 태양보다 매우 크다. ➡ 철은 별의 내부에서 핵융합 반응으로 생성될 수 있는 가장 무거운 원소이다.

| 보기 분석 |
ㄱ. (가)는 질량이 태양과 비슷한 별의 내부 구조이고, (나)는 태양보다 질량이 매우 큰 별의 내부 구조이다. 따라서 질량은 (가)가 (나)보다 작다.

ㄴ 무거운 원소일수록 원자핵 사이에 작용하는 전기적 반발력이 더 커지므로 핵융합 반응에 필요한 온도가 높아진다. 꿀팁 따라서 중심부의 온도는 탄소까지 생성된 (가)가 철까지 생성된 (나)보다 낮다.

ㄷ 태양보다 질량이 매우 큰 별은 모든 핵융합 반응이 끝난 후 초신성 폭발이 일어나는데, 이 과정에서 철보다 무거운 원소가 생성된다.

15 정답 ⑤ ＊초신성 폭발

| 문제＋자료 분석 |
- 질량이 태양의 10배 이상인 별은 중심부에서 철까지 생성되면 별이 급격하게 수축하다 폭발하여 매우 밝은 초신성이 된다.
- 초신성 폭발 과정에서 발생한 엄청난 에너지에 의해 철보다 무거운 원소가 생성된다.
- 초신성 폭발 후 남은 중심부는 중성자로 이루어진 밀도가 매우 큰 중성자별이 되거나 중력이 매우 커 빛조차도 빠져나올 수 없는 블랙홀이 된다.

| 보기 분석 |
ㄱ 그림은 초신성 폭발로 물질이 방출되어 생성된 성운이다.
ㄴ 철 원자핵은 매우 안정하기 때문에 이보다 더 무거운 원소는 초신성 폭발 과정에서 엄청난 에너지가 발생할 때 생성된다.
ㄷ 초신성 폭발이 일어난 후 중심부는 수축하여 중성자별이나 블랙홀이 된다.

16 정답 ① ＊태양계의 형성 과정

| 문제＋자료 분석 |
- (가): 태양계 성운이 중력에 의해 수축하면서 회전하기 시작하였다.
- (나): 물질들이 중심으로 모이면서 회전 속도가 점점 빨라져 납작한 원반이 형성되었다.
- (다): 성운 질량의 대부분이 중심부로 모여 원시 태양이 형성되었고, 회전 원반에서는 미행성체들이 서로 충돌하고 뭉치면서 원시 행성이 형성되었다.
- (라): 원시 태양은 중심부에서 수소 핵융합 반응이 일어나기 시작하면서 태양이 되었다. 원시 행성은 주변 물질을 끌어들여 행성으로 성장하였다.

| 보기 분석 |
ㄱ 성운이 회전하면서 원반 모양이 형성되고, 회전 원반에서 행성이 형성되었으므로 행성들의 공전 궤도면은 거의 일치한다.
ㄴ 성운이 수축하여 형성된 회전 원반의 중심부에서는 태양이, 회전 원반에서는 행성들이 형성되므로 태양의 자전 방향과 행성들의 공전 방향은 같다.
ㄷ 태양으로부터 먼 곳에 형성된 목성형 행성은 지구형 행성보다 질량은 크지만 평균 밀도는 작다.

17 핵심 키워드: 태양으로부터의 거리, 암석 성분

모범 답안 지구형 행성은 태양으로부터의 거리가 가까운 곳에서 녹는점이 높고 무거운 물질들이 남아 응축하여 형성되어 암석 성분의 행성이 되었다.

| 문제＋자료 분석 |
- 태양과 가까운 곳은 온도가 높아 철, 니켈, 규소와 같은 녹는점이 높고 무거운 물질이 남아 미행성체를 형성하였다. 미행성체들이 충돌하여 형성된 원시 행성이 암석질 물질을 끌어들여 암석 성분의 지구형 행성이 형성되었다.
- 태양과 먼 곳은 온도가 낮아 녹는점이 낮은 얼음이나 메테인 등이 응축되어 미행성체를 형성하였다. 암석과 얼음으로 이루어진 미행성체가 주변의 수소와 헬륨을 끌어 모으면서 거대한 목성형 행성이 형성되었다.

＊ 채점 기준

태양으로부터의 거리와 암석 성분을 모두 옳게 서술한 경우	100 %
태양으로부터의 거리와 암석 성분 중 1가지만 옳게 서술한 경우	50 %

18 정답 ③ ＊태양계와 지구의 형성 과정

단서＋발상
단서 태양계와 지구의 형성 과정이 제시되어 있다.
발상 지구와 생명체를 구성하는 원소의 유래를 별의 진화 과정과 관련하여 추론할 수 있다.

| 문제＋자료 분석 |
- 미행성체들이 서로 충돌하고 뭉치면서 원시 행성이 형성되었고, 원시 행성이 주변 물질을 끌어들여 행성으로 성장하였다.

| 보기 분석 |
ㄱ ㉠은 성간 물질이다. ㉠을 구성하는 원소들의 결합으로 생성된 다양한 물질 중 일부는 생명체의 구성 성분이 된다.
ㄴ 원시 태양계에서 미행성체들이 서로 충돌하고 뭉치면서 원시 행성이 형성되므로 원시 태양계에서 전체 미행성체의 수는 점차 줄어든다.
ㄷ 마그마 바다 상태에서 밀도가 큰 물질(주로 금속)이 지구 중심부로 가라앉아 핵을 형성하고, 밀도가 작은 규산염 물질은 맨틀을 형성한다. 따라서 마그마 바다 상태 이후에 지구 중심의 밀도는 커진다. 함정

19 정답 ② ＊별의 내부 구조

단서＋발상
단서 핵융합 반응이 끝난 어느 별의 내부 구조가 제시되어 있다.
발상 (가)의 중심부에 생성된 철의 존재를 통해 별의 대략적인 질량을 추론할 수 있다.

| 문제＋자료 분석 |
- 별의 질량이 클수록 별의 내부에서 핵융합 반응으로 더 무거운 원소가 생성될 수 있다.
- 수소는 양성자 1개로 구성된 원자핵과 원자핵 주위를 도는 전자 1개가 결합하여 전기적으로 중성이다.

| 보기 분석 |
ㄱ 핵융합 반응에서 무거운 원소일수록 핵융합 반응에 필요한 온도가 높아진다. 따라서 (가)에서 별의 내부 온도는 중심에서 표면으로 갈수록 낮아진다.
ㄴ (가)는 중심부에 철 핵이 존재한다. 질량이 태양 정도인 별은 중심에서 헬륨 핵융합 반응까지만 일어나므로 철이 생성될 수 없다. 따라서 (가)는 태양보다 질량이 매우 큰 별의 내부 구조이다.
ㄷ (나)는 양성자 수가 1개이므로 수소 원자의 전자 배치 모형이다. 탄소는 양성자 수가 6개이므로, 탄소 원자는 양성자의 전하가 6＋이고, 전자가 6개인 전자 배치 모형을 가진다.

20 핵심 키워드: 무거운 원소, 온도, 높아진다

모범 답안 무거운 원소일수록 원자핵 사이에 작용하는 전기적 반발력이 더 커지므로 핵융합 반응에 필요한 온도가 높아진다. 따라서 핵융합 반응이 일어나는 온도는 (나)＞(라)＞(가)＞(다)이다.

| 문제＋자료 분석 |
- (가)~(라)의 핵융합 반응 결과 생성된 원소의 원자량은 $Fe>Ne>C>He$ 순이므로 핵융합 반응에 필요한 온도는 (나)＞(라)＞(가)＞(다) 순이다.

01　정답 ①　* 우주와 별을 구성하는 원소

그림 (가)는 우주를 구성하는 원소의 질량비를, (나)는 별 S와 원소
㉠, ㉡의 스펙트럼을 나타낸 것이다.

단서 우주를 구성하는 원소의 질량비

- 기타 2%
- 헬륨 ㉡
- 수소 ㉠ 74%
- ㉡ 24%

별 S의 흡수 스펙트럼
별 S
㉠, ㉡의 방출 스펙트럼
수소 ㉠
헬륨 ㉡
400　　파장(nm)　　700

(가)　　　　　(나)

이에 대한 설명으로 옳은 것만을 [보기]에서 있는 대로 고른 것은?
[1.5점]

──── [보기] ────
㉠ ㉠ 원자는 빅뱅 이후 약 38만 년이 지난 뒤 형성되었다.
　　빅뱅 이후 38만 년 후 양성자와 전자가 결합해 수소가 형성됨
ㄴ. 우주를 구성하는 ㉡의 대부분은 ~~별 내부의~~ 핵융합
　　반응으로 만들어졌다.
　　㉡의 대부분은 빅뱅 직후 핵융합 반응으로 만들어짐
ㄷ. S의 대기는 ~~㉠과 ㉡으로만~~ 구성되어 있다.
　　S의 대기는 ㉠과 ㉡뿐만 아니라 다른 원소로도 구성되어 있음

① ㄱ　　② ㄴ　　③ ㄷ　　④ ㄱ, ㄴ　　⑤ ㄱ, ㄷ

단서+발상

단서 우주를 구성하는 원소의 질량비에서 ㉠이 74 %, ㉡이 24 %를 차지함
이 제시되어 있다.

발상 우주를 구성하는 원소의 질량비를 통해 ㉠과 ㉡에 해당하는 원소가 각
각 수소와 헬륨임을 추론할 수 있다.

적용 우주는 주로 수소와 헬륨으로 구성되어 있다는 것을 적용해 ㉠과 ㉡에
해당하는 원소를 구하는 것부터 문제 풀이를 시작해야 한다.

| 문제+자료 분석 |
- 우주는 주로 수소와 헬륨으로 구성되어 있고, 수소의 질량비가 헬륨의 질량
비보다 크므로 ㉠은 수소, ㉡은 헬륨이다.
- **별의 스펙트럼은 별의 대기에 존재하는 원소들에 의해 흡수 스펙트럼으로
나타난다.** 꿀팁
따라서 별의 스펙트럼을 분석하면 해당 별의 대기 성분을 알 수 있다.
- 원소 ㉠, ㉡의 스펙트럼은 방출 스펙트럼이다.

| 보기 분석 |
㉠ ㉠은 수소로, 빅뱅 이후 약 38만 년이 지나면서, 뜨겁고 빠르게 움직이던
전자들이 식으면서 양성자와 결합해 수소 원자가 만들어졌다.
ㄴ. ㉡은 헬륨으로, 우주에 있는 헬륨의 대부분은 별 내부의 핵융합 반응으로
만들어진 것이 아니라 빅뱅 직후 아주 짧은 시간 동안 일어난 핵융합 반응
(빅뱅 핵융합)으로 생성되었다.
ㄷ. 별 S의 스펙트럼은 흡수 스펙트럼으로 별의 대기에 존재하는 원소들에 의
해 여러 종류의 흡수선이 포함되어 있다. 따라서 별 S의 스펙트럼의 흡수
선이 원소 ㉠, ㉡와 완벽히 일치하지 않으므로, 별 S의 대기는 ㉠, ㉡
이외의 다른 원소도 포함되어 있다.

* 우주 구성 요소
- 우주는 대부분 수소와 헬륨으로 이루어져 있고, 나머지 원소는 별에서 만들
어져 소량 존재한다.

02　정답 ②　* 우주의 나이와 우주 배경 복사

다음은 원시 지구의 진화 과정에 대한 학생들의 대화를 나타낸
것이다.

지표와 지구 내
부가 녹아 있는
액체 상태임

원시 지구의 진화 과정
(가)　　　　(나)　　　　(다)
마그마 바다의　원시 지각의　원시 바다의
형성　　　　　형성　　　　 형성

단단한 지각이 형
성된 이후 이곳에
빗물이 모여 원시
바다를 형성함

원시 지구의 표면 온도는
(가) 시기보다 (나) 시기에
~~높았어.~~
미행성체 충돌이
줄어듦
학생 A

지구 중심부의 밀도는
(가) 시기보다 (나) 시기에 컸어.
학생 B

오존층은 (다) 시기 ~~이전에~~
형성되었어.
대기 중에 산소가
충분히 축적된 후
에 형성됨
학생 C

제시한 내용이 옳은 학생만을 있는 대로 고른 것은?
① A　　② B　　③ A, C　　④ B, C　　⑤ A, B, C

단서+발상

단서 원시 지구의 진화 과정이 제시되어 있다.

발상 마그마의 바다에서 원시 지각이 형성된 과정으로부터 표면 온도의
변화를 추론할 수 있다.

적용 마그마의 바다에 중력이 작용하는 점을 적용해서 지구 중심부의 밀도
변화를 구하는 것부터 문제 풀이를 시작해야 한다.

| 문제+자료 분석 |
- 원시 지구는 약 46억 년 전 수많은 미행성체들의 충돌로 형성되었다.
- 원시 지구는 마그마 바다 형성 → 맨틀과 핵의 분리 → 원시 지각의 형성
→ 원시 바다의 형성 순으로 진화하였다.
- 원시 지각이 형성된 후 화산 활동 등으로 원시 대기에 공급된 수증기가
응결하여 많은 비가 내려 낮은 곳으로 모인 물이 원시 바다를 형성하였다.

| 선택지 분석 |
② A. 미행성체 충돌열과 원시 지구 내부의 방사성 원소 붕괴열에 의해 액체
상태의 마그마 바다가 형성되었다. 이후 미행성체들의 충돌이
줄어들면서 지구의 온도는 점점 낮아졌고, 지표가 식으면서 원시
지각이 형성되었다. 따라서 원시 지구의 온도는 (가) 시기가 (나)
시기보다 높았다. ➡ 옳지 않음
B. 마그마 바다 상태에서 중력의 영향으로 철과 니켈 등 밀도가 큰 금속
성분들은 지구 중심부로 가라앉아 핵을 형성하였고, 밀도가 작은
규산염 물질은 지구 표면 쪽으로 떠올라 맨틀을 형성하였다. 따라서
지구 중심부의 밀도는 (나) 시기가 (가) 시기보다 컸다. ➡ 옳음
C. (다) 시기 이후인 약 4억 년 전에는 대기 중의 산소가 충분히 증가하여
오존층이 형성되었다. ➡ 옳지 않음

* 지구의 진화 과정
- 미행성체의 충돌로 원시 지구가 형성되었고, 지표 온도가 상승하여 마그마
바다가 형성되었다.
- 무거운 물질이 가라앉아 맨틀과 핵이 분리되면서 층상 구조가 형성되었다.
- 지표의 온도가 낮아지면서 마그마가 굳어져 원시 지각이 생성되었고,
수증기가 비로 내려 원시 바다가 형성되었다.
- 원시 바다에서 최초의 생명체가 탄생하였다.

03 정답 ③ ＊별을 구성하는 원소

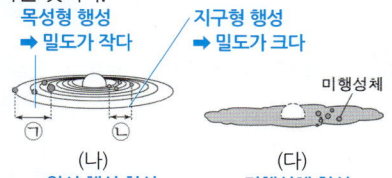

그림은 어느 별의 내부 구조와 각 영역에서 가장 큰 질량비를 차지하는 **원소를 나타낸 것이다.** X, Y, Z는 규소, 철, 탄소를 순서 없이 나타낸 것이다.

단서 별의 중심부로 갈수록 무거운 원소가 생성됨

이에 대한 설명으로 옳은 것만을 [보기]에서 있는 대로 고른 것은? [2.5점]

─────[보기]─────
ㄱ. 중심부의 온도는 이 별이 태양보다 높다.
   별의 중심부 온도가 높을수록 무거운 원소가 만들어짐
ㄴ. X와 Y는 같은 족 원소이다.
   X와 Y는 모두 14족 원소
ㄷ. 지구를 구성하는 원소의 질량비는 ~~Y가 Z보다~~ 크다.
   지구를 구성하는 원소의 질량비는 철＞규소이므로 철(Z)이 규소(Y)보다 큼

① ㄱ ② ㄷ ③ ㄱ, ㄴ ④ ㄴ, ㄷ ⑤ ㄱ, ㄴ, ㄷ

단서＋발상

단서 별의 내부 구조의 각 영역에서 가장 큰 질량비를 차지하는 원소가 Z, Y, X 순으로 제시되어 있다.

발상 별의 중심부로 갈수록 더 무거운 원소가 생성된다는 것을 통해 X, Y, Z에 해당하는 원소를 추론할 수 있다.

적용 별의 중심부로 갈수록 온도가 높아 핵융합 반응을 통해 더 무거운 원소가 생성되는 개념을 적용해 X, Y, Z에 해당하는 원소를 구하는 것부터 문제 풀이를 시작해야 한다.

| 문제＋자료 분석 |

· 별의 중심부로 갈수록 더 무거운 원소가 가장 큰 질량비를 차지한다.
  ➡ X: 탄소, Y: 규소, Z: 철
· 별의 중심부에서 만들어질 수 있는 가장 무거운 원소인 철이 존재하는 것으로 보아 태양보다 질량이 큰 별의 내부 구조이다.

| 보기 분석 |

ㄱ. 별의 중심부의 온도가 높을수록 무거운 원소가 만들어지는데, 태양은 중심부에서 탄소까지 만들 수 있는 데 반해 이 별은 중심부에서 철까지 만들어졌기 때문에 중심부의 온도는 이 별이 태양보다 높다.

ㄴ. 탄소(X)와 규소(Y)는 모두 14족 원소로 같은 족 원소이다.

ㄷ. 지구를 구성하는 원소의 질량비는 철＞산소＞규소＞마그네슘＞황＞니켈＞칼슘＞알루미늄 순이므로, 규소(Y)가 철(Z)보다 적다.

문제 풀이

· 별의 중심부에서는 핵융합 반응을 통해 이전보다 무거운 원소를 합성하는데, 별의 중심부 온도가 높을수록 무거운 원소를 합성하는 핵융합 반응이 일어난다. 별의 질량이 클수록 별의 중심부 온도가 높으며, 별의 중심부에서 만들어질 수 있는 가장 무거운 원소는 철이다.

04 정답 ② ＊태양계의 형성 과정

그림 (가), (나), (다)는 성운설을 바탕으로 태양계의 형성 과정 일부를 순서 없이 나타낸 것이다.

목성형 행성 ➡ 밀도가 작다   **지구형 행성 ➡ 밀도가 크다**   미행성체

(가)   (나)   (다)
성운의 회전과 수축   **원시 행성 형성**   **미행성체 형성**
주성분: 수소와 헬륨

이에 대한 설명으로 옳은 것만을 [보기]에서 있는 대로 고른 것은?

─────[보기]─────
ㄱ. 태양계는 (가) → ~~(나)~~ → ~~(다)~~ 순으로 형성되었다.
   태양계는 (가) → (다) → (나) 순으로 형성된다.
ㄴ. (가)의 기체 성분은 주로 수소와 헬륨이다.
   (가)의 성간 기체는 거의 대부분 수소와 헬륨이다.
ㄷ. 행성의 평균 밀도는 ㉠이 ㉡보다 ~~크다~~ 작다
   행성의 평균 밀도는 지구형 행성이 목성형 행성보다 크다.

① ㄱ ② ㄴ ③ ㄱ, ㄷ ④ ㄴ, ㄷ ⑤ ㄱ, ㄴ, ㄷ

단서＋발상

단서 태양계의 형성 과정 일부가 제시되어 있다.

발상 (가)는 태양계 성운을, (나)는 원시 태양과 원시 행성을, (다)는 회전하는 원반에서 형성된 미행성체를 나타내는 것임을 추론할 수 있다.

적용 태양계의 형성 과정 순서를 결정하는 것부터 문제 풀이를 시작해야 한다.

| 문제＋자료 분석 |

· **성운설**: 우리은하 안에 있던 거대한 성운이 회전하면서 수축한 결과 태양계 천체들이 형성되었다는 가설이다.
· **미행성체**: 회전하는 원반 내에서는 성운이 식으며 수많은 미행성체가 생겨났다. 미행성체는 주로 고체 물질(금속, 암석, 얼음 등)이 뭉쳐 형성되었으며 크기는 수 km 정도이었을 것으로 추정된다.
· **태양계 형성 과정**: 성운설에 따르면 태양계는 성운의 수축과 회전 → 원시 태양과 원반 형성 → 원반에서 미행성체 형성 → 미행성체의 병합으로 원시 행성 형성 과정을 거쳐 만들어졌다.

| 보기 분석 |

ㄱ. (가)는 자체 중력에 의해 성운이 수축하는 단계이고, (나)는 원시 태양 주변에 원시 행성이 형성된 단계이다. (다)는 원반에서 미행성체가 형성되는 단계를 나타낸다.
   따라서 태양계의 형성 과정은 (가) 성운 수축 → (다) 미행성체 형성 → (나) 원시 행성 형성이다.

ㄴ. 태양계 성운을 구성하는 주요 성분은 기체와 티끌이었으며, 전체의 약 99 %는 기체가 차지한다. 기체 성분은 대부분 수소와 헬륨이다.

ㄷ. 태양계가 형성될 때, 태양으로부터 가까운 곳(㉡)에서는 주로 금속과 암석으로 이루어진 밀도가 큰 지구형 행성이 형성되었고, 태양으로부터 먼 곳(㉠)에서는 얼음 상태의 입자, 수소, 헬륨 등으로 이루어진 밀도가 작은 목성형 행성이 형성되었다.

05 원소들의 주기성

내신 대비 **필수 문제**　　　　문제편 67~69p

01 정답 ⑤ ＊현대의 주기율표

| 문제+자료 분석 |
• **현대의 주기율표**: 원소들을 원자 번호(양성자수) 순서로 나열하되, 화학적 성질이 비슷한 원소들이 같은 세로줄에 오도록 배열하였다.

| 선택지 분석 |
① 현대의 주기율표는 원자 번호(양성자수) 순으로 원소들을 나열하였다.
② 같은 족 원소들은 원자가 전자 수가 동일하여 화학적 성질이 비슷하다. (단, 수소(H) 및 3~12족 원소는 예외).
③ 같은 주기 원소는 바닥상태에서 전자 껍질 수가 같다. 꿀팁
④ 원자가 전자 수는 각 원소가 속한 족 번호의 일의 자리 수와 같다. (단, 18족 원소는 제외).
⑤ 1주기 원소는 H와 He의 두 가지이고, 2주기(Li~Ne)와 3주기(Na~Ar)에는 8가지 원소들이 존재한다.

02 정답 ② ＊원소의 주기적 성질

| 문제+자료 분석 |
• 주기율표의 세로줄에는 화학적 성질이 비슷한 같은 족 원소들이 배열된다.

| 선택지 분석 |
② 리튬(Li)과 같은 1족 원소인 알칼리 금속의 특징은 공기 중 산소와 쉽게 반응하여 은백색의 광택을 잃고, 고체와 액체 상태에서 모두 전기 전도성이 있으며, 물과 반응하여 수소 기체를 발생한다는 것이다. ➡ C, ㉡
염소(Cl)와 같은 17족 원소는 비금속으로 전기 전도성이 없고, 전자를 얻기 쉬워 반응성이 크다. 실온에서 이원자 분자로 존재하며 색을 띤다. 플루오린(F_2)은 연한 노란색 기체이고, 염소(Cl_2)는 노란색 기체이다. ➡ A, ㉠
네온(Ne)과 같은 18족 원소는 비활성 기체로 매우 안정하여 전기 전도성이 없고, 반응성이 거의 없다. ➡ B, ㉢
따라서 ㉠은 2주기 17족 원소인 A(F), ㉡은 3주기 1족 원소인 C(Na), ㉢은 3주기 18족 원소인 B(Ar)이다.

03 정답 ① ＊알칼리 금속 원소의 성질

| 문제+자료 분석 |
• 리튬은 은백색 광택을 띠며 칼로 잘릴 정도로 무르다. 또한 반응성이 커서 공기 중 산소와 반응하고, 물과도 쉽게 반응한다.
• 리튬은 리튬 이온 전지, 리튬 폴리머 전지 등으로 휴대 전화의 배터리에 사용된다.

| 선택지 분석 |
① 리튬은 원자 번호 3번으로 2주기 1족의 알칼리 금속이다.

04 정답 ③ ＊주기율표와 원소의 주기성

| 문제+자료 분석 |
• **현대의 주기율표**: 원소들을 원자 번호(양성자수) 순서로 나열하되, 화학적 성질이 비슷한 원소들이 같은 세로줄에 오도록 배열하였다.

| 선택지 분석 |
③ 같은 족 원소끼리 묶여 있는 (가) 영역(Li, Na, K), (다) 영역(Cl, Br, I)에 속한 원소들은 화학적 성질이 비슷하다.

---

05 핵심 키워드: 금속 원소

모범 답안　• 금속 원소는 열이 잘 통한다(열전도성이 있다).
• 금속 원소는 전기가 잘 통한다(전기 전도성이 있다).
• 금속 원소는 힘을 가하면 얇게 펴지거나 길게 늘어나는 성질이 있다.
• 금속 원소는 특유의 광택이 있다.
등 세 가지

| 문제+자료 분석 |
• **금속 원소의 특징**: 수은(Hg)을 제외하고 모두 실온에서 고체 상태로 존재한다. 대부분 광택을 띤다. 열과 전기 전도성이 좋다. 늘리거나 뽑히는 성질이 있다. 전자를 잃고 양이온이 되기 쉽다.

＊채점 기준
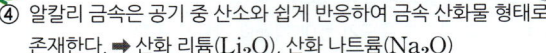

금속 원소의 공통적인 성질을 세 가지 이상 옳게 서술한 경우	100%
금속 원소의 공통적인 성질을 두 가지만 옳게 서술한 경우	60%
금속 원소의 공통적인 성질을 한 가지만 옳게 서술한 경우	30%

06 정답 ③ ＊알칼리 금속의 성질

| 문제+자료 분석 |
• **알칼리 금속**: 주기율표의 1족에서 수소를 제외한 금속 원소이다.
　예 리튬(Li), 나트륨(Na), 칼륨(K), 루비듐(Rb) 등

| 선택지 분석 |
① 다른 금속에 비해 밀도가 작고, 칼로 쉽게 잘릴 정도로 무르다.
② 실온에서 모두 고체 상태이고 대부분 은백색의 광택을 띤다.
③ 알칼리 금속은 주기가 증가할수록 금속의 반응성이 증가한다. 함정
④ 알칼리 금속은 공기 중 산소와 쉽게 반응하여 금속 산화물 형태로 존재한다. ➡ 산화 리튬(Li_2O), 산화 나트륨(Na_2O)
⑤ 알칼리 금속은 물과 쉽게 반응하여 수소 기체를 발생하며 수용액의 액성은 염기성이 된다.

07 정답 ① ＊알칼리 금속의 성질

| 문제+자료 분석 |
• M의 원자 번호가 3이므로 M은 리튬(Li)이다.
• 실험 기구 A~C 중 금속 조각을 집어 옮기는 ㉠으로 적절한 것은 A(핀셋)이다.
• 실험 기구 A~C 중 물을 담아 반응을 관찰하는데 사용하는 ㉡으로 적절한 것은 B(시험관)이다.

| 선택지 분석 |
① 원자 번호가 3인 M은 리튬(Li)이고, ㉠은 A(핀셋), ㉡은 B(시험관)이다.

08 핵심 키워드: 알칼리 금속, 물, 산소

모범 답안　알칼리 금속은 반응성이 커서 물이나 공기 중의 산소와 잘 반응하기 때문에 물이나 산소와 접촉을 차단하기 위함이다.

| 문제+자료 분석 |
• **알칼리 금속**: 주기율표의 1족에서 수소를 제외한 금속 원소
　예 리튬(Li), 나트륨(Na), 칼륨(K), 루비듐(Rb) 등
• **알칼리 금속의 성질**: 실온에서 고체로 존재하며, 은백색 광택을 띤다. 다른 금속에 비해 밀도가 작고, 칼로 쉽게 자를 수 있을 정도로 무르다. 반응성이 매우 커서 산소, 물과 빠르게 반응한다.

＊채점 기준

물, 산소와의 반응성으로 옳게 서술한 경우	100%
물과 산소 중 한 가지와의 반응성만을 옳게 서술한 경우	50%

09 정답 ② * 알칼리 금속의 성질

| 문제＋자료 분석 |
- **알칼리 금속의 성질**: 실온에서 고체로 존재하며, 은백색 광택을 띤다. 다른 금속에 비해 밀도가 작고, 칼로 쉽게 자를 수 있을 정도로 무르다. 반응성이 매우 커서 산소, 물과 빠르게 반응한다.

| 선택지 분석 |
① 금은 고체인 금속이나 단단하며 칼로 쉽게 잘리지 않는다.
② 리튬은 알칼리 금속으로 실온에서 고체 상태이고 광택을 띠며 칼로 쉽게 잘리는 물질이다. 반응성이 커서 공기 중의 산소와 빠르게 반응한다.
③, ④ 수소와 아르곤은 실온에서 기체이다.
⑤ 아이오딘은 실온에서 고체로 존재하지만 비금속 원소이다. 함정

10 정답 ⑤ * 알칼리 금속

 단서＋발상

(단서) 알칼리 금속 A의 칼로 자른 단면을 관찰하는 실험과 물과 반응하는 실험의 과정과 결과가 제시되어 있다.

(발상) 실험 결과로부터 알칼리 금속 A는 공기 중 산소와 빠르게 반응하고, 물과 격렬히 반응해 염기성 용액을 생성한다는 사실을 추론할 수 있다.

(적용) 실험에서 나타난 단면의 광택이 금방 사라지는 이유와 페놀프탈레인이 붉게 변한 이유를 이해하고 바른 보기를 구하는 것부터 문제 풀이를 시작해야 한다.

| 문제＋자료 분석 |
- **(가)**: 알칼리 금속 A는 공기 중 산소와 빠르게 반응하여 은백색 광택이 금방 사라진다.
- **(나)**: 알칼리 금속 A는 물과 격렬하게 반응하여 수소 기체를 발생시키고 염기성 용액을 만든다.

| 보기 분석 |
ㄱ (가)에서 A는 공기 중의 산소와 반응하여 산화물 또는 과산화물을 형성하므로 단면의 광택이 금방 사라진다.
ㄴ 페놀프탈레인은 염기성 용액에서 붉은색으로 변하므로 ㉠은 수용액이 염기성인지 확인하기 위한 과정이다.
ㄷ A(알칼리 금속)은 반응성이 높아 석유 속에 보관하면 A(알칼리 금속)가 물, 산소와 접촉하는 것을 막을 수 있다.

11 정답 ④ * 할로젠의 성질

| 문제＋자료 분석 |
- **할로젠 원소**: 주기율표의 17족에 속하는 비금속 원소

| 선택지 분석 |
① 할로젠은 물보다 사염화 탄소에 잘 녹는다.
② 할로젠은 비금속 원소이므로 전자를 얻는 성질이 강하고 이러한 반응성의 크기는 주기가 작아질수록 커진다.
③ 17족 원소는 할로젠으로 모두 원자가 전자 수가 7이다.
④ 17족 원소는 이원자 분자 형태로 존재하지만 실온에서 모두 기체 상태는 아니다. 주기가 커질수록 녹는점과 끓는점이 증가하여 F_2과 Cl_2는 기체로 존재하고, Br_2은 액체, I_2은 고체 상태로 존재한다.
⑤ 원자 번호가 작을수록(주기가 작아질수록) 반응성이 크다.

12 정답 ⑤ * 할로젠의 성질

| 문제＋자료 분석 |
- 할로젠은 상온에서 2개의 원자가 결합한 이원자 분자의 형태로 존재하며 특유의 색을 띤다.

- 실온에서 플루오린은 옅은 노란색 기체, 염소는 노란색 기체, 브로민은 적갈색 액체, 아이오딘은 보라색 고체이다.

| 선택지 분석 |
①, ② 금과 리튬은 금속 원소로 실온에서 고체이다.
③ 염소(Cl_2)는 실온에서 기체이다.
④ 아르곤(Ar)은 비활성 기체이다.
⑤ 실온에서 적갈색 액체이며, 나트륨, 수소와 잘 반응하는 원소는 할로젠인 브로민(Br_2)이다.

13 정답 ⑤ * 주기율표

- A와 D는 같은 주기 원소이다.
- B와 D는 전자를 얻기 쉽다.

| 문제＋자료 분석 |
- A와 D는 같은 주기 원소이므로 3주기 원소이다.
- B와 D는 전자를 얻는 성질이 강한 원소이므로 비금속 원소이다.
- 따라서 A는 Na, B는 O, C는 K, D는 Cl이다.

| 선택지 분석 |
①, ③ A와 C는 같은 1족 원소이므로 화학적 성질이 비슷하다. 또한 금속 원소로 전자를 잃기 쉽다.
② 원자가 전자 수는 1족인 A와 C는 1, 16족인 B는 6, 17족인 D는 7이다. 따라서 원자가 전자 수는 D가 가장 크다.
④ A와 C는 금속 원소로 열과 전기 전도성이 크다.
⑤ B는 비금속 원소로 전자를 얻는 성질(비금속성)이 강하다.

14 정답 ② * 알칼리 금속의 화학적 성질

 단서＋발상

(단서) 원소 X의 화학적 성질에 대한 자료가 제시되어 있다.

(발상) 원소 X를 추론할 수 있다.

(적용) 주기와 족의 성질을 적용해서 원소 X를 구하는 것부터 문제 풀이를 시작해야 한다.

| 문제＋자료 분석 |
- 원소 X는 3주기 원소이므로 전자껍질 수는 3이다.
- 고체 X는 물과 격렬히 반응하며, 고체 XCl에서 X^+이온으로 존재한다. 따라서 전자 1개를 잃어 18족과 같은 전자 배치를 갖는 1족 원소이며, 원자가 전자 수는 1이다.
- 원소 X는 3주기 1족 원소이므로 나트륨(Na)이다. 전자 배치는 첫 번째 전자껍질에 전자 2개를 채우고, 두 번째 전자껍질에 전자 8개를 채우고, 세 번째 전자껍질에 전자 1개를 갖는다.

| 선택지 분석 |
① 전자껍질 수가 2이다.
② 전자껍질 수가 3이고, 원자가 전자 수가 1인 1족 원소이다.
③ 원자가 전자 수가 2이므로 2족이다.
④ 원자가 전자 수가 7이므로 17족이다.
⑤ 전자껍질 수가 4이다.

정답 및 해설 **27**

15 정답 ③ * 주기율표

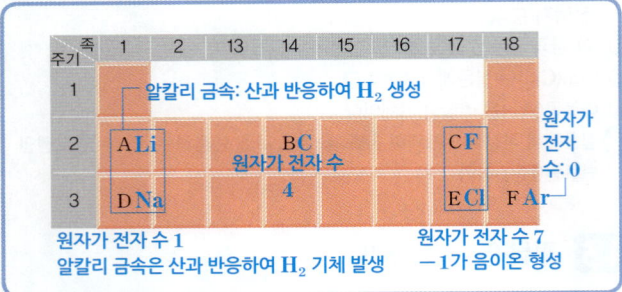

주기\족	1	2	13	14	15	16	17	18
1	알칼리 금속: 산과 반응하여 H_2 생성							원자가 전자 수: 0
2	A Li		B C 원자가 전자 수 4				C F	
3	D Na						E Cl	F Ar

원자가 전자 수 1
알칼리 금속은 산과 반응하여 H_2 기체 발생

원자가 전자 수 7
－1가 음이온 형성

| 문제＋자료 분석 |
· A와 D의 원자가 전자 수는 1, B의 원자가 전자 수는 4, C와 E의 원자가 전자 수는 7이다.

| 보기 분석 |
ㄱ. A는 알칼리 금속으로 물과 반응하여 수소 기체(H_2)가 발생한다.
ㄴ. C와 E는 17족 원소이므로 수소와 반응하여 할로젠화 수소를 생성한다. 할로젠화 수소는 물에 녹이면 산성을 나타낸다.
ㄷ. 원자가 전자 수는 바닥상태 원자의 가장 바깥 전자 껍질의 전자 수와 동일하다. 단, 18족 원소는 안정하여 반응성이 없으므로 원자가 전자 수는 0이다. 따라서 17족 원소인 C와 E의 원자가 전자 수가 가장 크다. (함정)

16 핵심 키워드: 전자, 화학적 성질, 같은 족

모범 답안 전자, 원소의 화학적 성질은 원자의 가장 바깥 껍질에 있는 전자 수(원자가 전자 수)와 관련이 있다. 같은 족 원소는 원자가 전자 수가 동일하여 비슷한 화학적 성질이 나타난다.

| 문제＋자료 분석 |
· 족과 원자가 전자 수

족	1	2	13	14	15	16	17	18
원자가 전자 수	1	2	3	4	5	6	7	0

· 같은 족 원소는 원자가 전자 수가 같으며, 대체로 원자가 전자 수가 같으면 화학적 성질이 비슷하다.

＊채점 기준

전자와 화학적 성질이 비슷한 까닭을 옳게 서술한 경우	100 %
전자만 옳게 제시한 경우	30 %

⚠️ 내신 1등급 문제 문제편 70p

17 정답 ③ * 원자의 전자 배치

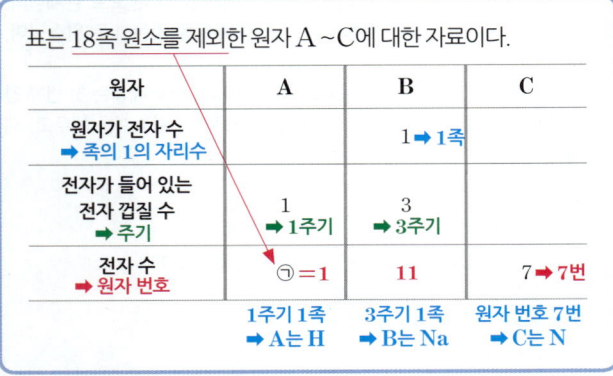

표는 18족 원소를 제외한 원자 A ~C에 대한 자료이다.

원자	A	B	C
원자가 전자 수 ➡ 족의 1의 자리수		1 ➡ 1족	
전자가 들어 있는 전자 껍질 수 ➡ 주기	1 ➡ 1주기	3 ➡ 3주기	
전자 수 ➡ 원자 번호	㉠ = 1	11	7 ➡ 7번
	1주기 1족 ➡ A는 H	3주기 1족 ➡ B는 Na	원자 번호 7번 ➡ C는 N

💡 단서＋발상
(단서) 원자 A~C의 원자가 전자 수, 전자가 들어 있는 전자 껍질 수, 전자 수가 제시되어 있다.
(발상) 각각의 원자에서 원자가 전자 수로부터 족을, 전자가 들어 있는 전자 껍질 수로부터 주기를, 전자 수로부터 원자 번호를 추론할 수 있다.
(적용) A~C를 구하는 것부터 문제 풀이를 시작해야 한다.

| 문제＋자료 분석 |
· A: 전자가 들어 있는 전자 껍질 수가 1이므로 1주기 원소이고, 18족 원소가 아니므로 A는 수소(H)이다.
· B: 원자가 전자 수가 1이므로 1족, 전자가 들어 있는 전자 껍질 수가 3이므로 3주기 원소이다. 따라서 B는 3주기 1족 원소인 나트륨(Na)이다.
· C: 원자에서 [전자 수 ＝ 양성자수 ＝ 원자 번호]이므로 C는 원자 번호가 7번인 질소(N)이고 2주기 15족 원소이다.

| 보기 분석 |
ㄱ. A는 수소(H)이고 수소 원자의 전자 수는 1이다. 따라서 ㉠은 1이다.
ㄴ. A는 수소(H), B는 나트륨(Na)이므로 A와 B는 모두 1족 원소이다. 따라서 A와 B는 같은 족 원소이다.
ㄷ. 전자가 들어 있는 전자 껍질 수가 B는 3이고, C는 2주기 14족 원소인 질소(N)이므로 2이다. 따라서 B와 C는 전자가 들어 있는 전자 껍질 수가 다르다.

18 정답 ③ * 주기율표와 원소의 주기성

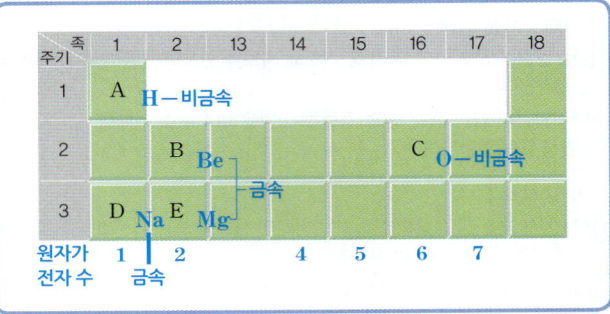

주기\족	1	2	13	14	15	16	17	18
1	A H－비금속							
2		B Be				C O－비금속		
3	D Na	E Mg						

원자가 전자 수 1 2   4 5 6 7
금속

| 문제＋자료 분석 |
· A: 1주기 1족 ➡ 수소(H)
· C: 2주기 16족 ➡ 산소(O)
· E: 3주기 2족 ➡ 마그네슘(Mg)
· B: 2주기 2족 ➡ 베릴륨(Be)
· D: 3주기 1족 ➡ 나트륨(Na)

| 선택지 분석 |
① 비금속 원소는 A와 C의 두 가지이다.
② 1족 원소 중 A는 비금속으로 알칼리 금속인 D와 화학적 성질이 다르다.
③ B와 C는 같은 2주기 원소이므로 바닥상태에서 전자가 들어 있는 전자 껍질 수가 2개로 같다.
④ 비금속 원소인 C는 음이온이 되기 쉽고, 금속 원소인 D는 양이온이 되기 쉽다.
⑤ 원자가 전자 수는 족의 1의 자리 수로 A와 D는 1, B와 E는 2, C는 6이다. 따라서 원자가 전자 수가 가장 큰 원소는 C이다.

19 정답 ⑤ * 원소와 주기율표

원자	X	Y	Z
	3주기	2주기	3주기
원자가 전자 수	2	7	7
	3주기 2족 Mg	2주기 17족 F	3주기 17족 Cl

단서+발상

단서 X~Z의 원자가 전자 수가 제시되어 있다.

발상 원자가 전자 수를 통해 X~Z의 족을 추론할 수 있다.

적용 원자 번호는 Y보다 X가 크다는 조건을 이용하여 X~Z를 구하는 것부터 문제 풀이를 시작해야 한다.

| 문제+자료 분석 |

• 원자가 전자 수는 족의 1의 자리수와 동일하므로(18족 제외) X는 2족 원소이며 Y와 Z는 17족 원소이다.

• 원자가 전자 수는 X(2)가 Y(7)보다 작은데, 원자 번호는 Y보다 X가 크다. 따라서 X는 3주기 2족 원소인 마그네슘(Mg)이고, Y는 2주기 17족 원소인 플루오린(F)이다.

• Z는 Y와 동족 원소이므로 3주기 17족 원소인 염소(Cl)이다.

| 보기 분석 |

ㄱ 원자가 전자 수는 족의 1의 자리수와 동일하다(18족 제외). X의 원자가 전자 수가 2이므로 X는 2족 원소이다.

ㄴ 원자가 전자 수는 X < Y인데 원자 번호가 X > Y이므로 Y는 2주기 원소이다. 함정

ㄷ Y와 Z는 원자가 전자 수가 7로 동일한 17족 원소이다. 같은 족에 속하는 원소는 원자가 전자 수가 동일하므로 화학적 성질이 비슷하다. 따라서 Y와 Z는 화학적 성질이 비슷하다.

20 정답 ③ * 알칼리 금속의 성질

| 문제+자료 분석 |

• (가): 물이 담긴 시험관 A와 B에 금속 a와 b를 각각 넣었을 때 A, B에서 모두 격렬하게 반응한다.
➡ 금속 a, b는 반응성이 큰 금속임을 알 수 있다.

• (나): 시험관 A, B에서 발생한 기체를 모아 성냥불을 대었을 때 '펑'소리가 났다. ➡ 발생한 기체는 수소 기체(H_2)임을 알 수 있다.

• (다): 물과 금속 a, b의 반응이 끝난 시험관 A와 B에 페놀프탈레인 용액을 떨어뜨렸을 때 붉은색으로 변하였다.
➡ 용액의 액성이 염기성임을 알 수 있다.

| 보기 분석 |

ㄱ (다)에서 페놀프탈레인 용액을 떨어뜨렸을 때 붉은색으로 변하였다. 따라서 A와 B의 용액은 염기성이다.

ㄴ. (나)에서 성냥불을 대었을 때 '펑'소리가 난다. 따라서 (가)에서 발생한 기체는 수소(H_2)이다.

ㄷ (가)에서 알칼리 금속 a와 b는 물과 격렬히 반응한다. 따라서 알칼리 금속은 물에 닿지 않도록 석유에 넣어 보관한다.

---

 06 원소들의 화학 결합

내신 대비 필수 문제 문제편 79~83p

06

01 정답 ③ * 원소의 화학 결합

| 문제+자료 분석 |

• **화학 결합의 원리**: 원소들은 화학 결합을 형성하여 비활성 기체와 같은 안정한 전자 배치를 이루려고 한다.

• **이온 결합**: 양이온과 음이온 사이의 정전기적 인력으로 형성되는 화학 결합

• **공유 결합**: 비금속 원소의 원자들이 전자쌍을 공유하여 형성되는 결합

| 선택지 분석 |

① 공유 결합은 비금속 원소 사이에 전자쌍을 공유하여 형성된다.

② 금속 원소와 비금속 원소 사이에는 금속 양이온과 비금속 음이온의 이온 결합이 형성된다.

③ 수소(H)는 공유 결합을 형성할 때 가장 바깥 전자 껍질에 2개의 전자를 채운다.

④ 염화 나트륨의 나트륨 이온(Na^+)은 네온(Ne)과 같은 전자 배치를, 염화 이온(Cl^-)은 아르곤(Ar)과 같은 전자 배치를 이룬다.

⑤ 이온 결합은 전자의 이동에 의해 생성된 이온 간의 결합이고, 공유 결합은 전자쌍의 공유로 결합이 이루어진다. 따라서 이온 결합이나 공유 결합이 형성될 때 공통적으로 전자가 관여한다.

02 정답 ④ * 이온 결합

| 문제+자료 분석 |

• A~C는 3주기 원소이므로 음이온인 A 이온은 염화 이온(Cl^-), 양이온인 B 이온은 나트륨 이온(Na^+), C 이온은 마그네슘 이온(Mg^{2+})이다.

| 보기 분석 |

ㄱ 염화 나트륨(NaCl)은 이온 결합 물질로 나트륨 이온(Na^+)은 B^+, 염화 이온(Cl^-)은 A^-에 해당한다.

ㄴ. A 이온(Cl^-)의 총 전자 수는 18개이고 전자 배치는 아르곤(Ar)과 같으며, B 이온(Na^+)의 총 전자 수는 10개이고 전자 배치는 네온(Ne)과 같다.

ㄷ C 이온(Mg^{2+})과 A 이온(Cl^-)이 1 : 2의 개수비로 결합하여 전기적으로 중성인 이온 화합물 CA_2($MgCl_2$)을 형성한다.

03 정답 ① * 이온의 전자 배치

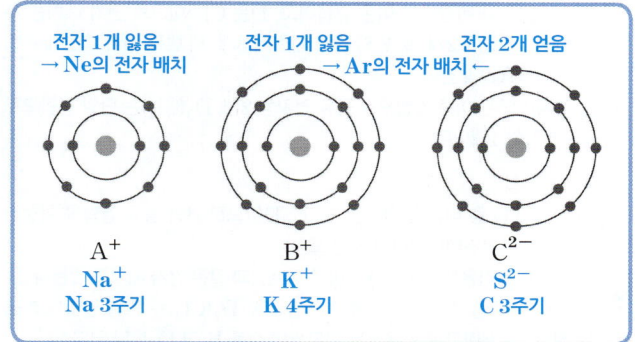

전자 1개 잃음 → Ne의 전자 배치

전자 1개 잃음

전자 2개 얻음 → Ar의 전자 배치 ←

A^+	B^+	C^{2-}
Na^+	K^+	S^{2-}
Na 3주기	K 4주기	C 3주기

정답 및 해설 **29**

| 문제＋자료 분석 |
- 18족 이외의 원소들은 이온 결합이나 공유 결합 등의 화학 결합을 하여 비활성 기체와 같은 안정한 전자 배치를 이루려고 한다.
- A^+은 네온(Ne)의 전자 배치를 하고, B^+과 C^{2-}은 아르곤(Ar)과 같은 전자 배치를 이루므로 A는 나트륨(Na), B는 칼륨(K), C는 황(S)이다.

| 보기 분석 |
ㄱ. A는 나트륨(Na)으로 금속 원소이다.
ㄴ. B는 칼륨(K)으로 4주기 원소이고, C는 황(S)으로 3주기 원소이다. 칼륨(K)이 전자 하나를 잃고 칼륨 이온(K^+)이 되면서 3주기 원소인 아르곤(Ar)과 같은 전자 배치를 이룬다. **함정**
ㄷ. 금속 원소인 A와 비금속 원소인 C가 화학 결합할 때 A는 전자를 잃어 A^+이 되고, C는 전자를 얻어 C^{2-}이 되므로 전자는 A에서 C로 이동한다.

---

04 정답 ⑤ * 공유 결합

| 문제＋자료 분석 |
- 18족 이외의 원소들은 이온 결합이나 공유 결합 등의 화학 결합을 하여 비활성 기체와 같은 안정한 전자 배치를 이루려고 한다.
- **Ar**: 18족 원소로, 가장 바깥 전자 껍질에 전자 8개가 모두 채워져 매우 안정하며 다른 원자와 거의 반응하지 않는다.
- **O_2**: 산소 원자(O) 2개는 각각의 산소 원자(O)가 전자 2개씩을 내어 공유 결합하여 산소 분자(O_2)를 형성한다.
  ➡ 각 산소 원자(O)는 네온(Ne)의 전자 배치를 갖는다.
- **N_2**: 질소 원자(N) 2개는 각각의 질소 원자(N)가 전자 3개씩을 내어 공유 결합하여 질소 분자(N_2)를 형성한다.
  ➡ 각 질소 원자(N)는 네온(Ne)의 전자 배치를 갖는다.

| 선택지 분석 |
⑤ **학생 A.** 아르곤(Ar)은 18족 원소이므로 가장 바깥 전자 껍질에 8개의 전자가 채워진 안정한 전자 배치를 이루고 있다. ➡ 옳음

학생 B. 산소(O)는 2주기 16족 원소이다. 따라서 산소 분자(O_2)에서 산소 원자(O) 2개는 각각 전자 2개씩을 내어 공유 결합함으로써 2주기 18족 원소인 네온(Ne)의 전자 배치를 갖는다. ➡ 옳음

학생 C. 질소(N)는 비금속 원소이다. 전자를 얻어 안정해지려는 경향이 있는 비금속 원소는 공유 결합을 형성한다. 따라서 N_2는 공유 결합으로 이루어진 물질이다. ➡ 옳음

---

05 정답 ② * 주기율표

| 문제＋자료 분석 |
- 원소 A ~ D의 주기율표 위치로부터 A는 수소(H), B는 산소(O), C는 마그네슘(Mg), D는 염소(Cl)임을 알 수 있다. ➡ C는 금속 원소이고, A, B, D는 비금속 원소이다.
- 공유 결합은 비금속 원소끼리의 화학 결합이므로 B와 공유 결합을 형성하는 원소는 비금속 원소인 A, B, D 세 가지이다.
- CD_2는 금속과 비금속의 이온 결합이고, D는 Cl^-이므로 전자 배치는 첫 번째 전자 껍질에 2개, 두 번째 전자 껍질에 8개, 세 번째 전자 껍질에 8개, 즉 아르곤(Ar)과 같다.
- B_2 분자(O_2)는 이중 결합으로 공유 전자쌍 2개, D_2(Cl_2)는 단일 결합으로 공유 전자쌍 1개이다.

| 보기 분석 |
ㄱ. 원소 A ~ D 중 비금속 원소는 A, B, D이므로 B와 공유 결합을 형성하는 원소는 3가지이다. (자기 자신 포함)
ㄴ. CD_2에서 음이온은 D(Cl^-)로 아르곤(Ar)과 같은 전자 배치를 갖는다.
ㄷ. B_2(O_2)는 이중 결합으로 공유 전자쌍 2개, D_2(Cl_2)는 단일 결합으로 공유 전자쌍 1개이므로 공유하는 전자쌍의 수는 B_2가 D_2보다 크다.

---

06 정답 ① * 원소의 화학 결합

| 문제＋자료 분석 |
- A는 리튬(Li), B는 플루오린(F), C는 산소(O), D는 수소(H)이다.
- 18족 이외의 원소들은 전자를 주고 받거나, 공유하는 화학 결합을 통해 18족 원소와 같은 전자 배치를 이루며 안정해진다.
- (가)의 생성물 AB(LiF)는 이온 결합 물질이고, (나)의 생성물 $D_2C(H_2O)$는 공유 결합 물질이다.

| 보기 분석 |
ㄱ. (가)는 원소들은 전자를 주고받아 형성된 이온 결합, (나)는 전자쌍을 공유하여 결합한 공유 결합을 나타낸 것이다.
ㄴ. (나)의 화합물 H_2O에서 공유 전자쌍 수는 2이다.
ㄷ. (가)의 생성물에서 A(Li)는 전자 1개를 잃고 Li^+이 되어 헬륨(He)의 전자 배치를 이루고, (나)에서 C(O)는 전자쌍 2개를 공유하여 네온(Ne)의 전자 배치를 이룬다.

---

07 정답 ③ * 공유 결합과 전자 배치

| 문제＋자료 분석 |
- A는 탄소(C), B는 산소(O), C는 규소(Si)이다.
- A(탄소)와 C(규소)는 원자가 전자 수가 4로 4개의 공유 결합을 형성할 수 있고, B(산소)는 원자가 전자 수가 6으로 2개의 공유 결합을 형성할 수 있다.

| 보기 분석 |
ㄱ. A(탄소)는 원자가 전자 수가 4로 4개의 공유 결합을 형성할 수 있고, B(산소)는 원자가 전자 수가 6으로 전자 2개를 얻으면 비활성 기체의 전자 배치를 이룬다.
따라서 A(탄소)와 B(산소)는 1 : 2의 원자 수 비로 공유 결합하여 이산화 탄소(CO_2) 분자를 형성한다.
ㄴ. A(탄소)와 C(규소)는 14족 원소로 원자가 전자 수가 4로 같아 화학적 성질이 비슷하다.
ㄷ. A(탄소)는 원자가 전자 수가 4로 원자가 전자 수가 1인 수소 원자와 4개의 공유 결합을 형성할 수 있고, B(산소)는 원자가 전자 수가 6으로 수소 원자와 2개의 공유 결합을 형성할 수 있다. **함정**
따라서 A와 B의 안정한 수소 화합물의 화학식은 $AH_4(CH_4)$, $H_2B(H_2O)$이다.

---

08 정답 ① * 공유 결합

🔦 **단서＋발상**

단서 물과 이산화 탄소의 화학 결합 모형이 제시되어 있다.

발상 (가)와 (나)가 어떤 물질인지 추론할 수 있다.

적용 공유 전자쌍의 원리를 적용해서 (가)와 (나)가 어떤 물질인지 구하는 것부터 문제 풀이를 시작해야 한다.

| 문제＋자료 분석 |
- (가): 가운데에 2주기이면서 가장 바깥쪽 전자 껍질에 전자가 4개인 C 원자와 양옆에 2주기이면서 가장 바깥쪽 전자 껍질에 전자가 6개인 O 원자가 공유 결합한 이산화 탄소(CO_2)이다.
  ➡ 공유 전자쌍은 C와 O 원자 사이에 각각 2개씩, 양쪽으로 총 4개
- (나): 가운데에 2주기이면서 가장 바깥쪽 전자 껍질에 전자가 6개인 O 원자와 양옆에 1주기이면서 가장 바깥쪽 전자 껍질에 전자가 1개인 H 원자가 공유 결합한 물(H_2O)이다.
  ➡ 공유 전자쌍은 H와 O 원자 사이에 각각 1개씩, 양쪽으로 총 2개
- (가)에서 C와 2개의 O는 전자쌍을 공유함으로써 모두 18족 네온과 같은 전자 배치를 가진다.

| 보기 분석 |

ㄱ. (가)는 이산화 탄소이다.
ⓛ (가)에서 C와 O는 각각 18족 원소인 네온과 같은 전자 배치를 가진다.
ㄷ. 공유 전자쌍의 수는 (가)에서 4, (나)에서 2이다.

09 핵심 키워드: 이온 결합, XY

[모범 답안] 원자 번호 12인 원소 X는 Mg이다. X는 금속 원소로 원자가 전자 2개를 잃으면 +2가의 양이온인 X^{2+}이 된다. 원자 번호 8인 원소 Y는 O이다. Y는 비금속 원소로 전자 2개를 얻으면 -2가의 음이온 Y^{2-}이 된다. 양이온인 X^{2+}과 음이온인 Y^{2-}은 정전기적 인력에 의해 이온 결합을 한다. 이때 양이온의 전하량과 음이온의 전하량의 합이 0이 되는 1 : 1의 개수비로 결합하므로 화합물의 화학식은 XY(MgO)이다.

✱ 채점 기준

결합의 종류와 화학식, 생성 과정을 옳게 서술한 경우	100 %
결합의 종류와 화학식, 생성 과정 중 두 가지만 옳게 서술한 경우	50 %
결합의 종류와 화학식, 생성 과정 중 한 가지만 옳게 서술한 경우	30 %

10 정답 ② ✱ 원소의 화학 결합

| 문제+자료 분석 |

• A는 탄소(C), B는 질소(N), C^+은 나트륨 이온(Na^+), D^-은 플루오린화 이온(F^-)이다.

| 보기 분석 |

ㄱ. A는 탄소(C)로 2주기 원소이고, C는 나트륨(Na)으로 3주기 원소이다. 따라서 A와 C는 서로 다른 주기의 원소이다. ⓕ함정
ㄴ. $AD_4(CF_4)$의 탄소(C)는 14족 원소로 플루오린(F) 원자 4개와 공유 결합을 하므로 공유 전자쌍 수는 4이다. $BD_3(NF_3)$의 질소(N)는 15족 원소로 플루오린(F) 원자 3개와 공유 결합을 하므로 공유 전자쌍 수는 3이다.
ⓒ 이온 결합 물질 CD(NaF)에서 C^+과 D^-은 네온(Ne)과 같은 전자 배치를 이룬다.

11 정답 BA₄

| 문제+자료 분석 |

• B는 탄소(C)이고 A는 수소(H)이다. 따라서 원자가 전자 수가 4인 B는 원자가 전자 수가 1인 A 원자 4개와 공유 결합하여 $BA_4(CH_4)$(메테인)을 형성한다.

12 정답 A₂C

| 문제+자료 분석 |

• C는 원자가 전자 수가 6인 황(S)이다. 따라서 C(S) 원자 1개는 2개의 A(H)와 공유 결합하여 $A_2C(H_2S)$를 형성한다.

13 핵심 키워드: 이온 결합, 네온(Ne)의 전자 배치

[모범 답안] 나트륨(Na) 원자는 전자 1개를 잃고 나트륨 이온(Na^+)이 되고, 산소(O) 원자는 전자 2개를 얻어 산화 이온(O^{2-})이 되어 정전기적 인력에 의해 이온 결합 물질인 산화 나트륨(Na_2O)을 형성한다. 이때 나트륨 이온(Na^+)과 산화 이온(O^{2-})은 네온(Ne)의 전자 배치를 이루어 안정해진다.

| 문제+자료 분석 |

• 1족 원소인 나트륨(Na)과 16족 원소인 산소(O)는 나트륨 이온과 산화 이온이 되어 2 : 1의 개수비로 이온 결합을 형성한다.
• 이처럼 18족 이외의 원소들은 화학 결합을 하여 18족 원소와 같은 전자 배치를 이루며 안정해진다.

✱ 채점 기준

나트륨 이온과 산화 이온 사이의 이온 결합, 네온과 같은 전자 배치를 이루게 됨을 옳게 서술한 경우	100 %
이온 결합 또는 네온의 전자 배치 중 1가지만 옳게 서술한 경우	50 %
이온 결합, 비활성 기체의 전자 배치를 한다라고만 서술한 경우	30 %

14 정답 ③ ✱ 이온의 전자 배치

| 문제+자료 분석 |

• A는 전자를 하나 잃어 +1가의 양이온(Na^+)이 되었고, B는 전자를 하나 얻어 음이온(F^-)이 되었다.
  ➡ A^+와 B^-의 전자 배치가 [Ne]의 전자 배치와 같으므로 A는 3주기 1족 Na, B는 2주기 17족 F이다.
• 원자가 전자 수: 원자의 가장 바깥 전자껍질에 존재하는 전자의 수를 의미하며 원소의 화학적 성질과 결합 특성을 결정할 수 있다.
  ➡ 1족 원소(알칼리 금속)의 원자가 전자 수는 1, 17족 원소(할로겐 원소)의 원자가 전자 수는 7이다.

| 보기 분석 |

ⓛ B는 2주기 17족의 F이므로 원자가 전자 수는 7이다.
ⓛ A는 Na으로 원자 번호 11이며, B는 F이므로 원자 번호 9이다. 따라서 원자 번호는 A > B이다.
ㄷ. A는 3주기, B는 2주기 원소이므로 다른 주기의 원소다.

15 정답 ① ✱ 이온 결합 물질, 공유 결합 물질

| 문제+자료 분석 |

• A를 녹인 수용액은 전류가 흐르므로 A는 전하를 띤 입자(=이온)가 존재하는 이온 결합 물질이다.
• B는 수용액에 전류가 흐르지 않으므로 물에 잘 녹는 물질이기는 하지만, 전기적으로 중성인 분자 상태로 물에 녹을 수 있는 공유 결합 물질이다.
• 이온 결합 물질: 양이온과 음이온의 이온 결합으로 이루어진 물질
• 물에 잘 녹는 공유 결합 물질: 설탕($C_{12}H_{22}O_{11}$), 포도당($C_6H_{12}O_6$) 등

| 선택지 분석 |

① A는 염화 나트륨으로 이온 결합 물질, B는 설탕으로 공유 결합 물질이다.
  ➡ 옳음
② A는 염화 나트륨으로 이온 결합 물질, B는 염화 칼륨으로 이온 결합 물질이다.
  ➡ B의 예가 옳지 않음
③ A는 포도당으로 공유 결합 물질, B는 염화 칼륨으로 이온 결합 물질이다.
  ➡ 모두 옳지 않음
④ A는 포도당으로 공유 결합 물질, B는 설탕으로 공유 결합 물질이다.
  ➡ A의 예가 옳지 않음
⑤ A는 설탕으로 공유 결합 물질, B는 황산 구리로 이온 결합 물질이다.
  ➡ 모두 옳지 않음

16 핵심 키워드: 제설, 환경 오염, 생명체, 부식

[모범 답안] 제설 효과가 좋아야 한다. 제설 작업이 쉬워야 한다. 환경 오염을 일으키지 않아야 한다. 생명체에 해롭지 않아야 한다. 시멘트와 차량, 철제 구조물을 부식시키지 않아야 한다. 등

| 문제+자료 분석 |
- **염화 칼슘의 제설 원리:** 염화 칼슘은 공기 중에서 수분을 흡수하여 스스로 녹는 성질이 있다. 또한 염화 칼슘은 물 분자들의 규칙적인 배열을 방해하여 녹은 눈이 얼지 못하게 한다.
- **친환경 제설제로 사용되고 있는 물질:** 소금, 바닷물, 돌가루

✱ **채점 기준**

| 제설제의 조건을 두 가지 이상 옳게 서술한 경우 | 100 % |
| 제설제의 조건을 한 가지만 옳게 서술한 경우 | 50 % |

| 문제+자료 분석 |
- 공유 결합 물질은 대부분 모든 상태에서 전기 전도성이 없는 반면 이온 결합 물질은 용융액 또는 수용액 상태에서 전기 전도성이 있다.

✱ **채점 기준**

| 공유 결합 물질과 이온 결합 물질을 옳게 분류하고 전기 전도성 비교를 옳게 제시한 경우 | 100 % |
| 공유 결합 물질과 이온 결합 물질의 분류나 전기 전도성 비교 중 한 가지만 옳게 서술한 경우 | 50 % |

17 정답 ③ ✱ 화학 결합과 분자 모형

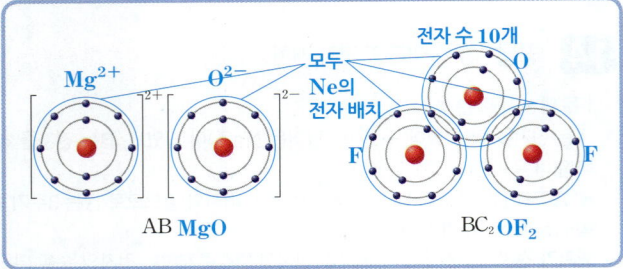

| 문제+자료 분석 |
- A는 마그네슘(Mg), B는 산소(O), C는 플루오린(F)이다.

| 선택지 분석 |
① AB는 Mg^{2+}와 O^{2-}이 1 : 1의 개수비로 이온 결합한 물질이다.
② AB(MgO)와 $AC_2(MgF_2)$에서 Mg, O, F 원자는 비활성 기체인 네온(Ne)과 같은 전자 배치를 이룬다.
③ AB는 MgO으로 이온 결합 물질이므로 용융액 상태에서 이온화하여 전기 전도성이 있다.
  BC_2는 OF_2로 공유 결합 물질이며 용융액 상태에서 이온화하지 않으므로 전기 전도성이 없다.
④ A(Mg)는 2족 원소이므로 A의 원자가 전자 수는 2, B(O)는 16족 원소이므로 B의 원자가 전자 수는 6이다.
⑤ A와 C로 이루어진 화합물은 MgF_2으로 Mg^{2+}과 F^-이 1 : 2의 개수비로 결합한 이온 결합 물질이다.
  따라서 액체 상태에서 전기 전도성이 있다.

18 정답 ⑤ ✱ 원소의 주기성과 화학 결합

| 문제+자료 분석 |
- X는 2주기 1족 원소인 Li이고, Y는 3주기 17족 원소인 Cl이다.
- X는 전자 1개를 잃어 X^+이온이 되고, O는 전자 2개를 얻어 O^{2-}이온이 될 때 18족 원소와 같은 전자 배치를 가지며 안정해진다. 이온 결합 화합물에서 전하량은 0이므로, X와 O는 2 : 1로 결합하여 안정한 화합물 X_2O를 형성한다.

| 보기 분석 |
ㄱ X와 O는 2 : 1의 개수비로 결합하여 안정한 화합물 X_2O를 형성한다.
ㄴ Y_2는 상온에서 황록색을 띤다.
ㄷ O는 지각을 구성하는 원소와 생명체를 이루는 원소 중 첫 번째로 많다.

19 핵심 키워드: 공유 결합, 이온 결합, 액체(용융액)나 수용액 상태에서의 전기 전도성

모범 답안 설탕($C_{12}H_{22}O_{11}$), 물(H_2O)은 공유 결합 물질이고, 염화 나트륨(NaCl), 산화 철(Fe_2O_3)은 이온 결합 물질이다. 용융액 상태, 수용액 상태에서의 전기 전도성 여부를 조사한다. 용융액이나 수용액 상태에서 전기 전도성이 있으면 이온 결합 물질, 없으면 공유 결합 물질이다.

20 정답 ⑤ ✱ 이온 결합 물질의 성질

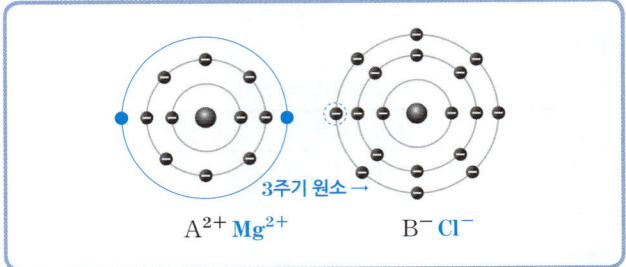

| 문제+자료 분석 |
- **A**: 전자 2개를 잃고 네온(Ne)의 전자 배치를 이루므로 마그네슘(Mg)이다.
- **B**: 전자 1개를 얻어 아르곤(Ar)의 전자 배치를 이루므로 염소(Cl)이다.

| 보기 분석 |
ㄱ A는 마그네슘(Mg)이므로 금속 원소이다.
ㄴ A와 B는 모두 3주기 원소이다. A는 원자가 전자 2개를 잃어 전자 껍질 수가 2인 $A^{2+}(Mg^{2+})$이 되었으므로 3주기 원소이고, B는 가장 바깥 전자 껍질에 전자 1개를 얻어 전자 껍질 수가 3인 $B^-(Cl^-)$이 되었으므로 3주기 원소이다. 〈함정〉
ㄷ 화합물 $AB_2(MgCl_2)$는 금속 이온(A^{2+})과 비금속 이온(B^-)으로 이루어진 이온 결합 물질이므로 수용액 상태에서 이온이 자유롭게 이동하여 전기 전도성을 나타낸다.

21 정답 ① ✱ 이온 결합 물질의 전기 전도성

| 문제+자료 분석 |
- 결합의 종류에 따른 물질의 전기 전도성

물질	고체	액체	수용액
이온 결합 물질	없음	있음	있음
공유 결합 물질	없음	없음	없음

- 이온 결합 물질은 고체 상태일 때는 전류가 흐르지 않지만 수용액 상태에서는 전류가 흐르고, 공유 결합 물질은 전하를 띤 이온이 없어 수용액 상태에서도 전류가 흐르지 않는다.

| 보기 분석 |
ㄱ 염화 나트륨(NaCl)은 금속 양이온(Na^+)과 비금속 음이온(Cl^-)이 이온 결합한 물질이다.
ㄴ 이온 결합 물질은 물에 녹으면 양이온과 음이온으로 나누어져 자유롭게 이동할 수 있다. 전자의 이동은 이온 결합이 형성될 때 일어난다.
ㄷ 고체 상태에서 전류가 흐르지 않는 것은 전하를 띤 Na^+과 Cl^-이 존재하지만 강력한 이온 결합력에 의해 이온이 이동할 수 없기 때문이며, 수용액 상태에서는 이온으로 나누어져 이온이 이동하면서 전하의 운반이 가능하므로 전류가 흐른다. (꿀팁)

22 정답 ⑤ * 물질의 분류

| 문제+자료 분석 |
- (가): CH_4와 O_2를 나누는 기준 ➡ 단일 결합 또는 2중 결합
- (나): 이온 결합 물질 ➡ NaCl
- (다): CH_4는 탄소와 수소 간의 단일 결합 4개로 이루어져 있다.

| 보기 분석 |
ㄱ. O_2는 산소 원자 간의 2중 결합이 있고 CH_4은 탄소와 수소 간의 단일 결합 4개로 이루어져 있으므로 (가)의 분류 기준으로 '단일 결합으로만 이루어져 있는가?'는 적절하다.
ㄴ. NaCl은 이온 결합 물질이고, CH_4과 O_2는 공유 결합 물질이므로 (나)는 NaCl이다.
ㄷ. (다) CH_4은 도시가스인 LNG의 주성분이다.

 내신 1등급 문제 문제편 83p

23 정답 ① * 이온 결합

 단서+발상

(단서) Y의 원자가 전자 수가 제시되어 있다.
(발상) X와 Y는 각각 금속과 비금속 원소이므로 XY는 이온 결합 화합물임을 추론할 수 있다.
(적용) XY는 X와 Y가 1 : 1로 결합한 것임을 이용해 X의 원자가 전자 수를 구하는 것부터 문제 풀이를 시작해야 한다.

| 문제+자료 분석 |
- Y: 2주기 원소이며 원자가 전자 수가 7이므로 Y는 17족 비금속 원소이다.
- XY: X는 금속 원소이고 Y는 비금속 원소이므로 XY는 금속 양이온과 비금속 음이온이 결합한 이온 결합 화합물이다.
- X와 Y가 1 : 1로 결합하여 안정한 화합물 XY를 형성하므로 [금속 원자 X가 잃은 전자 수＝비금속 원자 Y가 얻은 전자 수]이다. (꿀팁)
  ➡ 원자가 전자 수가 7인 Y는 전자 1개를 얻어 Y^-이 된다.
  따라서 X가 잃은 전자 수는 1이고 X의 원자가 전자 수는 1이다.
- X는 전자 1개를 잃어 X^+이 되고, X^+은 1주기 18족 원소인 헬륨(He)과 같은 전자 배치를 이룬다. Y는 전자 1개를 얻어 Y^-이 되고, Y^-은 2주기 18족 원소인 네온(Ne)과 같은 전자 배치를 이룬다.

| 선택지 분석 |
① XY는 X^+과 Y^-이 1 : 1의 원자 수 비로 결합한 물질이다.
X^+은 1주기 18족 원소인 헬륨(He)과 같은 전자 배치를 이루고, Y^-은 2주기 18족 원소인 네온(Ne)과 같은 전자 배치를 이룬다. (함정)

24 정답 ⑤ * 화학 결합에 따른 물질

 단서+발상

(단서) 원자 A와 B의 전자 배치 모형이 제시되어 있다.
(발상) 각각의 전자 수를 통해 A와 B의 원자 번호를 추론할 수 있다.
(적용) 원자 번호로부터 A와 B가 어떤 원소인지 구하고, 각각을 금속 원소와 비금속 원소로 분류하는 것부터 문제 풀이를 시작해야 한다.

| 문제+자료 분석 |
- 원자는 전기적으로 중성이므로 [전자 수 ＝ 양성자수 ＝ 원자 번호]이다. (꿀팁)
- A: 전자 수가 11이므로 A는 원자 번호 11번 나트륨(Na)이며 금속 원소이다.
- B: 전자 수가 9이므로 B는 원자 번호 9번 플루오린(F)이며 비금속 원소이다.

| 보기 분석 |
ㄱ. A는 전자 수가 11이며 원자는 전기적으로 중성이므로 양성자수는 전자 수와 같다. 따라서 A의 양성자수는 11이다.
ㄴ. B(F)는 비금속 원소로, 전자를 얻기 쉬운 비금속 원소 사이에서는 전자쌍의 공유에 의한 결합인 공유 결합이 형성된다. 따라서 B_2는 공유 결합 물질이다.
ㄷ. A(Na)는 금속 원소이고 B(F)는 비금속 원소로, 금속 양이온과 비금속 음이온 사이의 정전기적 인력에 의한 결합인 이온 결합이 형성되므로 AB(NaF)는 이온 결합 물질이다. 이온 결합 물질은 수용액 상태에서 전기 전도성이 있다. 따라서 AB는 수용액 상태에서 전기 전도성이 있다.

25 정답 ③ * 이온 결합 물질의 전기 전도성

 단서+발상

(단서) 고체일 때 전류가 흐르지 않는 물질의 가짓수가 제시되어 있다.
(발상) A와 B를 추론할 수 있다.
(적용) 화학 결합에 따른 물질의 전기 전도성을 적용해서 A와 B를 구하는 것부터 문제 풀이를 시작해야 한다.

| 문제+자료 분석 |
- 설탕과 포도당은 공유 결합 물질로 고체와 수용액 상태에서 모두 전류가 흐르지 않는다. 염화 나트륨과 염화 칼륨은 이온 결합 물질로 고체에서는 전류가 흐르지 않지만, 수용액 상태에서는 전류가 흐른다.
- (가)에서 전류가 흐르지 않는 물질의 가짓수는 ㉠이다. 그런데 공유 결합 물질과 이온 결합 물질 모두 고체 상태에서 전류가 흐르지 않는다.
  따라서 A와 B가 어떤 물질이더라도 A와 B는 2가지 모두 고체 상태에서 전류가 흐르지 않아 ㉠은 2이다.
- (나)에서 전류가 흐르는 물질의 가짓수도 ㉠(＝2)이므로 A와 B는 모두 수용액 상태에서 전류가 흐른다. A와 B는 고체에서는 전류가 흐르지 않지만, 수용액에서는 전류가 흐르는 물질이어야 하므로 둘 다 이온 결합 물질이어야 한다. 따라서 A는 염화 나트륨, B는 염화 칼륨이다.

| 보기 분석 |
ㄱ. A와 B가 공유 결합 물질, 이온 결합 물질 중 어떤 물질이더라도 고체 상태에서는 전류가 흐르지 않기 때문에 ㉠은 2이다.
ㄴ. A는 염화 나트륨이다. (나)에서는 수용액 상태이므로 물에 녹아 이온들이 자유롭게 이동할 수 있다.
ㄷ. B는 염화 칼륨으로 이온 결합 물질이다.

 중단원 마무리 문제 문제편 84~88p

01 정답 ④ * 알칼리 금속의 성질 확인

| 문제+자료 분석 |
- (나) 실험 결과: 금속(M)이 물과 반응하면 수소 기체가 생성된다.
- 질산 은(AgNO₃) 수용액과의 반응: 앙금 생성 반응을 통해 할로겐 이온(Cl^-, Br^-)을 검출하는 데 주로 사용된다. (함정)

| 선택지 분석 |
④ A: 알칼리 금속이 공기 중의 산소와 반응하여 산화물을 생성하는 것은 금속 조각을 칼로 자른 후 단면의 변화를 관찰하여 알 수 있다. ➡ ㄴ
B: 알칼리 금속이 물과 반응하여 염기성 용액으로 변하는 것은 시험관에 페놀프탈레인 용액을 떨어뜨렸을 때 용액의 색이 붉은색으로 변하는 것으로 확인할 수 있다. ➡ ㄷ

02 정답 ① * 주기율표와 원소

| 문제＋자료 분석 |
- 주기율표에서 세로줄(1~18)은 족, 가로줄(1~3)은 주기이다.

| 보기 분석 |
ㄱ. A는 1주기 18족 원소인 헬륨(He)으로 비금속 원소이다.
ㄴ. B는 2주기 1족 원소인 리튬(Li)으로 원자가 전자 수는 1이다.
ㄷ. C는 3주기 18족 원소인 아르곤(Ar)이다. 할로젠은 17족 원소이다.

03 정답 ⑤ * 주기율표와 원소의 전자 배치

| 문제＋자료 분석 |
- A는 수소(H), B는 헬륨(He), C는 산소(O), D는 플루오린(F), E는 나트륨(Na), F는 염소(Cl)이다.

| 선택지 분석 |
① 주기율표의 족의 일의 자리 수는 원자가 전자 수와 같다(18족은 제외). A와 E는 1족 원소로 원자가 전자 수가 1이다. 단, A는 비금속이고 E는 금속이다.
② B(He)는 비활성 기체로서 안정하여 화학 결합을 하지 않고 일원자 분자로 존재한다.
③ A는 수소(H), C는 산소(O), D는 플루오린(F)으로 실온에서 모두 안정한 이원자 분자(H_2, O_2, F_2)로 존재하고 모두 기체이다.
④ 금속은 원자가 전자를 잃고 양이온이 되기 쉽고, 비금속은 전자를 얻어 음이온이 되기 쉽다. C는 O로 전자를 2개 얻어 O^{2-}이 되고 D는 F으로 F^-이 되므로 안정한 이온의 전하량의 크기는 C가 D보다 크다.
⑤ E(Na)는 1족 원소로 원자가 전자 1개를 잃어 $E^+(Na^+)$이 되기 쉽다. F(Cl)는 17족 원소로 전자 1개를 얻어 $F^-(Cl^-)$이 되기 쉽다.

＊ 주기율표와 원자가 전자 수

족\주기	1												13	14	15	16	17	18
1	1	2																0
2	1	2											3	4	5	6	7	0
3	1	2	3	4	5	8	9	10	11	12			3	4	5	6	7	0
4	1	2											3	4	5	6	7	0
5	1	2											3	4	5	6	7	0
6	1	2											3	4	5	6	7	0
7	1	2											3	4	5	6	7	0

원자가 전자 수는 족의 1의 자리수와 같다.

04 정답 ① * 주기율표와 원소

| 문제＋자료 분석 |
- Ⅰ에 속하는 원소는 금속이고, Ⅱ에 속하는 원소는 비금속이다.

| 보기 분석 |
ㄱ. Ⅰ에 속하는 금속 원소는 실온에서 대부분 고체이고 광택이 있으며 자유 전자로 인해 전기 전도성이 있다.
ㄴ. Ⅰ에 속하는 금속 원소는 늘리거나 얇게 펴기 쉬운 성질이 있지만 Ⅱ에 속하는 비금속 원소는 이러한 성질이 없다.
ㄷ. Ⅰ에 속하는 금속 원소는 전자를 잃고 양이온이 되기 쉽다. Ⅱ에 속하는 비금속 원소는 이러한 성질이 없다.

05 정답 ② * 알칼리 금속의 성질 확인

| 문제＋자료 분석 |
- 알칼리 금속은 물과 격렬히 반응하여 수소 기체를 발생시키고, 이때 생성된 수용액은 염기성을 띤다.

$$2Na(s)+2H_2O(l) \rightarrow 2NaOH(aq)+H_2(g)$$

| 보기 분석 |
ㄱ. 나트륨은 물 위에 떠서 반응하므로 물보다 밀도가 작다.
ㄴ. 나트륨은 물과 반응하여 전자를 잃고 양이온이 된다.
ㄷ. 칼륨도 1족 알칼리 금속이므로 나트륨(㉠) 대신 칼륨을 넣어도 물과 반응하여 용액을 붉게 변화시킨다.

06 정답 ④ * 화학 결합 모형

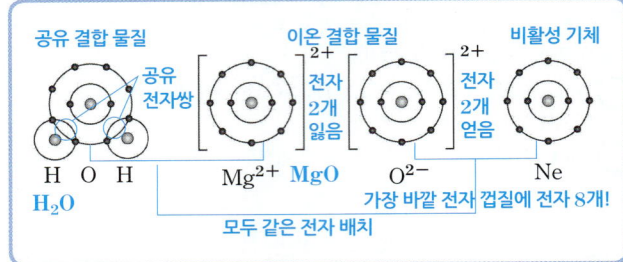

공유 결합 물질 / 이온 결합 물질 / 비활성 기체
공유 전자쌍
H O H
H_2O
Mg^{2+} MgO — 전자 2개 잃음
O^{2-} — 전자 2개 얻음
Ne
가장 바깥 전자 껍질에 전자 8개!
모두 같은 전자 배치

| 문제＋자료 분석 |
- H_2O: 원자가 전자 수가 1인 H 원자 2개와 원자가 전자 수가 6인 O 원자 1개가 전자쌍 2개를 공유하여 형성한 분자이다.
- MgO: Mg^{2+}과 O^{2-}이 1 : 1의 개수비로 이온 결합한 물질이다. 2족인 Mg은 원자가 전자 2개를 잃어 양이온이 되고, 16족인 O는 원자가 전자 수가 6이므로 전자 2개를 얻어 음이온이 되어 정전기적 인력에 의해 결합하여 MgO을 형성한다. 이때 Mg^{2+}, O^{2-} 모두 Ne의 전자 배치를 갖는다.

| 보기 분석 |
ㄱ. MgO의 전자 배치 모형에서 O가 O^{2-}이 되었을 때 가장 바깥 껍질 전자 수가 8이 되므로 산소(O) 원자의 원자가 전자 수는 6이다.
ㄴ. H_2O은 비금속 원소인 산소(O)와 수소(H) 사이에 이루어진 공유 결합 물질이다.
ㄷ. MgO의 전자 배치 모형에서 O가 O^{2-}이 되었을 때 Ne과 같은 전자 배치를 갖는다.

07 정답 ⑤ * 공유 결합의 형성

| 문제＋자료 분석 |
- **산소 분자와 물 분자의 공유 결합 모형**

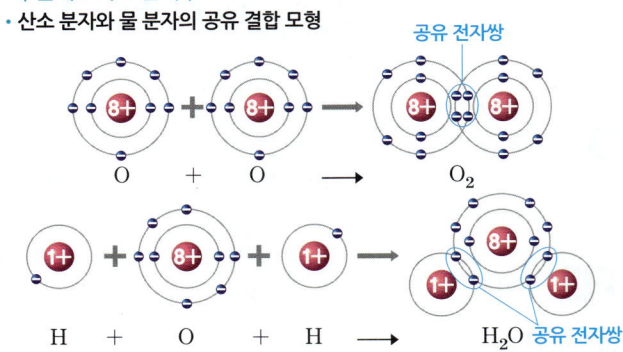

공유 전자쌍
8+ + 8+ → 8+ 8+
O + O → O_2

1+ + 8+ + 1+ → 8+
H + O + H → H_2O
공유 전자쌍

- O_2: 원자가 전자 수가 6인 산소(O) 원자 2개가 2개의 전자쌍을 공유하여 2중 결합을 형성한다.
- H_2O: 원자가 전자 수가 1인 수소(H) 원자 2개와 원자가 전자 수가 6인 산소(O) 원자 1개가 전자쌍 2개를 공유하여 형성한 분자이다.

| 보기 분석 |
ㄱ. O_2는 비금속 원소 사이의 공유 전자쌍의 공유로 형성된 공유 결합 물질이다.
ㄴ. O_2와 H_2O 분자는 공유하는 전자쌍 수가 2로 같다. **함정**
ㄷ. O_2와 H_2O 분자에서 산소(O) 원자는 공유 전자쌍을 포함하여 비활성 기체인 네온(Ne)과 같은 전자 배치를 가진다.

08 정답 ② *공유 결합

 단서+발상

(단서) 산소(O_2)와 암모니아(NH_3) 분자의 화학 결합 모형이 제시되어 있다.

(발상) 모형으로부터 두 분자 모두 공유 결합 물질임을 추론할 수 있다.

(적용) 산소(O), 질소(N), 수소(H)의 전자 배치를 알아보는 것부터 문제 풀이를 시작해야 한다.

| 문제+자료 분석 |

- 산소(O), 질소(N), 수소(H)는 비금속 원소로 전자를 잃기 어려우므로 전자를 내놓아 공유하는 결합인 공유 결합을 형성한다.
- 두 원자에서 전자를 내놓아 공유하는 전자쌍을 공유 전자쌍이라 한다.

| 보기 분석 |

ㄱ. 암모니아(NH_3) 분자는 질소 원자(N) 1개와 수소 원자(H) 3개가 각각 전자를 내놓아 공유 전자쌍 3개를 형성한 공유 결합 물질이다.

ㄴ. 질소(N)는 전자 7개, 산소(O)는 전자 8개로 모두 전자 껍질이 2개이다. 따라서 같은 2주기 원소이다.

ㄷ. 두 원자가 공유하는 2개의 전자를 공유 전자쌍이라 하므로, 공유 전자쌍 수는 NH_3가 3개, O_2가 2개로 NH_3가 O_2보다 많다.

09 정답 ② *주기율표

 단서+발상

(단서) 주기율표에 원소 A~E의 위치가 제시되어 있다.

(발상) A~E의 위치를 보고 주기와 족을 추론할 수 있다.

(적용) 같은 족 원소는 원자가 전자 수가 같고, 같은 주기 원소는 전자 껍질 수가 같다는 것을 이용하여 A~E의 원자가 전자 수, 전자 껍질 수를 구하는 것부터 문제 풀이를 시작해야 한다.

| 문제+자료 분석 |

- A, B, C는 2주기 원소로 전자 껍질 수가 2이고, D, E는 3주기 원소로 전자 껍질 수가 3이다.
- A~E가 속한 족은 각각 1, 2, 14, 16, 17족이므로 원자가 전자 수는 1, 2, 4, 6, 7이다.

| 보기 분석 |

ㄱ. 1족 원소는 원자가 전자 수가 1이므로 A의 원자가 전자 수는 1이다. 17족 원소는 원자가 전자 수가 7이므로 C의 원자가 전자 수는 7이다. 따라서 원자가 전자 수는 A와 C가 서로 다르다.

ㄴ. 전자가 들어 있는 전자 껍질 수는 주기와 일치한다. 꿀팁 B와 C는 모두 2주기 원소이므로 전자 껍질 수는 2개로 서로 같다.

ㄷ. D는 2족 원소로 원자가 전자가 2개이고 E는 16족 원소로 원자가 전자가 6개이다. 따라서 D와 E가 화학 결합할 때 전자는 D에서 E로 2개 이동하여 D는 +2가 양이온, E는 −2가 음이온으로 되면서 결합한다.

10 정답 ② *화학 결합 모형

| 문제+자료 분석 |

- A: 전자 2개를 잃고 네온(Ne)의 배치를 이루므로 마그네슘(Mg)이다.
- B: 전자 1개를 얻고 아르곤(Ar)의 배치를 이루므로 염소(Cl)이다.
- C: C 원자 2개가 각각 1개씩의 전자를 내놓아 공유 결합하여 네온(Ne)의 배치를 이루므로 플루오린(F)이다.

| 보기 분석 |

ㄱ. Mg은 전자 2개를 잃어 전자 껍질 수가 2인 Mg^{2+}이 되었으므로 3주기 원소이다. Mg과 Cl는 3주기 원소이고, F은 2주기 원소이므로 A~C는 같은 주기의 원소가 아니다.

ㄴ. AC_2는 MgF_2로 금속 양이온 Mg^{2+}과 비금속 음이온 F^-이 정전기적 인력으로 결합한 이온 결합 물질이다.

ㄷ. B_2는 Cl_2(염소 기체)로 공유 전자쌍 수는 1이다.

11 핵심 키워드: N_2, 3중 결합, O_2, 2중 결합

[모범 답안] 질소 분자(N_2)의 경우, 질소(N)의 원자가 전자 수가 5이므로 질소 원자(N)끼리 3중 결합을 형성한다. 산소 분자(O_2)의 경우, 산소 원자(O)의 원자가 전자 수가 6이므로 산소 원자(O)끼리 2중 결합을 형성한다.

| 문제+자료 분석 |

- 질소 원자(N)와 산소 원자(O)는 화학 결합을 통해 네온(Ne)의 전자 배치를 이루며 안정해지려고 한다.

＊채점 기준

분자식, 다중 결합의 종류와 그 까닭을 두 가지 모두 옳게 서술한 경우	100 %
분자식, 다중 결합의 종류와 그 까닭을 한 가지만 모두 옳게 서술한 경우	50 %
분자식만 두 가지 모두 옳게 서술한 경우	30 %

12 정답 ㄴ, ㄷ, ㅁ, ㅂ

| 문제+자료 분석 |

- 공유 결합은 비금속 원소의 원자들이 전자쌍을 서로 공유하여 형성되는 화학 결합이다.
- 이온 결합은 금속 원소의 원자와 비금속 원소의 원자가 서로 전자를 주고받아 양이온과 음이온이 형성된 후, 이온들 사이의 정전기적 인력에 의해 형성되는 결합이다.

13 정답 ④ *이온 결합

| 문제+자료 분석 |

- 금속 원소와 비금속 원소는 화학 결합하여 안정한 이온 결합 물질을 형성한다.
- 금속 나트륨(Na)과 염소 기체(Cl_2)의 반응식

$$2Na(s) + Cl_2(g) \rightarrow 2\underset{ⓛ}{NaCl}(s)$$

| 보기 분석 |

ㄱ. 알칼리 금속인 나트륨은 공기나 물과 잘 반응하므로 공기나 물이 닿지 않게 석유나 액체 파라핀(㉠)에 보관한다.

ㄴ. 금속 나트륨(Na)과 염소 기체(Cl_2)가 반응하여 생성되는 흰색의 고체 물질(ⓛ)은 염화 나트륨(NaCl)이다.

ㄷ. 나트륨과 염소 기체가 반응하면 금속 원소인 나트륨은 양이온(Na^+)이 되고, 비금속 원소인 염소는 음이온(Cl^-)이 되어 정전기적 인력에 의해 이온 결합한다.

14 정답 ① *주기율표와 화학 결합

| 문제+자료 분석 |

- (가)는 1족이지만 비금속이고, (나)는 금속, (다)는 준금속, (라)와 (마)는 비금속이다. (마)는 비활성 기체이다.

| 보기 분석 |

ㄱ. (나)의 원소들은 금속 원소로 주로 실온에서 고체 상태로 존재한다.

ㄴ. (라)의 원소들은 비금속으로 전자를 얻어 음이온이 잘 된다. (마)의 원소들은 비활성 기체로 비금속으로 분류되지만 반응성이 거의 없고 화학적으로 안정하다. 꿀팁

ㄷ. (가)와 (라)의 원소들은 비금속 원소이므로 화학 결합할 때 전자쌍을 공유하여 공유 결합 물질을 형성한다. 금속 원소인 (나)와 비금속인 (라)가 화학 결합할 때 이온 결합 물질을 형성한다.

15 정답 ④ * 화학 결합의 종류에 따른 물질의 성질

| 문제+자료 분석 |
- **염화 나트륨(NaCl):** 양이온인 나트륨 이온(Na^+)과 음이온인 염화 이온(Cl^-) 사이의 정전기적 인력에 의해 생성된 이온 결합 물질이다.
- **질산 칼륨(KNO₃):** 양이온인 칼륨 이온(K^+)과 음이온인 질산 이온(NO_3^-) 사이의 정전기적 인력에 의해 생성된 이온 결합 물질이다.
- **포도당($C_6H_{12}O_6$):** 비금속 원소인 탄소(C), 수소(H), 산소(O)로 구성되어 있으며, 각 원자가 다른 원자와 전자쌍을 공유함으로써 만들어진 공유 결합 물질이다.

| 보기 분석 |
ㄱ. A는 고체와 수용액 상태에서 모두 전기 전도성이 없으므로 공유 결합 물질이다. 따라서 A는 포도당($C_6H_{12}O_6$)이다.
ㄴ. B는 이온 결합 물질이다. 따라서 B는 수용액 상태에서 양이온과 음이온이 각각 물 분자에 의해 둘러싸여 나누어진다.
ㄷ. C는 이온 결합 물질이다. 따라서 C는 고체 상태에서 양이온과 음이온이 정전기적 인력으로 결합되어 있다.

16 핵심 키워드: 이온 결합 물질, 공유 결합 물질

모범 답안 A는 고체 상태에서는 전류가 통하지 않지만 용융액 상태에서 전류가 흐르는 것으로 보아 이온 결합 물질이다. B와 C는 고체와 용융액 상태에서 모두 전류가 흐르지 않는 것으로 보아 공유 결합 물질이다.

| 문제+자료 분석 |
- 고체일 때 전기 전도성이 없으나 용융액이나 수용액 상태에서 전기 전도성이 있으면 이온 결합 물질이고, 용융액이나 수용액 상태에서도 전기 전도성이 없는 것은 공유 결합 물질이다.

＊채점 기준

3가지 물질을 옳게 분류하고 까닭을 옳게 서술한 경우	100 %
3가지 물질의 분류만 옳은 경우	50 %

17 정답 ⑤ * 화학 결합에 따른 물질의 성질

| 문제+자료 분석 |
- **XZ:** 고체, 액체 상태에서 모두 전기 전도성이 없으므로 비금속 원소로 이루어진 공유 결합 물질이다.
- **X₂와 Z₂:** 2개의 비금속 원소가 공유 결합한 이원자 분자이다.
- **YZ:** 액체 상태에서 전기 전도성이 있으므로 금속 원소 Y와 비금속 원소 Z가 이온 결합한 물질이다.

| 보기 분석 |
ㄱ. (나)에서 금속 원소 Y는 전자를 잃고 양이온이 되어 음이온인 Z 이온과 이온 결합한다.
ㄴ. 비금속 원소인 Z와 X로 이루어진 Z₂, XZ는 공유 결합 물질이다.
ㄷ. 금속 원소 Y와 비금속 원소 X 또는 Z로 이루어진 물질 YZ와 YX는 이온 결합 물질이므로 액체 상태에서 전기 전도성이 있다.

18 정답 ⑤ * 화학 결합에 따른 물질

단서+발상

단서 A~E의 주기율표 상의 위치가 제시되어 있다.
발상 A~E의 주기와 족을 통해 A~E를 추론할 수 있다.
적용 A~E가 어떤 원소인지 구하여 각각을 금속 원소와 비금속 원소로 분류하는 것부터 문제 풀이를 시작해야 한다.

| 문제+자료 분석 |
- **A:** 1주기 1족 원소이므로 A는 수소(H)이며 비금속 원소이다.
- **B:** 1주기 18족 원소이므로 B는 헬륨(He)이며 비금속 원소이다.
- **C:** 2주기 14족 원소이므로 C는 탄소(C)이며 비금속 원소이다.
- **D:** 3주기 2족 원소이므로 D는 마그네슘(Mg)이며 금속 원소이다.
- **E:** 3주기 17족 원소이므로 E는 염소(Cl)이며 비금속 원소이다.

| 보기 분석 |
ㄱ. A(H)는 1주기 1족 원소이고 B(He)는 1주기 18족 원소이다. 따라서 A와 B는 같은 족 원소가 아니며 같은 주기 원소이다.
ㄴ. A(H)와 C(C)는 모두 비금속 원소로, 전자를 얻기 쉬운 비금속 원소 사이에서는 전자쌍의 공유에 의한 결합인 공유 결합이 형성된다. 따라서 CA₄(CH₄)는 공유 결합 물질이다.
ㄷ. D(Mg)는 금속 원소이고 E(Cl)는 비금속 원소로, 금속 양이온과 비금속 음이온 사이의 정전기적 인력에 의한 결합인 이온 결합이 형성되므로 DE₂(MgCl₂)는 이온 결합 물질이다. 이온 결합 물질은 수용액 상태에서 전기 전도성이 있다. 따라서 DE₂ 수용액은 전기 전도성이 있다.

19 핵심 키워드: 염화 나트륨, 이온 결합 물질, 이온, 설탕, 공유 결합 물질, 분자

모범 답안 (1) 염화 나트륨, 염화 나트륨은 이온 결합 물질로, 수용액 상태에서 이온이 자유롭게 이동하여 전기 전도성이 있기 때문이다.
(2) 설탕, 설탕은 공유 결합 물질로, 수용액 상태에서 전기적으로 중성인 분자 상태로 존재하여 전기 전도성이 없기 때문이다.

| 문제+자료 분석 |
- (가)는 염화 나트륨이 물에 녹아 이온화하여 전류가 흘러 전구에 불이 켜지고, (나)는 설탕이 물에 녹아도 전류가 흐르지 않으므로 전구에 불이 켜지지 않는다.

＊채점 기준

(1)	(가)에 녹인 물질과 그 까닭을 모두 옳게 서술한 경우	50 %
	(가)에 녹인 물질만 옳게 쓴 경우	25 %
(2)	(나)에 녹인 물질과 그 까닭을 모두 옳게 서술한 경우	50 %
	(나)에 녹인 물질만 옳게 쓴 경우	25 %

20 정답 ① * 우리 주변의 화학 결합 물질

| 문제+자료 분석 |
- **수산화 나트륨(NaOH):** 양이온인 나트륨 이온(Na^+)과 음이온인 수산화 이온(OH^-) 사이의 정전기적 인력에 의해 생성된 이온 결합 물질이다.
- **에탄올(C_2H_5OH):** 비금속 원소인 수소(H), 탄소(C), 산소(O)로 구성되어 있으며, 각 원자가 다른 원자와 전자쌍을 공유함으로써 만들어진 공유 결합 물질이다.
- **염화 칼슘($CaCl_2$):** 양이온인 칼슘 이온(Ca^{2+})과 음이온인 염화 이온(Cl^-) 사이의 정전기적 인력에 의해 생성된 이온 결합 물질이다.

| 보기 분석 |
ㄱ. NaOH에는 금속 이온인 나트륨 이온(Na^+)이 포함되어 있다.
ㄴ. C_2H_5OH은 공유 결합 물질이고 $CaCl_2$은 이온 결합 물질이다. (함정) 따라서 C_2H_5OH과 $CaCl_2$은 서로 다른 종류의 화학 결합으로 이루어져 있다.
ㄷ. $CaCl_2$은 이온 결합 물질이다. 이온 결합 물질은 수용액 상태에서 전기 전도성이 있다. 따라서 $CaCl_2$ 수용액은 전기 전도성이 있다.

01　정답 ⑤　＊알칼리 금속의 성질

다음은 어떤 금속 M의 성질을 알아보기 위한 실험이다.

> 밀도: 석유 < 금속 M
> (가) 석유 속에 가라앉은 상태로 보관된 금속 M을
> 　　꺼내어 공기 중에서 칼로 잘랐더니 자른 단면의
> 　　광택이 ~~빠르게~~ 사라졌다.　반응성이 크다. 산화물 형성
> (나) 자른 금속 조각을 물에 넣었더니 물과 빠르게
> 　　반응하여 수소 기체가 발생하였다. 2M＋2H₂O
> 　　　　　　　　　　　　　　　　　　→2MOH＋H₂
> (다) (나)의 수용액에 페놀프탈레인 용액을 2~3 방울
> 　　떨어뜨렸더니 수용액이 붉게 변하였다.
> 　　　　　　　　수용액의 액성이 염기성이다.

금속 M의 성질에 대한 설명으로 옳지 <u>않은</u> 것은?

① 밀도는 석유보다 크다.
　(가)에서 석유 속에 가라앉은 상태로 있으므로 밀도는 석유보다 크다.
② 석유와 반응하지 않는다.
　석유와 반응하지 않으므로 석유 속에 넣어 보관한다.
③ 공기 중에서 산화물을 만든다.
　(가)에서 칼로 잘랐을 때 자른 단면의 광택이 빠르게 사라졌다.
④ 물과 반응하여 전자를 잃는다.
　전자를 잃고 ＋1가의 양이온이 된다.
⑤ 물과 반응하여 생성된 수용액은 ~~산성~~이다.
　　　　　　　　　　　　　　　　염기성

단서＋발상

(단서) 알칼리 금속과 관련된 실험이 제시되어 있다.
(발상) 알칼리 금속의 반응성을 추론할 수 있다.
(적용) M과 석유의 밀도를 비교하는 것부터 시작해야 한다.

| 문제＋자료 분석 |

- (가): M이 석유 속에 가라앉은 상태로 보관 ➡ 밀도: 석유 < M
- 공기 중에서 칼로 잘랐더니 자른 단면의 광택이 빠르게 사라졌다.
　➡ 공기 중의 산소와 반응하여 산화물 형성 (4M＋O₂ → 2M₂O)
- (나): 자른 금속 조각을 물에 넣었더니 물과 빠르게 반응하여 수소 기체가
　발생하였다. ➡ 2M＋2H₂O → 2MOH＋H₂
- (다): (나)의 수용액에 페놀프탈레인 용액을 떨어뜨리면 수용액이 붉게
　변한다. ➡ (나)의 수용액이 염기성이다.

| 선택지 분석 |

① (가)에서 석유 속에 가라앉은 상태로 보관되어 있다. ➡ 밀도: 석유＜M
② 금속 M을 석유 속에 넣어 보관하는 이유는 석유와 반응하지 않기
　때문이다.
③ (가)에서 금속 M을 칼로 잘랐을 때 자른 단면의 광택이 빠르게 사라진
　것은 공기 중에서 산화물을 만들기 때문이다.
④ 금속 M은 물과 반응하여 MOH가 된다. 따라서 M은 전자를 잃고
　＋1의 양이온이 된다.
⑤ (다)에서 (나)의 수용액에 페놀프탈레인 용액을 떨어뜨렸더니 수용액이
　붉게 변한 까닭은 물과 반응하여 생성된 MOH 수용액이 염기성이기
　때문이다.

＊ 알칼리 금속

- 주기율표의 1족에서 수소를 제외한 금속 원소
　예 리튬(Li), 나트륨(Na), 칼륨(K), 루비듐(Rb) 등
- 실온에서 고체로 존재하며, 은백색 광택을 띤다. 다른 금속에 비해
　밀도가 작고, 칼로 쉽게 자를 수 있을 정도로 무르다. 반응성이 매우 커서
　산소, 물과 빠르게 반응한다.

02　정답 ④　＊전자 껍질 모형

다음은 전자껍질 모형을 이용한 원소의 전자 배치와 관련된 탐구
활동이다.

> **〈2, 3주기 원소의 전자 배치 규칙〉**
> (가) 원자가 가진 모든 전자 중 2개를 원자핵에서 가장 가까운
> 　　첫 번째 전자껍질에 배치한다.
> (나) 남은 전자를 두 번째 전자껍질에 8개까지 가능한 한 많이 배치
> 　　한다. 이후 전자가 남으면 세 번째 전자껍질에 나머지 모두를
> 　　배치한다.
>
> **〈탐구 과정 및 결과〉**
> - 전자 배치 규칙에 따라 산소(O) 원자와 원자 X, Y, Z의 전자
> 　를 배치하여 표와 같이 정리하였다. X, Y, Z의 원자 번호는
> 　각각 7 ~ 17 중 하나이다.

원자	O (단서)	X	Y	Z
$\dfrac{\text{원자가 전자 수}}{\text{전자가 들어 있는 전자껍질 수}}$	$\dfrac{9a}{\frac{6}{2}=3}$	$6a$ $=2$	$3a$ $=1$	a $=\dfrac{1}{3}$

이에 대한 설명으로 옳은 것만을 [보기]에서 있는 대로 고른 것은? (단, X,
Y, Z는 임의의 원소 기호이다.) [2점]

> ──────[보기]──────
> ㄱ. Z는 전자 ~~2개~~를 잃으면 네온(Ne)의 전자 배치를 갖는다. 1
> ㄴ. XO₂는 공유 결합 화합물이다. 이산화황(SO₂)
> ㄷ. Y와 산소(O)가 결합하여 형성된 안정한 화합물은 액체 상태
> 　　에서 전기 전도성이 있다. 산화 알루미늄(Al₂O₃) ➡ 이온 결합 물질

① ㄱ　② ㄴ　③ ㄱ, ㄷ　④ ㄴ, ㄷ　⑤ ㄱ, ㄴ, ㄷ

단서＋발상

(단서) 2, 3주기 원소의 전자 배치 규칙과 산소(O) 원자와 X, Y, Z의 전자 배
　치 결과가 제시되어 있다.
(발상) 주어진 $\dfrac{\text{원자가 전자 수}}{\text{전자가 들어 있는 전자껍질 수}}$ 를 바탕으로 X, Y, Z의 주기와
　족을 추론할 수 있다.
(적용) 전자 배치 규칙을 적용하여 X, Y, Z의 주기, 족을 구하는 것부터 문제
　풀이를 시작해야 한다.

| 문제＋자료 분석 |

- **산소(O)**: 원자가 전자 수＝6, 전자가 들어 있는 전자껍질 수＝2이므로
　$9a=\dfrac{6}{2}=3$이다. ➡ $a=\dfrac{1}{3}$
- **X**: $\dfrac{\text{원자가 전자 수}}{\text{전자가 들어 있는 전자껍질 수}}=2$ ➡ X는 3주기 16족 원소인 황(S)
　이다.
- **Y**: $\dfrac{\text{원자가 전자 수}}{\text{전자가 들어 있는 전자껍질 수}}=1$ ➡ Y는 3주기 13족 원소인 알루미늄
　(Al)이다. (2주기 2족 원소인 베릴륨(Be)은 원자 번호가 4번이므로 조건
　을 만족하지 못한다.) (함정)
- **Z**: $\dfrac{\text{원자가 전자 수}}{\text{전자가 들어 있는 전자껍질 수}}=\dfrac{1}{3}$ ➡ Z는 3주기 1족 원소인 나트륨
　(Na)이다.

| 보기 분석 |

ㄱ. Z는 1족 원소이므로 전자 1개를 잃고 네온(Ne)의 전자 배치를 갖는다.
ㄴ. X는 황(S)이므로 XO₂는 이산화황(SO₂)이다. 이산화황(SO₂)은 비금
　속 원자들 사이의 공유 결합 화합물이다.
ㄷ. Y는 알루미늄(Al)이므로 Y와 산소(O)가 결합하여 형성된 안정한 화합
　물은 산화 알루미늄(Al₂O₃)이다. 산화 알루미늄(Al₂O₃)은 금속 원소와
　비금속 원소의 화합물인 이온 결합 물질이므로 액체 상태에서 전기 전도
　성을 지닌다.

06

03 정답 ① ＊주기, 족, 원자가 전자, 원자 번호

다음은 2, 3주기에서 원자 번호가 서로 다른 원소 W~Z와 인체를 구성하는 원소의 질량비에 대한 자료이다.

〈W~Z에 대한 자료〉 단서
- W는 3주기 2족 원소이다. W는 마그네슘(Mg)
- 원자가 전자 수의 비는 X : Y : Z = 2 : 2 : 3이다.
- 원자 번호는 Y가 Z보다 크다. ➡ 2, 2, 3 또는 4, 4, 6
  ➡ 원자가 전자 수 Y < Z이므로 Y는 3주기, Z는 2주기
〈인체를 구성하는 원소의 질량비에 대한 자료〉

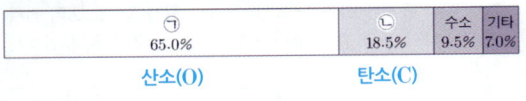

| ㉠ 65.0% | ㉡ 18.5% | 수소 9.5% | 기타 7.0% |
| 산소(O) | 탄소(C) | | |

이에 대한 설명으로 옳은 것만을 [보기]에서 있는 대로 고른 것은? (단, W~Z는 임의의 원소 기호이다.) [2.5점]

─── [보기] ───
ㄱ. W는 금속 원소이다. 마그네슘(Mg)
ㄴ. ㉠은 ~~X~~이다. Z
ㄷ. 광합성을 하는 식물은 ~~YZ₂~~를 사용하여 포도당을 합성한다. XZ₂

① ㄱ   ② ㄴ   ③ ㄱ, ㄴ   ④ ㄱ, ㄷ   ⑤ ㄴ, ㄷ

단서+발상
(단서) 2, 3주기 원소인 W~Z에 대한 정보가 제시되어 있다.
(발상) 주기율표의 위치, 원자가 전자 수, 원자 번호에 대한 정보를 바탕으로 W~Z가 어떤 원소인지 추론할 수 있다.
(적용) 주기율표의 위치, 원자가 전자 수, 원자 번호에 대한 개념을 적용하여 W~Z를 구하는 것부터 문제 풀이를 시작해야 한다.

| 문제+자료 분석 |
- W : 3주기 2족 원소이다. ➡ W는 마그네슘(Mg)이다.
- 원자가 전자 수의 비 X : Y : Z = 2 : 2 : 3이다.
  ➡ 각각의 원자가 전자 수가 2, 2, 3 또는 4, 4, 6이다. 단, W가 마그네슘(Mg)이므로 W의 원자가 전자 수는 2이고, W~Z는 2, 3주기 원소이므로 2, 2, 3 조합은 불가능하다.
  ➡ X, Y, Z의 원자가 전자 수는 각각 4, 4, 6이다.
- 원자 번호는 Y가 Z보다 크다.
  ➡ Y는 3주기 14족, Z는 2주기 16족 원소이다. 따라서 X는 2주기 14족 원소이다.
  ➡ Y는 규소(Si), Z는 산소(O), X는 탄소(C)이다.

| 보기 분석 |
ㄱ. W는 마그네슘(Mg)이므로 금속 원소이다.
ㄴ. 인체를 구성하는 원소 중 65.0 %를 차지하는 원소는 산소(O)이므로 ㉠은 Z이다.
ㄷ. 광합성 과정에서 식물은 이산화 탄소를 사용하여 포도당을 합성하므로 YZ₂(SiO₂)가 아닌 XZ₂(CO₂)이다.

문제 풀이 꿀팁
- 원자가 전자 수의 비를 보고 X, Y, Z의 전자 수를 결정해야 하며, 원자 번호는 Y > Z이므로 Y는 3주기, Z는 2주기임을 알 수 있다.
- 인체를 구성하는 주요 원소 중 65.0 %를 차지하는 것은 산소(O)이다.
  ➡ 산소(O)는 물(H₂O)과 단백질, 지방, 탄수화물 등의 유기물에 포함되어 인체의 약 65.0 %를 구성하는 원소이다.
  ➡ ㉡은 탄소(C)이다.

04 정답 ② ＊주기율표

그림은 주기율표의 일부분이다. A~E는 임의의 원소 기호이다.

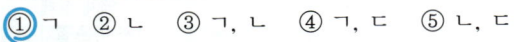

주기＼족	1	2	3~12	13	14	15	16	17	18
2								F A	↑
3	B Na							Cl C	
4	↓ D K							Br E	

원자 번호가 증가할수록 전자를 잃기 쉽다. 원자 번호가 증가할수록 반응성 감소/끓는점 증가

원소 A~E에 대한 설명으로 옳은 것은? [3점]
① B는 D보다 전자를 ~~잃기 쉽다~~. 잃기 어렵다.
② B는 공기 중에서 산화물을 형성한다.
   B는 Na으로 공기 중에서 쉽게 반응하여 산화물을 형성한다.
③ A₂는 E₂보다 끓는점이 ~~높다~~.
   F₂   Br₂   낮다.
④ E₂는 C₂보다 수소와의 반응성이 ~~크다~~.
   Br₂   Cl₂   작다.
⑤ A~E 중 금속 원소는 ~~3~~가지이다.
   B와 D   2가지

단서+발상
(단서) 주기율표의 일부분이 제시되어 있다.
(발상) 주기율표에서 알칼리 금속과 할로젠 원소의 특징을 추론할 수 있다.
(적용) 주기율표에서 B와 D의 반응성을 비교하는 것부터 문제 풀이를 시작해야 한다.

| 문제+자료 분석 |
- A는 F, B는 Na, C는 Cl, D는 K, E는 Br이다.
  ➡ B, D는 알칼리 금속이고, A, C, E는 할로젠 원소이다.
- 알칼리 금속: 원자 번호가 증가할수록 전자를 잃기 쉽다.
  공기 중에서 쉽게 산화물을 형성한다.
  ➡ 4M + O₂ → 2M₂O (M = 알칼리 금속)
- 할로젠: 원자 번호가 증가할수록 끓는점이 증가하고 반응성이 감소한다.

| 선택지 분석 |
① 알칼리 금속은 원자 번호가 증가할수록 전자를 잃기 쉬우므로 B는 D보다 전자를 잃기 어렵다.
② B는 알칼리 금속으로 공기 중에서 쉽게 반응하여 산화물을 형성한다.
③ 할로젠은 원자 번호가 증가할수록 끓는점이 증가하므로 A₂(F₂)는 E₂(Br₂)보다 끓는점이 낮다. 꿀팁
④ 할로젠은 원자 번호가 증가할수록 반응성이 작아지므로 E₂(Br₂)는 C₂(Cl₂)보다 수소와의 반응성이 작다.
⑤ A~E 중 금속 원소는 B와 D, 2가지이다.

＊ 알칼리 금속
- 주기율표의 1족에서 수소를 제외한 금속 원소
  예 리튬(Li), 나트륨(Na), 칼륨(K), 루비듐(Rb) 등
- 실온에서 고체로 존재하며, 은백색 광택을 띤다. 다른 금속에 비해 밀도가 작고, 칼로 쉽게 자를 수 있을 정도로 무르다. 반응성이 매우 커서 산소, 물과 빠르게 반응한다.

＊ 할로젠
- 주기율표의 17족에 속하는 비금속 원소
  예 플루오린(F), 염소(Cl), 브로민(Br), 아이오딘(I) 등
- 실온에서 2개의 원자가 결합한 분자의 형태로 존재하며 특유의 색을 띤다. 반응성이 매우 커서 금속, 수소와 빠르게 반응한다. 물에 잘 녹지 않는 편이며, 사염화 탄소와 같은 용매에 잘 녹는다.

 **07** 지각과 생명체를 구성하는 물질

내신 대비 필수 문제 문제편 97~100p

01 정답 ④ * 지각과 사람의 구성 원소

구성 원소	질량비(%)		구성 원소	질량비(%)
㉠산소	46.6	규산염 광물의 성분	㉠산소	65.0
㉡규소	27.7		㉢탄소	18.5
알루미늄	8.1		수소	9.5
철	5.0		질소	3.3
기타	12.6		기타	3.7
(가) 지각			(나) 사람	

단서+발상

단서 사람과 지각을 구성하는 원소의 질량비가 제시되어 있다.
발상 사람과 지각의 주요 구성 물질을 떠올린다.
적용 사람은 주로 탄소 화합물로, 지각은 주로 규산염 광물로 이루어짐을 알고 ㉠, ㉡, ㉢을 추론할 수 있다.

| 문제+자료 분석 |

· (가)는 지각, (나)는 사람을 구성하는 원소의 질량비를 나타낸 것이다.
· 지각과 사람을 구성하는 원소에서 산소의 질량비가 가장 크므로 ㉠은 산소(O)이다.
· 지각에는 산소 다음으로 규소가 많고, 사람에는 산소 다음으로 탄소가 많으므로 ㉡은 규소(Si), ㉢은 탄소(C)이다.

| 보기 분석 |

ㄱ. (가)는 산소와 규소의 질량비가 크므로 지각을 구성하는 원소의 질량비이다. 지각을 이루는 규산염 광물의 기본 구조는 규소 원자 1개와 산소 원자 4개가 결합하여 형성된다.
ㄴ. 규산염 광물은 ㉠(산소)과 ㉡(규소)을 포함한다.
ㄷ. 규소와 탄소는 14족 원소이다.

02 정답 ⑤ * 사람을 구성하는 물질

| 문제+자료 분석 |

· 생명체를 구성하는 주요 원소는 산소(O), 탄소(C), 수소(H), 질소(N)로, 원소들이 서로 결합하여 단백질, 탄수화물, 지질, 핵산 등의 물질을 형성한다.

| 선택지 분석 |

⑤ 사람에서 가장 큰 질량비를 차지하고 탄소, 규소와 쉽게 결합 가능한 원소는 산소이다. 사람에서 산소의 질량비는 약 65 %로 가장 많다.

03 정답 ③ * 우주, 지각, 생명체를 구성하는 물질

| 문제+자료 분석 |

· (가): 가장 풍부한 원소는 ㉠이고, 두 번째로 풍부한 원소는 헬륨이다.
➡ 우주를 구성하는 원소의 대부분은 수소와 헬륨이므로 (가)는 우주를 구성하는 주요 원소의 질량비이다.
· (나): 가장 풍부한 원소는 산소이고, 두 번째로 풍부한 원소는 탄소이다.
➡ 생명체를 이루는 주요 물질은 대부분 탄소 화합물이므로 탄소가 풍부한 (나)는 생명체를 구성하는 주요 원소의 질량비이다.

· (다): 가장 풍부한 원소는 산소이고, 두 번째로 풍부한 원소는 규소이다.
➡ 지각을 이루는 주요 물질은 대부분 규산염 광물이며, 규산염 광물은 규산염 사면체를 기본 단위로 한다.

| 보기 분석 |

ㄱ. (가)는 주로 수소와 헬륨으로 이루어진 우주에 해당한다. 따라서 우주에서 가장 풍부한 원소인 ㉠은 수소이다.
ㄴ. 지각에 풍부한 원소는 산소 > 규소 > 알루미늄 > 철 > 칼슘 > 나트륨 순이다. 지각을 구성하는 광물 중 가장 많은 비율을 차지하는 광물은 규소와 산소가 기본 단위체를 이루고 있는 규산염 광물이다.
ㄷ. 생명체를 구성하는 주요 원소의 질량비는 산소와 탄소가 가장 높은 비율을 차지하는 (나)이다.

 07

04 정답 ⑤ * 우주, 지구, 사람을 구성하는 물질

단서+발상

단서 (가)는 철이, (나)는 ㉡과 헬륨이, (다)는 ㉠과 탄소의 질량비가 높게 제시되어 있다.
발상 (나)는 우주를 구성하는 주요 원소의 질량비임을 추론할 수 있다.
적용 ㉠과 ㉡의 원소를 알아내는 것부터 문제 풀이를 시작해야 한다.

| 문제+자료 분석 |

· (가): 질량비가 가장 큰 원소는 철이고, 두 번째로 큰 원소는 ㉠이다.
➡ (가)는 지구를 구성하는 주요 원소의 질량비이다.
· (나): 질량비가 가장 큰 원소는 ㉡이고, 두 번째로 큰 원소는 헬륨이다.
➡ (나)는 우주를 구성하는 주요 원소의 질량비이고, ㉡은 수소이다.
· (다): 질량비가 가장 큰 원소는 ㉠이고, 두 번째로 큰 원소는 탄소이다.
➡ (다)는 사람을 구성하는 주요 원소의 질량비이고, ㉠은 산소이다.

| 보기 분석 |

ㄱ. 지구의 핵은 주로 철로 이루어져 있으므로 지구를 구성하는 주요 원소 중 철의 질량비가 가장 크게 나타난다. 따라서 (가)는 지구를 구성하는 주요 원소의 질량비이다.
ㄴ. ㉠은 사람을 구성하는 주요 원소의 질량비를 나타낸 (다)에서 가장 높게 나타나므로 산소이다.
ㄷ. ㉡은 우주를 구성하는 주요 원소의 질량비를 나타낸 (나)에서 두 번째로 높게 나타나므로 수소이다. 수소는 대부분 초기 우주에서 생성되었다.

05 정답 산소, 탄소, 수소

| 문제+자료 분석 |

· 사람의 몸을 구성하는 물질의 70%는 물로 사람을 구성하는 원소 중 질량비가 가장 큰 것은 산소(O)이고, 구성 원소의 질량비는 $O > C > H > N$이다.

06 정답 ④ * 규산염 광물의 결합 구조

단서+발상

단서 휘석과 흑운모의 결합 구조가 제시되어 있다.
발상 A는 규소, B는 산소임을 추론할 수 있다.
적용 (가)는 단사슬 구조, (나)는 판상 구조임을 고려하여 규산염 광물의 특성을 파악하는 것부터 문제 풀이를 시작해야 한다.

| 문제+자료 분석 |

· 규산염 사면체는 규소 원자 1개와 산소 원자 4개가 결합하여 만들어진다.
➡ A는 규소, B는 산소이다.
· (가) 휘석: 규산염 사면체가 산소 2개를 공유하여 단일 사슬 모양으로 결합한다. ➡ 단사슬 구조
· (나) 흑운모: 규산염 사면체가 산소 3개를 공유하여 얇은 판 모양으로 결합한다. ➡ 판상 구조

| 보기 분석 |

ㄱ. A는 규산염 사면체의 중심에 위치한 규소이다.

ㄴ. 휘석과 흑운모는 모두 규산염 사면체를 기본 단위로 하여 형성된 규산염 광물이다.

ㄷ. 흑운모는 규산염 사면체의 4개의 산소 중 3개를 공유하므로 산소를 공유하지 않은 쪽의 결합력이 약하다. 따라서 광물에 물리적 힘을 가했을 때, 흑운모는 결합력이 약한 면을 따라 쪼개지는 성질이 있다.

07 핵심 키워드: 단사슬, 판상

모범 답안 휘석은 단사슬 구조, 운모는 판상 구조이며, 규산염 사면체 사이의 공유 산소 수는 운모가 휘석보다 많으므로 운모가 풍화에 더 강하다.

| 문제+자료 분석 |

• 휘석은 규산염 사면체가 산소 2개를 공유하여 단일 사슬 모양으로 결합하고, 운모는 규산염 사면체가 산소 3개를 공유하여 얇은 판 모양으로 결합한다.

• 규산염 사면체 사이에 공유 산소 수가 많아지면 결합 구조가 복잡해져 결합을 끊는 데 필요한 에너지가 많아지기 때문에 풍화에 강하다.

＊ 채점 기준

결합 구조와 풍화에 더 강한 광물을 모두 옳게 서술한 경우	100 %
결합 구조 혹은 풍화에 더 강한 광물 중 1가지만 옳게 서술한 경우	50 %

08 정답 ④ ＊ 규산염 광물의 결합 구조

 단서+발상

단서 규산염 사면체의 구조와 휘석의 결합 구조가 제시되어 있다.

발상 규산염 사면체의 구조를 통해 A와 B에 해당하는 원소를 추론할 수 있다.

적용 규산염 사면체는 1개의 규소 원자가 4개의 산소 원자와 결합한 정사면체 구조라는 개념을 적용해서 A와 B에 해당하는 원소를 구하는 것부터 문제 풀이를 시작해야 한다.

| 문제+자료 분석 |

• 규산염 사면체(SiO_4 사면체)는 1개의 규소 원자가 4개의 산소 원자와 결합한 정사면체 구조이므로 A는 규소(Si), B는 산소(O)이다.

• 규산염 광물은 규산염 사면체를 기본 단위로 하는 광물로, 지각을 구성하는 광물 중 약 90 %를 차지한다.

• 규산염 광물은 규산염 사면체의 결합 구조에 따라 다양하게 형성되는데, 그 중 휘석은 단사슬 구조이다.

| 보기 분석 |

ㄱ. A는 규소(Si)이다.

ㄴ. 휘석은 단사슬 구조에 해당한다.

ㄷ. (나)에서 규산염 사면체는 이웃한 규산염 사면체와 B(산소)를 공유하여 결합한다.

09 정답 ⑤ ＊ 규산염 광물

 단서+발상

단서 휘석의 구조 모형을 보며 학생들이 대화하는 모습이 제시되어 있다.

발상 휘석의 특징을 추론할 수 있다.

적용 규산염 광물인 휘석의 구조를 해석해서 규소와 산소 간 결합의 종류를 구하는 것부터 문제 풀이를 시작해야 한다.

| 문제+자료 분석 |

• 규산염 광물은 규산염 사면체(SiO_4^{4-})를 기본 단위로 하는 광물로, 규산염 사면체의 결합 구조에 따라 감람석, 휘석, 각섬석, 흑운모, 석영 등으로 분류한다.

• A: 규소와 산소 사이의 결합은 원자 간 전자를 서로 공유하는 공유 결합이다.

• B: 휘석은 규산염 광물의 한 종류이므로, 규소 원자 1개에 산소 원자 4개가 결합한 사면체 모양을 기본 단위로 하고 있다.

• C: 규산염 광물에서 얻을 수 있는 규소는 반도체 소자의 재료가 된다.

| 선택지 분석 |

⑤ A: 공유 결합은 비금속 원자들 사이에서 원자들이 전자를 서로 공유하여 안정된 전자 배치를 이루는 결합이다. 규소(⚪)와 산소(⚫)는 서로 전자를 공유하므로 규소와 산소 사이의 결합은 공유 결합이다. ➡ 옳음

B: 휘석은 규산염 광물의 한 종류로, 규소 원자 1개에 산스 원자 4개가 결합한 규산염 사면체(SiO_4^{4-})를 기본 단위로 하는 광물이다. ➡ 옳음

C: 규산염 광물에서 규소를 얻을 수 있으며, 규소에 불순물을 추가해 반도체 소자를 만들 수 있다. ➡ 옳음

＊ 규산염 광물

• 규산염 사면체(SiO_4^{4-})를 기본 단위로 하는 광물로, 규산염 사면체의 결합 구조에 따라 감람석, 휘석, 각섬석, 흑운모, 석영 등으로 분류한다.

• 규소와 산소 사이의 결합은 공유 결합이다.

• 규산염 광물은 지각을 구성하는 광물 중 약 90 %를 차지한다.

10 정답 ② ＊ 규산염 광물의 결합 방식

 단서+발상

단서 규산염 광물의 기본 골격인 규산염 사면체가 제시되어 있다.

발상 규산염 사면체의 각 꼭짓점에 위치한 산소를 공유하여 다른 규산염 사면체와 연결된다는 것을 추론할 수 있다.

적용 규산염 사면체끼리 산소를 공유하여 결합할 때 공유하는 산소의 수에 따라 규산염 광물의 골격이 달라짐을 알 수 있다.

| 문제+자료 분석 |

• 규산염 사면체 모형에서 끈은 산소(O)가 위치하는 곳으로, 인접한 규산염 사면체와 연결할 수 있다.

• 규산염 사면체가 사슬 모양 1개로 연결된 구조는 단사슬 구조이고, 사슬 모양 2개로 연결된 구조는 복사슬 구조이다.

• 규산염 사면체끼리 공유하는 산소의 수가 많을수록 결합 구조는 복잡해진다.

| 보기 분석 |

ㄱ. 흑운모는 Si-O 사면체가 산소 3개를 공유하여 얇은 판 모양으로 결합한 판상 구조로 되어 있다.

ㄴ. Si-O 사면체끼리 산소를 공유하여 결합할 때 공유하는 산소의 수가 많을수록 결합 구조가 복잡해진다. 따라서 Si-O 사면체 사이에 공유하는 산소(O)의 수는 ㉠이 ㉡보다 적다.

ㄷ. 규산염 광물은 Si-O 사면체가 단사슬, 복사슬, 판상, 망상 구조 등 다양한 형태로 결합하여 규산염 광물이 만들어진다.

11 핵심 키워드: 석영, 장석, 흑운모

모범 답안 지각을 구성하는 광물은 대부분 규산염 광물이고, 해안에서는 계속해서 파도가 치고 바람이 불기 때문에 해안에 남은 대부분의 모래는 풍화에 강할 것이다. 따라서 ㉠은 석영과 장석일 것이다. 검은색 모래의 모양이 판상이므로 ㉡은 흑운모일 것이다.

| 문제+자료 분석 |

• 지각의 암석을 이루는 광물의 대부분은 산소와 규소가 주성분인 규산염 광물(약 92%)이다.

• 규산염 사면체끼리 공유하는 산소 수가 많을수록 풍화에 강하다.

• 망상 구조의 석영과 장석이 풍화에 강하다.

- 흑운모는 규산염 사면체가 산소 3개를 공유하여 얇은 판 모양으로 결합한 판상 구조를 가진다.

✱ 채점 기준

광물의 종류와 까닭을 ㉠과 ㉡ 모두 옳게 서술한 경우	100 %
광물의 종류와 까닭을 ㉠과 ㉡ 중 한 가지만 옳게 서술한 경우	50 %

---

12 정답 탄소(C)

| 문제+자료 분석 |
- 탄수화물, 단백질, 지질, 핵산은 모두 탄소를 중심으로 수소, 질소, 산소 등의 원소가 결합하여 형성된 탄소 화합물이다.

---

13 정답 ④ ✱ 탄소 원자의 결합 방식

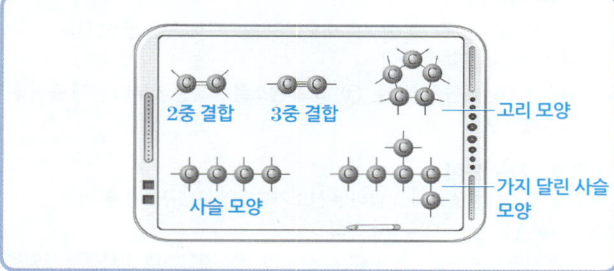

🧠 단서+발상

(단서) 탄소 원자 사이의 다양한 화학 결합 방식이 모형으로 제시되어 있다.
(발상) 제시된 모형으로부터 탄소 화합물의 결합 규칙성을 추론할 수 있다.

| 문제+자료 분석 |
- 탄소는 주기율표의 14족 원소이므로 원자가 전자가 4개이다.
  ➡ 최대 4개의 원자와 공유 결합할 수 있다.
- 탄소는 다른 탄소와 단일 결합하여 사슬 모양, 가지 달린 사슬 모양, 고리 모양 등의 다양한 구조를 만들 수 있다.
- 탄소와 탄소 사이에 2중 결합이나 3중 결합을 할 수 있다.

| 선택지 분석 |
④ A. 탄소 원자는 14족 원소로 원자가 전자 수가 4이다. ➡ 옳지 않음
  B. 탄소 원자 1개는 최대 4개의 공유 결합을 할 수 있다. ➡ 옳음
  C. 탄소는 4개의 공유 결합을 하면서 사슬 모양, 가지 달린 사슬 모양, 고리 모양 등을 만들 수 있다. ➡ 옳음

---

14 정답 ⑤ ✱ 탄소 화합물의 결합 규칙성

🧠 단서+발상

(단서) 탄소 화합물 (가)와 (나)의 화학 결합 모형이 제시되어 있다.
(발상) 제시된 모형으로부터 각 탄소 화합물을 구성하는 탄소 원자 수와 수소 원자 수를 추론할 수 있다.
(적용) 탄소 화합물 (가)와 (나)의 화학식을 구하는 것부터 문제 풀이를 시작해야 한다.

| 문제+자료 분석 |
- (가)는 탄소 원자 2개와 수소 원자 6개로 구성되어 있으므로 C_2H_6이다.
- (나)는 탄소 원자 2개와 수소 원자 4개로 구성되어 있으므로 C_2H_4이다.

| 보기 분석 |

㉠ (가)는 탄소 원자(C) 2개와 수소 원자(H) 6개로 구성되어 있다. 따라서 (가)는 C_2H_6이다.

㉡ (가)와 (나)에서 탄소 원자 1개당 4개의 공유 결합을 형성한다. 따라서 탄소 원자의 원자가 전자 수가 4임을 알 수 있다.

㉢ 화학 결합 모형에서 결합선 1개는 공유 전자쌍 1쌍을 의미한다. (나)에서 두 탄소 원자 사이에 2개의 공유 전자쌍이 존재하므로 탄소 원자 사이의 결합은 2중 결합이다.

---

15 정답 ⑤ ✱ 탄소 화합물의 결합 규칙성

| 문제+자료 분석 |
- 화학 결합 모형에서 결합선 1개는 공유 전자쌍 1쌍을 의미한다. 첫 번째 모형에서 두 탄소 원자 사이에 2개의 공유 전자쌍이 존재하므로 탄소 원자 사이의 결합은 2중 결합이다.
- 탄소는 주기율표의 14족 원소이므로 원자가 전자가 4개이다. 따라서 최대 4개의 원자와 공유 결합을 할 수 있다.

| 보기 분석 |

㉠ 제시된 모형에서 탄소 원자 1개당 4개의 공유 결합을 형성한다. 따라서 탄소 원자의 원자가 전자 수가 4임을 알 수 있다.

㉡ 첫 번째 모형과 같이 두 탄소 원자 사이에 2개의 공유 전자쌍을 공유하면 탄소 원자 사이에 2중 결합을 형성할 수 있다.

㉢ 탄소 원자 간 결합 방식에 따라 사슬 모양, 고리 모양, 가지 모양의 다양한 구조를 만들 수 있다.

---

16 정답 ① ✱ 탄소 화합물의 결합 규칙성

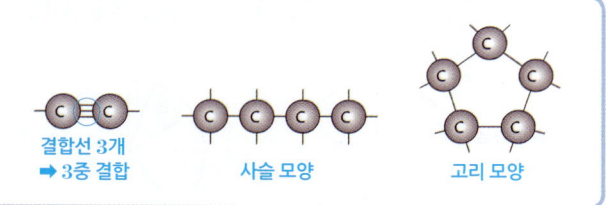

🧠 단서+발상

(단서) 3가지 탄소 골격 형태가 제시되어 있다.
(발상) 탄소 원자 간 결합선의 개수와 모양으로부터 결합 방식을 추론할 수 있다.
(적용) 탄소 원자 간 결합선의 개수에 따른 결합의 종류를 구하는 것부터 문제 풀이를 시작해야 한다.

| 문제+자료 분석 |
- 그림에서 탄소 사이의 결합선(—) 1개는 공유 전자쌍 1개를 표현한다.
- 탄소는 주기율표의 14족 원소이므로 원자가 전자가 4개이다. 따라서 최대 4개의 원소와 공유 결합을 할 수 있다.
- 탄소 골격의 길이와 모양에 따라 다양한 탄소 화합물이 형성된다.
- 탄소는 다른 탄소와 단일 결합하여 사슬 모양, 가지 달린 사슬 모양, 고리 모양 등의 다양한 구조를 만들 수 있다.
- 탄소와 탄소 사이에 2중 결합이나 3중 결합을 할 수 있다.

| 보기 분석 |

㉠ (가)에는 탄소 2개 사이에 결합선(—)이 3개 존재한다. 결합선 1개는 공유 전자쌍 1개를 표현한 것이므로 이 결합은 공유 전자쌍이 3개인 3중 결합이다.

ㄴ. (나)는 탄소가 일렬로 연결된 것이므로 사슬 모양이다.

ㄷ. 탄소는 14족 원소이므로 원자가 전자가 4개이다. 따라서 최대 4개의 원자와 공유 결합을 할 수 있다. (나)와 (다)에서 탄소 한 개와 결합하는 최대 원자 수는 4개로 같다.

모범 답안 규소가 탄소보다 크므로 규소 화합물로 이루어진 세포는 탄소 화합물로 이루어진 지금의 세포보다 커진다. 세포의 크기가 커지면 세포와 환경 사이의 물질 교환 효율이 크게 감소하여 생명 활동에 불리하다. 또, 규소 화합물은 탄소 화합물에 비해 결합 강도가 강하므로 생명 활동에 필요한 물질의 합성과 분해가 어렵다.

| 문제＋자료 분석 |
- 규소와 탄소는 주기율표의 14족 원소로 원자가 전자가 4개이므로 최대 4개의 원자와 공유 결합할 수 있다.
- 탄소가 생명 활동을 수행하는 데 필요한 다양한 화합물을 만들기에 적합하여 생명체의 주요 원소가 되었다.

＊채점 기준

제시문과 관련하여 까닭 2가지를 모두 옳게 서술한 경우	100 %
제시문과 관련하여 까닭 1가지만 옳게 서술한 경우	50 %

내신 1등급 문제   문제편 101p

18 정답 ③   ＊지각과 생명체를 구성하는 물질

그림 (가)와 (나)는 사람과 지각을 구성하는 원소의 질량비를 순서 없이 나타낸 것이다. ㉠~㉢은 각각 규소, 산소, 수소 중 하나이다.

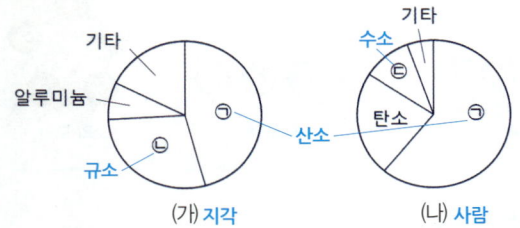

(가) 지각   (나) 사람

이에 대한 설명으로 옳은 것만을 [보기]에서 있는 대로 고른 것은?

─────── [보기] ───────
㉠ 사람을 구성하는 원소의 질량비를 나타낸 것은 (나)이다. **사람에게서 2번째로 질량비가 큰 원소는 탄소이다.**
㉡ 규산염 사면체의 구성 원소는 ㉠과 ㉡이다. **규산염 사면체는 규소(Si)와 산소(O)가 결합한 사면체이다.**
ㄷ. ㉢은 ~~산소~~이다. **사람에게서 3번째로 질량비가 큰 원소는 수소이다.**

① ㄱ   ② ㄷ   ③ ㄱ, ㄴ ④ ㄴ, ㄷ ⑤ ㄱ, ㄴ, ㄷ

단서＋발상
(단서) 사람과 지각을 구성하는 원소의 질량비가 순서 없이 제시되어 있다.
(발상) 사람은 주로 탄소 화합물(유기물)로 구성되어 있고, 지각은 주로 규산염 광물로 구성되어 있다는 것을 추론할 수 있다.
(적용) 사람과 지각에서 2번째로 큰 질량비를 가지는 구성 원소를 구하는 것부터 문제 풀이를 시작해야 한다.

| 문제＋자료 분석 |
- 지각을 구성하는 원소의 질량비는 산소＞규소＞알루미늄, 생명체를 구성하는 원소의 질량비는 산소＞탄소 순으로 높다.

- (가)에서 3번째로 질량비가 큰 원소는 알루미늄이다.
- (나)에서 2번째로 질량비가 큰 원소는 탄소이다.

| 보기 분석 |
㉠ (가)는 알루미늄의 질량비가 3번째로 크므로 지각을 구성하는 원소의 질량비이고, (나)는 탄소의 질량비가 2번째로 크므로 사람을 구성하는 원소의 질량비를 나타낸 것이다.
㉡ ㉠은 산소, ㉡은 규소이다. 규산염 사면체는 규산염 광물을 구성하는 기본 구조로서, 규소(Si) 1개와 산소(O) 4개가 결합된 사면체이다.
ㄷ. ㉢은 수소이다. **수소는 사람의 주요 구성 원소 중 질량비가 3번째로 큰 원소이다.** (함정)

19 정답 ②   ＊지각을 구성하는 물질

단서＋발상
(단서) 지각을 구성하는 주요 원소의 질량비에서 A가 가장 높고, B가 두 번째로 높다.
(발상) 지각은 대부분 규산염 광물로 이루어져 있으므로 A는 산소, B는 규소임을 추론할 수 있다.
(적용) 규산염 사면체를 구성하는 ㉠, ㉡의 원소를 구하는 것부터 문제 풀이를 시작해야 한다.

| 문제＋자료 분석 |
- 지각을 구성하는 원소의 질량비는 산소가 가장 높고, 규소가 두 번째로 높다. ➡ A는 산소, B는 규소이다.
- 규산염 사면체는 규소 1개가 4개의 산소와 공유 결합하여 정사면체 모양을 이룬다. ➡ ㉠은 규소, ㉡은 산소이다.

| 보기 분석 |
ㄱ. ㉠은 규소이고, A는 산소이다.
ㄴ. B(규소)는 질량이 태양보다 큰 별의 내부에서 생성될 수 있다.
㉢ 규산염 사면체끼리 ㉡(산소)을 공유하여 다양한 결합 구조의 규산염 광물이 만들어진다.

20 정답 ③   ＊규산염 광물의 결합 규칙성

단서＋발상
(단서) 쇠구슬과 자석으로 된 막대를 이용하여 만든 규산염 광물의 결합 구조가 제시되어 있다.
(발상) 규산염 사면체 모형을 연결할 때 중복되는 쇠구슬을 빼고 연결하는 것으로 보아 쇠구슬은 산소에 해당함을 추론할 수 있다.

| 문제＋자료 분석 |
- 규산염 사면체끼리 산소를 공유하여 결합할 때 공유하는 산소의 수에 따라 규산염 광물의 골격이 달라진다. ➡ 쇠구슬은 산소에 해당한다.
- (가): 규산염 사면체 하나가 독립적으로 있다. ➡ 독립형 구조
- (나): 규산염 사면체가 산소 2개를 공유하여 단일 사슬 모양으로 결합한다. ➡ 단사슬 구조
- (다): 규산염 사면체가 산소 2~3개를 다른 규산염 사면체와 공유하여 2중 사슬 모양을 이룬다. ➡ 복사슬 구조

| 보기 분석 |
㉠ 규산염 사면체 모형을 연결할 때 중복되는 쇠구슬을 빼고 연결하는 것으로 보아 ㉠(쇠구슬)은 규산염 사면체의 산소에 해당한다.
ㄴ. 감람석의 결합 구조는 (가)의 결과와 같은 모양이다.
㉢ (다)의 규산염 사면체 모형은 이웃하는 규산염 사면체 모형과 ㉠ 2~3개를 공유하며 결합하고 있다.

07

21 정답 ② * 생명체를 구성하는 물질

 단서+발상

(단서) 탄소 골격 모형을 만드는 규칙이 제시되어 있다.

(발상) 제시된 규칙에서 탄소 원자는 다른 탄소 원자와 단일 결합뿐만 아니라 2중 결합이나 3중 결합을 형성할 수 있음을 추론할 수 있다.

(적용) 탄소 원자 3개로 이루어진 사슬 모양의 탄소 골격 4종류를 그려보는 것부터 문제 풀이를 시작해야 한다.

| 문제+자료 분석 |

• 제시된 규칙에 따라 만들 수 있는 스타이로폼 공(○) 3개로 이루어진 사슬 모양의 탄소 골격 4가지의 구조(필요한 이쑤시개 수)는 다음과 같다.

$$-\overset{|}{\underset{|}{○}}-\overset{|}{\underset{|}{○}}-\overset{|}{\underset{|}{○}}- \text{(10개)} \qquad -\overset{|}{\underset{|}{○}}=\overset{}{\underset{|}{○}}-\overset{|}{\underset{|}{○}}- \text{(9개)}$$

$$-\overset{|}{\underset{|}{○}}=○=\overset{}{\underset{|}{○}}- \text{(8개)} \qquad -○≡\overset{}{\underset{|}{○}}-\overset{|}{\underset{|}{○}}- \text{(8개)}$$

| 선택지 분석 |

② 4가지 구조를 만들 때 필요한 이쑤시개의 총 개수는 10+9+8+8=35이다.

내신 대비 필수 문제   문제편 106~109p

22 정답 ③ * 생명체의 구성 물질

 단서+발상

(단서) 사람의 몸을 구성하는 물질의 비율이 그림 자료로 제시되어 있다.

(발상) 사람의 구성 물질 중 가장 많은 양을 차지하는 ㉠과 두 번째로 많은 양을 차지하는 ㉡을 추론할 수 있다.

(적용) ㉠은 물, ㉡은 단백질임을 파악하는 것부터 문제 풀이를 시작해야 한다.

| 문제+자료 분석 |

• ㉠: 사람의 구성 물질 중 가장 많은 양을 차지하므로 물(H_2O)이다. 물은 비열이 커서 체온을 일정하게 유지하는 데 도움이 되며, 다양한 물질대사에 이용된다.

• ㉡: 사람의 구성 물질 중 물 다음으로 많은 양을 차지하므로 단백질이다. 단백질의 구성 원소는 탄소(C), 수소(H), 산소(O), 질소(N)이다. 단백질은 효소, 호르몬, 항체의 주성분으로, 생물체 내에서 에너지원으로 이용되거나 각종 화학 반응과 생리 작용을 조절하는 기능을 한다.

| 보기 분석 |

㉠ ㉠은 사람의 구성 물질 중 가장 많은 양을 차지하므로 물이다.

㉡ ㉡은 사람의 구성 물질 중 두 번째로 많은 단백질이며, 생물체 내에서 에너지원으로 이용된다. 꿀팁

ㄷ. ㉠(물)의 구성 원소는 수소(H), 산소(O)이며, ㉡(단백질)의 구성 원소는 탄소(C), 수소(H), 산소(O), 질소(N)이다. 따라서, ㉠의 구성 원소에는 탄소(C)가 포함되지 않는다.

23 정답 ⑤ * 생명체를 구성하는 물질

| 문제+자료 분석 |

• DNA 유전정보에 따라 라이보솜에서 합성되는 ㉠은 단백질이다.

• 세포막의 주성분인 ㉡은 인지질이다.

• 라이보솜에서 합성되지 않고, 세포막의 주성분이 아닌 ㉢은 핵산이다.

| 보기 분석 |

㉠ ㉠은 라이보솜에서 합성되는 단백질이다. 단백질은 단위체인 아미노산이 펩타이드결합으로 연결되어 형성된다.

㉡ ㉡은 세포막의 주성분인 인지질이다.

㉢ ㉢은 핵산이다. 핵산의 단위체는 뉴클레오타이드이다.

24 정답 ⑤ * 생명체를 구성하는 물질

 단서+발상

(단서) 생명체를 구성하는 물질의 2가지 특징과 물질 A, B가 갖는 특징의 개수가 제시되어 있다.

(발상) '단위체로 구성된다.'는 단백질과 핵산에 모두 해당하는 특징이며, '펩타이드결합이 있다.'는 단백질만의 특징이라는 점을 통해 A는 핵산, B는 단백질임을 추론할 수 있다.

| 문제+자료 분석 |

• 단백질의 단위체는 아미노산, 핵산의 단위체는 뉴클레오타이드이다.

• 펩타이드결합은 2개의 아미노산이 결합할 때 한 아미노산의 카복실기와 다른 아미노산의 아미노기 사이에 물 분자 1개가 빠지면서 이루어지는 공유 결합이다.

• A는 핵산, B는 단백질이다.

| 보기 분석 |

㉠ 핵산은 뉴클레오타이드 단위체로 구성되고, 펩타이드결합은 존재하지 않는다. '단위체로 구성된다.' 1가지 특징만 해당하는 A는 핵산이다.

㉡ 단백질은 아미노산 단위체로 구성되고, 두 아미노산 사이에 펩타이드결합이 형성되어 연결된다. '단위체로 구성된다.', '펩타이드결합이 있다.' 2가지 특징에 해당하는 B는 단백질이다. 단백질은 효소의 주성분이다.

㉢ 단백질과 핵산은 구성 원소에 탄소가 존재하는 생명체 구성 물질인 탄소 화합물에 해당한다.

25 정답 ㄴ, ㄷ, ㄹ, ㅁ

| 문제+자료 분석 |

• 생명체는 탄수화물, 단백질, 지질, 핵산 등의 탄소 화합물과 물, 무기염류 등의 무기물로 구성되어 있다.

• RNA는 핵산, 중성 지방은 지질, 녹말은 탄수화물에 해당한다.

26 정답 ㄴ, ㄹ, ㅁ

| 문제+자료 분석 |

• RNA의 단위체는 뉴클레오타이드, 단백질의 단위체는 아미노산, 녹말의 단위체는 포도당이다.

27 정답 ① * 단백질의 형성 과정

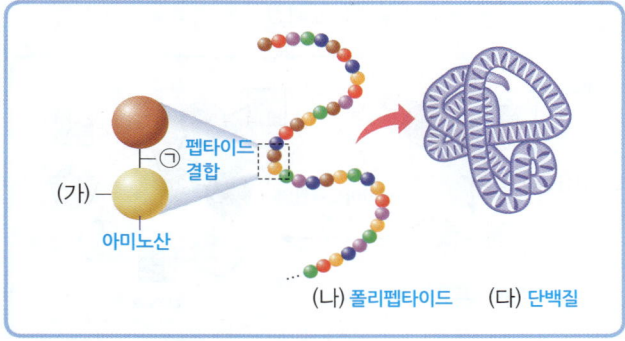

| 문제+자료 분석 |

- 단백질의 단위체는 아미노산으로, 곁사슬의 종류에 따라 20종류가 있다.
- 펩타이드결합은 2개의 아미노산이 결합할 때 두 아미노산 사이에서 물 분자 1개가 빠져나오면서 형성되는 결합이다.
- 많은 아미노산이 펩타이드결합으로 연결되어 긴 사슬 모양의 폴리펩타이드가 형성된다.
- 폴리펩타이드는 아미노산의 배열 순서에 따라 구부러지고 접혀서 고유의 입체 구조와 기능을 가진 단백질이 된다.

| 선택지 분석 |

① ㉠은 아미노산 사이의 펩타이드결합을 나타낸다.
② (가)는 단백질의 단위체인 아미노산이다.
③ 자연계에는 약 20종류의 아미노산(가)이 존재한다.
④ (나)는 여러 개의 아미노산(가)의 펩타이드결합으로 형성된 폴리펩타이드이다.
⑤ 물 분자(H_2O)가 빠져나오는 것은 2개의 아미노산 사이에서 펩타이드결합이 이루어질 때이다.

28 정답 ③ ＊단백질의 특징

| 문제+자료 분석 |

- 단백질 X는 탄소 화합물이다.
- 단백질 X를 구성하는 기본 단위체는 아미노산이다.
- 사람의 단백질을 구성하는 아미노산은 20종류이며 여러 개의 아미노산이 배열된 종류와 순서에 따라 단백질의 전체적인 입체 구조가 결정된다.

| 보기 분석 |

㉠ 단백질은 아미노산이 펩타이드 결합에 의해 길게 연결된 폴리펩타이드가 구부러지고 접혀서 고유의 입체 구조를 가지며 형성된다. 따라서 단백질 X에는 펩타이드 결합이 있다.
㉡ 단백질을 구성하는 단위체 ㉠은 아미노산이다.
㉢ 단백질은 단위체인 아미노산의 종류, 수, 배열 순서에 따라 구부러지고 접혀서 고유한 입체 구조과 기능을 가지게 된다.

29 정답 ③ ＊단백질의 형성 과정

| 문제+자료 분석 |

- 단백질의 단위체는 아미노산이며, 2개의 아미노산이 결합할 때 물 분자 1개가 빠지면서 펩타이드결합이 형성된다.
- 아미노산의 종류와 수, 배열 순서에 따라 단백질의 입체 구조가 달라지며, 단백질의 입체 구조에 따라 단백질의 기능이 결정된다.

| 보기 분석 |

㉠ A는 단백질의 단위체이므로 아미노산이다.
㉡ 아미노산이 서로 결합할 때 물(H_2O) 분자가 빠져나오면서 펩타이드결합이 형성된다.
㉢ 아미노산의 배열 순서에 따라 단백질의 입체 구조가 결정된다.

30 정답 ⑤ ＊단백질의 형성 과정

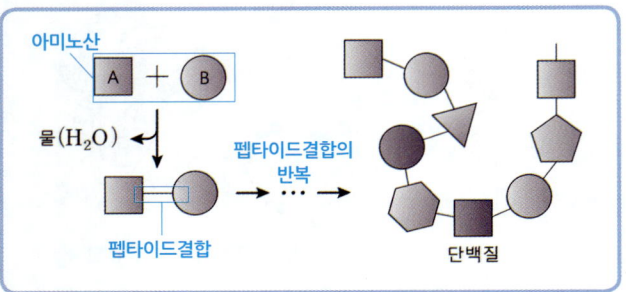

| 단서+발상 |

(단서) 단위체의 결합으로 단백질이 형성되는 과정이 제시되어 있다.
(발상) 아미노산 A와 B에서 물 분자가 빠져나오면서 형성되는 결합은 펩타이드결합이며, 여러 아미노산이 펩타이드결합으로 연결되어 단백질이 형성됨을 추론할 수 있다.
(적용) 단위체인 아미노산의 종류, 수, 배열 순서에 따라 다양한 종류의 단백질이 형성됨을 이해하고 문제를 풀어야 한다.

| 문제+자료 분석 |

- 단백질의 단위체는 아미노산이다. ➡ A와 B는 아미노산이다.
- 펩타이드결합은 두 아미노산 사이에서 물 분자 1개가 빠져나오면서 형성되는 결합이다. 많은 수의 아미노산이 펩타이드결합으로 연결되어 긴 사슬 모양의 폴리펩타이드를 형성한다.
- 폴리펩타이드가 접히고 구부러져 독특한 입체 구조를 가진 단백질이 형성된다. A와 B는 펩타이드결합으로 연결된다.
- 아미노산의 종류, 수, 배열 순서에 따라 다양한 종류의 단백질을 형성한다.

| 보기 분석 |

㉠ A와 B는 단백질의 단위체인 아미노산이다. 단백질은 단위체인 아미노산이 반복적으로 결합하여 형성된 탄소 화합물이다
㉡ 펩타이드결합은 두 아미노산 사이에서 물 분자 1개가 빠져나오면서 형성되는 결합이다. 아미노산인 A와 B는 펩타이드결합으로 연결되어 폴리펩타이드를 형성한다.
㉢ 아미노산의 종류와 수 및 배열 순서에 따라 다양한 종류의 단백질이 형성되므로 단위체의 배열 순서에 따라 단백질의 종류가 달라진다.

31 정답 ⑤ ＊단백질의 형성 원리

| 단서+발상 |

(단서) 단백질이 만들어지는 원리가 카드를 실로 연결하여 영어 단어를 만드는 탐구 활동에 빗대어 제시되어 있다.
(적용) 탐구 활동에서 카드, 실, 다른 뜻을 가진 여러 개의 단어가 의미하는 바를 파악하는 것부터 문제 풀이를 시작해야 한다.

| 문제+자료 분석 |

- 단백질의 단위체는 아미노산이다. 아미노산은 탄소를 중심으로 아미노기, 카복실기, 수소 원자, 곁사슬(R)이 결합되어 있다. 곁사슬의 종류에 따라 아미노산의 종류가 달라진다.
- 이 탐구 활동에서 카드는 단백질의 단위체인 아미노산을 의미한다.
- 카드를 실로 연결하는 것은 2개의 아미노산이 결합할 때 두 아미노산 사이에 펩타이드결합이 형성되는 것을 의미한다.
- 다른 뜻을 가진 여러 개의 단어가 만들어지는 것은 아미노산의 종류와 수, 배열 순서에 따라 다양한 종류의 단백질이 형성되는 것을 의미한다.

| 보기 분석 |

㉠ ㉠은 단백질의 기본 단위인 아미노산이다.
㉡ 카드와 카드 사이를 연결한 실은 2개의 아미노산이 결합할 때 두 아미노산 사이에서 물 분자 1개가 빠져나오면서 형성되는 펩타이드결합을 의미한다.
㉢ 아미노산(단위체)의 종류와 수, 결합 순서에 따라 단백질의 입체 구조가 달라지며, 단백질의 입체 구조에 따라 단백질의 기능이 결정되어 다양한 종류의 단백질이 형성된다.

32 핵심 키워드: 아미노산의 종류, 개수, 배열 순서

(모범 답안) 단백질을 구성하는 아미노산의 종류와 개수 및 배열 순서에 따라 폴리펩타이드가 각기 다른 모양으로 접히기 때문이다.

| 문제＋자료 분석 |
- 특정 단백질을 구성하는 아미노산이 순서대로 펩타이드결합에 의해 연결되면 펩타이드 골격에 있는 원자들 사이에 결합이 형성되어 폴리펩타이드가 접히거나 꼬인다.
- 폴리펩타이드를 구성하는 다양한 아미노산의 곁사슬 사이에서 결합이 형성되면 폴리펩타이드가 꺾이거나 접혀 입체 구조를 이루게 된다.

＊채점 기준

아미노산의 배열 순서를 포함하여 옳게 서술한 경우	100 %
아미노산의 배열 순서 없이 종류 또는 개수에 대해서만 서술한 경우	50 %

33 핵심 키워드: 펩타이드결합, 물 분자

모범 답안 펩타이드결합, 한 아미노산의 카복실기와 다른 아미노산의 아미노기 사이에서 물 분자 1개가 빠져나오면서 이루어지는 결합이다.

| 문제＋자료 분석 |
- 아미노산은 탄소를 중심으로 아미노기, 카복실기, 수소 원자, 곁사슬(R)이 결합된 구조이다. 아미노산의 종류는 곁사슬에 의해 결정되며, 20종류가 있다.
- 두 아미노산이 결합할 때에는 한 아미노산의 카복실기와 다른 아미노산의 아미노기 사이에서 물 분자 1개가 빠지면서 공유 결합이 이루어지는데, 이 결합을 펩타이드결합이라고 한다.

＊채점 기준

결합의 이름과 특징을 모두 옳게 서술한 경우	100 %
결합의 이름과 특징 중 한 가지만 옳게 서술한 경우	50 %

34 정답 ③ ＊핵산의 단위체

 단서＋발상

(단서) 인산, ⓐ, 염기로 이루어진 물질 X의 단위체가 제시되어 있다.

(발상) 제시된 단위체는 인산, ⓐ, 염기가 1 : 1 : 1로 결합한 '뉴클레오타이드'이고, ⓐ는 '당'임을 추론할 수 있다.

(적용) 뉴클레오타이드는 핵산의 단위체이므로 물질 X가 RNA임을 구하는 것부터 문제 풀이를 시작해야 한다.

| 문제＋자료 분석 |
- 물질 X는 녹말과 RNA 중 하나이다. 녹말의 단위체는 포도당, RNA의 단위체는 뉴클레오타이드이다.
- 제시된 단위체는 인산, ⓐ, 염기가 1 : 1 : 1로 결합한 뉴클레오타이드이다.
  ➡ ⓐ는 당이고, 물질 X는 RNA이다.

| 보기 분석 |
ㄱ. 제시된 단위체는 인산, ⓐ, 염기가 1 : 1 : 1로 결합한 뉴클레오타이드로, ⓐ는 당이다.
ㄴ. X는 뉴클레오타이드를 단위체로 가지는 RNA이다.
ㄷ. 핵산인 X(RNA)의 단위체는 뉴클레오타이드이다.

35 핵심 키워드: 상보적으로 결합

모범 답안 ATGACGCTCAGA, A(아데닌)은 항상 T(타이민)과, C(사이토신)은 항상 G(구아닌)과 상보적으로 결합하기 때문이다.

| 문제＋자료 분석 |
- 두 가닥의 폴리뉴클레오타이드가 결합하여 DNA가 형성될 때 각 가닥의 염기들은 나선 안쪽에서 특정 염기하고만 상보적으로 결합한다.
- A(아데닌)은 T(타이민)과, C(사이토신)은 G(구아닌)과 결합한다.

＊채점 기준

염기서열과 까닭을 모두 옳게 서술한 경우	100 %
염기서열과 까닭 중 한 가지만 옳게 서술한 경우	50 %

36 정답 ③ ＊핵산의 단위체

| 문제＋자료 분석 |
- 핵산의 단위체는 뉴클레오타이드로, 인산, 당, 염기가 1 : 1 : 1로 결합되어 있다.
- 한 뉴클레오타이드의 인산이 다른 뉴클레오타이드의 당과 공유 결합하는 방식으로 많은 수의 뉴클레오타이드가 연결되어 폴리뉴클레오타이드를 형성한다.

| 선택지 분석 |
① 폴리뉴클레오타이드는 단위체인 뉴클레오타이드가 여러 개 연결되어 구성된다.
② (가)를 구성하는 염기의 종류는 타이민(T), 구아닌(G), 사이토신(C), 아데닌(A), 유라실(U)로 총 5가지이다. DNA에는 U가 없고, RNA에는 T가 없기 때문에 각각의 염기는 4종류가 된다. (함정)
③ 뉴클레오타이드인 (가)를 구성하는 당은 DNA의 경우 디옥시라이보스이고, RNA의 경우 라이보스이다.
④ 뉴클레오타이드인 (가)가 여러 개 결합하여 형성된 고분자 물질은 핵산이다. 핵산에는 DNA와 RNA가 있다.
⑤ 뉴클레오타이드인 (가)는 인산, 당, 염기가 1 : 1 : 1로 결합되어 있다.

37 정답 ⑤ ＊DNA와 RNA

 단서＋발상

(단서) (가)는 이중나선구조, (나)는 단일 가닥 구조가 제시되어 있다.

(발상) (가)는 DNA, (나)는 RNA임을 추론할 수 있다.

(적용) 구조를 통해 (가)와 (나)를 DNA와 RNA로 구분하는 것부터 문제 풀이를 시작해야 한다.

| 문제＋자료 분석 |
- 핵산은 유전정보를 저장하고 전달하는 물질로, DNA와 RNA가 있다.
- 뉴클레오타이드는 핵산을 구성하는 단위체이며, 인산, 당, 염기가 1 : 1 : 1로 결합되어 있다.
- (가)는 폴리뉴클레오타이드 두 가닥이 꼬여 있는 이중나선구조인 DNA이고, (나)는 폴리뉴클레오타이드 한 가닥으로 된 단일 가닥 구조인 RNA이다.

| 보기 분석 |
ㄱ. (가)는 폴리뉴클레오타이드 두 가닥이 꼬여 있는 이중나선구조인 DNA 모형에 해당한다.
ㄴ. (나)는 RNA이다. RNA는 폴리뉴클레오타이드 한 가닥으로 된 단일 가닥 구조이다.
ㄷ. (가), (나)는 모두 핵산이다. 핵산을 구성하는 단위체는 뉴클레오타이드이다.

38 정답 ② ＊DNA 염기의 상보결합

 단서＋발상

(단서) DNA를 구성하는 염기 4가지가 제시되어 있다.

(발상) DNA를 구성하는 염기 ㉠은 T(타이민)임을 추론할 수 있다.

| 문제+자료 분석 |
- DNA를 구성하는 염기의 종류에는 A(아데닌), G(구아닌), C(사이토신), T(타이민)이 있다.
- 핵산의 단위체는 인산, 당, 염기가 1 : 1 : 1로 결합한 뉴클레오타이드이다.

| 보기 분석 |
ㄱ. ㉠은 T(타이민)이다.
ㄴ. 핵산인 DNA의 단위체는 뉴클레오타이드이다.
ㄷ. DNA에서 A(아데닌)은 T(타이민)과 짝을 이루어 결합한다.

39 정답 ④ * DNA의 구조와 기능

| 문제+자료 분석 |
- 핵산은 구성하는 당의 종류에 따라 DNA와 RNA로 구분된다.
- DNA는 두 가닥의 폴리뉴클레오타이드가 꼬여 있는 이중나선구조, RNA는 한 가닥의 폴리뉴클레오타이드로 이루어진 단일 가닥 구조이다.
- DNA를 구성하는 염기는 아데닌(A), 구아닌(G), 사이토신(C), 타이민(T)이고, RNA를 구성하는 염기는 아데닌(A), 구아닌(G), 사이토신(C), 유라실(U)이다.
- 서로 다른 염기를 가진 4종류의 뉴클레오타이드가 다양한 순서로 결합하여 염기서열이 다양한 DNA가 만들어지고, DNA에 저장된 유전정보에 따라 다양한 단백질이 합성된다.

| 보기 분석 |
ㄱ. 이 핵산은 두 가닥으로 되어 있으며, 염기 중 타이민(T)이 존재하므로 DNA이다.
ㄴ. DNA의 염기의 종류는 아데닌(A), 구아닌(G), 사이토신(C), 타이민(T)으로 4가지이며, 아데닌(A)은 타이민(T)과, 구아닌(G)은 사이토신(C)과 상보적으로 결합한다. 따라서 ㉠은 아데닌(A), ㉡은 구아닌(G)이다.
ㄷ. 뉴클레오타이드의 염기인 (가)의 배열 순서와 조합에 따라 유전정보가 달라진다.

40 핵심 키워드: 뉴클레오타이드, 염기서열

모범 답안 서로 다른 염기를 가진 4종류의 뉴클레오타이드가 다양한 순서로 결합하여 염기서열이 다양한 DNA가 만들어지기 때문이다.

| 문제+자료 분석 |
- DNA 단위체인 뉴클레오타이드의 염기가 DNA의 이중나선구조 안쪽에서 어떤 순서로 배열되는지에 따라 저장되는 유전정보가 결정된다.

* 채점 기준

뉴클레오타이드와 염기서열을 모두 언급하여 옳게 서술한 경우	100 %
뉴클레오타이드와 염기서열 중 1가지만 언급하여 옳게 서술한 경우	50 %

⚠️ **내신 1등급 문제**　　　　　　　　　문제편 110p

41 정답 ② * 생명체를 구성하는 물질

🧠 **단서+발상**
단서 단백질, 탄수화물, 핵산의 특징이 제시되어 있다.
발상 유전정보를 저장하고 전달하는 A는 핵산, 포도당, 녹말 등의 형태로 존재하는 C는 탄수화물임을 추론할 수 있다.
적용 A는 핵산, B는 단백질, C는 탄수화물임을 구하는 것부터 문제 풀이를 시작해야 한다.

| 문제+자료 분석 |
- 생명체를 구성하는 탄소 화합물에는 탄수화물, 단백질, 지질, 핵산 등이 있다.
- 핵산에는 DNA와 RNA가 있다. DNA는 유전정보 저장, RNA는 유전정보의 전달과 단백질 합성에 관여한다.
- 단백질은 효소, 근육, 항체, 호르몬 등의 주요 구성 물질이며, 에너지원이다. 생리 작용 조절, 방어 작용, 운반 작용 등에 관여한다.
- 탄수화물은 단당류, 이당류, 다당류로 구분한다. 단당류에는 포도당, 과당, 이당류에는 설탕, 엿당, 다당류에는 녹말, 글리코젠, 셀룰로스 등이 있다.

| 보기 분석 |
ㄱ. A는 핵산, C는 탄수화물이므로 B는 단백질이다. 단백질은 탄소 화합물이므로 ㉠은 '○'이다.
ㄴ. 탄소 화합물이며 유전정보를 저장하고 전달하는 A는 핵산이다.
ㄷ. 효소와 호르몬의 주성분은 단백질인 B로, 물질대사와 생리 기능 조절에 관여한다. 이외에 단백질은 뼈, 근육, 머리카락 등을 구성하는 생명체 주요 구성 성분이다.

42 정답 ④ * DNA의 이중나선구조

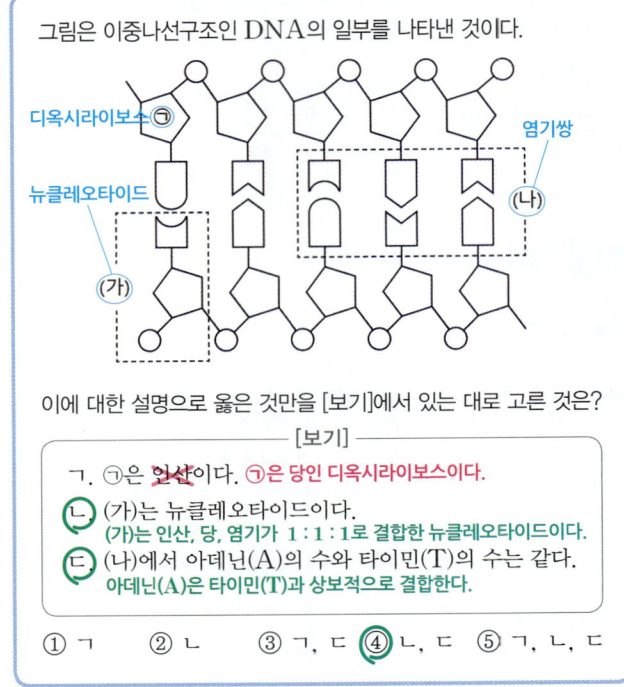

그림은 이중나선구조인 DNA의 일부를 나타낸 것이다.

디옥시라이보스 ㉠
염기쌍
뉴클레오타이드
(나)
(가)

이에 대한 설명으로 옳은 것만을 [보기]에서 있는 대로 고른 것은?

[보기]
ㄱ. ㉠은 <s>인산</s>이다. ㉠은 당인 디옥시라이보스이다.
ㄴ. (가)는 뉴클레오타이드이다.
　(가)는 인산, 당, 염기가 1 : 1 : 1로 결합한 뉴클레오타이드이다.
ㄷ. (나)에서 아데닌(A)의 수와 타이민(T)의 수는 같다.
　아데닌(A)은 타이민(T)과 상보적으로 결합한다.

① ㄱ　② ㄴ　③ ㄱ, ㄷ　④ ㄴ, ㄷ　⑤ ㄱ, ㄴ, ㄷ

🧠 **단서+발상**
단서 이중나선구조인 DNA의 일부가 제시되어 있다.
발상 (가)는 뉴클레오타이드, (나)는 염기쌍, ㉠은 당(디옥시라이보스)임을 추론할 수 있다.
적용 염기의 상보결합을 고려하여 문제를 풀어야 한다.

| 문제+자료 분석 |
- (가)는 인산, 당(디옥시라이보스), 염기가 1 : 1 : 1로 결합한 DNA의 뉴클레오타이드이고, ㉠은 디옥시라이보스이다.
- (나)는 염기쌍이다. 두 가닥의 폴리뉴클레오타이드에서 각 가닥의 염기들은 나선의 안쪽에서 상보적으로 결합한다. 아데닌(A)은 항상 타이민(T)과, 사이토신(C)은 항상 구아닌(G)과 결합한다.
- 서로 다른 염기를 가진 4종류의 뉴클레오타이드가 다양한 순서로 결합하여 염기서열이 다양한 DNA가 만들어지고, DNA에 저장된 유전정보에 따라 다양한 단백질이 합성된다.

| 보기 분석 |

ㄱ. DNA의 단위체인 뉴클레오타이드는 인산, 당, 염기가 1 : 1 : 1로 결합되어 있다. ㉠은 DNA의 당인 디옥시라이보스이다.

ㄴ. (가)는 DNA의 단위체인 뉴클레오타이드이다.

ㄷ. DNA 이중나선구조에서 염기쌍 아데닌(A)은 항상 타이민(T)과 상보적으로 결합하므로 (나)에서 아데닌(A)의 수와 타이민(T)의 수는 같다. 꿀팁

※ DNA 염기의 상보결합

• 두 가닥의 폴리뉴클레오타이드가 결합하여 DNA가 형성될 때, 각 가닥의 염기들은 나선 안쪽에서 특정 염기하고만 상보적으로 결합한다.

• A(아데닌)은 항상 T(타이민)과, C(사이토신)은 항상 G(구아닌)과 결합한다.

43 정답 ③ ※ 단백질의 구조

다음은 단백질의 구조를 알아보는 모의 실험이다.

(가) ⓐ 단백질의 단위체 부품 ㉠, ㉡과 펩타이드결합 막대 부품을 표와 같이 준비하였다.

부품	모양	개수(개)
단위체 ㉠		8
단위체 ㉡		? 10
펩타이드결합 막대		16

(나) 그림과 같이 ㉠과 펩타이드결합 막대로만 모형 X를, ㉡과 펩타이드결합 막대로만 모형 Y를 만들었다. X와 Y를 만들고 남은 부품은 없다.

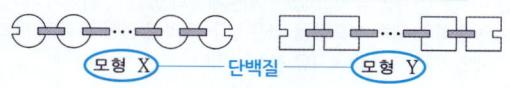

모형 X ―단백질― 모형 Y

단서+발상

단서 단백질의 단위체 ㉠은 8개, 펩타이드결합 막대는 16개가 제시되어 있다.

발상 모형 X와 Y를 만들고 남은 부품은 없으므로 X를 만드는 데 사용한 펩타이드결합 막대의 개수를 추론할 수 있다.

적용 Y를 만드는 데 사용한 펩타이드결합 막대의 개수를 구하여 ㉡의 개수를 구하는 것부터 문제 풀이를 시작해야 한다.

| 문제+자료 분석 |

• 단백질의 단위체는 아미노산이다. ➡ ㉠과 ㉡은 아미노산이다.

• 모형 X를 만들고 남은 부품은 없으므로 X를 만드는 데 ㉠ 8개를 모두 사용한 것이다. ➡ 모형 X를 만드는 데 사용한 펩타이드결합 막대의 개수는 7개이다.

• 모형 X를 만들고 남은 펩타이드결합 막대의 개수는 9개(＝16－7)이다. ➡ ㉡은 10개이다.

| 보기 분석 |

ㄱ. 단백질의 단위체는 아미노산이다.

ㄴ. X와 Y를 만들고 남은 부품은 없으므로 펩타이드결합 막대는 X를 만드는 데 7개, Y를 만드는 데 9개 사용하였다. 따라서 ㉡은 10개이다.

ㄷ. 펩타이드결합 막대는 X를 만드는 데 7개, Y를 만드는 데 9개 사용하였으므로 펩타이드결합 막대 부품의 개수는 X에서가 Y에서보다 적다.

44 정답 ① ※ 단백질의 형성

단서+발상

단서 항체 X의 구조가 제시되어 있다.

발상 펩타이드결합이 존재하므로 항체 X의 구성 물질은 단백질임을 추론할 수 있다.

적용 펩타이드결합으로 연결된 ㉠은 아미노산임을 구하는 것부터 문제 풀이를 시작해야 한다.

| 문제+자료 분석 |

• 단백질의 단위체는 아미노산으로, 2개의 아미노산이 결합할 때 물 분자 1개가 빠지면서 펩타이드결합이 형성된다.

• 단백질은 효소, 근육, 항체, 호르몬 등의 주요 구성 물질이며, 에너지원이다.

| 보기 분석 |

ㄱ. ㉠은 아미노산이다.

ㄴ. ㉠(아미노산)은 탄소를 중심으로 아미노기, 카복실기, 수소 원자, 곁사슬(R)이 결합된 구조이다. 따라서 ㉠의 구성 원소에 탄소(C)가 포함된다.

ㄷ. 항체의 주성분은 단백질이다.

※ 단백질

• 단백질의 단위체: 단백질의 단위체인 아미노산은 탄소를 중심으로 아미노기, 카복실기, 수소 원자, 곁사슬(R)이 결합되어 있다.
➡ 곁사슬(R)의 종류에 따라 아미노산의 종류가 달라지며, 20종류가 있다.

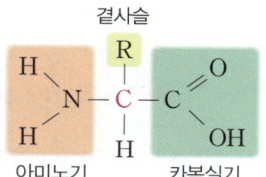

▲ 아미노산의 구조

• 단백질의 형성: 많은 아미노산이 펩타이드결합으로 연결되어 긴 사슬 모양의 폴리펩타이드가 형성된다. 폴리펩타이드는 아미노산의 종류, 수, 배열 순서에 따라 구부러지고 접혀서 고유의 입체 구조와 기능을 가진 단백질이 된다.

• 단백질의 기능: 단백질은 뼈, 근육, 머리카락 등을 구성하는 생명체 주요 구성 성분이며, 효소와 호르몬의 주성분으로 물질대사와 생리 기능 조절에 관여한다.

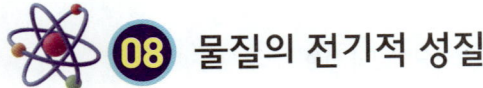

08 물질의 전기적 성질

내신 대비 필수 문제 문제편 115~117p

---

01 정답 ② * 전기적 성질에 따른 물질의 구분

| 문제+자료 분석 |
- **(가):** 철, 구리, 알루미늄은 자유 전자가 많아 전류가 잘 흐르는 물질이다.
  ➡ 도체
- **(나):** 고무, 유리, 플라스틱은 자유 전자가 거의 없어 전류가 잘 흐르지 않는 물질이다. ➡ 부도체
- **(다):** 규소, 저마늄은 약간의 불순물을 첨가하거나 에너지를 가하는 등 특정 조건에 따라 자유 전자가 생겨 전류가 흐르는 물질이다. ➡ 반도체

| 선택지 분석 |
② 물질은 자유 전자의 유무에 따른 전기적 성질에 따라 도체, 부도체, 반도체로 구분할 수 있다.

---

02 정답 ① * 전기적 성질에 따른 물질의 구분

| 문제+자료 분석 |
- 물질은 전기적 성질에 따라 전류가 잘 흐르는 도체, 전류가 잘 흐르지 않는 부도체, 전류가 흐르는 정도가 도체와 부도체의 중간 정도인 반도체로 구분할 수 있다.

| 보기 분석 |
ㄱ. 도체는 전기 저항이 매우 작고 자유 전자가 많아 전류가 잘 흐르는 물질이다.
ㄴ. 특정 조건에 따라 전기 전도성이 달라지는 물질은 반도체이다.
ㄷ. 저항이 매우 커서 전류가 거의 흐르지 않는 물질은 부도체이다.

---

03 정답 ③ * 도체

| 문제+자료 분석 |
- A는 양이온, B는 자유 전자이다. 자유 전자가 양이온 사이의 공간에서 자유롭게 움직이고 있으므로 이 물체는 도체이다.

| 보기 분석 |
ㄱ. 자유 전자가 물질 내를 자유롭게 이동할 수 있는 도체이다.
ㄴ. A(양이온)는 이동하지 않고 고정되어 있고, 자유 전자가 양이온 사이를 이동하면서 전류가 흐른다. 함정
ㄷ. B(자유 전자)는 원자핵의 인력에서 벗어나 물질 속에서 자유롭게 이동하는 전자이다.

---

04 정답 ④ * 물질의 전기적 성질에 따른 분류

단서+발상
단서 ㄱ과 ㄴ의 후보가 제시되어 있다.
발상 고무는 부도체이고 구리는 도체임을 추론할 수 있다.

| 문제+자료 분석 |
- **도체:** 자유 전자가 많고 비저항이 작아 전류가 잘 흐르는 물질로 철, 은, 구리, 알루미늄, 금 등 주로 순수한 금속이 많다.
- **반도체:** 전류가 잘 흐르는 정도가 도체와 부도체의 사이인 물질로, 불순물을 첨가하여 전류가 잘 흐르게 만들 수 있다.

- **부도체:** 전자가 대부분 원자 혹은 분자에 강하게 속박되어 있어 전류가 흐르기 어려운 물질로 고무, 유리, 나무 등이 그 예이다.

| 보기 분석 |
ㄱ. ㉠으로는 전류가 잘 흐르는 도체인 구리가 적절하다.
ㄴ. 도체의 예시인 ㉠(구리)은 부도체의 예시인 ㉡(고무)보다 전류가 잘 흐른다.
ㄷ. 반도체인 순수한 저마늄에 불순물을 추가하면 전류가 잘 흐르게 되어 전기적 성질이 변화한다.

---

05 정답 ① * 도체, 부도체, 반도체

 단서+발상
단서 태양 전지판이 제시되어 있다.
발상 도체, 부도체, 반도체를 각각 추론할 수 있다.
적용 구리 도선에 전류가 잘 흐른다는 점을 통해 구리가 도체임을 구하는 것부터 문제 풀이를 시작해야 한다.

| 문제+자료 분석 |
- 도체, 반도체, 부도체의 전기적 성질

구분	도체	반도체	부도체
전기적 성질	자유 전자가 많아 전류가 잘 흐름	특정 조건에서 자유 전자가 생겨 전류가 흐름	자유 전자가 거의 없어 전류가 잘 안 흐름
전기 저항	작다	도체와 부도체의 중간	크다
예	금, 은, 구리 등 대부분의 금속	규소(Si) 저마늄(Ge)	고무, 유리, 플라스틱 등

- **태양 전지:** 반도체를 활용한 예로 빛을 받으면 전압이 발생한다.

| 보기 분석 |
ㄱ. 태양 전지는 반도체를 이용하여 제작된다.
ㄴ. 구리 도선은 도체이므로 반도체, 부도체보다 전기 저항이 작다.
ㄷ. 전선 피복은 전선을 감싸고 있는 절연 재질의 껍질로, 전기가 새거나 감전 등을 예방하기 위해 부도체를 사용한다. 따라서 전선 피복은 부도체이므로 도체인 구리 도선보다 자유 전자가 적다.

문제 풀이 꿀팁
- 물질에 전기 저항이 작을수록 전류가 잘 흐르고, 자유 전자가 많다.
- 도체, 반도체와 부도체가 같이 사용된 물체의 경우, 부도체는 반도체를 보호하거나 감전을 예방하는 데 많이 이용된다.

---

06 정답 (1) A-규소(Si), B-갈륨(Ga)
(2) 13족 (3) 양공

| 문제+자료 분석 |
- A는 규소(Si)이고 B는 갈륨(Ga)이다.
- 갈륨(Ga) 원자는 원자가 전자가 3개인 13족 원소이므로 규소(Si) 원자에 비해 전자 1개가 부족하여 전자가 비어 있는 양공이 생긴다.
  ➡ p형 반도체
- p형 반도체는 양공이 주된 전하 운반자로 전원 장치에 연결하면 양공이 전하를 운반하며 전류가 흐른다.

---

07 정답 ② * 불순물 반도체

| 문제+자료 분석 |
- 원자가 전자가 4개인 저마늄(Ge) 결정에 원자가 전자가 5개인 비소(As)를 첨가하여 공유 결합에 참여하지 못하는 전자가 존재하므로 n형 반도체이다.

| 보기 분석 |

ㄱ. 불순물에 의해 남는 전자가 생겼으므로 n형 반도체이다.

ㄴ. 비소(As) 원자는 원자가 전자가 5개여서 공유 결합에 참여하지 못하는 전자가 1개 있다.

ㄷ. 비소 원자의 원자가 전자는 5개이다.

08 정답 ③ * 도핑

| 문제+자료 분석 |

• 도핑 과정을 통해 물질의 전기적 성질을 변화시켜 전류를 잘 흐르게 한다.

• 첨가하는 불순물의 종류에 따라 n형 반도체와 p형 반도체로 구분한다.

| 선택지 분석 |

① 도핑은 순수한 반도체에 불순물을 첨가하는 것으로, 반도체의 전기 전도도를 높인다.

②, ④ n형 반도체는 순수한 반도체인 규소(Si)나 저마늄(Ge)에 원자가 전자가 5개인 인(P), 비소(As) 등을 첨가하여 얻는다. 14족 원소로 이루어진 순수한 반도체보다 불순물의 원자가 전자가 1개 더 많으므로 첨가한 불순물이 전자의 개수를 증가시킨다.

③ ⑤ p형 반도체는 순수한 반도체인 규소(Si)나 저마늄(Ge)에 원자가 전자가 3개인 붕소(B), 인듐(In) 등을 첨가하여 얻는다. 14족 원소로 이루어진 순수한 반도체보다 불순물의 원자가 전자가 1개 더 적으므로 첨가한 불순물이 양공의 개수를 증가시킨다.

09 정답 ② * 반도체의 분류

| 문제+자료 분석 |

• 순수 반도체는 규소(Si)와 저마늄(Ge) 등과 같이 어떤 불순물도 섞이지 않은 순수한 반도체로 원자가 전자가 4개이다.

• 불순물 반도체는 순수 반도체에 특정한 불순물을 섞어서 전류를 흐르게 하는 입자의 수를 증가시켜 전기 전도도를 증가시킨 반도체이다. 불순물의 종류에 따라 n형 반도체와 p형 반도체로 나뉜다.

• n형 반도체는 전자가, p형 반도체는 양공이 주요 전하 운반자이다.

| 선택지 분석 |

② 고유(순수) 반도체에 불순물을 첨가하는 일을 도핑이라고 한다. p형 반도체는 전하의 운반을 양공이 한다.

10 정답 ③ * 반도체 소자

| 문제+자료 분석 |

• 다이오드는 n형 반도체와 p형 반도체를 결합한 반도체 소자로, 전류를 한 방향으로만 흐르게 하는 성질이 있어 교류를 직류로 바꾸는 정류 작용을 한다.

• 트랜지스터는 회로에서 전류나 전압의 흐름을 조절하여 제어하는 역할을 한다. 아주 작은 크기로도 만들 수 있고 소비 전력이 작아 대부분의 전자 제품에 이용된다.

| 선택지 분석 |

③ 신호의 증폭 작용과 스위치 작용을 하는 것은 트랜지스터, 정류 작용을 하는 것은 다이오드, 데이터를 처리하거나 저장하는 역할을 하는 것은 집적 회로이다.

11 정답 ④ * 반도체 소자

| 문제+자료 분석 |

• 반도체를 이용해 만든 전기 회로나 부품을 반도체 소자라고 한다.

| 보기 분석 |

ㄱ. 유기 발광 다이오드(OLED)는 스스로 빛을 내기 때문에 얇고 가볍게 만들 수 있으며 변형이 자유로워 휘어지는 성질을 이용해 다양한 디스플레이 장치에 이용된다.

ㄴ. 발광 다이오드(LED)는 전류가 흐르면 빛이 나는 기능을 한다. 따라서 전기 에너지를 빛에너지로 전환한다.

ㄷ. 다이오드는 전류를 한 방향으로만 흐르게 하는 정류 작용을 한다.

12 핵심 키워드: 다이오드, 정류 작용

모범 답안 다이오드, 전류를 한쪽 방향으로만 흐르게 하는 정류 작용을 한다.

| 문제+자료 분석 |

• 반도체를 이용해 만든 전기 회로나 부품을 반도체 소자라고 한다.

• 다이오드는 n형 반도체와 p형 반도체를 결합한 반도체 소자이다. 전류를 한쪽 방향으로만 흐르게 하는 제어 특성이 있다.
➡ 교류를 직류로 바꾸는 정류 작용을 한다.

＊채점 기준

A의 이름과 특징을 모두 옳게 서술한 경우	100 %
A의 이름과 특징 중 한 가지만 옳게 서술한 경우	50 %

⚠ 내신 1등급 문제 　　　　　　　　 문제편 117p

13 정답 ③ * 반도체

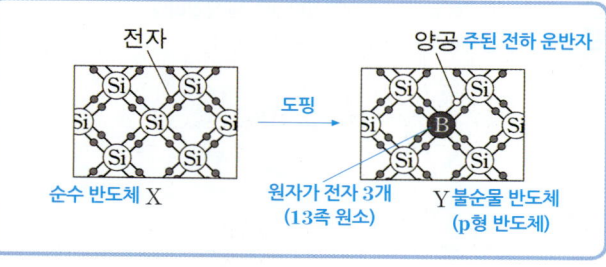
순수 반도체 X → 도핑 → Y 불순물 반도체 (p형 반도체)

💡 단서+발상

단서 순수 반도체와 불순물 반도체가 제시되어 있다.

발상 양공이 존재하는 것으로 보아 붕소(B)는 원자가 전자가 3개인 원소임을 추론할 수 있다.

적용 불순물 반도체의 개념을 적용해서 문제 풀이를 시작해야 한다.

| 문제+자료 분석 |

• X는 규소로 이루어진 순수 반도체, Y는 양공이 주된 전하 운반자인 p형 반도체이다.

| 보기 분석 |

ㄱ. Y의 불순물 반도체는 양공이 있는 p형 반도체이다. 따라서 도핑에 사용한 불순물인 붕소의 원자가 전자의 수는 4개보다 1개가 작은 3개이다.

ㄴ. 그림에서 Y의 불순물 반도체의 전하 운반자가 양공임을 알 수 있다. 따라서 Y는 p형 반도체이다.

ㄷ. X는 순수 반도체이고, Y는 불순물 반도체이다. 순수 반도체는 양공이나 자유 전자의 수가 매우 적어 전류가 잘 흐르지 않는다. 불순물 반도체는 순수 반도체에 불순물을 첨가하여 전류를 잘 흐르게 한 것이다. 따라서 전기 전도성은 Y가 X보다 좋다.

14 정답 ⑤ * 반도체

 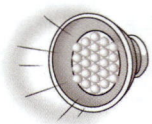

다양한 반도체 소자의 회로를 하나의 기판 위에 정밀하게 만든 반도체 소자	n형 반도체와 p형 반도체를 결합하여 만든 반도체 소자
컴퓨터 중앙 처리 장치(CPU)	발광 다이오드(LED)
집적 회로 → 데이터 저장, 처리	전기 에너지 → 빛에너지

🧠 단서+발상

(단서) 반도체가 이용되는 CPU와 LED가 제시되어 있다.
(발상) 반도체는 전기적 성질을 이용한 신소재라는 것을 추론할 수 있다.
(적용) 반도체의 개념을 적용해서 문제 풀이를 시작해야 한다.

| 문제+자료 분석 |

· 반도체는 도체와 절연체의 중간적인 성질을 가진 신소재이다.
· 반도체 소자는 전기 및 전자 부품과 연결되어 다양한 기능을 구현한다.
· 컴퓨터 중앙 처리 장치(CPU)는 다양한 반도체 소자의 회로를 하나의 기판 위에 정밀하게 만들어 부착한 반도체 소자로, 데이터를 처리하거나 저장하는 역할을 한다.
· LED는 반도체를 접합하여 만든 소자이며, LED에 전류가 흐르면 빛을 방출한다.

| 보기 분석 |

ㄱ. 반도체는 전기적 성질을 이용한 신소재이다.
ㄴ. 규소(Si)와 저마늄(Ge)은 대표적인 반도체 물질이다.
ㄷ. LED는 전기 에너지를 빛에너지로 전환한다.

중단원 마무리 문제   문제편 118~122p

01 정답 ③ * 지각과 사람을 구성하는 원소

🧠 단서+발상

(단서) 지각과 사람을 구성하는 원소의 질량비가 제시되어 있다.
(발상) 지각과 사람을 구성하는 원소 중에서 가장 큰 질량비를 차지하는 ㉠은 산소라는 것을 추론할 수 있다.
(적용) 지각과 사람을 구성하는 원소 중에서 두 번째로 질량비가 큰 ㉡과 ㉢이 각각 무엇인지 구하는 것부터 문제 풀이를 시작해야 한다.

| 문제+자료 분석 |

· ㉠은 지각과 사람을 구성하는 원소의 질량비 중 가장 높다.
  ➡ ㉠은 산소이다. 산소는 다른 원소와 쉽게 결합하여 다양한 물질을 만들수 있기 때문이다.
· ㉡은 지각을 구성하는 원소 중 두 번째로 질량비가 높다.
  ➡ ㉡은 규소이다. 지각을 구성하는 암석이 주로 규산염 광물로 구성되어 있기 때문이다.

· ㉢은 사람을 구성하는 원소 중 두 번째로 질량비가 높다.
  ➡ ㉢은 탄소이다. 사람은 물과 무기물을 제외하면 대부분 탄소 화합물로 구성되어 있기 때문이다.

| 보기 분석 |

ㄱ. 지각과 사람에서 가장 높은 비율을 차지하는 원소는 산소이다. 따라서 ㉠은 산소이다.
ㄴ. 지각에서 두 번째로 많은 ㉡은 규소이다. 규산염 광물을 이루는 주요 원소는 규소와 산소이다.
ㄷ. 우주에서 가장 높은 비율을 차지하는 원소는 수소이다. ㉢은 탄소이다.

---

02 정답 ② * 지각과 사람을 구성하는 원소

🧠 단서+발상

(단서) 지각과 사람을 구성하는 원소의 질량비가 순서 없이 제시되어 있다.
(발상) 지각은 주로 규산염 광물, 사람은 주로 물과 탄소 화합물로 구성되어 있으므로 (가)가 지각, (나)가 사람인 것을 추론할 수 있다.

| 문제+자료 분석 |

· 지각을 구성하는 암석은 주로 규산염 광물로 이루어져 있으므로 지각을 구성하는 원소의 질량비는 산소가 가장 높고, 규소가 두 번째로 높다.
· 사람은 물과 무기물을 제외하면 대부분 탄소 화합물로 구성되어 있으므로 사람을 구성하는 원소의 질량비는 산소가 가장 높고, 탄소가 두 번째로 높다.
· 산소는 수소, 탄소, 규소 등 다른 원소와 쉽게 결합하여 다양한 물질을 만들수 있다.

| 보기 분석 | 🏷️함정

ㄱ. (가)는 지각, (나)는 사람이다. 지각은 주로 규산염 광물로 구성되어 있고, 사람은 주로 물과 탄소 화합물(유기물)로 구성되어 있다.
ㄴ. 지각을 구성하는 원소의 질량비는 산소 > 규소 > 알루미늄 > 철 등이고, 사람을 구성하는 원소의 질량비는 산소 > 탄소 > 수소 > 질소 등이다. 따라서 (나)는 사람에 해당한다.
ㄷ. 산소는 다른 원소와 쉽게 결합하여 다양한 물질을 형성할 수 있으므로 지각과 사람에서 가장 큰 질량비를 차지한다.

---

03 정답 ⑤ * 지각과 사람을 구성하는 원소

| 문제+자료 분석 |

· 지각과 사람을 구성하는 원소 중 공통적으로 많은 원소인 ㉠은 산소이다.
· 지각은 대부분 규산염 광물로 이루어져 있고, 생명체는 탄소 화합물로 이루어져 있다.
· 규산염 광물은 규소(Si)와 산소(O)가 결합한 기본 단위인 규산염 사면체가 규칙적으로 결합하여 형성된 광물이다.
  ➡ 석영은 규산염 사면체가 산소 4개를 공유하여 입체 구조로 결합한 망상 구조의 규산염 광물이다.
· 탄소 화합물은 탄소로 이루어진 기본 골격에 여러 원소가 공유 결합하여 만들어진 물질이다.

| 보기 분석 |

ㄱ. 지각과 생명체를 구성하는 원소의 질량비는 산소가 가장 큰 비율을 차지하므로 ㉠은 산소이다.
ㄴ. 사람을 구성하는 원소 중 두 번째로 질량비가 큰 ㉡은 탄소이다. 유기물은 탄소를 중심으로 결합한 탄소 화합물이다.
ㄷ. 석영은 산소와 규소로 이루어진 규산염 사면체를 기본 골격으로 하는 광물이다.

04 정답 ⑤ ＊규산염 광물의 결합 규칙성

그림은 규산염 사면체와 주요 규산염 광물 A, B의 결합 구조 일부를 모형으로 나타낸 것이다.

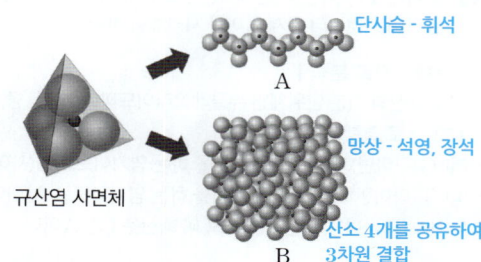

단사슬 - 휘석
A

망상 - 석영, 장석

규산염 사면체

산소 4개를 공유하여 3차원 결합
B

이에 대한 설명으로 옳은 것만을 [보기]에서 있는 대로 고른 것은?

[보기]
ㄱ. 규산염 광물은 <u>규산염 사면체</u>를 기본 구조로 하고 있다. Si-O 사면체
ㄴ. 휘석은 A와 같은 결합 구조이다. 단사슬 구조
ㄷ. B에서 규산염 사면체의 산소 4개는 인접한 규산염 사면체와 <u>공유 결합</u>을 한다. 망상 구조

① ㄱ ② ㄴ ③ ㄷ ④ ㄱ, ㄴ ⑤ ㄱ, ㄴ, ㄷ

| 문제＋자료 분석 |
• 규산염 사면체끼리 산소를 공유하여 결합할 때 공유하는 산소의 수에 따라 규산염 광물의 골격이 달라진다.
• A는 규산염 사면체가 산소 2개를 공유하여 단일 사슬 모양으로 결합한 단사슬 구조이며, 대표적인 광물의 예로 휘석이 있다.
• B는 규산염 사면체가 산소 4개를 공유하여 입체 구조로 결합한 망상 구조이며, 대표적인 광물의 예로 석영, 장석이 있다.

| 보기 분석 |
ㄱ 규산염 광물은 규산염 사면체를 기본 구조로 하고 있다.
ㄴ 휘석은 A와 같은 단사슬 결합 구조로, 규산염 사면체가 양쪽의 산소를 공유하여 단일 사슬 모양으로 결합한다.
ㄷ B와 같은 망상 구조에서 4개의 산소는 인접한 규산염 사면체와 공유 결합한다.

05 정답 ⑤ ＊탄소 화합물의 결합 규칙성

| 문제＋자료 분석 |
• 탄소는 주기율표의 14족 원소이므로 원자가 전자가 4개이다.
  ➡ 최대 4개의 공유 결합을 할 수 있다.
• 탄소 골격의 길이와 모양, 탄소 원자와 결합하는 원소에 따라 다양한 탄소 화합물이 형성된다.
• 규칙 1: 탄소의 원자가 전자 수는 4개이므로 최대 4개의 원자와 공유 결합을 할 수 있다.
• 규칙 2: 탄소 원자 1개와 다른 탄소 원자 1개 사이에 최대 3중 결합까지 할 수 있다.

| 보기 분석 |
ㄱ 탄소 원자 모형 1개에 반드시 결합 막대 4개를 꽂아야 하므로 탄소의 원자가 전자 수는 4이다.
ㄴ 탄소 원자 모형은 탄소 원자를, 결합 막대는 공유하는 전자쌍을 의미한다.
ㄷ 탄소 골격에 수소, 산소, 질소 원자 등이 결합하면 다양한 탄소 화합물이 만들어진다.

06 정답 ① ＊생명체를 구성하는 물질

| 문제＋자료 분석 |
• 단백질과 DNA는 모두 탄소 화합물이므로 구성 원소에 탄소가 있다.
• 유전정보를 저장하는 물질은 DNA이다.
• ㉠은 '유전정보를 저장한다.'이고, ㉡은 '구성 원소에 탄소가 있다.'이다.

| 보기 분석 |
ㄱ 두 가지 특성(㉠, ㉡)을 모두 갖는 A는 DNA, 유전정보를 저장하지 않는 B는 단백질이다.
ㄴ 물질대사가 빠르게 일어나게 하는 물질인 효소의 주성분은 단백질(B)이다.
ㄷ 단백질(B)의 단위체는 아미노산이다. 뉴클레오타이드가 단위체인 것은 DNA(A)이다.

07 정답 ② ＊생명체를 구성하는 물질

| 문제＋자료 분석 |
• 생명체는 탄수화물, 단백질, 지질, 핵산 등의 탄소 화합물과 물, 무기염류 등의 무기물로 구성되어 있다.
• 물은 생명체를 구성하는 물질 중 가장 많은 양을 차지한다.
• 탄수화물은 탄소(C), 수소(H), 산소(O)로 구성되며, 생명체의 주된 에너지원으로 1 g당 4 kcal의 열량을 낸다. 식물의 경우 구성 물질 중 비율이 높다.
• 단백질은 뼈, 근육, 머리카락 등을 구성하는 생명체 주요 구성 성분이며, 효소와 호르몬의 주성분으로 물질대사와 생리 기능 조절에 관여한다.

| 선택지 분석 |
② 탄수화물과 단백질은 탄소를 포함하는 탄소 화합물이다. 효소, 호르몬의 주성분은 단백질이므로, A는 단백질, B는 탄수화물, C는 물이다.

08 정답 ⑤ ＊생명체를 구성하는 물질

💡 단서＋발상
단서 생명체를 구성하는 물질 중 단백질, 탄수화물, 핵산의 공통점과 차이점이 벤다이어그램으로 제시되어 있다.
발상 A~C의 각 차이점을 통해 A는 핵산, B는 탄수화물, C는 단백질임을 추론할 수 있다.

| 문제＋자료 분석 |
• A: 유전정보를 저장하고 전달하므로 핵산에 해당한다. 핵산의 구성 원소는 탄소(C), 수소(H), 산소(O), 질소(N), 인(P)이며, 핵산의 종류에는 DNA과 RNA가 있다.
• B: 단당류인 포도당이 대표적인 예이므로 탄수화물에 해당한다. 탄수화물의 구성 원소는 탄소(C), 수소(H), 산소(O)이며, 탄수화물의 종류에는 포도당, 녹말, 글리코젠, 셀룰로스 등이 있다.
• C: 효소와 호르몬의 주성분이므로 단백질에 해당한다. 단백질의 구성 원소는 탄소(C), 수소(H) 산소(O), 질소(N)이며, 단백질은 생물체 내 각종 화학 반응과 생리 작용을 조절하는 역할을 한다.
• ㉠: A~C의 공통점이므로 '탄소 화합물이다.'는 ㉠에 해당한다.

| 보기 분석 |
ㄱ A는 유전정보를 저장하고 전달하는 물질이므로 핵산이다.
ㄴ B(탄수화물)와 C(단백질)는 모두 1 g당 4 kcal의 열량을 내는 에너지원으로 이용된다.
ㄷ A~C는 모두 탄소(C)가 수소(H), 산소(O) 등과 공유 결합하여 이루어진 탄소 화합물이므로 '탄소 화합물이다.'는 A~C의 공통점인 ㉠에 해당한다.

09 정답 ① * 단백질의 형성 과정

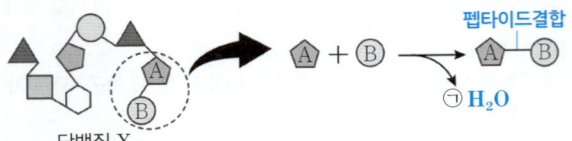

그림은 단백질 X를 구성하는 단위체 A, B의 결합 과정을 나타낸 것이다.

펩타이드결합

단백질 X

Ⓐ + Ⓑ → Ⓐ-Ⓑ

㉠ H_2O

이에 대한 설명으로 옳은 것만을 [보기]에서 있는 대로 고른 것은?

[보기]

㉠ A와 B는 아미노산이다.
단백질의 단위체는 아미노산이다.

ㄴ. ㉠은 이산화 탄소(CO_2)이다.
펩타이드결합이 일어나 H_2O가 빠져나온다.

ㄷ. 단백질 X는 8개의 펩타이드결합으로 이루어져 있다.
7개

① ㄱ   ② ㄷ   ③ ㄱ, ㄴ   ④ ㄴ, ㄷ   ⑤ ㄱ, ㄴ, ㄷ

| 문제+자료 분석 |

• 단백질의 단위체는 아미노산이다.
• 펩타이드결합은 2개의 아미노산이 결합할 때 두 아미노산 사이에서 물(H_2O) 분자 1개가 빠져나오면서 형성되는 결합이다.

| 보기 분석 |

㉠ 단백질의 단위체는 아미노산이며, 아미노산의 종류와 배열 순서에 따라 단백질의 구조와 기능이 결정된다.

ㄴ. 2개의 아미노산 사이에 물 분자 1개가 빠지면서 펩타이드결합이 형성되므로 ㉠은 물(H_2O)이다.

ㄷ. 단백질 X는 8개의 아미노산이 결합하고 있으므로 펩타이드결합의 수는 7개이다. **함정**

10 정답 ⑤ * 단백질의 형성 과정

 단서+발상

단서 서로 다른 단백질 A와 B의 형성 과정 일부가 제시되어 있다.

적용 단백질의 단위체인 ㉠이 (가)에 의해 폴리펩타이드가 되는 것을 파악하는 것부터 문제 풀이를 시작해야 한다.

| 문제+자료 분석 |

• ㉠: 단백질의 단위체인 아미노산이다. 아미노산은 탄소를 중심으로 아미노기, 카복실기, 수소 원자, 곁사슬(R)이 결합되어 있다. 곁사슬의 종류에 따라 아미노산의 종류가 달라진다.

• (가): 많은 수의 아미노산이 펩타이드결합으로 연결되어 긴 사슬 모양의 폴리펩타이드를 형성한다.

• 폴리펩타이드는 아미노산의 배열 순서에 따라 구부러지고 접혀서 독특한 입체 구조를 갖는 단백질이 되며, 단백질의 기능은 이 입체 구조에 의해 결정된다.

| 보기 분석 |

㉠ ㉠은 단백질의 단위체인 아미노산이다.

㉡ (가) 과정에서 2개의 아미노산이 결합할 때 두 아미노산 사이에서 물 분자 1개가 빠져나오며 펩타이드결합이 형성된다. 많은 수의 아미노산이 펩타이드결합으로 연결되어 긴 사슬 모양의 폴리펩타이드를 형성한다.

㉢ ㉠(아미노산)의 종류와 수, 결합 순서에 따라 단백질의 입체 구조가 달라지며, 단백질의 입체 구조에 따라 단백질의 기능이 결정되어 다양한 종류의 단백질이 형성된다.

11 정답 ③ * DNA의 구조

 단서+발상

단서 핵산의 단위체 (가)와, G(구아닌), T(타이민)와 각각 상보적 결합을 하는 염기 ㉠, ㉡이 제시되어 있다.

적용 염기에 T(타이민)이 존재하는 것으로 보아 이 핵산이 DNA라는 것을 알아내는 것부터 문제 풀이를 시작해야 한다.

| 문제+자료 분석 |

• (가): 핵산의 기본 단위체인 뉴클레오타이드이며, 인산, 당, 염기가 1 : 1 : 1로 결합되어 있다.

• ㉠: G(구아닌)과 상보적인 결합을 하는 염기이므로 C(사이 토신)이다.

• ㉡: T(타이민)과 상보적인 결합을 하는 염기이므로 A(아데닌)이다.

• 염기에 T(타이민)이 존재하므로 이 핵산은 DNA이다.

| 보기 분석 |

㉠ 이중나선구조이며, 염기에 T(타이민)이 존재하므로 이 핵산은 DNA이다. DNA의 염기에는 A(아데닌), G(구아닌), C(사이토신), T(타이민)이 있다. 단일가닥 구조인 RNA는 염기에 A(아데닌), G(구아닌), C(사이토신), U(유라실)이 있다.

㉡ (가)는 핵산의 기본 단위체이므로 뉴클레오타이드이다. 뉴클레오타이드는 인산, 당, 염기가 1 : 1 : 1로 결합된 것이다.

ㄷ. ㉠은 G(구아닌)과 상보적인 결합을 하는 염기이므로 C(사이토신)이고, ㉡은 T(타이민)과 상보적인 결합을 하는 염기이므로 A(아데닌)이다.

12 정답 ② * DNA의 구조

| 문제+자료 분석 |

• DNA의 단위체는 인산, 당(디옥시라이보스), 염기(A, G, C, T)로 구성된 뉴클레오타이드 4종류이다.

• 두 가닥의 폴리뉴클레오타이드에서 각 가닥의 염기들은 나선의 안쪽에서 상보적으로 결합한다. 아데닌(A)은 항상 타이민(T)과, 구아닌(G)은 사이토신(C)과 결합한다.

• 서로 다른 염기를 가진 4종류의 뉴클레오타이드가 다양한 순서로 결합하여 염기서열이 다양한 DNA가 만들어진다.

| 선택지 분석 |

① DNA의 염기 중에서 아데닌(A)과 상보적으로 결합하는 염기는 타이민(T)(㉠)이다.

② DNA를 구성하는 당은 디옥시라이보스이고, RNA를 구성하는 당은 라이보스이다. 그림은 DNA의 구조를 나타낸 것이므로 ㉡과 ㉢은 모두 디옥시라이보스이다.

③ DNA의 염기 중에서 구아닌(G)과 상보적으로 결합하는 염기는 사이토신(C)(㉣)이다. RNA를 구성하는 염기의 종류는 아데닌(A), 구아닌(G), 사이토신(C), 유라실(U)이 있다.

④ DNA의 단위체는 인산, 당, 염기가 1 : 1 : 1로 결합하고 있는 뉴클레오타이드이다.

⑤ DNA의 이중나선 안쪽에 있는 염기쌍의 배열 순서에 따라 저장되는 유전정보가 결정된다.

13 핵심 키워드: DNA, RNA

모범 답안 (가)는 DNA, (나)는 RNA이다.

• DNA는 두 개의 폴리뉴클레오타이드가 나선 형태로 꼬여 있는 이중나선구조이고, RNA는 한 개의 폴리뉴클레오타이드로 이루어진 단일 가닥 구조이다.

• DNA를 구성하는 뉴클레오타이드의 당은 디옥시라이보스이고, RNA를 구성하는 뉴클레오타이드의 당은 라이보스이다.

- DNA를 구성하는 염기는 아데닌(A), 구아닌(G), 사이토신(C), 타이민(T)의 4종류이고, RNA를 구성하는 염기는 아데닌(A), 구아닌(G), 사이토신(C), 유라실(U)의 4종류이다.
- DNA는 유전정보를 저장하고, RNA는 유전정보를 전달하고 단백질 합성에 관여한다.

| 문제+자료 분석 |
- 핵산은 유전정보를 저장하거나 유전정보를 전달하여 단백질 합성에 관여하는 물질로, DNA와 RNA가 있다.
- (가): 두 가닥의 폴리뉴클레오타이드가 나선형으로 꼬여 있는 이중나선구조이다. ➡ DNA
- (나): 단일 가닥의 폴리뉴클레오타이드로 되어 있다. ➡ RNA

＊채점 기준

(가)와 (나)의 명칭, 차이점 3가지를 모두 옳게 서술한 경우	100 %
(가)와 (나)의 명칭, 차이점 2가지를 옳게 서술한 경우	75 %
(가)와 (나)의 명칭, 차이점 1가지를 옳게 서술한 경우	50 %
(가)와 (나)의 명칭만 옳게 서술한 경우	25 %

14 정답 ④ ＊반도체

| 문제+자료 분석 |
- 순수 반도체는 불순물 없이 완벽한 결정 구조를 갖는 반도체로, 규소(Si), 저마늄(Ge)이 있다.

| 선택지 분석 |
①, ② 순수 반도체 물질로는 원자가 전자가 4개인 원소들이 이용된다. 예를 들어 규소(Si), 저마늄(Ge) 등 14족 원소가 사용된다.
③ 반도체는 도체보다 전기 전도성이 작고 부도체(절연체)보다 전기 전도성이 크다. 꿀팁
④ 순수 반도체에 불순물을 섞으면 불순물 원자가 만드는 양공이나 남는 전자에 의해 전기 전도성이 커진다.
⑤ 순수 반도체인 규소(또는 저마늄)는 이웃한 4개의 규소(또는 저마늄) 원자와 원자가 전자 4쌍이 공유 결합하여 안정된 구조를 하고 있다.

15 정답 ① ＊불순물 반도체

| 문제+자료 분석 |
- p형 반도체는 규소에 원자가 전자가 3개인 붕소, 알루미늄, 갈륨 등을 첨가하여 만든다.
- 이때 공유 결합에 전자 1개가 부족하여 빈자리인 양공이 생긴다. 전압을 걸면 양공 주위의 전자가 이동하여 양공을 채우고 전자가 이동한 자리에는 또 다른 양공이 생기므로 양공이 움직이게 된다.

| 보기 분석 |
ㄱ. p형 반도체는 원자가 전자가 4개인 규소(Si)에 원자가 전자가 3개인 원소를 첨가한 불순물 반도체로, 규소 원자에 비해 전자 1개가 부족하여 전자가 비어 있는 양공이 생긴다.
ㄴ. 순수 반도체에 13족 원자를 첨가하면 p형 반도체가 된다. 인(P), 비소(As), 안티모니(Sb)는 모두 15족 원소이다.
ㄷ. 처음 불순물 원자가 결합할 때는 불순물 원자 주위에 양공이 생기지만 주변의 전자가 양공을 채우면 원래 전자가 있던 자리에 양공이 생길 수 있다. 함정

16 정답 ⑤ ＊반도체의 이용

| 문제+자료 분석 |
- 순수한 반도체에 불순물을 첨가하면 전기 전도성이 높아진다.

- 순수한 반도체는 불순물이 없는 반도체로 원자가 전자가 4개인 규소(Si)와 저마늄(Ge)이 대표적인 물질이다.
- 불순물 반도체는 순수 반도체에 불순물을 첨가(도핑)한 반도체이며, 불순물 반도체에는 p형 반도체와 n형 반도체가 있다.

| 보기 분석 |
ㄱ. 순수한 반도체는 규소(Si) 또는 저마늄(Ge)만으로 이루어져 있다.
ㄴ. 순수 반도체에 불순물을 첨가하면 전기 전도성이 좋아진다.
ㄷ. 태양 전지에서 빛에너지가 전기 에너지로 전환된다. 꿀팁

17 정답 ② ＊물질의 전기적 성질 활용

| 문제+자료 분석 |
- 물질은 자유 전자의 유무에 따른 전기적 성질에 따라 도체, 부도체, 반도체로 구분할 수 있다.
- 철은 도체, 고무는 부도체, 규소는 반도체에 해당한다.

| 보기 분석 |
ㄱ. 철은 단단하면서도 여러 가지 모양으로 만들 수 있어 농기구와 교통수단의 소재로 이용된다.
ㄴ. 고무는 습기와 화학 물질에 대한 저항성이 우수하고 유연성이 있어 전선의 외피에 이용된다.
ㄷ. 규소는 반도체 소자를 만드는 데 이용된다.

18 정답 (1) 철, 알루미늄, (2) 고무, 유리, (3) 규소, 저마늄

| 문제+자료 분석 |
- 물질은 전기적 성질에 따라 도체, 절연체, 반도체로 구분한다.
- 도체는 전기 저항이 작아 전류가 잘 흐르는 물질로, 대부분의 금속, 흑연 등이 이에 속한다.
- 절연체는 전기 저항이 매우 커서 전류가 거의 흐르지 않는 물질로, 고무, 유리, 나무 등이 이에 속한다.
- 반도체는 온도나 압력 등 조건에 따라 전기 저항이 변하는 물질로, 규소, 저마늄 등이 이에 속한다.

19 정답 ③ ＊순수 반도체

| 문제+자료 분석 |
- 그림은 어떤 불순물도 섞이지 않은 규소 원자로 이루어진 순수한 반도체이다.

| 보기 분석 |
ㄱ. 불순물이 섞이지 않은 14족 원소의 결정을 순수 반도체라고 한다.
ㄴ. 규소는 원자가 전자가 4인 14족 원소이다.
ㄷ. 반도체는 전기 전도성이 도체와 부도체의 중간 정도인 물질이다. 반도체는 극저온에서는 전기 저항이 매우 크지만 실온에서는 전기 저항이 작아져 전류가 어느 정도 흐를 수 있다.

20 정답 ① ＊불순물 반도체

| 문제+자료 분석 |
- 불순물 반도체는 순수 반도체에 특정한 불순물을 섞어서 전류를 흐르게 하는 입자의 수를 증가시켜 전기 전도성을 증가시킨 반도체이다.

| 선택지 분석 |
① 반도체는 전기 저항이 부도체보다 작다.
② 순수 반도체에 불순물을 섞어서 전기 전도성이 커진다.
③ 원자가 전자가 5개인 인(P), 비소(As) 등을 도핑하면 주요 전하 운반자가 전자인 n형 반도체가 된다.
④ 순수 반도체에 13족 원소를 도핑하면 p형 반도체가 된다.
⑤ n형 반도체는 전자가, p형 반도체는 양공이 주된 전하 운반자이다.

21 핵심 키워드 : 10^{16}개/m³×10^8

[모범 답안] 순수 반도체를 15족 원소인 인(P)으로 도핑하면 인 원자 1개당 1개의 자유 전자가 생긴다. 따라서 반도체 내의 자유 전자 밀도를 10^8배만큼 높이기 위해서 $1\,m^3$당 필요한 인 원자 수는 10^{16}개/m³×10^8＝10^{24}개/m³이다.

| 문제＋자료 분석 |
- 규소(Si)에 인(P)을 첨가하면 인의 5개의 원자가 전자 중 4개는 규소와 공유 결합을 하고, 전자 1개가 남는다.
- 남는 전자 1개가 원자에 약하게 속박되어 자유롭게 이동할 수 있다. 자유 전자가 주된 전하 운반자의 역할을 한다.

수능 대비 기출 문제
문제편 124p

01 정답 ④ * 규산염 광물, 물질의 전기적 성질

지구의 지각을 이루는 암석의 대부분은 그림과 같이 두 종류의 원자 ⓐ와 ⓑ가 공유결합한 사면체 구조를 기본 단위체로 하는 ㉠규산염 광물로 구성되어 있다. 기본 단위체의 구성 원자인 X 로만 이루어진 물질은 특정 불순물을 첨가하여 전기적 성질을 변화시킬 수 있다. 이를 이용하여 만든 ㉡반도체 소자는 태양 전지나 스마트 기기, 로봇 등 다양한 제품에 활용된다.

→ 규소(Si) [단서] 산소(O)

㉠ 규소(Si)

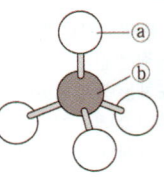
ⓐ
ⓑ

단서＋발상
- (단서) 광물 ㉠에 대한 설명이 제시되어 있다.
- (발상) 광물의 특징과 구조에 대한 설명을 통해 ㉠을 추론할 수 있다.
- (적용) 지각을 구성하는 광물의 특징을 적용해서 ㉠을 구하는 것부터 문제 풀이를 시작해야 한다.

| 문제＋자료 분석 |
- 문제에 두 종류의 원자가 공유 결합하여 만든 사면체 구조를 기본 단위로 하는 광물 ㉠은 암석의 대부분을 차지함이 제시되어 있으므로 광물 ㉠은 규산염 광물임을 알 수 있다.
- 규산염 광물은 규소(Si) 원자 1개와 산소(O) 원자 4개가 공유 결합한 사면체 모양을 기본 구조로 하므로 ⓐ는 산소(O) 원자이고 ⓑ는 규소(Si) 원자에 해당한다.
- 태양 전지나 스마트 기기, 로봇 등에 사용하는 반도체 소자는 순수한 반도체인 규소(Si)에 특정 불순물을 첨가한 물질을 이용하여 만든다.

| 보기 분석 |
ㄱ. X는 순수한 반도체를 의미하므로 ⓑ 규소(Si)이다.
ㄴ. ㉠ 광물은 지구의 지각을 이루는 암석의 대부분인 규산염 광물에 해당한다.
　 따라서 ㉠은 '규산염'이다.
ㄷ. 순수한 반도체인 규소(Si)에 특정 불순물을 첨가하여 전기적 성질을 변화시킬 수 있는 물질을 활용하여 만든 ㉡ 소자는 '반도체' 소자이다.

---

02 정답 ⑤ * 유전 정보의 흐름

표는 이중나선구조 DNA의 모형을 만들기 위해 준비한 당, 인산, 염기, 결합선 부품 각각의 개수를, 그림은 완성된 DNA 모형 X를 나타낸 것이다. X는 표의 부품으로 만들 수 있는 정상적인 이중나선구조 DNA 모형 중 뉴클레오타이드의 수가 가장 많은 모형이다.

A－T쌍은 개수가 적은 A에 맞추어 15쌍을 만들 수 있음 ➡ T 5개 남음

	부품	개수
⬠	당	63
◯	인산	58
[단서] 염기	아데닌(A)	㉕15
	사이토신(C)	㉕13
	구아닌(G)	㉕25
	타이민(T)	㉕20
—	결합선	500

G－C쌍은 개수가 적은 C에 맞추어 13쌍을 만들 수 있음 ➡ G 12개 남음

모형 X
- 당 : 총 56개
- 인산 : 총 56개
- 염기 : 총 56개
　① G－C 13개씩
　② A－T 15개씩

이에 대한 설명으로 옳은 것만을 [보기]에서 있는 대로 고른 것은? [2점]

[보기]
ㄱ. 핵산의 기본 단위체는 ~~염기~~이다.
　 뉴클레오타이드(당＋인산＋염기)
ㄴ. X에서 인산의 총개수는 56개이다.
ㄷ. X에서 구아닌과 상보적으로 결합한 염기의 총개수는 13개이다.

① ㄱ ② ㄴ ③ ㄷ ④ ㄱ, ㄷ ⑤ ㄴ, ㄷ

단서＋발상
- (단서) DNA 모형을 만들기 위한 염기 부품의 개수가 각각 제시되어 있다.
- (발상) 염기 부품의 개수에 따라 만들 수 있는 DNA 모형 X를 추론할 수 있다.
- (적용) 이중나선구조 DNA의 염기쌍 특징을 적용해서 X에 필요한 염기 부품을 구하는 것부터 문제 풀이를 시작해야 한다.

| 문제＋자료 분석 |
- DNA에서 구아닌(G)과 사이토신(C)이 상보적으로 결합하고, 아데닌(A)과 타이민(T)이 상보적으로 결합한다.
- 구아닌(G)과 사이토신(C) 중 부품의 개수가 작은 사이토신에 맞추어 G－C 결합 쌍은 13쌍 만들 수 있고, 아데닌(A)과 타이민(T) 중 부품의 개수가 작은 아데닌에 맞추어 A－T 결합 쌍은 15쌍 만들 수 있다.
- X에 총 28쌍의 염기쌍이 있으므로 당과 인산은 염기 1개당 각 1개씩 필요하므로 각각 총 56개씩 필요하다.
- 결합선은 500개로 충분하므로 이 문항에서 고려하지 않아도 된다.

| 보기 분석 |
ㄱ. 핵산의 기본 단위체는 뉴클레오타이드이다. 뉴클레오타이드는 당, 염기, 인산이 결합된 구조이다.
ㄴ. X에 총 28쌍의 염기쌍이 있으므로 인산의 총 개수는 56개이다.
ㄷ. X에서 구아닌(G)과 상보적으로 결합한 염기는 사이토신(C)이며, 사이토신(C)의 총개수는 13개이다.

문제 풀이 꿀팁

- 이중나선구조 DNA에서 구아닌(G)과 사이토신(C)이 상보적으로 결합하고, 아데닌(A)과 타이민(T)이 상보적으로 결합한다.
- 구아닌(G)과 사이토신(C) 중 개수가 작은 것을 기준으로 염기쌍이 형성되고 나머지 염기는 사용될 수 없다.
- 아데닌(A)과 타이민(T) 중 개수가 작은 것을 기준으로 염기쌍이 형성되고 나머지 염기는 사용될 수 없다.

03 정답 ④ * 반도체의 이용

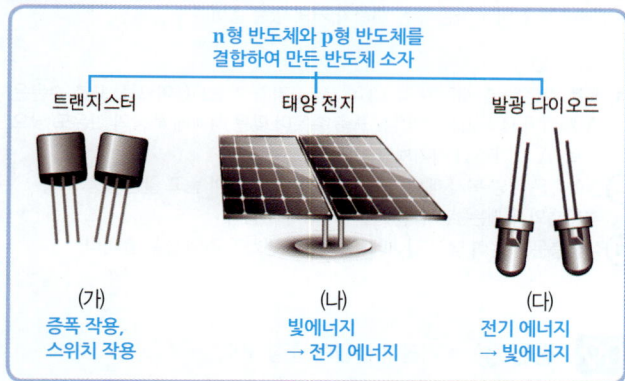

n형 반도체와 p형 반도체를 결합하여 만든 반도체 소자

트랜지스터	태양 전지	발광 다이오드
(가)	(나)	(다)
증폭 작용, 스위치 작용	빛에너지 → 전기 에너지	전기 에너지 → 빛에너지

단서 + 발상

단서 반도체를 이용해 만든 장치들이 제시되어 있다.

발상 각 장치들의 기능을 정리하는 것부터 문제 풀이를 시작해야 한다.

| 문제 + 자료 분석 |
- **(가) 트랜지스터**: 약한 전류와 전압을 크게 하는 증폭 작용과 전류의 흐름을 조절하는 스위치 작용을 할 수 있다.
- **(나) 태양 전지**: 태양광이 태양 전지에 닿아 흡수되면 태양 전지 안에 자유 전자가 생기고, 자유 전자가 이동하면서 전류가 흐른다.
- **(다) 발광 다이오드(LED)**: 전류가 흐를 때 빛을 방출한다.

| 보기 분석 |
ㄱ 트랜지스터는 전기 신호를 증폭시킬 수 있다.
ㄴ 태양 전지는 빛에너지를 흡수하여 전기 에너지를 발생시킨다.
ㄷ 발광 다이오드(LED)는 갈륨, 비소, 인, 질소 등을 이용하여 만들며 첨가하는 원소에 따라 방출하는 빛의 색이 달라 빛의 3원색을 구현할 수 있다.

09 지구시스템의 구성과 상호작용

내신 대비 필수 문제
문제편 134~138p

01 정답 ③ * 태양계와 지구시스템

| 문제 + 자료 분석 |
- 태양계는 태양과 태양 주변을 회전하는 여러 천체들로 구성되어 있는 시스템이다.
- 지구는 태양계의 역학 시스템 안에 존재하는 구성 요소이면서 그 자체로도 여러 구성 요소를 포함하는 하나의 시스템을 이룬다.

| 보기 분석 |
ㄱ 태양계는 태양, 행성, 소행성, 위성, 혜성 등의 천체들이 태양의 중력에 붙잡혀 일정한 궤도를 따라 공전하면서 서로 영향을 주고받는 거대한 역학 시스템을 이룬다.
ㄴ 달과 태양은 외권의 구성 요소이다. 지구를 둘러싸고 있는 기권 밖 우주 공간도 지구계 구성 요소 중 외권에 해당하며, 지구 환경과 생명체에 영향을 미친다.
ㄷ 지구는 기권, 수권, 지권, 생물권, 외권이 서로 영향을 주고받으면서 태양계에서 또 다른 작은 시스템을 이룬다.

02 정답 ④ * 지구시스템의 구성 요소

| 문제 + 자료 분석 |
- **지권의 층상 구조**: 지각, 맨틀, 외핵, 내핵으로 구분한다.
- **기권의 층상 구조**: 높이에 따른 기온 분포를 기준으로 대류권, 성층권, 중간권, 열권으로 구분한다.
- **수권의 층상 구조**: 깊이에 따른 수온 분포를 기준으로 혼합층, 수온 약층, 심해층으로 구분한다.

| 선택지 분석 |
① 맨틀은 지권의 구성 요소에 해당한다.
② 열권은 기권의 구성 요소에 해당한다.
③ 외핵은 지권의 구성 요소에 해당한다.
④ 지각은 지권의 구성 요소에 해당한다.
⑤ 혼합층은 수권의 구성 요소에 해당한다.

03 정답 ⑤ * 지구시스템의 구성 요소

| 문제 + 자료 분석 |
- 지권은 암석과 토양으로 이루어진 지구 표면과 지구 내부를 포함하는 깊이 약 6400 km까지의 영역이다.
- 수권은 해수, 빙하, 지하수, 강과 호수 등 지구에 분포하는 물이다.
- 기권은 지구를 둘러싸고 있는 대기가 분포하는 영역으로, 지표로부터 높이 약 1000 km까지 분포한다.
- 외권은 지구를 둘러싸고 있는 기권 밖의 우주 영역이다.
- 생물권은 지구의 모든 생명체와 아직 분해되지 않은 유기물이 분포하는 영역이다.

| 선택지 분석 |
① 지권은 지각, 맨틀, 외핵, 내핵으로 구분된다.
② 대기 중의 수증기는 기권에 포함된다. 함정
③ 기권은 지구를 둘러싸고 있는 대기가 분포하는 영역으로, 대류권뿐만 아니라 성층권, 중간권, 열권을 포함한다.
④ 외권은 지구를 둘러싸고 있는 기권 밖의 공간이다.
⑤ 생물권은 지구의 모든 생명체뿐만 아니라 아직 분해되지 않은 유기물까지 포함하는 영역이다.

09

04 정답 ② * 지권의 층상 구조

| 문제＋자료 분석 |
- P파는 고체, 액체, 기체를 모두 통과할 수 있으며, S파는 고체만 통과할 수 있다.
- 핵은 철과 니켈 등의 무거운 물질로 이루어져 있다. 외핵은 액체 상태, 내핵은 고체 상태이다.

| 선택지 분석 |
② 외핵은 철과 니켈 등의 무거운 물질로 이루어져 있으며, 액체 상태이기 때문에 S파가 통과하지 못한다. 액체 상태인 외핵에서 철과 니켈의 대류가 일어나 지구 자기장이 형성된다.

05 정답 ③ * 지구의 내부 구조

| 문제＋자료 분석 |
- A는 내핵, B는 외핵, C는 맨틀, D는 지각에 해당한다.
- **지각**: 암석으로 된 지구의 겉부분으로, 비교적 가벼운 규산염 물질로 이루어져 있다.
- **맨틀**: 지구 전체 부피의 약 80%를 차지한다. 고체 상태이지만 일부는 유동성이 있어 대류가 일어난다.
- **핵**: 철과 니켈 등의 무거운 물질로 이루어져 있으며, 외핵은 액체, 내핵은 고체 상태이다.

| 보기 분석 |
ㄱ. A층은 내핵으로 고체, B층은 외핵으로 액체 상태이다.
ㄴ. 철의 함량비는 내핵(A)과 외핵(B)에서 가장 높다. 맨틀(C)과 지각(D)은 규소와 산소의 함량비가 높다.
ㄷ. C층은 맨틀로 지권 전체 부피의 약 80%를 차지한다.

06 핵심 키워드: 2900 km, 구성 물질

모범 답안 약 2900 km, 맨틀과 외핵의 경계인 깊이 약 2900 km에서 구성 물질의 성분과 상태가 급격하게 변하기 때문에 밀도 변화가 가장 크다.

| 문제＋자료 분석 |
- **지권의 층상 구조**: 지권은 구성 물질의 성분과 상태에 따라 지각, 맨틀, 외핵, 내핵으로 구분한다.
- **지권의 구성 성분**: 지각과 맨틀은 비교적 가벼운 규산염 물질로 이루어져 있고, 핵은 철과 니켈 등의 무거운 물질로 이루어져 있다.

＊채점 기준

깊이와 까닭을 모두 옳게 서술한 경우	100%
깊이만 맞은 경우	50%

07 정답 ① * 수권과 지권의 층상 구조

| 문제＋자료 분석 |
- 해수는 깊이에 따른 수온 분포를 기준으로 혼합층, 수온 약층, 심해층으로 구분한다.
- 지권은 물질의 구성 성분과 상태를 기준으로 지각, 맨틀, 외핵, 내핵으로 구분한다.

| 보기 분석 |
ㄱ. 해수의 층상 구조는 깊이에 따른 수온 분포를 기준으로 혼합층, 수온 약층, 심해층으로 구분한다. 해수의 온도를 결정하는 주된 요인은 태양 복사 에너지의 흡수량이다. 꿀팁
ㄴ. 지구의 중심부에 위치하는 핵은 주로 철과 니켈 등으로 구성되며, 지구 내부의 온도, 압력 등에 의해서 외핵은 액체 상태이고, 내핵은 고체 상태이다.

ㄷ. 핵은 철과 니켈 등의 무거운 물질들로 이루어져 있고, 맨틀은 상대적으로 가벼운 규산염 물질로 이루어져 있다. 따라서 (나)에서 밀도는 맨틀이 외핵보다 작다.

08 정답 ④ * 해수의 온도 분포

| 문제＋자료 분석 |
- 해수는 깊이에 따라 혼합층, 수온 약층, 심해층으로 나뉜다.
- 해상의 기온은 A 시기가 B 시기보다 낮다.
- 혼합층의 두께는 A 시기가 B 시기보다 두껍다. 혼합층의 두께는 바람의 세기와 비례한다.
- 심해층은 깊이에 따른 수온 변화가 거의 없는 층이다.

| 보기 분석 |
ㄱ. 표층 수온은 A 시기가 약 13 °C, B 시기가 약 22 °C이므로, 표층 수온은 A 시기가 B 시기보다 낮다. 표층 수온이 낮은 시기에 해상의 기온도 낮으므로, A 시기가 B 시기보다 낮다.
ㄴ. 혼합층은 태양 복사 에너지와 바람에 의해 수온이 높고 일정한 층으로, 혼합층의 두께는 A 시기가 B 시기보다 두껍다.
ㄷ. 심해층은 수온이 낮고 깊이에 따른 수온 변화가 거의 없는 층이다.

09 정답 ① * 기권과 수권의 층상 구조

| 문제＋자료 분석 |
- (가): 기권은 높이에 따른 기온 분포에 따라 대류권(A), 성층권(B), 중간권(C), 열권으로 구분한다.
- (나): 수권(해수)은 깊이에 따른 수온 분포에 따라 혼합층(a), 수온 약층(b), 심해층(c)로 구분한다.

| 선택지 분석 |
① A층은 대류권으로 눈, 비 등의 기상 현상이 나타난다.
② a층은 혼합층으로 바람에 의한 혼합 작용으로 깊이와 관계없이 수온이 일정하며, 바람이 강할수록 두껍게 나타난다.
③ C층은 중간권으로 대류 현상이 발생하는 불안정한 층이나, b층은 수온 약층으로 안정하다.
④ 태양풍의 고에너지 입자로부터 지구의 생명체를 보호하는 특징은 지구의 외권 중 자기권에 해당한다.
⑤ a층은 혼합층으로 계절에 따른 수온의 변화가 크지만, c층은 심해층으로 연중 수온이 낮고, 수온이 거의 일정하게 유지되는 층이다.

10 정답 ④ * 지구시스템의 구성과 상호작용

| 문제＋자료 분석 |
- 지구시스템은 생물권, 지권, 수권, 기권, 외권으로 구성되어 있으며, 각 권역 간 상호작용을 하고 있다.
- A: 바람에 의해 해류가 발생한다. ➡ 기권과 수권의 상호작용
- B: 육상 식물이 광합성 과정에서 대기 중의 이산화 탄소를 흡수한다. ➡ 생물권과 기권의 상호작용
- Ⅰ은 수권, Ⅱ는 기권이다.

| 보기 분석 |
ㄱ. A의 예시인 '바람에 의해 해류가 발생한다.'는 기권과 수권의 상호작용, B의 예시인 '육상 식물이 광합성 과정에서 대기 중의 이산화 탄소를 흡수한다.'는 생물권과 기권의 상호작용이므로, Ⅰ은 수권, Ⅱ는 기권이다.
ㄴ. ㉠인 광합성은 기권(Ⅱ)의 이산화 탄소가 식물체 내로 흡수되는 현상이므로, 기권의 탄소량을 감소시키는 요인이다.
ㄷ. '지진에 의해 해일이 발생한다.'는 지권과 수권의 상호작용이므로, (가)에 해당한다.

11 정답 (가) 지권, 기권, (나) 외권, 기권

| 문제+자료 분석 |
- (가): 화산 폭발(지권)으로 인해 기온이 하강(기권)한다.
  ➡ 화산이 폭발하여 화산재가 대기로 방출되면 햇빛을 가려 지구의 기온이 낮아진다.
- (나): 유성체(외권)가 지구 대기와의 마찰로 타면서 유성(기권)이 관측된다.
  ➡ 유성은 태양계를 떠돌던 티끌, 먼지 등이 지구 중력에 이끌려 지구 대기로 들어올 때 대기와의 마찰로 불타는 현상이다.

12 핵심 키워드: 화산재, 햇빛 차단

[모범 답안] 화산이 폭발하면 대기로 분출된 화산재가 햇빛을 차단하여 지구의 기온이 낮아진다.

| 문제+자료 분석 |
- 지구의 기온은 햇빛에 의해 변화한다. 입자가 미세한 화산재는 성층권까지 올라간다. 이때 지구의 반사율이 증가하기 때문에 입사한 태양 복사 에너지의 양이 줄어들어 기온이 낮아진다.

✱ 채점 기준

화산재에 의한 햇빛 차단으로 기온이 낮아짐을 옳게 서술한 경우	100 %
화산재 분출 또는 햇빛 차단의 1가지만 서술한 경우	50 %

13 정답 ② ✱ 지구시스템의 상호작용

 단서+발상

[단서] 지구시스템에서 일어나는 상호작용의 예가 제시되어 있다.
[발상] A, B, C가 지구시스템의 어느 구성 요소 간의 상호작용인지 추론할 수 있다.
[적용] A, B, C의 근원이 되는 권역과 영향을 받는 권역을 구하는 것부터 문제 풀이를 시작해야 한다.

| 문제+자료 분석 |
- A: 대기 중으로 화산 가스 방출 ➡ 지권과 기권의 상호작용
- B: 해수의 증발로 인한 태풍 발생 ➡ 수권과 기권의 상호작용
- C: 식물체로부터 석탄 생성 ➡ 생물권과 지권의 상호작용

| 선택지 분석 |
② 화산 가스 방출은 지권과 기권의 상호작용에 해당하고, 해수의 증발로 인한 태풍 발생은 수권과 기권의 상호작용에 해당한다. 식물체가 땅속에 묻혀 석탄이 생성되는 과정은 생물권과 지권의 상호작용에 해당한다.

14 정답 ① ✱ 지구 시스템의 에너지원

 단서+발상

[단서] 지구 시스템의 에너지원에 의해 일어나는 자연 현상이 제시되어 있다.
[발상] (가), (나), (다)에 해당하는 지구 시스템의 에너지원을 추론할 수 있다.
[적용] 에너지원에 의해 일어 나는 자연 현상을 해석해서 (가), (나), (다)에 해당하는 지구 시스템의 에너지원을 구하는 것부터 문제 풀이를 시작해야 한다.

| 문제+자료 분석 |
- 지구 시스템의 에너지원에는 태양 에너지, 지구 내부 에너지, 조력 에너지가 있으며, ==태양 에너지 > 지구 내부 에너지 > 조력 에너지 순서로 차지하는 양이 많다. 꿀팁==
- (가), (나), (다)는 각각 조력 에너지, 태양 에너지, 지구 내부 에너지이다.
- '대기 중으로의 화산 가스 분출'은 지권과 기권이 상호작용하는 예이다.

| 보기 분석 |
ㄱ. 밀물과 썰물은 외권과 수권의 상호작용으로, 달과 태양의 인력에 의해 수권에서 발생하는 현상이다. 따라서 (가)는 조력 에너지이다.
ㄴ. (나)는 태양 에너지로 지구 시스템의 에너지원 중 가장 많은 양을 차지한다.
ㄷ. '대기 중으로의 화산 가스 분출'은 지하에서 생성된 마그마가 분출하면서 기권으로 가스가 이동하는 현상으로, 지권과 기권이 상호작용하는 예이다.

✱ 지구 시스템
- 지구 시스템은 생물권, 지권, 수권, 기권, 외권으로 이루어진 권역들이 서로 상호작용하는 계이다. 지구 시스템의 에너지원은 태양 에너지 > 지구 내부 에너지 > 조력 에너지 순서로 차지하는 양이 많다.

15 정답 ① ✱ 물의 순환

| 문제+자료 분석 |
- 물은 고체, 액체, 기체로 상태 변화하면서 지구시스템을 순환하며, 물의 순환 과정에서 에너지가 함께 이동한다.

| 선택지 분석 |
① 육지에서 대기로 물이 이동(A 과정)할 때, 물의 증발이 일어난다. 이때 물은 에너지(숨은열)를 흡수한다.
② 해양에서 대기로 물이 이동(B 과정)할 때, 물의 증발이 일어난다. 이때 증발에 필요한 열로 태양 에너지가 이용된다.
③ 물이 육지에서 해양으로 이동하면서 풍화와 침식에 의해 지표의 모양을 변화시킨다.
④ 물의 순환 과정에서 각 권에 분포하는 물의 양은 변하지만 지구시스템 전체 물의 양은 일정하다.
⑤ 해수와 육수가 증발하여 물이 수증기의 형태로 대기로 이동한다. 수증기가 응결하여 구름을 형성하고, 비나 눈이 되어 지표로 이동한다. 이때 에너지도 함께 이동한다.

16 정답 ③ ✱ 물의 순환 과정

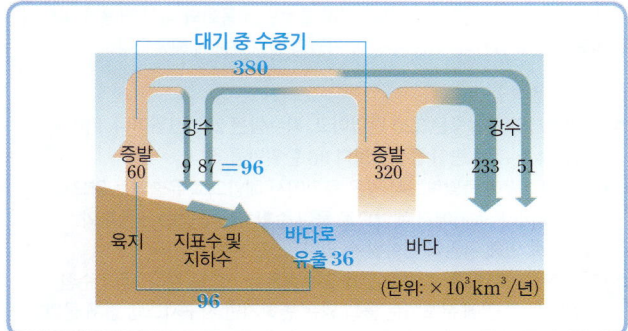

| 문제+자료 분석 |
- **물의 평형**

구분	유입량	유출량
육지	강수 96	증발 60＋바다로 유출 36 ＝96
바다	강수 284＋육지에서 유입 36 ＝320	증발 320
대기	육지 증발 60＋바다 증발 320 ＝380	육지 강수 96＋바다 강수 284 ＝380

| 선택지 분석 |
① 물은 태양 에너지를 흡수하여 수증기가 되면서 순환이 일어난다.

② 육지는 물의 유입량과 유출량이 같은 평형 상태를 이루고 있다. 육지로의 강수 96 단위이고, 육지로부터의 증발 60 단위이므로 바다로 유출되는 양은 36 단위이다.
③ 강수량은 육지에서 96(=9+87) 단위, 바다에서 284(=233+51) 단위로 육지보다 바다에서 많다.
④ 육지에서는 강수량이 증발량보다 많아 그 차이만큼 육지에서 바다로 유출이 된다.
⑤ 물의 순환 과정에서 각 권에 분포하는 물의 양은 변하지만 지구시스템 전체 물의 양은 변하지 않는다. 함정

17 정답 ④ * 물의 순환 과정

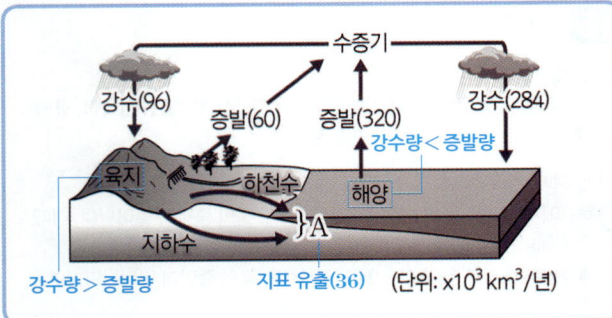

단서+발상

단서 지구 전체의 평균적인 물의 순환이 제시되어 있다.
발상 육지, 해양, 대기에서 물의 유입량과 유출량이 같은 평형 상태임을 추론할 수 있다.
적용 물의 유입량과 유출량이 같다는 것을 이용하여 A를 구하는 것부터 문제 풀이를 시작해야 한다.

| 문제+자료 분석 |
• 물의 순환을 일으키는 주요 에너지원은 태양 복사 에너지이다.
• 육지, 바다, 대기 모두 물의 유입량과 유출량이 같은 평형 상태를 이루고 있다.
• A는 지표 유출로, 물이 지표를 따라 흐르면서 풍화와 침식 작용을 일으켜 지표를 변화시킨다. 이는 수권과 지권의 상호작용에 해당한다.

| 보기 분석 |
ㄱ. 해양에서의 증발량은 320 단위이고, 강수량은 284 단위이다. 따라서 해양에서는 강수량이 증발량보다 36 단위만큼 적다.
ㄴ. A는 강수량이 증발량보다 많은 육지에서 해양으로 유출되는 양으로 36 단위이다. 육지에서 해양으로 물이 순환하는 과정에서 풍화와 침식으로 인해 지권이 변화될 수 있다.
ㄷ. 지구 전체에서의 총 증발량과 총 강수량은 380으로 같다. 물의 순환 과정에서 각 권에 분포하는 물의 양은 변하지만 지구시스템 전체 물의 양은 변하지 않는다.

18 핵심 키워드: 물의 평형

모범 답안 바다의 경우 물이 육지와 강수에 의해 계속 공급되지만 공급되는 양만큼 증발하여 물의 평형을 이루므로 해수면의 높이는 일정하게 유지된다.

| 문제+자료 분석 |
• 지구시스템 전체에서 물의 양은 일정하게 유지된다. 바다에서는 증발량이 강수량보다 많으나 그 차이만큼 육지에서 유입되므로 해수면의 높이는 일정하게 유지된다.

---

* 채점 기준

얻은 양과 잃은 양을 비교하여 물의 평형을 옳게 서술한 경우	100 %
물의 평형 때문이라고만 답한 경우	30 %

19 정답 지권

| 문제+자료 분석 |
• 탄소의 대부분(약 99.9%)은 지권에 분포하며, 지권에 분포하는 탄소는 대부분 탄산염의 형태로 존재한다.

20 정답 ⑤ * 탄소 순환

단서+발상

단서 지구시스템에서 일어나는 탄소 순환의 일부가 제시되어 있다.
발상 탄소 순환의 일부를 보고 지구시스템에서 탄소의 이동 과정을 추론할 수 있다.
적용 화석 연료를 연소시키면 탄소가 기권으로 이동한다는 개념을 적용해서 탄소의 이동을 구하는 것부터 문제 풀이를 시작해야 한다.

| 문제+자료 분석 |
• 지구시스템에서 일어나는 탄소 순환이란 지구에 존재하는 탄소(C)가 기권, 생물권, 수권, 지권 사이를 이동하며 광합성, 호흡, 연소, 분해, 침전, 화산 활동 등의 과정을 통해 다양한 형태로 순환하는 과정을 의미한다. 탄소가 순환할 때 에너지의 흐름도 함께 나타난다. 꿀팁
• 화석 연료 연소(A)를 통해 탄소는 기권으로 이동한다.
• 대기 중 이산화 탄소가 바다에 용해(B)되면 이산화 탄소의 일부는 탄산 이온의 형태로 존재한다.

| 보기 분석 |
ㄱ. A(화석 연료 연소)를 통해 탄소는 기권으로 이동한다.
ㄴ. B(용해)를 통해 대기 중의 이산화 탄소의 일부가 바다로 이동하면서 이산화 탄소의 일부가 탄산 이온(CO_3^{2-})의 형태로 존재한다.
ㄷ. 탄소가 순환할 때 에너지의 흐름(흡수, 방출)이 함께 일어난다.

* 탄소 순환

• 지구에 존재하는 탄소가 기권, 수권, 지권, 생물권 등 다양한 지구시스템 사이를 오가며 형태를 바꾸고 이동하는 과정을 의미한다.
• 탄소가 순환할 때 에너지의 흐름이 함께 일어난다.

21 정답 ③ * 탄소의 순환 과정

| 문제+자료 분석 |
• (가): 화석 연료(석탄·석유 등)의 연소 과정에서 이산화 탄소가 기권으로 방출되고, 방출된 이산화 탄소의 일부는 해수에 녹아 탄산 이온이 된다.
• (나): 식물이 광합성 과정에서 이산화 탄소를 흡수하여 포도당을 만든다.
• (다): 생물은 호흡 과정에서 이산화 탄소를 방출한다.

| 보기 분석 |
ㄱ. (나)는 식물의 광합성 과정으로 태양 에너지를 이용하여 이산화 탄소로부터 탄소 화합물(포도당)과 산소를 생성한다.
ㄴ. (나)는 식물의 광합성 과정으로 대기 중의 이산화 탄소(CO_2)가 감소하며, (다)는 식물이나 동물의 호흡 과정으로 대기 중의 이산화 탄소(CO_2)가 증가한다.
ㄷ. (가) 과정은 화석 연료 사용의 증가로, 대기 중의 이산화 탄소(CO_2) 농도를 증가시켜 지구 온난화 현상이 가속화된다.

22 정답 ③ * 질소의 순환

| 문제+자료 분석 |
• **질소의 순환**: 대기 중 질소는 토양 속 세균을 통해 질산 이온으로 바뀌어 식물에 흡수되고, 동물은 먹이 사슬을 통해 식물의 단백질을 섭취한다. 동식물의 배설물이나 사체는 분해자를 통해 다시 기권으로 이동한다.

| 보기 분석 |
ㄱ. 질소는 단백질과 같은 생명체를 이루는 물질의 필수 구성 성분이다.
ㄴ. 대기 중의 질소는 안정하여 동식물이 직접 이용할 수 없으며 번개나 토양 속 세균에 의해 질산 이온(NO_3^-)이나 암모늄 이온(NH_4^+) 등의 화합물의 형태로 바뀌어 식물에 흡수된다.
ㄷ. 질소는 토양 속의 세균을 통해 질산 이온(NO_3^-), 암모늄 이온(NH_4^+)으로 바뀌어 식물에 흡수되고, 먹이 사슬을 통해 식물에서 동물로 전달되어 단백질의 구성 성분이 된다.

내신 1등급 문제   문제편 138p

23 정답 ⑤ * 기권의 층상 구조

| 문제+자료 분석 |
• 기권은 높이에 따른 기온 분포를 기준으로 대류권, 성층권, 중간권, 열권으로 구분한다.
• **A(대류권)**: 높이 올라갈수록 기온이 낮아지므로 대류가 활발하고, 수증기가 존재하므로 기상 현상이 나타난다.
• **B(성층권)**: 높이 올라갈수록 기온이 높아지므로 안정한 층이며, 높이 약 20~30 km에 오존층이 존재한다.
• **중간권**: 높이 올라갈수록 기온이 낮아지므로 대류가 일어나지만, 수증기가 거의 없어 기상 현상이 나타나지 않는다.
• **C(열권)**: 높이 올라갈수록 기온이 높아지며, 공기가 매우 희박하여 낮과 밤의 기온 차가 매우 크다.

| 보기 분석 |
ㄱ. 대류권(A)은 고도가 높아질수록 기온이 낮아지므로 대류가 활발하게 일어난다.
ㄴ. 성층권(B)의 오존층은 자외선을 흡수하여 차단한다.
ㄷ. 열권(C)은 공기가 매우 희박하여 낮과 밤의 온도 차이가 매우 크게 나타난다.

24 핵심 키워드: 성층권, 오존층, 자외선

모범 답안 성층권, B층(성층권)에 존재하는 오존층이 태양으로부터 오는 자외선을 흡수하기 때문에 높이 올라갈수록 기온이 높아진다.

| 문제+자료 분석 |
• 성층권에는 높이 약 20~30 km에 오존층이 존재하여 자외선을 흡수한다.
• 오존층이 없을 경우, 높이 올라갈수록 기온이 낮아지는 층과 기온이 높아지는 층으로, 두 개의 층으로만 구분될 것이다.

* 채점 기준

B층의 이름과 까닭을 모두 옳게 서술한 경우	100 %
B층의 이름만 맞은 경우	50 %

25 정답 ① * 지구시스템의 상호작용

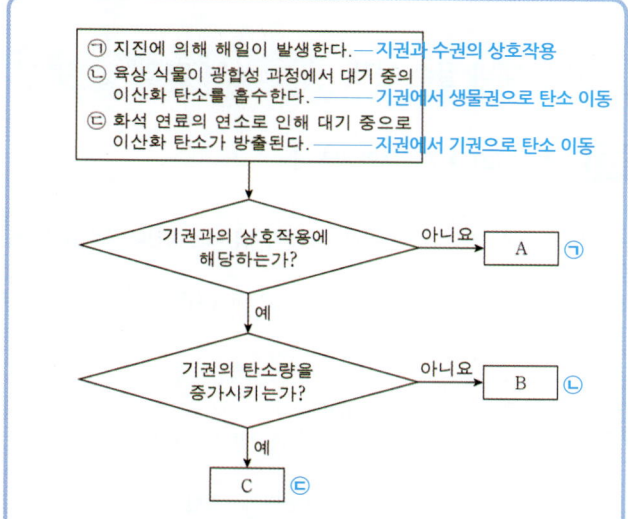

단서+발상
단서 각 권역 사이에 일어나는 상호작용의 예가 제시되어 있다.
발상 제시된 상호작용이 일어난 두 권역을 추론할 수 있다.

| 문제+자료 분석 |
• ㉠: 해저 지진이나 산사태, 화산 폭발 등으로 큰 해파가 발생할 수 있다. 이러한 해파를 지진 해일이라고 한다.
• ㉡: 광합성 과정을 거쳐 대기 중의 이산화 탄소가 식물에 유기물 형태로 저장되어 기권의 탄소량이 감소한다.
• ㉢: 지권에 저장된 화석 연료(석탄, 석유, 천연가스)를 사용하면 대기 중으로 이산화 탄소가 방출되어 기권의 탄소량이 증가한다.

| 선택지 분석 |
① 지권에서 발생한 지진에 의해 수권에서 해일이 일어나는 현상은 지권과 수권의 상호작용의 예이다. 육상 식물이 광합성 과정에서 대기 중의 이산화 탄소를 흡수하면 기권의 탄소량이 감소한다. 화석 연료의 연소는 대기 중으로 이산화 탄소를 방출하므로 기권의 탄소량을 증가시킨다.

26 정답 ④ * 지구시스템의 상호작용

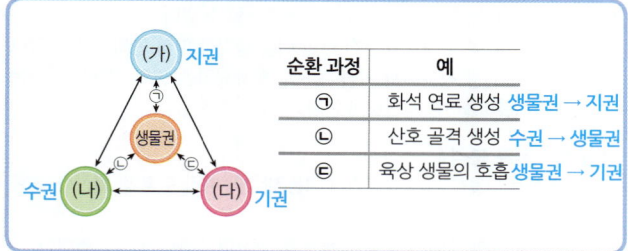

| 문제+자료 분석 |
• (가)는 지권, (나)는 수권, (다)는 기권이다.

| 보기 분석 |
ㄱ. 화석 연료의 생성은 생물권에서 지권으로의 탄소 순환 과정의 예이다.
ㄴ. 침전에 의한 석회암의 생성은 수권에서 지권 또는 생물권에서 지권으로의 탄소 순환 과정의 예이다. (가)는 지권, (나)는 수권이므로 침전에 의한 석회암의 생성은 (나)에서 (가)로의 탄소 순환 과정의 예이다.
ㄷ. (다)는 기권이다. 화석 연료의 연소 과정에서 이산화 탄소가 기권으로 방출되므로 기권의 탄소량이 증가한다.

09

 **10 지권의 변화**

01 정답 ② * 화산대와 지진대

| 문제+자료 분석 |
- 화산대는 화산 활동이 자주 일어나는 지역, 지진대는 지진이 자주 일어나는 지역이다.
- 화산 활동과 지진이 대부분 판 경계에서 발생하기 때문에 화산대와 지진대는 대체로 일치한다.

| 선택지 분석 |
① 화산대와 지진대는 대체로 일치한다.
② 화산 활동과 지진은 대부분 판 경계에서 발생하므로 화산대와 지진대는 판의 경계와 대체로 일치한다.
③ 화산 활동은 대서양 연안보다 태평양 연안에서 활발하게 일어난다.
④ 지진대의 범위가 화산대의 범위보다 더 넓게 나타나므로 지진이 발생하는 모든 지역에서 반드시 화산 활동이 일어나는 것은 아니다. ᴴᴴ함정
⑤ 화산 활동과 지진은 지구 내부 에너지에 의해 일어난다.

02 정답 ③ * 판의 구조

| 문제+자료 분석 |
- 암석권은 지각과 상부 맨틀의 일부를 포함한 두께 약 100 km의 단단한 부분으로, 여러 개의 조각으로 나누어져 있으며 각각의 조각을 판이라고 한다.
- 연약권은 암석권 아래의 약 100 km~400 km 구간으로, 고체 상태이지만 맨틀이 부분적으로 용융되어 있어 유동성이 있다.

| 보기 분석 |
ㄱ. 판은 지각과 상부 맨틀의 일부를 포함하는 두께 약 100 km의 단단한 부분이다.
ㄴ. 암석권은 여러 개의 크고 작은 판으로 이루어진다.
ㄷ. 대륙판은 해양판에 비해 두께가 두껍고 밀도가 작다.

03 정답 ② * 판의 경계

 단서+발상

단서 판의 경계에 위치한 지점 A ~ C가 제시되어 있다.
발상 지점 A ~ C에 해당하는 판의 경계를 추론할 수 있다.
적용 지점 A ~ C를 경계로 이웃한 판의 이동 방향에 따라 판의 경계가 달라진다는 개념을 적용해서 지점 A ~ C에 해당하는 판의 경계를 구하는 것부터 문제 풀이를 시작해야 한다.

| 문제+자료 분석 |
- 판의 경계는 이웃한 판의 상대적인 이동 방향에 따라 수렴형, 발산형, 보존형 경계로 구분된다.
- A는 수렴형 경계, B는 보존형 경계, C는 발산형 경계에 있는 지점이다.
- 지점 A에는 해구가 존재하므로 하부에서 맨틀 대류가 하강하며, 지점 B에는 변환 단층이 존재하므로 지진이 활발하게 일어나고, 지점 C에서는 해령이 존재하므로 새로운 해양 지각이 생성된다.

| 보기 분석 |
ㄱ. 지점 A는 이웃한 두 판이 서로 만나서 생기는 수렴형 경계로 해구가 발달해 있다. 따라서 A 지점의 하부에서는 맨틀 대류가 하강한다.
ㄴ. 지점 B는 이웃한 두 판이 서로 어긋나서 생기는 보존형 경계로 변환 단층이 발달해 있다. 변환 단층에서는 화산 활동이 거의 일어나지 않으며, 지진이 활발히 일어난다. ᴴᴴ함정

ㄷ. 지점 C는 이웃한 두 판이 서로 멀어지면서 생기는 발산형 경계로 해령이 발달해 있다. 해령은 맨틀 대류의 상승부에 해당하므로, 새로운 해양 지각이 생성된다.

04 정답 ④ * 발산형 경계와 수렴형 경계

| 문제+자료 분석 |
- (가): 두 판이 서로 멀어지는 발산형 경계로, 맨틀 물질이 상승하여 새로운 판이 생성된다.
- (나): 두 판이 서로 가까워지는 수렴형 경계로, 밀도가 큰 해양판이 밀도가 작은 대륙판 아래로 섭입하면서 소멸한다.

| 보기 분석 |
ㄱ. (가)에서 두 판이 서로 멀어지고, 해령과 열곡이 형성되어 있으므로 판의 경계는 발산 경계이다.
ㄴ. (나)는 해양판이 대륙판 아래로 섭입이 일어나고 있으므로 판의 밀도는 해양판이 대륙판보다 크다.
ㄷ. (가)에서는 해양판이 생성되고, (나)에서는 해양판이 소멸한다.

05 정답 ① * 발산형 경계와 보존형 경계

 단서+발상

단서 발산형 경계와 보존형 경계가 제시되어 있다.
적용 판 경계에서 발달하는 지형과 일어나는 지각 변동을 파악하는 것부터 문제 풀이를 시작해야 한다.

| 문제+자료 분석 |
- (가) 발산형 경계: 해령이 발달하며, 마그마의 상승으로 화산 활동이 활발하고, 천발 지진이 발생한다.
- (나) 보존형 경계: 변환 단층이 발달하며, 마그마가 생성되지 않으므로 화산 활동은 일어나지 않고, 천발 지진이 발생한다.

| 보기 분석 |
ㄱ. (가)는 두 해양판이 서로 멀어지고 있는 발산형 경계에 해당하며, 주변보다 수심이 얕은 해령이 발달한다.
ㄴ. (나)는 두 해양판이 서로 어긋나는 보존형 경계에 해당하며, 판이 생성되거나 소멸하지 않는다.
ㄷ. 화산 활동은 발산형 경계에서 활발하지만, 보존형 경계에서는 거의 일어나지 않는다.

06 정답 ② * 판의 경계

 단서+발상

단서 판의 경계에 위치한 지역 A, B와 주변 판의 이동 방향이 제시되어 있다.
발상 A, B에 해당하는 판의 경계를 추론할 수 있다.
적용 A, B 주변 판의 이동 방향을 해석해서 A, B에 해당하는 판의 경계를 구하는 것부터 문제 풀이를 시작해야 한다.

| 문제+자료 분석 |
- 판의 상대적인 이동 방향에 따라 판의 경계는 발산형 경계, 수렴형 경계, 보존형 경계로 나뉜다. A는 판과 판이 서로 멀어지는 발산형 경계, B는 판과 판이 서로 수평으로 어긋나는 보존형 경계이다.
- A에서는 새로운 판이 생성되며 해령이 발달한다.
- B에서는 판이 새로 생성되거나 소멸하지 않으며 변환 단층이 발달한다.
- 화산 활동은 A에서가 B에서보다 활발하다.

| 보기 분석 |
ㄱ. A에서는 판과 판이 서로 멀어지는 발산형 경계이므로, 새로운 판이 생성된다. 판의 소멸은 해구와 같은 수렴형 경계에서 일어난다. ᴴᴴ함정

ㄴ. B에서는 판과 판이 서로 수평으로 어긋나는 보존형 경계로, 변환 단층이 발달한다.
ㄷ. A에서는 판과 판이 서로 멀어지면서 갈라진 틈을 타 화산 활동이 활발하게 일어나며, B에서는 화산 활동이 거의 일어나지 않는다.
따라서 화산 활동은 A에서가 B에서보다 활발하다.

* 판의 경계와 지각 변동

판의 경계		지진	화산 활동	지형
수렴형 경계	섭입형	천발 ~ 심발 지진	○	해구, 습곡산맥, 호상 열도
	충돌형	천발 ~ 중발 지진	×	습곡산맥
발산형 경계		천발 지진	○	해령, V자 열곡
보존형 경계		천발 지진	×	변환 단층

07 정답 ④ * 판 경계의 종류

| 문제＋자료 분석 |
• (가): 밀도가 비슷한 두 대륙판이 충돌하는 수렴형(충돌형) 경계로, 거대한 습곡 산맥이 발달한다.
• (나): 밀도가 큰 해양판이 밀도가 작은 대륙판 아래로 섭입하는 수렴형(섭입형) 경계로, 해구, 호상열도, 습곡 산맥이 발달한다.

| 선택지 분석 |
① (가)는 두 대륙판이 충돌하는 수렴형 경계로, 양쪽에서 미는 힘에 의해 두 대륙 사이에 있던 해저 퇴적물이 융기하면서 거대한 습곡 산맥이 형성된다.
② 대륙 지각은 밀도가 작아서 맨틀 속으로 섭입하지 못하므로, 천발~중발 지진이 발생한다.
③ (나)는 밀도가 큰 해양판이 밀도가 작은 대륙판 아래로 섭입하는 수렴형 경계로, 판이 섭입하면서 소멸한다.
④ 변환 단층은 보존형 경계에서 발달한다.
⑤ 화산 활동은 (가)에서는 거의 일어나지 않고, (나)에서 활발하다.

08 정답 ⑤ * 판 경계와 지각 변동

| 문제＋자료 분석 |
• A는 두 판이 서로 어긋나는 보존형 경계에 위치한다. 보존형 경계에서는 마그마가 생성되지 않으므로 화산 활동은 일어나지 않고, 천발 지진이 발생한다.

| 보기 분석 |
ㄱ. 자료에 제시된 지진 발생 지점은 대부분 판의 경계 부근이다.
ㄴ. A 지역에는 두 판의 상대적 이동 방향이 서로 어긋나는 보존형 경계가 있다.
ㄷ. 지진, 화산 활동 등의 지각 변동을 일으키는 에너지원은 지구 내부 에너지이다.

09 정답 (1) (가): C, (나): A, (2) A, D

| 문제＋자료 분석 |
• (가)는 판이 생성되는 발산형 경계의 특징이며, 동태평양 해령인 C가 이에 해당한다. (나)는 대륙판(또는 해양판)과 해양판이 가까워지는 수렴형 경계에 해당하는 특징이며, 일본 해구 및 일본 열도인 A가 이에 해당한다.
• 수렴형(섭입형) 경계는 판이 소멸하는 곳으로 맨틀 대류의 하강부에 속하며 이에 해당하는 지역은 일본 해구 및 일본 열도가 위치하는 A, 페루－칠레 해구와 안데스산맥이 위치하는 D이다.

10 정답 ② * 판 경계에서 발달하는 지형

단서＋발상
단서 판의 상대적인 이동 방향과 판 경계의 단면이 제시되어 있다.
발상 X－X′ 구간에 수렴형(섭입형) 경계가 존재함을 추론할 수 있다.
적용 섭입하는 판이 무엇인지 파악하는 것부터 문제 풀이를 시작해야 한다.

| 문제＋자료 분석 |
• 인도－오스트레일리아판과 유라시아판이 서로 가까워지므로 두 판의 경계는 수렴형 경계에 해당한다.
• X－X′ 구간의 단면에서 인도－오스트레일리아판이 유라시아판 아래로 섭입한다. 판이 섭입하면서 생성된 마그마가 상승하여 크라카타우 화산을 형성한다.

| 보기 분석 |
ㄱ. (가)에서 두 판의 상대적인 이동 방향은 서로 가까워지고 있으므로 A는 수렴형 경계이다.
ㄴ. 화산 활동을 일으키는 에너지원은 지구 내부 에너지이므로 크라카타우 화산에서 용암이 분출될 때 지구 내부 에너지가 방출된다.
ㄷ. (나)에서 인도－오스트레일리아판이 유라시아판 아래로 섭입하고 있으므로 판의 밀도는 인도－오스트레일리아판이 유라시아판보다 크다.

11 정답 ⑤ * 판 경계의 종류와 특징

| 문제＋자료 분석 |
• (가)는 섭입형 수렴형 경계, (나)는 발산형 경계, (다)는 보존형 경계이다.

| 선택지 분석 |
① (가) 경계에서는 판과 판 사이의 거리가 가까워진다.
② (나) 경계에서는 해양판이 새로 만들어진다.
③ (나) 경계는 맨틀 대류 상승부에 위치한다.
④ (다) 경계에서는 판의 생성이나 소멸이 일어나지 않는다.
⑤ (가)~(다) 경계에서 모두 천발 지진이 일어난다.

12 정답 ② * 판 경계에서 발달하는 지형의 예

| 문제＋자료 분석 |
• (가)는 호상열도가 없는 섭입형 수렴형 경계이므로 해구, 습곡 산맥이 발달한다.
• (나)는 두 해양판 사이에 위치한 발산형 경계이므로 해령과 열곡이 발달한다.
• (다)는 두 판이 서로 어긋나는 보존형 경계이므로 변환 단층이 발달한다.

| 선택지 분석 |
② (가)는 호상열도가 없는 섭입형 수렴형 경계로 칠레 해구, 안데스산맥이 이에 해당한다. (나)는 두 해양판 사이에 위치한 발산형 경계로 대서양 중앙 해령이 이에 해당한다. (다)는 보존형 경계로 산안드레아스 단층이 이에 해당한다.

13 정답 ② * 판 경계에서 발달하는 지형

| 문제＋자료 분석 |
• 맨틀 대류를 따라 판이 이동하면서 나타나는 판의 경계에는 발산형 경계, 보존형 경계, 수렴형 경계가 있다.
• A는 해구로, 밀도가 큰 해양판이 밀도가 작은 대륙판 아래로 섭입이 일어나면서 발달한다.
• B는 해령으로, 맨틀 물질이 상승하고 마그마가 새로운 해양 지각을 생성하면서 발달한다.
• C는 호상열도로, 섭입대에서 생성된 마그마가 분출하여 해구와 나란하게 호상열도가 발달한다.

① A는 해구이다.
② 수렴형 경계에 위치한 A에서는 해양 지각이 소멸한다.
③ B는 해령으로, 발산형 경계에 위치한다.
④ 해령에서 멀어질수록 해양 지각의 연령이 증가한다.
⑤ C는 밀도가 큰 해양판이 밀도가 작은 해양판 아래로 섭입할 때,
  섭입대에서 생성된 마그마가 분출하여 형성된 호상열도이다.

14 정답 ① * 판 경계와 지각 변동

| 문제+자료 분석 |
· A는 해령, B는 변환 단층, C는 해구가 발달해 있다.

| 보기 분석 |
ㄱ A 지역은 두 판이 서로 멀어지는 발산형 경계이다.
ㄴ B 지역에서는 화산 활동이 거의 일어나지 않는다.
ㄷ C 지역은 맨틀 대류의 하강부에 해당한다.

15 핵심 키워드: C, 섭입

모범 답안 C, 해령이 발달한 A에서는 두 해양판이 서로 멀어지고 있고,
변환 단층이 발달한 B에서는 두 해양판이 서로 어긋나고 있으며, 해구가
발달한 C에서는 해양판이 대륙판 아래로 섭입하고 있다. 따라서 인접한 두
판의 밀도 차는 C에서 가장 크다.

| 문제+자료 분석 |
· C에서는 밀도가 큰 해양판이 밀도가 작은 대륙판 아래로 섭입한다.

✶ 채점 기준

지역과 까닭을 모두 옳게 서술한 경우	100 %
지역만 맞은 경우	50 %

16 정답 ② * 화산 활동의 영향

| 문제+자료 분석 |
· (가): 해양판인 나스카판이 대륙판인 남아메리카판 아래로 섭입한다.
  ➡ A는 수렴형 경계이다.
· (나): 칠레의 칼부코 화산 분출로 주변 국가인 아르헨티나와 우루과이에서
  피해가 발생했다.

| 보기 분석 |
ㄱ A는 두 판이 서로 가까워지는 수렴형 경계이다.
ㄴ 칼부코 화산은 수렴형 경계 부근에 위치하므로 맨틀 대류가 하강하는
  곳에서 발생했다.
ㄷ 칠레의 칼부코 화산 분출로 주변 국가에서 피해가 발생했으므로 화산
  활동은 주변 국가에 사회적, 경제적 영향을 준다.

17 정답 ⑤ * 지권의 변화

| 문제+자료 분석 |
· 화산이 폭발할 때 용암, 화산 가스, 화산재 등이 분출된다. 그중 화산재(㉠)
  는 크기 2 mm 이하의 입자로, 화산 폭발 시 높은 고도까지 도달하여 지표
  로 도달하는 태양 복사 에너지의 양을 감소시키는 역할을 한다. 화산 폭발
  로 인해 일상에서 다양한 피해가 발생할 수 있다.
· 화산 폭발은 지구 내부 에너지가 지표로 방출되면서 발생한다.

| 보기 분석 |
ㄱ 화산 폭발은 지구 내부의 마그마가 지표 밖으로 분출하는 현상으로, 지권
  의 변화이다. 주어진 자료는 지권의 변화가 일상생활에 미치는 영향을 제
  시한 사례이다.
ㄴ 대기 중의 화산재(㉠)는 지구로 들어오는 태양 복사 에너지를 반사하므
  로, 지표에 도달하는 태양 복사 에너지는 감소한다. (함정)
ㄷ 화산 폭발은 지구 내부 에너지가 지표로 방출되면서 발생하는 현상이다.

18 정답 ④ * 화산 활동

| 문제+자료 분석 |
· 피나투보 화산은 화산재가 40 km 상공까지 분출되어 전 지구적으로
  기온이 하강하고, 화산 쇄설류가 흐른 것으로 보아 격렬히 폭발했음을 알
  수 있다.
· 킬라우에아 화산은 수개월 동안 현무암질 용암이 흘러내린 것으로 보아
  조용히 분출했음을 알 수 있다.

| 보기 분석 |
ㄱ 피나투보 화산의 화산재는 40 km 상공까지 분출했으므로, 성층권까지
  도달할 수 있다. 성층권에 도달한 화산재는 햇빛을 차단하여 기온을 낮춘다.
ㄴ 피나투보 화산은 화산재가 40 km 상공까지 분출하고 화산 쇄설류가
  흘렀고, 킬라우에아 화산은 수개월 동안 용암이 흘러내린 것으로 보아
  피나투보 화산이 킬라우에아 화산보다 더 폭발적으로 분출하였다.
ㄷ 피나투보 화산은 환태평양에 위치하므로 환태평양 화산대에 속한다.

19 정답 ⑤ * 지진

| 문제+자료 분석 |
· 지진은 지층에 축적된 에너지가 방출되면서 진동이 일어나는 현상으로,
  단층 형성, 화산 활동 등으로 발생한다.

| 보기 분석 |
ㄱ 지진은 한 지점에 축적되어 있던 지구 내부 에너지가 급격히 방출될 때
  발생한다.
ㄴ 지진은 판의 상대적인 운동으로 판 경계에서 주로 발생한다.
ㄷ 지진 해일은 해안에 접근함에 따라 파고가 높아져 해안 저지대에 침수
  피해를 일으킨다.

20 정답 ⑤ * 화산 활동의 영향

💡 단서+발상

단서 화산 활동으로 인한 피해 사례가 제시되어 있다.
발상 화산재와 화산 가스에 의해 예상되는 피해를 추론할 수 있다.

| 문제+자료 분석 |
· **화산 활동**: 지하 깊은 곳에서 생성된 마그마가 지각의 약한 틈을 뚫고
  지표로 분출하는 현상으로, 에너지원은 지구 내부 에너지이다.
· **화산재**: 입자의 크기가 $\frac{1}{16}$ ~2 mm인 화산 쇄설물로, 성층권까지 올라간
  화산재는 햇빛을 차단하고, 항공기 운항을 방해한다.
· **화산 가스**: 대부분이 수증기이며, 이산화 탄소, 이산화 황 등을 포함하는
  기체이다.

| 보기 분석 |
ㄱ 지진, 화산 활동과 같은 지각 변동을 일으키는 에너지원은 지구 내부
  에너지이다. 따라서 화산 활동으로 지구 내부 에너지가 급격하게
  방출된다.
ㄴ 화산재가 햇빛을 차단하여 지표에 도달하는 태양 복사 에너지양이
  일시적으로 감소한다.
ㄷ 화산 가스에 포함된 이산화 황, 이산화 탄소 등이 빗물에 녹아 산성비가
  내린다.

21 핵심 키워드: 기온을 떨어뜨린다, 토양이 비옥해진다

[모범 답안] 기권으로 방출된 화산재는 햇빛을 차단하여 지구의 평균 기온을 떨어뜨린다. 화산재에 포함된 여러 가지 무기물에 의해 토양이 비옥해진다.

| 문제+자료 분석 |
· 기권으로 방출된 화산재는 햇빛을 차단하여 지구의 평균 기온을 떨어뜨린다. 또, 화산재가 항공기 운항에 방해가 되어 경제적 피해가 발생한다.
· 화산재에 풍부한 인, 칼륨 등의 무기물은 비료와 같은 역할을 하여 토양을 비옥하게 한다.

＊ 채점 기준

원인과 함께 피해와 혜택을 모두 옳게 서술한 경우	100 %
원인과 함께 피해와 혜택 중 1가지만 옳게 서술한 경우	50 %
원인 없이 피해와 혜택 중 1가지만 옳게 서술한 경우	20 %

22 정답 수증기

| 문제+자료 분석 |
· 화산 가스는 대부분이 수증기이며, 이산화 탄소, 이산화 황 등을 포함한다.

＊ 화산 분출물
· 화산 가스: 대부분이 수증기이며, 이산화 탄소, 이산화 황 등을 포함하는 기체이다.
· 용암: 마그마에서 화산 가스가 빠져나가고 남은 고온의 액체 물질이다.
· 화산 쇄설물: 화산 활동으로 분출되는 고체 물질로, 입자의 크기에 따라 화산진, 화산재, 화산력, 화산 암괴 등으로 구분한다.

 내신 1등급 문제   문제편 153p

23 정답 ① ＊ 전 세계의 주요 판 경계

수렴형(충돌형) 경계→화산 활동✕
(히말라야산맥)
보존형 경계
(산안드레아스 단층)
→판의 생성이나 소멸✕
발산형 경계
(동아프리카 열곡대)
→ V자 모양의 골짜기 발달

── 판의 경계   ──▶ 판의 상대적인 이동 방향

 단서+발상
(단서) 판의 경계와 판의 상대적인 이동 방향이 제시되어 있다.
(발상) A, B, C가 위치한 판의 경계의 종류를 추론할 수 있다.
(적용) 판 경계에 발달하는 지형과 일어나는 지각 변동을 생각해 보는 것부터 문제 풀이를 시작해야 한다.

| 문제+자료 분석 |
· **A 지역**: 하나의 대륙판이 두 개의 대륙판으로 갈라지면서 V자 모양의 열곡이 길게 이어진 열곡대가 발달한다. (동아프리카 열곡대)
· **B 지역**: 두 대륙판이 서로 가까워지면서 충돌하여 거대한 습곡 산맥이 발달한다. (히말라야산맥)
· **C 지역**: 두 판이 서로 어긋나면서 변환 단층이 발달한다. (산안드레아스 단층)

| 보기 분석 |
ㄱ A 지역은 하나의 대륙판이 두 개의 대륙판으로 갈라지면서 멀어지고 있다. 이 지역에는 폭이 좁고 긴 V자 모양의 골짜기가 길게 이어진 열곡대가 발달한다.
ㄴ B 지역은 두 대륙판이 충돌하여 형성된 히말라야산맥이 분포한다. 이 지역에서는 화산 활동은 거의 일어나지 않고, 천발~중발 지진이 발생한다. (함정)
ㄷ C 지역은 두 판이 서로 어긋나는 보존형 경계에 위치한다. 보존형 경계에서는 판이 생성되거나 소멸하지 않는다.

24 정답 ⑤ ＊ 전 세계의 주요 판 경계

| 문제+자료 분석 |
· **A**: 유라시아판과 인도-오스트레일리아판이 충돌하여 습곡 산맥이 발달한다. (히말라야산맥)
· **B**: 유라시아판 아래로 태평양판이 섭입하여 해구와 호상열도가 발달한다. (일본 해구, 일본 열도)
· **C**: 태평양판과 북아메리카판이 서로 스쳐 지나가며 이동하여 변환 단층이 발달한다. (산안드레아스 단층)
· **D**: 남아메리카판 아래로 나스카판이 섭입하여 해구와 습곡 산맥이 발달한다. (페루-칠레 해구, 안데스산맥)
· **E**: 북아메리카판, 남아메리카판이 아프리카판과 양쪽으로 갈라지면서 해령이 발달한다. (대서양 중앙 해령)

| 선택지 분석 |
① A는 대륙판과 대륙판이 충돌하는 수렴형(충돌형) 경계로 거대한 습곡 산맥인 히말라야산맥이 형성되었다.
② B는 해양판이 대륙판 아래로 들어가는 수렴형(섭입형) 경계로 일본 해구와 호상열도인 일본 열도가 형성되었다.
③ C는 보존형 경계로 판의 생성이나 소멸이 일어나지 않는다.
④ D는 해양판이 대륙판 아래로 들어가는 수렴형(섭입형) 경계로 페루-칠레 해구와 안데스산맥이 형성되었다.
⑤ E는 해양판과 해양판이 양쪽으로 확장되는 발산형 경계로 대서양 중앙 해령이 형성되었다.

25 정답 ③ ＊ 지진

| 문제+자료 분석 |
· 지진은 진원 깊이에 따라 70 km 이내일 때 천발 지진, 70~300 km일 때 중발 지진, 300 km 이상일 때 심발 지진으로 구분한다.
· 규모는 지진으로부터 방출된 에너지의 크기에 따라 나타낸 세기로, 같은 지진이라면 진앙으로부터의 거리에 관계없이 규모가 같다.
· 진도는 지진에 의한 피해 정도로 나타낸 세기로, 진앙에 가까울수록 대체로 진도가 크다.

| 보기 분석 |
ㄱ (가)는 진원 깊이가 8 km이므로 천발 지진이다.
ㄴ (나)의 진앙은 유라시아판 아래로 태평양판이 섭입하는 수렴형 경계에 위치한다. 따라서 (나)는 섭입대에서 발생하였다.
ㄷ (가)와 (나)의 지진의 규모는 같지만 진원 깊이와 진앙까지의 거리가 다르다. 지진의 진도는 진앙에 가까운 카트만두가 도쿄보다 크다. (함정)

⑩

26 정답 ④ *판 경계에서 발달하는 지형

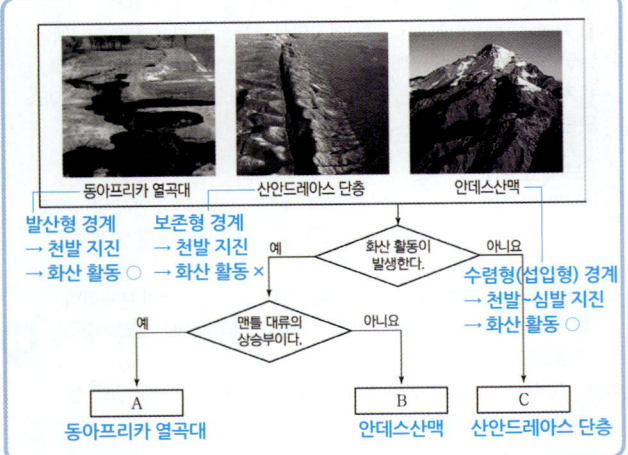

발산형 경계
→ 천발 지진
→ 화산 활동 ○

보존형 경계
→ 천발 지진
→ 화산 활동 ×

수렴형(섭입형) 경계
→ 천발~심발 지진
→ 화산 활동 ○

동아프리카 열곡대 / 산안드레아스 단층 / 안데스산맥

화산 활동이 발생한다. → 예 / 아니요

맨틀 대류의 상승부이다. → 예 / 아니요

A 동아프리카 열곡대 / B 안데스산맥 / C 산안드레아스 단층

🧠 **단서+발상**

단서 판 경계에서 발달하는 지형의 예가 제시되어 있다.

발상 동아프리카 열곡대, 산안드레아스 단층, 안데스산맥이 형성되는 판 경계의 종류를 추론할 수 있다.

적용 판 경계에서 일어나는 지각 변동을 정리하는 것부터 문제 풀이를 시작해야 한다.

| 문제+자료 분석 |

• 동아프리카 열곡대는 아프리카판이 둘로 갈라져 양쪽으로 확장되는 발산형 경계에서 형성되었으며, 천발 지진과 화산 활동이 일어난다.
• 산안드레아스 단층은 태평양판과 북아메리카판이 서로 스쳐 지나가며 이동하는 보존형 경계에서 형성되었으며, 천발 지진이 일어난다.
• 안데스산맥은 남아메리카판 아래로 나스카판이 섭입하는 수렴형(섭입형) 경계에서 형성되었으며, 천발~심발 지진과 화산 활동이 일어난다.
• 보존형 경계에 위치한 산안드레아스 단층에서는 화산 활동이 발생하지 않으므로 C는 산안드레아스 단층이다.
• 맨틀 대류의 상승부는 발산형 경계에 해당하므로 A는 동아프리카 열곡대이다. 따라서 B는 안데스산맥이다.

| 보기 분석 |

ㄱ A는 화산 활동이 발생하고, 맨틀 대류의 상승부에 위치하므로 발산형 경계에서 발달하는 지형인 동아프리카 열곡대이다.
ㄴ B는 안데스산맥으로, 수렴형 경계에 해당한다.
ㄷ C는 산안드레아스 단층으로 화산 활동은 거의 일어나지 않고 천발 지진이 자주 발생한다.

 중단원 마무리 문제 문제편 154~158p

01 정답 ③ *기권과 수권의 층상 구조

| 문제+자료 분석 |

• 기권은 높이에 따른 기온 분포를 기준으로 대류권, 성층권(B), 중간권, 열권(A)으로 구분한다.
• 수권(해수)은 깊이에 따른 수온 분포를 기준으로 혼합층, 수온 약층(C), 심해층으로 구분한다.

| 보기 분석 |

ㄱ 기권은 높이에 따른 온도 분포를 기준으로, 해수는 깊이에 따른 온도 분포를 기준으로 층상 구조가 나타난다. 따라서 물리량 X는 온도이다.
ㄴ A(열권)에서는 외권과 기권 사이의 상호작용으로 오로라가 형성된다.

ㄷ. B(성층권)와 C(수온 약층)는 아래쪽이 위쪽보다 온도가 낮은 안정한 층으로 물질의 연직 운동이 일어나기 어렵다.

* 기권의 층상 구조
• **대류권**: 높이 올라갈수록 기온이 낮아지므로 불안정하여 대류가 일어나고 기상 현상이 나타난다.
• **성층권**: 오존층에서 자외선을 흡수하므로 높이 올라갈수록 기온이 높아진다. 안정하여 대류가 일어나지 않는다.
• **중간권**: 높이 올라갈수록 기온이 낮아지므로 불안정하여 대류가 일어난다. 대기가 희박하고 수증기가 거의 없어서 기상 현상이 나타나지 않는다.
• **열권**: 높이 올라갈수록 기온이 높아진다. 공기가 희박하여 일교차가 매우 크다.

02 정답 A: 열권, B: 성층권, C: 수온 약층

| 문제+자료 분석 |

• 기권은 높이에 따른 기온 분포를 기준으로 대류권, 성층권(B), 중간권, 열권(A)으로 구분한다.
• 수권(해수)은 깊이에 따른 수온 분포를 기준으로 혼합층, 수온 약층(C), 심해층으로 구분한다.

03 핵심 키워드: 대류, 기상 현상

모범 답안 • **공통점**: 대류가 일어난다. 높이 올라갈수록 기온이 낮아진다.
• **차이점**: 기상 현상은 대류권에서만 나타난다.

| 문제+자료 분석 |

• **대류권**: 높이 올라갈수록 기온이 낮아지므로 대류가 활발하고, 수증기가 존재하므로 기상 현상이 나타난다.
• **중간권**: 높이 올라갈수록 기온이 낮아지므로 대류가 일어나지만, 수증기가 거의 없어 기상 현상이 나타나지 않는다.

* 채점 기준

공통점과 차이점 모두 옳게 서술한 경우	100 %
공통점과 차이점 중 한 가지만 옳게 서술한 경우	50 %

04 정답 ④ *수권의 층상 구조

| 문제+자료 분석 |

• A는 혼합층의 두께가 가장 두껍게 나타나므로 (나)의 b에 해당한다.
• B는 A보다 혼합층의 두께가 얇으므로 (나)의 c에 해당한다. c는 표층 수온이 높아 수온 약층이 뚜렷하게 나타난다.
• C는 표층과 심층의 수온 차가 거의 없어 해수의 층상 구조가 나타나지 않으므로 (나)의 a에 해당한다.
• A는 중위도, B는 적도 지방, C는 극지방에 해당한다.

| 선택지 분석 |

④ A는 혼합층의 두께가 가장 두껍게 나타나므로 b에 해당한다. B는 A보다 혼합층의 두께가 얇으므로 c에 해당한다. C는 표층과 심층 해수의 온도에 차이가 거의 없는 a에 해당한다.

05 정답 ① *기권과 지권의 층상 구조

| 문제+자료 분석 |

• (가): 기권을 구성하는 A는 대류권, B는 성층권, C는 중간권, D는 열권이다.
• (나): 지권을 구성하는 E는 지각, F는 맨틀, G는 외핵, H는 내핵이다.

ㄱ D(열권)는 공기가 매우 희박하여 기온의 일교차가 가장 크게 나타나는 층이다.

ㄴ. (나)에서 밀도가 가장 큰 층은 H(내핵)이다. 밀도가 큰 물질일수록 중력에 의해 중심부로 가라앉아 가장 안쪽에 위치한다.

ㄷ. B(성층권)는 높이 올라갈수록 기온이 높아지는 안정한 층으로 대류 현상이 나타나지 않는다.

06 정답 ② * 지구시스템의 에너지원

| 문제＋자료 분석 |

• 지구시스템에 다양한 현상을 일으키는 에너지원에는 태양 에너지, 지구 내부 에너지, 조력 에너지가 있다.

• **(가) 밀물과 썰물**: 조력 에너지에 의해 나타난다.

• **(나) 대기 대순환**: 태양 에너지에 의해 나타난다.

• **(다) 화산 폭발**: 지구 내부 에너지에 의해 나타난다.

| 선택지 분석 |

② (가)는 조력 에너지에 의해, (나)는 태양 에너지에 의해, (다)는 지구 내부 에너지에 의해 나타나는 자연 현상이다.

07 정답 ② * 물의 순환

| 문제＋자료 분석 |

• 해수와 육수가 증발하고, 식물의 증산 작용에 의해 물이 수증기의 형태로 대기로 이동한다.

• 수증기가 응결하여 구름을 형성하고, 비나 눈이 되어 지표로 이동한다. 지권에 내린 물은 지형을 변화시키고, 일부는 생물체에 흡수된다.

| 보기 분석 |

ㄱ 증발은 수권과 기권의 상호작용에 의해 일어나므로 ⊙(증발)은 A에 해당한다.

ㄴ. 수권의 물은 주로 태양 에너지에 의해 기권, 지권, 생물권과 상호작용하며 순환한다.

ㄷ 물은 고체, 액체, 기체로 상태 변화하면서 지구시스템을 순환하며, 물의 순환 과정에서 에너지가 함께 이동한다.

08 정답 ③ * 지구시스템의 에너지원

단서＋발상

단서 지구시스템의 에너지원 3가지가 제시되어 있다.

적용 지구시스템의 에너지원과 관련된 자연 현상을 생각해 보는 것부터 문제 풀이를 시작해야 한다.

| 문제＋자료 분석 |

• **태양 에너지**: 지구시스템의 에너지원 중 가장 많은 양을 차지한다. 다양한 기상 현상, 해수와 대기의 순환을 일으키고, 풍화와 침식 작용을 일으켜 지형을 변화시킨다.

• **지구 내부 에너지**: 맨틀 대류를 일으켜 판을 움직이고, 지진과 화산 활동과 같은 지각 변동을 일으킨다.

• **조력 에너지**: 밀물과 썰물을 일으키고, 해안 지형을 변화시킨다. 해수면의 높이 변화를 주기적으로 일으켜 갯벌 생태계에 영향을 미친다.

| 보기 분석 |

ㄱ 태양 에너지는 물의 순환이 일어나도록 하여 기상 현상을 일으킨다.

ㄴ 달과 태양의 인력이 지구에 작용하여 발생하는 조력 에너지는 밀물과 썰물을 일으켜 해수면의 높이를 변화시킨다.

ㄷ. 지구시스템에서 가장 많은 양을 차지하는 에너지원은 태양 에너지이다.

09 정답 ④ * 물의 순환

단서＋발상

단서 물의 순환 과정이 제시되어 있다.

적용 물의 순환 과정과 지구시스템 구성 요소의 상호작용을 관련지어 생각해 보는 것부터 문제 풀이를 시작해야 한다.

| 문제＋자료 분석 |

• 물의 순환을 일으키는 주요 에너지원은 태양 복사 에너지이다.

• 육지, 바다, 대기 모두 물의 유입량과 유출량이 같은 평형 상태를 이루고 있다.

• 육지에서는 강수량이 증발량보다 많고, 바다에서는 증발량이 강수량보다 많다.

• **(가)**: 육지로의 유입량은 강수 96 단위이고, 유출량은 증발 60 단위＋하천수와 지하수 36 단위이다. 바다로의 유입량은 강수 284 단위＋하천수와 지하수 36 단위이고, 유출량은 증발 320 단위이다.

• **A**: 기권과 수권의 상호작용 예로 혼합층 형성, 태풍의 발생 등이 있다.

• **B**: 수권과 지권의 상호작용 예로 물에 의한 침식, 지진 해일의 발생 등이 있다.

• **C**: 지권과 기권의 상호작용 예로 화산 가스 방출 등이 있다.

| 보기 분석 |

ㄱ. 바다에서 강수량은 284 단위이고, 증발량은 320 단위이다. 따라서 강수량보다 증발량이 많다.

ㄴ 바람에 의한 해수의 혼합은 기권과 수권의 상호작용 예에 해당한다.

ㄷ ⊙(하천수와 지하수)은 수권에 속하며, 이들이 이동하면서 지권의 암석이 침식될 수 있다. 따라서 ⊙에 의한 암석의 침식은 수권과 지권의 상호작용에 해당한다.

10 정답 ⑤ * 물의 순환

단서＋발상

단서 물의 순환 과정과 하천수에 의한 침식 지형이 제시되어 있다.

발상 증발과 강수 과정이 물을 이동시키는 주요 원인임을 추론할 수 있다.

적용 물을 순환시키는 주요 에너지원을 생각하는 것에서부터 문제 풀이를 시작해야 한다.

| 문제＋자료 분석 |

• 물의 순환은 주로 증발과 강수 과정을 거쳐 일어나므로 물의 순환을 일으키는 에너지원은 태양 에너지이다.

• **(가)**: 육지와 바다는 각각 물의 유입량과 유출량이 같은 물 수지 평형 상태이다. 하천을 통해 물이 육지에서 바다로 이동하므로 육지는 강수량이 증발량보다 많고, 바다는 강수량이 증발량보다 적다.

• **(나)**: 물의 흐름이 비교적 느린 하천에서 곡류가 형성되어 만들어진 지형이다.

| 보기 분석 |

ㄱ 물의 순환 과정에서 물이 이동하는 동안 에너지도 함께 이동한다. 이때 에너지는 숨은열, 운동 에너지, 퍼텐셜 에너지 등의 형태로 이동한다.

ㄴ 물의 순환을 일으키는 가장 주요한 에너지원은 태양 에너지이다.

ㄷ (나)의 한반도 모양의 지형은 하천수가 경사가 완만한 지역에서 흐를 때 침식 및 퇴적 작용을 일으켜 형성된 것이다.

11 정답 ⑤ * 탄소의 순환

| 문제＋자료 분석 |

• 탄소는 존재 형태를 달리하면서 각 권을 순환하며, 이때 에너지 흐름이 함께 나타난다.

- 탄소는 주로 지권에서 탄산 칼슘(석회암), 화석 연료, 기권에서 이산화 탄소, 수권에서 탄산 이온, 생물권에서 탄소 화합물(유기물)의 형태로 존재한다.

| 보기 분석 |

ㄱ. 화석 연료의 연소 과정을 통해 지권에 있던 탄소가 이산화 탄소(CO_2)의 형태로 기권으로 배출된다.

ㄴ. 탄소는 바다에서 주로 이산화 탄소가 물에 녹아 형성된 탄산 이온(CO_3^{2-}) 또는 탄산수소 이온(HCO_3^-)의 형태로 존재한다.

ㄷ. 생물의 호흡을 통해 탄소는 이산화 탄소(CO_2)의 형태로 생물권에서 기권으로 이동한다.

---

12 핵심 키워드: 총 증발량=총 강수량, 육지에서의 유입량=육지에서의 방출량

[모범 답안] 총 증발량＝총 강수량이므로 A＋320＝96＋284이다. 따라서 A는 60이다. 육지에서의 유입량(강수량 96)＝육지에서의 방출량(증발량 60＋바다로의 이동량)에서 육지에서 바다로 이동하는 물의 상대적인 양은 36이다.

| 문제＋자료 분석 |
- 육지, 바다, 대기 모두 물의 유입량과 유출량이 같은 평형 상태를 이루고 있다.
- 물의 순환 과정에서 각 권에 분포하는 물의 양은 변하지만 지구시스템 전체 물의 양은 변하지 않는다.

* 채점 기준

물의 양과 풀이 과정을 모두 옳게 서술한 경우	100 %
풀이 과정 없이 물의 양만 맞은 경우	50 %

---

13 정답 ② * 탄소의 순환

그림은 지구계에서 탄소가 순환하는 과정 중 일부를 나타낸 것이다. A, B, C는 각각 기권, 지권, 생물권 중 하나이다. 이에 대한 설명으로 옳은 것만을 [보기]에서 있는 대로 고른 것은?

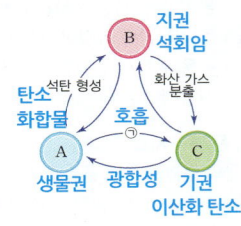

────── [보기] ──────
ㄱ. A는 ~~기권~~ **생물권**이다.
ㄴ. 탄소의 양은 B가 C보다 많다.
ㄷ. ~~광합성~~ **호흡**은 ㉠에 해당한다.

① ㄱ   ② ㄴ   ③ ㄱ, ㄷ
④ ㄴ, ㄷ   ⑤ ㄱ, ㄴ, ㄷ

| 문제＋자료 분석 |
- 탄소는 각 권에 다양한 형태로 분포하며, 지권에 가장 많은 양이 포함되어 있다.
- **석탄 형성**: 생물의 유해가 지층에 묻힌 후 화석 연료의 형태로 지권에 저장된다. (생물권 → 지권)
- **화산 가스 분출**: 화산 분출 과정에서 이산화 탄소가 기권으로 이동한다. (지권 → 기권)
- A는 생물권, B는 지권, C는 기권이다.

| 보기 분석 |

ㄱ. 석탄 형성은 탄소가 생물권에서 지권으로 이동하는 것이므로 A는 생물권이다.

ㄴ. 탄소의 대부분(약 99.9%)은 석회암의 형태로 지권에 분포하므로, 탄소의 양은 B(지권)가 C(기권)보다 많다. 꿀팁

ㄷ. 광합성은 이산화 탄소와 물로부터 탄소 화합물을 합성하는 과정이므로 기권에서 생물권으로 탄소가 이동하는 것이다. ㉠은 생물권에서 기권으로 탄소가 이동하는 것이므로 호흡에 해당한다.

---

14 정답 A: 탄소 화합물(유기물), B: 탄산 칼슘(석회암) 또는 화석 연료, C: 이산화 탄소 또는 메테인

| 문제＋자료 분석 |
- A는 생물권, B는 지권, C는 기권이다.
- 탄소는 생물권에서 탄소 화합물(유기물)의 형태로 존재하고, 지권에서 탄산염 광물 형태로 석회암을 이루고 있으며, 화석 연료로도 존재한다. 기권에서는 주로 이산화 탄소로 존재하며, 메테인으로 존재하기도 한다.

---

15 정답 ① * 태평양 주변의 판 경계

| 문제＋자료 분석 |
- **A**: 필리핀판 아래로 태평양판이 섭입하여 해구와 호상열도가 발달한다. (마리아나 해구, 마리아나 제도)
- **B**: 태평양판과 북아메리카판이 서로 스쳐 지나가며 이동하여 변환 단층이 발달한다. (산안드레아스 단층)
- **C**: 태평양판과 나스카판이 양쪽으로 갈라지면서 해령이 발달한다. (동태평양 해령)

| 보기 분석 |

ㄱ. A는 태평양판과 필리핀판이 만나는 수렴형 경계로 맨틀 대류의 하강부에 해당한다.

ㄴ. B는 보존형 경계로 천발 지진은 발생하지만 심발 지진은 발생하지 않는다.

ㄷ. C는 태평양판과 나스카판이 서로 멀어지는 발산형 경계로 해령이 발달한다.

---

16 정답 ② * 전 세계의 주요 판 경계

| 문제＋자료 분석 |
- **A 지역**: 하나의 대륙판이 두 개의 대륙판으로 갈라지면서 V자 모양의 열곡이 길게 이어진 열곡대가 발달한다. (동아프리카 열곡대)
- **B 지역**: 유라시아판 아래로 태평양판이 섭입하여 해구와 호상열도가 발달한다. (일본 해구, 일본 열도)
- **C 지역**: 북아메리카판과 유라시아판이 양쪽으로 갈라지면서 해령이 발달한다. (대서양 중앙 해령)
- **D 지역**: 남아메리카판 아래로 나스카판이 섭입하여 해구와 습곡 산맥이 발달한다. (페루－칠레 해구, 안데스산맥)

| 보기 분석 |

ㄱ. A(열곡)와 C(해령)는 발산형 경계에 위치하므로 천발 지진이 활발하게 일어난다.

ㄴ. B는 수렴형 경계로 맨틀 대류의 하강부에 위치한다. 맨틀 대류의 상승부에는 발산형 경계가 위치한다.

ㄷ. D는 대륙판인 남아메리카판 아래로 해양판인 나스카판이 섭입하므로 인접한 두 판의 밀도 차가 크다. 인접한 두 판의 밀도 차가 작은 곳은 A와 C이다.

17 정답 ③ ＊판 경계

| 문제＋자료 분석 |
· A는 해령 부근, B는 해구 부근, C는 변환 단층에 위치한다.

| 보기 분석 |
ㄱ 지각의 두께는 해양 지각이 존재하는 A 지점에서 가장 얇다.
ㄴ B는 수렴형 경계 부근에, C는 보존형 경계에 위치하므로 모두 천발 지진이 발생한다.
ㄷ. C는 보존형 경계로, 마그마가 생성되지 않으므로 화산 활동은 일어나지 않는다.

18 정답 ④ ＊해령 부근의 변환 단층

 단서＋발상

단서 해령 부근의 보존형 경계가 제시되어 있다.
발상 A 지점과 B 지점이 위치한 판 경계의 종류를 추론할 수 있다.

| 문제＋자료 분석 |
· A 지점이 위치한 판의 경계는 인접한 두 판이 서로 반대 방향으로 평행하게 스쳐 지나가는 경계이므로 보존형 경계이다.
· B 지점이 위치한 판의 경계는 인접한 두 판이 서로 멀어지는 경계이므로 발산형 경계이다.

| 보기 분석 |
ㄱ A는 인접한 두 판이 서로 스쳐 지나가는 보존형 경계에 위치한다.
ㄴ. B는 발산형 경계에 위치한다. 따라서 B에서는 해령이 발달한다.
ㄷ 보존형 경계에서는 천발 지진이 발생하고, 발산형 경계에서는 화산 활동이 활발하고 천발 지진이 발생한다. 따라서 화산 활동은 A보다 B에서 활발하게 일어난다. 꿀팁

＊**판의 보존형 경계**
두 판이 접하면서 서로 반대 방향으로 평행하게 어긋나는 경계로, 해령 주위의 변환 단층이 여기에 해당하며, 판이 생성되거나 소멸되지 않고 보존된다.

19 정답 ③ ＊판 경계와 지각 변동

| 문제＋자료 분석 |
· A는 해령에 위치하며, 인접한 두 판이 서로 멀어지는 발산형 경계에 해당한다.
· B와 D는 해구 부근으로, 인접한 두 판이 서로 가까워지는 수렴형 경계에 해당한다.
· C: 변환 단층에 위치하며, 인접한 두 판이 서로 스쳐 지나가는 보존형 경계에 해당한다.

| 보기 분석 |
ㄱ A는 발산형 경계에 위치하므로 맨틀 물질이 상승하여 새로운 판이 생성된다.
ㄴ C는 보존형 경계에 위치하므로 화산 활동이 일어나지 않는다.
ㄷ. B가 속한 판이 D가 속한 판 아래로 섭입하면서 섭입대를 따라 천발~심발 지진이 발생한다. 따라서 지진은 B보다 D에서 자주 발생한다.

＊**판 경계와 지각 변동**

판의 경계		지진	화산 활동
수렴형 경계	섭입형	천발 지진~심발 지진	○
	충돌형	천발 지진~중발 지진	×
발산형 경계		천발 지진	○
보존형 경계		천발 지진	×

20 정답 ④ ＊화산 활동의 영향

| 문제＋자료 분석 |
· 화산 폭발에 의한 지진으로 발생한 해일은 해안에 접근함에 따라 파고가 높아진다.
· 화산 가스의 대부분은 수증기이며, 이산화 탄소, 이산화 황 등을 포함한다.

| 보기 분석 |
ㄱ. 화산으로부터의 거리가 먼 곳에서는 가까운 곳보다 높은 파도가 나타난다.
ㄴ 이산화 황, 이산화 탄소 등이 포함된 화산 가스가 물에 녹아 해양 산성화를 일으킬 수 있다.
ㄷ 화산 활동으로 해일이 발생한 것은 지권이 수권에 영향을 준 것이고, 화산 가스와 화산재로 해양 생태계가 피해를 입은 것은 지권이 생물권에 영향을 준 것이다.

21 정답 ① ＊판 경계

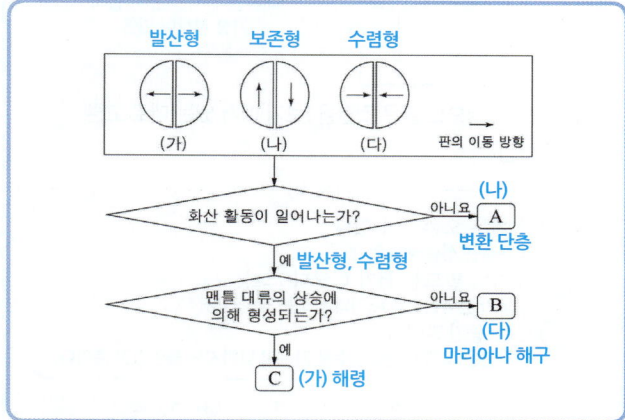

| 문제＋자료 분석 |
· (가)는 발산형 경계, (나)는 보존형 경계, (다)는 수렴형 경계이다.
· 판은 모두 해양판이므로 화산 활동은 (가)와 (다)에서 일어난다. 따라서 A는 (나)이다.
· 맨틀 대류의 상승에 의해 형성되는 것은 발산형 경계인 (가)이다. 따라서 B는 (다), C는 (가)이다.

| 보기 분석 |
ㄱ 화산 활동이 일어나지 않는 A는 보존형 경계로 (나)에 해당한다.
ㄴ. B는 맨틀 대류의 하강에 의해 생성되는 수렴형 경계로 (다)에 해당한다. 변환 단층은 보존형 경계인 A에서 발달한다.
ㄷ. C는 맨틀 대류의 상승에 의해 형성되므로 발산형 경계이다. 마리아나 해구는 수렴형 경계인 B에서 일어나는 판의 이동으로 만들어진다.

22 정답 ④ ＊판 경계에서 발달하는 지형

| 문제＋자료 분석 |
· A는 호상열도, B는 변환 단층, C는 해령, D는 해구, E는 열곡대이다.

| 선택지 분석 |
① A는 섭입대에서 생성된 마그마에 의해 형성된 호상열도이다.
② B는 해령에서 발산하는 판의 이동 속도 차에 의해 해령이 끊어지면서 해령과 해령 사이에 수직으로 발달한 변환 단층이다. 변환 단층이 위치한 보존형 경계에서는 화산 활동이 일어나지 않는다.
③ C는 해령, D는 해구이다. 해양 지각은 해령에서 생성되어 해구로 이동하므로, C에서 D로 갈수록 해양 지각의 연령은 증가한다.
④ D는 해구로, 맨틀 대류의 하강부에 위치한다.
⑤ E는 대륙판의 발산형 경계에서 발달하는 열곡대로, 천발 지진이 발생한다.

01   정답 ⑤   ＊ 기권의 구조

그림은 대류권, 성층권, 중간권을 구분하는 과정을 나타낸 것이다.

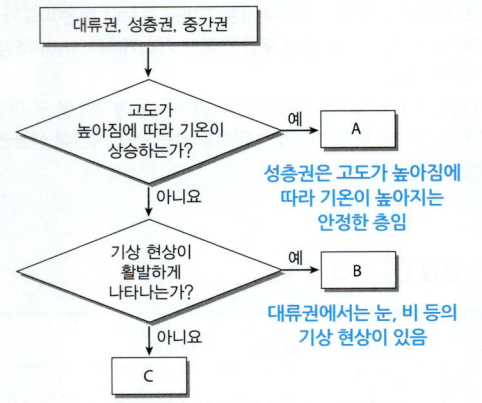

성층권은 고도가 높아짐에 따라 기온이 높아지는 안정한 층임

대류권에서는 눈, 비 등의 기상 현상이 있음

이에 대한 설명으로 옳은 것만을 [보기]에서 있는 대로 고른 것은? [2점]

─── [보기] ───
ㄱ. A에는 오존층이 있다.
　 오존층은 성층권에 있다.
ㄴ. 대기의 밀도는 B가 C보다 크다.
　 고도가 높아질수록 대기의 밀도는 작아진다.
ㄷ. C는 중간권이다.
　 중간권은 고도가 높아질수록 기온이 낮아지는 불안정한 층이다.

① ㄱ   ② ㄷ   ③ ㄱ, ㄴ
④ ㄴ, ㄷ   ⑤ ㄱ, ㄴ, ㄷ

단서＋발상

단서 대류권, 성층권, 중간권를 분류하는 순서도가 제시되어 있다.
적용 기권의 각 층의 특징을 정리하여 A, B, C를 구하는 것부터 문제 풀이를 시작해야 한다.

| 문제＋자료 분석 |
• 기권의 층상 구조: 높이에 따른 기온 분포를 기준으로 대류권, 성층권, 중간권, 열권으로 구분한다.
• 고도가 높아짐에 따라 기온이 상승하는 A는 성층권이다.
• 기상 현상이 활발하게 나타나는 B는 대류권이고, C는 중간권이다.

| 보기 분석 |
ㄱ. 오존층은 성층권(A)에 존재한다. 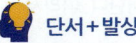
ㄴ. 고도가 높아질수록 대기의 밀도는 작아진다. 따라서 고도가 낮은 대류권(B)이 중간권(C)보다 대기의 밀도가 크다.
ㄷ. C는 고도가 높아짐에 따라 기온이 하강하고, 기상 현상이 나타나지 않는 층이므로 중간권이다.

＊ 기권의 층상 구조

• 대류권: 높이 올라갈수록 기온이 낮아지므로 불안정하여 대류가 일어나고 기상 현상이 나타난다.
• 성층권: 오존층에서 자외선을 흡수하므로 높이 올라갈수록 기온이 높아진다. 안정하여 대류가 일어나지 않는다.
• 중간권: 높이 올라갈수록 기온이 낮아지므로 불안정하여 대류가 일어난다. 대기가 희박하고 수증기가 거의 없어서 기상 현상이 나타나지 않는다.
• 열권: 높이 올라갈수록 기온이 높아진다. 공기가 희박하여 일교차가 매우 크다.

02   정답 ③   ＊ 지구시스템

그림은 지구시스템을 구성하는 각 권역 사이의 탄소 순환 과정을, 표는 탄소의 이동 과정 ㉠, ㉡, ㉢의 예를 나타낸 것이다. A, B, C는 기권, 수권, 지권을 순서 없이 나타낸 것이다.

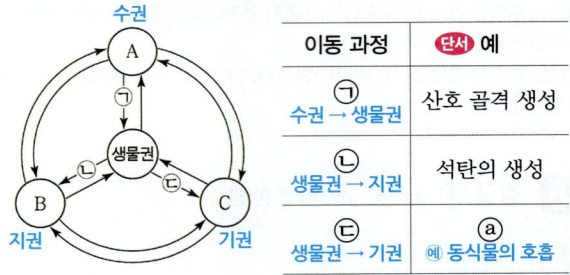

이동 과정	예
수권 → 생물권 ㉠	산호 골격 생성
생물권 → 지권 ㉡	석탄의 생성
생물권 → 기권 ㉢	예 ⓐ 동식물의 호흡

이에 대한 설명으로 옳은 것만을 [보기]에서 있는 대로 고른 것은? [2점]

─── [보기] ───
ㄱ. A는 수권이다.
　 산호 골격이 형성되는 과정에서 탄소가 수권에서 생물권으로 이동함
ㄴ. 침전에 의해 석회암이 생성되는 과정은 B의 탄소량을 증가시킨다.
　 침전에 의해 석회암이 생성되면서 지권의 탄소량을 증가시킴
ㄷ. '육상 식물의 광합성'은 ⓐ에 해당한다.
　 육상 식물의 광합성은 탄소가 기권에서 생물권으로 이동하는 방향임

① ㄱ   ② ㄷ   ③ ㄱ, ㄴ   ④ ㄴ, ㄷ   ⑤ ㄱ, ㄴ, ㄷ

단서＋발상

단서 지구시스템을 구성하는 각 권역 사이의 탄소 이동 과정 예시가 제시되어 있다.
발상 산호 골격의 생성과 석탄의 생성 예시를 통해 A는 수권, B는 지권, C는 기권임을 추론할 수 있다.
적용 지구시스템을 구성하는 각 권역 사이의 탄소 이동 과정 예시를 통해 A, B, C에 해당하는 각 권역을 구하는 것부터 문제 풀이를 시작해야 한다.

| 문제＋자료 분석 |
• ㉠: '산호 골격 생성'은 산호(생물권)가 바닷물(수권)에 녹아있는 칼슘 이온과 탄산 이온을 이용해서 골격을 형성하므로 생물권과 수권의 상호작용이다.
• ㉡: '석탄의 생성'은 오래전 식물(생물권)이 매몰되어 쌓이고 땅속 깊은 곳(지권)에서 높은 열과 압력을 받아 만들어졌으므로 생물권과 지권의 상호작용이다.
➡ A: 수권, B: 지권, C: 기권

| 보기 분석 |
ㄱ. 생물권과 A의 상호작용 예시가 산호 골격 생성(㉠)이므로, A는 수권이다.
ㄴ. 생물권과 B의 상호작용 예시가 석탄의 생성(㉡)이므로, B는 지권이다. 따라서 침전에 의해 석회암($CaCO_3$)이 생성되는 과정은 지권에 탄소량을 증가시키는 과정에 해당한다.
ㄷ. C는 기권이므로 ㉢은 생물권에서 기권으로 탄소가 이동하는 과정을 나타낸 것이다. '육상 식물의 광합성'은 기권에서 생물권으로 탄소가 이동하는 과정이므로, 생물권에서 기권으로 탄소가 이동하는 과정의 예시인 ⓐ에 해당하지 않는다. ⓐ에 해당하는 예시로는 '동식물의 호흡'이 있다.

03 정답 ③ *판 구조론

그림은 판 A, B, C와 판의 경계 ㉠과 ㉡을 나타낸 것이다. 화살표(→)의 길이와 방향은 GPS로 측정한 판의 평균 이동 속도의 크기와 방향을 각각 나타낸다.

· 평균 이동 속도: A < B [단서] · 평균 이동 속도: C < B

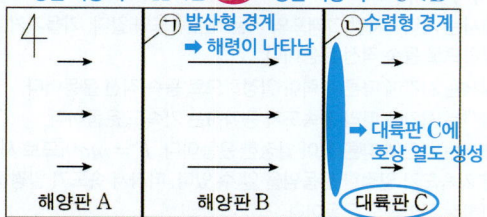

4 →	㉠ 발산형 경계 → 해령이 나타남	㉡ 수렴형 경계
→	→	→
→	→	→ 대륙판 C에 호상 열도 생성
해양판 A	해양판 B	대륙판 C

이에 대한 설명으로 옳은 것만을 [보기]에서 있는 대로 고른 것은? [2점]

[보기]
㉠ ㉠ 하부에는 상승하는 맨틀 물질이 존재한다.
해양판과 해양판이 멀어지는 발산형 경계(㉠)에서는 상승하는 맨틀 물질이 존재함
㉡ B에 대한 C의 이동 방향은 서쪽이다.
B와 C는 가까워지고 있으므로 B에 대한 C의 이동 방향은 서쪽임
ㄷ. B에서는 호상 열도가 형성된다. 호상 열도는 C에서 형성됨

① ㄱ ② ㄷ ③ ㄱ, ㄴ ④ ㄴ, ㄷ ⑤ ㄱ, ㄴ, ㄷ

 단서+발상

(단서) 판의 경계와 각 판의 평균 이동 속도의 크기와 방향이 제시되어 있다.

(발상) 각 판의 평균 이동 속도의 크기와 방향을 이용해 ㉠, ㉡에 해당하는 판의 경계의 종류를 추론할 수 있다.

(적용) 판의 상대적인 이동 방향에 따라 판의 경계의 종류가 달라진다는 개념을 적용해서 ㉠, ㉡에 해당하는 판의 경계의 종류를 구하는 것부터 문제 풀이를 시작해야 한다.

| 문제+자료 분석 |
· 해양판 A, B, C는 모두 동쪽으로 이동하고 있다.
· 해양판 A에 비해 해양판 B가 더 빠른 속도로 이동하고 있으므로 해양판 A와 해양판 B 사이의 거리는 점차 멀어질 것이다. ➡ ㉠: 발산형 경계
· 해양판 B가 대륙판 C보다 더 빠른 속도로 이동하고 있으므로 해양판 B와 대륙판 C 사이의 거리는 점차 가까워질 것이다. ➡ ㉡: 수렴형 경계

| 보기 분석 |
㉠ ㉠은 발산형 경계로 해양판과 해양판이 멀어지는 경계에서는 해령이 나타난다. 해령 하부에는 상승하는 맨틀 물질이 존재하여 새로운 해양 지각이 생성된다.
㉡ 해양판 B와 대륙판 C는 모두 동쪽으로 이동하고 있으나, 해양판 B의 이동 속도가 더 빠르므로 두 판 사이에는 수렴형 경계(㉡)가 발달한다. 따라서 B에 대한 C의 상대적 이동 방향은 서쪽이다.
ㄷ. 해양판 B와 대륙판 C 사이에 수렴형 경계(㉡)가 형성되는데, 이때 밀도가 큰 해양판 B가 대륙판 C 아래로 섭입한다. 이 과정에서 호상 열도가 생성될 수 있는데, 해양판 B가 아닌 대륙판 C에 생성된다.

04 정답 ④ *판의 경계

그림 (가)는 남아메리카와 아프리카 대륙 주변의 판 경계를, (나)는 A, B, C 중 어느 한 곳의 진원 분포를 나타낸 것이다.

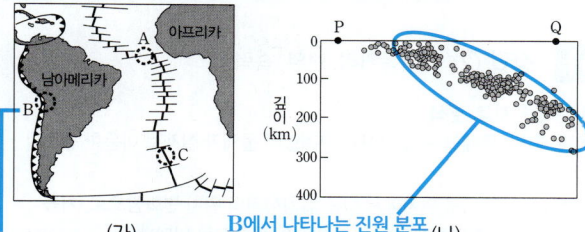

판이 섭입하는 수렴형 경계 (가)

B에서 나타나는 진원 분포 (나) ➡ P에서 Q로 갈수록 진원의 깊이가 깊어진다.

이에 대한 옳은 설명만을 [보기]에서 있는 대로 고른 것은? [3점]

[보기]
ㄱ. 화산 활동은 A가 C보다 활발하다. C가 A보다
보존형 경계(A)에서는 화산 활동이 거의 일어나지 않고, 발산형 경계(C)에서는 화산 활동이 활발하게 일어난다.
㉡ (나)는 B에서 나타나는 진원 분포이다.
(나)는 판이 섭입하는 수렴형 경계(B)에서 나타나는 진원 분포이다.
㉡ (나)에서 판의 밀도는 P가 속한 판이 Q가 속한 판보다 크다.
P가 속한 판이 Q가 속한 판 아래로 섭입하므로, P가 속한 판이 Q가 속한 판보다 밀도가 크다.

① ㄱ ② ㄴ ③ ㄱ, ㄷ
④ ㄴ, ㄷ ⑤ ㄱ, ㄴ, ㄷ

 단서+발상

(단서) 판 경계와 진원 분포가 제시되어 있다.

(발상) A, B, C의 판 경계의 종류를 추론할 수 있다.

(적용) (나)가 A, B, C 중 어느 곳의 진원 분포인지를 구하는 것부터 문제 풀이를 시작해야 한다.

| 문제+자료 분석 |
· (가): A는 보존형 경계, B는 수렴형(섭입형) 경계, C는 발산형 경계이다.
· B와 C에서는 화산 활동이 일어나지만, A에서는 화산 활동이 거의 일어나지 않는다.
· (나): P에서 Q로 갈수록 진원의 깊이가 깊어진다. ➡ 판의 수렴형(섭입형) 경계이므로, B에서 나타나는 진원 분포이다.
· P가 속한 판이 밀도가 커서 밀도가 작은 Q가 속한 판 아래로 섭입한다.

| 보기 분석 |
ㄱ. A는 해령과 해령 사이에서 판과 판이 어긋나며 천발 지진이 자주 발생하는 보존형 경계인 변환 단층이고, C는 새로운 해양판이 만들어지면서 양쪽으로 멀어지는 발산형 경계인 해령이다. 보존형 경계(변환 단층)에서는 화산 활동이 거의 일어나지 않고, 발산형 경계(해령)에서는 마그마가 분출하여 화산 활동이 활발하게 일어난다. 따라서 화산 활동은 C가 A보다 활발하다.
㉡ (가)의 B는 대륙판 아래로 해양판이 섭입하면서 지진과 화산 활동이 활발하게 일어나는 수렴형 경계인 해구이다. (나)에서는 P에서 Q로 갈수록 진원의 깊이가 깊어지는 것으로 보아 판이 섭입하는 수렴형 경계가 발달한 지역임을 알 수 있다. 따라서 (나)는 B에서 나타나는 진원 분포이다.
㉡ (나)에서는 P에서 Q로 갈수록 진원의 깊이가 깊어지므로, P가 속한 판이 Q가 속한 판 아래로 섭입하고 있는 것을 파악할 수 있어야 한다. 따라서 P가 속한 판이 Q가 속한 판보다 밀도가 크다.

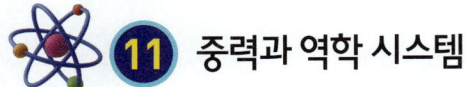

11 중력과 역학 시스템

내신 대비 필수 문제　　문제편 165~167p

01 정답 ② ＊이동거리, 변위, 속력

| 문제＋자료 분석 |
- **이동 거리**: 물체의 운동 방향과 관계없이 물체가 실제로 이동한 경로의 전체 거리이다.
- **변위**: 물체의 처음 위치에서 나중 위치까지의 위치 변화량으로, 처음 위치에서 나중 위치까지의 직선 거리와 방향으로 나타낸다.
- 물체에 작용하는 알짜힘이 0이면, 물체는 정지하거나 등속도 운동을 한다.
- 물체에 작용하는 힘과 운동 방향이 같으면 물체의 속력은 증가하고, 물체에 작용하는 힘과 운동 방향이 반대이면 물체의 속력은 감소한다.

| 보기 분석 |
ㄱ. 물체가 곡면을 따라 이동한 거리는 변위의 크기보다 크다.
ㄴ. 물체가 곡면을 따라 운동하므로 물체의 운동 방향은 계속 변한다.
ㄷ. 물체가 높은 곳에서 낮은 곳으로 내려오는 동안 물체의 속력은 증가한다.

02 정답 ⑤ ＊변위와 속도

| 문제＋자료 분석 |
- 물체는 2초일 때 운동 방향이 바뀌는 운동을 한다.
  ➡ 0~2초일 때 물체는 (＋)방향으로 운동하다가 2~8초일 때 (－)방향으로 운동한다.
- **순간 속도**: 시간－위치 그래프의 한 지점에서 그은 접선의 기울기이다.

| 보기 분석 |
ㄱ. 0초부터 2초까지 그래프의 기울기가 감소하므로 속도는 감소한다.
ㄴ. 위치를 시간에 따라 나타낸 그래프에서 기울기의 부호는 운동 방향을 의미한다.
　0초일 때의 위치를 기준점이라고 했을 때, 1초일 때는 기준점으로부터 멀어지는 방향으로 운동하고, 3초일 때 기준점을 향하는 방향으로 운동하므로 운동 방향은 1초일 때와 3초일 때가 서로 반대이다.
ㄷ. 변위의 크기는 처음 위치와 나중 위치의 차이이므로 변위의 크기는 4 m이다.

03 정답 ⑤ ＊뉴턴 운동 법칙

| 문제＋자료 분석 |
- **0~2초**: 물체는 방향이 일정한 힘 1 N을 받아 가속도 운동을 한다.
  물체의 질량을 m이라고 하면 물체의 가속도 $a = \dfrac{1}{m}$이다.
  ➡ 물체의 속력은 점점 증가한다.
- **2~5초**: 물체는 방향이 일정한 힘 2 N을 받아 가속도 운동을 한다.
  물체의 질량을 m이라고 하면 물체의 가속도 $a = \dfrac{2}{m}$이다.
  ➡ 물체의 속력 변화가 0~2초때 보다 더 크게 증가한다.

| 선택지 분석 |
① 가속도가 0보다 크므로 0초부터 2초까지 물체의 속력은 증가한다.
② 물체가 운동하기 시작한 때부터 물체의 속력은 계속 증가한다. (함정)
　따라서 3초일 때의 속력이 1초일 때보다 크다.
③ 0~5초 동안 힘의 방향이 (＋)로 일정하다.
　따라서 1초일 때와 3초일 때 운동 방향은 같다(변하지 않는다).
④ 가속도의 크기는 3초일 때가 1초일 때보다 2배이다.
⑤ 힘의 크기가 일정하면 가속도의 크기도 일정하다.
　따라서 3초부터 4초까지 가속도의 크기는 일정하다.

04 정답 ① ＊등가속도 직선 운동

| 문제＋자료 분석 |
- **등속 직선 운동**: 물체의 속도가 일정한 운동이다. 물체에 힘이 작용하지 않거나 물체에 작용하는 알짜힘이 0이어야 한다.
  ➡ 속도 변화량이 0이므로 가속도가 0이다.

| 선택지 분석 |
① ㄱ에서는 거리－시간 그래프의 기울기는 속도와 같다. 기울기가 일정하므로 등속 직선 운동이다.
　ㄴ에서는 시간에 따른 속력이 일정하므로 등속 직선 운동이다.
　ㄷ에서는 시간에 따라 가속도가 증가하는 가속도 운동이다.
　ㄹ에서는 시간에 따른 힘이 일정한 운동이다. $F = ma$이므로 시간에 따른 가속도가 일정한 운동임을 알 수 있다. 따라서 속도가 일정하게 증가하는 등가속도 운동이다.
　➡ 등속 직선 운동을 하는 물체의 운동에 대한 그래프는 ㄱ, ㄴ이다.

05 핵심 키워드: 알짜힘의 방향, 크기, 가속도

모범 답안　(1) 오른쪽, 6 N
(2) 알짜힘의 방향은 오른쪽이고 알짜힘의 크기는 6 N이다.
　　따라서 A의 가속도의 크기$= \dfrac{6\,\text{N}}{3\,\text{kg}} = 2\,\text{m/s}^2$이다.

| 문제＋자료 분석 |
- **알짜힘의 방향과 크기**: 오른쪽을 (＋)로, 왼쪽을 (－)로 표시하여 두 힘을 합성하면 $(+10\,\text{N}) + (-4\,\text{N}) = +6\,\text{N}$이다.

＊ 채점 기준

(1)	오른쪽, 6 N이라고 옳게 쓴 경우	30 %
(2)	계산 과정과 가속도를 옳게 서술한 경우	70 %
	$2\,\text{m/s}^2$이라고만 쓴 경우	40 %

06 정답 ② ＊힘과 운동

| 문제＋자료 분석 |
- **알짜힘의 크기**: 왼쪽으로 20 N, 오른쪽으로 30 N의 힘이 작용하고 있으므로 알짜힘의 크기는 30 N－20 N＝10 N이다.
- **가속도의 크기**: $a = \dfrac{30\,\text{N} - 20\,\text{N}}{2\,\text{kg}} = 5\,\text{m/s}^2$

| 보기 분석 |
ㄱ. 속력－시간 그래프에서 기울기는 가속도의 크기를 나타낸다. (꿀팁)
　힘이 작용하는 순간부터 그래프의 기울기는 일정하므로 알짜힘의 크기는 30 N－20 N＝10 N이다.
ㄴ. $a = 5\,\text{m/s}^2$이므로, 4초일 때의 속력
　$v = 0 + 5\,\text{m/s}^2 \times 4\,\text{s} = 20\,\text{m/s}$이다.
ㄷ. 속력－시간 그래프에서 그래프 아래 면적은 이동 거리를 나타내므로,
　0에서 4초까지 이동 거리는 $40\,\text{m}(= \dfrac{1}{2} \times 4 \times 20)$이다.

＊ 운동 그래프의 해석

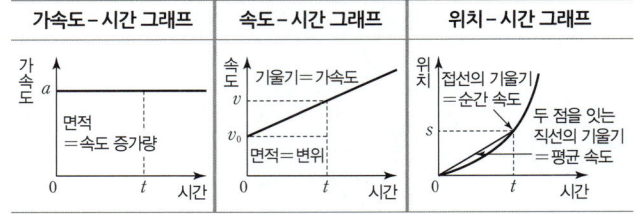

가속도－시간 그래프	속도－시간 그래프	위치－시간 그래프

07 정답 ③ ＊속도-시간 그래프

| 문제＋자료 분석 |
- 속도-시간 그래프에서 기울기는 가속도의 크기를 나타낸다.
- **0~2초**: 가속도의 크기 $a=\dfrac{8\,\text{m/s}}{2\,\text{s}}=4\,\text{m/s}^2$
- **2~3초**: 가속도의 크기 $a=\dfrac{8\,\text{m/s}}{1\,\text{s}}=8\,\text{m/s}^2$

| 보기 분석 |
ㄱ. 1초일 때 가속도의 크기는 0초부터 2초까지 그래프의 기울기의 크기이므로 $4\,\text{m/s}^2$이다.
ㄴ. 0초부터 3초까지 속도의 부호가 양(＋)으로 같으므로 2초일 때 운동 방향은 바뀌지 않는다. 2초일 때 속도가 느려진 것이다.
ㄷ. 0초부터 3초까지 물체의 이동 거리는 그래프와 시간 축 사이의 면적이므로 $12\,\text{m}(=\dfrac{1}{2}\times3\times8)$이고, 평균 속력$=\dfrac{\text{이동거리}}{\text{시간}}$이므로, 3초 동안의 평균 속력은 $\dfrac{12\,\text{m}}{3\,\text{s}}=4\,\text{m/s}$이다.
꿀팁

08 핵심 키워드: 알짜힘, $F=ma$

모범 답안 (1) F
(2) 물체에 작용한 알짜힘은 질량과 가속도의 곱이다. 가속도의 크기는 A가 B의 2배이고, 질량은 B가 A의 2배이므로 알짜힘의 크기는 A와 B가 같다.

| 문제＋자료 분석 |
- A와 B의 가속도를 각각 a_A, a_B라고 하면
$a_A=\dfrac{4}{2}=2(\text{m/s}^2)$이고 $a_B=\dfrac{2}{2}=1(\text{m/s}^2)$이다.
- A와 B에 작용한 알짜힘을 각각 F_A, F_B라고 하면 $F=ma$이므로
$F_A=5\times2=10(\text{N})$이고 $F_B=10\times1=10(\text{N})$이다.

＊채점 기준

B에 작용하는 알짜힘과 까닭이 옳은 경우	100%
B에 작용하는 알짜힘만 옳은 경우	30%

＊ 가속도 법칙
- 물체의 가속도(a)의 크기는 알짜힘(F)에 비례하고 질량(m)에 반비례한다.
가속도$=\dfrac{\text{알짜힘}}{\text{질량}}$, $a=\dfrac{F}{m}$ ➡ $F=ma$
- **힘과 가속도의 방향 관계**: 가속도의 방향은 작용하는 알짜힘의 방향과 같다.

09 정답 ③ ＊위치-시간 그래프

| 문제＋자료 분석 |
- 위치-시간 그래프에서 기울기의 크기는 속력을 나타낸다.
- **0~5초**: 0초부터 5초까지 운동한 방향을 (＋)로 정하면
속력$=\dfrac{15\,\text{m}}{5\,\text{s}}=3\,\text{m/s}$이다.
- **5~7초**: 운동 방향이 바뀌므로 속력$=\dfrac{-15\,\text{m}}{2\,\text{s}}=-7.5\,\text{m/s}$이다.

| 보기 분석 |
ㄱ. 0초부터 5초까지 운동 방향은 변하지 않고 위치만 15 m 변하였으므로 이동 거리는 15 m이다.
ㄴ. 위치-시간 그래프에서 기울기의 크기는 속력을 나타낸다. 따라서 속력은 3초일 때가 6초일 때보다 작다. 함정
ㄷ. 5초부터 7초까지 그래프의 기울기가 일정하므로 등속도 운동을 한다.

10 정답 ② ＊등가속도 직선 운동

| 문제＋자료 분석 |
- **A~C**: A에서 C까지 속력과 가속도의 관계는 $2as=v^2-v_0^2$이다.
$2a\times20=10^2-0^2$이므로 가속도의 크기 $a=2.5\,\text{m/s}^2$이다.

| 선택지 분석 |
② B에서 C까지의 속력과 가속도의 관계는 $v=v_0+at$이다.
$10=5+2.5\times t$이므로 걸린 시간은 2초이다.

＊ 등가속도 직선 운동을 나타내는 식
$$v=v_0+at,\ s=v_0t+\frac{1}{2}at^2,\ 2as=v^2-v_0^2,\ \bar{v}=\frac{v_0+v}{2}$$
(v: 나중 속도, v_0: 처음 속도, a: 가속도, t: 시간, s: 변위, $\bar{v}$: 평균 속도)

11 핵심 키워드: 가속도, 등가속도 운동

모범 답안 15 m/s, 물체의 가속도의 크기를 a라고 하면 $a=\dfrac{6}{2}=3(\text{m/s}^2)$이다. 물체는 힘이 작용한 순간으로부터 5초 후에 정지하였으므로 $0=v_0-3\times5$에서 $v_0=15\,\text{m/s}$이다.

| 문제＋자료 분석 |
- 뉴턴 운동 제2법칙(가속도 법칙)에 의해서 물체는 등가속도 운동을 한다.

＊ 채점 기준

속력과 풀이 과정이 옳은 경우	100%
속력만 옳은 경우	30%

12 정답 ① ＊위치-시간 그래프

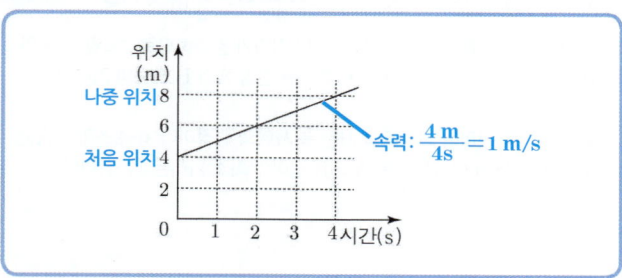

단서＋발상
단서 문제에 위치-시간 그래프가 있으므로
발상 위치와 속력을 파악할 수 있다.
적용 위치는 세로축의 값을, 속력은 기울기를 이용하여 구하는 것부터 문제 풀이를 시작해야 한다.

| 문제＋자료 분석 |
- 물체의 위치는 0초일 때 4 m, 4초일 때 8 m이다.
- 0~4초일 때 물체는 $8-4=4$ m 이동했다.
- 평균 속력은 그래프 기울기의 절댓값과 같고 $\dfrac{4\,\text{m}}{4\,\text{s}}=1\,\text{m/s}$이다.

| 보기 분석 |
ㄱ. 0초부터 4초까지 이동 거리는 $8-4=4$ m이다.
ㄴ. 4초 동안 4 m 이동했으므로, 평균 속력은 1 m/s이다.
ㄷ. 위치-시간 그래프에서 기울기는 속도이다. 함정
그래프의 기울기가 일정하므로 물체의 속도가 일정하고 직선 운동을 한다. 따라서 물체는 속도가 일정한 등속 직선 운동을 한다.

13 정답 ② * 등가속도 운동

| 문제＋자료 분석 |

- P 지점에서 정지해 있던 물체가 등가속도 운동을 하여 Q 지점에서 12 m/s까지 속도가 일정하게 증가하는 것을 그래프로 나타내면 다음과 같다.

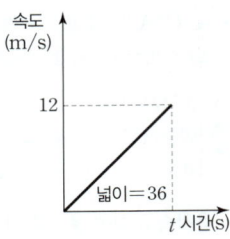

- 속도－시간 그래프에서 넓이는 이동한 거리이므로 $36 = \frac{1}{2} \times 12 \times t$이다.

  따라서 P 지점에서 Q 지점까지 운동하는 데 걸린 시간(t)은 6초이다.

| 선택지 분석 |

② 가속도는 $\frac{\text{속도 변화량}}{\text{시간}}$이므로 물체의 가속도의 크기를 구하면

$$\frac{(12-0)\ \text{m/s}}{6\ \text{s}} = 2\ \text{m/s}^2 \text{이다.}$$

14 정답 ① * 등가속도 직선 운동

| 문제＋자료 분석 |

- **0~4초**: A의 속력은 3 m/s로 일정하다.
  ➡ A의 이동 거리 = 3 m/s × 4 s = 12 m
- **0~4초**: 속력－시간 그래프에서 기울기는 가속도의 크기를 나타내므로 B의 가속도의 크기 $a = \frac{6\ \text{m/s}}{4\ \text{s}} = \frac{3}{2}\ \text{m/s}^2$이다.

| 보기 분석 |

ㄱ. 0~4초까지 A는 등속도 운동하므로 이동 거리는 3 m/s × 4 s = 12 m이다.

ㄴ. 4초일 때 B의 가속도의 크기는 $a = \frac{6\ \text{m/s}}{4\ \text{s}} = \frac{3}{2}\ \text{m/s}^2$이다.

ㄷ. A가 B보다 빠를 때만 A와 B 사이의 거리가 감소하므로 2초일 때 A와 B 사이의 거리가 최소이고 그 이후로는 점점 A와 B 사이의 거리가 증가한다.
   물체의 이동 거리는 그래프와 시간 축 사이의 면적이다. 0~2초까지 A는 6 m, B는 3 m 이동하므로 A와 B 사이의 최소 거리는 17 m이다.

15 정답 ⑤ * 속도-시간 그래프

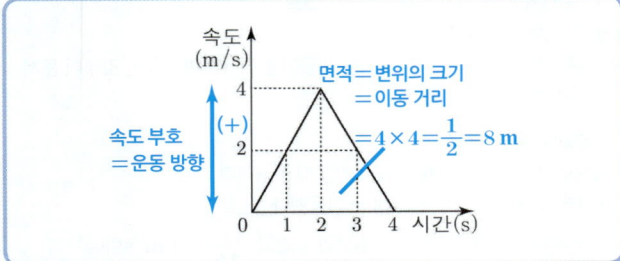

💡 단서＋발상

(단서) 물체의 속도를 시간에 따라 나타낸 그래프가 제시되어 있다.

(발상) 속도는 운동 방향과 속력을 포함하는 물리량이므로

(적용) 속도 － 시간 그래프에서 기울기는 가속도이고, 속도와 시간축이 이루는 면적은 변위임을 이용한다.

| 문제 풀이 순서 |

step 1 0초부터 2초까지 물체의 운동을 분석한다.

- 속력이 증가하는 등가속도 운동을 하며, 가속도의 크기는 $\frac{4\ \text{m/s}}{2\text{s}} = 2\ \text{m/s}^2$이다.
- 변위의 크기는 속도와 시간축이 이루는 면적이므로 🍯팁
  $4 \times 2 \times \frac{1}{2} = 4$ m이다.

step 2 2초부터 4초까지 물체의 운동을 분석한다.

- 속력이 감소하는 등가속도 운동을 하며, 가속도의 크기는 $\frac{4\ \text{m/s}}{2\text{s}} = 2\ \text{m/s}^2$이다. 변위의 크기는 $4 \times 2 \times \frac{1}{2} = 4$ m이다.

| 보기 분석 |

ㄱ. 속도의 부호는 1초일 때와 3초일 때 모두 양(+)의 값을 가지므로 운동 방향은 같다.

ㄴ. 물체는 운동 방향이 변하지 않는 직선 운동을 하므로 변위의 크기는 이동 거리와 같다.
   따라서 0초부터 4초까지 물체의 이동 거리는 $4 \times 4 \times \frac{1}{2} = 8$ m이다.

ㄷ. 1초일 때, 가속도의 크기는 $\frac{4\ \text{m/s}}{2s} = 2\ \text{m/s}^2$이다.

---

16 정답 ② * 중력이 작용하는 물체의 운동

| 문제＋자료 분석 |

- **A**: 지구 중심을 향하는 방향(연직 방향)으로 중력을 받는다.
- **B**: 지구 중심을 향하는 방향(연직 방향)으로 중력을 받으며, 가속도가 중력 가속도로 일정한 등가속도 운동을 한다.

| 보기 분석 |

ㄱ. 지표상의 모든 물체에는 중력이 작용하므로 A에는 중력이 작용한다.

ㄴ. 지구가 B에 작용하는 중력의 크기는 일정하다.

ㄷ. B는 등가속도 운동을 하므로 속력은 점점 증가한다.

17 정답 ④ * 중력이 작용하는 물체의 운동

| 문제＋자료 분석 |

- **무게가 다른 물체의 낙하**: 공기 저항을 무시할 때, 같은 높이에서 자유 낙하 하는 물체는 무게에 관계없이 동시에 바닥에 떨어진다.
  ➡ 중력 가속도(g)는 무게에 관계없이 일정하다.
- **(가)**: 공기 저항력이 작용하는데, 무게가 다른 깃털과 구슬을 동시에 낙하시키면 깃털이 구슬보다 공기 저항력의 영향을 많이 받기 때문에 구슬이 깃털보다 빨리 떨어진다.
- **(나)**: 공기 저항이 없으므로 무게가 다른 깃털과 구슬을 동시에 낙하시키면 두 물체는 동시에 바닥에 떨어진다.

| 보기 분석 |

ㄱ. 공기 저항이 없는 경우 물체에 작용하는 힘은 중력뿐이다.
   따라서 (나)에서 쇠구슬의 속력은 일정하게 증가한다.

ㄴ. 지구상의 모든 물체에는 중력이 작용한다. 따라서 깃털에 작용하는 중력의 크기는 (가)(공기)에서와 (나)(진공)에서 같다.

ㄷ. 공기 저항이 없는 경우 물체에 작용하는 힘은 중력뿐이며 중력 가속도는 무게에 관계없이 일정하다. 따라서 같은 높이에서 동시에 떨어진 두 물체는 무게에 관계없이 동시에 바닥에 도달한다.

18 정답 ③ * 수평 방향으로 던진 물체의 운동

| 문제＋자료 분석 |
- A, B의 질량이 같으므로 A, B에 작용하는 중력의 크기가 같다.
- A, B는 같은 높이에서 같은 중력 가속도로 낙하하므로 수평면에 도달하는 데 걸리는 시간이 같다.
- 낙하하는 동안 A, B는 수평 방향으로 각각 d, $2d$만큼 이동하므로, 던지는 순간의 속력은 B가 A의 2배이다.

| 보기 분석 |
ㄱ. 지표면 근처에서 모든 물체는 중력 가속도 g로 낙하하므로 중력의 크기는 $F = mg$로 나타낼 수 있다.
　따라서 질량이 동일한 A와 B에 작용하는 중력의 크기는 같다.
ㄴ. 수평 방향으로는 힘이 작용하지 않으므로 물체는 수평 방향으로 속력이 일정한 운동을 한다. 동일한 낙하 시간 동안 수평 방향으로 B가 A보다 2배 더 이동했으므로 물체는 던지는 순간의 속력 또한 2배이다.
ㄷ. 같은 높이에 있는 A와 B는 수평면에 수직 방향으로 중력을 받아 중력 가속도 g로 낙하하므로, 수평면에 도달하는 데 걸리는 시간이 같다.

19 핵심 키워드: 수평 방향, 등속 직선 운동, 연직 방향, 등가속도 운동

모범 답안 물체는 수평 방향으로 등속 직선 운동을 하므로 2초 후 물체의 수평 방향 속력은 3 m/s이다.
물체는 연직 방향으로 등가속도 운동을 하므로 2초 후 물체의 연직 방향 속력은 $2 \text{ s} \times 9.8 \text{ m/s}^2 = 19.6 \text{ m/s}$이다.

| 문제＋자료 분석 |
- 물체에 수평 방향으로 작용하는 힘은 없다. ➡ 등속 직선 운동
- 물체에 연직 방향으로 작용하는 힘은 중력이다. ➡ 등가속도 운동

＊채점 기준

수평 방향과 연직 방향의 운동의 종류와 계산 과정을 옳게 서술한 경우	100 %
수평 방향과 연직 방향 중 한 가지만 운동의 종류와 계산 과정을 옳게 서술한 경우	50 %

20 정답 ① * 자유 낙하 운동

 단서＋발상
(단서) 질량이 다른 A, B가 자유 낙하 운동을 한다고 제시되어 있다.
(발상) A, B에 작용하는 중력의 방향과 운동 방향이 같다는 것을 추론할 수 있다.
(적용) 자유 낙하 운동의 개념을 적용해서 문제 풀이를 시작해야 한다.

| 문제＋자료 분석 |
- 질량이 클수록 물체가 받는 중력의 크기는 크다.
　➡ '중력의 크기＝질량×중력 가속도'이다.
- 가속도의 크기는 $\dfrac{\text{속도 변화량}}{\text{시간}}$이다. 중력 가속도는 중력에 의한 가속도이며, 중력 가속도의 크기는 물체의 질량에 관계없이 일정하다.

| 보기 분석 |
ㄱ. 질량은 A가 B의 5배이므로 물체가 받은 중력의 크기는 A가 B의 5배이다.
ㄴ. A와 B는 같은 높이에서 가만히 놓았으므로 수평면에서 도달하는 데 걸린 시간은 같다. 꿀팁
ㄷ. 단위 시간 동안 속도 변화량의 크기는 가속도의 크기이다. A와 B의 가속도는 중력 가속도로 같으므로 단위 시간 동안 속도 변화량의 크기는 A와 B가 같다.

---

21 정답 ① * 수평 방향으로 던진 물체의 운동

 단서＋발상
(단서) 동일한 높이에서 A, B가 운동을 시작한다는 단서가 제시되어 있다.
(발상) 수평면에 도달할 때까지 걸린 시간이 같음을 추론할 수 있다.
(적용) 연직 방향으로는 등가속도 직선 운동, 수평 방향으로는 등속도 운동을 한다는 것을 적용하는 것부터 문제 풀이를 시작해야 한다.

| 문제＋자료 분석 |
- 지표면 근처에서 운동하므로 중력이 항상 연직 아래 방향으로 작용한다.
- 공기 저항을 무시하면 수평 방향으로는 알짜힘이 작용하지 않으므로 수평 방향으로는 등속도 운동을 한다.
- A, B는 동일한 높이에서 운동을 시작하고, 운동을 시작할 때 연직 방향으로는 운동하지 않았으므로 수평면에 도달할 때까지 걸린 시간은 서로 같다.

| 보기 분석 |
ㄱ. 중력은 항상 연직 아래 방향으로 작용하므로 A에 작용하는 중력의 방향은 일정하다.
ㄴ. B는 수평 방향으로 등속도 운동을 하므로 B가 수평면에 도달하는 순간 B의 수평 방향 속력은 처음과 같은 v이다.
ㄷ. 수평 방향으로 던진 물체의 연직 방향 운동은 같은 높이에서 가만히 놓은 물체의 자유 낙하 운동과 같다. 꿀팁
　따라서 B를 던진 순간부터 B가 수평면에 도달할 때까지 걸린 시간은 A와 같은 1초이다.

22 핵심 키워드: 자유 낙하 운동

모범 답안 물체가 자유 낙하 하는 동안 물체에 일정한 크기의 중력이 계속 작용하기 때문이다.

| 문제＋자료 분석 |
- **자유 낙하 운동**: 물체가 공기 저항을 무시할 때, 물체가 중력만을 받으며 낙하 하는 운동이다. 따라서 물체는 종류에 관계없이 속력이 계속 증가한다.

＊채점 기준

물체가 자유 낙하 하는 동안 물체에 일정한 크기의 중력이 계속 작용하기 때문이라고 설명한 경우	100 %
물체에 힘이 작용한다고만 설명한 경우	50 %

23 정답 ⑤ * 중력

 단서＋발상
(단서) 지구 중력이 생명체와 자연 현상에 미치는 영향에 대한 대화가 제시되어 있다.
(적용) 중력의 방향과 자연 현상에 미치는 영향에 대해 파악하는 것부터 문제 풀이를 시작해야 한다.

| 문제＋자료 분석 |
- 중력은 물체의 운동에 영향을 주고, 지구시스템에서 일어나는 여러 가지 자연 현상에도 매우 중요하게 작용하고 있다.
- 질량을 가지고 있는 물체에는 중력이 작용한다.

| 선택지 분석 |
⑤ A. 중력은 지구 중심 방향으로 작용하며, 식물의 뿌리는 중력의 영향으로 인해 땅속을 향해 자란다. ➡ 옳음
　B. 지구의 중력에 의해 달은 지구 주위를 공전한다. ➡ 옳음
　C. 산소나 질소 같은 무거운 기체는 속력이 느려 지구에 남아 지구 중력의 영향을 받아 지구 대기를 구성하고 있다. ➡ 옳음

⑪

24 정답 ⑤ * 중력에 의한 물체의 운동

 단서+발상

단서 지구에서 운동하는 물체의 모습이 제시되어 있다.

발상 지구 시스템에는 지구의 중력이 작용함을 추론할 수 있다.

적용 가속도의 법칙을 적용해 알짜 힘이 가속도를 만드는 것을 이용해 문제 풀이를 시작해야 한다.

| 문제+자료 분석 |
· 지구의 거대한 질량에 의해 지구 근처의 물체들은 지구 중심 방향으로 중력을 받는다.
· 알짜 힘이 0이 아니라면 가속도가 존재하므로 가속도 운동을 한다.

| 보기 분석 |

ㄱ A는 지구 방향으로 작용하는 중력만을 받으므로 가속도가 존재하며, 운동 방향과 중력(가속도)의 방향이 항상 수직이므로 속력은 변하지 않지만, 방향이 계속 변하는 가속도 운동인 등속 원운동을 한다. **함정**

ㄴ B는 지구 방향으로 작용하는 중력만을 받으므로 중력 가속도로 자유 낙하하며, 이때 가속도의 방향과 운동 방향이 나란하므로 방향이 변하지 않고 속력만 증가하는 등가속도 직선 운동을 한다.

ㄷ 지구의 거대한 질량에 의해 지구 근처의 모든 물체는 지구에 의한 중력이 작용한다.

25 정답 ⑤ * 중력이 자연 현상에 미치는 영향

| 문제+자료 분석 |
· 달과 인공위성은 중력에 의해 지구 주위를 공전하고 있다.
· 수증기를 포함한 공기의 대류에 의해 기상 현상이 일어난다.
· 식물의 뿌리는 중력의 방향에 따라 아래를 향하여 자란다.

| 선택지 분석 |

⑤ (가) 지구가 달에 작용하는 중력에 의해 달이 공전한다.
(나) 빗방울은 중력의 영향으로 아래로 떨어진다.
(다) 식물의 뿌리는 중력의 영향을 받아 땅속을 향해 자란다.
따라서 중력의 영향을 받는 자연 현상은 (가), (나), (다)이다.

26 정답 ⑤ * 중력과 역학적 시스템

| 문제+자료 분석 |
· 기체와 액체는 온도별 밀도차에 따라 상대적으로 중력의 차이가 발생하기 때문에 대류 현상이 일어난다.
· 수증기를 포함한 공기의 대류에 의해 기상 현상이 일어난다.

| 보기 분석 |

ㄱ 물질의 밀도에 따라 상대적으로 더 받는 것은 중력(㉠)이다.

ㄴ 차가운 공기와 따뜻한 공기의 밀도 차이에 따라 상대적으로 중력의 차이가 발생하여 대류 현상이 일어난다.

ㄷ 목이 긴 기린이 다른 동물에 비해 심장이 크고 혈압이 높은 것은 중력(㉠)을 이기고 심장에서 멀리까지 피를 보내야 하기 때문이다.

27 핵심 키워드: 달의 중력

모범 답안 달의 중력이 지구에 비해 훨씬 작아 기체가 달의 중력에서 벗어나 우주로 날아가 버리기 때문이다.

| 문제+자료 분석 |
· 달은 중력이 작아서 기체가 달의 중력에서 쉽게 벗어나 우주로 날아가 버리기 때문에 대기가 존재하지 않는다.

＊채점 기준

달과 지구의 중력의 크기를 비교하여 기체에 작용하는 중력의 영향을 옳게 설명한 경우	100 %
지구에 비해 달의 중력이 작다고만 설명한 경우	50 %

28 핵심 키워드: 중력, 조석, 기상 현상, 대류 등

모범 답안 · 달이 지구에 작용하는 중력에 의해 지구 해수면이 오르는 현상인 조석 현상이 생긴다.
· 중력에 의해 하늘에서 비와 눈이 내린다.
· 중력의 크기는 물체의 질량에 비례하는데, 물질의 밀도에 따라 상대적으로 중력의 차가 발생한다. 공기와 바닷물의 대류는 중력의 크기 차에 의한 현상이다.
· 식물의 뿌리는 땅속을 향해 자란다.
· 귓속의 전정 기관이 중력을 감지하여 몸의 균형을 잡는다.
· 조류는 뼛속이 비어 있다.

| 문제+자료 분석 |
· 중력은 지구 중심 방향으로 작용하는 만유인력으로 중력의 크기를 무게라고 한다.
· 중력에 의해 지구시스템에서 다양한 현상이 일어나며 기상 현상과 같은 변화도 일어난다.

＊채점 기준

중력이 지구시스템과 생명 시스템에 작용하는 현상을 각각 3가지 이상 옳게 서술한 경우	100 %
중력이 지구시스템과 생명 시스템에 작용하는 현상을 각각 2가지만 서술한 경우	60 %
중력이 지구시스템과 생명 시스템에 작용하는 현상을 각각 1가지만 서술한 경우	30 %

29 정답 ① * 물체의 운동

| 문제+자료 분석 |
· **속력이 일정한 운동**: 등속 원운동, 등속 직선 운동
· **속력이 변하는 운동**: 자유 낙하 운동, 포물선 운동

| 보기 분석 |

ㄱ 등속 직선 운동하는 물체에 작용하는 알짜힘은 0이다. 하지만 등속 원운동 하는 물체는 물체를 원의 중심 방향으로 끌어당기는 힘이 작용한다. 따라서 '물체에 작용하는 알짜힘이 0인가?'는 (가)로 적절하다.

ㄴ. 자유 낙하 운동과 포물선 운동 중 운동 방향이 일정한 것은 자유 낙하 운동(B)이다. 자유 낙하 운동(B)에서 물체에 작용하는 알짜힘의 방향은 운동 방향과 같은 연직 방향이다.

ㄷ. C는 자유 낙하 운동과 포물선 운동 중 운동 방향이 일정하지 않은 것이므로 포물선 운동이다.

＊수평 방향으로 던진 물체의 운동
공기 저항을 무시할 때, 수평 방향으로 던진 물체는 수평 방향의 등속 운동과 연직 아래 방향의 자유 낙하 운동이 합쳐져 포물선을 그리며 운동한다.

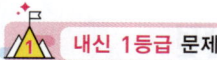
30 정답 ③ ＊자유 낙하 운동

 단서＋발상

(단서) 자유 낙하 운동하는 물체가 제시되어 있다.

(발상) 물체의 가속도의 크기는 일정하다는 것을 추론할 수 있다.

(적용) 자유 낙하 운동하는 물체의 특성을 분석하여 문제 풀이를 시작해야 한다.

| 문제＋자료 분석 |

• 물체의 처음 속력은 0이며, 가속도의 크기는 중력 가속도로 일정하다.

• 자유 낙하 운동하는 물체에 작용하는 중력의 방향은 물체의 운동 방향과 같다.

| 보기 분석 |

ㄱ. 자유 낙하 운동하는 물체에 작용하는 중력의 크기는 일정하다.

ㄴ. 물체에 작용하는 중력의 방향은 물체의 운동 방향과 같으므로 q에서와 r에서가 같다.

ㄷ. p에서 q까지 속도 변화량을 크기를 Δv_1, q에서 r까지 속도 변화량의 크기를 Δv_2라고 하면,

물체의 가속도의 크기는 일정하므로 $\dfrac{\Delta v_1}{2t} = \dfrac{\Delta v_2}{t}$이다. (꿀팁)

이를 정리하면, $\Delta v_1 = 2\Delta v_2$이므로

속도 변화량의 크기는 p에서 q까지가 q에서 r까지의 2배이다.

31 정답 ③ ＊물체의 운동 비교

 단서＋발상

(단서) 자유 낙하하는 A와 수평 방향으로 던진 B가 운동하는 모습이 제시되어 있다.

(발상) A와 B는 중력을 받으며 운동하는 것을 추론할 수 있다.

(적용) B의 운동을 수평 방향과 연직 방향으로 구분하여 분석하는 것부터 문제 풀이를 시작해야 한다.

| 문제＋자료 분석 |

• A와 B에는 모두 중력이 작용한다.

• A: 연직 방향의 속력이 증가하는 운동을 한다.

• B: 수평 방향의 속력은 일정하고 연직 방향의 속력은 증가하는 운동을 한다.

| 보기 분석 |

ㄱ. A와 B의 연직 방향의 처음 속력은 0으로 같고, 같은 높이에 운동을 시작하였으므로 수평면에 도달하는 데 걸린 시간은 A와 B가 같다. (꿀팁)

ㄴ. B에 수평 방향으로 작용하는 힘은 없다.
따라서 B의 수평 방향의 속력은 일정하다.

ㄷ. 낙하하는 B가 받는 알짜힘은 중력이며, 중력은 연직 방향으로 작용한다.

＊**연직**(鉛: 납 直: 곧을)
연직은 실에 추를 달아 늘어뜨릴 때 실이 나타내는 방향으로
즉, 중력의 방향을 의미한다.

32 정답 ② ＊중력과 자연 현상

 단서＋발상

(단서) 중력에 의한 자연 현상이 제시되어 있다.

(적용) 중력의 개념을 적용해서 문제 풀이를 시작해야 한다.

| 문제＋자료 분석 |

• 두 물체 사이의 거리가 멀어질수록 두 물체 사이에 작용하는 중력의 크기는 감소한다.

• 높은 곳으로 올라갈수록 공기가 희박하므로 대기의 밀도가 작고, 지표면에 가까울수록 대기의 밀도가 크다.

| 보기 분석 |

ㄱ. A: 해수면으로부터 높이 올라갈수록 쌓인 대기의 양이 감소하므로 대기압은 감소한다.

ㄴ. B: 밀물과 썰물은 지구와 달 사이에 작용하는 중력에 의한 현상이다.

ㄷ. C: 분자의 질량이 작은 수소와 헬륨은 속력이 크므로 지구 중력의 영향에서 벗어나 우주로 날아가 지구 대기에 거의 존재하지 않는다.

33 정답 ① ＊수평 방향으로 던진 물체의 운동

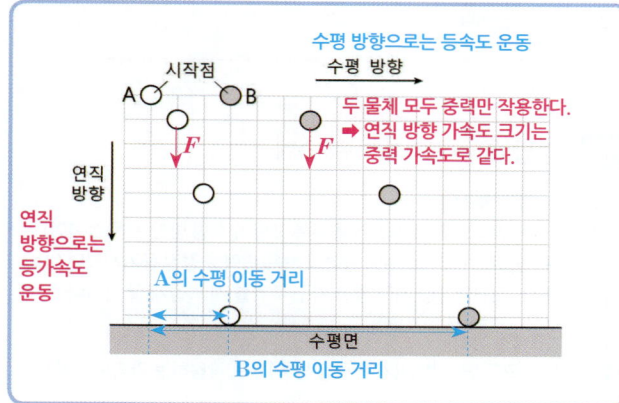

 단서＋발상

(단서) 물체의 위치가 일정한 시간 간격으로 제시되어 있다.

(발상) 물체의 위치 변화로부터 연직, 수평 방향 속력을 추론할 수 있다.

(적용) 물체에는 연직 방향의 중력만이 작용하므로 연직, 수평 방향의 운동을 각각 분석하는 것부터 문제 풀이를 시작해야 한다.

| 문제＋자료 분석 |

• **연직 방향**: A, B가 매 순간 같은 위치에 있으므로 두 물체의 속력은 같다.

• 일정한 시간 동안의 속력 변화량은 A, B가 같으므로 가속도의 크기도 A, B가 같다.

• **수평 방향**: B가 A보다 같은 시간 동안 더 많은 거리를 이동하므로 B가 A보다 속력이 크다. 또한 A와 B는 모두 속력의 변화가 없는 등속도 운동을 한다.

| 보기 분석 |

ㄱ. 공기 저항을 무시하는 경우 수평 방향으로 던진 물체에는 연직 방향의 중력만 작용하므로 A와 B에 작용하는 힘의 방향은 서로 같다.

ㄴ. 수평 방향으로는 같은 시간 동안 A가 B보다 더 적은 거리를 이동하므로 수평 방향의 속력은 A가 B보다 작다.

ㄷ. 수평 방향으로 던진 물체의 연직 방향 가속도는 중력 가속도이다. 연직 방향으로는 매 순간 A와 B의 위치가 같으므로 연직 방향의 가속도의 크기는 A와 B가 서로 같다. (함정)

34 정답 ⑤ ＊물체의 운동

| 문제＋자료 분석 |

• A: 수평 방향의 속력은 일정하고 연직 방향의 속력은 증가하는 운동을 한다.

• B: 연직 방향의 속력이 증가하는 운동을 한다.

(11)

ㄱ A에 수평 방향으로 작용하는 힘은 0이므로 A의 수평 방향의 속력은 v로 일정하다.

ㄴ A와 B의 연직 방향의 처음 속력은 0으로 같고, 처음 높이는 A와 B가 같으므로 수평면에 도달하는 데 걸린 시간은 A와 B가 같다. **함정**

A가 수평면에 도달할 때까지 수평 방향으로 진행한 거리는 L이므로

A가 수평면에 도달하는 데 걸린 시간은 $\frac{L}{v}$이다. 따라서 B가 가만히

놓인 순간부터 수평면에 도달할 때까지 걸린 시간은 $\frac{L}{v}$이다.

ㄷ A와 B에는 모두 중력이 작용하고, 중력의 방향은 연직 방향이다.

왜 틀렸나?

A의 수평 방향의 속력이 일정하다는 것을 몰랐다면 B를 가만히 놓은 순간부터 수평면에 도달할 때까지 걸린 시간을 구할 수 없었을 것이다. A의 수평 방향의 속력은 일정하고, 수평면에 도달할 때까지 수평 방향으로 진행한 거리는 L이므로 A를 가만히 놓은 순간부터 수평면에 도달할 때까지 걸린 시간은 $\frac{L}{v}$이다.

35 정답 ③ ＊중력과 지구시스템

| 문제＋자료 분석 |

• 대포를 수평 방향으로 더 빠르게 쏠수록 포탄의 수평 방향 처음 속력이 크므로 더 멀리 날아간다. 수평 방향의 처음 속력을 점점 증가시키면 어느 순간 포탄은 지면에 떨어지지 않고 지구 주위를 계속 돌게 될 것이다.

| 보기 분석 |

ㄱ A와 B는 모두 연직 방향(지구 중심 방향)으로 작용하는 가속도는 중력 가속도로 같다.

ㄴ. A, B, C 모두 지구 중심 방향으로 중력이 작용한다.

ㄷ 수평 방향 속도가 클수록 더 먼 곳에 떨어진다. 즉, C의 수평 방향 속도가 가장 크다.

36 정답 ③ ＊수평 방향으로 던진 물체의 운동

단서＋발상

단서 [실험 과정]에서 낙하 높이를 변경한다는 단서가 제시되어 있다.

발상 낙하 높이가 높을수록 낙하 시간이 길어짐을 추론할 수 있다.

적용 낙하 높이는 낙하 시간(운동 시간)을 결정하고, 운동 시간은 수평 도달 거리를 결정한다는 것을 적용해서 B의 수평 도달 거리를 구하는 것부터 문제 풀이를 시작해야 한다.

| 문제＋자료 분석 |

• [실험 결과]에서 A의 운동을 측정한 결과 (다)보다 (라)의 낙하 시간이 더 길다. B의 연직 방향 운동은 A와 같으므로 B 역시 낙하 시간은 (다)보다 (라)에서 더 길다.

• 수평 방향으로 던진 물체는 낙하 시간이 길수록 수평 도달 거리도 늘어나므로 (라)에서가 (다)에서보다 수평 도달 거리가 더 길다.

| 보기 분석 |

ㄱ 지표면 근처에서 운동하는 물체에는 항상 연직 아래 방향으로 중력이 작용하므로 (다)에서 낙하하는 A와 B에 작용하는 중력의 방향은 연직 아래 방향으로 같다.

ㄴ (다)와 (라)에서 A의 낙하 시간을 비교해보면 (라)에서 더 길다. A와 B의 연직 방향 운동은 서로 같으므로 B 역시 낙하 시간은 (라)에서 더 길다. ==B의 수평 도달 거리는 낙하 시간에 비례하므로 ㉠은 1.2 m보다 크다.==

ㄷ. 낙하 시간이 길수록 중력 가속도에 의해 가속되는 시간이 길다. 따라서 수평면에 도달하기 직전의 A의 속력은 (다)에서가 (라)에서보다 작다.

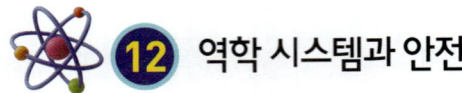

12 역학 시스템과 안전

내신 대비 필수 문제
문제편 181~184p

01 정답 ② ＊관성

| 문제＋자료 분석 |

• 관성은 현재의 운동 상태를 유지하려는 성질이다.

| 선택지 분석 |

① 물체의 질량이 클수록 운동 상태를 변화시키기 어려우므로 관성이 크다.

② 물체가 정지해 있을 때 정지 상태를 유지하려는 성질이 관성이다.

③ 관성은 물체가 원래의 운동 상태를 계속 유지하려는 성질이다.

④ 마찰이 없는 빗면에 놓은 공은 반대편 빗면의 경사에 관계없이 같은 높이까지 올라간다.

⑤ 버스가 급정거할 때 넘어지는 것은 관성의 예이다.

02 정답 ② ＊관성 법칙

| 문제＋자료 분석 |

• 지진계는 관성 법칙이 적용된 장치이다.

| 보기 분석 |

ㄱ. 작용 반작용 법칙(뉴턴 제3법칙)의 예이다. 한 물체가 다른 물체에 힘을 가하면 힘을 받은 물체도 힘을 가한 물체에 크기가 같고 방향이 반대인 힘을 가한다.

ㄴ 자동차가 갑자기 정지할 때 몸이 앞으로 쏠리는 현상은 운동 중인 상태를 유지하려는 관성의 예이다.

ㄷ. 가속도의 법칙(뉴턴 제2법칙)의 예이다. 물체에 알짜힘이 작용할 때 물체의 가속도의 크기는 알짜힘의 크기에 비례하고, 질량에 반비례한다.

03 핵심 키워드: 관성

모범 답안 버스가 갑자기 출발할 때 승객이 뒤로 넘어지는 현상은 버스는 이동하는 데 승객은 제자리에 있으려 하는 관성의 예이다. 달리던 사람이 돌부리에 걸려 넘어지는 것은 사람은 운동 방향으로 계속 움직이려고 하는데 발이 걸리기 때문에 나타나는 관성의 예이다. 등

| 문제＋자료 분석 |

• 관성은 물체가 자신의 현재 운동 상태를 유지하려는 성질이다. 관성은 물체의 질량이 클수록 크다.

＊채점 기준

관성의 예를 2가지 이상 옳게 서술한 경우	100 %
관성의 예를 1가지만 옳게 서술한 경우	50 %

04 핵심 키워드: 15 N·s, 힘, 시간

모범 답안 물체가 받는 충격량은 힘과 시간의 곱으로 나타낸다. $I=F\varDelta t$이므로 3초 동안 물체가 받은 충격량의 크기를 구하려면 그래프에서 0초부터 3초까지의 면적을 구하면 된다. 그래프에서의 면적은 $I=F\varDelta t=5\,\text{N}\times3\,\text{s}=15\,\text{N}\cdot\text{s}$이다.

＊채점 기준

계산 과정과 충격량의 크기를 옳게 서술한 경우	100 %
계산 과정 없이 충격량의 크기만 쓴 경우	30 %

05 정답 ③ * 충격량을 줄이는 방법

단서+발상

(단서) 매트의 재질 이외의 변인이 고정임이 제시되어 있다.

(발상) 일정한 방식으로 뛰어서 착지한다면 충격량이 변하지 않음을 추론할 수 있다.

(적용) '충격량=힘×시간'임을 적용하기 위해 충돌 시간을 구하는 것부터 문제 풀이를 시작해야 한다.

| 문제+자료 분석 |

- **충격량**: 물체가 받는 평균 힘과 힘이 작용하는 시간을 곱한 물리량이다. 선수가 충돌하여 정지할 때까지 선수가 받는 충격량의 크기는 일정하다.
- 충돌 시간은 선수가 푹신한 매트에 충돌할 때가 딱딱한 매트에 충돌할 때보다 크므로, 충돌하는 동안 선수에게 작용하는 평균 힘의 크기는 감소한다.

| 선택지 분석 |

③ 푹신한 매트는 충돌 시간이 증가하기 때문에 같은 충격량 대비 평균 힘의 크기는 감소한다.

＊ 충격을 줄이는 원리

- 충격량은 운동량의 변화량이므로 동일한 운동량으로 장애물을 넘은 선수가 착지해 정지했다면 충격량은 일정하다.
- 충격량은 힘-시간 그래프의 밑넓이와 같으므로, 동일한 넓이 $S_1=S_2$에서 충돌 시간이 길어지면 평균 힘은 줄어든다.

06 정답 ⑤ * 충격량의 크기

| 문제+자료 분석 |

- $I=F\Delta t(\text{N}\cdot\text{s})$이므로 힘-시간 그래프에서 그래프 아랫부분의 면적은 충격량을 의미한다.

| 선택지 분석 |

⑤ 0.2초에서 0.4초까지 물체가 받은 충격량의 크기는 $\dfrac{(3+6)\times 0.2}{2}=0.9(\text{N}\cdot\text{s})$이다.

07 정답 ⑤ * 운동량과 충격량

[탐구 과정] ─ 힘의 크기: 강하게 불 때＞약하게 불 때

(가) [그림1]과 같이 빨대 A의 끝부분에 구슬을 넣고, 수평으로 강하게 불 때와 약하게 불 때 구슬이 날아가는 거리를 측정한다.

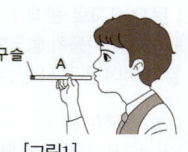
[그림1]

(나) [그림2]와 같이 A에 구슬을 입과 가까운 부분에 넣고, 수평으로 불 때 구슬이 날아가는 거리를 측정한다.

─ 힘이 작용한 시간: (나)＞(다)

[그림2]

(다) A의 길이를 반으로 자른 빨대 B에 구슬을 입과 가까운 부분에 넣고, (나)와 같은 세기로 수평으로 불 때 구슬이 날아가는 거리를 측정한다.

[탐구 결과] ─ 충격량=힘×힘이 작용한 시간

- (가)에서 빨대를 강하게 불 때 구슬이 더 멀리 날아간다.
  충격량: 강하게 불 때＞약하게 불 때
- (나)에서가 (다)에서보다 구슬이 더 멀리 날아간다.
  충격: (나)＞(다)

단서+발상

(단서) 구슬에 작용하는 힘의 크기와 작용 시간이 다른 탐구 과정이 제시되어 있다.

(발상) 힘의 세기와 작용 시간에 따라 충격량이 다름을 추론할 수 있다.

(적용) 어느 과정에서 충격량이 더 큰지 알아내는 것부터 문제 풀이를 시작해야 한다.

| 문제+자료 분석 |

- **(가)**: 수평으로 강하게 부는 것과 약하게 부는 것은 구슬에 작용하는 힘의 크기를 다르게 하는 과정이다.
- **(나), (다)**: 구슬을 입과 가까운 부분에 넣고 불면 구슬이 빨대 A의 끝에서 날아갈 때까지 힘이 작용하게 된다. 따라서 A의 길이를 반으로 자르면 구슬에 힘이 작용하는 시간이 짧아진다.

| 보기 분석 |

ㄱ (가)의 탐구 결과에서 빨대를 강하게 불 때 구슬이 더 멀리 날아가므로 강하게 불 때 구슬의 운동량이 더 크다는 것을 알 수 있다. 구슬이 받은 충격량의 크기는 운동량의 변화량과 같다. 따라서 구슬이 받은 충격량의 크기는 강하게 불 때가 약하게 불 때보다 크다.

ㄴ (나)와 (다)는 빨대의 길이가 다르다. 구슬이 빨대 속에 있을 때 힘이 작용하므로 빨대의 길이가 길면 힘을 받는 시간이 더 길다. 따라서 (나)와 (다)를 통해 구슬이 힘을 받은 시간에 따른 충격량의 크기를 비교할 수 있다.

ㄷ (나)와 (다)의 탐구 결과를 비교하면 (나)에서가 (다)에서보다 구슬이 더 멀리 날아가므로 구슬이 받은 충격량의 크기는 (나)에서가 (다)에서보다 크다.

＊ 충격량

물체가 받는 충격의 정도를 나타내는 양으로, 물체에 작용한 힘과 힘이 작용한 시간에 비례한다.

➡ 물체에 작용하는 힘이 클수록, 힘이 작용하는 시간이 길수록 크다.

충격량=힘×시간, $I=F\Delta t$ [단위: N·s]

08 정답 ② * 힘-시간 그래프와 물체의 운동량

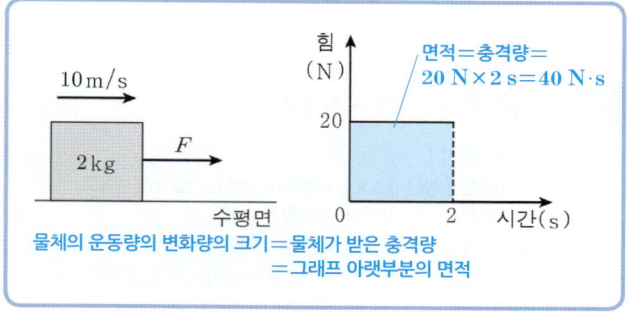

면적=충격량=20 N×2 s=40 N·s

물체의 운동량의 변화량의 크기=물체가 받은 충격량=그래프 아랫부분의 면적

| 문제+자료 분석 |

- 충격량은 충격력과 시간의 곱이므로 (나) 그래프에서 그래프 아랫부분의 면적은 충격량과 같으며 운동량의 변화량의 크기와 같다.

| 선택지 분석 |

② 충격량(I)=충격력(F)×시간(Δt)
=운동량의 변화량$(\Delta p)=m\times(v_\text{나중}-v_\text{처음})$이므로
$20\,\text{N}\times 2\,\text{s}=2\,\text{kg}\times(v-10)\,\text{m/s}$에서 $v=30\,\text{m/s}$이다.

＊ 운동량과 충격량의 관계

물체가 일정한 시간 동안 힘을 받으면 힘을 받는 동안 물체의 속도가 변하므로 운동량이 변한다. 따라서 물체가 받은 충격량만큼 운동량이 변한다.

충격량＝운동량의 변화량＝나중 운동량－처음 운동량
$I=\Delta p=p_2-p_1$ [단위: kg·m/s]

12

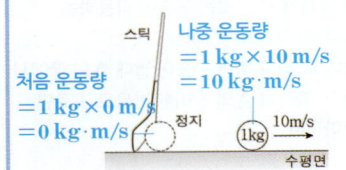
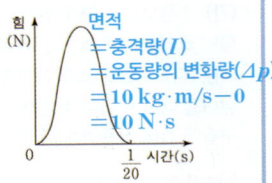

- 그림과 같이 수평면에 정지해 있던 질량이 1 kg인 물체에 수평 방향으로 힘을 작용하였더니 물체가 10 m/s의 일정한 속력으로 직선 운동한다. 물체는 스틱으로부터 그래프와 같이 $\frac{1}{20}$초 동안 힘을 받았다.

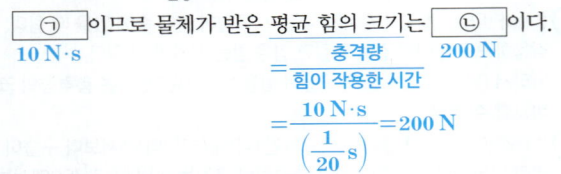

- 그래프에서 시간 축과 곡선이 만드는 면적은 물체의 운동량 변화량의 크기와 같다.
- 따라서 0초부터 $\frac{1}{20}$초까지 물체가 받은 충격량의 크기는 ㉠ 이므로 물체가 받은 평균 힘의 크기는 ㉡ 이다.

$$\underset{10\,\text{N}\cdot\text{s}}{㉠} \qquad \underset{200\,\text{N}}{㉡}$$

$$= \frac{\text{충격량}}{\text{힘이 작용한 시간}}$$

$$= \frac{10\,\text{N}\cdot\text{s}}{\left(\frac{1}{20}\,\text{s}\right)} = 200\,\text{N}$$

| 문제+자료 분석 |
- 정지해 있던 물체의 운동량은 0이고, 일정한 속력으로 운동하는 물체의 운동량의 크기는 10 kg·m/s이다.

| 선택지 분석 |
② 물체의 나중 운동량은 10 kg·m/s이고, 처음 운동량은 0이므로 물체가 받은 충격량의 크기는 10 N·s이다. 따라서 ㉠은 10 N·s이다.

물체가 스틱으로부터 힘을 받은 시간은 $\frac{1}{20}$초이므로 ㉡은

$$\frac{10}{\left(\frac{1}{20}\right)} = 200\,\text{N이다.}$$

10 정답 ④ * 운동량과 충격량

| 문제+자료 분석 |
- 야구공의 처음 운동량은 0.5 kg × 30 m/s = 15 kg·m/s이고, 타자가 배트로 야구공을 친 후의 운동량은 0.5 kg × (−50 m/s) = −25 kg·m/s이므로 운동량의 변화량은 −40 kg·m/s이다. 여기서 음(−)의 부호는 처음 운동 방향의 반대 방향을 의미한다.

| 보기 분석 |
ㄱ 배트와 공이 충돌한 후 운동량의 크기는 $p=mv$에서 0.5 kg × 50 m/s = 25 kg·m/s이다.

ㄴ. 충격량은 운동량의 변화량과 같다. 이 경우 운동량의 변화량은 40 kg·m/s이다. 충격량(I)은 $I=F\varDelta t$인데 충돌 시간이 0.1 s이므로 충격력은 400 N이다.

ㄷ 충돌 전 운동량은 0.5 kg × 30 m/s = 15 kg·m/s, 충돌 후 운동량은 −25 kg·m/s이므로 운동량 변화량의 크기는 40 kg·m/s이다. 야구 글러브로 야구공을 받아 정지시킬 경우 충돌 후 운동량은 0이다. 이 경우 운동량의 변화량의 크기는 15 kg·m/s이다. 따라서 야구 글러브로 야구공을 받아 정지시킬 때의 충격량의 크기는 배트로 칠 때의 $\frac{3}{8}$배이다.

11 핵심 키워드 : 운동량의 변화량, 충격량, 2초

모범 답안 100 kg인 자동차의 속력이 0에서 4 m/s로 변하였으므로 자동차의 운동량의 변화량은 $p=mv=100 \times 4 = 400$ kg·m/s이다. 운동량의 변화량은 충격량과 같으므로 이 자동차의 충격량은 400 N·s이다. 충격량 $I=F\varDelta t$로 평균 힘과 시간에 비례한다. 200 N의 힘을 가하였으므로 자동차의 충격 시간은 2초이다.

✱ 채점 기준

계산 과정과 2초를 모두 옳게 서술한 경우	100 %
2초라고만 쓴 경우	30 %

12 정답 ④ * 충격량

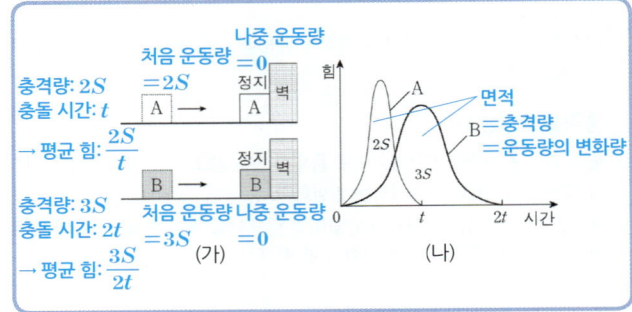

| 문제+자료 분석 |
- 충격량은 물체에 작용한 힘과 그 힘이 작용한 시간의 곱과 같다.
- 충격량은 물체가 받는 힘과 힘을 받는 시간의 곱이므로 (나)에서 곡선이 시간 축과 이루는 면적이 충격량이다.

| 선택지 분석 |
④ (나)에서 곡선이 시간 축과 이루는 면적이 충격량이므로 A의 충격량(I_A)은 $2S$, B의 충격량(I_B)은 $3S$이다. 따라서 충격량의 크기는 $I_A < I_B$이다. 충돌할 때 받은 평균 힘의 크기는 $\frac{\text{충격량의 크기}}{\text{충돌 시간}}$이므로 $F_A = \frac{2S}{t}$이고, $F_B = \frac{3S}{2t}$이다. 따라서 $F_A > F_B$이다.

13 정답 ③ * 충돌과 안전장치

| 문제+자료 분석 |
- 안전모와 자동차 범퍼와 같이 충돌과 관련된 안전장치는 보통 충돌 시간을 길게 하여 충돌 시 받는 평균 힘의 크기를 줄여주는 역할을 한다.

| 보기 분석 |
ㄱ 안전모와 자동차 범퍼는 외부에서 가해지는 충격을 흡수한다.
ㄴ 안전모와 자동차 범퍼는 충격이 가해지는 시간을 길게 하여 충격력을 감소시킨다.
ㄷ. 충돌 시 충격량은 일정하다. 안전모와 자동차 범퍼는 충격력을 감소시키는 장치이다. 함정

14 정답 ② * 운동량과 충격량

| 문제+자료 분석 |
- 에어 매트는 충돌 시간을 길게 하여 충돌 시 사람이 받는 평균 힘의 크기를 줄여주는 역할을 한다.

| 보기 분석 |
ㄱ. 출발(시작) 속력이 같고, 에어 매트에 닿는 순간의 속력이 ⓐ와 ⓑ에서 같으므로 운동량은 같다. 물체가 멈출 때 운동량이 0이므로 운동량의 변화량은 ⓐ와 ⓑ에서 같다.

ㄴ. 에어 매트에서 공기가 빠져나오며 충격을 흡수해 주므로 에어 매트에 닿는 순간부터 멈출 때까지 걸린 시간은 ⓐ에서가 ⓑ에서보다 크다.

ㄷ. ⓐ와 ⓑ에서 운동량의 변화량(충격량)이 같고 멈출 때까지 걸린 시간이 ⓐ에서가 ⓑ에서보다 크므로, 물체에 작용하는 평균 힘의 크기는 ⓐ에서가 ⓑ에서보다 작다.

15 정답 ② ✱ 자동차의 안전장치

| 문제+자료 분석 |
• 충격량은 물체에 작용한 힘과 그 힘이 작용한 시간의 곱과 같다.
• 안전장치의 대부분은 충돌 시 힘이 작용하는 시간을 길게 하여 사람이 받는 힘의 크기가 작아지도록 한다.

| 선택지 분석 |
② A. 자동차의 범퍼는 충돌 시 충격을 받는 시간을 길게 하여 자동차가 받는 힘의 크기를 줄여준다. ➡ 옳지 않음

B. 에어백은 충돌 시 사람이 충격을 받는 시간을 길게 함으로써 사람에게 가해지는 힘을 작게 하여 피해를 줄인다. ➡ 옳지 않음

C. 안전띠는 사람을 좌석에 고정하여 충돌 시 사람이 관성에 의해 밖으로 튀어 나가는 것을 방지해 준다. ➡ 옳음

16 정답 자동차의 에어백, 운동선수의 보호대, 구조용 에어 매트 등

| 문제+자료 분석 |
• 충돌과 관련된 안전장치는 보통 충돌 시간을 길게 하여 충돌 시 받는 평균 힘의 크기를 줄여주는 역할을 한다. 이러한 원리를 이용한 안전장치의 예로 자동차의 범퍼, 에어백, 포수용 글러브, 운동선수의 보호대, 모서리 보호대, 에어캡 포장, 모서리 보호대 등이 있다.

 내신 1등급 문제 문제편 184~185p

17 정답 ② ✱ 운동량과 충격량

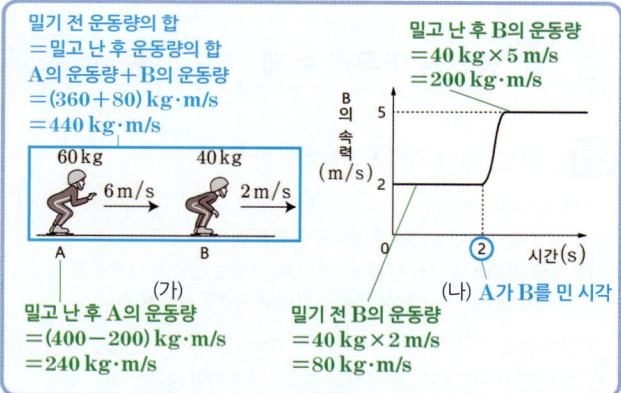

밀기 전 운동량의 합
＝밀고 난 후 운동량의 합
A의 운동량＋B의 운동량
＝(360＋80) kg·m/s
＝440 kg·m/s

60 kg 40 kg
6 m/s 2 m/s
A   B
(가)

밀고 난 후 A의 운동량
＝(400−200) kg·m/s
＝240 kg·m/s

밀기 전 B의 운동량
＝40 kg×2 m/s
＝80 kg·m/s

밀고 난 후 B의 운동량
＝40 kg×5 m/s
＝200 kg·m/s

(나) A가 B를 민 시각

단서+발상
단서 A와 B의 처음 운동량과 B의 속력이 제시되어 있다.
발상 B의 운동량의 변화량을 추론할 수 있다.
적용 A가 받은 충격량을 통해 나중 운동량을 구하는 것부터 문제 풀이를 시작해야 한다.

| 문제+자료 분석 |
• 운동량은 질량과 속도의 곱이므로 (가)에서 A와 B의 충돌 전 운동량의 크기는 각각 60×6＝360 kg·m/s, 40×2＝80 kg·m/s이다.
• (나)에서 B의 충돌 후 속력은 5 m/s이므로 충돌 후 B의 운동량은 40×5＝200 kg·m/s이다.

| 보기 분석 |
ㄱ. 충격량은 힘과 시간의 곱이므로 작용 반작용 법칙에 따라 충돌하는 두 물체가 받은 충격량의 크기는 서로 같다.

ㄴ. 오른쪽 방향을 (＋)라고 하면 밀기 전 B의 운동량은 40×2＝80 kg·m/s, 밀고 난 후 B의 운동량은 40×5＝200 kg·m/s이므로 B의 운동량 변화량은 200−80＝120 kg·m/s이다.

ㄷ. B의 운동량 변화량의 크기는 120 kg·m/s이고, 이는 B가 받은 충격량의 크기와 같으므로 A가 받은 충격량은 왼쪽 방향으로 120 kg·m/s이다. 따라서 밀고 난 후 A의 운동량은 360−120＝240 kg·m/s이다. 운동량은 질량과 속도의 곱이므로 밀고 난 후 A의 속력은 4 m/s이다.

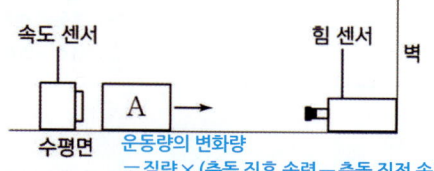 다른 풀이: 운동량 보존 법칙
ㄷ. 밀기 전후에 두 선수의 운동량의 합은 보존되므로 밀고 난 후의 운동량의 합은 440 kg·m/s이다. 밀고 난 후 B의 운동량은 200 kg·m/s이므로 밀고 난 후 A의 운동량은 240 kg·m/s이다. A의 질량은 60 kg이고, 운동량은 질량과 속도의 곱이므로 밀고 난 후 A의 속력은 4 m/s이다.

18 정답 ② ✱ 운동량과 충격량

[실험 과정]
(가) 그림과 같이 수평면 위에 고정된 속도 센서와 힘 센서 사이에 물체 A를 놓은 후, A가 힘 센서를 향해 등속 직선 운동하게 한다.

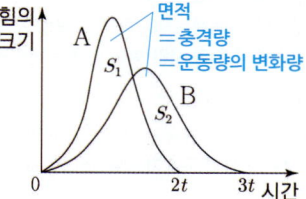

속도 센서   힘 센서 벽
A
수평면   운동량의 변화량
＝질량×(충돌 직후 속력−충돌 직전 속력)

(나) A와 힘 센서의 충돌 직전과 직후에 A의 속력을 측정하고, 힘 센서를 이용하여 충돌하는 동안 A에 작용하는 힘의 크기를 시간에 따라 측정한다.

(다) A를 물체 B로 바꾼 후 (가)와 (나)의 과정을 반복한다.

[실험 결과]

물체	속력(m/s)	
	충돌 직전	충돌 직후
A	2	0 정지
B	3	0 정지

힘의 크기   면적
＝충격량
＝운동량의 변화량
A S_1
B S_2
0   2t   3t 시간

• 그래프에서 각 곡선이 시간 축과 이루는 면적 S_1과 S_2는 같다.
충격량의 크기: A＝B → 2×A의 질량＝3×B의 질량

단서+발상
단서 두 물체의 충돌 실험이 제시되어 있다.
발상 (나)에서 A, B가 받은 충격량의 크기를 추론할 수 있다.
적용 표에 제시된 실험 결과값을 이용하여 A, B의 운동량의 변화량을 구하는 것부터 문제 풀이를 시작해야 한다.

| 문제+자료 분석 |
• 물체가 벽에 충돌한 직후 속력이 0이므로, 물체의 나중 운동량은 0이다.
• 힘과 시간 축이 이루는 면적은 물체가 받은 충격량이다. S_1과 S_2가 같으므로 A와 B가 받은 충격량의 크기는 같다.

ㄱ. S_1과 S_2는 같으므로 물체가 받은 충격량의 크기는 A와 B가 같다.
ㄴ. 물체가 충돌하는 과정에서 힘 센서로부터 힘을 받는 시간은 A가 B보다 짧고, 물체가 받은 충격량의 크기는 같으므로 물체가 받은 평균 힘의 크기는 A가 B보다 크다.
ㄷ. 충격량은 운동량의 변화량과 같다. 물체가 힘 센서와 충돌하는 과정에서 속력의 변화량은 A가 B보다 작으므로 질량은 A가 B보다 크다.

＊충격량

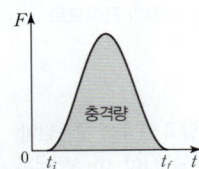

충격량 $I = F \cdot \Delta t$

$F = ma = \dfrac{mv - mv_0}{\Delta t}$ 이므로

$I = F \cdot \Delta t = mv - mv_0 = \Delta p$ (운동량의 변화량)

---

19 정답 ④ ＊운동량과 충격량

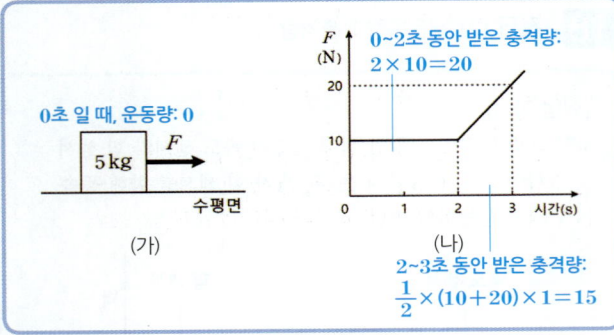

(가)

0초 일 때, 운동량: 0

5 kg

수평면

(나)

0~2초 동안 받은 충격량: $2 \times 10 = 20$

2~3초 동안 받은 충격량: $\dfrac{1}{2} \times (10 + 20) \times 1 = 15$

＊ 단서+발상

(단서) 수평면에서 물체가 수평 방향으로 힘을 받으며 운동한다고 제시되어 있다.
(발상) 힘을 받는 물체의 속력이 변한다는 것을 추론할 수 있다.
(적용) 물체가 받는 힘을 시간에 따라 나타낸 그래프에서 물체가 받은 충격량을 구하는 것부터 문제 풀이를 시작해야 한다.

| 문제＋자료 분석 |

• (가)에서 물체는 정지해 있으므로 처음 운동량은 0이다.
• (나)에서 힘과 시간 축이 이루는 면적은 물체가 받은 충격량이다.

| 보기 분석 |

ㄱ. 0~2초까지 물체가 받은 충격량의 크기는 $10 \times 2 = 20 \, \text{N·s}$이고, 2~3초까지 물체가 받은 충격량의 크기는 $\dfrac{1}{2} \times (10 + 20) \times 1 = 15 \, \text{N·s}$이다.

ㄴ. 0초일 때 물체는 정지해 있으므로 운동량의 크기는 0이다. 물체가 받은 충격량의 크기는 운동량의 변화량의 크기와 같다. 0~1초 동안 물체가 받은 충격량의 크기는 $10 \times 1 = 10 \, \text{N·s}$이므로 1초일 때 운동량의 크기는 $10 \, \text{kg·m/s}$이다. 마찬가지로 0~2초 동안 물체가 받은 충격량의 크기는 $10 \times 2 = 20 \, \text{N·s}$이므로 2초일 때 운동량의 크기는 $20 \, \text{kg·m/s}$이다. 따라서 운동량의 크기는 2초일 때가 1초일 때의 2배이다.

ㄷ. 3초일 때, 물체의 운동량의 크기는 $35 \, \text{kg·m/s}$이다. 운동량은 질량×속력이고, 물체의 질량은 5 kg이므로 3초일 때 물체의 속력은 $\dfrac{35}{5} = 7 \, \text{m/s}$이다.

＊ 운동량과 충격량의 관계

물체가 일정한 시간 동안 힘을 받으면 힘을 받는 동안 물체의 속도가 변하므로 운동량이 변한다. 따라서 물체가 받은 충격량만큼 운동량이 변한다.

---

20 정답 ③ ＊충돌과 안전장치

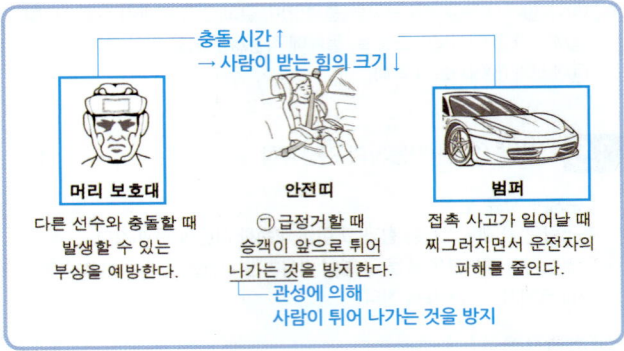

충돌 시간↑
→ 사람이 받는 힘의 크기↓

머리 보호대
다른 선수와 충돌할 때 발생할 수 있는 부상을 예방한다.

안전띠
⊙ 급정거할 때 승객이 앞으로 튀어 나가는 것을 방지한다.
관성에 의해 사람이 튀어 나가는 것을 방지

범퍼
접촉 사고가 일어날 때 찌그러지면서 운전자의 피해를 줄인다.

＊ 단서+발상

(단서) 일상생활에서 사용하는 충돌과 관련된 안전장치가 제시되어 있다.
(발상) (가)와 (다)는 충돌 시간을 길게 하는 안전장치, (나)는 관성과 관련된 안전장치임을 추론할 수 있다.

| 문제＋자료 분석 |

• 머리 보호대는 다른 선수와 충돌할 때 찌그러지는 동안 충돌 시간을 증가시켜 선수가 받는 평균 힘의 크기를 감소시킨다.
• 자동차가 급정거할 때 승객은 관성에 의해 계속 앞으로 운동하려고 하므로 안전띠를 매지 않으면 앞으로 튀어 나가 충돌할 수 있다.
• 범퍼는 충돌할 때 찌그러지면서 자동차가 다른 자동차와 충돌하는 시간을 길게 하여 평균 힘의 크기를 감소시킨다.

| 보기 분석 |

ㄱ. 머리 보호대는 푹신한 소재로 만들어져 다른 선수와 충돌할 때 보호대가 압축되는 동안 충돌 시간을 증가시켜 사람이 받는 평균 힘의 크기를 감소시킨다.
ㄴ. 급정거할 때 승객이 앞으로 튀어 나가는 것은 관성으로 설명된다.
ㄷ. 접촉 사고가 일어날 때 충격량은 일정하므로 범퍼가 찌그러지면서 충돌 시간을 증가시켜 자동차가 받는 평균 힘의 크기를 감소시킨다.

중단원 마무리 문제 문제편 186~190p

01 정답 ⑤ ＊중력을 받는 물체의 운동

| 문제＋자료 분석 |

• A: 자유 낙하하는 물체는 등가속도 운동을 한다.
• B: 수평 방향으로 던진 물체는 수평 방향으로는 등속 직선 운동을 하고, 연직 방향으로는 자유 낙하 운동과 같이 등가속도 운동을 한다.

| 보기 분석 |

ㄱ. A는 연직 아래 방향으로 중력을 받으므로 속력이 증가한다.
ㄴ. B는 수평 방향으로 힘을 받지 않으므로 수평 방향으로는 일정한 속력 v로 운동한다.
ㄷ. A와 B의 연직 방향의 처음 속력이 같고, 같은 크기의 중력을 받으므로 같은 시간 동안 연직 방향으로 이동한 거리는 A와 B가 같다. 따라서 A와 B의 처음 높이가 같으므로 B가 p를 지나는 순간 A의 높이는 h이다.

02 정답 ⑤ ＊자유 낙하 운동

| 문제＋자료 분석 |

• A와 B의 처음 속력은 0으로 같고, A와 B에는 일정한 크기의 중력이 작용하므로 속력이 1초마다 중력 가속도의 크기만큼 일정하게 증가한다. 따라서 시간에 따른 A와 B의 속력은 같다.

- 물체의 크기와 공기 저항을 무시할 때, A와 B가 같은 시간 동안 낙하한 거리는 같다.

| 선택지 분석 |

⑤ A와 B 모두 중력이 작용하는 곳에서 자유 낙하하므로 같은 시간 동안 같은 높이만큼 낙하한다. 중력이 일정하므로 B가 바닥에 닿을 때 A도 h만큼 낙하하여 높이는 $3h$이다.

＊ 자유 낙하 운동

자유 낙하 하는 물체는 중력이 작용하는 연직 방향으로 운동하는데, 물체가 일정 시간 동안 움직인 거리, 즉 속도는 일정하게 증가한다.
➡ 물체의 운동 방향과 같은 방향으로 지구의 중력이 계속 작용했기 때문이다.

03 정답 ① ＊중력의 역할

| 문제+자료 분석 |

- 중력은 보통 지구가 물체를 끌어당기는 힘을 의미하며, 일반적으로는 질량이 있는 모든 물체 사이에 상호작용하는 힘이다.

| 보기 분석 |

㉠ 지상의 물체에 작용하는 지구 중력은 지구 중심 방향으로 작용하므로 물을 높은 곳에서 낮은 곳으로 흐르게 한다.

ㄴ. 중력의 방향은 물체의 운동 방향과 상관없이 항상 연직 아래 방향이다.

ㄷ. 뜨거운 공기는 가벼워서 상승하고 상대적으로 무거운 차가운 공기는 하강하여 대류가 일어난다. 중력이 없으면 대류가 발생하지 않으므로 대기의 순환은 일어나지 않는다.

＊ 중력

- 중력은 질량이 있는 모든 물체 사이에 상호작용 하는 힘이다.
- 물체의 질량이 클수록, 두 물체 사이의 거리가 가까울수록 중력이 커진다.
- 우리 주변에 있는 물체들 사이에도 중력이 작용하지만, 질량이 큰 지구가 당기는 중력에 비해 크기가 매우 작아 그 영향을 관찰하기 어려울 뿐이다.

04 정답 ③ ＊중력을 받는 물체의 운동

| 문제+자료 분석 |

- 수평면에서 등속도 운동하는 물체는 2초 동안 10 m를 이동하므로 물체의 속력은 $\dfrac{10 \text{ m/s}}{2 \text{ s}} = 5 \text{ m/s}$이다.

- q에서 떠난 물체에 수평 방향으로 작용하는 알짜힘은 0이므로 수평 방향 속력은 일정하다. 꿀팁

- q에서 떠난 물체에 연직 방향으로 작용하는 알짜힘은 중력이므로 연직 방향 속력은 증가한다.

| 보기 분석 |

㉠ 수평면에서 물체는 등속도 운동을 하므로 q에서 물체의 속력은 5 m/s이다.

㉡ q를 떠난 물체의 수평 방향 속력은 일정하므로 r에 도달하는 순간 물체의 속력은 5 m/s이다.

ㄷ. q에서 r까지 물체에 작용하는 힘은 연직 방향의 중력이므로 공의 운동 방향과 힘의 방향은 같지 않다.

＊ 수평 방향으로 던진 물체의 운동

- **수평 방향**: 힘이 작용하지 않으므로 등속 직선 운동을 한다.
- **연직 방향**: 지구에 의한 중력만 작용하므로 자유 낙하 하는 물체와 같이 등가속도 운동을 한다.
- 공기 저항을 무시할 때 수평 방향으로 던진 물체는 수평 방향의 등속 운동과 연직 아래 방향의 자유 낙하 운동이 합쳐져 포물선을 그리며 운동한다.

05 정답 ④ ＊수평 방향으로 던진 물체의 운동

그림은 질량이 동일한 물체 A와 B를 수평면으로부터 <u>같은</u> 높이에서 수평 방향으로 각각 속력 v_A, v_B로 동시에 던졌더니,
낙하 시간: A＝B
A와 B가 포물선 경로를 따라 운동한 모습을 나타낸 것이다. 물체는 수평 방향으로 각각 d, $3d$만큼 이동하였다.

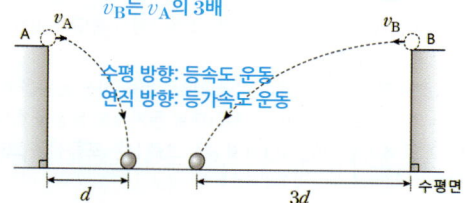

v_B는 v_A의 3배

수평 방향: 등속도 운동
연직 방향: 등가속도 운동

이에 대한 설명으로 옳은 것만을 [보기]에서 있는 대로 고른 것은? (단, 물체의 크기와 공기 저항은 무시한다.) [3점]

─────── [보기] ───────

㉠ 낙하하는 동안 A와 B에 작용하는 힘의 방향은 서로 같다. **A와 B에 작용하는 힘은 중력이다.**

ㄴ. 수평면에 도달하는 순간 연직 방향의 속력은 A가 B보다 ~~작다~~ 같다.
A와 B는 같은 높이에서 던졌으므로, 수평면에 도달하는 순간 연직 방향의 속력은 A와 B가 같다.

㉢ v_B는 v_A의 3배이다.
수평 이동 거리는 B가 A의 3배이다.

① ㄱ ② ㄴ ③ ㄷ ④ ㄱ, ㄷ ⑤ ㄴ, ㄷ

| 문제+자료 분석 |

- A와 B는 수평 방향으로 던져졌으므로 수평 방향으로는 등속도 운동을 하고, 연직 방향으로는 등가속도 운동을 한다.
- A와 B는 같은 높이에서 던져졌으므로 수평면에 도달하는 데 걸린 시간은 A와 B가 같다.
- 수평 방향으로의 이동 거리는 A가 B보다 작으므로 수평 방향의 속력은 A가 B보다 작다.

| 보기 분석 |

㉠ 낙하하는 동안 A와 B에 작용하는 힘은 연직 아래 방향으로 작용하는 중력이다. 따라서 낙하하는 동안 A와 B에 작용하는 힘의 방향은 같다.

ㄴ. A와 B의 연직 방향으로의 처음 속력은 0으로 같고, 중력 가속도는 같다. 따라서 수평면에 도달하는 순간 연직 방향의 속력은 A와 B가 같다.

㉢ 낙하하는 데 걸린 시간이 같고, 수평 이동 거리는 B가 A의 3배이므로 v_B는 v_A의 3배이다.

06 핵심 키워드: 수평 방향 속력, A＞C＞B

모범 답안 수평 방향으로 물체의 속력이 달라져도 연직 방향으로는 자유 낙하 운동이기 때문에 바닥에 도달하는 시간은 같다. 따라서 같은 낙하 시간 동안 수평 방향으로의 속력이 클수록 수평 도달 거리는 커지므로 물체를 발사하였을 때 속력을 비교하면 A ＞ C ＞ B이다.

＊ 채점 기준

A＞C＞B와 그 까닭을 모두 옳게 서술한 경우	100 %
A＞C＞B라고만 쓴 경우	30 %

12

07 정답 ② ＊중력을 받는 물체의 운동

 단서＋발상

단서 A, B의 위치를 일정한 시간 간격으로 나타낸 그림이 제시되어 있다.

발상 A는 등가속도 운동, B는 수평 방향으로는 등속 직선 운동, 연직
방향으로는 등가속도 운동을 하는 것을 추론할 수 있다.

| 문제＋자료 분석 |

• **A**: 시간에 따라 A의 이동 거리가 점점 증가하면서 속도가 일정하게
증가하므로 등가속도 운동을 한다.

• **B**: 수평 방향으로는 힘이 작용하지 않으므로 등속 직선 운동을 하고, 연직
방향으로는 지구에 의한 중력만 작용하므로 등가속도 운동을 한다. B의
운동 방향과 중력의 방향이 나란하지 않으므로 B는 포물선을 그리며
운동한다.

| 보기 분석 |

ㄱ. B는 수평 방향으로 힘을 받지 않으므로 수평 방향으로는 일정한
속력으로 운동한다.

ㄴ. 공기 저항과 물체의 크기를 무시할 때, 중력을 받아 낙하하는 물체의
가속도는 무게에 관계없이 같다. **꿀팁**
따라서 같은 높이에서 자유 낙하하는 A, B는 동시에 수평면에 도달한다.

ㄷ. B는 연직 아래 방향으로 중력을 받는다.

08 정답 ④ ＊중력을 받는 물체의 운동

| 문제＋자료 분석 |

• **A**: 속도가 1초에 10 m/s씩 증가하는 등가속도 운동을 한다.

• **B**: 연직 방향으로는 A의 속도와 동일하게 1초에 10 m/s씩 증가하는
등가속도 운동을, 수평 방향으로는 속도가 2 m/s로 일정한 등속 운동을
한다.

| 보기 분석 |

ㄱ. 공 A가 바닥에 닿는 순간의 속도가 10 m/s이고, 중력 가속도가
10 m/s^2일 때 1초 후의 속도가 10 m/s가 된다. 따라서 바닥에 닿을
때까지 걸린 시간은 1초이다.

ㄴ. 공 A와 B는 같은 높이에서 떨어졌으므로 바닥에 도달하는 데 걸린
시간(낙하 시간)도 1초로 동일하다. 따라서 바닥에 도달하기까지
수평으로 이동한 거리는 수평 방향의 속력과 낙하 시간의 곱이므로
2 m/s×1s＝2 m이다.

ㄷ. A는 속도가 일정하게 증가하는 등가속도
운동을 하므로, 속도−시간 그래프로
나타내면 오른쪽 그림과 같다. 낙하한
거리는 속도−시간 그래프 아래의
면적이므로 5 m이다.

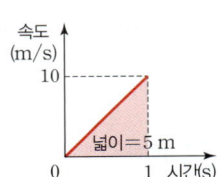

09 정답 ④ ＊충격량

 단서＋발상

단서 물체가 충돌할 때 받은 힘과 시간 그래프가 제시되어 있다.

발상 힘−시간 그래프로부터 충격량의 크기와 충격력을 추론할 수 있다.

적용 운동량의 변화량이 충격량과 같다는 것을 적용해서 (나), (다)에서
물체의 충격량의 크기를 구하는 것부터 문제 풀이를 시작해야 한다.

| 문제＋자료 분석 |

• (나)와 (다)의 과정에서 물체의 질량과 속력이 같으므로 충돌 전 운동량도
같다.

• 충돌 시간은 (나)에서가 (다)에서보다 짧으므로 힘−시간 그래프의 ㉠이
(나)의 결과이고, ㉡이 (다)의 결과이다.

| 보기 분석 |

ㄱ. 충돌 시간은 (나)에서 t, (다)에서 $2t$이므로 ㉠은 (나)의 측정 결과이다.

ㄴ. [충격량＝운동량의 변화량＝나중 운동량－처음 운동량]이고, 물체가
힘 센서와 충돌 후 정지하므로 나중 운동량은 0이다.
따라서 [충격량＝처음 운동량]이다.
즉, (나)와 (다)에서 충돌 전 운동량이 같으므로 충격량도 같다.
힘−시간 그래프의 곡선이 시간 축과 이루는 면적은 충격량의 크기와
같으므로 곡선 ㉠과 ㉡이 시간 축과 이루는 면적은 서로 같다. **꿀팁**

ㄷ. 평균 힘＝$\dfrac{충격량}{충돌시간}$이고, (나)와 (다)에서 물체의 충격량의 크기는 서로
같다. 따라서 평균 힘의 크기는 충돌 시간이 더 짧은 (나)에서가
(다)에서보다 크다.

10 핵심 키워드: 운동량의 크기, 다＞나＞가

모범 답안 운동량의 크기는 질량이 클수록, 속도가 빠를수록 크다.
동전의 속력은 10 m/s＝36 km/h이다. 질량은 다≫나＞가 순이고,
속도의 크기는 나＞다＞가 순이다. 따라서 운동량의 크기는 다＞나＞가
순이다.

＊ **채점 기준**

다＞나＞가와 그 까닭를 모두 옳게 서술한 경우	100 %
다＞나＞가라고만 쓴 경우	30 %

11 정답 ④ ＊운동량과 충격량

| 문제＋자료 분석 |

• 운동량은 물체의 질량과 속도의 곱과 같다.

• 충격량은 물체에 작용한 힘과 그 힘이 작용한 시간의 곱과 같다.

| 보기 분석 |

ㄱ. 운동하는 물체가 벽과 충돌하여 정지하였으므로 충돌 시간 T 동안
물체의 운동량의 크기는 감소한다.

ㄴ. (나)에서 시간 축과 곡선이 만드는 면적 S는 물체가 벽으로부터 받은
충격량의 크기와 같다.

ㄷ. 물체가 벽으로부터 받은 평균 힘의 크기는 $\dfrac{충격량}{힘이 작용한 시간}＝\dfrac{S}{T}$이다.

12 정답 ⑤ ＊운동량의 변화량

| 문제＋자료 분석 |

• 운동량은 질량과 속도의 곱이다.

• 물체의 운동량의 변화량은 물체에 가한 충격량과 같다.

| 보기 분석 |

ㄱ. $2t$일 때 물체의 속력을 v_0라고 하면 $p_0＝mv_0$이므로 $v_0＝\dfrac{p_0}{m}$이다.

ㄴ. $3t$부터 $5t$까지 운동량이 p_0에서 0이 되므로 $4t$인 순간 운동량의 크기는
$\dfrac{p_0}{2}$이다. 충격량의 크기는 운동량의 변화량 크기와 같으므로 $3t$부터
$4t$까지 물체가 받은 충격량의 크기는 $\left|\dfrac{p_0}{2}－p_0\right|＝\dfrac{p_0}{2}$이다.

ㄷ. 운동량 $p＝mv$임을 이용해 운동량−시간
그래프로부터 속도−시간 그래프를
그려보면 오른쪽 그림과 같다. 물체가
이동한 거리는 속도−시간 그래프의
면적과 같다. 따라서 $3t$부터 $5t$까지 물체가
이동한 거리는 $\dfrac{1}{2}×\dfrac{p_0}{m}×2t＝\dfrac{p_0t}{m}$
이다.

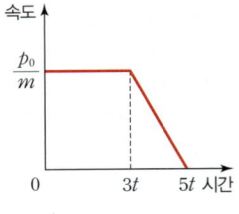

13 정답 ① * 운동량과 충격량

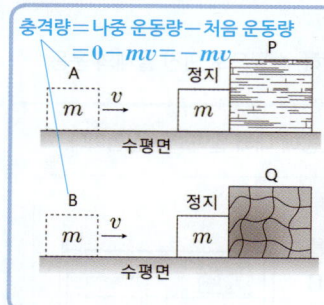

충격량＝나중 운동량－처음 운동량
$=0-mv=-mv$

충격량의 크기: A＝B
평균 힘: A＞B
→ 충돌 시간: A＜B

물체	t	$F_{평균}$
A	t_0	F_0
B	㉠	$\frac{1}{3}F_0$

💡 단서＋발상

(단서) A, B의 충돌 후의 평균 힘, 충돌 시간이 제시되어 있다.

(발상) A, B의 충돌 전 운동량과 충돌 후 운동량이 각각 같으므로 충격량이 서로 같다는 것을 추론할 수 있다.

(적용) 평균 힘과 충돌 시간의 곱이 충격량과 같다는 것을 적용해서 충격량의 크기를 구하는 것부터 문제 풀이를 시작해야 한다.

| 문제＋자료 분석 |

- 충격량(I): 물체에 힘 F가 시간 Δt 동안 작용한 경우 물체가 받은 충격량은 $I=F\Delta t$이다.
- 충격량과 운동량: 물체에 충격량이 가해지면 운동량이 변화한다. $I=F\Delta t=\Delta p=m\Delta v$
- A, B의 충돌 전 운동량＝mv, 충돌 후 운동량＝0이므로 운동량의 변화량은 $0-mv=-mv$로 서로 같다. 운동량의 변화량은 충격량과 같으므로 A, B가 충돌 과정에서 받은 충격량의 크기도 mv로 서로 같다.
- 충격량의 크기는 평균 힘과 충돌 시간의 곱이므로 A의 충격량의 크기는 $F_0 t_0$이고 B의 충격량의 크기는 $\frac{1}{3}F_0 \times$㉠이다.

| 보기 분석 |

㉠ 운동량은 질량과 속도의 곱과 같다. A의 질량은 m이고 충돌 전의 속력은 v이므로 충돌 전 A의 운동량의 크기는 mv이다.

ㄴ. A와 B의 충돌 전 운동량은 mv로 같고, 충돌 후 A, B 모두 정지하므로 충돌 후 운동량은 0이다. A, B의 운동량의 변화량의 크기는 둘 다 mv이고, 운동량의 변화량은 충격량과 같다. 따라서 A, B가 장애물로부터 받은 충격량의 크기도 mv로 같다.

ㄷ. 충격량은 평균 힘과 충돌 시간의 곱이므로 A, B가 받은 충격량의 크기는 각각 $F_0 t_0$, $\frac{1}{3}F_0 \times$㉠이고, A와 B가 받은 충격량의 크기는 서로 같으므로 $F_0 t_0 = \frac{1}{3}F_0 \times$㉠에서 ㉠$=3t_0$이다. 따라서 ㉠은 t_0보다 크다.

14 핵심 키워드: 충격량, 운동량의 변화량, 200 m/s

[모범 답안] 충격량은 물체에 작용한 평균 힘과 힘이 작용한 시간의 곱이다. 골프공에 가한 평균 힘은 400 N이고, 충격을 가한 시간은 $\frac{1}{50}$초 이므로 충격량의 크기는 $400\,\text{N} \times \frac{1}{50}\,\text{s}=8\,\text{N·s}$이다.

충격량은 운동량의 변화량과 같다. 골프공의 나중 속도를 v라 하면 나중 운동량은 $0.04v$이고, 처음 운동량은 0이다. $0.04v=8\,\text{N·s}$이므로 $v=200$ m/s이다.

* 채점 기준

계산 과정과 200 m/s를 모두 옳게 서술한 경우	100 %
200 m/s라고만 쓴 경우	50 %

15 정답 ③ * 충격량

| 문제＋자료 분석 |

- (가): 물체의 질량＝m, 충돌 전 속도＝$3v$, 충돌 후 속도＝$-2v$, 속도의 변화량＝$3v-(-2v)=5v$
- (나): 물체의 질량＝$2m$, 충돌 전 속도＝$3v$, 충돌 후 속도＝$-v$, 속도의 변화량＝$3v-(-v)=4v$

| 보기 분석 |

ㄱ. 운동량은 질량과 속도의 곱이므로 충돌 후 운동량의 크기는 (가)의 경우 $m \times 2v=2mv$, (나)의 경우 $2m \times v=2mv$로 같다.

ㄴ. 충돌하는 동안 벽이 물체로부터 받은 충격량의 크기는 물체의 운동량의 변화량이다. (가)의 운동량의 변화량은 $5mv$, (나)의 운동량의 변화량은 $8mv$이므로 (나)에서가 (가)에서보다 크다.

ㄷ A가 벽과 접촉하는 시간을 t라 하면 B가 벽과 접촉하는 시간은 $2t$이다. A, B가 각각 벽과 충돌하는 동안 벽이 물체에 작용하는 평균 힘의 크기를 각각 F_A, F_B라 하면 $5mv=F_A \times t$, $8mv=F_B \times 2t$이므로 $F_A > F_B$이다.

16 정답 ④ * 운동량과 충격량

| 문제＋자료 분석 |

- 0~2초: 물체가 받은 충격량의 크기는 $\frac{1}{2} \times 3\,\text{N} \times 2\,\text{s}=3\,\text{N·s}$
- 2~6초: 물체가 받은 충격량의 크기는 $\frac{1}{2} \times 3\,\text{N} \times 4\,\text{s}=6\,\text{N·s}$

➡ 0~6초 동안 물체가 받은 충격량의 크기는 $9\,\text{N·s}(=3\,\text{N·s}+6\,\text{N·s})$이다.

| 선택지 분석 |

④ 힘-시간 그래프에서 0~2초, 0~6초 동안 물체가 받은 충격량의 크기는 각각 3 N·s, 9 N·s이다.
충격량은 운동량의 변화량과 같으므로 물체의 운동량의 크기는 6초일 때가 2초일 때의 3배이다.
따라서 6초일 때 물체의 속력은 2초일 때의 3배인 $3v$이다.

* 충격량

물체가 받는 충격의 정도를 나타내는 양으로, 물체에 작용한 힘과 힘이 작용한 시간에 비례한다.
➡ 물체에 작용하는 힘이 클수록, 힘이 작용하는 시간이 길수록 크다.

충격량＝힘×시간, $I=F\Delta t$ [단위: N·s]

17 정답 ⑤ * 충격량

| 문제＋자료 분석 |

- 운동량은 질량과 속도의 곱과 같다.
- (나)에서 2초일 때 운동량의 부호가 반대가 되었으므로 2초 일 때 물체와 벽이 충돌했음을 알 수 있다.
- 충돌 전 운동량은 $10\,\text{kg·m/s}$이고, 충돌 후 운동량은 $-5\,\text{kg·m/s}$이므로 운동량의 변화량의 크기는 $15\,\text{kg·m/s}$이다.

| 보기 분석 |

㉠ 충돌 전 물체의 운동량은 $10\,\text{kg·m/s}$이고, 물체의 속력이 2 m/s이다. 따라서 물체의 질량은 $\frac{10\,\text{kg·m/s}}{2\,\text{m/s}}=5$ kg이다.

㉡ 물체가 벽에 충돌하는 동안 물체가 벽에 작용하는 충격량과 벽이 물체에 작용하는 충격량의 크기는 같고 방향은 반대이다. 물체가 받은 충격량은 운동량의 변화량과 같다. 따라서 물체가 벽에 충돌하는 동안 물체의 운동량의 변화량의 크기가 $15\,\text{kg·m/s}$이므로 물체가 벽에 작용한 충격량의 크기는 $15\,\text{N·s}$이다.

㉢ 운동량은 질량과 속도에 비례한다. 충돌 전후 물체의 속력의 비는 충돌 전후 물체의 운동량의 크기의 비와 같다. 따라서 충돌 후 물체의 속력은 충돌 전의 $\frac{1}{2}$배이다.

18 정답 ③ * 충돌과 안전장치

단서+발상

(단서) 자동차의 안전장치가 제시되어 있다.

(발상) 충돌 시간을 길게 하여 사람(또는 자동차)이 받는 힘의 크기를 줄이는 안전장치임을 추론할 수 있다.

| 문제+자료 분석 |
- 에어백은 충돌 시간을 길게 하여 탑승자가 받는 힘을 줄여준다.
- 범퍼는 충돌 시간을 길게 하여 자동차가 받는 힘을 줄여준다.

| 보기 분석 |

ㄱ 관성에 의해 사람이 에어백에 충돌할 때, 충돌 시간을 길게 하여 크게 다치는 것을 방지한다.

ㄴ 충격량은 운동량의 변화량과 같으므로 충돌할 때 자동차가 받는 충격량의 크기는 충돌 전후 자동차의 운동량의 변화량에 의해 결정된다. 범퍼는 에어백과 같이 충돌할 때 찌그러지거나 부서지면서 충돌 시간을 길게 한다.

ㄷ 에어백과 범퍼는 충돌 시 충돌 시간을 길게 하여, 물체가 받는 힘을 줄여준다.

19 정답 ⑤ * 충돌과 안전장치

단서+발상

(단서) 충격을 완화하기 위한 공기가 충전된 포장재가 제시되어 있다.

(발상) 공기가 충전된 포장재는 힘이 작용하는 시간을 길게 하여 물체가 받는 힘의 크기를 줄이는 원리를 이용한 것임을 추론할 수 있다.

| 문제+자료 분석 |
- 충돌 과정에서 물체가 받는 힘의 크기는 $\dfrac{\text{충격량}}{\text{시간}}$ 이다.
- 공기가 충전된 포장재는 충돌 시간을 길게 하여 물체가 받는 힘의 크기를 줄인다.

| 보기 분석 |

ㄱ 자동차 범퍼는 내부가 비어 있고 잘 부서지게 만들어져 있어 충돌 시 충돌 시간을 길게 하여 자동차가 받는 평균 힘을 줄인다.

ㄴ 높이뛰기용 착지 매트는 운동 선수가 착지할 때 힘을 받는 시간을 길게 하여 운동 선수가 매트로부터 받는 평균 힘을 줄인다.

ㄷ 스펀지가 내장된 안전모는 외부에서 충격이 가해질 때 힘을 받는 시간을 길게 하여 사람의 머리가 받는 평균 힘의 크기를 줄인다.

 20 정답 ② * 충격량

| 문제+자료 분석 |
- 작용 반작용 법칙(뉴턴 제3법칙)에 따라 철수가 민수에게 작용하는 충격량의 크기와 민수가 철수에게 작용하는 충격량의 크기는 같다.

| 보기 분석 |

ㄱ t초일 때 철수와 민수의 충격량의 크기는 같으므로 운동량의 변화량이 같다. 처음에 철수와 민수 모두 정지해 있었으므로 처음 운동량은 0으로 같고, t초 순간 둘의 운동량의 크기는 같다. 둘의 질량이 다르므로 철수와 민수의 속력은 다르다.

ㄴ 작용 반작용에 의해 철수가 민수에게 작용한 충격량의 크기와 민수가 철수에게 작용한 충격량의 크기는 같다. 또한 철수가 민수에게 작용한 충격량과 민수의 운동량의 변화량은 같다. 따라서 0에서 $2t$초까지 민수가 철수에게 작용한 충격량의 크기는 민수의 운동량의 변화량의 크기인 300 N·s이다.

ㄷ $2t$초일 때 철수의 운동량도 300 kg·m/s만큼 변한다. 철수의 질량이 50 kg이므로 철수의 속력은 $\dfrac{300}{50}=6$ m/s이다.

수능 대비 기출 문제   문제편 192p

01 정답 ⑤ * 중력, 자유낙하, 수평으로 던진 물체의 운동

다음은 지구 표면에서 구슬의 운동에 대해 알아보는 실험이다.

〈실험 과정〉

(가) 그림과 같이 모눈종이를 배경으로 구슬 A와 B의 운동을 촬영하는 실험 장치를 설치한다.

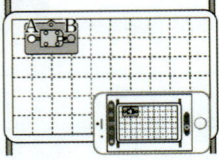

(나) A는 자유 낙하시키고, B는 수평 방향으로 v_0의 속력으로 발사한다.

(단서) A와 B의 운동 제시

(다) 촬영된 영상을 분석하여 A와 B의 위치를 0.1 s 간격으로 나타낸다.

〈실험 결과〉 시간에 따른 A와 B의 위치 비교

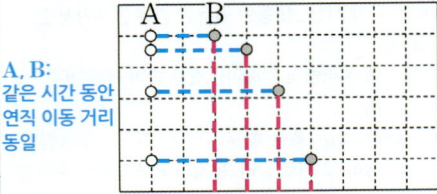

A, B: 같은 시간 동안 연직 이동 거리 동일

B : 같은 시간 동안 수평 이동 거리 동일 ➡ 수평 방향으로 등속 운동

중력 가속도가 지구보다 작아지므로 연직 방향 위치에만 영향을 줌
중력이 지구보다 작은 행성의 표면에서 이 실험 과정을 동일하게 수행했을 때의 결과로 가장 적절한 것은? [2.5점]

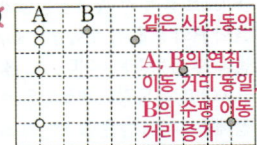
① 같은 시간 동안 A, B의 연직 이동 거리 동일
② 같은 시간 동안 A, B의 연직 이동 거리 동일, B의 수평 이동 거리 증가

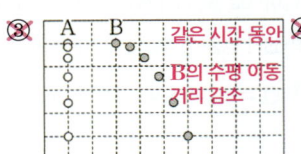 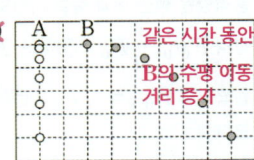
③ 같은 시간 동안 B의 수평 이동 거리 감소
④ 같은 시간 동안 B의 수평 이동 거리 증가

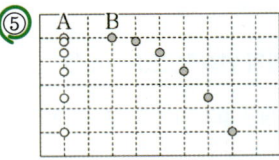
⑤

단서+발상

(단서) 자유 낙하하는 A와 수평으로 던진 물체 B의 운동이 제시되어 있다.

(발상) 실험 결과를 이용해 시간에 따른 A와 B의 위치를 추론할 수 있다.

(적용) 자유 낙하 운동과 수평으로 던진 물체의 운동 개념을 적용해서 시간에 따른 A와 B의 위치 변화를 구하는 것부터 문제 풀이를 시작해야 한다.

| 문제+자료 분석 |

- A는 연직 방향으로 자유 낙하 운동, B는 수평 방향으로 등속 운동, 연직 방향으로 자유 낙하 운동을 한다. 따라서 연직 방향으로는 A와 B 모두 중력만을 받아서 등가속도 운동하므로 두 물체의 연직 방향 위치는 항상 같다.
- A와 B의 연직 방향 위치는 중력 가속도의 크기에 따라 달라지지만, B의 수평 방향 위치는 중력 가속도의 영향을 받지 않고 초기 수평 속도에 따라 일정하게 증가한다. 꿀팁

➡ 중력이 지구보다 작은 행성의 표면에서 같은 실험을 진행하는 경우, 동일한 시간 동안 A와 B의 연직 방향 이동 거리는 감소하고 B의 수평 방향 이동 거리는 일정해야 한다.

| 선택지 분석 |

① 동일한 시간 동안 지구 표면에서와 A와 B의 연직 방향 이동 거리가 동일하다.
② 동일한 시간 동안 지구 표면에서와 A와 B의 연직 방향 이동 거리가 동일하고, B의 수평 방향 이동 거리는 늘어났다.
③ 동일한 시간 동안 지구 표면에서의 A와 B의 연직 방향 이동 거리보다 감소하였으나, B의 수평 방향 이동 거리도 감소하였다.
④ 동일한 시간 동안 지구 표면에서의 A와 B의 연직 방향 이동 거리보다 감소하였으나, B의 수평 방향 이동 거리는 증가하였다.
⑤ 동일한 시간 동안 지구 표면에서의 A와 B의 연직 방향 이동 거리보다 감소하고 B의 수평 방향 이동 거리는 일정하다.

문제 풀이 꿀팁

- 물체의 위치를 일정한 시간 간격으로 모눈종이에 나타낸 자료 분석을 통해 점과 점 사이의 간격을 비교하여 물체의 속도를 비교할 수 있다.
➡ 수평 방향 간격이 클수록 수평 속력이 크고, 연직 방향 간격이 커질수록 연직 속력이 더 커짐을 의미한다.

02 정답 ② * 충격량

그림 (가)는 힘 센서를 설치한 마네킹에 안전모를 씌운 후 속력 v_0으로 벽에 충돌시키는 실험을 나타낸 것이다. 그림 (나)는 안전모 A, B, C를 이용하여 각각 (가)의 실험을 했을 때 힘 센서에 측정된 결과를 나타낸 것으로, 각각의 그래프와 시간 축이 이루는 면적은 서로 같다.

단서 힘—시간 그래프의 면적은 충격량을 나타내므로 A, B, C가 받는 충격량의 크기는 같다. $I_A = I_B = I_C$

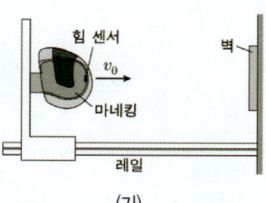

$I_A = \Delta p_A$
$I_B = \Delta p_B$
$I_C = \Delta p_C$

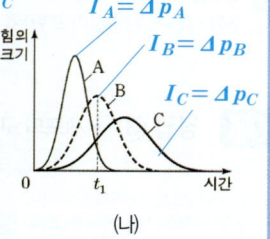

(가)   (나)

이에 대한 설명으로 옳은 것을 [보기]에서 있는 대로 고른 것은? [2점]

[보기]

ㄱ. $\dfrac{\text{마네킹이 받은 충격량}}{\text{충돌 시간}}$ 의 크기가 가장 작은 경우는 ~~A를~~ 이용한 충돌 실험이다. C

ㄴ. B를 이용한 충돌 실험에서, 마네킹의 운동량의 크기는 시간 t_1일 때 가장 ~~크다~~. 크지 않다.

ㄷ. 머리에 가해지는 충격을 줄이는 데에는 C가 A보다 효과적이다.

① ㄱ   ② ㄷ   ③ ㄱ, ㄴ ④ ㄴ, ㄷ ⑤ ㄱ, ㄴ, ㄷ

단서+발상

단서 안전모 A, B, C를 이용한 충돌 실험에 따른 힘—시간 그래프가 제시되어 있다.
발상 그래프의 면적을 통해 A, B, C가 받은 충격량을 추론할 수 있다.
적용 충격량과 운동량의 개념을 적용해서 충돌 과정에서 마네킹이 받는 힘을 구하는 것부터 문제 풀이를 시작해야 한다.

| 문제+자료 분석 |

- 물체에 작용하는 힘의 변화를 시간에 따라 그래프로 나타낼 때, 그래프가 시간 축과 만드는 면적은 충격량을 나타내므로 안전모 A, B, C를 이용한 충돌 실험에서 발생하는 충격량은 동일하다.
- 같은 충격량을 받는 경우, 물체가 충돌할 때 힘이 작용하는 시간을 길게 하면 물체가 받는 평균 힘의 크기가 작아진다.

| 보기 분석 |

ㄱ. 안전모 A, B, C를 이용한 충돌 실험에서 발생한 충격량은 동일하다. 따라서 $\dfrac{\text{마네킹이 받은 충격량}}{\text{충돌 시간}}$ 의 크기는 충돌 시간이 길수록 작으므로 ㄱ-장 작은 경우는 C를 이용한 충돌 실험이다.

ㄴ. 물체가 충돌하는 동안은 마네킹은 벽으로부터 운동 방향과 반대 방향으로 힘을 받아 감속하므로, t_1일 때 운동량의 크기는 가장 크지 않다. 함정

ㄷ. 충격량이 같을 때 충돌 시간이 늘어나면 물체가 받는 평균 힘이 작아진다. C는 A에 비해 충돌 시간이 길기 때문에 머리에 가해지는 충격을 줄이는 데 효과적이다.

왜 틀렸나?

- 보기 ㄴ에서 묻는 운동량의 개념을 정확하게 이해하고 있어야 한다. B를 이용한 실험에서 시간이 t_1일 때, 물체에 작용하는 힘의 크기가 최대이므로 충돌 과정에서 물체에 작용하는 힘이 최대이다. 따라서 물체는 감속하게 되므로 운동량이 최대일 수 없다.

03 정답 ⑤ * 충돌과 안전장치

그림 A, B, C는 충격량과 관련된 예를 나타낸 것이다.

   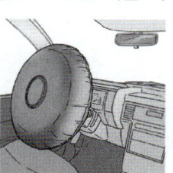   

A. 라켓으로 공을 친다. B. 충돌할 때 에어백이 펴진다. C. 활시위를 당겨 화살을 쏜다.

이에 대한 설명으로 옳은 것만을 [보기]에서 있는 대로 고른 것은?

[보기]

ㄱ. A에서 라켓의 속력을 더 크게 하여 공을 치면 공이 라켓으로부터 받는 충격량이 커진다.
A에서 라켓의 속력을 증가시키면, 공이 더 빠른 속력으로 튕겨 나간다.

ㄴ. B에서 에어백은 탑승자가 받는 평균 힘을 감소시킨다. $I = F \Delta t$
↓ ↑

ㄷ. C에서 활시위를 더 당기면 활시위를 떠날 때 화살의 운동량이 커진다.
$I = F \Delta t = \Delta p$에서 충격 시간이 길수록 운동량의 변화량이 커진다.

① ㄱ   ② ㄷ   ③ ㄱ, ㄴ
④ ㄴ, ㄷ   ⑤ ㄱ, ㄴ, ㄷ

단서 + 발상

단서 충격량과 관련된 예가 제시되어 있다.

적용 충격량은 물체에 작용한 힘과 그 힘이 작용한 시간의 곱임을 이용하여 문제 풀이를 시작해야 한다.

| 문제 + 자료 분석 |

◆ 운동량과 충격량

• **충격량(I)**: 물체에 힘 F가 시간 Δt 동안 작용한 경우 물체가 받은 충격량은 $I = F\Delta t$이다.

• **충격량과 운동량**: 물체에 충격량이 가해지면 운동량이 변화한다.

$$I = F\Delta t = \Delta p = m\Delta v$$

• Δp가 일정하다면, 충돌 시간 Δt를 길게 하여 평균 힘의 크기를 작게 할 수 있다.

• F가 일정하다면, 충격 시간 Δt를 길게하여 Δp를 크게할 수 있다.

| 보기 분석 |

ㄱ A에서 라켓의 속력을 증가시키면, 공이 더 빠른 속력으로 튕겨 나간다. 따라서 라켓의 속력을 더 크게 하여 공을 치면, 공이 라켓으로부터 받는 충격량이 커진다.

ㄴ 에어백은 충돌 시간을 길게 한다. $I = F\Delta t$에서 충돌 시간이 길수록 탑승자가 받는 평균 힘이 작아진다.

ㄷ 활시위를 더 당기면 활시위를 놓는 순간부터 활시위를 떠날 때까지 걸린 시간이 더 길어진다. 화살이 힘을 받는 시간이 길어진다.

$I = F\Delta t = \Delta p$에서 충격 시간이 길수록 운동량의 변화량이 커진다. 따라서 활시위를 더 당길수록 화살의 운동량이 커진다.

✱ 운동량과 충격량의 관계

충돌 후 물체가 정지한다고 가정하면 나중 운동량이 0이므로 처음 운동량의 크기가 충격량의 크기와 같다. 따라서 운동량의 최댓값을 제한하면 충돌 시 충격량의 크기가 제한되어 제한하지 않을 때에 비해 충격을 줄일 수 있다.

13 생명 시스템에서의 화학 반응

내신 대비 필수 문제   문제편 200~201p

01 정답 ⑤ ✱ 생명 시스템의 유기적 구성

| 문제 + 자료 분석 |

• **생명 시스템**: 지구시스템에서 생명체가 물, 공기, 빛 등 외부 환경 요소와 서로 상호작용하면서 이루는 하나의 시스템이다.

• **세포**: 생명 시스템을 구성하는 구조적 단위이자 생명활동이 일어나는 기능적 단위이다.

| 선택지 분석 |

① 세포는 생명 시스템을 구성하는 구조적 단위이다.

② 세포는 물질대사, 생장 및 생식 등의 생명활동이 이루어지는 기능적 단위이다.

③ 아메바, 짚신벌레와 같은 단세포 생물은 세포 하나가 곧 개체이다.

④ 생명체를 구성하는 요소들이 서로 상호작용하여 다양한 생명활동을 수행하는 것을 생명 시스템이라고 한다.

⑤ 생명 시스템의 구성 단계는 세포 → 조직 → 기관 → 개체이다.

02 정답 ⑤ ✱ 세포의 구조와 기능

| 문제 + 자료 분석 |

• **소포체(A)**: 막으로 싸인 납작한 주머니가 연결된 모양으로 핵막과 연결되어 있다. 라이보솜에서 합성한 단백질을 골지체나 세포의 다른 곳으로 운반하는 통로 역할을 한다.

• **라이보솜(B)**: 작은 알갱이 모양의 세포소기관으로 유전정보에 따라 단백질을 합성하는 장소이다. 핵막이나 소포체 막에 붙어 있거나 꿀팁 세포질에 존재한다.

• **세포막(C)**: 세포를 둘러싸고 있는 얇은 막으로, 세포의 형태를 유지하고 세포 안팎으로의 물질 출입을 조절한다.

| 보기 분석 |

ㄱ 작은 알갱이 모양의 라이보솜(B)이 붙어 있는 A는 소포체이다.

ㄴ 라이보솜은 단백질 합성이 일어나는 세포소기관이다.

ㄷ 세포를 둘러싸고 있는 세포막(C)의 주성분은 인지질과 단백질이므로 C의 구성 성분에 인지질이 포함된다.

03 정답 ③ ✱ 세포의 구조와 기능

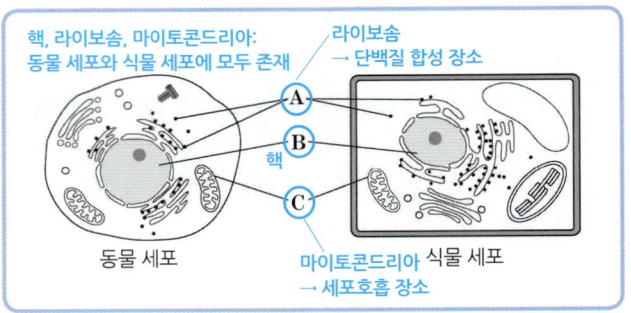

핵, 라이보솜, 마이토콘드리아:
동물 세포와 식물 세포에 모두 존재

라이보솜
→ 단백질 합성 장소

A

B

핵

C

동물 세포   식물 세포

마이토콘드리아
→ 세포호흡 장소

단서 + 발상

단서 A, B, C는 각각 핵, 라이보솜, 마이토콘드리아 중 하나이다.

발상 작은 알갱이 모양의 A는 라이보솜, 가장 크고 뚜렷한 B는 핵, 둥근 막대 모양의 C는 마이토콘드리아임을 추론할 수 있다.

| 문제＋자료 분석 |
- **라이보솜(A)**: 작은 알갱이 모양이며, 소포체에 붙어 있거나 세포질에 존재한다. 유전정보에 따라 단백질이 합성되는 장소이다.
- **핵(B)**: 구형 또는 타원형이며, 세포 내에서 가장 크고 뚜렷하게 관찰된다. 핵 속에는 유전물질인 DNA가 있다.
- **마이토콘드리아(C)**: 둥근 막대 모양으로, 세포호흡이 일어나는 장소이다. 유기물을 분해하여 생명활동에 필요한 에너지를 얻는다.

| 보기 분석 |
ㄱ. A는 라이보솜, B는 핵, C는 마이토콘드리아이다.
ㄴ. 핵(B)은 생명활동을 조절하는 세포소기관으로 핵 속에는 유전물질이 있다.
ㄷ. 마이토콘드리아(C)에서 세포호흡이 일어난다. 광합성은 식물 세포의 엽록체에서 일어난다.

04 정답 ④ ＊세포의 구조와 기능

| 문제＋자료 분석 |
- **A**: 이중막으로 둘러싸여 있으며, 내부에 동전 모양의 막 구조가 층층이 쌓여 있으므로 엽록체다.
- **B**: 막으로 둘러싸여 있지 않으며, 소포체에 붙어 있거나 세포질에 흩어져 있으므로 라이보솜이다.
- **C**: 이중막으로 둘러싸여 있으며, 이중막의 외막은 소포체와 연결되어 있으므로 핵이다.

| 보기 분석 |
ㄱ. A(엽록체)는 광합성이 일어나는 장소로 에너지를 사용해 포도당을 합성하는 기능을 한다.
ㄴ. B(라이보솜)은 단백질을 합성하는 필수 소기관으로 식물 세포뿐만 아니라 동물 세포, 원핵세포에도 있다.
ㄷ. C(핵)에는 유전 물질이 들어 있다.

05 정답 ② ＊식물 세포

| 문제＋자료 분석 |
- **마이토콘드리아**: 둥근 막대 모양으로, 세포호흡이 일어나는 장소이다. 유기물을 분해하여 생명 활동에 필요한 에너지를 얻는다.
- **라이보솜**: 작은 알갱이 모양이며, 소포체에 붙어 있거나 세포질에 존재한다. 유전정보에 따라 단백질이 합성되는 장소이다.

| 선택지 분석 |
② 마이토콘드리아에서 세포호흡이 일어나고, 라이보솜에서 단백질 합성이 일어난다.

06 정답 ⑤ ＊세포막의 구조와 선택적 투과성

| 문제＋자료 분석 |
- 세포막은 인지질 2중층에 단백질이 파묻히거나 관통하거나 표면에 붙어 있는 구조이다.
- 세포막을 통한 물질 이동은 물질의 종류와 특성에 따라 선택적으로 일어난다.

| 선택지 분석 |
⑤ A. 세포막의 주성분은 인지질과 단백질이다. ➡ 옳음
　 B. 세포막을 통한 물질 이동은 물질의 종류와 특성에 따라 선택적으로 일어난다. ➡ 옳음
　 C. 산소, 이산화 탄소 등과 같은 크기가 작은 기체 분자는 인지질 2중층을 통해 확산된다. ➡ 옳음

07 정답 ③ ＊세포막의 구조와 선택적 투과성

 단서＋발상

단서 세포막과 세포막을 구성하는 물질 X의 구조가 제시되어 있다.
적용 세포막의 주성분은 인지질과 단백질임을 적용하여 X는 인지질임을 구하는 것부터 문제 풀이를 시작해야 한다.

| 문제＋자료 분석 |
- 세포막은 인지질 2중층에 단백질이 파묻히거나 관통하거나 표면에 붙어 있는 구조이다.
- 인지질에서 인산을 포함하는 머리 부분(㉠)은 친수성, 2개의 지방산으로 이루어진 꼬리 부분(㉡)은 소수성이다.

| 보기 분석 |
ㄱ. 인산을 포함하는 머리 부분과 2개의 지방산으로 이루어진 꼬리 부분을 갖는 X는 인지질이다.
ㄴ. 세포막을 통한 물질 이동은 물질의 종류와 특성에 따라 선택적으로 일어난다.
ㄷ. 물에 대한 친화력은 ㉠ 부분이 ㉡ 부분보다 크다.

08 핵심 키워드: 포도당, 산소 등

모범 답안 포도당, 이온, 아미노산 등과 같은 친수성 물질은 A(막단백질)을 통해 확산되고, 산소, 이산화 탄소 등과 같은 크기가 작은 기체 분자는 인지질 2중층(B)를 통해 확산된다.

| 문제＋자료 분석 |
- 수용성 물질(포도당, 아미노산 등)이나 전하를 띠는 물질은 인지질 2중층을 통과하기 어려워 막단백질(A)에 의해 이동한다.
- 분자의 크기가 작거나, 지질에 잘 용해되는 물질은 인지질 2중층(B)을 잘 통과한다.

＊ 채점 기준

A와 B를 통해 이동하는 물질의 예를 모두 옳게 서술한 경우	100%
A와 B를 통해 이동하는 물질의 예를 한 가지만 옳게 서술한 경우	50%

09 정답 ① ＊세포막의 구조와 물질 이동

 단서＋발상

단서 세포막의 단백질과 인지질 이중층이 제시되어 있다.
발상 Ⅰ은 단백질을 통한 촉진 확산, Ⅱ는 단순 확산임을 추론할 수 있다.
적용 세포막의 구조와 특징을 적용해서 A와 B, Ⅰ과 Ⅱ를 파악하는 것부터 문제 풀이를 시작해야 한다.

| 문제＋자료 분석 |
- **세포막**: 세포막은 인지질 이중층으로 이루어져 있으며, 모자이크처럼 단백질이 인지질 이중층 중간에 분포한다.
- B는 인지질이고, 인지질 이중층을 관통하고 있는 A는 단백질이다.
- Ⅰ: 크기가 큰 분자나 수용성 분자는 인지질 이중층을 통과할 수 없으므로 수송 단백질을 통해 이동한다. 막단백질을 통해 물질이 확산되는 것을 촉진 확산이라고 한다.
- Ⅱ: 크기가 작고 극성이 약한 물질은 인지질 틈으로 단순 확산하여 세포막을 자유롭게 통과한다.

⑬

| 보기 분석 |

ㄱ 인지질 이중층을 관통하고 있는 A는 단백질이다.

ㄴ 인지질에서 친수성을 띠는 부분은 세포 안팎과 맞닿아 있는 ㉠이고, 세포 막 사이에 들어가 있는 ㉡은 소수성을 띠는 부분이다.

ㄷ Ⅱ와 같은 경로로 이동하는 물질에는 산소, 이산화 탄소 등이 있고, 포도당 은 Ⅰ과 같은 경로로 이동한다.

＊ 세포막을 통한 물질 출입

• 선택적 투과성 세포막은 세포질을 둘러싼 막으로 세포 내 외부의 물질 출입 을 선택적으로 조절한다.

• **단순 확산**: 농도가 높은 쪽에서 농도가 낮은 쪽으로 세포막을 통과하여 물 질이 이동하는 현상이다. 산소, 이산화 탄소와 같이 크기가 작고 극성이 약 한 물질의 출입이 일어난다.

• **촉진 확산**: 막단백질을 통해 물질이 확산되는 현상이다. 포도당, 나트륨 이 온 등 크기가 큰 물질이나 극성 물질의 출입이 일어난다.

10 정답 ④ ＊ 삼투 현상

🧠 **단서＋발상**

단서 적혈구의 부피는 (가)에서 감소하고, (나)에서 증가했다.

발상 적혈구의 부피 변화를 통해 물의 이동은 (가)에서 세포 안에서 밖으로, (나)에서 세포 밖에서 안으로 일어났음을 추론할 수 있다.

적용 (가)는 소금물에, (나)는 증류수에 넣었을 때의 부피 변화임을 구하는 것부터 문제 풀이를 시작해야 한다.

| 문제＋자료 분석 |

• 삼투는 세포막을 경계로 용질의 농도가 낮은 용액에서 높은 용액으로 물이 이동하는 현상이다.

• **(가)**: 적혈구에서 빠져나가는 물의 양이 많아 세포의 부피가 작아졌다.
➡ 세포 안보다 농도가 높은 용액(소금물)

• **(나)**: 적혈구 안으로 들어오는 물의 양이 많아 세포의 부피가 커졌다.
➡ 세포 안보다 농도가 낮은 용액(증류수)

| 보기 분석 |

ㄱ (가)는 적혈구에서 빠져나가는 물의 양이 많아 적혈구가 쭈그러들었다. 따라서 (가)는 소금물에 넣었을 때의 변화이다.

ㄴ (가)에서 적혈구에서 빠져나가는 물의 양이 많아 세포의 부피가 작아졌다.

ㄷ (나)에서 농도가 낮은 증류수에서 농도가 높은 적혈구 안으로 물이 이동하는 삼투가 일어났다.

11 핵심 키워드: 친수성, 소수성

모범 답안 세포막의 주요 성분인 인지질은 머리 부분은 친수성이고, 꼬리 부분은 소수성이다. 세포 안팎은 물이 풍부한 환경이므로 친수성인 머리 부분은 바깥쪽으로 배열되고, 소수성인 꼬리 부분은 서로 마주보며 배열되어 2중층을 형성한다.

| 문제＋자료 분석 |

• 인지질에서 인산을 포함하는 머리 부분은 친수성, 2개의 지방산으로 이루어진 꼬리 부분은 소수성이다.

• 친수성인 머리 부분은 바깥쪽으로 배열되고, 소수성인 꼬리 부분은 서로 마주보며 배열되어 2중층을 형성한다.

＊ 채점 기준

머리 부분은 친수성, 꼬리 부분은 소수성임을 포함하여 서술한 경우	100 %
머리 부분과 꼬리 부분의 구분 없이 친수성, 소수성만 언급하여 서술한 경우	50 %

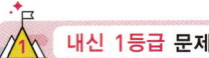

12 정답 ③ ＊ 동물 세포와 식물 세포

| 문제＋자료 분석 |

• **마이토콘드리아**: 둥근 막대 모양으로, 세포호흡이 일어나는 장소이다. 유기물을 분해하여 생명 활동에 필요한 에너지를 얻는다.

• **엽록체**: 식물 세포에 있는 타원형의 소기관으로, 막으로 싸여 있다. 광합성이 일어나는 장소로, 빛에너지를 흡수하여 이산화 탄소와 물로 포도당을 합성한다.

| 보기 분석 |

ㄱ 마이토콘드리아는 동물 세포와 식물 세포에 모두 존재한다. 따라서 ㉠은 '○'이다.

ㄴ 엽록체가 존재하는 A는 은행나무의 잎 세포이다.

ㄷ 세포벽은 식물 세포에만 존재하는 구조이다. 따라서 사람의 간 세포인 B에는 존재하지 않는다.

13 정답 ③ ＊ 삼투 현상

🧠 **단서＋발상**

단서 식물 세포의 부피는 (나)에서 감소하고, (다)에서 증가했다.

발상 식물 세포의 부피 변화를 통해 물의 이동은 (나)에서 세포 안에서 밖으로, (다)에서 세포 밖에서 안으로 일어났음을 추론할 수 있다.

적용 (나)는 소금물에, (다)는 증류수에 넣었을 때의 부피 변화임을 구하는 것부터 문제 풀이를 시작해야 한다.

| 문제＋자료 분석 |

• 삼투는 세포막을 경계로 용질의 농도가 낮은 용액에서 높은 용액으로 물이 이동하는 현상이다.

• **(나)**: 식물 세포에서 빠져나가는 물의 양이 많아 세포의 부피가 작아졌다.
➡ 세포 안보다 농도가 높은 용액(소금물)

• **(다)**: 식물 세포 안으로 들어오는 물의 양이 많아 세포의 부피가 커졌다.
➡ 세포 안보다 농도가 낮은 용액(증류수)

| 보기 분석 |

ㄱ A는 세포벽, B는 세포막이다.

ㄴ (나)는 식물 세포에서 빠져나가는 물의 양이 많아 세포질의 부피가 작아지다가 세포막이 세포벽에서 분리되었다. 따라서 (나)는 소금물에 넣었을 때의 변화이다.

ㄷ (가)에서 식물 세포를 20 % 소금물에 넣으면 농도가 낮은 세포 안에서 농도가 높은 세포 밖으로 물이 이동하는 삼투가 일어난다.

14 핵심 키워드: 물이 빠져나가면서, 세포막, 세포벽, 분리

모범 답안 (나)에서 식물 세포 안보다 밖의 농도가 높아서 삼투에 의해 세포에서 물이 빠져나가면서 세포질의 부피가 작아지다가 세포막이 세포벽에서 분리되었다.

| 문제＋자료 분석 |

• (나)는 식물 세포를 20 % 소금물에 넣은 모습이다. 식물 세포에서 빠져나가는 물의 양이 많아 세포질의 부피가 작아지다가 세포막이 세포벽에서 분리되는 원형질 분리가 일어난다.

＊ 채점 기준

물질의 이동과 세포막 분리를 모두 서술한 경우	100 %
물질의 이동과 세포막 분리 중 한 가지만 서술한 경우	50 %

15 정답 ③ ＊삼투 현상

단서＋발상

단서 달걀 A~C를 각각 증류수, 10% 소금물, 20% 소금물에 넣고 질량의 변화를 측정하는 실험이 제시되어 있다.

적용 세포막을 경계로 용질의 농도가 낮은 용액에서 높은 용액으로 물이 이동함을 적용하여 A, C의 질량 변화를 구하는 것부터 문제 풀이를 시작해야 한다.

| 문제＋자료 분석 |
- **A**(증류수): 달걀 안으로 들어오는 물의 양이 많아 달걀의 질량이 증가한다.
- **B**(10% 소금물), **C**(20% 소금물): 달걀에서 빠져나가는 물의 양이 많아 달걀의 질량이 감소한다.

| 보기 분석 |

ㄱ 달걀 안보다 농도가 낮은 증류수에서 달걀 안으로 물이 들어가 달걀의 질량이 증가한다. 따라서 ⓐ는 0보다 크다.

ㄴ 삼투에 의해 물이 이동하여 A에서는 질량 증가, B와 C에서는 질량 감소가 나타난다.

ㄷ. 실험 결과 달걀에서 빠져나간 물의 양은 달걀 안과 용액의 농도 차이가 큰 C에서가 B에서보다 많다.

16 핵심 키워드: 농도, 들어오는 물의 양

모범 답안 잎이 시든 식물에 물을 주면 물이 세포질 용액보다 농도가 낮아 뿌리 세포 안으로 들어오는 물의 양이 빠져나가는 물의 양보다 더 많아지고, 세포의 부피가 커지므로 원래 상태로 돌아간다.

| 문제＋자료 분석 |
- 삼투는 세포막을 경계로 용질의 농도가 낮은 용액에서 높은 용액으로 물이 이동하는 현상이다.

＊채점 기준

세포질 용액과 물의 농도를 비교하여 물의 이동을 서술한 경우	100%
농도 비교 없이 물의 이동만 서술한 경우	50%

내신 대비 필수 문제

문제편 207~208p

17 정답 ① ＊물질대사

| 문제＋자료 분석 |
- 물질대사는 생명체 내에서 일어나는 모든 화학 반응으로, 생명체는 물질대사를 통해 얻은 물질과 에너지를 이용하여 생명활동을 유지한다.
- 물질대사의 종류는 저분자로부터 고분자를 합성하는 동화 작용과 고분자를 저분자로 분해하는 이화 작용으로 구분한다.

| 선택지 분석 |

① 생명체 안에서 일어나는 모든 화학 반응을 물질대사라고 한다.
② 물질대사가 일어날 때는 항상 에너지 출입이 함께 일어난다.
③ 물질대사는 생명체 밖에서 일어나는 화학 반응과 달리 단계적으로 반응이 진행된다.
④ 고분자 물질이 저분자 물질로 분해되는 반응을 이화 작용이라고 한다.
⑤ 저분자 물질이 고분자 물질로 합성되는 반응을 동화 작용이라고 한다. 동화 작용이 일어날 때 에너지가 흡수된다.

18 정답 ⑤ ＊동화 작용과 이화 작용

단서＋발상

단서 생명체에서 일어나는 물질대사 (가)와 (나)가 제시되어 있다.

적용 (가)는 이화 작용, (나)는 동화 작용임을 구하는 것부터 문제 풀이를 시작해야 한다.

| 문제＋자료 분석 |
- **A**: 고분자 물질인 단백질을 저분자 물질인 아미노산으로 분해하는 이화 작용이다.
- **B**: 저분자 물질인 이산화 탄소와 물을 고분자 물질인 포도당으로 합성하는 동화 작용이다.

| 보기 분석 |

ㄱ 이화 작용은 큰 분자를 작은 분자로 분해하는 반응으로, 반응물에 저장되어 있던 에너지가 방출되는 발열 반응이다.

ㄴ 엽록체는 광합성이 일어나는 장소로, 빛에너지를 흡수하여 이산화 탄소와 물로 포도당을 합성한다.

ㄷ 물질대사 과정에서 효소가 관여한다.

19 정답 A: 이화 작용, B: 동화 작용

| 문제＋자료 분석 |
- 고분자 물질을 저분자 물질로 분해하는 과정은 이화 작용(A)이고, 저분자 물질을 고분자 물질로 합성하는 과정은 동화 작용(B)이다. 대부분의 물질대사의 과정에서 생체촉매인 효소가 관여한다.

20 정답 ④ ＊세포호흡과 연소

| 문제＋자료 분석 |
- 생명체 밖에서 일어나는 화학 반응은 일반적으로 높은 온도에서 일어나며, 반응이 한 번에 일어나 다량의 에너지가 한꺼번에 방출된다. 이와 달리 물질대사는 효소가 관여하므로 체온 정도의 낮은 온도(37℃)에서 일어나며, 반응이 여러 단계에 걸쳐 일어나 에너지가 서서히 방출된다.

| 선택지 분석 |

④ 생명체 밖에서 일어나는 화학 반응인 연소는 400℃ 이상의 높은 온도에서 일어나지만, 물질대사(세포호흡)는 효소가 관여하므로 체온 정도의 낮은 온도 범위(30~40℃)에서 일어난다.

21 핵심 키워드: 효소, 활성화에너지

모범 답안 사람의 간세포에서는 효소가 활성화에너지를 낮추어 주기 때문에 체온 범위의 낮은 온도에서 요소를 생성하는 물질대사가 빠르게 일어날 수 있다.

| 문제＋자료 분석 |
- 생명체 밖에서 일어나는 화학 반응은 일반적으로 높은 온도에서 일어나며, 반응이 한 번에 일어나 다량의 에너지가 한꺼번에 방출된다. 이와 달리 물질대사는 효소가 관여하므로 체온 정도의 낮은 온도(37℃)에서 일어나며, 반응이 여러 단계에 걸쳐 일어나 에너지가 서서히 방출된다.

＊채점 기준

효소가 활성화에너지를 낮추기 때문이라고 서술한 경우	100%
효소가 관여하기 때문이라고만 서술한 경우	50%

22 정답 ③ * 효소의 특성

| 문제＋자료 분석 |
· 효소는 활성화에너지를 낮추어 물질대사의 반응 속도를 빠르게 하는 물질이다.

| 선택지 분석 |
① 효소는 생명체 내에서 합성되어 생체촉매라고도 한다.
② 효소는 반응에서 소모되거나 변형되지 않고, 생성물과 분리된 후 새로운 반응물과 결합하여 다시 반응에 이용된다.
③ 온도가 높아질수록 반응 속도가 빨라지다가 최적 온도보다 높은 온도에서 반응 속도가 급격히 느려진다.
④ 효소는 물질대사에 관여하여 화학 반응이 일어나는 데 필요한 최소한의 에너지인 활성화에너지를 낮추어 반응 속도를 빠르게 해준다.
⑤ 효소는 입체 구조에 들어맞는 특정 반응물하고만 결합할 수 있는 기질 특이성이 있다.

23 정답 ② * 효소의 특성

| 문제＋자료 분석 |
· 효소는 주성분인 단백질의 입체 구조에 들어맞는 구조를 가진 반응물하고만 결합할 수 있다. ➡ 효소 X는 반응물 A와 결합할 수 있다.
· 효소는 반응에서 소모되거나 변형되지 않으며, 반응이 끝난 후 생성물과 분리된 효소는 새로운 기질과 결합하여 다시 반응에 이용된다.

| 선택지 분석 |
① 효소의 주성분은 단백질이다.
② 효소는 종류마다 입체 구조가 달라 구조에 맞는 반응물하고만 결합한다. X는 반응물 A와 결합할 수 있지만, B와는 결합할 수 없다.
③ 효소는 생성물과 분리된 후 새로운 반응물과 결합하여 다시 반응에 이용된다.
④ 효소는 반응 과정에서 소모되거나 변형되지 않는다.
⑤ 효소를 높은 온도로 가열하면 변성되어 구조가 변해 원래 결합할 수 있던 반응물과 결합할 수 없게 되어 기능을 잃는다.

24 정답 ① * 효소의 반응

| 문제＋자료 분석 |
· 효소는 입체 구조가 맞는 특정 반응물과 결합하여 활성화에너지를 낮춘다. 반응이 끝나면 효소는 생성물과 분리되고, 분리된 효소는 촉매 작용을 반복한다.

| 선택지 분석 |
① 시간의 흐름에 따라 효소와 반응하여 농도가 감소하는 A는 반응물, 농도가 증가하는 B는 생성물이다. 반응 초기에는 반응물과의 결합으로 농도가 줄어들지만 반응물의 농도가 감소하면서 다시 농도가 증가하다가 초기와 동일해지는 일정해지는 C는 효소이다.

25 정답 ③ * 과산화 수소의 분해 반응

| 문제＋자료 분석 |
· 상처에 과산화 수소수를 떨어뜨렸을 때 과산화 수소수가 혈액 속의 카탈레이스 효소에 의해 물과 산소로 빠르게 분해되어 거품이 발생한다.

| 선택지 분석 |
① 혈액 속 카탈레이스가 과산화 수소의 분해 반응에 효소로 작용하였으므로 혈액은 반응물이 아니다.
② 과산화 수소가 물과 산소로 분해되는 반응이므로 고분자 물질이 저분자 물질로 분해되는 이화 작용이다.

③ 상처에 과산화 수소수를 떨어뜨렸을 때 생기는 거품은 과산화 수소수가 혈액 속의 카탈레이스 효소에 의해 물과 산소로 빠르게 분해되어 발생한 것이다. 꿀팁
④ 과산화 수소는 실온의 공기 중에서는 분해 반응 속도가 매우 느리다. 상처가 없는 피부에는 분해 반응을 촉진할 효소가 없으므로 거품이 많이 발생하지 않는다.
⑤ 혈액 속에 있는 카탈레이스는 과산화 수소 분해 반응의 활성화에너지를 낮추어 반응 속도를 빠르게 한다.

26 정답 ③ * 화학 반응에서 효소의 작용

 단서＋발상

단서 감자즙을 넣은 시험관 B에서 기포가 많이 발생함이 제시되어 있다.
발상 감자즙의 카탈레이스가 과산화 수소 분해 반응을 촉진함을 추론할 수 있다.
적용 효소의 작용을 적용해서 카탈레이스의 기능을 구하는 것부터 문제 풀이를 시작해야 한다.

| 문제＋자료 분석 |
· A: 과산화 수소와 증류수를 넣은 시험관에서 기포가 거의 발생하지 않은 것은 효소가 없는 조건에서 과산화 수소 분해 반응이 매우 느리게 일어나기 때문이다.
· B: 과산화 수소와 감자즙을 넣은 시험관에서 기포가 많이 발생한 것은 감자즙에 들어 있는 효소인 카탈레이스가 과산화 수소 분해 반응이 빠르게 일어나도록 촉매 역할을 했기 때문이다.

| 보기 분석 |
ㄱ. 카탈레이스는 감자즙에 들어 있는 효소로 주성분은 단백질이다.
ㄴ. 탐구 가설인 ㉠에 들어갈 말로 '카탈레이스는 과산화 수소 분해 반응을 빠르게 한다.'는 적절하다. 카탈레이스는 화학 반응 속도를 빠르게 하는 효소이다.
ㄷ. 효소는 활성화 에너지를 낮추어 화학 반응이 빠르게 일어나도록 한다. 꿀팁 카탈레이스에 의해 B에서 과산화 수소 분해 반응의 활성화 에너지가 낮아진다.

27 핵심 키워드: 발효 식품, 세제, 의약품 등

모범 답안 · 된장, 고추장 등의 발효 식품을 만든다.
· 고기에 배즙이나 키위즙을 섞어 고기를 연하게 만든다.
· 세제에는 단백질 분해 효소가 들어 있어 옷에 찌든 단백질 때를 분해할 수 있다.
· 소화제와 같은 의약품의 성분에 효소가 들어 있다. 등

| 문제＋자료 분석 |
· 효소는 일상생활뿐만 아니라 의학 분야, 산업 분야 등 다양한 분야에서 이용되고 있다.

＊채점 기준

효소가 활용되는 사례 두 가지를 서술한 경우	100 %
효소가 활용되는 사례 한 가지만 서술한 경우	50 %

28 정답 ② ＊물질대사

그림은 세포 안에서 일어나는 반응을 나타낸 것이다. A는 (가)와
(나) 반응을 촉진하는 물질이다.

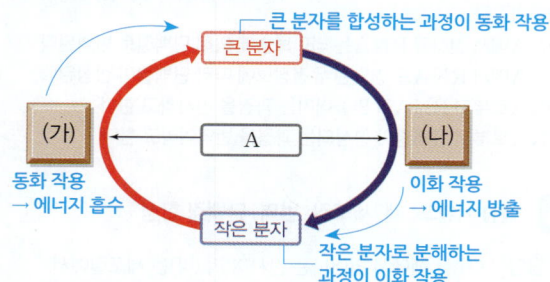

큰 분자를 합성하는 과정이 동화 작용
큰 분자
(가) — A — (나)
동화 작용 → 에너지 흡수
이화 작용 → 에너지 방출
작은 분자
작은 분자로 분해하는 과정이 이화 작용

이에 대한 설명으로 옳지 않은 것은?

① A는 효소이다. **물질대사를 촉진**
② (가) 반응은 ~~에너지를 방출하는~~ 반응이다.
　　　　　　　　　　에너지 흡수
③ (나) 반응의 예로는 세포호흡이 있다.
　　　세포호흡은 이화 작용
④ (가)와 (나) 반응은 모두 단계적으로 일어난다.
　　물질 대사는 단계적으로 일어난다.
⑤ (가)와 (나) 반응은 모두 에너지 출입이 일어난다.
　　물질대사는 에너지 출입이 일어난다.

| 문제+자료 분석 |
• 물질대사는 물질을 합성하는 동화 작용과 물질을 분해하는 이화 작용으로
　구분된다.
• 생명체 밖에서 일어나는 화학 반응은 한 번에 일어나 다량의 에너지가
　한꺼번에 방출되거나 흡수된다. 이와 달리 물질대사는 단계적으로 반응이
　일어나 에너지가 서서히 방출되거나 흡수된다.

| 선택지 분석 |
① A는 효소로, 물질대사를 촉진하는 물질이다. 생명체 내에서 일어나는
　물질대사에는 효소가 작용하여 활성화에너지를 낮춘다.
② (가) 반응은 작은 분자의 물질이 큰 분자로 합성되는 동화 작용으로
　에너지를 흡수하는 흡열 반응이다.
③ (나) 반응은 큰 분자의 물질이 작은 분자로 분해되는 이화 작용이다. 세포
　내에서 일어나는 세포호흡이 그 예이다.
④ 물질대사는 반응이 단계적으로 일어나 여러 단계에 걸쳐 조금씩 에너지가
　출입한다.
⑤ 물질대사가 일어날 때는 반드시 에너지 출입이 함께 일어난다. 동화
　작용이 일어날 때는 에너지가 흡수되고, 이화 작용이 일어날 때는
　에너지가 방출된다.

＊ 물질대사의 종류

구분	동화 작용	이화 작용
과정	저분자로부터 고분자를 합성하는 과정	고분자를 저분자로 분해하는 과정
에너지 크기	반응물＜생성물	반응물＞생성물
에너지 출입	에너지가 흡수된다. ➡ 흡열 반응	에너지가 방출된다. ➡ 발열 반응
예	광합성, 단백질 합성, 핵산 합성 등	세포호흡, 소화 등

29 정답 ① ＊효소의 이용

| 문제+자료 분석 |
• 효소는 활성화 에너지를 낮추어 물질대사의 반응 속도를 빠르게 하는
　물질이다.

| 보기 분석 |
ㄱ 효소의 주성분은 단백질이다.
ㄴ 효소는 반응 과정에서 소모되거나 변형되지 않고, 생성물과 분리된 후
　새로운 반응물과 결합하여 다시 반응에 이용된다.
ㄷ 효소는 활성화에너지를 낮추어 화학 반응의 속도를 빠르게 한다.

30 정답 ⑤ ＊과산화 수소의 분해 반응

🧠 단서＋발상

단서 실험 결과 시험관 Ⅰ은 기포가 발생하지 않았고, 시험관 Ⅱ, Ⅲ은 기포가
　발생하였다.
발상 기포는 과산화 수소 분해 반응 결과 생성된 산소에 의해 발생함을
　추론할 수 있다.

| 문제+자료 분석 |
• 과산화 수소는 자연적으로 물과 산소로 분해되나 반응 속도가 매우 느리다.
　생간과 감자에 들어있는 효소(카탈레이스)에 의해 과산화 수소의 분해
　반응을 촉진된다.

| 보기 분석 |
ㄱ 생간 조각과 감자 조각을 넣은 시험관 Ⅱ, Ⅲ에서 모두 기포가
　발생했으므로 생간과 감자에는 과산화 수소의 분해 반응을 촉진하는
　카탈레이스가 있다.
ㄴ 카탈레이스에 의해 과산화 수소 분해 반응이 촉진되어 산소가 발생한다.
ㄷ 효소는 반응 과정에서 소모되지 않기 때문에 과산화 수소수를 더 넣으면
　다시 기포가 발생한다.

31 정답 ① ＊효소와 활성화에너지

| 문제+자료 분석 |
• 활성화에너지(A): 화학 반응이 일어나는 데 필요한 최소한의 에너지로,
　반응물이 활성화에너지 이상의 충분한 에너지를 가지고 있어야 화학
　반응이 일어난다.
• 반응열(B): 반응물과 생성물의 에너지 차이로, 효소의 유무와 관계없이
　일정하다.

| 선택지 분석 |
① (가)에서 활성화에너지는 A이다.
② B는 반응물과 생성물의 에너지 차이인 반응열로, 효소의 유무와
　관계없이 일정하다. 효소는 활성화에너지를 낮춰주는 역할을 한다.
③ (나)가 (가)에 비해 활성화에너지가 높은 것으로 보아 (가)가 효소가 있을
　때의 에너지 변화, (나)는 효소가 없을 때의 에너지 변화이다.
④ 혈액의 응고는 효소에 의한 생명 현상의 예이므로 혈액이 응고될 때
　에너지 변화는 (가)와 같다.
⑤ 광합성은 저분자 물질을 고분자 물질로 합성하는 동화 작용의 예이다.
　(가)는 이화 작용에서의 에너지 변화를 나타내므로 광합성이 일어날 때의
　에너지 변화는 (가)와 같지 않다. 함정

⑬

14 생명 시스템에서 정보의 흐름

내신 대비 필수 문제   문제편 215~218p

01 정답 ① * 유전정보의 흐름

| 문제＋자료 분석 |
- **생명중심원리**: 세포에서 유전정보는 DNA에서 RNA를 거쳐 단백질로 전달된다.
- **전사**: DNA에 저장된 유전정보가 RNA로 전달되는 과정
- **번역**: RNA의 유전정보로부터 단백질이 합성되는 과정

| 선택지 분석 |
① (가): DNA의 특정 부분을 유전자라고 한다. DNA는 염기인 아데닌(A), 구아닌(G), 사이토신(C), 타이민(T)의 4가지 종류의 염기가 특정한 순서대로 나열되어 있다. ➡ DNA
(나): DNA의 염기 배열 순서에 따라 20가지 아미노산의 배열 순서가 결정된다. ➡ 아미노산
(다): 아미노산과 아미노산 사이에 펩타이드결합이 일어나 순서대로 연결되어 단백질이 합성된다. 단백질이 효소 등으로 작용해 개체의 유전 형질이 발현된다. ➡ 단백질

02 정답 ⑤ * 유전 형질이 나타나는 과정

| 문제＋자료 분석 |
- 유전자에 저장된 정보에 따라 멜라닌 합성 효소가 생성된다.
  ➡ 멜라닌 합성 효소의 작용으로 멜라닌이 합성되어 눈동자 색이 나타난다.

| 선택지 분석 |
① 유전자는 DNA의 특정 부위이다. 유전자는 DNA에 염기서열의 형태로 보존되어 후손에게 전달된다.
② 멜라닌은 동물의 조직에 있는 흑갈색의 색소 단백질로서 그 양에 따라 피부색, 털색, 눈동자색 등이 달라진다. 멜라닌의 양이 많을수록 색이 어두워진다.
③ 유전자에 저장된 유전암호에 따라 단백질이 합성되면 이 단백질의 작용으로 생물의 형질이 발현된다.
④ 서로 다른 유전자가 발현되면 각각의 유전자가 암호화하고 있는 단백질이 합성되어 서로 다른 형질을 나타낸다.
⑤ 효소는 단백질이므로 아미노산으로 이루어져 있다.

03 정답 ③, ④ * 유전정보의 흐름

| 문제＋자료 분석 |
- ㉠: 유전정보는 DNA에서 RNA를 거쳐 단백질로 전달된다. ➡ 단백질
- (가): DNA로부터 RNA가 합성되는 전사 과정이다.
- (나): RNA로부터 단백질이 합성되는 번역 과정이다.

| 선택지 분석 |
① 전사(가) 과정은 핵 안에서 진행된다.
② 번역(나) 과정을 통해 RNA는 단백질의 아미노산 서열로 번역된다. 핵산의 염기서열은 만들어지지 않는다.
③ 단백질(㉠)은 사람의 몸을 구성하는 주성분으로 생명체 내의 화학 반응의 속도나 생리 기능을 조절하며 방어 또는 운반 작용 등 특정한 기능을 수행한다.
④ 전사(가) 과정을 통해 만들어진 RNA 염기서열은 전사에 사용된 DNA 가닥의 염기서열과 상보적이다.
⑤ RNA에서 하나의 아미노산을 지정하는 연속된 3개의 염기를 코돈이라고 한다.

04 정답 ① * 전사와 번역

| 문제＋자료 분석 |
- **전사**: DNA에 저장된 유전정보가 RNA로 전달되는 과정
- **번역**: RNA의 유전정보로부터 단백질이 합성되는 과정

| 선택지 분석 |
① 전사는 핵에서 이루어지며 RNA가 핵 밖을 빠져나가 세포질에서 번역이 이루어진다.
② DNA에서 전사된 RNA는 라이보솜에 의해 단백질로 번역된다.
③ DNA에서 RNA로 전달된 유전정보에 따라 단백질이 합성된다.
④ DNA로부터 RNA가 만들어지는 과정을 전사라고 한다.
⑤ RNA로부터 단백질이 합성되는 과정을 번역이라고 한다.

05 핵심 키워드: 핵, 세포질, 번역, 단백질 합성

모범 답안 (가)는 핵에서 일어나는 전사이고, (나)는 세포질에서 일어나는 번역이다. DNA의 유전정보는 핵에서 전사되어 RNA로 전달되고, 합성된 RNA가 세포질로 이동하여 라이보솜에서 단백질로 합성된다.

| 문제＋자료 분석 |
- **전사**: DNA는 유전정보의 원본으로 핵 내에 존재한다. 전사는 단백질을 합성하기 위해 DNA에 저장된 유전정보가 RNA로 전달되는 과정이다.
- **번역**: RNA는 세포질로 이동하여 라이보솜을 통해 3개의 염기가 하나의 아미노산으로 번역된다. 번역된 아미노산은 순서대로 펩타이드결합으로 연결되어 폴리펩타이드를 형성하고, 특정한 구조로 접혀 단백질이 된다.

＊채점 기준

(가)와 (나)가 일어나는 장소와 단백질 합성 과정을 모두 옳게 서술한 경우	100 %
(가)와 (나) 중 1가지만 옳게 서술한 경우	50 %

06 정답 ① * 전사 과정

| 문제＋자료 분석 |
- **전사**: DNA는 유전정보의 원본으로 핵 내에 존재한다. 전사는 단백질을 합성하기 위해 DNA에 저장된 유전정보가 RNA로 전달되는 과정이다.
- ㉠은 RNA이고 ㉡은 DNA이다.

| 보기 분석 |
ㄱ. 전사는 핵에서 일어나는 과정이다. 이후 RNA(㉠)는 세포질로 이동하여 단백질 합성에 관여한다.
ㄴ. DNA(㉡)에서 RNA(㉠)로 유전정보가 전달된다. DNA(㉡)는 유전정보가 저장되는 본체이고, RNA(㉠)는 유전정보를 전달한다.
ㄷ. 아미노산을 기본 단위로 가지고 있는 것은 단백질이다.

07 정답 ② * 유전정보의 흐름

| 문제＋자료 분석 |
- **전사**: DNA는 유전정보의 원본으로 핵 내에 존재한다. 전사는 단백질을 합성하기 위해 DNA에 저장된 유전정보가 RNA로 전달되는 과정이다.
- **번역**: RNA는 세포질로 이동하여 라이보솜을 통해 3개의 염기가 하나의 아미노산으로 번역된다. 그 다음 아미노산은 펩타이드결합을 형성하고 단백질이 합성된다.

| 선택지 분석 |
① DNA는 커서 핵을 통과하지 못한다. DNA의 정보를 핵 밖으로 전달하는 역할은 RNA가 한다.
② RNA의 정보가 단백질로 번역되는 과정은 세포질의 라이보솜에서 일어난다.

③ DNA에 저장된 유전정보는 핵 안에서 RNA로 전사되고 RNA가 세포질로 빠져나가면 세포질에 있는 라이보솜에서 번역되어 단백질이 합성된다.
④ DNA가 RNA로 전사될 때 전사에 사용된 DNA 가닥의 염기서열에 상보적인 염기서열을 가진 RNA가 합성된다.
⑤ RNA의 유전정보에 의해 번역된 아미노산들은 펩타이드결합을 통해 단백질이 된다.

08 정답 ③ *DNA 염기서열

| 문제+자료 분석 |
• **3염기조합**: DNA에서 하나의 아미노산을 지정하는 염기서열
• **코돈**: RNA에서 하나의 아미노산을 지정하는 염기서열, 전사 과정에서 DNA와 상보적 염기로 구성된다.

| 선택지 분석 |
① 유라실(U)이 포함되어 있기 때문에 (가)는 RNA 염기서열이다.
② (가)(RNA)에서 연속된 3개의 염기를 코돈이라고 한다.
③ (가)는 RNA이며, 세포질에서 번역된다.
④ 주어진 염기는 총 12개이고, 아미노산은 3개의 염기당 1개가 만들어지기 때문에 총 4개의 아미노산이 만들어진다.
⑤ 전사는 DNA로부터 RNA가 만들어지는 과정이다. (가)는 RNA이기 때문에 전사가 이미 완료된 상태이다.

09 정답 ⑤ *유전정보의 전달

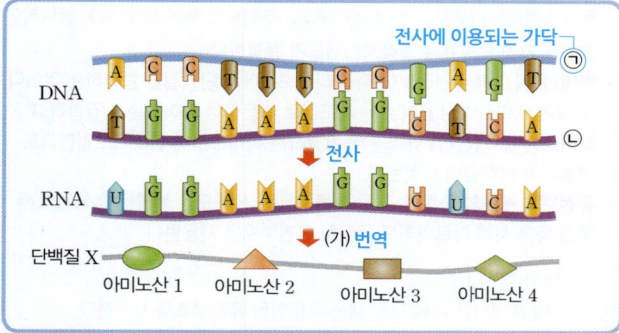

| 문제+자료 분석 |
• **유전정보의 전달과 단백질 합성**: RNA는 DNA와 상보적인 염기서열을 가지므로 RNA 염기서열만 알면 원래의 DNA 염기서열을 알 수 있다.
➡ 전사에 이용된 DNA 가닥은 ㉠이다.
• **(가)**: RNA는 세포질로 이동하여 라이보솜을 통해 3개의 염기가 하나의 아미노산으로 번역된다. 그 다음 아미노산은 펩타이드결합을 형성하고 단백질이 합성된다.

| 보기 분석 |
ㄱ. DNA에서 RNA로 유전정보가 전달될 때 ㉠이 전사된다.
ㄴ. (가) 과정에서 연속된 3개의 RNA 염기가 하나의 아미노산을 지정한다.
ㄷ. 아미노산 1과 아미노산 2는 펩타이드결합을 형성한다.

10 정답 ③ *유전 정보의 흐름

| 문제+자료 분석 |
• DNA 가닥 Ⅰ의 3염기는 AGC, Ⅱ의 3염기는 TCG이며 이에 의해 합성된 RNA의 코돈이 UCG이므로 DNA 가닥 Ⅰ에 의해 RNA가 합성되었다.
• 두 번째 아미노산 모형이 원 모형이므로 RNA 코돈은 GUC이고, 이에 대한 DNA 가닥 Ⅰ의 ㉠의 염기 서열은 CAG이다.
• DNA 가닥 Ⅰ의 마지막 3염기 서열이 CGC이므로 RNA의 코돈 ㉡의 염기 서열은 GCG이다.
• ㉡에 의해 번역된 ⓐ 아미노산은 오각형 모형이다.

| 보기 분석 |
ㄱ. RNA 합성에 사용된 DNA 가닥은 RNA 가닥의 염기 서열에 상보적인 Ⅰ이다. 함정
ㄴ. ㉠은 CAG이므로 구아닌(G) 개수는 1개, ㉡은 GCG이므로 구아닌(G) 개수는 2개이다.
ㄷ. ㉡에 의해 번역된 ⓐ는 ⬠이다.

11 정답 ③ *유전정보의 흐름

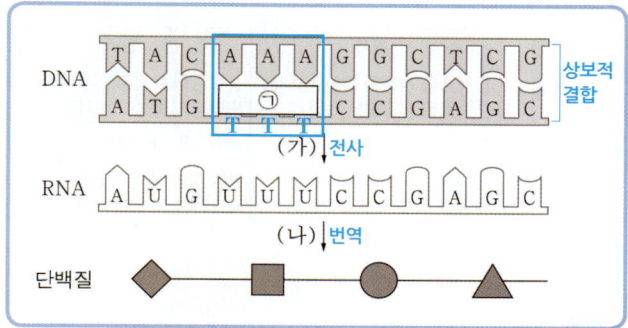

단서+발상
단서 세포에서 일어나는 전사와 번역 과정이 제시되어 있다.
발상 DNA 이중나선은 마주 보는 염기가 상보적 결합을 하므로 ㉠에 해당하는 염기서열을 추론할 수 있다.
적용 DNA 염기서열 중 AAA에 상보적인 결합을 하는 ㉠의 염기서열을 찾는 것부터 문제 풀이를 시작해야 한다.

| 문제+자료 분석 |
• **(가)**: DNA의 유전정보가 RNA로 전달되는 전사 과정이다.
• **(나)**: RNA의 유전정보에 따라 단백질이 합성되는 번역 과정이다. RNA의 코돈 1개(3개의 염기)가 1개의 아미노산을 지정한다.
• **㉠**: DNA의 염기서열 AAA에 대해 상보적인 염기서열이므로 TTT이다.

| 보기 분석 |
ㄱ. DNA 이중나선구조에서 A(아데닌)은 T(타이민)과, G(구아닌)은 C(사이토신)과 상보적 결합을 한다. ㉠은 DNA의 이중나선에서 염기서열 AAA와 상보적으로 결합하는 염기의 서열이므로 TTT이다. 함정
ㄴ. (나) 과정은 RNA의 염기 3개(코돈)가 단백질의 아미노산 1개를 지정하는 번역이고 (가)는 DNA의 유전정보가 RNA로 전달되는 전사 과정이다.
ㄷ. 단백질의 기본 단위는 아미노산이며, 2개의 아미노산이 결합할 때 두 아미노산 사이에서 물 분자 1개가 빠져나오면서 펩타이드결합이 형성된다. 따라서 단백질에 펩타이드결합이 존재한다.

12 정답 ① *유전정보의 흐름

| 문제+자료 분석 |
• **(가)**: DNA의 유전정보가 RNA로 전달되는 전사 과정이다. DNA의 염기에 상보적인 염기서열을 가진 RNA가 합성된다.
• **(나)**: RNA의 유전정보에 따라 단백질이 합성되는 번역 과정이다. RNA의 코돈(3개의 염기)이 1개의 아미노산을 지정한다.
• 전사에 사용되지 않은 DNA 가닥과 RNA의 염기서열을 비교하면, RNA는 ㉠ 대신 ㉢을 가짐을 알 수 있다. 함정
• RNA는 타이민(T) 대신 유라실(U)을 가지므로, ㉠은 타이민(T), ㉢은 유라실(U)이며, ㉡은 아데닌(A)이다.

ㄱ (가)는 DNA에 저장된 유전정보가 RNA로 전달되는 과정으로 전사에 해당한다.

ㄴ 전사에 사용되지 않은 DNA 가닥과 RNA의 염기서열을 비교했을 때, 나머지의 염기서열은 동일하고, RNA는 타이민(T) 대신 유라실(U)을 갖게 된다. 꿀팁

RNA는 ㉠ 대신 ㉢을 가지므로, ㉠은 타이민(T), ㉢은 유라실(U)이며, ㉡은 아데닌(A)이다.

ㄷ (나)(번역)은 RNA의 유전정보에 따라 단백질이 합성되는 과정으로, 세포질의 라이보솜에서 일어난다.

＊ 전사와 번역

구분	전사	번역
정의	DNA에 저장된 유전정보가 RNA로 전달되는 과정	RNA의 유전정보에 따라 단백질이 합성되는 과정
장소	핵	세포질의 라이보솜
특징	DNA의 3염기조합 ➡ RNA의 하나의 코돈	RNA의 하나의 코돈 ➡ 단백질의 하나의 아미노산

13 정답 AUGCGGUUACCGGUUCCG

• 전사 과정에서 염기의 상보적 관계

DNA 염기	A	G	C	T
↓ 전사	↓	↓	↓	↓
RNA 염기	U	C	G	A

14 정답 6개

• RNA가 단백질로 번역될 때 연속된 3개의 염기가 하나의 아미노산을 합성하고, 아미노산이 펩타이드결합으로 연결되어 단백질이 만들어진다.

• RNA의 염기는 총 18개이므로 6개의 아미노산으로 구성된 단백질이 합성될 수 있다.

15 정답 ⑤ ＊ 낫모양적혈구

• DNA의 염기 변형: 타이민(T) → 아데닌(A)
  ➡ RNA의 코돈 변형: GAA → GUA
  ➡ 아미노산 변형: 글루탐산 → 발린
  ➡ 헤모글로빈 단백질 입체 구조 이상: 긴 바늘 모양 형성
  ➡ 낫모양적혈구 형성

① (가)는 염기에 T(타이민)이 존재하므로 DNA 가닥이다.

② 낫모양적혈구는 산소 운반 능력이 떨어져 빈혈을 유발한다.

③ 유전자에 이상이 생겨 정상 헤모글로빈과 다르게 비정상 헤모글로빈이 생긴 것을 알 수 있다.

④ 헤모글로빈 유전자를 구성하는 염기 1개가 T(타이민)이 A(아데닌)으로 바뀌어 낫모양적혈구가 생겼다.

⑤ 전사 과정에서 DNA와 상보적인 염기를 가지는 RNA가 합성되므로 DNA의 염기서열이 바뀌면 이로부터 전사되는 RNA의 코돈도 함께 바뀐다.

16 정답 ④ ＊ 유전자와 유전부호 체계의 공통성

• 유전부호: 유전정보를 나타내는 연속된 3개의 염기서열

• 3염기조합: DNA에서 하나의 아미노산을 지정하는 염기서열

• 코돈: RNA에서 하나의 아미노산을 지정하는 염기서열, 전사 과정에서 DNA와 상보적 염기로 구성된다.

• 유전부호 체계의 공통성: 지구에 존재하는 거의 모든 생물은 염색체의 수, 모양 등은 서로 다르더라도 동일한 유전부호를 사용한다.

① 염색체 내에는 수많은 유전자들이 포함되어 있으므로 유전자의 수와 염색체의 수는 항상 같다고 할 수 없다. 함정

② 3염기조합이 전사되어 코돈을 이루고, 코돈이 번역되어 하나의 아미노산을 합성한다.

③ 유전정보를 포함하는 유전자가 모여 DNA를 이룬다.

④ 유전자에는 형질을 결정하는 유전정보가 저장되어 있다.

⑤ 지구상 거의 모든 생명체는 동일한 유전부호를 사용한다.

17 정답 ② ＊ 유전정보의 흐름과 유전부호 체계의 공통성

• 전사: DNA 이중나선 중 한 가닥으로부터 RNA가 합성되는 것이다. DNA 이중나선이 풀리면서 염기 사이의 결합이 끊어진 후 두 가닥의 폴리뉴클레오타이드 사슬 중 한 가닥을 주형으로 하여 이 가닥에 상보적인 염기를 가진 RNA 뉴클레오타이드가 결합한다.

• 번역: RNA의 유전정보에 따라 라이보솜에서 단백질을 합성하는 것이다. 핵 속에서 만들어진 RNA는 세포질로 이동하여 라이보솜과 결합하고, 라이보솜에서 RNA의 코돈이 지정하는 아미노산이 펩타이드결합으로 연결되어 단백질이 합성된다.

• 유전부호 체계의 공통성: 지구에 존재하는 거의 모든 생물은 염색체의 수, 모양 등은 서로 다르더라도 동일한 유전부호를 사용한다.

① 지구에 존재하는 거의 모든 생물은 동일한 유전부호를 사용한다.

② 라이보솜과 RNA가 결합해 단백질을 합성한다. 라이보솜에서 단백질이 형성될 때 아미노산이 펩타이드결합에 의해 연결된다.

③ 3개의 염기서열이 하나의 아미노산을 지정한다.

④ RNA는 A, G, C, U의 4가지 염기를 가지고 있다.

⑤ 단백질은 세포질에서 번역되어 유전 형질의 발현을 돕는다.

18 핵심 키워드: 유전자 발현, 유전부호

모범 답안 대장균과 사람의 유전자 발현 과정은 같으며, 두 과정에서 사용되는 유전부호도 동일하다.

• 유전부호 체계의 공통성: 지구에 존재하는 거의 모든 생물은 염색체의 수, 모양 등은 서로 다르더라도 동일한 유전부호를 사용한다.

• 대장균은 인간과 같은 유전부호를 사용해 아미노산을 지정하며 이는 거의 모든 생명체가 같은 원리를 갖고 단백질을 만들어낸다는 것을 뜻한다.

＊ 채점 기준

유전자 발현 과정이 같다는 것과 동일한 유전부호를 사용한다고 모두 서술한 경우	100 %
유전자 발현 과정이 같다고만 서술한 경우	50 %
같은 유전부호를 사용한다고만 서술한 경우	30 %

19 정답 ③ * 유전자와 단백질

| 문제+자료 분석 |

- **(가)**: 유전자 A로부터 전사와 번역 과정을 통해 멜라닌 합성 효소(단백질)가 생성된다.
- **(나)**: 멜라닌 합성 효소가 멜라닌의 합성 반응(동화 작용)을 촉매한다.
- **(다)**: 합성되는 멜라닌의 양에 따라 다양한 눈동자의 색깔이 나타난다.

| 보기 분석 |

ㄱ. 핵은 DNA를 포함하며, DNA에 생물의 특정 형질에 대한 정보가 들어 있는 유전자가 존재한다. 따라서 핵에 유전자 A가 존재한다.

ㄴ. 유전자 A로부터 전사와 번역이 일어나 멜라닌 합성 효소가 생성되므로, 유전자 A에는 멜라닌 합성 효소의 유전정보가 존재한다.

ㄷ. ㈀은 멜라닌 합성 효소가 멜라닌의 합성 반응(동화 작용)을 촉매하는 반응이다. 번역은 RNA로부터 단백질이 합성되는 과정이다.

20 정답 ②, ③ * 전사와 번역

| 문제+자료 분석 |

- **전사**: DNA는 유전정보의 원본으로 핵 내에 존재한다. 전사는 단백질을 합성하기 위해 DNA에 저장된 유전정보가 RNA로 전달되는 과정이다. ➡ A는 핵이다.
- **번역**: RNA는 세포질로 이동하여 라이보솜을 통해 3개의 염기가 하나의 아미노산으로 번역된다. 그 다음 아미노산은 펩타이드결합을 형성하고 단백질이 합성된다. ➡ B는 세포질이다.

| 선택지 분석 |

① A는 핵, B는 세포질이다.

② DNA는 핵(A)에서 세포질(B)로 이동하지 않는다. ➡ RNA가 핵에서 세포질로 이동한다.

③ 핵(A)에서는 DNA의 유전정보가 RNA로 전달되는 전사가 일어난다.

④ 아미노산은 펩타이드결합을 통해 서로 연결되고 단백질이 합성된다.

⑤ 라이보솜은 핵(A)에서 세포질(B)로 이동한 RNA를 번역하여 단백질을 합성한다.

21 정답 ③ * 유전정보의 흐름

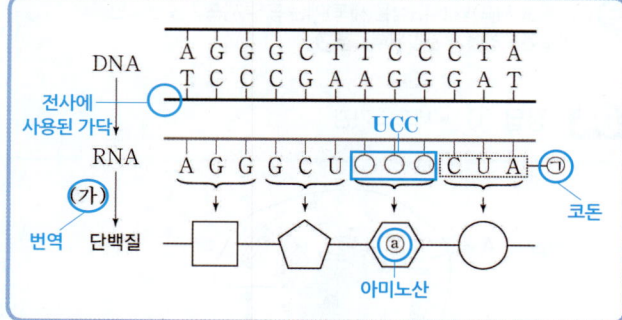

💡 **단서+발상**

(단서) DNA 이중나선구조 두 가닥의 염기서열, RNA 단일 가닥의 염기서열, 아미노산 서열이 제시되어 있다.

(발상) DNA 염기에 상보적인 염기를 가진 RNA 뉴클레오타이드가 결합하는 전사 과정을 통해 전사에 사용된 DNA 가닥이 아래 가닥임을 추론할 수 있다.

(적용) RNA 염기서열을 통해 전사에 사용된 DNA 가닥을 찾는 것부터 문제 풀이를 시작해야 한다.

| 문제+자료 분석 |

- **생명중심원리**: 세포 내에서 이루어지는 유전정보의 흐름을 설명하는 원리로, 유전정보는 DNA에서 RNA를 거쳐 단백질로 전달된다.
- **전사**: DNA의 유전정보가 RNA로 전달되는 과정으로, DNA의 염기에 상보적인 염기를 가진 RNA 뉴클레오타이드가 결합한다.
- **번역**: RNA의 유전정보에 따라 단백질이 합성되는 과정으로, 세포질의 라이보솜에서 일어난다. ➡ (가)는 번역이다.
- **코돈**: RNA에서 하나의 아미노산을 지정하는 연속된 3개의 염기이다. ➡ ㈀은 코돈에 해당한다.
- RNA 염기서열(AGG-GCU-○○○-CUA)을 통해 전사에 사용된 DNA 가닥은 아래 가닥이라는 것을 알 수 있다. 🔔함정

| 보기 분석 |

ㄱ. RNA의 유전정보에 따라 아미노산이 연결되어 단백질이 합성되는 과정인 (가)는 번역이다.

ㄴ. ㈀은 RNA에서 하나의 아미노산을 지정하는 연속된 3개의 염기인 코돈이다.

ㄷ. 전사에 사용된 DNA 가닥의 염기서열은 TCC-CGA-AGG-GAT 이다. 따라서 ⓐ를 지정하는 RNA의 염기서열은 UCC이다.

＊ 생명중심원리

세포 내에서 이루어지는 유전정보의 흐름을 설명하는 원리이다. DNA의 유전정보가 RNA로 전달되는 것을 전사, RNA의 유전정보에 따라 단백질이 합성되는 것을 번역이라고 한다.

전사	・DNA 염기서열에 단백질의 아미노산 배열 순서에 대한 정보가 저장되어 있다. ・**3염기조합**: 하나의 아미노산을 지정하는 DNA의 연속된 3개의 염기 ・핵 속에서 DNA 염기서열에 상보적인 염기서열을 가진 RNA를 합성한다.
번역	・**코돈**: 하나의 아미노산을 지정하는 RNA의 연속된 3개의 염기 ・세포질의 라이보솜에서 RNA의 유전정보에 따라 아미노산이 펩타이드결합으로 연결되어 단백질이 합성된다.

22 정답 ③ * 유전정보의 흐름

| 문제+자료 분석 |

- **유전부호**: 유전정보를 나타내는 연속된 3개의 염기서열
- **3염기조합**: DNA에서 하나의 아미노산을 지정하는 염기서열
- **코돈**: RNA에서 하나의 아미노산을 지정하는 염기서열, 전사 과정에서 DNA와 상보적 염기로 구성된다.

| 보기 분석 |

ㄱ. (다)에서 3염기조합 카드에 제시된 문자 A, G, C, T는 각각 코돈 카드에 제시된 문자 U, C, G, A에 대응하므로, 3염기조합 카드가 AGA일 때, 코돈 카드(㈀)는 UCU이다.

ㄴ. 각 코돈 카드에 대응하는 문자 카드에 따르면 AUG는 '과', UAU는 '학', UCU(㈀)는 '사', CGC는 '랑'이므로, ㈁은 '과학사랑'이다.

ㄷ. (다)는 DNA의 염기서열의 상보적인 염기서열을 가진 RNA가 합성되는 과정인 전사, (라)는 합성된 RNA에서 유전정보를 기반으로 단백질이 합성되는 과정인 번역에 해당한다.

＊ 생명중심원리(Central dogma)

- 유전정보는 DNA에 의해 암호화되어 저장되며, DNA 복제에 의해 다음 세대로 전달된다. 또한 전사 과정을 통해 DNA에 있던 유전정보는 RNA로 옮겨가고 다시 번역 과정을 거치면서 만들어진 단백질에 의해 유전정보가 실체화되어 몸 속에서 기능을 하게 된다. 이처럼 유전정보는 DNA에서 RNA, 단백질로 전환되면서 생명활동을 유지시키는 데 필수적인 유전정보의 흐름을 형성한다. 이러한 유전정보 흐름의 기본적인 원리를 생명중심원리라고 한다.

⑭

01 정답 ② * 세포막을 통한 물질 이동

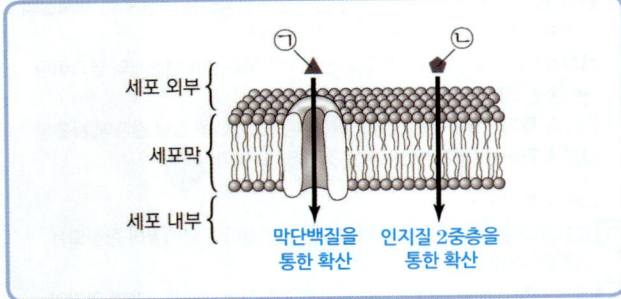

| 표시 | 설명 |
세포 외부
세포막
세포 내부

막단백질을 통한 확산   인지질 2중층을 통한 확산

| 문제+자료 분석 |
• ㉠: ㉠이 세포 외부에서 세포 내부로 막단백질을 통해 확산되고 있으므로, ㉠의 농도는 세포 외부가 세포 내부보다 높다.
➡ ㉠에 해당하는 물질로는 수용성 물질(포도당, 아미노산), 전하를 띠는 물질(이온) 등이 있다.
• ㉡: ㉡이 세포 외부에서 세포 내부로 인지질 2중층을 통해 확산되고 있으므로, ㉡의 농도는 세포 외부가 세포 내부보다 높다.
➡ ㉡에 해당하는 물질로는 기체 분자(O_2, CO_2 등), 지용성 물질(지방산, 글리세롤 등)이 있다.

| 보기 분석 |
ㄱ. ㉠은 세포 외부에서 세포 내부로 막단백질을 통해 확산되고 있다. 따라서 ㉠의 농도는 세포 외부에서가 세포 내부에서보다 높다.
ㄴ. ㉡은 세포 외부에서 세포 내부로 인지질 2중층을 통해 확산되고 있다. ㉡에 해당하는 물질로는 기체 분자(O_2, CO_2 등), 지용성 물질(지방산, 글리세롤 등)이 있다. 포도당과 같은 수용성 물질은 막단백질을 통해 확산된다.
ㄷ. 세포막은 물질의 종류에 따라 어떤 물질은 잘 투과시키고 어떤 물질은 잘 투과시키지 않는 선택적 투과성이 있어 세포 안팎으로의 물질 출입을 조절한다.

* 확산
분자가 스스로 운동하여 농도가 높은 쪽에서 낮은 쪽으로 이동하는 현상으로, 에너지가 소모되지 않는다.

구분	인지질 2중층을 통한 확산 (단순 확산)	막단백질을 통한 확산 (촉진 확산)
확산 방식	물질이 인지질 2중층을 직접 통과하여 확산(고농도 → 저농도)	물질이 단백질을 통해 확산 (고농도 → 저농도)
이동 물질	O_2, CO_2, 지용성 물질(지방산, 글리세롤) 등	포도당, 아미노산, 이온 등
예	폐포와 모세 혈관 사이의 O_2와 CO_2 교환	혈액 속의 포도당이 조직 세포로 확산

02 정답 ⑤ * 세포소기관

 단서+발상

단서 식물 세포에서 세포막, 엽록체, 마이토콘드리아의 그림이 제시되어 있다.
발상 모양을 통해 A는 마이토콘드리아, B는 엽록체, C는 세포막임을 추론할 수 있다.
적용 마이토콘드리아, 엽록체, 세포막의 특성을 적용하는 것부터 문제 풀이를 시작해야 한다.

| 문제+자료 분석 |
• 마이토콘드리아: 둥근 막대 모양으로 2중막으로 둘러싸여 있고, 내막 안쪽으로 주름이 잡혀있다. ➡ A는 마이토콘드리아이다.
• 엽록체: 둥근 모양의 초록색 세포소기관으로 2중막으로 둘러싸여 있고, 내막 안에 원반 모양의 구조가 발달되어 있다. 광합성이 일어나는 장소로, 이산화 탄소와 물을 원료로 포도당을 합성한다. ➡ B는 엽록체이다.
• 세포막: 세포를 둘러싸는 막으로, 세포의 경계를 이루어 세포 내부를 외부와 독립된 공간으로 만든다. 세포 안팎으로 물질 출입을 조절하는 선택적 투과성이 있다. ➡ C는 세포막이다.

| 보기 분석 |
ㄱ. A는 둥근 막대 모양, 2중막, 내막 안쪽으로 주름이 잡혀있는 마이토콘드리아이다.
ㄴ. B는 둥근 모양, 2중막, 내막 안에 원반 모양의 구조가 있는 엽록체이다. 엽록체는 식물 세포에서 광합성이 일어나는 장소이다.
ㄷ. C는 세포를 둘러싸는 막으로, 세포의 경계를 이루어 내부를 외부와 독립된 공간으로 만드는 세포막이다. 세포막은 세포 안팎으로 물질 출입을 조절하는 선택적 투과성이 있다.

* 동물 세포와 식물 세포
• 동물, 식물 세포에 공통적으로 있는 세포소기관: 핵, 마이토콘드리아, 세포막, 라이보솜, 소포체, 골지체
• 동물 세포에는 없고 식물 세포에만 있는 세포소기관: 엽록체, 세포벽

03 정답 ⑤ * 세포소기관

단서+발상

단서 동물 세포와 식물 세포의 구조가 제시되어 있다.
적용 A와 B의 구조를 통해 세포막과 핵 중 무엇인지 구분하는 것부터 문제 풀이를 시작해야 한다.

| 문제+자료 분석 |
• A: 세포를 둘러싸고 있는 세포막이다. 인지질 2중층에 단백질이 파묻혀 있거나 관통하고 있는 구조이다.
• B: 핵이며, 유전정보를 저장하고 있는 DNA가 있어 세포의 생명활동을 조절한다.

| 보기 분석 |
ㄱ. A는 동물 세포에서 세포를 둘러싸고 있는 막이므로 세포막이다.
ㄴ. B(핵)에는 유전정보를 저장하고 있는 DNA가 들어 있다.
ㄷ. (가)(동물 세포)와 (나)(식물 세포)에는 모두 세포호흡 장소인 마이토콘드리아가 관찰된다. 꿀팁

04 정답 ① * 세포소기관

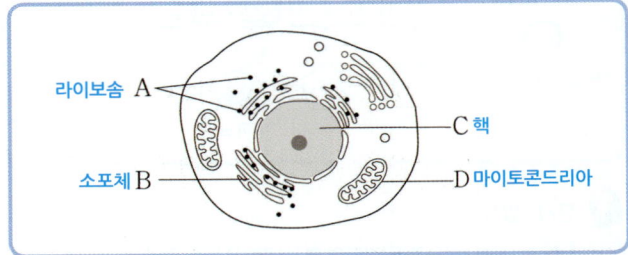

라이보솜 A
소포체 B
C 핵
D 마이토콘드리아

| 문제+자료 분석 |
• A: 막으로 둘러싸여 있지 않으며, 작은 알갱이 모양이다. DNA의 유전정보에 따라 단백질이 합성되는 장소이다. ➡ 라이보솜
• B: 막으로 둘러싸인 납작한 주머니와 관으로 되어 있으며, 핵막과 연결되어 있다. 라이보솜에서 합성된 단백질을 골지체나 세포의 다른 부위로 운반하거나 지질을 합성한다. ➡ 소포체

- C: 세포에서 가장 큰 세포소기관으로, 뚜렷하게 관찰된다. 핵막으로 둘러싸여 있으며, 유전정보를 저장하고 있는 DNA가 있어 세포의 생명활동을 조절한다. ➡ 핵
- D: 둥근 막대 모양으로, 막으로 둘러싸여 있다. 세포호흡이 일어나는 장소로, 유기물을 산화시켜 세포가 생명활동을 하는 데 필요한 에너지를 생산한다. ➡ 마이토콘드리아

| 선택지 분석 |
① A는 작은 알갱이 모양의 라이보솜으로 **단백질이 합성되는 장소이다.** 함정
② B는 핵막과 연결되어 있고 막으로 둘러싸인 납작한 주머니 모양인 소포체이다.
③ C는 세포소기관 중 가장 크고 핵막으로 둘러싸인 핵이다. 핵은 유전물질인 DNA를 저장하고 있다.
④ D는 둥근 막대 모양의 마이토콘드리아이다. 마이토콘드리아는 세포호흡이 일어나는 장소로, 생명활동을 하는 데 필요한 에너지를 생산한다.
⑤ 라이보솜, 소포체, 핵, 마이토콘드리아 모두 식물 세포에도 존재하는 세포소기관이다.

＊ 동물 세포와 식물 세포의 세포소기관
- 핵, 마이토콘드리아, 라이보솜, 세포막, 소포체, 골지체는 동물 세포와 식물 세포에 공통적으로 존재한다.
- 동물 세포와 달리 식물 세포에는 엽록체와 세포벽이 있고, 액포가 발달되어 있다.

05 핵심 키워드: 농도, 삼투 현상, 적혈구 팽창

모범 답안 증류수는 혈장 농도보다 농도가 낮은 용액이다. 따라서 혈장 농도와 같은 농도를 가진 링거액이 아닌 증류수를 혈관에 흘려 넣을 경우 삼투 현상이 일어나 적혈구가 팽창하여 터질 수 있다.

| 문제＋자료 분석 |
- **삼투 현상:** 선택적 투과성 막을 사이에 두고 농도가 다른 두 용액 사이에서 물이 이동하는 현상이다.
- 세포 안보다 농도가 낮은 용액에 넣었을 때 식물 세포는 세포벽에 의해 세포가 터지지는 않지만 동물 세포는 물이 들어와 팽창하다 터지기도 한다.

＊ 채점 기준

삼투 현상과 연관지어 적혈구가 터지는 까닭을 서술한 경우	100 %
증류수를 넣으면 적혈구가 터진다고 서술한 경우	50 %

06 정답 ① ＊ 삼투

| 문제＋자료 분석 |
- **삼투:** 세포막을 경계로 용질의 농도가 낮은 용액에서 높은 용액으로 물이 이동하는 현상으로 에너지를 소모하지 않는다. 세포를 농도가 다른 용액에 넣으면 삼투에 의해 물이 세포막을 통해 이동하여 세포의 모양이 변할 수 있다.
- 식물 세포를 세포 안보다 농도가 높은 설탕 수용액(고장액)에 넣으면 세포에서 나가는 물의 양이 많아 세포의 부피가 줄어들다가 세포막이 세포벽에서 떨어진다.
- 식물 세포는 동물 세포와 달리 세포의 부피가 줄어들면서 세포막이 세포벽에서 떨어지는데, 이를 원형질 분리라고 한다.

| 보기 분석 |
ㄱ. 식물 세포를 세포 안보다 농도가 높은 설탕 수용액(고장액)에 넣으면 세포에서 빠져나가는 물의 양이 많아지는 삼투 현상이 일어난다.
ㄴ. 식물 세포를 세포 안보다 농도가 높은 설탕 수용액(고장액)에 넣으면 세포막을 통해 빠져나가는 물의 이동이 많아진다.
ㄷ. 식물 세포를 세포 안보다 농도가 높은 설탕 수용액(고장액)에 넣으면 세포에서 빠져나가는 물의 양이 많아져 세포의 부피는 줄어든다.

＊ 삼투가 일어날 때 물 분자의 이동
- 삼투에 의해 물이 이동할 때, 물 분자는 양방향으로 이동한다. 그러나 용질의 농도가 낮은 곳에서 높은 곳으로 이동하는 물의 양이 반대쪽으로 이동하는 물의 양보다 많아서 세포의 부피가 변하게 된다.

07 정답 ② ＊세포막을 이용한 물질의 이동

| 문제＋자료 분석 |
- (가): X 속 설탕 수용액의 농도는 20 %이다.
- (나): 비커로부터 X 속으로 물이 이동한다.

| 보기 분석 |
ㄱ. 물의 이동은 농도가 낮은 곳에서 농도가 높은 곳으로 일어난다. 따라서 비커에서 X 속으로 물이 이동하므로, X의 부피는 (가)에서가 (다)에서보다 작다.
ㄴ. (다)는 비커로부터 X 속으로 물이 이동한 후이다. 따라서 X 속 설탕 수용액 농도는 처음(20 %)보다 낮다.
ㄷ. 물은 인공막을 통과하지만 설탕은 인공막을 통과하지 못한다. 함정
따라서 X의 부피 변화는 인공막을 통한 물의 이동 때문이다.

08 정답 ② ＊세포막을 통한 물질의 이동

| 문제＋자료 분석 |
- (가): 막단백질을 통한 확산(촉진 확산)은 세포 안팎의 농도차가 클수록 빠르게 확산하지만, 일정 농도 차 이상에서는 확산 속도가 더 이상 증가하지 않는다. ➡ A는 포도당이다.
- (나): 인지질 2중층을 통한 확산(단순 확산)은 분자의 크기가 작을수록, 온도가 높을수록, 세포 안팎의 농도차가 클수록, 지질에 대한 용해도가 클수록 빠르게 확산한다. ➡ B는 산소이다.

| 보기 분석 |
ㄱ. A는 포도당, B는 산소이다.
ㄴ. 세포막을 통한 CO_2의 이동 방식은 인지질 2중층을 통해 확산하는 B의 이동 방식과 같다.
ㄷ. A의 이동에는 막단백질이 관여하지만 B의 이동에는 인지질 2중층이 관여한다.

09 정답 ④ ＊ 물질대사

| 문제＋자료 분석 |
- **동화 작용:** 작은 분자로부터 큰 분자를 합성하는 과정, 반응물의 에너지가 생성물의 에너지보다 작으므로 에너지를 흡수하여 반응이 일어난다(흡열 반응).
- **이화 작용:** 큰 분자를 작은 분자로 분해하는 과정, 반응물의 에너지가 생성물의 에너지보다 크므로 에너지를 방출하며 반응이 일어난다(발열 반응).

| 선택지 분석 |
① (가)는 빛에너지를 이용해 포도당을 합성하는 동화 작용이다.
② 동화 작용은 에너지를 흡수하는 반응이다.
③ (나)는 고분자 물질이 저분자 물질로 분해되는 이화 작용이다.
④ 물질대사에는 효소가 관여하며 효소는 주로 단백질로 구성되어 있어 높은 온도에서 성질이 변해 기능을 잃게 된다.
⑤ (가)와 (나)는 모두 물질대사로 반드시 에너지의 출입이 일어난다.

10 정답 ① ＊ 이화 작용

| 문제＋자료 분석 |
- **이화 작용:** 큰 분자를 작은 분자로 분해하는 과정, 반응물의 에너지가 생성물의 에너지보다 크므로 에너지를 방출하며 반응이 일어난다(발열 반응). ➡ **이화 작용의 예:** 세포호흡, 소화

ㄱ 소화제를 이용하여 위에서 소화되지 않은 고분자의 물질을 저분자의 물질로 바꾸어 소화를 도울 수 있다. ➡ 이화 작용

ㄴ 광합성은 빛에너지를 이용해 포도당을 합성하는 동화 작용의 예이다.

ㄷ 과산화 수소가 공기 중에서 물과 산소로 분해되는 과정은 생명체 밖에서 일어나는 과정이다.

11 정답 ② * 효소

단서+발상

(단서) 표에서 ㉠을 넣은 A에서는 기포가 발생하지 않았고, ㉡을 넣은 B에서는 기포가 발생한 자료가 제시되어 있다.

(발상) 기포 발생 여부에 따라 ㉠과 ㉡에 효소가 들어 있는지 여부를 추론할 수 있다.

(적용) ㉠과 ㉡이 감자즙과 증류수 중 무엇인지를 구하는 것부터 문제 풀이를 시작해야 한다.

| 문제+자료 분석 |

• **활성화에너지**: 화학 반응이 일어나는 데 필요한 최소한의 에너지로, 활성화에너지가 클수록 반응이 일어나기 어렵다.
➡ ⓐ는 활성화에너지이다.

• 과산화 수소는 자연적으로 분해되나 반응 속도가 매우 느려 기포 발생이 관찰이 되지 않는다. ➡ ㉠은 증류수이다.

• 감자즙에 있는 카탈레이스라는 효소에 의해 과산화 수소가 물과 산소로 분해된다. 꿀팁

• 과산화 수소수에 과산화 수소의 분해를 촉진하는 효소인 카탈레이스가 들어 있으면 기포 발생이 관찰된다. ➡ ㉡은 감자즙이다.

| 보기 분석 |

ㄱ. ㉠이 포함된 시험관 A는 기포가 발생하지 않았으므로 ㉠은 증류수이다.

ㄴ. ㉡이 포함된 시험관 B는 기포가 발생했으므로 ㉡은 감자즙이다. 감자즙에는 활성화에너지(ⓐ)를 감소시키는 효소인 카탈레이스가 들어있다.

ㄷ. 효소는 활성화에너지를 낮추어 화학 반응의 반응 속도를 증가시키므로 과산화 수소의 분해 속도는 시험관 B보다 A가 더 느리다.

> 🐝 문제 풀이 꿀팁
> • **동화 작용**: 반응물의 에너지가 생성물의 에너지보다 작으므로 에너지를 흡수하여 반응이 일어난다(흡열 반응).
> • **이화 작용**: 반응물의 에너지가 생성물의 에너지보다 크므로 에너지를 방출하며 반응이 일어난다(발열 반응).
> ➡ 과산화 수소의 에너지가 물과 산소의 에너지보다 크므로 과산화 수소 분해 반응은 이화 작용이다.

12 정답 ⑤ * 효소

단서+발상

(단서) 감자즙의 유무에 따른 과산화 수소 분해 실험이 제시되어 있다.

(발상) 실험 결과를 통해 B에서만 과산화 수소가 분해되어 산소가 발생했음을 추론할 수 있다.

(적용) A와 B에서 어떠한 차이에 의해 기체 발생 유무가 달라지는지 분석하는 것에서부터 문제 풀이를 시작해야 한다.

| 문제+자료 분석 |

• A에는 감자즙을 넣지 않았고, B에만 감자즙을 넣었다.

• 과산화 수소 분해 반응식은 다음과 같다.

$$2H_2O_2 \rightarrow 2H_2O + O_2$$

• 과산화 수소는 자연적으로 물과 산소로 분해되지만 반응 속도가 매우 느리다.

• 감자즙(카탈레이스)를 넣은 B에서는 생체촉매인 카탈레이스가 반응의 활성화에너지를 낮추어 A보다 과산화 수소의 분해 반응이 빠르게 일어난다.

• A보다 B에서 반응이 더 빨리 일어나 산소가 더 많이 발생한 결과, B의 풍선이 A보다 크게 부풀어 올랐다.

| 보기 분석 |

ㄱ B의 풍선이 A보다 크게 부풀어 오른 것을 통해 감자즙에는 과산화 수소를 분해하는 생체촉매가 들어 있다는 것을 알 수 있다.

ㄴ 감자즙(카탈레이스)을 넣은 B에서는 생체촉매인 카탈레이스가 반응의 활성화에너지를 낮추어 A보다 반응이 빠르게 일어난다.

ㄷ 실험 결과 B에서 고무풍선이 부풀어 오른 것은 과산화 수소 분해 결과, 산소가 생성되었기 때문이다. 꿀팁

13 핵심 키워드: 효소, 활성화에너지

(모범 답안) 효소의 최적 온도가 체온과 비슷하므로 체온 정도의 낮은 온도에서 효소가 활성화에너지를 낮추어서 물질대사(화학 반응)를 빠르게 일어나도록 하기 때문이다.

| 문제+자료 분석 |

• **효소**: 활성화에너지를 낮추어 낮은 온도에서도 화학 반응이 빠르게 일어나도록 한다.

• **물질대사**: 체온 범위의 낮은 온도(37 ℃)에서 단계적으로 반응이 일어나 에너지가 단계적으로 소량씩 방출된다. ➡ 효소가 관여한다.

• **연소**: 생명체 밖 화학 반응 중 하나로 400 ℃의 높은 온도에서 반응이 한 번에 일어나 에너지가 한꺼번에 방출된다. ➡ 효소가 관여하지 않는다.

* 채점 기준

효소가 활성화에너지를 낮추기 때문이라고 서술한 경우	100 %
효소 때문이라고만 서술한 경우	30 %

14 정답 ② * 효소와 활성화에너지

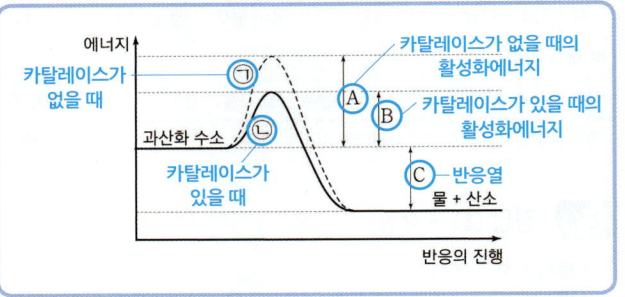

단서+발상

(단서) 과산화 수소 분해 반응에서의 에너지 변화가 제시되어 있다.

(발상) 효소의 특성을 통해 ㉠과 ㉡ 그래프가 어떤 경우인지 추론할 수 있다.

(적용) ㉠과 ㉡ 그래프 중에서 카탈레이스가 있을 때의 그래프를 찾는 것부터 문제 풀이를 시작해야 한다.

| 문제+자료 분석 |

• ㉠: ㉠과 ㉡ 그래프 중에서 ㉠이 활성화에너지가 더 크므로 카탈레이스가 없을 때의 그래프이다. ➡ A는 카탈레이스가 없을 때의 활성화에너지이다.

• ㉡: ㉠과 ㉡ 그래프 중에서 ㉡이 활성화에너지가 더 작으므로 카탈레이스가 있을 때의 그래프이다.
➡ B는 카탈레이스가 있을 때의 활성화에너지이다.

• C: 카탈레이스 효소에 의해 과산화 수소가 물과 산소로 분해된다. 반응물인 과산화 수소의 에너지가 생성물인 물과 산소의 에너지보다 크므로 반응이 진행되면 반응열이 방출된다. 따라서 C는 반응열이다.

| 선택지 분석 |

② 카탈레이스가 있을 때 과산화 수소 분해 반응의 활성화에너지는 B이다. (함정)

(왜) 틀렸나?
• 카탈레이스가 있을 때의 활성화에너지는 ㉡ 그래프의 에너지에서 과산화 수소의 에너지를 뺀 값인 B이다.
• A와 B는 흡수하는 에너지이고 C는 방출하는 에너지이다. A~C를 구분하지 못했다면 오답을 고를 수 있다.

15 정답 ⑤ * 효소의 활용

| 문제+자료 분석 |
• 효소는 생명체 밖에서도 작용할 수 있어 일상생활, 의학, 산업, 환경 등 다양한 분야에 활용되고 있다.

| 보기 분석 |
ㄱ) 생명체 내에서 촉매 역할을 하는 효소의 주성분은 단백질이다.
ㄴ) 지방 분해 효소(ⓛ)는 지방을 분해하는 생체촉매 역할을 하여 빨래의 지방 때와 얼룩을 빠르게 제거한다.
ㄷ) 효소 세제를 구성하는 효소의 주성분인 단백질과 탄산수소 나트륨은 모두 탄소 화합물이다.

16 정답 ② * 유전정보의 흐름

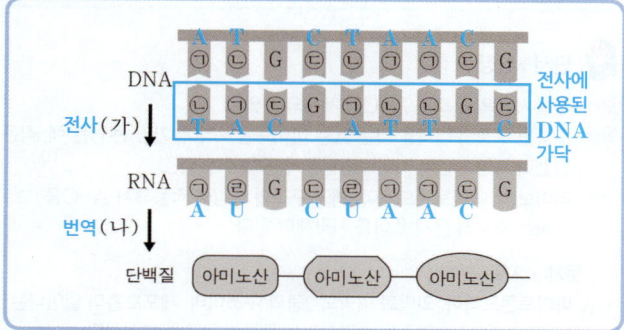

단서+발상
(단서) 세포에서 일어나는 전사와 번역 과정이 제시되어 있다.
(발상) RNA의 염기서열을 통해 전사에 사용된 DNA 가닥을 추론할 수 있다.
(적용) 전사에 사용되지 않은 DNA 가닥과 RNA의 염기서열을 비교하여 RNA가 ㉢ 대신 ㉣을 가지고 있음을 파악하는 것부터 문제 풀이를 시작해야 한다.

| 문제+자료 분석 |
• (가): DNA의 유전정보가 RNA로 전달되는 전사 과정이다.
  ➡ DNA의 염기에 상보적인 염기서열을 가진 RNA가 합성된다. (꿀팁)
• (나): RNA의 유전정보에 따라 단백질이 합성되는 번역 과정이다.
  ➡ RNA의 코돈(3개의 염기)가 1개의 아미노산을 지정한다.
• ㉢: 구아닌(G)과 상보적인 결합을 형성하므로 사이토신(C)이다.
• 전사에 사용되지 않은 DNA 가닥과 RNA의 염기서열을 비교했을 때, RNA에서는 ㉢ 대신 ㉣을 가진다. ➡ ㉢은 타이민(T), ㉣은 유라실(U)이다.
• DNA에서 ㉠과 ㉡(타이민)은 상보적인 결합을 한다.
  ➡ ㉠은 아데닌(A)이다.

| 보기 분석 |
ㄱ) (가)는 DNA의 유전정보가 RNA로 전달되는 과정이므로 전사이다.
ㄴ) RNA에서는 ㉢ 대신 ㉣을 가지므로, ㉢은 타이민(T), ㉣은 유라실(U)이다.
ㄷ) DNA의 단위체는 뉴클레오타이드이다.

RNA에는 타이민(T)이 없고 유라실(U)이 있으므로 아데닌(A)에 상보적인 염기는 유라실(U)이 된다.

DNA 염기	A	G	C	T
↓ 전사	↓	↓	↓	↓
RNA 염기	U	C	G	A

17 정답 (1) 핵 (2) 세포질

| 문제+자료 분석 |
• 전사: DNA는 유전정보의 원본으로 핵 내에 존재한다. 전사는 단백질을 합성하기 위해 DNA에 저장된 유전정보가 RNA로 전달되는 과정이다.
• 번역: RNA는 세포질로 이동하여 라이보솜을 통해 3개의 염기가 하나의 아미노산으로 번역된다. 그 다음 아미노산은 펩타이드결합을 형성하고 단백질이 합성된다.

18 정답 ④ * 유전정보의 흐름

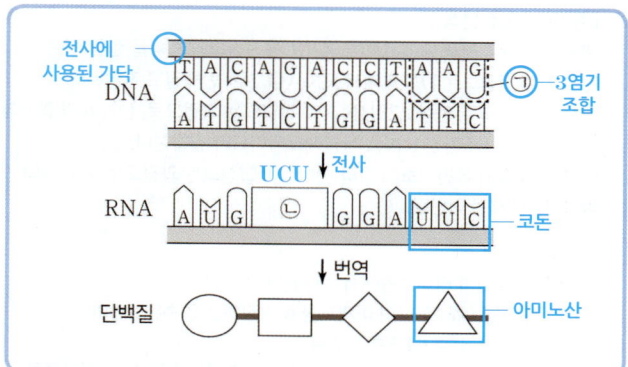

단서+발상
(단서) 세포에서 일어나는 유전정보의 흐름이 제시되어 있다.
(발상) DNA 염기에 상보적인 염기를 가진 RNA 뉴클레오타이드가 연결되는 전사 과정을 활용해서 전사에 사용된 DNA 가닥을 추론할 수 있다.
(적용) RNA 염기서열을 통해 DNA의 두 가닥 중 전사에 사용된 가닥을 구하는 것부터 문제 풀이를 시작해야 한다.

| 문제+자료 분석 |
• 전사: DNA의 유전정보가 RNA로 전달되는 과정으로, DNA의 염기에 상보적인 염기를 가진 RNA 뉴클레오타이드가 결합한다.
• 번역: RNA의 유전정보에 따라 단백질이 합성되는 과정으로, 세포질의 라이보솜에서 일어난다.
• ㉠: DNA에서 하나의 아미노산을 지정하는 연속된 3개의 염기이다.
  ➡ 3염기조합
• 코돈: RNA에서 하나의 아미노산을 지정하는 연속된 3개의 염기이다.
• RNA 염기서열이 AUG / ㉡ / GGA / UUC 임을 통해 DNA 염기서열이 TAC / AGA / CCT / AAG 인 위 가닥이 전사에 사용된 가닥임을 알 수 있다. (함정)

| 보기 분석 |
ㄱ) ㉠은 DNA에서 하나의 아미노산을 지정하는 연속된 3개의 염기인 3염기조합이다.
ㄴ) 전사에 사용된 가닥은 DNA 위 가닥이므로 ㉡은 DNA 3염기조합 AGA에서 전사된 코돈으로 염기서열은 UCU이다.
ㄷ) 번역은 RNA의 유전정보에 따라 단백질이 합성되는 과정으로, 세포질의 라이보솜에서 일어난다.

(14)

19 정답 ③ ＊유전정보의 흐름

| 문제＋자료 분석 |
- **(가)**: DNA의 유전정보가 RNA로 전달되는 전사 과정이다. ==DNA의 염기에 상보적인 염기서열을 가진 RNA가 합성된다.== 꿀팁
- **(나)**: RNA의 유전정보에 따라 단백질이 합성되는 번역 과정이다. RNA의 코돈(3개의 염기)이 1개의 아미노산을 지정한다.
- **㉠**: DNA의 염기서열 AGA에 대해 상보적인 RNA의 코돈의 염기서열이므로 UCU이다.

| 보기 분석 |
- ㉠ (가)는 DNA의 유전정보가 RNA로 전달되는 과정이므로 전사 과정이다.
- ㉡ (나) 과정에서 RNA의 염기 3개(코돈)가 단백질의 아미노산 1개를 지정한다.
- ㄷ. RNA의 염기서열과 전사에 사용된 DNA 가닥의 염기서열은 서로 상보적이다. 따라서 DNA 염기서열 AGA에 대해 상보적인 RNA의 염기서열은 UCU이다.

20 정답 ⑤ ＊유전정보의 흐름

| 문제＋자료 분석 |
- **생명중심원리**: 세포 내에서 이루어지는 유전정보의 흐름을 설명하는 원리로, 유전정보는 DNA에서 RNA를 거쳐 단백질로 전달된다.
- **전사**: DNA의 유전정보가 RNA로 전달되는 과정으로, DNA의 염기에 상보적인 염기를 가진 RNA 뉴클레오타이드가 결합한다.
- **번역**: RNA의 유전정보에 따라 단백질이 합성되는 과정으로, 세포질의 라이보솜에서 일어난다.

| 선택지 분석 |
① 번역은 세포질의 라이보솜에서 진행된다.
② 코돈은 RNA에서 하나의 아미노산을 지정하는 연속된 3개의 염기서열로 총 $4^3 = 64$종류가 있다.
③ DNA는 크기가 커서 핵 밖으로 나갈 수 없으며, RNA로 유전정보를 전달하여 RNA가 핵 밖으로 빠져나가 번역에 사용된다.
④ 전사 과정에서 DNA 염기서열에 상보적인 염기서열을 가진 RNA가 합성된다.
⑤ 합성된 단백질은 효소, 근육, 호르몬 등의 구성 물질이 되어 각기 다른 특정한 기능을 수행한다.

＊생명중심원리
세포 내에서 이루어지는 유전정보의 흐름을 설명하는 원리이다. DNA의 유전정보가 RNA로 전달되는 것을 전사, RNA의 유전정보에 따라 단백질이 합성되는 것을 번역이라고 한다.

전사	• DNA 염기서열에 단백질의 아미노산 배열 순서에 대한 정보가 저장되어 있다. • **3염기조합**: 하나의 아미노산을 지정하는 DNA의 연속된 3개의 염기 • 핵 속에서 DNA 염기서열에 상보적인 염기서열을 가진 RNA를 합성한다.
번역	• **코돈**: 하나의 아미노산을 지정하는 RNA의 연속된 3개의 염기 • 세포질의 라이보솜에서 RNA의 유전정보에 따라 아미노산이 펩타이드결합으로 연결되어 단백질이 합성된다.

---

01 정답 ④ ＊세포소기관의 구조와 기능

그림은 동물 세포의 구조를 나타낸 것이다. A~C는 라이보솜, 마이토콘드리아, 핵을 순서 없이 나타낸 것이다. 이에 대한 설명으로 옳은 것만을 [보기]에서 있는 대로 고른 것은? [3점]

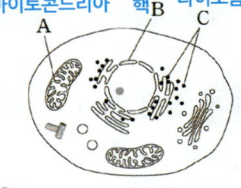
마이토콘드리아 A　핵 B　라이보솜 C

[보기]
- ㉠ A는 마이토콘드리아이다.
  A는 주름진 구조의 내막을 갖는 마이토콘드리아이다.
- ㉡ B는 유전물질을 갖는다.
  B는 핵이므로 유전물질을 가진다.
- ㄷ. C는 2중막을 ~~갖는다.~~
  C는 막 구조가 아니다.

① ㄱ　② ㄴ　③ ㄷ　④ ㄱ, ㄴ　⑤ ㄴ, ㄷ

단서＋발상
- (단서) 동물 세포의 구조와 A~C가 제시되어 있다.
- (발상) 주름진 구조의 내막을 갖는 A는 마이토콘드리아, 가장 큰 B는 핵, 작은 알갱이 모양의 C는 라이보솜임을 추론할 수 있다.
- (적용) 라이보솜, 마이토콘드리아, 핵의 구조와 특징을 적용해서 A~C를 구하는 것부터 문제 풀이를 시작해야 한다.

| 문제＋자료 분석 |
- **A 마이토콘드리아**: 외막과 내막의 2중막 구조이며, 세포호흡이 일어나는 장소이다. 내막은 표면적을 증가시키는 주름진 구조를 형성한다.
- **B 핵**: 세포에서 가장 큰 세포소기관으로, 뚜렷하게 관찰된다. 핵막으로 둘러싸여 있으며, 유전정보를 저장하고 있는 DNA가 있어 세포의 생명활동을 조절한다.
- **C 라이보솜**: 막으로 둘러싸여 있지 않으며, 작은 알갱이 모양이다. DNA의 유전정보에 따라 단백질이 합성되는 장소이다.

| 보기 분석 |
- ㉠ A는 내막이 주름진 구조이며, 둥근 막대 모양이므로 세포호흡에 관여하는 마이토콘드리아이다.
- ㉡ B(핵)에는 유전물질인 DNA가 있으므로 B(핵)는 유전물질을 갖는다.
- ㄷ. C(라이보솜)는 막으로 싸여 있지 않다. 따라서 C는 2중막을 갖지 않는다.

＊세포의 구조
세포막으로 둘러싸인 세포는 핵과 세포질로 구분된다. 세포질에는 마이토콘드리아, 엽록체, 골지체, 소포체, 라이보솜 등 다양한 세포소기관이 존재한다.

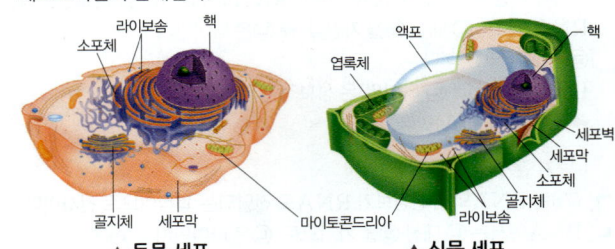
라이보솜　핵　　　　　　액포　　핵
소포체　　　　　　　　　엽록체
세포벽
세포막
소포체
골지체
세포막　　마이토콘드리아　라이보솜　골지체
▲ 동물 세포　　　　　　▲ 식물 세포

02 정답 ③ *세포소기관의 구조와 기능

그림은 식물 세포의 구조를 나타낸 것이다. A~C는 골지체, 세포벽, 엽록체를 순서 없이 나타낸 것이다. 이에 대한 옳은 설명만을 [보기]에서 있는 대로 고른 것은?

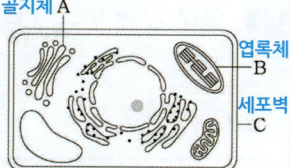
골지체 A
엽록체 B
세포벽 C

─────────[보기]─────────
ㄱ. A는 골지체이다.
A는 납작한 주머니가 여러 층으로 포개져 있는 모양의 골지체이다.
ㄴ. B는 2중막을 갖는다.
B(엽록체)는 외막과 내막으로 이루어진 2중막을 가진다.
ㄷ. C는 동물 세포에도 ~~있다~~.
C(세포벽)는 동물 세포에 없다.
─────────────────────────

① ㄱ ② ㄷ ③ ㄱ, ㄴ ④ ㄴ, ㄷ ⑤ ㄱ, ㄴ, ㄷ

 단서+발상

(단서) 식물 세포의 구조와 A~C가 제시되어 있다.
(적용) 골지체, 세포벽, 엽록체의 구조와 특징을 적용해서 A~C를 구하는 것부터 문제 풀이를 시작해야 한다.

| 문제+자료 분석 |
- **A 골지체**: 납작한 주머니 모양이 층층이 쌓인 형태로, 물질의 분비에 관여하는 단일막 구조의 세포소기관이다.
- **B 엽록체**: 빛에너지를 화학 에너지로 전환하는 광합성이 일어나며, 2중막 구조의 세포소기관이다.
- **C 세포벽**: 식물 세포에서 세포 보호, 형태 유지 등의 기능을 하며, 물과 용질을 모두 통과시킨다. 식물 세포의 세포벽에는 셀룰로스 성분이 있다.

| 보기 분석 |
ㄱ. A는 납작한 모양의 주머니가 층층이 쌓여 있으므로 물질 분비에 관여하는 골지체이다.
ㄴ. A(골지체)는 단일막 구조, B(엽록체)는 2중막 구조이며, C(세포벽)는 막성 구조가 아니다.
ㄷ. C(세포벽)는 식물 세포에 있고 동물 세포에는 없다.

∗ 동물 세포와 식물 세포의 구조
- **동물 세포와 식물 세포에 공통적으로 있는 구조**

핵	가장 크고 뚜렷하며, 유전물질인 DNA가 있다.
라이보솜	유전정보에 따라 단백질이 합성되는 장소이다.
소포체	단백질을 운반하는 통로 역할을 한다.
골지체	단백질, 지질 등을 가공하여 분비한다.
마이토콘드리아	세포호흡이 일어나는 장소이다.
세포막	세포 안팎으로의 물질 출입을 조절한다.

- **동물 세포에는 없고 식물 세포에만 있는 구조**

엽록체	광합성이 일어나는 장소이다.
세포벽	세포의 형태를 유지하고 세포를 보호한다.

03 정답 ① *효소의 화학 반응

다음은 카탈레이스에 의한 과산화 수소 분해 반응을 활용한 실험이다.
$$2H_2O_2 \rightarrow 2H_2O + O_2$$

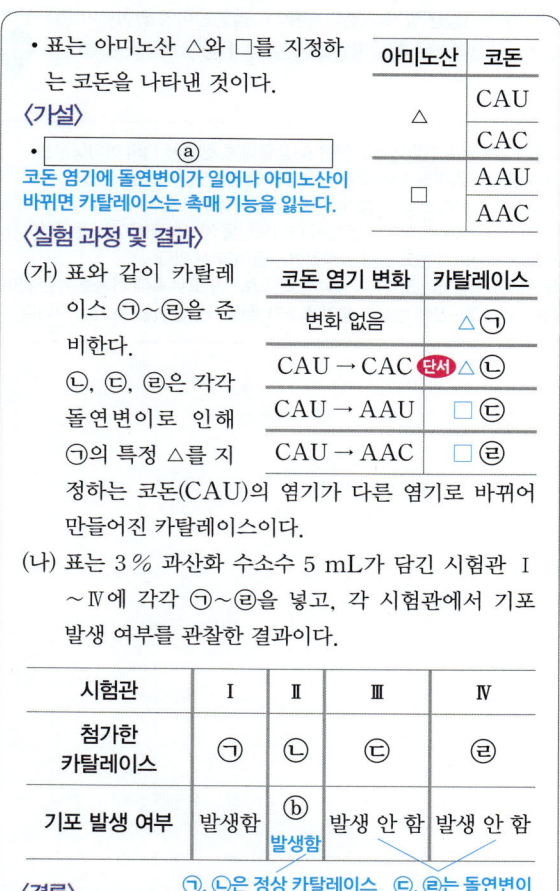

- 표는 아미노산 △와 □를 지정하는 코돈을 나타낸 것이다.

아미노산	코돈
△	CAU
	CAC
□	AAU
	AAC

〈가설〉
- ⓐ
코돈 염기에 돌연변이가 일어나 아미노산이 바뀌면 카탈레이스는 촉매 기능을 잃는다.

〈실험 과정 및 결과〉
(가) 표와 같이 카탈레이스 ㉠~㉣을 준비한다.
㉡, ㉢, ㉣은 각각 돌연변이로 인해 ㉠의 특정 △를 지정하는 코돈(CAU)의 염기가 다른 염기로 바뀌어 만들어진 카탈레이스이다.

코돈 염기 변화	카탈레이스
변화 없음	△ ㉠
CAU → CAC	**단서** △ ㉡
CAU → AAU	□ ㉢
CAU → AAC	□ ㉣

(나) 표는 3 % 과산화 수소수 5 mL가 담긴 시험관 Ⅰ ~Ⅳ에 각각 ㉠~㉣을 넣고, 각 시험관에서 기포 발생 여부를 관찰한 결과이다.

시험관	Ⅰ	Ⅱ	Ⅲ	Ⅳ
첨가한 카탈레이스	㉠	㉡	㉢	㉣
기포 발생 여부	발생함	ⓑ **발생함**	발생 안 함	발생 안 함

〈결론〉
- 가설은 옳다.

㉠, ㉡은 정상 카탈레이스
㉡은 염기는 변화했으나 아미노산(△)은 변화 없음
㉢, ㉣은 돌연변이 카탈레이스

 단서+발상

(단서) 카탈레이스 ㉠~㉣에서 코돈의 염기 변화가 제시되어 있다.
(발상) 코돈표를 바탕으로 ㉠~㉣이 가지는 아미노산을 추론할 수 있다.
(적용) 카탈레이스의 분해 반응과 유전 정보의 번역 과정을 적용해서 ㉠~㉣의 특징을 구하는 것부터 문제 풀이를 시작해야 한다.

| 문제+자료 분석 |
- 카탈레이스 ㉠은 △를 지정하는 코돈 CAU를 가지는 정상 효소이다.
- ㉡은 돌연변이(U → C)가 발생해 코돈 CAU가 CAC로 바뀐 효소이지만, 코돈 CAU와 동일한 아미노산인 △를 지정한다.
  → ㉡도 효소 활성 있음
- ㉢은 돌연변이(C → A)가 발생해 코돈 CAU가 AAU로 바뀐 효소이며, ㉣은 돌연변이(C → A, U → C)가 발생해 코돈 CAU가 AAC로 바뀐 효소이며 코돈 AAU와 코돈 AAC는 모두 □를 지정한다.
- 카탈레이스 ㉠은 과산화 수소를 물과 산소로 분해하여 시험관 Ⅰ에서 기포가 발생한다.
- 시험관 Ⅱ는 염기에 돌연변이(U → C)가 일어났지만, ㉠과 동일한 아미노산을 갖는 효소 ㉡이 반응에 참여했으므로 기포가 발생한다(ⓑ).
- 시험관 Ⅲ과 Ⅳ에서 기포가 발생하지 않은 것은 아미노산 △가 □로 바뀌어 촉매 기능을 잃었기 때문이다.

ㄱ 카탈레이스는 과산화 수소를 물과 산소로 분해하는 촉매 기능을 가지는 효소이다. 따라서 Ⅰ의 실험 결과 물과 산소가 생성된다.

ㄴ. 효소 ⓒ은 ⓐ과 동일한 아미노산을 가지므로 카탈레이스(효소)가 촉매 기능을 하여 산소 기포가 발생한다. 따라서 ⓑ는 '발생함'이다.

ㄷ. ⓒ은 돌연변이가 일어난 유전자를 가졌지만, 아미노산에는 변화가 없으므로 촉매 기능을 잃지 않는다. 따라서 '돌연변이가 일어나 아미노산이 변화된 카탈레이스는 촉매 기능을 잃는다.'가 ⓐ에 해당하는 말이다. 함정

왜 틀렸나?

- 3염기 조합으로 이루어진 코돈은 64종류이며, 생명체 내의 아미노산은 20종류이므로 여러 개의 코돈이 하나의 아미노산을 지정할 수 있다.
- 문제의 카탈레이스 ⓒ과 같이 유전자에 돌연변이가 일어나 코돈에 변화가 생기더라도 정상 유전자와 동일한 아미노산을 지정할 경우에는 돌연변이가 겉으로 발현되지 않고 정상 단백질이 만들어질 수 있다.
- 돌연변이가 일어나 코돈(염기)이 변화된 효소가 모두 촉매 기능을 잃는 것이 아니라, 아미노산에 변화가 생긴 효소가 촉매 기능을 잃을 수 있는 것이다.

융합 문제   문제편 227 ~ 230p

01 정답 ② * 기본량과 단위, 전기 에너지의 생산, 에너지 효율

발전소	발전 방식	특 징
A	수력 발전	높은 곳에서 떨어지는 물의 역학적 에너지 10 MJ당 8 MJ의 전기 에너지를 생산한다. 단서 10×10^6 J — 8×10^6 J
B	발전	태양 전지를 비추는 빛의 에너지가 1 kJ일 때, 200 J의 전기 에너지를 생산한다. 1×10^3 J
C	화력 발전	1 g당 20 kJ의 화학 에너지를 가진 화석 연료 1 kg을 사용하여 8 MJ의 전기 에너지를 생산한다. $20 \times 10^3 \times 10^3$ J

💡 단서+발상

단서 전기 에너지를 생산하는 발전소 A, B, C의 특징이 제시되어 있다.

발상 발전소의 특징을 통해 각 발전소에서 생산하는 전기 에너지의 양을 추론할 수 있다.

적용 전기 에너지와 단위의 개념을 적용해서 A, B, C에서 생산하는 전기 에너지의 양을 구하는 것부터 문제 풀이를 시작해야 한다.

| 문제＋자료 분석 |

- **A(수력 발전)**: 물의 역학적 에너지를 활용하여 전기 에너지를 생산한다.
  ➡ 공급된 물의 역학적 에너지 1 J당 생산하는 전기 에너지의 양은
  $$1\,J \times \frac{8 \times 10^6}{10 \times 10^6} = 0.8\,J \text{이다.}$$

- **B(태양광 발전)**: 태양 전지를 비추는 빛 에너지를 활용하여 전기 에너지를 생산한다.
  ➡ 공급된 빛 에너지 1 J당 생산하는 전기 에너지의 양은 $\frac{200}{1 \times 10^3} = 0.2\,J$ 이다.

- **C(화력 발전)**: 화학 에너지를 가진 화석 연료를 활용하여 전기 에너지를 생산한다.
  1 g당 20 kJ의 화학 에너지를 가진 화석 연료 1 kg이 가지는 화학 에너지의 양은 20×10^3 kJ $= 20 \times 10^3 \times 10^3$ J이다.
  ➡ 공급된 화학 에너지 1 J당 생산하는 전기 에너지의 양은
  $$\frac{8 \times 10^6}{20 \times 10^3 \times 10^3} = 0.4\,J \text{이다.}$$

| 선택지 분석 |

② 공급된 에너지의 양이 같을 때, A, B, C에서 생산하는 전기 에너지의 양은 각각 0.8 J, 0.2 J, 0.4 J이므로 A＞C＞B이다.

---

02 정답 ③ * 과학의 측정

 단서+발상

단서 혈중 포도당 농도의 단위로 mg/dL이 제시되어 있다.

발상 일정 부피의 혈액에 존재하는 포도당의 양으로 당뇨병을 진단함을 추론할 수 있다.

적용 과학의 측정을 적용해서 당뇨병 진단 기준과 측정 표준 단위를 파악하는 것부터 문제 풀이를 시작해야 한다.

| 문제+자료 분석 |

- 인슐린은 혈중 포도당 농도가 높을 때 분비되는 단백질 호르몬으로 혈당량을 낮춰주는 역할을 한다.
- 공복 유지 시 측정한 혈중 포도당 농도가 126 mg/dL 이상으로 측정되면 당뇨병으로 진단할 수 있다.
- mg은 질량의 단위로 1000 mg = 1 g 이다.
- dL는 부피의 단위로 100 mL = 1 dL이다.
- mg/dL은 밀도, 또는 농도의 단위로 기본량으로부터 유도된 유도량의 단위이다.

| 보기 분석 |

ㄱ. ㉠(인슐린)은 단백질 호르몬이고, 단백질의 단위체는 아미노산이다.
ㄴ. 어떠한 양을 측정할 때 공통으로 사용할 수 있는 단위에 대한 기준을 측정 표준이라고 한다. ㉡은 일정한 부피의 혈액에 존재하는 포도당의 양, 즉, 혈중 포도당 농도를 측정할 때 측정 표준이 활용된 사례이다.
ㄷ. 기본량에는 시간, 길이, 질량, 전류, 온도, 광도, 물질량의 7가지가 있다. mg/dL는 밀도, 또는 농도의 단위로 기본량으로부터 유도된 유도량의 단위이다.

03 정답 ⑤ *기본량, 유도량, 거시 세계

 단서+발상

단서 지름과 면적이 제시되어 있다.
발상 유도량을 추론할 수 있다.
적용 단위를 통해 면적이 유도량이라는 것을 구하는 것부터 문제 풀이를 시작해야 한다.

| 문제+자료 분석 |

- **기본량의 종류**: 시간, 길이, 질량, 전류, 온도, 광도, 물질량 (총 7개)
- **유도량**: 기본량으로부터 유도된 물리량

유도량	넓이	부피	속력	가속도	힘	밀도	압력	농도
유도량에 사용된 기본량	길이	길이	길이, 시간	길이, 시간	질량, 길이, 시간	질량, 길이	질량, 길이, 시간	물질량, 길이

- 미시 세계와 거시 세계

미시 세계	• 원자, 분자 등 아주 작은 규모의 세계 • 인간의 감각으로 관찰할 수 없음
거시 세계	• 인간, 지구, 우주 등 미시 세계보다 훨씬 큰 규모의 세계 • 인간의 감각으로 관찰할 수 있음

| 보기 분석 |

ㄱ. m는 길이의 단위이다.
ㄴ. 면적은 길이로부터 유도된 물리량이다.
ㄷ. 우주는 원자, 분자 등 인간의 감각으로 관찰할 수 없는 미시세계보다 훨씬 큰 거시세계이다.

04 정답 ③ *별을 구성하는 원소

 단서+발상

단서 별의 내부 구조의 각 영역에서 가장 큰 질량비를 차지하는 원소가 Z, Y, X 순으로 제시되어 있다.
발상 별의 중심부로 갈수록 더 무거운 원소가 생성된다는 것을 통해 X, Y, Z에 해당하는 원소를 추론할 수 있다.
적용 별의 중심부로 갈수록 온도가 높아 핵융합 반응을 통해 더 무거운 원소가 생성되는 개념을 적용해 X, Y, Z에 해당하는 원소를 구하는 것부터 문제 풀이를 시작해야 한다.

| 문제+자료 분석 |

- 별의 중심부로 갈수록 더 무거운 원소가 가장 큰 질량비를 차지한다.
  ➡ X: 탄소, Y: 규소, Z: 철
- 별의 중심부에서 만들어질 수 있는 가장 무거운 원소인 철이 존재하는 것으로 보아 태양보다 질량이 큰 별의 내부 구조이다.

| 보기 분석 |

ㄱ. 별의 중심부의 온도가 높을수록 무거운 원소가 만들어지는데, 태양은 중심부에서 탄소까지 만들 수 있는 데 반해 이 별은 중심부에서 철까지 만들어졌기 때문에 중심부의 온도는 이 별이 태양보다 높다.
ㄴ. 탄소(X)와 규소(Y)는 모두 14족 원소로 같은 족 원소이다.
ㄷ. 지구를 구성하는 원소의 질량비는 철>산소>규소>마그네슘>황>니켈>칼슘>알루미늄 순이므로, 규소(Y)가 철(Z)보다 적다.

05 정답 ④ *별의 질량에 따른 진화 과정

 단서+발상

단서 중심부에서 핵융합 반응이 끝난 직후 별 (가)와 (나)의 내부 구조가 제시되어 있다.
발상 별 (가)와 (나)의 진화 과정을 추론할 수 있다.
적용 더 무거운 원소의 핵융합 반응이 일어나기 위해서는 중심부의 온도가 높아야 한다는 개념을 적용해서 (가)와 (나) 중 중심부의 온도가 높은 별을 구하는 것부터 문제 풀이를 시작해야 한다.

| 문제+자료 분석 |

- 별의 중심부에서는 핵융합 반응을 통해 무거운 원소를 합성하고, 무거운 원소를 합성하기 위해서는 중심부의 온도가 더 높아야 한다. 별의 중심부에서 핵융합 반응으로 합성할 수 있는 가장 무거운 원소는 철이다. 따라서 중심부의 온도는 (가)가 (나)보다 낮다.
- 질량이 작은 별은 중심핵에서 탄소를, 질량이 큰 별은 중심핵에서 철까지 합성할 수 있다.
  (가)는 질량이 작은 별의 진화이므로 진화 과정에서 초신성 폭발을 거치지 않는다.
- (가)와 (나) 모두 중심부로 갈수록 무거운 원소로 이루어진 층이 분포한다.

| 보기 분석 |

ㄱ. 중심부의 온도가 높을수록 더 무거운 원소를 핵융합으로 합성할 수 있으므로, (가)가 (나)보다 중심부의 온도가 낮다.
ㄴ. (가)를 구성하는 원소들의 원자가 전자 수와 전자가 들어 있는 전자 껍질 수를 정리하면 다음과 같다.

원소	원자가 전자 수	전자가 들어 있는 전자 껍질 수
수소(H)	1	1
헬륨(He)	2	1
탄소(C)	4	2

따라서 $\dfrac{원자가\ 전자\ 수}{전자가\ 들어\ 있는\ 전자\ 껍질\ 수}$ 는 헬륨과 탄소가 각각 2로 같다.
ㄷ. 별은 중심부로 갈수록 온도가 높아지므로 무거운 원소를 합성할 수 있다. 따라서 (나)의 중심부로 갈수록 무거운 원소로 이루어진 층이 분포한다.

06 정답 ① *태양을 구성하는 원소

 단서+발상

단서 태양 내부에서 일어나고 있는 수소 핵융합 반응과 수소, 원자 A, B의 첫 번째 전자 껍질과 두 번째 전자 껍질에 들어 있는 전자 수가 제시되어 있다.

융합 문제

(발상) 첫 번째 전자 껍질과 두 번째 전자 껍질에 들어 있는 전자 수를 통해 원자 A, B를 추론할 수 있다.

(적용) 하나의 원자에서는 양성자의 개수와 전자의 개수가 같다는 개념을 적용해서 원자 A, B를 구하는 것부터 문제 풀이를 시작해야 한다.

| 문제+자료 분석 |

• 태양의 중심부에서는 수소 핵융합 반응을 통해 헬륨이 생성된다. 태양이 진화함에 따라 태양의 중심부에서 핵융합 반응으로 만들어질 수 있는 가장 무거운 원소는 탄소(C)이다.

• 하나의 원자에서는 양성자의 개수와 전자의 개수가 같으며, 양성자의 개수가 곧 원자 번호에 해당한다. (꿀팁)

  따라서 (나)의 A는 원자 번호 2번인 헬륨(He)이며, B는 원자 번호 4번인 베릴륨(Be)이다.

| 보기 분석 |

(ㄱ) A는 헬륨이며, (가)의 중심부에서는 수소 핵융합 반응을 통해 헬륨(A)이 생성된다.

ㄴ. A는 헬륨, B는 베릴륨이다. 헬륨은 18족 원소, 베릴륨은 2족 원소이므로 같은 족 원소가 아니다.

ㄷ. (가)의 중심부에서 핵융합 반응으로 만들어질 수 있는 가장 무거운 원소는 탄소(C)이며, 태양보다 질량이 매우 큰 별의 내부에서는 철(Fe)이 만들어질 수 있다.

07 정답 ④ * 규산염 광물, 물질의 전기적 성질

단서+발상

(단서) 광물 ㉠에 대한 설명이 제시되어 있다.

(발상) 광물의 특징과 구조에 대한 설명을 통해 ㉠을 추론할 수 있다.

(적용) 지각을 구성하는 광물의 특징을 적용해서 ㉠을 구하는 것부터 문제 풀이를 시작해야 한다.

| 문제+자료 분석 |

• 광물 ㉠에 대한 설명에서 두 종류의 원자가 공유결합하여 만든 사면체 구조를 기본 단위로 하는 물질임이 제시되어 있고, 이 광물은 암석의 대부분을 차지하는 규산염 광물임을 알 수 있다.

• 규산염 광물은 규소(Si) 원자 1개와 산소(O) 원자 4개가 공유결합한 사면체 모양을 기본 구조로 하므로 ⓐ는 산소(O) 원자이고 ⓑ는 규소(Si) 원자에 해당한다.

• 태양 전지나 스마트 기기, 로봇 등에 사용하는 반도체 소자는 순수한 반도체 규소(Si)에 특정 불순물을 첨가한 물질을 이용하여 만든다.

| 보기 분석 |

ㄱ. X는 순수한 반도체를 의미하므로 ⓑ 규소(Si)이다.

(ㄴ) ㉠ 광물은 지구의 지각을 이루는 암석의 대부분인 규산염 광물에 해당한다.
  따라서 ㉠은 '규산염'이다.

(ㄷ) 순수한 반도체인 규소(Si)에 특정 불순물을 첨가하여 전기적 성질을 변화시킬 수 있는 물질을 활용하여 만든 ㉡ 소자는 '반도체' 소자이다.

08 정답 ② * 지각과 생명체를 구성하는 물질

단서+발상

(단서) C가 생명체를 구성하는 물질이 아님이 제시되어 있다.

(발상) C가 규산염 광물임을 추론할 수 있다.

(적용) 지각과 생명체를 구성하는 물질의 특징을 적용해서 A ~ C를 구하는 것부터 문제 풀이를 시작해야 한다.

| 문제+자료 분석 |

• A는 유전 정보를 저장하거나 전달하므로 핵산이다. 단백질, 규산염 광물은 유전 정보를 저장하거나 전달하지 않는다.

• C는 생명체를 구성하는 물질이 아니므로 규산염 광물이다. 핵산과 단백질은 생명체를 구성하는 물질이다.

• B는 단백질이다.

• (가)는 규산염 광물, 단백질, 핵산이 공통으로 가지는 특징이다.

| 보기 분석 |

ㄱ. A(핵산)은 생명체를 구성하는 물질이므로 ㉠은 '○'이다.

(ㄴ) 원자가 전자 수가 4인 원소에는 탄소, 규소 등이 있다. 핵산과 단백질은 탄소 화합물이고, 규산염 광물은 규소, 산소 등으로 이루어져 있는 광물이다. '원자가 전자 수가 4인 원소가 있다.'는 A ~ C가 모두 가지는 공통 특징이므로 (가)에 해당한다. (함정)

ㄷ. C(규산염 광물)이 지각을 구성하는 주요 물질이다.

09 정답 ⑤ * 규산염 광물

단서+발상

(단서) 규소와 규산염 광물의 한 종류가 제시되어 있다.

(발상) 규소와 규산염 광물의 구성 성분을 추론할 수 있다.

(적용) (가)에서 규소 간, (나)에서 규소와 산소 간 화학 결합을 이루고 있다는 개념을 적용해서 (가)와 (나)에 해당하는 화학 결합을 구하는 것부터 문제 풀이를 시작해야 한다.

| 문제+자료 분석 |

• (가)는 규소(Si), (나)는 규산염 광물의 한 종류인 석영(SiO_2)이며, (가)는 규소 간, (나)는 규소와 산소 간 공유 결합이 있다.

• SiO_2인 (나)로부터 Si인 (가)를 얻을 수 있으며, (가)는 반도체 소자의 재료로 사용된다.

| 보기 분석 |

(ㄱ) (가)는 규소 간, (나)는 규소와 산소 간 공유 결합이 있다.

(ㄴ) SiO_2인 (나)로부터 Si인 (가)를 얻을 수 있다.

(ㄷ) 규소(Si)의 전기적 성질을 이용하여 반도체 소자의 재료로 사용될 수 있다.

10 정답 ① * 효소의 화학 반응

단서+발상

(단서) 카탈레이스 ㉠~㉣에서 코돈의 염기 변화가 제시되어 있다.

(발상) 코돈표를 바탕으로 ㉠~㉣이 가지는 아미노산을 추론할 수 있다.

(적용) 카탈레이스의 분해 반응과 유전 정보의 번역 과정을 적용해서 ㉠~㉣의 특징을 구하는 것부터 문제 풀이를 시작해야 한다.

| 문제+자료 분석 |

• 카탈레이스 ㉠은 △를 지정하는 코돈 CAU를 가지는 정상 효소이다.

• ㉡은 돌연변이(U → C)가 발생해 코돈 CAU가 CAC로 바뀐 효소이지만, 코돈 CAU와 동일한 아미노산인 △를 지정한다.
  ➡ ㉡도 효소 활성 있음

• ㉢은 돌연변이(C → A)가 발생해 코돈 CAU가 AAU로 바뀐 효소이며, ㉣은 돌연변이(C → A, U → C)가 발생해 코돈 CAU가 AAC로 바뀐 효소이며 코돈 AAU와 코돈 AAC는 모두 □를 지정한다.

• 카탈레이스 ㉠은 과산화 수소를 물과 산소로 분해하여 시험관 Ⅰ에서 기포가 발생한다.

• 시험관 Ⅱ는 염기에 돌연변이(U → C)가 일어났지만, ㉠과 동일한 아미노산을 갖는 효소 ㉡이 반응에 참여했으므로 기포가 발생한다(ⓑ).

• 시험관 Ⅲ과 Ⅳ에서 기포가 발생하지 않은 것은 아미노산 △가 □로 바뀌어 촉매 기능을 잃었기 때문이다.

ㄱ 카탈레이스는 과산화 수소를 물과 산소로 분해하는 촉매 기능을 가지는 효소이다. 따라서 Ⅰ의 실험 결과 물과 산소가 생성된다.

ㄴ. 효소 ⓛ은 ㉠과 동일한 아미노산을 가지므로 카탈레이스(효소)가 촉매 기능을 하여 산소 기포가 발생한다. 따라서 ⓑ는 '발생함'이다.

ㄷ. ⓛ은 돌연변이가 일어난 유전자를 가졌지만, 아미노산에는 변화가 없으므로 촉매 기능을 잃지 않는다. 따라서 '돌연변이가 일어나 아미노산이 변화된 카탈레이스는 촉매 기능을 잃는다.'가 ⓐ에 해당하는 말이다. 함정

왜 틀렸나?

• 3염기 조합으로 이루어진 코돈은 64종류이며, 생명체 내의 아미노산은 20종류이므로 여러 개의 코돈이 하나의 아미노산을 지정할 수 있다.

• 문제의 카탈레이스 ⓛ과 같이 유전자에 돌연변이가 일어나 코돈에 변화가 생기더라도 정상 유전자와 동일한 아미노산을 지정할 경우에는 돌연변이가 겉으로 발현되지 않고 정상 단백질이 만들어질 수 있다.

• 돌연변이가 일어나 코돈(염기)이 변화된 효소가 모두 촉매 기능을 잃는 것이 아니라, 아미노산에 변화가 생긴 효소가 촉매 기능을 잃을 수 있는 것이다.

11 정답 ④ * DNA의 특징

단서+발상

단서 7쌍의 염기로 구성된 DNA X에서 아데닌은 3개 존재함이 제시되어 있다.

발상 ㉠이 사이토신(C), ⓛ이 타이민(T)임을 추론할 수 있다.

적용 DNA에서 상보적으로 결합하는 염기 쌍을 적용해서 ㉠과 ⓛ을 구하는 것부터 문제 풀이를 시작해야 한다.

| 문제+자료 분석 |

• 탐구 과정 (가)의 표에서 아데닌과 구아닌은 이미 제시되어 있으므로 ㉠과 ⓛ은 사이토신(C)과 타이민(T)을 순서 없이 나타낸 것이다.

• 단일 가닥 Ⅰ에서 A가 총 2개 존재한다.

• X에서 아데닌이 3개 존재하므로 단일 가닥 Ⅱ에서 A는 1개 존재한다.

• ㉠이 타이민(T)이라면 단일 가닥 Ⅱ에서 상보적으로 결합하는 A가 2개이고, ⓛ이 타이민(T)이라면 단일 가닥 Ⅱ에서 상보적으로 결합하는 A가 1개이다.

• ㉠은 사이토신(C), ⓛ은 타이민(T)이다.

| 보기 분석 |

ㄱ. 한 뉴클레오타이드의 인산이 다른 뉴클레오타이드의 당과 공유결합(당-인산 결합)하여 나선의 바깥쪽 골격을 이룬다.
따라서 ㉠과 ⓛ 사이의 결합은 공유결합이다.
한편, 두 가닥의 폴리뉴클레오타이드에서 각 가닥의 염기들은 나선의 안쪽에서 상보적으로 수소결합한다.

ㄴ 상보적으로 결합하는 염기 쌍 아데닌(A)과 타이민(T)의 숫자 합이 5, 구아닌(G)과 사이토신(C)의 숫자 합도 5이므로 ⓐ는 5이다.

ㄷ X에서 ㉠(사이토신)의 개수는 4개이다. 단일 가닥 Ⅰ에 2개, 단일 가닥 Ⅱ에 2개 존재한다.

01 과학의 기본량

문제편 232p

01 정답 ① * 다양한 규모의 자연 세계

(가) 우주의 나이 억 년 단위 ➡ 거시 세계

(나) 사람의 수명 십 년 단위 ➡ 거시 세계

(다) 지구의 공전 주기 1년 ➡ 거시 세계

(라) 세슘 원자가 한 번 진동하는 데 걸리는 시간 나노초 이하 단위 ➡ 미시 세계

| 문제+자료 분석 |

• 자연 세계는 원자처럼 아주 작은 규모의 물체나 현상을 다루는 미시 세계와 우주처럼 큰 규모의 물체나 현상을 다루는 거시 세계로 이루어져 있다.

| 선택지 분석 |

① 우주의 나이는 억 년 단위, 사람의 수명은 십 년 단위, 지구의 공전 주기는 1년, 세슘 원자가 한 번 진동하는 데 걸리는 시간은 나노초 이하 단위이다.
따라서 시간 규모가 큰 것부터 순서대로 나열하면
(가)-(나)-(다)-(라) 순이다.

02 정답 ③ * 기본량과 유도량

| 문제+자료 분석 |

• **기본량**: 다른 물리량으로 바꿔서 사용할 수 없는 고유한 양으로, 길이, 시간, 온도, 질량, 전류, 물질량, 광도가 있다.

• **유도량**: 기본량을 조합해 유도하는 물리량으로, 기본량 이외의 모든 물리량이 이에 해당한다.

| 보기 분석 |

ㄱ 기본량은 다른 물리량을 활용하여 표현할 수 없는 가장 기본이 되는 물리량이다.

ㄴ. 온도와 전류는 기본량이고, 밀도와 힘은 유도량이다.

ㄷ 기본량 이외의 모든 물리량은 유도량에 해당한다.
따라서 기본량보다 유도량의 수가 더 많다.

03 정답 ㄱ, ㄷ

| 문제+자료 분석 |

• **기본량**: 다른 물리량으로 바꿔서 사용할 수 없는 고유한 양으로, 길이, 시간, 온도, 질량, 전류, 물질량, 광도가 있다.

• 국제단위계(SI)에서는 기본량의 단위로 7개의 기본 단위를 정하여 사용한다.

04 정답 ② * 유도량의 단위

| 문제+자료 분석 |

• 유도량의 단위는 7개의 기본 단위를 곱하거나 나누어서 나타낼 수 있다.

| 선택지 분석 |

① m^2은 넓이의 단위이다.

② 밀도는 물질의 단위 부피당 질량이며, 국제단위계에서의 단위는 kg/m^3이다.

③ m/s^2은 가속도의 단위이다.

④ $kg/m \cdot s^2$은 압력의 단위이다.

⑤ $kg \cdot m/s^2$은 힘의 단위이다.

05 정답 ② * 우리 주변의 자연 현상과 단위

번개가 칠 때 두꺼운 섬광에
흐르는 ㉠ <u>전류</u>는 약 3만 A
    기본량   암페어(기본 단위)
정도로 매우 세고, 낙뢰가
지나가는 곳의 ㉡ <u>온도</u>는 3만
              기본량
(㉢)이 넘기도 한다.
단위: K(켈빈)

| 문제＋자료 분석 |
• 기본량은 다른 물리량으로 바꿔서 사용할 수 없는 고유한 양으로, 국제단위계(SI)에서는 기본량의 단위로 7개의 기본 단위를 정하여 사용한다.
• 기본량에는 길이(m), 시간(s), 온도(K), 질량(kg), 전류(A), 물질량(mol), 광도(cd)가 있다.

| 보기 분석 |
ㄱ. 전류는 기본량에 해당한다.
ㄴ. 온도는 기본량에 해당한다.
ㄷ. 국제단위계에서의 온도의 단위는 K(켈빈)이다.

06 핵심 키워드: 질량, 길이, 시간, kg, m, s

모범 답안 압력의 단위를 국제단위계의 기본단위로 표현하면 $kg/m \cdot s^2$이다. 따라서 기압을 설명하기 위해 필요한 기본량은 질량, 길이, 시간이고, 이를 나타내는 단위는 각각 kg(킬로그램), m(미터), s(초)이다.

| 문제＋자료 분석 |
• 기본량은 다른 물리량으로 바꿔서 사용할 수 없는 고유한 양으로, 길이(m), 시간(s), 온도(K), 질량(kg), 전류(A), 물질량(mol), 광도(cd)가 있다.
• 유도량의 단위는 7개의 기본단위를 곱하거나 나누어서 나타낼 수 있다.

＊채점 기준

기본량과 단위를 모두 옳게 서술한 경우	100 %
기본량 또는 단위 중 하나만 옳게 서술한 경우	50 %

02 과학의 측정과 우리 사회   문제편 233p

01 정답 ⑤ * 측정과 어림

| 문제＋자료 분석 |
• **측정**: 적절한 측정 도구를 사용해 어떤 대상의 물리량을 기준이 되는 양과 비교하여 수치와 단위로 나타내는 것이다.
• **어림**: 측정 도구 없이 현재 알고 있는 정보를 이용해 논리적인 추론으로 그 양의 근삿값을 얻는 것이다.

| 보기 분석 |
ㄱ. 측정 도구를 사용해 어떤 물리량을 재는 활동을 측정이라고 한다.
ㄴ. 어림은 근거 없이 막연하게 수행하는 활동이 아니라 측정 경험을 바탕으로 수행하는 것이다.
ㄷ. 현재 알고 있는 정보인 공룡의 키와 무게 사이의 관계를 이용해 논리적인 추론으로 공룡의 무게의 근삿값을 구하는 것은 어림의 예이다.

02 핵심 키워드: km/h, $\mu g/m^3$

모범 답안 • 자동차의 속도를 km/h 단위로 측정하며, 제한된 속도 이상으로 주행하는 자동차를 단속한다.
• 미세 먼지의 농도를 $\mu g/m^3$ 단위로 측정하며, 미세 먼지의 농도가 일정 기준보다 높을 경우 미세 먼지 주의보를 발령한다.

| 문제＋자료 분석 |
• **측정 표준**: 어떤 양을 측정할 때 공통으로 사용할 수 있는 단위에 대한 기준이다.

＊채점 기준

단위와 함께 사례 두 가지 모두 옳게 서술한 경우	100 %
단위와 함께 사례 한 가지만 옳게 서술한 경우	50 %
단위 없이 사례만 옳게 서술한 경우	각 25 %

03 정답 ② * 아날로그 신호와 디지털 신호

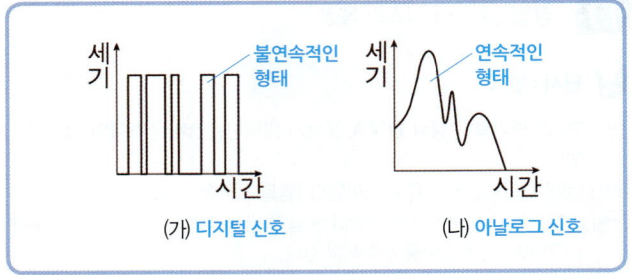

(가) 디지털 신호   (나) 아날로그 신호

| 문제＋자료 분석 |
• **아날로그 신호**: 시간에 따라 세기가 연속적으로 변하는 신호
• **디지털 신호**: 시간에 따라 세기가 불연속적으로 변하는 신호
• (가)는 디지털 신호, (나)는 아날로그 신호이다.

| 선택지 분석 |
① 자연에서 발생하는 대부분의 신호는 (나)이다.
② (가)는 정보를 압축하여 효율적으로 전송할 수 있다.
③ 신호의 미세한 부분까지도 표현이 가능한 것은 (나)이다.
④ 신호의 전송과 가공이 쉬운 것은 (가)이다.
⑤ 장기간 변질 없이 보존이 가능한 것은 (가)이다.

04 정답 ⑤ * 센서

| 문제＋자료 분석 |
• 센서는 자연의 다양한 신호를 전기 신호로 변환하는 소자로, 인간의 감각 기관과 같은 역할을 한다.

| 선택지 분석 |
① 광센서는 인간의 감각 기관 중 눈에 대응된다.
② 화학 센서는 인간의 감각 기관 중 코에 대응된다.
③ 온도 센서는 인간의 감각 기관 중 피부에 대응된다.
④ 가속도 센서는 인간의 감각 기관 중 귀에 대응된다.
⑤ 압력 센서는 인간의 감각 기관 중 피부에 대응된다.

05 정답 (가)-(다)-(나)-(라)

| 문제＋자료 분석 |
• 전국의 여러 지진 관측소에서 지진을 관측하고, 관측된 자료는 통신망을 타고 서울에 있는 기록 장치로 모아져 기록되고 분석된다. 이러한 지진 발생 정보는 정보 통신망을 통해 발표되고, 사람들은 뉴스를 통해 지진 발생 정보를 확인한다.

03 우주의 시작과 원소의 생성

문제편 234~235p

01 정답 ④ *빅뱅 우주론

| 문제+자료 분석 |
- 그림은 우주가 팽창하면서 질량은 일정하고, 온도와 밀도가 감소하는 빅뱅 우주론을 나타낸 것이다.

| 보기 분석 |
- ㉠ 빅뱅 우주론은 초고온, 초고밀도의 한 점으로 뭉쳐져 있다가 폭발하여 우주가 팽창한다는 이론이다.
- ㄴ. 빅뱅 우주론에서 우주가 팽창하면 질량은 그대로이므로 우주의 밀도는 감소한다.
- ㉢ 빅뱅 우주론에 의하면 빅뱅 후 생성된 수소 원자핵과 헬륨 원자핵의 질량비는 약 3 : 1이 될 것으로 예측하였고, 실제로 관측되었으므로 이는 빅뱅 우주론의 증거가 된다.

02 정답 ⑤ *빅뱅과 원소

| 문제+자료 분석 |
- (가)는 빅뱅 후 약 38만 년 후, (나)는 원자 생성 이후, (다)는 빅뱅 초기이다.

| 보기 분석 |
- ㉠ 빅뱅 이후 우주가 팽창하여 우주의 온도가 낮아지면서 쿼크가 결합하여 양성자와 중성자가 만들어지고(다), 이후 우주의 온도가 약 3000 K일 때 수소 원자와 헬륨 원자가 생성되어 우주가 투명해졌다(가). 이후 수소와 헬륨의 밀도가 높은 부분에서 별과 은하가 탄생하였다(나).
- ㉡ 우주가 투명해진 시기는 원자가 형성된 후인 빅뱅 후 약 38만 년 이후이다.
- ㉢ 양성자와 중성자 생성 초기의 개수비는 약 1 : 1이었으나 우주의 온도가 점점 낮아지면서 헬륨 원자핵 생성 직전 양성자와 중성자의 개수비는 약 7 : 1이 되었다.

03 정답 쿼크, 양성자, 헬륨 원자핵, 수소 원자

| 문제+자료 분석 |
- 기본 입자(쿼크, 전자) → 양성자(＝수소 원자핵), 중성자 → 헬륨 원자핵 → 수소 원자, 헬륨 원자 순으로 생성되었다.

04 정답 ⑤ *빅뱅(대폭발) 우주론

| 문제+자료 분석 |
- A 시기는 원자 생성 이전, B 시기는 원자 생성 이후이다.

| 보기 분석 |
- ㉠ 빅뱅 이후 우주가 팽창하였으므로 우주의 크기는 A 시기가 B 시기보다 작다.
- ㉡ A 시기는 원자 생성 이전으로, 전자가 우주 공간을 자유롭게 돌아다녔다.
- ㉢ B 시기는 원자 생성 이후로, 전자가 원자핵과 결합하여 원자가 만들어졌다.

05 정답 ③ *빅뱅과 원소

| 문제+자료 분석 |
- 구성 입자는 위 쿼크 2개, 아래 쿼크 1개이고, 양(＋)전하를 띠므로 이 입자는 양성자이다.

| 보기 분석 |
- ㉠ 위 쿼크 2개와 아래 쿼크 1개로 되어 (＋)전하를 띠는 입자는 양성자이다.
- ㉡ 양성자는 전자와 결합하면 수소 원자를 생성한다.
- ㄷ. 입자의 생성 순서는 기본 입자(쿼크, 전자) → 양성자, 중성자 → 헬륨 원자핵 → 원자 순이다.
  따라서 양성자는 전자보다 나중에 생성되었다.

06 정답 ② *우주의 진화와 원소의 생성

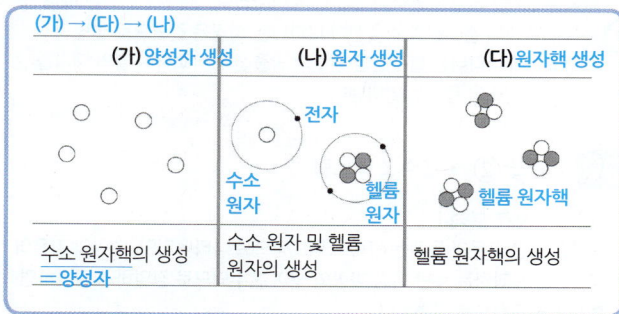

(가) → (다) → (나)

(가) 양성자 생성	(나) 원자 생성	(다) 원자핵 생성
	전자 수소 원자 헬륨 원자	
수소 원자핵의 생성 ＝양성자	수소 원자 및 헬륨 원자의 생성	헬륨 원자핵의 생성

헬륨 원자핵

단서+발상
- **단서** 우주 초기의 진화 과정이 생성된 입자와 함께 제시되어 있다.
- **적용** 우주가 팽창함에 따라 점차 무거운 입자가 생성된다는 개념을 적용하여 (가)~(다)의 순서를 정하는 것부터 문제 풀이를 시작해야 한다.

| 문제+자료 분석 |
- 수소 원자핵은 양성자 1개와 같다.
- 헬륨 원자핵은 양성자 2개와 중성자 2개가 결합하여 생성되었다.
- 중성 원자는 전자가 원자핵과 결합하여 생성되었다.

| 보기 분석 |
- ㄱ. 수소 원자핵은 양성자이므로 ○는 양성자이고, ● 는 중성자이다.
- ㉡ 빅뱅 이후 전자가 먼저 생성되고, 양성자와 중성자가 생성되었다. 양성자와 중성자가 결합하여 헬륨 원자핵이 생성되었으며, 약 38만 년 후에 원자핵과 전자가 결합하여 원자가 생성되었다.
  따라서 우주 초기의 진화 과정은 (가) → (다) → (나) 순이다.
- ㄷ. 우주가 팽창하면서 우주의 온도는 계속 낮아지므로 우주의 온도는 (나)일 때가 (다)일 때보다 낮다.

07 정답 ⑤ *스펙트럼 분석

단서+발상
- **단서** 고온 고밀도의 광원에 의해 만들어지는 스펙트럼 A, B가 제시되어 있다.
- **적용** A, B의 스펙트럼의 종류를 알아내는 것부터 문제 풀이를 시작해야 한다.

| 문제+자료 분석 |
- A: 고온 고밀도의 광원에서 빛이 방출될 때 모든 파장에서 연속적인 색의 띠가 나타나는 연속 스펙트럼이다.
- B: 고온 고밀도의 물체에서 방출된 빛이 저온의 기체를 통과하면서 특정 파장의 빛이 흡수되어 나타나는 흡수 스펙트럼이다.

| 보기 분석 |
- ㉠ 고온 고밀도의 광원에서 방출되는 빛의 파장이 연속적으로 분포하므로 A는 연속 스펙트럼이다.
- ㉡ B는 흡수 스펙트럼으로 고온 고밀도의 광원에서 방출된 빛 중에서 특정 파장의 빛이 저온의 기체에 흡수되어 검은 선이 나타난다.
- ㉢ 원소마다 특정 파장의 빛만을 흡수하므로 B와 같은 흡수 스펙트럼을 분석하면 빛을 흡수한 원소의 종류를 알 수 있다.

08 정답 ④ * 스펙트럼을 통한 원소의 구분

| 문제+자료 분석 |
• 원소의 종류에 따라 스펙트럼에 나타나는 선의 위치, 굵기, 수 등이 다르다.

| 보기 분석 |
ㄱ. 리튬과 스트론튬은 불꽃색이 같으므로 분광기를 통하여 방출되는 선 스펙트럼을 이용하여 구별한다.
ㄴ. 한 원소에서는 고유의 선 스펙트럼이 나타나며 원소를 포함한 화합물에서는 포함한 원소의 방출선이 나타난다.
ㄷ. 동일한 원소의 흡수선과 방출선이 나타나는 파장은 같으므로 별빛의 스펙트럼에 나타나는 흡수선을 원소의 방출선과 비교하여 별의 대기를 구성하는 원소의 종류를 알아낸다.

09 정답 ② * 흡수 스펙트럼

| 문제+자료 분석 |
• 태양과 같은 고온의 물체는 연속 스펙트럼으로 나타나지만, 태양의 저온의 대기층을 통과하는 동안 특정 파장의 빛이 흡수되므로 정밀하게 관측하면 흡수 스펙트럼으로 관측된다.

| 보기 분석 |
ㄱ. 태양의 스펙트럼은 파장에 따라 색의 띠가 연속적으로 나타나는 연속 스펙트럼이며 여기에 나타나는 흡수선을 분석하여 태양의 대기가 여러 종류의 원소로 이루어져 있음을 알 수 있다.
ㄴ. 태양의 스펙트럼에는 수백 개의 흡수선(프라운호퍼선)이 나타난다. 흡수선의 위치를 통해 태양의 대기 구성 원소를 알 수 있다.
ㄷ. 전자가 빛을 흡수하여 생기는 흡수 스펙트럼이다.

10 핵심 키워드: 우주의 온도, 원자핵

모범 답안 우주가 팽창함에 따라 우주의 온도가 계속 낮아져 새로운 원자핵을 만드는 반응이 일어날 수 없었기 때문이다.

| 문제+자료 분석 |
• 우주 초기에 헬륨 원자핵이 생성되는 동안 우주의 온도가 계속 낮아져 헬륨 원자핵보다 무거운 원소는 거의 생성되지 못하고 별이 탄생한 이후 별의 진화 과정에서 생성되었다.

* 채점 기준

우주 팽창에 따른 우주의 온도 변화와 새로운 원자핵을 만드는 반응을 모두 옳게 서술한 경우	100 %
우주 팽창에 따른 우주의 온도 변화만 옳게 서술한 경우	50 %

 04 별의 진화와 원소의 생성　　문제편 236~237p

01 정답 ⑤ * 별의 진화와 원소의 생성

단서+발상
단서 빅뱅 이후 태양계와 지구가 형성되기까지의 과정이 제시되어 있다.
적용 각 시기에 생성된 입자를 생각해보는 것부터 문제 풀이를 시작해야 한다.

| 문제+자료 분석 |
• 빅뱅 이후 기본 입자, 양성자와 중성자, 헬륨 원자핵, 수소 원자와 헬륨 원자가 순서대로 만들어졌다.
• 별 내부의 핵융합 반응으로 철까지 생성되고, 초신성 폭발이 일어날 때 철보다 무거운 원소가 생성된다.

| 보기 분석 |
ㄱ. 빅뱅 이후 우주가 급격히 팽창하면서 온도가 낮아졌고, 쿼크, 전자 등의 기본 입자가 생성되었다.
ㄴ. 철보다 무거운 원소들은 태양보다 질량이 큰 별의 초신성 폭발 과정에서 만들어진다.
ㄷ. 별의 진화 과정에서 생성된 원소들은 초신성 폭발에 의해 우주로 방출되어 태양계와 지구를 형성하는 재료가 되었다.

02 정답 ③ * 별의 내부 구조

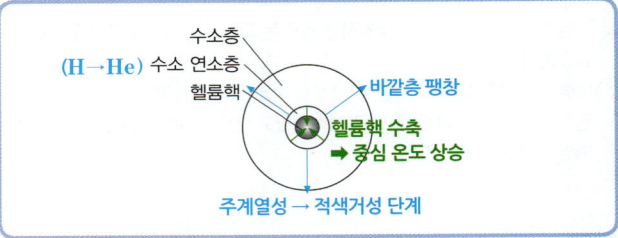

| 문제+자료 분석 |
• 중심부는 헬륨핵이고, 핵을 둘러싸고 있는 수소층에서 핵융합 반응이 일어나고 있다. ➡ 주계열성에서 적색거성으로 진화하는 단계

| 보기 분석 |
ㄱ. 제시된 별의 내부 구조는 주계열성에서 적색거성으로 진화하는 단계이다. 태양은 진화 과정 중 이 단계를 거친다.
ㄴ. 중심부에서 수소 핵융합 반응에 의해 헬륨핵이 생성되었으므로, 중심 온도는 수소 핵융합 반응이 일어날 수 있는 약 1000만 K 이상이다.
ㄷ. 별 내부에서 핵융합 반응으로 생성될 수 있는 원소는 철까지이다.

03 정답 철(Fe)

| 문제+자료 분석 |
• 질량이 태양의 약 10배 이상인 별의 내부에서는 핵융합 반응으로 철까지 생성된다.

04 정답 ① * 별의 진화

| 문제+자료 분석 |
• 별의 진화 과정에서 초거성, 초신성 폭발 단계가 나타나므로 질량이 태양의 약 10배 이상인 별의 진화 과정이다.

| 보기 분석 |
ㄱ. 주계열성은 중심부에서 수소 핵융합 반응이 일어나는 별이다.
ㄴ. 초거성, 초신성 폭발의 진화 단계를 거치는 별은 태양보다 질량이 큰 별이다.
ㄷ. 초신성 폭발 이후에는 블랙홀이나 중성자별이 중심부에 남게 된다.

05 정답 ② * 별의 진화와 원소의 생성

| 문제+자료 분석 |
• (가)는 행성상 성운, (나)는 초신성 잔해이다.

| 보기 분석 |
ㄱ. (가)의 중심핵은 수축하여 백색 왜성이 된다.
ㄴ. 철보다 무거운 원소들은 태양보다 질량이 큰 별의 초신성 폭발 과정에서 만들어진다.
ㄷ. (가)는 질량이 태양과 비슷한 별, (나)는 질량이 태양의 약 10배 이상인 별이다.

06 정답 ① *태양계의 형성 과정

| 문제＋자료 분석 |
- 약 50억 년 전, 태양계 부근에서 초신성 폭발이 일어나 태양계 성운이 형성되었고, 태양계 성운이 수축하여 태양계가 형성되었다.

| 보기 분석 |
ㄱ. 성운은 회전하면서 중력 수축을 하여 중심부의 밀도가 높아진다.
ㄴ. 성운에서의 대부분의 물질들이 원시 태양을 형성하고 그 외의 나머지 부분들이 원시 원반을 형성한다.
ㄷ. 원시 태양에서 가까운 곳에는 암석으로 이루어진 지구형 행성이, 먼 곳에서는 주로 기체와 얼음으로 이루어진 목성형 행성이 형성된다.

07 정답 ③ *태양계의 형성 과정

| 문제＋자료 분석 |
- 태양계 성운이 수축하여 원시 태양과 미행성체가 형성되었으며, 원시 태양이 수소 핵융합 반응을 시작하면서 태양이 되었다. 미행성체들은 행성으로 성장하면서 지금의 태양계가 형성되었다.

| 보기 분석 |
ㄱ. 태양계 성운은 수축하면서 회전한다.
ㄴ. 원시 태양은 중력 수축에 의해 중심부의 온도가 높아진다.
ㄷ. 미행성체들은 서로 충돌하고 합쳐져 미행성체의 수가 줄어든다.

08 정답 ③ *지구시스템의 형성

| 문제＋자료 분석 |
- (가)는 미행성체 충돌, (나)는 마그마의 바다 형성, (다)는 원시 지각의 형성, (라)는 원시 바다의 형성을 나타낸 것이다.

| 보기 분석 |
ㄱ. (가) → (나) → (다) → (라) 순으로 진행되었다.
ㄴ. (가) 시기에는 미행성체 충돌로 인해 지구의 질량이 증가하여 중력이 점점 커졌다.
ㄷ. (나) 시기에 상대적으로 가벼운 규산염 물질은 떠올라 맨틀을 형성하였고, 철과 니켈 등 상대적으로 무거운 물질은 중심부로 가라앉아 핵을 형성하였다.

09 정답 ⑤ *지구형 행성의 특징

| 문제＋자료 분석 |
- 태양과 가까운 곳에 지구형 행성, 먼 곳에 목성형 행성이 형성되었다.
- 지구형 행성은 목성형 행성보다 질량과 반지름은 작고, 평균 밀도가 크다.

| 보기 분석 |
ㄱ. 지구형 행성은 목성형 행성보다 무거운 물질로 이루어져 있어 평균 밀도가 크다.
ㄴ. 지구형 행성은 목성형 행성에 비해 태양과의 거리가 가까우므로 표면 온도가 높다.
ㄷ. 지구형 행성은 규산염 물질로 이루어진 단단한 암석이 표면을 이루고 있으며, 목성형 행성은 주로 가벼운 기체인 수소와 헬륨으로 이루어져 있다.

10 핵심 키워드: 태양으로부터의 거리

모범 답안 태양으로부터의 거리가 가까운 곳은 온도가 높아 철, 니켈, 규소와 같은 녹는점이 높고 무거운 물질이 남아 지구형 행성을 구성하였고, 태양으로부터의 거리가 먼 곳은 온도가 낮아 녹는점이 낮은 얼음이나 메테인 등이 남아 응축되고, 수소와 헬륨 등의 가벼운 기체가 모여 목성형 행성을 구성하였다.

| 문제＋자료 분석 |
- 태양과 가까운 곳은 온도가 높아 녹는점이 높고 무거운 물질이 남아 미행성체를 형성하였고, 암석질 물질을 끌어들여 암석 성분의 지구형 행성이 되었다. 태양과 먼 곳은 온도가 낮아 녹는점이 낮은 물질이 응축되어 미행성체를 형성하였고, 수소와 헬륨을 끌어들여 기체 성분의 거대한 목성형 행성이 되었다.

＊ 채점 기준

태양으로부터의 거리에 따라 구성 물질이 달라짐을 옳게 서술한 경우	100 %
지구형 행성과 목성형 행성의 구성 물질의 차이만 서술한 경우	60 %
태양으로부터의 거리 차이만 서술한 경우	40 %

---

05 원소들의 주기성
문제편 238~239p

01 정답 ② *주기율의 발견

| 문제＋자료 분석 |
- 현재 사용하는 주기율표는 원소를 원자 번호 순서대로 나열하다가 성질이 비슷한 원소가 같은 세로줄에 오도록 배열한 것이다.

| 선택지 분석 |
② ㄱ. 화학적 성질이 비슷한 세 쌍의 원소가 존재하며 중간 원소의 원자량이 나머지 두 원소의 원자량의 평균값과 비슷하다.
　➡ c. 되베라이너의 세 쌍 원소설
　ㄴ. ㄹ. 63종의 원소를 원자량 순서로 비슷한 화학적 성질의 원소를 같은 세로줄에 오도록 배열하였다. 당시까지 발견되지 않은 원소의 자리는 빈칸으로 두고 주기율표 상의 위치로부터 새로운 원소(에카 알루미늄(갈륨) 등)의 존재 가능성과 성질을 예측하였다.
　➡ d. 멘델레예프의 주기율표
　ㄷ. 원소를 원자량 순으로 배열하면 8번째마다 비슷한 성질의 원소가 나타난다. ➡ b. 뉴랜즈의 옥타브설
　ㅁ. X선 연구를 통해 원소에서 원자핵의 양성자수를 결정하는 방법을 알아내어 원자 번호를 결정하였다. 원소의 주기적 성질이 원자 번호와 관련이 있다는 것을 발견하고, 원소들을 원자 번호 순서대로 배열하여 현재 사용하고 있는 것과 비슷한 주기율표를 완성하였다.
　➡ a. 모즐리의 주기율표

02 핵심 키워드: 전기 전도성, 열전도성, 광택

모범 답안 금속 원소는 B, D, E, 비금속 원소는 A, C이다. 각 원소의 전기 전도성, 열전도성, 광택을 확인하여 분류할 수 있다.

| 문제＋자료 분석 |
- 주기율표에서 왼쪽(1~2족)은 대부분 금속 원소, 오른쪽(14~18족)은 대부분 비금속 원소이다. 예외적으로 수소(H)의 경우 1족 원소이지만 비금속 원소이다.

＊ 채점 기준

| 원소 분류와 분류 기준 모두 옳게 서술한 경우 | 100 % |
| 원소 분류와 분류 기준 중 1가지만 옳게 서술한 경우 | 50 % |

03 정답 E, E

| 문제＋자료 분석 |
- B는 2족 원소이다. B와 같은 세로줄(족)에 있는 원소는 E이다.
- D와 3주기 원소로 같은 가로줄(주기)에 있는 원소는 E이다.

04 정답 ⑤ * 주기율표와 원소의 주기성

| 문제+자료 분석 |
• 주기율표는 원소들을 양성자수 순서로 나열하되, 화학적 성질이 비슷한 원소들이 같은 세로줄에 오도록 배열하였다.

| 보기 분석 |
ㄱ. 주기율표에서 세로줄은 족을 의미하고 족이 같으면 원자가 전자 수가 동일하여 원소의 화학적 성질이 비슷하다(1족 H는 예외).
ㄴ. 첫 번째 전자 껍질에는 전자가 최대 2개까지 채워져 1주기에는 2가지 원소가 있다.
ㄷ. 같은 족에서 원자 번호가 증가할수록 주기가 증가하므로 전자가 들어 있는 전자 껍질 수가 증가한다.

05 정답 ② * 주기율표와 원소의 주기성

| 문제+자료 분석 |
• A는 리튬(Li), B는 탄소(C), C는 플루오린(F), D는 나트륨(Na), E는 염소(Cl), F는 아르곤(Ar)이다.

| 보기 분석 |
ㄱ. 가장 바깥 껍질 전자 수는 F > B이지만 F가 18족 원소이므로 원자가 전자 수는 B > F이다.
ㄴ. 할로젠 원소는 주기가 커질수록 끓는점과 녹는점이 높아진다. C와 E는 실온에서 기체 상태의 2원자 분자로 존재한다.
ㄷ. 2, 3주기에서 금속성은 주기율표를 기준으로 왼쪽 아래로 갈수록 커지므로 D가 A보다 크며, 2, 3주기에서 비금속성은 오른쪽 위로 갈수록 커지므로(18족 제외) C가 E보다 크다.

06 정답 ③ * 알칼리 금속의 성질

| 문제+자료 분석 |
• 알칼리 금속은 주기율표의 1족에서 수소를 제외한 금속 원소이다.

| 선택지 분석 |
① 알칼리 금속은 물이나 공기 중의 산소와 쉽게 반응하므로 석유에 넣어 보관한다.
② 주기가 커질수록(원자 번호가 커질수록) 반응성이 커진다.
③ 물과 쉽게 반응하여 수소 기체(H_2)를 발생시킨다.
④ 수용액에서 페놀프탈레인 용액과 반응하면 붉게 변한다.
⑤ 금속 원소이므로 전자를 잃고 양이온이 되기 쉽다.

07 정답 ② * 알칼리 금속의 성질

| 문제+자료 분석 |
• 페놀프탈레인 용액은 산성과 중성에서는 무색, 염기성에서는 붉은색을 띤다.
• 알칼리 금속은 물과 격렬히 반응하여 수소 기체를 발생시키고, 이때 생성된 수용액은 염기성을 띤다.

| 보기 분석 |
ㄱ. 알칼리 금속과 물의 반응에서 주기가 커질수록(원자 번호가 커질수록) 반응성이 커져 격렬히 반응한다.
ㄴ. 알칼리 금속이 물과 반응하여 생성된 수용액의 액성은 염기성을 띤다. 따라서 ㉠, ㉡은 '무색 → 붉은색'이다.
ㄷ. 알칼리 금속과 물이 반응하여 생성되는 기체는 수소이다.

08 정답 ④ * 할로젠의 성질

| 문제+자료 분석 |
• 할로젠은 주기율표의 17족에 속하는 비금속 원소이다.

| 선택지 분석 |
① 주기가 작을수록 반응성이 크다.
② 비금속 원소이므로 전자를 얻어 음이온이 되기 쉽다.
③ 사염화 탄소에 잘 녹는다.
④ 할로젠화 수소 화합물(HF, HCl 등)은 물에 녹아 산성을 나타낸다.
⑤ 비금속 원소로 금속 원소와 결합하여 이온 결합 물질을 만든다.

09 정답 ⑤ * 원소와 주기율표

| 문제+자료 분석 |
• 원자 번호 9번인 원소는 플루오린(F)이다.

| 선택지 분석 |
① 리튬(Li)은 휴대 전화의 배터리에 사용되는 알칼리 금속으로 할로젠 원소가 아니다.
② 산소(O)는 생명체의 호흡에 이용되는 16족 비금속 원소로 할로젠 원소가 아니다.
③ 염소(Cl)는 할로젠 원소이지만 표백제의 주성분이며 수영장 물이나 수돗물의 소독에 이용된다.
④ 나트륨(Na)은 소금의 주요 성분 또는 조명에 사용되는 알칼리 금속으로 할로젠 원소가 아니다.
⑤ 플루오린(F)은 할로젠 원소이며 충치 예방 성분으로 치약에 사용된다. 따라서 (가)는 플루오린(F)이다.

10 정답 ③ * 전자 배치 모형

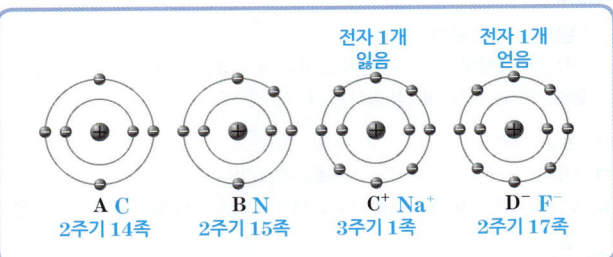

| 문제+자료 분석 |
• A는 탄소(C), B는 질소(N), C^+은 나트륨 이온(Na^+), D^-은 플루오린화 이온(F^-)이다.

| 보기 분석 |
ㄱ. A, B, D는 2주기 원소, C는 3주기 원소이다. C는 3번째 전자 껍질의 전자를 잃고 양이온이 되었다.
ㄴ. 원자가 전자 수는 A는 4, B는 5, C는 1, D는 7로 D가 가장 크다.
ㄷ. C는 3주기 1족이므로 금속 원소, D는 2주기 17족이므로 비금속 원소이다.

06 원소들의 화학 결합   문제편 240~241p

01 정답 ④ * 마그네슘의 전자 배치

| 문제+자료 분석 |
• 마그네슘(Mg)은 전자 2개를 잃어 앞 주기의 비활성 기체인 네온(Ne)과 같은 전자 배치를 이룬다.

| 선택지 분석 |
① Mg은 3주기 2족 금속 원소이다.
②, ③, ⑤ 금속 원소는 전자를 잃고 양이온이 되기 쉽다. Mg은 전자 2개를 잃고 +2가 양이온인 Mg^{2+}이 된다. Mg^{2+}는 네온(Ne) 같은 전자 배치를 이룬다.

④ 마그네슘과 산소는 Mg^{2+}과 O^{2-}이 1 : 1의 개수비로 결합하여 MgO을 형성한다.

02 핵심 키워드: 나트륨 이온, 염화 이온, 정전기적 인력, 이온 결합

모범 답안 나트륨 원자가 원자가 전자 1개를 잃어 나트륨 이온(Na^+)이 되고, 그 전자를 염소 원자가 얻어 염화 이온(Cl^-)이 된다.
나트륨 이온(Na^+)과 염화 이온(Cl^-)은 정전기적 인력에 의해 이온 결합을 형성한다.

| 문제+자료 분석 |
• 금속 원소인 나트륨과 비금속 원소인 염소가 만나면 나트륨 원자는 전자를 잃어 나트륨 이온(Na^+)이 되고 염소 원자는 전자를 얻어 염화 이온(Cl^-)이 된 후 양이온과 음이온 사이의 정전기적 인력에 의해 이온 결합이 형성된다. 이때 양이온과 음이온 이온의 총 전하량의 합이 0이 되는 개수비로 결합하므로 이온 결합 화합물은 전기적으로 중성이다.

✱ 채점 기준

양이온, 음이온의 형성 과정과 정전기적 인력에 의한 결합을 옳게 서술한 경우	100 %
정전기적 인력을 형성한 것만 서술한 경우	50 %
이온의 형성만 서술한 경우	30 %

03 정답 ② ✱ 주기율표와 원소

| 문제+자료 분석 |
• A는 질소(N), B는 산소(O), C는 나트륨(Na), D는 염소(Cl), E는 아르곤(Ar)이다.

| 보기 분석 |
ㄱ. A_2는 N_2로 공유 전자쌍 수가 3이고, B_2는 O_2로 공유 전자쌍 수가 2이다. N_2는 3중 결합, O_2는 2중 결합이다.
ㄴ. C(Na)는 금속 원소, D(Cl)는 비금속 원소이므로 C와 D는 이온 결합한다.
ⓒ E(Ar)는 18족 원소이므로 화학 결합하지 않고 1개의 원자로 존재한다.

04 정답 ② ✱ 원자의 전자 배치

| 문제+자료 분석 |
• A는 리튬(Li), B는 탄소(C), C는 질소(N), D는 산소(O)이다.
• 공유 결합은 비금속 원자들 사이의 결합이다.

| 보기 분석 |
ㄱ. 안정한 이온일 때 전자 껍질 수는 A 이온은 1, D 이온은 2이다.
ⓛ $BH_4(CH_4)$는 공유 전자쌍 수가 4, $CH_3(NH_3)$는 공유 전자쌍 수가 3이다.
ㄷ. A는 금속 원소이므로 공유 결합하지 않는다.

05 정답 ④ ✱ 공유 결합 물질

| 문제+자료 분석 |
• X는 탄소(C), Y는 수소(H), Z는 질소(N)이다.

| 보기 분석 |
ⓖ X(C)는 14족, Y(H)는 1족, Z(N)는 15족이므로 원자가 전자 수는 Y < X < Z이다.
ⓛ $ZY_3(NH_3)$에서 Z는 3개의 Y와 각각 공유 결합을 한다. 따라서 공유 전자쌍 수는 3이다.
ㄷ. YXZ(HCN)의 공유 전자쌍 수는 X와 Y 사이에 1, X와 Z 사이에 3으로 총 4이고, $Z_2(N_2)$의 공유 전자쌍 수는 3이다. N_2는 3중 결합을 한다.

06 정답 ② ✱ 화학 결합의 종류와 특징

| 문제+자료 분석 |
• (가)와 (나)는 공유 결합 물질, (다)는 이온 결합 물질이다.
• 공유 결합 물질은 대부분 모든 상태에서 전기 전도성이 없는 반면 이온 결합 물질은 용융액 또는 수용액 상태에서 전기 전도성이 있다.

| 보기 분석 |
ㄱ. (가)는 분자이므로 공유 결합 물질이다.
ㄴ. (나)는 공유 결합 물질, (다)는 이온 결합 물질이다.
ⓒ (다)는 이온 결합 물질이므로 액체 상태일 때 전류가 흐른다.

07 정답 ③ ✱ 이온 결합 물질과 공유 결합 물질의 특성

| 문제+자료 분석 |
• 수용액에서의 전기 전도성이 있는 NaF, $MgCl_2$은 이온 결합 물질, 전기 전도성이 없는 포도당, 설탕은 공유 결합 물질이다.

| 보기 분석 |
ⓖ 물에 대한 용해성만으로는 화학 결합의 종류를 구분할 수 없다.
ⓛ NaF와 $MgCl_2$은 이온 결합 물질로서 고체 상태에서 정전기적 인력에 의해 결합하고 있다.
ㄷ. 대부분의 공유 결합 물질은 용융액이나 수용액 상태에서 이온화되지 않는다. 포도당이나 설탕은 수용액 상태에서 전기 전도성이 없는 것으로 보아 이온이 존재하지 않는다.

08 정답 ② ✱ 화학 결합과 물질의 성질

🧠 단서+발상

단서 화합물 XY_2의 특징이 제시되어 있다.
발상 XY_2는 액체 상태에서 전기 전도성이 있으므로 이온 결합 물질임을 추론할 수 있다.
적용 원소 X, Y를 구하는 것부터 문제 풀이를 시작해야 한다.

| 문제+자료 분석 |
• X와 Y는 X^{2+}와 Y^-가 1 : 2의 개수비로 결합하여 XY_2를 형성한다.
• X^{2+}와 Y^-는 네온(Ne)과 같은 전자 배치를 가지므로 X는 마그네슘(Mg), Y는 플루오린(F)이다.

| 선택지 분석 |
② 마그네슘(Mg)은 3주기 2족 원소이므로 ㉠은 3, ㉡은 2이고, 플루오린(F)은 17족 원소이므로 ㉢은 7이다. 따라서 ㉠+㉡+㉢=12이다.

09 정답 ① ✱ 화학 결합에 따른 물질의 분류

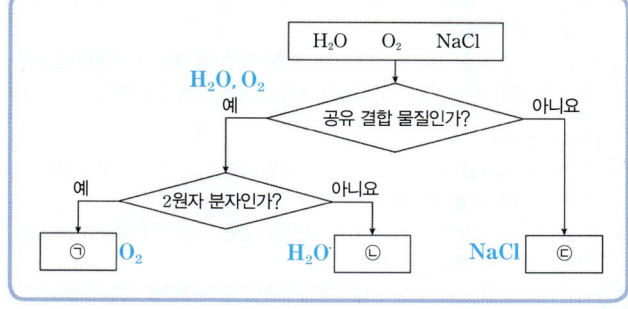

단서 H_2O, O_2, NaCl을 분류하는 순서도가 제시되어 있다.

발상 H_2O, O_2는 비금속 원소들 사이의 결합으로 이루어진 물질, NaCl은 금속 원소와 비금속 원소의 결합으로 이루어진 물질임을 추론할 수 있다.

적용 H_2O, O_2는 공유 결합 물질, NaCl은 이온 결합 물질임을 알고 문제 풀이를 시작해야 한다.

| 문제＋자료 분석 |

• H_2O, O_2는 비금속 원소들 사이의 결합으로 이루어진 물질이다.
➡ 공유 결합 물질
• NaCl은 금속 원소와 비금속 원소의 결합으로 이루어진 물질이다.
➡ 이온 결합 물질

| 선택지 분석 |

① H_2O과 O_2는 공유 결합 물질이고, NaCl은 이온 결합 물질이다. H_2O은 3원자 분자, O_2는 2원자 분자이다. 따라서 ㉠은 O_2, ㉡은 H_2O, ㉢은 NaCl이다.

10 정답 액체(용융액) 상태, 수용액 상태

| 문제＋자료 분석 |

• 이온 결합 물질은 가열하여 녹은 용융액 상태나 물에 녹아 이온화된 수용액 상태에서 전기 전도성을 나타낸다.

07 지각과 생명체를 구성하는 물질 문제편 242~243p

01 정답 ③ * 지각과 지구를 구성하는 원소

구성 원소	질량비	구성 원소	질량비
산소 A	46.6 %	철	35 %
규소 B	27.7 %	산소	30 %
알루미늄	8.1 %	규소 C	15 %

(가) 지각 　　　　　　(나) 지구 전체

35 % → 지구 중심부에 철이 많음을 의미

└ 산소＞규소＞알루미늄＞철＞칼슘
　＞나트륨＞칼륨＞마그네슘

| 문제＋자료 분석 |

• A는 산소, B와 C는 규소이다.

| 보기 분석 |

㉠ 원소 A는 지각에 가장 많이 포함된 산소이다.
ㄴ A(산소)는 16족 원소, B(규소)는 14족 원소이다.
㉢ 원소 B와 C는 모두 규소이다.

02 정답 ④ * 생명체와 지각을 구성하는 원소의 기원

| 문제＋자료 분석 |

• 수소, 헬륨은 빅뱅 우주 탄생 초기에, 헬륨~철은 별 내부의 핵융합 반응에 의해, 철보다 무거운 원소는 초신성 폭발 과정에서 생성되었다.

| 보기 분석 |

㉠ 생명체와 지각을 구성하는 원소의 기원은 다양하다. 수소는 우주 탄생 초기에, 규소는 별 내부의 핵융합으로 생성되었다.
ㄴ B는 초신성 폭발이다. 철보다 무거운 원소들은 태양보다 질량이 큰 별의 초신성 폭발로 생성되었다.
㉢ A는 수소이고, 수소는 현재 헬륨과 함께 우주의 대부분을 이루는 원소이다.

03 정답 ④ * 규산염 광물의 구조

| 문제＋자료 분석 |

• 규산염 사면체끼리 산소를 공유하여 결합할 때 공유하는 산소 수에 따라 규산염 광물의 골격이 달라진다.

| 보기 분석 |

㉠ 규산염 광물의 기본 구조는 Si－O 사면체이다.
ㄴ 독립상 구조에서 망상 구조로 갈수록 공유 산소 수는 많아진다.
㉢ 규산염 광물은 규산염 사면체를 기본 골격으로 하여 다양한 결합 구조를 형성한다. 결합 방식에 따라 다양한 광물이 만들어진다.

04 정답 ⑤ * 탄소 화합물

| 문제＋자료 분석 |

• 탄소는 주기율표의 14족 원소이므로 원자가 전자가 4개이다. 최대 4개의 원자와 공유 결합할 수 있다.

| 보기 분석 |

㉠ 탄소는 다른 탄소와 결합하여 길게 이어지거나 모양이 다양한 탄소 골격을 형성할 수 있다.
㉡ 탄소는 다양한 원소와 공유 결합을 할 수 있어 다양한 종류의 탄소 화합물을 만들 수 있다.
㉢ 탄소 화합물은 쉽게 합성되고 분해될 수 있어서 생명체의 물질대사(동화 작용, 이화 작용)에 유리하다.

05 핵심 키워드: 14족 원소, 공유 결합

모범 답안 모두 14족 원소이다. 원자가 전자 수가 4이다. 별 내부에서 핵융합으로 형성될 수 있다. 산소와 쉽게 결합할 수 있다. 4개의 공유 결합을 할 수 있다. 등

| 문제＋자료 분석 |

• 탄소와 규소는 모두 14족 원소이므로 원자가 전자 수가 4이고 최대 4개의 공유 결합을 가질 수 있어 다양한 화합물을 만든다.

* 채점 기준

탄소와 규소의 공통점을 2가지 이상 옳게 서술한 경우	100 %
탄소와 규소의 공통점을 1가지만 옳게 서술한 경우	50 %

06 정답 ③ * 단백질의 특성

| 문제＋자료 분석 |

• 효소, 호르몬, 항체의 주성분이자 생명체의 에너지원으로 사용되는 생명체 구성 물질은 단백질이다.

| 보기 분석 |

㉠ 단백질은 아미노산을 단위체로 갖는다.
㉡ 단백질은 아미노산 배열에 따라 구조가 달라지고, 구조에 따라 기능이 달라진다.
ㄷ 유전정보를 전달하는 것은 RNA이다.

07 정답 ③ * DNA의 구조와 기능

 단서+발상

단서 DNA의 구조와 DNA를 구성하는 4가지 단위체 모형이 제시되어 있다.

적용 DNA 염기의 상보결합 개념을 적용하여 ㉠과 ㉡을 구하는 것부터 문제 풀이를 시작해야 한다.

| 문제+자료 분석 |
- A(아데닌)와 결합하는 ㉠은 T(타이민), C(사이토신)와 결합하는 ㉡은 G(구아닌)이다.

| 보기 분석 |
㉠ DNA는 이중나선구조로 되어 있다.
㉡ DNA의 염기는 A(아데닌)와 T(타이민), G(구아닌)와 C(사이토신)가 각각 상보결합을 하므로, ㉠은 T(타이민), ㉡은 G(구아닌)이다.
㉢ DNA는 단위체인 뉴클레오타이드로 구성되어 있고, 뉴클레오타이드의 배열 순서에 따라 다양한 유전정보가 저장된다.

08 정답 ⑤ * 핵산의 구조와 기능

 단서+발상

단서 핵산의 구조와 기능이 제시되어 있다.
적용 핵산의 종류에는 DNA, RNA가 있음을 알고 ㉠과 ㉡을 구하는 것부터 문제 풀이를 시작해야 한다.

| 문제+자료 분석 |
- ㉠은 DNA, ㉡은 RNA이다.

| 보기 분석 |
㉠ 두 가닥이 꼬여 있는 이중나선구조의 핵산은 DNA(㉠)이며, 유전정보를 저장한다.
㉡ 한 가닥의 폴리뉴클레오타이드로 구성된 단일 가닥 구조의 핵산은 RNA(㉡)이다.
㉢ 핵산의 종류인 DNA(㉠)와 RNA(㉡)는 모두 뉴클레오타이드라는 단위체로 구성되어 있다.

09 정답 ② * 단백질의 기능

| 문제+자료 분석 |
- 효소, 호르몬 등의 주성분은 단백질이다.

| 선택지 분석 |
① 단백질은 20종류의 아미노산이 펩타이드결합으로 연결되어 형성되는데, 아미노산의 종류와 배열에 따라 구조와 기능이 달라진다. 아미노산은 다양하게 결합할 수 있으므로 단백질의 종류는 20종류보다 훨씬 많다.
② 단백질은 많은 수의 아미노산이 펩타이드 결합으로 연결되어 형성된다.
③ 인산, 당, 염기가 1 : 1 : 1로 결합된 물질은 뉴클레오타이드이다. 뉴클레오타이드의 결합으로 이루어진 물질은 핵산이다.
④ 단백질의 단위체인 아미노산 사이의 결합은 물이 빠져나가면서 형성되는 펩타이드결합이다.
⑤ 고온의 열을 가하면 단백질의 입체 구조가 변형되어 기능을 잃거나 기능이 바뀔 수도 있다.

10 정답 핵산

| 문제+자료 분석 |
- 핵산은 뉴클레오타이드라는 단위체가 반복적으로 결합하여 형성된 것이며, 핵산의 종류로는 유전정보를 저장하는 역할을 하는 DNA와 유전정보를 전달하는 역할을 하는 RNA가 있다.

* 핵산
- 핵산을 구성하는 당의 종류에 따라 DNA와 RNA로 구분한다.
- DNA를 구성하는 염기에는 A(아데닌), G(구아닌), C(사이토신), T(타이민)가 있고, RNA를 구성하는 염기는 T(타이민) 대신 U(유라실)가 있다.

08 물질의 전기적 성질
문제편 244ㄱ

01 정답 ③ * 도체

| 문제+자료 분석 |
- 물질은 전기적 성질에 따라 도체, 부도체, 반도체로 구분할 수 있다. 자유 전자의 유무에 따라 전기적 성질이 달라진다.

| 보기 분석 |
㉠ 도체는 반도체보다 자유 전자가 많아 전류가 잘 흐르는 물질로, 철, 구리, 금, 알루미늄 등이 이에 해당한다.
ㄴ. 규소(Si), 저마늄(Ge)은 반도체에 해당한다.
㉢ 도체는 부도체보다 자유 전자가 많아 전류가 잘 흐른다.

02 핵심 키워드 : 공유 결합, 불순물

모범 답안 순수 반도체인 규소는 원자가 전자가 4개로, 이웃한 4개의 규소 원자와 공유 결합을 하고 있어 전류가 잘 흐르지 않는다. 불순물을 첨가하는 도핑 과정을 통해 물질의 전기적 성질을 변화시켜 전류를 잘 흐르게 할 수 있다.

| 문제+자료 분석 |
- 규소는 이웃한 4개의 규소 원자와 원자가 전자 4쌍이 공유 결합하여 안정된 구조를 하고 있다. 양공이나 자유 전자의 수가 매우 적어 전류가 잘 흐르지 않는다.
- 순수 반도체에 약간의 불순물을 넣어 전기 전도성을 크게 만든 반도체를 불순물 반도체라고 한다. 첨가하는 불순물의 종류에 따라 n형 반도체와 p형 반도체로 구분한다.

* 채점 기준

이유와 방법을 모두 옳게 서술한 경우	100 %
이유와 방법 중 1가지만 옳게 서술한 경우	50 %

03 정답 ② * 순수 반도체

| 문제+자료 분석 |
- 순수 반도체는 규소(Si)와 저마늄(Ge) 등과 같이 어떤 불순물도 섞이지 않은 순수한 반도체이다.

| 선택지 분석 |
① 순수 반도체인 규소(Si), 저마늄(Ge)은 원자가 전자가 4개인 14족 원소이다.
② 순수 반도체를 이루는 원자들은 공유 결합을 한다.
③ 규소(Si), 저마늄(Ge)은 대표적인 반도체이다. 초기에는 반도체 소자를 저마늄을 이용하여 만들었으나 현재는 지각에서 두 번째로 많은 규소를 이용하여 만들고 있다.
④ 양공이나 자유 전자의 수가 매우 적어 전류가 잘 흐르지 않는다. 순수 반도체에 약간의 불순물을 넣어 전기 전도성을 크게 할 수 있다.
⑤ 반도체는 전기 전도성이 도체와 부도체의 중간 정도인 물질로, 전기 저항이 도체보다 크다.

04 정답 ① * 불순물 반도체

| 문제+자료 분석 |
- 순수 반도체에 특정한 불순물을 섞어서 전류를 흐르게 하는 입자의 수를 증가시켜 전기 전도도를 증가시킨 반도체를 불순물 반도체라고 한다. 불순물의 종류에 따라 n형 반도체와 p형 반도체로 나뉜다.
- n형 반도체는 순수 반도체에 15족 원소를, p형 반도체는 순수 반도체에 13족 원소를 첨가하여 만든다.

| 선택지 분석 |

① n형 반도체는 규소에 원자가 전자가 5개인 인, 비소 등을 첨가하여 만든다. 이때 여분의 전자가 자유 전자가 되어 전류가 흐른다.

p형 반도체는 규소에 원자가 전자가 3개인 붕소, 알루미늄, 갈륨 등을 첨가하여 만든다. 공유 결합에 전자 1개가 부족하여 빈자리인 양공이 생긴다. 양공 주위의 전자가 이동하여 양공을 채우고 전자가 이동한 자리에는 또 다른 양공이 생긴다. 따라서 새로 생겨난 양공으로 전자가 이동하여 전류가 흐른다.

05 정답 ② * 반도체 소자의 기능

| 문제+자료 분석 |

• (가) 트랜지스터: 회로에서 전류나 전압의 흐름을 조절하여 제어하는 역할을 한다.
• (나) 다이오드: 전류를 한 방향으로만 흐르게 하는 성질이 있다.

| 보기 분석 |

ㄱ. 교류를 직류로 바꾸는 정류 작용을 하는 것은 (나)이다.
ㄴ. 전류가 흐르면 빛이 나는 기능을 하는 것은 발광 다이오드(LED)에 대한 설명이다.
ⓒ (가)는 n형 반도체와 p형 반도체를 복합적으로 결합한 반도체 소자이다. (나)는 n형 반도체와 p형 반도체를 결합한 반도체 소자이다.

* 반도체 소자

(1) 다이오드: n형 반도체와 p형 반도체를 결합한 반도체 소자
　➡ 정류 작용: 전류를 한쪽 방향으로만 흐르게 한다.
(2) 발광 다이오드(LED): 전류가 흐를 때 빛을 방출하는 다이오드
(3) 트랜지스터: n형 반도체와 p형 반도체를 복합적으로 결합한 반도체 소자
　➡ 신호의 증폭 작용, 스위치 작용을 한다.
(4) 집적 회로: 다양한 반도체 소자의 회로를 하나의 기판 위에 정밀하게 만들어 부착한 반도체 소자
　➡ 데이터를 처리하거나 저장하는 역할을 한다.

09 지구시스템의 구성과 상호작용　문제편 245~246p

01 정답 ④ * 지권의 구성

| 문제+자료 분석 |

• 지권은 깊이에 따른 지진파의 속도를 기준으로 지각, 맨틀, 외핵, 내핵으로 구분한다.

| 보기 분석 |

ㄱ. 대륙 지각은 주로 화강암질 암석으로 이루어져 있어 밀도가 작으며, 해양 지각은 주로 현무암질 암석으로 이루어져 있어 밀도가 크다.
ㄴ. 지구 자기장은 액체 상태의 외핵 때문에 형성된다.
ⓒ 핵의 주성분은 철과 니켈이다.

02 정답 ④ * 기권의 분포

| 문제+자료 분석 |

• 기권은 높이에 따른 기온 분포를 기준으로 대류권, 성층권, 중간권, 열권으로 구분한다.
• A는 대류권, B는 성층권, C는 중간권이다.

| 보기 분석 |

ㄱ. 중간권(C)은 수증기가 거의 없어 기상 현상이 나타나지 않는다.
ⓒ 성층권(B)의 오존층은 자외선을 흡수한다.
ⓒ 대류권(A)과 중간권(C)은 하부의 온도가 높고 상부의 온도가 낮으므로 대류 현상이 나타난다.

03 정답 ⑤ * 외권

| 문제+자료 분석 |

• 외권은 지구를 둘러싸고 있는 기권 밖의 우주 공간이다.

| 보기 분석 |

ㄱ. 외권은 지구를 둘러싸고 있는 기권 밖의 공간이다.
ㄴ. 자기권은 외권에 속한다.
ⓒ 지구 주위에 형성된 자기장은 유해한 우주선으로부터 지구 생명체를 보호하는 역할을 한다.

04 정답 ⑤ * 해수의 층상 구조

| 문제+자료 분석 |

• 저위도: 바람이 약해 혼합층의 두께가 얇고 표층 수온이 높아 수온 약층이 뚜렷하게 발달한다.
• 중위도: 바람이 강해 혼합층이 두껍게 발달한다.
• 고위도: 표층과 심층의 수온 차가 거의 없어 해수의 층상 구조가 나타나지 않는다.

| 보기 분석 |

ㄱ. 혼합층의 두께는 중위도 지역이 저위도 지역보다 두껍기 때문에 중위도 지역에서의 혼합 작용이 더 활발하다.
ㄴ. 심해층은 태양 에너지의 영향을 거의 받지 않기 때문에 깊이와 관계없이 수온이 거의 일정하게 유지된다.
ⓒ 고위도 지역은 표층과 심층의 수온차가 거의 없어 층상 구조가 나타나지 않기 때문에 층상 구조는 중위도 지역에서 더 뚜렷하게 나타난다.

05 핵심 키워드: 세희, 태풍, 수권과 기권

모범 답안　세희, 석회 동굴은 수권과 지권의 상호작용으로 형성되지만, 태풍은 수권과 기권의 상호작용에 의해서 생성된다.

| 문제+자료 분석 |

• 바람에 의한 해파, 해류 발생, 폭풍 해일, 엘니뇨 등은 기권과 수권의 상호작용에 의해 생성된다. 화석 연료는 생물의 유해가 지층 속에 묻힌 후 오랜 시간에 걸쳐 높은 열과 압력을 받아 생성된 것으로 지권과 생물권의 상호작용의 예이다.

* 채점 기준

옳지 않게 말한 학생의 이름과 그 까닭을 옳게 서술한 경우	100%
옳지 않게 말한 학생 이름만 옳게 제시한 경우	50%

06 정답 ⑤ * 지구시스템의 상호작용

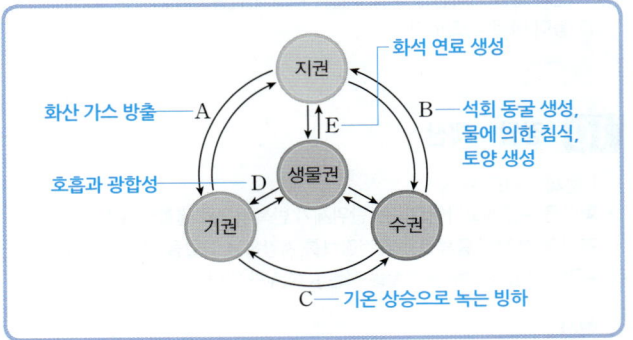

| 문제+자료 분석 |

• 지권은 육상 생물들의 서식처가 되며, 기권은 강수 현상을 통해 물을 공급하여 생물의 성장을 촉진한다. 생물권에서는 식물이 광합성을 통해 대기 중으로 산소를 내보내어 다른 생물들이 살아가는 데 도움을 준다.

⑤ 수중 생물의 서식처를 제공하는 것은 생물권과 수권의 상호작용에 해당한다.

07 정답 ④ * 지구시스템의 주요 에너지원

| 문제＋자료 분석 |
• 지구시스템의 에너지원은 태양 에너지, 지구 내부 에너지, 조력 에너지이며, 이 중 태양 에너지가 가장 많은 양을 차지한다.

| 보기 분석 |
ㄱ. 지구시스템에서 에너지의 양은 태양 에너지 > 지구 내부 에너지 > 조력 에너지 순이다.
ㄴ. 지구 내부 에너지는 맨틀 대류를 일으켜 판의 운동이 일어나게 하고, 지진, 화산 활동과 같은 지각 변동을 일으킨다.
ㄷ. 조력 에너지는 갯벌 생태계를 형성하여 다양한 해양 생태 환경을 만든다.

08 정답 ③ * 물의 순환과 에너지 흐름

| 문제＋자료 분석 |
• 물은 고체, 액체, 기체로 상태 변화하면서 지구시스템을 순환하며, 물의 순환 과정에서 에너지가 함께 이동한다.

| 보기 분석 |
ㄱ. 물의 순환을 일으키는 에너지는 태양 에너지이다.
ㄴ. 물은 수증기로 증발하면서 에너지를 흡수하고 수증기가 물로 응결하면서 에너지를 방출하므로 물의 순환은 지구시스템의 각 권에 에너지를 이동시킨다.
ㄷ. 지구 전체에서 물의 증발량과 강수량은 같다.

＊ 물의 순환
(1) 물의 순환을 일으키는 에너지원: 태양 에너지
(2) 물의 순환 과정: 물은 고체, 액체, 기체로 상태 변화하면서 지구시스템을 순환하며, 물의 순환 과정에서 에너지가 함께 이동한다.

물의 이동	물의 순환 과정
수권, 지권, 생물권 → 기권	해수와 육수가 증발하고, 식물의 증산 작용에 의해 물이 수증기의 형태로 대기로 이동한다.
기권 → 수권, 지권, 생물권	수증기가 응결하여 구름을 형성하고, 비나 눈이 되어 지표로 이동한다. 지권에 내린 물은 지형을 변화시키고, 일부는 생물체에 흡수된다.

09 정답 ② * 탄소의 순환

| 문제＋자료 분석 |
• 탄소는 각 권에 다양한 형태로 분포하며, 지권에 가장 많은 양이 포함되어 있다.

| 선택지 분석 |
② 기권과 수권의 탄소는 각각 다른 형태로 존재한다. 기권에서는 이산화 탄소(CO_2), 수권에서는 탄산수소 이온(HCO_3^-) 또는 탄산 이온(CO_3^{2-})의 형태로 존재한다.

10 정답 지권: 탄산염, 기권: 이산화 탄소, 수권: 탄산수소 이온, 탄산 이온

| 문제＋자료 분석 |
• 탄소는 각 권에 따라 다른 형태로 존재한다. 지권에서는 탄산염($CaCO_3$), 화석 연료, 기권에서는 이산화 탄소(CO_2), 메테인(CH_4), 수권에서는 탄산수소 이온(HCO_3^-), 탄산 이온(CO_3^{2-})의 형태로 존재한다. 생물권에서는 포도당 등의 탄소 화합물의 형태로 존재한다.

⑩ 지권의 변화   문제편 247~248p

01 정답 ④ * 지진대와 화산대

| 문제＋자료 분석 |
• 지구 내부 에너지가 지표로 전달되어 축적되었다가 급격히 방출될 때 화산 활동, 지진 등이 발생하여 지형이 변한다. 화산대는 화산 활동이 자주 일어나는 지역, 지진대는 지진이 자주 발생하는 지역이며 화산대와 지진대의 분포는 거의 일치한다. 주로 대륙의 가장자리이다.

| 선택지 분석 |
④ 태양 활동은 지진, 화산 활동과 같은 지각 변동과 무관하다.

02 핵심 키워드: 판 경계

모범 답안 화산 활동과 지진은 대부분 판 경계에서 발생하기 때문이다.

| 문제＋자료 분석 |
• 화산대와 지진대는 대체로 일치하는데, 이는 화산 활동과 지진이 대부분 판의 상대적인 운동에 의해 판 경계에서 발생하기 때문이다.

＊ 채점 기준

화산대와 지진대가 대체로 일치하는 까닭을 옳게 서술한 경우	100 %
화산 활동이 일어나는 곳에서 지진이 일어나기 때문이라고 서술한 경우	30 %

03 정답 ① * 발산형, 수렴형, 보존형 경계

| 문제＋자료 분석 |
• 판의 상대적인 이동 방향에 두 판이 서로 멀어지는 발산형 경계, 두 판이 서로 가까워지는 수렴형 경계, 두 판이 서로 어긋나는 보존형 경계로 구분한다.

| 보기 분석 |
ㄱ. 발산형 경계는 판이 생성되는 곳으로 해양판과 해양판의 확장(해령), 대륙판과 대륙판의 확장(열곡대) 등이 있다.
ㄴ. 수렴형 경계는 두 판이 수렴하는 곳으로 대륙판과 해양판의 수렴(해구, 호상열도, 습곡 산맥), 해양판과 해양판의 수렴(호상열도, 해구), 대륙판과 대륙판의 충돌(습곡 산맥) 등이 있다.
ㄷ. 보존형 경계는 변환 단층이 주로 발달한다.

04 정답 ② * 발산형 경계

| 문제＋자료 분석 |
• 그림은 해양판과 해양판이 양쪽으로 멀어지는 발산형 경계를 나타낸 것이다.

① 변환 단층은 보존형 경계에서 나타나는 지형이다.
② 발산형 경계에서는 판이 생성되며, 해령이 생성된다.
③ 습곡 산맥은 수렴형 경계에서 나타나는 지형이다.
④ 해양판과 해양판의 발산형 경계이다.
⑤ 호상열도는 대륙판과 해양판, 또는 해양판과 해양판의 수렴형 경계에서 나타난다.

05 정답 ④ * 수렴형 경계

| 문제+자료 분석 |
• (가)는 발산형 경계, (나)는 섭입형 수렴형 경계, (다)는 보존형 경계, (라)는 충돌형 수렴형 경계이다.

| 선택지 분석 |
④ (가): 대륙판과 대륙판이 멀어지는 발산형 경계로 열곡대가 형성된다.
➡ 옳지 않음
(나): 해양판과 해양판이 가까워지는 수렴형 경계로 해구와 호상열도가 형성된다. ➡ 옳음
(다): 판이 생성되거나 소멸하지 않는 보존형 경계로 변환 단층이 발달한다. ➡ 옳지 않음
(라): 대륙판과 대륙판이 충돌하는 수렴형 경계로 습곡 산맥이 형성된다.
➡ 옳음

06 정답 ③ * 판의 경계에서의 지각 변동

| 문제+자료 분석 |
• 화산 활동은 발산형 경계와 섭입형 수렴형 경계에서 활발하다.

| 선택지 분석 |
③ (가): 대륙판과 대륙판이 멀어지는 경계로, 열곡대가 생성되며 천발 지진과 화산 활동이 일어난다. ➡ 옳음
(나): 해양판과 해양판이 수렴하는 경계로, 천발~심발 지진이 발생하며, 화산 활동이 일어나 호상열도가 발달한다. ➡ 옳음
(다): 보존형 경계로 천발 지진이 발생하며, 화산 활동은 일어나지 않는다.
➡ 옳지 않음
(라): 대륙판과 대륙판이 충돌하는 수렴형 경계로 천발~중발 지진이 발생하지만 화산 활동은 거의 일어나지 않는다. ➡ 옳지 않음

07 정답 ② * 동아프리카 열곡대

| 문제+자료 분석 |
• 동아프리카 열곡대는 아프리카 대륙의 동쪽을 따라 발달한 열곡대로, 하나의 대륙판이 두 개의 대륙판으로 갈라지는 아프리카판과 아프리카판의 발산형 경계에 위치한다.
• 아프리카판과 아라비아판은 점점 멀어지고, 바닷물이 유입되므로 홍해는 점점 넓어질 것이다.

| 선택지 분석 |
② 동아프리카 열곡대를 따라 아프리카판이 둘로 쪼개지는 발산형 경계이며, 판이 생성되는 맨틀 대류의 상승부에 해당된다.

08 정답 A: 용암, B: 수증기, C: 성층권

| 문제+자료 분석 |
• 화산 분출물에는 화산 가스, 화산 쇄설물, 용암 등이 있다. 화산 가스의 대부분(60~90%)은 수증기이고, 이산화 탄소, 이산화 황 등을 포함한다. 입자가 미세한 화산재가 성층권까지 올라가면 지구의 반사율이 증가하기 때문에 기온이 낮아진다.

09 정답 ② * 지진 해일

| 문제+자료 분석 |
• 지진 해일은 해양에서 지진이 발생하여 해양 지각이 상승하거나 하강하면서 해수면을 높이거나 낮추어서 파도가 발생하고, 이 파도가 연안으로 접근하면서 파고가 수 미터에서 수십 미터까지 증가하여 연안 해수면을 높이고, 그에 따라 바닷물이 육지로 올라와 육지를 덮는 현상이다. 지진 해일은 해저 지진(86%), 해저 화산의 분출(5%), 해저 사태(4%), 큰 빙하의 붕괴 등으로도 발생한다.

| 선택지 분석 |
② 지진 해일은 해저에서 발생하는 지진이 해파를 발생시키는 현상으로, 지권과 수권의 상호작용으로 발생한다.

10 정답 ④ * 지진의 이용

| 문제+자료 분석 |
• 지진은 지구시스템의 각 권에 환경적, 사회적, 경제적으로 영향을 미친다.

| 보기 분석 |
ㄱ. 지진은 전기 생산과는 관련이 없다.
ㄴ. 지진파 분석을 통해 지구 내부의 구조와 물질에 관한 여러 가지 정보를 알 수 있다.
ㄷ. 지진파를 이용하여 석유나 천연가스 등이 매장된 지역을 찾을 수 있다.

11 중력과 역학 시스템 문제편 249~250p

01 정답 ② * 자유 낙하 운동

| 문제+자료 분석 |
• 공기 중에서는 중력뿐만 아니라 공기 저항도 있으므로 쇠구슬이 깃털보다 먼저 떨어진다. 그러나 진공에서 쇠구슬과 깃털을 동시에 떨어뜨리면 공기 저항이 없으므로 바닥에 동시에 떨어진다.

| 보기 분석 |
ㄱ. 중력은 질량과 중력 가속도의 곱이다. 따라서 중력 가속도가 같으면 질량이 큰 쇠구슬의 중력이 더 크다.
ㄴ. 같은 시간 동안 이동 거리의 변화가 같다. 즉, 진공에서 물체의 무게와 관계없이 속력이 증가하는 정도는 같다.
ㄷ. 공기 중에서는 공기 저항이 있으므로 깃털이 쇠구슬보다 공기 저항의 영향을 많이 받아 쇠구슬이 깃털보다 빨리 떨어진다.

02 정답 ③ * 수평 방향으로 던진 물체의 운동

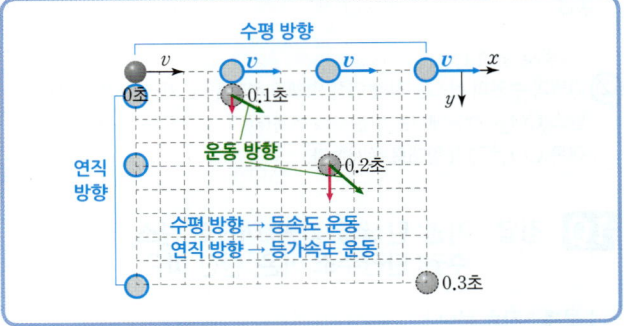

| 문제+자료 분석 |
• 수평 방향으로 던진 물체는 물체의 운동 방향과 중력의 방향이 나란하지 않으므로 포물선을 그리며 운동한다.
• 수평 방향으로 등속도 운동, 연직 방향으로 등가속도 운동을 한다.

| 보기 분석 |

ㄱ. 물체가 운동하는 동안 가속도의 방향은 중력의 방향과 같은 연직 아래 방향으로 일정하다.

ㄴ. 모눈 1칸의 간격은 5 cm이다. 0.1초 동안 변위의 수평 성분이 20 cm＝0.2 m이므로 $v=\dfrac{0.2}{0.1}=2$ m/s이다.

ㄷ. 연직 방향의 가속도는 중력 가속도로 항상 일정하다.

03 정답 ⑤ ＊ 중력에 의한 운동

| 문제＋자료 분석 |

· A: 지표면 근처에서 자유 낙하 하는 물체는 중력의 영향을 받아 중력 가속도로 등가속도 직선 운동을 한다.

· B: 지표면 근처에서 비스듬히 던져 올린 물체는 중력의 영향을 받아 속도가 변하는 운동을 한다. 만약 공기 저항을 무시할 수 있다면 물체는 포물선 운동을 하게 된다.

· C: 지구 주위를 도는 인공위성은 지구와 인공위성 사이의 중력에 의해 원 또는 타원 궤도로 공전을 한다.

| 선택지 분석 |

⑤ A: 사과나무에 매달려 정지해 있던 사과 A는 나무에서 분리된 후 중력의 영향을 받아 등가속도 직선 운동을 하며 아래로 떨어진다.

B: 비스듬히 던져 올린 공 B는 중력의 영향을 받아 속도가 변하면서 곡선 경로를 따라 운동한다.

C: 지구 주위를 도는 인공위성 C는 지구의 중력에 의해 원 또는 타원 궤도로 공전한다.

＊ 중력에 의한 운동

(1) 자유 낙하 운동: 공기의 저항을 무시할 때 지표면 근처에서 물체가 중력만을 받아 아래로 떨어지는 운동

(2) 수평 방향으로 던진 물체의 운동: 공기 저항을 무시할 때 수평 방향으로는 등속 직선 운동, 연직 아래 방향으로는 등가속도 운동

(3) 지구 주위를 공전하는 원운동: 지구의 중력이 물체를 지구의 중심 방향으로 끌어당겨서 물체가 일정한 속력으로 지구 주위를 도는 운동

04 정답 ② ＊ 중력의 크기

| 문제＋자료 분석 |

· 중력의 크기: 질량이 클수록, 두 물체 사이의 거리가 가까울수록 크다.

· 중력 가속도: 지표면 근처에서 공기 저항 없이 중력을 받아 낙하하는 물체의 가속도는 무게에 관계없이 일정하다.

· 달의 공전, 지구의 공전은 모두 중력에 의해 나타나는 현상이다.

| 선택지 분석 |

② A: 물체의 질량 m이 작을수록 물체가 받는 중력의 크기 F는 작아진다. ➡ 옳지 않음

B: 자유 낙하하는 물체에는 운동 방향으로 중력이 계속 작용하므로 물체의 속도는 일정하게 증가한다. ➡ 옳지 않음

C: 달의 공전은 지구와 달 사이에 작용하는 중력 때문에 나타나는 현상이다. ➡ 옳음

05 정답 ㉠: 등속 직선(등속도), ㉡: 등가속도

| 문제＋자료 분석 |

· 수평 방향: 물체에 수평 방향으로 작용하는 힘이 없으므로, 물체는 수평 방향으로 방향과 속력이 변하지 않는 운동, 즉 등속 직선 운동을 한다.

· 연직 방향: 물체에 연직 아래 방향으로 중력만 작용하므로 물체는 연직 방향으로 자유 낙하 운동을 하여 속력이 일정하게 증가하는 등가속도 운동을 한다.

06 정답 ③ ＊ 물체의 운동 비교

 단서＋발상

단서 같은 높이에서 가만히 놓은 물체 A와 수평 방향으로 던진 물체 B가 제시되어 있다.

발상 A와 B가 동시에 기준선 P를 지나는 것으로부터 A와 B의 연직 방향의 속력이 같다는 것을 추론할 수 있다.

적용 A와 B에 작용하는 힘을 생각해보는 것부터 문제 풀이를 시작해야 한다.

| 문제＋자료 분석 |

· 자유 낙하 하는 물체 A와 수평 방향으로 던진 물체 B에는 중력이 작용한다.

| 보기 분석 |

ㄱ. 자유 낙하 하는 A에는 연직 아래 방향으로 중력이 작용하므로 낙하하는 동안 A의 속력은 증가한다.

ㄴ. 낙하하는 동안 A, B에 작용하는 힘은 중력이며, A, B에 작용하는 중력의 방향은 연직 아래 방향으로 같다.

ㄷ. A와 B가 P를 동시에 지나므로 A와 B는 수평면에 동시에 도달한다.

07 정답 ④ ＊ 자유 낙하 운동과 수평으로 던진 물체의 운동

| 문제＋자료 분석 |

· A: 연직 방향의 속력이 증가하는 운동을 한다.

· B: 수평 방향으로는 힘이 작용하지 않으므로 속력이 일정한 운동(등속 직선 운동)을, 연직 아래 방향으로는 중력이 작용하므로 속력이 증가하는 운동(등가속도 운동)을 한다.

| 보기 분석 |

ㄱ. 두 물체 모두 같은 높이에서 연직 방향으로 자유 낙하 하므로, 지면에 떨어지는 데 걸리는 시간은 질량과 관계없이 같다.
따라서 B가 지면에 떨어지는 시간은 1초이다.

ㄴ. A와 B 모두 연직 방향으로 가속도의 크기가 10 m/s²으로 같다.
따라서 지면에 닿는 순간의 A의 속력과 B의 연직 방향의 속력의 크기는 같다.

ㄷ. 수평 도달 거리는 수평 방향 속도와 낙하하는 데 걸린 시간의 곱 ($s=v_0 t$)이므로 5 m/s×1 s＝5 m이다.

08 정답 ① ＊ 중력을 받는 물체의 운동

| 문제＋자료 분석 |

· 질량이 클수록 물체가 받는 중력의 크기는 크다.
➡ '중력의 크기＝질량×중력 가속도'이다.

· 가속도의 크기는 $\dfrac{속도\ 변화량}{시간}$이다.

· 중력 가속도(g): 지구 표면에서 중력에 의한 가속도의 크기로, 물체의 질량에 관계없이 약 9.8 m/s²이다.
➡ 중력 가속도의 크기는 물체의 질량에 관계없이 일정하다.

| 보기 분석 |

ㄱ. 중력은 질량의 크기에 비례하므로, 공의 질량이 커지면 더 큰 중력을 받는다.

ㄴ. 같은 높이에서 떨어뜨릴 경우 질량과 관계없이 동시에 도달한다.

ㄷ. 자유 낙하 운동에서 중력 가속도는 질량에 관계없이 같다.
따라서 속력의 변화는 같다.

＊ 무게가 다른 물체의 자유 낙하 운동

공기 저항을 무시할 때, 같은 높이에서 자유 낙하 하는 물체는 무게에 관계없이 동시에 바닥에 떨어진다.

➡ 중력 가속도(g)는 무게에 관계없이 일정하다.

09 정답 ② *중력의 영향

🧠 **단서+발상**
(단서) 중력이 자연 현상과 생명체에 미치는 영향의 사례가 제시되어 있다.
(발상) 중력은 질량이 있는 물체 사이에 상호작용하는 힘임을 떠올린다.
(적용) 각 사례에서 중력의 역할을 생각해보는 것부터 문제 풀이를 시작해야한다.

| **문제+자료 분석** |
• 공기의 대류에 의해 상승하는 공기에서 구름이 생성되고, 구름 속에서 성장한 물방울은 중력에 의해 비나 눈이 되어 떨어진다.
• 코끼리와 같이 무거운 동물은 단단한 골격으로 중력을 지탱한다.
• 가열된 공기는 주위 공기보다 상대적으로 밀도가 작아져 상승하기 때문에 양초의 불꽃은 길쭉한 모양을 나타낸다.

| **보기 분석** |
ㄱ. 무중력 상태에서는 물의 순환이 일어나지 않으므로 기상 현상이 일어나기 어렵다.
ㄴ. 중력에 몸을 지탱하지 않아도 되므로 코끼리의 골격은 약해진다.
ⓒ 무중력 상태에서는 공기의 대류 현상이 일어나지 않으므로 양초의 불꽃은 둥근 모양에 가까워진다.

10 핵심 키워드: 거리, 질량

[모범 답안] 두 물체 사이의 거리를 멀게 하거나 질량이 더 작은 물체로 바꾼다.

| **문제+자료 분석** |
• 두 물체의 질량(m_1, m_2)이 클수록, 두 물체 사이의 거리(r)가 가까울수록 중력의 크기는 크다.

$$F = G\frac{m_1 m_2}{r^2} \ (G: 중력 상수)$$

＊채점 기준

중력의 크기를 작게 하는 방법 두 가지를 모두 옳게 서술한 경우	100 %
중력의 크기를 작게 하는 방법 중 한 가지만 옳게 서술한 경우	50 %

⑫ **역학 시스템과 안전** 문제편 251~252p

01 정답 ④ *관성

| **문제+자료 분석** |
• 관성은 물체가 현재의 운동 상태를 유지하려는 성질로, 정지해 있던 물체가 계속 정지해 있으려는 관성과 운동하던 물체가 계속 등속 직선 운동을 하려는 관성이 있다.

| **선택지 분석** |
① 달리던 사람이 돌부리에 걸리면 다리는 정지하나 상체 쪽은 계속 달리던 대로 운동하려는 관성을 가지므로 넘어지게 된다.
② 버스가 갑자기 출발하면 버스는 이동하는데, 승객은 계속 제자리에 있으려 하는 관성에 의해 뒤로 넘어지게 된다.
③ 버스가 갑자기 정지하면 승객은 진행 방향으로 계속 움직이려는 관성에 의해 앞으로 넘어지게 된다.
④ 달리는 자동차에서 브레이크를 밟으면 자동차는 속도가 점점 줄어드는 가속도 운동을 하며 정지한다. 이는 운동 제2법칙인 가속도 법칙과 관련된 내용으로, 관성과는 관련이 없다.
⑤ 식탁보를 빠른 속도로 제거하면 식탁보는 움직이는데, 그 위의 식기는 계속 정지해 있으려는 관성을 가지므로 넘어지지 않는다.

02 정답 ④ *운동량의 변화량

그림은 20 m/s의 속력으로 날아오는 질량 0.2 kg인 야구공을 방망이로 쳐서 정반대 방향으로 30 m/s의 속력으로 되돌려 보내는 것을 나타낸 것이다. <u>운동량의 부호가 바뀐다.</u>

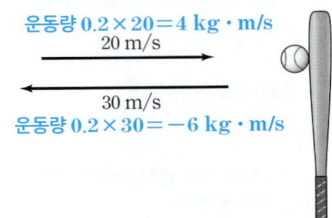

운동량 0.2 × 20 = 4 kg · m/s
20 m/s
30 m/s
운동량 0.2 × 30 = −6 kg · m/s

이에 대한 설명으로 옳은 것만을 [보기]에서 있는 대로 고른 것은?

─── [보기] ───
ㄱ. 공이 받은 충격량의 크기는 ~~2 kg·m/s~~이다.
    충격량의 크기는 10 kg · m/s이다.
ⓛ 방망이에 충돌한 후 공의 운동량의 크기는 증가하였다.
    속력이 커지므로 운동량의 크기가 증가한다.
ⓒ 방망이가 받은 충격량의 크기와 공의 운동량 변화량의 크기는 같다. **작용 반작용에 의해 두 힘은 같다.**

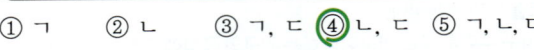
① ㄱ ② ㄴ ③ ㄱ, ㄷ ④ ㄴ, ㄷ ⑤ ㄱ, ㄴ, ㄷ

| **문제+자료 분석** |
• 방망이로 치기 전의 공의 운동량
$p = mv = 0.2 \text{ kg} \times 20 \text{ m/s} = 4 \text{ kg·m/s}$이고, 방망이로 친 후의 공의 운동량 $p' = mv' = 0.2 \text{ kg} \times (-30 \text{ m/s}) = -6 \text{ kg·m/s}$이다.

| **보기 분석** |
ㄱ. 방망이로 치기 전후의 공의 운동량의 변화량은
$\Delta p = mv' - mv = (-6) - 4 = -10 \text{ kg·m/s}$이다. 운동량의 변화량은 충격량과 같으므로 공이 받은 충격량의 크기는 10 N·s이다.
ⓛ 방망이로 치기 전후의 운동량의 크기는 각각 4 kg·m/s, 6 kg·m/s 이므로 방망이에 충돌한 후 공의 운동량의 크기는 증가하였다.
ⓒ 작용 반작용의 법칙에 따라 공과 방망이가 받는 힘은 크기가 같고 방향은 반대이다. 따라서 방망이가 받은 충격량의 크기는 공이 받은 충격량의 크기와 같다.
방망이가 받은 충격량의 크기는 공의 운동량 변화량의 크기와 같다.

＊운동량과 충격량의 관계
• 물체가 일정한 시간 동안 힘을 받으면 힘을 받는 동안 물체의 속도가 변하므로 운동량이 변한다.
따라서 물체가 받은 충격량만큼 운동량이 변한다.

03 정답 ③ *운동량의 변화량

| **문제+자료 분석** |
• 움직이는 물체가 정지하려면 운동량이 0이 되어야 한다.
즉, 운동량의 변화량=충격량이므로
$I = \Delta p = mv - mv_0 = 0 - (1 \times 20) = -20 \text{(N·s)}$에서
−20 N·s만큼의 충격량을 가해주면 물체는 정지한다.

| **선택지 분석** |
③ −20 N·s보다 작은 충격량을 줄 경우 물체는 속도만 줄어들고 계속 운동하던 방향으로 운동한다.
반면에 −20 N·s보다 큰 충격량을 준 경우 물체는 처음 운동 방향과 반대 방향으로 운동하게 된다.

04 핵심 키워드: 충격량, 충격 시간, 충격력

모범 답안   A와 B의 충격량은 같으나 충돌 시간은 A가 B보다 길다. 따라서 달걀이 받는 충격력은 A가 B보다 작다.

| 문제＋자료 분석 |
- 떨어지는 물체의 속도는 떨어지는 높이에 따라 달라진다. ($v=\sqrt{2gh}$) 즉, 같은 높이에서 떨어진 달걀 A, B는 바닥에 닿는 순간의 속도가 같으므로 떨어지기 직전의 운동량은 서로 같다.
  또한, A, B 모두 바닥에 충돌한 후 정지하였으므로 A와 B의 운동량의 변화량, 즉 충격량은 같다. 하지만 바닥에 닿는 순간부터 멈출 때까지 걸린 시간은 A가 B보다 길다. 따라서 충격량은 같은데 힘을 받는 시간은 A가 B보다 길기 때문에 달걀이 받는 충격력은 A가 B보다 작다.

＊채점 기준

두 경우 충격량이 동일함을 알아내고 충돌 시간에 따른 충격력의 차이를 모두 옳게 서술한 경우	100 %
운동량의 변화량이 동일함에 따라 충격량이 동일함을 알아내었으나 충돌 시간에 따른 충격력을 비교하지 못한 경우	60 %
충격량이 동일하다고만 서술한 경우	20 %

05 정답 ① ＊운동량과 충격량

| 문제＋자료 분석 |
- $p=mv$에서 충돌 전 공의 운동량은 $0.1\,\text{kg} \times 10\,\text{m/s}=1\,\text{kg·m/s}$이고, 충돌 후 공의 운동량은 $0.1\,\text{kg} \times (-8\,\text{m/s})=-0.8\,\text{kg·m/s}$이다.

| 보기 분석 |
ㄱ. 운동량의 크기는 충돌 전 $1\,\text{kg·m/s}$, 충돌 후 $0.8\,\text{kg·m/s}$이다. 따라서 운동량의 크기는 충돌 전이 충돌 후보다 크다.
ㄴ. 벽이 받는 충격량의 크기는 공이 받는 충격량의 크기와 동일하다. 어떤 물체가 서로 충돌하면 각각 크기는 같고 방향이 반대인 충격량을 받는다.
ㄷ. 공이 받는 충격량의 크기는 운동량의 변화량의 크기와 같다.
$F\Delta t=\Delta p=0.1\,\text{kg} \times (-8\,\text{m/s})-0.1\,\text{kg} \times 10\,\text{m/s}$
$=-1.8\,\text{kg·m/s}$
따라서 충격량의 크기는 $1.8\,\text{N·s}$이다.

06 정답 ① ＊충격량과 충돌 시간

| 문제＋자료 분석 |
- 방석에 떨어진 유리컵의 경우 충돌 시간을 길게 하여 같은 충격량을 받을 때 물체가 받는 충격력을 작게 하는 원리를 이용한 것이다.

| 선택지 분석 |
① 대포의 포신이 길수록 대포알이 멀리 나가는 것은 작용하는 힘이 동일할 때 힘을 가하는 시간이 길수록 충격량이 더 큰 것을 이용한 것이다.
② 글러브로 야구공을 받을 때 손을 뒤로 빼면서 받으면 공을 받는 동안 충돌 시간이 길어져 포수가 받는 충격력이 덜하게 된다.
③ 자동차 사고가 일어날 때 에어백이 있으면 충돌 시간이 길어져 운전자가 받는 충격력이 줄어들게 된다.
④ 푹신한 신발을 신을수록 멀리뛰기나 달리기를 할 때 충돌 시간이 길어져 발목이 받는 충격력이 줄어들게 된다.
⑤ 무릎을 구부리면서 안착하게 되면 충돌 시간이 길어져 무릎이 받는 충격력이 덜 하게 된다.

＊충격량의 크기
- 충돌할 때 물체에 작용하는 힘(충격력)이 클수록, 힘이 작용하는 시간(충돌 시간)이 길수록 충격량은 커진다.
  ➡ 충격량＝힘×시간, $I=F\Delta t$ [단위 : N·s]

07 정답 ⑤ ＊운동량과 충격량

| 문제＋자료 분석 |
- A와 B가 충돌할 때 충돌 전과 충돌 후 A와 B의 운동량의 합은 같다.
- A의 속력은 충돌 전 $30\,\text{m/s}$, 충돌 후 $0\,\text{m/s}$이므로 충돌 전후 A의 운동량의 변화량은
  $\Delta p=m\Delta v=1\,\text{kg} \times (0-30)\,\text{m/s}=-30\,\text{kg·m/s}$이다.
  따라서 A가 받은 충격량의 크기는 $30\,\text{N·s}$이다.
- 작용 반작용 법칙에 의해 B가 받은 충격량의 크기는 $30\,\text{N·s}$이다.

| 보기 분석 |
ㄱ. A가 받은 충격량의 크기는 작용 반작용 법칙에 따라 B가 받은 충격량의 크기와 같다. [충돌 후 B의 운동량＝충돌 전 B의 운동량＋B가 받은 충격량]이다. 따라서 A가 받은 충격량의 크기는 B의 운동량의 변화량의 크기와 같다.
ㄴ. B의 운동량의 변화량은 B가 받은 충격량과 같으므로 $30\,\text{N·s}$이다.
ㄷ. 충돌 후 B의 속도를 v_B라 할 때, 충돌 전과 충돌 후 물체들의 운동량의 총합은 같으므로 $1 \times 30+2 \times 15=1 \times 0+2 \times v_B$이다. 따라서 $v_B=30\,\text{m/s}$이다.

08 정답 ② ＊충격 흡수 원리

| 문제＋자료 분석 |
- 안전장치는 관성에 의해 몸이 쏠리는 것을 방지하거나 충격량이 일정할 때 충돌 시간을 길게 하여 충돌할 때 받는 힘을 줄이는 원리를 이용한다.
- 같은 충격량을 받더라도 물체가 충돌할 때 힘이 작용하는 시간을 길게 하면 물체가 받는 평균 힘의 크기가 작아져 충돌로 생기는 피해를 줄일 수 있다.

| 선택지 분석 |
② 점프 후 착지할 때 무릎을 살짝 굽히거나, 자동차의 범퍼를 잘 찌그러지는 재질로 만들고, 태권도 선수의 보호대를 푹신한 재질로 만드는 것은 모두 충돌할 때 힘을 받는 시간을 길게 하여 충돌에 의한 피해를 줄인 예이다.

09 정답 ① ＊충격량

| 문제＋자료 분석 |
- 충돌 전 A, B의 운동량은 서로 같고 벽에 충돌하여 정지하였으므로 A와 B의 운동량의 변화량은 서로 같다.
- A의 충격량(＝운동량의 변화량)＝$0-2\,\text{kg} \times 1\,\text{m/s}=-2\,\text{N·s}$
- B의 충격량(＝운동량의 변화량)＝$0-1\,\text{kg} \times 2\,\text{m/s}=-2\,\text{N·s}$

| 보기 분석 |
ㄱ. 충돌 전 A, B의 운동량은 서로 같으므로 A의 질량을 m_A라고 하면 $m_A \times 1\,\text{m/s}=1 \times 2\,\text{m/s}$에서 $m_A=2\,\text{kg}$이다.
ㄴ. A가 받은 충격량의 크기는 운동량의 변화량과 같으므로 $2\,\text{kg} \times 1\,\text{m/s}=2\,\text{N·s}$이다.
ㄷ. 벽에 의한 물체의 운동량 변화량의 크기는 A와 B가 같다.

10 핵심 키워드: 평균힘, 20 N

모범 답안   B가 받은 평균 힘의 크기는 $2\,\text{N·s} \div 0.1\,\text{s}=20\,\text{N}$이다.

＊채점 기준

계산 과정과 20 N을 모두 옳게 서술한 경우	100 %
20 N이라고만 쓴 경우	30 %

01 정답 ⑤ * 생명 시스템

| 문제+자료 분석 |
• 생명 시스템은 지구시스템에서 생명체가 물, 공기, 빛 등 외부 환경 요소와 서로 상호작용하면서 이루는 하나의 시스템으로, 하나의 생물 개체일 수도 있고, 하나의 세포일 수도 있다.

| 보기 분석 |
ㄱ 모든 생명체는 세포라는 구조적·기능적 단위로 구성된다.
ㄴ 세포를 둘러싼 세포막은 형태를 유지하고 안팎의 물질의 출입을 조절하여 시스템이 유지될 수 있도록 한다.
ㄷ 생명 시스템에서는 생명체를 구성하는 여러 요소가 상호작용한다.

02 정답 ③ * 세포소기관

| 문제+자료 분석 |
• A는 핵, B는 소포체, C는 라이보솜, D는 마이토콘드리아, E는 엽록체이다.

| 보기 분석 |
ㄱ 식물 세포에만 존재하는 엽록체(E)가 (나)에 있는 것으로 보아 (가)는 동물 세포, (나)는 식물 세포이다.
ㄴ 유전물질인 DNA가 들어 있는 것은 핵(A)이다.
ㄷ 라이보솜(C)에서는 DNA의 유전정보에 따라 단백질이 합성된다.

03 정답 D, E

| 문제+자료 분석 |
• 에너지 전환은 물질의 합성과 분해 과정에서 일어난다. 따라서 에너지 전환에 관여하는 세포소기관은 세포호흡을 하는 마이토콘드리아(D)와 광합성을 하는 엽록체(E)이다.

04 정답 ③ * 세포막의 구조

| 문제+자료 분석 |
• 세포막은 단백질(A)이 인지질 2중층(B)에 파묻히거나 관통하고 있는 구조이다.

| 선택지 분석 |
① 크기가 작거나 지용성인 물질은 B를 통해 이동한다.
② B는 인지질로 2중층을 이루어 세포막을 형성한다.
③ ⓐ는 친수성 부분으로 세포의 안과 밖을 향해서 배열되어 있다.
④ ⓑ는 물과 잘 섞이지 않는 소수성 부분이다.
⑤ 세포막은 선택적으로 물질을 투과한다. 물질이 특성에 따라 세포막을 직접 통과하기도 하고, 막단백질을 통해 이동하기도 한다.

05 정답 ③ * 세포막을 통한 물질의 이동

| 문제+자료 분석 |
• 물에 잉크를 떨어뜨리면 잉크 분자가 확산되어 물 전체가 잉크 색이 된다. 확산은 분자가 스스로 운동하여 농도가 높은 곳에서 낮은 곳으로 이동하는 현상이다.

| 선택지 분석 |
①, ⑤ 산소는 확산에 의해 폐포에서 모세 혈관으로 이동한다.
② 포도당이 많은 곳에서 적은 곳으로 이동하므로 확산이다.
③ 확산은 분자 운동으로 일어나므로 에너지를 사용하지 않는다.
④ 물질이 농도가 높은 곳에서 낮은 곳으로 이동하는 현상은 확산이다.

06 정답 ④ * 삼투 현상

그림은 같은 동물의 정상 적혈구를 농도가 다른 설탕 용액 (가)와 *(동물 세포→세포벽 없음)* (나)에 넣고 일정한 시간이 지난 후의 모습을 순서 없이 나타낸 것이다.

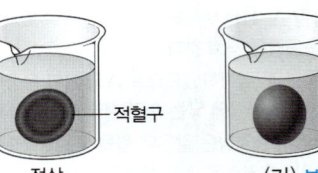
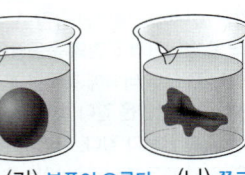

정상   (가) *부풀어 오른다.*   (나) *쭈그러든다.*

이에 대한 설명으로 옳은 것만을 [보기]에서 있는 대로 고른 것은?

[보기]
ㄱ 세포막을 통한 물의 이동이 일어났다. *삼투에서는 물이 이동한다.*
ㄴ 적혈구의 에너지를 ~~사용하는~~ 현상이다. *삼투 현상은 에너지를 소모하지 않는다.*
ㄷ 농도는 (가) < 적혈구 < (나) 순서이다. *삼투에서 물은 저→고농도로 이동하므로 (가) < 적혈구 < (나)이다.*

① ㄱ   ② ㄴ   ③ ㄷ   ④ ㄱ, ㄷ   ⑤ ㄱ, ㄴ, ㄷ

| 문제+자료 분석 |
• (가): 세포 안으로 들어오는 물의 양이 많아 적혈구의 부피가 커졌다.
➡ 적혈구 안보다 농도가 낮은 용액
• (나): 세포에서 빠져나가는 물의 양이 많아 적혈구가 쭈그러들었다.
➡ 적혈구 안보다 농도가 높은 용액

| 보기 분석 |
ㄱ 삼투 현상은 저농도에서 고농도로 물이 이동하는 현상으로 세포막을 통해 일어난다.
ㄴ 삼투는 에너지를 사용하지 않는 물질의 이동 현상이다.
ㄷ (가)는 적혈구 안보다 농도가 낮은 용액, (나)는 적혈구 안보다 농도가 높은 용액이다. 따라서 농도는 (가) < 적혈구 < (나) 순서이다.

* 삼투가 일어날 때 물 분자의 이동 방향
• 세포막을 경계로 삼투에 의해 물이 이동할 때, 물 분자는 양방향으로 이동한다. 그러나 용질의 농도가 낮은 곳에서 높은 곳으로 이동하는 물의 양이 반대쪽으로 이동하는 물의 양보다 많아서 세포의 부피와 모양이 변하게 된다.

07 정답 ③ * 동화 작용과 이화 작용

| 문제+자료 분석 |
• 동화 작용은 저분자 물질로부터 고분자 물질을 합성하는 과정, 이화 작용은 고분자 물질을 저분자 물질로 분해하는 과정이다.

| 보기 분석 |
ㄱ, ㄴ 세포호흡과 소화는 고분자 물질이 저분자 물질로 분해되는 이화 작용의 예이다.
ㄷ 광합성에서는 저분자 물질인 CO_2와 H_2O로부터 고분자 물질인 포도당이 합성된다.
ㄹ 단백질 합성에서는 저분자 물질인 아미노산이 길게 연결된다.

08 정답 ③ * 효소의 작용

| 문제+자료 분석 |
- 효소는 입체 구조가 맞는 특정 반응물과 결합하여 활성화에너지를 낮춘다. 반응이 끝나면 효소는 생성물과 분리되고, 분리된 효소는 촉매 작용을 반복한다.

| 선택지 분석 |
① A는 고분자 물질인 반응물, C는 저분자 물질인 생성물로 에너지가 방출되는 과정이다.
② 효소(B)는 반응 과정에서 변형되지 않는다.
③ B는 효소이며, 효소는 재사용이 가능하다.
④ 효소(B)는 특정 반응물하고만 반응한다.
⑤ 효소(B)의 주성분은 단백질이다.

09 정답 ⑤ * 과산화 수소 분해 반응

| 문제+자료 분석 |
- 과산화 수소는 자연적으로 물과 산소로 분해되나 반응 속도가 매우 느리다. 간 속에 들어있는 효소(카탈레이스)에 의해 과산화 수소의 분해 반응이 촉진된다.
- 시험관 A: 과산화 수소는 자연적으로 물과 산소로 분해되어 산소 기포가 발생한다.
- 시험관 B: 생간 조각에 들어있는 효소(카탈레이스)는 과산화 수소 분해 반응을 촉진하여 산소 기포가 많이 발생한다.
- 시험관 C: 간을 익히면 단백질이 주성분인 효소(카탈레이스)가 변성되어 촉매로서 작용하지 못한다.

| 보기 분석 |
ㄱ. 시험관 A에서도 기포가 발생된 것으로 보아 효소가 없어도 과산화 수소는 자연적으로 분해된다.
ㄴ. 실험에서 발생한 기체는 산소이다. 산소는 다른 물질이 타는 것을 돕는 성질이 있다. 따라서 꺼져가는 성냥을 가져다 대면 다시 타오른다.
ㄷ. 간을 고온에서 익히게 되면 단백질이 주성분인 효소는 구조가 변해 그 기능을 잃는다.

10 핵심 키워드: 과산화 수소수, 효소, 재사용

모범 답안 과산화 수소가 모두 분해되면 기포가 더 이상 발생하지 않으므로 반응물인 과산화 수소수를 더 넣으면 재사용되는 효소에 의해 다시 기포가 발생한다.

| 문제+자료 분석 |
- 기포가 발생하지 않는 것은 반응물이 모두 사용되었기 때문이다. 효소는 반응에서 소모되거나 변형되지 않고, 생성물과 분리된 후 새로운 반응물과 결합하여 다시 반응에 이용되므로 반응물인 과산화 수소수를 더 넣으면 기포가 다시 발생한다.

＊ 채점 기준

과산화 수소수를 넣어야 하고, 그 까닭을 모두 옳게 서술한 경우	100 %
과산화 수소수를 넣어야 한다고만 서술한 경우	50 %

＊ 효소의 특성

(1) **기질 특이성**: 한 종류의 효소는 한 종류의 반응물(기질)에만 작용한다.
➡ 효소의 종류가 많아야 한다.
예 아밀레이스는 녹말이 엿당으로 되는 반응은 촉진하지만 단백질에는 작용하지 못한다.

(2) **효소의 재사용**: 효소는 촉매로서 반응 후에도 구조와 성질이 변하지 않으므로 생성물과 분리된 후 새로운 반응물과 결합하여 다시 반응을 촉진할 수 있다. ➡ 효소의 양은 많지 않아도 된다.

14 생명 시스템에서 정보의 흐름   문제편 255~256p

01 정답 ③ * 유전과 유전자

| 문제+자료 분석 |
- 유전정보가 저장된 DNA의 특정 부분을 유전자라고 한다.

| 선택지 분석 |
① 유전정보를 담고 있는 것을 유전자라고 부른다.
② 유전자는 DNA의 특정 위치에 있다.
③ 1개의 염색체에는 여러 개의 유전자가 포함되어 있다.
④ 부모의 형질을 자손이 물려받는 것을 유전이라고 한다.
⑤ 특정 유전자에 이상이 생겨 단백질이 제대로 형성되지 않으면 유전 질환이 발생할 수 있다.

02 정답 ① * 유전정보의 흐름

| 문제+자료 분석 |
- 유전정보는 DNA에서 RNA를 거쳐 단백질로 전달된다. 따라서 ㉠은 RNA이다.

| 선택지 분석 |
① (가)는 DNA에서 RNA로 정보가 전달되는 과정인 전사이고, (나)는 RNA 정보에 의해 단백질이 합성되는 번역이다.

03 정답 ② * RNA의 특징

| 문제+자료 분석 |
- RNA는 핵 속에서 DNA의 유전정보가 전사되어 만들어지며, 핵막에 있는 구멍을 통해 세포질로 이동하여 라이보솜과 결합한다. 라이보솜에서 RNA의 코돈이 지정하는 아미노산이 펩타이드결합으로 연결되어 단백질이 합성된다.

| 선택지 분석 |
① RNA는 단일 가닥으로 되어 있다.
② RNA의 염기는 아데닌(A), 구아닌(G), 사이토신(C), 유라실(U)이다. 타이민(T)은 DNA를 구성하는 염기이다.
③ RNA는 핵 안에서 DNA로부터 전사 과정에 의해 만들어져 핵 밖으로 빠져나온다. RNA의 정보대로 아미노산이 연결되어 단백질이 합성한다.
④ RNA의 연속된 염기 3개가 유전부호로 사용되어 하나의 아미노산을 지정한다.
⑤ RNA가 가지고 있는 염기 중 하나가 바뀌면 만들어지는 단백질이 달라질 수 있다.

04 정답 ③ * 유전정보의 흐름

 단서+발상

단서 DNA와 RNA의 염기서열이 제시되어 있다.
적용 ㉠은 RNA에 존재하지 않고, ㉢은 DNA에 존재하지 않는다는 점을 통해 ㉠은 타이민(T), ㉡은 아데닌(A), ㉢은 유라실(U)임을 구하는 것부터 문제 풀이를 시작해야 한다.

| 문제+자료 분석 |
- DNA와 RNA에 모두 존재하는 ㉡은 아데닌(A)이다.
- ㉠은 DNA에만 존재하는 염기이므로 타이민(T), ㉢은 RNA에만 존재하는 염기이므로 유라실(U)이다.

| 보기 분석 |
ㄱ. 생물의 형질을 결정하는 유전정보는 세포 핵 속의 DNA에 저장되어 있다.

ㄴ 아데닌(A)은 DNA와 RNA를 모두 구성하는 염기, 타이민(T)은
DNA에만 존재하는 염기, 유라실(U)은 RNA에만 존재하는 염기이다.
㉠은 타이민(T)이다.

ㄷ 코돈은 RNA에서 하나의 아미노산을 지정하는 연속된 3개의 염기이다.
RNA의 염기 3개(코돈)가 아미노산 1개를 지정한다.

05 정답 3염기조합

| 문제+자료 분석 |
· DNA의 연속된 3개의 염기가 하나의 아미노산을 지정하는데, 이것을
3염기조합이라고 한다. 유전자는 DNA의 특정 부위에 존재하는 연속된
3염기조합이 특별한 의미를 갖는 것이다.

06 정답 ③ * 유전정보의 전달

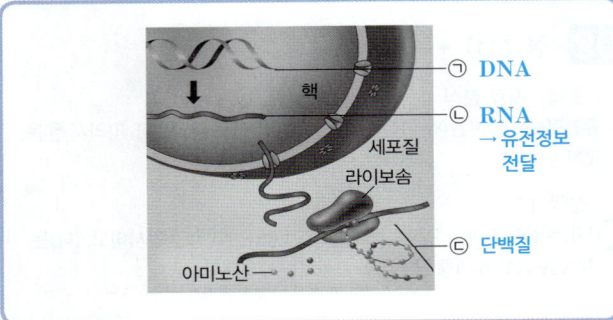

| 문제+자료 분석 |
· 핵 속의 ㉠은 이중나선구조의 DNA, ㉡은 단일 가닥의 RNA이다.
· 세포질의 라이보솜에서 아미노산이 결합한 ㉢은 단백질이다.

| 선택지 분석 |
① DNA(㉠)는 특정 형질을 결정하는 유전자를 여러 개 가지고 있다.
② DNA(㉠)와 RNA(㉡)를 구성하는 단위체인 뉴클레오타이드는 염기를
가지고 있다.
③ 효소는 단백질로 이루어져 있다. 따라서 단백질(㉢)이 효소를 이루는
주성분이고, ㉡은 유전정보를 전달한다.
④ RNA(㉡)는 핵을 빠져나가 세포질에서 라이보솜과 결합해 아미노산을
연결시켜 단백질을 합성한다.
⑤ 단백질(㉢)은 펩타이드결합으로 형성된다.

* 생명중심원리
세포 내에서 이루어지는 유전정보의 흐름을 설명하는 원리이다. DNA의
유전정보가 RNA로 전달되는 것을 전사, RNA의 유전정보에 따라
단백질이 합성되는 것을 번역이라고 한다.

07 정답 ⑤ * 핵산의 염기서열

| 문제+자료 분석 |
· 염기에 타이민(T)이 존재하므로 DNA의 염기서열이다.
· DNA 이중나선 중 한 가닥을 주형으로 하여 이 가닥에 상보적인 염기를
가진 RNA가 만들어진다.

| 선택지 분석 |
① DNA가 RNA로 전사되는 과정은 핵 안에서 일어난다.
② 그림은 전사되기 전 DNA의 단일 가닥을 나타낸 것이다.
③ DNA에서 하나의 아미노산을 지정하는 연속된 3개의 염기를
3염기조합이라고 하고, RNA에서 하나의 아미노산을 지정하는 연속된
3개의 염기를 코돈이라고 한다.
④ 12개의 염기가 있으므로 4개의 아미노산이 만들어진다.
⑤ 번역되기 위해 만들어진 RNA의 염기서열은 이에 상보적인
CGUGGAGAUAAG이다.

08 정답 ③ * 염기서열과 단백질

| 문제+자료 분석 |
· ㉠은 단백질이며, ㉡의 염기서열은 CCG이다.

| 보기 분석 |
ㄱ 단백질은 세포질의 라이보솜에서 만들어진다.
ㄴ DNA에서 RNA로 유전정보가 전달될 때 A는 U로, T는 A로, G는
C로, C는 G로 전달된다. RNA(B)의 염기서열이 GGC이므로 ㉡에
해당하는 염기서열은 CCG이다.
ㄷ 3개의 염기가 하나의 아미노산을 지정하므로 돌연변이로 인해
염기서열이 바뀌면 아미노산이 바뀔 수 있다.

09 정답 ③ * 전사와 번역

| 문제+자료 분석 |
· 유전정보는 DNA에서 RNA를 거쳐 단백질로 전달된다.
· DNA에는 3염기조합이 하나의 아미노산을 지정하는 형태로 유전정보가
저장되어 있다.
· RNA의 코돈 순서에 따라 라이보솜에서 아미노산이 펩타이드결합에
의해 순서대로 연결되어 단백질이 합성된다.

| 선택지 분석 |
③ DNA와 단백질의 중간 단계인 B는 RNA이다. DNA에서 RNA가
생성되는 A 과정은 전사이다. RNA에서 단백질이 생성되는 C 과정은
번역이다.

* 생명중심원리
세포 내에서 이루어지는 유전정보의 흐름을 설명하는 원리이다. DNA의
유전정보가 RNA로 전달되는 것을 전사, RNA의 유전정보에 따라
단백질이 합성되는 것을 번역이라고 한다.

전사	· DNA 염기서열에 단백질의 아미노산 배열 순서에 대한 정보가 저장되어 있다. · **3염기조합**: 하나의 아미노산을 지정하는 DNA의 연속된 3개의 염기 · 핵 속에서 DNA 염기서열에 상보적인 염기서열을 가진 RNA를 합성한다.
번역	· **코돈**: 하나의 아미노산을 지정하는 RNA의 연속된 3개의 염기 · 세포질의 라이보솜에서 RNA의 유전정보에 따라 아미노산이 펩타이드결합으로 연결되어 단백질이 합성된다.

10 핵심 키워드: 3염기조합

모범 답안 120개, 하나의 아미노산을 지정하는 3염기조합은 연속된
3개의 염기이므로, 40개의 아미노산으로 구성된 이 단백질 일부의
유전정보를 저장하고 있는 DNA는 최소 120(=3×40)개의 염기로
구성되어 있다.

| 문제+자료 분석 |
· DNA의 연속된 3개의 염기가 하나의 아미노산을 지정하는데, 이것을
3염기조합이라고 한다.

* 채점 기준

식 또는 3염기조합의 언급과 함께 답을 옳게 서술한 경우	100 %
식 또는 3염기조합의 언급 없이 답만 옳게 서술한 경우	50 %

01 정답 ③ ＊기본량과 단위 ························· 2028 대비 수능 예시 1 (1차)

다음은 지구, 동물 세포, 리튬(Li) 원자에 대한 자료와 이에 대한 학생들의 대화이다.

구분	지구	동물 세포	리튬(Li)
모형	핵	핵	핵 (+3)
핵의 지름(m)	x	$>$ y	$>$ z

단서 길이

핵의 지름은 모두 길이에 해당하는 기본량으로 나타내. (학생 A)

$x > y > z$야. (학생 B)

핵의 부피는 핵의 지름과 같은 단위로 표현돼. (학생 C)

제시한 내용이 옳은 학생만을 있는 대로 고른 것은?

① A ② C ③ A, B ④ B, C ⑤ A, B, C

단서+발상

단서 지구, 동물 세포, 리튬(Li) 원자에 대한 자료가 제시되어 있다.

발상 원자와 우주의 규모를 공간 차원에서 비교하고 있음을 추론할 수 있다.

적용 공간 차원의 기본량인 길이(m)로부터 부피(m^3) 개념이 도출됨을 적용해서 자료를 이해하는 것부터 문제 풀이를 시작해야 한다.

| 문제+자료 분석 |

· **미시 세계**: 원자, 분자, 이온과 같이 아주 작은 물체나 현상을 다루는 세계
  ➡ 리튬 원자
· **거시 세계**: 사과나무, 태풍, 지진과 같이 큰 물체나 현상을 다루는 세계
  ➡ 지구, 동물 세포

| 선택지 분석 |

③ **학생 A**: 핵의 지름을 나타내는 기본량은 길이이며, 길이의 단위는 미터(m)이다. ➡ 옳음

학생 B: 지구에 동물이 살고 있고, 동물은 세포로 구성되어 있으며, 세포의 여러 물질은 원자로 이루어져 있다. 따라서 $x > y > z$이다. ➡ 옳음

학생 C: 부피를 나타내는 단위는 세제곱미터(m^3)이다. 지름을 나타내는 기본량은 길이이며 단위는 미터(m)이다. 따라서 서로 다른 단위로 표현된다.➡ 옳지 않음

＊**기본량과 단위**
· **기본량**: 다른 물리량을 활용하여 표현할 수 없는 가장 기본이 되는 물리량
· **기본량의 단위**: 길이(m), 질량(kg), 시간(s), 전류(A), 온도(K), 물질량(mol), 광도(cd)

예시 1차

02 정답 ① ＊별의 스펙트럼과 원소의 생성 ··········· 2028 대비 수능 예시 2 (1차)

그림 (가)는 고온의 기체 방전관에서 관찰한 수소, 헬륨, 탄소의 스펙트럼을, (나)는 별 S의 흡수 스펙트럼을 나타낸 것이다. (가)와 (나)에서 관측한 스펙트럼의 파장 영역은 동일하다.

단서 수소 방출선

대부분 초기 우주에서 생성

대부분 별의 진화 과정에서 생성

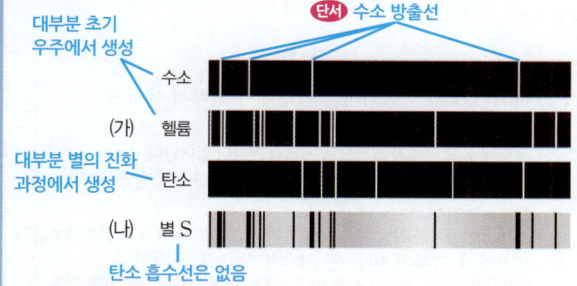

탄소 흡수선은 없음

이에 대한 설명으로 옳은 것만을 [보기]에서 있는 대로 고른 것은?

─────[보기]─────
ㄱ. (가)의 수소 스펙트럼에서는 방출선이 나타난다.
  (가)는 원소 고유의 방출선이 나타나는 방출 스펙트럼이다.
ㄴ. S에는 탄소가 헬륨보다 풍부하게 포함되어 있다.
  S의 스펙트럼에는 탄소에 의한 흡수선이 관측되지 않는다.
ㄷ. S에 포함된 헬륨은 모두 별 내부의 핵융합 반응으로 생성되었다.
  S에 포함된 헬륨은 대부분 초기 우주에서 생성되었다.
─────────────

① ㄱ ② ㄴ ③ ㄱ, ㄷ ④ ㄴ, ㄷ ⑤ ㄱ, ㄴ, ㄷ

단서+발상

단서 기체 방전관의 방출 스펙트럼과 별의 흡수 스펙트럼이 제시되어 있다.

발상 별의 스펙트럼에 나타난 흡수선의 파장을 (가)의 방출선과 비교하여 별에 포함된 원소의 종류를 추론할 수 있다.

적용 원소마다 고유한 스펙트럼을 갖는다는 것을 이용하여 스펙트럼을 비교하는 것부터 문제 풀이를 시작해야 한다.

| 문제+자료 분석 |

· **(가)**: 원소 고유의 방출선 스펙트럼이 나타난다.
  ➡ 수소, 헬륨, 탄소의 방출선 파장은 각각 고유하다.
· **(나)**: 별 S의 스펙트럼에서 여러 원소에 의해 만들어진 흡수선이 나타난다.
  ➡ 별 S에서 관측된 흡수선의 파장은 수소와 헬륨에서 관측된 방출선 파장과 같다. 하지만 별 S의 스펙트럼에서 탄소에 의한 흡수선은 나타나지 않는다.

| 보기 분석 |

ㄱ (가)는 고온의 수소 기체에서 관측된 방출 스펙트럼이다. 방출 스펙트럼에서는 특정한 파장에서 밝은색의 방출선이 관측되며, 원소의 종류마다 고유한 파장의 방출선이 나타난다.

ㄴ S의 스펙트럼에서는 연속 스펙트럼을 배경으로 검게 보이는 흡수선이 관측된다. 이 흡수선은 특정한 원소에 의해 형성된 것으로, 원소 고유의 방출선 파장과 비교하여 원소의 종류를 알아낼 수 있다. 꿀팁 S의 스펙트럼에서는 수소와 헬륨에 의한 흡수선만 관측되며, 탄소에 의한 흡수선은 관측되지 않는다.

ㄷ S에 존재하는 헬륨은 거의 대부분 빅뱅 이후 초기 우주에서 일어난 핵융합 반응으로 형성된 것이다. 별 내부의 핵융합 반응을 통해서도 헬륨이 만들어지지만, 그 양은 초기 우주에서 형성된 양에 비하면 훨씬 적다.

다음은 자유 낙하하는 물체와 수평으로 던져진 물체의 운동을
비교하는 실험이다.

〈실험 과정〉

(가) 그림과 같이 쇠구슬 발사
    장치와 모눈종이를
    설치하고 동일한 쇠구슬
    A와 B를 준비한다.

쇠구슬 발사 장치
스마트 기기

(나) 쇠구슬 발사 장치를
    이용해 A를 가만히
    떨어뜨리는 순간 B를 수평 방향으로 발사하고, A와 B의
    운동을 스마트 기기로 촬영한다.

(다) 운동 분석 프로그램을 이용해 A, B의 시간에 따른 <u>연직 방향과
    수평 방향의 운동을 그래프로 각각 나타낸다.</u>

연직 방향: 등가속도 직선 운동
수평 방향: 등속도 운동

〈실험 결과〉

Ⅰ, Ⅱ, Ⅲ은 (다)의 결과 중 일부를 나타낸 것이다.

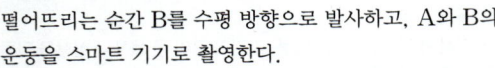

이동 거리	속력 등속도 운동	속력 등가속도 직선 운동
단서 등가속도 직선 운동		
0 시간	0 시간	0 시간
Ⅰ	Ⅱ	Ⅲ

이에 대한 설명으로 옳은 것만을 [보기]에서 있는 대로 고른 것은?

[보기]

ㄱ. A의 연직 방향 운동의 이동 거리를 나타낸 그래프는
   Ⅰ이다.
   등가속도 직선 운동의 이동 거리 그래프는 Ⅰ이다.
ㄴ. B의 수평 방향 운동의 속력을 나타낸 그래프는 Ⅱ이다.
   등속도 운동의 속력 그래프는 Ⅱ이다.
ㄷ. B의 연직 방향 운동을 나타낸 그래프는 Ⅰ과 Ⅲ이다.
   B는 연직 방향으로 등가속도 직선 운동을 하므로 Ⅰ과 Ⅲ이다.

① ㄱ   ② ㄷ   ③ ㄱ, ㄴ   ④ ㄴ, ㄷ   ⑤ ㄱ, ㄴ, ㄷ

단서＋발상

단서 자유 낙하하는 물체와 수평으로 던져진 물체의 운동 실험 과정과
    결과가 제시되어 있다.
발상 각 그래프가 등가속도 직선 운동과 등속도 운동을 나타냈다는 것을
    추론할 수 있다.
적용 A, B의 연직 방향 운동은 동일하다는 것을 적용해서 (다)의 각 운동을
    나타내는 그래프를 구하는 것부터 문제 풀이를 시작해야 한다.

| 문제＋자료 분석 |

· **A 자유 낙하하는 물체**: 연직 아래 방향으로 일정한 가속도(중력 가속도)로
  운동한다.
· **B 수평 방향으로 던져진 물체**: 연직 방향과 수평 방향으로 나누어서
  관찰하면 연직 방향으로는 자유 낙하하는 물체의 운동과 동일하고 수평
  방향으로는 등속도 운동을 한다. 꿀팁

| 보기 분석 |

ㄱ. A 연직 아래 방향으로 등가속도 직선 운동을 한다. 따라서 A의 등가속도
   직선 운동의 이동 거리를 나타낸 그래프는 Ⅰ이다.
ㄴ. B는 수평 방향으로 등속도 운동을 한다. 따라서 등속도 운동의 속력을
   나타낸 그래프는 Ⅱ이다.
ㄷ. B는 연직 방향으로 등가속도 직선 운동을 한다. 따라서 B의 등가속도
   직선 운동을 나타낸 그래프는 Ⅰ과 Ⅲ이다.

다음은 자석이 코일을 통과하는 과정에서 유도되는 전류를 알아보는 실험이다.

〈실험 과정〉

(가) 그림과 같이 코일에 검류계를
    연결한다.

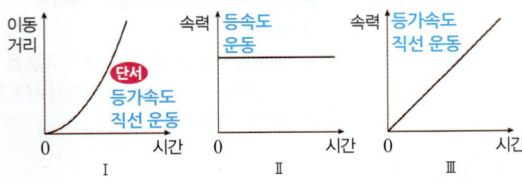

자석
h
p

검류계

q

(나) 자석의 N극을 아래로 하고,
    코일로부터 높이 h에서 코일의
    중심축을 따라 자석을 가만히
    놓는다.

아래 방향의 자기 선속이 증가

(다) 자석의 N극이 p점을 지나는
    <u>순간 검류계 바늘이 움직이는</u>
    방향을 관찰한다.

유도 전류의 방향이 서로 반대

(라) 자석의 S극이 q점을 지나는 순간 검류계 바늘이 움직이는
    방향을 관찰한다.
    아래 방향의 자기 선속이 감소

〈실험 결과〉

(다)의 결과	단서
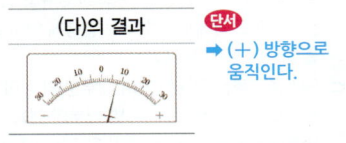	➡ (＋) 방향으로 움직인다.

이에 대한 설명으로 옳은 것만을 [보기]에서 있는 대로 고른
것은?

[보기]

ㄱ. 자석이 코일을 통과하는 과정에서 역학적 에너지
   일부가 전기 에너지로 전환된다.
   코일에 유도 전류가 흐르므로 에너지 전환이 일어난다.
ㄴ. h가 클수록 (다)에서 검류계 바늘이 (＋) 방향으로 더
   많이 움직인다.
   h가 크면 p점을 지날 때 자석의 속력이 크므로 더 센 유도 전류가 흐른다.
ㄷ. (라)에서 검류계 바늘은 (＋) 방향으로 움직인다.
   (다)와 (라)에서 전류가 서로 반대 방향으로 흐르므로 (－) 방향으로
   움직인다.

① ㄱ   ② ㄷ   ③ ㄱ, ㄴ   ④ ㄴ, ㄷ   ⑤ ㄱ, ㄴ, ㄷ

단서＋발상

단서 전자기 유도 실험 과정과 결과가 제시되어 있다.

발상 자석의 극 방향과 운동 방향으로부터 자기 선속의 변화를 추론할 수 있다.

적용 전자기 유도 법칙을 적용해서 (라)에서 전류의 방향을 구하는 것부터 문제 풀이를 시작해야 한다.

| 문제＋자료 분석 |

· 자석 주위의 자기력선은 N극에서 나와서 S극으로 들어가는 방향으로 형성된다.

· 자석의 N극을 아래로 하고 낙하시켰으므로 N극이 p점을 지나는 순간 코일 내부에는 아래 방향의 자기 선속이 증가한다.

· 자석의 S극이 q점을 지나는 순간 코일 내부에는 아래 방향의 자기 선속이 감소한다.

| 보기 분석 |

ㄱ 자석이 운동하는 동안 코일에는 전자기 유도에 의해 유도 전류가 흐른다. 이 유도 전류에 의한 자기장이 자석의 운동을 방해하므로 🍯 자석의 역학적 에너지가 감소한다. 이때 감소한 역학적 에너지만큼 전기 에너지로 전환된다.

ㄴ 패러데이의 전자기 유도 법칙에 따르면 유도 기전력의 세기는 시간에 따른 자기 선속의 변화율에 비례한다. h가 클수록 p점을 지나는 자석의 속력도 커지므로 p점을 지날 때 코일 내부를 통과하는 자기 선속의 세기의 시간 변화율이 더 크다. 따라서 h가 클수록 (다)에서 검류계 바늘이 (＋) 방향으로 더 많이 움직인다.

ㄷ. (다)에는 아래 방향의 자기 선속이 증가하고, (라)에서는 아래 방향의 자기 선속이 감소하므로 자기 선속이 변하는 양상이 서로 반대이다. 따라서 (다)와 (라)에서는 서로 반대 방향으로 유도 전류가 흐르므로 바늘은 (―) 방향으로 움직인다.

＊ **패러데이 전자기 유도 법칙**

코일을 통과하는 자기 선속이 변할 때 유도 기전력이 생성된다. 이때 유도 기전력의 크기는 코일의 감은 수, 시간에 따른 자기 선속의 변화율에 비례하며, 방향은 자기 선속의 변화를 방해하는 방향이다.

$$V = -N\frac{d\Phi}{dt}$$

---

05 **정답 ⑤** ＊ 산화 환원 반원과 에너지 출입 ·· 2028 대비 수능 예시 5 (1차)

다음은 학생 A가 수행한 탐구 활동이다.

〈가설〉

지구 및 생명 현상에서 산화 환원 반응이 일어나면
┌────────────────────────────┐
│ ㉠ 주위로 열을 방출 또는 흡수한다. │
└────────────────────────────┘

〈탐구 과정〉

· 산화 환원과 관련한 지구 및 생명 현상 (가)~(다)에서 일어나는 산화 환원 반응의 화학 반응식과 이 반응이 일어날 때 주위로 열을 흡수 또는 방출하는지 조사한다.

  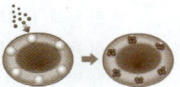

(가) 호상철광층의 형성 (나) 식물의 광합성 (다) 산화 헤모글로빈의 형성

〈탐구 결과〉

단서
산소와 이온 결합 ➡ 전자를 잃어버림

현상	화학 반응식	열의 출입
(가)	$4Fe + 3O_2 \rightarrow 2Fe_2O_3$	방출
(나)	$6CO_2 + 6H_2O \rightarrow C_6H_{12}O_6 + 6O_2$	흡수
(다)	$Hb + O_2 \rightarrow HbO_2$	방출

산소와 결합함 ➡ 산화

〈결론〉

· 가설은 옳다.

학생 A의 결론이 타당할 때, 이에 대한 설명으로 옳은 것만을 [보기]에서 있는 대로 고른 것은?

┌─────────────────[보기]─────────────────┐
│ ㄱ. '주위로 열을 ~~방출한다~~'는 ㉠에 해당한다. │
│   '주위로 열을 방출 또는 흡수한다.'   │
│ ㄴ. (가)의 반응에서 Fe은 전자를 잃는다.   │
│   (가)의 반응에서 Fe은 전자를 잃으면서 산화된다. │
│ ㄷ. (다)의 반응에서 Hb은 산화된다.   │
│   (다)에서 Hb는 산소와 결합하면서 산화된다.   │
└──────────────────────────────────────┘

① ㄱ   ② ㄴ   ③ ㄷ   ④ ㄱ, ㄴ   ⑤ ㄴ, ㄷ

단서＋발상

단서 (가), (나), (다)의 화학 반응에서 산소와의 결합 여부가 제시되어 있다.

발상 화학 반응식으로부터 산화 환원 반응을 추론할 수 있다.

적용 산소의 이동 또는 전자의 이동에 의한 산화 환원 반응을 적용해서 반응 물질의 산화 환원 여부를 파악하는 것부터 문제 풀이를 시작해야 한다.

| 문제＋자료 분석 |

· **(가) 호상철광층 형성**: 철이 산소와 결합하여 산화 철이 퇴적된다.
  ➡ Fe이 산화되며, 이 반응에서 열이 방출된다.

· **(나) 식물의 광합성**: 이산화 탄소와 물이 화학 반응을 일으켜 포도당을 형성한다. ➡ C는 산소와 분리되면서 수소와 결합하므로 환원된다. 이때 열을 흡수한다.

· **(다) 산화 헤모글로빈의 형성**: Hb과 산소와 결합하여 HbO_2이 형성된다.
  ➡ Hb이 산화되며, 이 반응에서 열이 방출된다.

| 보기 분석 |

ㄱ. 〈탐구 결과〉에서 (가)와 (다)의 반응에서는 열을 방출하고, (나)의 반응에서는 열을 흡수한다. 결론에서 가설이 옳다고 했으므로 가설은 '산화 환원 반응이 일어나면 주위로 열을 방출 또는 흡수한다'이다.

ㄴ (가)에서 Fe과 산소는 이온 결합을 한다. 따라서 Fe은 산소에게 전자를 내주면서 산화되고, 산소는 전자를 얻어 환원된다.

ㄷ (다)의 반응에서 Hb은 산소와 결합한다. 따라서 Hb은 산화된다.

＊ **산화 환원 반응**

산화 환원 반응은 산소의 이동 또는 전자의 이동으로 설명할 수 있다. 전자의 이동에 의한 산화 환원 반응은 산소의 이동에 의한 산화 환원 반응보다 훨씬 더 넓은 개념이다.

예시 1차

06 정답 ⑤ * 중화 반응

다음은 중화 반응 실험이다.

〈실험 과정〉
(가) HCl 수용액과 NaOH 수용액을 각각 50 mL 준비한다.
(나) (가)에서 준비한 두 가지 수용액의 부피를 표와 같이 달리하여
혼합한 용액 Ⅰ~Ⅲ을 만들고, 각 혼합 용액의 최고 온도를
측정한다.

단서 Ⅰ~Ⅲ 혼합 용액 부피가 동일하므로 최고 온도는 중화 반응한 양에 비례

혼합 용액	Ⅰ	Ⅱ	Ⅲ
HCl 수용액의 부피(mL)	15	10	5
NaOH 수용액의 부피(mL)	5	10	15

(다) Ⅰ~Ⅲ에 BTB 용액을 각각 2~3방울 넣은 후 혼합 용액의
색을 관찰한다.

Ⅰ에서 H^+, OH^- 각 $4N$개씩 반응
Ⅲ에서 H^+, OH^- 각 $2N$개씩 반응   ∴ $t_1 > t_2$

〈실험 결과 및 자료〉

혼합 용액	Ⅰ	Ⅱ	Ⅲ
최고 온도(°C)	t_1		t_2
혼합 용액의 색	⊙ 노란색	파란색 염기성	
이온 모형	Na^+ 2개 OH^- 2개 → 0개 H^+ 3개 → 1개 Cl^- 3개 ➡ 산성	(이온 모형 그림) Na^+ 4개 Cl^-, OH^- 중 하나로 각각 2개씩	Na^+ 6개 OH^- 6개 → 5개 H^+ 1개 → 0개 Cl^- 1개
모든 이온 수	$12N$ 모형 6개	$x = 16N$ 모형 8개	$y = 24N$ 모형 12개

이에 대한 설명으로 옳은 것만을 [보기]에서 있는 대로 고른 것은?
(단, 혼합 전 모든 수용액의 온도는 같고, 혼합 용액의 부피는 혼합
전 각 수용액의 부피의 합과 같다.)

───── [보기] ─────
ㄱ. 파란색은 ⊙에 해당한다.
  Ⅰ은 산성이므로 노란색이다.
ㄴ. $t_1 > t_2$이다.
  Ⅰ에서는 H^+, OH^- 각 $4N$개씩 반응
  Ⅲ에서는 H^+, OH^- 각 $2N$개씩 반응   ∴ $t_1 > t_2$
ㄷ. $x + y = 40N$이다.
  $x = 16N, y = 24N$ ∴ $x + y = 40N$
──────────────────

① ㄱ   ② ㄴ   ③ ㄷ   ④ ㄱ, ㄴ   ⑤ ㄴ, ㄷ

단서+발상

단서 혼합 용액의 조성과 혼합 용액 Ⅱ의 색, 이온 모형이 제시되어 있다.

발상 혼합 용액 Ⅱ의 색과 이온 모형으로 혼합 용액 Ⅰ~Ⅲ의 이온 모형을 추론할 수 있다.

적용 HCl 수용액과 NaOH 수용액의 혼합 용액에서 양이온과 음이온 수는 같다는 것을 적용해서 혼합 용액 Ⅱ에 존재하는 각 이온의 수를 구하는 것부터 문제 풀이를 시작해야 한다.

| 문제+자료 분석 |

· HCl 수용액과 NaOH 수용액에 존재하는 H^+, Cl^-과 Na^+, OH^-은 모두 1가이므로, 혼합 용액에서 양이온 수와 음이온 수는 서로 같아야 한다.

· 혼합 용액 Ⅱ는 혼합 용액의 색이 파란색으로 염기성이므로 H^+은 없고 양이온은 Na^+만 남아 있어야 하며, 음이온은 OH^-, Cl^-이 있어야 한다. 따라서 이온 모형에서 4개 존재하는 ■은 양이온인 Na^+이고 ●와 ▲은 각각 음이온인 OH^-, Cl^- 중 하나이다.

· 혼합 용액 Ⅱ는 HCl 수용액과 NaOH 수용액을 각 10 mL씩 섞었으므로 HCl 수용액 10 mL에 존재하는 H^+, Cl^-의 모형은 각각 2개, NaOH 수용액 10 mL에 존재하는 Na^+, OH^-은 각각 4개이다.

· 혼합 용액 Ⅰ~Ⅲ에 존재하는 이온은 표와 같다.

혼합 용액	Ⅰ	Ⅱ	Ⅲ
이온 모형	Na^+ 2개 OH^- 2개 → 0개 H^+ 3개 → 1개 Cl^- 3개 ➡ 모형 6개	Na^+ 4개 OH^- 4개 → 2개 H^+ 2개 → 0개 Cl^- 2개 ➡ 모형 8개	Na^+ 6개 OH^- 6개 → 5개 H^+ 1개 → 0개 Cl^- 1개 ➡ 모형 12개
모든 이온 수	$12N$	$16N$	$24N$

| 보기 분석 |

ㄱ. 혼합 용액 Ⅰ은 산성이므로 ⊙은 노란색이어야 한다.

ㄴ. 중화 반응에서 발생한 열량은 중화 반응한 양에 비례한다. 혼합 용액 Ⅰ에서 H^+과 OH^-은 $4N$개(모형 2개에 해당)씩 반응했고, 혼합 용액 Ⅲ에서는 $2N$개(모형 1개에 해당)씩 반응했으며, 혼합 용액의 전체 부피는 20 mL로 서로 같으므로 온도는 혼합 용액 Ⅰ에서가 Ⅲ에서보다 높아 $t_1 > t_2$이다.

ㄷ. 혼합 용액 Ⅰ에서 이온 모형 6개가 이온 수 $12N$에 해당하므로 $x = 16N, y = 24N$이 되어 $x + y = 40N$이다.

* 중화 반응

· **산과 염기의 중화 반응**: 산과 염기가 반응하여 물과 염을 생성하는 반응

· **중화 반응의 개수 비**: 산과 염기를 혼합하면 산의 수소 이온(H^+)과 염기의 수산화 이온(OH^-)이 1 : 1로 반응하여 물(H_2O)을 생성한다.

$$H^+ + OH^- \longrightarrow H_2O$$

· **혼합 용액의 온도 변화**: 중화점에서 온도가 가장 높다. 반응하는 수소 이온(H^+)과 수산화 이온(OH^-)의 수가 많을수록 중화열이 많이 발생하므로 완전히 중화되었을 때 혼합 용액의 온도가 가장 높다. ➡ 중화점

다음은 이산화 탄소가 지구 온난화에 미치는 영향을 알아보기 위한 탐구 활동이다.

〈탐구 과정〉

(가) 부피가 500 mL로 동일한 페트병 A와 B를 준비하여 20°C의 물을 각각 250 mL씩 채운다.

온실 기체

(나) 물과 반응하면 이산화 탄소가 발생하는 고체 조각 2개를 B에만 넣은 직후, 근거리 무선 통신 온도계를 끼운 고무마개로 A와 B의 입구를 막는다.

(다) 빛의 세기가 일정한 백열전등을 설치하고, 전등으로부터 20 cm 떨어진 곳에 A와 B를 나란히 놓는다.

(라) 근거리 무선 통신 온도계를 스마트 기기에 연결하고 전등을 켠 후, A와 B에서 나타나는 온도를 1분 간격으로 10분 동안 측정한다.

(마) (라)에서 측정한 각각의 페트병 내의 온도 변화를 ㉠과 ㉡의 그래프로 나타낸다.

〈탐구 결과〉

단서
B가 A보다 높은 온도에서 복사 평형을 이룸

그래프: 온도(°C), 경과 시간(분). 페트병 B (㉠), 페트병 A (㉡).

〈결론〉

• 대기 중 이산화 탄소의 양이 많을수록 온실 효과는 (㉮ 강화) 된다.

이에 대한 설명으로 옳은 것만을 [보기]에서 있는 대로 고른 것은?

[보기]

㉠ 페트병 B의 온도 변화를 나타낸 것은 ㉠이다.
　페트병 B는 온실 효과에 의해 온도가 더 높게 나타난다.

㉡ '강화'는 ㉮에 해당한다.
　이산화 탄소에 의해 온실 효과는 '강화'된다.

㉢ 대기 중 이산화 탄소의 양이 현재보다 많아지면 지구는 더 높은 온도에서 복사 평형에 도달할 것이다.
　온실 기체의 농도가 증가할수록 복사 평형 온도가 높아진다.

① ㄱ ② ㄷ ③ ㄱ, ㄴ ④ ㄴ, ㄷ ⑤ ㄱ, ㄴ, ㄷ

💡 **단서＋발상**

단서 페트병 A와 B의 차이점이 제시되어 있다.

발상 페트병 A와 B에 이산화 탄소의 포함 여부를 고려하여 온실 효과에 따른 온도 변화를 추론할 수 있다.

| 문제＋자료 분석 |

• 〈탐구과정〉: A에는 물만 넣고, B에는 물과 이산화 탄소가 발생하는 고체 조각을 넣고 온도 변화를 측정한다.
　➡ 이산화 탄소에 의한 온실 효과로 A보다 B의 온도가 더 높을 것이다.

• 〈탐구 결과〉: ㉠이 ㉡보다 더 높은 온도에서 복사 평형을 이룬다.
　➡ 온실 효과는 ㉠이 ㉡보다 강하게 나타난다.

| 보기 분석 |

㉠ B에는 이산화 탄소가 존재하므로 A보다 높은 온도를 유지할 것이다. 따라서 그래프에서 B는 ㉠, A는 ㉡이다.

㉡ 〈탐구 결과〉에서 이산화 탄소가 들어 있는 B가 A보다 높은 온도를 유지하므로 이산화 탄소의 양이 많을수록 온실 효과가 강해짐을 추론할 수 있다.

㉢ 〈탐구 결과〉 그래프에서 ㉠과 ㉡은 모두 복사 평형 온도에 도달하고, ㉠은 ㉡보다 높은 온도에서 복사 평형 상태가 된다. 따라서 대기 중 이산화 탄소의 양이 현재보다 많아지면 지구는 더 높은 온도에서 복사 평형에 도달할 것임을 추론할 수 있다.

그림은 에너지 전환을 주제로 한 발표 자료에 대해 학생 A, B, C가 대화하는 모습을 나타낸 것이다.

내연 기관 자동차와 전기 자동차의 에너지 전환

• ㉠ 내연 기관에서 사용하는 화석 연료에는 모두 탄소(C)가 포함됨. 단서 연소 과정에서 이산화 탄소 발생 ➡ 온실 기체

• 내연 기관 자동차에서 공급받은 연료의 에너지가 $100E_0$, 전기 자동차가 공급받은 전기 에너지가 $25E_0$일 때의 에너지 전환

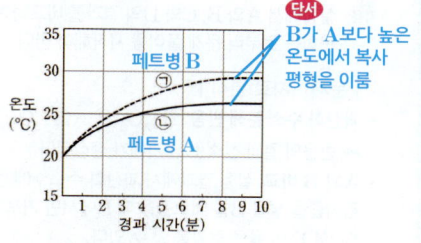

내연 기관 자동차
공급받은 연료의 에너지 $100E_0$
발생한 열에너지 $79E_0$
효율 $= \dfrac{20E_0}{100E_0} = 0.2$
장치에 필요한 전기 에너지 E_0
주행에 사용하는 에너지 $20E_0$

전기 자동차
공급받은 전기 에너지 $25E_0$
효율 $= \dfrac{16E_0}{25E_0} = 0.64$
발생한 열에너지 $8E_0$
장치에 필요한 전기 에너지 E_0
주행에 사용하는 에너지 $16E_0$

학생 A: ㉠이 연소하는 과정에서 온실 기체가 발생해.
이산화 탄소

학생 B: 공급받은 에너지를 주행에 사용하는 에너지로 전환하는 과정에서의 에너지 효율은 내연 기관 자동차가 전기 자동차보다 ✗

내연 기관: 0.2
전기 자동차: 0.64

학생 C: 같은 양의 에너지를 공급받았을 때 버려지는 열에너지가 많을수록 에너지 효율은 낮아져.

제시한 내용이 옳은 학생만을 있는 대로 고른 것은?

① A ② B ③ A, C ④ B, C ⑤ A, B, C

💡 **단서＋발상**

단서 내연 기관 자동차와 전기 자동차의 에너지 전환 과정이 제시되어 있다.

발상 에너지 전환 과정에서의 에너지 보존과 전환 효율을 추론할 수 있다.

적용 에너지 효율 $= \dfrac{주행에 사용하는 에너지}{공급받은 에너지}$ 를 적용하여 각 자동차의 에너지 효율을 구하는 것부터 문제 풀이를 시작해야 한다.

| 문제＋자료 분석 |

• 내연 기관 자동차의 에너지 효율

$$= \frac{\text{주행에 사용하는 에너지}}{\text{공급받은 에너지}} = \frac{20E_0}{100E_0} = 0.2$$

• 전기 자동차의 에너지 효율

$$= \frac{\text{주행에 사용하는 에너지}}{\text{공급받은 에너지}} = \frac{16E_0}{25E_0} = 0.64$$

왜 틀렸나?

단순히 주행에 사용하는 에너지가 전기 자동차보다 내연 기관 자동차에서 더 큰 것만을 보고 B를 옳은 설명으로 고르면 안 된다. 에너지 효율은 공급받은 에너지에 대한 사용한 에너지의 비율이므로 공급받은 에너지를 같이 고려해주어야 한다. 이 경우는 내연 기관 자동차에서 공급받은 에너지가 훨씬 크다는 것에 주목한다.

| 선택지 분석 |

③ **학생 A**: 내연 기관에서 화석 연료를 연소하는 과정에서 화석 연료의 탄소(C)가 공기 중의 산소(O_2)와 결합하여 이산화 탄소(CO_2)가 만들어진다. 이산화 탄소는 대표적인 온실 기체이다. ➡ 옳음

학생 B: 공급받은 에너지를 주행에 사용하는 에너지로 전환하는 **함정** 과정에서의 에너지 효율은 내연 기관 자동차에서 0.2, 전기 자동차에서 0.64이므로 전기 자동차가 더 크다. ➡ 옳지 않음

학생 C: 에너지 전환 과정에서도 에너지는 보존되므로 [공급받은 에너지＝주행에 사용하는 에너지＋장치에 필요한 전기 에너지＋발생한 열에너지]가 성립한다. 따라서 같은 양의 에너지를 공급받았을 때 버려지는 열에너지가 많을수록 사용하는 에너지가 작아지므로 에너지 효율은 낮아진다. ➡ 옳음

---

09 정답 ⑤ ✴ 효소의 기능, 화학 결합 ⋯⋯⋯⋯⋯⋯⋯⋯⋯⋯⋯⋯⋯⋯⋯⋯⋯⋯ 2028 대비 수능 예시 9 (1차)

다음은 어떤 학생이 작성한 과산화 수소 활용 실험 보고서이다.

〈가설 1〉
• 감자즙에는 ⓐ 과산화 수소 분해 반응을 촉진하는 효소가 있을 것이다.
$$2H_2O_2(l) \rightarrow 2H_2O(l) + O_2(g)$$

〈가설 2〉
• 과산화 수소수는 산성을 띨 것이다.

〈준비물〉
• 4홈판, 스포이트, 과산화 수소수, 감자즙, BTB 용액

A: 과산화 수소수 ＋ 증류수
B: 과산화 수소수 ＋ 감자즙
C: 과산화 수소수 ＋ BTB 용액
D: 증류수 ＋ BTB 용액

〈실험 과정〉
(가) 4홈판의 A~C에는 각각 과산화 수소수 3 mL를 넣고, D에는 증류수 3 mL를 넣는다.
(나) A에는 증류수, B에는 감자즙, C와 D에는 각각 BTB 용액을 2~3방울 넣는다.
(다) A~D에서 기포 생성 여부와 용액의 색 변화를 관찰한다.

〈실험 결과〉

감자즙이 과산화 수소 분해 반응을 촉진한다는 것을 알 수 있음   과산화 수소수가 산성임을 알 수 있음

구분	**단서** A	B	C	D
기포 생성 여부	생성 안 됨	생성됨	생성 안 됨	생성 안 됨
색깔	투명	?	노란색	녹색

이에 대한 설명으로 옳은 것만을 [보기]에서 있는 대로 고른 것은?

[보기]
ㄱ. ⓐ는 과산화 수소 분해 반응의 활성화에너지를 낮춘다.
  분해 반응을 촉진하는 효소는 반응의 활성화에너지를 낮춰 화학 반응이 쉽게 일어나도록 해준다.
ㄴ. 과산화 수소 분해로 생성된 산소(O_2)는 공유 결합 물질이다.
  O_2는 비금속 원소인 산소 원자 간 결합으로 공유 결합 물질이다.
ㄷ. C와 D에서의 실험 결과를 비교하여 가설 2를 검증할 수 있다.
  C와 D를 비교하면 과산화 수소수가 산성인지 알 수 있다.

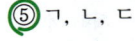
① ㄱ   ② ㄷ   ③ ㄱ, ㄴ   ④ ㄴ, ㄷ   ⑤ ㄱ, ㄴ, ㄷ

단서＋발상

단서 가설 2가지와 실험 결과가 제시되어 있다.

발상 실험 결과로부터 가설이 맞는지 여부를 추론할 수 있다.

적용 실험에서 A와 B, C와 D의 결과를 비교하여 가설이 옳은지 여부를 구하는 것부터 문제 풀이를 시작해야 한다.

| 문제＋자료 분석 |

• 과산화 수소 분해 반응: $2H_2O_2(l) \rightarrow 2H_2O(l) + O_2(g)$
  ➡ 반응의 결과 산소(O_2) 기체가 생성된다.

• **A와 B 비교**: 실험 결과에서 과산화 수소수에 증류수를 넣은 A와 감자즙을 넣은 B를 비교했을 때 B에서만 기포가 생성된 것으로 보아 〈가설 1〉이 옳은 것임을 알 수 있다.

• **C와 D 비교**: 실험 결과에서 증류수에 BTB 용액을 넣은 D는 녹색으로 중성을 나타내지만 과산화 수소수에 BTB 용액을 넣은 C는 노란색으로 산성을 나타내는 것으로 보아 〈가설 2〉가 옳은 것임을 알 수 있다.

| 보기 분석 |

ㄱ. ⓐ(과산화 수소 분해 반응을 촉진하는 효소)는 과산화 수소 분해 반응의 활성화 에너지를 낮춰 반응이 쉽게 일어나도록 해준다.

ㄴ. 과산화 수소 분해 반응에서 생성된 산소(O_2)는 비금속 원소인 산소(O) 원자만으로 이루어진 공유 결합 물질이다.

ㄷ. D에서 증류수에 BTB 용액을 넣었을 때는 중성이므로 녹색이 나타나지만, C에서 과산화 수소수에 BTB 용액을 넣었을 때는 노란색으로 나타나는 것으로 보아 과산화 수소수는 산성이라는 〈가설 2〉가 옳다는 것을 알 수 있다.

✴ **효소**

• 감자에는 카탈레이스와 같은 효소가 들어 있는데, 카탈레이스는 과산화 수소 분해 반응에서 활성화 에너지를 낮춰 반응이 빠르게 일어날 수 있도록 해준다.

다음은 어떤 항생제 내성에 관한 자료이다.

- 항생제 내성 세균은 항생제에 노출되었을 때 생존 가능성이 높고, 항생제 감수성 세균은 항생제에 노출되었을 때 죽을 가능성이 높다.
- 항생제 X에 대한 내성은 돌연변이에 의해 생기고, <u>다음 세대로 유전된다.</u> **단서** (다)에서 (나)의 비율 유지
- X가 없는 조건에서 X 내성 세균과 X 감수성 세균의 증식 속도는 동일하다.
- 그림은 X 처리 여부에 따라 X 내성 세균과 X 감수성 세균의 비율이 변화하는 과정을 나타낸 것이다.

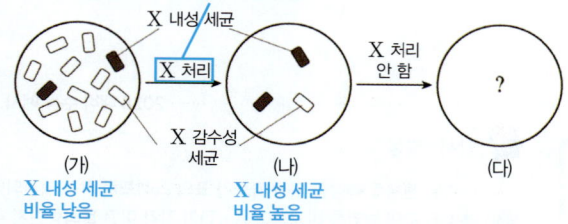

X 내성 세균의 생존 가능성 높음
X 내성 세균
X 처리 │ X 처리 안 함 │ ?
X 감수성 세균
(가) (나) (다)
X 내성 세균 비율 낮음 │ X 내성 세균 비율 높음

이 자료에 대한 설명으로 옳은 것만을 [보기]에서 있는 대로 고른 것은?

[보기]
ㄱ. X에 노출되지 않은 세균 집단에서 X 내성 세균은 발생할 수 없다. X 내성 세균은 돌연변이에 의해 임의 발생할 수 있다.
ㄴ. (가) → (나) 과정에서 세균의 형질에 따른 자연선택의 원리가 적용된다. (가) → (나) 과정에서 자연선택의 원리가 적용된다.
ㄷ. X 내성 세균의 비율은 (가)에서보다 (다)에서 높다. 항생제 X에 대한 내성은 다음 세대로 유전되기 때문에 X 내성 세균의 비율은 (가)에서보다 (다)에서가 높다.

① ㄱ ② ㄷ ③ ㄱ, ㄴ ④ ㄴ, ㄷ ⑤ ㄱ, ㄴ, ㄷ

 단서+발상

단서 항생제 X의 처리 전후 X 내성 세균과 X 감수성 세균의 비율이 변화하는 과정이 제시되어 있다.

발상 항생제 X를 처리한 후에 X 내성 세균의 생존 가능성이 높으므로 (나)에서 X 내성 세균의 비율이 높아질 것이며, 이 형질이 다음 세대로 유전되기 때문에 (다)에서도 이 비율이 유지될 것임을 추론할 수 있다.

| 문제+자료 분석 |

- (가): 항생제 X에 대한 내성은 돌연변이에 의해 무작위로 생기기 때문에 (가)에서 X 내성 세균이 낮은 비율로 존재한다.
- (나): 항생제 X를 처리하면 X 감수성 세균은 죽을 가능성이 높고 X 내성 세균은 생존 가능성이 높기 때문에 (가)보다 (나)에서 X 내성 세균의 비율이 높아진다.
- (다): 항생제 X에 대한 내성은 다음 세대로 유전되기 때문에 (나)에서 높아진 X 내성 세균의 비율이 (다)에서도 유지될 것이다.

| 보기 분석 |

ㄱ. 항생제 X에 대한 내성은 돌연변이에 의해 무작위적으로 발생하기 때문에 세균 집단이 X에 노출되었는지 여부와 관계없이 X 내성 세균은 발생할 수 있다.

ㄴ. 항생제 내성 세균은 항생제에 노출되었을 때 생존 가능성이 높다. (가) → (나) 과정에서 항생제 X가 처리되었으므로, 환경 변화에 따른 자연선택에 의해 항생제 내성 형질을 가진 세균의 비율이 높아진다.

ㄷ. 항생제 X를 처리한 후 (가)에서보다 (나)에서 X 내성 세균의 비율이 높아졌으며, <mark>항생제 X에 대한 내성은 다음 세대로 유전되는 형질이므로 이 비율이 (다)에서도 유지된다.</mark> **함정**
따라서 X 내성 세균의 비율은 (가)에서보다 (다)에서가 높다.

 문제 풀이 꿀팁

- 개체 사이의 유전자 차이는 돌연변이나 생식세포의 다양한 조합으로 발생한다. 이러한 유전자 차이는 환경에 따른 자연선택에 영향을 주며, 자손에게 전달될 수 있다.
세균 집단에서 돌연변이에 의해 항생제 내성 형질이 우연히 나타날 수 있으며, 항생제가 사용되는 환경에서는 자연선택에 의해 항생제 내성 세균의 비율이 높아진다. 이 형질은 다음 세대에게 전달되기 때문에, 이후 항생제가 사용되지 않더라도 변화된 비율이 유지된다.

예시 1차

다음은 생명체의 단백질과 유전정보에 대한 자료이다. ⓐ와 ⓑ는 단백질과 DNA를 순서 없이 나타낸 것이다.

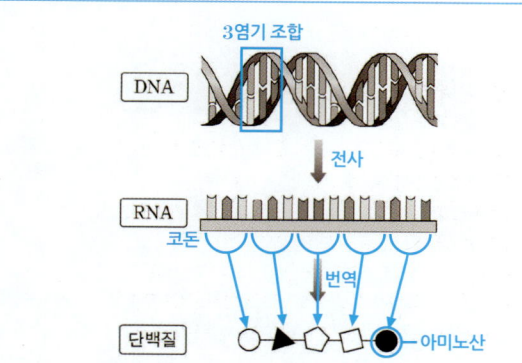

3염기 조합
DNA
전사
RNA
코돈
번역
단백질 → 아미노산

- ⓐ(단백질)의 합성에 이용되는 아미노산은 약 20 종류이다.

- ⓐ(단백질)를 구성하는 아미노산의 종류와 결합 순서는 ⓑ(DNA)에 있는 유전정보에 의해 결정된다. ⓑ(DNA)에서 연속된 2개의 염기가 1개의 아미노산에 대한 정보를 갖는다면 최대 16종류의 아미노산을 지정할 수 있고, <u>연속된 3개의 염기가 1개의 아미노산에 대한 정보를 갖는다면 최대 64종류의 아미노산을 지정할 수 있다.</u>
➡ 3염기 조합

이에 대한 설명으로 옳은 것만을 [보기]에서 있는 대로 고른 것은?

[보기]
ㄱ. ⓐ는 효소의 구성 성분이다. 단백질은 효소의 구성 성분이다.
ㄴ. ⓑ를 구성하는 단위체는 4종류이다. DNA를 구성하는 단위체는 4종류의 뉴클레오타이드이다.
ㄷ. ⓑ에서 연속된 2개의 염기가 1개의 아미노산을 지정한다. 3개

① ㄱ ② ㄴ ③ ㄱ, ㄴ ④ ㄱ, ㄷ ⑤ ㄴ, ㄷ

단서+발상

단서 DNA에서 RNA, 단백질로 이어지는 유전정보의 흐름과, 단백질 합성에 이용되는 아미노산의 종류 수가 제시되어 있다.

발상 단백질의 합성에 이용되는 아미노산의 종류가 20종류인데, 2개의 염기가 1개의 아미노산에 대한 정보를 갖는다면 20종류의 아미노산을 모두 지정할 수 없음을 추론할 수 있다.

| 문제+자료 분석 |

- ⓐ: 아미노산이 단백질의 합성에 이용되므로 ⓐ는 단백질이다.
- ⓑ: DNA에 있는 유전정보에 의해 아미노산의 종류와 순서가 결정되므로 ⓑ는 DNA다.
- DNA에서 연속된 2개의 염기가 1개의 아미노산에 대한 정보를 갖는다면 최대 16종류의 아미노산을 지정할 수 있는데, 단백질의 합성에 이용되는 아미노산은 16종류를 초과한 20종류이므로 모순이다.
- DNA에서 연속된 3개의 염기가 1개의 아미노산에 대한 정보를 갖는다면 최대 64종류의 아미노산을 지정할 수 있으므로 단백질의 합성에 이용되는 20종류의 아미노산을 충분히 지정할 수 있다. 실제로 DNA의 3염기 조합이 아미노산 하나를 지정하는 부호가 된다.

| 보기 분석 |

ㄱ 유전정보에 따라 합성된 ⓐ(단백질)는 효소, 근육, 머리카락 등을 구성하며 체내에서 특정한 기능을 수행한다.

ㄴ ⓑ(DNA)를 구성하는 단위체는 뉴클레오타이드로 당, 염기, 인산으로 이루어져 있다. DNA를 구성하는 뉴클레오타이드의 당과 인산은 모두 동일하며, 염기는 아데닌(A), 구아닌(G), 사이토신(C), 타이민(T)의 4종류로 ⓑ를 구성하는 단위체는 4종류이다.

ㄷ. 20종류의 아미노산을 지정하려면 ⓑ(DNA)에서 최소 연속된 3개 이상의 염기가 1개의 아미노산을 지정해야 한다.

✱ 생명 중심 원리

- **전사**: DNA에 저장된 유전정보가 RNA로 전달되는 과정으로 DNA와 상보적인 염기 서열의 RNA가 합성되는 과정을 거친다.
- **번역**: RNA의 유전정보로부터 단백질이 합성되는 과정으로 RNA의 염기 3개인 코돈이 하나의 아미노산을 지정하는 부호가 된다.

---

12 정답 ③ ✱ 기상 데이터 측정 및 해석 ·· 2028 대비 수능 예시 12 (1차)

다음은 디지털 센서를 활용하여 실시간 기상 데이터를 측정하는 탐구 활동이다.

〈탐구 과정 및 결과〉

(가) 어느 날 오후, 교실 내의 기온, 기압, 절대 습도, 이슬점을 측정하는 디지털 센서를 설치한다.

(나) 디지털 센서와 스마트 기기를 근거리 무선 통신으로 연결한 후, 스마트 기기가 기상 데이터를 30초 간격으로 수신하도록 설정한다.

(다) 스마트 기기에 기록된 〈자료 1〉의 기상 데이터를 이용하여 〈자료 2〉와 같이 (㉠ 그래프로 변환)하고, 〈자료 2〉의 경향성을 해석한다.

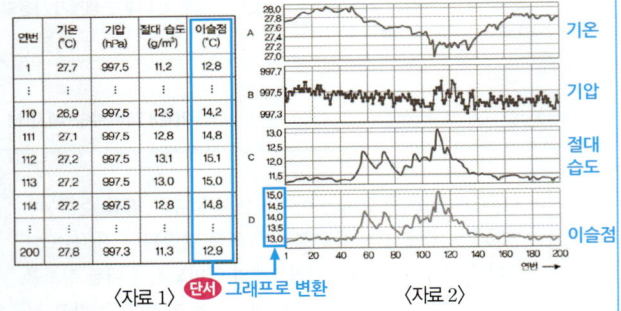

연번	기온(℃)	기압(hPa)	절대 습도(g/m³)	이슬점(℃)
1	27.7	997.5	11.2	12.8
⋮				
110	26.9	997.5	12.3	14.2
111	27.1	997.5	12.8	14.8
112	27.2	997.5	13.1	15.1
113	27.2	997.5	13.0	15.0
114	27.2	997.5	12.8	14.8
⋮				
200	27.8	997.3	11.3	12.9

〈자료 1〉 **단서** 그래프로 변환 〈자료 2〉

〈결론〉

공기 중 단위 부피당 수증기량(절대 습도)이 많을수록 이슬점은 대체로 (㉡ 상승)한다.

이에 대한 설명으로 옳은 것만을 [보기]에서 있는 대로 고른 것은?

───────────────[보기]───────────────

ㄱ '그래프로 변환'은 ㉠에 해당한다.
  〈자료 2〉는 측정한 기상 데이터를 그래프로 변환한 것이다.

ㄴ. A~D 중 이슬점 그래프는 ~~C~~이다. D
  이슬점 그래프는 최댓값이 15.1이다.

ㄷ '상승'은 ㉡에 해당한다.
  절대 습도(C)와 이슬점(D)이 비례하므로 '상승'은 ㉡에 해당한다.

① ㄱ　　② ㄴ　　③ ㄱ, ㄷ　　④ ㄴ, ㄷ　　⑤ ㄱ, ㄴ, ㄷ

단서+발상

단서 디지털 센서로 측정한 기상 자료가 표와 그래프로 각각 제시되어 있다.

발상 측정된 값의 범위를 비교하여 A~D가 각각 어떤 물리량인지 추론할 수 있다.

| 문제+자료 분석 |

- 〈자료 1〉: 기온, 기압, 절대 습도, 이슬점의 최댓값과 최솟값의 범위를 비교하면, A는 기온, B는 기압, C는 절대 습도, D는 이슬점이다.
- 〈자료 2〉: A가 감소할 때 C와 D는 대체로 증가하는 경향을 보인다.
  ➡ C와 D는 변화 경향성이 대체로 일치한다.

| 보기 분석 |

ㄱ 〈자료 2〉는 표로 작성한 〈자료 1〉의 기상 데이터를 그래프로 변환한 것이다. 따라서 '그래프로 변환'은 ㉠에 해당한다.

ㄴ. 이슬점은 〈자료 1〉에서 12.8~15.1 사이의 값을 갖는다. 따라서 이슬점 그래프는 〈자료 2〉의 D이다.

ㄷ 〈자료 2〉에서 C(절대 습도)와 D(이슬점)는 변화 경향이 동일하게 나타난다. 따라서 절대 습도가 높을수록 이슬점은 대체로 상승한다.

2028학년도 대학수학능력시험 예시문항 (2차)

[2025년 4월 15일 발표]   문제편 263~269p

01 정답 ③   ✱ 생태계와 환경 ……………………………………………………………………………………………… 2028 대비 수능 예시 1 (2차)

표는 생태계평형에 영향을 미치는 환경 변화의 예를 나타낸 것이다. (가)와 (나)는 외래생물 유입과 환경 오염을 순서 없이 나타낸 것이다.

환경 변화	예
(가) 환경 오염	페그물, 폐플라스틱 등의 해양쓰레기로 해양 포유류와 바닷새가 폐사하거나 생존에 위협을 받는다. ← 환경 오염 원인
(나) 외래생물 유입	ⓐ 해외로부터 유입된 뉴트리아는 하천 주변에 서식하며 식물을 마구 갉아 먹어 주변 생태계를 파괴한다. 단서 ← 외래생물
지구 온난화	㉠ 지구의 평균 기온 상승으로 인해 발생하는 사례

이에 대한 설명으로 옳은 것만을 [보기]에서 있는 대로 고른 것은? [1.5점]

[보기]

ㄱ. (가)는 환경 오염이다.   (가)는 환경 오염, (나)는 외래생물 유입
ㄴ. ⓐ를 해결하는 방법에는 뉴트리아를 ~~천연기념물~~로 지정하는 것이 있다.
   ⓐ를 해결하기 위해 외래종인 뉴트리아의 유입 경로 관리를 강화해야 함
ㄷ. '영구 동토층의 북극이끼는 기온 상승으로 서식지를 잃어간다.'는 ㉠에 해당한다.
   지구의 평균 기온 상승으로 영구 동토층이 사라지는 것은 ㉠에 해당

① ㄱ   ② ㄴ   ③ ㄱ, ㄷ   ④ ㄴ, ㄷ   ⑤ ㄱ, ㄴ, ㄷ

 단서+발상

단서 해외로부터 유입된 외래생물인 뉴트리아의 생태계 파괴 사례가 제시되어 있다.

발상 뉴트리아로 인한 변화 (나)는 외래생물종 유입임을 추론할 수 있다.

적용 환경에 따른 생태계 변화를 적용해서 (가)와 (나)를 구하는 것부터 문제 풀이를 시작해야 한다.

| 문제+자료 분석 |

• (가): 환경 오염의 원인 중 하나인 해양쓰레기로 인해 해양 동물의 생존이 위협 받는 것은 환경 오염에 의한 생태계평형 변화이다.
• (나): 해외로부터 유입된 뉴트리아에 의해 하천 주변 생태계가 파괴되는 것은 외래생물 유입에 의한 생태계평형 변화이다.
• 지구 온난화: 지구 온난화로 지구의 평균 기온이 상승하면 수온의 변화, 빙하의 감소 등으로 인해 서식지가 달라져 생태계평형에 변화가 생긴다.

| 보기 분석 |

ㄱ. (가)는 환경 오염, (나)는 외래 생물 유입을 나타낸 것이다.
ㄴ. ⓐ는 외래생물 유입에 의한 생태계 변화 사례이다. ⓐ를 해결하기 위해서는 외래생물 뉴트리아의 유입 경로 관리를 강화하고 고유종의 생태를 보호해야 한다. 따라서 천연기념물은 학술 보존 가치가 있어 국가에서 지정해 보호하는 생물로 뉴트리아의 사례에 해당하지 않는다.
ㄷ. 영구 동토층은 추운 지역에서 토양이 0 ℃ 이하로 유지되는 곳으로 지구 온난화에 의한 기온 상승으로 영구 동토층이 사라질 수 있다.
따라서 기온 상승으로 인해 영구 동토층의 북극이끼가 서식지를 잃어가는 것은 ㉠에 해당한다.

02 정답 ⑤   ✱ 측정 표준 …………………………………………………………………………………………………… 2028 대비 수능 예시 2 (2차)

표는 길이의 측정 표준 A, B, C에 대한 내용이다.

측정 표준	1 m의 정의
A	0 ℃일 때, 백금-이리듐 합금으로 만든 미터원기에 표시된 두 선 사이의 거리 금속 막대는 온도 변화에 따라 변함
B	진공에서 빛이 $\frac{1}{299\ 792\ 458}$초 동안 진행하는 거리 단서 시간의 표준 필요
C	지구 자오선의 일부분을 이동하면서 측정한 거리와 위도를 이용 눈으로 볼 수 있는 물체의 크기 측정 하여 계산한 북극에서 적도까지 거리의 $\frac{1}{10\ 000\ 000}$

이에 대한 설명으로 옳은 것만을 [보기]에서 있는 대로 고른 것은? [1.5점]

[보기]

ㄱ. A의 미터원기는 온도가 달라지면 길이가 변한다.
ㄴ. B에는 시간을 정확하게 측정하는 기술이 필요하다.
ㄷ. 길이의 측정 표준은 C → A → B 순으로 바뀌었다.

① ㄱ   ② ㄷ   ③ ㄱ, ㄴ   ④ ㄴ, ㄷ   ⑤ ㄱ, ㄴ, ㄷ

 단서+발상

단서 길이의 기본 단위인 1 m에 대한 정의 A, B, C가 제시되어 있다.

발상 A, B, C가 어떤 기준을 바탕으로 1 m를 정의한 방식과 특징을 추론할 수 있다.

적용 측정 표준의 개념을 적용해서 어떤 기준에 따라 길이를 정의했는지를 구하는 것부터 문제 풀이를 시작해야 한다.

| 문제+자료 분석 |

• A, B, C는 서로 다른 기준을 바탕으로 1 m의 길이를 정의한 측정 표준이다.
• A: 미터원기를 사용한 정의이다.
• B: 빛의 속도와 시간을 기준으로 한 정의이다.
• C: 지구를 이용한 정의로, 북극에서 적도까지 거리의 1000만분의 1을 1 m로 정의한다.

| 보기 분석 |

ㄱ. A의 미터원기는 금속으로 만든 도구이다. 금속 막대는 온도 변화에 따라 열팽창 또는 수축하여 미세하게 길이가 변할 수 있다.
따라서 A의 미터원기는 온도가 달라지면 길이가 변한다.
ㄴ. B를 활용하여 정확한 길이를 측정하기 위해서는 시간의 표준이 필요하다.
따라서 B에는 시간을 정확하게 측정하는 기술이 필요하다.
ㄷ. 과거에 길이의 측정은 눈으로 볼 수 있는 물체의 크기에 대한 측정만 가능하였으나 점차 눈으로 볼 수 없는 것도 측정할 수 있게 되었다.
따라서 길이의 측정 표준은 C → A → B 순으로 발전하였다.

03 정답 ⑤ ＊기본량 ....

다음은 구리를 이용한 실험이다.

〈실험 과정 및 결과〉  기본량

(가) 그림과 같이 한 변의 ㉠ 길이가 1 cm
인 정육면체의 구리를 준비하였다.
(나) 전자저울을 이용하여 (가)에서 준비한
구리의 ㉡ 질량을 측정하였더니 9 g
이었다. 기본량
(다) (가)에서 준비한 구리와 ㉢ 온도가 같은 물 10 mL가 담긴 눈
금실린더에 구리를 완전히 잠기도록 넣고 눈금을 읽었더니 11
mL이었다.

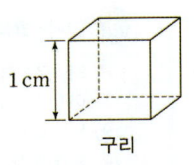
1 cm 구리

이에 대한 설명으로 옳은 것만을 [보기]에서 있는 대로 고른 것은?

[1.5점]

[보기]

ㄱ. ㉢은 기본량이다.
ㄴ. 밀도는 ㉠과 ㉡으로부터 유도되는 물리량이다.
ㄷ. 1 mL와 1 cm³는 같은 부피이다.

① ㄱ　　② ㄷ　　③ ㄱ, ㄴ　　④ ㄴ, ㄷ　　⑤ ㄱ, ㄴ, ㄷ

단서＋발상

단서 구리의 기본량을 활용한 실험이 제시되어 있다.
발상 구리의 질량과 부피를 활용하여 밀도와 기본량의 의미를 추론할 수 있다.
적용 기본량의 개념을 적용해서 구리의 부피를 구하는 것부터 문제 풀이를 시작해야 한다.

| 문제＋자료 분석 |
• 주어진 실험은 기본량(길이)을 이용해 유도량(부피)을 구하는 실험이다.
➡ 한 변의 길이가 1 cm인 정육면체 구리의 부피는 1 cm³이다.

| 보기 분석 |
ㄱ ㉢ 온도는 다른 물리량을 활용하여 표현할 수 없는 가장 기본이 되는 물리량이므로 기본량이다.
ㄴ 밀도는 기본량인 질량을 길이의 유도량인 부피로 나눈 값이다.
따라서 밀도는 ㉠ 길이와 ㉡ 질량으로부터 유도되는 물리량이다.
ㄷ (다)에서 부피가 10 mL인 물에 부피가 1 cm³인 구리를 넣었을 때, 증가한 부피는 1 mL이므로 1 mL와 1 cm³는 같은 부피라고 할 수 있다.

＊기본량과 유도량
• **기본량**: 다른 물리량을 활용하여 표현할 수 없는 가장 기본이 되는 물리량
예 길이, 질량, 시간, 전류, 온도, 물질량, 광도
➡ 기본량의 단위는 국제단위계(SI)에서 기본량의 단위로 7개의 기본 단위를 정하여 사용한다.
• **유도량**: 기본량을 조합해 유도하는 물리량으로, 기본량 이외의 모든 물리량이 이에 해당한다.
예 넓이, 부피, 밀도, 속력, 농도 등
➡ 유도량의 단위는 7개의 기본 단위를 곱하거나 나누어서 나타낼 수 있다.

---

04 정답 ④ ＊규산염 광물, 물질의 전기적 성질 ....

다음은 지구를 구성하는 물질에 대한 설명이다.

지구의 지각을 이루는 암석의 대부분은
그림과 같이 두 종류의 원자 ⓐ와 ⓑ가 공
 산소(O) 규소(Si)
유결합한 사면체 구조를 기본 단위체로 하
는 ⬚㉠⬚ 광물로 구성되어 있다. 기본 단
규산염
위체의 구성 원자인 X로만 이루어진 물질은 특정 불순물을 첨가
규소(Si)
하여 전기적 성질을 변화시킬 수 있다. 이를 이용하여 만든
⬚㉡⬚ 소자는 태양 전지나 스마트 기기, 로봇 등 다양한 제품에
반도체
활용된다.

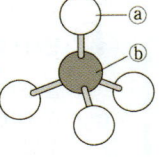
ⓐ
ⓑ

이에 대한 설명으로 옳은 것만을 [보기]에서 있는 대로 고른 것은?

[2.5점]

[보기]

ㄱ. X는 ⓐ이다. ⓑ
ㄴ. '규산염'은 ㉠에 해당한다.
ㄷ. '반도체'는 ㉡에 해당한다.

① ㄱ　　② ㄷ　　③ ㄱ, ㄴ　　④ ㄴ, ㄷ　　⑤ ㄱ, ㄴ, ㄷ

단서＋발상

단서 광물 ㉠에 대한 설명이 제시되어 있다.
발상 광물의 특징과 구조에 대한 설명을 통해 ㉠을 추론할 수 있다.
적용 지각을 구성하는 광물의 특징을 적용해서 ㉠을 구하는 것부터 문제 풀이를 시작해야 한다.

| 문제＋자료 분석 |
• 문제에 두 종류의 원자가 공유 결합하여 만든 사면체 구조를 기본 단위로 하는 광물 ㉠은 암석의 대부분을 차지함이 제시되어 있으므로 광물 ㉠은 규산염 광물임을 알 수 있다.
• 규산염 광물은 규소(Si) 원자 1개와 산소(O) 원자 4개가 공유 결합한 사면체 모양을 기본 구조로 하므로 ⓐ는 산소(O) 원자이고 ⓑ는 규소(Si) 원자에 해당한다.
• 태양 전지나 스마트 기기, 로봇 등에 사용하는 반도체 소자는 순수한 반도체인 규소(Si)에 특정 불순물을 첨가한 물질을 이용하여 만든다.

| 보기 분석 |
ㄱ. X는 순수한 반도체를 의미하므로 ⓑ 규소(Si)이다.
ㄴ ㉠ 광물은 지구의 지각을 이루는 암석의 대부분인 규산염 광물에 해당한다. 따라서 ㉠은 '규산염'이다.
ㄷ 순수한 반도체인 규소(Si)에 특정 불순물을 첨가하여 전기적 성질을 변화시킬 수 있는 물질을 활용하여 만든 ㉡ 소자는 '반도체' 소자이다.

05 정답 ② ✱ 생태계구성요소

다음은 개미 종 A에 대한 자료이다.

- 땅속에 굴을 파서 서식하는 A는 유 ~~충의~~ 먹이인 곰팡이를 굴에서 기른 다. A가 곰팡이를 기르는 데 필요한 잎을 잘라 굴로 운반하면, ㉠ 곰팡이 가 잎 조각을 분해하여 주변 토양이 비옥해진다. **➡ 서로 다른 종인 A와 곰팡이의 상호작용** **(개체군 사이의 상호작용)**
  생물요소(곰팡이: 분해자) → 비생물요소(토양)에 영향

- 잎 조각을 굴로 운반하는 과정에서 ㉡ A는 몸의 크기에 따라 서 로 다른 역할을 수행한다. 중간 크기의 A는 잎을 잘라 운반하 고, 큰 A는 주변에서 지상의 포식자로부터, 작은 A는 잎 조각 에 매달려 공중의 포식자로부터 중간 크기의 A를 보호한다.
  단서 ➡ 같은 종의 A 개체군 내 상호작용

이에 대한 설명으로 옳은 것만을 [보기]에서 있는 대로 고른 것은? [1.5점]

💡 단서+발상

단서 서로 다른 종의 상호작용과 같은 종 내의 상호작용이 제시되어 있다.

발상 ㉡은 같은 개미 종 A 개체군 내 상호작용임을 추론할 수 있다.

적용 생태계의 구성과 상호작용을 적용해서 제시된 자료에 나타난 상호작용을 파악하는 것부터 문제 풀이를 시작해야 한다.

[보기]

ㄱ. A는 생태계를 구성하는 생물요소 중 ~~생산자~~ 이다.
  A는 생산자인 식물(잎)을 먹는 소비자
ㄴ. ㉠은 생물요소가 비생물요소에 영향을 미치는 예에 해당한다. ⃝
ㄷ. ㉡은 개체군 ~~사이의~~ 상호작용이다. ㉡은 개체군 내 상호작용

① ㄱ ② ㄴ ③ ㄱ, ㄷ ④ ㄴ, ㄷ ⑤ ㄱ, ㄴ, ㄷ

| 문제+자료 분석 |

- 서로 다른 종인 A와 곰팡이의 상호작용은 개체군 사이의 상호작용에 해당 한다.
- 곰팡이가 잎 조각을 분해해 주변 토양이 비옥해지는 ㉠은 생물요소(분해자 인 곰팡이)가 비생물요소(토양)에 영향을 미치는 예에 해당한다.
- 같은 개미 종 A 개체군 내에서 몸의 크기에 따라 서로 다른 역할을 수행하 는 ㉡은 개체군 내의 상호작용 중 개체들의 분업을 통해 조화를 이루며 살 아가는 사회생활에 해당한다.

| 보기 분석 |

ㄱ. 개미 종 A는 생태계를 구성하는 생물요소 중 소비자에 해당한다.

ㄴ. ㉠은 생물요소(곰팡이)가 잎 조각을 분해하여 비생물요소(토양)에 영향을 미치는 예에 해당한다. ⃝

ㄷ. ㉡은 같은 종의 A 개체군 내에서 역할을 분담하여 수행하는 사회생활에 해당한다. 따라서 ㉡은 개체군 내 상호작용이다.

---

06 정답 ⑤ ✱ 빅데이터의 활용

 예시 2차

다음은 기상 요소의 월평균 변화 경향을 알아보기 위해 빅데이터를 활용한 탐구 활동이다.

〈탐구 과정〉
(가) 최근 3년 동안 우리나라 ○○ 지역에서 관측한 일평균 기온, 기압, 상대 습도 데이터를 수집한다.
(나) ㉠ 수집한 데이터에서 측정 오차와 편향된 값을 처리한 후, 기상 요소의 변화 경향을 알아보기 위해 월평균 데이터로 변환한다.
(다) (나)의 데이터를 활용하여 기상 요소의 월평균 변화를 그래프 로 나타낸다.

〈탐구 결과〉 단서 월평균 상대습도의 변화량: A > B

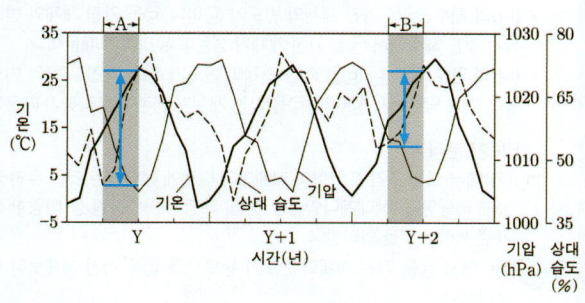

이에 대한 설명으로 옳은 것만을 [보기]에서 있는 대로 고른 것은? [1.5점]

[보기]

ㄱ. ㉠을 통해 데이터 분석 결과의 신뢰성을 높일 수 있다.
ㄴ. 월평균 상대 습도의 변화량은 A 시기가 B 시기보다 크다.
ㄷ. 이 탐구 결과에서 월평균 기온이 낮아지는 시기에는 월평 균 기압이 높아지는 경향을 보인다.

① ㄱ ② ㄷ ③ ㄱ, ㄴ ④ ㄴ, ㄷ ⑤ ㄱ, ㄴ, ㄷ

💡 단서+발상

단서 빅데이터를 활용한 탐구 활동에서 기상 요소의 월평균 변화 경향 자료 가 제시되어 있다.

발상 탐구 결과를 통해 기온과 상대 습도가 반비례 관계임을 추론할 수 있다.

적용 빅데이터를 활용한 탐구 활동의 특징을 적용하여 해당 탐구 결과에서 변인 사이의 관계를 파악하는 것부터 문제 풀이를 시작해야 한다.

| 문제+자료 분석 |

- ㉠: 측정 오차와 편향된 값을 처리해야 데이터를 활용한 탐구의 신뢰성을 높일 수 있다.
- [탐구 결과]의 그래프에서 시간에 따른 기온, 상대 습도, 기압 간의 관계가 비례인지 반비례인지 해석해야 한다. ➡ 기온과 기압이 대체로 반비례

| 보기 분석 |

ㄱ. 측정 오차는 측정 시 생기는 부정확함이고, 편향된 값은 한쪽으로 치우쳐 진 잘못된 데이터이므로, 수집한 데이터에서 측정 오차와 편향된 값을 처 리(㉠)하면 데이터 분석 결과의 신뢰성을 높일 수 있다.

ㄴ. [탐구 결과]의 월평균 상대 습도의 변화량을 해석하면 A 시기가 B 시 기보다 크다는 것을 알 수 있다.

ㄷ. [탐구 결과]에서 기온과 기압 간의 관계를 해석하면 대체로 반비례 관계이 므로 월평균 기온이 낮아지는 시기에 월평균 기압이 높아지는 경향을 가 진다고 할 수 있다.

다음은 열 출입과 관련된 교사와 학생의 대화이다.

 교사
이번 실험에서 염화 암모늄이 물에 용해되는 반응이 일어날 때 수용액의 온도가 낮아지는 것을 확인했어요. 온도가 낮아지는 이유는 무엇일까요? 단서 주변 온도가 낮아짐 ➡ 흡열 반응

(가)
 학생

맞아요. 그렇다면 이 반응의 열 이동 방향과 반대 방향으로 열이 이동하는 사례를 찾아볼까요? ➡ 발열 반응
 교사

선생님, 제가 찾은 사례는 다음과 같아요.
(나)
학생

 교사
정확하게 잘 찾았네요.

(가)와 (나)에 들어갈 내용으로 가장 적절한 것은? [2점]
① (가) : 반응이 일어날 때 주위로 에너지를 ~~방출~~하기 때문이에요. 흡수
② (가) : 반응물의 에너지가 생성물의 에너지보다 ~~높기~~ 때문이에요. 낮기
③ (나) : 인체에서 일어나는 세포호흡이 이에 해당해요.
④ (나) : 염전에서 소금을 얻을 때 물이 ~~증발~~하는 것이 이에 해당해요. 흡열 반응
⑤ (나) : ~~드라이아이스가 이산화 탄소 기체로 승화하는 것이 이에~~ 해당해요. 흡열 반응

단서＋발상
단서 염화 암모늄이 물에 용해될 때 수용액의 온도가 낮아지는 것이 제시되어 있다.
발상 주변의 온도 변화로부터 열 에너지의 출입을 추론할 수 있다.
적용 발열 반응과 흡열 반응의 개념을 적용해서 (가), (나)에 들어갈 내용을 구하는 것부터 문제 풀이를 시작해야 한다.

| 문제＋자료 분석 |
• 염화 암모늄이 물에 용해되는 반응이 일어날 때 수용액의 온도가 낮아진다.
  ➡ 흡열 반응
• (가): 흡열 반응이 일어날 때 주변의 온도가 낮아지는 이유
  ➡ 반응에 필요한 에너지를 주변으로부터 흡수하기 때문에 주변의 열이 반응계로 이동하여 주변의 온도가 낮아지게 된다.
• 염화 암모늄이 물에 용해되는 반응의 열 이동 방향과 반대 방향으로 열이 이동하는 사례는 발열 반응이다. ➡ (나): 발열 반응의 사례
• (나): 발열 반응의 대표적인 예로는 세포호흡, 연소 반응, 중화 반응 등이 있다.

| 선택지 분석 |
① 흡열 반응이 일어날 때 주위로부터 열 에너지를 흡수한다.
② 흡열 반응에서 반응물의 에너지는 생성물의 에너지보다 낮다.
③ 세포호흡은 포도당 분해 과정에서 에너지를 방출하는 발열 반응이다.
④ 물의 증발은 주변에서 열을 흡수하는 흡열 반응이다.
⑤ 드라이아이스(고체)가 이산화 탄소(기체)로 승화하는 것은 주변에서 열을 흡수하는 흡열 반응이다.

✱ **반응과 열 에너지의 출입**
• **발열 반응**: 주변으로 열을 방출하여 주변의 온도를 상승시킴
  ㉠ 세포호흡, 연소 반응, 중화 반응 등
• **흡열 반응**: 열을 흡수하여 주변의 온도를 낮춤

큰가시고기 종 A는 포식자로부터 생존에 유리한 외피 조각 표현형을 갖는다. 그림 (가)는 A의 외피 조각 표현형 ㉠, ㉡, ㉢을, (나)는 해수와 담수에서 ㉠, ㉡, ㉢을 가진 A 개체의 빈도를 나타낸 것이다.

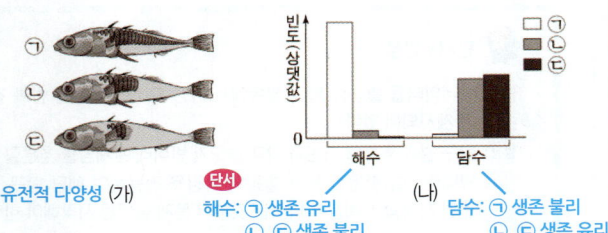

유전적 다양성 (가)
단서
해수: ㉠ 생존 유리
㉡, ㉢ 생존 불리
(나)
담수: ㉠ 생존 불리
㉡, ㉢ 생존 유리

이에 대한 설명으로 옳은 것만을 [보기]에서 있는 대로 고른것은? [2점]

[보기]
ㄱ. (가)에서 외피 조각 표현형이 개체마다 다르게 나타나는 것은 ~~생태계다양성~~에 해당한다. 유전적 다양성
ㄴ. 해수에서는 ㉠을 가진 개체가 ㉢을 가진 개체보다 생존에 유리하다.
  해수에서 ㉠을 가진 개체의 빈도가 더 높으므로 ㉠이 ㉢보다 생존에 유리함
ㄷ. 자손에게 전달되는 변이는 진화의 원인이 될 수 있다.
  자손에게 전달되는 변이는 변화하는 환경에 적응하여 살아남아 진화의 원인이 됨

① ㄱ   ② ㄴ   ③ ㄱ, ㄷ   ④ ㄴ, ㄷ   ⑤ ㄱ, ㄴ, ㄷ

단서＋발상
단서 ㉠ ~ ㉢을 가진 개체의 빈도 그래프가 제시되어 있다.
발상 ㉠ ~ ㉢이 해수와 담수에서 생존에 유리한지 여부를 추론할 수 있다.
적용 변이에 따른 자연선택의 원리를 적용해서 그래프를 해석하는 것부터 문제 풀이를 시작해야 한다.

| 문제＋자료 분석 |
• (가): 같은 종 A에서 외피 조각의 표현형이 ㉠ ~ ㉢으로 다양하게 나타나는 것은 개체마다 유전자가 다르기 때문이다. ➡ 유전적 다양성
• (나)의 해수: ㉠을 가진 개체의 빈도가 ㉡이나 ㉢을 가진 개체의 빈도보다 높은 것은 해수에서 ㉠을 가진 개체가 생존에 유리하기 때문이다.
• (나)의 담수: ㉡이나 ㉢을 가진 개체의 빈도가 ㉠을 가진 개체의 빈도보다 높은 것은 담수에서 ㉡이나 ㉢을 가진 개체가 생존에 유리하기 때문이다.

| 보기 분석 |
ㄱ. (가)에서 외피 조각 표현형이 개체마다 다르게 나타나는 것은 유전적 다양성에 해당한다. 생태계다양성은 갯벌, 해양, 사막, 삼림 등 다양한 생태계가 존재하는 것을 의미한다.
ㄴ. 해수에서 ㉠을 가진 개체의 빈도가 높으므로 ㉢을 가진 개체보다 생존에 유리하다.
ㄷ. 자손에게 전달되는 변이가 오랜 기간 축적되면 집단 전체의 유전자 구성이 변화하는 진화의 원인이 될 수 있다.

✱ **변이와 자연선택**
• **변이**: 같은 종에서 개체에 따라 형질의 차이가 나타나는 것
• **자연선택**: 특정한 환경에서 생존하기 유리한 변이를 가진 개체가 생존경쟁에서 살아남아 더 많은 자손을 남기는 것
• 생물의 진화는 변이와 자연선택의 결과로, 집단 전체의 유전자 구성이 변화하는 것이다.

다음은 말라리아 매개 모기 A의 발생 시기를 알아보기 위한 탐구 활동이다.

> • 말라리아의 병원체는 A를 매개로 전파된다.
> <u>감염성질환</u> • 병원체: 말라리아원충(단세포 진핵생물인 원생생물)
> • 매개 생물: 모기
> 〈탐구 활동〉
> (가) 말라리아 발병 지역에서 4월부터 6월까지 주별로 채집된 A의 개체수, 주별 최고 기온과 최저 기온에 대한 데이터를 연도별로 수집하였다.
> (나) (가)의 데이터를 그림과 같이 그래프로 나타내고 분석하였다.
>
>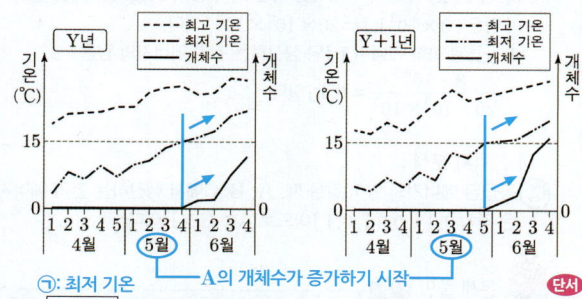
>
> ⊙: 최저 기온
> A의 개체수가 증가하기 시작 **단서**
>
> (다) [⊙] 이 상승하다가 <u>15 ℃ 이상일 때부터 A가 채집되기</u> <u>시작한다는 결론을 내렸다.</u> ⊙은 '최고 기온'과 '최저 기온' 중 하나이다.
> (라) 이 지역 주별 최고 기온과 최저 기온이 그림과 같이 예측될 때, (다)의 결론을 근거로 A가 채집되기 시작하는 시기를 [ⓒ] 로 예상하였다.
> ⓒ: 5월
>
>
> Y+2년
> 기온(℃)
> A의 개체수가 증가할 것으로 예상되는 시기
> 15
> 0
> 1 2 3 4 1 2 3 4 5 1 2 3 4
> 4월 5월 6월

이에 대한 설명으로 옳은 것만을 [보기]에서 있는 대로 고른 것은? [2.5점]

[보기]
ㄱ. 말라리아는 감염병이다.
　말라리아는 병원체에 의한 감염병
ㄴ. ⊙은 '최고 기온'이다.
　⊙은 '최저 기온'
ㄷ. '6월'은 ⓒ에 해당한다.
　ⓒ은 '5월'

① ㄱ　②ㄴ　③ㄷ　④ㄱ,ㄴ　⑤ㄱ,ㄷ

 단서+발상

단서 ⊙이 15℃ 이상일 때부터 모기 A가 채집되기 시작함이 제시되어 있다.

발상 ⊙이 최저 기온임을 추론할 수 있다.

적용 과학 탐구에 이용되는 그래프를 해석해서 기온과 A 개체수 변화의 규칙성을 파악하는 것부터 문제 풀이를 시작해야 한다.

| 문제+자료 분석 |
• (나): Y년과 Y+1년에서 채집된 A의 개체수가 증가하기 시작한 시기의 최저 기온이 15℃로 동일하다. **꿀**팁
• (다): ⊙이 상승하다가 15℃ 이상일 때부터 A가 채집되기 시작한다는 결론을 내렸으므로 ⊙은 최저 기온이다.
• (라): Y+2년의 기온 예측 그래프에서 최저 기온이 15℃ 이상이 되는 시점은 5월 중순이다. 따라서 A가 채집되기 시작하는 시기 ⓒ은 5월로 예상된다.

| 보기 분석 |
ㄱ. 말라리아는 단세포 진핵생물인 원생생물 병원체(말라리아원충)에 의한 감염성질환이며, 말라리아의 병원체는 모기를 매개로 전파된다.
ㄴ. 최저 기온이 15℃ 이상일 때부터 A가 채집되기 시작하므로 ⊙은 최저 기온이다.
ㄷ. Y+2년에서 A가 채집되기 시작하는 시기 ⓒ은 최저 기온이 15℃ 이상이 되는 5월이다.

🐝 문제 풀이 **꿀**팁

• 수많은 관찰과 탐색을 통해 규칙성을 찾는 과학 탐구 방법을 귀납적 탐구 방법이라 한다.
• 기온이 15℃ 이상일 때부터 A가 채집되기 시작한다는 결론을 내렸으므로, Y년과 Y+1년에서 채집되는 A의 개체수의 규칙성을 찾으면 쉽게 문제를 해결할 수 있다.

예시 2차

10 정답 ② ★ 기본량과 단위, 전기 에너지의 생산, 에너지 효율

표는 전기 에너지를 생산하는 발전소 A, B, C에 대한 자료이다.

발전소	발전 방식	특징
A	수력 발전	높은 곳에서 떨어지는 물의 역학적 에너지 10 MJ당 8 MJ의 전기 에너지를 생산한다. **단서** 10×10^6 J 8×10^6 J
B	태양광 발전	태양 전지를 비추는 빛의 에너지가 1 kJ일 때, 200 J의 전기 에너지를 생산한다. 1×10^3 J
C	화력 발전	1 g당 20 kJ의 화학 에너지를 가진 화석 연료 1 kg을 사용하여 8 MJ의 전기 에너지를 생산한다. $20 \times 10^3 \times 10^3$ J

공급된 에너지의 양이 같을 때, A, B, C에서 생산하는 전기 에너지의 양을 옳게 비교한 것은? [1.5점]

<small>공급된 에너지 1 J당 생산하는 전기 에너지의 양 비교</small>

① A>B>C   ②A>C>B   ③ B>A>C
④ B>C>A   ⑤ C>A>B

💡 단서+발상

단서 전기 에너지를 생산하는 발전소 A, B, C의 특징이 제시되어 있다.

발상 발전소의 특징을 통해 각 발전소에서 생산하는 전기 에너지의 양을 추론할 수 있다.

적용 전기 에너지와 단위의 개념을 적용해서 A, B, C에서 생산하는 전기 에너지의 양을 구하는 것부터 문제 풀이를 시작해야 한다.

| 문제+자료 분석 |

· **A(수력 발전)**: 물의 역학적 에너지를 활용하여 전기 에너지를 생산한다.
➡ 공급된 물의 역학적 에너지 1 J당 생산하는 전기 에너지의 양은 $\dfrac{8 \times 10^6}{10 \times 10^6} = 0.8$ J이다.

· **B(태양광 발전)**: 태양 전지를 비추는 빛 에너지를 활용하여 전기 에너지를 생산한다.
➡ 공급된 빛 에너지 1 J당 생산하는 전기 에너지의 양은 $\dfrac{200}{1 \times 10^3} = 0.2$ J이다.

· **C(화력 발전)**: 화학 에너지를 가진 화석 연료를 활용하여 전기 에너지를 생산한다.
1 g당 20 kJ의 화학 에너지를 가진 화석 연료 1 kg이 가지는 화학 에너지의 양은 20×10^3 kJ $= 20 \times 10^3 \times 10^3$ J이다.
➡ 공급된 화학 에너지 1 J당 생산하는 전기 에너지의 양은 $\dfrac{8 \times 10^6}{20 \times 10^3 \times 10^3} = 0.4$ J이다.

| 선택지 분석 |

② 공급된 에너지의 양이 같을 때, A, B, C에서 생산하는 전기 에너지의 양은 각각 0.8 J, 0.2 J, 0.4 J이므로 A>C>B이다.

🐝 문제 풀이 꿀팁

· **단위의 접두어 기호**

p (피코)	n (나노)	μ (마이크로)	m (밀리)	c (센티)	k (킬로)	M (메가)	G (기가)	T (테라)
10^{-12}	10^{-9}	10^{-6}	10^{-3}	10^{-2}	10^3	10^6	10^9	10^{12}

---

11 정답 ③ ★ 별을 구성하는 원소

그림은 어느 별의 내부 구조와 각 영역에서 가장 큰 질량비를 차지하는 원소를 나타낸 것이다. X, Y, Z는 규소, 철, 탄소를 순서 없이 나타낸 것이다.
이에 대한 설명으로 옳은 것만을 [보기]에서 있는 대로 고른 것은? [2.5점]

<small>**단서** 별의 중심부로 갈수록 무거운 원소가 생성됨</small>

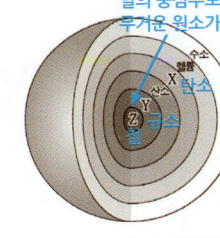

[보기]

ㄱ. 중심부의 온도는 이 별이 태양보다 높다.
<small>별의 중심부 온도가 높을수록 무거운 원소 만들어짐</small>

ㄴ. X와 Y는 같은 족 원소이다.
<small>X와 Y는 모두 14족 원소</small>

ㄷ. 지구를 구성하는 원소의 질량비는 Y가 Z보다 크다.
<small>지구를 구성하는 원소의 질량비는 철>규소이므로 철(Z)이 규소(Y)보다 큼</small>

① ㄱ   ② ㄷ   ③ ㄱ, ㄴ   ④ ㄴ, ㄷ   ⑤ ㄱ, ㄴ, ㄷ

💡 단서+발상

단서 별의 내부 구조의 각 영역에서 가장 큰 질량비를 차지하는 원소가 Z, Y, X 순으로 제시되어 있다.

발상 별의 중심부로 갈수록 더 무거운 원소가 생성된다는 것을 통해 X, Y, Z에 해당하는 원소를 추론할 수 있다.

적용 별의 중심부로 갈수록 온도가 높아 핵융합 반응을 통해 더 무거운 원소가 생성되는 개념을 적용해 X, Y, Z에 해당하는 원소를 구하는 것부터 문제 풀이를 시작해야 한다.

| 문제+자료 분석 |

· 별의 중심부로 갈수록 더 무거운 원소가 가장 큰 질량비를 차지한다.
➡ **X**: 탄소, **Y**: 규소, **Z**: 철

· 별의 중심부에서 만들어질 수 있는 가장 무거운 원소인 철이 존재하는 것으로 보아 태양보다 질량이 큰 별의 내부 구조이다.

| 보기 분석 |

ㄱ. 별의 중심부의 온도가 높을수록 무거운 원소가 만들어지는데, 태양은 중심부에서 탄소까지 만들 수 있는 데 반해 이 별은 중심부에서 철까지 만들어졌기 때문에 중심부의 온도는 이 별이 태양보다 높다.

ㄴ. 탄소(X)와 규소(Y)는 모두 14족 원소로 같은 족 원소이다.

ㄷ. 지구를 구성하는 원소의 질량비는 철>산소>규소>마그네슘>황>니켈>칼슘>알루미늄 순이므로, 규소(Y)가 철(Z)보다 적다.

🐝 문제 풀이 꿀팁

· 별의 중심부에서는 핵융합 반응을 통해 이전보다 무거운 원소를 합성하는데, 별의 중심부 온도가 높을수록 무거운 원소를 합성하는 핵융합 반응이 일어난다. 별의 질량이 클수록 별의 중심부 온도가 높으며, 별의 중심부에서 만들어질 수 있는 가장 무거운 원소는 철이다.

12 정답 ① * 이온 모형, 산화와 환원

그림은 XCl_a 수용액에 금속 Y를 넣어 반응을 완결시켰을 때, 반응 전과 후 수용액에 존재하는 모든 이온을 모형으로 나타낸 것이다. ●, ■, ▲는 각각 X^{a+}, Y^{b+}, Cl^- 중 하나이다.

단서 반응 전 ■ : ● = 1 : 2

➡ ●의 수: 변화 없음(●=Cl^-)
➡ 3개의 ■가 사라지고, 2개의 ▲가 생김 (a : b = 2 : 3)

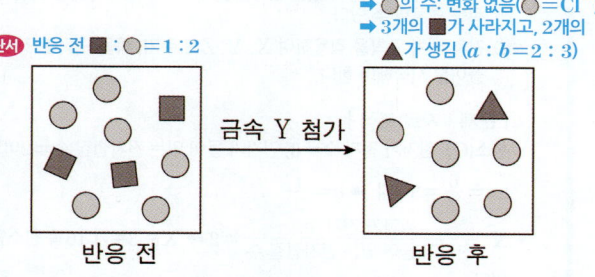

반응 전 → 금속 Y 첨가 → 반응 후

이에 대한 설명으로 옳은 것만을 [보기]에서 있는 대로 고른 것은? (단, X와 Y는 임의의 원소 기호이다.) [2점]

[보기]
ㄱ. ●는 Cl^-이다.
ㄴ. 이 반응에서 Y는 ~~산소를 얻어~~ 산화된다.
  전자를 잃어
ㄷ. a : b = ~~3 : 2~~이다.
  2 : 3

① ㄱ ② ㄴ ③ ㄱ, ㄷ ④ ㄴ, ㄷ ⑤ ㄱ, ㄴ, ㄷ

단서+발상

단서 XCl_a 수용액에 금속 Y를 넣었을 때 반응 전후 수용액에 존재하는 이온 모형이 제시되어 있다.

발상 XCl_a 수용액에 금속 Y를 넣었을 때 반응 전후 수용액에 존재하는 이온의 종류와 수의 변화로부터 ●, ■, ▲를 추론할 수 있다.

적용 산화와 환원의 개념과 화학 반응의 양적관계를 이용하여 a, b를 구하는 것부터 문제 풀이를 시작해야 한다.

| 문제+자료 분석 |
· 금속 Y를 첨가하여도 ●의 수는 변하지 않으므로 ●는 Cl^-이다.
· 반응 전 6개의 ●와 3개의 ■가 전기적으로 중성을 이루고 있으므로 ■는 X^{a+}이고, a=2이다.
· 금속 Y를 첨가한 후, 수용액에 3개의 ■가 사라지고 2개의 ▲가 새롭게 생겼으므로 ▲는 Y^{b+}이고, b=3이다.

| 보기 분석 |
ㄱ 금속 Y를 첨가하여도 ●의 수는 변하지 않으므로 ●는 Cl^-이다.
ㄴ. 이 반응에서 산소는 관여하지 않으며 Y는 전자를 잃고 산화되어 Y^{b+}가 된다.
ㄷ. a=2, b=3이므로 a : b = 2 : 3이다.

* 산화와 환원
· **산화**: 화학 반응이 일어날 때 물질이 산소를 얻거나 전자를 잃는 반응
· **환원**: 화학 반응이 일어날 때 물질이 산소를 잃거나 전자를 얻는 반응
· 산소의 이동 또는 전자의 이동으로 산화와 환원을 설명할 수 있다. 산화와 환원은 항상 동시에 일어나며 일상 생활에서 유용하게 이용된다. (예) 물질의 연소, 광합성, 철의 제련, 금속의 부식 등)

---

13 정답 ① * 우주와 별을 구성하는 원소

그림 (가)는 우주를 구성하는 원소의 질량비를, (나)는 별 S와 원소 ㉠, ㉡의 스펙트럼을 나타낸 것이다.

단서 우주를 구성하는 원소의 질량비

기타 2%
헬륨 24%
수소 ㉠ 74%

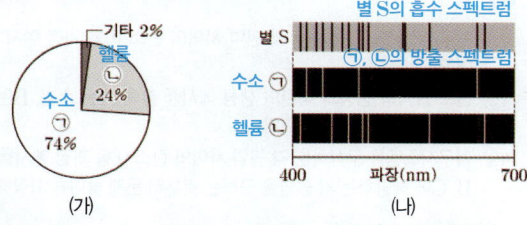

별 S의 흡수 스펙트럼
별 S
㉠, ㉡의 방출 스펙트럼
수소 ㉠
헬륨 ㉡
400 파장(nm) 700

(가) (나)

이에 대한 설명으로 옳은 것만을 [보기]에서 있는 대로 고른 것은? [1.5점]

[보기]
ㄱ. ㉠ 원자는 빅뱅 이후 약 38만 년이 지난 뒤 형성되었다.
  빅뱅 이후 38만 년 후 양성자와 전자가 결합해 수소가 형성됨
ㄴ. 우주를 구성하는 ㉡의 대부분은 ~~별 내부의~~ 핵융합 반응으로 만들어졌다.
  ㉡의 대부분은 빅뱅 직후 핵융합 반응으로 만들어짐
ㄷ. S의 대기는 ~~㉠과 ㉡으로만~~ 구성되어 있다.
  S의 대기는 ㉠과 ㉡뿐만 아니라 다른 원소로도 구성되어 있음

① ㄱ ② ㄴ ③ ㄷ ④ ㄱ, ㄴ ⑤ ㄱ, ㄷ

단서+발상

단서 우주를 구성하는 원소의 질량비에서 ㉠이 74 %, ㉡이 24 %를 차지함이 제시되어 있다.

발상 우주를 구성하는 원소의 질량비를 통해 ㉠과 ㉡에 해당하는 원소가 각각 수소와 헬륨임을 추론할 수 있다.

적용 우주는 주로 수소와 헬륨으로 구성되어 있다는 것을 적용해 ㉠과 ㉡에 해당하는 원소를 구하는 것부터 문제 풀이를 시작해야 한다.

| 문제+자료 분석 |
· 우주는 주로 수소와 헬륨으로 구성되어 있고, 수소의 질량비가 헬륨의 질량비보다 크므로 ㉠은 수소, ㉡은 헬륨이다.
· 별의 스펙트럼은 별의 대기에 존재하는 원소들에 의해 흡수 스펙트럼으로 나타난다. 꿀팁
  따라서 별의 스펙트럼을 분석하면 해당 별의 대기 성분을 알 수 있다.
· 원소 ㉠, ㉡의 스펙트럼은 방출 스펙트럼이다.

| 보기 분석 |
ㄱ ㉠은 수소로, 빅뱅 이후 약 38만 년이 지나면서, 뜨겁고 빠르게 움직이던 전자들이 식으면서 양성자와 결합해 수소 원자가 만들어졌다.
ㄴ. ㉡은 헬륨으로, 우주에 있는 헬륨의 대부분은 별 내부의 핵융합 반응으로 만들어진 것이 아니라 빅뱅 직후 아주 짧은 시간 동안 일어난 핵융합 반응 (빅뱅 핵융합)으로 생성되었다.
ㄷ. 별 S의 스펙트럼은 흡수 스펙트럼으로 별의 대기에 존재하는 원소들에 의해 여러 종류의 흡수선이 포함되어 있다. 따라서 별 S의 스펙트럼의 흡수선이 원소 ㉠, ㉡와 완벽히 일치하지 않으므로, 별 S의 대기는 ㉠, ㉡ 이외의 다른 원소도 포함되어 있다.

* 우주 구성 요소
· 우주는 대부분 수소와 헬륨으로 이루어져 있고, 나머지 원소는 별에서 만들어져 소량 존재한다.

다음은 전자껍질 모형을 이용한 원소의 전자 배치와 관련된 탐구 활동이다.

〈2, 3주기 원소의 전자 배치 규칙〉
(가) 원자가 가진 모든 전자 중 2개를 원자핵에서 가장 가까운 첫 번째 전자껍질에 배치한다.
(나) 남은 전자를 두 번째 전자껍질에 8개까지 가능한 한 많이 배치한다. 이후 전자가 남으면 세 번째 전자껍질에 나머지 모두를 배치한다.

〈탐구 과정 및 결과〉
• 전자 배치 규칙에 따라 산소(O) 원자와 원자 X, Y, Z의 전자를 배치하여 표와 같이 정리하였다. X, Y, Z의 원자 번호는 각각 7 ~ 17 중 하나이다.

원자	단서 O	X	Y	Z
$\dfrac{\text{원자가 전자 수}}{\text{전자가 들어 있는 전자껍질 수}}$	$9a$ $=\dfrac{6}{2}=3$	$6a$ $=2$	$3a$ $=1$	a $=\dfrac{1}{3}$

이에 대한 설명으로 옳은 것만을 [보기]에서 있는 대로 고른 것은? (단, X, Y, Z는 임의의 원소 기호이다.) [2점]

[보기]
ㄱ. Z는 전자 ~~2개~~를 잃으면 네온(Ne)의 전자 배치를 갖는다. 1개
ㄴ. XO_2는 공유 결합 화합물이다. 이산화황(SO_2)
ㄷ. Y와 산소(O)가 결합하여 형성된 안정한 화합물은 액체 상태에서 전기 전도성이 있다. 산화 알루미늄(Al_2O_3) ➡ 이온 결합 물질

① ㄱ ② ㄴ ③ ㄱ, ㄷ ④ ㄴ, ㄷ ⑤ ㄱ, ㄴ, ㄷ

💡 단서＋발상

단서 2, 3주기 원소의 전자 배치 규칙과 산소(O) 원자와 X, Y, Z의 전자 배치 결과가 제시되어 있다.

발상 주어진 $\dfrac{\text{원자가 전자 수}}{\text{전자가 들어 있는 전자껍질 수}}$를 바탕으로 X, Y, Z의 주기와 족을 추론할 수 있다.

적용 전자 배치 규칙을 적용하여 X, Y, Z의 주기, 족을 구하는 것부터 문제 풀이를 시작해야 한다.

| 문제＋자료 분석 |
• **산소(O):** 원자가 전자 수＝6, 전자가 들어 있는 전자껍질 수＝2이므로 $9a=\dfrac{6}{2}=3$이다. ➡ $a=\dfrac{1}{3}$
• **X:** $\dfrac{\text{원자가 전자 수}}{\text{전자가 들어 있는 전자껍질 수}}=2$ ➡ X는 3주기 16족 원소인 황(S)이다.
• **Y:** $\dfrac{\text{원자가 전자 수}}{\text{전자가 들어 있는 전자껍질 수}}=1$ ➡ Y는 3주기 13족 원소인 알루미늄(Al)이다. (2주기 2족 원소인 베릴륨(Be)은 원자 번호가 4번이므로 조건을 만족하지 못한다.) 함정
• **Z:** $\dfrac{\text{원자가 전자 수}}{\text{전자가 들어 있는 전자껍질 수}}=\dfrac{1}{3}$ ➡ Z는 3주기 1족 원소인 나트륨(Na)이다.

| 보기 분석 |
ㄱ. Z는 1족 원소이므로 전자 1개를 잃고 네온(Ne)의 전자 배치를 갖는다.
ㄴ. X는 황(S)이므로 XO_2는 이산화황(SO_2)이다. 이산화황(SO_2)은 비금속 원자들 사이의 공유 결합 화합물이다.
ㄷ. Y는 알루미늄(Al)이므로 Y와 산소(O)가 결합하여 형성된 안정한 화합물은 산화 알루미늄(Al_2O_3)이다. 산화 알루미늄(Al_2O_3)은 금속 원소와 비금속 원소의 화합물인 이온 결합 물질이므로 액체 상태에서 전기 전도성을 지닌다.

그림은 지구시스템을 구성하는 각 권역 사이의 탄소 순환 과정을, 표는 탄소의 이동 과정 ㉠, ㉡, ㉢의 예를 나타낸 것이다. A, B, C는 기권, 수권, 지권을 순서 없이 나타낸 것이다.

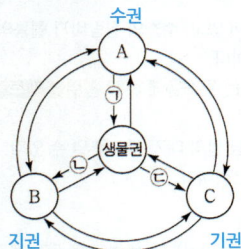

이동 과정 단서	예
㉠ 수권 → 생물권	산호 골격 생성
㉡ 생물권 → 지권	석탄의 생성
㉢ 생물권 → 기권	예 ⓐ 동식물의 호흡

이에 대한 설명으로 옳은 것만을 [보기]에서 있는 대로 고른 것은? [2점]

[보기]
ㄱ. A는 수권이다.
산호 골격이 형성되는 과정에서 탄소가 수권에서 생물권으로 이동함
ㄴ. 침전에 의해 석회암이 생성되는 과정은 B의 탄소량을 증가시킨다.
침전에 의해 석회암이 생성되면서 지권의 탄소량을 증가시킴
ㄷ. '육상 식물의 광합성'은 ⓐ에 해당한다.
육상 식물의 광합성은 탄소가 기권에서 생물권으로 이동하는 방향임

① ㄱ ② ㄷ ③ ㄱ, ㄴ ④ ㄴ, ㄷ ⑤ ㄱ, ㄴ, ㄷ

💡 단서＋발상

단서 지구시스템을 구성하는 각 권역 사이의 탄소 이동 과정 예시가 제시되어 있다.

발상 산호 골격의 생성과 석탄의 생성 예시를 통해 A는 수권, B는 지권, C는 기권임을 추론할 수 있다.

적용 지구시스템을 구성하는 각 권역 사이의 탄소 이동 과정 예시를 통해 A, B, C에 해당하는 각 권역을 구하는 것부터 문제 풀이를 시작해야 한다.

| 문제＋자료 분석 |
• ㉠: '산호 골격 생성'은 산호(생물권)가 바닷물(수권)에 녹아있는 칼슘 이온과 탄산 이온을 이용해서 골격을 형성하므로 생물권과 수권의 상호작용이다.
• ㉡: '석탄의 생성'은 오래전 식물(생물권)이 매몰되어 쌓이고 땅속 깊은 곳(지권)에서 높은 열과 압력을 받아 만들어졌으므로 생물권과 지권의 상호작용이다.
➡ **A: 수권, B: 지권, C: 기권**

| 보기 분석 |
ㄱ. 생물권과 A의 상호작용 예시가 산호 골격 생성(㉠)이므로, A는 수권이다.
ㄴ. 생물권과 B의 상호작용 예시가 석탄의 생성(㉡)이므로, B는 지권이다. 따라서 침전에 의해 석회암($CaCO_3$)이 생성되는 과정은 지권에 탄소량을 증가시키는 과정에 해당한다.
ㄷ. C는 기권이므로 ㉢은 생물권에서 기권으로 탄소가 이동하는 과정을 나타낸 것이다. '육상 식물의 광합성'은 기권에서 생물권으로 탄소가 이동하는 과정이므로, 생물권에서 기권으로 탄소가 이동하는 과정의 예시인 ⓐ에 해당하지 않는다. ⓐ에 해당하는 예시로는 '동식물의 호흡'이 있다.

다음은 전자기 유도 현상을 알아보기 위해 설계한 실험이다.

〈준비물〉
• 동일한 자석 6개, 코일, 전류 센서, 고무줄

〈실험 과정〉

(가) 그림과 같이 자석 6개와 고무줄을 이용
하여 A, B, C를 준비하고, 코일과
전류 센서를 연결한다.

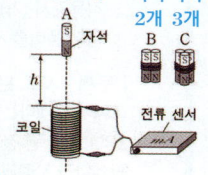
자석 1개 / 자석 2개 / 자석 3개

(나) A의 N극을 아래로 하고 코일의 위
쪽 끝에서 높이 h인 지점에 가만히
놓는다. 동일한 높이에서 자석을 낙하시킴

(다) 자석이 코일의 중심축을 따라 낙하하는 동안 코일에 유도되는
코일을 통과하는 자기장 세기의 변화
전류를 전류 센서로 측정한다.

(라) (나)의 [A를 B로 바꾸어] (나)와 (다)를 반복한다.

(마) (나)의 [A를 C로 바꾸어] (나)와 (다)를 반복한다.

(바) 전류 센서에 측정된 유도 전류의 세기를 비교한다.

단서 자석의 개수 증가(자기장의 세기 증가)
➡ 자기장 세기의 변화량 증가
➡ 유도 전류의 세기 증가

이에 대한 설명으로 옳은 것만을 [보기]에서 있는 대로 고른 것은?

[2점]

[보기]

ㄱ. 자석의 개수가 다른 A, B, C를 사용하는 것은 자기장의 세기를
서로 다르게 하기 위해서이다.

ㄴ. A, B, C를 놓을 때, N극을 아래로 하는 것은 자기장의 방향
과 유도 전류의 세기 ~~사이의 관계~~를 알아보기 위해서이다.
자기장의 방향 고정 ➡ 유도 전류 세기 변화만 관찰

ㄷ. A, B, C를 놓는 높이를 h로 ~~같게~~ 하는 것은 코일을 통과할
때 전기 에너지로 전환되는 ~~운동~~ 에너지의 양을 서로 같게 하
위치
기 위해서이다.

① ㄱ　　② ㄷ　　③ ㄱ, ㄴ　　④ ㄱ, ㄷ　　⑤ ㄴ, ㄷ

 단서+발상

단서 전자기 유도 현상을 확인할 수 있는 실험이 제시되어 있다.

발상 자기장의 세기 변화가 유도 전류의 세기에 어떤 영향을 주는지를 추론
할 수 있다.

적용 전자기 유도 법칙을 적용해서 자기장 세기의 변화량과 유도 전류의 세
기 사이의 관계를 구하는 것부터 문제 풀이를 시작해야 한다.

| 문제+자료 분석 |

• 제시된 실험은 자석의 개수 변화에 따른 유도 전류의 세기 변화를 관찰하는
실험이다. 즉, 자기장의 세기 변화에 따른 유도 전류의 세기 변화를 통해 자
석이 코일을 통과할 때 전환되는 전기 에너지의 양이 어떻게 달라지는지
관찰하는 실험이다.

통제 변인	자석의 방향 (자기장의 방향)
조작 변인	자석의 개수 (자기장의 세기)
종속 변인	유도 전류의 세기 (생성된 전기 에너지의 양)

• 유도 전류의 세기는 코일을 통과하는 자기장의 변화가 클수록 증가한다.
➡ 자석의 세기가 셀수록, 자석(또는 코일)이 움직이는 빠르기가 빠를수록,
코일의 감은 수가 많을수록 유도 전류의 세기가 증가한다.

| 보기 분석 |

ㄱ. 자석의 개수를 다르게 한 것은 자기장의 세기를 변화시키기 위한 조작 변
인 설정에 해당한다. 같은 방향으로 배열된 자석의 개수가 많아질수록 각
자석이 만들어내는 자기장이 중첩되어 전체 자기장의 세기가 더 커진다.

ㄴ. A, B, C를 놓을 때, 자석의 극 방향을 일정하게 설정한 이유는 자기장 방
향을 실험의 통제 변인으로 설정한 것이다. 자석의 극 방향을 바꾸면 자기
장의 방향이 바뀌어 유도 전류의 방향이 바뀌므로 실험에서는 유도 전류
세기 변화만 관찰하기 위해 자기장 방향이 바뀌지 않도록 한 것이다.

ㄷ. A, B, C를 놓는 높이는 A, B, C의 중력에 의한 위치 에너지와 관련된 물
리량이므로, A, B, C를 놓는 높이를 h로 같게 하는 것은 코일을 통과할
때 전기 에너지로 전환되는 중력에 의한 위치 에너지의 양을 같게 하기 위
해서이다.
그러나 중력에 의한 위치 에너지는 질량에도 영향을 받기 때문에 자석의
개수가 다른 A, B, C의 위치 에너지의 크기가 서로 다르다.

🐝 **문제 풀이 꿀팁**

• 일부 조건이 변하는 실험인 경우 바뀐 물리량을 먼저 확인하고, 그 변인이 결
과(종속 변인)에 어떤 영향을 줄 수 있는지 관련 개념과 연결해서 분석해야
한다.

• 이 문제의 경우 자석의 개수, 방향, 낙하 높이 중 자석의 개수 하나만 바뀌었
으므로 자석의 개수라는 변수가 유도 전류나 전기 에너지에 어떤 영향을 주
는지 분석해야 한다.

17 **정답 ⑤** ✳ 지질시대 대륙 분포 및 환경의 변화

그림 (가)와 (나)는 2억 6천만 년 전과 1억 년 전의 수륙 분포를 순서 없이 나타낸 것이다. 단서

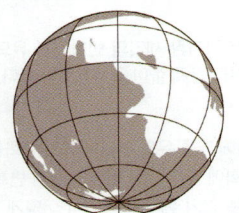 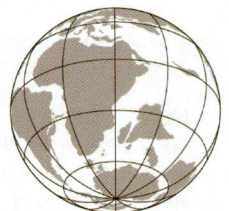

(가) 2억 6천만 년 전: 고생대 말
➡ 판게아 형성

(나) 1억 년 전: 중생대
➡ 판게아 분리

이에 대한 설명으로 옳은 것만을 [보기]에서 있는 대로 고른 것은?

[1.5점]

[보기]

ㄱ. (나)의 시기에 생성된 지층에서 삼엽충 화석이 ~~발견된다.~~
(나) 시기에 생성된 지층은 중생대, 삼엽충 화석은 고생대 말기에 멸종함

ㄴ. (가)와 (나) 사이의 시기에 대멸종이 일어났다.
고생대 말 ~ 중생대 초에 대멸종이 일어났음

ㄷ. (나)의 시기 이후, 빙하기와 간빙기가 반복된 시기가 있었다.
(나)의 시기 이후인 신생대에 빙하기와 간빙기가 반복된 시기가 있었음

① ㄱ   ② ㄴ   ③ ㄷ   ④ ㄱ, ㄴ   ⑤ ㄴ, ㄷ

🔦 단서+발상

단서 2억 6천만 년 전과 1억 년 전의 수륙 분포가 제시되어 있다.

발상 2억 6천만 년 전은 초대륙 판게아가 형성되었으며, 1억 년 전은 초대륙 판게아가 분리되고 있다는 것을 통해 수륙 분포의 시기를 추론할 수 있다.

적용 2억 6천만 년 전은 초대륙 형성, 1억 년 전은 초대륙의 분리라는 것을 적용해서 (가)와 (나)가 각각 어느 시기의 수륙 분포인지 구하는 것부터 문제 풀이를 시작해야 한다.

| 문제+자료 분석 |

• 초대륙 판게아는 고생대 말에 형성되어 중생대 초에 분리되었다.

• 2억 6천만 년 전은 초대륙 판게아가 형성된 시기이며, 1억 년 전은 초대륙 판게아가 분리되고 있는 시기이다. 🍯

➡ (가): 2억 6천만 년 전, (나): 1억년 전의 수륙 분포

| 보기 분석 |

ㄱ. (나) 시기는 1억 년 전(중생대)이므로 고생대 초기에 출현하여 고생대 말기에 멸종한 삼엽충 화석이 발견될 수 없다.

ㄴ. (가) 시기는 고생대 말, (나) 시기는 중생대이므로 (가)와 (나) 사이에 대멸종(페름기 대멸종, 트라이아스기 대멸종)이 있었다.

ㄷ. (나) 시기 이후인 신생대에 빙하기와 간빙기가 반복된 시기가 있었다.

✳ 초대륙

• 현재는 여러 개의 대륙이 나뉘어 있지만, 과거에는 이 대륙들이 하나의 거대한 대륙으로 뭉쳐져 있었는데 이러한 거대한 대륙을 초대륙이라고 한다.

• 지질시대 동안 여러 초대륙이 존재했는데, 가장 최근에 존재한 초대륙은 고생대 말에 형성된 판게아이며, 그 이전에는 로디니아(선캄브리아 시대)라는 초대륙이 존재하였다.

---

18 **정답 ②** ✳ 충격량

그림 (가)는 힘 센서를 설치한 마네킹에 안전모를 씌운 후 속력 v_0으로 벽에 충돌시키는 실험을 나타낸 것이다. 그림 (나)는 안전모 A, B, C를 이용하여 각각 (가)의 실험을 했을 때 힘 센서에 측정된 결과를 나타낸 것으로, 각각의 그래프와 시간 축이 이루는 면적은 서로 같다.

단서 힘—시간 그래프의 면적은 충격량을 나타내므로 A, B, C가 받는 충격량의 크기는 같다. $I_A=I_B=I_C$

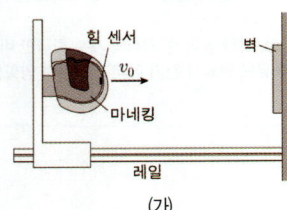

(가)

힘 센서
v_0
마네킹
레일

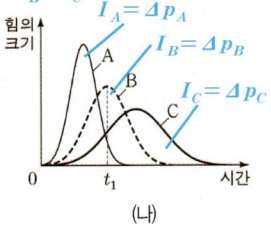

힘의 크기

$I_A=\Delta p_A$
$I_B=\Delta p_B$
$I_C=\Delta p_C$

0   t_1 시간

(나)

이에 대한 설명으로 옳은 것만을 [보기]에서 있는 대로 고른 것은?

[2점]

[보기]

ㄱ. $\dfrac{\text{마네킹이 받은 충격량}}{\text{충돌 시간}}$의 크기가 가장 작은 경우는 ~~A~~를 이용한 충돌 실험이다. C

ㄴ. B를 이용한 충돌 실험에서, 마네킹의 운동량의 크기는 시간 t_1일 때 가장 ~~크다.~~ 크지 않다.

ㄷ. 머리에 가해지는 충격을 줄이는 데에는 C가 A보다 효과적이다.

① ㄱ   ② ㄷ   ③ ㄱ, ㄴ   ④ ㄴ, ㄷ   ⑤ ㄱ, ㄴ, ㄷ

🔦 단서+발상

단서 안전모 A, B, C를 이용한 충돌 실험에 따른 힘—시간 그래프가 제시되어 있다.

발상 그래프의 면적을 통해 A, B, C가 받은 충격량을 추론할 수 있다.

적용 충격량과 운동량의 개념을 적용해서 충돌 과정에서 마네킹이 받는 힘을 구하는 것부터 문제 풀이를 시작해야 한다.

| 문제+자료 분석 |

• 물체에 작용하는 힘의 변화를 시간에 따라 그래프로 나타낼 때, 그래프가 시간 축과 만드는 면적은 충격량을 나타내므로 안전모 A, B, C를 이용한 충돌 실험에서 발생하는 충격량은 동일하다.

• 같은 충격량을 받는 경우, 물체가 충돌할 때 힘이 작용하는 시간을 길게 하면 물체가 받는 평균 힘의 크기가 작아진다.

| 보기 분석 |

ㄱ. 안전모 A, B, C를 이용한 충돌 실험에서 발생한 충격량은 동일하다. 따라서 $\dfrac{\text{마네킹이 받은 충격량}}{\text{충돌 시간}}$의 크기는 충돌 시간이 길수록 작으므로 가장 작은 경우는 C를 이용한 충돌 실험이다.

ㄴ. 운동량의 크기는 질량과 속도의 크기의 곱이다. 물체가 충돌하는 동안 마네킹의 질량은 변하지 않고, 벽으로부터 운동 방향과 반대 방향으로 힘을 받아 감속하므로, t_1일때 운동량의 크기는 가장 크지 않다. 🔖함정

ㄷ. 충격량이 같을 때 충돌 시간이 늘어나면 물체가 받는 평균 힘이 작아진다. C는 A에 비해 충돌 시간이 길기 때문에 머리에 가해지는 충격을 줄이는 데 효과적이다.

❓왜 틀렸나?

• 보기 ㄴ에서 묻는 운동량의 개념을 정확하게 이해하고 있어야 한다. B를 이용한 실험에서 시간이 t_1일 때, 물체에 작용하는 힘의 크기가 최대이므로 충돌 과정에서 물체에 작용하는 힘이 최대이다.
따라서 물체는 감속하게 되므로 운동량이 최대일 수 없다.

19 정답 ⑤ ＊ 유전 정보의 흐름 ······ 2028 대비 수능 예시 19 (2차)

표는 이중나선구조 DNA의 모형을 만들기 위해 준비한 당, 인산, 염기, 결합선 부품 각각의 개수를, 그림은 완성된 DNA 모형 X를 나타낸 것이다. X는 표의 부품으로 만들 수 있는 정상적인 이중나선구조 DNA 모형 중 뉴클레오타이드의 수가 가장 많은 모형이다.

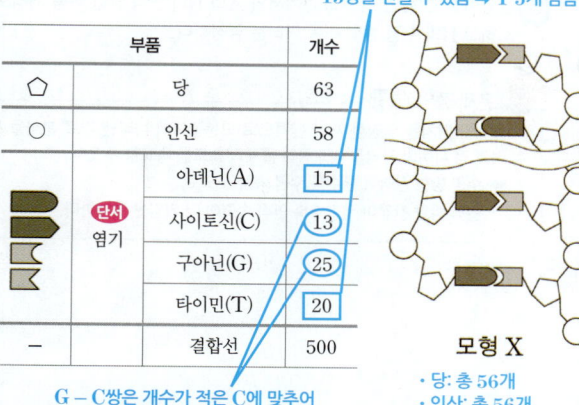

A－T쌍은 개수가 적은 A에 맞추어 15쌍을 만들 수 있음 ➡ T 5개 남음

부품			개수
⬠	당		63
○	인산		58
	단서 염기	아데닌(A)	15
		사이토신(C)	13
		구아닌(G)	25
		타이민(T)	20
－		결합선	500

G－C쌍은 개수가 적은 C에 맞추어 13쌍을 만들 수 있음 ➡ G 12개 남음

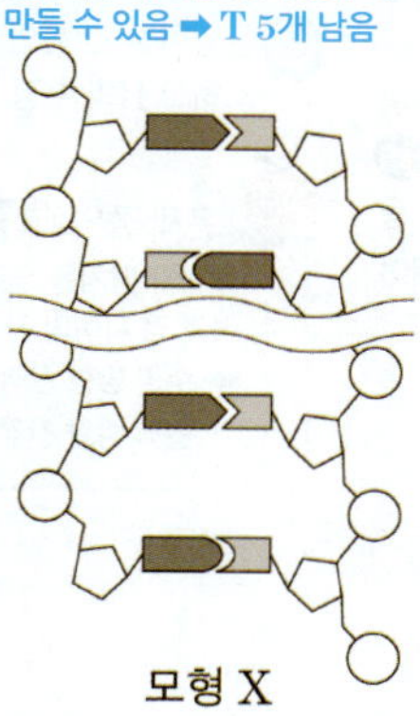

모형 X

- 당: 총 56개
- 인산: 총 56개
- 염기: 총 56개
  ① G－C 13개씩
  ② A－T 15개씩

이에 대한 설명으로 옳은 것만을 [보기]에서 있는 대로 고른 것은? [2점]

[보기]

ㄱ. 핵산의 기본 단위체는 염기이다. 뉴클레오타이드(당＋인산＋염기)
ㄴ. X에서 인산의 총개수는 56개이다.
ㄷ. X에서 구아닌과 상보적으로 결합한 염기의 총개수는 13개이다.

① ㄱ ② ㄴ ③ ㄷ ④ ㄱ, ㄷ ⑤ ㄴ, ㄷ

단서＋발상

단서 DNA 모형을 만들기 위한 염기 부품의 개수가 각각 제시되어 있다.
발상 염기 부품의 개수에 따라 만들 수 있는 DNA 모형 X를 추론할 수 있다.
적용 이중나선구조 DNA의 염기쌍 특징을 적용해서 X에 필요한 염기 부품을 구하는 것부터 문제 풀이를 시작해야 한다.

| 문제＋자료 분석 |

- DNA에서 구아닌(G)과 사이토신(C)이 상보적으로 결합하고, 아데닌(A)과 타이민(T)이 상보적으로 결합한다.
- 구아닌(G)과 사이토신(C) 중 부품의 개수가 작은 사이토신에 맞추어 G－C 결합 쌍은 13쌍 만들 수 있고, 아데닌(A)과 타이민(T) 중 부품의 개수가 작은 아데닌에 맞추어 A－T 결합 쌍은 15쌍 만들 수 있다. 꿀팁
- X에 총 28쌍의 염기쌍이 있으므로 당과 인산은 염기 1개당 각 1개씩 필요하므로 각각 총 56개씩 필요하다.
- 결합선은 500개로 충분하므로 이 문항에서 고려하지 않아도 된다.

| 보기 분석 |

ㄱ. 핵산의 기본 단위체는 뉴클레오타이드이다. 뉴클레오타이드는 당, 염기, 인산이 결합된 구조이다.
ㄴ. X에 총 28쌍의 염기쌍이 있으므로 인산의 총 개수는 56개이다.
ㄷ. X에서 구아닌(G)과 상보적으로 결합한 염기는 사이토신(C)이며, 사이토신(C)의 총개수는 13개이다.

문제 풀이 꿀팁

- 이중나선구조 DNA에서 구아닌(G)과 사이토신(C)이 상보적으로 결합하고, 아데닌(A)과 타이민(T)이 상보적으로 결합한다.
- 구아닌(G)과 사이토신(C) 중 개수가 작은 것을 기준으로 염기쌍이 형성되고 나머지 염기는 사용될 수 없다.
- 아데닌(A)과 타이민(T) 중 개수가 작은 것을 기준으로 염기쌍이 형성되고 나머지 염기는 사용될 수 없다.

20 정답 ⑤ ＊ 중력, 자유 낙하, 수평으로 던진 물체의 운동 ······ 2028 대비 수능 예시 20 (2차)

다음은 지구 표면에서 구슬의 운동에 대해 알아보는 실험이다.

〈실험 과정〉

(가) 그림과 같이 모눈종이를 배경으로 구슬 A와 B의 운동을 촬영하는 실험 장치를 설치한다.

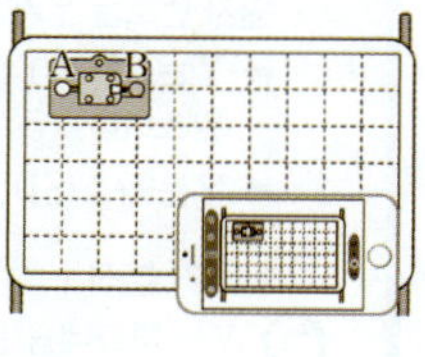

A B

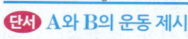

(나) A는 자유 낙하시키고, B는 수평 방향으로 v_0의 속력으로 발사한다.
단서 A와 B의 운동 제시

(다) 촬영된 영상을 분석하여 A와 B의 위치를 0.1 s 간격으로 나타낸다.

〈실험 결과〉 시간에 따른 A와 B의 위치 비교

연직방향(자유낙하운동): A와 B의 구간거리가 일정하게 증가 ➡ 속도가 일정하게 증가하는 운동

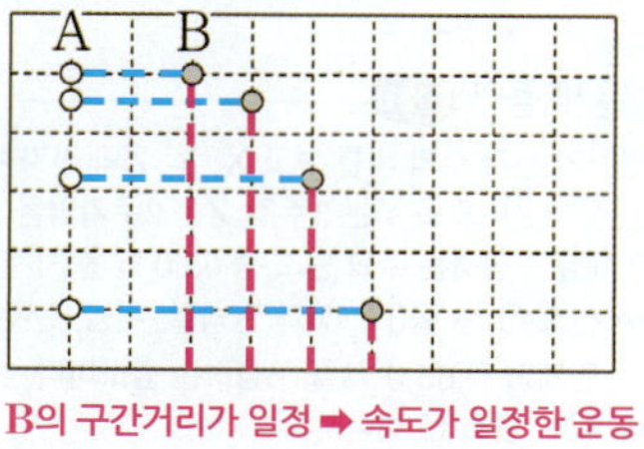

A
B

B의 구간거리가 일정 ➡ 속도가 일정한 운동

중력 가속도가 지구보다 작아지므로 연직 방향 위치에만 영향을 줌

중력이 지구보다 작은 행성의 표면에서 이 실험 과정을 동일하게 수행했을 때의 결과로 가장 적절한 것은? [2.5점]

①
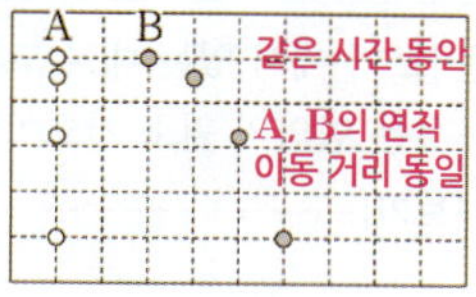

A
B
같은 시간 동안
A, B의 연직 이동 거리 동일

②
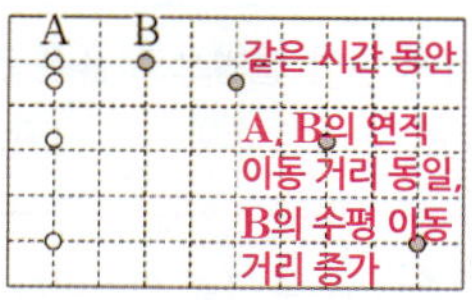

A
B
같은 시간 동안
A, B의 연직 이동 거리 동일,
B의 수평 이동 거리 증가

③
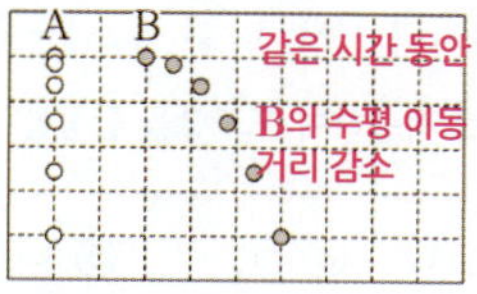

A
B
같은 시간 동안
B의 수평 이동 거리 감소

④
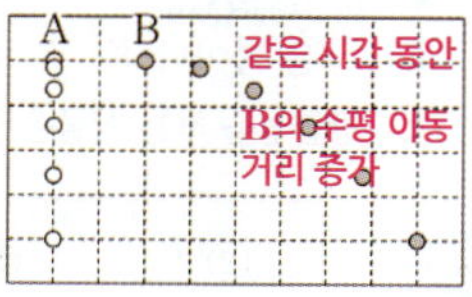

A
B
같은 시간 동안
B의 수평 이동 거리 증가

⑤
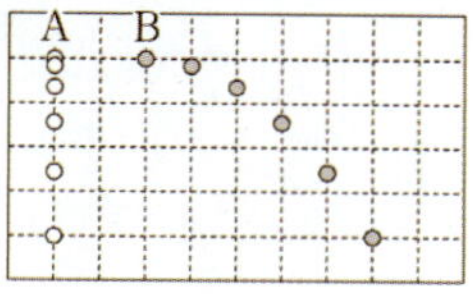

A
B

예시 2차

단서+발상

단서 자유 낙하하는 A와 수평으로 던진 물체 B의 운동이 제시되어 있다.

발상 실험 결과를 이용해 시간에 따른 A와 B의 위치를 추론할 수 있다.

적용 자유 낙하 운동과 수평으로 던진 물체의 운동 개념을 적용해서 시간에 따른 A와 B의 위치 변화를 구하는 것부터 문제 풀이를 시작해야 한다.

| 문제+자료 분석 |

- A는 연직 방향으로 자유 낙하 운동, B는 수평 방향으로 등속 운동, 연직 방향으로 자유 낙하 운동을 한다. 따라서 연직 방향으로는 A와 B 모두 중력만을 받아서 등가속도 운동하므로 두 물체의 연직 방향 위치는 항상 같다.

- A와 B의 연직 방향 위치는 중력 가속도의 크기에 따라 달라지지만, B의 수평 방향 위치는 중력 가속도의 영향을 받지 않고 초기 수평 속도에 따라 일정하게 증가한다. (꿀팁)

➡ 중력이 지구보다 작은 행성의 표면에서 같은 실험을 진행하는 경우, 동일한 시간 동안 A와 B의 연직 방향 이동 거리는 감소하고 B의 수평 방향 이동 거리는 일정해야 한다.

| 선택지 분석 |

① 동일한 시간 동안 지구 표면에서와 A와 B의 연직 방향 이동 거리가 동일하다.

② 동일한 시간 동안 지구 표면에서와 A와 B의 연직 방향 이동 거리가 동일하고, B의 수평 방향 이동 거리는 늘어났다.

③ 동일한 시간 동안 지구 표면에서의 A와 B의 연직 방향 이동 거리보다 감소하였으나, B의 수평 방향 이동 거리도 감소하였다.

④ 동일한 시간 동안 지구 표면에서의 A와 B의 연직 방향 이동 거리보다 감소하였으나, B의 수평 방향 이동 거리는 증가하였다.

⑤ 동일한 시간 동안 지구 표면에서의 A와 B의 연직 방향 이동 거리보다 감소하고 B의 수평 방향 이동 거리는 일정하다.

 문제 풀이 (꿀팁)

- 물체의 위치를 일정한 시간 간격으로 모눈종이에 나타낸 자료 분석을 통해 점과 점 사이의 간격을 비교하여 물체의 속도를 비교할 수 있다.

➡ 수평 방향 간격이 클수록 수평 속력이 크고, 연직 방향 간격이 커질수록 연직 속력이 더 커짐을 의미한다.

---

21 정답 ① ✳ 주기, 족, 원자가 전자, 원자 번호 ·········· 2028 대비 수능 예시 21 (2차)

다음은 2, 3주기에서 원자 번호가 서로 다른 원소 W~Z와 인체를 구성하는 원소의 질량비에 대한 자료이다.

〈W~Z에 대한 자료〉 단서

- W는 3주기 2족 원소이다. → W는 마그네슘(Mg)
- 원자가 전자 수의 비는 X : Y : Z=2 : 2 : 3이다. → 2, 2, 3 또는 4, 4, 6
- 원자 번호는 Y가 Z보다 크다. → 원자가 전자 수 Y<Z이므로 Y는 3주기, Z는 2주기

〈인체를 구성하는 원소의 질량비에 대한 자료〉

 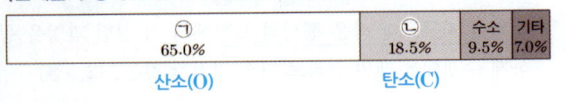

㉠	㉡	수소	기타
65.0%	18.5%	9.5%	7.0%
산소(O)	탄소(C)		

이에 대한 설명으로 옳은 것만을 [보기]에서 있는 대로 고른 것은?
(단, W~Z는 임의의 원소 기호이다.) [2.5점]

[보기]

ㄱ. W는 금속 원소이다. 마그네슘(Mg)
ㄴ. ㉠은 ✗이다. Z
ㄷ. 광합성을 하는 식물은 ✗✗₂를 사용하여 포도당을 합성한다. XZ₂

① ㄱ   ② ㄴ   ③ ㄱ, ㄴ   ④ ㄱ, ㄷ   ⑤ ㄴ, ㄷ

 단서+발상

단서 2, 3주기 원소인 W~Z에 대한 정보가 제시되어 있다.

발상 주기율표의 위치, 원자가 전자 수, 원자 번호에 대한 정보를 바탕으로 W~Z가 어떤 원소인지 추론할 수 있다.

적용 주기율표의 위치, 원자가 전자 수, 원자 번호에 대한 개념을 적용하여 W~Z를 구하는 것부터 문제 풀이를 시작해야 한다.

| 문제+자료 분석 |

- W: 3주기 2족 원소이다. ➡ W는 마그네슘(Mg)이다.
- 원자가 전자 수의 비 X : Y : Z=2 : 2 : 3이다.
  ➡ 각각의 원자가 전자 수가 2, 2, 3 또는 4, 4, 6이다. 단, W가 마그네슘(Mg)이므로 W의 원자가 전자 수는 2이고, W~Z는 2, 3주기 원소이므로 2, 2, 3 조합은 불가능하다.
  ➡ X, Y, Z의 원자가 전자 수는 각각 4, 4, 6이다.
- 원자 번호는 Y가 Z보다 크다.
  ➡ Y는 3주기 14족, Z는 2주기 16족 원소이다. 따라서 X는 2주기 14족 원소이다.
  ➡ Y는 규소(Si), Z는 산소(O), X는 탄소(C)이다.

| 보기 분석 |

ㄱ. W는 마그네슘(Mg)이므로 금속 원소이다.

ㄴ. 인체를 구성하는 원소 중 65.0 %를 차지하는 원소는 산소(O)이므로 ㉠은 Z이다.

ㄷ. 광합성 과정에서 식물은 이산화 탄소를 사용하여 포도당을 합성하므로 YZ₂(SiO₂)가 아닌 XZ₂(CO₂)이다.

 문제 풀이 (꿀팁)

- 원자가 전자 수의 비를 보고 X, Y, Z의 전자 수를 결정해야 하며, 원자 번호는 Y>Z이므로 Y는 3주기, Z는 2주기임을 알 수 있다.
- 인체를 구성하는 주요 원소 중 65.0 %를 차지하는 것은 산소(O)이다.
  ➡ 산소(O)는 물(H₂O)과 단백질, 지방, 탄수화물 등의 유기물에 포함되어 인체의 약 65.0 %를 구성하는 원소이다.
  ➡ ㉡은 탄소(C)이다.

22 정답 ③ * 판 구조론

그림은 판 A, B, C와 판의 경계 ㉠과 ㉡을 나타낸 것이다. 화살표 (→)의 길이와 방향은 GPS로 측정한 판의 평균 이동 속도의 크기와 방향을 각각 나타낸다.

· 평균 이동 속도: A < B 단서 · 평균 이동 속도: C < B

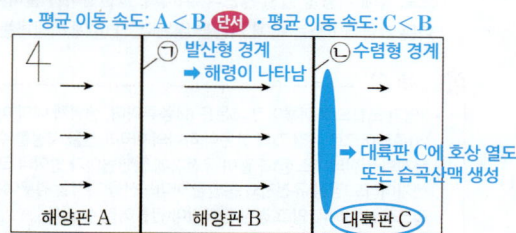

해양판 A   해양판 B   대륙판 C

㉠ 발산형 경계 ➡ 해령이 나타남
㉡ 수렴형 경계 ➡ 대륙판 C에 호상 열도 또는 습곡산맥 생성

이에 대한 설명으로 옳은 것만을 [보기]에서 있는 대로 고른 것은? [2점]

[보기]
㉠ ㉠ 하부에는 상승하는 맨틀 물질이 존재한다.
해양판과 해양판이 멀어지는 발산형 경계(㉠)에서는 상승하는 맨틀 물질이 존재함
㉡ B에 대한 C의 이동 방향은 서쪽이다.
B와 C는 가까워지고 있으므로 B에 대한 C의 이동 방향은 서쪽임
ㄷ. B에서는 호상 열도가 형성된다. 호상 열도는 C에서 형성됨

① ㄱ ② ㄷ ③ ㄱ, ㄴ ④ ㄴ, ㄷ ⑤ ㄱ, ㄴ, ㄷ

단서＋발상

단서 판의 경계와 각 판의 평균 이동 속도의 크기와 방향이 제시되어 있다.

발상 각 판의 평균 이동 속도의 크기와 방향을 이용해 ㉠, ㉡에 해당하는 판의 경계의 종류를 추론할 수 있다.

적용 판의 상대적인 이동 방향에 따라 판의 경계의 종류가 달라진다는 개념을 적용해서 ㉠, ㉡에 해당하는 판의 경계의 종류를 구하는 것부터 문제 풀이를 시작해야 한다.

| 문제＋자료 분석 |
· 판 A, B, C는 모두 동쪽으로 이동하고 있다.
· 해양판 A에 비해 해양판 B가 더 빠른 속도로 이동하고 있으므로 해양판 A와 해양판 B 사이의 거리는 점차 멀어질 것이다. ➡ ㉠: 발산형 경계
· 해양판 B가 대륙판 C보다 더 빠른 속도로 이동하고 있으므로 해양판 B와 대륙판 C 사이의 거리는 점차 가까워질 것이다. ➡ ㉡: 수렴형 경계

| 보기 분석 |
ㄱ ㉠은 발산형 경계로 해양판과 해양판이 멀어지는 경계에서는 해령이 나타난다. 해령 하부에는 상승하는 맨틀 물질이 존재하여 새로운 해양 지각이 생성된다.
ㄴ 해양판 B와 대륙판 C는 모두 동쪽으로 이동하고 있으나, 해양판 B의 이동 속도가 더 빠르므로 두 판 사이에는 수렴형 경계(㉡)가 발달한다. 따라서 B에 대한 C의 상대적 이동 방향은 서쪽이다.
ㄷ. 해양판 B와 대륙판 C 사이에 수렴형 경계(㉡)가 형성되는데, 이때 밀도가 큰 해양판 B가 대륙판 C 아래로 섭입한다. 이 과정에서 호상 열도나 습곡 산맥이 생성될 수 있는데, 해양판 B가 아닌 대륙판 C에 생성된다.

---

23 정답 ① * 효소의 화학 반응

다음은 카탈레이스에 의한 과산화 수소 분해 반응을 활용한 실험이다.
$$2H_2O_2 \rightarrow 2H_2O + O_2$$

· 표는 아미노산 △와 □를 지정하는 코돈을 나타낸 것이다.

아미노산	코돈
△	CAU
	CAC
□	AAU
	AAC

〈가설〉
· 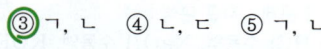 ⓐ
코돈 염기에 돌연변이가 일어나 아미노산이 바뀌면 카탈레이스는 촉매 기능을 잃는다.

〈실험 과정 및 결과〉
(가) 표와 같이 카탈레이스 ㉠~㉣을 준비한다.
㉡, ㉢, ㉣은 각각 돌연변이로 인해 ㉠의 특정 △를 지정하는 코돈 (CAU)의 염기가 다른 염기로 바뀌어 만들어진 카탈레이스이다.

코돈 염기 변화	카탈레이스
변화 없음	△ ㉠
CAU → CAC 단서	△ ㉡
CAU → AAU	□ ㉢
CAU → AAC	□ ㉣

(나) 표는 3 % 과산화 수소수 5 mL가 담긴 시험관 Ⅰ~Ⅳ에 각각 ㉠~㉣을 넣고, 각 시험관에서 기포 발생 여부를 관찰한 결과이다.

시험관	Ⅰ	Ⅱ	Ⅲ	Ⅳ
첨가한 카탈레이스	㉠	㉡	㉢	㉣
기포 발생 여부	발생함	ⓑ 발생함	발생 안 함	발생 안 함

〈결론〉 ㉠, ㉡은 정상 카탈레이스
㉡은 염기는 변화했으나 아미노산(△)은 변화 없음
㉢, ㉣는 돌연변이 카탈레이스
· 가설은 옳다.

이에 대한 설명으로 옳은 것만을 [보기]에서 있는 대로 고른 것은? [2.5점]

[보기]
㉠ Ⅰ에서 실험 결과 물(H₂O)이 생성된다.
Ⅰ에서 과산화 수소 분해 반응 결과 물과 산소가 생성됨
ㄴ. ⓑ는 '발생 안 함'이다.
ⓑ는 '발생함'
ㄷ. '돌연변이가 일어난 유전자로부터 만들어진 카탈레이스는 촉매 기능을 잃는다.'는 ⓐ에 해당한다.
ⓐ에 해당하는 말은 '돌연변이가 일어나 아미노산이 변화된 카탈레이스는 촉매 기능을 잃는다'

① ㄱ ② ㄴ ③ ㄱ, ㄷ ④ ㄴ, ㄷ ⑤ ㄱ, ㄴ, ㄷ

예시 2차

단서+발상

(단서) 카탈레이스 ㉠~㉣에서 코돈의 염기 변화가 제시되어 있다.

(발상) 코돈표를 바탕으로 ㉠~㉣이 가지는 아미노산을 추론할 수 있다.

(적용) 카탈레이스의 분해 반응과 유전 정보의 번역 과정을 적용해서 ㉠~㉣의 특징을 구하는 것부터 문제 풀이를 시작해야 한다.

| 문제+자료 분석 |

• 카탈레이스 ㉠은 △를 지정하는 코돈 CAU를 가지는 정상 효소이다.

• ㉡은 돌연변이(U → C)가 발생해 코돈 CAU가 CAC로 바뀐 효소이지만, 코돈 CAU와 동일한 아미노산인 △를 지정한다.
→ ㉡도 효소 활성 있음

• ㉢은 돌연변이(C → A)가 발생해 코돈 CAU가 AAU로 바뀐 효소이며, ㉣은 돌연변이(C → A, U → C)가 발생해 코돈 CAU가 AAC로 바뀐 효소이며 코돈 AAU와 코돈 AAC는 모두 □를 지정한다.

• 카탈레이스 ㉠은 과산화 수소를 물과 산소로 분해하여 시험관 Ⅰ에서 기포가 발생한다.

• 시험관 Ⅱ는 염기에 돌연변이(U → C)가 일어났지만, ㉠과 동일한 아미노산을 갖는 효소 ㉡이 반응에 참여했으므로 기포가 발생한다(ⓑ).

• 시험관 Ⅲ과 Ⅳ에서 기포가 발생하지 않은 것은 아미노산 △가 □로 바뀌어 촉매 기능을 잃었기 때문이다.

| 보기 분석 |

(ㄱ) 카탈레이스는 과산화 수소를 물과 산소로 분해하는 촉매 기능을 가지는 효소이다. 따라서 Ⅰ의 실험 결과 물과 산소가 생성된다.

ㄴ. 효소 ㉡은 ㉠과 동일한 아미노산을 가지므로 카탈레이스(효소)가 촉매 기능을 하여 산소 기포가 발생한다. 따라서 ⓑ는 '발생함'이다.

ㄷ. ㉡은 돌연변이가 일어난 유전자를 가졌지만, 아미노산에는 변화가 없으므로 촉매 기능을 잃지 않는다. 따라서 '돌연변이가 일어나 아미노산이 변화된 카탈레이스는 촉매 기능을 잃는다.'가 ⓐ에 해당하는 말이다. (함정)

(왜) 틀렸나?

• 3염기 조합으로 이루어진 코돈은 64종류이며, 생명체 내의 아미노산은 20종류이므로 여러 개의 코돈이 하나의 아미노산을 지정할 수 있다.

• 문제의 카탈레이스 ㉡과 같이 유전자에 돌연변이가 일어나 코돈에 변화가 생기더라도 정상 유전자와 동일한 아미노산을 지정할 경우에는 돌연변이가 겉으로 발현되지 않고 정상 단백질이 만들어질 수 있다.

• 돌연변이가 일어나 코돈(염기)이 변화된 효소가 모두 촉매 기능을 잃는 것이 아니라, 아미노산에 변화가 생긴 효소가 촉매 기능을 잃을 수 있는 것이다.

---

24 정답 ④ * 중화 반응 ··

표는 HCl 수용액, NaOH 수용액, KOH 수용액의 부피를 달리하여 혼합한 용액 (가), (나), (다)에 대한 자료이다.

(단서) (가), (나), (다) 혼합 전 수용액의 부피의 합은 모두 55 mL로 같다.
→ 혼합 후 최고 온도는 중화 반응에 의한 발열량에 의해 결정됨

혼합 용액		(가)	(나)	(다)
혼합 전 수용액의 부피 (mL)	HCl	10	20	25
	NaOH	15	20	15
	KOH	30	15	15
혼합 후 최고 온도(℃)		t_1	t_2	t_3
용액에 존재하는 모든 이온 수의 비율		$\frac{1}{4}\ \frac{1}{4}$ $\frac{1}{4}\ \frac{1}{4}$		

모든 이온 수의 비율=1 : 1 : 1 : 1
→ OH⁻의 수=(Cl⁻+Na⁺+K⁺)의 수

t_1, t_2, t_3 중 가장 큰 값(㉠)과, (가)와 (다)를 혼합한 용액의 액성(㉡)으로 옳은 것은? (단, 혼합 전 모든 수용액의 온도는 같고, 혼합 용액의 부피는 혼합 전 각 수용액의 부피의 합과 같다.) [2.5점]

	㉠	㉡			㉠	㉡
①	t_1	산성		②	t_1	염기성
③	t_2	산성		④	t_2	중성
⑤	t_3	염기성				

 단서+발상

(단서) 혼합 용액 (가), (나), (다)의 최고 온도, 용액에 존재하는 모든 이온 수의 비율이 제시되어 있다.

(발상) (가)에서 용액에 존재하는 모든 이온 수의 비율$\left(\frac{1}{4} : \frac{1}{4} : \frac{1}{4} : \frac{1}{4}\right)$로부터 HCl 수용액, NaOH 수용액, KOH 수용액의 농도비를 추론할 수 있다.

(적용) HCl 수용액, NaOH 수용액, KOH 수용액의 농도비를 구하는 것부터 문제 풀이를 시작해야 한다.

| 문제+자료 분석 |

• HCl 수용액, NaOH 수용액, KOH 수용액을 혼합하면 중화 반응 (H⁺+OH⁻ → H₂O)에 의한 중화열이 발생한다.
→ 구경꾼 이온으로 Cl⁻, Na⁺, K⁺가 남게 되고, 산, 염기의 양적 관계에 의해 H⁺ 또는 OH⁻가 남을 수 있다.

• (가)에서 용액에 존재하는 모든 이온 수의 비율$\left(\frac{1}{4} : \frac{1}{4} : \frac{1}{4} : \frac{1}{4}\right)$은 1 : 1 : 1 : 1이다.
→ 수용액은 전기적으로 중성이므로 구경꾼 이온(Cl⁻, Na⁺, K⁺)과 동일한 비율의 OH⁻가 수용액에 존재한다.

• 혼합 전 NaOH 수용액과 KOH 수용액의 부피비가 1 : 2이므로 농도비는 2 : 1이다.
혼합 전 NaOH 수용액의 농도를 $2M$이라고 하면, KOH 수용액의 농도는 M, 남아 있는 Cl⁻의 비율도 동일하므로 HCl 수용액의 농도는 $3M$이고 수용액 속의 물질의 양은 아래 표와 같다.

혼합 용액		(가)	(나)	(다)
혼합 전 수용액 속의 물질의 양(상댓값)	HCl	$10 \times 3M$	$20 \times 3M$	$25 \times 3M$
	NaOH	$15 \times 2M$	$20 \times 2M$	$15 \times 2M$
	KOH	$30 \times M$	$15 \times M$	$15 \times M$

| 선택지 분석 |

④ ㉠: (가)~(다) 중 (나)에서 HCl의 양 $60M$과 NaOH+KOH의 양 $40M+15M=55M$으로 혼합 후 가장 많은 중화열이 발생한다. 따라서 혼합 후 최고 온도 ㉠은 t_2이다.

㉡: (가)와 (다)를 혼합할 경우 HCl의 총 양은 $30M+75M=105M$이고, NaOH+KOH의 총 양은 $30M+30M+30M+15M=105M$이다. 산과 염기의 양이 동일하므로 혼합 용액의 액성은 중성이다. 따라서 ㉡은 중성이다.

25 정답 ② ＊ 엘니뇨·라니냐

그림은 태평양 적도 부근 해역에서 관측한 20 ℃ 등수온선의 깊이를 【단서】
시간에 따라 나타낸 것이다. ㉠과 ㉡은 각각 동태평양과 서태평양 중
하나이고, A와 B 중 하나는 엘니뇨 시기이다. 편차는 (관측값 − 평
년값)이다.

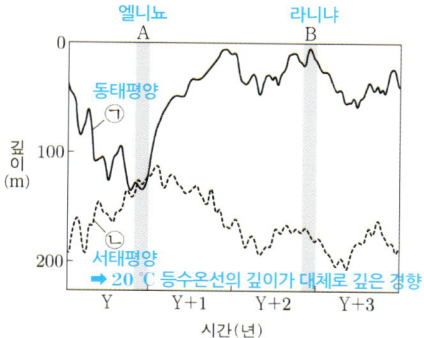

이에 대한 설명으로 옳은 것만을 [보기]에서 있는 대로 고른 것은?

[2.5점]

[보기]

ㄱ. ㉡은 ~~동태평양~~이다.
   ㉡은 서태평양
ㄴ. A에 ㉠의 강수량 편차는 양(＋)의 값이다.
   A 시기(엘니뇨)는 동태평양에서 평상시보다 강수량이 증가해 강수량 편차는
   양(＋)의 값임
ㄷ. (㉡의 해수면 높이 편차 − ㉠의 해수면 높이 편차) 값은 A가
   ~~B보다~~ 크다.
   엘니뇨(A)가 라니냐(B)보다 작음

① ㄱ   ② ㄴ   ③ ㄷ   ④ ㄱ, ㄷ   ⑤ ㄴ, ㄷ

 단서+발상

【단서】 태평양 적도 부근 해역에서 관측한 20 ℃ 등수온선의 깊이가 제시되어
있다.

【발상】 태평양 적도 부근 해역에서 관측한 20 ℃ 등수온선의 깊이를 통해 ㉠은
동태평양, ㉡은 서태평양에 해당함을 추론할 수 있다.

【적용】 서태평양이 동태평양보다 20 ℃ 등수온선의 깊이가 더 깊다는 것을 적
용해서 ㉠과 ㉡이 각각 어느 해역에 해당하는지 구하는 것부터 문제 풀
이를 시작해야 한다.

| 문제+자료 분석 |

• 동풍 계열인 무역풍에 의해 따뜻한 해수층은 서태평양 쪽으로 이동하므로
서태평양이 동태평양보다 20 ℃ 등수온선의 깊이가 대체로 깊은 경향이
나타난다. 【꿀팁】
➡ ㉠: 동태평양, ㉡: 서태평양
• 무역풍의 세기가 강해지면 라니냐, 무역풍의 세기가 약해지면 엘니뇨이다.
• 무역풍의 세기가 강해지면 동태평양(㉠)에서 용승이 강해지므로 20 ℃ 등
수온선의 깊이가 얕아지고, 무역풍의 세기가 약해지면 동태평양(㉠)에서
용승이 약해지므로 20 ℃ 등수온선의 깊이가 깊어진다. ➡ A: 엘니뇨,
B: 라니냐
• 편차는 (관측값 − 평년값)으로 관측값이 평년값보다 크면 양수(＋), 관측
값이 평년값보다 작으면 음수(−)이다.

| 보기 분석 |

ㄱ. 20 ℃ 등수온선의 깊이가 대체로 더 얕은 ㉠이 동태평양이다.
ㄴ. A는 엘니뇨, ㉠은 동태평양이므로 무역풍이 약해져 따뜻한 해수층이 상
   대적으로 동태평양 쪽에 많이 존재하게 되어 평상시보다 구름이 두껍게
   생성되고 강수량이 증가하므로, 강수량 편차(관측값 − 평년값)는 양(＋)
   의 값이다.
ㄷ. 동풍 계열인 무역풍의 세기가 강할수록 서태평양으로 따뜻한 해수층이 많
   이 이동하여 서태평양 해수면의 높이가 평상시보다 높고, 동태평양 해수
   면의 높이가 평상시보다 낮으므로 (서태평양(㉡)의 해수면 높이 편차 −
   동태평양(㉠)의 해수면 높이 편차) 값은 라니냐(B)가 엘니뇨(A)보다 크다.

＊ 엘니뇨·라니냐
• 동풍 계열인 무역풍의 세기에 따라 나타나는 현상이다.
• 엘니뇨는 무역풍의 세기가 평상시보다 약해져 동태평양 해역의 수온이
  6개월 이상 0.5 ℃ 상승하는 현상이다.
• 라니냐는 무역풍의 세기가 평상시보다 강해져 동태평양 해역의 수온이
  6개월 이상 0.5 ℃ 하강하는 현상이다.

XISTORY HONORS CLUB

대한민국 No.1

자이스토리 장학생 선발!!

자이스토리와 함께 빛나는 성취를 이루어낸 수험생 여러분께
수경출판사가 장학금을 드립니다.

응모자격 • 고등·수능 자이스토리 교재로 학습한 고1 · 2 · 3학년, N수생

선발일정 • 매년 2월 5일까지 접수 (이메일 접수)
• 매년 2월 20일 수상자 발표
• 매년 2월 28일 장학금 수여

선발기준 • 수능대비 자이스토리 교재를 활용해 달성한
학업 성취에 대해 진솔한 학습법을 작성한 학생

장 학 금 • 자이스토리 장학금 4,000만 원+α
• 부상 : Xistory Honors Club 장학증서,
Xistory Honors Club 백팩

★ 이현일 장학금(입학생 4명+졸업생)
(대학입학시 100만 원+졸업시 100만 원 지급)

"이현일 장학금"은 MIT출신으로 현 샌프란시스코 재미한인 협회장이신 이현일 씨가 우리나라 이공계
학생들을 후원하기 위해 수경출판사에 기탁한 장학금입니다. 『한국 열등생, MIT우등생』 저자

대상 500만 원 (1명)

금상 200만 원 (2명)

이현일 장학금 100만 원(4명) +α

장려상 100만 원 (5명)

격려상 50만 원 (20명)

노력상 모바일 상품권 10만 원 (60명+α)

• **XISTORY 11th HONORS CLUB** 장학금은 2026년 2월 27일에 지급될 예정입니다.
• **XISTORY 10th HONORS CLUB** 장학금은 2025년 2월 28일에 지급되었습니다.
• **XISTORY 9th HONORS CLUB** 장학금은 2024년 2월 28일에 지급되었습니다.
• **XISTORY 8th HONORS CLUB** 장학금은 2023년 2월 28일에 지급되었습니다.
• **XISTORY 7th HONORS CLUB** 장학금은 2022년 2월 25일에 지급되었습니다.
• **XISTORY 6th HONORS CLUB** 장학금은 2021년 2월 26일에 지급되었습니다.
• **XISTORY 5th HONORS CLUB** 장학금은 2020년 2월 28일에 지급되었습니다.
• **XISTORY 4th HONORS CLUB** 장학금은 2019년 2월 27일에 지급되었습니다.
• **XISTORY 3rd HONORS CLUB** 장학금은 2018년 2월 27일에 지급되었습니다.
• **XISTORY 2nd HONORS CLUB** 장학금은 2017년 2월 24일에 지급되었습니다.
• **XISTORY 1st HONORS CLUB** 장학금은 2016년 2월 20일에 지급되었습니다.

*자세한 내용은 수경출판사
홈페이지 www.book-sk.co.kr를
참조하여 주시기 바랍니다.

자이스토리 · 수경출판사

My Best friend
수경출판사 · 자이스토리

나만의 학습 계획표를 올려 주세요.

나만의 학습 계획표를 작성하고, 사진을 찍어
인스타그램 또는 블로그에 올려 주세요.

★ **필수 해시태그** - #수경출판사 #자이스토리 #수능기출문제집
　　　　　　　　#학습 계획표

★ **참여해 주신 분께:** 바나나우유 기프티콘 증정

 QR코드를 스캔하여 개인 정보 및 작성한 게시물의 URL을 입력합니다.

수경 Mania가 되어 주세요.

인스타그램, 카페, 블로그 등에
수경출판사 교재로 공부하는 모습,
학습 후기, 교재 사진을 올려 주세요.

★ **참여해 주신 분께:** 3,000원 편의점 기프티콘 증정
★ **우수 후기 작성자:** 강남인강 1년 수강권 증정

 QR코드를 스캔하여 개인 정보 및 작성한 게시물의
URL을 입력합니다.

수험장 생생체험단 모집

자이스토리 교재에 실릴 수능 문제에
대한 나만의 풀이 비법을 전수해 주세요.

★ **대상:** 수능을 지원한 고3 및 N수생
　　　(성적 우수자 우선 선발)

★ **생생체험단 선정 수험생:**
　　<u>문항당 소정의 원고료</u> 증정

QR코드를 스캔하여
해당 링크로 이동합니다.

교재 평가 설문지를 작성해 주세요.

수경출판사 교재 학습 후기, 교재 평가 설문지를 작성해 주세요.
[학생, 선생님 모두 가능]

★ **참여해 주신 분께:** 2,000원 편의점 기프티콘 증정
★ **우수 후기 작성자:** 강남인강 1년 수강권 증정

 QR코드를 스캔하여 해당 링크에 들어가서 설문 조사를 진행합니다.

선생님 전용
설문 조사

학생 전용
설문 조사

＊자세한 사항은 해당 QR코드를 스캔하거나, 홈페이지 이벤트 공지글을 참고해 주세요.
＊이벤트의 내용이나 상품이 변경될 수 있으며, 변경 시 홈페이지에 공지됩니다.